Renke Holert

Microsoft Project 2013 – Das Profibuch

Renke Holert

Microsoft Project 2013 –
Das Profibuch

Renke Holert: Microsoft Project 2013 – Das Profibuch
Microsoft Press Deutschland, Konrad-Zuse-Str. 1, 85716 Unterschleißheim
© 2014 O'Reilly Verlag GmbH & Co. KG

Kommentare und Fragen können Sie gerne an uns richten:

Microsoft Press Deutschland
Konrad-Zuse-Straße 1
85716 Unterschleißheim
E-Mail: *mspressde@oreilly.de*

15 14 13 12 11 10 9 8 7 6 5 4 3 2 1
16 15 14

Druck-ISBN 978-3-86645-488-0
PDF-ISBN   978-3-8483-3068-3
EPUB-ISBN 978-3-8483-0227-7
MOBI-ISBN 978-3-8483-1204-7

Lektorat: Florian Helmchen, florian@oreilly.de
Fachlektorat: Frank Langenau, Chemniz
Korrektorat: Regina Langenau, Chemnitz
Layout und Satz: Gerhard Alfes, mediaService, Siegen (www.mediaservice.tv)
Umschlaggestaltung: Hommer Design GmbH, Haar (www.HommerDesign.com)
Gesamtherstellung: Kösel, Krugzell (www.KoeselBuch.de)

Inhaltsverzeichnis

Vorwort

Die Welt der IT hat sich in den letzten Jahren sehr rasant weiterentwickelt und damit auch der Wunsch vieler Unternehmen IT-gestütztes Projektmanagement weiter zu standardisieren und professionalisieren. Als Microsoft beobachten wir aber auch weitere Trends in der IT, die wir entsprechend in die Entwicklung unserer neuesten Version von Microsoft Project haben einfließen lassen. Zum einen gibt es eine Diversifizierung bei den Endgeräten; immer mehr mobile Devices wie Tablets und Smart Phones erobern die Welt der Anwender. Zum anderen fordern Unternehmen höchste Flexibilität und Verfügbarkeit Ihrer Daten bei überschaubaren Investitionskosten; die Erwartungen, auch unternehmenskritische Software in der Cloud laufen lassen zu können, sind unüberhörbar. Deshalb lagen die Schwerpunkte bei der Weiterentwicklung der neuesten Version von Microsoft Project auf den Themen Cloud, Mobilität, Devices und Flexibilität.

Ein kurzer Blick auf die Entwicklungsgeschichte von Microsoft Project hilft, die aktuelle Entwicklung besser einzuordnen: Die erste Version der Projektmanagementsoftware Microsoft Project für DOS erschien bereits 1984, Sechs Jahre später die erste Version für Windows. Im Jahr 2000 kam mit dem *Microsoft Project Central Server* ein erstes vernetztes Client/Server-Produkt. Im Jahr 2002 wurde daraus der *Microsoft Project Server*, der in den weiteren Versionen umfangreich erweitert und an neue Anforderungen angepasst wurde. Ein zentraler Baustein war hier die ergänzende Zusammenarbeit mit Microsoft SharePoint. So konnten nicht nur Projekte und Ressourcen optimal geplant werden, sondern es wurde möglich, ein projektbegleitendes Werkzeug für das Kommunikations- Informationsmanagement für eine optimale Zusammenarbeit im Projektteam bereitzustellen. Nicht nur das reine Erstellen von Balkenplänen stand im Vordergrund, vielmehr konnte nun auch auf die Anforderungen einer Projektorganisation eingegangen werden. Nach der Version 2002 erschien rasch der *Project Server 2003*. Mit der Version 2007 kam der *Portfolio Server* optional hinzu. Mit *Project Server 2010* wurden SharePoint und das Portfoliomanagement komplett integriert und das Projektantragswesen hinzugefügt. Somit wurde die Idee einer durchgängigen Enterprise-Projektmanagementlösung, vom Antrag über die Auswahl, der Planung bis zur Realisierung umgesetzt.

Mit der nun vorliegenden neuen Version von Microsoft Project hat Microsoft auf die aktuellen IT-Trends reagiert und *Project Server 2013* zum ersten Mal als voll funktionsfähigen Cloud Service unter dem Namen *Project Online* als Mietmodell auf den Markt gebracht. Damit einhergehend ist auch der Client als Mietmodell unter dem Namen *Project Pro für Office 365* verfügbar und kann aus der Cloud heruntergeladen und auf einem Windows-PC installiert werden. Die *Project Web App* ist stark aufgewertet worden und hat viele zusätzliche Funktionen erhalten, um direkt in Project Online oder dem Project Server über unterschiedliche Browser Projekte aufzusetzen und zu editieren. Als »Projektmanagement Light« bezeichnet Microsoft die Möglichkeit, Projektmanagement direkt in Verbindung mit Project Professional 2013 und SharePoint 2013 aufzusetzen; dafür ist beispielsweise die Synchronisierung zwischen SharePoint und dem Project-Client deutlich verbessert worden.

Microsoft Project ist somit in der Kombination der einzelnen Produkte eine flexible Lösung für das Projekt- und Portfoliomanagement (PPM) aber auch für die täglichen Aufgaben geeignet. Das vorliegende Buch richtet sich an Projektleiter und Projektmitarbeiter und ist durch seine Übersichtlichkeit eine ideale Schulungsunterlage.

Mein besonderer Dank gilt dem Autorenteam dieses Buches, das eindrucksvoll seine langjährige Erfahrung in der Beratung und Implementierung von Microsoft Project unter Beweis stellt – einer wirklich lesenswerten und sehr hilfreichen Lektüre.

Stephan Fasshauer

Microsoft Deutschland GmbH
Produkt Marketing Manager Project und Visio

Einleitung und Danksagung

Seit dem Erscheinen der vierten Version hat sich Microsoft Project Server zu einer der führenden Lösungen für das unternehmensweite Projektmanagement weiterentwickelt[1]. Gründe hierfür sind zum einen die Verbesserung der aktuellen Version. Zum anderen trägt hierzu aber auch die Verfügbarkeit von vielen Zubehörprodukten bei, die die Standardsoftware an die jeweiligen Unternehmensbedürfnisse anpassen. Diese Tendenz hat sich nach unserer Erfahrung mit der vorliegenden Version 2013 weiter verstärkt. Auch die BARC-Studie weist im Vergleich zu Wettbewerbsprodukten der aktuellen Version des Project Servers eine umfassende Unterstützung des gesamten Projektlebenszyklus aus. Dies wird untermauert mit einem ebenfalls im Vergleich hohen Reifegrad in den untersuchten Bereichen. In der Gesamtzusammenfassung wird darüber hinaus u.a. die hohe Anpassbarkeit hervorgehoben.[2]

Neben den technischen Verbesserungen hat sich Project in Unternehmen auch deshalb weiter verbreitet, da unsere von hoher Komplexität und Dynamik geprägte Umwelt einen kontinuierlich steigenden Reifegrad beim Management von Projekten erfordert. Diesen Anforderungen ist letztlich nur durch den Einsatz professioneller Methoden und Werkzeugen sowie einer stärkeren Einbeziehung aller Projektbeteiligten zu begegnen.

Bereits die erste Auflage dieses Buchs war darum konsequent rollenorientiert. Die vielen positiven Rückmeldungen der Leser und letztlich auch der gute Absatz des Buchs haben uns darin bestärkt, diesen Ansatz weiter zu verfolgen. So dürfen wir nicht ohne Stolz sagen, dass auch dieses Buch zu einem Standardwerk geworden ist, das bei fast jedem zu finden ist, der sich im deutschsprachigen Raum intensiv mit dem Einsatz von Project und Project Server beschäftigt.

Mit der letzten Auflage hatten wir auf Wunsch vieler Leser, die Kapitel 1 und 2 für Projektleiter bzw. Projektmitarbeiter als separates Buch veröffentlich. Aufgrund der sehr guten Resonanz führen wir das gerne weiter.[3]

Nachfolgend geben wir einen Überblick, warum es dieses Buch gibt und welche Zielsetzung wir im Allgemeinen und speziell für diese Auflage verfolgen. Zudem stellen wir die einzelnen Zielgruppen bzw. Rollen zu Ihrer Orientierung vor und geben ein paar Erläuterungen zur Benutzung des Buchs.

Ausgangslage und Zielsetzung

Wir setzen Project seit vielen Jahren im Unternehmen ein und begleiten Unternehmen bei der Einführung und dem Betrieb von Projektmanagementsystemen in betriebswirtschaftlicher und technischer Hinsicht. Hierbei stellten wir immer wieder fest, dass die vorhandene Literatur nicht alles abdeckt, was in der Praxis benötigt wird. Dieses Buch hat sich darum zum Ziel gesetzt, Fehlendes zu ergänzen.

Was es schon gibt und was nicht

Auf dem Markt existieren überwiegend Bücher, die sich in erster Linie an den Projektleiter wenden und diesem als Leitfaden durch das Programm dienen. In unterschiedlicher Ausprägung wird die Programmbedienung um eine allgemeine Einleitung in das Projektmanagement angereichert und es wird auf spezielle Problembereiche, wie den Einsatz der Funktionen zur Team-

---

[1] *http://www.gartner.com/DisplayDocument?doc_cd=234770*
[2] BARC 2013, S. 351-356
[3] Holert/Zwirner 2013

kommunikation, Multiprojekttechnik und die Zusammenarbeit mit anderen Office-Programmen eingegangen. Einzelne Kapitel sind mitunter der Project Web App oder dem Project Server gewidmet. Je nach Konzept eignen sich diese Werke als Tutorium zum Selbstlernen bzw. als Seminarunterlage für eine Schulung oder dienen als Nachschlagewerk beim Einsatz von Project.[1]

Neben der Literatur in Papierform existieren zahlreiche Quellen im Internet, wie z.B. das Resource Kit, das Software Development Kit, die Knowledge Base, die Foren, Twitter-Feeds sowie zahlreiche Websites mit häufig gestellten Fragen, Blogs, Videos, Glossaren und sonstigen Informationen zu Project von anderen Organisationen und Einzelpersonen.

Daneben existiert viel Erfahrungswissen in den Köpfen der Anwender, Berater, Administratoren und Entwickler, das beim Einsatz von Project gewonnen und nirgendwo niedergeschrieben wurde.

Folgende Informationen gibt es nach wie vor nicht in kompakter Darstellung als Buch:

- Eine **zielgruppenorientierte Darstellung** des Einsatzes von Project
- Eine Schritt-für-Schritt-Anleitung für **alle Anwendergruppen**, auch die, die neben dem Projektleiter am Einsatz des Projektmanagementsystems partizipieren. Das sind in erster Linie Projektmitarbeiter, die als Ressourcen im Projekt eingeplant sind, Ressourcen-Manager, die verantwortlich dafür sind, dass die Ressourcen möglichst gut ausgelastet sind, und Führungskräfte, die gewährleisten müssen, dass die Projekte im Kontext der übrigen Rahmenbedingungen profitabel durchgeführt werden.
- Ein Handbuch für **Berater**, die sicherstellen müssen, dass das Projektmanagementsystem im Unternehmen erfolgreich eingeführt wird. Das sind z.B. Mitarbeiter der eigenen Organisation, die die Einführung vorantreiben (**interne Promotoren**) oder Beratungsgesellschaften, die Project als externe Dienstleister implementieren und alle Zielgruppen vom Nutzen überzeugen und im Einsatz trainieren (**externe Promotoren**).
- Ein Wegweiser, der **Administratoren** und Helpdesk-Mitarbeitern die Informationen zur Verfügung stellt, wie Project in die übrige IT-Landschaft integriert und zuverlässig betrieben werden kann.
- Ein Programmierhandbuch für **Entwickler**, das hilft, Project für die speziellen Bedürfnisse des Unternehmens anzupassen und Schnittstellen zu Fremdsystemen zu schaffen.

Daneben fehlten uns innerhalb der vorhandenen Werke eine Beschreibung folgende Aspekte (oder zumindest Teile hiervon), die wir mit vorliegendem Buch aufgreifen wollen:

- **Aufgabenorientierte Darstellung** im Stile »Das sind meine Aufgaben als Projektleiter, Projektmitarbeiter usw. – und so löse ich sie mit Project«.
- **Methodische Fundierung** auf Grundlage des Guide to the Project Management Body of Knowledge (PMBOK Guide), des Standard for Portfolio Management und des Organizational Project Management Maturity Models (OPM3) des Project Management Institutes (PMI).[2]
- Eine **Bewertung**, welche Funktionen von Project und seinen Begleitprodukten sich im Praxiseinsatz bis zu welcher Größenordnung bewährt haben und welche nicht.
- Bekannte **Programmfehler** und Wege, diese zu umschiffen.

---

[1] Einen Literaturüberblick finden Sie unter *http://www.holert.com*.
[2] PMBOK 2013, PPM 2013, OPM 2013.

- Häufige **Bedienungsfehler** und Vorschläge, diese durch Training oder Programmanpassung zu vermeiden.

- **Vollständige Integration** des Project Servers dessen Komponenten, z.B. in SharePoint Server, SQL Server in das Nutzungskonzept und nicht Darstellung als angehängter Sonderteil.

- Eine gesamtheitliche Betrachtung des **standort- und unternehmensübergreifenden Einsatzes** von Project.

- Eine Aufteilung in **Schritt-für-Schritt-Anleitungen**, die nicht alle möglichen Wege und Funktionen beschreiben, sondern einen bewährten Weg.

- **Verweise auf weitere Informationsquellen**, insbesondere ergänzende Bücher und Internet-Quellen.

Ziel dieses Buches

Wir haben uns mit der ersten Auflage dieses Buches das Ziel gesetzt, ein Buch für Project zu schreiben, das die Anforderungen aus der Praxis erfüllt und diese Literatur-Lücke schließt.

Wenn wir vom **Praxiseinsatz** sprechen, dann haben wir eine Reihe von konkreten Unternehmen im Kopf, die wir bei unserer Arbeit kennen gelernt haben. Dies sind sowohl die Unternehmen, in denen wir selbst gearbeitet haben und noch arbeiten, als auch diejenigen, bei denen wir Project eingeführt haben und Unterstützung beim Betrieb leisten. Diese Unternehmen stammen aus verschiedenen Branchen und haben unterschiedliche Größen. Dennoch sind die Probleme, die mit einem Projektmanagementsystem gelöst werden sollen, in den Grundzügen immer gleich.

Der Projektleiter muss sicherstellen, dass das **Projektziel** innerhalb des gesteckten Rahmens von u.a. Inhalt und Umfang, Zeit sowie Kosten erreicht wird, sodass der Kunde mit dem Ergebnis zufrieden ist. Aus Sicht der Unternehmensleitung müssen alle Projekte des Unternehmens so geleitet werden, dass erstens alle Kunden zufrieden sind und zweitens das Unternehmen profitabel arbeitet. Dies wird nur der Fall sein, wenn die verantwortlichen Ressourcen-Manager dafür sorgen, dass die Auslastung möglichst hoch und gut verteilt ist. Und letztlich wird ein Projekt nur dann erfolgreich sein, wenn alle Projektbeteiligten (Stakeholder) frühzeitig in die Projektplanung involviert werden, stets über den Stand des Projekts und den sich daraus für sie ableitenden Aufgaben informiert sind, sowie die Voraussetzungen für ihre Aufgaben gegeben sind, und sie einen angemessenen Zeitraum zur Verfügung haben, um diese Aufgaben zu erfüllen.

Hierzu müssen die Projektbeteiligten (*Anwender*) mit den richtigen Werkzeugen und dem Wissen über deren Einsatz in die Lage versetzt werden, diese Aufgaben erfüllen zu können. Den entsprechenden Auftrag haben *Dienstleister* zu erfüllen (das sind z.B. Berater, Administratoren und Entwickler). Diese können sowohl eigene Mitarbeiter als auch externe Beauftragte sein.

Von diesem Ziel leiten sich folgende Teilziele ab:

- **Konzentration auf das Wesentliche**   Project wird oft als »zu komplex« wahrgenommen. Dies führt dazu, dass Neulinge sich »im Wust der Funktionen« verlieren, für sie nicht nachvollziehbare Ergebnisse erzielen und schließlich das Vertrauen in das Projektplanungssystem verlieren. Wir beschränken uns in den Tutorien daher auf die Darstellung der Kernprozesse und des Basiswissens. Ferner geben wir Hinweise, wie die Dienstleister durch *Right Sizing* Project so anpassen und die Anwender so trainieren und coachen können, dass vom ersten Tag an eine hohe Akzeptanz und Nutzenwahrnehmung gewährleistet ist. Immer dort, wo man tiefer einsteigen kann, geben wir einen Hinweis auf andere Quellen. Dieses Buch bildet damit gewissermaßen eine Klammer um die bereits vorhandene Literatur.

- **Zielgruppenorientierte Darstellung** Nicht jeder muss oder kann alles wissen. Project wird aber nur erfolgreich eingesetzt werden können, wenn alle Projektbeteiligten die Informationen bekommen, die sie zur Erfüllung ihrer Aufgaben benötigen. Wir haben das Buch daher nach Nutzergruppen aufgeteilt. Die ersten vier Kapitel stellen Project aus Sicht der Anwender dar, die übrigen aus Sicht der Dienstleiter. Wir haben die Kernprozesse aus Sicht der jeweiligen Zielgruppe beschrieben und zeigen schrittweise, wie man die benötigten Informationen aus dem System zu Tage fördert (Anwender) oder was man tun muss, damit dies sichergestellt ist (Dienstleister).

- **Einbettung in den Gesamtkontext** Projektmanagement ist niemals eine isolierte Einzeldisziplin im Unternehmen. Es bestehen vielmehr enge Zusammenhänge mit dem Unternehmensmanagement. Das Tagesgeschäft und die Abwesenheiten haben Einfluss auf das Projektmanagement; umgekehrt trägt die Projektarbeit zur Auslastung der Abteilungen bei. Wirtschaftlichkeitsanalysen durch das Unternehmenscontrolling umspannen auch das Projektcontrolling und umgekehrt. Ebenso wenig wie die betriebswirtschaftlichen Aspekte des Projektmanagements isoliert im Unternehmen stehen, sind auch die technischen Aspekte eng in der übrigen Infrastruktur verwurzelt. Ein vorhandenes ERP-System wie Microsoft Dynamics NAV oder SAP muss genauso integriert werden, wie die allen Mitarbeitern vertraute Groupware wie Microsoft Outlook oder Lotus Notes.

- **Vollständige Orientierung an Project Server** Wir beziehen in jedem Kapitel das gesamte Projektmanagementsystem, also sowohl die Anwendung Project Professional in Verbindung mit Project Server als auch der Project Web App von Project Server selbst, in unsere Ausführungen ein.

- **Praxiserprobte Lösungen** Grau ist alle Theorie und nicht alles, was Microsoft verspricht, funktioniert auch in jeder Situation. Wir beschreiben nur Lösungen, die wir auch wirklich schon in Unternehmen eingesetzt haben. Wenn es Einschränkungen, z.B. hinsichtlich der Menge oder Art der Projekte/Ressourcen gibt, dann erwähnen wir dies an den entsprechenden Stellen.

Ziele für die fünfte Auflage

Speziell für die Überarbeitung des Manuskripts für die Version Project 2013 haben wir folgende ergänzende Ziele verfolgt und umgesetzt:

- **Neue Erfahrungen** Seit dem Erscheinen der vierten Auflage sind fast drei Jahre vergangen, in denen wir wieder durch Eigennutzung und in zahlreichen Projekten zusammen mit unseren Kunden Erfahrungen beim Praxiseinsatz gesammelt haben. Seit Anfang 2012 basieren diese auch auf der Betaversion und seit Herbst 2012 auf der finalen Version von Project 2013 und Project Server 2013 sowie Project Online. Hierbei haben wir unsere Konzepte kontinuierlich weiterentwickelt und in diese neueste Auflage einfließen lassen.

- **Neue Funktionen** Project 2013 und Project Server 2013 bringen eine Reihe grundsätzlicher Neuerungen mit sich. Auffällige neue Funktionen und weniger auffällige Detailverbesserungen. Wir haben diese an den Stellen im Buch eingearbeitet, wo diese Nutzen bringen. Hierzu gehören, u.a. in Project ein neues Berichtswesen sowie die Überarbeitung des Team Planers und der SharePoint-Integration. Im Rahmen der Neuimplementierung des Berichtswesens wurde auch das Datenmodell erweitert, sodass auch der Verlauf der geplanten Restarbeit gegenüber der Restarbeit dargestellt werden kann, wie für agile Projektmanagementmethoden wie z.B. *Scrum* erforderlich. Project Server 2013 bietet Neuerungen u.a. in einer verbesserten Project Web App, die u.a. auch Planung auf Ebene von Zuordnungen erlaubt und Vorgänge jetzt exakt wie Project selbst berechnet. Technisch neu implementiert ist die Workflow Engine, für die man jetzt auch mit dem SharePoint Designer komfortabel eine eigene Ablaufsteuerung von Projektvorschlägen und Projekten definieren kann. Darüber hinaus unterstützt die Project Web App jetzt eine Vielzahl von gängigen Browsern, sodass auch der Zugriff von mobilen Geräten möglich ist. Project Server ist erneut tiefer in die SharePoint-Infrastruktur eingebettet, was sich für den Benutzer u.a. dadurch zeigt, dass Vorgänge aus Project in der Aufgabenliste auf SharePoint *Mein Inhalt* zu sehen sind. Erstmalig betreibt Microsoft auch Project Server selbst und bietet diesen Dienst im Rahmen von Office 365 an. Der Dienst heißt *Project Online* und bietet bis auf einige Einschränkungen die gleichen Funktionen wie der Project Server, sodass dieses Buch fast uneingeschränkt auch für dieses Betriebsmodell genutzt werden kann.

- **Anpassung an die neuesten PMI-Standards**   Im Jahr 2013 sind die neuesten Auflagen der Standards des Project Management Institutes erschienen. Dies sind der Guide to the Project Management Body of Knowledge,[1] The Standard for Portfolio Management und das Organizational Project Management Maturity Model. Wir haben die neueste Prozessbeschreibung als Grundlage für diese Auflage verwendet.[2]

- **Best Practices**   Mehr noch als zuvor beschreiben wir durchgängig in diesem Buch das nach unseren Erfahrungen beste Vorgehen. Wir verzichten konsequent auf Alternativen, sodass Sie eine verlässliche Orientierung beim Einsatz von Project haben.

- **Gemeinschaft**   Erfolg und auch Freude beim Management von Projekten hängt auch von einem regen Austausch mit Gleichgesinnten ab. Das mit erscheinen der Vorgängerauflage geschaffene Onlineforum wurde gut angenommen. Zudem haben wir zahlreiche Mitglieder nach der Gründung der deutschen Microsoft Project User Group (MPUG) gefunden. An beiden Orten tauschen sich seitdem viele Project Anwendern themenzentriert untereinander aus. Sie erreichen das Onlineforum unter *http://www.holert.com/community*. Gerne laden wir Project-Anwender auch zu einem der nächsten Treffen der MPUG ein, senden Sie uns bei Interesse einfach eine E-Mail an *info@holert.com*.

Zielgruppen und Vorgehen

Nachfolgend geben wir ein Überblick über das Modellunternehmen, an dem wir das Projektmanagement beschreiben und die Zielgruppen bzw. Rollen, die wir hierfür verwenden.

Das Musterunternehmen

Wenn wir von Unternehmen und Projekten sprechen, dann haben wir ein Modellunternehmen mit mehreren Standorten im Kopf, das einen Teil seiner Wertschöpfung über Projekte beim Kunden betreibt. Wir haben uns als Beispiel für ein Bauunternehmen entschieden, da sich die meisten Leser hierunter leicht etwas vorstellen können.

---

[1]   Für den Guide to the Project Management Body of Knowledge (PMBOK Guide) haben wir hier die Begrifflichkeit der 2010 erschienenen deutschen Ausgabe soweit wie möglich verwendet, da die 5. Auflage zur Drucklegung in deutscher Sprache noch nicht vorlag. Ausnahmen bei der Übersetzung in Deutsche haben wir nur den Stellen vorgenommen, an denen in Project eine abweichende Übersetzung gewählt wurde, die wir auch für passend hielten. Ein Beispiel ist die im deutschen PMBOK Guide verwendete Übersetzung »Einsatzmittel« für das englische Wort »Resources«. Wir haben in diesem Fall als deutsche Übersetzung »Ressourcen« verwendet, da diese auch in Project verwendet wird.

[2]   PMBOK 2013, PPM 2013, OPM3 2013

Die Projektleiter greifen mit ihrer lokalen Project-Installation sowohl in der Zentrale als auch von externen Standorten aus über Intranet bzw. Extranet oder Internet auf den Project Server zu. Die Mitarbeiter und Kunden greifen über dieselbe Infrastruktur mit dem Internet Explorer 10 auf den Project Server zu. Alle Projektpläne werden in der Datenbank von Project Server abgespeichert und werden u.a. für den Offlinezugriff mit der lokalen Project-Installation synchronisiert. Das Unternehmen verwendet Windows 8 als Betriebssystem auf den Arbeitsplätzen und Windows Server 2012 auf den Servern. Project Server läuft auf einer Vollversion von SQL Server 2012 inklusive Analysis und Reporting Services. Als Groupware ist Outlook 2013 in Verbindung mit Exchange Server 2013 im Einsatz. Project Web App wird auch für die Projektdokumentation und die Verfolgung von offenen Punkten verwendet. Als Verzeichnisdienst ist Active Directory im Einsatz. Da Project Server zwingend Microsoft SharePoint Server 2013 voraussetzt, wird dieses Produkt u.a. auch für unternehmensweite Volltextsuche und Berichterstellung eingesetzt. Alle Projektleiter verfügen über Notebooks, viele Mitarbeiter besitzen zusätzlich ein Windows Phone.

Dieses Unternehmen beschreibt den Maximalausbau und ist daher nur als Beispiel zu sehen. Project kann natürlich auch in einer gänzlich anders strukturierten Umgebung, wie auch bei Unternehmen mit anderer Ausrichtung und Größe, eingesetzt werden. In diesem Buch werden wir mögliche Abweichungen in Hinweistexten und Fußnoten erwähnen.

Zielgruppen

Jeder der o.g. Projektbeteiligten stellt eine Zielgruppe dieses Buches dar. Zum einen haben wir die Gruppe der *Anwender*, die wir im Folgenden als Projektleiter, Projektmitarbeiter, Ressourcen-Manager und Führungskräfte bezeichnen. Zum anderen gibt es die Gruppe der *Dienstleister*, die wir im Folgenden Berater, Administratoren und Entwickler nennen.

Nicht in jedem Unternehmen werden die Projektbeteiligten auch einzelne Personen sein, vielmehr ist es so, dass bestimmte Menschen mehrere Rollen bekleiden. Aus diesem Grund werden wir ab jetzt nur noch von diesen Rollen sprechen. Je nach dem, welche Rolle der Leser einnimmt, sind folgende Kapitel für ihn von unterschiedlichem Interesse.

Project für Anwender

In den ersten vier Kapiteln wird das Basiswissen für *Anwender* in einer Schritt-für-Schritt-Anleitung zusammengefasst. Neulinge lesen hier, was sie für den sicheren Einsatz von Project an Wissen benötigen. Für Leser anderer Project-Bücher, Nutzer mit fundierten Erfahrungen in Project eignen sich diese Kapitel als Repetitorium, um sich noch einmal die Kernprozesse zu vergegenwärtigen.

Project für Projektleiter

Der **Projektleiter** ist der Chef des Projekts. Der Projektplan ist sein Eigentum. Er muss dafür Sorge tragen, dass das Projekt innerhalb der gesteckten Ziele zum Abschluss gebracht wird. Im Kapitel 1 erfährt er, wie er den Projektplan anlegt, die Vorgänge eingibt, diese strukturiert, Ressourcen einplant, diese informiert und ihre Rückmeldungen in den Plan einpflegt. Ein weiterer Abschnitt beschäftigt sich damit, wie der Projektleiter aus diesen Informationen Berichte wie z.B. Projektstatusberichte generiert. Vertiefende Themen und spezielle Fragestellungen finden Sie in Kapitel 5.

> **HINWEIS**   Dieses Kapitel ist auch zusammen mit dem Kapitel 2 als separates Buch erhältlich. *Einführung in die Projektarbeit mit Microsoft Project 2013 und Project Web App*, Microsoft Press, 2013, Print-ISBN 978-3-86645-059-2).

Project für Projektmitarbeiter

Das Kapitel 2 richtet sich an **Projektmitarbeiter**. Sie werden je nach ihrer Qualifikation (Skills) angefragt (ob sie bestimmte Vorgänge übernehmen können und wie groß ihr Aufwand hierfür ist). Wenn sie einen Vorgang annehmen, wird dieser in ihre Vorgangsliste bzw. Arbeitszeittabelle übertragen. Über den Project Web App können sie sich einen Überblick über das verschaffen, was zeitlich vor ihren Vorgängen im Projekt abläuft und wofür sie die Voraussetzungen liefern müssen. Während und zum Abschluss ihrer Vorgänge melden sie ihren Ist- und Rest-Aufwand an den Projektleiter zurück.

> **HINWEIS**   Dieses Kapitel ist auch zusammen mit dem Kapitel 1 als separates Buch erhältlich (sh. Oben).

Project für Ressourcen-Manager

Ressourcen-Manager sind verantwortlich für die Mitarbeiter- und Maschinendisposition (Kapitel 3). Sie sind die Projektleiter für die nicht projektbezogenen Tätigkeiten, wie z.B. Wartungsarbeiten, interne Termine und Abwesenheiten. Sie müssen sicherstellen, dass die Ressourcen ausgelastet sind und den Projekten ausreichend Ressourcen zur Verfügung stehen. Weiter müssen sie die Skills (Qualifikationen) ihrer Ressourcen bei den Projektleitern vermarkten und sie ggf. mit weiteren Qualifizierungsmaßnahmen an die Bedürfnisse des Projekts anpassen. Sie müssen Ein- und Umplanungen überwachen und Ressourcenkonflikte, z.B. infolge von Überplanung oder plötzlicher Abwesenheit durch Krankheit etc., auflösen.

Project für Führungskräfte

Die **Führungskräfte** aus der Unternehmensleitung oder ein Derivat hiervon, wie ein Projekt- oder Lenkungsausschuss, müssen sicherstellen, dass das gesamte Projektportfolio profitabel ist (Kapitel 4). Sie legen die Rahmenbedingungen für das Projektmanagement fest. Sie priorisieren Projekte und fällen Entscheidungen bei Ressourcenkonflikten, die die Ressourcen-Manager nicht klären können. Sie sorgen für die Integration des Projektmanagements in das Finanz-, Personal- und Marketingmanagement. Teilaspekte hiervon werden auch als Finanz- oder Budgetplanung bezeichnet. Sie erwarten von Ihren Projektleitern eine frühzeitige Information über Planabweichungen und Vorschläge zur Gegensteuerung sowie allgemeine Projektstatusinformationen über die Zielerreichung.

Project für Projektmanagementdienstleister

Die übrigen Kapitel wenden sich an diejenigen, die die o.g. Anwender bei Ihrer Arbeit technisch und organisatorisch unterstützen. Das können – wie eingangs erwähnt – sowohl interne als auch externe **Dienstleister** sein. Auch hier werden in der Praxis oft einige Rollen von ein und derselben Person wahrgenommen.

Project für Berater

Berater sind all diejenigen, die den Einsatz von Projektmanagementtechniken und entsprechenden -werkzeugen im Unternehmen vorantreiben, sei es als Verkäufer der Lösung (Promoter), als Trainer, Coach, Organisator oder in einer anderen Funktion. Typischerweise als oder in Zusammenarbeit mit den Mitgliedern des Projektbüros. Oft erfüllen sie eine Vielzahl von »Einmalaufgaben«, wie z.B. die Durchführung von Präsentationen oder die Erstellung von Projekthandbüchern und -vorlagen. Sie stellen auch die Schnittstelle zum Lenkungsausschuss, der Geschäftsleitung und dem

Betriebsrat. In den Kapitel 6 und 7 finden diese Personen das Material, um Project erfolgreich im Unternehmen zu implementieren inkl. der dafür nötigen Qualifizierungsmaßnahmen.

Project für Administratoren

Administratoren sind für den zuverlässigen Betrieb der IT-Infrastruktur im Unternehmen verantwortlich. Im First-Level-Support stehen ihnen oft Helpdesk-Mitarbeiter zur Seite, um einfachere Probleme der Anwender zu lösen. Sie sind dafür verantwortlich, dass sich Project nahtlos in die vorhandene Infrastruktur integriert. Ferner leiten sie eventuelle Maßnahmen zur Anpassung dieser Infrastruktur ein. Für den Betrieb von Project und der von Project verwendeten Systeme (z.B. Remotedesktopdienste, Active Directory, SQL Server, Internetinformationsdienste) sind sie verantwortlich, genauso wie für die Vorbeugung vor Störungen und deren Behebung. In den Kapiteln 8 bis 10 erfahren Sie, wie die Installation von Project durchgeführt wird und wie Project gewartet wird. Dazu gehört auch die Administration der Grundeinstellungen von Project über administrative Vorlagen wie auch die Administration der Project Server-Datenbank und des Project Server-Servercomputers mit all seinen Komponenten selbst.

Project für Entwickler

Entwickler (Enterprise Developers) sorgen als Systemintegrationen für die Schaffung von Schnittstellen zwischen der vorhandenen IT-Infrastruktur. Zudem passen sie die Standardsoftware Project bzw. Project Server an die Spezifikation ihres Unternehmens an. Im Kapitel 11 lesen Sie, wie die einzelnen Komponenten von Project mit VBA erweitert werden können (in Form eines Tutoriums). Das Kapitel 12 beschreibt Beispielanwendungen, deren Quellcode Sie von unserer Website unter *http://www.holert.com/downloads* herunterladen können.

Vorgehen und Konventionen

In jedem der folgenden Kapitel mit Ausnahme der Referenzkapitel werden wir wie folgt vorgehen und folgende Konventionen verwenden: Zunächst werden wir den Personenkreis (Rollen), für den das Kapitel bestimmt ist, näher definieren und dessen Ziele darstellen. Dann werden wir die Hauptaufgabe, die dieser Personenkreis im Rahmen des Projektmanagements hat, näher beschreiben und die Teilaufgaben auflisten, die sich hieraus ableiten. Zu den Aufgaben, die sich mit Project lösen lassen, werden wir eine schrittweise Anleitung angeben. Auch wenn es mehrere Lösungswege gibt, zeigen wir stets nur einen, und zwar den, der uns für die jeweilige Aufgabenstellung am besten erscheint. Zu den Aufgaben, die nicht mit Project lösbar sind (und wo immer dies sonst möglich ist), werden wir Ansätze und Verweise auf weitere Quellen einfügen.

In den Hervorhebungen und Einschüben werden wir folgende Bezeichnungen verwenden:

ACHTUNG Hinweise, um unerwünschte Effekte zu vermeiden

HINWEIS Wissenswerte Zusatzhinweise für ein tieferes Verständnis

TIPP Tipps und Tricks

NEU IN 2013 Neue Funktionen in Project 2013

BESSER IN 2013 In Project 2013 verbesserte Funktionen

Menübefehle, Optionen und Feldbezeichnungen in Project werden *kursiv* dargestellt, Listings in
`nicht-proportionaler` Schrift. Wir verwenden geschlechtsneutrale Bezeichnungen. Ist dies nicht
möglich, verwenden wir die maskuline, da diese in der Regel einfacher und kürzer ist, so z.B.
beim Begriff »Projektleiter«. Wir meinen damit aber selbstverständlich auch weibliche Projektleiter.

Danksagung

Besonderer Dank gilt *Arne Zwirner*. Er hat die Aktualisierung der Kapitel 2 und 3 übernommen.
Zudem hat er an vielen anderen Kapiteln mitgewirkt. Darüber hinaus danke ich allen Mitarbeitern unseres Unternehmens, die diese Auflage erstellt und ihre Erfahrungen ins gesamte Werk
einfließen lassen haben.

Vielen Dank auch an den Lektor Florian Helmchen von Microsoft Press sowie Georg Weiherer
und Frank Langenau, der uns auch in dieser Auflage als Fachlektoren unterstützt haben.

Weiterhin sprechen wir hiermit allen Kunden, Nutzern der Online Community und Partnern
unseren Dank aus, die uns beim Korrigieren der Kapitel unterstützt haben oder durch ihre Pro-
blemstellungen häufig auch als Ideengeber mancher Inhalte des Buchs zur Verfügung standen.

Nicht zuletzt möchten wir auch unseren Familien und Freunden insbesondere Lisa, Heike,
Susanne und Rolf danken, die uns während dieses Buchprojekts immer sehr tatkräftig unterstützt und viel Verständnis für die doch recht knappe Freizeit aufgebracht haben.

Wir wünschen Ihnen und Ihren Kollegen viel Spaß bei der Lektüre und einen erfolgreichen Einsatz von Microsoft Project. Wir freuen uns über jedes Feedback, z.B. in unserer Online Community unter *http://www.holert.com/community*.

Im Namen aller Mitwirkenden

Renke Holert (renke@holert.com)

Kapitel 1

Project für Projektleiter

In diesem Kapitel:

Develop Project Team) und *Projektteam managen* (9.4 Manage Project Team). Zudem wird dort beschrieben, wie der Ressourcen-Manager den Projektleiter beim Prozess *Ressourcen für Vorgänge schätzen* (6.4 Estimate Activity Resources) unterstützen kann.

Bevor wir die Unterstützung der Kernprozesse mithilfe von Project beschreiben, stellen wir die Definition der wichtigsten Begriffe vor.

Inhalt und Umfang

Ein Projekt beginnt mit einer Idee, einer Anfrage oder ähnlichem, die zunächst als grobe Beschreibung mündlich oder schriftlich festgehalten wird. Hieran knüpft sich eine stärkere Detaillierung dessen an, was als Ergebnis des Projekts entstehen soll (Produktinhalt und -umfang) und dessen, was an Aktivitäten notwendig ist, um das Ergebnis zu erreichen (Projektinhalt und -umfang).

Die Beschreibung des *Produktinhalts und -umfangs* (Product Scope) ist weitgehend synonym mit dem Begriff der Leistungsbeschreibung und umfasst sowohl Sach- als auch Dienstleistungen. Sie beschreibt die an den Kunden zu übergebende (Gesamtend-)Leistung mit ihren Bestandteilen (Teilleistungen). Oft ist die Beschreibung von Produktinhalt und -umfang auch Bestandteil eines so genannten Pflichten- oder Lastenheftes.[1]

Der *Projektinhalt und -umfang* (Project Scope) ist die (Projektgesamt-)Leistung.[2] Diese umfasst also alle während der Projektlaufzeit zu erstellenden Teilleistungen, die in der deutschen Ausgabe des PMBOK Guide als Liefergegenstände (Deliverables) bezeichnet werden. In Project heißen diese *Lieferumfänge*. Diese Liefergegenstände können im Projektstrukturplan (PSP=WBS= Work Breakdown Structure) hierarchisch dargestellt werden.[3] Einen Liefergegenstand auf unterster Ebene nennt man Arbeitspaket (Work Package).[4]

Die zur Erstellung der Arbeitspakete nötigen Aktivitäten, werden Vorgänge genannt, wobei die Begriffe Aufgabe (Task), Aktivität (Activity) und Vorgang weitestgehend synonym sind. Sofern ein Vorgang sich in weitere Vorgänge untergliedert, heißen diese in Project Teilvorgänge. Der übergeordnete Vorgang heißt dann Sammelvorgang.

Nachfolgend führen wir Sie durch die folgenden Prozesse:

Initiierungsprozesse

Planungsprozesse

- Inhalt und Umfang definieren sowie Projektstrukturplan erstellen

- Vorgänge festlegen, Vorgangsfolge festlegen, Ressourcen für Vorgänge schätzen, Vorgangsdauer schätzen und Terminplan entwickeln

  - Vorgänge festlegen

  - Vorgangsfolge festlegen

  - Ressourcen für Vorgänge schätzen

  - Vorgangsdauer schätzen

  - Terminplan entwickeln

---

[1] Vgl. PMBOK 2013, S. 105
[2] Vgl. PMBOK 2013, S. 105
[3] Im PS-Modul von SAP R/3 heißen die Liefergegenstände *PSP-Elemente*
[4] Vgl. DIN 69 901 und PMBOK 2013, S. 567

- Kosten schätzen und Budget festlegen
  - Kosten schätzen
  - Budget festlegen
- Risikomanagement planen
- Projektmanagementplan entwickeln
  - Versionsverwaltung
  - Festlegung der Zugriffsrechte

Ausführungsprozesse

- Kommunikation managen
- Projektarbeit lenken und managen
  - Fortschrittsinformationen anfragen
  - Projektfortschritt aktualisieren

Überwachungs- und Steuerungsprozesse

- Projektarbeit überwachen und steuern
  - Darstellung der Prognose und Abweichungsanalyse zum Fertigstellungszeitpunkt
  - Darstellung des Fortschritts und Abweichungsanalyse zum Kontrollzeitpunkt
  - Detailanalyse Abweichungen inkl. Trendanalyse und Ursachenermittlung
  - Ermittlung von Gegenmaßnahmen und Änderungsanträgen
- Integrierte Änderungssteuerung durchführen

Abschließende Prozesse

  - Beschaffung abschließen
  - Projekt oder Phase abschließen

Initiierungsprozesse

Ziel der *Initiierungsprozesse* ist es, u.a. eine Entscheidungsgrundlage zu schaffen, ob das Projekt freigegeben bzw. in die nächste Phase überführt wird oder nicht (Autorisierung). Die Freigabe in einer sehr frühen Phase kann z.B. bedeuten, dass als nächste Phase eine Machbarkeitsstudie und Aufwandschätzung erstellt wird. In einer späteren Phase kann dieses den Beginn der eigentlichen Planungsphase bedeuten.

Zur Initiierungsprozessgruppe gehört der Prozess *Projektauftrag entwickeln* (4.1 Develop Project Charter), den wir nachfolgend beschreiben. Der zweite Prozess ist *Stakeholder identifizieren* (13.1 Identify Stakeholders).[1]

Als Grundlage für den Prozess *Projektauftrag entwickeln* benötigt man u.a. die Leistungsbeschreibung und den Business Case (Eingangswerte). Am Ende des Prozesses gibt ggf. es einen Projektauftrag, der u.a. das Projekt rechtfertigt und den Projektleiter definiert (Ausgangswerte). Der Projektauftrag kann u.a. mit Hilfe von Expertenbeurteilung (Werkzeuge und Methoden) entwickelt werden.[2]

---

[1] Vgl. PMBOK 2013, S. 54, 66 und 393
[2] Vgl. PMBOK 2013, S. 66-72

Der Prozess *Projektauftrag entwickeln* erfolgt projektextern z.B. durch Experten im Rahmen des Programm- oder Portfolio-Managements (siehe Kapitel 4). Zu den Inhalten des Projektauftrags gehören u.a. die Festlegung der Projektziele, ein zugewiesener Projektleiter, ein Meilensteinplan und ein Gesamtbudget.[1] Diese Inhalte können Sie in den Projektfeldern oder einem Dokument hinterlegen, das Sie in der Projektwebsite speichern. Voraussetzung hierfür ist, dass Sie einen Projektplan in Project Server speichern. Sofern Sie den Prozess der Erstellung über einen festgelegten Ablauf steuern möchten, können Sie hierzu das Vorschlagswesen der Project Web App einsetzen, wie in Kapitel 4 beschrieben.

In diesem Kapitel beschreiben wir, wie Sie die Projektstammdaten in Project erfassen, die Projektwebsite erstellen und den Projektvorschlag[2] in Form eines Dokuments mit den zugehörigen Dokumenten in der Projektwebsite ablegen. Führen Sie folgende Schritte aus:

1. Öffnen Sie Project mit Verbindung zu Ihrer Project Web App-Instanz und einem leeren Projekt.

HINWEIS   Wenn Sie einen neuen Projektplan auf Basis einer Vorlage erstellen möchten, folgen Sie der im Abschnitt »Inhalt und Umfang definieren sowie Projektstrukturplan erstellen« beschriebenen Vorgehensweise.

Falls Sie bereits aus einer vorherigen Phase einen Projektplan vorliegen haben, überspringen Sie das Speichern und Veröffentlichen und überarbeiten nur die vorhandenen Inhalte.

---

2. Klicken Sie auf das Symbol *Speichern* in der Symbolleiste, wie nebenstehend abgebildet.
3. Wählen Sie als Speicherort Ihre Project Web App-Instanz aus und klicken Sie auf die Schaltfläche *Speichern*.

Abbildg. 1.3   Projektstammdaten festlegen

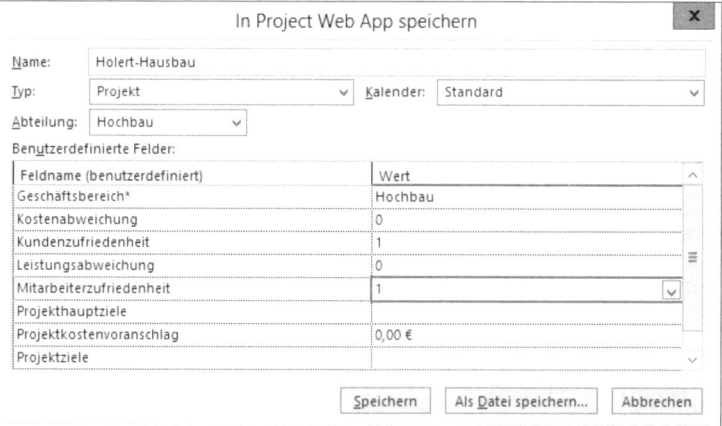

4. Geben Sie im Feld *Name* den Projektnamen ein.

---

[1] Wir verwenden Meilensteinplan und Gesamtbudget abweichend als Übersetzung für Summary milestone schedule und Summary budget (vgl. PMBOK 2008 D, S. 77)
[2] Wir verwenden den Begriff »Projektvorschlag« als Synonym u.a. für die Begriffe Projektantrag, Projektanforderung, Anforderung und Bedarfsmeldung.

5. Wählen Sie im Dropdown-Listenfeld die *Abteilung* aus, die das Projekt ausführt. Hierdurch werden nur die relevanten Projektfelder (Projektstammdaten) dieser Abteilung angezeigt.

> **HINWEIS** Felder, die mit einem Sternchen gekennzeichnet sind, sind Pflichtfelder, die Sie zwingend ausfüllen müssen, bevor Sie den Projektplan speichern können.

6. Legen Sie die Stammdaten des Projekts, wie z.B. *Geschäftsbereich* und *Projektziele* fest (Abbildung 1.3) und klicken Sie auf die Schaltfläche *Speichern*.

> **HINWEIS** Falls der Projektplan bereits in einer vorherigen Phase die Planungsprozesse durchlaufen hat, können Ihnen z.B. die berechneten Gesamtkosten aus der Projektstatistik (*Datei/Informationen/Projektinformationen/Projektstatistik*) für die Ermittlung des benötigten Gesamtbudgets helfen.

7. Nachdem der Projektplan abgespeichert wurde, rufen Sie im Menüband auf der Registerkarte *Datei* die Seite *Informationen* auf.

Abbildg. 1.4 Erweiterte Eigenschaften des Projektplans aufrufen

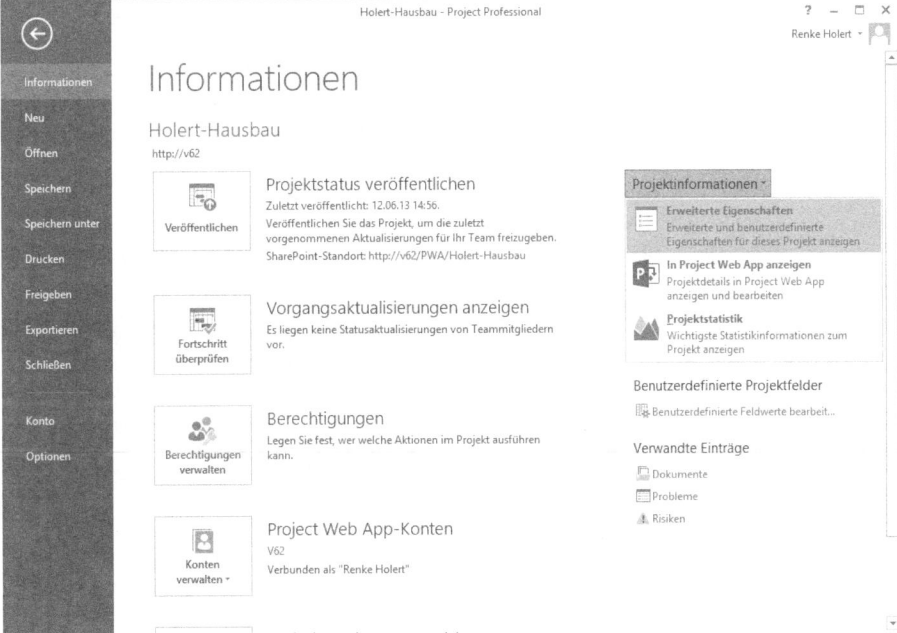

8. Wählen Sie im rechten Bereich der Seite im Dropdown-Listenfeld *Projektinformationen* den Befehl *Erweiterte Eigenschaften* aus.

Abbildg. 1.5   Projektleiter festlegen

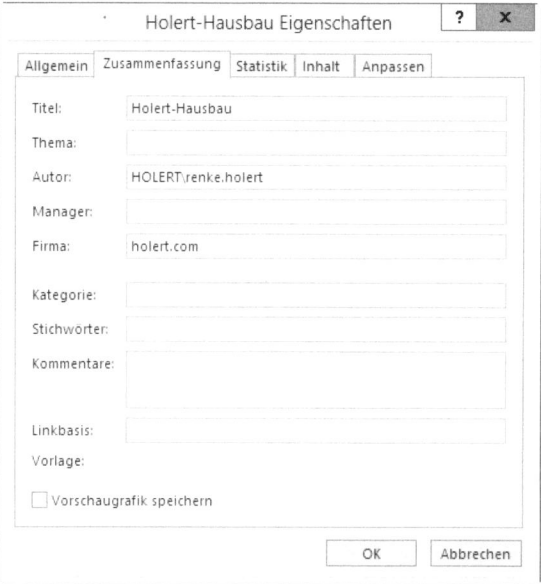

9. Tragen Sie auf der Registerkarte *Zusammenfassung* im Feld *Manager* den Namen des vorgese-henen Projektleiters ein und bestätigen Sie diesen Dialog mit *OK*.

10. Geben Sie ggf. Meilensteine in der Vorgangsliste ein, um einen Meilensteinplan zu erstellen (siehe hierzu den Abschnitt »Vorgänge festlegen, Vorgangsfolge festlegen, Ressourcen für Vorgänge schätzen, Vorgangsdauer schätzen und Terminplan entwickeln«).

Um den Projektauftrag und weitere Dokumente wie z.B. die Leistungsbeschreibung als Worddo-kument (*.docx*) oder eine technische Zeichnung als AutoCAD-Zeichnung (*.dwg*) auf dem Pro-ject Server abzulegen, gehen Sie dazu folgendermaßen vor.

1. Falls noch nicht geschehen, veröffentlichen Sie das Projekt (*Datei/Veröffentlichen*).

Abbildg. 1.6   Projektwebsite bei Projektveröffentlichung erstellen

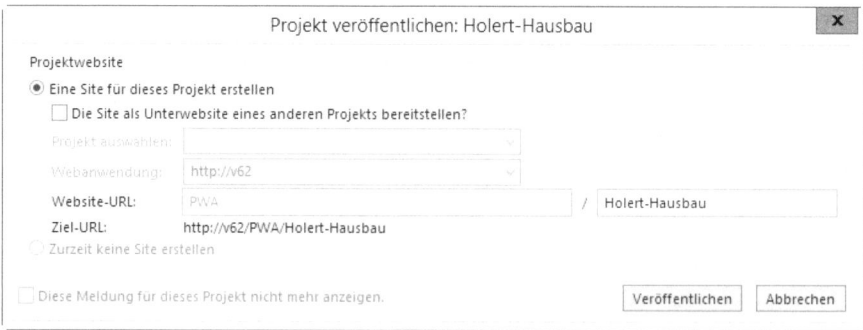

2. Falls das Projekt ein Teilprojekt eines anderen Projekts ist, aktivieren Sie das Kontrollkäst-chen *Die Site als Unterwebsite eines anderen Projekts bereitstellen?* und wählen Sie in dem Feld *Projekt auswählen* das übergeordnete Projekt aus.

3. Klicken Sie auf die Schaltfläche *Veröffentlichen*, um den Veröffentlichungsvorgang zu starten.

HINWEIS Es handelt sich beim Veröffentlichen um einen asynchronen Prozess, der im Hintergrund auf Project Server ausgeführt wird. In der Statusleiste von Project wird der Fortschritt angezeigt.

---

4. Klicken Sie im Menüband auf die Registerkarte *Datei* und wählen Sie die Seite *Informationen* aus. Rufen Sie im rechten Bereich der Seite *Informationen* unter *Verwandte Einträge* die Schaltfläche *Dokumente* auf (Abbildung 1.4).

Abbildg. 1.7 Auswahl des Ablageorts

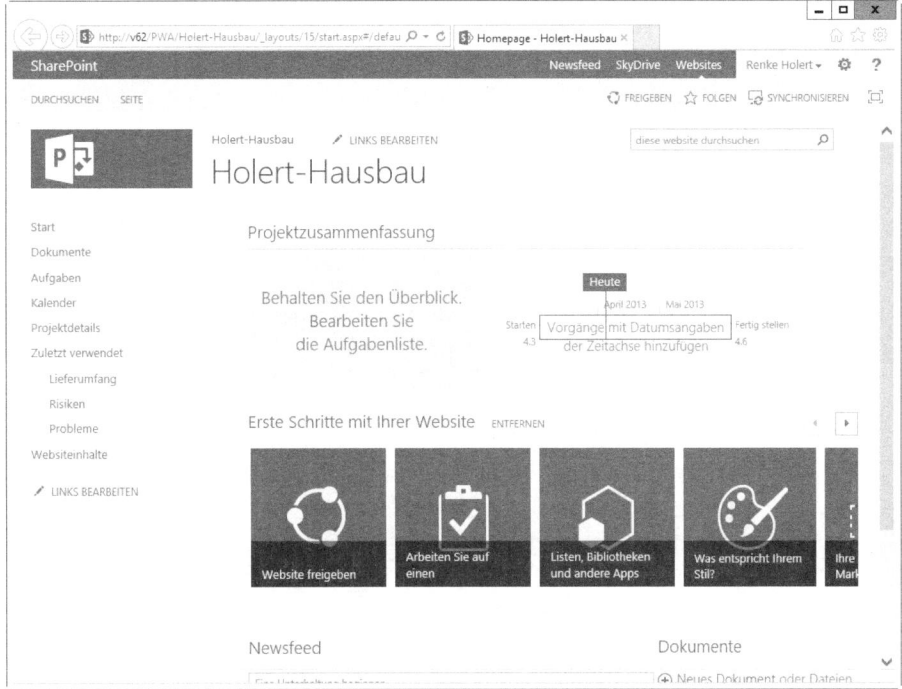

5. Öffnen Sie die Dokumentbibliothek *Dokumente* aus (Abbildung 1.7), indem Sie in der Schnellstartleiste auf *Dokumente* klicken.

Abbildg. 1.8 Dokumentbibliothek *Dokumente*

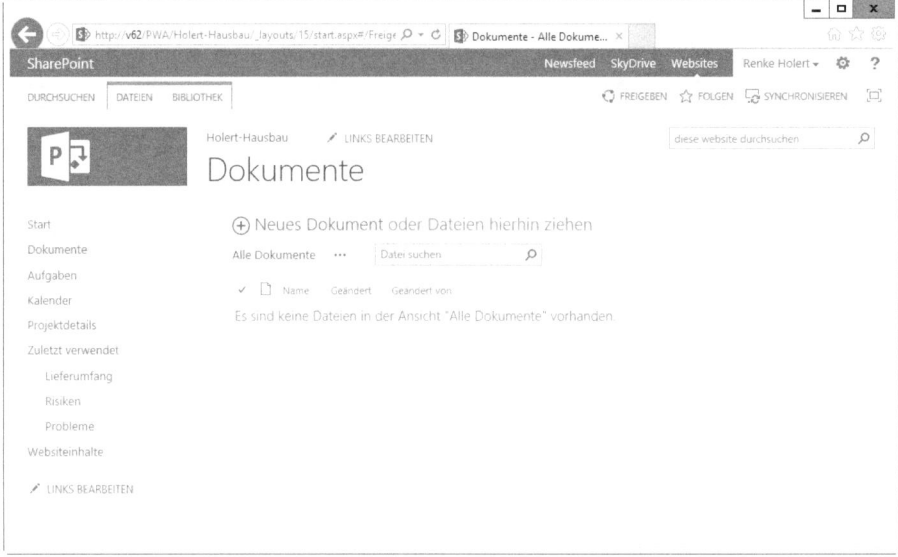

6. Klicken Sie auf die Verknüpfung *Neues Dokument*.

Abbildg. 1.9 Auswählen des Dokuments

7. Klicken Sie auf die Schaltfläche *Durchsuchen*, wählen Sie das Dokument aus, und bestätigen Sie das Dialogfeld mit der Schaltfläche *OK*.

        * * *

8. Nachdem Sie das Dokument in der SharePoint-Bibliothek abgelegt haben, klicken Sie in der Dokumentliste neben dem Dokumentnamen auf die drei Auslassungspunkte (Ellipse), wie nebenstehend dargestellt.

9. Klicken Sie im folgenden Dialogfeld erneut auf das Ellipse-Symbol.

Abbildg. 1.10 Eingeben der Dokumenteigenschaften (1)

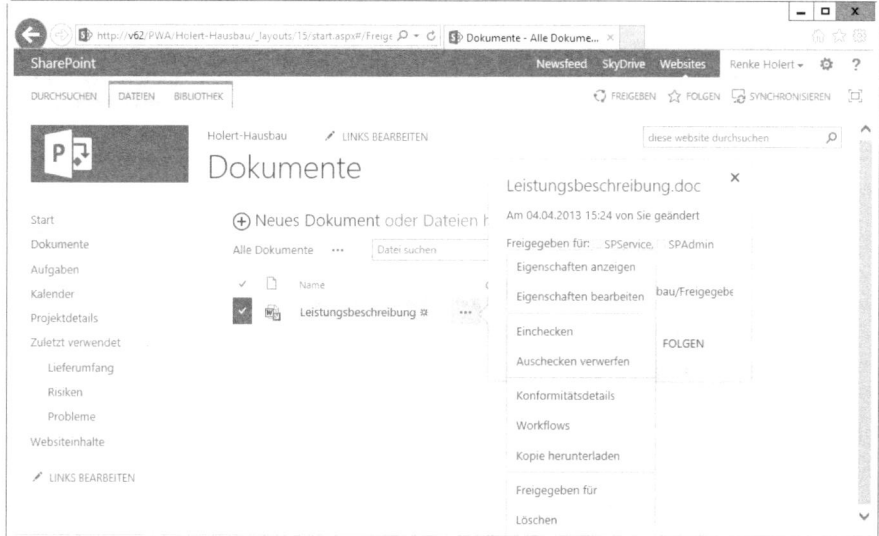

10. Wählen Sie im Popup-Menü den Eintrag *Eigenschaften bearbeiten.*

Abbildg. 1.11 Eingeben der Dokumenteigenschaften (2)

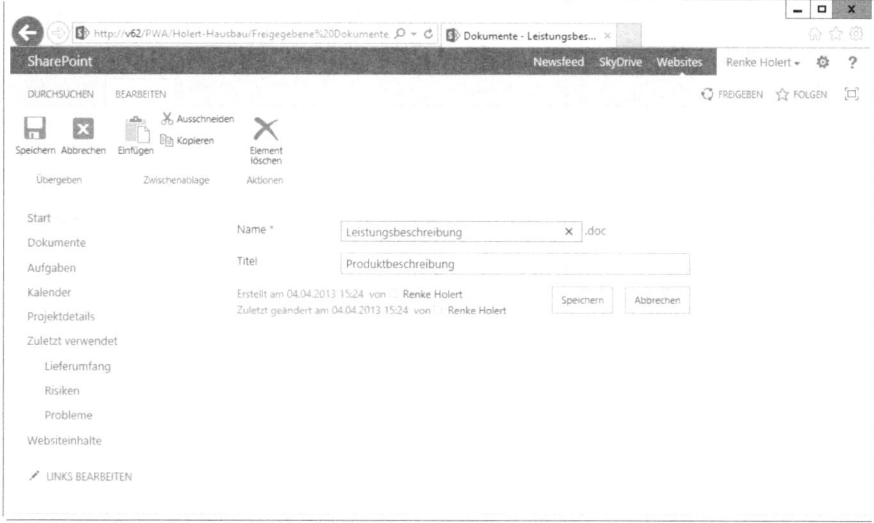

11. Geben Sie im Feld *Titel* den Dokumenttitel ein.

12. Klicken Sie auf die Schaltfläche *Speichern*, um das Dialogfeld zu schließen.

Auf die gleiche Art und Weise können Sie weitere zum Projektauftrag gehörende Dokumente zentral ablegen, sodass diese für alle Projektbeteiligten zugänglich werden.[1]

---

[1] Mehr Informationen zu Dokumentenmanagement finden Sie im Verlauf dieses Kapitels und im Dreyer/Lesser/ Scheder 2010

Planungsprozesse

Nach der Freigabe in der Initiierung kann mit den *Planungsprozessen* (Planning Processes) begonnen werden. Entsprechend der Definition des PMI müssen die Planungsprozesse in jeder Phase ausgeführt werden. Dabei sind diese tendenziell in einer frühen (Planungs-)Phase des Projekts, wie einer Pilotstudie, stärker ausgeprägt als in einer späteren, wie z.B. der Rohbauphase. Ziel ist eine möglichst präzise gedankliche Vorstrukturierung der späteren Ausführung. Hierzu gehören u.a. folgende Prozesse, die im Folgenden ausführlich darstellt werden:

1. *Inhalt und Umfang definieren* sowie *Projektstrukturplan erstellen* (5.3/5.4)
2. *Vorgänge festlegen, Vorgangsfolge festlegen, Ressourcen für Vorgänge schätzen, Vorgangsdauer schätzen* und *Terminplan entwickeln* (6.2/6.3/6.4/6.5/6.6)
3. *Kosten schätzen* und *Budget festlegen* (7.2/7.3)
4. *Risikomanagement planen* (11.1)
5. *Projektmanagementplan entwickeln* (4.2)

Weitere Prozesse sind *Inhalts- und Umfangsmanagement planen*, *Anforderungen sammeln* (5.1/5.2), *Terminplanmanagement planen* (6.1), *Kostenmanagement planen* (7.1), *Qualitätsmanagement planen* (8.1), *Personalmanagement planen* (9.1), *Kommunikationsmanagement planen* (10.1), *Risiken identifizieren, Qualitative Risikoanalyse* und *Quantitative Risikoanalyse durchführen, Risikobewältigungsmaßnahmen planen* (11.2/11.3/11.4/11.5) sowie *Beschaffungsmanagement planen* (12.1) als auch *Stakeholdermanagement planen* (13.2).

Inhalt und Umfang definieren sowie Projektstrukturplan erstellen

Ziel der nachfolgend zusammengefassten Prozesse *Inhalt und Umfang definieren* (5.3 Define Scope) und *Projektstrukturplan erstellen* (5.4 Create WBS) ist die Detaillierung der Projektgesamtleistung.[1]

Eingangswerte der Prozesse sind u.a. Vorlagen und der Projektauftrag einschließlich der Leistungsbeschreibung. Ausgangswerte sind u.a. der Projektstrukturplan (PSP).[2] Dieser bricht Projektinhalt und -umfang in einzelne Liefergegenstände herunter, die während des Projektverlaufs erstellt werden müssen, um den Produktinhalt und -umfang zu erstellen. Als Werkzeuge und Methoden dient u.a. die Zerlegung.[3]

Wenn nicht bereits in einer vorhergehenden Projektphase ein Projektstrukturplan erstellt worden ist, kann auf eine Vorlage (Enterprise-Vorlage) zurückgegriffen werden. Gehen Sie dazu folgendermaßen vor:

1. Klicken Sie im Menüband auf die Registerkarte *Datei* und wählen Sie den Befehl *Neu*.

---

[1] Synonyme sind u.a. Projektarbeit sowie Projektinhalt und -umfang
[2] Vgl. PMBOK 2013, S. 120-132
[3] Bewährte Verfahren für die Strukturierung bzw. Zerlegung finden Sie z.B. im Buch »Practice Standard for Work Breakdown Structures« vom PMI (*http://www.holert.com/literatur*)

Abbildg. 1.12 Unternehmensvorlage auswählen

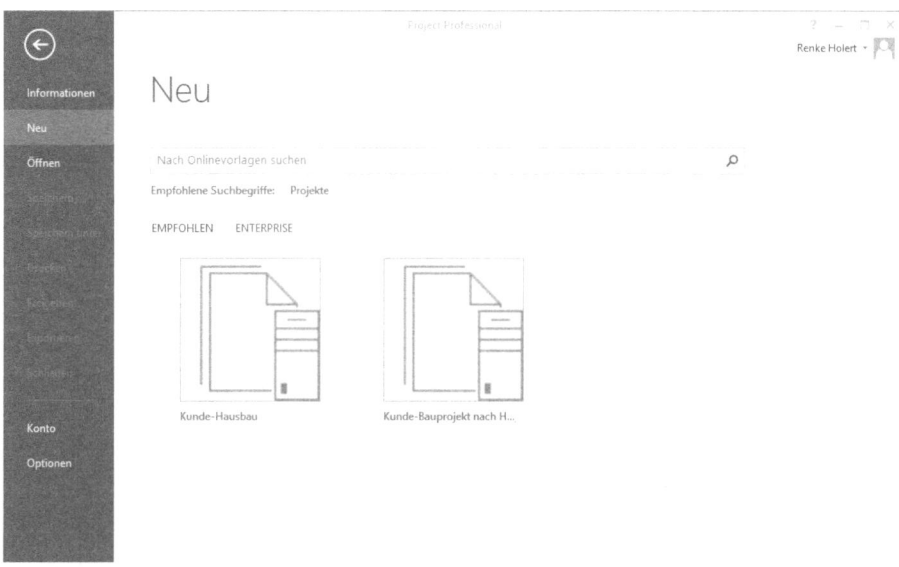

2. Klicken Sie auf *ENTERPRISE*.

3. Wählen Sie eine geeignete Vorlage aus und klicken dann auf die Schaltfläche *OK*.

> **HINWEIS** Project Server-Vorlagen sind zentral in Ihrer Project Server-Instanz gespeichert und stehen damit allen Projektleitern zur Verfügung. Typischerweise werden die Vorlagen vom Projektbüro bereitgestellt. Die Vorgehensweise zur Erstellung und Speicherung von Vorlagen ist in Kapitel 9 beschrieben.

Auf Basis der Vorlage oder eines aus einer früheren Phase vorliegenden Projektplanes überarbeiten Sie die bestehende Struktur der Projektarbeit (Zerlegung). Als Gliederungskriterium können Sie z.B. den Reifegrad des Produktes (Phase, Projektlebenszyklus) oder die Struktur des Produktes (Leistung, Objekt) verwenden. Die Auswahl des Strukturierungskriteriums hängt von der Art des Projekts ab. Die Detaillierungstiefe (Detaillierungsgrad) sollte so bemessen werden, dass eine angemessene Schätzung von Kosten und Dauer möglich ist.

In Project gibt es keine spezielle Projektstruktura-Ansicht. Es ist jedoch möglich die *Vorgangsliste* zu verwenden, die z.B. in den Gantt-Diagramm-Ansichten verfügbar und gliederbar ist. Die Darstellung ist somit nicht losgelöst von der Reihenfolge der später nach PMI zu definierenden Vorgänge. Sofern die Projektstruktur jedoch nach dem Reifegrad gebildet wird, wie in unserem Beispiel, stellt das keine Einschränkung dar. Wenn Sie jedoch die Projektstruktur objektorientiert ausprägen möchten, dann zeigen wir weiter unten, auf welche Art und Weise Sie dies umsetzen können.

Um die Vorgangsliste nach dem Reifegrad zu strukturieren (zu zerlegen), führen Sie folgende Schritte aus:

Abbildg. 1.13   Feststellen der Hauptliefergegenstände

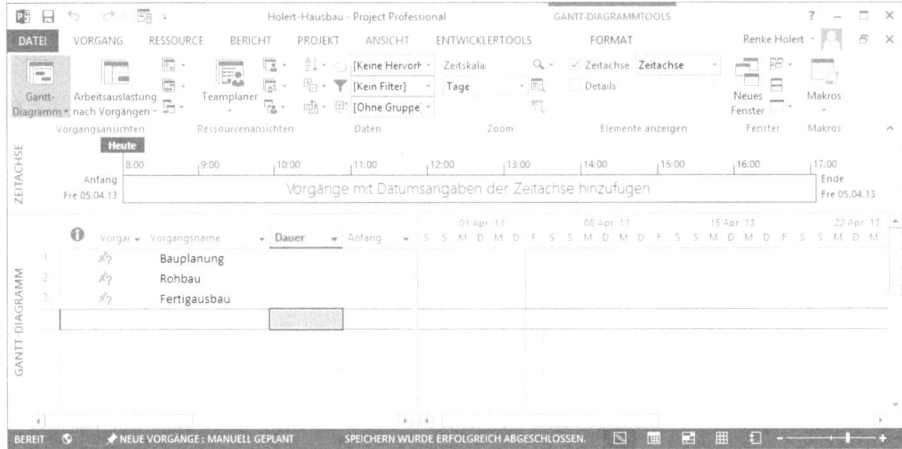

1. Wechseln Sie im Projektplan in die Ansicht *Gantt-Diagramm* (*Ansicht/Vorgangsansichten/ Gantt-Diagramm*).

HINWEIS   Standardmäßig werden Vorgänge mit dem Vorgangsmodus *Manuell geplant* angelegt. In diesem Modus werden nur die Daten angezeigt, die vom Benutzer eingegeben wurden und keine Daten aufgrund von anderen Einstellungen berechnet. Gerade im Prozess *Projektstrukturplan erstellen* (5.4 Create WBS) steigert dies die Übersichtlichkeit.

2. Geben Sie in der Spalte *Vorgangsname* die Hauptliefergegenstände ein.

TIPP   Wir empfehlen aus Gründen der Handhabbarkeit in Project, die Vorgangsliste chronologisch zu gliedern. In unserem Beispiel haben wir daher die Vorgänge der obersten Gliederungsebene entsprechend der Bauphasen »Bauplanung«, »Rohbau« und »Fertigausbau« angelegt.

3. Entscheiden Sie, ob im derzeitigen Detaillierungsgrad eine angemessene Schätzung der Kosten und der Dauer möglich ist. Falls dies nicht möglich ist, führen Sie Schritt 4 aus, andernfalls fahren Sie mit Schritt 6 fort.

ACHTUNG   Gliedern Sie den Plan nicht zu fein und beschreiben Sie dafür die Teilleistungen ausführlich im Notizfeld. Falls dieses nicht ausreicht, erstellen Sie ein weiteres Dokument, z.B. in Microsoft Word, das Sie mit dem entsprechenden Vorgang verknüpfen (siehe den Abschnitt »Initiierungsprozesse«).

Versuchen Sie zudem, Teilleistungen so zu definieren, dass Sie möglichst wenige Abhängigkeiten von anderen Teilleistungen haben. So vermeiden Sie bereits im Vorfeld eine schwer zu handhabende Komplexität.

Abbildg. 1.14 Untergliedern des Liefergegenstands

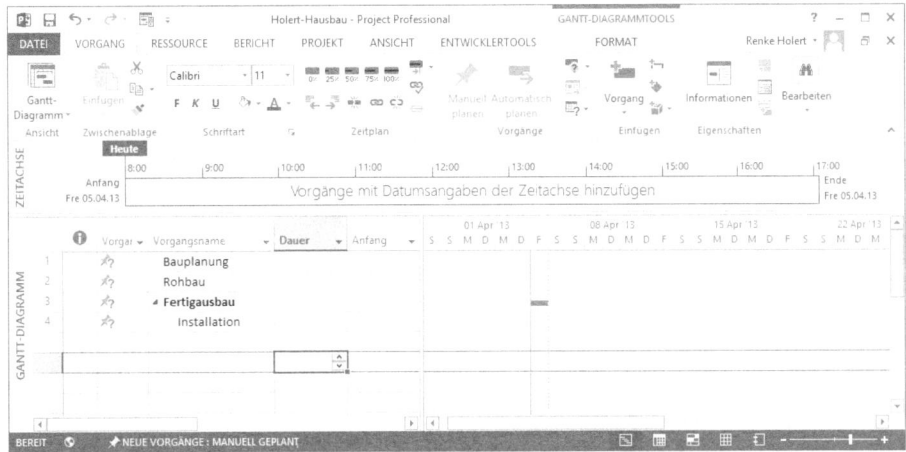

4. Fügen Sie neue Liefergegenstände ein (*Vorgang/Einfügen/Vorgang/Vorgang*).

5. Untergliedern Sie die neuen Liefergegenstände, indem Sie auf die nebenstehend gezeigte Schaltfläche *Vorgang tiefer stufen* (*Vorgang/Zeitplan*) klicken.

HINWEIS   Falls Ihnen beim Bearbeiten des Projektplans ein Fehler passiert ist, können Sie standardmäßig bis zu 20 Schritte rückgängig machen. Wählen Sie dazu das *Rückgängig* Symbol in der Symbolleiste für den Schnellzugriff aus. Sie können die Anzahl der Schritte bis auf 99 erhöhen (*Datei/Optionen/Erweitert/Allgemein/Ebenen rückgängig machen*). Mit dem Speichern des Projektplans verlieren Sie die Möglichkeit, Schritte zu widerrufen.

6. Prüfen Sie die Richtigkeit der Strukturierung. Stufen Sie ggf. Vorgänge hoch oder verschieben Sie diese.

TIPP   Mit dem Add-On *WBS Chart Pro* können Sie die Projektstruktur auch grafisch in Form von Kästchen analog zu einem Organigramm darstellen.[1]

Falls Sie für Ihr Projekt eine reine Strukturansicht z.B. nach dem Objekt benötigen, können Sie die Struktur durch einen Gliederungscode nachbilden und eine spezielle Ansicht schaffen, die hiernach gruppiert. Gehen Sie dazu folgendermaßen vor:

1. Wählen Sie die Registerkarte *Projekt* und dort in der Gruppe *Eigenschaften* den Befehl *Benutzerdefinierte Felder* aus.

ACHTUNG   Verwenden Sie kein Enterprise-Feld, da sonst die Struktur für alle Projekte, die in Ihrer Project Server-Instanz gespeichert sind, gleich definiert würde.

2. Wählen Sie im Feld *Typ* den Eintrag *Gliederungscode* aus.

3. Wählen Sie z.B. das Feld *Gliederungscode1* aus und benennen Sie dieses z.B. in *PSP* um.

---

[1] Vgl. *http://www.holert.com/wbschartpro*

HINWEIS   Sie können auch das Standardfeld *PSP-Code* (Registerkarte *Projekt* in der Gruppe *Eigenschaften/PSP-Code*) verwenden, allerdings bietet Ihnen dies nicht die Möglichkeit, eine Auswahlliste anzuzeigen.

4. Klicken Sie im Dialog *Benutzerdefinierte Felder* im Bereich *Benutzerdefinierte Eigenschaften* auf die Schaltfläche *Suchen*.

5. Klicken Sie auf die Plus-Schaltfläche vor dem Abschnitt *Codeformat (optional)* und anschließend auf die Schaltfläche *Format bearbeiten*.

6. Legen Sie z.B. für die Ebene 1 bis 2 als *Zeichenfolge* den Wert *Zeichen* an und klicken Sie auf die Schaltfläche *OK*.

Abbildg. 1.15   Definieren der Projektstruktur

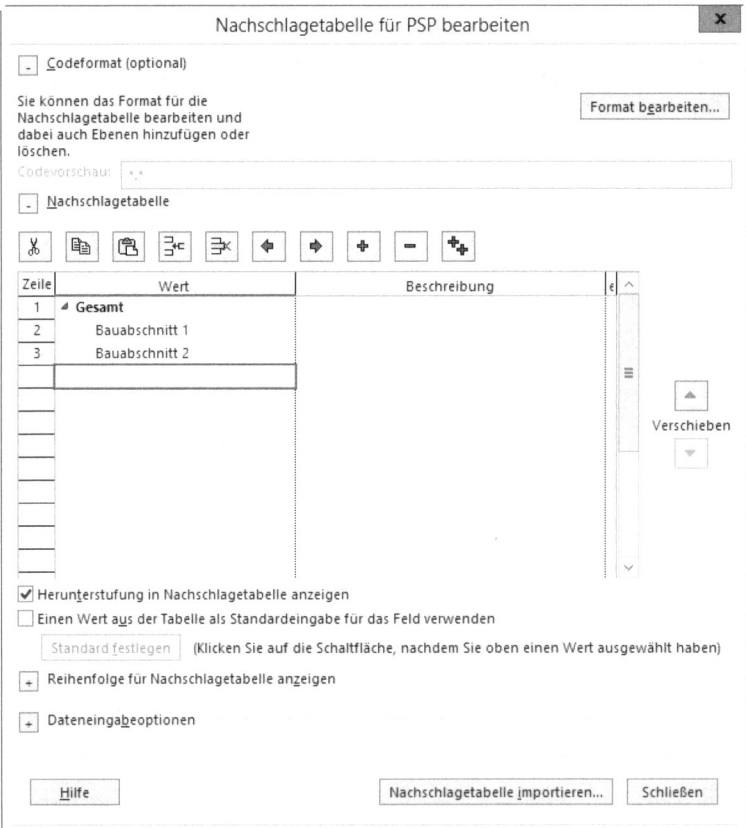

7. Klicken Sie – falls erforderlich – auf die Plus-Schaltfläche vor dem Abschnitt *Nachschlagetabelle* und geben Sie die Namen der Liefergegenstände hierarchisch ein (Abbildung 1.15).

8. Wenn Sie fertig sind, klicken Sie auf die Schaltfläche *Schließen* und danach auf die Schaltfläche *OK*.

9. Fügen Sie das Feld *PSP* in Ihre Tabelle ein (*Format/Spalten/Spalte einfügen*) und wählen Sie die passenden Liefergegenstände aus.

Zuweisen der Projektstruktur zu Liefergegenständen

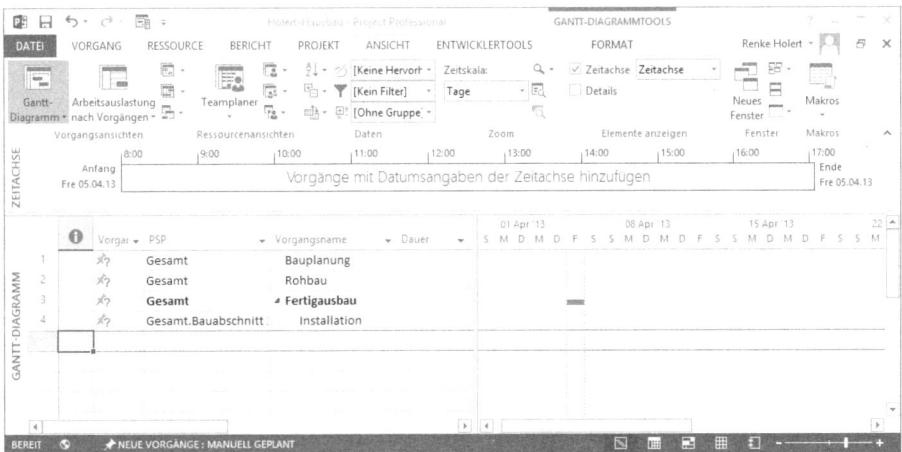

Darstellung der Projektstruktur

10. Erstellen Sie eine benutzerdefinierte Gruppierung (*Ansicht/Daten/Gruppieren nach/Neue Gruppe nach*), die nach dem Feld *PSP* gruppiert und wenden Sie diese an (Abbildung 1.17).

> **HINWEIS**   Mehr Informationen zum Erstellen von Gliederungscodes, Gruppierungen und Ansichten finden Sie in Kapitel 5 und Kapitel 9.

Zu wichtigen Liefergegenständen auf unterster Ebene (Arbeitspaketen) können Sie auch in der Projektwebsite Einträge in der Liste *Lieferumfang* erstellen. Diese Liste hilft Ihnen u.a. Abhängigkeiten zwischen Liefergegenständen innerhalb des Projekts und projektübergreifend darzustellen (siehe Kapitel 5).

Die ergebnisorientierte Darstellung nach Liefergegenständen erleichtert die Definition und Ausführung der Vorgänge.

Vorgänge festlegen, Vorgangsfolge festlegen, Ressourcen für Vorgänge schätzen, Vorgangsdauer schätzen und Terminplan entwickeln

Auf Basis des detaillierten Projektstrukturplans wird jetzt für jeden Liefergegenstand auf unterster Ebene (Arbeitspaket) ermittelt, welche Vorgänge notwendig sind, um diesen zu erstellen. Ziel ist es u.a. eine präzisere Aussage zu treffen, wie lange das Projekt dauert. Hierzu sind in Project folgende Schritte notwendig:

- *Vorgänge festlegen* (6.2)

- *Vorgangsfolge festlegen* (6.3)

- *Ressourcen für Vorgänge schätzen*[1] (6.4)

- *Vorgangsdauer schätzen* (6.5)

- *Terminplan entwickeln* (6.6)

Vorgänge festlegen

Die zur Erbringung der Liefergegenstände notwendigen Vorgänge werden im Rahmen des Prozesses *Vorgänge festlegen* (6.2 Define Activities) als Teilvorgänge unterhalb der Liefergegenstände gebildet werden.[2] Gehen Sie dazu folgendermaßen vor:

Abbildg. 1.18   Definieren von Vorgängen

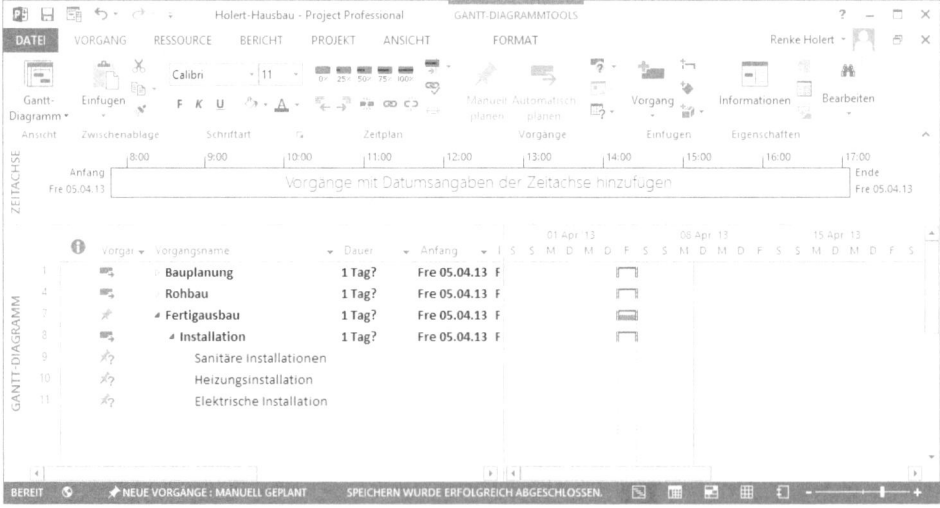

1. Fügen Sie neue Vorgänge unter dem entsprechenden Liefergegenstand ein.

---

[1] In der deutschen Übersetzung des PMBOK Guide wird der Begriff »Einsatzmittel« für den englischen Begriff »Resource« verwendet. In der deutschen Version Project wird ausschließlich der Begriff »Ressource« verwendet. Zur Vermeidung der Terminologievarianz verwenden wir in diesem Buch darum ausschließlich den Begriff »Ressource«.

[2] Vgl. PMBOK 2013, S.149-153

2. Rücken Sie diese nach rechts ein, indem Sie wie beim Untergliedern bereits beschrieben vorgehen. Der Liefergegenstand wird damit zu einem Sammelvorgang.

Es ist nicht in jedem Projekt erforderlich, dass alle bzw. überhaupt Liefergegenstände in Vorgänge aufgeschlüsselt werden. Das ist zum Beispiel dann nicht erforderlich, wenn Liefergegenstande an Subunternehmer vergeben werden, die ihrerseits ein eigenes Projektmanagement haben. Die grobe Empfehlung lautet, die Vorgänge so zu definieren, dass der Aufwand für eine Ressource oder Ressourcengruppe leicht überschaubar ist und – sofern sinnvoll – nicht unter drei Personentagen liegt. Ausnahmen hiervon sind z.B. wichtige Präsentationen, Besprechungen und Einarbeitung von Mitarbeitern, bei denen mehrere Ressourcen an einem Vorgang arbeiten.

Handelt es sich um ein sehr großes Projekt, bei dem der Projektleiter durch Teilprojektleiter unterstützt wird, können auch Teilprojektpläne gebildet werden. Maßstab für die Größe eines Projektplanes ist die Überschaubarkeit für eine Person.

HINWEIS   Sie können mehrere Teilprojektpläne in einem Gesamtprojektplan (*Hauptprojekt*) zusammenfassen (siehe Kapitel 5, Abschnitt »Multiprojektmanagement«).

WICHTIG   Der Projektleiter ist der »Eigentümer« seines Projektplanes und nur er darf diesen bearbeiten, sonst verliert er das Vertrauen in das Dokument. Schließlich hinterlegt er seine Zusagen im Projektplan, an denen er später gemessen werden wird. Lesen dürfen und sollen den Projektplan selbstverständlich möglichst alle Projektbeteiligten (Stakeholders). Das Lesen ist z.B. über die Project Web App von Project Server möglich, wie in Kapitel 2 und Kapitel 3 für Ressourcenmanager sowie Kapitel 4 für Führungskräfte beschrieben wird.

BESSER IN 2013   In dieser Version wurden die Fähigkeiten zur Bearbeitung von Projektplänen in der Project Web App erweitert. Zu den Neuerungen gehören, u.a. Unterstützung von Material- und Kostenressourcen, Stichtagen, Vorgangsart Feste Arbeit, Basispläne und Zuordnungen. Weiterhin ist es jedoch nicht möglich, periodenbezogen Daten einzugeben, Ressourcen abzugleichen etc. Zudem gibt es viele Komfort-Einschränkungen, wie z.B. fehlende Ansichten und Bildschirmteilung. Im Vergleich zur Project Pro ist die Webvariante eine Alternative für Gelegenheitsnutzer, jedoch insbesondere aufgrund der langsameren Reaktionszeit und des eingeschränkten Funktionsumfangs zurzeit keine echte Alternative für einen Projektleiter mit den hier beschriebenen Aufgaben.

Vorgangsfolge festlegen

Im Anschluss an den Prozess *Vorgänge festlegen* folgt der Prozess *Vorgangsfolge festlegen* (6.3 Sequence Activities).[1] Ziel ist es, ein Modell der Realität im Projektplan abzubilden. Es sollten nur die Abhängigkeiten aufgenommen werden, die unabdingbaren Einfluss auf den Ablauf haben, wie z.B. bei unserem Hausbau-Projekt, wo erst mit »Mauerwerk und Stahlbetondecken« begonnen werden kann, wenn die Erstellung der »Fundamente« abgeschlossen ist (Zwingende Abhängigkeiten). Fügen Sie nur in Ausnahmefällen Verknüpfungen aus anderen Gründen ein; fügen Sie insbesondere keine Verknüpfungen ein, um sequentielle Abarbeitung von Vorgängen aufgrund von wahrscheinlich erachteten Ressourcenengpässen widerzuspiegeln. Externe Abhängigkeiten können Sie in Project über *projektübergreifende Verknüpfungen* oder *Abhängigkeiten zwischen Lieferumfängen* realisieren (siehe Kapitel 5).

---

[1] Vgl. PMBOK 2013, S. 153-160

> **TIPP**   Wir empfehlen *projektübergreifende Verknüpfungen* nicht als harte Verknüpfung (Hard Link), sondern als weiche Verknüpfung festzulegen (Soft Link), sodass der Projektleiter nur über etwaige Terminkonflikte informiert wird, sich die Vorgänge im Projektplan jedoch nicht automatisch verschieben (informatorische Verkettung).

> **ACHTUNG**   Bewahren Sie beim Einfügen von Verknüpfungen die Kapselung der einzelnen Projektphasen, vermeiden Sie insbesondere Verknüpfungen zwischen Teilvorgängen unterschiedlicher Phasen. Wenn Ihnen diese unabdingbar erscheinen, ist das ein Hinweis für eine nicht optimale Strukturierung der Vorgangsliste, die ggf. aus einem nicht optimalen Projektstrukturplan resultiert.

Legen Sie vor dem Verknüpfen für alle Vorgänge den Vorgangsmodus auf *Automatisch geplant* fest, damit die Vorgänge entsprechend der Vorgangsfolgen von Project berechnet werden. Führen Sie dazu folgende Schritte aus:

1. Markieren Sie dazu alle Vorgänge, indem Sie auf die obere rechte Ecke der Tabelle klicken.
2. Klicken Sie dann im Menüband auf der Registerkarte *Vorgang* in der Gruppe *Vorgänge* auf die Schaltfläche *Automatisch planen*.

Automatisch planen

Um neue Verknüpfungen zu erstellen oder aus früheren Phasen bestehende Verknüpfungen anzupassen, gehen Sie folgendermaßen vor:

Abbildg. 1.19   Festlegen der Vorgangsfolgen

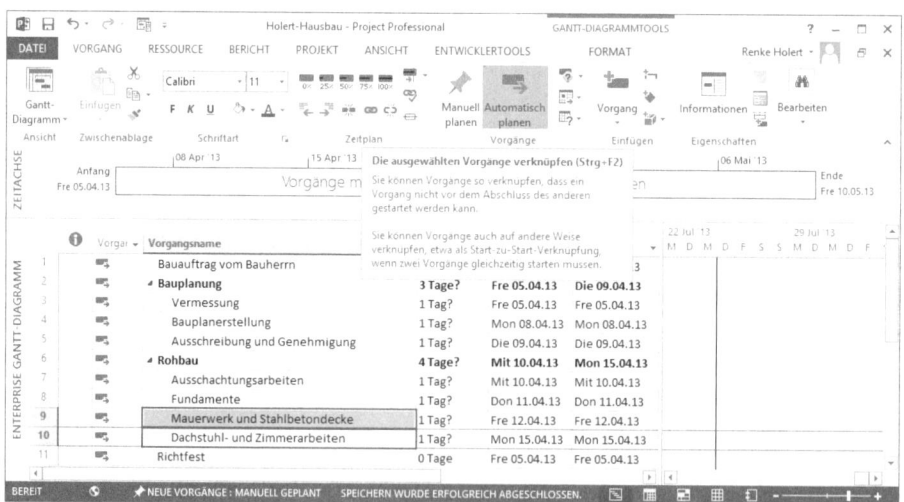

1. Markieren Sie den Vorgänger, indem Sie mit der linken Maustaste auf den Vorgang in der Tabelle klicken.
2. Halten Sie die [Strg]-Taste gedrückt und klicken Sie auf den Nachfolger (Abbildung 1.19).
3. Verknüpfen Sie die Vorgänge, indem Sie in der Registerkarte *Vorgang* in der Gruppe *Zeitplan* auf die Schaltfläche *Die ausgewählten Vorgänge verknüpfen* klicken, wie nebenstehend abgebildet.

4. Lösen Sie Verknüpfungen, indem Sie auf die Schaltfläche *Vorgangsverknüpfung rückgängig machen* klicken, wie nebenstehend abgebildet.

5. Fügen Sie ggf. auch Meilensteine in die Vorgangfolgen ein. Meilensteine sind wichtige Ereignisse, die besonders überwacht werden sollen. Ein Meilenstein in Project ist ein Vorgang mit der Dauer von 0 Tagen.

In besonderen Fällen, wie z.B. beim Simultaneous Engineering oder bei extremem Zeitdruck kann durch Überlappung, also negative Zeitabstände zwischen den Vorgängen, ein Kompromiss zwischen konfliktfreier Abwicklung und Projektbeschleunigung erreicht werden.

Ressourcen für Vorgänge schätzen

Ziel des Prozesses *Ressourcen für Vorgänge schätzen* (6.4 Estimate Activity Resources) ist es zu ermitteln, welche Ressourcen in welchem Umfang und in welchen Zeiträumen benötigt werden (Ressourcenbedarf). Dieser Prozess wird oft auch Aufwandschätzung genannt.

Der *Ressourcenbedarf* (6.4.3.1 Activity Resource Requirements) kann auf Grundlage der Vorgangsliste unter Berücksichtigung der Ressourcenkalender, also der Ressourcenverfügbarkeit ermittelt werden. Ausgangswerte sind der Ressourcenbedarf und die Aktualisierungen der Ressourcenkalender. Als Werkzeuge und Methoden können Sie das Urteil von Fachexperten einsetzen.

Je nach Phase des Projekts können Sie zunächst mit Unterstützung eines Experten alle Vorgänge bewerten. Ermitteln Sie, welche Qualifikationen überhaupt benötigt werden. Legen Sie generische Ressourcen im Projektplan an oder lassen Sie generische Enterprise-Ressourcen auf dem Project Server von Ihrem Ressourcen-Manager anlegen (siehe Kapitel 3, Abschnitt »Management des Ressourcenpools« und Kapitel 9, Abschnitt »Ressourceneigenschaften/Unternehmensressourcenpool«). Weisen Sie dann diese generischen Ressourcen den entsprechenden Vorgängen zu. In einer späteren Phase können Sie geeignete und verfügbare natürliche Ressourcen auswählen und mit diesen die generischen Ressourcen ersetzen.

Um infrage kommende generische Ressourcen auszuwählen, gehen Sie in Project folgendermaßen vor:

1. Überprüfen Sie jeden Vorgang in der Vorgangsliste und ermitteln Sie, welche Qualifikation eine Ressource benötigt, um diesen auszuführen.

2. Zeigen Sie alle bereits definierten Ressourcenqualifikationen an, indem Sie auf die Registerkarte *Ressource* in der Gruppe *Einfügen* im Dropdown-Listenfeld *Ressourcen hinzufügen* den Eintrag *Team von Unternehmensmitarbeitern zusammenstellen* (Teambuilder) auswählen.

3. Um alle vorhandenen Qualifikationen (generische Ressourcen) anzuzeigen, klicken Sie auf den Pfeil des Dropdown-Listenfelds *Gruppieren nach* und wählen Sie den Eintrag *Generisch* aus.

4. Wählen Sie alle infrage kommenden generischen Ressourcen in der linken Fensterhälfte aus (Mehrfachauswahl durch Halten der [Strg]-Taste) und klicken Sie auf die Schaltfläche *Hinzufügen*, um diese für Ihr Projekt auswählbar zu machen. Klicken Sie auf die Schaltfläche *OK*, um die Auswahl zu übernehmen.

Abbildg. 1.20   Auswählen der infrage kommenden Qualifikationen

5. Falls von Ihnen benötigte Qualifikationen als generische Ressourcen nicht im Enterprise-Ressourcenpool vorhanden sind, senden Sie eine E-Mail an Ihren Ressourcen-Manager mit der Bitte, diese anzulegen (siehe Kapitel 3, Abschnitt »Management des Ressourcenpools«).

Anschließend definieren Sie auf folgende Art und Weise für jeden Vorgang den Ressourcenbedarf nach Arbeit und benötigter Ressource:

1. Wählen Sie den Vorgang in der Vorgangsliste aus.

Abbildg. 1.21   Zuordnen der benötigten Qualifikation zu den Vorgängen

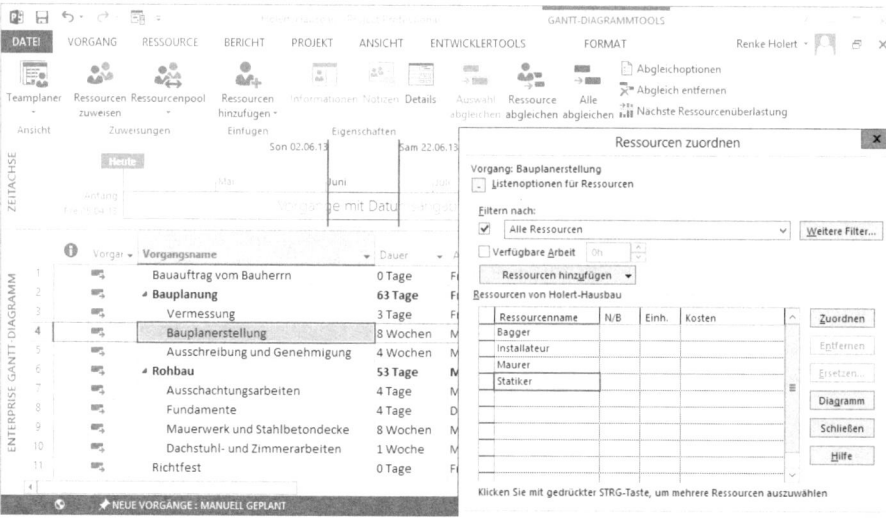

2. Schätzen Sie den Ressourcenbedarf in Personentagen (*Arbeit*). Geben Sie den Wert z.B. in der Einheit w für Woche in der Spalte *Dauer* ein.[1] Bei der nachfolgenden Zuordnung mit 100% wird entsprechend der Wert im Feld *Arbeit* errechnet (siehe die Erläuterungen im folgenden Kasten).

3. Rufen Sie das Dialogfeld *Ressourcen zuweisen* auf, indem Sie auf das nebenstehend abgebildete Symbol im Menüband auf der Registerkarte *Ressource* in der Befehlsgruppe *Zuweisungen* klicken. Das Dialogfeld kann während der weiteren Zuordnungen geöffnet bleiben.

4. Wählen Sie die generische Ressource aus, für die Sie die Schätzung erstellt haben, und klicken Sie auf die Schaltfläche *Zuordnen*.

Verhalten im Vorgangsmodus *Automatisch berechnen* beim Erstellen und Ändern von Zuordnungen

Project verhält sich beim ersten Zuordnen anders als bei allen weiteren Zuordnungen. Mit dem ersten Zuordnen definieren Sie die Arbeit. Änderungen an den *Zuordnungseinheiten* sind auch bei der Vorgangsart *Feste Einheiten* erlaubt und haben den gleichen Effekt wie bei der Vorgangsart *Feste Arbeit*. D.h. der Vorgang ändert seine Dauer.

> **HINWEIS**   In vielen Dialogfeldern wird das Feld *Zuordnungseinheiten* aus Platzgründen nur mit der Kurzform *Einheiten* oder *Einh.* beschriftet.

Standardmäßig wird auch das Zuordnen weiterer Ressourcen als Erhöhung der Zuordnungseinheiten gewertet und führt dazu, dass sich die Dauer des Vorgangs verkürzt. Für diesen Fall lässt sich dieses Verhalten jedoch ausschalten, indem man die Eigenschaft *Leistungsgesteuert* des jeweiligen Vorgangs deaktiviert. Die Eigenschaft *Leistungsgesteuert* können Sie z.B. über das Dialogfeld *Informationen zum Vorgang* auf der Registerkarte *Erweitert* setzen.

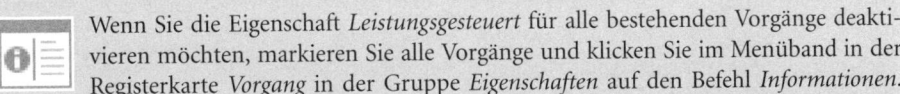 Wenn Sie die Eigenschaft *Leistungsgesteuert* für alle bestehenden Vorgänge deaktivieren möchten, markieren Sie alle Vorgänge und klicken Sie im Menüband in der Registerkarte *Vorgang* in der Gruppe *Eigenschaften* auf den Befehl *Informationen*. Deaktivieren Sie im Dialogfeld *Informationen zum Vorgang* das Kontrollkästchen *Leistungssteuerung*. Sie können die Eigenschaft *Leistungsgesteuert* auch für alle neuen Vorgänge deaktivieren. Die Einstellung *Neue Vorgänge sind leistungsgesteuert* finden Sie unter der Registerkarte *Datei/Optionen/Terminplanung* im Bereich *Planungsoptionen für dieses Projekt*. Ihr Administrator kann diese Option auch standardmäßig für Ihre Project-Installation deaktivieren oder Ihre Projektvorlagen entsprechend anpassen (siehe Kapitel 9, Abschnitt »Projekteinstellungen/Optionen«).

Zuordnungen haben immer drei Parameter, und zwar die *Arbeit*, die geleistet wird, die Anzahl der zugeordneten *Zuordnungseinheiten* und die *Dauer*, die sich daraus ergibt. Je nach dem, welchen Parameter Sie ändern und welcher als fix über die Vorgangsart definiert ist, ändert sich der dritte. Nach dem Zuordnen von Ressourcen zu einem Vorgang berechnet Project die Größen immer entsprechend des physikalischen Zusammenhangs $W = P * t$ nach der Formel: *Arbeit = Zuordnungseinheiten * Dauer*.

---

[1]   Weitere Einheiten sind *m* für Monat, *t* für Tag, h für Stunde und *min* für Minute.

Einfluss hierauf haben die Vorgangsart und die Leistungssteuerung. Die *Vorgangsart* legt fest, welche der Größen in dieser Formel als fix angenommen wird. Die Vorgangsart *Feste Arbeit* fixiert z.B. die Arbeit und ändert die Dauer, wenn Sie die Einheiten verändern. Die *Leistungssteuerung* wirkt sich nur aus, wenn Sie mehr als eine Ressource einem Vorgang zuordnen. Wenn Sie beim ersten Zuordnen gleichzeitig mehrere Ressourcen zuordnen, wirkt sich die Leistungssteuerung auch nicht aus. Ist sie aktiviert, wird unter der Prämisse, dass die Vorgangsart *Feste Einheiten* ist, die Arbeit bei der Zuordnung einer weiteren Ressource als konstant angenommen und die Dauer des Vorgangs entsprechend der Formel angepasst. Hieraus ergeben sich in Project fünf verschiedene Verhaltensweisen.

Sofern Sie die Zuordnungseinheiten nicht manuell ändern, sondern diese durch Project berechnet werden, wird das Feld *Zuordnungseinheiten* nicht mehr automatisch aktualisiert, sondern zeigt den zuletzt manuell eingegeben Wert. Den aktuellen Wert finden Sie dann im Feld *Höchstwert*.

TIPP   Überprüfen Sie nach dem Zuordnen immer, ob das, was Sie gerade getan haben, dem entspricht, was Sie wollten. Dies können Sie anhand der o.g. drei Parameter erledigen. Sollten Sie einmal durcheinander geraten, entfernen Sie die Zuordnung der Ressourcen, stellen Sie die ursprüngliche Dauer wieder her und ordnen dann die Ressourcen erneut zu. Die Feld *Arbeit* können Sie u.a. anzeigen, indem Sie auf der Registerkarte *Ansicht* in der Befehlsgruppe *Elemente anzeigen* das Kontrollkästchen *Details* aktivieren.

Abbildg. 1.22   Überprüfen der Zuordnungsänderung über die Aktionsschaltfläche

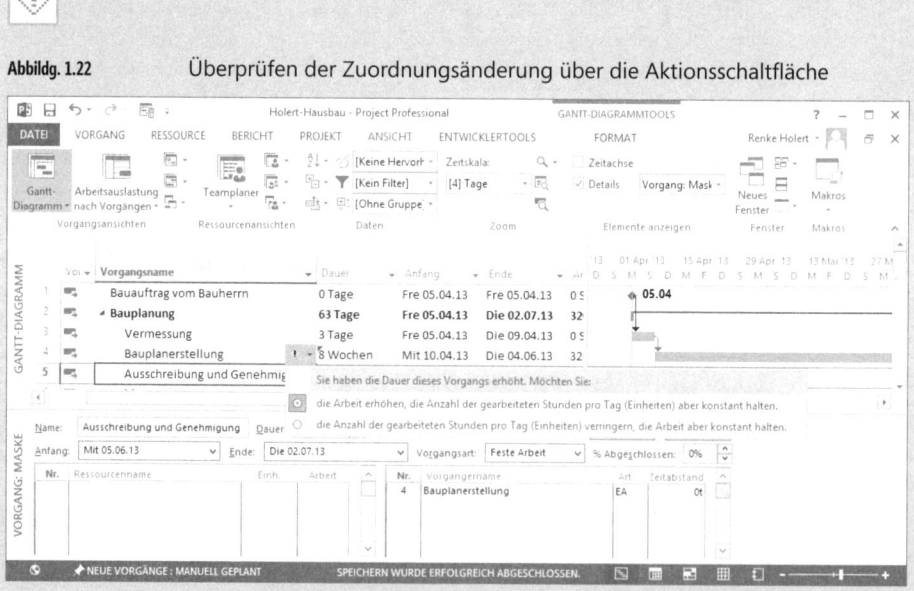

Project zeigt nach der Änderung der Ressourcenzuordnung einen Smarttag, der nachfragt, ob die daraus resultierende Änderung der übrigen Parameter Ihrer Absicht entspricht und schlägt Alternativen vor (vgl. Abbildung 1.22).

Alle durch die gerade vorgenommene Aktion geänderten Zellen werden farbig hinterlegt. (*Änderungshervorhebung*).

ACHTUNG Voraussetzung für eine verlässliche Information über die Ressourcenverfügbarkeit ist, dass die Ressourcen alle projekt- und nicht projektbezogenen Tätigkeiten, wie z.B. Urlaub, Krankheit, Besprechungen, Wartung usw. mit Project erfassen (siehe in Kapitel 2 den Abschnitt »Abwesenheit durch Urlaub, Krankheit oder andere nicht projektbezogene Tätigkeiten zurückmelden«, in Kapitel 3 den Abschnitt »Management von Abwesenheitszeiten und anderen nicht projektbezogenen Zeiten« sowie in Kapitel 9 die Abschnitte »Sonderprojekte« und »Administrative Zeit«.

Durch die Zuweisung der generischen Ressourcen zu den Vorgängen errechnet Project automatisch den Gesamtbedarf für jede Qualifikation. Je nach Anforderung kann es jedoch nötig sein, auch den Ressourcenbedarf weiter zu konkretisieren.

Um richtig qualifizierte und zudem verfügbare natürliche Ressourcen für das Projekt auszuwählen, gehen Sie folgendermaßen vor:

1. Öffnen Sie das Dialogfeld *Team zusammenstellen*, indem Sie auf der Registerkarte *Ressource* in der Gruppe *Einfügen* im Dropdown-Listenfeld *Ressourcen hinzufügen* den Eintrag *Team aus Unternehmen zusammenstellen* auswählen.

2. Wählen Sie in der rechten Hälfte des Dialogfelds die benötigte Qualifikation aus und klicken Sie auf die Schaltfläche *Zuordnen*, um alle entsprechend qualifizierten Ressourcen anzuzeigen.

Abbildg. 1.23   Auswählen geeigneter und verfügbarer Ressourcen

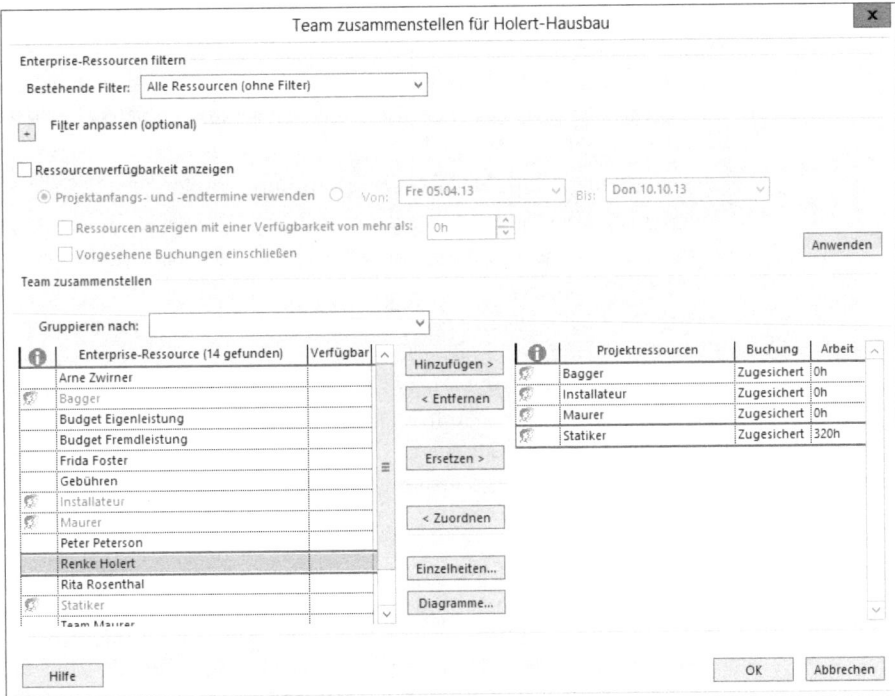

3. Aktivieren Sie das Kontrollkästchen *Ressourcenverfügbarkeit anzeigen* und klicken Sie auf die Schaltfläche *Anwenden*.

4. Lesen Sie in der Spalte *Verfügbar* die Restkapazität der Ressource während der gesamten Projektlaufzeit ab. Sie können den Zeitraum auch weiter einschränken, indem Sie die Felder *Von* und *Bis* entsprechend anpassen.

5. Wählen Sie ggf. weitere Kriterien über Filter aus, um nur Ressourcen eines bestimmten Standortes anzuzeigen.

6. Um die gewünschte Enterprise-Ressource in das Projektteam zu übernehmen, wählen Sie in der linken Hälfte des Dialogfelds die betreffende Ressource aus und klicken Sie auf die Schaltfläche *Hinzufügen*.

> **HINWEIS**   Für den Fall, dass Sie alle Vorgänge, die einer bestimmten Ressource zugewiesen sind, durch eine spezielle natürliche Ressource ersetzen möchten, klicken Sie stattdessen auf die Schaltfläche *Ersetzen*.

7. Wiederholen Sie diese Schritte für jede benötigte Qualifikation.

Sie können Ihr Projektteam auch durch Nicht-Enterprise-Ressourcen, sogenannte *lokale Ressourcen*, ergänzen, in dem Sie den Ressourcennamen in der Ansicht *Ressource: Tabelle* in das Projektteam aufnehmen (*Ansicht/Ressourcenansichten/Ressource: Tabelle*).

> **HINWEIS**   Andere Wege zur Darstellung der Verfügbarkeit finden Sie auch in Kapitel 3 in den Abschnitten »Personalbedarfsplan entwickeln« und »Notwendigkeit für Umdisponierung erkennen«.

Nachdem Sie passende natürliche Ressourcen ausgewählt und hieraus Ihr Projektteam zusammengestellt haben, ordnen Sie diese den einzelnen Vorgängen zu, um hierdurch die Planung zu verfeinern. Wenn Sie bei der Zuordnung unter Berücksichtigung der Qualifikation auch die Verfügbarkeit beachten, reduzieren Sie den Umfang eines im Rahmen des Prozesses *Terminplan entwickeln* nötigen Kapazitätsabgleich.

Für die Zuordnung führen Sie folgende Schritte aus:

1. Markieren Sie den ersten Vorgang mit der Maus z.B. in einer Balkendiagramm-Ansicht.

2. Öffnen Sie das Dialogfeld *Ressourcen zuordnen* wie oben beschrieben (*Ressource/Zuweisungen/Ressourcen zuweisen*).

3. Zeigen Sie die *Listenoptionen für Ressourcen* an, indem Sie auf die *Plus-Schaltfläche* klicken. Es erscheint dann u.a. ein Filterfeld.

4. Wählen Sie im Feld *Filtern nach:* den Enterprise-Filter *Qualifikation* aus. Dieser Filter ist nicht Bestandteil des Lieferumfangs von Project. In Kapitel 9 ist beschrieben, wie Sie diesen unternehmensweit bereitstellen.

5. Wählen Sie im Dialogfeld *Qualifikation* die benötigte Qualifikation aus und klicken Sie auf die Schaltfläche *OK*.

> **HINWEIS**   Sie können im Zuordnungsdialog nicht die Verfügbarkeit der infrage kommenden Ressource erkennen. Stattdessen können Sie generische durch natürliche Ressourcen im Rahmen dieses Prozesses ersetzen oder im Rahmen des nachfolgenden Prozesses *Terminplan entwickeln* mit dem Teamplaner gemeinsam durchführen. Zum anderen können Sie alternativ z.B. die Ressourcenverfügbarkeit im Ressourcencenter der Project Web App anzeigen oder bei Einsatz von Allocatus (siehe Kapitel 13, Abschnitt »Allocatus« sowie *http://www.allocatus.com*) den Outlook- oder Lotus Notes-Kalender der entsprechenden Ressourcen hierfür heranziehen.

Abbildg. 1.24   Generische Ressourcen ersetzen

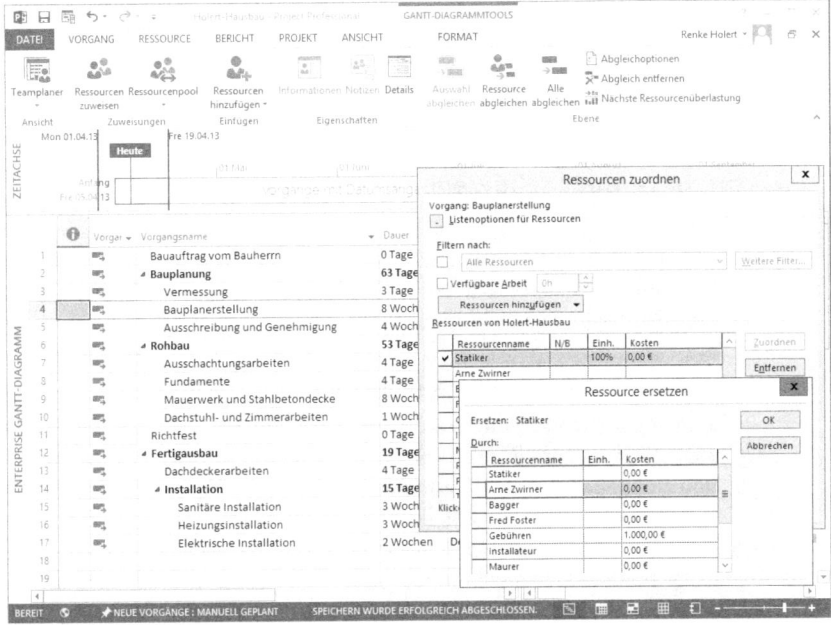

ACHTUNG   Verwenden Sie zum Ersetzen von Ressourcen immer den Zuordnungsdialog und nicht die Spalte *Ressourcennamen*. Nur so ist sichergestellt, dass die Zuordnungsinformationen wie z.B. Basisplanwerte erhalten bleiben.

6. Wenn Sie eine passende Ressource gefunden haben, wählen Sie die zugewiesene generische Ressource aus und klicken Sie auf die Schaltfläche *Ersetzen* (Abbildung 1.24).

7. Wählen Sie nun die natürliche Ressource und klicken auf die Schaltfläche *OK*, um den Ersetzungsvorgang abzuschließen.

Abbildg. 1.25   Anzeige der Diskrepanz zwischen Ressourcenbedarf und Ressourcenverfügbarkeit

Für den Fall, dass durch die Zuordnung eine Ressourcenüberlastung entsteht, wird dies in der Indikatorspalte durch eine kleine rote Person angezeigt (Abbildung 1.25).

HINWEIS Das Hinweissymbol in der Indikatorspalte zeigt immer dann eine Überlastung an, wenn die Kapazität der Ressource pro definierter Zeiteinheit überschritten ist. Der Standardwert ist Tag. Sie können die Empfindlichkeit der Warnfunktion frei festlegen, und zwar über die Abgleichoptionen (*Ressource/Ebene/Abgleichoptionen/Abgleichsberechnung/Abgleichen von Überlastungen pro <Zeiteinheit>*)

Vorgangsdauer schätzen

Nachdem die Vorgänge definiert und in eine logische Reihenfolge gebracht wurden, sowie ihr Ressourcenbedarf geschätzt wurde, folgt der Prozess *Vorgangsdauer schätzen* (6.5 Estimate Activity Duration).[1] Ziel ist es, u.a. auf Grundlage des Ressourcenbedarfs und der Ressourcenkalender für jeden Vorgang die voraussichtliche Dauer zu ermitteln bzw. festzulegen. Als Methoden und Werkzeuge können hierfür u.a. das Fachurteil von den später ausführenden Ressourcen und die Analyse der Reserven eingesetzt werden.

Durch die Zuordnung der Ressourcen zu einem Vorgang berechnet Project automatisch die Vorgangsdauer anhand des Ressourcenkalenders, d.h. die Arbeit wird automatisch an arbeitsfreien Tagen unterbrochen, was sich auf den Endtermin des Vorgangs auswirkt. Arbeitsfreie Tage im Ressourcenkalender spiegeln z.B. Feiertage wider und je nach Konfiguration auch andere Abwesenheitszeiten, wie Urlaub oder Krankheit.

ACHTUNG Wenn durch den Ressourcenkalender die Arbeit unterbrochen wird, ändert sich das Feld *Dauer* jedoch nicht, da dieses Feld nur die Dauer der Arbeitszeit und nicht die Kalenderzeit wiedergibt. Auch wird der Vorgang nicht als unterbrochen im Kalender dargestellt. Sie können die Unterbrechung am einfachsten in der Ansicht *Vorgang: Einsatz* ablesen.

Belegungen durch andere Projekte oder auch Sonderprojekte, die ebenfalls Abwesenheitszeiten abbilden können, führen in der Standardeinstellung nicht automatisch zu Unterbrechungen oder zu Verschiebungen. D.h. Terminkonflikte werden als Überlastungen nur angezeigt und können dann manuell oder automatisch durch den Kapazitätsabgleich bereinigt werden, um die Dauer des Vorgangs zu ermitteln. Die Überlastung selbst wird u.a. in der Indikatorspalte den Balkendiagrammansichten durch ein rotes Personensymbol (Abbildung 1.25) und in der Ansicht *Ressource: Einsatz* durch ein gelbes Karosymbol mit Ausrufezeichen angezeigt.

Mehr hierzu finden Sie auch im nachfolgenden Prozess »Terminplan entwickeln« und in Kapitel 3 im Abschnitt »Notwendigkeit für Umdisponierungen erkennen« sowie Kapitel 9 in den Abschnitten »Sonderprojekte« und »Administrative Zeit«.

HINWEIS Wenn Sie das Fachurteil der Projektmitarbeiter einholen und das Feld *Dauer* anpassen, wird dabei je nach Einstellung die Arbeit und damit der Ressourcenbedarf neu berechnet, was u.U. nicht beabsichtigt ist (siehe den Kasten oben).

Um auszudrücken, dass der Vorgang länger in der Kalenderzeit dauert, da nicht durchgängig mit vollem Einsatz an diesem gearbeitet wird, unterbrechen Sie ggf. den Vorgang oder erstellen stattdessen einen periodischen Vorgang. Vermeiden Sie prozentuale Zuordnungen, da hierdurch u.a. der Abgleich und damit die optimale Nutzung der Ressourcenkapazität erschwert wird.

---

[1] Vgl. PMBOK 2013, S. 165-172

Um spätere Terminverschiebungen zu minimieren, ist es sinnvoll, Puffer einzuplanen. Im Rahmen der Analyse der Reserve können Sie z.B. nachfolgende Vorgänge verschieben, sodass hierdurch ein Puffer entsteht (siehe auch den nachfolgenden Abschnitt).

TIPP   Wenn Ihnen noch keine ausreichend genaue Schätzung vorliegt, kann das durch die Vorgangseigenschaft *Geschätzt* deutlich gemacht werden, die dann ein Fragezeichen hinter dem Zahlenwert anzeigt. Diese Eigenschaft kann über das Dialogfeld *Informationen zum Vorgang* festgelegt werden, welches über einen Doppelklick auf den Vorgang aufgerufen wird.

Terminplan entwickeln

Das bisherige Ergebnis des Terminplans wird bezüglich des Fertigstellungstermins nach aller Voraussicht nicht den Kundenwünschen entsprechen. Zudem sind nicht alle äußeren Faktoren berücksichtigt worden, die Einfluss auf den Projektverlauf haben. Ziel des Prozesses *Terminplan entwickeln* (6.6 Develop Schedule) ist es nun, den Terminplan weiter auszuarbeiten, damit dieser die äußeren Einflussfaktoren berücksichtigt und genehmigt werden kann.[1] Methoden und Werkzeuge sind u.a. die Verdichtung des Terminplans, Anwendung von Vor- und Nachlaufzeiten, der Einsatz von Kalendern[2] und der Kapazitätsabgleich.[3] Daneben empfehlen wir, Phasen durch das Setzen von Termineinschränkungen zu entkoppeln und externe Termine als Stichtage zu hinterlegen.

Abbildg. 1.26   Anordnungsbeziehung

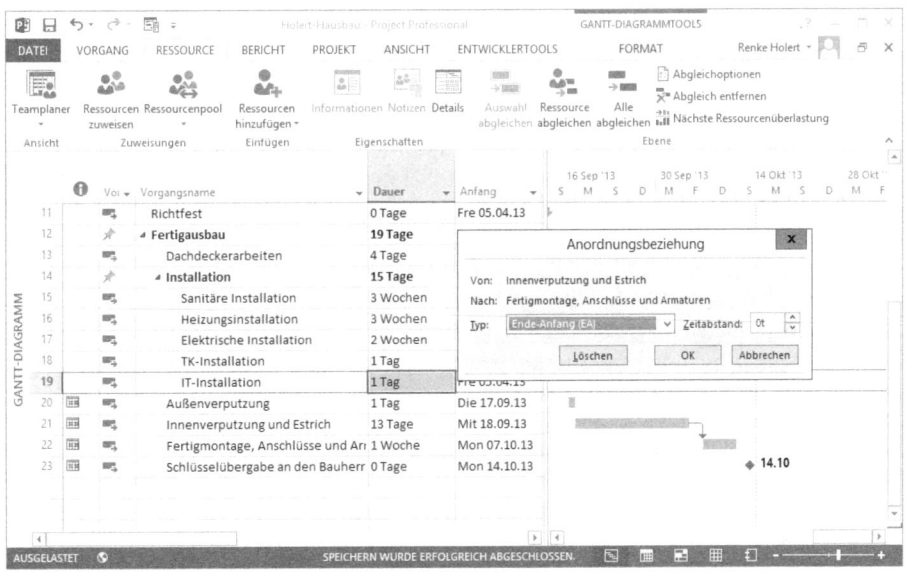

---

[1] Vgl. PMBOK 2013, S. 172-185

[2] Der Einsatz von Kalendern wird als Methode im PMBOK 2013 nicht mehr explizit genannt, kann jedoch unter dem Werkzeug zur Terminplanung subsummiert werden (S. 181). Weiterhin werden Kalender als Ausgangswert genannt (S. 184)

[3] Wir verwenden als Übersetzung von »Resource Leveling« die in Project verwendete Bezeichnung »Kapazitätsabgleich« statt der in der deutschen Übersetzung gewählten Übersetzung »Auslastungsglättung«.

Zur Verdichtung des Terminplans prüfen Sie u.a., ob nicht durch Überlappung, also das Setzen negativer Zeitabstände, oder die Parallelisierung von Vorgängen eine Beschleunigung erreicht werden kann. Prüfen Sie zudem, ob Vor- und Nachlaufzeiten berücksichtigt werden müssen, also ob (positive) Zeitabstände eingefügt werden müssen. Ein Beispiel für einen Zeitabstand wäre etwa beim Hausbau der Zeitraum, der verstreichen muss, bis der Estrich getrocknet ist. Verfahren Sie in Project wie folgt:

1. Fügen Sie Zeitabstände ein, indem Sie mit der Spitze des Mauszeigers einen Doppelklick im Balkendiagramm auf die Verknüpfungslinie der betroffenen Vorgänge machen. Es erscheint dann das Dialogfeld *Anordnungsbeziehung* (Abbildung 1.26). Geben Sie negative Werte für Überlappungen und positive Werte für einen tatsächlichen Abstand zwischen den Vorgängen ein.

HINWEIS   Wenn Sie den Zeitabstand nicht in Arbeitstagen, sondern in Kalendertagen eingeben möchten, fügen Sie zwischen den Zahlenwert und die Zeiteinheit ein *f* für fortlaufend, also z.B. *4ft* für vier fortlaufende Tage ein.

2. Parallelisieren Sie Vorgänge, die zeitgleich ausgeführt werden können, indem Sie den Vorgängen die gleichen Vorgänger und Nachfolger zuweisen oder Vorgänge durch einen Sammelvorgang klammern, den Sie mit dem Vorgänger und Nachfolger verknüpfen.

Als weiterer Einflussfaktor über die logische Reihenfolge der Vorgänge hinaus berücksichtigen Sie die Arbeitszeiten durch den Einsatz von Kalendern. Der PMBOK Guide unterscheidet zwischen Projektkalendern und Ressourcenkalendern. Dabei wird in der Regel angenommen, dass sich Projektkalender auf alle Vorgänge auswirken und Ressourcenkalender nur auf die entsprechenden Ressourcen.

Project unterscheidet zwischen Projekt-, Vorgangs- und Ressourcenkalendern. Project-Projektkalender wirken sich nur auf Vorgänge aus, denen keine Ressourcen zugeordnet sind. Wenn Ressourcen einem Vorgang in Project zugeordnet sind, dann gilt nur der Ressourcenkalender. Wenn ein Kalender einem Vorgang zugeordnet ist, dann gilt die Schnittmenge aus Vorgangs- und Ressourcenkalender, d.h. die Ressource wird nur eingeplant, wenn sowohl ihr Kalender, als auch der Vorgangskalender Arbeitszeit vorsieht. Ausnahme ist, wenn die Option *Terminplanung ignoriert Ressourcenkalender* aktiviert ist, dann wird die Ressource immer dann eingeplant, wie es im Vorgangskalender definiert ist.

ACHTUNG   Project unterscheidet zwischen Enterprise-Kalendern und lokalen Kalendern. Enterprise-Kalender können nur über die Project Web App bearbeitet werden. Lokale Kalender dürfen nur angelegt werden, wenn die Option *Weitere Servereinstellungen/Für Projekte die Verwendung lokaler Kalender zulassen* in den Servereinstellungen aktiviert ist.[1]

Um die Arbeitszeit für alle Vorgänge ohne Ressourcenzuordnung festzulegen, erstellen Sie zunächst einen neuen Basiskalender und legen diesen dann als Projektkalender für das Projekt fest. Gehen Sie dazu folgendermaßen vor:

1. Rufen Sie im Menüband über die Registerkarte *Projekt* in der Gruppe *Eigenschaften* das Dialogfeld *Arbeitszeit ändern* auf.

---

[1] Vgl. Holert 2013, Kapitel 9, Abschnitt »Servereinstellungen/Betriebsrichtlinien/Weitere Servereinstellungen/ Enterprise-Einstellungen«

Abbildg. 1.27 Erstellen eines neuen Basiskalenders

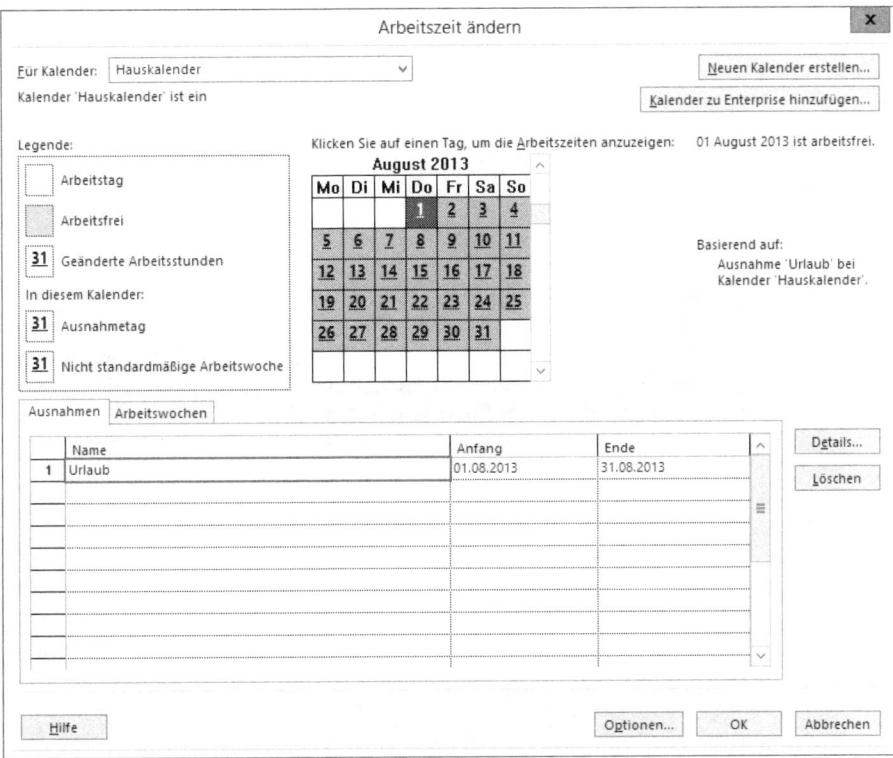

2. Klicken Sie auf die Schaltfläche *Neuen Kalender erstellen,* um einen neuen Basiskalender anzulegen.

3. Geben Sie im Feld *Name* einen neuen Namen für den Kalender ein, z.B. »Hauskalender«.

4. Behalten Sie die Einstellung bei, dass dieser als Kopie des Standardkalenders erstellt werden soll, und klicken Sie auf *OK.*

5. Geben Sie auf der Registerkarte *Ausnahmen* in der Spalte *Name* die Bezeichnung für die Ausnahme von der Standardarbeitszeit ein, z.B. »Winterferien 2013«.

6. Geben Sie in den Spalten *Anfang* und *Ende* den Zeitraum an.

7. Klicken Sie auf die Schaltfläche *Details.*

8. Stellen Sie sicher, dass im Bereich *Arbeitszeiten für diese Ausnahmen festlegen* die Option *Arbeitsfrei* ausgewählt ist.

9. Schließen Sie die Erstellung des neuen Basiskalenders ab, indem Sie beide offenen Dialoge mit der Schaltfläche *OK* bestätigen.

Abbildg. 1.28 Ausnahmedetails festlegen

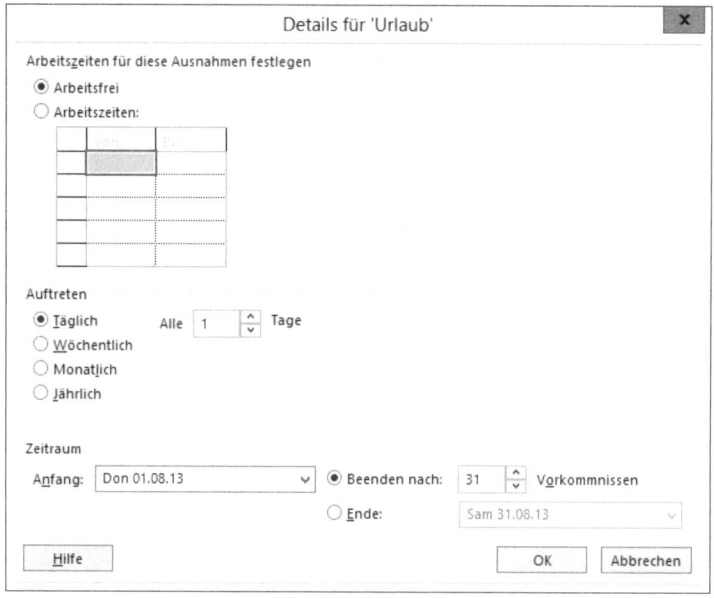

10. Klicken Sie im Menüband auf der Registerkarte *Projekt* in der Gruppe *Eigenschaften* auf die Schaltfläche *Projektinformationen*.

Abbildg. 1.29 Projektkalender definieren

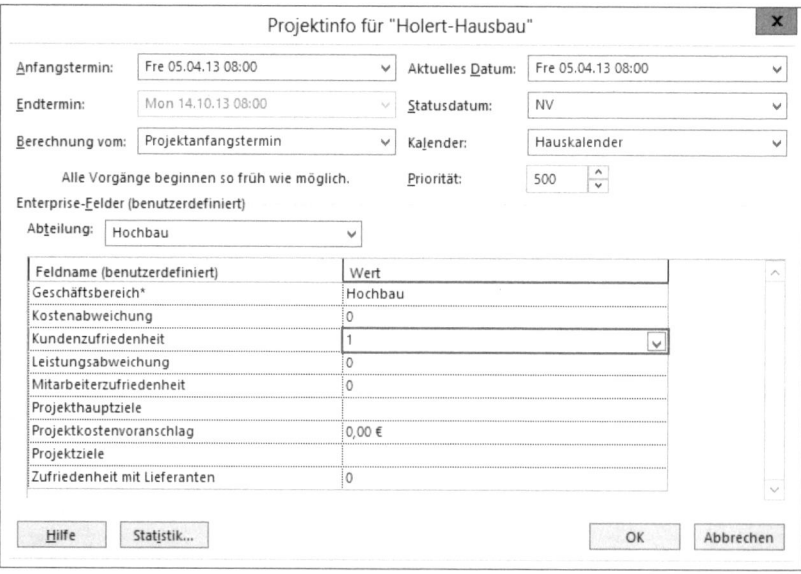

11. Wählen Sie im Dropdown-Listenfeld *Kalender* den neu erstellen Basiskalender aus, um diesen als Projektkalender festzulegen und klicken Sie auf die Schaltfläche *OK*.

12. Wählen Sie im Menüband die Registerkarte *Ansicht* aus und wählen Sie in der Gruppe *Zoom* im Dropdown-Listenfeld *Zeitskala* den Eintrag *Zeitskala* aus.

13. Wechseln Sie zur Registerkarte *Arbeitsfreie Zeit*.

Abbildg. 1.30   Darstellung der arbeitsfreien Zeit des Projektkalenders

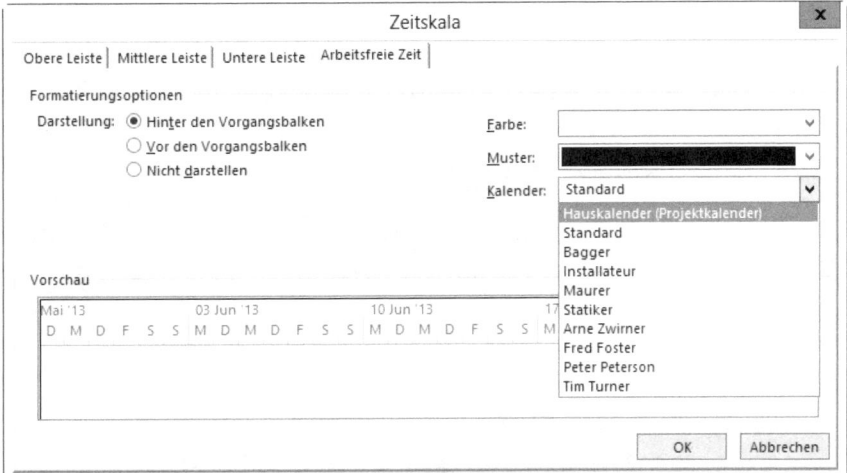

14. Wählen Sie im Feld *Kalender* den neu erstellen Basiskalender aus, sodass in den Balkendiagramm- und Einsatzansichten die arbeitsfreie Zeit analog dargestellt wird.

> **HINWEIS**   Die Verfügbarkeit von Ressourcen können Sie analog durch Definition von arbeitsfreien Kalenderausnahmen im Ressourcenkalender abbilden. Da Ressourcenkalender von Enterprise-Ressourcen global gelten, sollten Sie hier nur arbeitsfreie Zeiten definieren, die für die jeweilige Ressource für alle Projekte gelten. In Kapitel 2 ist im Abschnitt »Abwesenheit durch Urlaub, Krankheit oder andere nicht projektbezogene Tätigkeiten zurückmelden« beschrieben, wie Projektmitarbeiter arbeitsfreie Zeit selbst erfassen können. Eine Darstellung aus Sicht der Rolle *Ressourcen-Managers* finden Sie in Kapitel 3 im Abschnitt »Pflege von Verfügbarkeitsinformationen und Arbeitszeiten«.
>
> Alternativ können Sie die arbeitsfreie Zeiten der Ressourcen genauso wie die Belegung durch andere Projekte durch Einplanung der Ressourcen auf Abwesenheitsprojekte abbilden. In diesem Fall werden die Vorgänge während der Abwesenheit nicht automatisch verlängert, sondern müssen wie andere Ressourcenkonflikte auch, über einen Kapazitätsabgleich gelöst werden, der ggf. die Vorgänge in Ihrem Projekt entsprechend unterbricht (siehe in Kapitel 3 den Abschnitt »Notwendigkeit für Umdisponierungen erkennen« sowie in Kapitel 9 die Abschnitte »Sonderprojekte« und »Administrative Zeit«).

Um den Terminplan weiter zu entwickeln, führen Sie im Anschluss einen Kapazitätsabgleich durch, um etwaig verbliebene Ressourcenkonflikte zu beseitigen. Für einen automatischen Kapazitätsabgleich können Sie die gleichnamige Funktion von Project einsetzen, alternativ können Sie für einen manuellen Abgleich den Teamplaner einsetzen.

Um einen automatischen Kapazitätsabgleich auszuführen, gehen Sie folgendermaßen vor:

1. Stellen Sie sicher, dass nur das Projekt geöffnet ist, das Sie abgleichen möchten.

2. Speichern Sie ggf. einen Basisplan, um später leicht Änderungen erkennen zu können (*Projekt/Zeitplan/Basisplan festlegen/Basisplan festlegen*).

> **TIPP**   Sofern der Basisplan bereits verwendet wird, können Sie auf den Basisplan 1-10 ausweichen. Der automatische Kapazitätsabgleich setzt keine Vorgangseinschränkungen, sondern setzt *Abgleichsverzögerungen*. Diese können Sie auch in der Ansicht *Balkendiagramm: Abgleich* ablesen (*Ansicht/Andere Ansichten/Weitere Ansichten*).

3. Wählen Sie im Menüband die Registerkarte *Ressource* aus und rufen Sie in der Gruppe *Ebene* den Befehl *Abgleichoptionen* auf, um das Dialogfeld *Kapazitätsabgleich* zu öffnen.

Abbildg. 1.31   Kapazitätsabgleich durchführen

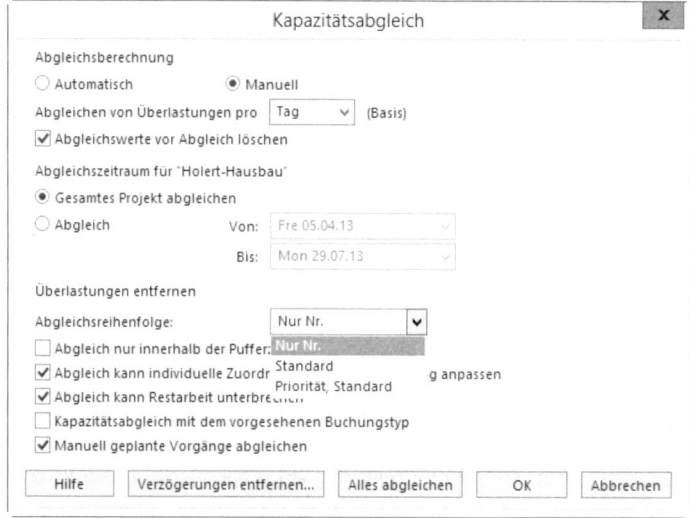

4. Wählen Sie als Abgleichsreihenfolge *Nur Nr.*, d.h. Vorgänge, die weiter oben im Projektplan stehen, werden bei der Ressourcenzuteilung bevorzugt.

5. Klicken Sie auf die Schaltfläche *OK*.

6. Klicken Sie danach im Menüband auf der Registerkarte *Ressource* in der Gruppe *Ebene* auf den Befehl *Alle Abgleichen*.

Project verschiebt nun jeden Vorgang der Ressource bzw. aller Ressourcen soweit in die Zukunft, bis ein freies Zeitfenster hierfür gefunden wird. Die eingefügten *Abgleichsverzögerungen* können Sie im gleichnamigen Feld ablesen). Hieran ist leicht erkennbar ist, ein Vorgang die spätere Position nicht aus inhaltlichen, sondern kapazitiven Gründen hat.

In den Vorgangsansichten, wie z.B. *Gantt-Diagramm* können Sie den Fokus des Kapazitätsabgleichs auch auf einzelne Vorgänge beschränken und so schrittweise den Projektplan von oben nach unten abgleichen (*Ressource/Ebene/Auswahl abgleichen*).

Um einen manuellen Kapazitätsabgleich im Teamplaner durchzuführen, führen Sie folgende Schritte aus:

1. Wählen Sie im Menüband die Registerkarte *Ressource* aus und klicken Sie in der Gruppe *Ansicht* auf die Schaltfläche *Teamplaner*.

Abbildg. 1.32   Manueller Kapazitätsabgleich mit dem Teamplaner – 1

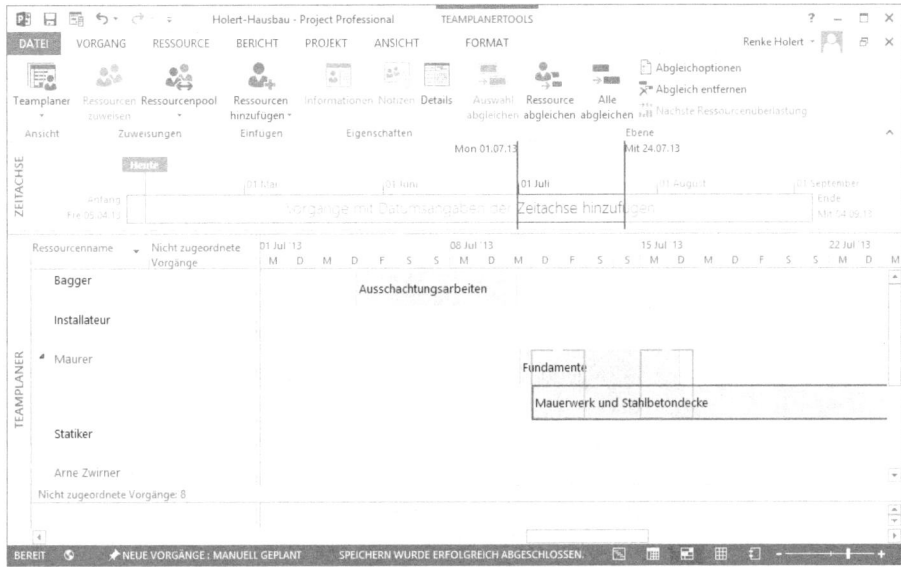

2. Führen Sie einen Bildlauf zum Projektanfang durch und ermitteln Sie die erste Überlastung einer Ressource in Ihrem Projekt (Ressourcenkonflikt). Sie erkennen den Konflikt daran, dass die betroffenen Vorgänge mit einer gemeinsamen eckigen roten Klammer umschlossen sind (Abbildung 1.32).

Abbildg. 1.33   Manueller Kapazitätsabgleich mit dem Teamplaner – 2

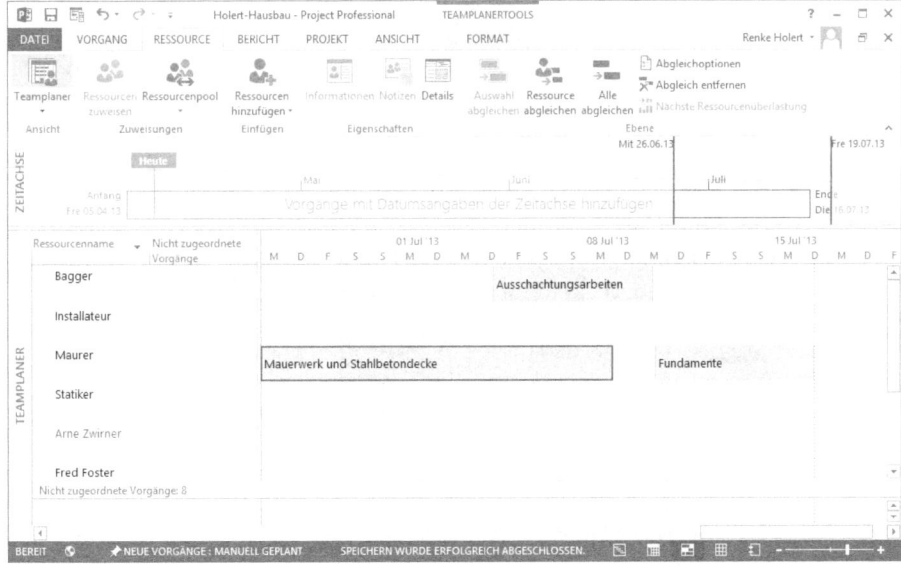

3. Verschieben Sie den Vorgang oder die Vorgänge, die im Konflikt stehen, per Drag & Drop mit der Maus auf einen späteren Termin.

HINWEIS   Beim manuellen Kapazitätsabgleich mit dem Teamplaner bekommt der Vorgang beim Verschieben eine Termineinschränkung.

Alternativ können Sie auch im Teamplaner Vorgänge einer anderen verfügbaren und geeignet qualifizierten Ressource durch Drag & Drop zuweisen. Bitte beachten Sie, dass Sie ggf. den Ressourcenbedarf abhängig von der gewählten Ressource anpassen müssen. Die Zuordnungsinformationen, wie z.B. die Basisplanwerte, bleiben dabei wie beim Ersetzen der Ressource mit dem Zuordnungsdialogs erhalten.

Wenn es zeitliche Verschiebungen im Verlauf des Projekts gibt, werden u.U. Umplanungen erforderlich. Verringern Sie die Zahl der Umplanungen, indem Sie Puffer bilden und damit die Teilleistungen zeitlich entkoppeln. Puffer bilden Sie durch das Setzen von Termineinschränkungen, also z.B. durch feste Terminierung des Richtfests. Um eine Termineinschränkung festzulegen, führen Sie folgende Schritte aus:

Abbildg. 1.34   Setzen einer Termineinschränkung

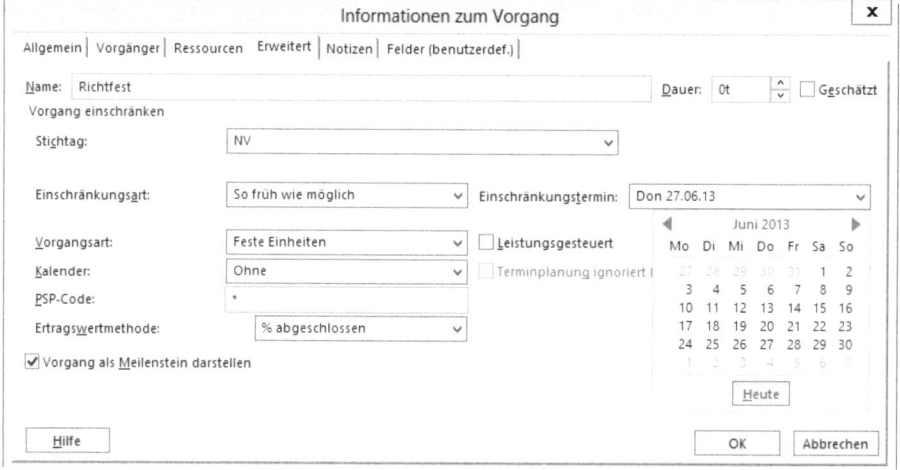

1. Rufen Sie das Dialogfeld *Informationen zum Vorgang* auf, indem Sie auf den entsprechenden Vorgang doppelklicken.
2. Wechseln Sie zur Registerkarte *Erweitert* und tragen Sie den Einschränkungstermin im gleichnamigen Feld ein.

HINWEIS   Sie können Einschränkungstermine nur für Vorgänge mit dem *Planungsmodus Automatisch geplant* setzen.[1] Die Einschränkungsart *Anfang nicht früher als* wird auch beim Editieren der Spalte *Anfang* gesetzt. Beim Editieren der Spalte *Ende* wird die Einschränkungsart *Ende nicht früher als* gesetzt.

Sie können eingeschränkte Vorgänge am Kalendersymbol in der Indikatorspalte in den Vorgangstabellen erkennen (siehe Marginalspalte).

---

[1] Im Dialogfeld *Informationen* heißt diese Vorgangseigenschaft *Planungsmodus*. Das zugehörige Feld heißt jedoch *Vorgangsmodus*.

TIPP Sie können Termineinschränkungen auch für mehrere Vorgänge gleichzeitig setzen. Gehen Sie dazu folgendermaßen vor:

1. Markieren Sie die gewünschten Vorgänge.

2. Klicken Sie im Menüband auf der Registerkarte *Vorgang* in der Befehlsgruppe *Eigenschaften* auf den Befehl *Informationen* (siehe Marginalspalte), um das Dialogfeld *Informationen zu mehreren Vorgängen* aufzurufen.

3. Wechseln Sie auf die Registerkarte *Erweitert* und wählen Sie dort z.B. die Einschränkungsart *Anfang nicht früher als* oder *Muss anfangen am*, je nach Erfordernis.

Wenn Sie als Termineinschränkungsart *Anfang nicht früher als* wählen, wird im Projektplan nicht hervorgehoben, zu welchem Zeitpunkt der Vorgang seinen Einschränkungstermin überschreitet.

Durch das Setzen von Stichtagen werden Sie bei berechneter Überschreitung dieser Termine optisch informiert. Geben Sie hierzu beim betreffenden Vorgang oder Meilenstein im Feld *Stichtag* (Deadline) den spätesten Fertigstellungstermin ein.

Es erscheint dann bei Überschreitung ein rotes Karo mit einem weißen Ausrufungszeichen in der Indikatorenspalte der Vorgangsansichten (Abbildung 1.35).

Abbildg. 1.35 Überschreiten des Stichtags

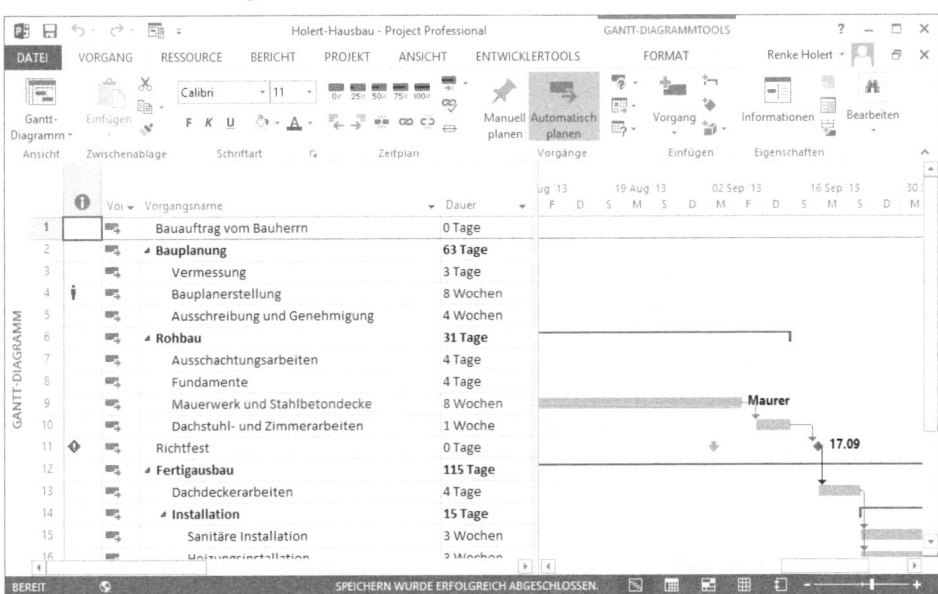

Der Stichtag selbst wird als grüner Pfeil im Balkendiagramm angezeigt.

Nachdem Sie die Terminplanung abgeschlossen haben, wäre nun der richtige Zeitpunkt, um den Basisplan, wie zuvor beschrieben, zu speichern. Da Project jedoch nicht differenziert nach verschiedenen Basisplanarten unterscheidet, sondern immer alle berechneten Werte in den Basisplan kopiert – also u.a. Anfang, Ende, Dauer, Arbeit und Kosten –, genügt es, in Project den Basisplan im Rahmen von *Kosten schätzen* und *Budget festlegen*, zu speichern.

Kosten schätzen und Budget festlegen

Im Rahmen der Prozesse *Kosten schätzen* (7.2 Estimate Costs) und *Budget festlegen* (7.3 Determine Budget) wird der Ressourcenbedarf monetär bewertet und daraus ein Kostenentwicklungsbasisplan (Cost Performance Baseline) abgeleitet.[1]

Kosten schätzen

Ziel des Prozesses *Kosten schätzen* (7.2 Estimate Costs) ist es, für jeden Vorgang die Kosten zu schätzen.[2] Auch wenn als Ergebnis im Allgemeinen eine monetäre Größe erwartet wird, wird in einer frühen Phase dieser Prozess auch oft Aufwandschätzung genannt.

Grundlage für die Schätzung bildet u.a. der Projektterminplan, der u.a. den Ressourcenbedarf (Resource Requirements) und die Schätzung der Dauer jedes Vorgangs ausweist. Ergebnis ist u.a. die Vorgangskostenschätzung, die z.B. durch Bestimmung der Kostensätze der Ressourcen und Bottom-up-Schätzung ermittelt werden kann.

Gehen Sie folgendermaßen vor, um die Kostensätze der Ressourcen zu bestimmen:

1. Wechseln Sie in eine Ressourcen-Ansicht, z.B. *Enterprise-Ressourcen: Tabelle*.

HINWEIS   Die Ansicht ist nicht Bestandteil des Lieferumfangs von Project Server. Das Neuerstellen, Anpassen und Bereitstellen von Ansichten – i.d.R. durch den Administrator - ist beschrieben in Kapitel 9 im Abschnitt »Ansichten«.

2. Führen Sie einen Doppelklick auf die Zeile mit der gewünschten Ressource aus und wechseln Sie zur Registerkarte *Kosten*.

Abbildg. 1.36   Kostensätze der Ressourcen überprüfen

---

[1] Vgl. PMBOK 2013, S. 200-214
[2] Vgl. PMBOK 2013, S. 200-208

3. Lesen Sie den Standardkostensatz ab. Falls dieser Kostensatz nicht stimmt oder für dieses Projekt ein spezieller Kostensatz (B-E) angelegt werden soll, bitten Sie den verantwortlichen Ressourcen-Manager oder Administrator mit Schreib-/Leserecht für den Enterprise-Ressourcenpool, die entsprechenden Werte anzupassen (Abbildung 1.36).[1]

Um im Rahmen der Bottom-up-Schätzung für jeden Vorgang die Kosten zu schätzen, gehen Sie folgendermaßen vor:

1. Wechseln Sie in die Ansicht *Vorgang: Einsatz (Ansicht/Vorgangsansichten/Arbeitsauslastung nach Vorgängen)*.

2. Blenden Sie das Feld *Kostensatztabelle* ein (*Format/Spalten/Spalte einfügen*).

3. Wählen Sie als *Einzelheitenart* den Wert *Kosten* aus (*Format/Details/Kosten*).

Abbildg. 1.37   Festlegen der Kostensätze der Ressource für den jeweiligen Vorgang

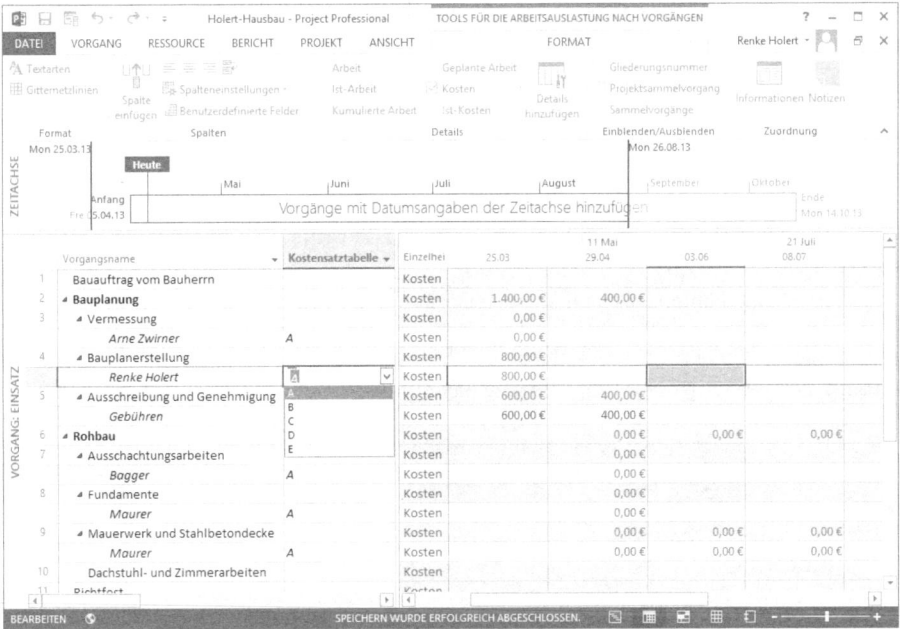

4. Passen Sie ggf. die für die jeweilige Zuordnung verwendete Kostensatztabelle an (Abbildung 1.37).

5. Wählen Sie die Tabelle *Kosten* über die Registerkarte *Ansicht* in der Gruppe *Daten* im Dropdown-Listenfeld *Tabellen* aus.

6. Geben Sie Fixkosten, wie z.B. Festpreise, in der Spalte *Feste Kosten* ein (Abbildung 1.38).

7. Wählen Sie die *Fälligkeitsart* in der Spalte *Fälligkeit fester Kosten*. Dies wird in der Regel die Endfälligkeit bei vorleistungspflichtigen Subunternehmern sein.

---

[1]   Vgl. PMBOK 2013, S. 200-208

Abbildg. 1.38

Eingeben von pauschalen Fixkosten

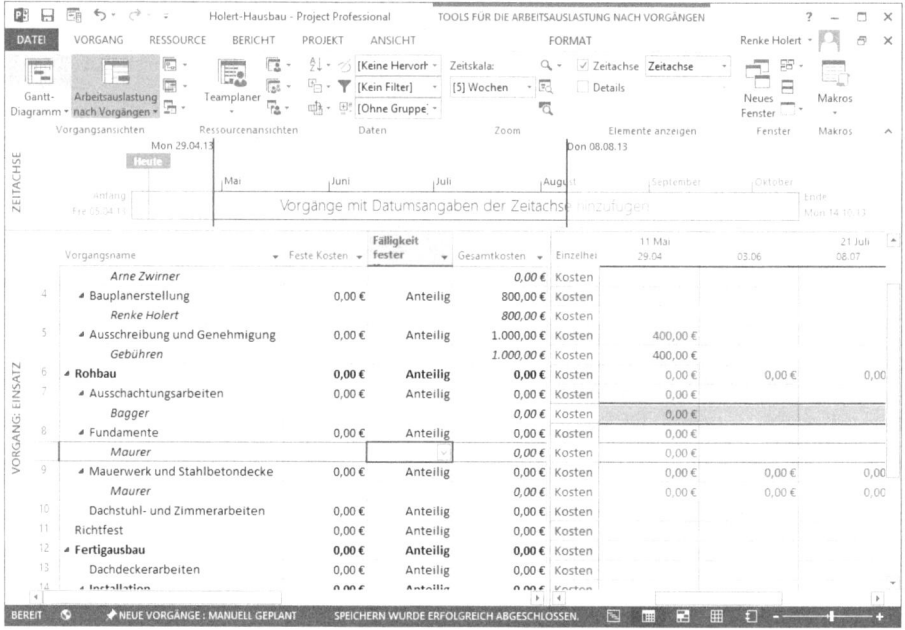

Wenn Sie die Fixkosten pro Vorgang weiter differenzieren möchten, z.B. nach Kostenarten, dann können Sie dem Vorgang auch Kostenressourcen zuweisen. Gehen Sie dazu folgendermaßen vor:

1. Wählen Sie den Vorgang aus.

Abbildg. 1.39   Zuordnen von Kostenressourcen zu Vorgängen

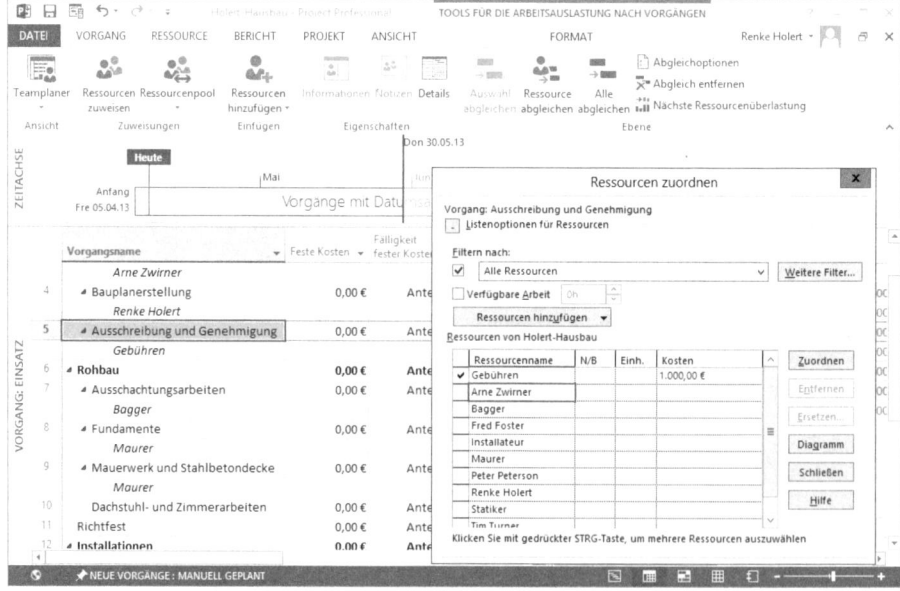

2. Öffnen Sie das Dialogfeld *Ressourcen zuordnen* (*Ressource/Zuweisungen/Ressourcen zuweisen*).

3. Wählen Sie im Dialogfeld die entsprechende Kostenressource aus.

4. Geben Sie im Feld *Kosten* den entsprechenden Betrag ein und klicken Sie auf die Schaltfläche *Zuordnen*.

Die Kosten für jeden Vorgang errechnet Project automatisch auf Basis des Ressourcenbedarfs und der Kostensätze sowie der eingegebenen Fixkosten.

Budget festlegen

Ziel des Prozesses *Budget festlegen* (7.3 Determine Budget) ist es, die Kosten aller Vorgänge zu aggregieren und einen Kostenentwicklungsbasisplan (Cost Performance Baseline) zu erst[1]ellen.

Grundlage hierfür ist u.a. die zuvor erstellte Schätzung der Kosten auf Vorgangsebene (Vorgangskostenschätzung). Ausgangswerte sind u.a. der Kostenentwicklungsbasisplan und die Projektfinanzierungsanforderungen. Werkzeuge und Methoden sind u.a. die Kostenzusammenfassung und die Analyse der Reserven.

Die *Kostenzusammenfassung* (Cost Aggregation) wird von Project automatisch im Hintergrund durchgeführt, d.h. die Kosten werden auf allen Aggregationsebenen automatisch errechnet. Sie können z.B. die geschätzten Kosten für das gesamte Projekt im Dialogfeld *Projektstatistik* (*Projekt/Eigenschaften/Projektinformationen/Statistik*) oder im Projektsammelvorgang (Vorgang mit der Nummer 0) in der Ansicht *Vorgang: Einsatz* zeitbezogen ablesen.

> **HINWEIS** Den Projektsammelvorgang blenden Sie über die Registerkarte *Format* in der Gruppe *Einblenden/Ausblenden* ein, indem Sie das Kontrollkästchen *Projektsammelvorgang* aktivieren.

Um einen Kostenentwicklungsbasisplan aus den aggregierten geschätzten Kosten zu erstellen, speichern Sie in Project einen *Basisplan*.

> **TIPP** Speichern Sie den Basisplan und den Basisplan 1. Davon ausgehend, das Sie den Basisplan 0 regelmäßig nach einem Statusmeeting aktualisieren, erhalten Sie so den ursprünglichen Stand im Basisplan 1. Im weiteren Verlauf können Sie so bis zu 10 Basispläne speichern und behalten die Historie aller Änderungen.

Mit dem Speichern des Basisplans wird u.a. der zeitliche Verlauf der geschätzten Kosten aus dem berechneten Feld *Kosten* in das Feld *Geplante Kosten* übertragen. Dies sowohl für die Gesamtsumme als auch periodenbezogen Kosten, die in Project als Zeitphasen bezeichnet werden. Die so gespeicherten Kostendaten bleiben fixiert und können grafisch dargestellt und für einen späteren Vergleich verwendet werden (siehe in Kapitel 4 in den Abschnitten »Abweichungsanalyse zum Kontrollzeitpunkt« und »Abweichungsanalyse zum Fertigstellungszeitpunkt«.

> **ACHTUNG** Der Basisplanwert geht verloren, wenn Sie einen Vorgang oder eine Zuordnung löschen. Um den Verlust der Basisplanwerte auf Vorgangsebene zu verhindern, deaktivieren Sie daher stattdessen nicht mehr benötigte Vorgänge (*Vorgang/Zeitplan/Deaktivieren*). Um den Verlust eines Basisplanwerts auf Zuordnungsebene zu verhindern, setzen Sie das Feld *Restarbeit* auf 0 oder ersetzen mit dem Zuordnungsdialog Ressourcen. Verwenden Sie in keinem Fall die Spalte *Ressourcennamen*, da hierdurch die bestehende Zuordnung inkl. Basis-

---

[1] Vgl. PMBOK 2013, S. 208-214. Beachten Sie, dass in Project auch der Begriff der »budgetierten Kosten« in den Ertragswertfeldern verwendet wird.

planwert gelöscht wird und eine neue ohne Basisplan erstellt wird. Die Basisplanwerte auf Zuordnungsebene sind besonders wichtig, da nur diese im Berichtswesen der Project Web App aggregiert werden. D.h. selbst wenn ein Vorgang mit seinem Basisplanwert erhalten bleibt, wird der Basisplanwert z.B. in einem Excel Services Bericht sinken, wenn nur eine Zuordnung dieses Vorgangs gelöscht wird.

Um einen Basisplan zu erstellen, zu prüfen und darzustellen, gehen Sie folgendermaßen vor:

1. Speichern Sie den Basisplan über die Registerkarte *Projekt*. In der Gruppe *Zeitplan* klicken Sie auf das Dropdown-Listenfeld *Basisplan festlegen* und wählen den Eintrag *Basisplan festlegen* aus.

Abbildg. 1.40   Speichern der Planwerte

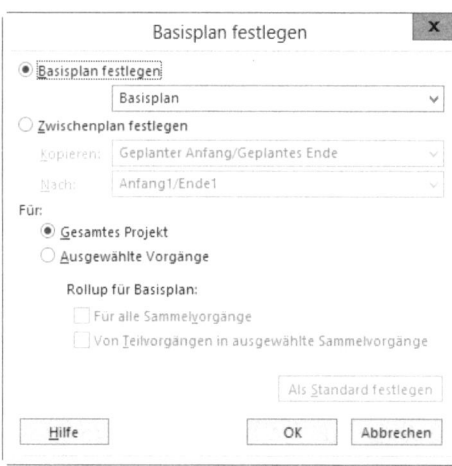

2. Wählen Sie im folgenden Dialog im Dropdown-Listenfeld *Basisplan festlegen* den gewünschten Basisplan aus. Wählen Sie im Feld *Für* die Option *Gesamtes Projekt* aus und klicken Sie auf *OK*.

3. Überprüfen Sie, ob die Tabelle *Kosten* noch ausgewählt ist.

4. Stellen Sie sicher, dass die Kosten von der Spalte *Kosten* in die Spalte *Geplante Kosten* übertragen worden sind (die Spalte *Geplante Kosten* ist standardmäßig in der Tabelle *Kosten* in *Geplant* umbenannt).

5. Lesen Sie die geplanten Kosten auf den jeweiligen Ebenen der Vorgangsliste ab. Sie können die Ansicht auch nach PSP-Elementen (Arbeitspaketen) gliedern, wie im Abschnitt »Inhalt und Umfang definieren sowie Projektstrukturplan erstellen« beschrieben wurde.

6. Überprüfen Sie, ob in der Projektstatistik diese Werte auf Projektebene ebenfalls übernommen wurden (*Projekt/Projektinformationen/Statistik*).

Abbildg. 1.41   Planwerte ablesen

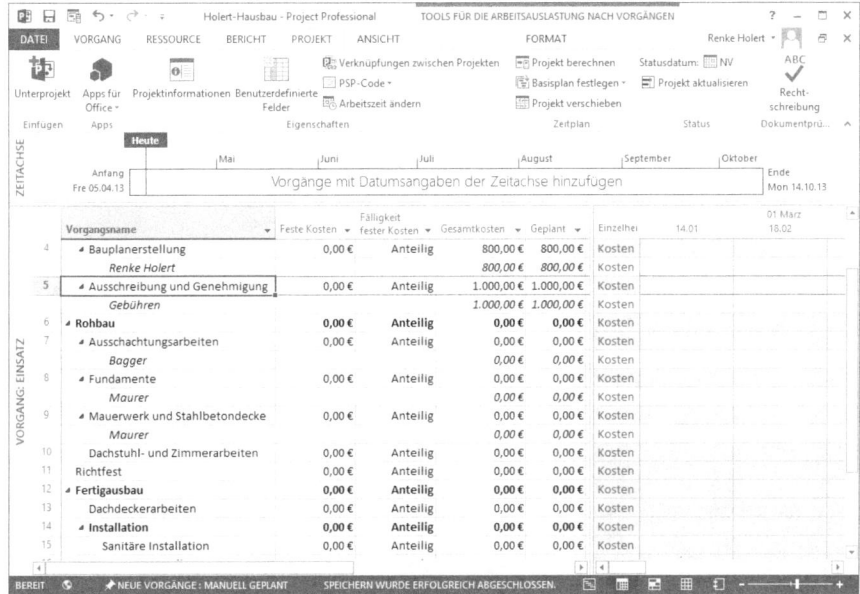

BESSER IN 2013   **7.** Rufen Sie den Bericht *Vorgangskosten* (*Bericht/Berichte anzeigen/Kosten/Vorgangskosten*) auf.
Dieser zeigt u.a. die Basisplankosten für das gesamte Projekt (*Geplante Kosten*), die berechneten Kosten nach Quartalen sowie die kumulierten Kosten (Abbildung 1.42).

Abbildg. 1.42   Basisplankosten und Projektkosten nach Quartalen

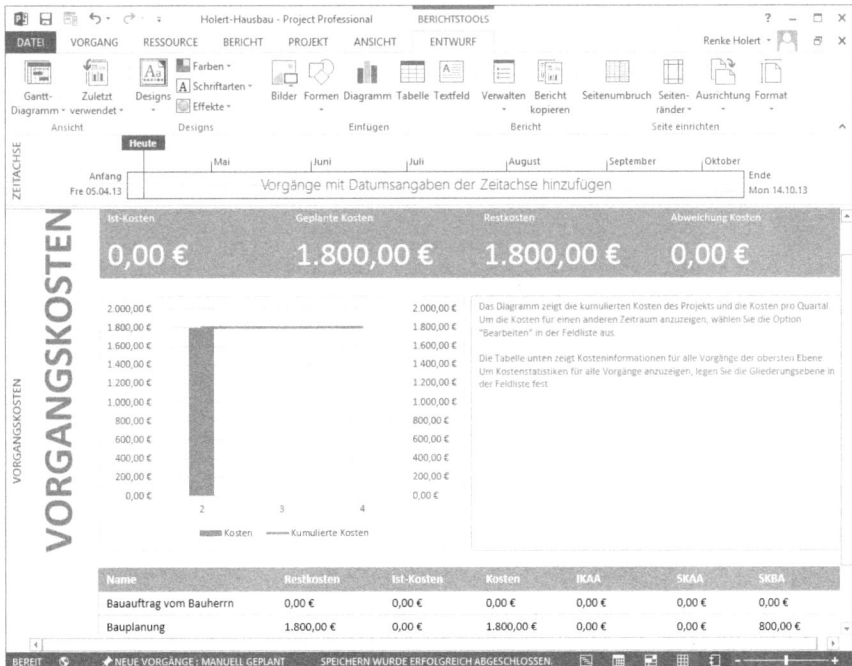

TIPP Sie können die Daten auch nach Excel exportieren. Rufen Sie hierzu die Microsoft Excel-Berichtsvorlage *Bericht: Vorgangskosten* auf (*Bericht/Exportieren/Grafische Berichte*).

Abbildg. 1.43   Berechnete und geplante Termine

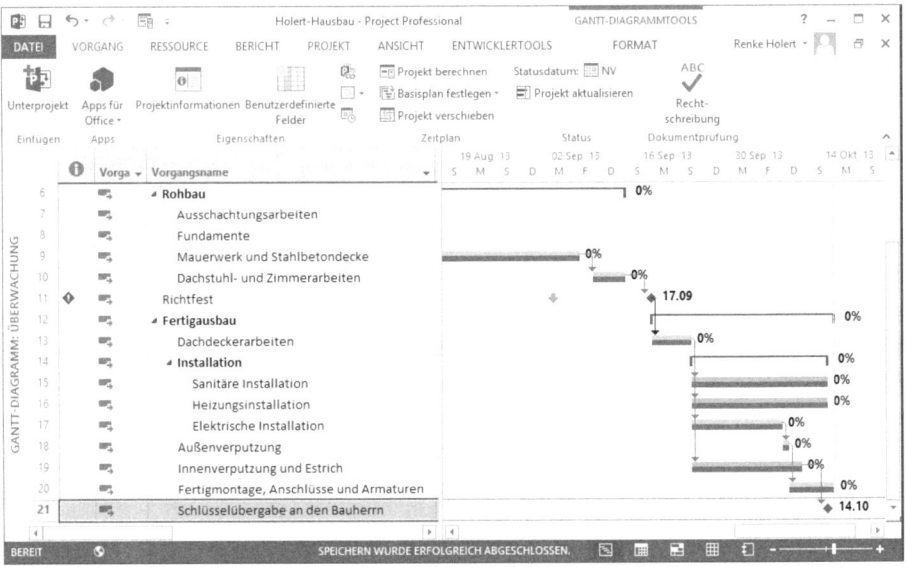

HINWEIS Neben den Kosten sind auch die Termine in die entsprechenden Planfelder wie z.B. *Geplanter Anfang* und *Geplantes Ende* übertragen worden. Sie können zudem in der Ansicht *Gantt-Diagramm: Überwachung* die Plantermine in Form von grauen Balken unter den normalen blauen bzw. roten Vorgangsbalken sehen, die die berechneten Termine repräsentieren (Abbildung 1.43).

Im Rahmen des Prozesses *Analyse der Reserven* (Reserve Analysis) werden Risikoreserven wie z.B. die Managementrisikoreserve gebildet. Diese deckt z.B. ungeplante Kosten ab und ist damit im Kostenentwicklungsbasisplan nicht enthalten. Die Reserve ist jedoch als Zuschlag gegenüber den geplanten Kosten im Projektbudget enthalten.

In Project können Sie die Managementrisikoreserve z.B. als Budgetressourcen dem Projektsammelvorgang zuweisen (siehe Kapitel 5, Abschnitt »Budgetierung«). Die Managementrisikoreserve und der Gesamtkostenbasisplan bilden gemeinsam die Projektfinanzierungsanforderungen.

Risikomanagement planen

Im Rahmen des Prozesses *Risikomanagement planen* (11.1 Plan Risk Management)[1] wird ein Plan entwickelt, wie in diesem Projekt Risikomanagement betrieben werden soll.[2] Dieser *Risikomanagementplan* (11.1.3 Risk Management Plan) sollte folgende Inhalte umfassen:

---

[1] Vgl. PMBOK 2013, S. 313-318

[2] Börsennotierte Aktiengesellschaften sind durch das Gesetz zur Kontrolle und Transparenz im Unternehmensbereich (KonTraG) verpflichtet, ein Risikomanagementsystem einzurichten.

- *Methodik* (Methodology)   Allgemeine Methodik und Quellen hierfür

- *Rollen und Verantwortlichkeiten* (Roles and Responsibilities)   Zuordnung von Personen zu bestimmten Aktionen im Risikomanagementplan

- *Budgetierung* (Budgeting)   Festlegung des Ressourcenbedarfs und Kostenschätzung für das Risikomanagement

- *Zeitliche Planung* (Timing)   Definition, wann und wie oft im Projekt Risikomanagement betrieben werden soll

- *Risikokategorien* (Risk categories)   Kategorisierung typischer Risiken

- *Definition der Risikowahrscheinlichkeit und -auswirkung* (Definitions of Risk Probability and Impact)   Festlegung, wie die Eintrittswahrscheinlichkeit und das Ausmaß der Auswirkung beschrieben wird

- *Wahrscheinlichkeits- und Auswirkungsmatrix* (Probability and Impact Matrix)   Matrixdarstellung von Gefahren und Chancen, bewertet nach Wahrscheinlichkeit

- *Revidierte Stakeholder-Toleranzen* (Revised Stakeholder's Tolerances)   Festlegung der Schwellwerte in Abhängigkeit von der Risikoakzeptanz der Projektbeteiligten, wann Aktionen unternommen werden sollen

- *Berichtsformate* (Reporting Formats)   Beschreibung von Inhalt und Form des Risikoregisters, der Risikoberichte und Festlegung, wie die Ergebnisse der Risikomanagementprozesse dokumentiert, analysiert und kommuniziert werden

- *Nachverfolgung* (Tracking)   Beschreibung wie alle Aktivitäten des Risikomanagements dokumentiert werden, um u.a. eine Wissensbasis für zukünftige Projekte zu schaffen

Der Risikomanagementplan selbst kann beispielsweise mit Word verfasst und in der integrierten Dokumentenverwaltung von Project Server abgelegt werden. Das Vorgehen wurde bereits im Abschnitt »Initiierungsprozesse« beschrieben.

Sie können das Dokument mit dem zugehörigen Vorgang verknüpfen. Gehen Sie dazu folgendermaßen vor:[1]

HINWEIS   Standardmäßig wird der Befehl *Link einfügen* im Menüband nicht mehr angezeigt. Sie können diesen jedoch über *Datei/Optionen/Symbolleiste für den Schnellzugriff/ Befehle auswählen/Alle Befehle/Link einfügen* in die gleichnamige Symbolleiste hinzufügen.

---

1. Öffnen Sie das Dokument mit Word. Rufen Sie auf der Registerkarte *Datei* den Befehl *Informationen* auf. Klicken Sie auf den Dokumentpfad und wählen Sie im Dropdown-Listenfeld den Eintrag *Link in die Zwischenablage kopieren* aus.

2. Klicken Sie auf das Linksymbol in der Symbolleiste für den Schnellzugriff.

---

[1] Das Verknüpfen von Dokumenten mit einem oder mehreren Vorgänge im Projektplan über die SharePoint-Dokumenteigenschaften ist in der bei Drucklegung des Buchs vorliegenden Version von Project Server nicht möglich.

Link einfügen

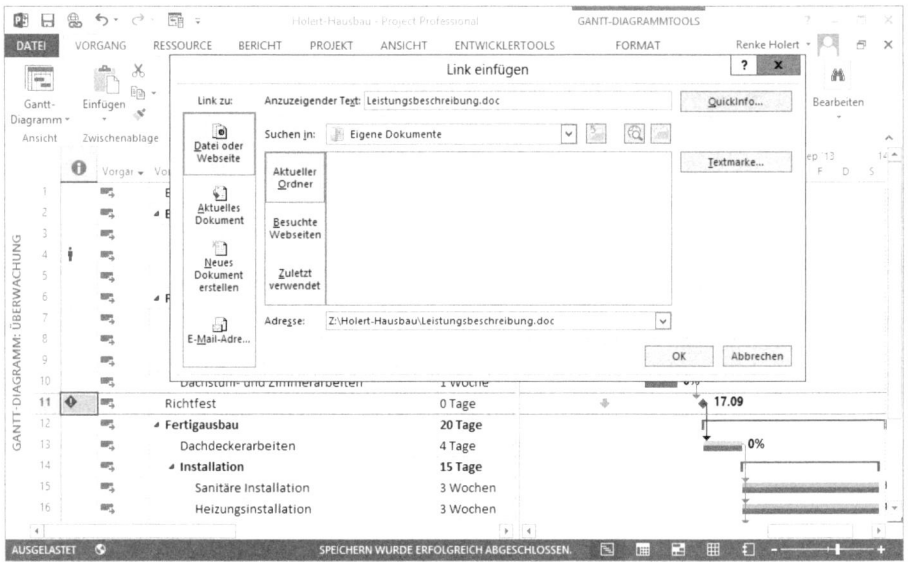

3. Wählen Sie im Dialogfeld *Link einfügen* das Feld *Adresse* aus und fügen Sie die Adresse ein
(⌈Strg⌋+⌈v⌋).

Link zur Dokumentliste des Vorgangs

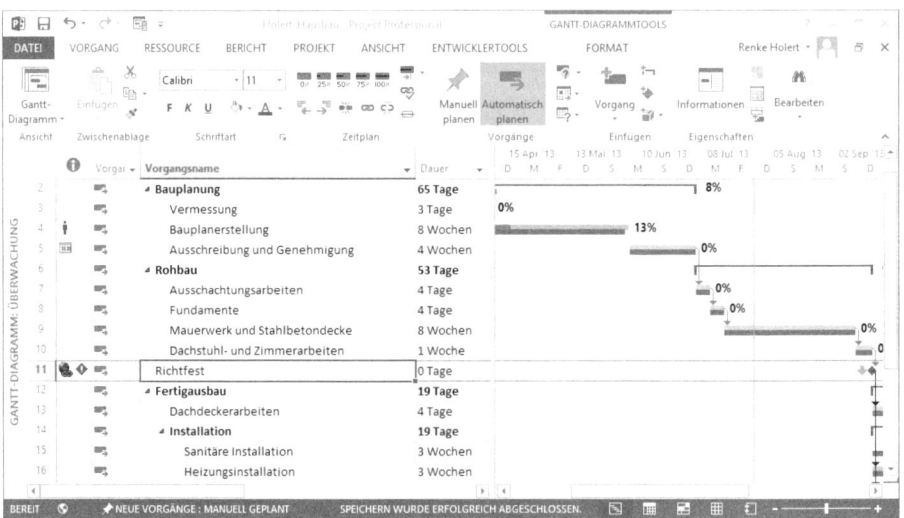

4. Sie können jetzt über einen einfachen Klick auf das Hyperlinksymbol in der Indikatorspalte
das Dokument anzeigen.

Der Risikomanagementplan sollte, wie auch die gesamte übrige Projektdokumentation, für alle
Projektbeteiligten lesbar und kommentierbar sein. Es dürfen jedoch keine Änderungen ohne
Einwilligung des Projektleiters bzw. des verantwortlichen Erstellers vorgenommen werden. Das
geht zum Beispiel, indem das Dokument in einem der folgenden Formate gespeichert wird:

- als Word-Dokument mit aktiviertem Überarbeitungsmodus
- im Adobe Portable Document Format (PDF)

TIPP Ein Projektplan kann von Project standardmäßig ohne zusätzliche Werkzeuge als PDF-Dokument gespeichert werden.

Sie können für einen eingeschränkten Zugriff auch für jede Benutzergruppe eine Dokument-bibliothek erstellen und für diese entsprechende Zugriffsrechte festlegen (siehe den Abschnitt »Festlegung der Zugriffsrechte«).

Project kann auch bei den Prozessen *Risiken identifizieren*, *Qualitative Risikoanalyse* und *Quantitative Risikoanalyse durchführen* sowie *Risikobewältigungsmaßnahmen planen* (11.2, 11.3, 11.4 und 11.5) Hilfe leisten. Sie können z.B. die eigentlichen Risiken in der Risikoliste in Project Web App von Project Server ablegen. Gehen Sie dazu folgendermaßen vor:

1. Klicken Sie im Menüband auf die Registerkarte *Datei* und wählen Sie unter *Informationen* im rechten Bereich unter *Verwandte Einträge* den Eintrag *Risiken* aus.
2. Klicken Sie auf die Schaltfläche *Neues Element*.

Abbildg. 1.46 Neuen Eintrag für ein Risiko erstellen

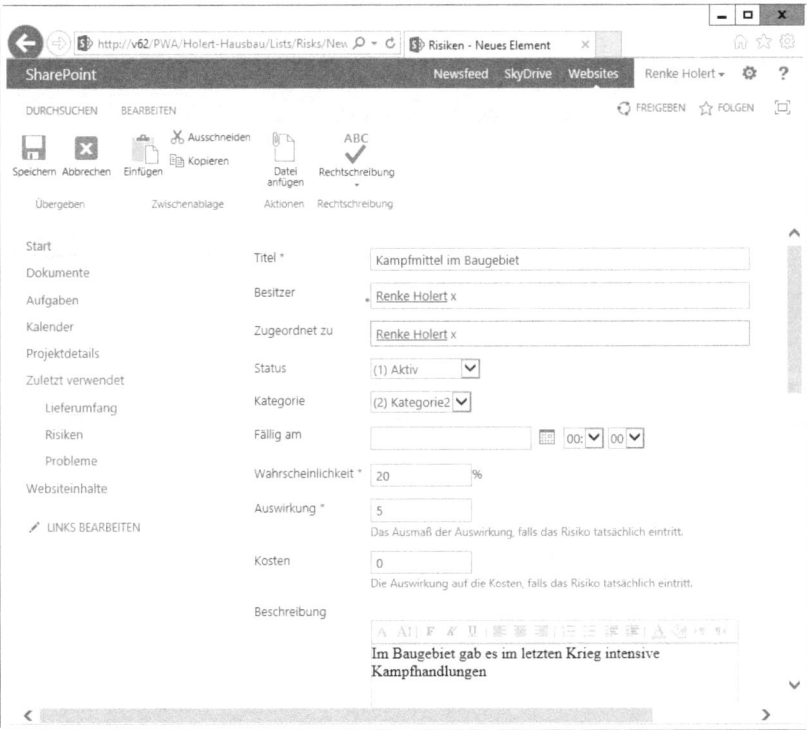

3. Geben Sie im Feld *Titel* eine Bezeichnung des Risikos ein und füllen Sie die übrigen Felder aus. Sie können das Risiko auch mit einem Vorgang verknüpfen (*Element anzeigen/VERWANDTES ELEMENT HINZUFÜGEN*). Es wird dann wie bei den Dokumenten über das oben in der Marginalspalte abgebildete Symbol u.a. in Bereich *Vorgänge* und in der Projektansicht darauf hingewiesen, dass zu dem Vorgang Risiken hinterlegt wurden (siehe Kapitel 2).

Projektmanagementplan entwickeln

Es schließt sich der Prozess *Projektmanagementplan entwickeln* (4.2 Develop Project Management Plan) an.[1] Ziel ist es, alle gesammelten Daten zu integrieren, zu überarbeiten und in einer Gesamtübersicht darzustellen. Da die Kerndaten bereits in Project eingegeben wurden und Project diese automatisch integriert, reduziert sich die Arbeit auf das Zusammenstellen aller Dokumente und Verknüpfung mit dem Projektplan. Zum Projektmanagementplan gehört auch der Kommunikationsplan, der im Rahmen des Prozesses *Kommunikationsmanagement planen*[2] (10.1 Plan Communications Management) erstellt wird. In diesem wird u.a. auch festgelegt, wie Projektinformationen erfasst und abgelegt werden sowie wer welche Informationen benötigt und wie er Zugang hierzu erhält. Wir gehen nachfolgend davon aus, dass die Entwicklung des Projektmanagementplans u.a. folgende Teilschritte erfordert:

- Versionsverwaltung
- Festlegen der Zugriffsrechte

Versionsverwaltung

Um die noch fehlenden Dokumente in den Dokumentbibliotheken der Projektwebsite abzulegen, gehen Sie wie im Abschnitt »Initiierungsprozesse« beschrieben wurde vor. Eine ausführliche Auflistung aller Teilpläne und sonstigen Dokumente finden Sie im PMBOK Guide.[3] Falls Sie Dokumente überarbeiten, können Sie den alten Stand des Dokuments als Version sichern und für das aktuelle Dokument eine neue Version erstellen (Versionsverwaltung).

Führen Sie dazu die folgenden Schritte aus:

Abbildg. 1.47 Dokument zur Bearbeitung öffnen

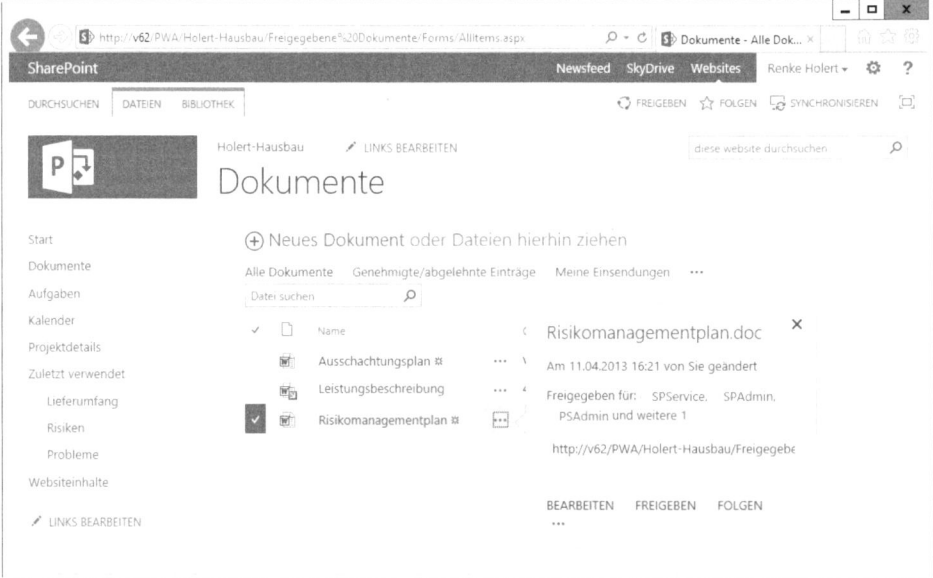

---

[1] Vgl. PMBOK 2013, S. 72-78
[2] Vgl. PMBOK 2013, S. 289-297
[3] Vgl. PMBOK 2013, S. 76

> **HINWEIS** Standardmäßig ist die Versionsverwaltung für die Projektwebsite nicht aktiviert. Aktivieren Sie die Versionsverwaltung ggf. über die Einstellungen der Dokumentbibliothek (*Bibliothek/Einstellungen/Bibliothekeinstellungen/Versionsverwaltungseinstellungen*). Wir empfehlen den Versionslauf auf eine Anzahl von jeweils fünf Hauptversionen bzw. Entwürfe von Hauptversionen festzulegen.

1. Klicken Sie auf die Ellipse hinter dem betreffenden Dokument zum Öffnen des Menüs und klicken Sie in diesem Dialogfeld auf *BEARBEITEN*.

Abbildg. 1.48   Überarbeiten des Dokuments

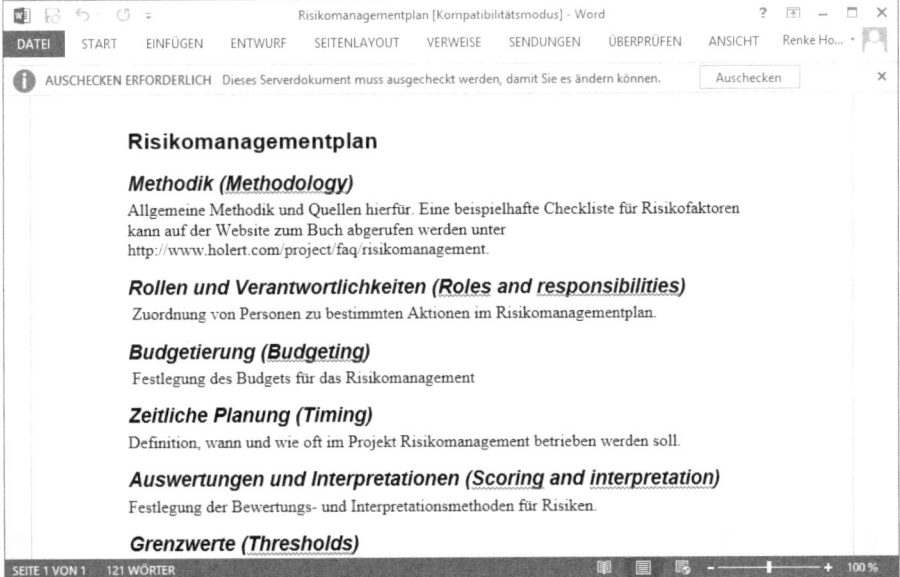

2. Klicken Sie auf die Schaltfläche *Auschecken*.

3. Bearbeiten Sie das Dokument.

> **TIPP** Wenn Sie diese Dokumentversion mit einer anderen vergleichen möchten, wählen Sie im Menüband von Word auf der Registerkarte *Überprüfen* in der Gruppe *Vergleichen* den Befehl *Vergleichen* aus.

Einchecken

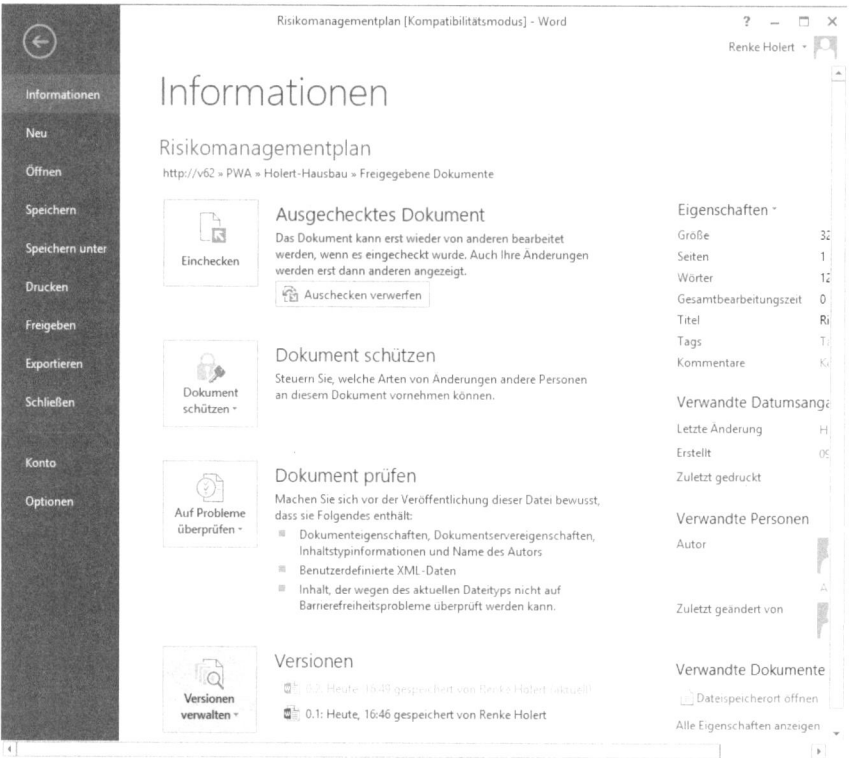

4. Speichern Sie das Dokument und checken Sie dieses ein (*Datei/Informationen/Einchecken*).

Angabe des Kommentars zur Version

5. Legen Sie die gewünschte Versionsart fest und geben Sie im Feld *Versionskommentare* eine Beschreibung Ihrer Änderung ein.

6. Um den Versionsverlauf anzuzeigen, klicken Sie unter Schritt 1 genannten Dialogfeld auf die Ellipse zum Aufruf des Kontextmenüs und dort auf *Versionsverlauf*.

Abbildg. 1.51   Versionsverlauf

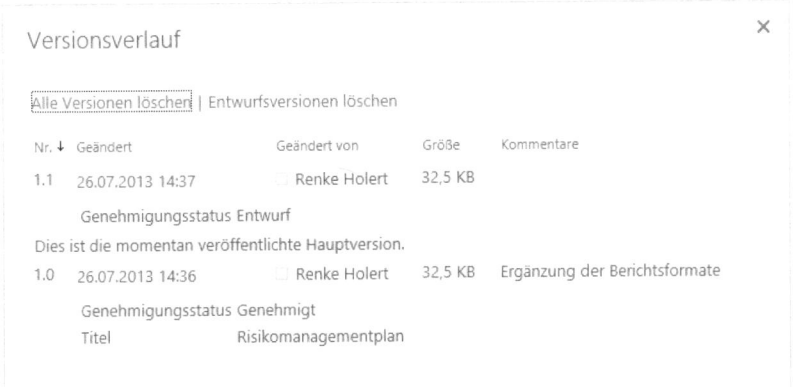

7. Die einzelnen Versionen und die zugehörigen Kommentare können Sie in der Liste ablesen und ggf. alte Versionen wiederherstellen oder löschen.

HINWEIS   Beachten Sie, dass bei aktivierten Haupt- und Nebenversionen, je nach Konfiguration in den Bibliothekseinstellungen, Benutzer mit Lesezugriff, also z.B. Projektteammitglieder ohne Vorgangszuordnungen, ggf. nur Hauptversionen sehen können.

Verknüpfen Sie – falls noch nicht geschehen – die Dokumente mit dem zugehörigen Vorgang wie im Abschnitt »Risikomanagement planen« beschrieben.

Festlegen der Zugriffsrechte

Projektbeteiligte, die Mitglieder des Projektteams sind, erhalten automatisch Zugang zur Project Web App und der Projektwebsite.[1] In der Project Web App erhalten diese u.a. sowohl lesenden Zugriff auf den Projektplan im Project Center als auch schreibenden Zugang zum Bereich *Vorgänge* in der Project Web App. Darüber hinaus können standardmäßig u.a. alle Dokumente und Listen in der Projektwebsite einsehen und bearbeiten.

HINWEIS   Die automatische Vergabe von Berechtigungen findet nur statt, wenn Sie den Project Server-Berechtigungsmodus wie in unserem Beispielunternehmen verwenden. Bei Verwendung des SharePoint-Berechtigungsmodus können Sie jedoch die Berechtigungen manuell vergeben, wie weiter unten beschrieben (siehe Kapitel 8, Abschnitt »Project Server-Berechtigungsmodus einrichten« und Kapitel 9, Abschnitt »Sicherheit«).

Project Online kann nur im SharePoint-Berechtigungsmodus betrieben werden. Als Zusatzfunktion erlaubt die Onlineversion die Freigabe an externe Benutzer über einen Gastlink. Hiermit können externe Benutzer, die über kein Active Directory-Konto in Ihrer Organisation verfügen, nach Erstellung eines Microsoft-Kontos auf Dokumente und andere Inhalte in Ihrer Projektwebsite zugreifen.

In der Regel sind diese Standardberechtigungen bereits zutreffend und durch die automatische Berechtigungsvergabe durch den Project Server werden Sie davon entlastet, diese Berechtigun-

---

[1] Vgl. Abschnitt »Ressourcen für Vorgänge schätzen«

gen manuell zu vergeben. Sofern Sie jedoch die Standardberechtigungen anpassen möchten, gehen Sie folgendermaßen vor:

1. Wählen Sie in Project auf der Registerkarte *Datei* die Kategorie *Informationen* aus. Klicken Sie dann im Abschnitt *Berechtigungen* auf den Befehl *Berechtigungen verwalten*. Anschließend öffnet sich in der Project Web App die Registerkarte *Berechtigungen*.

Abbildg. 1.52

Abweichende Projektberechtigungen festlegen

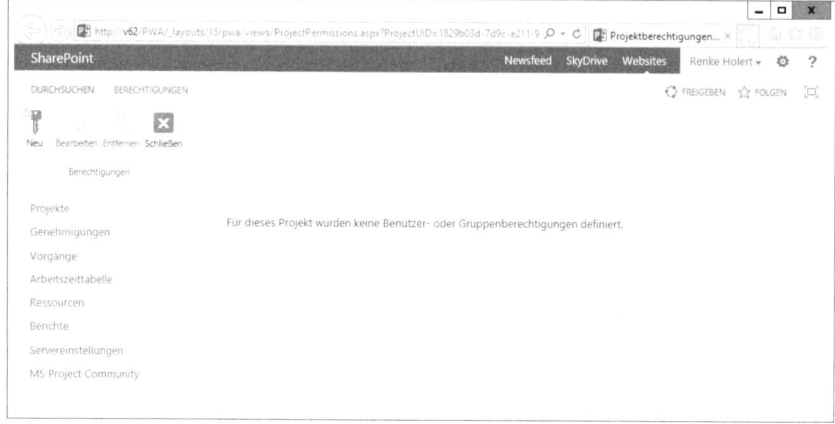

2. Klicken Sie auf der Registerkarte *Berechtigungen* in der Gruppe *Berechtigungen* auf den Befehl *Neu*.

Abbildg. 1.53

Festlegen der Zugriffsrechte für den Projektplan sowie Projektdokumente und -listen

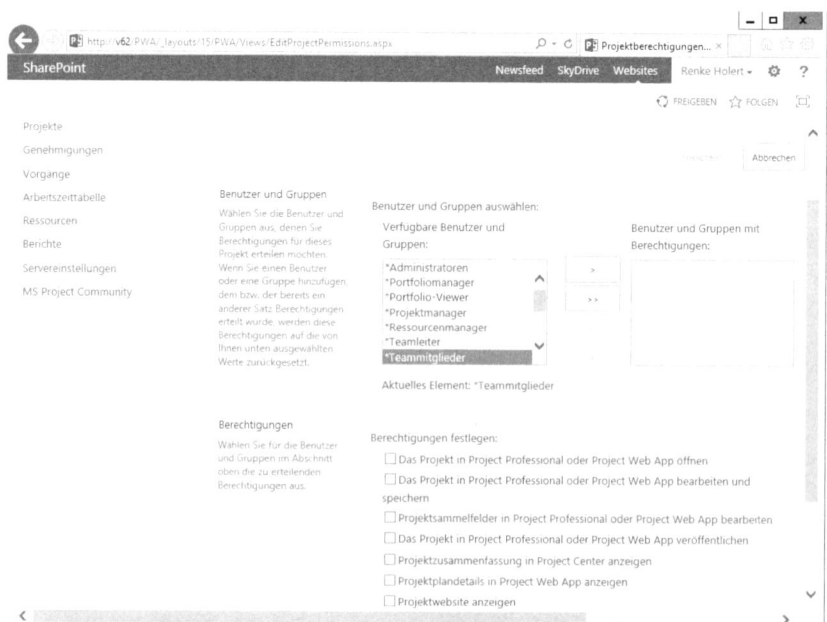

3. Wählen Sie einzelne Benutzer oder eine Gruppe aus, für die Sie die Standardberechtigungen überschreiben möchten, und klicken Sie dann auf die Schaltfläche > zum Hinzufügen.

4. Aktivieren Sie das Kontrollkästchen vor der gewünschten Berechtigung (siehe Kapitel 9).

Hinsichtlich der Projektwebsite können Sie das Recht *Projektwebsite anzeigen* vergeben. Hiermit erhält ein Benutzer bzw. eine Gruppe von Benutzern das Recht, in jeder Dokumentbibliothek Dokumente zu lesen, hinzuzufügen, zu ändern und zu löschen.

HINWEIS   Technisch vergibt Project Server für den schreibenden Zugriff die Berechtigungsstufe *Teammitglieder (Microsoft Project Web App)*. Als Projektleiter bekommen Sie standardmäßig die Berechtigungsstufe *Projektmanager (Microsoft Project Web App) zugewiesen*. Diese Berechtigungsstufe umfasst standardmäßig die Websiteberechtigung *Berechtigungen verwalten*, d.h. Sie können als Projektleiter unabhängig von vorgenannten Berechtigungsstufen auch nicht synchronisierte Berechtigungen vergeben.

Wenn die standardmäßigen Sicherheitseinstellungen nicht die Anforderungen Ihres Kommunikationsmanagementplans erfüllen, können Sie diese abweichend definieren. Um z.B. den Zugriff auf eine Dokumentbibliothek auf bestimmte Projektbeteiligte zu reduzieren, gehen Sie folgendermaßen vor:

1. Wechseln Sie in die entsprechende Dokumentbibliothek.

2. Klicken Sie im Menüband auf die Registerkarte *Bibliothek* und in der Gruppe *Einstellungen* auf den Befehl *Bibliothekeinstellungen*.

3. Klicken Sie auf der folgenden Seite im Bereich *Berechtigung und Verwaltung* auf die Verknüpfung *Berechtigungen für Dokumentbibliothek*.

4. Wählen Sie im Menüband in der Gruppe *Vererbung* den Befehl *Berechtigungsvererbung beenden*.

Abbildg. 1.54   Entfernen der Zugriffsrechte für einen Projektbeteiligten auf Dokumentbibliotheksebene

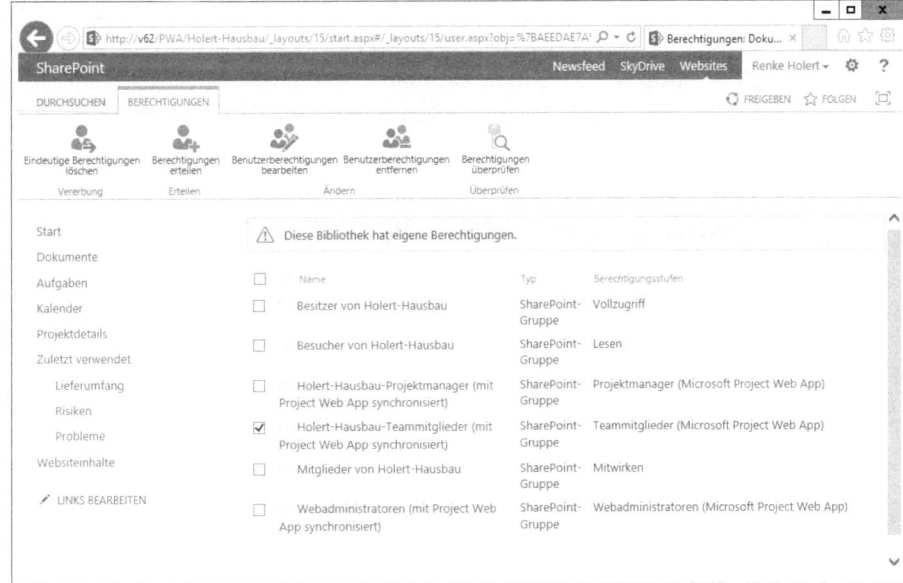

5. Aktivieren das Kontrollkästchen vor der Gruppe <Projektname>-Teammitglieder (Project Web App synchronisiert) und entfernen Sie die Benutzerberechtigung (*Berechtigungen/ Ändern/Benutzerberechtigungen entfernen*)

Abbildg. 1.55   Festlegen der Zugriffsrechte für einen Projektbeteiligten auf Dokumentbibliotheksebene

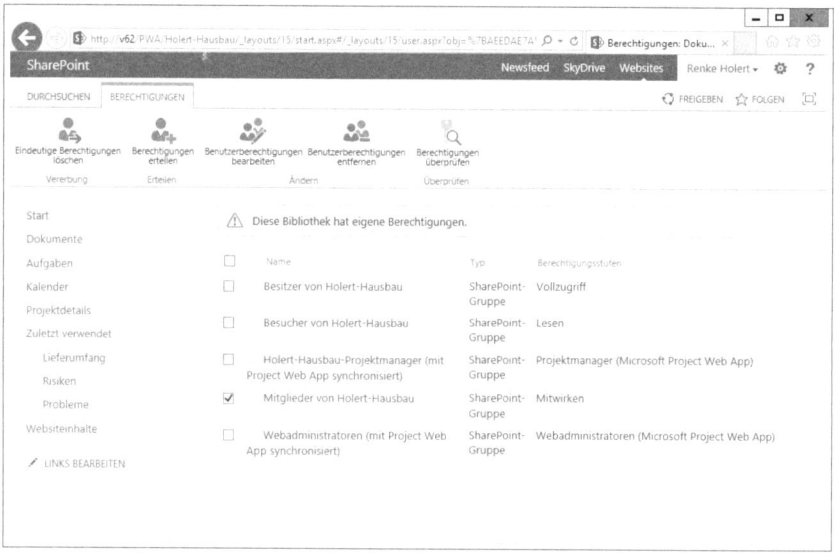

6. Aktivieren Sie das Kontrollkästchen vor der Gruppe <Projektname>-Mitglieder und klicken Sie auf Berechtigung erteilen (*Berechtigungen/Erteilen/Berechtigungen erteilen*).

7. Geben Sie im Feld *Personen* zu *'Mitwirken'* einladen die Namen der Personen ein, denen Sie Schreib- und Lesezugriff auf alle Dokumente in dieser Bibliothek erteilen möchten.

8. Klicken Sie auf *OPTIONEN ANZEIGEN* und deaktivieren Sie ggf. das Kontrollkästchen vor *Eine E-Mail-Einladung senden*.

Sie können Berechtigungen auch auf Dokumentebene vergeben. Klicken Sie hierzu auf die Ellipse in der Dokumentliste neben dem gewünschten Dokument, klicken Sie auf den Befehl *FREIGEBEN* und führen Sie die analogen Schritte aus, wie zuvor beschrieben.

TIPP   Project Server kann in regelmäßigen Abständen den Projektplan sichern (siehe Kapitel 9).

Mit dem konsolidierten Projektplan sind die Planungsprozesse für die jeweilige Phase abgeschlossen. Damit kann mit den Ausführungsprozessen begonnen werden.

Ausführungsprozesse

Die *Ausführungsprozessgruppe* besteht aus den Prozessen, die die Fertigstellung der Projektarbeit entsprechend des Projektmanagementplans sicherstellen sollen. Hierzu gehören u.a. die Prozesse:

- *Kommunikation managen* (10.2 Manage Communications)
- *Projektarbeit lenken und managen* (4.3 Direct and Manage Project Work)

Weitere Prozesse sind *Qualitätssicherung durchführen* (8.2 Perform Quality Assurance), *Projektteam zusammenstellen* (9.2 Acquire Project Team), *Projektteam entwickeln* (9.3 Develop Project Team), *Projektteam managen* (9.4 Manage Project Team), *Beschaffung durchführen* (12.2 Conduct Procurements), *Stakeholdereinbindung managen* (13.3 Manage Stakeholder Engagement).[1]

Kommunikation managen

Ziel des Prozesses *Kommunikation managen* (10.2 Manage Communications) ist es, den effektiven und effizienten Kommunikationsfluss zwischen allen Projektbeteiligen (Project Stakeholders) sicherzustellen.[2] Grundlage hierfür sind u.a. der Kommunikationsmanagementplan und die Arbeitsleistungsberichte.[3] Ausgangswerte sind u.a. die Projektkommunikation und die Aktualisierungen der Projektmanagementpläne. Als Werkzeug zur Kommunikation und für das Berichtswesen können Sie Project bzw. die Project Web App einsetzen.

NEU IN 2013 Wie zuvor beschrieben, stellt der Project Server als Bestandteil von SharePoint Server eine Plattform bereit, um den Projektplan und alle begleitenden Dokumente allen Projektbeteiligten zugänglich zu machen. Neu in der 2013er-Version ist die Lync-Integration in Project. Diese erlaubt u.a., dass Sie direkt aus der Spalte *Ressourcennamen* in Project eine Kommunikation mit allen Projektbeteiligten aufnehmen können, sofern diese über ein Konto für Microsoft Lync oder ein kompatibles Kommunikationssystem verfügen. Darüber hinaus kann der Project Server u.a. E-Mails an alle Projektteammitglieder versenden, wenn diese neu eingeplant werden (Terminanfrage) oder sich an Zuordnungen etwas ändert.

Um allen Projektteammitgliedern eine Terminanfrage[4] per E-Mail zu senden, ihre Vorgänge im Bereich *Vorgänge* und die Arbeitszeittabelle der Project Web App einzutragen sowie ihnen Zugang zum Projektplan und den Projektdokumenten zu geben, gehen Sie folgendermaßen vor:

1. Wählen Sie im Menüband die Registerkarte *Datei* aus
2. Klicken Sie auf den Befehl *Veröffentlichen*.

> **HINWEIS**   Project Online unterstützt den Versand von E-Mail-Benachrichtigungen nicht.

Durch die Veröffentlichung werden auch die Zuordnungen in den Zuordnungsansichten, z.B. für den Ressourcen-Manager (siehe Kapitel 3), und der Projektplan, z.B. für Führungskräfte, im Projektcenter sichtbar (siehe Kapitel 4).

> **ACHTUNG**   Standardmäßig werden immer alle Informationen veröffentlicht, auch die *Ist-Arbeit* der Teammitglieder wird immer überschrieben, wenn diese zuvor in Project geändert wurde. Beachten Sie, dass durch Änderung des Feldes *% Abgeschlossen* auch die *Ist-Arbeit* automatisch errechnet wird.

Der Administrator kann jedoch für den Projektleiter das Ändern der *Ist-Arbeit* zentral sperren, wenn Sie die entsprechende Servereinstellung (*Vorgangseinstellungen und -anzeige/ Vorgangsaktualisierungen nur über "Vorgänge" und "Arbeitszeittabellen" zulassen*) festlegen (siehe Kapitel 9, Abschnitt »Servereinstellungen/Zeit- und Vorgangsverwaltung«). Zudem

---

[1] Vgl. PMBOK 2013, S. 56
[2] Vgl. PMBOK 2013, S. 297-303
[3] Arbeitsleistungsberichte sind Ausgangswerte des Prozesses *Projektarbeit überwachen und steuern.*
[4] Oft auch als »Ressourcenanfrage« oder »Vorgangsanfrage« bezeichnet.

können Sie über das Feld *Veröffentlichen* festlegen, welche Vorgänge Sie veröffentlichen möchten. Rückmeldungen wie Vorgangsaktualisierungen erhält immer derjenige, der im Feld *Status-Manager* festgelegt ist.

Mit dem Veröffentlichen sind alle Beteiligten über den aktuellen Status informiert.

Projektarbeit lenken und managen

Ziel des Prozesses *Projektarbeit lenken und managen* (4.3 Direct and Manage Project Work) ist es sicherzustellen, dass die Projektarbeit entsprechend des Projektmanagementplans unter Berücksichtigung der genehmigten Änderungsanträge ausgeführt wird. Dies verlangt u.a., Arbeitsleistungsdaten zu erzeugen sowie ungeplante Tätigkeiten zu managen und die Auswirkungen von Änderungen zu prüfen.[1]

Grundlage sind somit u.a. der Projektmanagementplan und genehmigte Änderungsanträge. Ausgangswerte sind u.a. Arbeitsleistungsdaten (4.3.3.2 Work Performance Data) und Änderungsanträge (4.3.3.3 Change Requests). Arbeitsleistungsdaten können im Rahmen von Besprechungen und mithilfe von Project Server generiert werden.

Die Generierung von Arbeitsleistungsdaten gliedert sich mit Project in zwei Schritte, und zwar

- Fortschrittsinformationen anfragen
- Projektfortschritt aktualisieren

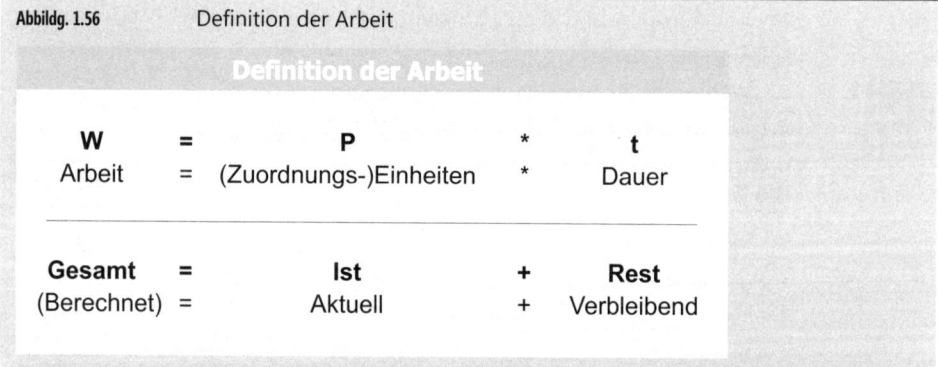

Abbildg. 1.56   Definition der Arbeit

Zunächst ein paar Vorbemerkungen: Leistung ist gemäß des physikalischen Zusammenhangs definiert als der Quotient von Arbeit und Zeit (P = W/t).[2] Wie beim Prozess *Ressourcen für Vorgänge schätzen* bereits erläutert, heißt dieser Zusammenhang, umgestellt nach der Leistung in Project, *Zuordnungseinheiten = Arbeit/Dauer*. Die Leistung resultiert also immer aus der geleisteten *Arbeit* in Bezug auf die benötigte *Zeit*.

---

[1] Vgl. PMBOK 2013, S. 79-86
[2] Der in der deutschsprachigen Betriebswirtschaftslehre übliche Begriff der *Leistung*, also der Bezeichnung einer Sach- oder Dienstleistung, entspricht nicht dem Begriff der *Leistung* im hier gebrauchten physikalischen Sinne.

Die Arbeit entspricht im betriebswirtschaftlichen Sprachgebrauch oft dem (Arbeits-)*Aufwand* und ist damit eine bestimmende Größe für die (Projekt-)*Kosten*. Zu der *Zeit* gehören neben der *Dauer* auch die *Termine*, also die Zeitpunkte, an denen ein Vorgang anfängt oder endet. Diese beiden Termine werden bei Project in den Feldern *Anfang* bzw. *Ende* gespeichert. Besondere Bedeutung hat der (Projekt-)Endtermin. Project berechnet alle Werte stets automatisch anhand der o.g. Zusammenhänge und übrigen Randbedingungen, wie z.B. Vorgangsverknüpfungen und Kostensätze. Die berechneten Werte werden in Project oft ohne das Adjektiv »berechnet« dargestellt.

HINWEIS Bitte beachten Sie, dass das Feld *Zuordnungseinheiten* durch Project nicht automatisch berechnet wird und stattdessen der berechnete Wert im Feld *Höchstwert* steht (siehe Abschnitt »Ressourcen für Vorgänge schätzen« in diesem Kapitel).

Um die Leistung anhand dieser Messgrößen bewerten zu können, greifen wir auf den Basisplan zurück (siehe Abschnitt »Terminplan entwickeln« in diesem Kapitel). Dieser enthält u.a. die zum Zeitpunkt der Festlegung berechneten Werte der Größen Arbeit, Termine (*Anfang/Ende*) und Kosten. Entsprechend des betriebswirtschaftlichen Gebrauchs heißen diese Werte *Plan-Werte*, die den *Ist*- bzw. *Soll-Werten* gegenübergestellt werden.

Ihre Aufgabe ist es nun sicherzustellen, dass im Verlauf der Ausführung die Ressourcen den *Ist-Aufwand* (*Ist-Arbeit*) und den geschätzten *Rest-Aufwand* (*Restarbeit*) regelmäßig zurückmelden.[1] Aus der Summe bildet Project dann wiederum den Gesamt-Aufwand, also (berechnete Gesamt)-*Arbeit* (Abbildung 1.56).

Fortschrittsinformationen anfragen

Project Server stellt zwei Zeitberichtssysteme bereit, und zwar die Bereiche *Vorgänge* und *Arbeitszeittabelle*. Arbeitszeittabellen fokussieren die Zeiterfassung. Sie können für die Kommunikation zwischen dem Projektmitarbeiter und dem Ressourcen-Manager eingesetzt werden. Der Bereich *Vorgänge* legt den Schwerpunkt auf die Kommunikation mit dem Projektleiter.

Im Folgenden gehen wir davon aus, dass beide Bereiche durch die Mitarbeiter, wie im Kapitel 2 beschrieben, eingesetzt werden und die beiden Bereiche automatisch miteinander synchronisiert werden (*Einfacher Eingabemodus*, siehe Kapitel 9, Abschnitt »Servereinstellungen/Zeit- und Vorgangsverwaltung«).

HINWEIS Die Project Web App bietet als Funktion auch Statusberichte. Diese haben sich in der Praxis jedoch nicht bewährt, weil diese u.a. unzureichend in die Zeitberichtssysteme der Project Web App integriert sind. Aus diesem Grund empfehlen wir nicht, diese einzusetzen.

Um die Fortschrittinformationen bei den Projektmitarbeitern anzufragen, gehen Sie folgendermaßen vor.

---

[1] In der deutschen Softwareversion 2013 wurden erstmals die Begriffe *Aktuell* und *Verbleibend* treffender mit *Ist* und *Rest* übersetzt. Leider ist zum einen die Schreibweise nicht ganz einheitlich, so gibt es bei der *Ist-Arbeit* eine Getrenntschreibung während *Restarbeit* zusammengeschrieben wird. Zudem gibt es Bereiche in Project, die bei der Übersetzung offenbar übersehen wurden, so z.B. der Dialog *Projektstatistik*, wo weiterhin die Begriffe *Aktuell* und *Verbleibend* verwendet werden oder die Arbeitszeittabelle, die weiterhin das Feld *Verbleibende Arbeit* ausweist.

HINWEIS   Typisch ist es, dass die Projektmitarbeiter den Fortschritt mindestens einmal pro Woche übermitteln. Um ggf. fehlende Fortschrittsberichte anzufragen, gehen Sie folgendermaßen vor:

---

1. Wählen Sie über den Filter *Terminbereich* den aktuellen Zeitraum aus (*Ansicht/Daten/Filter*).
2. Markieren Sie alle Vorgänge über einen Klick mit der Maus auf den oberen, linken Eckpunkt der Tabelle.

3. Rufen Sie in der Symbolleiste für den Schnellzugriff den Befehl *Statusinformationen anfordern* auf.

HINWEIS   Standardmäßig wird der Befehl *Statusinformationen anfordern* im Menüband nicht mehr angezeigt. Sie können diesen jedoch über die Registerkarte *Datei/Optionen/Symbolleiste für den Schnellzugriff* in die gleichnamige Symbolleiste hinzufügen.

---

4. Bestätigen Sie, dass das Projekt veröffentlicht werden muss.

Abbildg. 1.57   Fortschrittsinformationen abfragen

5. Legen Sie im folgenden Dialogfeld fest, dass Sie nur einen Fortschrittsbericht für die ausgewählten Vorgänge abfragen möchten. Passen Sie ggf. noch den Nachrichtentext an und senden Sie dann die Anfrage mit einem Klick auf die Schaltfläche *OK* ab.

6. Überprüfen Sie, ob Sie in der Indikatorspalte ein Briefsymbol mit einer kleinen Uhr und einem Fragezeichen sehen (siehe Marginalspalte). Dies bedeutet, dass für diese Vorgänge Fortschrittsberichte angefordert wurden und ist die grafische Darstellung des Felds *Teamstatus steht noch aus*.

HINWEIS   Der Mitarbeiter erhält jetzt eine E-Mail mit dem Betreff *Von "<Name des Projektmanagers>" wurden Aktualisierungen angefordert.* Zudem kann er entsprechende Vorgänge im Bereich *Vorgänge* am Prozessstatus *Aktualisierung angefordert* erkennen (siehe Kapitel 2).

Abbildg. 1.58 Benachrichtigung über Fortschrittsbericht des Projektmitarbeiters

Die folgenden Zuordnungen wurden von Ressourcen aktualisiert.

Berichtet an: Renke Holert

Projektname: Holert-Hausbau
Vorgangsname: Bauplanerstellung
Zugeordnet zu: Renke Holert
Anfang: Mittwoch, 10. April 2013 Ende: Freitag, 7. Juni 2013 Arbeit: 320h Verbleibende Arbeit: 256h % abgeschlossen: 20
Kommentar:

Wenn Sie diese Benachrichtigungen ausschalten möchten, wechseln Sie zu "Project Web App-Einstellungen", und klicken Sie dann auf "Meine Warnungen und Erinnerungen verwalten".

Auf dieser Seite können Sie das Kontrollkästchen für die Benachrichtigungen, die Sie nicht mehr empfangen möchten, deaktivieren.

Microsoft Project Server 2013

Als Antwort auf die Fortschrittsanfrage erhalten Sie eine E-Mail mit dem Betreff *Ressourcen haben Zuordnungsaktualisierungen übermittelt* vom Projektmitarbeiter über Project Server zugeschickt (Vorgangsaktualisierungsanfrage).

Projektfortschritt aktualisieren

In diesem Abschnitt erfahren Sie, wie Sie den Projektplan auf dem aktuellen Stand halten.

> **TIPP** Bevor Sie die Rückmeldungen in den Projektplan übernehmen, stellen Sie auf jeden Fall sicher, dass Sie einen Basisplan abgespeichert haben, damit Sie später Änderungen erkennen können.

Um den Fortschrittsbericht in Ihren Projektplan zu übernehmen und zu überprüfen, führen Sie folgende Schritte aus:

1. Wählen Sie im Menüband die Registerkarte *Datei* aus und klicken Sie im Bereich *Informationen* auf die Schaltfläche *Fortschritt überprüfen*. Daraufhin wird die Project Web App mit dem Genehmigungsfenster gestartet.

> **TIPP** Sie können den Befehl *Projektfortschritt aktualisieren* auch in die Symbolleiste für Schnellzugriff über *Datei/Optionen/Symbolleiste für den Schnellzugriff* in die gleichnamige Symbolleiste hinzufügen.

2. Gleichzeitig wird in Project Professional ein Dialogfeld geöffnet, welches den Start des Genehmigungscenters ankündigt. Bestätigen Sie dieses Dialogfeld und wechseln Sie zurück in die Project Web App.
3. Wählen Sie die Vorgänge, deren Fortschritt Sie in den Projektplan übernehmen möchten, indem Sie in der ersten Spalte das Kontrollkästchen aktivieren.
4. Klicken Sie auf den als Verknüpfung hinterlegten Vorgangsnamen, um den Verlauf und etwaige Kommentare des Mitarbeiters anzuzeigen.

Abbildg. 1.59   Fortschrittsinformationen anzeigen

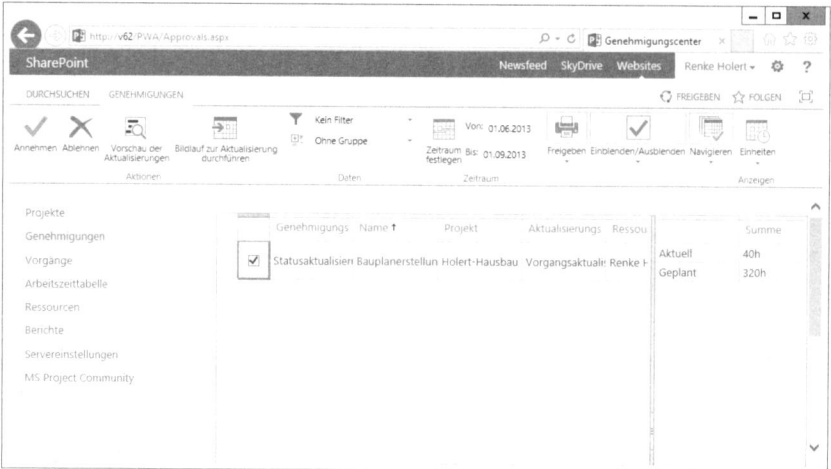

5. Wenn Sie eine erste Abweichungsanalyse durchführen möchten, überprüfen Sie den zurück-gemeldeten Ist-Aufwand (Zeile *Aktuell*) pro Periode und Rest-Aufwand (Spalte *Restarbeit*)..

HINWEIS   Die Spalte *Summe* zeigt den gesamten Ist-Aufwand, nicht jedoch den gesamten Aufwand für den Vorgang (*Arbeit*). Wenn Sie im Menüband in der Gruppe *Einblenden/Ausblenden* die Einzelheitenart *Geplant* einblenden, sehen Sie in der Zeile *Geplant* die bereits aufgrund der Rückmeldung neue berechnete Arbeit. Somit also weder den derzeitigen Wert der (berechneten) Arbeit noch den Wert des Felds *Geplante Arbeit* (Basisplan) aus dem Projektplan, der für eine Abweichungsanalyse an dieser Stelle wäre.

6. Um eine aussagekräftigere Abweichungsanalyse durchzuführen, um z.B. die Rückmeldungen mit dem aktuellen Stand im Projektplan vergleichen zu können, klicken Sie im Menüband auf der Registerkarte *Genehmigungen* in der Gruppe *Aktionen* auf den Befehl *Vorschau der Aktualisierungen*.

Abbildg. 1.60   Vorschau anzeigen

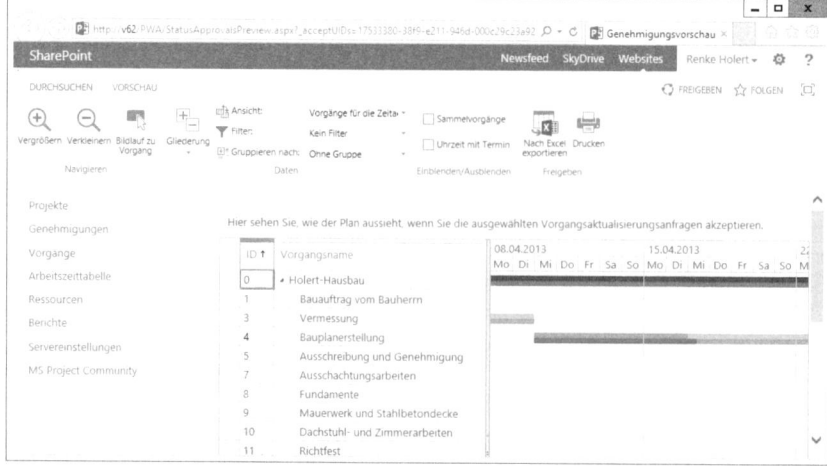

7. Auf der Seite *Genehmigungsvorschau* wird der letzte Stand aus dem Projektplan als grauer Balken dargestellt. Der sich aus der Rückmeldung ergebende neue Stand wird durch den blauen Balken dargestellt. Der dunkelblaue Anteil des blauen Balkens spiegelt den neuen Stand wider.

8. Um neben den zeitlichen Abweichungen auch die Abweichungen hinsichtlich des Aufwands darzustellen (*Abweichung Arbeit*), wählen Sie im Menüband auf der Registerkarte *Vorschau* in der Gruppe *Daten* im Dropdown-Listenfeld *Ansicht* den Eintrage *Vorgänge: Arbeit* aus. In der Ansicht *Vorgänge: Arbeit* wird die voraussichtliche Gesamtarbeit (Arbeit) - also die Summe aus *Ist-* und geschätztem Rest-Aufwand (*Ist-Arbeit* und *Restarbeit*) - den im Basisplan gespeicherten Planwerten gegenübergestellt (*Geplante Arbeit*).

TIPP   Die Ansichten der Aktualisierungsvorschau kann Ihr Administrator für Sie anpassen, so können Sie z.B. das Feld *Abweichung Ende* oder *Stichtag* in die Ansicht *Vorgangsnachverfolgung* einblenden. Für eine Abweichungsanalyse nach der Methode des Management des Fertigstellungswerts können Sie in der Ansicht *Vorgänge: Ertragswert* die Leistungsabweichung (*PA*) und die Kostenabweichung (*KA*) ablesen.[1]

---

9. Um die Ansicht zu schließen, schließen Sie das Fenster des Internet Explorers.

10. Wenn Sie die Rückmeldung übernehmen möchten, klicken Sie auf die Schaltfläche *Annehmen*.

HINWEIS   Sie können Regeln definieren, um den Genehmigungsprozess zu automatisieren. Sie finden die entsprechende Funktion im Menüband unter *Genehmigungen/Navigieren/Regeln verwalten* (Abbildung 1.59).

Abbildg. 1.61   Bestätigungsdialogfeld

Genehmigung bestätigen   ✕

Geben Sie Kommentare für die Teammitglieder ein (optional):

OK   Abbrechen

11. Geben Sie ggf. einen (Transaktions-)Kommentar ein. Klicken Sie auf die Schaltfläche *OK*.

HINWEIS   Der Mitarbeiter kann den Kommentar im Bereich *Vorgänge* sehen, indem er auf die Verknüpfung des Vorgangsnamens klickt. Als Projektleiter können Sie den Verlauf jederzeit im Genehmigungscenter über den Befehl *Genehmigungen/Navigieren/Verlauf/Statusaktualisierungen*, gefolgt von einem Klick auf den Vorgangsnamen, aufrufen.

---

12. Um die Aktualisierungen in den Projektplan zu übernehmen, checken Sie den Projektplan ein (*Datei/Schließen* danach ggf. *Speichern und Einchecken*). .

---

[1] Die Earned Value Analysis wird auch als »Leistungswertanalyse« oder »Arbeitswertanalyse« bezeichnet

> **HINWEIS** Bevor Sie den Projektplan wieder öffnen können, müssen Sie warten, bis der Server die genehmigten Fortschrittsinformationen übernommen hat. Sie können den Fortschritt in der Project Web App unter *Einstellungen/PWA Einstellungen/Meine Warteschlangenaufträge* verfolgen.

13. Wenn Sie danach das Projekt anzeigen möchten, öffnen Sie den Projektplan erneut (*Öffnen/Zuletzt verwendete Projekte*).

Abbildg. 1.62   Darstellung der berechneten und geplanten Arbeit

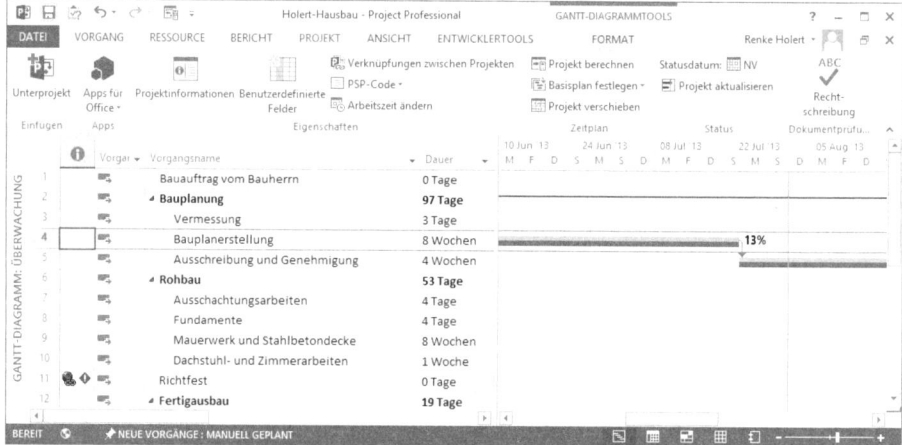

> **HINWEIS** Vorgänge, die zwar für den Berichtszeitraum geplant waren, aber an denen nicht oder nur vermindert gearbeitet wurde, werden in den Standardeinstellungen von Project nicht automatisch in die Zukunft geschoben. Sie können diese Restarbeiten z.B. über *Projekt/Status/Projekt aktualisieren/Anfang nicht abgeschlossener Arbeiten verschieben auf Datum nach* in die Zukunft schieben und danach im Rahmen der Planungsprozesse erneut planen.

Bei Vorgängen, die noch nicht begonnen wurden, können die Projektmitarbeiter den verspäteten Beginn über die PWA zurückmelden, indem Sie die Spalte *Anfang* editieren. In diesem Fall werden Zuordnungsverzögerungen einfügt, d.h. der Vorgangsanfang bleibt auf dem ursprünglich geplanten Anfang, jedoch wird der Anfang der Zuordnung entsprechend verschoben.

Bei Ausführung der Projektaktualisierung bleibt diese Zuordnungsverzögerung erhalten. D.h. Sie müssen vor der Aktualisierung in einer Zuordnungsansicht, wie *Vorgang: Einsatz* das Feld *Zuordnungsverzögerung* auf 0 setzen und können die Vorgänge dann wie zuvor beschrieben aktualisieren.

14. Im Projektplan wechseln Sie in die Ansicht *Gantt-Diagramm: Überwachung* (*Vorgang/Ansicht/Gantt-Diagramm: Überwachung*) und betrachten dort die Auswirkungen der Rückmeldung, indem Sie grafische Unterschiede zwischen den oberen und unteren Balken feststellen. Der obere Balken gibt den berechneten Wert an, der untere, graue Balken zeigt den Plan-Wert aus dem Basisplan an (Abbildung 1.62). Terminliche Abweichungen können Sie auch in der Tabelle *Abweichung* anzeigen lassen, die Sie über *Ansicht/Tabelle/Abweichung* erreichen.

Abbildg. 1.63   Projektstatus in der Projektstatistik

Projektstatistik für "Holert-Hausbau"		☒
	Anfang	Ende
Berechnet	Fre 05.04.13	Mit 27.11.13
Geplant	Fre 05.04.13	Mit 27.11.13
Aktuell	Fre 05.04.13	NV
Abweichung	0t	0t

	Dauer	Arbeit	Kosten
Berechnet	169t	320h	28.000,00 €
Geplant	169t	320h	28.000,00 €
Aktuell	4,67t	40h	3.500,00 €
Verbleibend	164,33t	280h	24.500,00 €

Prozent abgeschlossen:

Dauer: 3%   Arbeit: 13%   [Schließen]

15. Die aktuellen Zahlen auf Projektebene können Sie über die Projektstatistik ablesen (*Projekt/ Eigenschaften/Projektinformationen/Statistik*).

HINWEIS   Bei der Aktualisierung von Vorgängen, also dem Eintragen von Ist-Werten, gelten in Project zwei Regeln:

- **Was bereits abgeschlossen ist, ändert sich nicht mehr**   Wenn für einen Vorgang bereits Arbeit geleistet wurde und damit der Fortschritt größer als 0 % ist, dann bleibt dieser Teil unverrückbar dort stehen, auch wenn sich der (Rest-)Vorgang verschiebt.

- **So, wie etwas stattgefunden hat, wird es auch in den Projektplan übernommen**   Melden die Ressourcen Ist-Aufwand außerhalb des berechneten Termins zurück, werden diese Rückmeldungen ohne Berücksichtigung von Einschränkungen so in den Plan übernommen, wie sie gemeldet wurden.

TIPP   Insbesondere in der Anfangsphase des Umgangs mit Project besteht die Gefahr, dass Sie nicht genau nachvollziehen können, welche Änderungen am Plan automatisch durch Project bzw. Project Server vorgenommen werden. Das ist insbesondere der Fall, wenn die Vorgänge miteinander verknüpft sind und z.B. eine Reihe von nachfolgenden Vorgängen sich automatisch verschieben, weil z.B. ein Vorgänger seine Terminlage verändert hat. Damit Sie nicht das Vertrauen in Ihren Projektplan aufgrund solcher Kettenreaktionen verlieren, wenden Sie folgenden Tipp an:

Versehen Sie verknüpfte Vorgänge mit einer Termineinschränkung *Muss anfangen am* (rotes Kalendersymbol in der Indikatorspalte), dann verschieben sich zwar aktualisierte Vorgänge entsprechend der Stundenbuchung der Projektmitarbeiter, jedoch werden verknüpfte Vorgänge nicht ohne Ihr Einwirken in der Lage verändert. Sie verzichten damit zwar auf Vorteile des automatischen Verschiebens und haben etwas mehr manuellen Aufwand, bekommen dafür aber als Vorteil eine stärkere Kontrolle über Ihren Projektplan.

Sie können mehrere Vorgänge gleichzeitig einschränken. Gehen Sie dazu folgendermaßen vor:

1. Markieren Sie die Vorgänge, die Sie fixieren möchten.

2. Klicken Sie im Menüband auf der Registerkarte *Vorgang* in der Gruppe *Eigenschaften* auf den Befehl *Informationen*.

3. Wechseln Sie in dem folgenden Dialogfeld *Informationen zum Vorgang* auf die Registerkarte *Erweitert*.

4. Legen Sie als Einschränkungsart *Muss anfangen am* fest, dann werden alle diese Vorgänge mit ihrem jeweiligen berechneten Anfangstermin eingeschränkt.

Da natürlich im wirklichen Projektleben weiterhin Verschiebungen und Verzögerungen auftreten, müssen diese wie bisher in den Plan übernommen werden. Da Project die hieraus resultierenden Konflikte durch die Vorgangseinschränkungen nicht mehr automatisch durch Verschiebung lösen kann, macht die Software durch die Meldung eines Terminplankonflikts auf Ihren Handlungsbedarf aufmerksam.

Beachten Sie, dass diese Meldung nur einmal beim Auftreten angezeigt wird. Nach dem Bestätigen der Meldung können Sie Vorgänge mit einem Terminplankonflikt an ihrer negativen *Gesamten Pufferzeit* erkennen. Lösen Sie den Konflikt jedoch besser sofort, indem Sie nachfolgende Vorgänge manuell verschieben oder sonstige Umplanungen vornehmen (z.B. Vorgangsverkürzung durch den Einsatz von zusätzlichen Ressourcen).

Eine regelmäßige Fortschrittsberichterstattung der Projektmitarbeiter und Planaktualisierung stellt sicher, dass Sie als Projektleiter mit geringem Aufwand und hoher Qualität Arbeitsleistungsdaten für die Überwachung- und Steuerungsprozesse bereitstellen können.

Überwachungs- und Steuerungsprozesse

Ziel der *Überwachungs- und Steuerungsprozesse* (Monitoring and Controlling Processes) ist es, Abweichungen der tatsächlichen Leistung gegenüber dem Projektmanagementplan zu ermitteln und korrektive Prozesse einzuleiten.[1] Der Projektleiter muss regelmäßige Rückmeldung und Korrekturen auf Ebene der Liefergegenstände sicherstellen und, falls Abhängigkeiten bestehen, diese über die Projektebene miteinander abstimmen. Zu der Überwachungs- und Steuerungsprozessgruppe gehören u.a. die folgenden Prozesse:

- *Projektarbeit überwachen und steuern* (4.4 Monitor and Control Project Work)

- *Integrierte Änderungssteuerung durchführen* (4.5 Perform Integrated Change Control)

Weitere Prozesse sind *Inhalt und Umfang validieren* (5.5 Validate Scope), *Inhalt und Umfang steuern* (5.6 Control Scope), *Terminplan steuern* (6.7 Control Schedule), *Kosten steuern* (7.4 Control Costs), *Qualität steuern* (8.3 Control Quality), Kommunikation steuern (10.3 Control Communications), *Risiken steuern* (11.6 Control Risks), *Beschaffung steuern* (12.3 Control Procurements) und *Stakeholdereinbindung steuern* (Control Stakeholder Engagement). [2]

Projektarbeit überwachen und steuern

Ziel des Prozesses *Projektarbeit überwachen und steuern* (4.4 Monitor and Control Project Work) ist es u.a., in den Steuerungsprozessen erarbeitete Arbeitsleistungsinformationen und Prognosewerte für alle Projektbeteiligen (Stakeholders) so zu einem Arbeitsleistungsbericht aufzubereiten, dass diese den aktuellen Projektstatus verstehen. Zusätzlich liefert er die Änderungsanträge für den Prozess *Integrierte Änderungssteuerung durchführen*.[3] Basis hierfür sind u.a. der Projekt-

---

[1] Wir folgen hier eng der deutschen Übersetzung des PMBOK Guide und verwenden für den englischen Begriff »Controlling« den deutschen Begriff »Steuerung« bzw. bei 8.3 »Lenkung«. Oft wird in der deutschsprachigen betriebswirtschaftlichen Literatur (z.B. Baetge, Jörg 1992) der Begriff »Controlling« auch mit »Überwachung« übersetzt. In Project wird der Begriff »Überwachung« als Übersetzung von »Tracking« verwendet.
[2] Vgl. PMBOK 2013, S. 57
[3] Vgl. PMBOK 2013, S. 86-94

managementplan, Terminprognosen, Kostenprognosen, Arbeitsleistungsinformationen und validierte Änderungsanträge. Ausgangswerte sind u.a. Änderungsanträge (Change Requests) und Arbeitsleistungsberichte. Als Werkzeuge und Methoden können Sie u.a. das Fachurteil von Experten und analytische Methoden einsetzen.

Project unterstützt Sie dadurch, dass es analog zu den Prozessen *Terminplan steuern* und *Kosten steuern* den Fortschritt,[1] Abweichungen und Prognosewerte errechnet. Die Software führt eine integrierte Kosten- und Leistungsrechnung nach dem Instrumentarium des Management des Fertigstellungswerts (Earned Value Management) durch.[2] Zudem aggregiert Project die Informationen u.a. auf der Ebene Projekt, Arbeitspaket, Sammelvorgang, Vorgang, Zuordnung und Ressource. Zur Auswertung können Sie dabei auf die Ansicht *Gantt-Diagramm: Überwachung*, die *Projektstatistik*, die *Project-Berichte*, die *Grafischen Berichte*, die Funktion *Projekte vergleichen* und die Listen der Projektwebsite zurückgreifen. Die Auswertungen können Sie dann in Power-Point kopieren, um sie im Rahmen des Prozesses *Kommunikation managen* in Besprechungen einzusetzen.

Inhaltlich müssen Sie dabei u.a. auf die Erreichung der drei Projektziele Umfang und Inhalt, Termine und Kosten eingehen und auch Änderungen hinsichtlich der Qualität und der Risiken aufzeigen.

Passen Sie die Darstellung der Ergebnisse der *Zielgruppe* an. Reduzieren Sie die Informationen für Führungskräfte auf die Kernaussagen auf Projektebene, während Sie für die jeweiligen Mitarbeiter aus deren Sicht die wichtigsten Informationen zusammenstellen.[3]

Um einen Arbeitsleistungsbericht zu erstellen und Änderungsaufträge abzuleiten, gehen Sie wie folgt vor:

- Darstellung der Prognose und Abweichungsanalyse zum Fertigstellungszeitpunkt
- Darstellung des Fortschritts und Abweichungsanalyse zum Kontrollzeitpunkt
- Detailanalyse Abweichungen inkl. Trendanalyse und Ursachenermittlung
- Ermittlung von Gegenmaßnahmen und Änderungsanträgen

Darstellung der Prognose und Abweichungsanalyse zum Fertigstellungszeitpunkt

Zu den wichtigsten Zielgrößen gehören auf Projektebene die Prognose des Fertigstellungszeitpunktes (Schedule Forecast) und der voraussichtlichen Gesamtkosten (Cost Forecast). Zur Bewertung vergleichen Sie diese mit den Planwerten. Führen Sie dazu folgende Schritte aus:

1. Klicken Sie auf der Registerkarte *Projekt* in der Befehlsgruppe *Eigenschaften* auf den Befehl *Projektinformationen*.

2. Klicken Sie anschließend auf die Schaltfläche *Statistik*.

---

[1] Synonyme: tatsächliche Projektleistung, Ist-Projektleistung
[2] Vgl. Kapitel 4, Abschnitt »Provide Portfolio Oversight«. Die Analyse des Fertigstellungswerts (Earned Value Analysis) wird in Project übersetzt als *Ertragswertanalyse.*
[3] Weitere Berichte für Einzel- und Multiprojektcontrolling finden Sie in Kapitel 4 in den Abschnitten »Abweichungsanalyse zum Kontrollzeitpunkt« und »Abweichungsanalyse zum Fertigstellungszeitpunkt« und in Kapitel 5 im Abschnitt »Berichtswesen« sowie für das Ressourcencontrolling in Kapitel 3 im Abschnitt »Notwendigkeit für Umdisponierung erkennen«.

Projektstatistik

Projektstatistik für "Holert-Hausbau"		x
	Anfang	Ende
Berechnet	Fre 05.04.13	Mit 27.11.13
Geplant	Fre 05.04.13	Mit 27.11.13
Aktuell	Fre 05.04.13	NV
Abweichung	0t	0t

	Dauer	Arbeit	Kosten
Berechnet	169t	320h	28.000,00 €
Geplant	169t	320h	28.000,00 €
Aktuell	4,67t	40h	3.500,00 €
Verbleibend	164,33t	280h	24.500,00 €

Prozent abgeschlossen:

Dauer: 3%   Arbeit: 13%   Schließen

Lesen Sie den von Project errechneten voraussichtlichen Fertigstellungstermin in der Zeile *Berechnet* und in der Spalte *Ende* ab. Die voraussichtlichen Gesamtkosten in der Spalte *Kosten*. Die Abweichung gegenüber dem zuletzt gespeicherten Basisplan können Sie jeweils in der Zeile *Abweichung* erkennen (Abbildung 1.64).

Ausgehend von der Projektebene können Sie diese Kennzahlen auch auf Arbeitspaketebene ausweisen. Verwenden Sie hierzu z.B. die im Abschnitt »Inhalt und Umfang definieren sowie Projektstrukturplan erstellen« erstellte Gruppierung nach PSP in der Ansicht *Gantt-Diagramm: Überwachung* mit den vorgenannten Feldern.[1]

Je nachdem, mit welchem Stand Sie vergleichen möchten, können Sie auch die Abweichung gegenüber Basisplan 1-10 darstellen. Sie können in den weiteren Basisplänen z.B. den ursprünglichen Stand, den Stand zum Zeitpunkt der letzten Besprechung oder den aktuellen Stand vor der Einarbeitung von Gegenmaßnahmen speichern.

Die vorgenannten Größen geben jedoch genauso wenig wie der Vergleich der Ist-Kosten mit den Plan-Kosten eine Aussage, wie groß die Abweichung zum gegenwärtigen Zeitpunkt (Statusdatum) ist.

Darstellung des Fortschritts und Abweichungsanalyse zum Kontrollzeitpunkt

Um den Fortschritt zum Kontrollzeitpunkt zu ermitteln und mit den Planwerten zu vergleichen, ist die Ermittlung der Ist-Leistung erforderlich. Diese wird standardmäßig durch den Quotienten der *Ist-Dauer* durch die (Gesamt-)*Dauer* (*% Abgeschlossen*) ermittelt. Sofern die Projektmitarbeiter, wie in Kapitel 2 beschrieben, regelmäßig den Rest-Aufwand zurückmelden eignet sich dieser Wert gut hierfür.

HINWEIS   Die Ist-Leistung kann auch im Feld *Physisch abgeschlossen (%)* einzeln für jeden Vorgang eingegeben werden. Damit Project diesen Wert für die Berechnung verwendet, muss dies unter *Datei/Optionen/Erweitert/Ertragswertoptionen/Standard-Ertragswertmethode* für Vorgänge festgelegt werden. An dieser Stelle können Sie auch den Basisplan der für die Ermittlung der Abweichung verwendet wird definieren.

---

[1] Die Kostenabweichung kann auch näherungsweise in der Größe Arbeit, also z.B. nach Personenstunden dargestellt werden. Die Erstellung eines Projektarbeitsfortschritt als Project-Bericht (Ist-, Rest- und Plan-Arbeit) finden Sie in Kapitel 5, Abschnitt »Berichtswesen«

Die Ermittlung der Ist-Leistung ist deshalb erforderlich, da zum Kontrollzeitpunkt sonst nur die Gesamtabweichung in einer bestimmten Höhe bekannt ist. Ein Überschreitung der Plankosten kann bedeuten, dass die Leistungen teurer wurden als geplant (Kostenabweichung). Es kann aber auch bedeuten, dass die Leistungen zu gleichen Kosten, jedoch vor dem geplanten Termin erbracht wurden (Leistungsabweichung). Die Abweichungen kann Project automatisch der Fertigstellungswertmethode ermitteln.[1] Gehen Sie dazu folgendermaßen vor:

1. Wechseln Sie auf die Registerkarte Bericht.

NEU IN 2013   2. Wählen Sie in der Befehlsgruppe *Berichte anzeigen* im Dropdown-Listenfeld Kosten den Eintrag *Ertragswertbericht*.[2]

Abbildg. 1.65   Ertragswert als Bericht

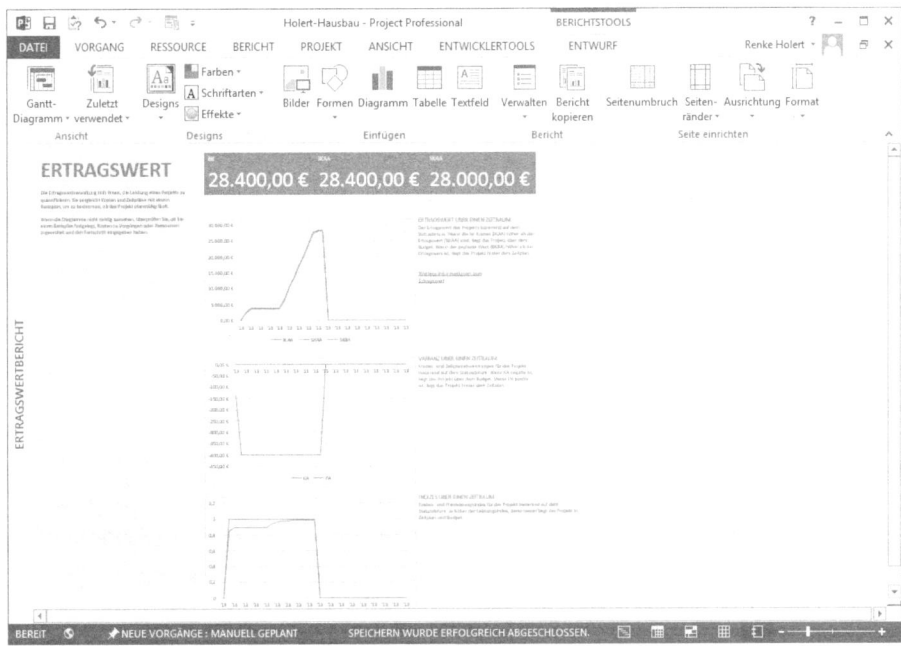

Sie können in dem Bericht im zweiten Diagramm von oben in der Linie *KA* die Kostenabweichung ablesen und in der Linie *PA* die Leistungsabweichung.[3]

TIPP   Sie können den Bericht z.B. in PowerPoint kopieren, indem Sie auf der Registerkarte *Berichtstools* in der Befehlsgruppe *Bericht* den Befehl *Bericht kopieren* auswählen.

---

[1] Ein ausführliche Darstellung zur Abweichungsanalyse in Verbindung mit dem Management des Fertigstellungswerts und alle verwendeten Größen finden Sie in Kapitel 4, Abschnitt »Provide Portfolio Oversight«. Dort finden Sie auch eine Visualisierung der Leistungs- und Kostenabweichung mit Ampelindikatoren, deren Erstellung im Kapitel 9 beschrieben ist.

[2] In Project wird abweichend von der DIN 69901 nicht der Begriff *Fertigstellungswert* als Übersetzung des Begriffs *Earned Value* verwendet, sondern der Begriff *Ertragswert*. Ein weiteres Synonym ist *Leistungswert*.

[3] Project verwendet als Übersetzung der Schedule Variance (SV) den Begriff *Planabweichung* (*PA*). Wir folgen hier Fiedler 2005, S. 157ff. mit dem Begriff *Leistungsabweichung* und nicht dem der deutschen Übersetzung der vierten Auflage des PMBOK Guides, der den Begriff *Terminplanabweichung* verwendet (Vgl. PMBOK 2004, S. 173).

Die Werte verwenden als Bewertungsgröße eine monetäre Einheit, d.h. die Leistungsabweichung wird nicht in Tagen ausgewiesen, sondern mit den Kosten der Arbeit, die abweichend gegenüber dem Plan zu früh oder zu spät erbracht wurde. Diese Auswertung ist hilfreich, da sie sich auf die Vergangenheitswerte bezieht und daher nicht durch eine bereits durchgeführte Gegenmaßnahme oder noch nicht durchgeführte Umplanung verdecken lässt. Zudem trifft sie eine Aussage darüber, in welchem Umfang Arbeit abweichend erbracht wird. Es macht beispielsweise einen großen Unterschied, ob sich eine Verzögerung von drei Tagen ergibt, in der nur 10 oder 100.000 Personenstunde erbracht werden müssen.

TIPP   Sie können unter Anwendung des PSP-Codes die Abweichungen auch nach Arbeitspaketen und in Bezugnahme anderer Planungsstände (Basisplan 1-10) darstellen.

Die Analyse der Abweichung auf Projekt- oder Vorgangsebene wird es in der Regel erforderlich machen, auf Vorgangsebene die Ursachen zu ermitteln.

Detailanalyse Abweichungen inkl. Trendanalyse und Ursachenermittlung

Um die Ursache für die Abweichungen zu ermitteln, können u.a. folgende Auswertungen helfen:

- Neue Vorgänge
- Vorgänge mit Mehraufwand
- Verspätete Vorgänge
- Liste offener Punkte
- Rückgang des Rest-Aufwands (Burndown)

TIPP   Im Folgenden wird erläutert, wie Sie mit Hilfe von Filtern die jeweiligen Sichten erstellen können. Sie können diese dann auf einfache Art und Weise in Ihren Arbeitsleistungsbericht in Word oder PowerPoint übernehmen. Führen Sie dazu folgende Schritte aus:

1. Beginnen Sie in Project: Wählen Sie alle Zeilen aus, indem Sie auf den Eckpunkt der Tabelle links oben klicken.
2. Kopieren Sie alle Vorgänge, indem Sie die Tastenkombination $\overline{\text{Strg}}$+$\overline{\text{C}}$ drücken.
3. Wechseln Sie zu PowerPoint bzw. Word.
4. Fügen Sie die Vorgänge inklusive Balkendiagramm in PowerPoint bzw. Word als Bild ein, indem Sie z.B. im Menüband von Word auf der Registerkarte *Start* in der Gruppe *Zwischenablage* im Dropdown-Listenfeld den Eintrag *Inhalte einfügen* klicken und im folgenden Dialogfeld im Listenfeld *Als* den Eintrag *Bild (Erweiterte Metadatei)* auswählen.
5. Ergänzen Sie Kommentare zu den Abbildungen.
6. Speichern oder drucken Sie die Datei als PDF-Dokument, ggf. mit elektronischer Signatur.

Diese Vorgehensweise hat den Vorteil, dass Sie Ansichten aus Project auch Projektbeteiligten zur Verfügung stellen können, die keinen Zugang zu Project oder zu Project Web App besitzen.

Neue Vorgänge

Zusätzliche Vorgänge gegenüber der ursprünglichen Planung können Sie sehr einfach über einen *AutoFilter* in Project darstellen.

Abbildg. 1.66   Neue Vorgänge gegenüber der vorangegangenen Planung

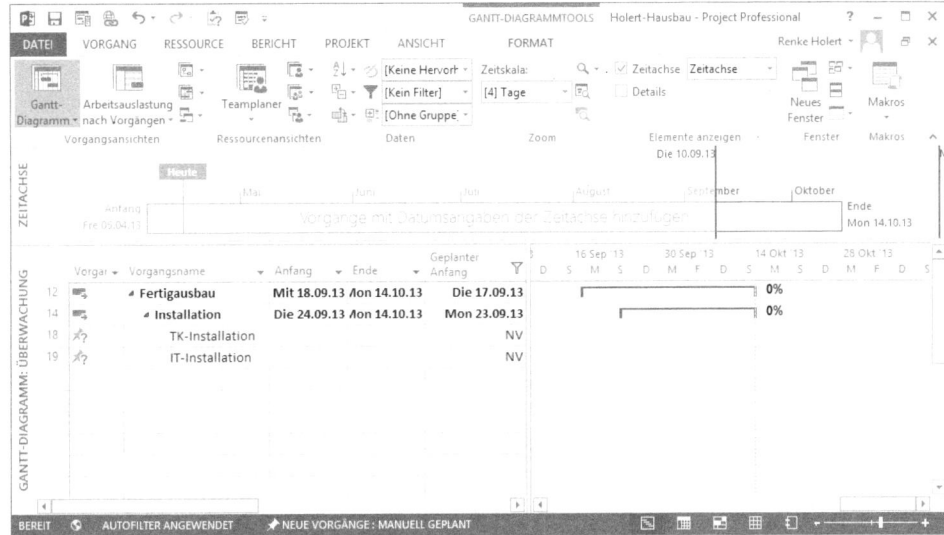

In Project gehen Sie dazu folgendermaßen vor:

1. Wechseln Sie in die Ansicht *Gantt-Diagramm: Überwachung* aus (*Ansicht/Vorgangsansichten/ Gantt-Diagramm*).

2. Wählen Sie die Tabelle *Abweichung* aus (*Ansicht/Daten/Tabelle*).

3. Stellen Sie den *AutoFilter* für die Spalte *Geplanter Anfang* auf *NV*.

Jetzt werden ausschließlich die Vorgänge angezeigt, die am Ende der letzten Planungsprozesse noch nicht geplant wurden (Abbildung 1.66).

TIPP   Wenn Sie nur die Unterschiede gegenüber einem anderen Planungsstand ermitteln möchten, wie z.B. dem Stand bei der letzten Besprechung, gehen Sie analog unter Verwendung eines anderen Basisplans vor. Voraussetzung ist, dass Sie nach der letzten Besprechung einen anderen Basisplan gespeichert haben, wie im Abschnitt »Budget festlegen « beschrieben wurde.

Vorgänge mit Mehraufwand

Vorgänge, bei denen die Summe des Ist- und voraussichtlichen Rest-Aufwands über dem Plan-Aufwand liegt (*Mehraufwand*), können in derselben Ansicht über den Filter *Arbeitsrahmen überschritten* bzw. *Arbeitsrahmen überschritten im Terminbereich* ermittelt werden.[1] Gehen Sie dazu folgendermaßen vor:

1. Deaktivieren Sie den AutoFilter.

2. Wählen Sie im Menüband auf der Registerkarte *Ansicht* in der Gruppe *Daten* im Dropdown-Listenfeld den Eintrag *Weitere Filter* aus.

---

[1] Der Filter *Arbeitsrahmen überschritten* wurde angepasst auf *Arbeit Größer [Geplante Arbeit] Und Geplante Arbeit Ungleich 0h*. Der Filter *Arbeitsrahmen überschritten im Terminbereich* ist neu erstellt und enthält analog zum Filter *Terminbereich* als Und-Kriterium die Festlegung *Ende Größer oder Gleich "Anzeige von Vorgängen mit Anfang oder Ende nach"? Und Anfang Kleiner oder Gleich "Und vor:"?* (Vgl. Kapitel 9, Abschnitt »Projekteinstellungen/ Filter/Sortierungen/Gruppierungen«)

Abbildg. 1.67
Vorgänge mit voraussichtlichem oder bereits eingetretenem Mehraufwand

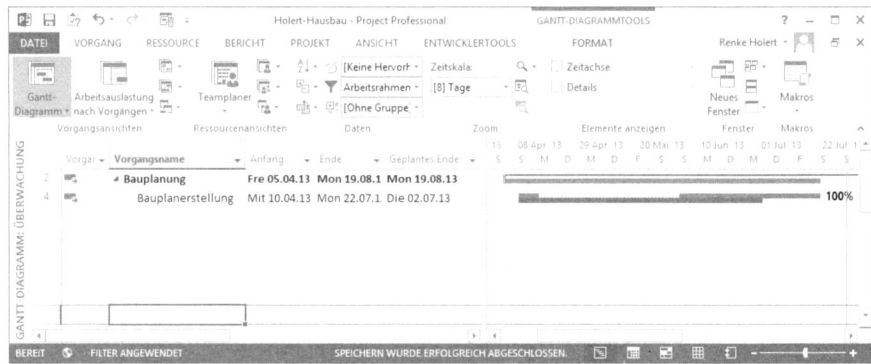

3. Wählen Sie im Dialogfeld *Weitere Filter* den Eintrag *Arbeitsrahmen überschritten* aus und klicken Sie auf die Schaltfläche *Anwenden*.

Je nach Zielsetzung können Sie auch die entsprechenden Filter für die Kosten verwenden, um Vorgänge zu ermitteln, die die geplanten Kosten überschritten haben.

Abbildg. 1.68
Verspätete Vorgänge

Verspätete Vorgänge

Um Vorgänge zu ermitteln, die verspätet sind, blenden Sie das Feld *Status* ein, aktivieren Sie den AutoFilter und filtern Sie auf den Wert *Verspätet*. Der Filter zeigt alle Vorgänge an, deren Fortschritt nicht bis zum Statusdatum geht. Das heißt, es werden nur Vorgänge angezeigt, bei denen Arbeit liegen geblieben ist. Dieser Filter ist unabhängig vom Basisplan.

 Das Feld *Statusanzeige* zeigt diesen Status grafisch an. Das nebenstehend abgebildete Symbol bedeutet dabei, dass der Vorgang verspätet ist.

| **TIPP** | Mit der Funktion *Projekte vergleichen* (*Bericht/Projekt/Projekte vergleichen*) können Sie Unterschiede zwischen zwei Projektplänen ermitteln (mehr dazu in Kapitel 5, Abschnitt »Terminmanagement/Projektversionen vergleichen«. |

Eine Ursache für verspätete Vorgänge kann sein, dass neue offenen Punkte entstanden sind.

Liste offener Punkte

Offene Punkte stellen einen Detaillierungsgrad unterhalb von Vorgängen dar, können jedoch auch mehrere Vorgänge betreffen. Gründe für die Erfassung von offenen Punkten können Probleme sein, aber auch Änderungswünsche. Prüfen Sie die offenen Punkte und ermitteln Sie, ob diese bereits in einer Restaufwandschätzung enthalten sind, sei es in ohnehin geplanten Vorgängen oder in Änderungsanträgen.

Um die Problemliste in Excel anzuzeigen, gehen Sie folgendermaßen vor:

1. Klicken Sie im Menüband auf *Datei/Informationen/Verwandte Einträge/Probleme*.

Abbildg. 1.69   Liste offener Punkte

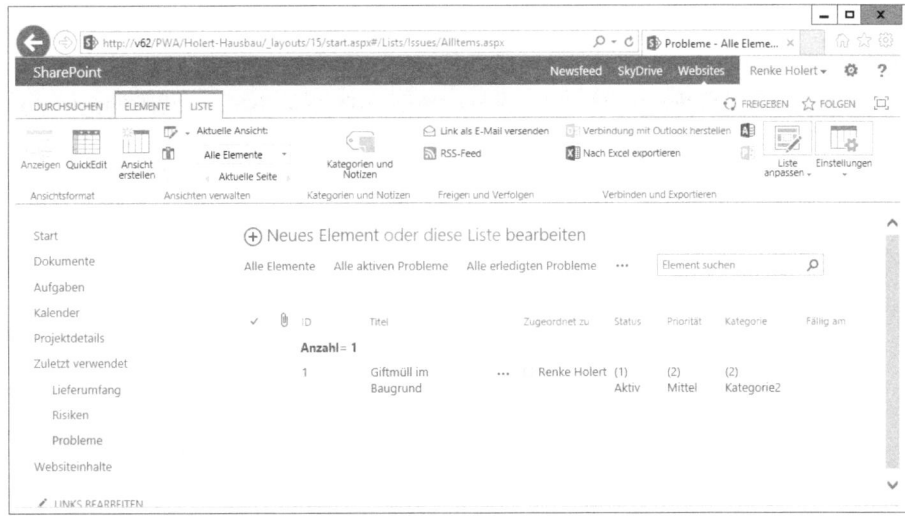

2. Um die Liste nach Excel zu exportieren, klicken Sie im Menüband auf der Registerkarte *Liste* in der Gruppe *Verbinden und exportieren* auf die Schaltfläche *Nach Excel exportieren*.

3. Bestätigen Sie die folgenden zwei Dialogfelder.

Abbildg. 1.70   In Excel exportierte Liste offener Punkte

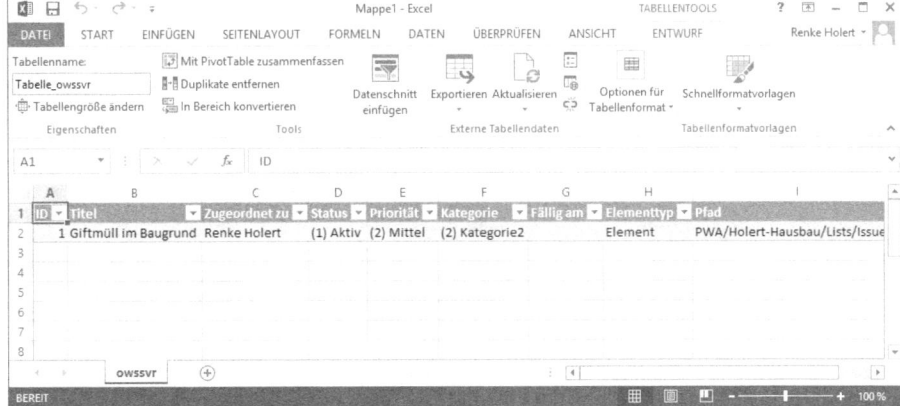

4. Danach erscheint die Liste in einer Excel-Arbeitsmappe.

Sie können die Liste als Grundlage für die Prüfung des geplanten Rest-Aufwands (*Restarbeit*) verwenden.

Rückgang des Rest-Aufwands (Work Burn Down)

In einem planmäßig verlaufenden Projekt sinkt der Rest-Aufwand kontinuierlich entsprechend des Basisplans. Stagnation oder gar Anstieg können Indikatoren sein, dass Mängel vorliegen, z.B. in Anforderungsdefinition, dem Design, der Qualifikation der Mitarbeiter.

NEU IN 2013   Voraussetzung für den Vergleich des geplanten Verlaufs des Rest-Aufwands ist u.a., dass der Basisplanwert der kumulierten Arbeit gespeichert werden kann. Diese Funktion ist ebenso wie der Bericht *Burndown* neu in Project 2013.

Um den Verlauf des Burndown-Berichts anzuzeigen, gehen Sie folgendermaßen vor:

1. Klicken Sie im Menüband auf die Registerkarte *Bericht.*
2. Wählen Sie in der Befehlsgruppe *Berichte anzeigen* im Dropdown-Listenfeld *Dashboards* den Eintrag *Burndown* aus.

Abbildg. 1.71   Burndown-Bericht

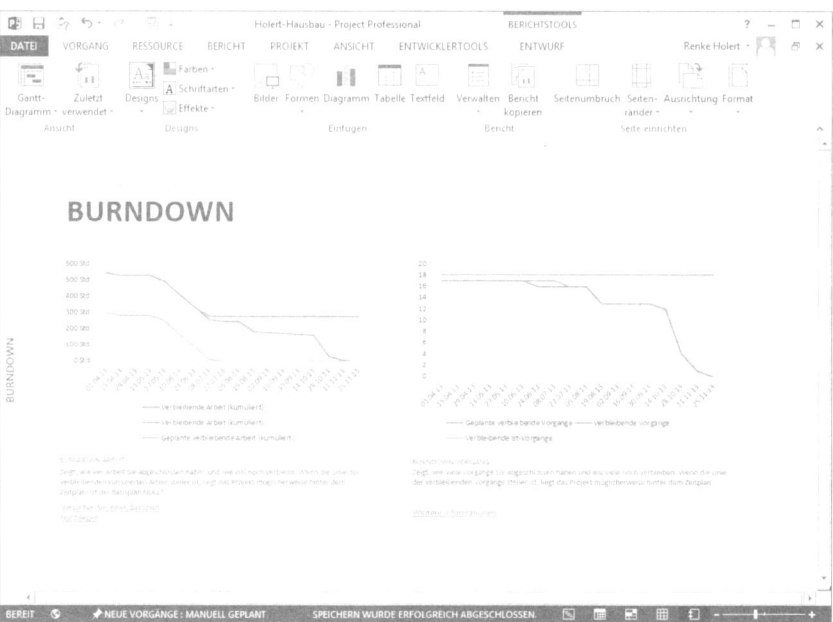

Im linken Diagramm sehen Sie den geplanten Verlauf des Restaufwands in der grauen Linie dargestellt im Feld *Geplante verbleibende Arbeit (kumuliert)*. Die blaue Linie zeigt berechneten Verlauf des Restaufwands im Feld *Verbleibende Arbeit (kumuliert)*. Die orangefarbene Linie spiegelt den tatsächlichen Verlauf des Restaufwands des Felds *Verbleibende Ist-Arbeit (kumuliert)* wider.[1]

Diese Trendanalyse und die vorgegangenen Analysen können Ihnen helfen, für die ermittelten Abweichungen Gegenmaßnahmen zu entwickeln.

---

[1] In der zur Drucklegung vorliegenden deutschen Version wurde dieses Feld ebenfalls als *Verbleibende Arbeit (kumuliert)* bezeichnet. Sie können das Feld im Bericht jedoch über die Feldeinstellungen umbenennen.

Ermittlung von Gegenmaßnahmen und Änderungsanträgen

Um passende Gegenmaßnahmen entwickeln zu können, stellen Sie die gesamte Planung auf den Prüfstein (u.a. Inhalt und Umfang, Termine, Kosten) und beleuchten Sie, welche Auswirkungen diese haben können. Prüfen Sie die validierten Änderungsanträge. Prüfen Sie zudem die weiteren übermittelten Arbeitsleistungsinformationen u.a. Risiken und offene Punkte und stellen Sie sicher, dass diese in den Änderungsanträgen berücksichtigt sind.

TIPP   Wenn Sie im Folgenden Änderungen an der Planung vornehmen, speichern Sie einen Basisplan, damit Sie im Nachgang noch die Prognose ohne Eingriff darstellen können.

Auf der Suche nach Möglichkeiten zur Projektbeschleunigung kann Ihnen der durch Project berechnete kritische Pfad (*Kritischer Weg*) helfen.

HINWEIS   Der *kritische Weg* kennzeichnet alle Vorgänge, die Einfluss auf den Projektendtermin haben. In der Ansicht *Gantt-Diagramm: Überwachung* werden diese Vorgänge automatisch rot dargestellt. Wenn Sie ein Projekt in mehrere Phasen eingeteilt haben, dann wird standardmäßig der kritische Weg nur für die letzte Phase angezeigt, da nur diese unmittelbar Einfluss auf den Projektendtermin hat. Wenn Sie auch innerhalb der vorhergehenden Phasen einen kritischen Weg anzeigen möchten, dann aktivieren Sie im Menüband unter *Datei/Optionen/Erweitert/ Berechnungsoptionen für dieses Projekt* die Option *Mehrere kritische Wege berechnen*.

Um nur die Vorgänge darzustellen, die sich zur Projektbeschleunigung eignen, gehen Sie wie folgt vor:

1. Wechseln Sie in das *Gantt-Diagramm: Überwachung*.
2. Wählen Sie auf der Registerkarte *Ansicht* im der Befehlsgruppe *Daten* im Dropdown-Listenfeld *Filter* den Filter *Kritisch* aus.

Abbildg. 1.72   Kritische Vorgänge

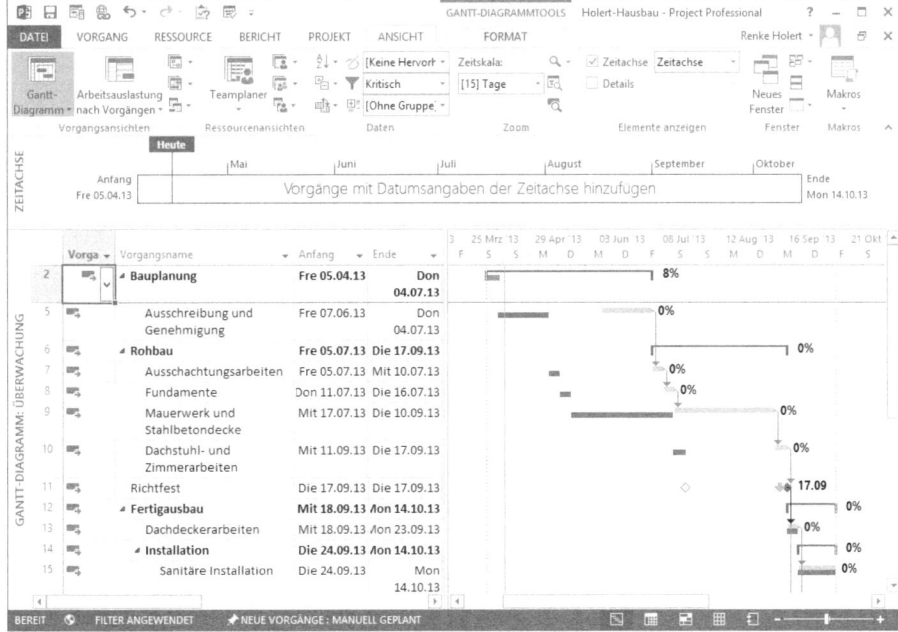

Untersuchen Sie jeden Vorgang auf dem kritischen Weg, ob dieser nicht durch den Einsatz von mehr Ressourcen verkürzt werden kann. Prüfen Sie zudem, ob durch die Überlappung zu Vorgängern oder Nachfolgern das Projekt beschleunigt werden kann (Abbildung 1.72).

NEU IN 2013

Um die Abhängigkeiten der Vorgänge zu ermitteln, können Sie die neue Funktion *Vorgangspfad hervorheben* einsetzen. Damit können Sie Vorgänge, die mit dem aktuell markierten Vorgang verknüpft sind, optisch hervorheben lassen. Um alle Vorgänger eines Vorgangs anzuzeigen, gehen Sie wie folgt vor:

1. Wählen in der Vorgangsliste den Vorgang aus, zu welchem Sie Informationen angezeigt haben möchten.

1. Klicken Sie auf der Registerkarte *Format* in der Befehlsgruppe *Balkenarten* auf das Dropdown-Listenfeld *Vorgangspfad* und wählen Sie dann den Eintrag *Vorgänge* aus.

Sie sehen, dass dann im Balkendiagramm die Vorgänger gelborange dargestellt werden.

TIPP   Wenn Sie zum jetzigen Zeitpunkt den aktuellen Stand des Projektplans veröffentlichen, können sofort alle Projektbeteiligten die gleichen Informationen über die Project Web App sehen. Je nach Berechtigung und Filterung auch entsprechend personalisiert.

Die Arbeitsleistungsberichte können als Fortschrittsberichte (Performance Reports) im Rahmen des Prozesses *Kommunikation managen* zur Kommunikation im Rahmen von Projektbesprechungen verwenden werden.[1] Sie werden zudem zusammen mit den Änderungsanträgen für den nachfolgenden Prozesse als Eingangswert benötigt.

Integrierte Änderungssteuerung durchführen

Zu den Zielen von *Integrierte Änderungssteuerung durchführen* (4.5 Perform Integrated Change Control) gehören u.a. folgende Dinge:[2]

- Feststellen, ob eine Änderung geschehen muss oder geschehen ist

- Verhindern, dass die Änderungssteuerung umgegangen wird, sodass nur genehmigte Änderungen umgesetzt werden

- Managen von Änderungsanträgen (Change Requests) und aller daraus folgenden Maßnahmen

Mit der Sammlung und Aufbereitung der Leistungsinformationen haben Sie die Grundlage geschaffen. Ausgangswerte sind u.a. genehmigte und abgelehnte Änderungsanträge. Als Methoden und Werkzeuge können Sie das Fachurteil von Kunden, Sponsoren und Experten einsetzen.

Wenn Änderungsanträge zugestimmt wird, aktualisieren Sie alle hiervon betroffenen Plandaten. Gehen Sie dazu folgendermaßen vor:

1. Überprüfen Sie in Project, ob sich alle genehmigten Änderungen im Basisplan widerspiegeln bzw. ob nicht genehmigte Änderungen dort auch nicht zu finden sind.

2. Stellen Sie sicher, dass die mit dem Projektplan verknüpften Dokumente aktualisiert wurden. Überprüfen Sie, ob alle aktuellen Versionen inklusive der zugehörigen Korrespondenz und Vertragsinformationen in der Dokumentenverwaltung von Project Web App abgelegt und alle betroffenen Personen über die Änderungen informiert worden sind.

---

[1] Synonyme und Teilsynonyme von »Fortschrittsbericht« sind »Statusbericht«, »Projektstatusbericht« und »Projektbericht«

[2] Vgl. PMBOK 2013, S. 94-100

TIPP   In der Dokumentverwaltung können sich Nutzer für bestimmte Dokumente als Abonnenten registrieren lassen, sodass sie automatisch über Änderungen informiert werden (*Benachrichtigungen*). Nachträglich lassen sich Änderungen zwischen Projektplänen durch die Funktion *Projekte vergleichen* ermitteln. Änderungen zwischen Word-Dokumenten können durch die standardmäßig eingebaute Version *Dokumente vergleichen* herausgefunden werden. Die Funktion erreichen Sie über die Registerkarte *Überprüfen* in der Gruppe *Vergleichen* über das Dropdownmenü zur Schalfläche *Vergleichen* wählen Sie den Befehl *Vergleichen* in Word.

Eine lückenlose Dokumentation der Änderungen vermeidet Missverständnisse bzw. hilft diese schnell aufzuklären. Sie schaffen darüber hinaus eine Wissensbasis für zukünftige Projekte.

Abschließende Prozesse

Die Abschlussprozessgruppe besteht aus den Prozessen, die dem formellen Abschluss aller Vorgänge eines Projekts oder einer Projektphase, der Übergabe der fertig gestellten Leistung oder dem Abschluss eines abgebrochenen Projekts dienen.[1] Sie besteht aus folgenden Prozessen:

- *Beschaffung abschließen* (12.4 Close Procurements)
- *Projekt oder Phase abschließen* (4.6 Close Project or Phase)

Beschaffung abschließen

Im Prozess *Beschaffung abschließen* (12.4 Close Procurements) wird jeder einzelne Beschaffungsvorgang zum Ende einer Phase oder des Projekts gegenüber dem Lieferanten formal abgeschlossen.[2] Hierzu gehört zu überprüfen, dass alle durch den Lieferanten erbrachten Leistungen bzw. Liefergegenstände (Deliverables) vertragsgemäß erbracht wurden und die formale Abnahme gegenüber dem Lieferanten zu erklären.

Der Prozess umfasst auch, etwaige offene Punkte zu schließen oder die rechtliche Nachverfolgung einzuleiten. Gleichermaßen sorgt der Projektleiter für die Aktualisierung und Archivierung der zugehörigen Dokumente und Listen und stellt sicher, dass diese als Wissensbasis für zukünftige Phasen oder Projekte genutzt werden können.

Um in Project die Dokumente und offenen Punkte zu überprüfen und ggf. zu schließen, rufen Sie die Projektwebsite auf und gehen Sie vor, wie in den Abschnitten »Initiierungsprozesse« und »Risikomanagement planen« beschrieben.

Projekt oder Phase abschließen

Mit dem Prozess *Projekt oder Phase abschließen* (4.6 Close Project or Phase) beenden Sie auch auf Seiten Ihrer Organisation das Projekt oder die Phase und damit das Projektmanagement formell.[3] Hierzu gehört auch zu überprüfen, ob im Rahmen des Projekts oder der vorangegangenen Phase alle Leistungen erbracht und gesteckten Ziele erreicht wurden. Dies umfasst auch zu

---

[1] Vgl. PMBOK 2013, S. 57-58
[2] Vgl. PMBOK 2013, S. 386-389
[3] Vgl. PMBOK 2013, S. 100-104

prüfen, ob die im Rahmen eines Werkvertrags nötigen Abnahmen durch den Kunden vorliegen, die im Rahmen des Prozesses *Inhalt und Umfang validieren* (5.5 Validate Scope) eingebracht wurden.

Prüfen Sie hierzu den Projektplan und alle relevanten Dokumentbibliotheken und offenen Punkte (Problemliste) in der Projektwebsite, wie oben beschrieben wurde, um u.a. sicherzustellen, dass die nötigen Dokumente vorliegen und keine Abnahme verhindernde Mängel mehr bestehen.

TIPP   Um sicherzugehen, dass der Projektplan auch formell abgeschlossen ist, prüfen Sie, dass keine Vorgänge mit Rest-Aufwand im Projekt bzw. der Phase mehr vorhanden sind, indem Sie die Spalte *Status auf Verspätet filtern (vgl. Abschnitt »*Detailanalyse Abweichungen inkl. Trendanalyse   und Ursachenermittlung«. Falls das der Fall ist, führen Sie folgende Aktionen aus:

- Setzen Sie die *Restarbei*t der Vorgänge auf 0 und legen Sie ggf. in einer Folgephase bzw. Anschlussprojekt einen neuen Vorgang dafür an
- Löschen Sie Vorgänge ohne Ist-Arbeit oder verschieben Sie diese in die Folgephase bzw. ein Anschlussprojekt (Ausnahme: Meilensteine)
- Löschen Sie Vorgänge ohne Ressourcenzuweisung oder verschieben Sie diese in die Folgephase bzw. ein Anschlussprojekt und weisen Sie diesen neuen Ressourcen zu (Ausnahme: Meilensteine)

Prüfen Sie zudem die formelle Korrektheit der Vorgangsinformationen, u.a.

- Die chronologische Reihenfolge der Vorgänge und sortieren Sie die Vorgänge ggf. nach dem Feld *Ende*
- Korrekte Zuordnung der Vorgänge und schieben Sie ggf. Vorgänge unter die korrekten Sammelvorgänge
- Korrekte Angabe von Stammdaten und pflegen Sie Abrechnungsinformationen und weitere Daten nach

Schließen Sie zudem alle Vorgänge des Projekts bzw. der Phase. Die Vorgänge werden dann im u.a. Arbeitsvorrat. in den Ansichten *Arbeitszeittabelle* und *Vorgänge* der jeweiligen Ressource nicht mehr angezeigt, was die Übersichtlichkeit für die Projektmitarbeiter erhöht und Fehlbuchungen verhindert.

Um einen Vorgang schließen zu können, gehen Sie folgendermaßen vor:

1. Wechseln Sie in das Project Center (*PWA/Projekte*) und klicken Sie auf den Projektnamen des Projekts, für welches Sie Vorgänge schließen möchten.
2. Wählen Sie in der Schnellstartleiste *Terminplan* zur Anzeige des Projektplans.
3. Klicken Sie auf der Registerkarte *Vorgang* in die Befehlsgruppe *Projekt* und wählen Sie in der Dropdown-List *Bearbeiten* den Eintrag *Im Browse*r aus.
4. Wählen Sie die Ansicht *Zu aktualisierende Vorgänge schließen*.
5. Ändern Sie für die zu schließenden Vorgänge den Eintrag in der Spalte *Gesperrt* auf *Ja* (Abbildung 1.73).

Abbildg. 1.73   Vorgänge schließen

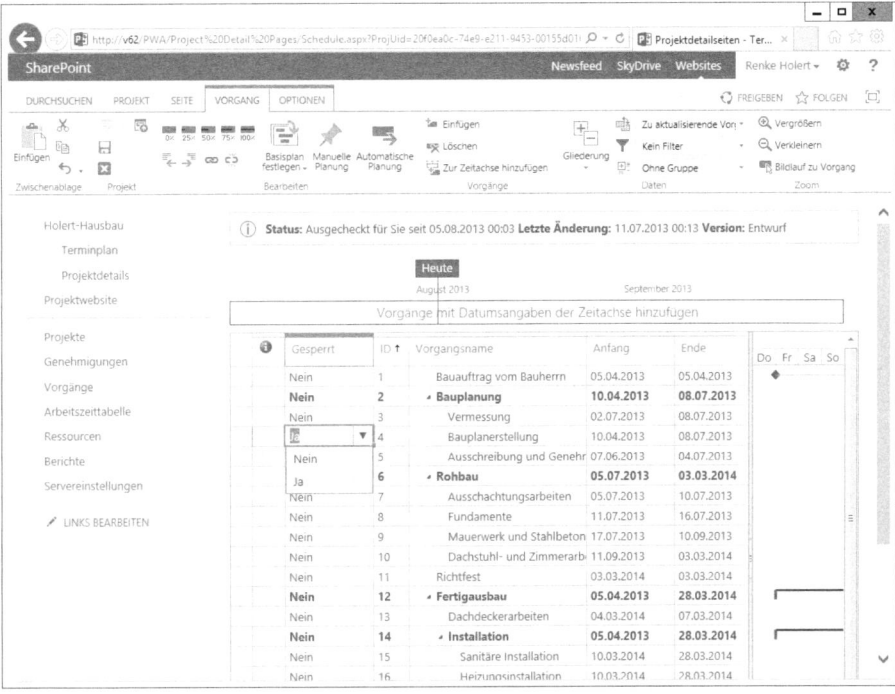

6. Speichern und Veröffentlichen Sie die vorgenommenen Änderungen (*Vorgang/Projekt/Speichern* bzw. *Veröffentlichen*), damit die Änderungen auch für die betreffende Ressource sichtbar werden.

Verschieben Sie ggf. das Projekt nach Abschluss inkl. der Projektwebsite ins Archivsystem. Aktualisieren Sie Qualifikationsangaben in Ihrem Ressourcenpool, falls sich Änderungen ergeben haben. Lassen Sie noch einmal alle Änderungen Revue passieren und überlegen Sie, ob Ihre Projektvorlage für diesen Projekttyp noch ergänzt werden kann, um die Planungsqualität für das nächste Projekt oder die nächste Phase verbessern zu können.

Kapitel 2

Project für Projektmitarbeiter

In diesem Kapitel:

Die Zielgruppe für dieses Kapitel sind alle Projektbeteiligten, die in Projekten mitarbeiten. Dies sind im engeren Sinne die *Projektmitarbeiter*, welche als Fachkräfte mit einer speziellen Qualifikation bestimmte Aufgaben im Projekt übernehmen. In gleichem Maße sind dies aber auch alle anderen Projektbeteiligten (Stakeholder). Wir zählen hierzu auch Kunden, die einzelne Teilleistungen abnehmen oder an Konzepten mitwirken, Teamleiter, Mitglieder des Lenkungsausschusses oder Führungskräfte, die in Besprechungen bzw. Audits beratend tätig werden. Ferner gehören hierzu auch Ressourcen-Manager und die Projektleiter selbst, die Projektmanagementaufgaben wahrnehmen. Zusammengefasst ist dieses Kapitel für alle Anwender gedacht, die für Aufgaben (=Vorgänge) in Projekten eingeplant werden und die beispielsweise hierzu den Fortschritt zurückmelden sollen (siehe in Kapitel 1 den Abschnitt »Projektarbeit lenken und managen«).

Projektmitarbeiter gehören zu den Ressourcen eines Projekts. Der Begriff *Ressourcen* beschreibt neben diesen Humanressourcen (Ressourcenart *Arbeit*) auch Sachressourcen (Ressourcenart: *Arbeit* oder *Material*) und Finanzressourcen (Ressourcenart *Kosten*). Im Folgenden werden wir beschreiben, wie diese Humanressourcen ihre administrativen Aufgaben mit Project lösen können. Die wichtigsten Voraussetzungen hierfür sind, dass ein Projektmitarbeiter Mitglied der Gruppe (Rolle) *Teammitglied* im Project Server ist und die Zuweisung veröffentlicht wurde (siehe im Kapitel 9 den Abschnitt »Servereinstellungen/Sicherheit«). Ihre Aufgabe als Projektmitarbeiter ist es, Ihre Vorgänge in Bezug auf Inhalt und Umfang, Qualität, Aufwand und Termin zur Zufriedenheit des Auftraggebers fertig zu stellen. Sie erwarten, dass Ihnen hierfür eine angemessene Zeit und geplanter Aufwand zur Verfügung steht. Damit dies der Fall ist, müssen Sie in erster Linie während der Ausführungs-, Steuerungs- und abschließenden Prozesse eine Reihe von Aufgaben im Rahmen des Projektmanagements neben der eigentlichen, fachlichen Tätigkeit wahrnehmen, aber auch während der Planungsprozesse kann eine Einbindung von Teammitgliedern beispielsweise zur Einschätzung oder Bestätigung der geschätzten Arbeit erfolgen.[1]

Während der Ausführungsprozesse beantworten Sie Terminanfragen des Projektleiters. Damit der Projektleiter das Projekt treffsicher ins Ziel steuern kann, geben Sie ihm im Rahmen der Überwachungs- und Steuerungsprozesse regelmäßig Rückmeldung über den Status Ihrer Vorgänge, indem Sie für alle Ihnen zugewiesenen Vorgänge den Ist-Aufwand (*Ist-Arbeit* oder *Aktuelle Arbeit*) und Rest-Aufwand (*Restarbeit* oder *Verbleibende Arbeit*) zurückmelden.[2] Sollten unerwartete Probleme auftreten, melden Sie diese ebenfalls zurück und unterbreiten Lösungsvorschläge, beispielsweise in Form neuer Vorgangsanfragen oder indem Sie den Rest-Aufwand bereits existierender Vorgänge anpassen. Zum Abschluss setzen Sie ggf. den Rest-Aufwand auf »0« und übergeben die zum Vorgang erforderliche Dokumentation an den Projektleiter, bzw. laden diese in den Projektarbeitsbereich hoch (*Abschließende Prozesse*).

In der Project Web App von Project Server stehen für Ihre administrativen Aufgaben im Rahmen des Projektmanagements als Projektmitarbeiter zwei Bereiche zur Verfügung. Zum einen gehört hierzu der Bereich *Vorgänge* und zum anderen der Bereich *Arbeitszeittabellen*. Beide Bereiche können über die Schnellstartleiste aufgerufen werden.

Der Bereich *Vorgänge* ist dabei für die Kommunikation des Projektmitarbeiters mit dem Projektleiter gedacht. Der Bereich *Arbeitszeittabellen* ist in erster Linie für die Kommunikation des Projektmitarbeiters mit dem Ressourcen-Manager, wie z.B. dem Linienvorgesetzten gedacht. Beide

---

[1] Die Fortschrittsrückmeldung der Mitarbeiter unterstützt auch den Ausführungsprozess *Projektarbeit lenken und managen*.

[2] In dieser Version wurde das Feld *Aktuelle Arbeit* z.T. in *Ist-Arbeit* und das Feld *Verbleibende Arbeit* in *Restarbeit* umbenannt (Vgl. Kapitel 1).

Bereiche können getrennt oder gemeinsam eingesetzt werden. Wenn in den Servereinstellungen der *Einfache Eingabemodus* aktiviert ist, werden Eingaben in der Arbeitszeittabelle in die Vorgangsliste automatisch übertragen.[1]

> **HINWEIS** Eingaben im Feld *Ist-Arbeit* in der Vorgangsliste werden auch im *Einfachen Eingabemodus* nicht automatisch in die Arbeitszeittabelle übertragen.

Für unser Beispielunternehmen haben wir folgende Festlegungen getroffen, da sich diese in der Praxis bewährt haben: Wir setzen beide Bereiche ein und haben den einfachen Eingabemodus aktiviert. Wir gehen davon aus, dass der Projektmitarbeiter schwerpunktmäßig zu Beginn des Arbeitstags den Bereich *Vorgänge* verwendet, um einen Überblick über die geplanten Tätigkeiten zu bekommen (Arbeitsvorrat) und zu prüfen und zum Ende des Tages den Bereich *Arbeitszeittabellen* nutzt, um die geleistete Arbeit zu erfassen (Zeiterfassung). Wir ermitteln den Fortschritt in unserem Beispielunternehmen durch taggenaue Eingabe des Ist-Aufwands und anschließender Schätzung des Rest-Aufwands. Wir erlauben bei der Eingabe die Differenzierung nach Überstundenarbeit. Wir erlauben jedoch nicht die Differenzierung nach Fakturierbarkeit, da die Entscheidung in der Praxis in der Regel beim Projektleiter liegt. Weitere Festlegungen und Erläuterungen zu der gewählten Konfiguration der beiden Bereiche und alternativen Szenarien finden Sie in Kapitel 9 im Abschnitt »Zeit- und Vorgangsverwaltung«.

Im Einzelnen sind in den nachstehenden Prozessgruppen folgende Schritte erforderlich:

Ausführungsprozesse

- Terminanfragen annehmen

Vorgangsabhängigkeiten prüfen

- Terminüberschneidungen feststellen
- Terminanfrage ablehnen
- Vorgang für aktuellen Tag ermitteln
- Terminänderungen und -absagen bearbeiten
  - Terminänderungen bearbeiten
  - Terminabsagen bearbeiten

Überwachungs- und Steuerungsprozesse

- Fortschritt zurückmelden und Genehmigung oder Ablehnung vom Projektleiter (Status-Manager) bearbeiten
  - Fortschrittsrückmeldung über die Arbeitszeittabelle
  - Projektaktualisierung oder Ablehnung einer Statusmeldung bearbeiten
- Mehraufwand, Überstunden und/oder Probleme zurückmelden
  - Mehraufwand für Rest-Aufwand ohne Überstunden zurückmelden
  - Probleme zurückmelden
  - Mehraufwand für Ist-Aufwand mit Überstunden zurückmelden

---

[1] Sowohl der Bereich *Vorgänge* als auch die *Arbeitszeittabellen* umfassen Teilaspekte, die im allgemeinen Sprachgebrauch oft als Aufgabenliste, Vorgangsliste, Arbeitsvorrat, Einsatzplan, Zeiterfassung, Leistungs-, Fortschritts- oder Stundenerfassung bezeichnet werden. Im Folgenden verwenden wir den Begriff »Vorgangsliste« oder »Vorgänge« für den Bereich *Vorgänge* und »Arbeitszeittabelle« für den Bereich *Arbeitszeittabelle*.

- Minderaufwand für Rest-Aufwand zurückmelden
- Verzögerten Anfang, Unterbrechungen der Arbeit und Rest-Arbeiten zurückmelden
  - Verzögerten Anfang und Unterbrechungen zurückmelden
  - Neuen Vorgang für Rest-Aufwand erstellen
- Vertretung zurückmelden
- Abwesenheit durch Urlaub, Krankheit oder andere nicht projektbezogene Tätigkeiten zurückmelden
- Arbeitszeittabelle an Ressourcen-Manager absenden und nachträglich korrigieren
  - Arbeitszeittabelle absenden
  - Arbeitszeittabelle zurückrufen

Abschließende Prozesse

- Vorgänge formell abschließen
- Dokumentation abschließen

Ausführungsprozesse

Im Rahmen der Ausführungsprozesse besteht Ihre Aufgabe darin, Ihre Vorgänge möglichst termintreu entsprechend der zuvor abgestimmten Planung zu erledigen.

Ihre eigentliche inhaltliche Tätigkeit während der Ausführungsprozesse kann in einer Planungsphase (z.B. Ausführungsplanung) auch die Planung einer späteren Ausführungsphase (Realisierung) sein.

Führen Sie hierzu folgende Schritte aus:

- Terminanfragen annehmen
- Vorgangsabhängigkeiten prüfen
- Terminanfrage ablehnen

Hiermit sind im Vorfeld erkennbare Planungsfehler ausgeräumt, so dass Sie sich nun der direkt bevorstehenden Arbeit zuwenden können.

- Vorgang für aktuellen Tag ermitteln
- Terminänderungen und -absagen bearbeiten

Terminanfragen annehmen

Wenn der Projektleiter im Rahmen der Ausführungsprozesse Zuordnungen auf dem Project Server veröffentlicht, um Ihnen eine Terminanfrage[1] zu senden, erhalten Sie automatisch eine E-Mail mit dem Betreff *In Projekt "<Projektname>" wurden Zuordnungen aktualisiert* (Abbildung 2.1).

---

[1] Der Begriff »Terminanfrage« wird hier als Synonym für »Vorgangsanfrage«, »Aufgabenanfrage« oder auch »Ressourcenanfrage« verwendet.

Abbildg. 2.1   Terminanfrage

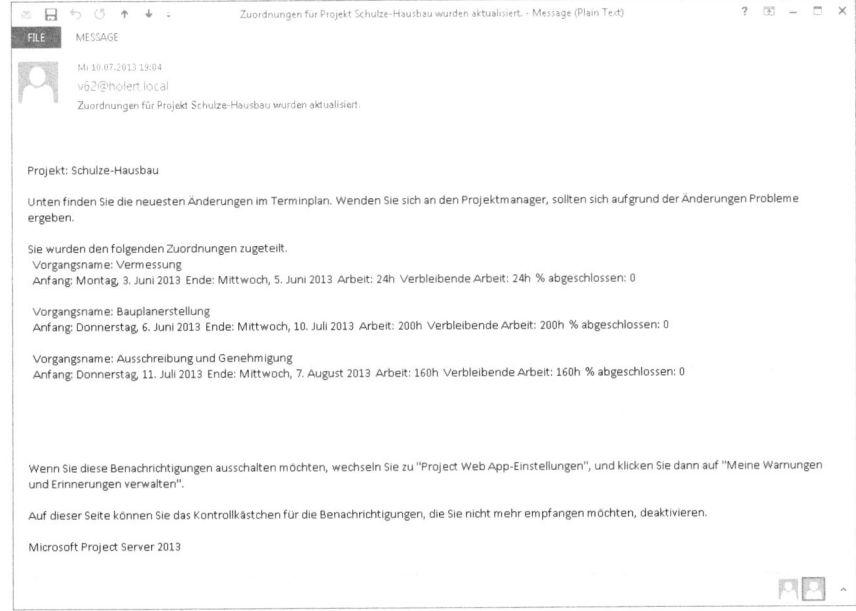

Um die neuen Vorgänge anzuzeigen, gehen Sie folgendermaßen vor:

1. Öffnen Sie die Startseite der Project Web App.

Abbildg. 2.2   Neue Vorgänge im Bereich *Vorgänge*

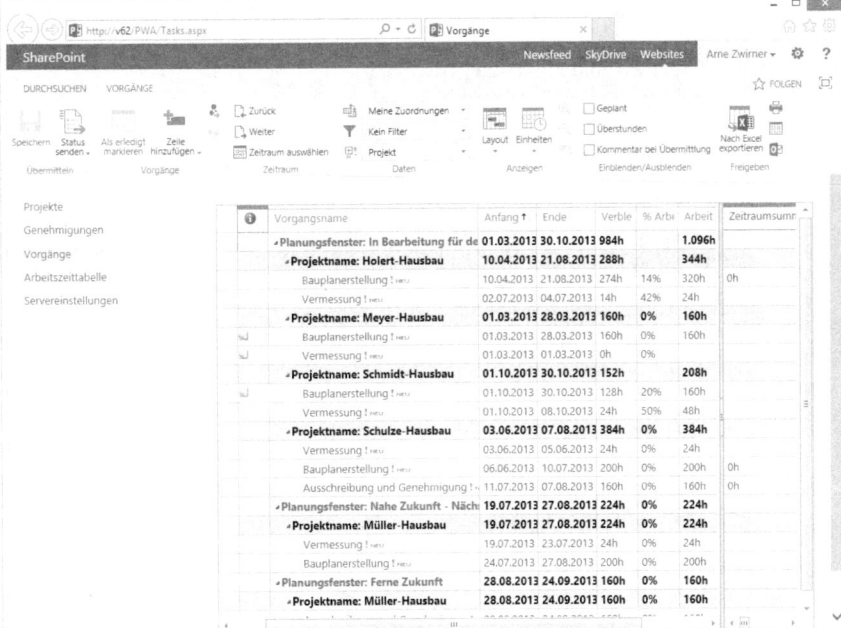

TIPP Sie können den Platz auf dem Bildschirm besser ausnutzen, wenn Sie die Schnellstartleiste ausblenden. Klicken Sie hierzu auf das das Symbol »Fokus auf Inhalt« rechts oberhalb der Arbeitszeittabelle, wie in der Marginalspalte abgebildet.

2. Klicken Sie in der linken Schnellstartleiste auf die Verknüpfung *Vorgänge*. Neue Vorgänge erkennen Sie an dem grünen Ausrufezeichen mit dem Zusatztext *NEU* hinter dem Vorgangsnamen (Abbildung 2.2). Der Status *neu* bleibt so lange gesetzt, bis die Vorgangsdetails angezeigt wurden oder eine erste Rückmeldung bzw. Änderung erfolgt ist.

HINWEIS Standardmäßig ist im Bereich *Vorgänge* die Gruppierung *Planungsfenster/Projektname* aktiviert, d.h. Sie sehen alle Vorgänge nach Zeitbereich und Projekt gegliedert. Wenn Sie dies als unpassend empfinden, können Sie eine benutzerdefinierte Gruppierung unter Gruppieren nach/Benutzerdefinierte Gruppierung in der Befehlsgruppe Daten einstellen.

Project bzw. der Projektleiter gehen standardmäßig davon aus, dass Sie alle angefragten Vorgänge annehmen. Sofern Sie einen oder mehrere Vorgänge nicht annehmen können, müssen Sie dies ausdrücklich mitteilen, wie weiter unten beschrieben wird. Gründe, die Terminanfrage nicht anzunehmen, können nicht berücksichtigte Vorgangsabhängigkeiten oder Terminüberschneidungen sein.

Vorgangsabhängigkeiten prüfen

Prüfen Sie dass die Vorgangsabhängigkeiten korrekt in der Planung erfasst sind, also beispielsweise alle Vorleistungen für Ihre Vorgänge erbracht wurden, bevor deren Beginn geplant ist. In der Terminanfrage sehen Sie nicht direkt, von welchen Vorgängen Ihr Vorgang abhängig ist oder welche anderen Vorgänge von der Fertigstellung Ihres Vorgangs abhängig sind.

Um die die Vorgänger und Nachfolger eines Vorgangs anzuzeigen, gehen Sie wie folgt vor:

1. Klicken Sie in der Vorgangsliste auf den als Verknüpfung hinterlegen Vorgangsnamen.
2. Prüfen Sie in der Ansicht Vorgangsdetails im Abschnitt Bereich Verwandte Zuordnungen unter *Vorgänge, die enden müssen, bevor dieser Vorgang anfangen kann*, ob alle notwendigen Vorgänger gelistet sind.

HINWEIS Hier werden nur direkt verknüpfte Vorgänger angezeigt, d.h. Vorgänger, die bereits Vorgänger anderer Vorgänger sind, sehen Sie hier nicht. Zudem können Sie keine Vorgänger sehen, die über Sammelvorgänge verknüpft sind. Darüber hinaus kann es sein, dass ein Vorgänger überhaupt nicht verknüpft ist, jedoch von der Planung ausreichend früh berücksichtigt worden ist.

Abbildg. 2.3 Anzeige der Vorgänger und Nachfolger in den Vorgangsdetails

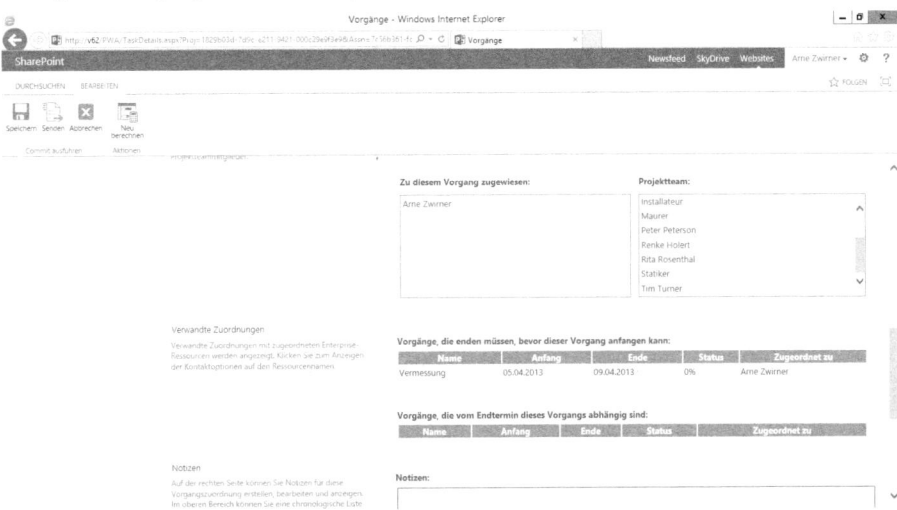

Um auch Abhängigkeiten zu prüfen, die über ein direktes Vorgänger-/Nachfolger-Verhältnis hinausgehen, können Sie unter Umständen[1] auch den Gesamtplan einsehen. Gehen Sie zu dessen Anzeige folgendermaßen vor:

1. Klicken auf die Verknüpfung *Projekte* in der Schnellstartleiste.
2. Klicken Sie auf den als Verknüpfung hinterlegten Namen des Projekts, das Sie anzeigen möchten.

Abbildg. 2.4 Anzeige des gesamten Projektplans in PWA

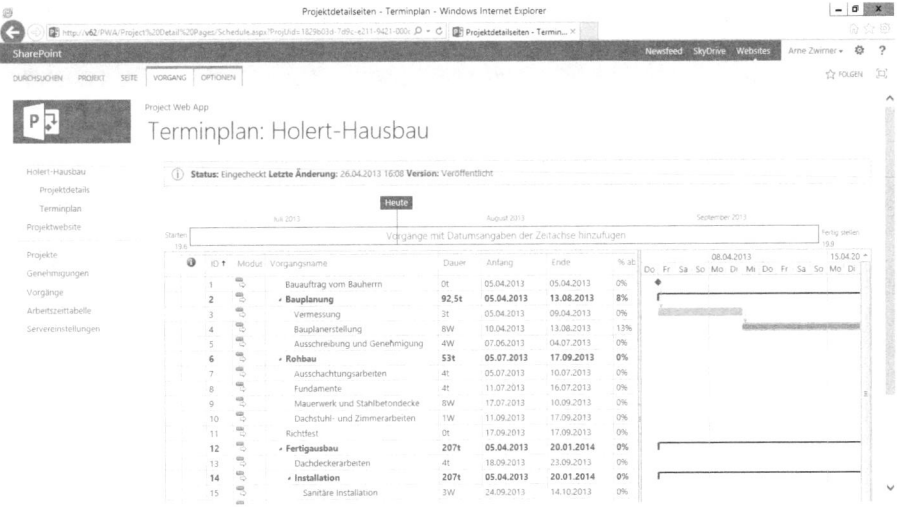

---

[1] Standardmäßig sehen Projektmitarbeiter nur die Übersichten im Projektcenter und mit dem Terminplan einen Teil der Projektdetaildaten (vgl. Kapitel 9, Abschnitt »Servereinstellungen/Sicherheit«). Um die im diesem Abschnitt beschriebenen Schritte mit identischer Darstellung auszuführen, werden – ergänzend zu den Standard-Berechtigungen der Rolle – noch weitere Rechte benötigt, hier: Project öffnen.

3. Klicken Sie auf die Registerkarte *Vorgang* und wählen Sie in der Befehlsgruppe *Zoom* den Befehl *Verkleinern*, um einen größeren Abschnitt des Balkendiagramms zusehen.

4. Verschieben Sie ggf. die vertikale Trennlinie weiter nach links, um die Abhängigkeiten auf einer Bildschirmseite darzustellen.

5. Um die Ihnen zugewiesenen Vorgänge leichter zu finden können z:B. in der Ansicht *Sammelvorgang* in der Spalte *Ressourcennamen* auf Ihren Namen filtern.

6. Prüfen Sie nun, ob die Vorleistungen mit ausreichendem Vorlauf vor Ihren Vorgängen erbracht werden.

Neben Vorgangsabhängigkeiten, prüfen Sie zudem, ob Terminüberschneidung für Ihre Vorgänge bestehen.

Terminüberschneidungen feststellen

In der Terminanfrage wird nicht automatisch angezeigt, ob Vorgänge sich möglicherweise mit bereits zuvor zugesagten Vorgängen überschneiden. Sie können zwar davon ausgehen, dass der Projektleiter auf Basis des zentralen Ressourcenpools Überbuchungen im Vorfeld verhindert, dennoch sollten Sie stets überprüfen, ob Terminüberschneidungen vorliegen. Gehen Sie dazu folgendermaßen vor:

1. Wählen Sie in der Schnellstartleiste in PWA den Eintrag *Vorgänge*.

2. Klicken Sie in der Gruppe *Anzeigen* auf *Layout/Gantt-Diagramm*, um die Terminlage der Vorgänge grafisch als Balkendiagramm darzustellen.

3. Sortieren Sie die Vorgänge innerhalb der Gruppierung nach dem Anfangsdatum, indem Sie auf die Spaltenüberschrift *Anfang* klicken.

Abbildg. 2.5 Feststellen von Terminüberschneidungen im aktuellen Zeitraum

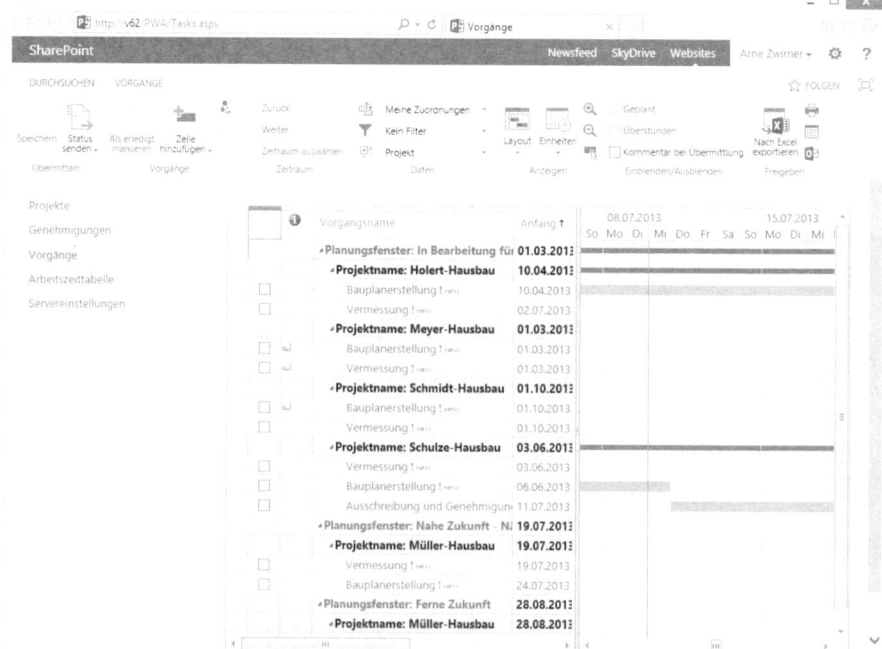

4. Für den aktuellen Zeitraum kann ein Hinweis auf eine Terminüberschneidung sein, dass zwei Vorgänge parallel laufen (Abbildung 2.5). Es lässt sich jedoch nicht auf einen Blick erkennen, ob Ihre verfügbare Arbeitszeit für einen der Tage überschritten ist.

Abbildg. 2.6   Auf Periodenphasen/Zeitphasen bezogene Darstellung der berechneten Arbeit in der Vorgangstabelle

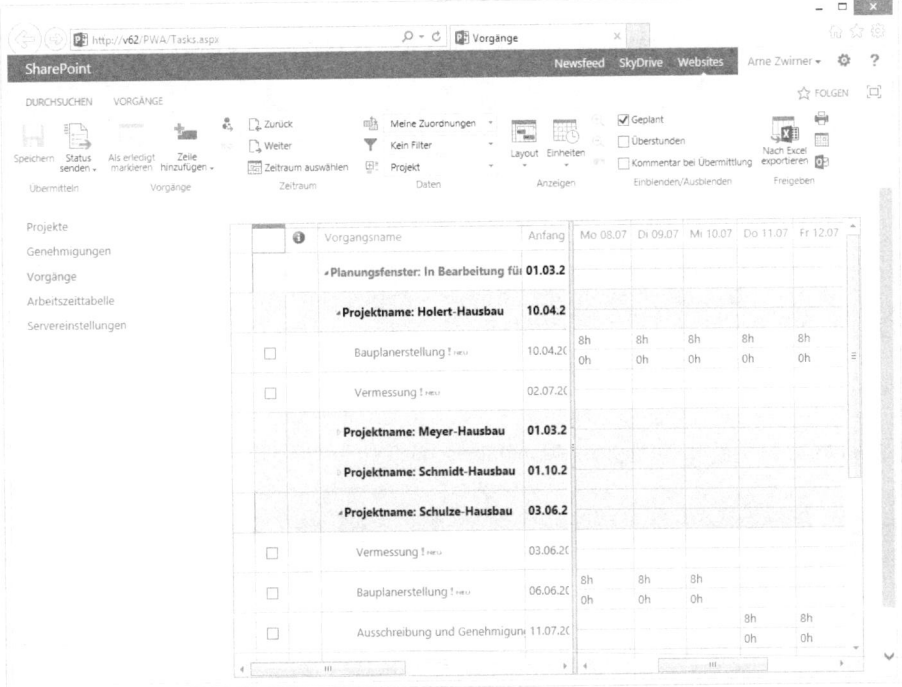

5. Um den genauen Planwert der Arbeit für den jeweiligen Zeitraum zu ermitteln, wechseln Sie bei parallel verlaufenden Vorgängen wieder in das Layout *Daten mit Zeitphasen* und blenden die Planwerte mit ein, indem Sie das Auswahlfeld Geplant in der Befehlsgruppe Einblenden/ Ausblenden aktivieren.

6. Die berechnete Arbeit können Sie dann in der rechten Bildschirmhälfte in den Zeilen mit der Beschriftung *Geplant* in der Spalte *Arbeit* ablesen.[1]

---

[1] Obwohl hier oft die Bezeichnung »geplante Arbeit« verwendet wird, ist hier nicht die im Basisplan gespeicherte Planarbeit gemeint, sondern die von Project bzw. dem Projektleiter für den Zeitraum aktuell vorgesehene (berechnete) Arbeit.

TIPP Synchronisieren Sie mit Allocatus Ihre Vorgänge mit Ihrem elektronischen Kalender. So können Sie auf einen Blick Überschneidungen erkennen. Mehr Informationen dazu finden Sie in Kapitel 13 im Abschnitt »Allocatus« sowie unter *http://www.allocatus.com*.

Terminanfrage ablehnen

Um einen oder mehrere Vorgänge aus der Terminanfrage ggf. mit einem Kommentar abzusagen, gehen Sie folgendermaßen vor:

1. Zeigen Sie die Ihnen zugeordneten Vorgänge an, indem Sie in der PWA in der linken Schnellstartleiste auf die Verknüpfung *Vorgänge* klicken.

Abbildg. 2.7   Ablehnen einer Terminanfrage

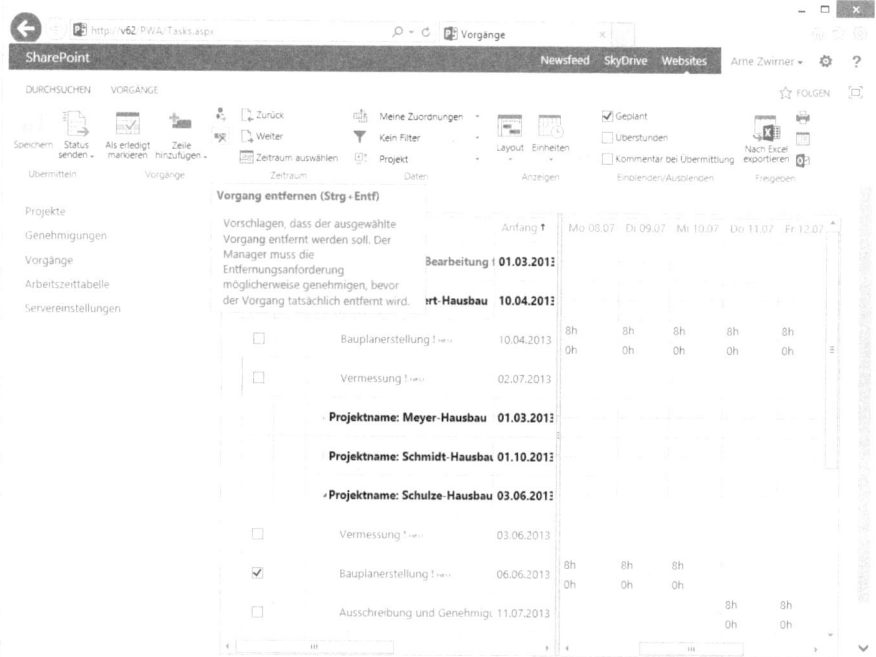

2. Markieren Sie den entsprechenden Vorgang, indem Sie das Kontrollkästchen in der ersten Spalte aktivieren.

3. Klicken Sie auf die Schaltfläche *Vorgang entfernen* in der Gruppe *Vorgänge*.

Abbildg. 2.8   Bestätigung der Terminablehnung

> **HINWEIS**   Die Funktion bedeutet nicht, dass der Vorgang aus dem Projektplan entfernt wird, sondern nur, dass Sie dem Vorgang nicht mehr zugeordnet sind. Sofern der Vorgang nur Ihre Zuordnung hatte, sieht der Projektleiter nach Annahme einen Vorgang ohne Zuordnungen.

4. Klicken Sie im Bestätigungsdialogfeld auf *OK*.

Abbildg. 2.9   Absenden der Terminablehnung

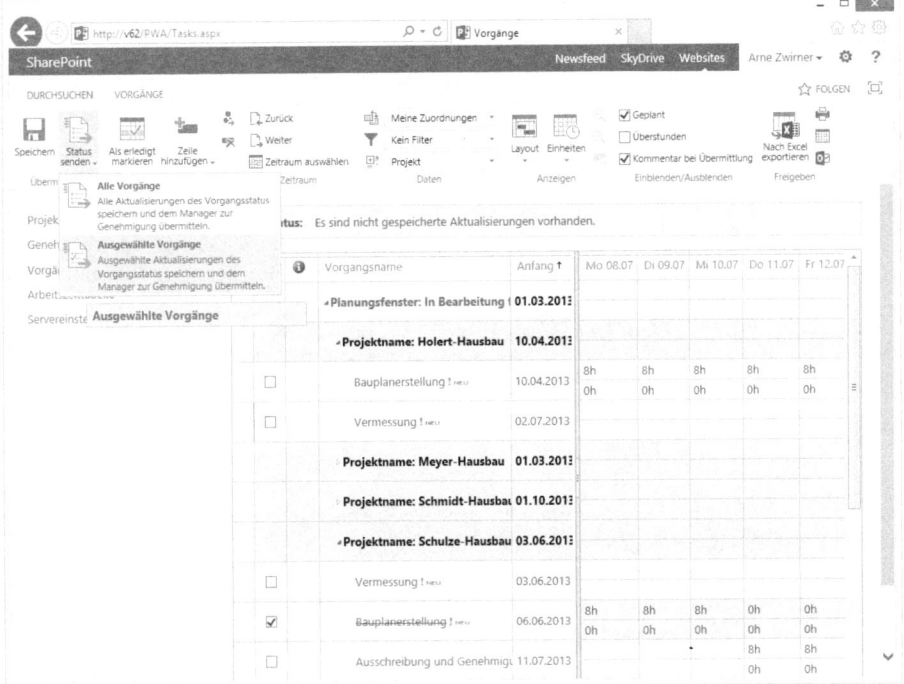

5. Stellen Sie sicher, dass das Kontrollkästchen *Kommentar bei Übermittlung* in der Gruppe *Einblenden/Ausblenden* aktiviert ist, damit Sie auch eine Begründung an den Projektleiter senden können.[1]

6. Klicken Sie auf die Schaltfläche *Status senden/Ausgewählte Vorgänge*, um die Terminablehnung abzusenden.

7. Geben Sie eine Begründung für die Absage ein (Transaktionskommentar) und klicken Sie auf die Schaltfläche *OK*.

---

[1] Alternativ können Sie auch den Vorgangsnamen anklicken und in der Detailseite zum Vorgang im Bereich *Notizen* eine Notiz zum Vorgang hinterlegen. Diese Art von Notiz hat den Vorteil, direkt in den Projektplan geschrieben zu werden und somit schnell zur späteren Referenz wieder abrufbar zu sein.

Abbildg. 2.10   Eingeben eines Kommentars zur Übermittlung

Änderungen übermitteln   ✕

Geben Sie Kommentare ein, in denen diese Aktualisierungen für Ihren Projektmanager erläutert
werden.

Überschneidung mit Bauplanerstellung

OK   Abbrechen

Der Projektleiter wird jetzt automatisch darüber informiert, dass Sie den Vorgang nicht annehmen. Dies heißt, der Text wird für ihn im Verlauf zu dem Vorgang sichtbar, den er beispielsweise über das Genehmigungscenter aufrufen kann sowie in der Benachrichtigungs-E-Mail angezeigt wird (siehe Kapitel 1). Falls Sie den Kommentar ins Notizfeld des Vorgangs eintragen möchten, gehen Sie wie im Abschnitt »Terminänderungen bearbeiten« beschrieben vor.

HINWEIS   Der Vorgang bleibt solange unter *Vorgänge* sichtbar, bis der Projektleiter[1] die Terminabsage genehmigt und den Projektplan erneut veröffentlicht hat. Den Status können Sie in der Spalte *Prozessstatus* ablesen. Dieser ist bis zur Genehmigung oder Ablehnung mit *Wartet auf Genehmigung* angezeigt. Nach Genehmigung ist die Spalte leer, nach Ablehnung erscheint *Abgelehnt*.

Hiermit sind im Vorfeld erkennbare Planungsfehler ausgeräumt, so dass Sie sich nun der direkt bevorstehenden Arbeit zuwenden können.

Vorgang für aktuellen Tag ermitteln

An jedem Arbeitstag haben Sie nun mindestens zwei administrative Aufgaben: Zum einen gilt es, zu Beginn Ihrer Arbeitszeit zu ermitteln, wofür Sie an diesem Tag eingeplant sind. Zum anderen müssen Sie spätestens am Ende eines Arbeitstages zurückmelden, wie viel Arbeit Sie für welche Vorgänge aufgewendet haben (Ist-Aufwand) und wie groß der voraussichtliche Rest-Aufwand ist.

HINWEIS   Ihr Tagesplan kann u.U. Lücken oder Blocker für ungeplante Tätigkeiten ausweisen. Diese können für Anfragen nutzen, die über andere Wege wie z.B. der direkten Kommunikation oder der offenen Punkte Liste kommen. In diesem Fall können Sie z.B. einen neuen Vorgang erstellen für den aktuellen Tag erstellen wie im Abschnitt »Verzögerten Anfang, Unterbrechungen der Arbeit und Rest-Arbeiten zurückmelden« bei etwaigen Terminkonflikten eskalieren Sie diese an den betroffenen Projektleiter, z.B. auf die im vorangegangen Abschnitte beschriebene Art und Weise. Wichtig ist, dass Ihre Arbeit vollständig in der Vorgangliste erfasst ist, bevor Sie mit der Arbeit beginnen, damit ggf. noch steuernd von den Projektleitern eingegriffen werden kann.

---

[1] Genauer: Der als Statusmanager des Vorgangs hinterlegte Benutzer

Ihren Tagesplan können Sie auf folgende Art und Weise nachschlagen:

1. Öffnen Sie den Bereich *Vorgänge*.
2. Aktivieren Sie ggf. das Kontrollkästchen *Geplant* in der Gruppe *Einblenden/Ausblenden*, um die berechnete Arbeit anzuzeigen.

Vorgänge für den aktuellen Tag ermitteln

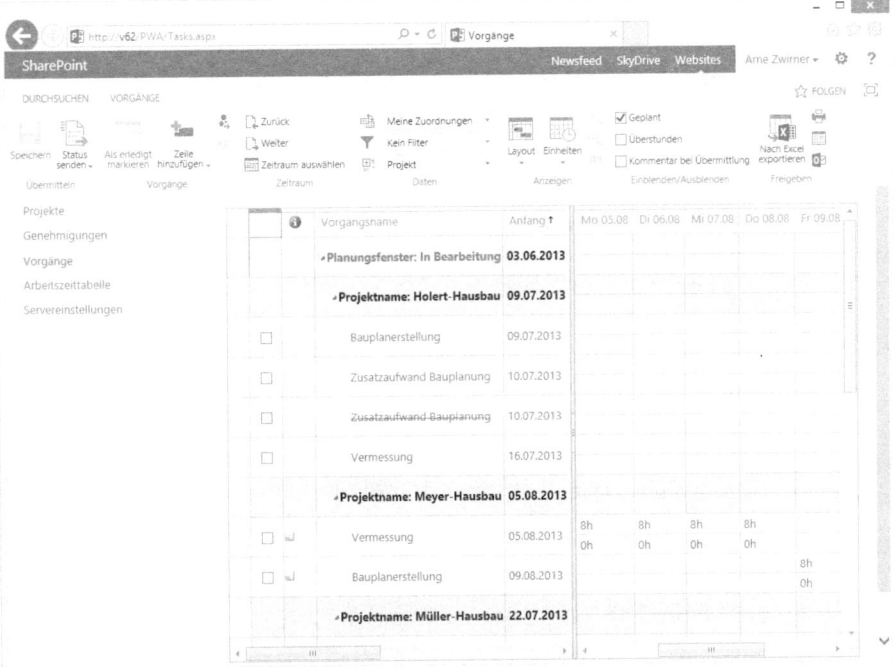

Die aktuellen Vorgänge sehen Sie unter der Gruppierung *Planungsfenster: In Bearbeitung für den aktuellen Zeitraum*. Die Vorgänge für den aktuellen Tag haben in der Spalte des aktuellen Tags in der Zeile Geplant einen Wert größer 0 h.

Sie sehen hier alle Vorgänge, die der Projektleiter Ihnen zugeordnet und veröffentlicht hat. Unter dieser Gruppierung sehen Sie neben fälligen *Vorgängen* auch alle überfälligen Vorgänge. Vorgänge, die vom Projektleiter gesperrt wurden, werden hier nicht mehr angezeigt.

Die Liste enthält alle Vorgänge, für die Sie der Zuordnungsbesitzer sind, d.h. es werden nicht nur Vorgänge angezeigt, die ihnen persönlich zugeordnet sind, sondern es können auch Vorgänge vorhanden sein, die einer anderen Ressource zugeordnet sind, für die Sie verantwortlich sind, z.B. externe Mitarbeiter ohne Systemzugriff, Maschinen, Team oder generische Ressourcen.

Sie können sich von Project Server auch per E-Mail an fällige Vorgänge erinnern lassen.[1] Wählen Sie dazu in der linken Schnellstartleiste die Verknüpfung *Servereinstellungen* im Bereich *Persönliche Einstellungen* aus und klicken Sie dann auf die Verknüpfung *Meine Warnungen und Erinnerungen verwalten* und legen Sie im Abschnitt *Vorgangserinnerungen* den Benachrichtigungsmodus entsprechend Ihrer Wünsche fest (siehe Kapitel 9).

---

[1] Die E-Mail-Benachrichtigungen sind in Project Online nicht verfügbar.

TIPP Sie können Ihre Vorgänge bzw. Zuordnungen auch als Aufgaben in Outlook oder in SharePoint *Mein Inhalt* anzeigen lassen[1]. Das Add-On *Allocatus* trägt Project- Vorgänge u.a. in den *Kalender* von Outlook und Lotus Notes entsprechend der in Project berechneten Arbeit ein. Hierdurch können Sie in Ihrer gewohnten Umgebung auch auf Ihrem Mobiltelefon die für den aktuellen Tag eingeplanten Vorgänge sehen. Mehr Infos zu Allocatus finden Sie in Kapitel 13 im Abschnitt »Allocatus« sowie unter *http://www.allocatus.com*.

Terminänderungen und -absagen bearbeiten

Für den Fall, dass einige Vorgänge nicht innerhalb des vorgesehen Zeitraums abgeschlossen werden können, wird der Projektleiter die Auswirkungen auf seine ursprüngliche Planung mit Hilfe von Project ermitteln und ggf. Umplanungen vornehmen. Dies kann beispielsweise zur Folge haben, dass sich Termine für Ihre Vorgänge verschieben (Abschnitt »Terminänderungen bearbeiten«) oder Ihre Zuweisung zu bestehenden Vorgängen entfernt wird (Abschnitt »Terminabsagen bearbeiten«).

Terminänderungen bearbeiten

Eine Terminänderung (Abbildung 2.12) erkennen Sie im Posteingang an der Betreffzeile *In Projekt "<Projektname>" wurden Zuordnungen aktualisiert.*

HINWEIS Falls Sie diese Nachricht nicht erhalten, sind Ihre Benachrichtigungen deaktiviert (*Servereinstellungen/Persönliche Einstellungen/Meine Warnungen und Erinnerungen verwalten*).

Abbildg. 2.12   Terminänderung

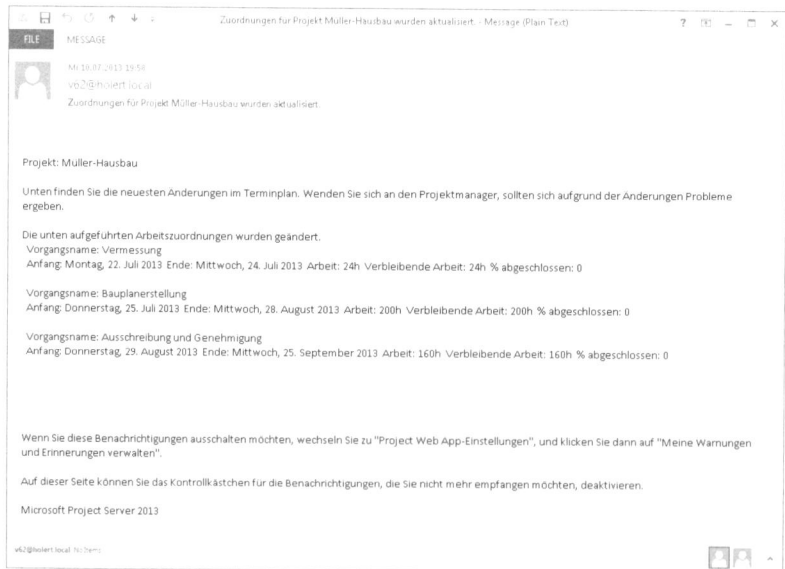

---

[1] Voraussetzung für die Synchronisierung mit Outlook ist eine spezifische Konfiguration der Synchronisierung in SharePoint- und Exchange-Server, unter anderem, indem einer Arbeitsverwaltungsdienstanwendung (Work Management Service) durch den Administrator konfiguriert wird.

Zur Bearbeitung der Terminänderung führen Sie folgende Schritte aus:

1. Öffnen Sie den Bereich *Vorgänge*.

Abbildg. 2.13 Geänderte Vorgänge in der Vorgangsliste

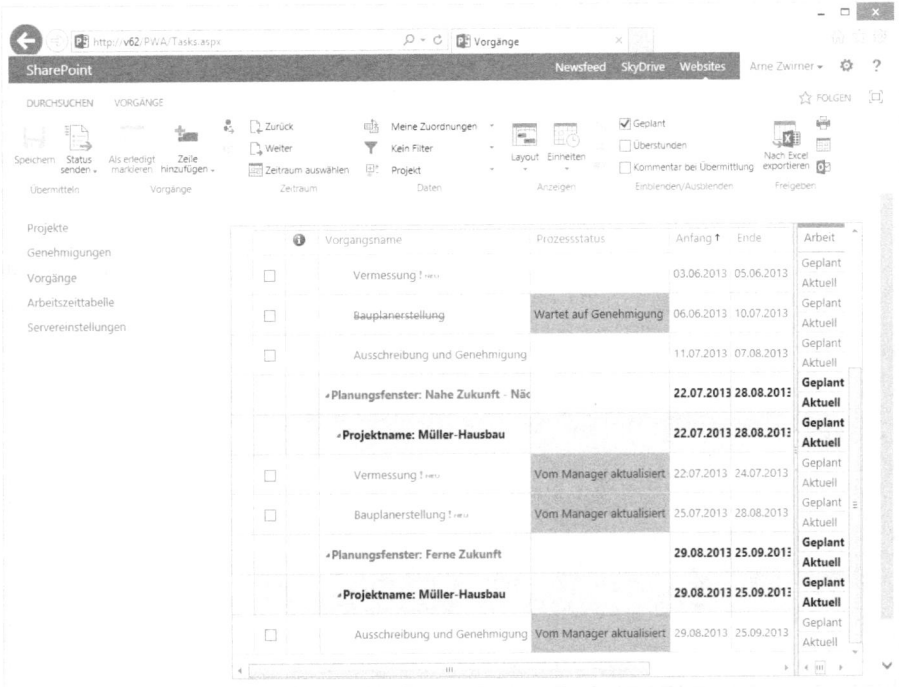

2. Geänderte Vorgänge erkennen Sie am Eintrag *Vom Manager aktualisiert* in der Spalte *Prozessstatus* (Abbildung 2.13).

Sie können an dieser Stelle nur erkennen, wo der Vorgang nach neuester Planung liegt, jedoch nicht wie der Vorgang vorher zeitlich lag. Wenn Sie überprüfen möchten, ob der Termin eine Überschneidung verursacht, gehen Sie vor, wie im Abschnitt »Terminüberschneidungen feststellen« beschrieben.

> **TIPP** Wenn Sie alle Vorgänge, die vom Projektleiter (*Statusmanager*) geändert wurden, zusammen darstellen möchten, wählen Sie im Menüband auf der Registerkarte *Vorgänge* in der Gruppe *Daten* im Dropdown-Listenfeld *Gruppieren* nach den Eintrag *Status* aus.

Sofern sich Probleme durch den Termin ergeben, teilen Sie dies dem Projektleiter durch eine Vorgangsnotiz mit. Gehen Sie dazu folgendermaßen vor:

1. Klicken Sie auf den Vorgangsnamen, um die Seite *Details* anzuzeigen.

2. Führen Sie einen Bildlauf bis zum Abschnitt *Notizen* durch und geben den Notiztext im Feld *Notizen* ein.

> **HINWEIS** Auf der Seite *Details* können Sie im Abschnitt *Kontakte* den Namen des Projektleiters (*Projektmanager*) und den Namen des Rückmeldungsempfängers (*Status-Manager)* im Feld *Genehmigender Manager* ablesen.

Abbildg. 2.14   Eingeben einer Vorgangsnotiz

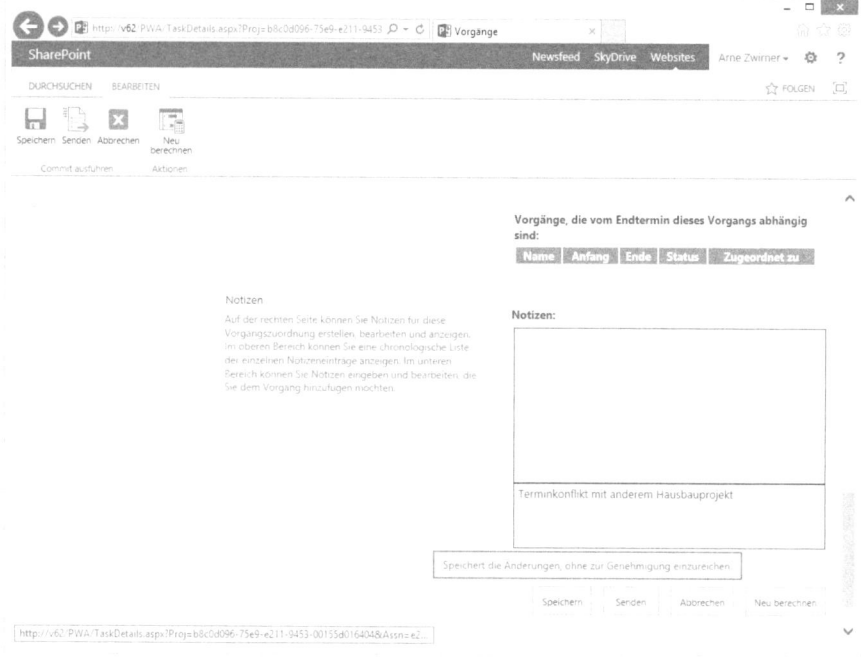

3. Klicken Sie auf die Schaltfläche *Speichern*.

Abbildg. 2.15   Vorgang mit Notiz

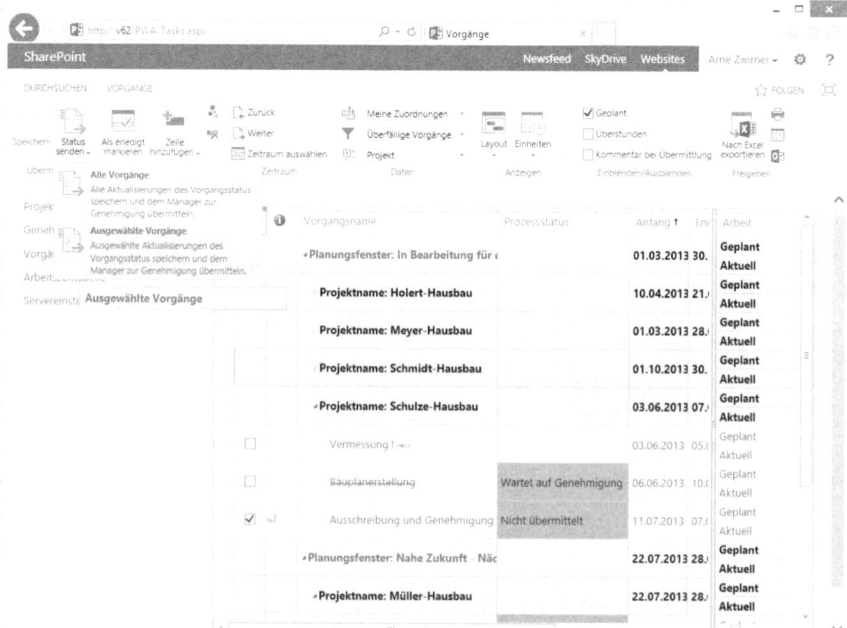

4. Markieren Sie den Vorgang und klicken Sie auf der Registerkarte *Vorgänge* in der Befehls-gruppe *Übermittlung* im Dropdown-Listenfeld *Status senden* auf den Eintrag *Ausgewählte Vorgänge*.

> **HINWEIS** Die Notiz wird bei Genehmigung durch den Projektleiter in das Notizfeld des Vorgangs eingetragen – im Gegensatz zu (Transaktions-)Kommentaren (siehe beispielsweise den Abschnitt »Terminanfrage ablehnen«), die nur im Verlauf zum Vorgang gespeichert werden.

Terminabsagen bearbeiten

Für den Fall, dass Sie von einem zuvor zugewiesenen Vorgang entbunden werden (Terminab-sage), erhalten Sie ebenfalls eine E-Mail mit dem Betreff *In Projekt "<Projektname>" wurden Zuordnungen aktualisiert* (Abbildung 2.16).[1]

Abbildg. 2.16   Terminabsage bearbeiten

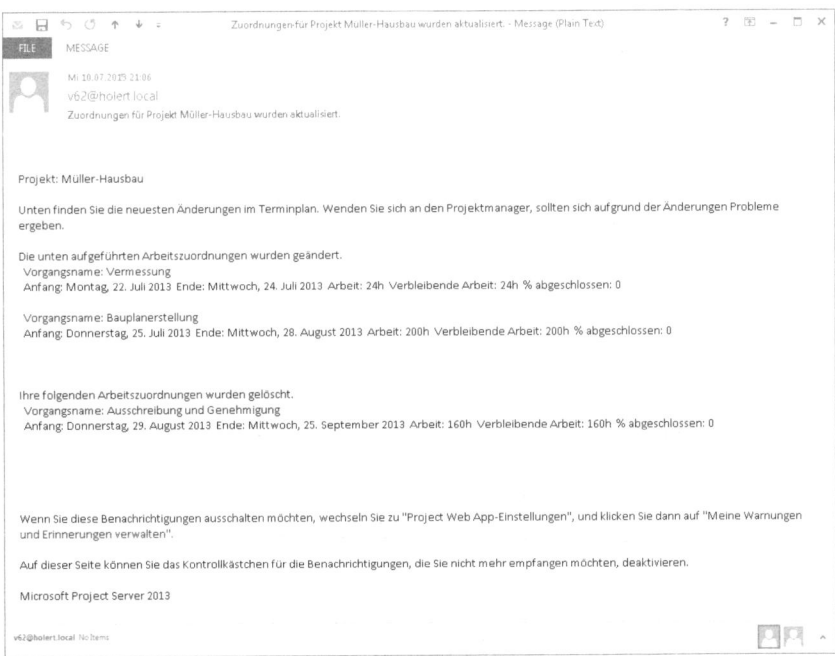

Der Abschnitt *Ihre folgenden Arbeitszuordnungen wurden gelöscht* listet alle Terminabsagen auf.

Mit dem Versand der E-Mail-Benachrichtigung wird der Vorgang aus dem Bereich *Vorgänge* gelöscht. Sie können somit in der Project Web App nicht erkennen, dass eine ursprüngliche Zuordnung aufgehoben wurde.

Falls Sie zu einem späteren Zeitpunkt wieder zu einem zuvor abgesagten Vorgang eingeplant wer-den, erhalten Sie für diesen erneut eine Terminanfrage. Der Bereich *Vorgänge* zeigt also stets den neuesten Stand Ihrer Termine, die sich aus der Gesamtprojektplanung des Unternehmens ergeben.

---

[1] Die E-Mail erhalten Sie beim Löschen einer Zuweisung, aber nicht bei der Neuzuweisung auf einen anderen Mitarbeiter.

Somit sind von administrativer Seite alle Voraussetzungen gegeben, damit Sie Ihre Vorgänge entsprechend der Vorgaben der Projektleiter termingenau erledigen können. Damit der Projektleiter auf Änderungen reagieren kann, geben Sie ihm regelmäßig ein Feedback wie im nachfolgenden Abschnitt »Überwachungs- und Steuerungsprozesse« beschrieben wird.

Überwachungs- und Steuerungsprozesse

Ziel der *Überwachungs- und Steuerungsprozesse* ist es, frühestmöglich Informationen über Planabweichungen zu gewinnen, damit zeitnah gegengesteuert werden kann.[1] Ihre Aufgabe als Projektmitarbeiter besteht u.a. darin, regelmäßig das Erreichte zu reflektieren, mögliche Probleme zu identifizieren und auf dieser Basis den Ist- und Rest-Aufwand zurückzumelden. Aus der Summe dieser beiden Größen ermittelt der Projektleiter mit Project den voraussichtlichen Gesamt-Aufwand (*Arbeit*) und vergleicht diese mit dem Plan-Aufwand (*Geplante Arbeit*). Hierdurch kann er Abweichungen bereits ermitteln, bevor das Kind in den Brunnen gefallen ist und Maßnahmen ergreifen, die Sie entlasten und das Projekt wieder auf Kurs bringen.

> **HINWEIS** Beachten Sie die festgelegten Einstellungen für die Zeiterfassung zu Beginn des Kapitels.

Nachfolgend beschreiben wir die häufigsten Fälle, die Sie im Rahmen der Überwachungs- und Steuerungsprozesse antreffen:

- Fortschritt zurückmelden und Genehmigung oder Ablehnung vom Projektleiter (Status-Manager) bearbeiten
- Mehraufwand, Überstunden und/oder Probleme zurückmelden
- Minderaufwand für Rest-Aufwand zurückmelden
- Verzögerten Anfang, Unterbrechungen der Arbeit und Rest-Arbeiten zurückmelden
- Vertretung zurückmelden
- Abwesenheit durch Urlaub, Krankheit oder andere nicht projektbezogene Tätigkeiten zurückmelden
- Arbeitszeittabelle an Ressourcen-Manager absenden und nachträglich korrigieren

Fortschritt zurückmelden und Genehmigung oder Ablehnung vom Projektleiter (Status-Manager) bearbeiten

Nachfolgend beschreiben wir, wie Sie den Fortschritt an Ihren Projektleiter zurückmelden können und auf dessen Genehmigung oder Ablehnung bearbeiten. Um den Fortschritt (Status) zurückzumelden, stehen Ihnen im einheitlichen Modus sowohl die Arbeitszeittabelle zur Verfügung als auch der Bereich Vorgänge. Wir beschreiben hier die Vorgehensweise für die Erfassung mit der Arbeitszeittabelle und folgen damit der am Anfang des Kapitels beschriebenen Prämisse, dass diese schwerpunktmäßig am Ende des Tages für Erfassung des Ist-Aufwands verwendet wird. Vorteile bei der Erfassung über die Arbeitszeittabelle sind u.a.

---

[1] Ihre Rückmeldungen werden im Rahmen des Ausführungsprozesses *Projektarbeit lenken und managen* geniert (Vgl. PMBOK 2013, S.79-86).

- eine bessere Übersicht, da beispielsweise die Gesamtsumme des Ist-Aufwands pro Tag errechnet wird
- Nach dem Senden der Arbeitszeittabelle wird der Ist-Aufwand eingefroren und kann vom Projektleiter nicht mehr verändert werden
- Sie können leicht feststellen, ob Sie den Ist-Aufwand für einen Berichtszeitraum, wie z.B. eine Woche bereits versendet haben

ACHTUNG   Wenn Sie den Ist-Aufwand im Bereich *Vorgänge* eingeben, dann wird auch im einheitlichen Modus der Ist-Aufwand nicht automatisch in die Arbeitszeittabelle übertragen, wie das umgekehrt der Fall wäre.

Der Projektleiter bzw. nach der Begrifflichkeit von Project der Status-Manager erwartet somit, dass Sie folgende Aufgaben wahrnehmen:

- Fortschrittsrückmeldung über die Arbeitszeittabelle
- Projektaktualisierung oder Ablehnung einer Statusmeldung bearbeiten

HINWEIS   Anforderungen und Prozesse zur Zeiterfassung und Fortschrittsmeldung können sich zwischen verschiedenen Projektorganisationen erheblich unterscheiden. Unter dem Namen Smart Timesheet bieten wir Lösungen zur Anpassung der Arbeitszeittabelle und der Vorgangsliste an.[1]

Fortschrittsrückmeldung über die Arbeitszeittabelle

Um für einen aktuellen Vorgang den Fortschritt zurückzumelden, empfehlen wir die folgende Vorgehensweise:

1. Führen Sie im Bereich *Arbeitszeittabelle* einen Bildlauf zu dem Vorgang durch, den Sie heute bearbeitet haben.

Abbildg. 2.17   Fortschritt zurückmelden

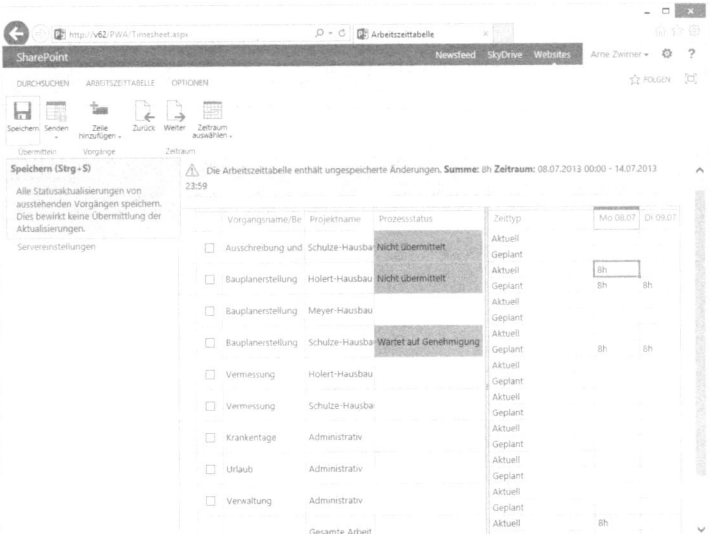

---

[1] Mehr zum Smart Timesheet unter *http://www.holert.com*.

2. Klicken Sie mit der Maus auf die Zelle, die zu dem Tag und diesem Vorgang gehört.

3. Geben Sie in der Zeile *Aktuell* in der Spalte des heutigen Tags in Stunden den Ist-Aufwand ein *(Aktuelle Arbeit)* an, die Sie heute für diesen Vorgang aufgewendet haben (Abbildung 2.17).

Abbildg. 2.18   Speichern der Änderungen

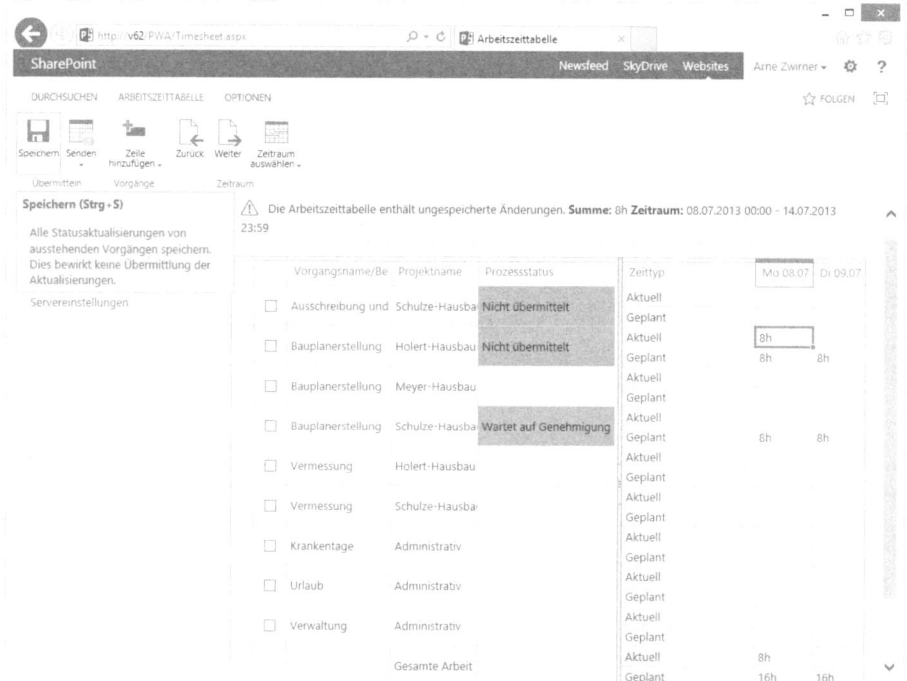

4. Speichern Sie die Eingabe, indem Sie auf die Schaltfläche *Speichern* in der Gruppe *Übermitteln* klicken. Hierdurch wechselt die Statusanzeige (Spalte *Prozessstatus*) über der Tabelle auf *Nicht übermittelt,* wie in Abbildung 2.18 abgebildet. Durch das Speichern werden auch die abhängigen Werte, wie *Verbleibende Arbeit* und *% Arbeit abgeschlossen* neu berechnet.

HINWEIS   Beim Speichern geht ggf. eine manuell geänderte Spaltenreihenfolge verloren, ebenso sowie die gerade getroffenen Auswahl.

5. Klicken Sie nun in die Spalte *Verbleibende Arbeit* desselben Vorgangs. Schätzen Sie aufgrund der aktuellen Sachlage den Rest-Aufwand für den Vorgang. Für den Fall, dass sich Ihre Schätzung mit dem errechneten Wert deckt, brauchen Sie nichts zu unternehmen; im Falle von Mehr- oder Minderaufwand hingegen passen Sie den Wert in der Spalte *Verbleibende Arbeit* an, wie nachfolgend in den Abschnitten »Mehraufwand, Überstunden und/oder Probleme zurückmelden« bzw. »Minderaufwand für Rest-Aufwand zurückmelden« beschrieben wird. Die verbleibende Arbeit sollte 0 sein, bzw. von Ihnen auf null gesetzt werden, wenn der Vorgang abgeschlossen ist.[1]

---

[1] Das Abschließen eines Vorgangs hat weitere Auswirkungen und Wertänderungen einiger Feldern zur Folge, beispielsweise wird das aktuelle Ende-Datum gleich dem Ende-Datum gesetzt.

Abbildg. 2.19   Geschätzten Rest-Aufwand eingeben

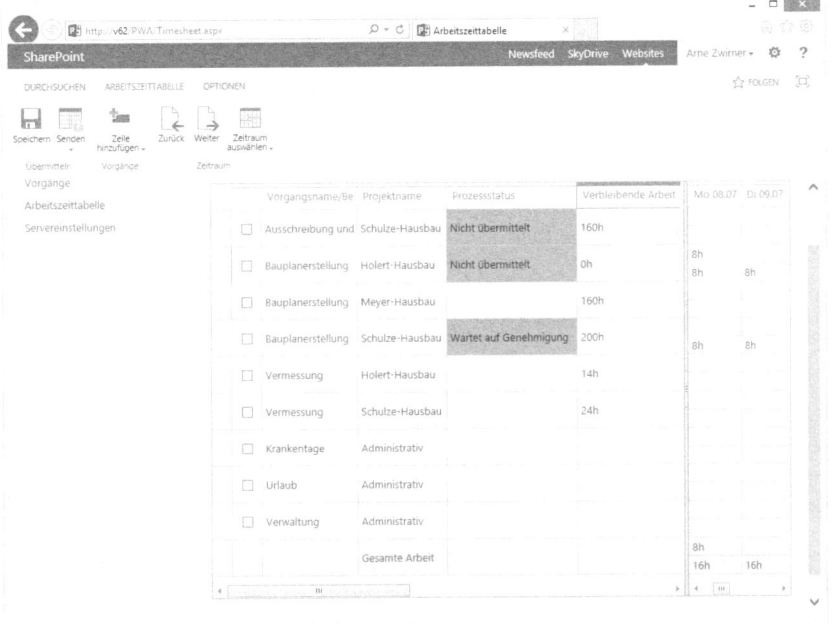

> **HINWEIS**   Sollte die Spalte *Verbleibende Arbeit* nicht angezeigt werden, wechseln Sie z.B. in die Ansicht *Meine Arbeit* in der Gruppe *Daten* der Registerkarte *Optionen*, die dieses Feld enthält.

Abbildg. 2.20   Vorgangsaktualisierungen übermitteln

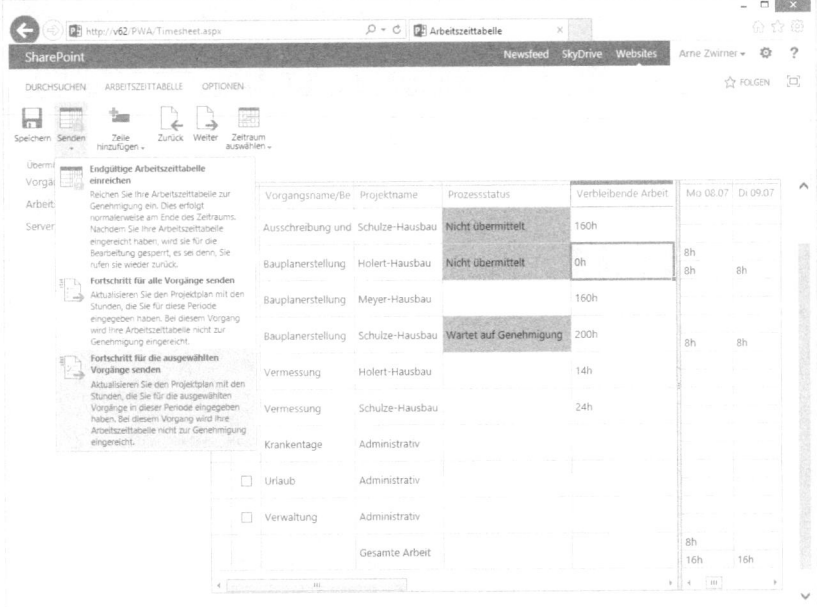

6. Senden Sie spätestens am Ende der Woche die Aktualisierungen an Ihren Projektleiter, indem Sie auf die Schaltfläche *Senden/Endgültige Arbeitszeittabelle einreichen* klicken. Um vorab am besten täglich die Projektleiter über den Fortschritt zu informieren, aktivieren Sie das Kontrollkästchen vor dem Vorgang und klicken Sie auf die Schaltfläche *Senden/Fortschritt für die ausgewählten Vorgänge senden.*

Abbildg. 2.21   Transaktionskommentar eingeben

> Arbeitszeittabellen-Zeile übermitteln   ✕
>
> Kommentar:
>
> Aufgabe frühzeitig abgeschlossen.
>
>
>
>   OK   Abbrechen

7. Geben Sie ggf. noch einen Kommentar ein. Klicken Sie anschließend auf die Schaltfläche *OK*.

HINWEIS   Der Dialog zur Eingabe des Kommentars wird nur angezeigt, wenn das Kontrollkästchen *Kommentar bei Übermittlung* in der Gruppe *Einblenden/Ausblenden Daten* der Registerkarte *Optionen* auswählt ist.

Abbildg. 2.22   Abgesendete Vorgangsaktualisierung

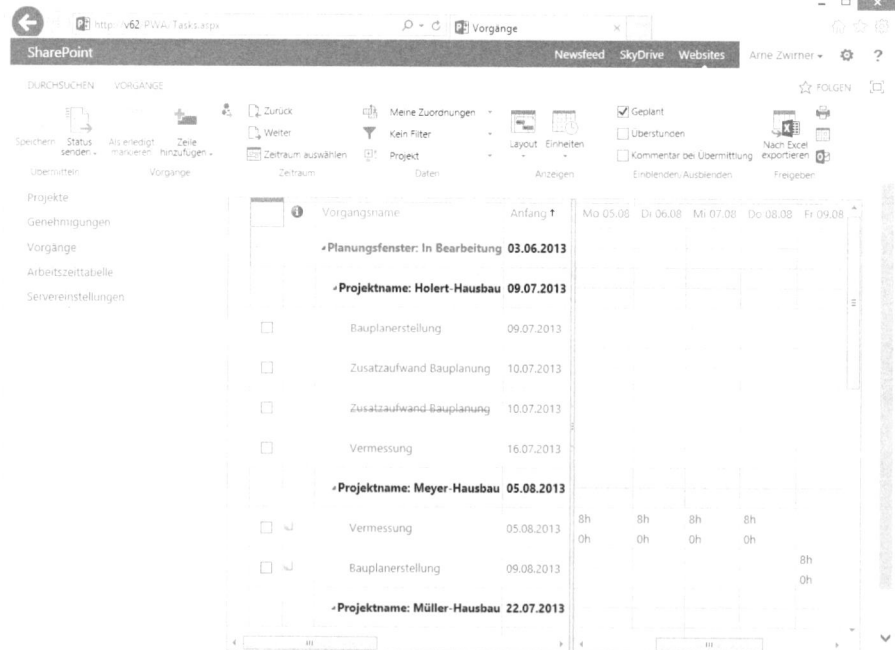

8. In der Spalte *Prozessstatus* erscheint daraufhin *Wartet auf Genehmigung*.

Der Projektleiter bekommt nun eine E-Mail mit dem Betreff *Aktualisierte Zuordnungen wurden von Ressourcen übermittelt*. Er ist über den aktuellen Stand Ihres Ist- und Rest-Aufwands informiert und kann über die Bearbeitung der Vorgangsaktualisierung die Werte automatisch in den Projektplan übernehmen. Wann dies der Fall ist, können Sie an dieser Stelle nicht erkennen. Jedoch können Sie, wie nachfolgend beschrieben, ermitteln, ob der Projektleiter den Projektplan nach der Aktualisierung veröffentlich hat oder Ihre Vorgangsaktualisierung abgelehnt hat.

Projektaktualisierung oder Ablehnung einer Statusmeldung bearbeiten

Den Status der Genehmigung oder Ablehnung Ihrer Rückmeldung können Sie im Bereich *Arbeitszeittabelle* auf folgende Art und Weise ermitteln:

1. Wählen Sie in der Schnellstartleiste der Project Web App die Verknüpfung *Arbeitszeittabelle*.

2. Führen Sie einen Bildlauf zur Spalte *Prozessstatus* aus.

Abbildg. 2.23   Genehmigte Rückmeldung

	Vorgangsname/Beschreibun	Prozessstatus ↑	Projektname
☐	Bauplanerstellung		Meyer-Hausbau

3. Wenn der Projektleiter die Rückmeldung annimmt, ist der Prozessstatus leer.

> **HINWEIS**   Wenn der Projektleiter den Projektplan erneut veröffentlicht, bleibt der Prozessstatus in der Arbeitszeittabelle für den Vorgang leer. Im Bereich *Vorgänge* wird der Vorgang mit einem Prozessstatus *Vom Manager aktualisiert* gekennzeichnet (siehe den Abschnitt »Terminänderungen bearbeiten«).

Abbildg. 2.24   Abgelehnte Rückmeldung

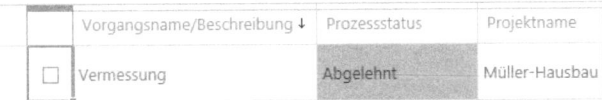

	Vorgangsname/Beschreibung ↓	Prozessstatus	Projektname
☐	Vermessung	Abgelehnt	Müller-Hausbau

Falls der Projektleiter die Rückmeldung (Vorgangsaktualisierungsanfrage) ablehnt, wird dies mit einem Prozessstatus *Abgelehnt* gekennzeichnet. Sie erhalten zudem eine E-Mail mit dem Betreff *ABGELEHNT: Von <Projektleitername> wurde mindestens eine Zuordnungsaktualisierung für Projekt <Projektname> abgelehnt*. Als Konsequenz wurde die zuletzt gesendete Änderung nicht in den Projektplan übernommen.

Abbildg. 2.25   Kommentar zum Genehmigungsprozess

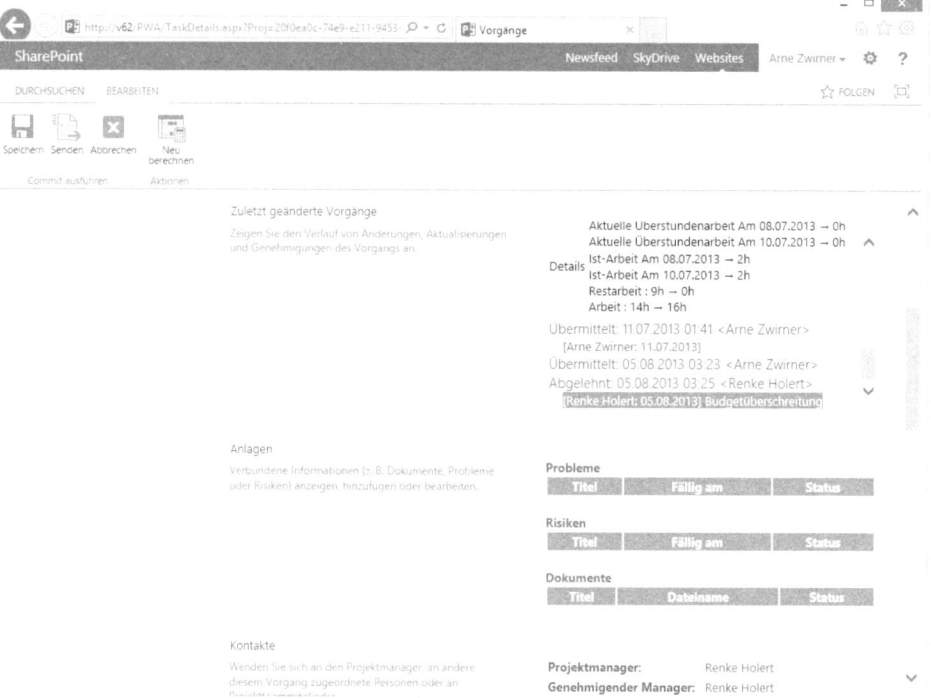

Einen etwaigen Kommentar des Projektleiters können Sie ablesen, indem Sie auf den Vorgangs-namen klicken und dann in der Ansicht *Details* einen Bildlauf zum Abschnitt *Zuletzt geänderte Vorgänge* durchführen. Sie können die Rückmeldung, wie zuvor beschrieben, anpassen und erneut senden.

HINWEIS   Sofern Sie vor der Aktualisierung des Projektplans durch den Projektleiter noch Änderungen an den Arbeitswerten vornehmen, wird die bereits übermittelte Vorgangsaktua-lisierung nachträglich aktualisiert. Der Projektleiter übernimmt bei Aktualisierung dann ganz automatisch die neuesten Werte.

Mehraufwand, Überstunden oder Probleme zurückmelden

Für den Fall, dass Sie den Aufwand für einen Vorgang größer einschätzen als vom Projektlei-ter vorgegeben, oder Sie offene Punkte (Probleme) zentral melden möchten, können Sie das sowohl über die Vorgangsliste als auch die Arbeitszeittabelle zurückmelden. Nachfolgend beschreiben wir die Rückmeldung des erhöhten Rest-Aufwands, die Erfassung eines Problems und die Rückmeldung von Überstunden nach einem separaten Kostensatz über die Arbeits-zeittabelle.

Mehraufwand für Rest-Aufwand ohne Überstunden zurückmelden

Für den Fall, dass unerwartete Probleme auftreten und Sie den Rest-Aufwand höher einschätzen (Mehraufwand) als von der Project Web App im Feld *Verbleibende Arbeit* berechnet, sollten Sie den Projektleiter frühestmöglich hiervon in Kenntnis setzen. Gehen Sie dazu wie oben im Abschnitt »Fortschrittsrückmeldung über die Arbeitszeittabelle« beschrieben vor:

Abbildg. 2.26   Mehraufwand zurückmelden über die Arbeitszeittabelle

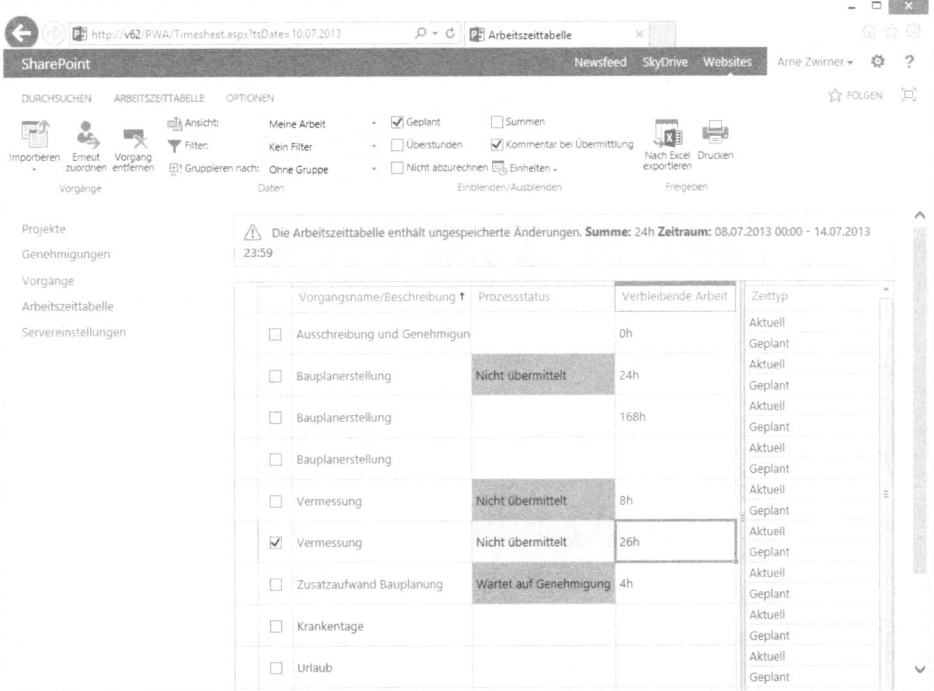

1. Tragen Sie in der Spalte *Verbleibende Arbeit* Ihren geschätzten Restwert ein. Beachten Sie, dass sich hierbei die (Gesamt-) Arbeit erhöht und sich ggf. der Endtermin für diesen Vorgang nach hinten verschieben kann (vgl. Kasten).

2. Fügen Sie ggf. eine Notiz ein, wie im Abschnitt »Terminänderungen bearbeiten« beschrieben, und begründen Sie, weshalb Sie den Rest-Aufwand höher einschätzen. Nennen Sie nicht nur Erschwernisse, Probleme oder Risiken, die bereits aufgetreten sind, sondern auch diejenigen Faktoren, die Ihrer Ansicht nach höchstwahrscheinlich zukünftig auftreten werden. Ergänzen Sie zudem Lösungsvorschläge.

3. Senden Sie die Aktualisierung an den Projektleiter, damit er ggf. Folgemaßnahmen einleiten kann. Aktivieren Sie das Kontrollkästchen vor dem Vorgangsnamen und klicken Sie in der auf der Registerkarte *Arbeitszeittabelle* in der Gruppe *Übermitteln* auf *Senden/Fortschritt für die ausgewählte Vorgänge senden*.

Verhalten im Vorgangsmodus Automatisch berechnen bei Änderung des Rest-Aufwands

Wenn Sie den Aufwand höher schätzen, berechnet die Project Web App den Rest-Aufwand des Vorgangs entsprechend der Vorgangseinstellungen und -abhängigkeiten neu. D.h., nachfolgende Vorgänge verschieben sich entsprechend.

Nur der Projektleiter kann den Rest-Aufwand in den Einsatzeinsichten exakt, z.B. tagesgenau, verteilen. Eine Fortschreibungsoption gibt es nicht. D.h. Sie können als Projektmitarbeiter die Verteilung des Rest-Aufwands nicht bzw. nur sehr begrenzt vorgeben (vgl. Abschnitt »Verzögerten Anfang, Unterbrechungen der Arbeit und Rest-Arbeiten zurückmelden«).

Sobald Sie dem Projektleiter die aktuellen Werte schicken, kann er im Genehmigungscenter die Auswirkungen Ihrer Änderungen in der Vorschau erkennen. Nach Übernahme in den Projektplan, muss er muss u.U. die Arbeit neu planen. Sobald er das gemacht hat, wird dies in der Spalte *Prozessstatus* mit dem Hinweis *Vom Manager aktualisiert* angezeigt. Prüfen Sie hiernach die Änderungen, wie im Abschnitt »Terminänderungen bearbeiten« beschrieben.

Behandeln Sie die berechneten Arbeitszeiten als verbindliche Vorgaben und wägen Sie Handlungsalternativen ab, bevor Sie nicht termingerechte Arbeit abliefern. Mögliche Handlungsalternativen sind z.B. die Reduktion des Leistungsumfangs und die Verschiebung der Rest-Arbeiten auf einen späteren Termin, an dem Sie oder eine andere Ressource wieder frei verfügbar ist (Vgl. Abschnitt »Terminüberschneidungen feststellen«).

Wenn Sie durch längere Arbeit an einzelnen Tagen den Mehraufwand auffangen möchten, geben Sie an den entsprechenden Tagen für die Ist-Arbeit im Feld *Akt. Arbeit* eine entsprechend höhere Arbeit ein und passen Sie danach entsprechend den Rest-Aufwand (*Verbleibende Arbeit*) auf den ursprünglichen Wert an.

Probleme zurückmelden

Wenn Sie sicherstellen möchten, dass ein offener Punkt (Problem) durch den Projektleiter weiter verfolgt wird, fügen Sie diesen in der Problemliste des betreffenden Projekts als ein neues Problem ein. Eine solche Liste wird auch oft als *Liste offener Punkte* bezeichnet. Führen Sie hierzu folgende Schritte aus:

1. Klicken Sie in der Arbeitszeittabelle auf den als Verknüpfung hinterlegen Namen des entsprechenden Vorgangs.
2. Führen Sie einen Bildlauf zum Abschnitt *Anlagen* durch.

Abbildg. 2.27   Anlagen zum Vorgang anzeigen

3. Klicken Sie auf die Verknüpfung *Probleme*.

Abbildg. 2.28   Offenen Punkt oder Problem erstellen

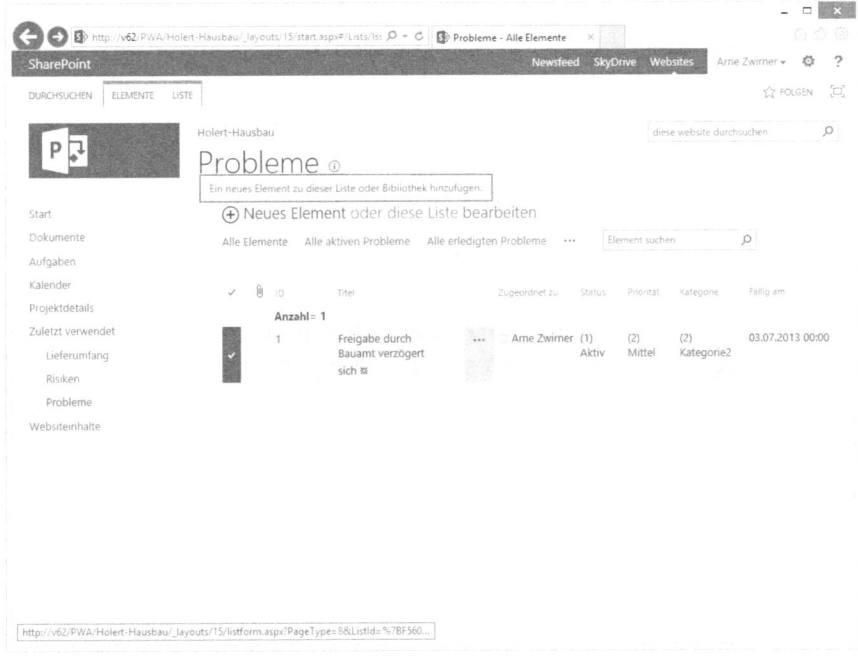

4. Klicken Sie auf der folgenden Seite auf die Verknüpfung *Neues Element hinzufügen* (Abbildung 2.28).

Abbildg. 2.29   Neuen offenen Punkt erstellen

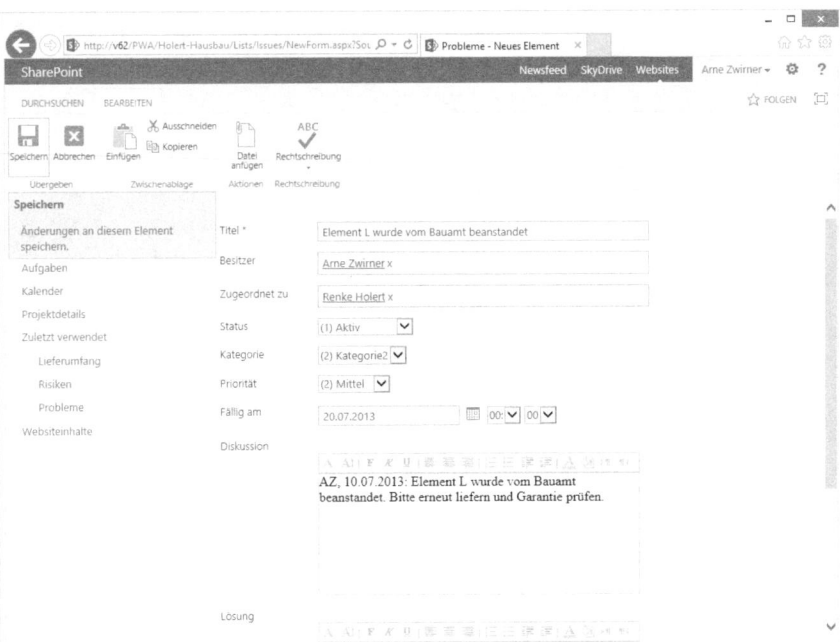

5. Füllen Sie auf der folgenden Seite die Felder *Titel*, *Besitzer*, *Zugeordnet an*, *Status*, *Kategorie*, *Priorität*, *Fällig am* und *Diskussion* aus (Abbildung 2.29).

6. Klicken Sie auf *Speichern in der Befehlsgruppe Übergeben*, um die Eingabe des Problems abzuschließen.

TIPP   Sie können einen offenen Punkt auch mit einem oder mehreren Vorgängen oder anderen Problemen verknüpfen. Sie erreichen den Verknüpfungsdialog über die Ellipse des Listeneintrags. Wählen Sie im dann den Eintrag *Element anzeigen*. Wählen Sie auf der nachfolgenden Seite die Verknüpfung *VERWANDTES ELEMENT HINZUFÜGEN* und führen Sie dann die Verknüpfung durch.

Mehraufwand für Ist-Aufwand mit Überstunden zurückmelden

Grundsätzlich können Sie bereits angefallenen Mehraufwand in der Zeile *Aktuell* erfassen. Hierbei wird der Mehraufwand nicht gesondert ausgewiesen und u.a. entsprechend Ihres Standardkostensatzes in Project berechnet. Sofern der Mehraufwand gesondert ausgewiesen werden soll, erfassen Sie diesen als Überstunden in der Project Web App. Sie können Überstunden sowohl in der Vorgangsliste als auch in der Arbeitszeittabelle erfassen. Um die Überstunden in der Arbeitszeittabelle zu erfassen, gehen Sie folgendermaßen vor:

Abbildg. 2.30   Überstunden eingeben

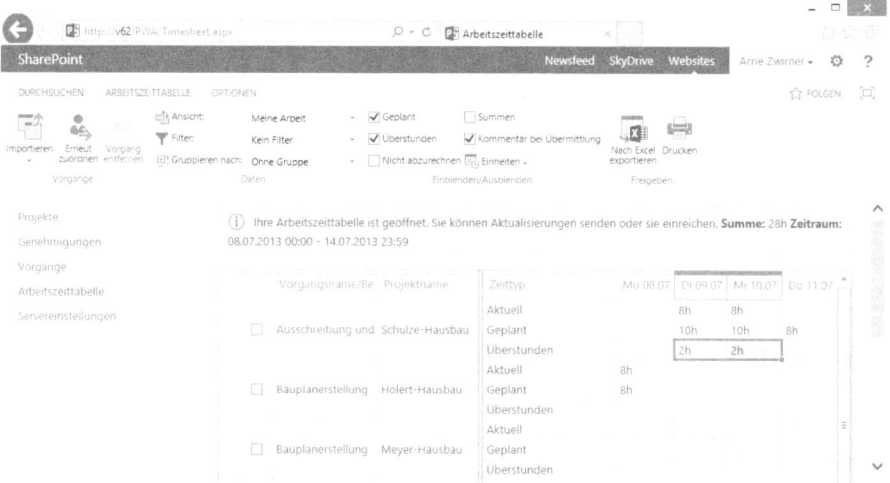

1. Wechseln Sie in den Bereich *Arbeitszeittabelle*.

2. Aktivieren Sie das Kontrollkästchen *Überstunden* in der Gruppe *Einblenden/Ausblenden* auf der Registerkarte *Optionen*.

3. Geben Sie in der Zeile *Überstunden* zu den jeweiligen Tagen und Vorgängen den entsprechenden Arbeitswert ein.

Beachten Sie, dass Sie durch die Eingabe der Überstunden ggf. auch die Projektkosten entsprechend Ihres *Überstundensatzes* beeinflussen. Überstunden werden nach Neuberechnung der Arbeitszeittabelle der (berechneten) Arbeit (Zeile *Geplant*) hinzugerechnet und in Project im Feld *Aktuelle Überstundenarbeit* auf Vorgangs- und Zuweisungsebene kumuliert (Zeile *Überstunden*).

TIPP   Wenn Sie keine Überstunden berechnen können, aber dennoch die Mehrarbeit protokollieren möchten, bitten Sie den Ressourcen-Manager den Überstundenkostensatz auf 0 € festzulegen. Auf diese Art und Weise bleiben auch bei Mehrarbeit die Projektkosten konstant.

Minderaufwand für Rest-Aufwand zurückmelden

Schätzen Sie den *Rest-Aufwand* geringer als den berechneten Wert ein (Minderaufwand), gehen Sie folgendermaßen vor, um dies dem Projektleiter mitzuteilen:

1. Wechseln Sie in die Arbeitszeittabelle.
2. Reduzieren Sie entsprechend den Arbeitswert im Feld *Verbleibende Arbeit*.
3. Senden Sie die Änderung an den Projektleiter, indem Sie den Vorgang markieren und in der Befehlsgruppe *Übermitteln* im Dropdown-Listenfeld *Senden* den Eintrag *Fortschritt für die ausgewählten Vorgänge senden* klicken.

Beachten Sie, dass auch in diesem Fall die Arbeit und andere Felder neu berechnet werden und sich ggf. nachfolgend verknüpfte Vorgänge verschieben (vgl. Kasten im Abschnitt »Mehraufwand für Rest-Aufwand ohne Überstunden zurückmelden«.

Verzögerten Anfang, Unterbrechungen der Arbeit und Rest-Arbeiten zurückmelden

Im Projektverlauf kann es dazu kommen, dass Sie Ihre Arbeit nur abweichend von der Planung des Projektleiters ausführen können. Nachfolgend beschreiben wir, wie Sie einen verzögerten Anfang mit Unterbrechung und einen neuen Vorgang für Rest-Arbeiten zurückmelden können.

Verzögerten Anfang und Unterbrechungen zurückmelden

Wenn erkennbar ist, dass Sie einen Vorgang nur verspätet beginnen können (Verzögerten Anfang) oder einen bereits begonnenen Vorgang entgegen den Vorgaben unterbrechen müssen, gehen Sie folgendermaßen vor, um dies an Ihren Projektleiter zurückzumelden:

1. Falls der Vorgang noch nicht begonnen hat, ändern Sie das Anfangsdatum im Feld *Anfang*.

Abbildg. 2.31   Anfangsdatum des Vorgangs ändern

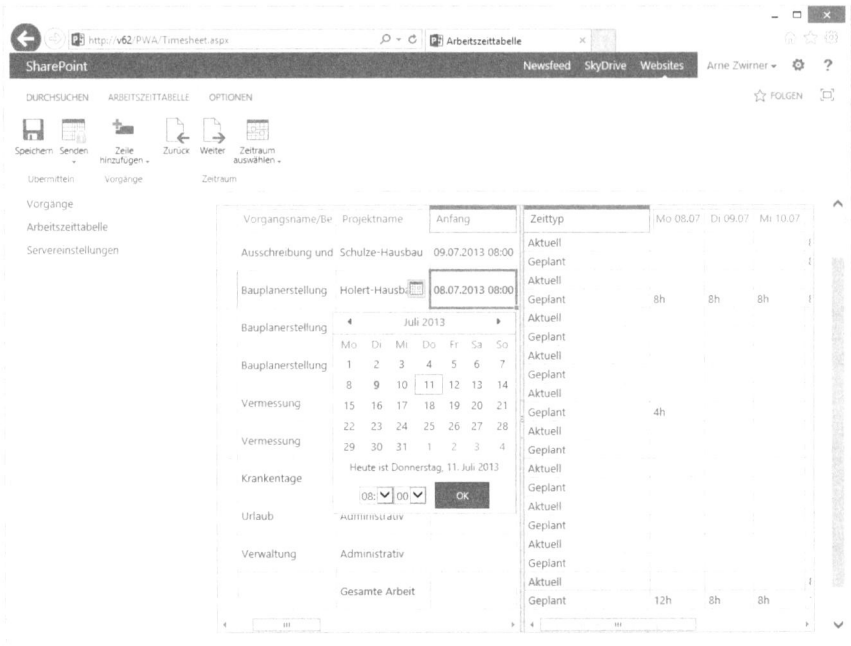

> **HINWEIS**   Sie können das Anfangsdatum nur ändern, wenn auf den Vorgang noch keine *Aktuelle Arbeit* gebucht wurde, da sich andernfalls der Ist-Aufwand verschieben würde.

Abbildg. 2.32   Vorgang mit Unterbrechung nach Eingabe

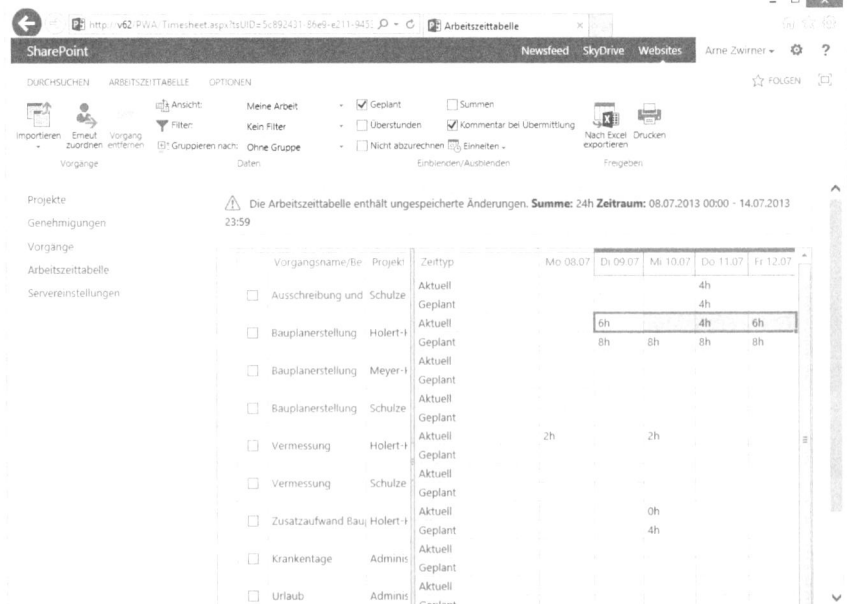

2. Falls Sie bereits am Vorgang gearbeitet haben, tragen Sie genau an den Tagen in der Zeile *Aktuell* den Ist-Aufwand ein, an denen Sie tatsächlich gearbeitet haben (Abbildung 2.32).

Abbildg. 2.33   Vorgang mit Unterbrechung nach Speichern bzw. Senden

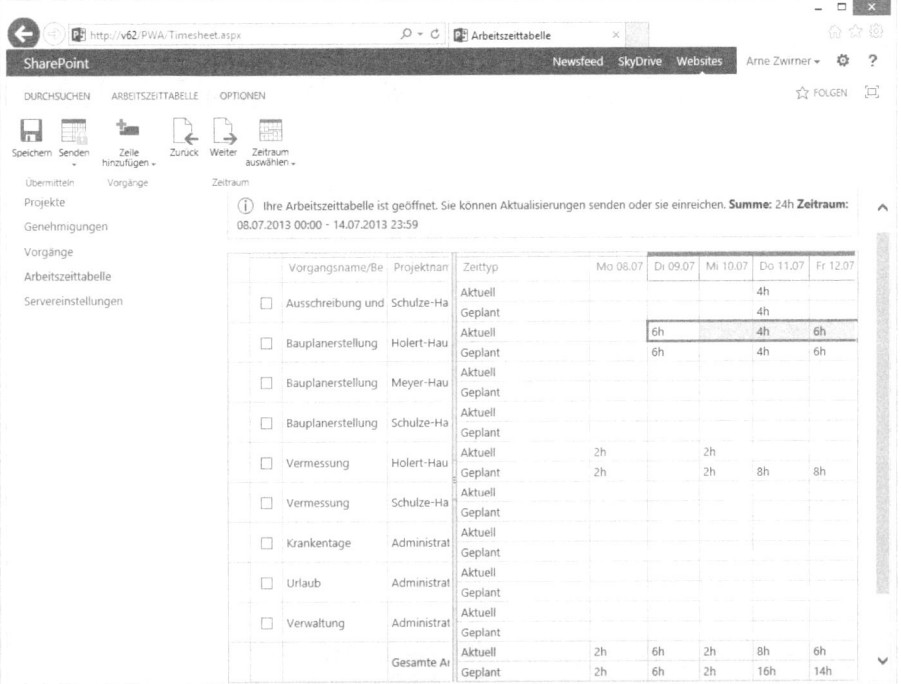

3. Senden Sie die Rückmeldung ggf. inklusive eines Kommentars an den Projektleiter, indem Sie den Vorgang markieren und in der Befehlsgruppe *Übermitteln* im Dropdown-Listenfeld *Senden* den Eintrag *Fortschritt für die ausgewählten Vorgänge senden* klicken.

> **HINWEIS**   Mit dem Speichern oder Senden werden auch die Planwerte (u.a. Zeile *Geplant*) angepasst. Die Project Web App hat den Rest-Aufwand jetzt entsprechend der Vorgangsart neu berechnet, sodass ggf. Planänderungen vorgenommen werden müssen (vgl. Kasten im Abschnitt »Mehraufwand für Rest-Aufwand ohne Überstunden zurückmelden«).

Eine Möglichkeit, eine Verzögerung aufzufangen ist, es nur die unbedingt nötigen Arbeiten auszuführen und den Rest-Aufwand auf eine spätere Phase zurückzustellen. Hierfür empfehlen wir, einen neuen Vorgang zu erstellen.

Neuen Vorgang für Rest-Aufwand erstellen

Sie können für Rest-Aufwand in der Project Web App in den Bereichen *Vorgänge* und *Arbeitszeittabelle* einen neuen Vorgang bzw. eine Vorgangsanfrage erstellen.

Um einen neuen Vorgang aus dem Bereich Arbeitszeittabelle zu erstellen, führen Sie folgende Schritte durch:

1. Wählen Sie in der Schnellstartleiste *Arbeitszeittabelle* aus.

2. Schätzen Sie den Rest-Aufwand und ermitteln Sie einen freien Termin entsprechend der Beschreibung im Abschnitt »Terminüberschneidungen feststellen«. Achten Sie darauf, dass Sie nicht versehentlich ein Wochenende auswählen. Notieren Sie sich dieses Datum.

Abbildg. 2.34   Neuen Vorgang für Rest-Aufwand erstellen

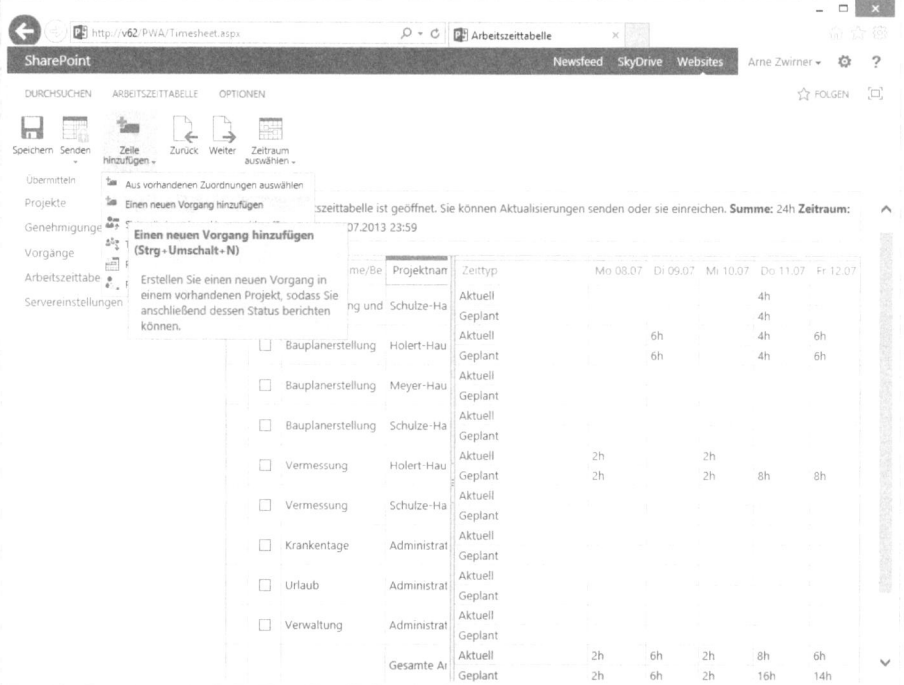

3. Klicken Sie auf der Registerkarte *Arbeitszeittabelle* in der Gruppe *Vorgänge* auf *Zeile einfügen* und dann auf *Einen neuen Vorgang hinzufügen* (siehe Abbildung 2.34).

4. Wählen Sie im Bereich *Vorgangsposition* im Feld *Projekt* das zugehörige Projekt aus und im Feld *Sammelvorgang* den Sammelvorgang und die zeitlich passende Projektphase (Abbildung 2.35).

> **HINWEIS**   Wenn Sie keine passende Phase (Sammelvorgang) für den Rest-Aufwand finden, können Sie auch einen Vorgang auf Projektebene erstellen. Der Projektleiter kann im Nachgang auch einen neuen Sammelvorgang erstellen und den Vorgang entsprechend einordnen.

Abbildg. 2.35 Erstellen des neuen Vorgangs als Teilvorgang für die entsprechende Projektphase (unter einem Sammelvorgang)

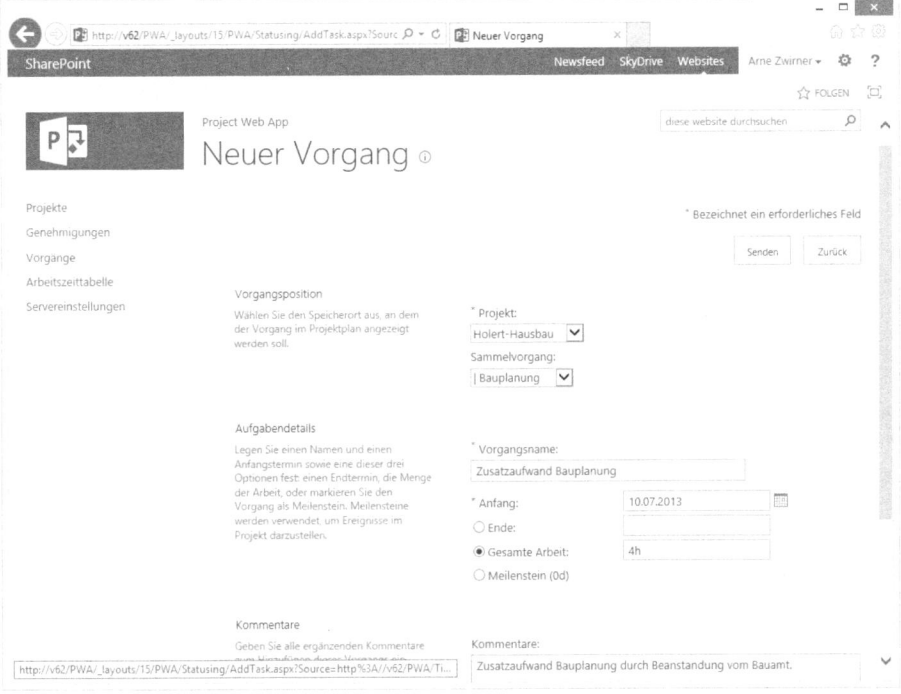

5. Geben im Bereich *Aufgabendetails* einen aussagekräftigen Namen für den Vorgang im Feld *Vorgangsname* ein.

6. Geben Sie im gleichen Bereich den zuvor ermittelten Anfangstermin im Feld *Anfang* ein.

7. Geben Sie im Feld *Gesamte Arbeit* den geschätzten Rest-Aufwand ein.

HINWEIS Wenn Sie im Feld *Gesamte Arbeit* keine Einheit angeben, dann bucht die Project Web App die Zahl als Stundenwert. Sie können alternativ auch eine Einheit angeben, wie z.B. *t* für Tag.

Wenn Sie statt des Aufwands im Feld *Gesamte Arbeit* den Endtermin im Feld *Ende* vorgeben, dann verteilt die Project Web App den Aufwand nicht anhand des Ressourcenkalenders, d.h. der Endtermin muss so bemessen sein, dass in dem Zeitraum die Arbeitstage den geschätzten Aufwand widerspiegeln. Die Zuordnung erfolgt mit 100%, d.h. die maximalen Einheiten der Ressource werden nicht beachtet.

8. Ergänzen Sie, falls sinnvoll, noch einen Kommentar.

9. Klicken Sie auf die Schaltfläche *Senden*, um die Vorgangsanfrage an den Projektleiter zu senden.

Der Projektleiter erhält jetzt eine E-Mail mit dem Betreff *ÜBERMITTELT: Neue Vorgangsanforderung zu Projekt <Projektname> von <Projektmitarbeiter>* mit der Aufforderung, die Anfrage anzunehmen oder abzulehnen.

Neuer Vorgang in der Arbeitszeittabelle

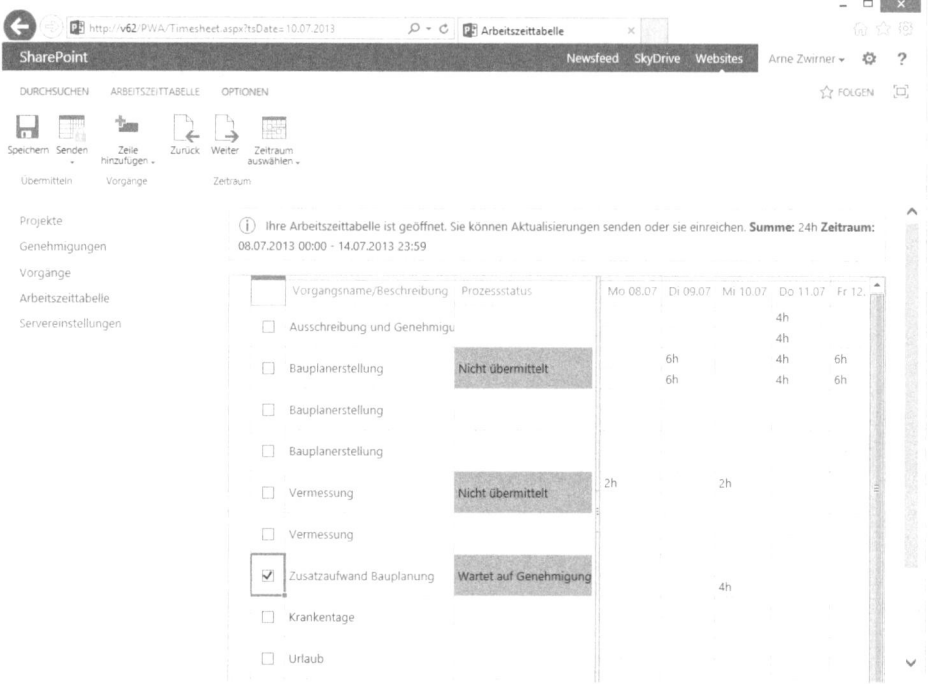

Der Vorgang wird jetzt mit dem Prozessstatus *Wartet auf Genehmigung* dargestellt. Sie können nicht erkennen, dass Sie diesen Vorgang selbst erstellt haben und nur anhand des Prozessstatus prüfen, ob der Projektleiter diesen bereits genehmigt hat (vgl. Abschnitt »Fortschrittsrückmeldung über die Arbeitszeittabelle«).

Bei Annahme durch den Projektleiter wird der Vorgang automatisch im Projektplan an unter dem gewählten Sammelvorgang angelegt, bei Ablehnung existiert der Vorgang weiterhin nur in der Weboberfläche.

HINWEIS Sie können den Vorgang über den Befehl *Vorgang entfernen* löschen (*Optionen/Vorgänge/Vorgang entfernen*). Der Vorgang wird dann sofort aus der Arbeitszeittabelle gelöscht, bleibt aber, bis der Projektleiter den Projektplan das nächste Mal veröffentlicht hat, als durchgestrichener Vorgang im Bereich *Vorgänge* weiterhin sichtbar (Vgl. Abschnitt »Terminanfrage ablehnen«.

Das Erstellen neuer Vorgänge für Sonderprojekte, wie z.B. Urlaub oder Krankheit, entspricht einem Urlaubsantrag bzw. einer Krankheitsmeldung. Mehr dazu im Abschnitt »Abwesenheit durch Urlaub, Krankheit oder andere nicht projektbezogene Tätigkeiten zurückmelden« und in Kapitel 3 im Abschnitt »Management von Abwesenheiten und anderen nicht projektbezogenen Zeiten«.

Vertretung zurückmelden

Für den Fall, dass Sie nicht in der Lage sind, einen Vorgang wahrzunehmen, können Sie dem Projektleiter für Vorgänge eine Vertretung vorschlagen (Vorgangdelegierung). Sie können eine Vorgangsdelegierung sowohl im Bereich *Vorgänge* als auch *Arbeitszeittabelle* ausführen. In der Vorgangsliste gehen Sie dazu folgendermaßen vor:

Abbildg. 2.37   Vorgangsdelegierung aufrufen

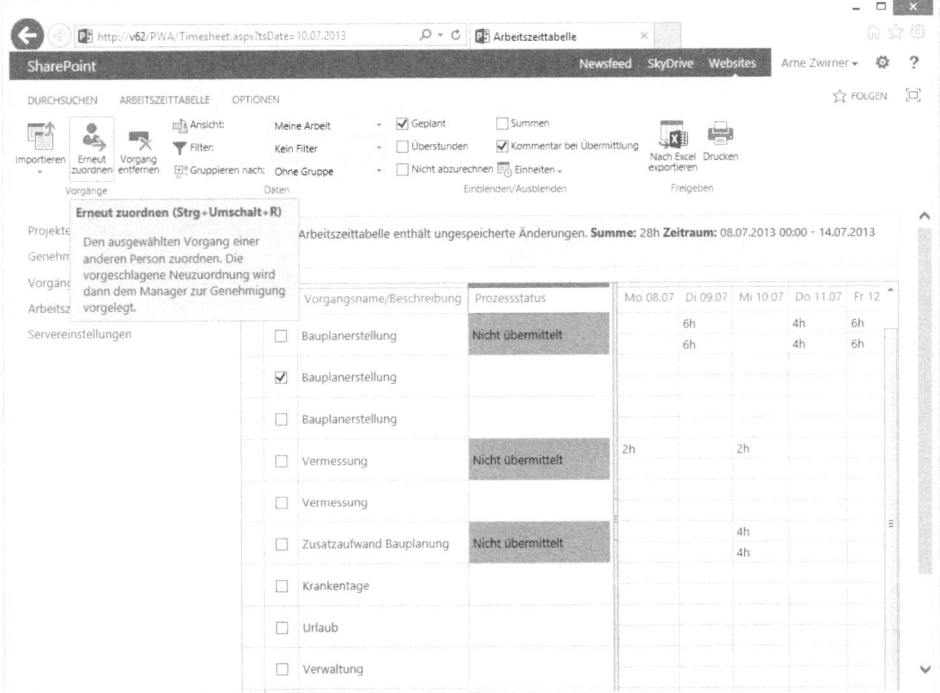

1. Klicken Sie in der Schnellstartleiste auf *Arbeitszeittabelle*.

2. Markieren Sie den zu delegierenden Vorgang, indem Sie das Kontrollkästchen vor dem Vorgangsnamen aktivieren. Klicken Sie anschließend auf die Schaltfläche *Erneut zuordnen* in der Gruppe *Vorgänge*.

3. Wählen Sie im Feld *Neu zuordnen zu* die neue Ressource für den Vorgang aus.

HINWEIS   An dieser Stelle werden alle veröffentlichten Arbeitsressourcen aus dem Projektteam angezeigt, d.h. die entsprechende Ressource muss zum Projektteam gehören und der Projektplan muss veröffentlicht worden sein.

Vorgang delegieren

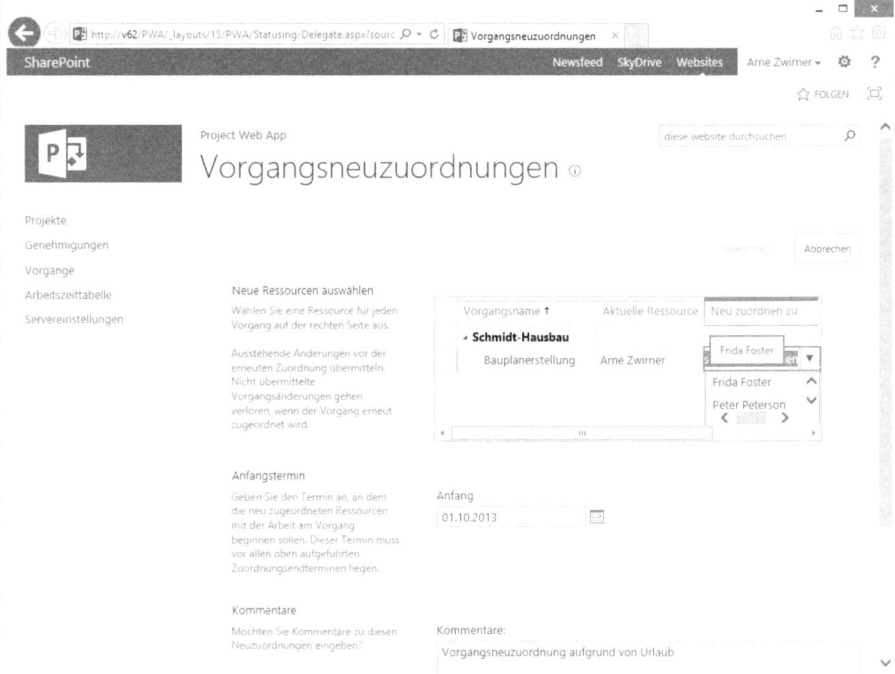

4. Geben Sie ggf. einen Kommentar ein und klicken Sie auf die Schaltfläche *Übermitteln*.

Der Projektleiter bekommt eine E-Mail mit dem Betreff *ÜBERMITTELT: <Neue Ressource> hat eine Neuzuordnung von Arbeit für Projekt <Projektname> angefordert.*

Der Vorgang erscheint jetzt nicht mehr in Ihrer Arbeitszeittabelle und Vorgangsliste. Unter bestimmten Umständen – beispielsweise, wenn der Vorgang bereits von Ihnen bebucht wurde – verbleibt der Vorgang mit dem Prozessstatus *Abgeschlossen* in der Liste Ihrer Vorgänge.

Wenn der Projektleiter die Delegierungsanfrage genehmigt und den Projektplan veröffentlicht hat, steht der Vorgang in den Bereichen *Vorgänge* und *Arbeitszeittabelle* der neuen Ressource. Sofern der Projektleiter der Delegierung nicht zustimmt, bekommen Sie eine gesonderte Nachricht per E-Mail und sehen den Vorgang einschließlich der verbleibenden Arbeit auch wieder in Ihrer Vorgangsliste und Arbeitszeittabelle.

HINWEIS   Eine Stellvertretersitzung wird in der Statuszeile der Project Web App anzeigt. Sie können alle Aktionen der vertretenen Person ausführen, nicht jedoch den Zugriff auf die Projektwebsite. Sie beenden eine Stellvertretersitzung, indem Sie in der Statuszeile auf *hier* klicken.

Abwesenheit durch Urlaub, Krankheit oder andere nicht projektbezogene Tätigkeiten zurückmelden

Um dem Projekt- bzw. Ressourcen-Manager eine aussagekräftiges Ressourcenmanagement zu erlauben, ist es erforderlich, neben der Projektarbeit auch alle anderen Zeiten zu erfassen. Hierzu gehören Abwesenheitszeiten wie Urlaub, Krankheit, Weiterbildung, Besprechungen und andere nicht projektbezogene Tätigkeiten.

Um diese Zeiten zurückzumelden, erstellen Sie in einem Abwesenheitsprojekt einen entsprechenden Vorgang und senden Sie diesen dem Projektleiter zur Übernahme in den Projektplan zu, wie im Abschnitt »Neuen Vorgang für Rest-Aufwand erstellen« dargestellt. Ein Urlaubsantrag entspricht dann beispielsweise dem Erstellen eines Vorgangs »Urlaub« im Abwesenheitsprojekt.

> **HINWEIS**   Abwesenheitszeiten und andere nicht projektbezogene Zeiten kann man über administrative Zeiten oder Sonderprojekte abbilden. Der von uns empfohlene Weg ist es, für Abwesenheitszeiten ein spezielles Projekt pro Jahr anzulegen (Linien-, Verwaltungs- oder Sonderprojekt). Es kann z.B. den Namen »Abwesenheiten2014« haben. In Kapitel 9 im Abschnitt »Projektvorlagen und Sonderprojekte« finden Sie die Vor- und Nachteile der Verwendung von Administrativen Zeit und Sonderprojekten.

Arbeitszeittabelle an Ressourcen-Manager absenden und nachträglich korrigieren

Die bis hierher beschriebene Kommunikation ist nur auf den Projektleiter ausgerichtet, damit dieser zeitnah Kenntnis über den aktuellen Status Ihrer Arbeiten bekommt. Neben dem Projektleiter erwartet jedoch auch der Ressourcen-Manager am Ende einer Abrechnungsperiode einen genauen Tätigkeitsnachweis (Arbeitszeittabelle). Nachfolgend beschreiben wir, wie Sie die Arbeitszeittabelle absenden können und zurückrufen können, sofern nach der Übermittlung der Arbeitszeittabelle Fehler korrigiert werden müssen.

Arbeitszeittabelle absenden

Um die Arbeitszeittabelle an den Ressourcen-Manager (Arbeitszeittabellen-Manager) zu senden, führen Sie folgende Schritte aus:

1. Wählen Sie in der Schnellstartleiste der Project Web App die Verknüpfung *Arbeitszeittabelle*.

> **HINWEIS**   Sie können die Arbeitszeittabelle nur absenden, wenn in keiner Zeile der Prozessstatus *Abgelehnt* steht. Ist das der Fall, müssen Sie zunächst die Zeile ändern oder löschen.

2. Rufen Sie auf der Registerkarte *Arbeitszeittabelle* in der Gruppe *Übermitteln* das Dropdown-Listenfeld *Senden* auf und wählen Sie den Eintrag *Endgültige Arbeitszeittabelle einsenden* auf.

3. Geben Sie im Dialogfeld *Arbeitszeittabelle senden* ggf. einen Kommentar ein und bestätigen Sie dies mit einem Klick auf die Schaltfläche *OK*.

Mit dem Absenden der Arbeitszeittabelle wird im einheitlichen Modus auch der letzte Stand an den Projektleiter (Status-Manager) gesendet. Sie erkennen dies in der Spalte Prozessstatus (vgl. Abschnitt »Fortschrittsrückmeldung über die Arbeitszeittabelle«). Durch das Absenden der Arbeitszeittabelle wird diese für Ihre Eingaben gesperrt. Um etwaige Eingabefehler, die man selbst oder der Arbeitszeittabellen-Manager erkannt hat, zu korrigieren, muss die Arbeitszeittabelle zurückgerufen werden.

Arbeitszeittabelle zurückrufen

Um die Arbeitszeittabelle zurückzurufen, führen Sie folgende Schritte aus:

1. Klicken Sie in der Schnellstartleiste der Project Web App auf *Servereinstellungen* und wählen Sie dann im Bereich *Zeit- und Vorgangsverwaltung* auf die Verknüpfung *Arbeitszeittabellen verwalten*.

Abbildg. 2.39 Arbeitszeittabellen verwalten

2. Markieren Sie die Zeile der Arbeitszeittabelle, die Sie zurückrufen möchten.
3. Klicken Sie in der Gruppe *Arbeitszeittabelle* auf den Befehl *Rückruf*.
4. Bestätigen Sie das folgende Dialogfeld mit *OK*.
5. Klicken Sie in der Spalte *Name der Arbeitszeittabelle* auf den als Hyperlink hinterlegten Namen.
6. Passen Sie die Werte an und senden Sie die Arbeitszeittabelle wie zuvor beschrieben ab.

> **HINWEIS**   Die Arbeitszeittabelle kann nur so lange zurückgerufen werden, bis die Abrechnungsperiode geschlossen wurde.

Abschließende Prozesse

Im Rahmen der Abschlussprozessgruppe führen Sie folgende Aufgaben aus:

- Vorgänge formell abschließen
- Dokumentation abschließen

Vorgänge formell abschließen

Um sicher zu stellen, dass alle Vorgänge formell abgeschlossen sind, führen Sie die im Folgenden beschriebenen Schritte aus. Sie können diese sowohl in Ihrer Arbeitszeittabelle als auch in Ihrer Vorgangsliste erledigen. Da eine Arbeitszeittabelle standardmäßig aber nur Vorgänge mit geplanter Arbeit im aktuellen Zeitraum enthält, empfehlen wir für diesen Schritt die Verwendung der Vorgangsliste. Gehen Sie hierzu folgendermaßen vor:

Abbildg. 2.40   Vorgang als abgeschlossen markieren

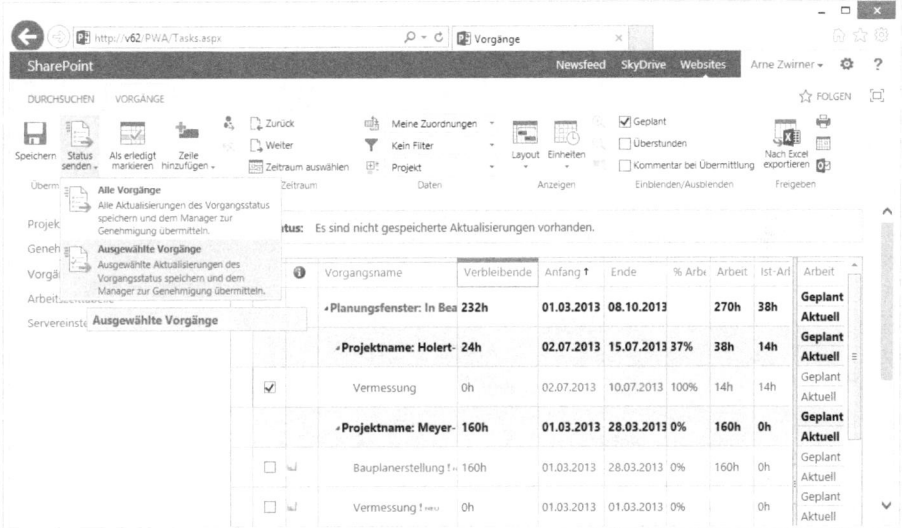

1. Setzen Sie den Rest-Aufwand auf null, indem Sie diesen Zahlenwert in das Feld *Verbleibende Arbeit* eintragen (Abbildung 2.40).

2. Markieren Sie alle geänderten Vorgänge und senden Sie diese Nachricht per Klick auf die Schaltfläche *Status senden/Ausgewählte Vorgänge* an den Projektleiter.

3. Fügen Sie ggf. noch einen Kommentar ein und bestätigen Sie mit der Schaltfläche *OK*.

Sie erkennen anhand des Werts *100%* in der Spalte *% Arbeit abgeschlossen*, dass der Vorgang abgeschlossen wurde.

HINWEIS   Wenn als Überwachungsmethode *Prozent Arbeit abgeschlossen* für dieses Projekt festgelegt wurde, können Sie auch im Feld *% Arbeit abgeschlossen* den Prozentsatz auf 100% setzen. Beachten Sie, dass hierbei auch implizit der Ist-Aufwand zurückgemeldet wird. Der Ist-Aufwand (*Aktuelle Arbeit*) wird in diesem Fall anhand der berechneten Arbeit ermittelt (siehe Kapitel 1).

Dokumentation abschließen

Überprüfen Sie am Ende, ob Sie die Projektdokumentation auf den aktuellen Stand gebracht haben. Sie können auf die Dokumentbibliotheken der Projektwebsite u.a. über die Bereich *Vorgänge* als auch *Arbeitszeittabelle* zugreifen. Um von der Arbeitszeittabelle aus zuzugreifen, gehen Sie hierzu folgendermaßen vor:

1. Klicken Sie auf den als Verknüpfung hinterlegten Vorgangsnamen und führen Sie auf der Detailseite einen Bildlauf zum Abschnitt *Anlagen* durch.

Abbildg. 2.41 Vorgangsdokumente aufrufen

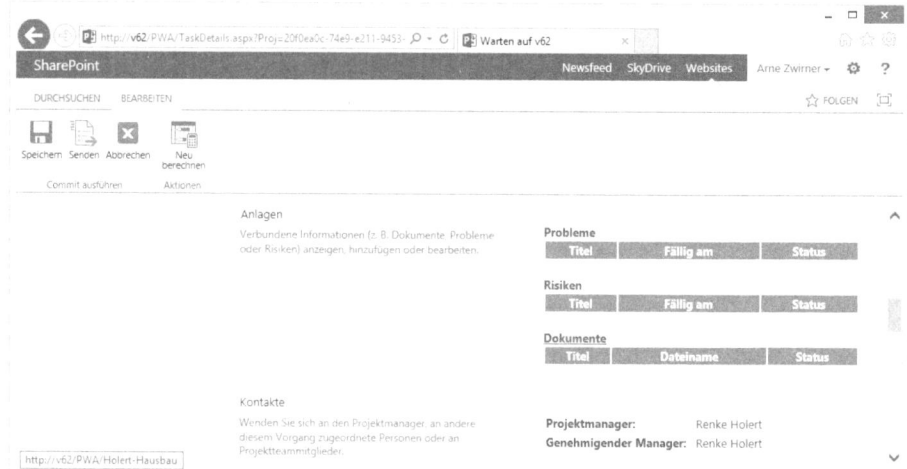

2. Klicken Sie auf die Überschrift *Dokumente*.

Abbildg. 2.42 Dokument bearbeiten

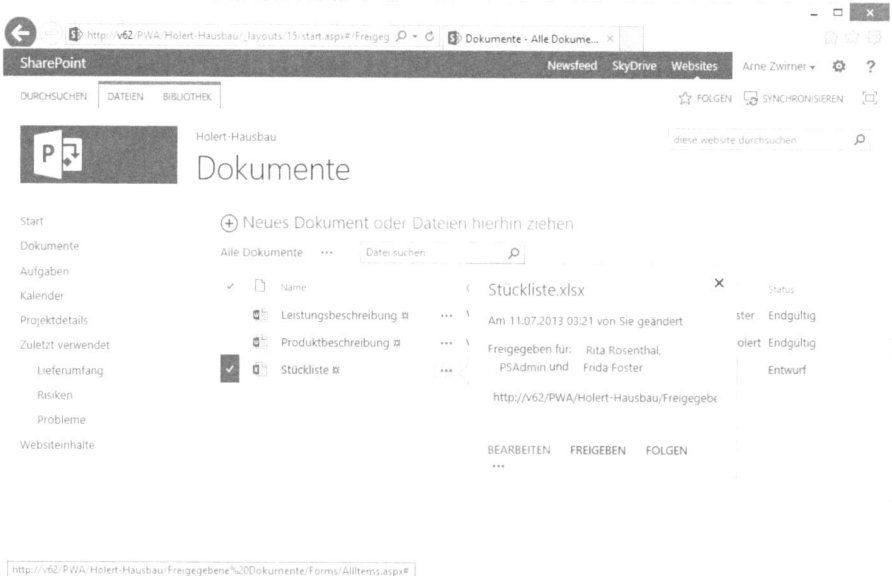

3. Klicken Sie auf das Dokument und wählen Sie anschließend im Menü zum Dokument den Eintrag *Bearbeiten* aus.

4. Bearbeiten Sie das Dokument, speichern und schließen Sie es danach.

5. Selektieren Sie dann das Dokument in der Dokumentenliste.

Abbildg. 2.43   Dokumenteigenschaften bearbeiten

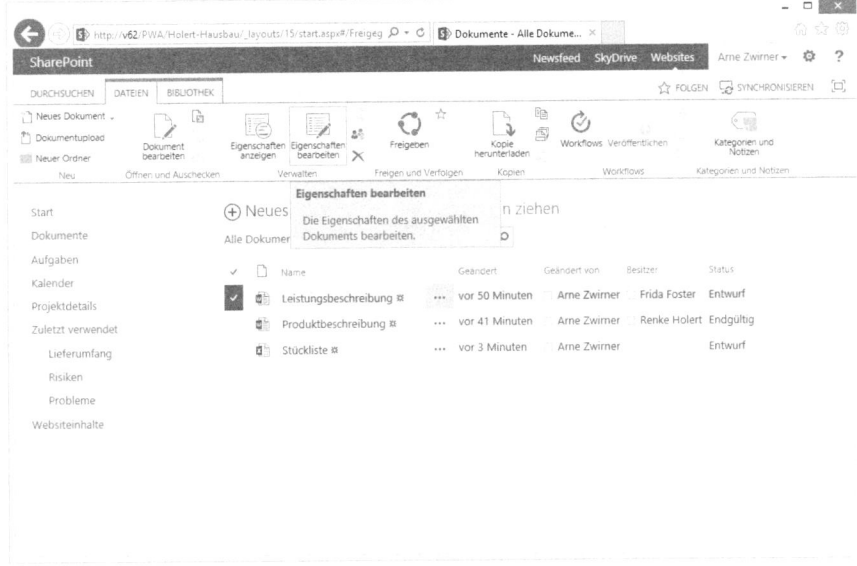

6. Klicken Sie in der Befehlsgruppe *Verwalten* auf die Schaltfläche *Eigenschaften bearbeiten*.

Abbildg. 2.44   Dokumenteigenschaften bearbeiten

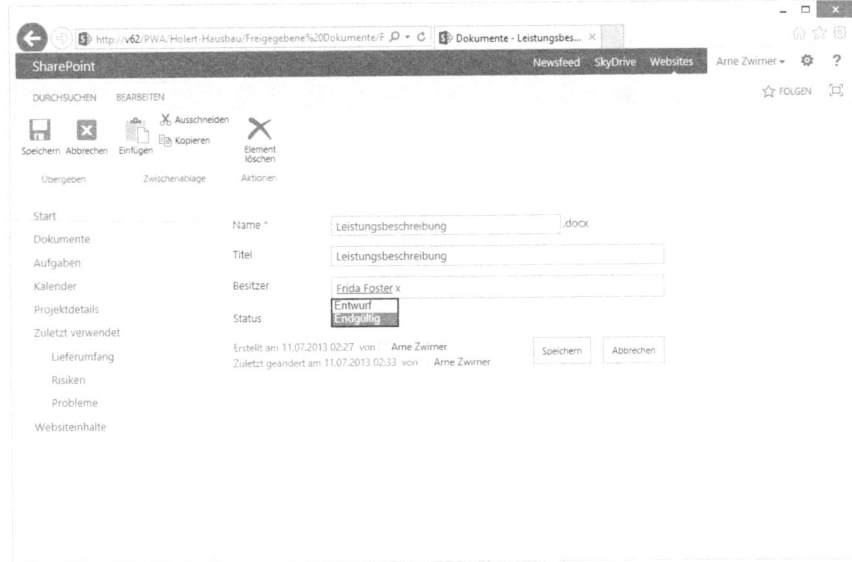

7. Setzen Sie den Dokumentstatus auf *Endgültig* und klicken Sie zum Abschluss Ihrer Änderungen auf die Schaltfläche *Speichern*.

Mit dem Überarbeiten der Projektdokumentation haben Sie die Grundlage für einen erfolgreichen Projektabschluss gelegt und eine Wissensbasis für neue Projekte geschaffen.

Kapitel 3

Project für Ressourcenmanager

In diesem Kapitel:

Dieses Kapitel richtet sich an diejenigen Personen, die im Unternehmen projektübergreifend für die Ressourcen verantwortlich sind. Die *Ressourcenmanager* können z.B. Leiter von Organisationseinheiten (Abteilungen, Gruppen etc.), speziellen Stabsstellen oder Agenturen in Kooperationsnetzwerken oder in serviceorientierten Organisationen Servicemanager sein. Oft wird diese Aufgabe auch von Projektbüros (Project Offices) wahrgenommen.

Ihr Ziel ist es, Ihre Ressourcen möglichst profitabel einzusetzen. Das gelingt nur, wenn die Ressourcen einerseits für den (internen oder externen) Markt richtig qualifiziert und andererseits gut ausgelastet sind. Hieraus leiten sich für die Rolle des Ressourcenmanagers drei Hauptaufgabenbereiche ab:

- **Unterstützung des Projektleiters**   Dies umfasst z.B. die Beratung bei der Auswahl geeigneter Ressourcen.

- **Management des Ressourcenpools**   Hierbei geht es in erster Linie darum, die Auslastung über alle Ressourcen aus dem zur Verfügung stehenden Pool nach wirtschaftlichen Gesichtspunkten zu optimieren.

- **Management von Abwesenheitszeiten und anderen nicht projektbezogenen Zeiten**   Zum Beispiel Urlaub, Krankheit, Weiterbildung oder Linientätigkeiten

Alle drei Bereiche hängen eng miteinander zusammen und beeinflussen sich gegenseitig.

Ressourcen sind u.a. Menschen, Maschinen und Material. Im Zusammenhang mit Menschen spricht man auch vom Personalmanagement (Human Resource Management), bei Maschinen und Material sowie bei Zukaufdienstleistungen von Beschaffungsmanagement (Procurement Management)[1].

Ressourcenarten

Menschen (Humanressourcen) und Maschinen (Sachressourcen) gehören in Project zur Ressourcenart *Arbeit*; Material gehört in Project zur gleichnamigen Ressourcenart *Material*.

Daneben gibt es auch die Ressourcenart *Kosten* und die Ressourceneigenschaft *Budget*. Kostenressourcen können dazu verwendet werden, einem Vorgang differenziert Fixkosten zuzuweisen (Kapitel 1). Mithilfe von Budgetressourcen können Budgets pro Projekt und Zeitphase aufgestellt werden (Kapitel 5).

Ressourcen werden oft auch danach unterschieden, ob sie intern oder extern oder aber in natürliche oder generische Ressourcen unterteilt sind.

Unter internen Ressourcen versteht man im Allgemeinen eigene Ressourcen, also diejenigen, mit denen man einen Dienstvertrag (z.B. Arbeitsvertrag) hat. Externe Ressourcen sind hingegen weniger an die Unternehmung gebunden. Interne Ressourcen werden in Project stets im Enterprise-Ressourcenpool (Enterprise-Ressourcen) gepflegt.[2] Externe Ressourcen können ebenfalls als Enterprise-Ressourcen geführt oder nur im Projektplan eingetragen werden (lokale Ressourcen). Im Laufe des Projektplanungsprozesses werden zunächst nur Qualifikationen von Ressourcen geplant (generische Ressourcen). Danach werden diese durch namentlich benannte (natürliche) Ressourcen ersetzt.

---

[1] Vgl. PMBOK 2013 zum Personalmanagement in Projekten S. 255-286 und zum Beschaffungsmanagement in Projekten S. 355-390

[2] Der Enterprise-Ressourcenpool wird an verschiedenen Stellen u.a. in Project im Menüband auch als *Unternehmensressourcenpool* bezeichnet.

Im Folgenden werden wir die zuvor genannten Hauptaufgabenbereiche für den Ressourcenmanager darstellen. Für weitere unterstützende Prozesse, wie z.B. Personaleinstellung und -freistellung oder Vertragsgestaltung mit Zulieferern, sei hiermit auf die entsprechende Literatur aus den Bereichen Personal- und Beschaffungsmanagement verwiesen.[1]

Unterstützung des Projektleiters

Die Kunden des Ressourcenmanagers sind die Projektleiter. Ihr Ziel als Ressourcenmanager muss also sein, den jeweiligen Projektleiter bestmöglich bei seiner Arbeit zu unterstützen. Dies können Sie, indem Sie entlang der Projektmanagementprozesse den Projektleiter beraten und ihm Ressourcen in der richtigen Menge und Qualifikation bereitstellen. Idealerweise stehen Sie dem Projektleiter auch als Fachexperte des Themengebiets Ihres Ressourcenpools zur Seite. Zudem entlasten Sie den Projektleiter von ressourcenbezogenen administrativen Arbeiten. Sie können den Projektleiter insbesondere im Rahmen der folgenden Prozessgruppen unterstützen:

- Planungsprozesse
- Ausführungsprozesse
- Überwachungs- und Steuerungsprozesse
- Abschließende Prozesse

Planungsprozesse

Ressourcenbezogene Prozesse sind während der Planungsprozesse u.a. der Prozess *Ressourcen für Vorgänge schätzen* (6.4 Estimate Activity Resources) und der Prozess *Personalmanagement planen* (9.1 Plan Human Resource Management).[2]

Ressourcen für Vorgänge schätzen

Im Rahmen des Prozesses *Ressourcen für Vorgänge schätzen* (6.4 Estimate Activity Resources) muss der Projektleiter identifizieren, welche Ressourcen mit welcher Qualifikation (Skills) in welcher Menge benötigt werden.[3] Ziel ist es, für jeden der zuvor definierten Vorgänge genau die passenden Ressourcen einzuplanen – weder mit zu hohen noch mit zu geringen Qualifikationen, denn dies kann in beiden Fällen zu Mehrkosten führen. Ressourcen können dabei je nach Phase generisch, also nur als Qualifikationsangabe, oder natürlich, also als konkrete Ressource, eingeplant werden. Ein Sonderfall zur generischen Planung ist auch die Angabe des Teamnamens statt der Qualifikation (Teamressourcen). Ausgangswert des Prozesses ist der kumulierte Ressourcenbedarf (Ressourcenbedarfsanforderungen).

Als Ressourcenmanager sorgen Sie dafür, dass dem Projektleiter geeignete natürliche und generische Ressourcen zur Verfügung stehen.

Die Vorgehensweise für das Anlegen von Ressourcen und Pflege der Ressourceneigenschaften für natürliche Ressourcen ist im Abschnitt »Informationen über den Ressourcenpool pflegen« später in diesem Kapitel beschrieben. Für das Anlegen von generischen Ressourcen gehen Sie analog vor, setzen jedoch die Eigenschaft *Generisch* für die entsprechende Ressource und ordnen

---

[1] Vgl. z.B. Hilb 2011

[2] Vgl. PMBOK 2013, S. 160ff und 258ff. Der Prozess 6.4 wird auch als Ressourcenbedarfsschätzung oder Aufwandsschätzung bezeichnet.

[3] Vgl. PMBOK 2013, S. 160-165

der Ressource die gleichnamige Qualifikation zu. Die Anlage und Pflege der Qualifikationsliste (als sogenannte *Nachschlagetabelle*) ist in Kapitel 9 beschrieben.

Die Pflege der Informationen über den Ressourcenpool wird nicht unbedingt vom Ressourcenmanager selbst umgesetzt, sondern oft vom Project Office, einem Administrator oder den Ressourcen selbst. Unter Umständen wird die Aktualität der Daten in Project Server auch durch Synchronisation mit einem anderen, die Ressourcenstammdaten führenden System, z.B. Active Directory oder einer ERP-Software erzielt. Als Ressourcenmanager müssen Sie regelmäßig die Aktualität des Qualifikationsprofils Ihrer Ressourcen und das Kapazitätsangebot überprüfen.

Personalbedarfsplan entwickeln

Ein Ziel des Prozesses *Personalmanagement planen* 9.1 Plan Human Resource Management) ist es, den Personalmanagementplan (Human resource management plan) zu erstellen. Dieser enthält u.a. das Ressourcenhistogramm, das ausdrückt, wann und in welchem Umfang die Ressourcen im Projekt benötigt werden.[1] Grundlage hierfür sind die Ressourcenbedarfsanforderungen (Activity Resource Requirements), also der Ressourcenbedarf auf Vorgangsebene. Diese können mit natürlichen oder generischen Ressourcen ausgedrückt werden (Kapitel 1).

Sie können das Ressourcenhistogramm in Project oder Project Web App darstellen. Um das Ressourcenhistogramm in Project darzustellen, gehen Sie folgendermaßen vor:

HINWEIS Standardmäßig hat die Gruppe *Ressourcenmanager* nicht das Recht, Projekte mit Project zu öffnen (vgl. Kapitel 9).

1. Wechseln Sie in die Ansicht *Ressource: Grafik*, indem Sie im Menüband auf der Registerkarte *ANSICHT* in der Gruppe *Ressourcenansichten* zunächst *Andere Ansichten* und dann *Ressource: Grafik* auswählen.

Abbildg. 3.1   Ressourcenhistogramm in Project

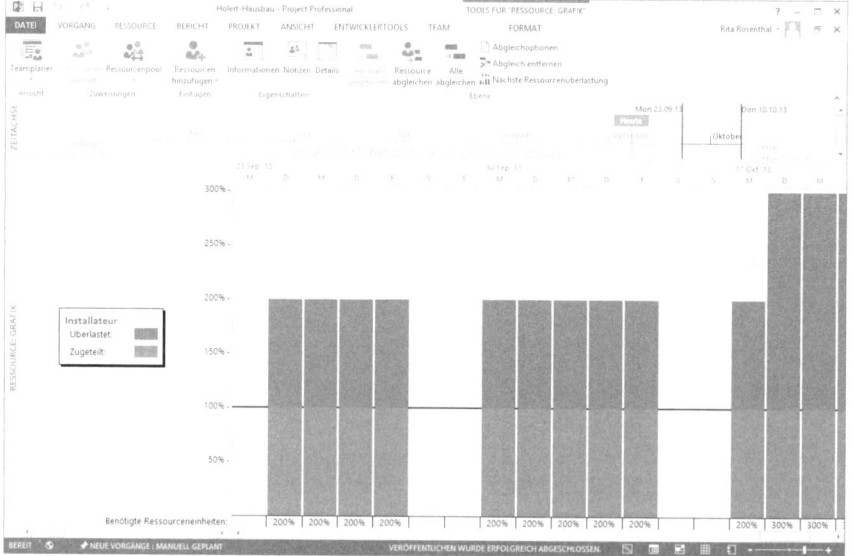

---

[1] Vgl. PMBOK 2013, S. 258-267

2. Wählen Sie als Einzelheitenart *Arbeit* aus (Rechtsklick im Bereich des Diagramms und dann Auswahl von *Arbeit*).

3. Wählen Sie über die linke Bildlaufleiste die gewünschte Ressource aus.

In der Darstellung sehen Sie den gesamten Ressourcenbedarf für die gewählte Ressource und den gewählten Zeitraum.

> **HINWEIS**   Beachten Sie, dass hier die Belastung der Ressource aus allen in Ihrer Project Web App-Instanz gespeicherten Projekten dargestellt wird, wenn Sie mit Project Server bzw. Project Online verbunden sind.

Um das Ressourcenhistogramm in Project Web App anzuzeigen, gehen Sie folgendermaßen vor:

Abbildg. 3.2   Auswahl einer Ressource

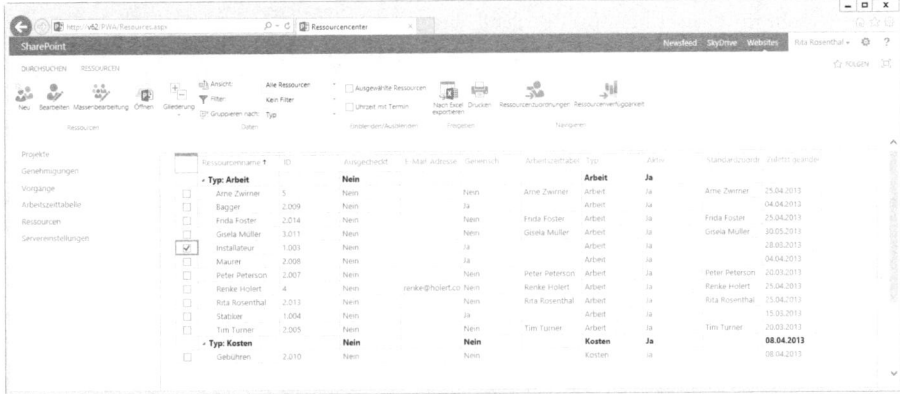

1. Wählen Sie in Project Web App in der Schnellstartleiste im Abschnitt *Ressourcen* die Verknüpfung *Ressourcencenter* und filtern Sie auf die gewünschten Ressourcen, wie beispielhaft in den folgenden Schritten gezeigt.

Abbildg. 3.3   Auswahl von generischen Ressourcen

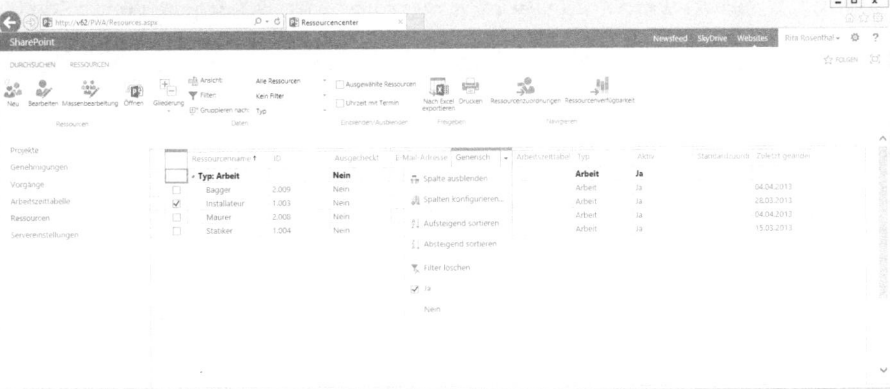

2. Wählen Sie in der Spaltenüberschrift *Generisch* im AutoFilter den Eintrag *Ja*.

3. Aktiveren Sie das Kontrollkästchen vor den gewünschten Ressourcen und rufen Sie im Menüband auf der Registerkarte *RESSOURCEN* in der Gruppe *Navigieren* den Befehl *Ressourcenverfügbarkeit* auf.

Abbildg. 3.4   Anzeige des Ressourcenhistogramms für ein Projekt.

4. Wählen Sie ggf. im Dropdown-Listenfeld *Ansichten* den Eintrag *Zuordnungsarbeit nach Projekt*, um die Projekte, die die Überlastungen verursachen, anzuzeigen.
5. Passen Sie ggf. den Zeitraum und die Einheiten in den Ansichtsoptionen an.

Das Ergebnis ist das Ressourcenhistogramm für die ausgewählte Ressource und das ausgewählte Projekt. Die schwarze Linie kennzeichnet die Kapazitätsgrenze der Ressource.

Ausführungsprozesse

Während der Ausführungsprozesse können Sie den Projektleiter beim Personalmanagement u.a. bei den Prozessen *Projektteam zusammenstellen* (9.2 Acquire Project Team), *Projektteam entwickeln* (9.3 Develop Project Team) *Projektarbeit lenken und managen* (4.3. Direct and Manage Project Work) sowie *Projektteam managen* (9.4. Manage Project Team) unterstützen.[1]

Projektteam zusammenstellen

Ziel des Prozesses *Projektteam zusammenstellen* (9.2 Acquire Project Team) ist die Beschaffung des für das Projekt benötigten Personals.[2] Grundlage hierfür ist der Personalmanagementplan, der u.a. auch den zuvor ermittelten Ressourcenbedarf ausweist. Ausgangswerte sind u.a. die Projektpersonalzuordnung, der aktualisierte Personalmanagementplan und die Ressourcenkalender. Geeignete Ressourcen können u.a. durch Verhandlung mit Linienmanagern, z.B. in ihrer Rolle als Ressourcenmanager und anderen Projektteams gewonnen werden.

---

[1] Vgl. PMBOK 2013, S. 61
[2] Vgl. PMBOK 2013, S. 267-272

Project und Project Web App können Sie dabei unterstützen, auf Basis des im Personalmanagementplan aggregierten Ressourcenbedarfs geeignete Ressourcen zu finden. Wenn Sie geeignete Ressourcen gefunden haben, können sie diese in das Projektteam des Projekts aufnehmen und ggf. noch generische durch natürliche Ressourcen ersetzen.

Das Zusammenstellen des Projektteams kann durch den Projektleiter im Team Builder mit Project umgesetzt werden, wie in Kapitel 1 beschrieben. Sofern Sie als Ressourcenmanager diese Aufgabe übernehmen, setzen Sie hierzu den Team Builder Light von Project Web App ein. Nachfolgend beschreiben wir, wie Sie als Ressourcenmanager die geeigneten Ressourcen auswählen und zum Projektteam hinzufügen.

Um geeignete Ressourcen für das Projekt auszuwählen und dem Projektteam hinzufügen, gehen Sie folgendermaßen vor:

1. Wechseln Sie in das Project Center von Project Web App, indem Sie in der Schnellstartleiste im Bereich *Projekte* auf die Verknüpfung *Project Center* klicken.

HINWEIS   Wenn Sie zu diesem Zeitpunkt zwar die Projektteammitglieder zum Projektteam hinzufügen, aber noch keine Zuordnung zu Vorgängen durchführen möchten oder können, besteht alternativ die Möglichkeit, einen *Ressourcenplan* anzulegen (*PROJEKTE/Navigieren/Ressourcenplan*). Für den Ressourcenplan des Projekts legen Sie zunächst ein eigenes Projektteam an. Jedes Teammitglied können Sie dann auf Projektebene zuordnen, sodass die Verfügbarkeit entsprechend reduziert wird. Später können Sie aus dem Projektteam des Ressourcenplans das Projektteam des Projekts erstellen (*Team/Kopieren von/Ressourcenplan*).

Abbildg. 3.5   Auswahl des Projekts

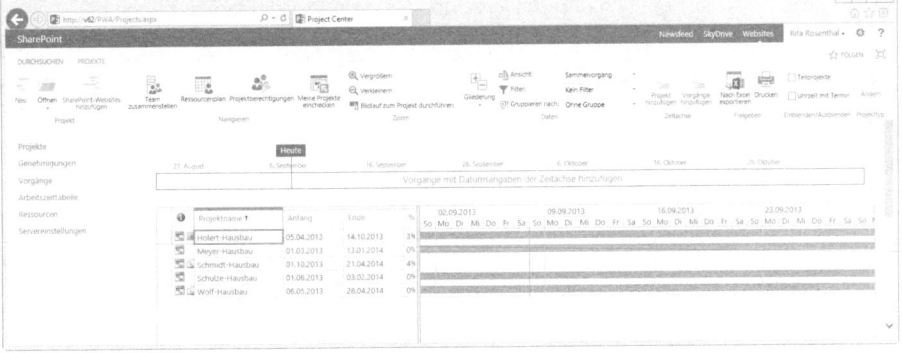

2. Markieren Sie das Projekt, für das Sie das Projektteam zusammenstellen möchten.

3. Klicken Sie im Menüband auf der Registerkarte *PROJEKTE* in der Gruppe *Navigieren* auf den Befehl *Team zusammenstellen*.

Abbildg. 3.6 Geeignete Ressourcen für das Projektteam suchen

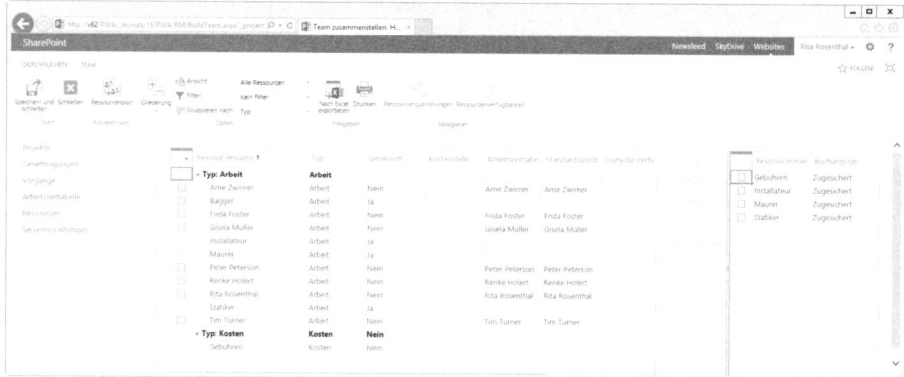

4. Vergegenwärtigen Sie sich, wann der Projektleiter welche Qualifikationen bereits für das Projekt eingeplant hat (Ressourcen in der Spalte *Ressourcenname* in der rechten Liste).

> **TIPP** Um zu ermitteln, ob infrage kommende Ressourcen zu den benötigten Zeiten verfügbar sind, wählen Sie ggf. die generische und natürliche Ressource aus und rufen im Menüband in der Gruppe *Navigieren* den Befehl *Ressourcenverfügbarkeit* auf. Mit der vollständigen Version des Team Builders in Project können Sie aufgrund des Vergleichs des Gesamtbedarfs und der Gesamtverfügbarkeit zudem geeignete und im Projektzeitraum verfügbare Ressourcen ermitteln (siehe Kapitel 1).

Abbildg. 3.7 Geeignete natürliche Ressourcen für das Projektteam anzeigen

5. Um passende natürliche Ressourcen zu ermitteln, markieren Sie die erste generische Ressource in der rechten Liste und klicken auf die Schaltfläche *Zuordnung*.

> **TIPP** Wenn die Liste der angezeigten Ressourcen sehr lang ist oder Sie spezielle Eigenschaften als Auswahlkriterium verwenden möchten, können Sie auch die Filterfunktion verwenden.

6. Wenn Sie eine generische Ressource für das gesamte Projekt durch eine entsprechende natürliche Ressource ersetzen möchten, selektieren Sie die natürliche Ressource im linken Bereich und klicken auf die Schaltfläche *Ersetzen*.

> **HINWEIS**   Wenn Sie mehr als eine natürliche Ressource für die entsprechende generische Ressource einsetzen möchten, fügen Sie die natürliche Ressource zum Projektteam hinzu (Schaltfläche *Hinzufügen*), anstatt sie als Ersatz für die generische Ressource zu verwenden. Der Projektleiter kann diese dann später manuell nach eigenen Kriterien austauschen, wie in Kapitel 1 beschrieben.

Abbildg. 3.8   Buchungstyp der Ressource ändern

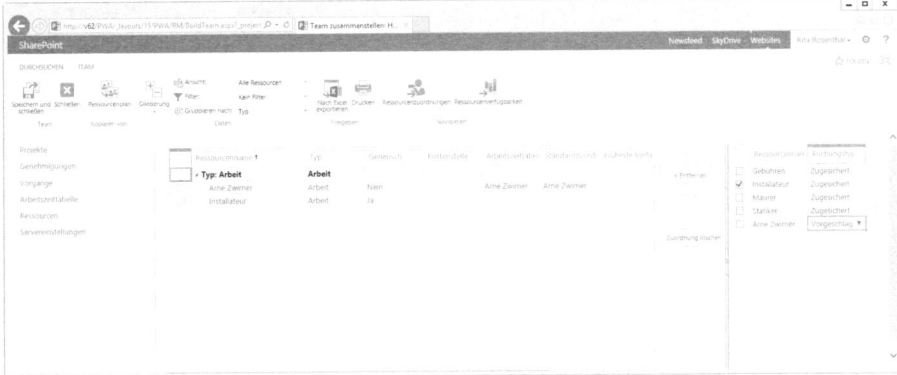

7. Falls eine Ressource als Ersatz eingeplant ist oder noch nicht zugesagt hat bzw. nicht bestätigt oder genehmigt wurde, klicken Sie in die Spalte *Buchungstyp* der entsprechenden Ressource und wählen den Eintrag *Vorgeschlagen*.

8. Wiederholen Sie die Schritte für jede benötigte Qualifikation.

9. Klicken Sie danach in der Gruppe *Team* auf die Schaltfläche *Speichern und schließen*.

Damit haben Sie das Projektteam erfolgreich ausgewählt und zusammengestellt. Sie können im Nachgang den Projektleiter dabei unterstützen, einzelnen Vorgängen im Projekt passende Ressourcen zuzuordnen, sofern diese nicht bereits zuvor ersetzt wurden (Kapitel 1).

Projektteam entwickeln

Im Rahmen des Prozesses *Projektteam entwickeln* (9.3 Develop Project Team) können Sie den Projektleiter dabei unterstützen, dass sich aus der Summe der Einzelpersonen ein echtes Team entwickelt.[1] Stellen Sie den projektübergreifenden Kontakt her, indem Sie regelmäßige persönliche oder zumindest virtuelle Treffen organisieren. Als Plattform für die mediale Kommunikation können Sie Projektwebsites von SharePoint einsetzen. Diese stellen neben der in PWA integrierten Liste offener Punkte, Risikolisten und Dokumentbibliotheken auch Diskussionsforen, Newsfeeds sowie Listen für Ankündigungen, Ereignisse, Links und Kontakte bereit. SharePoint ist zudem mit Outlook und Lync integriert und erlaubt damit den einfachen Aufbau von Kommunikationskanälen.

Sie gelangen zur Projektwebsite, um beispielsweise auf die Liste offener Punkte (*Probleme*) zugreifen zu können, auf folgende Art und Weise:

---

[1] PMBOK 2013, S. 273-278

HINWEIS Um auf Projektwebsites zugreifen zu dürfen, müssen Sie Mitglied des Projektteams sein und der Projektplan muss veröffentlicht sein. Alternativ können Sie sich auch über
Ihre Gruppenmitgliedschaft in der Gruppe *Ressourcenmanager* die Berechtigungen *Projekt
öffnen* und *Projektwebsite öffnen* erteilen lassen (Vgl. Kapitel 9).

Abbildg. 3.9   Projektwebsite auswählen

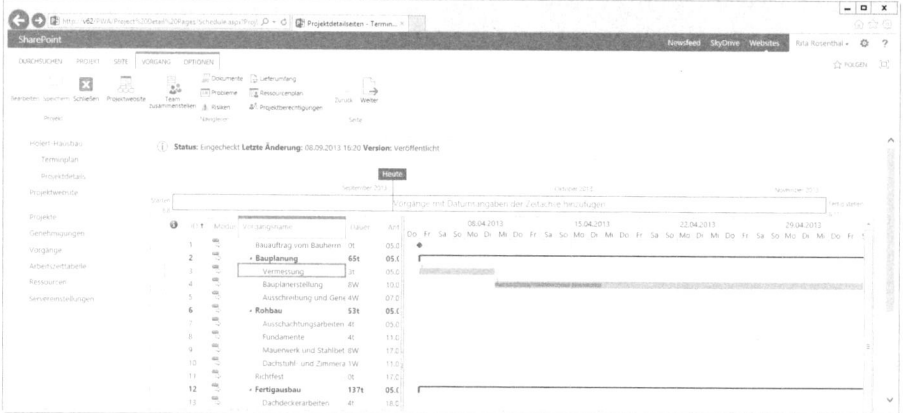

1. Wechseln Sie in das Project Center von Project Web App.
2. Öffnen Sie das Projekt, indem Sie auf dessen Namen klicken.
3. Wechseln Sie auf die Registerkarte *Projekt*.
4. Klicken Sie im Menüband in der Gruppe *Navigieren* auf *Projektwebsite*.

Abbildg. 3.10   Startseite eines Projektarbeitsbereichs

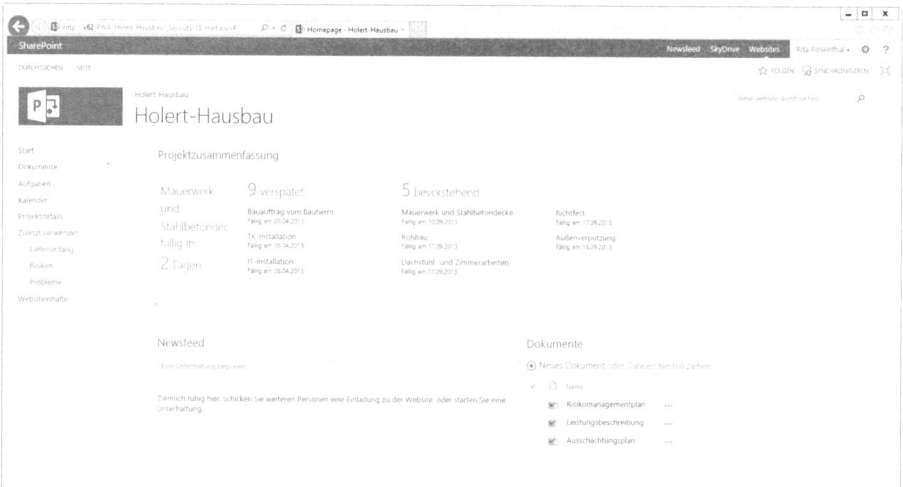

5. Danach sehen Sie in einem neuen Fenster die Startseite der SharePoint-Projektwebsite.

6. Um zur Liste offener Punkte zu gelangen, klicken Sie in der linken Schnellstartleiste auf die Verknüpfung *Probleme*.

Abbildg. 3.11   Problemliste des Projektarbeitsbereichs

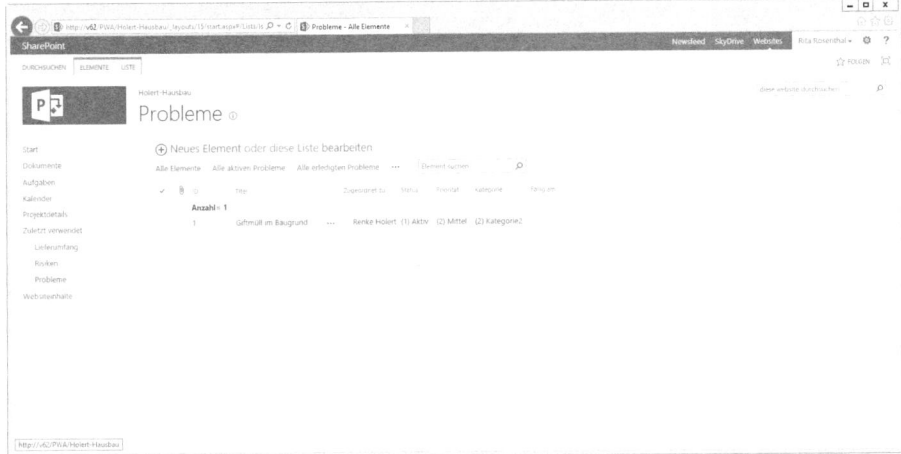

7. Danach sehen Sie die Liste offener Punkte, auf der Sie alle für das Projekt relevanten offenen Punkte einsehen und ablegen können.

Die Verwendung eines zentralen Orts für die Teamkommunikation erleichtert den Wissensaustausch und leistet damit einen Beitrag für die Entwicklung des Projektteams. Stellen Sie daher sicher, dass jeder Projektmitarbeiter Zugang zu dieser Plattform inklusive Project Web App hat und mit deren Handhabung vertraut ist.

Projektarbeit lenken und managen

Beim Prozess *Projektarbeit lenken und managen* (4.3. Direct and Manage Project Work) können Sie den Projektleiter beim Sammeln von Arbeitsleistungsdaten dadurch unterstützen, dass Sie Projektmitarbeiter identifizieren, die noch keine Arbeitsleistungsdaten erfasst haben, also mit ihrer Zeiterfassung im Rückstand sind.[1]

Wenn der Projektmitarbeiter im Rückstand mit der Zeiterfassung ist, erkennen Sie dies u.a. daran, dass zum Statusdatum die Arbeitszeittabellen nicht vollzählig übermittelt wurden. Aber auch wenn dies der Fall ist, kann die Ist-Arbeit nicht vollständig erfasst worden sein. Nachfolgend beschreiben wir, wie Sie zum einen die Vollständigkeit der Arbeitszeittabellen ermitteln und zum anderen die erfassten Zeiten auf Plausibilität prüfen können.

HINWEIS   Da in unserem Musterunternehmen der einheitliche Eingabemodus aktiviert wurde, werden beim Absenden der Arbeitszeittabelle auch die Rückmeldungen an den Projektleiter automatisch übermittelt (Status senden). D.h., Sie können in diesem Fall als Ressourcenmanager (*Arbeitszeittabellen-Manager*) davon ausgehen, wenn Ihnen alle Arbeitszeittabellen vorliegen, dass auch alle Arbeitsleistungsdaten vollständig an den Projektleiter (*Status-Manager*) übermittelt wurden.

---

[1]   Vgl. PMBOK 2013, S.79-85

Fehlende Arbeitszeittabellen ermitteln

Ressourcenmanager können die Arbeitszeittabellen der ihnen zugeordneten Ressourcen über die *Arbeitszeittabellenanpassung* aufrufen. Zugeordnete Ressourcen sind diejenigen, bei denen der Ressourcenmanager als Arbeitszeittabellen-Manager festgelegt ist. Um die Arbeitszeittabellenanpassung aufzurufen, führen Sie folgende Schritte aus:

Abbildg. 3.12   Genehmigungscenter

1. Wählen Sie in Project Web App in der linken Schnellstartleiste im Bereich *Projekte* die Verknüpfung *Genehmigungscenter*.

2. Rufen Sie auf der Registerkarte *Genehmigungen* in der Befehlsgruppe *Anzeigen* im Dropdown-Listenfeld *Verlauf* den Befehl *Arbeitszeittabelle* auf.

Abbildg. 3.13   Anzeige noch nicht vollständig übermittelter Arbeitszeittabellen

3. Klicken Sie auf *ARBEITSZEITTABELLEN/Daten/Filter*.

4. Um zum Ende eines Leistungszeitraumes (z.B. einer Woche) die Vollständigkeit der Arbeitszeittabellen Ihrer Ressourcen zu prüfen, wählen Sie die Filteroption *Noch nicht übermittelte Arbeitszeittabellen meiner Ressourcen* und klicken Sie auf die Schaltfläche *Übernehmen* zur Aktivierung des Filters.

HINWEIS   Arbeitszeittabellen sind auch nach der Genehmigung durch den Arbeitszeittabellen-Manager durch Ressourcen rückruf- und daraufhin änderbar. Sie können noch so lange geändert werden, bis der Zeitraum durch den Administrator geschlossen wurde (siehe »Zeiträume für Zeitberichte« in Kapitel 9).

Wenn die Liste leer ist, bedeutet das, dass Ihnen alle fälligen Arbeitszeittabellen vorliegen. Damit ist jedoch nicht zwingend sichergestellt, dass die gesamte Ist-Arbeit erfasst wurde.

Plausibilitätscheck der Arbeitsleistungsdaten

Die Plausibilität der Arbeitsleistungsdaten können Sie prüfen, indem sie den Unterschied zwischen *Ist-Arbeit* und der *Kapazität* ermitteln. Bei einer Vollzeiterfassung darf es zwischen der Kapazität des Mitarbeiters und der Ist-Arbeit keine Differenz geben, da ja auch Abwesenheitszeiten und andere nicht projektbezogene Zeiten erfasst werden.

HINWEIS   Je nach gewählter Erfassungsmethode (Abwesenheitsprojekt/administrative Zeit) spiegelt sich Nicht-Projekt-Zeit als verminderte Kapazität oder als eine Buchung von Arbeitszeit wider (siehe den Abschnitt »Management von Abwesenheitszeiten und anderen nicht projektbezogenen Zeiten« später in diesem Kapitel). In beiden Fällen muss bei einer Vollzeiterfassung die Differenz zwischen *Ist-Arbeit* und *Kapazität* jedoch nahezu null sein.

Um fehlende Arbeitsleistungsdaten zu ermitteln, gehen Sie folgendermaßen vor.

1. Klicken Sie auf der PWA-Homepage auf die Kachel *Berichte*.
2. Klicken Sie in der Schnellstartleiste auf die Verknüpfung *Berichte*.
3. Klicken Sie auf den Ordner *Deutsch (Deutschland)*.
4. Klicken Sie auf den Bericht *Fehlende Arbeitsleistungsdaten*

HINWEIS   Der Bericht *Fehlende Arbeitsleistungsdaten* gehört nicht zum Lieferumfang von Project Server. Die Vorgehensweise für die Erstellung von Berichten auf Basis von Excel Services ist in Kapitel 5 beschrieben.

Bitte beachten Sie, dass die Aktualität des Berichts nur vom Aktualisierungsintervall der zugrunde liegenden OLAP-Datenbank abhängt, da der Bericht *Fehlende Arbeitsleistungsdaten* auf Basis des Cubes *Virtuelles Projekt und Arbeitszeittabelle* mit den Measures aus dem Cube *Arbeitszeittabelle* erstellt wurde. Falls Sie andere Cubes bzw. Measures verwenden, zeigen die Berichte u.U. nur dann aktuelle Daten, wenn zuvor alle Rückmeldungen von allen Projektleitern (*Status-Managern*) genehmigt, alle Projektpläne veröffentlicht und die zugehörigen Datensätze der OLAP-Datenbank aktualisiert wurden.

Prüfen Sie im Nachgang die Rückmeldungen bei allen Ressourcen, bei denen zwischen den Feldern *Ist-Arbeit* und *Kapazität* signifikante Abweichungen bestehen.

TIPP   Wenn Sie die tatsächlich erfassten Ist-Arbeitszeiten für die Auszahlung der leistungsabhängigen Entgelte zugrunde legen, können Sie einen Anreiz für die regelmäßige Pflege der Daten schaffen.

Stellen Sie zudem sicher, dass die Projektmitarbeiter neben der Ist-Arbeit auch die Restarbeit zurückmelden, da diese für die Schätzung der voraussichtlichen Gesamtdauer, der Gesamtkosten und des voraussichtlichen Gesamtaufwands von großer Bedeutung ist.

Abbildg. 3.14   Anzeige eines auf den Excel Services basierenden Berichts

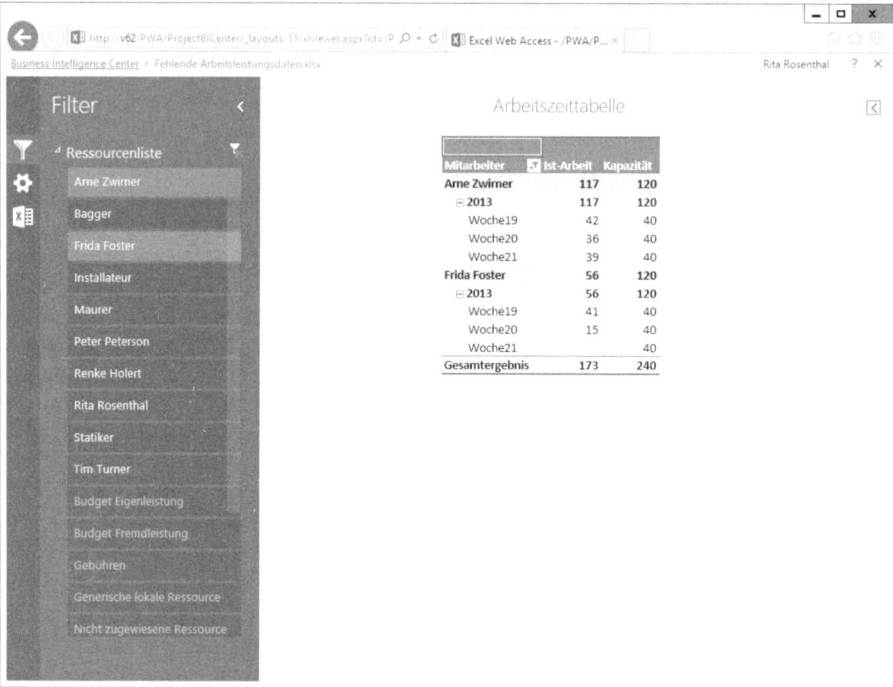

Neben der Verfolgung der Vollständigkeit und Plausibilität von Rückmeldungen können Sie den Projektleiter auch dabei unterstützen, dass Sie größere Abweichungen zwischen der geplanten Arbeit und der von Project auf Basis der Rückmeldung errechneten voraussichtlichen Arbeit ermitteln.

Projektteam managen

Beim Prozess *Projektteam managen* (9.4. Manage Project Team) können Sie den Projektleiter dadurch entlasten, indem Sie z.B. im Rahmen von Projektleistungsbeurteilungen, Planabweichungen ermitteln. Die Ergebnisse können dann für die Weiterbildungsplanung der Mitarbeiter verwendet werden.[1]

Zu dem Zeitpunkt, an dem der Projektplan durch den Kunden erstmalig oder nach einem Änderungswunsch genehmigt wurde, speichert der Projektleiter den Basisplan. Dieser Plan ist die Messlatte für die Beurteilung der berechneten Werte, also der Summe aus aktuellen und verbleibenden Werten. Durch den Vergleich der berechneten Werte mit den geplanten Werten können Sie die Abweichung ermitteln (Kapitel 4).

Um die Abweichungen nach Ressourcen darzustellen, gehen Sie folgendermaßen vor:

1. Wählen Sie in Project Web App unter *Ressourcen* die Ressourcen aus, die Sie analysieren möchten, und klicken Sie dann auf die Schaltfläche *Ressourcenzuordnungen*.

---

[1] Vgl. PMBOK 2013, S. 279-286

Abbildg. 3.15   Schätzabweichungen nach Ressourcen

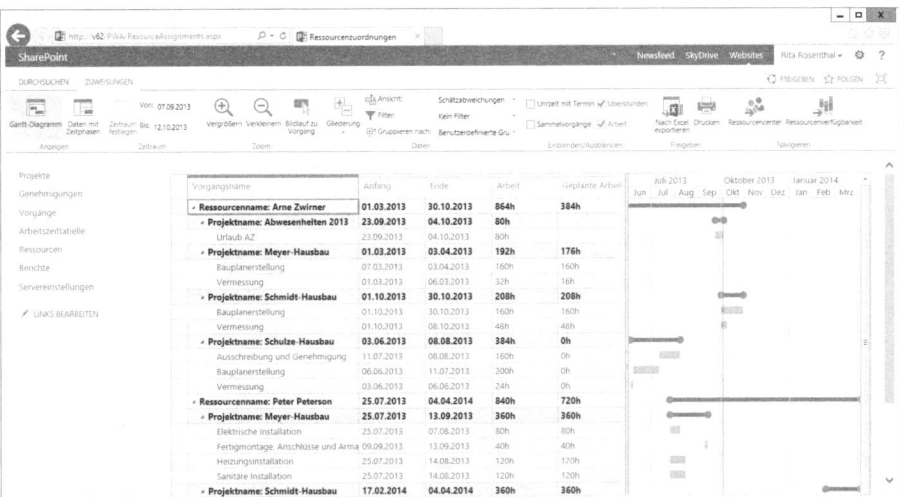

2. Wählen Sie im Dropdown-Listenfeld *Ansicht* in der Gruppe *Daten* den Eintrag *Schätzabweichungen* aus.[1]

3. Wählen Sie auf der *Zeitachse* den aktuellen Betrachtungszeitraum aus.

Eine hohe Differenz zwischen den Feldern *Arbeit* und *Geplante Arbeit* kann ein Hinweis auf eine geringe Schätzqualität (siehe den Prozess *Ressourcen für Vorgänge schätzen*) sein. Prüfen Sie, ob sich bei den Projektleitern und Teammitgliedern, wo es häufiger zu hohen Abweichungen kommt, durch eine bessere methodische Unterstützung oder ein Schätztraining die Schätzqualität verbessern lässt.

> **HINWEIS**   Die Planabweichungen orientieren sich an den genehmigten Basisplanwerten. Es kann sein, dass eine Abweichung zum Basisplan bereits vom Projektleiter akzeptiert wurde und die berechneten Werte bereits angepasst und damit als Vorgabe für den Projektmitarbeiter festgelegt sind. Die Planabweichung ist damit u.U. nicht vom Projektmitarbeiter zu vertreten.

Weitere Ansichten für Abweichungsanalysen u.a. auch auf Basis der Excel Service-Ansichten sind in den Kapiteln 4 und 5 beschrieben.

Überwachungs- und Steuerungsprozesse

Im Rahmen der Überwachungs- und Steuerungsprozesse ermittelt der Projektleiter Abweichungen gegenüber dem Projektmanagementplan und steuert wenn nötig gegen. Eine zentrale Rolle spielt dabei der Prozess *Projektarbeit überwachen und steuern* (4.4 Monitor and Control Project Work). Grundlage hierfür sind die Arbeitsleistungsdaten, die in den anderen Steuerungsprozessen zu Arbeitsleistungsinformationen aufbereitet werden. Der Projektleiter erstellt hieraus dann Arbeitsleistungsberichte.

---

[1]   Die Erstellung dieser und weiterer Ansichten wird in Kapitel 9 beschrieben.

Mit der Unterstützung des Vorgängerprozesses *Projektarbeit lenken und managen* und der Nachverfolgung von fehlenden Arbeitsleistungsdaten haben Sie hierfür bereits einen Beitrag geleistet. Darüber hinaus können Sie analog zum Ausführungsprozess *Projektteam managen* die Abweichungen bezogen auf ihre Ressourcen ermitteln und in Abstimmung mit dem Projektleiter korrigierende Maßnahmen einleiten.

Abschließende Prozesse

Im Rahmen der abschließenden Prozesse muss der Projektleiter überprüfen, ob die gesamten Arbeiten zufriedenstellend fertiggestellt wurden. Dies kann z.B. im Rahmen von Kunden-Audits stattfinden, für die Sie die Ressourcen (Räumlichkeiten usw.) als Unterstützung bereitstellen können.

Holen Sie sich zudem im Rahmen der Qualitätssicherung Feedback vom Projektleiter ein, ob er bzw. die Kunden mit den Leistungen Ihrer Ressourcen zufrieden sind. Hiermit schaffen Sie die Grundlage für den erneuten Einsatz Ihrer Ressourcen und können diese in zukünftigen Projekten in mehr oder weniger anspruchsvollen Aufgaben einsetzen. Dies hat möglicherweise auch Einfluss auf die Verfügbarkeits- und Qualifikationsinformationen zu den Ressourcen. Aktualisieren Sie diese, falls erforderlich. Ggf. können Sie auch Qualifikationsmaßnahmen vorschlagen. Diese und weitere Aufgaben zum Management des Ressourcenpools werden im Folgenden ausführlicher beschrieben.

Management des Ressourcenpools

Ein Ziel des Ressourcenmanagers ist es, die Ressourcenauslastung zu optimieren. Hieraus resultieren – unabhängig von den konkreten Tätigkeiten für ein einzelnes Projekt – folgende Aufgaben:

- Informationen über den Ressourcenpool pflegen
- Management der Ressourcen
- Notwendigkeit für Umdisponierungen erkennen
- Ressourcen umdisponieren

Informationen über den Ressourcenpool pflegen

Eine gute Ressourcenauslastung werden Sie nur erreichen können, wenn Sie die Kompetenzen und Kapazitäten (Qualifikationen und Verfügbarkeiten) optimal vermarkten. Dem kommen Sie nach, indem Sie zum einen, wie zuvor beschrieben, das Feedback der Projektleiter über den Bedarf und die Qualität der Ressourcen auswerten. Ferner werden Sie das Ziel nur erreichen, wenn Sie sich der anderen Instrumente des Marketingmix bedienen. Dies sind Product (Ressourcenauswahl und Weiterbildung), Place (Verteilung über Standorte), Price (Marktgerechte Kostensätze) und Promotion (Werbung und PR). Siehe hierzu auch den Abschnitt »Management von Abwesenheitszeiten und anderen nicht projektbezogenen Zeiten« später in diesem Kapitel. Zur den operativen Aufgaben der Promotion gehören daneben noch die Pflege der

- Qualifikationen,

- Verfügbarkeitsinformationen,
- Arbeitszeiten,
- Kostensätze und
- weiteren Stammdaten

im Enterprise-Ressourcenpool.

Enterprise-Ressourcenpool pflegen

Um die Ressourcenstammdaten bearbeiten zu können, müssen Sie zunächst die entsprechenden Ressourcen auschecken, indem Sie den Enterprise-Ressourcenpool öffnen.

HINWEIS   Damit Sie auf den Enterprise-Ressourcenpool zugreifen können, muss der Administrator auf dem Project-Server ein Konto mit den entsprechenden Rechten für Sie einrichten (Kapitel 9).

Um den Enterprise-Ressourcenpool zu öffnen, gehen Sie folgendermaßen vor:

1. Wählen Sie in Project Web App in der Schnellstartleiste die Verknüpfung *Ressourcen*.

Abbildg. 3.16   Enterprise-Ressourcen auschecken

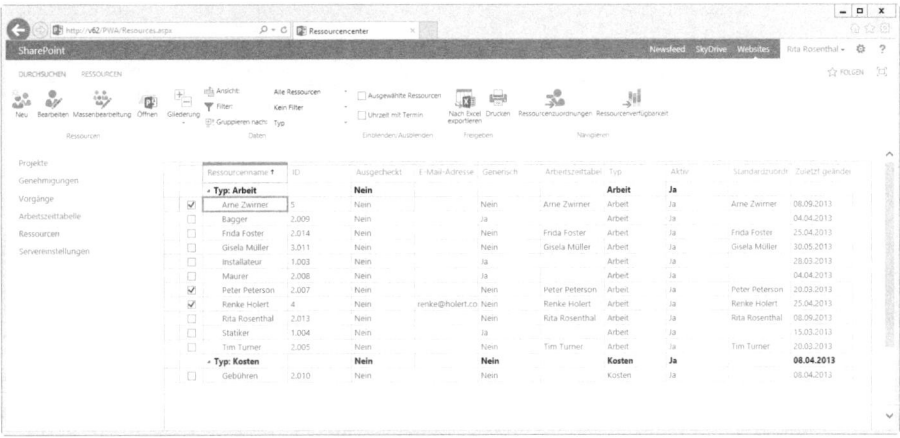

2. Aktivieren Sie jeweils die Kontrollkästchen vor jenen Ressourcen, die Sie auschecken möchten, um z.B. deren Qualifikationen, Kostensätze, Verfügbarkeiten usw. zu bearbeiten.

3. Klicken Sie in der Gruppe *Ressourcen* auf die Schaltfläche *Öffnen*.

HINWEIS   An dieser Stelle können Sie auch neue Ressourcen erstellen, indem Sie ein neue Zeile einfügen.

Pflege der Qualifikationen

Um die *Qualifikationsangaben* der Ressourcen zu aktualisieren, führen Sie folgende Schritte aus:

1. Wechseln Sie in Project in die Ansicht *Enterprise-Ressource: Tabelle* (zur Anpassung der Ansicht siehe Kapitel 9). Falls diese nicht ausgewählt ist, rufen Sie sie auf der Registerkarte

ANSICHT in der Gruppe *Ressourcenansichten* über das Dropdown-Listenfeld *Ressource: Tabelle* auf.

Pflege der Ressourcendaten im Ressourcenpool

2. Überprüfen Sie, ob sich beispielsweise eine Ressource nach dem Abschluss eines Projekts oder der Teilnahme an einer Weiterbildung neue Fähigkeiten angeeignet hat und passen Sie ggf. die Spalte *Qualifikation* bzw. *Skill* an.

HINWEIS Wenn eine Person mehr als eine Qualifikation hat, können Sie das benutzerdefinierte Feld so konfigurieren, dass es mehrere Werte akzeptiert.

Sie können auch mehrere Ebenen des Felds verwenden, um einzelne Qualifikationen näher zu spezifizieren, also z.B. »Installateur.Elektro.Azubi« oder »Installateur.Elektro.Meister« (Kapitel 9).

3. Wählen Sie im Feld *RSP* (Ressourcenstrukturplan) die organisatorische Zuordnung der Ressource aus.

4. Überprüfen und modifizieren Sie ggf. die weiteren Stammdaten der Ressourcen.

HINWEIS Weitere Informationen zum Anlegen der natürlichen, generischen, Team-, Budget- und Kostenressourcen sowie zur Festlegung des Windows-Kontos und der E-Mail-Adresse, Qualifikation, Organisationseinheit (RSP) und Teamzugehörigkeit finden Sie im Abschnitt »Ressourceneigenschaften/Unternehmensressourcenpool« in Kapitel 9.

Aktualisieren oder erstellen Sie bei Bedarf auch *generische Ressourcen*, also die Arten von Qualifikationen, die Sie Ihren Projektleitern zur Verfügung stellen. Diese sollten identisch mit der obersten Ebene der Qualifikationen sein, die Sie in der Spalte *Qualifikationen* eingeben. Generische Ressourcen werden durch das nebenstehend dargestellte Symbol gekennzeichnet. Sie markieren eine Ressource als generisch, indem Sie im Dialogfeld *Informationen zur Ressource* auf der Registerkarte *Allgemein* ein Häkchen im Kontrollkästchen *Generisch* setzen.

Fügen Sie externe Ressourcen nur in den Enterprise-Ressourcenpool ein, wenn diese in mehreren Projekten verwendet werden. Andernfalls geben Sie diese direkt in der Ansicht *Ressource: Tabelle* des Projekts ein. Sie werden dann durch ein kleines Symbol, das nebenstehend abgebildet ist, als *lokale Ressourcen* dargestellt.

Pflege der Verfügbarkeitsinformationen

Zum Anpassen der Verfügbarkeit gehen Sie folgendermaßen vor (Abbildung 3.18):

1. Öffnen Sie das Dialogfeld *Informationen zur Ressource*, indem Sie beispielsweise einen Doppelklick auf eine Ressource ausführen.

Abbildg. 3.18   Pflege der Ressourcenverfügbarkeit

2. Tragen Sie in die erste Zeile der Tabelle *Ressourcenverfügbarkeit* im Feld *Verfügbar von* das Datum ein, ab wann die Ressource für Ihren Pool zur Verfügung steht (Eintritt). Sie können auch »NV« (Nicht verfügbar) für einen unbestimmten Zeitpunkt eingeben.

3. Falls sich die Verfügbarkeit für eine Ressource zu einem Zeitpunkt ändert, z.B. weil sie nur noch halbtags arbeitet (Teilzeit-Projektmitarbeiter), können Sie durch eine zusätzliche Zeile den Anfangs- und Endtermin mit dem entsprechenden Prozentsatz eintragen. Wenn Sie detaillierter festlegen möchten, wann eine Ressource arbeitet oder nicht, können Sie mit der Schaltfläche *Arbeitszeit ändern* die Arbeitszeiten entsprechend überarbeiten, wie nachfolgend beschrieben wird.

4. Sofern kein Austritt aus Ihrem Ressourcenpool feststeht, bleibt in der untersten Zeile in der Spalte *Verfügbar bis* der Wert *NV* stehen. Sollte die Ressource aus dem Pool ausscheiden, können Sie an dieser Stelle das Austrittsdatum eintragen.

Pflege der Arbeitszeiten

Um die *Arbeitszeiten* innerhalb des zuvor festgelegten Verfügbarkeitsrahmens näher zu bestimmen, wählen Sie zunächst als *Basiskalender* den Kalender aus, der die Standardarbeitszeit der Ressource bzw. Ressourcengruppe repräsentiert. In diesem Kalender sollten auch schon die Tage als arbeitsfrei markiert sein, an denen nicht gearbeitet wird. Dies können z.B. Feiertage oder Betriebsferien sein.

Um den Basiskalender für die Ressource festzulegen, gehen Sie folgendermaßen vor:

1. Klicken Sie im Dialogfeld *Informationen zur Ressource* auf die Schaltfläche *Arbeitszeit ändern*.

2. Wählen Sie im Feld *Basiskalender* den entsprechenden Kalender aus.

HINWEIS   Mehr Informationen zu Kalendern finden Sie im Abschnitt »Kalender« in Kapitel 9.

Abbildg. 3.19 Basiskalender für Ressource festlegen

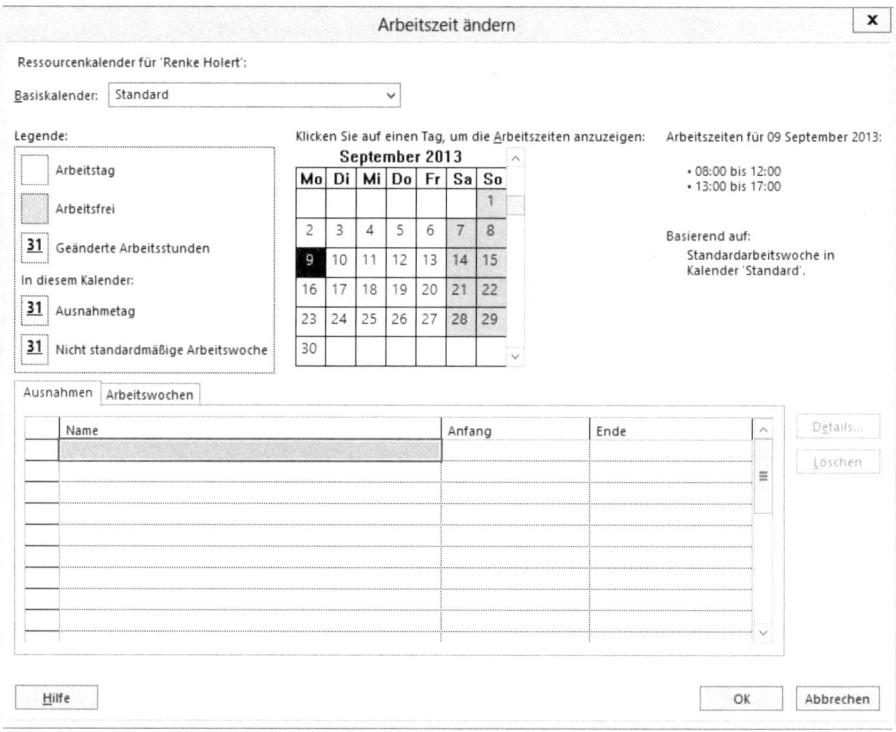

Um ressourcenindividuelle Abweichungen vom Basiskalender zu berücksichtigen, gehen Sie folgendermaßen vor:

1. Holen Sie die Registerkarte *Arbeitswochen* in den Vordergrund.
2. Markieren Sie den Eintrag *[Standard]*.
3. Klicken Sie auf die Schaltfläche *Details*.

Abbildg. 3.20 Kalenderausnahmen festlegen

4. Markieren Sie im Listenfeld *Tag(e) auswählen* den entsprechenden Wochentag, für den Sie die Arbeitszeit ändern möchten.

5. Wählen Sie die Option *Tage als arbeitsfreie Zeit festlegen*, um diesen Tag generell als arbeitsfrei für die Ressource zu definieren.

> **HINWEIS**   Durch die Eingabe von abweichenden Arbeitszeiten (Option *Tag(e) als folgende spezifische Arbeitszeiten festlegen*) können Sie auch Nacht- oder Wochenendarbeit einplanen.

6. Klicken Sie auf die Schaltfläche *OK*, um die Änderungen im Dialogfeld *Details für '[Standard]'* zu übernehmen und dieses zu schließen.

Abbildg. 3.21   Ressourcenkalender mit Ausnahmen

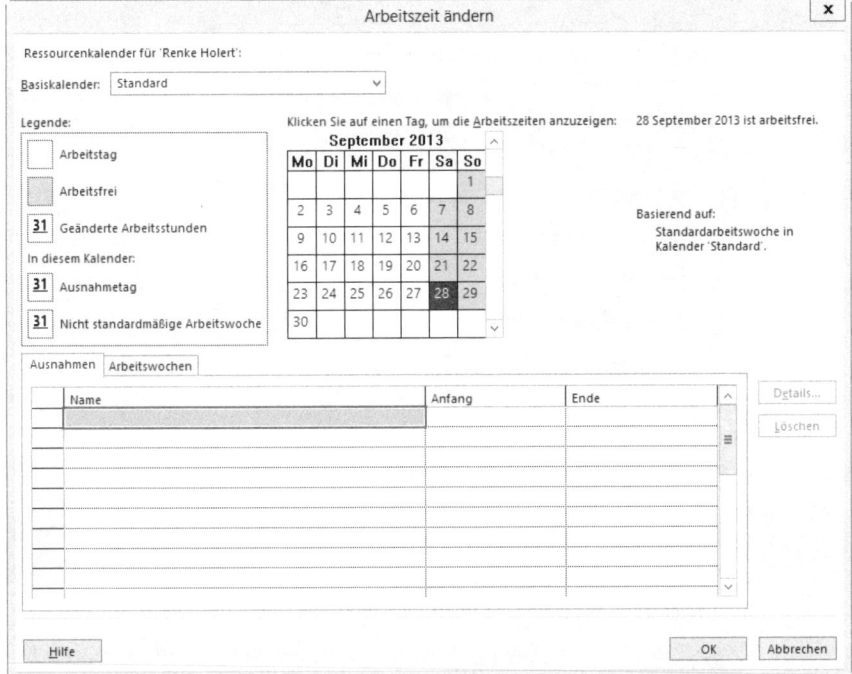

7. Klicken Sie auf die Schaltfläche *OK*, um die Änderungen im Dialogfeld *Arbeitszeit ändern* zu übernehmen und dieses zu schließen.

> **HINWEIS**   Über die Registerkarte *Ausnahmen* können Sie zusätzlich hiervon abweichende Arbeitszeiten, z.B. für Abwesenheitszeiten wie Urlaub von Ressourcen einplanen. Kalenderausnahmen können auch durch die administrativen Zeiten in den Arbeitszeittabellen erzeugt werden (Kapitel 9). Eine alternative Vorgehensweise ist es, Abwesenheitszeiten in separaten Sonderprojekten zu pflegen und die Ressourcen auf diese Arbeit buchen zu lassen. Dies hat den Vorteil, dass die Änderungen in der Arbeitszeit leichter nachzuvollziehen sind und Projekttermine aufgrund arbeitsfreier Zeiten von Ressourcen nicht automatisch verschoben werden. Zudem können Sie Urlaubspläne in Form eines Projekts auch ausdrucken, was bei den Abwesenheitszeiten im Ressourcenkalender nicht geht. Mehr dazu im Abschnitt »Management von Abwesenheitszeiten und anderen nicht projektbezogenen Zeiten« später in diesem Kapitel.

TIPP Mit dem Add-On *Allocatus* können Sie Abwesenheitszeiten automatisch mit dem Kalender in Outlook/Exchange bzw. Lotus Notes/Domino Server synchronisieren. Mehr hierzu in Kapitel 13.

Pflege der Kostensätze

Mitunter ändern sich beispielsweise infolge besserer Qualifikation die Kostensätze der Ressourcen. Sie können die genauen Raten auf der Registerkarte *Kosten* festlegen.

Gehen Sie dazu folgendermaßen vor:

1. Holen Sie im Dialogfeld *Informationen zur Ressource* die Registerkarte *Kosten* in den Vordergrund.

Abbildg. 3.22 Eingabe eines geänderten Tagessatzes

2. Klicken Sie in die zweite Zeile und geben Sie in der Spalte *Effektives Datum* den Zeitpunkt der Änderung des Kostensatzes an (Abbildung 3.22).

3. Tragen Sie in der Spalte *Standardsatz* den Stunden- oder Tagessatz der Ressource ein, indem Sie den Eurobetrag gefolgt von »/h« bzw. »/t« eingeben.

4. Tragen Sie ggf. noch in der Spalte *Kosten pro Einsatz* die Fixkosten ein, die pro Vorgang anfallen, an dem die Ressource eingesetzt wird. Dieses können z.B. *Reisekosten* bei Humanressourcen oder *Rüstkosten* bei Sachressourcen sein. Für spezielle Kostenarten können Sie ergänzend auch benutzerdefinierte Kostenfelder oder Kostenressourcen verwenden.

HINWEIS Durch die Verwendung des Enterprise-Ressourcenpools können Sie für Ressourcen keine unterschiedlichen Kostensätze für verschiedene Projekte festlegen. Sie können aber in den einzelnen Projekten über die Einsatzansichten die Zuordnungen aus verschiedenen *Kostensatztabellen* (A bis E) vornehmen und auf diese Art und Weise variierende Kostensätze für unterschiedliche Projekte bzw. Zuweisungen festlegen. Dieses Verfahren eignet sich auch, um die Differenz aus Selbstkosten und fakturierbaren Kosten zu ermitteln. Darüber hinaus ist es geeignet, um unterschiedliche Kostensätze einer Ressource in Abhängigkeit der jeweils eingesetzten bzw. fakturierbaren Qualifikation zuzuweisen.

Pflege weiterer Stammdaten

Auf den Registerkarten *Notizen* und *Felder (benutzerdef.)* können Sie weitere Stammdaten der Ressourcen als Freitext bzw. strukturiert eingegeben.

Abbildg. 3.23   Eingabe von Notizen

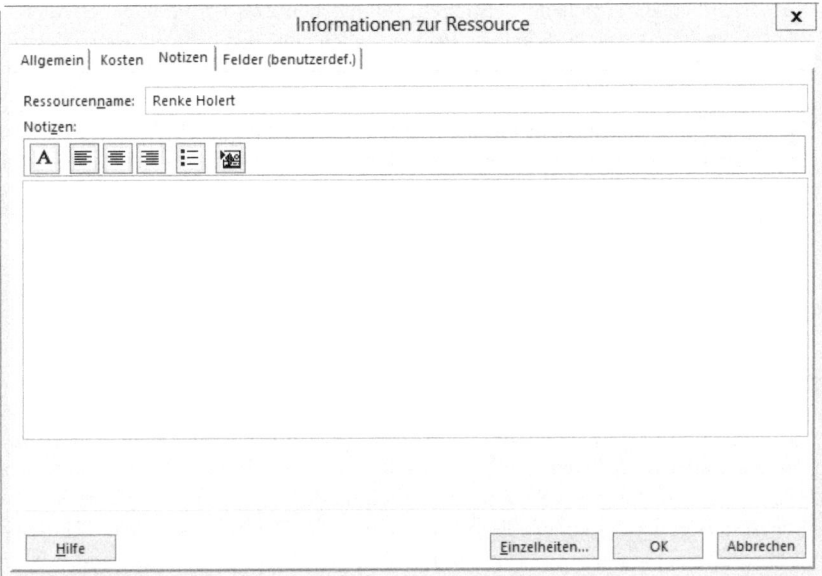

Abbildg. 3.24   Eingabe benutzerdefinierter Enterprise-Felder

Die Registerkarte *Felder (benutzerdef.)* zeigt alle benutzerdefinierten Ressourcenfelder an, z.B. *RSP*, *Teamname*, *Kostentyp*, *Standort* und *Qualifikation*.

Wenn Sie *Nachschlagetabellen* für die Enterprise-Felder verwenden, können Sie die Standardisierung der Schreibweisen sicherstellen. Sie können zudem definieren, dass einzelne Felder ausgefüllt werden müssen. Dies ist insbesondere dann sinnvoll, wenn mehrere Personen den Ressourcenpool bearbeiten, damit eine konsistente Datenbasis sichergestellt wird.

Verwenden Sie den *AutoFilter* oder die *Gruppierungsfunktion*, um größere Ressourcenpools übersichtlich darzustellen. Definieren Sie ggf. benutzerdefinierte Filter oder Gruppierungen, falls Sie mit den Standards keine zufriedenstellenden Ergebnisse erzielen. Diese Filter können Sie auch für die Auswahl beim Auschecken verwenden.

ACHTUNG   Alle Änderungen an Ansichten, Tabellen, Gruppierungen, Filtern usw. müssen Sie in der Datei *Enterprise-Global* vornehmen. Änderungen an Enterprise-Feldern können Sie in den Servereinstellungen von Project Server vornehmen (Kapitel 9).

Management der Ressourcen

Als Ressourcenmanager wird oft an Sie die Anforderung gestellt, dass Sie Ressourcen selbst disponieren sollen, d.h., dass Sie Ressourcen einzelnen Vorgängen in den Projekten zuordnen sollen. Ein möglicher Grund hierfür ist, dass die Projektleiter nicht direkt auf Ressourcen zugreifen können, sondern Sie als Ressourcenmanager quasi als verlängerter Arm der Geschäftsleitung die Buchung der Ressourcen genehmigen sollen. Hintergrund ist, dass Sie als neutraler Dritter den Zugriff auf die knappen Ressourcen regeln, da die Projektleiter tendenziell versuchen, einzelne besonders gute oder knappe Ressourcen bereits im Vorfeld in größerem Umfang für ihr eigenes Projekt einzuplanen (zu »bunkern«) und damit den Zugriff für die anderen Projektleiter blockieren. Diesem Verhalten kann man organisatorisch auch entgegenwirken, indem man festlegt, dass das Buchen auch zur Zahlung verpflichtet.

Aus der Sicht des Projektleiters als Projektverantwortlichem ist es andererseits verständlich, dass er nicht möchte, dass Sie eigenständig Ressourcen in seinen Projekten disponieren oder umdisponieren. Er wird nicht einverstanden sein, wenn Sie z.B. gute, begehrte Ressourcen durch weniger begehrte und möglicherweise weniger qualifizierte Ressourcen ersetzen und auf diese Art und Weise den Projekterfolg gefährden.

In der Praxis hat es sich deshalb bewährt, dass die Projektleiter die technische Disposition selbst vornehmen, aber die Ressourcenmanager darüber ein wachsames Auge haben, auf Ressourcenkonflikte hinweisen und als neutrale Stelle zur Lösung beratend beitragen (Kapitel 1).

Eine einfache Steuerung der Buchung auf Projektebene ist über die Ressourceneigenschaft *Buchungstyp* möglich. Sie können für jedes Projekt über den *Team Builder* in Project und Project Web App festlegen, ob in dem betreffenden Projekt *alle* Zuordnungen einer Ressource *vorgesehen* (= angefragte Buchungen) oder *zugesichert* (= genehmigte Buchungen) sind.

HINWEIS   Sie können den eigentlichen Buchungsvorgang auf Zuordnungsebene darüber steuern, dass der Projektleiter den Zuordnungsstatus auf *Nachfrage* (= angefragte Buchung) setzt und nur Sie als Ressourcenmanager den Status auf *Bedarf* (= genehmigte Buchung) setzen können (Zuordnungsfeld *Nachfrage/Bedarf*). Man kann diesen Prozess auch programmgesteuert unterstützen. Hierdurch wird erzwungen, dass bei Änderungen an den Vorgängen durch Projektleiter der Status der zugehörigen Zuordnungen immer auf *Nachfrage* gesetzt wird. Zudem lässt sich so sicherstellen, dass nur die Ressourcenmanager den Status auf *Bedarf*, also gebucht, setzen dürfen.

Wenn man die zuvor vorgeschlagene Vorgehensweise anwendet, liegt das Ziel für den Einsatz von Project primär darin, den Ressourcenmanager und Projektleiter dabei zu unterstützen, auftretende *Konfliktsituationen* überhaupt zu erkennen. Die eigentliche Lösung wird dann im direkten Dialog zwischen dem Projektleiter, dem betroffenen Projektmitarbeiter und Ihnen als Ressourcenmanager gefunden. Es gibt dennoch Situationen, in denen unbedingt gewünscht ist, dass der Genehmigungsprozess softwaretechnisch unterstützt wird. Dies ist z.B. bei sehr großen Ressourcenpools der Fall, wenn die Projektleiter nur Qualifikationen planen und die Abteilungsleiter in ihrer Rolle als Ressourcenmanager die Zuordnung selbst übernehmen. In einem solchen Szenario existieren häufig mehrere logisch getrennte Ressourcenpools, und zwar einer für die Projektleiter auf Abteilungsebene und jeweils einer für die Abteilungsleiter auf Mitarbeiterebene.

Notwendigkeit für Umdisponierungen erkennen

Generell gibt es nur zwei Fälle, in denen Sie als Ressourcenmanager tätig werden müssen. Zum einen ist das der oben beschriebene Ressourcenkonflikt, wenn zwei oder mehr Projektmanager zeitgleich auf dieselben Ressourcen zugreifen möchten (Überlastung); zum anderen ist dies der Fall, wenn die Ressourcen nicht ausgelastet sind (Unterlastung).

Überlastung erkennen

Überlastungen können neben einer zeitgleichen Erstverplanung einer Ressource in zwei oder mehr Projekten auch daraus resultieren, dass sich Termine in Projekten verschoben haben oder Ressourcen krank geworden sind. Die eigentlichen Überlastungen können sowohl in Project als auch in Project Web App dargestellt werden. Sofern Sie die Teammanagementfunktionen von Project bzw. Project Server verwenden, können Konflikte auch schon durch die Ressourcen selbst erkannt und an den Projektleiter zurückgemeldet werden. In diesem Fall können die Projektmitarbeiter Terminanfragen ablehnen (Kapitel 2).

Ressourcenüberlastung in Project erkennen

Um eine Ressourcenüberlastung in Project in den Ansichten *Teamplaner* und *Ressource: Einsatz* zu erkennen, gehen Sie folgendermaßen vor:

1. Öffnen Sie ein Projekt, das alle Ressourcen enthält, also z.B. ein Abwesenheitssonderprojekt (siehe hierzu den Abschnitt »Management von Abwesenheitszeiten und anderen nicht projektbezogenen Zeiten« später in diesem Kapitel).

HINWEIS   Vorgänge, die einen Ressourcenkonflikt verursachen, werden in den Vorgangsansichten durch ein rotes Ressourcensymbol in der Indikatorenspalte gekennzeichnet. So kann der Projektleiter bei der Terminplanung erkennen, welche Vorgänge Überlastungen hervorrufen (Kapitel 1).

Abbildg. 3.25   Vorgänge mit Ressourcenüberlastung in der Ansicht *Teamplaner*

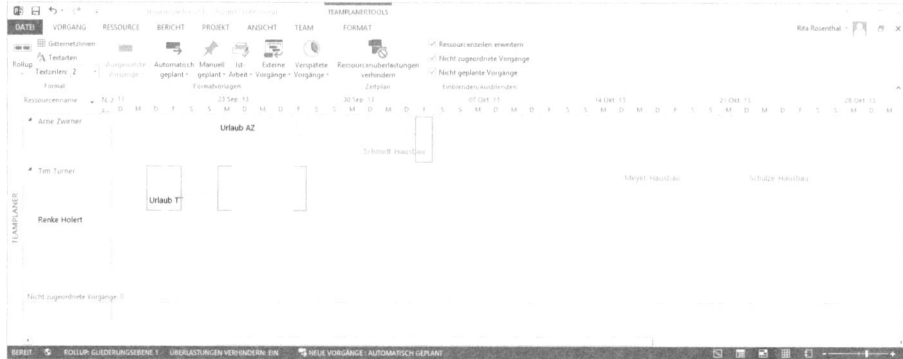

2. Wechseln Sie in die Ansicht *Teamplaner,* indem Sie auf der Registerkarte *RESSOURCE* in der Befehlsgruppe *Ansicht* den Befehl *Teamplaner* aufrufen.

3. Öffnen Sie ggf. die Details der Zuweisungen und Sammelzuweisungen[1] der Ressourcen, die Sie analysieren möchten, indem Sie auf das kleine Dreiecksymbol vor dem Ressourcennamen klicken.

Der Teamplaner bietet eine gute Übersicht über die Auslastungssituation. Überlastete Ressourcen werden rot dargestellt und die betroffenen Vorgänge durch eckige rote Klammern eingefasst. In dieser Ansicht können Sie jedoch nicht erkennen, um wie viele Stunden die entsprechenden Ressourcen überlastet sind. Um dies darzustellen, gehen Sie folgendermaßen vor:

1. Wechseln Sie in die Ansicht *Enterprise-Ressource: Einsatz,* indem Sie auf der Registerkarte *ANSICHT* auf das Symbol *Ressource: Einsatz* klicken (Kapitel 9).

2. Markieren Sie alle Ressourcen, indem Sie auf den linken oberen Eckpunkt der Tabelle klicken.

3. Klicken Sie im Menüband auf der Registerkarte *ANSICHT* in der Gruppe *Daten* im Dropdown-Listenfeld *Gliederung* auf das nebenstehend gezeigte Symbol *Teilvorgänge ausblenden*, um nur die Ressourcennamen und die Sammelressourcenzuweisungen zu sehen.

> **TIPP**   Bei einer größeren Anzahl von Ressourcen können Sie die Anzeige nur auf überlastete Ressourcen beschränken, wenn Sie den Filter *Überlastete Ressourcen* auswählen (Registerkarte *Ansicht/Filter*).

Sie sehen jetzt die überlasteten rot dargestellten Ressourcen. Um die Ursache zu finden, weshalb die jeweilige Ressource überlastet ist, gehen Sie folgendermaßen vor:

1. Klicken Sie mit der Maus in den rechten Teil des Bildschirms, und zwar genau in die Zeile, in der auf der linken Seite des Bildschirms der Ressourcenname steht.

2. Blättern Sie beispielsweise mit der Taste $\boxed{\rightarrow}$ so lange, bis Sie einen Zeitpunkt gefunden haben, an dem der Arbeitswert ebenfalls rot dargestellt ist.

---

[1]   Sammelressourcenzuweisungen = Kumulierte Zuweisungen auf Projektebene

Abbildg. 3.26   Ursache für Überlastung ermitteln

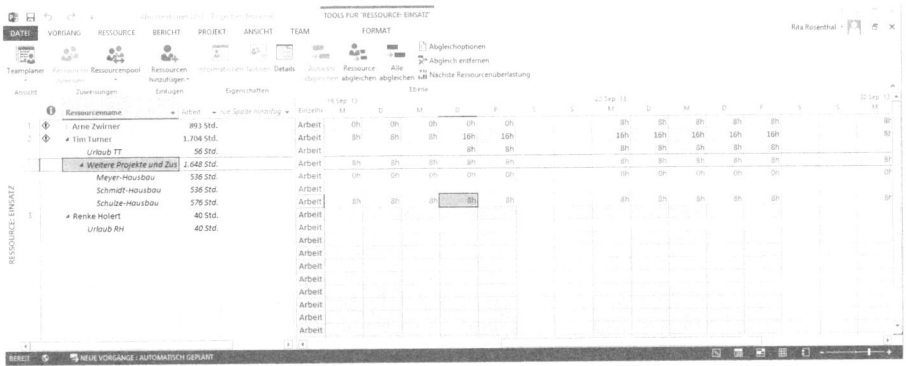

> **TIPP**   Sie können der Reihe nach von Überlastung zu Überlastung springen, indem Sie den Befehl *Nächste Ressourcenüberlastung* verwenden. Sie können diesen Befehl über die Registerkarte *Ressourcen* in der Gruppe *Ebene* aufrufen.

3. Klicken Sie nun auf das Plussymbol vor dem Ressourcennamen, um die zugehörigen Zuordnungen aufzuklappen und die Ursache für die Überlastung zu finden.

Die Ursache für die Überlastung sind nun die Vorgänge, die an diesem Tag ebenfalls Arbeitswerte haben. Informieren Sie die betroffenen Projektleiter über die identifizierten Überlastungen, damit Sie gemeinsam eine Lösung herbeiführen können.

> **ACHTUNG**   Die Werte unter *Weitere Projekte und Zusicherungen* werden nur aktualisiert, wenn die Zuordnungen in den anderen Projekten veröffentlicht wurden.

Für nicht geöffnete Projekte werden nur Sammelressourcenzuweisungen in den Einsatzansichten angezeigt. Damit Sie die Ursache für die Überlastung auf Vorgangsebene ablesen können, öffnen Sie das betroffene Projekt.

Sie können die Projektleiter in der Lösungsfindung unterstützen, indem Sie ihnen gleich qualifizierte verfügbare Ressourcen vorschlagen oder – falls das nicht möglich ist – Alternativtermine nennen. Ist keine geeignete Ressource verfügbar, bleibt nur noch die Terminverschiebung (siehe den nachfolgenden Abschnitt »Ressourcen umdisponieren«).

Kommt das nicht infrage, können Sie durch kurzfristige Maßnahmen wie Urlaubssperre und Beschaffung externer Ressourcen dem Engpass entgegnen. Als mittel- und langfristige Maßnahmen kommen z.B. die Einstellung neuer Ressourcen oder die Weiter- bzw. Umqualifizierung von vorhandenen Ressourcen infrage.

> **TIPP**   Blenden Sie sich die Spalten *Projekt* und *Nr.* ein. In der Spalte *Projekt* können Sie erkennen, zu welchem Projekt der Vorgang gehört, der an der Überlastung beteiligt ist. In der Spalte *Nr.* können Sie erkennen, welche Vorgangsnummer dieser Vorgang hat. Übermitteln Sie dem Projektleiter diese beiden Informationen, damit dieser den Vorgang schneller in seinem Projektplan finden kann (Kapitel 9).

Mit jeder Zuordnung wird auch die benötigte Qualifikation gespeichert. Diese kann bei der Auswahl helfen.

Ressourcenüberlastung in Project Web App erkennen

Um Ressourcenüberlastungen im Enterprise-Ressourcenpool über Project Web Access von Project Server zu erkennen, gehen Sie folgendermaßen vor:

1. Wechseln Sie in das *Ressourcencenter* von Project Web App (Schnellstartleiste *Ressourcen*).

Abbildg. 3.27 Ressource(n) auswählen

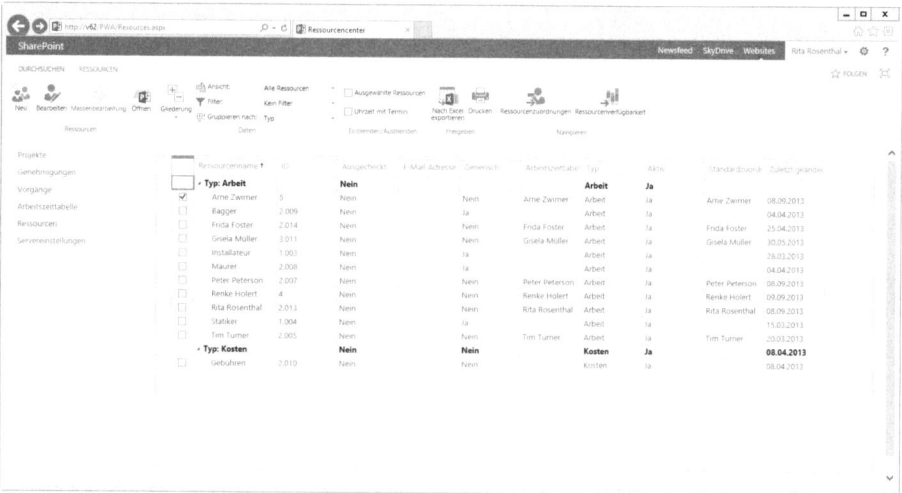

2. Aktivieren Sie das Kontrollkästchen vor den Ressourcen, deren Auslastung Sie ermitteln möchten.

3. Rufen Sie in der Gruppe *Navigieren* den Befehl *Ressourcenverfügbarkeit* auf.

Abbildg. 3.28 Ressourcenverfügbarkeit nach Projekt auf Tagesbasis

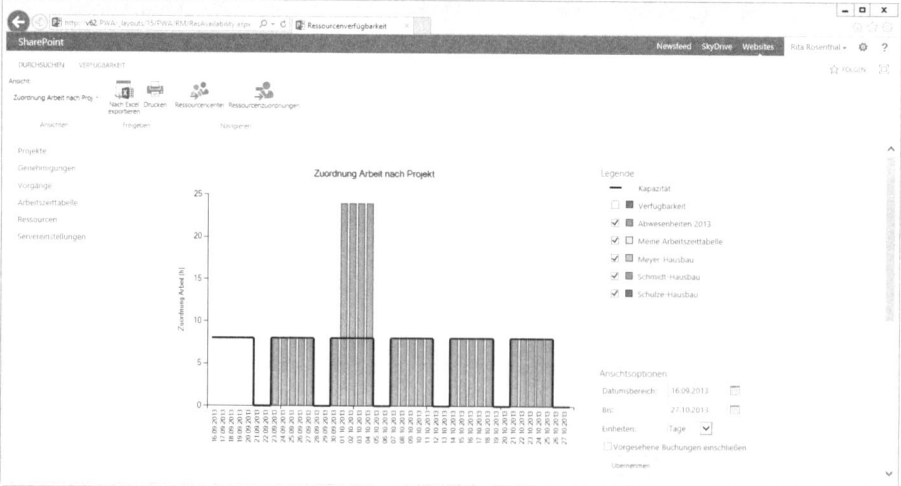

4. Wählen Sie in der Gruppe *Ansichten* im Dropdown-Listenfeld *Ansicht* den Eintrag *Zuordnungsarbeit nach Projekt* aus, um die Ressourcenverfügbarkeit nach Projekt anzuzeigen.

Alle Werte, die die schwarze Kapazitätslinie überschreiten, stellen eine Überlastung dar. Wenn Sie die Ressourcen auf Wochenbasis planen, können Sie das Intervall auf eine Woche festlegen. Gehen Sie dazu folgendermaßen vor:

1. Legen Sie im Bereich *Ansichtsoptionen* im Feld *Datumsbereich* den Anfang auf den Montag einer Woche und im Feld *Bis* das Ende auf einen Sonntag einer Woche fest.

2. Wählen Sie im Feld *Einheiten* den Eintrag *Wochen* aus und klicken Sie auf die Schaltfläche *Übernehmen.*

Abbildg. 3.29 Ressourcenverfügbarkeit nach Projekt auf Wochenbasis

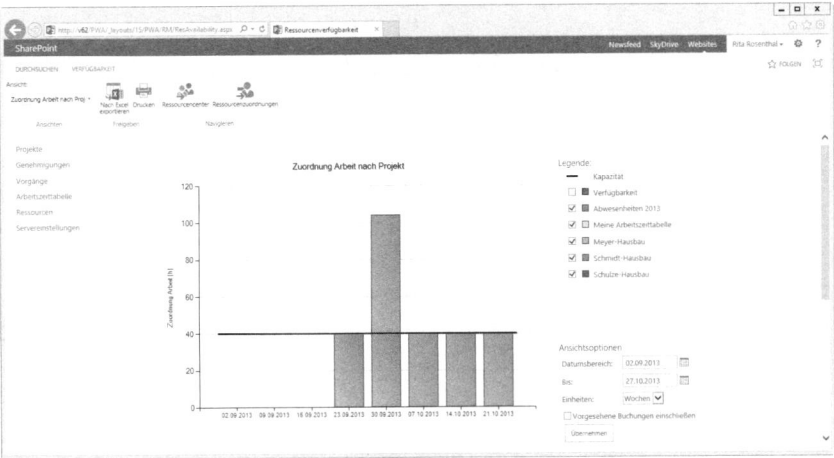

Um die Ressourcenauslastung als Excel-Bericht darzustellen, gehen Sie folgendermaßen vor (Vorgehensweise zur Erstellung von Berichten auf Basis von Excel Services, siehe Kapitel 5):

1. Klicken Sie auf der Startseite von Project Web App auf die Verknüpfung bzw. Kachel *Berichte.*

Abbildg. 3.30 Beispielberichte auf Basis der Excel Services

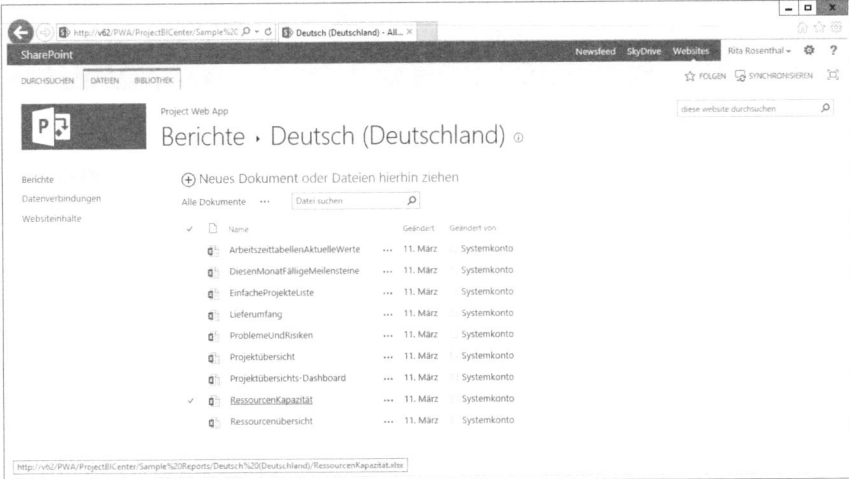

2. Wählen Sie in der Schnellstartleiste unter *Berichte* im Ordner *Deutsch (Deutschland)* den Bericht *RessourcenKapazität* aus.

Ressourcenauslastung dargestellt als PivotChart

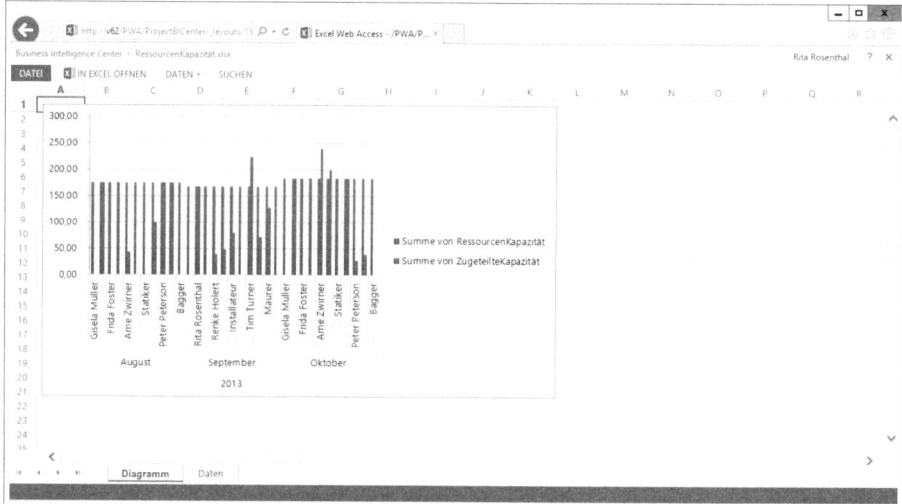

Es wird hier grafisch die Summe der berechneten Arbeit und der Kapazität der Ressourcen angezeigt. Die blauen Balken drücken die Kapazität, die roten Balken die berechnete Arbeit aus. Eine Überlastung lässt sich also daran erkennen, dass der rote Balken höher als der blaue Balken ist.

Ressourcenauslastung dargestellt als PivotTable

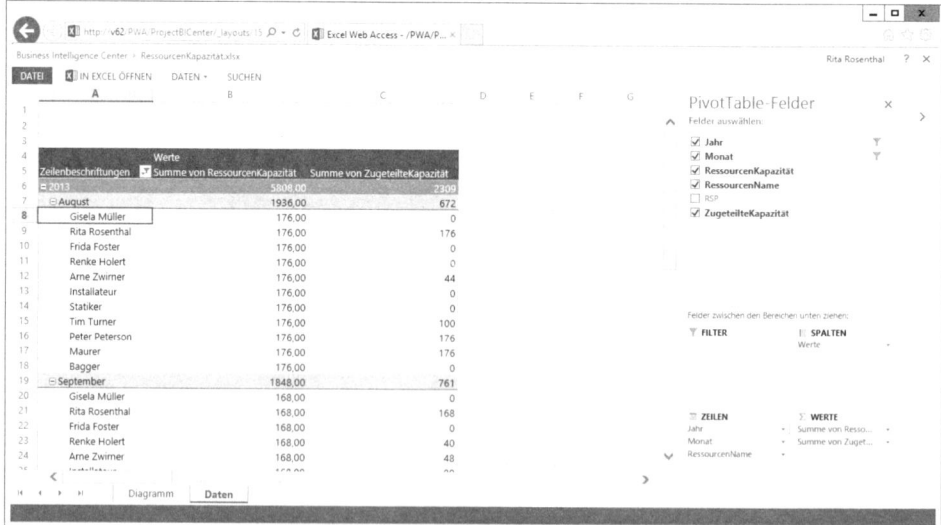

Wenn Sie am unteren Bildrand auf den Registerreiter *Daten* klicken, sehen Sie die gleichen Daten tabellarisch dargestellt.

Unterlastungen erkennen

Eine Unterlastung (Restkapazität) erkennen Sie daran, dass zwischen der Verfügbarkeit und der zugeordneten Arbeit eine Lücke bleibt, also die verbleibende Verfügbarkeit größer als null ist. Sie können die Unterlastung sowohl in Project als auch in Project Web App erkennen.

Erkennen von Unterlastung in Project

Um die verbleibende Verfügbarkeit in Project zu ermitteln, gehen Sie folgendermaßen vor:

1. Wechseln Sie in Project Professional zur Ansicht *Enterprise-Resource: Einsatz* (*ANSICHT/ Ressourcenansichten/Ressource: Einsatz*).

2. Teilen Sie das Fenster, indem Sie auf der Registerkarte *ANSICHT* in der Gruppe *Elemente anzeigen* das Kontrollkästchen *Details* aktivieren und im dazugehörigen Dropdown-Listenfeld *Ressource: Grafik* auswählen. Stellen Sie ggf. noch bei aktivem oberen Bereich des Fensters eine geeignete Zeitskalierung, hier Wochen, ein.

Abbildg. 3.33 Auslastungsdetails einer Ressource

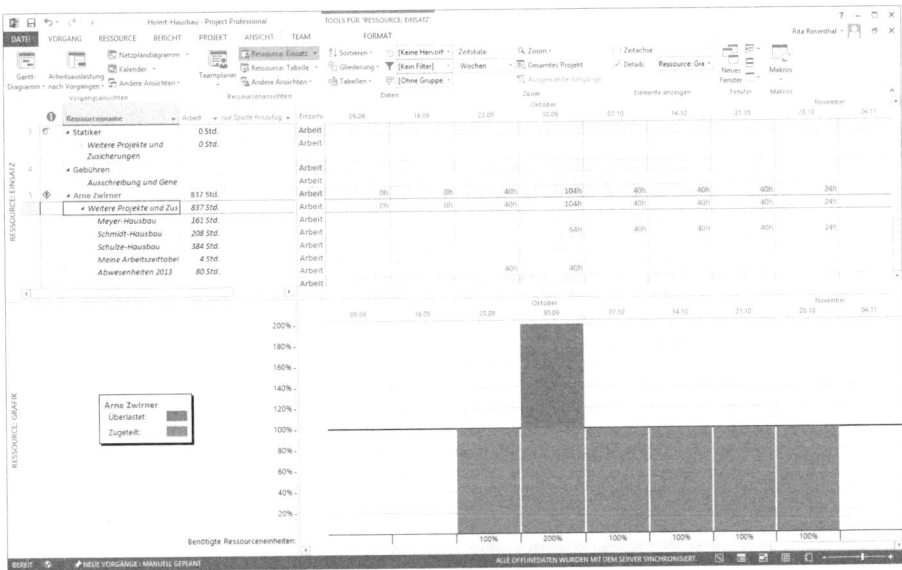

HINWEIS An manchen Stellen im Programm ist die Übersetzung inkonsistent. So wird *Verfügbarkeit* gelegentlich als *verbleibende Verfügbarkeit* bzw. *Verbl. Verfgb.* oder *Restkapazität* bezeichnet.

---

3. Markieren Sie eine Ressource oder Ressourcengruppe und lesen Sie die verbleibende Verfügbarkeit als Differenz zwischen der Verfügbarkeitslinie und den Balken ab (siehe zur grafischen Darstellung der Arbeit bzw. verbleibenden Verfügbarkeit einer Ressourcengruppe auch Kapitel 1).

Wenn Sie die verbleibende Verfügbarkeit sowohl numerisch als auch grafisch als Positivwert anzeigen möchten (Abbildung 3.36), führen Sie noch die folgenden Schritte aus:

Verbleibende Verfügbarkeit

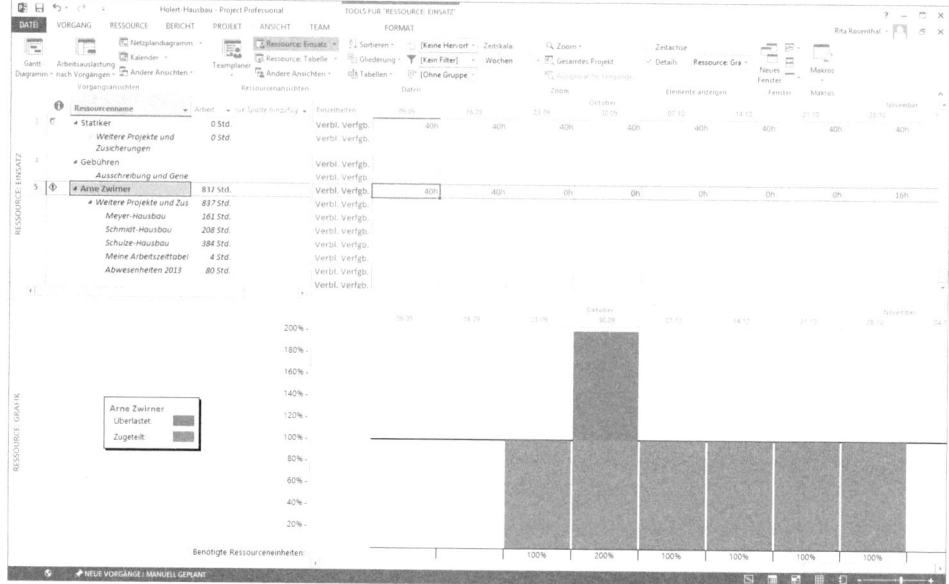

1. Klicken Sie mit der rechten Maustaste in den Tabellenbereich der Ansicht *Ressource: Einsatz* und wählen Sie im Kontextmenü die Einzelheitenart *Restverfügbarkeit* aus.

2. Wählen Sie danach im Kontextmenü die Einzelheitenart *Arbeit* ab, sodass nur noch die verbleibende Verfügbarkeit angezeigt bleibt.

Die Tage, an denen in der Zeile *Verbl. Verfgb.* ein positiver Wert steht, bedeuten für die betreffende Ressource oder Ressourcengruppe eine Unterlastung.

Erkennen von Unterlastung in der Project Web App

Um die verbleibende Verfügbarkeit mithilfe von Project Web App anzuzeigen, gehen Sie folgendermaßen vor:

1. Wechseln Sie – wie zuvor beschrieben – in das Ressourcencenter und wählen Sie die Ressourcen aus, die Sie analysieren möchten.

2. Rufen Sie in der Gruppe *Navigieren* den Befehl *Ressourcenverfügbarkeit* auf.

3. Wechseln Sie in die Ansicht *Restverfügbarkeit (Ansichten/Ansicht)*.

Verbleibende Verfügbarkeit wird im Diagramm als positiver Wert dargestellt, über die Kapazität hinausgehende Arbeit als negativer Wert. Unterhalb des Diagramms finden Sie eine Tabelle, in der die verbleibende Verfügbarkeit auch numerisch angegeben ist.

Abbildg. 3.35   Unterlast im Ressourcenpool

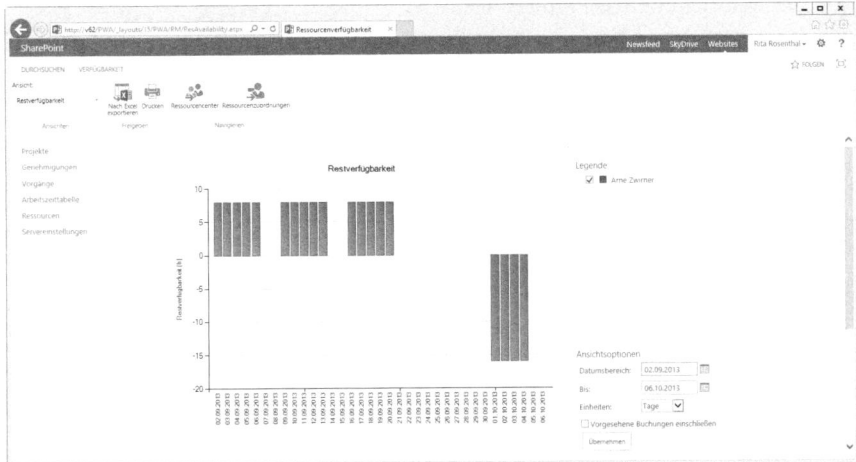

Abbildg. 3.36   Verbleibende Verfügbarkeit

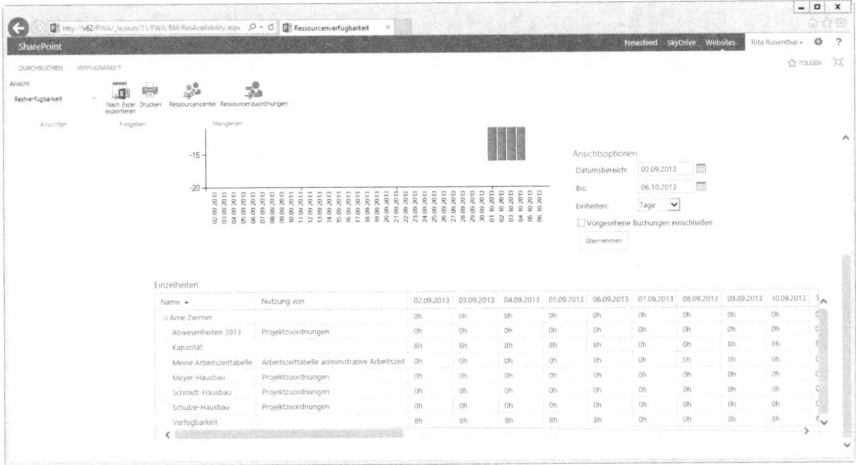

Als Maßnahmen, um die verbleibende Verfügbarkeit optimal zu nutzen, können Sie in Abstimmung mit den Beteiligten Urlaub, Weiterbildung und Marketing, notfalls auch eine Freistellung, vorschlagen. Mehr dazu im Abschnitt »Management von Abwesenheitszeiten und anderen nicht projektbezogenen Zeiten« später in diesem Kapitel. Im besten Fall können Sie die Unterlastungen durch Umdisponieren von überlasteten Ressourcen ausgleichen.

Ressourcen umdisponieren

Wenn Sie Über- und Unterlastungen ermittelt und Lösungen mit den Beteiligten gefunden haben, ist bereits die notwendige Vorarbeit geleistet, um diese in Project umzusetzen.

Jeder Projektleiter muss nun die resultierenden Änderungen in seinem Plan vornehmen, d.h. Ressourcen ersetzen oder Termine verschieben.

Bei der Verteilung von Arbeit auf Ressourcen unterstützt die Projektleiter die neue Ansicht Teamplaner in Project Professional.

Nachdem die Projektleiter den Projektplan gespeichert und veröffentlicht haben, werden die Zuordnungsinformationen automatisch im Ressourcenpool aktualisiert. Mit der Veröffentlichung werden die Ressourcen auch automatisch von den Änderungen informiert.

Wenn sich Änderungen in Sonderprojekten wie Urlaub, Krankheit, Weiterbildung, etc. ergeben, sind Sie als Ressourcenmanager oft Projektleiter für diese Projekte und führen die Umdisponierungen entsprechend selbst durch.

Zuletzt überprüfen Sie, ob die einzelnen Aktionen wirklich korrekt ausgeführt und die Über- und Unterlastungen in den zuvor dargestellten Ansichten ausgeglichen wurden.

ACHTUNG   Wichtig ist, dass Sie die Ressourcenkonflikte zumindest für den direkt vor Ihnen liegenden Zeitraum (mindestens zwei Wochen) sehr akkurat beseitigen, denn dies sind echte Planungsfehler, die im konkreten Einzelfall erhebliche Zusatzkosten generieren können, z.B. falsche Anreise, nicht termingerechte Fertigstellung usw.

Management von Abwesenheitszeiten und anderen nicht projektbezogenen Zeiten

Zu Ihren Aufgaben als Ressourcenmanager gehört es auch, die Zeiten zu verwalten, an denen die Ressourcen nicht an Projekten arbeiten. Zu diesen nicht projektbezogenen Zeiten gehören u.a. Abwesenheiten sowie Linientätigkeiten wie Unterstützung, Wartung und Verwaltung.

Sie können für nicht projektbezogene Zeiten spezielle Projekte anlegen (Sonderprojekte) und somit diese Zeiten wie normale Vorgänge als Arbeitszeit buchen. Speziell für Wartungstätigkeiten, die nicht auf Vorgangsebene ausgeplant werden sollen, eignen sich auch Ressourcenpläne, die sich in der Planung auch als Arbeitszeit niederschlagen. Zudem können Sie die Verfügbarkeit der Projektmitarbeiter in den jeweiligen Ressourcenkalendern reduzieren, also diese Zeiten als arbeitsfreie Zeiten buchen.

Alternativ zu Sonderprojekten und Ressourcenplänen, können Sie nicht projektbezogene Zeiten auch als administrative Zeiten in der Arbeitszeittabelle verwalten, und zwar sowohl als Arbeitszeit als auch arbeitsfreie Zeit in den Ressourcenkalendern.

Wir beschreiben nachfolgend, wie Sie Abwesenheitszeiten (Urlaub, Krankheit, Weiterbildung und Marketing) mit Sonderprojekten managen können. Das hat u.a. den Vorteil, dass Sie die Abwesenheitszeiten, z.B. in Form einer Urlaubsliste ausdrucken können und hierfür kein Sonderweg beschritten werden muss. Eine Übersicht über die Vor- und Nachteile von Sonderprojekten und administrativen Zeiten finden Sie in den gleichnamigen Abschnitten in Kapitel 9. Zudem zeigen wir, wie man Linientätigkeiten alternativ mit Ressourcenplänen planen kann.

Wenn Sie Sonderprojekte verwenden, sind Sie als Ressourcenmanager der Projektleiter für diese Projektpläne. Da diese »Projekte« keine Projekte im eigentlichen Sinn mit definiertem Anfangs- und Endtermin sind, sollten diese zeitlich beispielsweise auf ein Jahr begrenzt werden (z.B. *Abwesenheiten2013*).

TIPP   Wenn alle nicht projektbezogenen Zeiten in einem Projekt zusammengefasst sind, sollten Sie *standardisierte Vorgangsnamen* verwenden – so können Sie später leicht über einen AutoFilter Übersichten erstellen (zu den rechtlichen Aspekten gemäß des Betriebsverfassungsgesetzes siehe den Abschnitt »Krankheit und Krankmeldung« später in diesem Kapitel).

Als Stellvertreter agieren

Oft ist der Ressourcenmanager die Person, bei der die Informationen zu Vertretungsregelungen zusammenlaufen, beispielsweise bei Abwesenheit aufgrund von Urlaub. Deshalb beschreiben wir nachfolgend wie Sie eine Stellvertretung einrichten, als Stellvertreter Aufgaben anderer wahrnehmen und die Stellvertretungssitzung beenden können.

Für den Fall, dass Sie selbst als Stellvertreter für einen Kollegen für einen bestimmten Zeitraum agieren möchten, gehen Sie folgendermaßen vor:

1. Klicken Sie in Project Web App auf *Servereinstellungen/Persönliche Einstellungen/Stellvertretungen verwalten*.

2. Klicken Sie im Menüband auf *Stellvertretungen/Delegieren/Neu*.

3. Geben Sie unter *Stellvertretungszeitraum festlegen* einen Zeitraum an, in dem die Stellvertretungsregelung gelten soll.

4. Geben Sie unter *Stellvertretung festlegen* im Feld *Name der Stellvertretung* die Person an, die als Stellvertreter agieren soll, also z.B. ihren eigenen Namen.

5. Geben Sie unter *Arbeitet im Auftrag von* im Feld *Benutzername* die Person an, die vertreten werden soll.

Wenn Sie für eine andere Person als Stellvertreter eingerichtet wurden und in dessen Namen auf Project Web App zugreifen möchten, gehen Sie folgendermaßen vor:

1. Klicken Sie in Project Web App auf *Servereinstellungen/Persönliche Einstellungen/Als Stellvertretung agieren*.

2. Wählen Sie in der Tabelle die Stellvertretung aus und klicken Sie im Menüband auf *Stellvertretungen/Delegieren/Stellvertretungssitzung* starten.

Hiermit können Sie in Project Web App alle Aktionen wie die vertretene Person ausführen. Ausgenommen ist jedoch der Zugriff auf die Projektwebsites wie auch der Zugriff auf Project Server mit Project Professional.

Die Stellvertretungssitzung können Sie auf folgende Art und Weise beenden:

1. Klicken Sie in der Statuszeile *Sie agieren aktuell als Stellvertretung für den Benutzer Renke Holert. Klicken Sie auf "hier", um Ihre Stellvertretung zu verwalten* auf das als Verknüpfung hinterlegte Wort *hier*.

2. Klicken Sie dann im Menüband auf *Stellvertretungen/Delegieren/Stellvertretungssitzung beenden*.

Urlaub und Urlaubsantrag

Urlaubszeiten tragen Sie z.B. in einem Projekt mit dem Namen »Urlaub2013« ein (Urlaubsplan). Überprüfen Sie zunächst, ob die Ressource in diesem Zeitraum nicht schon anderweitig gebucht ist und legen Sie dazu einen Vorgang mit dem Namen »Urlaub« bzw. wenn sachlich richtig »Sonderurlaub« an. Weisen Sie die entsprechende Ressource diesem Vorgang zu. Über den Ressourcenpool ist die Ressource dann automatisch geblockt bzw. im Konfliktfall werden Überlastungen im Ressourcenpool angezeigt.

TIPP   Falls mit einem automatischen Kapazitätsabgleich gearbeitet wird, achten Sie darauf, dass dieses Projekt zum Zeitpunkt des Abgleichs geschlossen ist, damit keine automatischen Verschiebungen im Urlaubsplan vorgenommen werden.

Den Genehmigungsprozess von Urlaubsanträgen können Sie auch über Project Web App abbilden lassen, indem Sie sich von den Projektmitarbeitern neue Vorgänge im Bereich *Vorgänge* erstellen lassen. Ein neuer Vorgang für das Projekt »Urlaub« bzw. ein neuer Vorgang »Urlaub« für das Projekt »Abwesenheiten« entspricht dann einem *Urlaubsantrag* (mehr zur Vorgehensweise in Kapitel 2).

> **TIPP**   Wenn Sie bereits ein anderes System für die Verwaltung von Urlaubszeiten im Einsatz haben, lässt sich dieses durch die offene Architektur von Project in der Regel integrieren. Sie vermeiden so eine Mehrfacherfassung und tragen zu einer hohen Akzeptanz bei.

Krankheit und Krankmeldung

Sofern der Mitarbeiter noch in der Lage ist, sich vom Krankenbett aus in Project Web App einzuloggen, kann er die Krankmeldung auch selbst übernehmen, indem er analog zum Urlaubsantrag einen neuen Vorgang »krank« für das Projekt »Abwesenheiten« erstellt. Ist das nicht möglich, legen Sie als Ressourcenmanager einen Vorgang an und weisen die Ressource diesem zu. Sie können dann sofort feststellen, in welchem Projekt dieser Vorgang eine Überlastung verursacht und ermitteln, welche alternative Ressource diesen Vorgang übernehmen kann. Daraufhin informieren Sie den Projektleiter und schlagen diesem einen Ersatz vor oder, falls dies nicht möglich ist, sagen den Termin ab.

> **TIPP**   Sie müssen Abwesenheitszeiten erfassen, damit Sie eine aussagekräftige Ressourcenplanung durchführen können. Die Pflege personenbezogener Informationen, die dazu geeignet sind, Informationen über die Leistung eines einzelnen Mitarbeiters zu ermitteln, unterliegt der Zustimmung des Betriebsrats.[1]
>
> Wenn Sie die Differenzierung zwischen den unterschiedlichen Abwesenheitsarten verbergen möchten, erfassen Sie nur für jede Art von Abwesenheit einen Vorgang mit dem Namen »Abwesenheit« in dem Abwesenheitsprojekt.

Weiterbildung

Als Ressourcenmanager haben Sie ein Interesse daran, Ihren Ressourcenpool hinsichtlich der Qualifikation und Kapazität an die Marktgegebenheiten anzupassen. Für den Fall, dass Ressourcen nicht durch die laufenden (und ggf. fakturierbaren) Projekte ausgelastet sind, sollten die Spielräume u.a. dazu genutzt werden, um die Ressourcen entsprechend weiterzuqualifizieren. Führen Sie Personalgespräche, um entsprechend der Fähigkeiten die Weiterbildung zu planen, und fassen Sie diese Weiterbildungsprojekte in einem Sonderprojekt »Weiterbildung« zusammen.

Marketing, insbesondere Werbung und PR-Arbeit

Einer nicht optimalen Ressourcenauslastung können Sie auch dadurch begegnen, dass Sie Ressourcen in Marketingprojekten einplanen. Zum einen können die Ressourcen im Rahmen des

---

[1] Vgl. Betriebsverfassungsgesetz

Sonderprojekts Marketing Marktforschung betreiben, welche Anforderungen der Markt an sie stellt. Dies können sie, indem sie beispielsweise Kongresse besuchen oder Kunden befragen.

Darüber hinaus können im Rahmen des Marketingprojekts auch Werbung und PR-Arbeiten ausgeführt werden, beispielsweise durch die Teilnahme an Messen oder das Verfassen von Fachaufsätzen.

Linientätigkeiten

Linientätigkeiten, wie z.B. Unterstützung, Wartung und Verwaltung, können Sie analog mit Sonderprojekten planen und feste Tage hierfür reservieren. Auch hier haben Sie den Vorteil, dass diese Vorgehensweise der bei normalen Projekten gleicht. In einigen Fällen kann es sinnvoll sein, diese Tätigkeiten nicht weiter auszuplanen und pauschaliert jede Ressource für einen Zeitraum zu blocken. Dies ist mit Ressourcenplänen möglich.

HINWEIS   Wir empfehlen, Ressourcenpläne nur für die ferne Zukunft einzusetzen, wenn es noch keine Planung auf Vorgangsebene gibt und ein Kapazitätsabgleich nicht erforderlich ist. In allen anderen Fällen, empfehlen wir den Einsatz von Sonderprojekten mit festen Tagen (siehe auch die Hinweise weiter unten).

Nachfolgend beschreiben wir die Planung von Linientätigkeiten mit Ressourcenplänen und danach mit festen Tagen. Wir stellen im Einzelnen die Vor- und Nachteile beider Vorgehensweisen dar.

Linientätigkeiten mit Ressourcenplänen planen

Ressourcenpläne sind keine eigenständigen Pläne, sondern stehen immer im Zusammenhang mit einem Projekt. Dies kann ein mit Project erstellter Projektplan oder ein in Project Server erstellter Vorschlag (Kapitel 4) sein. Wenn Sie für ein Projekt einen Ressourcenplan erstellen, können Sie pauschal für jede Ressource einen bestimmten Teil der Arbeitszeit für einen Zeitraum verplanen. Der Ressourcenplan kann nicht mit Project angezeigt werden, sondern wird nur in Verfügbarkeits-, bzw. Zuordnungsansichten von Project Web App dargestellt. Dadurch, dass Ressourcenpläne auch für Vorschläge erstellt werden können, eignen sich diese, um Ressourcen in einer frühen Phase eines Projekts zu blocken, ohne dass bereits Vorgänge definiert sind.

Um einen Projektplan mit einem Ressourcenplan zu erstellen, gehen Sie folgendermaßen vor:

1. Wählen Sie in Project Web App im *Project Center* (Verknüpfung: Projekte) im Menüband auf der Registerkarte *PROJEKTE* in der Gruppe *Projekt* im Dropdown-Listenfeld *Neu* den Eintrag *Enterprise-Projekt* aus.

Abbildg. 3.37   Erstellen eines Sonderprojekts für Linientätigkeiten

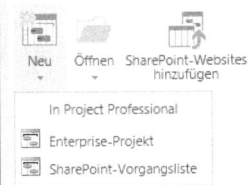

Abbildg. 3.38   Ausfüllen der Stammdaten für das Sonderprojekt

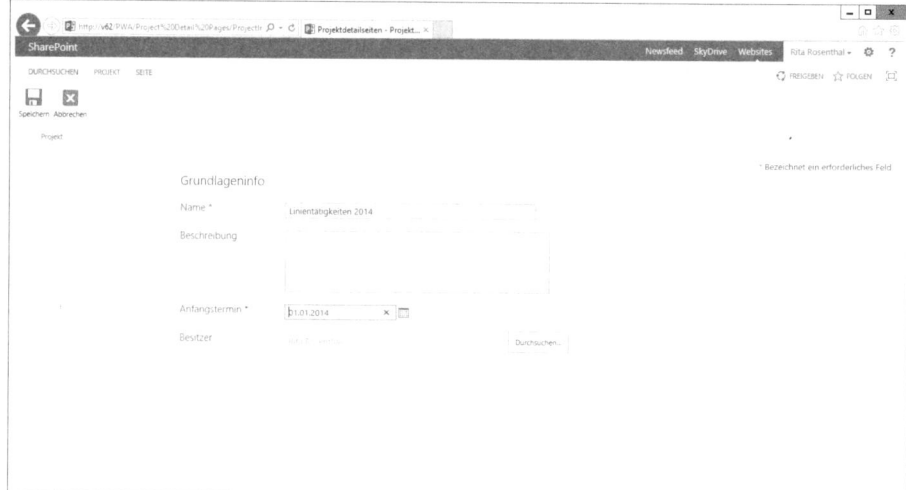

2. Geben Sie im Bereich *Name* im Feld *Name* z.B. »Linientätigkeiten 2014« ein. Ergänzen Sie ggf. im gleichnamigen Feld eine Beschreibung.

3. Geben Sie im Feld *Anfangstermin* den Anfang des entsprechenden Jahres ein.

4. Rufen Sie den Befehl *Speichern* auf.

5. Wechseln Sie zum Erstellen eines Teams und Ressourcenplans im Menüband auf die Registerkarte *PROJEKT* und rufen Sie in der Gruppe *Navigieren* den Befehl *Ressourcenplan* auf.

Abbildg. 3.39   Neuer Ressourcenplan

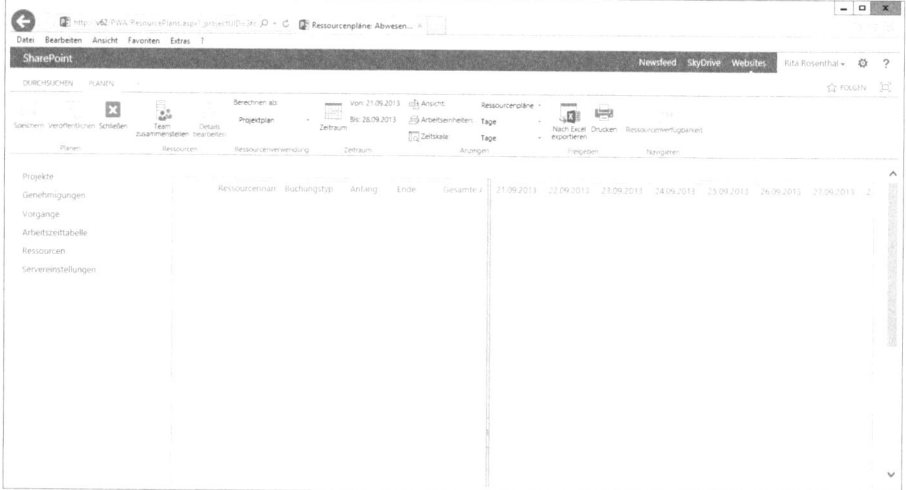

6. Rufen Sie auf der Registerkarte *PLANEN* in der Gruppe *Ressourcen* den Befehl *Team zusammenstellen* auf.

Abbildg. 3.40   Team Builder für Ressourcenplan

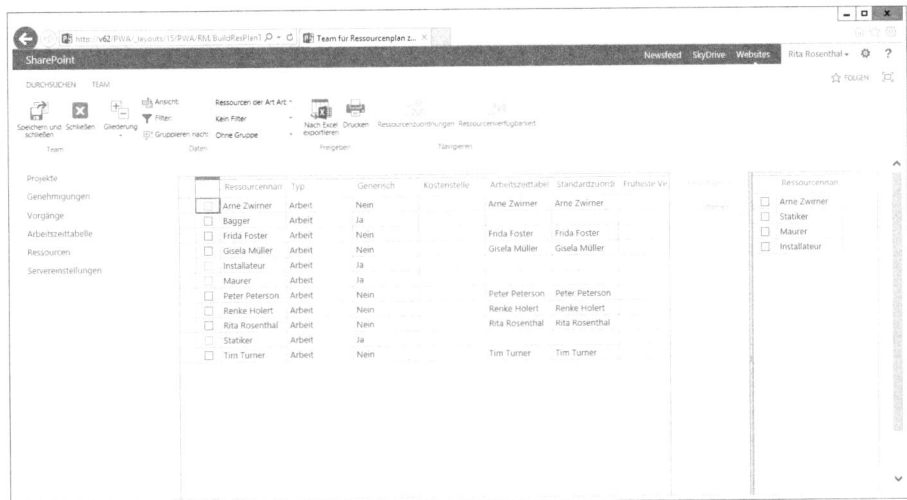

7. Wählen Sie die entsprechende Ressource aus, für die Sie die Linientätigkeiten planen möchten, indem Sie vor dem Namen das Kontrollkästchen aktivieren und dann auf die Schaltfläche *Hinzufügen* klicken.

8. Klicken Sie danach auf die Schaltfläche *Speichern und schließen*.

Abbildg. 3.41   Ressourcenplan definieren

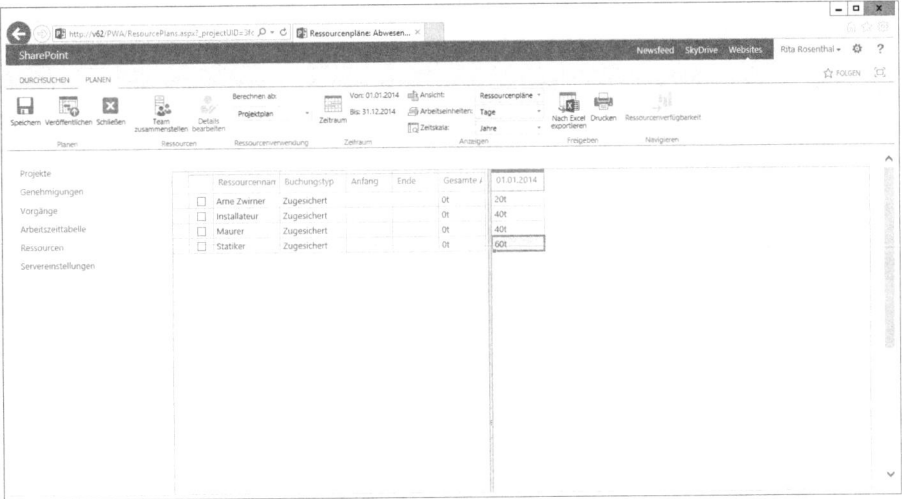

9. Rufen Sie in der Gruppe *Zeitraum* den Befehl *Zeitraum* auf und geben Sie im folgenden Dialogfeld *Zeitraum festlegen* den Anfang und das Ende des Jahres ein.

10. Wählen Sie in der Gruppe *Anzeigen* im Dropdown-Listenfeld *Zeitskala* den Eintrag *Jahre* aus.

11. Wählen Sie in der Gruppe *Ressourcenverwendung* im Dropdown-Listenfeld *Berechnen ab* den Eintrag *Ressourcenplan* aus. Dies bedeutet, dass zur Berechnung der Verfügbarkeitsinformation für Ressourcen nur der Ressourcenplan herangezogen wird und keine Zuweisungen zu Vorgängen berücksichtigt werden.

12. Geben Sie danach in der Tabelle für die gewünschte Ressource im entsprechenden Zeitraum die Arbeit ein.

13. Rufen Sie in der Gruppe *Planen* den Befehl *Speichern* auf.

14. Wenn Sie die Daten veröffentlichen möchten, rufen Sie in der Gruppe *Planen* den Befehl *Veröffentlichen* auf.

15. Rufen Sie danach in der Gruppe *Planen* den Befehl *Schließen* auf, um die Bearbeitung des Ressourcenplans zu beenden.

ACHTUNG   Die so eingeplante berechnete Arbeit wird gleichmäßig über die Arbeitszeit der Ressource verteilt (Gießkannenprinzip). Vorteilhaft ist, dass die Einplanung sehr leicht durchzuführen ist. Nachteilig ist, dass nun neue Zuordnungen mit entsprechend reduziertem Prozentsatz einplant werden müssen, um keine Überlastungen zu verursachen. Damit wird das Zuordnen komplizierter, da die Arbeit nicht mit dem Faktor 100 % das Verhältnis zwischen Arbeit und Dauer steuert (Kapitel 1). Zudem gestaltet sich der Kapazitätsabgleich komplizierter, da dieser nicht die Arbeit der Zuordnung anpassen kann.

Linientätigkeiten über feste Tage planen

Aus diesen Gründen empfehlen wir die Einplanung von Linientätigkeiten für feste Tage. Das heißt, wenn Sie eine Belegung von 20 % für Linientätigkeiten ausdrücken möchten, planen Sie für einen festen Tag pro Woche die Ressource mit 100 % ihrer Arbeitszeit für die Linientätigkeit ein. Es handelt sich hierbei um Planwerte, die nur sicherstellen sollen, dass z.B. pro Woche entsprechende Zeit für Linientätigkeiten freigehalten wird. Die Rückmeldung kann danach auch auf Tagesebene erfolgen. Diese Vorgehensweise vereinfacht die Planung für die Projektleiter erheblich. Lediglich die Einplanung ist für den Ressourcenmanager etwas aufwendiger. Da man in einem Projekt die Zuordnungen leichter bearbeiten und vor allen Dingen kopieren kann, eignet sich ein Projektplan mit Einplanung auf Vorgangsebene besser für diese Aufgabenstellung (Sonderprojekt). Der Ressourcenplan hat seine Stärke in der Vorabzuweisung, bevor ein echter Projektplan mit Zuordnungen erstellt wurde.

HINWEIS   Die Berechnung der Ressourcenbelegung durch den Ressourcenplan können Sie im Menüband auf der Registerkarte *PLANEN* in der Gruppe *Ressourcenverwendung* im Dropdown-Listenfeld *Berechnen ab* jederzeit wieder auf die Belegung durch Zuordnungen aus dem Projektplan zurückschalten, indem Sie den Eintrag *Projektplan* auswählen (Abbildung 3.41).

Kapitel 4

Project für Führungskräfte und Controller

In diesem Kapitel:

Dieses Kapitel richtet sich an Führungskräfte.[1] Dies können z.B. Geschäftsführer, Bereichsleiter, Niederlassungsleiter, Geschäftsstellenleiter oder Profitcenter-Leiter sein, die für ihre Organisationseinheit (OE) persönlich Verantwortung tragen. Gleichermaßen richtet sich dieses Kapitel an die Personen und Gremien, die von den Führungskräften zur Wahrnehmung ihrer Projektmanagementaufgaben eingesetzt werden, wie z.B. Lenkungs- oder Investitionsausschüsse, Portfolio-Manager, Controller und Mitglieder des Projektbüros. Ziel der Führungskräfte ist es, den langfristigen Erfolg ihrer Organisationseinheit sicherzustellen. Es liegt in der Hand der Führungskräfte, Strategien zu entwickeln, um das zu erreichen.

Abbildg. 4.1 Organisatorischer Kontext des Portfoliomanagements

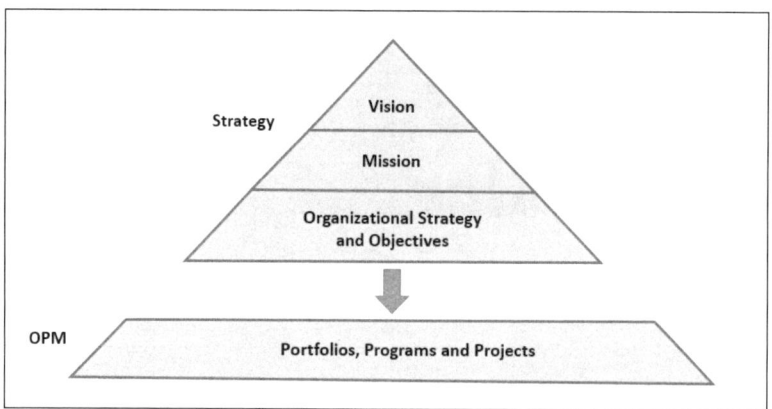

Das systematische Management aller Projekte, Programme und Portfolios einer Organisationseinheit mit Ausrichtung auf die von diesen Strategien abgeleiteten Geschäftsziele kann hierfür einen Beitrag leisten (Abbildung 4.1).[2] Es gilt also, zu gewährleisten, dass die richtigen Projekte durchgeführt und die Ressourcen der Organisationseinheit hierfür zielgerichtet eingesetzt werden.

Abbildg. 4.2 Portfolios, Programme und Projekte

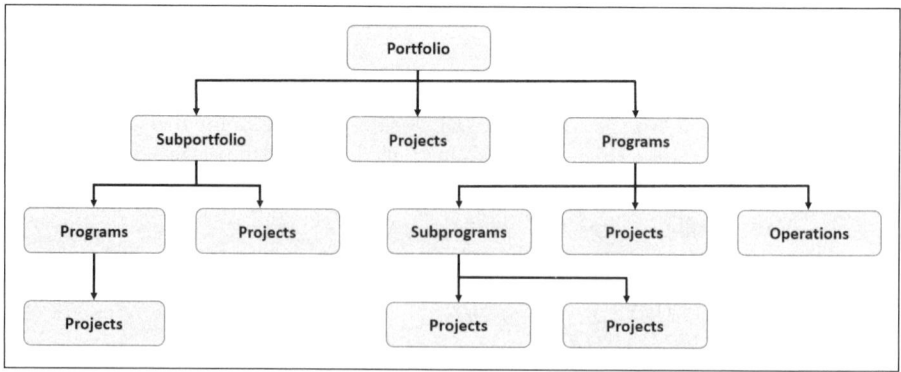

---

[1] Der Begriff »Führungskraft« wird hier entsprechend der juristischen Definition verwendet (»Geschäftsführung«) und umfasst alle Leitungsfunktionen (= Managementfunktionen) nach betriebswirtschaftlicher Definition.

[2] OPM 2013, S. 4, in Anlehnung an Abbildung 1-2

Im Rahmen des organisationsweiten Projektmanagements fällt dem Projektportfolio-Management (PPM) als oberste Instanz die leitende Rolle zu. Es muss somit die untergeordneten Komponenten (Abbildung 4.2)[1] entsprechend der Geschäftsziele auswählen und ausrichten (Defining Process Group und Aligning Process Group) sowie diese während des gesamten Lebenszyklus überwachen und steuern (Authorizing & Controlling Process Group).[2]

Abbildg. 4.3   Prozessgruppen und Wissensgebiete des Projektportfolio-Managements

	Defining Process Group	Aligning Process Group	Authorizing and Controlling Process Group
Portfolio Strategic Management	4.1 Develop Portfolio Strategic Plan 4.2 Develop Portfolio Charter 4.3 Define Portfolio Roadmap	4.4 Manage Strategic Change	
Portfolio Governance Management	5.1 Develop Portfolio Management Plan **5.2 Define Portfolio**	**5.3 Optimize Portfolio**	**5.4 Authorize Portfolio** **5.5 Provide Portfolio Oversight**
Portfolio Performance Management	6.1 Develop Portfolio Performance Management Plan	6.2 Manage Supply and Demand 6.3 Manage Portfolio Value	
Portfolio Communication Management	7.1 Develop Portfolio Communication Management Plan	7.2 Manage Portfolio Information	
Portfolio Risk Management	8.1 Develop Portfolio Risk Management Plan	8.2 Manage Portfolio Risks	

Zu jeder dieser Prozessgruppen gehören die in Abbildung 4.3 dargestellten Prozesse.[3]

Project Server stellt hierzu Funktionen zur Abbildung der Strategie, spezielle Seiten zur Erfassung der Projektstammdaten (*Projektdetailseiten*) und eine Ablaufsteuerung (*Workflowmanagement*) bereit. Um die Strategie der Organisation abzubilden, können in der *Treiberbibliothek* Geschäftsziele (*Business-Treiber/Faktoren*) zentral erfasst und ihre Ausprägung (*Projektauswirkungsanweisung*) definiert werden.[4] Alle Komponenten wie Projektvorschläge und laufende Projekte können anhand ihres Beitrags zu diesen Geschäftszielen bewertet werden. Damit eine Gesamtbewertung des Portfolios möglich wird, können diese Faktoren zueinander in einer Bewertungsmatrix (*Treiberpriorisierung*) gewichtet werden. Die Bewertung kann für das gesamte Portfolio oder Teile hieraus durchgeführt werden (*Portfolioanalysen*). Zu jeder Analyse können unterschiedliche Szenarien erstellt werden (*Portfolioauswahlszenario*).

Um die Projektstammdaten für das Portfoliomanagement auf einfache Art und Weise zu erfassen, stellt Project Server Stammdatenblätter für jede Komponente bereit (*Projektdetailseiten*). Auf diesen Projektdetailseiten können alle benutzerdefinierten Felder und Faktoren zu einem Projekt als Felder dargestellt werden. Diese können auch mehrzeiligen Text enthalten.

Der Ablauf des Projektmanagements kann zudem über den gesamten Lebenszyklus einer Komponente (Projekt) durch den Server gesteuert werden. Dazu unterteilt Project Server den Projektlebenszyklus standardmäßig in fünf *Workflowphasen*. In jeder dieser Workflowphasen kann das Projekt unterschiedliche Zustände einnehmen (*Workflowstufen*).

---

[1] Vgl. PPM 2013, S. 3, in Anlehnung an Abbildung 1-1
[2] Vgl. PPM 2013, S. 31-32
[3] PPM 2013, S. 31, in Anlehnung an Tabelle 3-1
[4] In der Oberfläche von Project Web App z.T. als *Business Treiber* und als *Faktor* bezeichnet

Abbildg. 4.4   Workflowphasen

Für unser Beispielunternehmen haben wir diese Workflowphasen angepasst auf *Erstellen, Auswählen, Planen, Verfolgen, Beendet* (Abbildung 4.4).[1] Der eigentliche Ablauf (*Workflow*) und die Workflowstufen sind jedoch nicht festlegt.

Tabelle 4.1   Zuordnung der Portfoliomanagementprozesse mit ausgewählten Aufgaben zu den Workflowphasen und -stufen

Portfoliomanage-mentprozesse	Aufgaben	Workflowphase	Workflowstufe
Define Portfolio	Komponenten identifizieren und kategorisieren	Erstellen	Eingangsdetails
	Komponenten bewerten		Projektdetails
	Komponenten auswählen	Auswählen	Projektauswahl
Optimize Portfolio	Bewertung prüfen		Portfolioauswahl
	Kosten prüfen		
	Ressourcen prüfen		
	Komponenten priorisieren		
Authorize Portfolio	Portfolio genehmigen		
		Planen	
Provide Portfolio Oversight	Portfolio überwachen	Verfolgen	Ausführen
		Beendet	Automatisch abgelehnt
			Projekt abgelehnt
			Abgeschlossen

Für unser Beispielunternehmen haben wir einen sehr einfachen Workflow mit dem Namen *Projektworkflow* und den Workflowstufen *Eingangsdetails, Projektdetails, Projektauswahl, Portfolioauswahl, Ausführen, Automatisch abgelehnt, Projekt abgelehnt* und *Abgeschlossen* festgelegt (Kapitel 9).

Der Ablauf beginnt in der Workflowstufe *Eingangsdetails* der Workflowphase *Erstellen*. Nach jeder manuellen oder automatischen Genehmigung wird die nächste Workflowstufe bzw. -phase erreicht (*Workflow-Genehmigungen*). Der Endzustand ist die Workflowstufe *Abgeschlossen* in der Workflowphase *Beendet* (Tabelle 4.1).

In jeder Workflowstufe werden bestimmte Projektdetailseiten eingeblendet, die die Erfassung von Daten erlauben bzw. erzwingen (Tabelle 4.2).

---

[1] Die Workflowphase *Verwalten* haben wir umbenannt in *Verfolgen* (vgl. Kapitel 9).

Tabelle 4.2   Zuordnung der Projektdetailseiten und deren Inhalt zu Workflowphasen

Projektdetailseite	Erfasster Inhalt	Workflowphase
Eingangsinformationen	Name und Beschreibung des Projektvorschlags, Anfangs- und Endtermin, Besitzer	Erstellen
Eingangsdetails	Eingangsinformationen, Projektabteilungen, Projekthauptziele, Projektkostenvoranschlag	Erstellen
Strategische Auswirkungen	Bewertung der Business-Treiber: Erschließung neuer Märkte und Segmente, Kostenreduktion, Verbesserung der Kundenzufriedenheit	Erstellen
Strategiedetails	Strategische Auswirkungen, Projektziele, Projektrahmenbedingungen	Erstellen
Terminplan	erster Terminplan des Projektvorschlags	Erstellen

Nachfolgend beschreiben wir, wie Sie die Projektportfolio-Managementprozesse aus dem Wissensgebiet *Portfolio Governance Management* mithilfe von Project Server umsetzen können (Abbildung 4.3). Die Prozesse aus den Wissensgebieten *Portfolio Strategic Management, Portfolio Performance Management, Portfolio Communication Management* und *Portfolio Risk Management* werden in diesem Kapitel nicht beschrieben. Während dieser Prozesse werden die Workflowphasen *Erstellen, Auswählen* und *Verfolgen* durchlaufen. Die Workflowphasen *Planen* und *Beendet* werden nicht beschrieben.

In unserem Beispiel nehmen Sie einen Projektvorschlag in Ihr Projektportfolio auf und bewerten diesen zusammen mit bereits existierenden Projekten. Der Vorschlag wird auf Grundlage eines Enterprise-Projekttyps *Tiefbauprojekte (Workflow)* erstellt, der auf unserem *Beispiel-Workflow Projektworkflow* basiert.

Während der Portfoliomanagementprozesse werden beim Übergang zu einigen Workflowstufen manuelle Genehmigungen notwendig. Voraussetzung dafür, dass Sie die Workflow-Genehmigungen ausführen können, ist die Mitgliedschaft in der Gruppe *Portfolio-Manager*. Im Einzelnen führen wir Sie durch die folgenden Prozesse:

- Define Portfolio
- Optimize Portfolio
- Authorize Portfolio
- Provide Portfolio Oversight

Define Portfolio

Zielsetzung des Prozesses *Define Portfolio* (Portfolio definieren) ist es, eine aktuelle, qualifizierte Liste aller für das Portfoliomanagement relevanten Komponenten (Projekte, Projektvorschläge etc.) zu erstellen. Hierzu müssen diese identifiziert, kategorisiert und bewertet werden.[1] In diesem Rahmen muss auch Sorge dafür getragen werden, dass keine Komponenten aufgenommen werden, die nicht den für Ihre Organisation gültigen Strategien und Auswahlkriterien entsprechen.[2] Des Weiteren gilt es sicherzustellen, dass für jede Komponente die für die Organisation gewählten Stammdaten vollständig erfasst werden (Key descriptors).

---

[1]   PPM 2013, S. 64
[2]   PPM 2013, S. 65

Nachfolgend beschreiben wir, wie Sie in der Workflowphase *Erstellen* für einen Projektvorschlag zunächst die wichtigsten Stammdaten erfassen (Workflowstufe *Eingangsdetails*), wie die erste automatische Genehmigung erfolgt und wie Sie dann die restlichen Stammdaten erfassen (Workflowstufe *Projektdetails*). Im Anschluss wird der Projektvorschlag in die Workflowphase *Auswählen* überführt und liegt dann dem Portfolio-Manager zur manuellen Genehmigung vor (Workflowstufe *Projektauswahl*). Nach erfolgter Genehmigung ist dieser Antrag aufgenommen (Workflowstufe *Portfolioauswahl*).

> **HINWEIS**   Die Liste der zu erfassenden Stammdaten basiert auf den Standardfeldern von Project Server mit den Anpassungen entsprechend Kapitel 9. Die Anlage der Geschäftsziele (*Business-Treiber*) wird im Abschnitt »Business-Treiber definieren« weiter unten in diesem Kapitel beschrieben.

Im Einzelnen beschreiben wir die folgenden Aufgaben

- Komponenten identifizieren
- Komponenten kategorisieren und bewerten
- Komponenten auswählen

Komponenten identifizieren

Zunächst müssen alle potenziellen Komponenten identifiziert werden. Um einen Projektvorschlag überhaupt beurteilen zu können, müssen die wichtigsten Informationen vorliegen. Diese Projektstammdaten erfassen Sie in der Workflowphase *Erstellen*, Workflowstufe *Eingangsdetails*. Dazu gehen Sie wie folgt vor:

1. Öffnen Sie *Project Web App*.
2. Klicken Sie in der Schnellstartleiste auf die Verknüpfung *Projekte*.

Abbildg. 4.5   Projektvorschlag erstellen

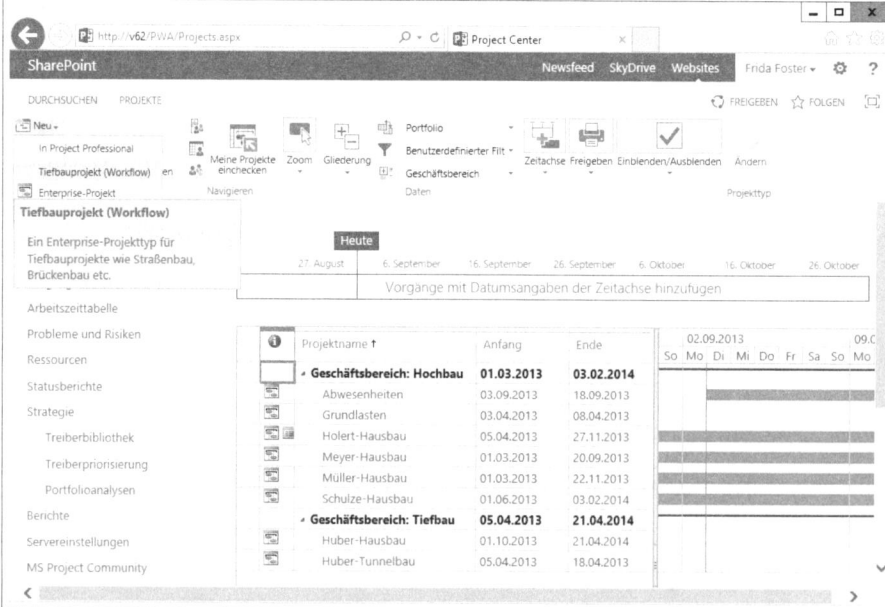

3. Klicken Sie im Menüband auf der Registerkarte *PROJEKTE* in der Gruppe *Projekt* auf das Dropdown-Listenfeld *Neu* und wählen Sie den Eintrag *Tiefbauprojekt (Workflow)* aus.

Abbildg. 4.6   Abfrage der wichtigsten Projektstammdaten während der Projektanlage

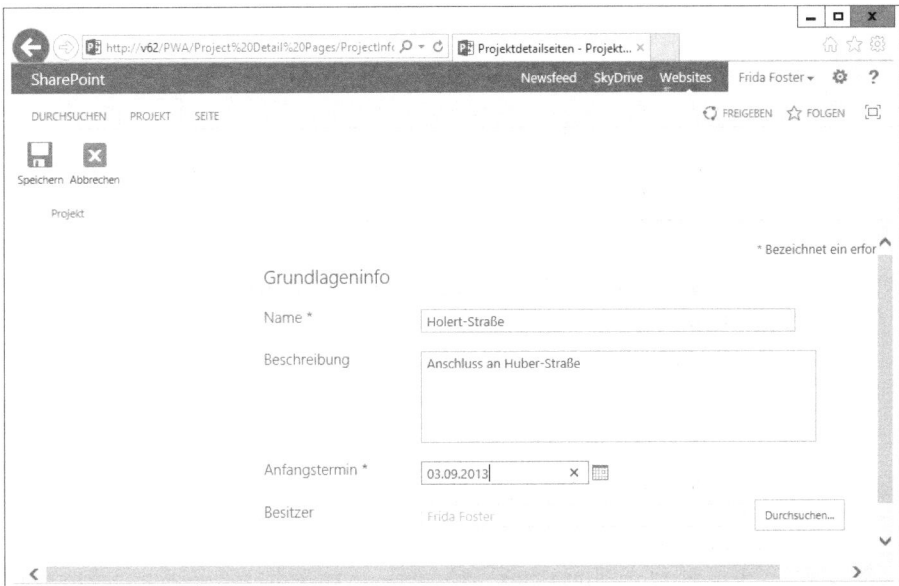

4. Geben Sie im Feld *Name* einen Projektnamen ein. Geben Sie zusätzlich im Feld *Beschreibung* eine kurze Projektbeschreibung und im gleichnamigen Feld einen *Anfangstermin* für das Projekt ein.

5. Füllen Sie ggf. weitere Felder aus.

HINWEIS   Achten Sie bei der Eingabe darauf, dass Sie alle Pflichtfelder ausfüllen, bevor Sie auf die Schaltfläche *Speichern* klicken. Pflichtfelder sind durch ein rotes Sternchen hinter dem Feldnamen gekennzeichnet (Abbildung 4.6).

---

6. Bei Bedarf können Sie auch den Projektvorschlag einem anderen *Besitzer* zuweisen, sodass dieser ihn weiterbearbeiten kann. Klicken Sie hierzu auf die Schaltfläche *Durchsuchen* und wählen Sie den gewünschten Benutzer aus.

7. Klicken Sie im Menüband auf *PROJEKT/Projekt/Speichern*.

Abbildg. 4.7   Der Projektvorschlag wird im Hintergrund erstellt

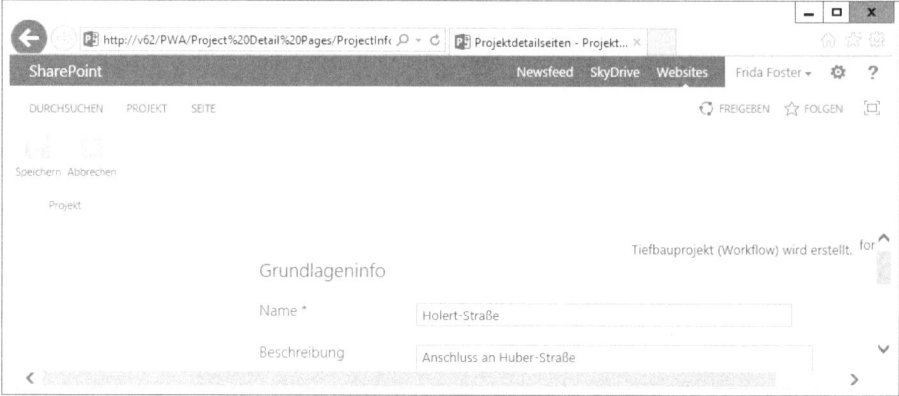

Nachdem Sie auf die Schaltfläche *Speichern* geklickt haben, wird im Hintergrund der Projektvorschlag erstellt. Der jeweilige Schritt des Hintergrundprozesses wird im rechten oberen Bereich eingeblendet (Abbildung 4.7).

Abbildg. 4.8   Das Projekt wurde erfolgreich erstellt

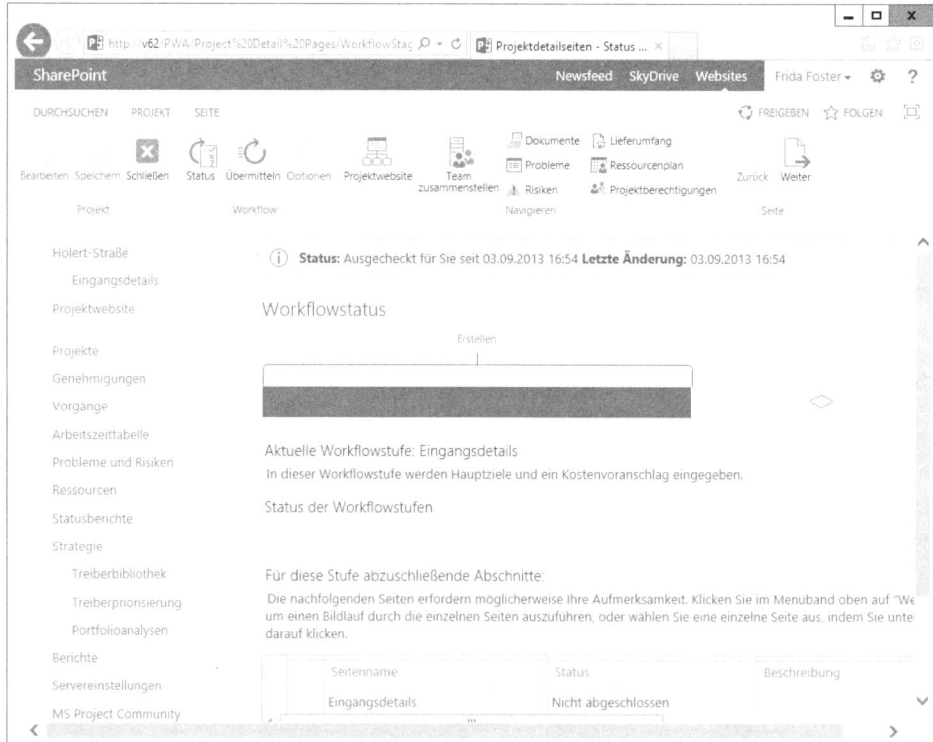

Nachdem der Projektvorschlag erfolgreich erstellt wurde, sehen Sie die Seite *Workflowstatus*. Diese gibt Ihnen in den jeweiligen Abschnitten einen Überblick über die aktuelle Workflowstufe, den Status der Workflowstufen und die für diese Stufe auszufüllenden Projektdetailseiten (hier

als *abzuschließende Abschnitte* bezeichnet). In unserem Beispiel erkennen Sie am Status, dass die Eingaben für die Projektdetailseite *Eingangsdetails* noch nicht abgeschlossen sind (Abbildung 4.8).

TIPP Wenn Sie einen Bildlauf weiter nach unten durchführen, erscheint ein weiterer Abschnitt mit dem Namen *Alle Workflowstufen*. Wenn Sie diesen erweitern, sehen Sie zudem den Überblick über den gesamten Ablauf.

Abbildg. 4.9   Alle Workflowstufen

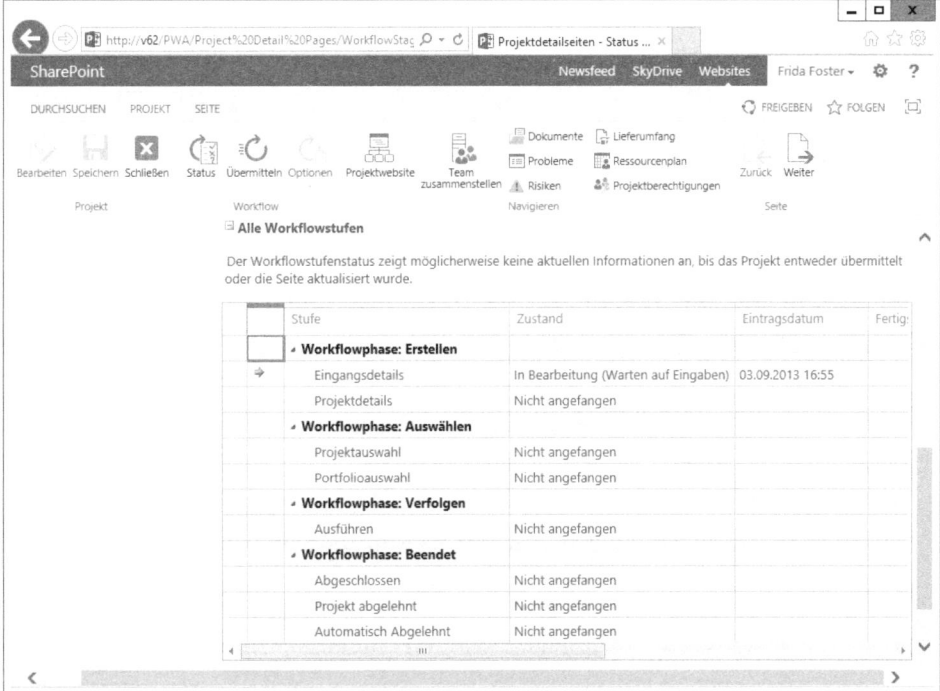

TIPP Sie können jederzeit den aktuellen Workflowstatus für ein Projekt bzw. einen Projektvorschlag ermitteln. Dazu wählen Sie in PWA im Project Center das entsprechende Projekt bzw. den Projektvorschlag aus, klicken auf dessen Namen und rufen im Menüband den Befehl *PROJEKT/Workflow/Status* auf.

Um die Erfassung fortzusetzen, führen Sie folgende Schritte aus:

1. Klicken Sie auf die Verknüpfung *Eingangsdetails* (Abbildung 4.8), um die fehlenden Informationen auf der Projektdetailseite *Eingangsdetails* zu ergänzen.

Abbildg. 4.10 Projektdetailseite *Eingangsdetails*

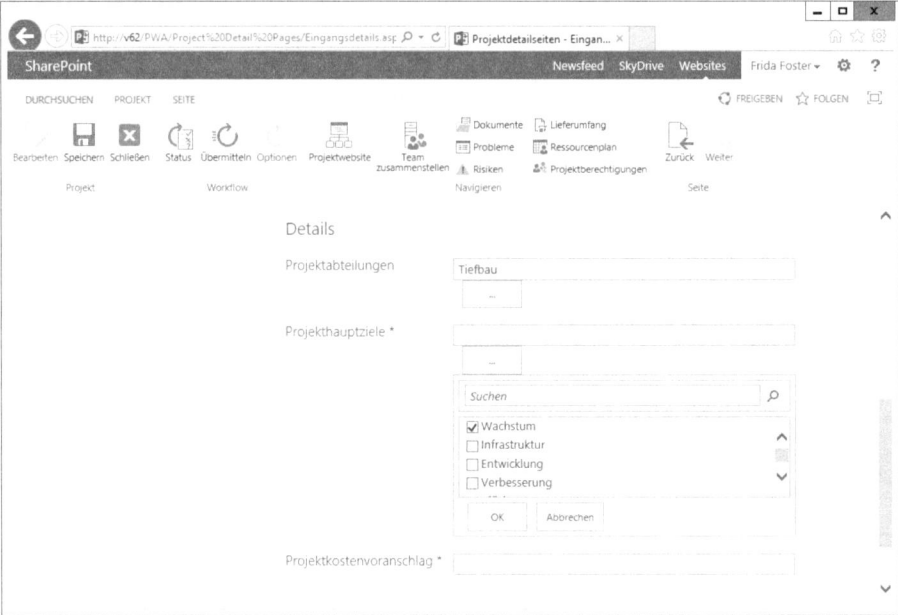

HINWEIS Die Projektdetailseite *Eingangsdetails* besteht aus den Abschnitten *Grundlageninfo* und *Details*. Der Abschnitt *Grundlageninfo* enthält die zuvor erfassten Daten.

2. Scrollen Sie die Bildschirmseite bis zum Abschnitt Details (Abbildung 4.10).

3. Klicken Sie auf die Schaltfläche unter dem Feld *Projektabteilungen* und wählen Sie im zugehörigen Dropdown-Listenfeld den Eintrag *Tiefbau* aus.

4. Verfahren Sie genauso mit dem Feld Projekthauptziele und wählen Sie hier Wachstum.

5. Geben Sie in das Feld *Projektkostenvoranschlag* den Wert »950000« ein. Die Währungsformatierung wird automatisch vorgenommen.

ACHTUNG Bei unserem Beispiel-Workflow werden alle Projektanträge, deren *Projektkostenvoranschlag* > 1.000.000 € ist, automatisch vom System abgelehnt.

6. Klicken Sie im Menüband auf *PROJEKT/Projekt/Speichern*.

7. Klicken Sie im Menüband auf *PROJEKT/Workflow/Übermitteln*, um die nächste Workflowstufe zu erreichen.

8. Bestätigen Sie die in Abbildung 4.11 gezeigte Meldung, indem Sie auf die Schaltfläche *OK* klicken.

9. Die nächste Workflowstufe *Projektdetails* wurde nun erreicht. Klicken Sie im Menüband auf *PROJEKT/Projekt/Schließen*, um das aktuelle Projekt zu schließen. Bestätigen Sie die Abfrage, ob Ihr Projekt eingecheckt werden soll, mit OK.

Abbildg. 4.11   Projektvorschlag übermitteln

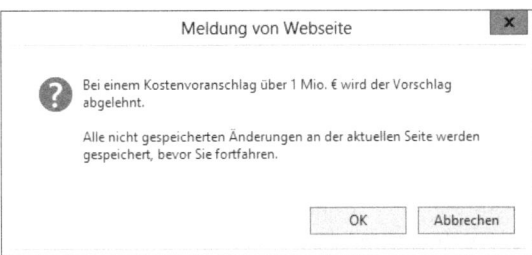

Da der Projektkostenvoranschlag weniger als 1 Mio. € beträgt, wurde automatisch die Workflowstufe *Projektdetails* erreicht.

Komponenten kategorisieren und bewerten

Um letztlich geeignete Komponenten auszuwählen, müssen alle erfassten Komponenten auf einheitliche Art und Weise kategorisiert und bewertet werden. Als erster Teil der Kategorisierung wurde bereits im vorangegangenen Abschnitt eine Zuordnung zu den Projekthauptzielen vorgenommen. Daneben können Sie auf der Projektdetailseite *Strategiedetails* weitere Beschreibungen ergänzen und eine Bewertung nach Business-Treibern vornehmen sowie auf der Projektdetailseite *Terminplan* Vorgänge und Meilensteine erstellen. Gehen Sie dazu folgendermaßen vor:

1. Klicken Sie in der Schnellstartleiste von PWA auf *Projekte*.
2. Klicken Sie auf das Projekt *Holert-Straße*.

Abbildg. 4.12   Weitere Projektdetailseiten werden eingeblendet

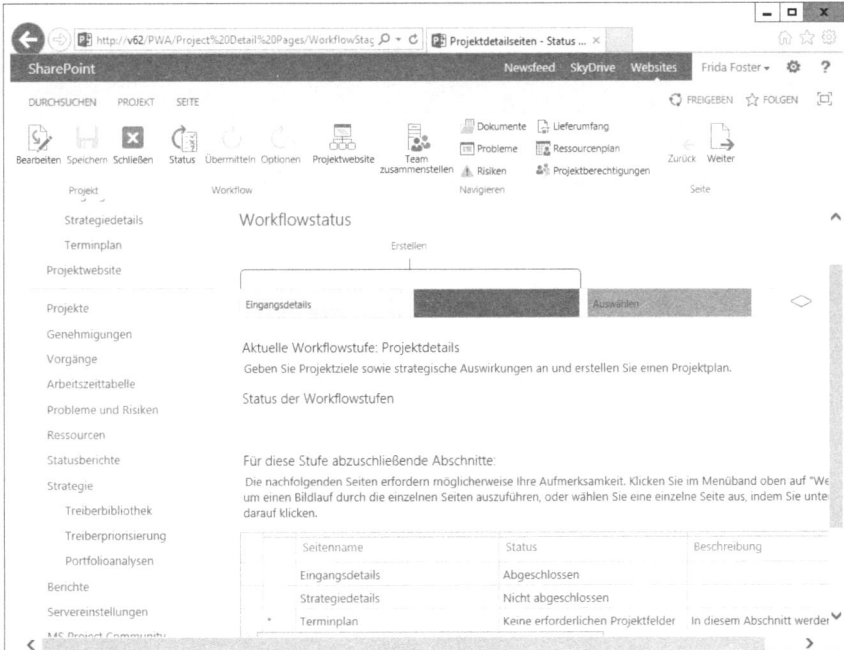

Die Seite *Workflowstatus* zeigt, dass die folgenden Projektdetailseiten zur Bearbeitung zu Verfügung stehen (Abbildung 4.12):

- Strategiedetails
- Terminplan

Strategiedetails

Um die Projektdetailseite *Strategiedetails* zu bearbeiten, führen Sie folgende Schritte aus:

1. Klicken Sie auf die Verknüpfung *Strategiedetails*.
2. Klicken Sie im Menüband auf *PROJEKT/Projekt/Bearbeiten*.

Abbildg. 4.13   Projektdetailseite *Strategiedetails*

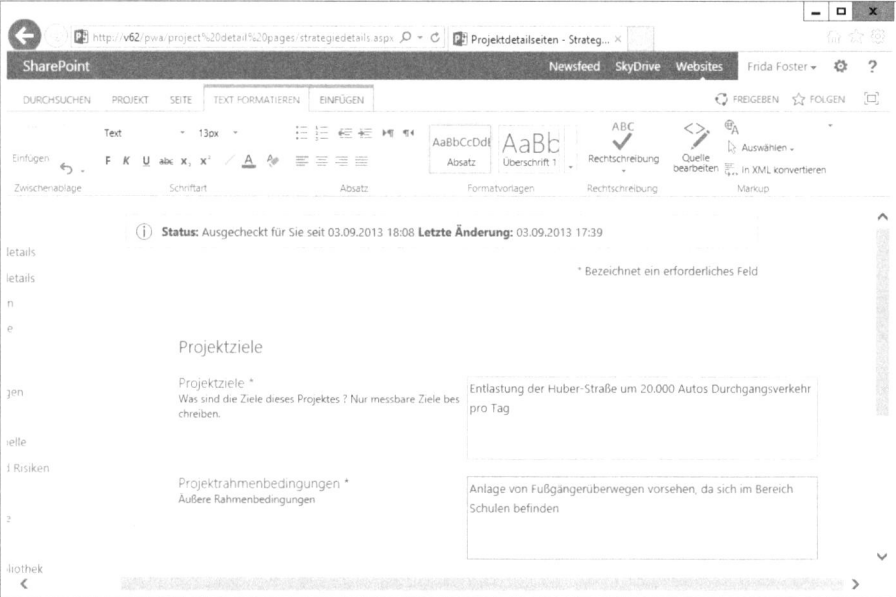

3. Geben Sie in das Feld *Projektziele* messbare Ziele des Projekts wie »Entlastung der Huber-Straße um 20.000 Autos Durchgangsverkehr pro Tag« ein.
4. Als Projektrahmenbedingungen geben Sie im gleichnamigen Feld äußere Rahmenbedingungen wie z.B. »Anlage von Fußgängerüberwegen vorsehen, da sich im Bereich Schulen befinden« ein.
5. Klicken Sie im Menüband auf *PROJEKT/Seite/Weiter*, um zur nächsten Projektdetailseite *Terminplan des Vorschlags* zu gelangen.

HINWEIS   Im Abschnitt *Strategische Projektauswirkungen* der Projektdetailseite *Strategiedetails* können Sie bereits hier eine Bewertung des Projektvorschlags mit seinem Beitrag zu den strategischen Zielen des Unternehmens durchführen. Voraussetzung ist hier, dass die Business-Treiber hierfür bereits angelegt wurden. Wir beschreiben die Anlage der Business-Treiber im Abschnitt »Portfolio Analyse erstellen«. Daher stellen wir auch dort die Bewertung dar.

Terminplan

Auf der Projektdetailseite *Terminplan* können Sie in diesem frühen Stadium erste Phasen und Meilensteine definieren. Später können Sie den Projektplan darauf aufbauend weiter verfeinern.

Um den Terminplan in Project Web App zu bearbeiten, gehen Sie wie folgt vor:

Abbildg. 4.14   Projektdetailseite *Terminplan*

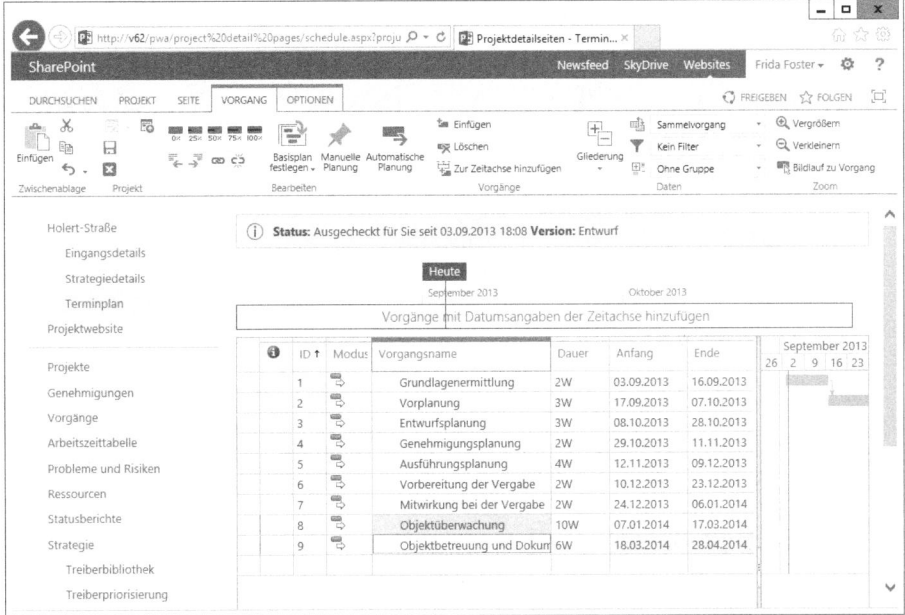

1. Geben Sie in der Spalte *Vorgangsname* neue Vorgänge ein. Gehen Sie dazu analog zu der Vorgehensweise vor, die für die Planungsprozesse in Kapitel 1 beschrieben ist.

2. Anschließend klicken Sie im Menüband auf *PROJEKT/Projekt/Speichern*, um Ihre Eingaben zu speichern.

3. Nachdem Sie alle Eingaben vollständig erfasst haben, klicken Sie im Menüband auf *PROJEKT/Workflow/Übermitteln*, um sie in die nächste Workflowstufe zu überführen.

Abbildg. 4.15   Projektvorschlag zur nächsten Workflowstufe überführen

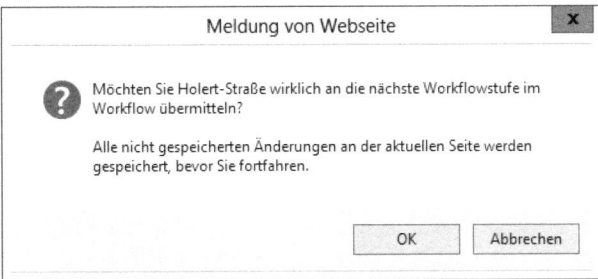

4. Bestätigen Sie das folgende Dialogfeld mit der Schaltfläche *OK*.

Hiermit haben Sie den Projektvorschlag mit allen Stammdaten (Key descriptors) inkl. der Kategorisierung eingereicht und in die Workflowphase *Auswählen* überführt. Ein Portfoliomanager kann in der Workflowstufe Projektauswahl prüfen, ob dieser Projektvorschlag den Strategien und Auswahlkriterien entspricht. In diesem Fall würde er genehmigt und stünde dann für die Aufnahme in das Portfolio bereit (Workflowstufe *Portfolioauswahl*).

Komponenten auswählen

Als Portfoliomanager treffen Sie nun die Entscheidung, ob der betreffende Projektvorschlag ein Kandidat für das Portfolio ist (Workflowphase *Auswählen*). Um den Antrag durch eine manuelle Genehmigung in die Workflowstufe *Portfolioauswahl* zu überführen, gehen Sie folgendermaßen vor:

Abbildg. 4.16   Workflowgenehmigungen

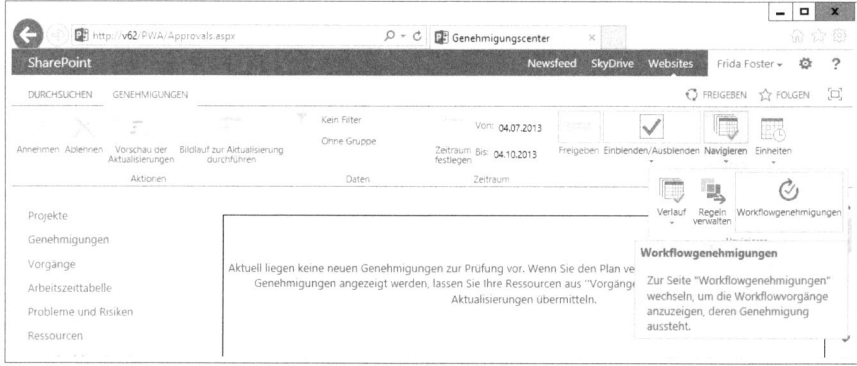

1. Klicken Sie innerhalb PWA in der Schnellstartleiste auf die Verknüpfung *Genehmigungen*.

Abbildg. 4.17   Übersicht der Workflowvorgänge

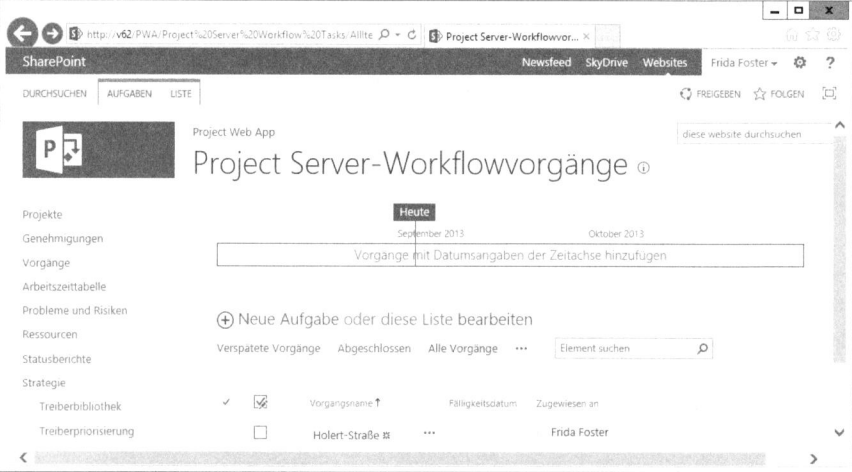

2. Über GENEHMIGUNGEN/Navigieren/Workflowgenehmigungen gelangen Sie in die Übersicht der Workflowgenehmigungen.

> **ACHTUNG** Diese Übersicht zeigt standardmäßig die Liste der verspäteten Vorgänge.

3. Um alle Vorgänge, die Ihrer Genehmigung bedürfen, anzuzeigen, klicken Sie auf die Verknüpfung Alle Vorgänge.

4. Markieren Sie Ihr Projekt *Holert-Straße*, indem Sie die betreffende Zeile auswählen.

Abbildg. 4.18 Projektvorschlag genehmigen – Schritt 1

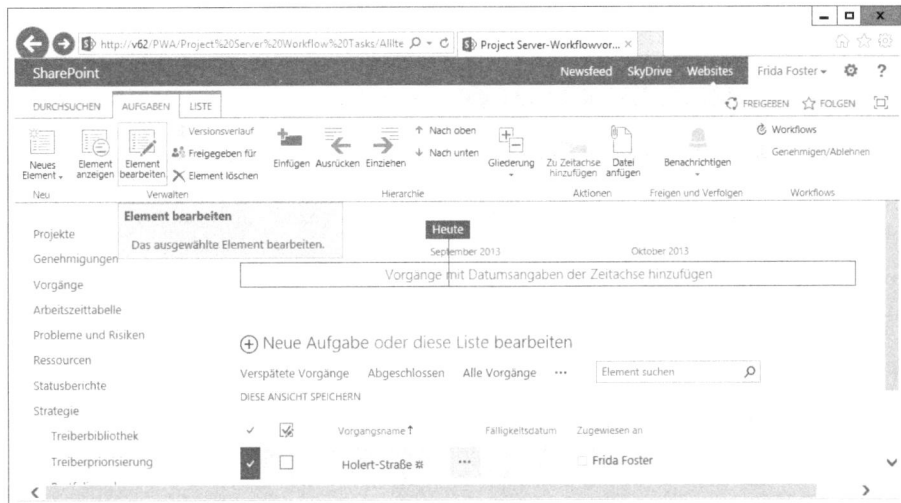

5. Klicken im Menüband *AUFGABEN* in der Befehlsgruppe *Verwalten* auf den Befehl *Element bearbeiten*.

Abbildg. 4.19 Projektvorschlag genehmigen – Schritt 2

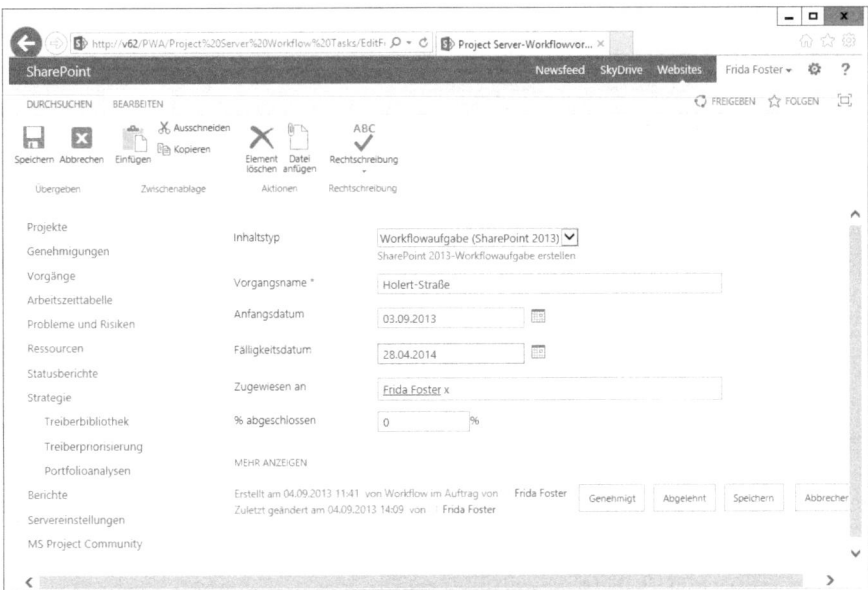

6. Klicken Sie mit gedrückter ⌜Strg⌝-Taste auf die Verknüpfung *Projekte* in der Schnellstart-leiste, wählen Sie das Projekt aus und prüfen Sie alle Projektdetailseiten wie zuvor beschrie-ben.

7. Genehmigen Sie das Projekt, indem Sie auf die Schaltfläche *Genehmigt* klicken.

Führen Sie diese Erfassung für alle weiteren Komponenten (laufende Projekte und Projektvor-schläge) durch, sodass Sie am Ende eine vollständige Liste aller ausgewählten Komponenten ein-schließlich deren Beschreibung, Kategorisierung und Bewertung vorliegen haben. Alle geneh-migten Komponenten sind damit in die Workflowstufe Portfolioauswahl überführt worden.

Optimize Portfolio

Ziel des Prozesses *Optimize Portfolio* (Portfolio optimieren) ist es, aus allen zuvor ausgewählten Komponenten den optimalen Mix zusammenzustell[1]en. Hierfür können Sie verschiedene weitere Methoden einsetzen wie Kompetenz- und Kapazitätsanalysen, gewichtete Rangfolgen und Bewer-tungstechniken, quantitative und qualitative Analysen sowie grafisch-analytische Methoden.

Ergebnis ist ein aktualisiertes Portfolio, das die Liste der aufgenommen und ausgeschlossenen Komponenten sowie der festgelegten Ressourcenverwendung enthält.

Project Server bietet Kompetenz- und Kapazitätsanalysen für Arbeits- und Finanzressourcen (Ressourcen- und Kostenanalyse). Daneben verfügt die Software über gewichtete Rangfolgen und Bewertungstechniken, z.B. als Priorisierung aller Projekte auf Basis von gewichteten Busi-ness-Treibern. Zudem stehen Ihnen als quantitative und qualitative Analyse die Szenarioanalyse sowie als grafisch-analytische Methode in der Kostenanalyse ein Punktdiagramm zur Verfügung. Alle diese Methoden und Techniken sind unter der Funktion *Portfolioanalyse* zusammengefasst bzw. verwenden diese.

Wir gehen im Nachfolgenden davon aus, dass wir einen Finanzrahmen von insgesamt 1,25 Mio. € haben und anstreben, die Projekte innerhalb der geplanten Laufzeit umzusetzen. Dazu führen wir folgende Schritte aus:

- Vorbereitungen
  - Business-Treiber definieren
  - Treiberpriorisierung erstellen
- Portfolioanalyse
  - Portfolio Analyse erstellen
  - Bewertung der Komponenten prüfen
  - Priorisierung
  - Kosten analysieren
  - Ressourcen analysieren
- Szenarioanalyse
  - Szenario 1: Finanzrahmen 1,25 Mio. €, Automatische Auswahl, Keine Ressourcenanalyse
  - Szenario 2: Finanzrahmen 1,25 Mio. €, Manuelle Auswahl Holert-Straße, Keine Ressour-cenanalyse
  - Szenario 3: Finanzrahmen 1,25 Mio. €, Automatische Auswahl, Huber-Straße verschoben
  - Szenario 4: Finanzrahmen 1,25 Mio. €, Automatische Auswahl, zusätzliche Ressourcen

---

[1] PPM 2013, S. 71-77

Vorbereitungen

Im Rahmen der Portfolioanalyse soll eine Gesamtbewertung aller Komponenten durchgeführt werden, sodass eine Rangfolge (Priorisierung) dieser erstellt werden kann. Hier benötigen Sie Bewertungskriterien. Die Bewertungskriterien sollen den Beitrag zu den strategischen Geschäftszielen (*Business-Treiber*) widerspiegeln und eine Vergleichbarkeit der Komponenten herstellen. Dazu gehört es auch, Bewertungsmodelle (*Treiberpriorisierung*) anzuwenden, die die einzelnen Kriterien zueinander gewichten, sodass eine Gesamtbewertung möglich wird.

Um die Bewertung durchführen zu können, müssen Sie in der Project Web App zunächst in der *Treiberbibliothek* die Business-Treiber anlegen und deren Ausprägung in fünf Stufen (Keine, Niedrig, Mittel, Stark, Extrem) festlegen. Diese Ausprägungen werden als *Projektauswirkungsanweisungen* in Project bezeichnet. Im Anschluss können Sie die Business-Treiber in einer Matrix zueinander ins Verhältnis stellen (*Treiberpriorisierung*). Danach können im Rahmen einer Portfolioanalyse die einzelnen Komponenten bewertet bzw. die bestehende Bewertung geprüft und angepasst werden. Auf dieser Basis kann der Project Server dann eine Rangfolge der Projekte erstellen. Nachfolgend beschreiben wir die Vorbereitung in zwei Abschnitten:

- Business-Treiber definieren
- Treiberpriorisierung erstellen

Business-Treiber definieren

Um die Business-Treiber zu definieren, führen Sie folgende Schritte aus:

1. Klicken Sie in der Schnellstartleiste von PWA unter *Strategie* auf die Verknüpfung *Treiberbibliothek*.

Abbildg. 4.20   Business-Treiber anlegen

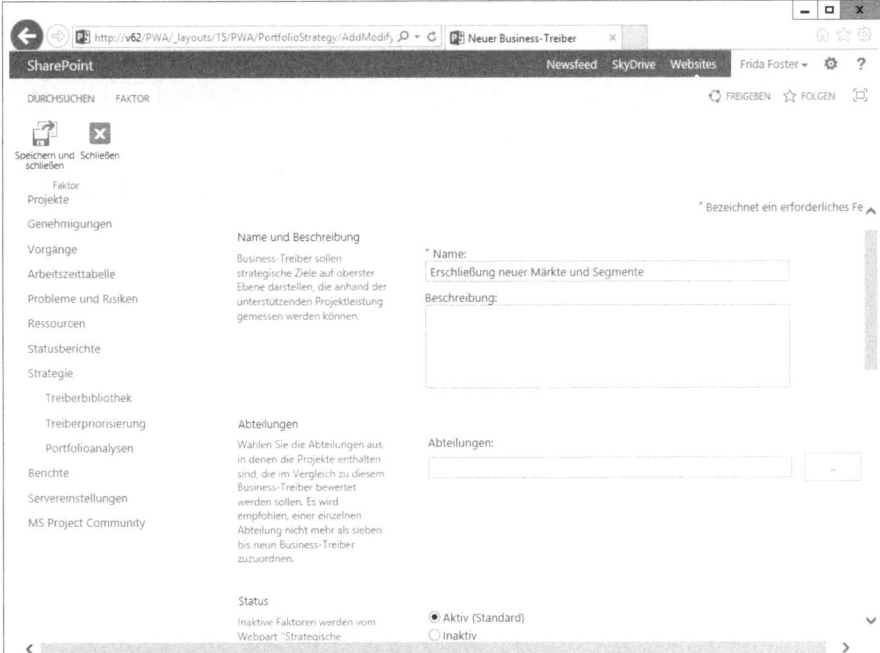

2. Legen Sie einen Business-Treiber an, indem Sie auf die Schaltfläche *FAKTOR/Faktor/Neu* klicken.

3. Geben Sie im Abschnitt *Name und Beschreibung* im Feld *Name* die Bezeichnung des Business-Treibers ein.

4. Ergänzen Sie im gleichnamigen Feld eine kurze Beschreibung, falls erforderlich.

5. Falls der Business-Treiber nur für Projektvorschläge einer Abteilung sichtbar sein soll, wählen Sie im Feld *Abteilungen* den entsprechenden Wert aus.

6. Belassen Sie das Feld *Status* auf dem Wert *Aktiv*. Dadurch wird es während der Erstellung des Projektvorschlags und der späteren Bewertung angezeigt.

Abbildg. 4.21   Auswirkungen auf das Geschäftsziel definieren

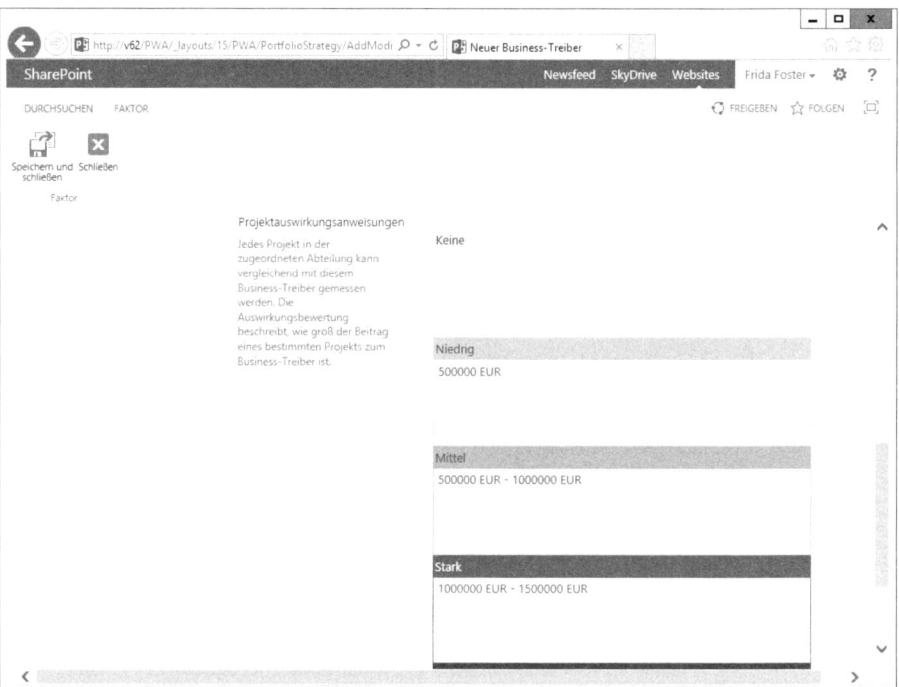

7. Geben Sie die Auswirkung auf das Geschäftsziel im Abschnitt *Projektauswirkungsanweisungen* an. Definieren Sie dazu in den Feldern *Keine*, *Niedrig*, *Mittel*, *Stark* und *Extrem* möglichst objektive Kriterien.

8. Nachdem Sie alle Werte eingegeben haben, klicken Sie anschließend im Menüband auf *FAKTOR/Faktor/Speichern und schließen*.

Abbildg. 4.22 Vollständige Liste der zur Verfügung stehenden Business-Treiber

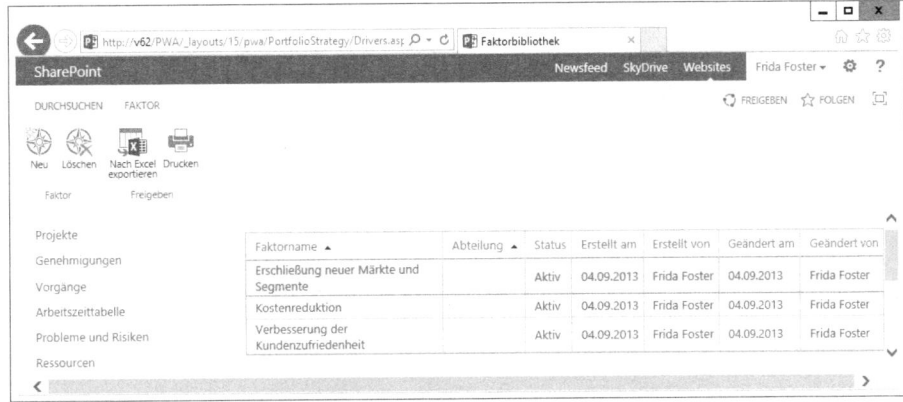

9. Wiederholen Sie diese Schritte für alle in Abbildung 4.22 gezeigten Business-Treiber.

Treiberpriorisierung erstellen

Um später für jede Komponenten eine Gesamtbewertung zu errechnen, benötigen Sie ein Bewertungsmodell (*Treiberpriorisierung*), das die Gewichtung der strategischen Geschäftsziele (Business-Treiber) zueinander festlegt. Ergebnis ist dann eine Rangfolge der Treiber. Bei der Festlegung kann es dazu kommen, dass sich Widersprüche ergeben. Project Server drückt dies in Form eines *Konsistenzfaktors* aus.

HINWEIS Für jeden Personenkreis, der an der Portfoliobewertung mitwirkt, können Sie ein eigenes Bewertungsmodell, also eine eigene *Treiberpriorisierung* erstellen, die dann für separate Bewertungen herangezogen werden kann.

Um eine Treiberpriorisierung zu erstellen, gehen Sie folgendermaßen vor:

1. Klicken Sie in Project Web App in der Schnellstartleiste unter *Strategie* auf die Verknüpfung *Treiberpriorisierung*.
2. Klicken Sie anschließend im Menüband auf *PRIORISIERUNG/Priorisierung/Neu*.
3. Geben Sie im Abschnitt *Name und Beschreibung* »Holert« ein.
4. Geben Sie die Organisationseinheit im Feld *Abteilung* an, falls die Treiberpriorisierung nur dort eingesetzt werden soll.

Abbildg. 4.23   Neue Treiberpriorisierung erstellen

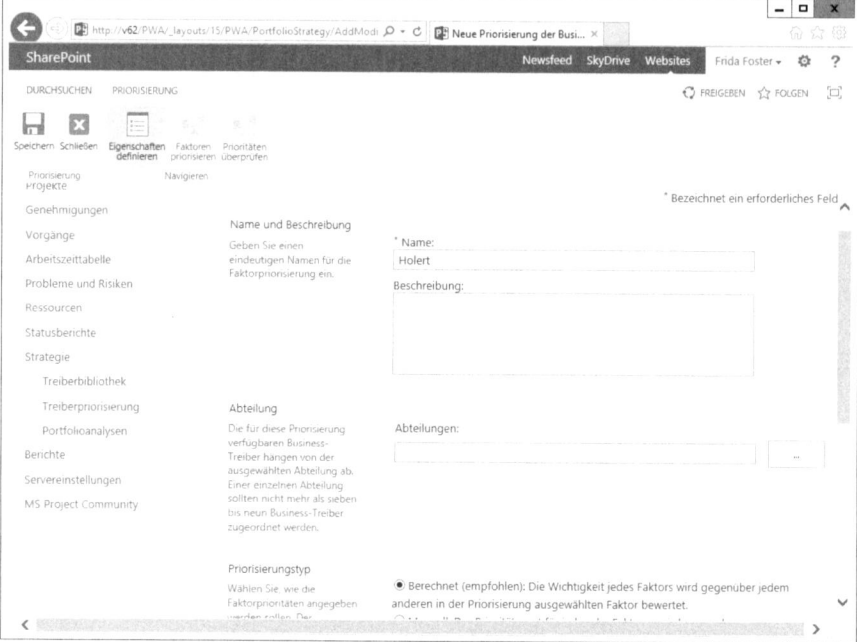

5. Stellen Sie sicher, dass im Abschnitt *Priorisierungstyp* das Optionsfeld *Berechnet* ausgewählt ist.

Abbildg. 4.24   Faktoren priorisieren

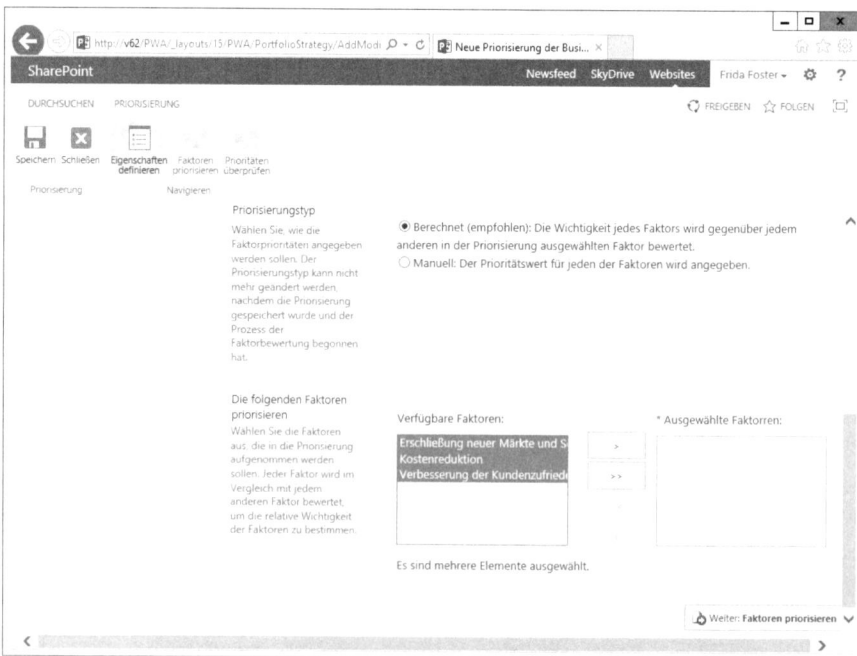

6. Im Abschnitt *Die folgenden Faktoren priorisieren* wählen Sie unter *Verfügbare Faktoren* alle Business-Treiber aus und klicken anschließend auf die Schaltfläche >> (Abbildung 4.24).

7. Klicken Sie nun auf die Schaltfläche *Weiter: Faktoren priorisieren*.

Abbildg. 4.25 Priorisierung der Business-Treiber – Schritt 1

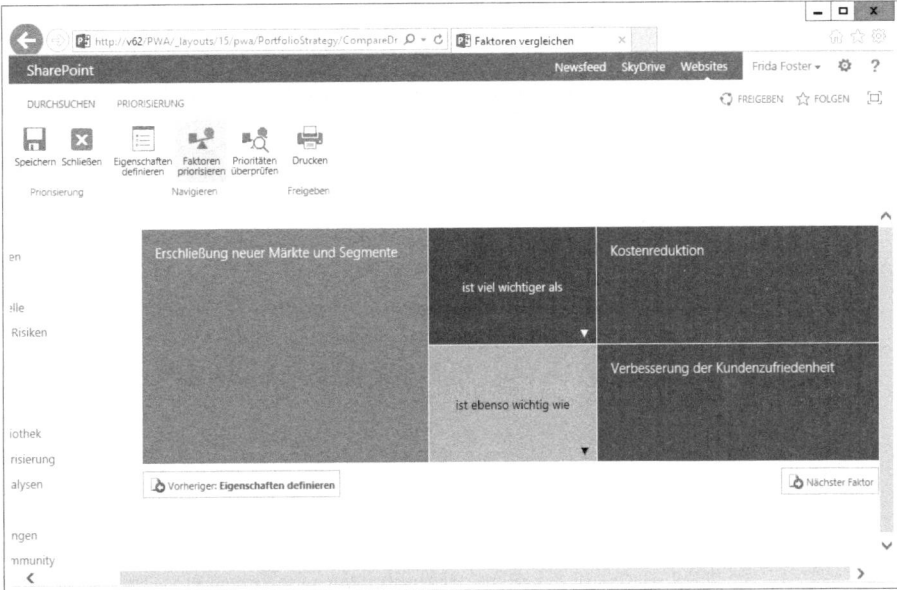

8. Definieren Sie von links nach rechts die Gewichtung der einzelnen Business-Treiber untereinander, indem Sie im Dropdown-Listenfeld die jeweilige Gewichtung auswählen (Abbildung 4.25).

9. Klicken Sie auf die Schaltfläche *Nächster Faktor*.

Abbildg. 4.26 Priorisierung der Business-Treiber – Schritt 2

10. Setzen Sie die Gewichtung fort, bis Sie diese für alle Faktoren fertiggestellt haben.

11. Klicken Sie nun auf die Schaltfläche *Weiter: Prioritäten überprüfen*.

Abbildg. 4.27   Priorität der Business-Treiber

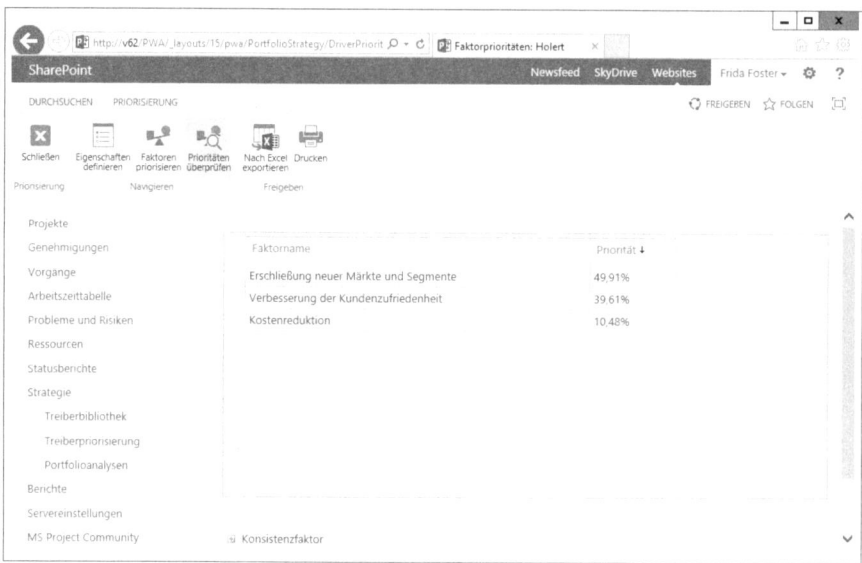

12. Klicken Sie auf das mit *Konsistenzfaktor* beschriftete Plussymbol.

Abbildg. 4.28   Priorität der Business-Treiber und Konsistenzfaktor

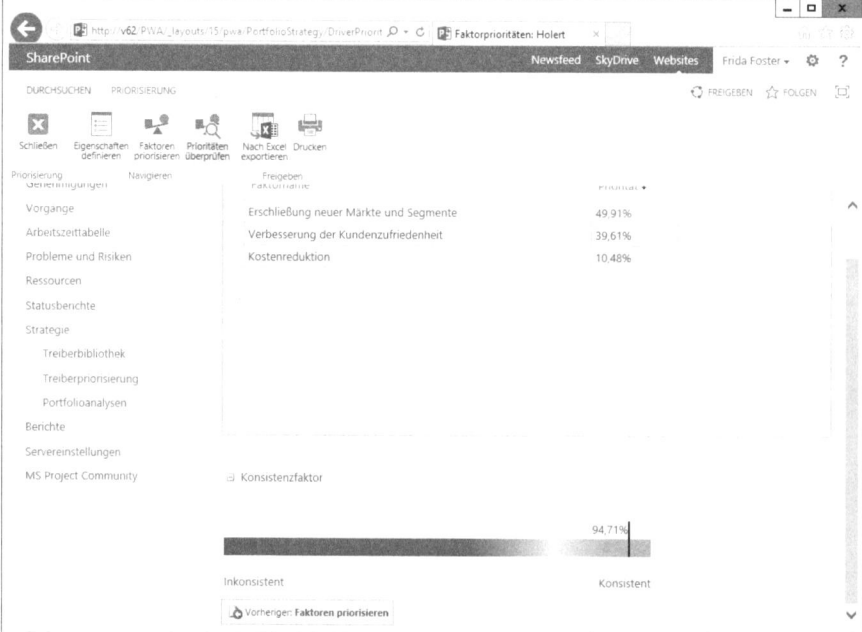

Project Server zeigt Ihnen die sich aus der Bewertung der Business-Treiber untereinander ergebende absolute Rangfolge an. Etwaige Widersprüche werden durch einen geringen Konsistenzfaktor (<70 %) signalisiert. Prüfen Sie in diesem Fall die Festlegung und führen Sie die Gewichtung erneut durch.

13. Klicken Sie nun im Menüband auf *PRIORISIERUNG/Priorisierung/Schließen*.

Abbildg. 4.29   Übersicht der vorhandenen Treiberpriorisierungen

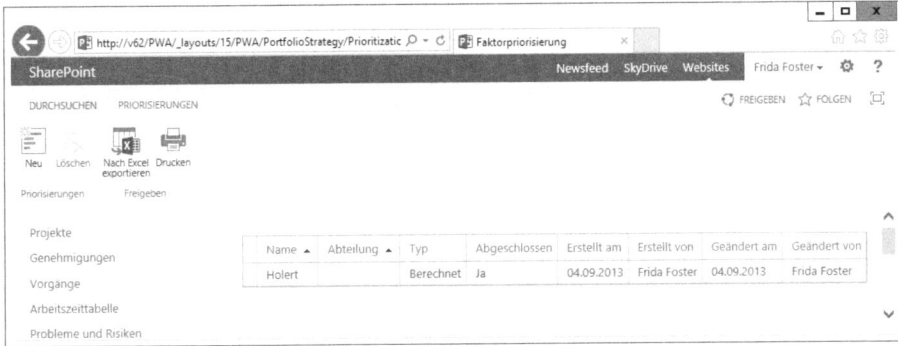

Hiermit haben Sie die Vorbereitungen für die Portfolioanalyse abgeschlossen.

Portfolioanalyse

Eine vollständige Ausführung der Portfolioanalyse gliedert sich in die folgenden Schritte:

- Portfolioanalyse erstellen
- Bewertung der Komponenten prüfen
- Priorisierung
- Kosten analysieren
- Ressourcen analysieren

Portfolio Analyse erstellen

Um die Portfolioanalyse zu erstellen, gehen Sie folgendermaßen vor:

1. Klicken Sie in Project Web App in der Schnellstartleiste im Bereich *Strategie* auf die Verknüpfung *Portfolioanalysen*.

2. Anschließend klicken Sie im Menüband auf *ANALYSE/Analyse/Neu*, um eine neue Analyse zu erstellen.

Abbildg. 4.30   Name und Beschreibung der Analyse

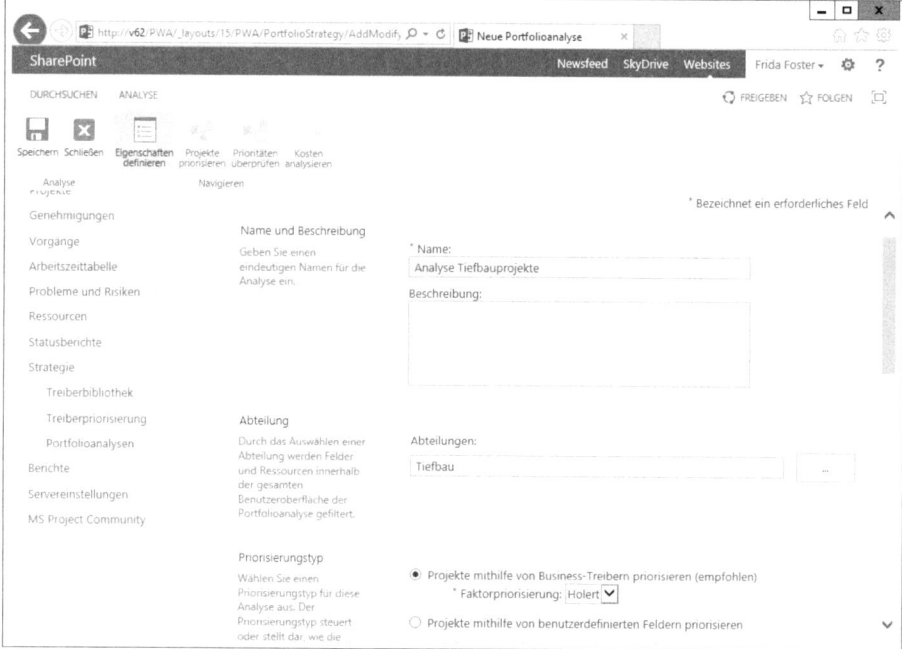

3. Geben Sie im Abschnitt *Name und Beschreibung* im Feld *Name* »Analyse Tiefbauprojekte«
ein.

Abbildg. 4.31   Diese Projekte priorisieren – Projekte auswählen

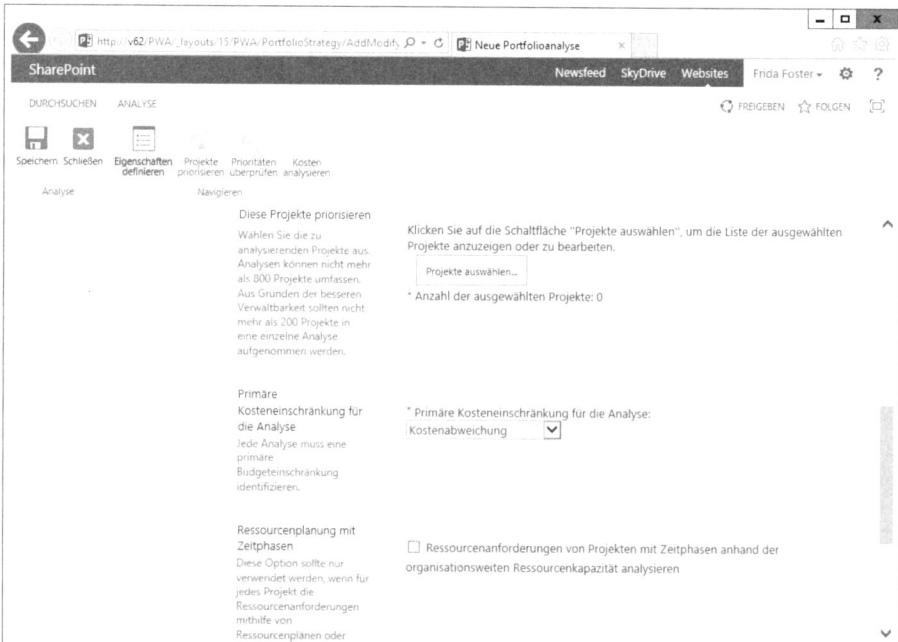

4. Wählen Sie im Abschnitt *Abteilung* im Feld *Abteilungen* den Wert *Tiefbau* aus.

5. Im Abschnitt *Priorisierungstyp* aktivieren Sie das Optionsfeld *Projekte mithilfe von Business-Treibern priorisieren (empfohlen)* und wählen Sie im Dropdown-Listenfeld *Faktorpriorisierung* die zuvor erstellte Treiberpriorisierung *Holert* aus.

6. Klicken Sie im Abschnitt *Diese Projekte priorisieren* auf die Schaltfläche *Projekte auswählen*.

Abbildg. 4.32   Projekte auswählen – Ansicht: *PPM Projektauswahl*

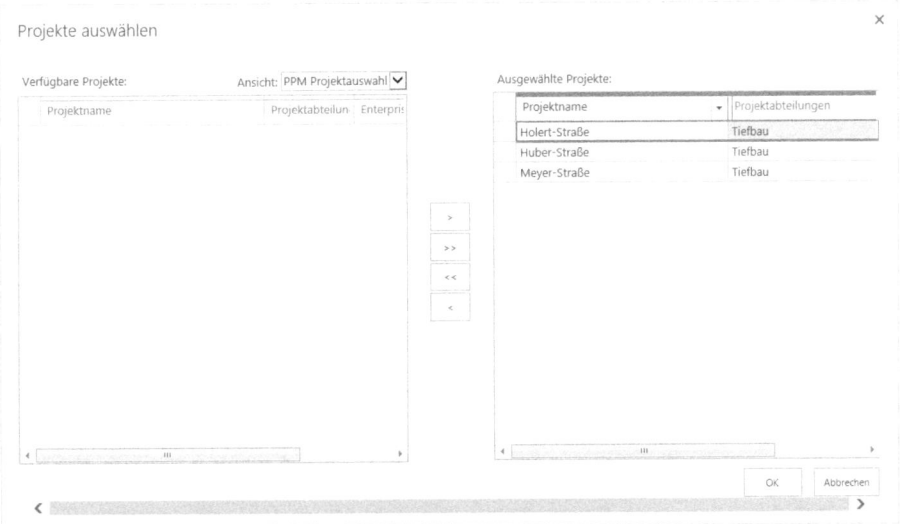

7. Prüfen Sie, dass im Fenster *Projekte auswählen* die Ansicht *PPM Projektauswahl* ausgewählt ist. Diese Ansicht zeigt ungefiltert alle Projekte der Workflowstufe *Projektauswahl*.

8. Übernehmen Sie alle Projekte in *Ausgewählte Projekte*, indem Sie auf die Schaltfläche mit den zwei nach rechts zeigenden Doppelpfeilen klicken.

9. Klicken Sie anschließend auf die Schaltfläche *OK*.

10. Im Abschnitt *Primäre Kosteneinschränkungen für die Analyse* wählen Sie im Dropdown-Listenfeld *Primäre Kosteneinschränkung für die Analyse* den Eintrag *Projektkostenvoranschlag* aus.

Abbildg. 4.33   Festlegung weiterer Parameter für die Portfolioanalyse

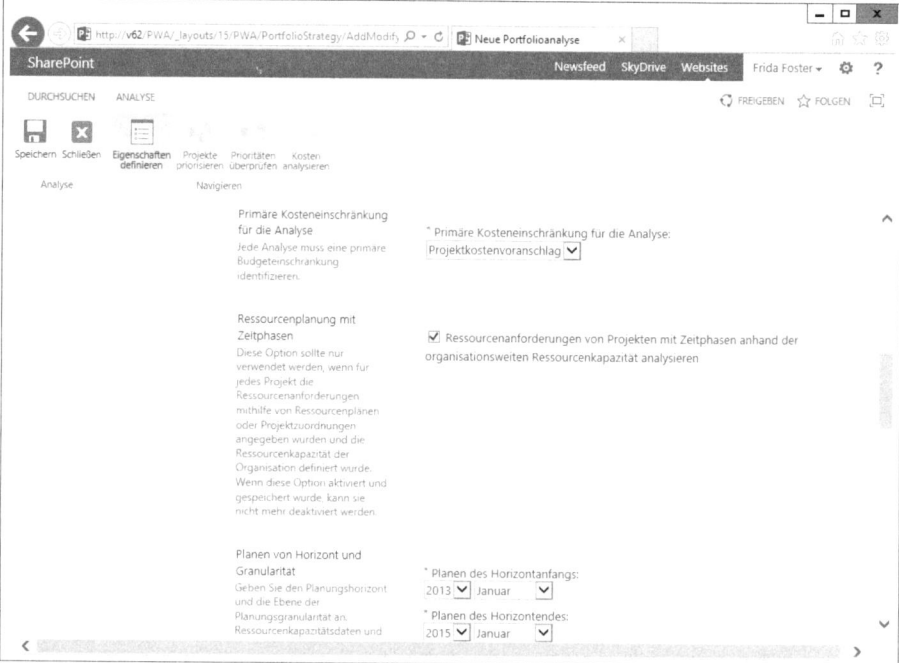

11. Stellen Sie sicher, dass im Abschnitt *Ressourcenplanung mit Zeitphasen* das Kontrollkästchen *Ressourcenanforderungen von Projekten mit Zeitphasen anhand der organisationsweiten Ressourcenkapazität analysieren* aktiviert ist (siehe Hinweis im Kasten).

> Wenn Sie das Kontrollkästchen *Ressourcenanforderungen von Projekten mit Zeitphasen anhand der organisationsweiten Ressourcenkapazität analysieren* im Abschnitt *Ressourcenplanung mit Zeitphasen* aktivieren, können Sie Kapazitätseinschränkungen bei Portfolioanalysen berücksichtigen. Sie können dann bei der Analyse entscheiden, ob Sie den Ressourcenengpässen mit Verschiebung der Projekte oder Erweiterung der Kapazität begegnen.
>
> Voraussetzung hierfür ist, dass Sie den Ressourcenbedarf in Form von Zuordnungen innerhalb des jeweiligen Projekts auf der Projektdetailseite *Terminplan* erfasst haben (siehe den Prozess *Ressourcen für Vorgänge schätzen* in Kapitel 1). Des Weiteren müssen Sie festlegen, welches benutzerdefinierte Feld für die Gliederung der Ressourcen auf Portfolioebene verwendet werden soll (*Benutzerdefiniertes Rollenfeld*, siehe Abbildung 4.34), welcher Planungszeitraum für die Ressourcen berücksichtigt werden muss und ob nur zugesicherte oder auch vorgesehene Ressourcenzuordnungen innerhalb dieses Prozesses berücksichtigt werden sollen.

12. Geben Sie die Einstellungen für Planungshorizontanfang und -ende und Granularität an.

Abbildg. 4.34   Einstellungen für Ressourcenanalyse

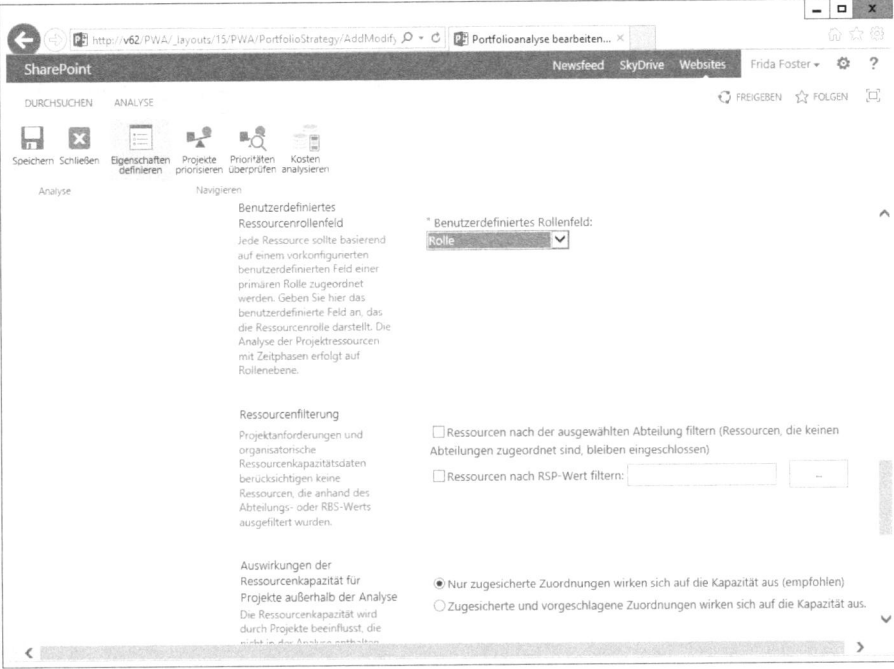

13. Wählen Sie Benutzerdefiniertes Rollenfeld, die übrigen Einstellungen auf dieser Seite belassen Sie bei den Standardeinstellungen.

14. Belassen Sie die *Aliasoptionen* zugeklappt, da zu diesem Zeitpunkt im Prozess noch nicht entschieden werden kann, welche Projekte zwingend ein- oder ausgeschlossen werden sollen.

15. Klicken Sie anschließend auf die Schaltfläche *Weiter: Projekte priorisieren*.

Bewertung der Komponenten prüfen

Um die Bewertung aller Komponenten hinsichtlich ihres Beitrags zu den Geschäftszielen zu prüfen, gehen Sie folgendermaßen vor:

1. Wählen Sie die erste Zeile mit dem ersten Projektvorschlag aus.

2. Prüfen und überschreiben Sie ggf. den Beitrag zu den Geschäftszielen in der jeweiligen Spalte.

3. Wiederholen Sie die Schritte für jede weitere Komponente/Zeile.

4. Klicken Sie abschließend auf die Schaltfläche *Weiter: Prioritäten überprüfen*.

Abbildg. 4.35   Bewertung aller Komponenten nach ihrem Beitrag zur den Geschäftszielen

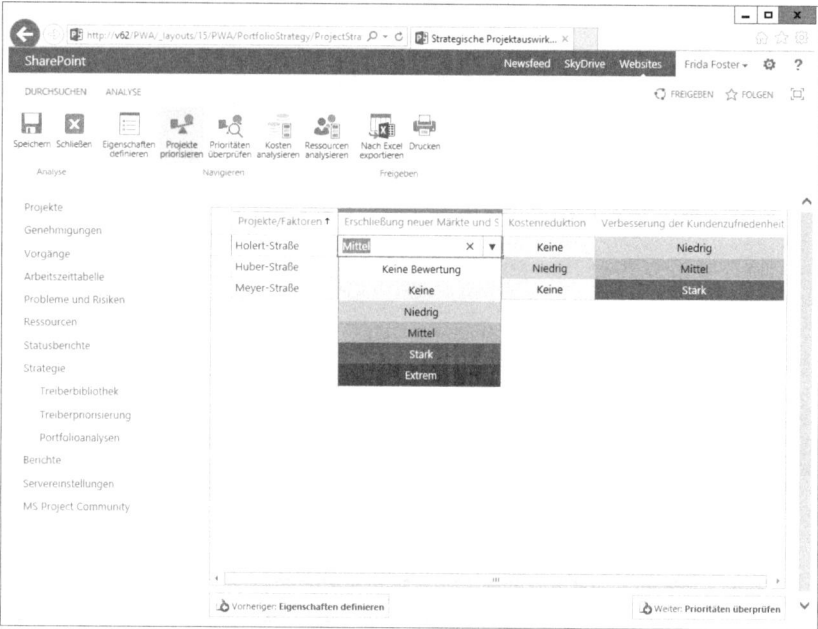

Priorisierung

Project Server zeigt jetzt die Rangfolge der Projektvorschläge auf Basis der zuvor erstellten und gewählten Treiberpriorisierung und der Einzelbewertung der Projektvorschläge (Abbildung 4.36) an.

Abbildg. 4.36   Liste der vorausgewählten Projekte sortiert nach Priorität

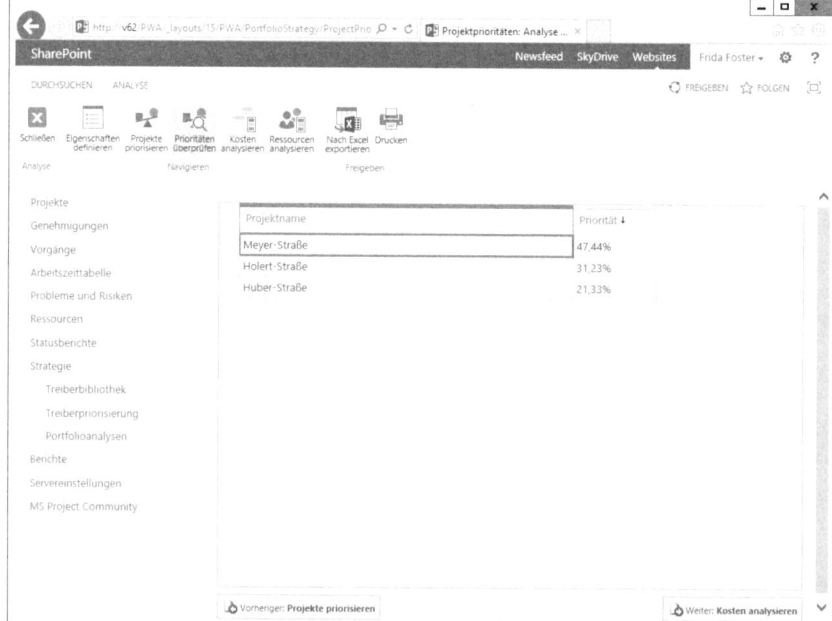

Diese Rangfolge hilft Ihnen, unter Berücksichtigung von Kosten- und Ressourceneinschränkungen die strategisch besten Projekte auszuwählen.

Kosten analysieren

Zur Durchführung der Kostenanalyse gehen Sie folgendermaßen vor:

1. Klicken Sie auf die Schaltfläche *Weiter: Kosten analysieren*.

Abbildg. 4.37   Finanzbedarf aller Komponenten

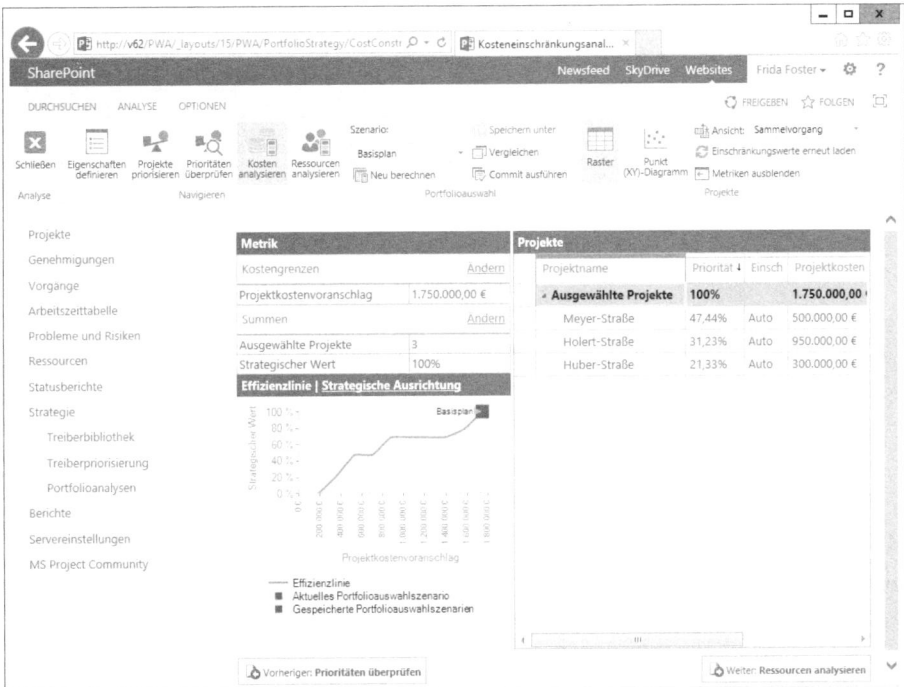

2. Lesen Sie den Finanzbedarf aller Komponenten in der Tabelle *Projekte* in der Spalte *Projektkosten* der Gruppierungszeile *Ausgewählte Projekte* ab.

In unserem Beispiel ist der Finanzbedarf 1,75 Mio. €, also 0,5 Mio. € oberhalb unseres gesetzten Finanzrahmens.

HINWEIS   Die Ausführung aller Projekte wird in Project Server als Szenario *Basisplan* (siehe im Menüband *ANALYSE/Portfolioauswahl/Szenario*) bezeichnet.

Betrachten wir nun zunächst unabhängig von finanziellen Restriktionen, ob wir ausreichend Ressourcen haben, um alle Projekte wie derzeit geplant durchführen zu können.

Ressourcen analysieren

Um die Ressourcen zu analysieren, führen Sie folgende Schritte aus:

1. Prüfen Sie, dass das Szenario *Basisplan* ausgewählt ist (*ANALYSE/Portfolioauswahl/Szenario/ Basisplan*).

2. Klicken Sie auf *ANALYSE/Navigieren/Ressourcen analysieren* (vgl. Abbildung 4.36.)

Abbildg. 4.38   Ressourcenbedarf aller Komponenten

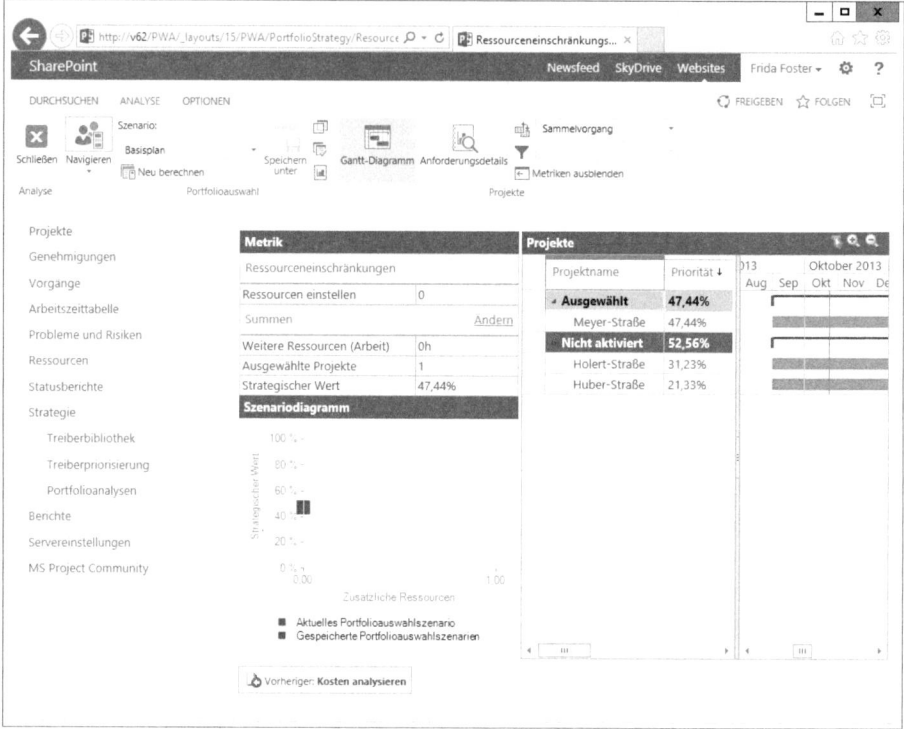

Es werden nur die Projekte als *Ausgewählt* anzeigt, die mit den bestehenden Ressourcen umgesetzt werden können. In unserem Beispiel ist es das Projekt *Meyer-Straße*.

Szenarioanalyse

Im Rahmen der Szenarioanalyse soll nun ermittelt werden, welche Projekte im Rahmen der zu Beginn des Abschnitts »Optimize Portfolio« genannten Einschränkungen hinsichtlich der Kosten und Ressourcen umgesetzt werden können und welche Wahlmöglichkeiten hier bestehen. In unserem Beispielunternehmen prüfen wir zunächst, welche Projekte im Rahmen der 1,25 Mio. € umsetzbar sind. Wir entscheiden uns dann für zwei Projekte und prüfen dann, wie wir die Projekte mit den gegebenen Ressourcen verschieben müssen. Im Anschluss ermitteln wir dann, wie viele zusätzliche Ressourcen wir benötigen, um die Projekte im gegebenen Zeitrahmen ausführen zu können. Hieraus ergeben sich folgenden vier Szenarien:

- Szenario 1: Finanzrahmen 1,25 Mio. €, Automatische Auswahl, Keine Ressourcenanalyse

- Szenario 2: Finanzrahmen 1,25 Mio. €, Manuelle Auswahl Holert-Straße, Keine Ressourcenanalyse

- Szenario 3: Finanzrahmen 1,25 Mio. €, Automatische Auswahl, Huber-Straße verschoben

- Szenario 4: Finanzrahmen 1,25 Mio. €, Automatische Auswahl, zusätzliche Ressourcen

Szenario 1: Finanzrahmen 1,25 Mio. €, Automatische Auswahl, Keine Ressourcenanalyse

Im ersten Szenario ermitteln wir, welche Projekte wir mit einem Finanzrahmen von 1,25 Mio. € umsetzen können. Als Ausgangssituation dient das Kostenszenario *Basisplan*, das im vorangegangenen Abschnitt erstellt wurde. Gehen Sie folgendermaßen vor.

1. Wechseln Sie über *ANALYSE/Navigieren/Kosten analysieren* in die Kostenanalyse.

2. Zur besseren Übersichtlichkeit wechseln Sie hier zur Vollbilddarstellung, indem Sie das Symbol in der rechten oberen Ecke des Fensters anklicken (vgl. Marginalspalte).

Abbildg. 4.39   Kostenanalyse

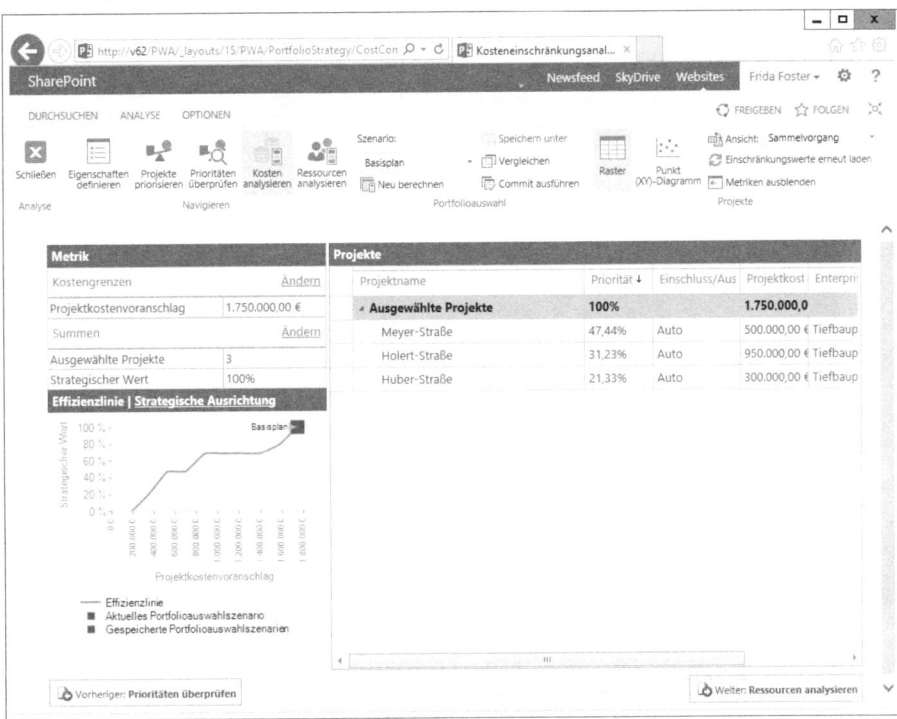

3. Geben Sie den Betrag von 1,25 Mio. € in der Tabelle *Metrik* in der Zeile *Projektkostenvoranschlag* ein.

4. Klicken Sie im Menüband auf den Befehl *ANALYSE/Portfolioauswahl/Neu berechnen*.

Das Ergebnis der Berechnung ist, dass Ihnen Project Server für den gegebenen Finanzrahmen vorschlägt, nur die Projekte *Meyer-Straße* und *Huber-Straße* auszuführen. Und das, obwohl rein rechnerisch auch die Ausführung der Projekte *Huber-Straße* und *Holert-Straße* mit dem vorgegebenen Finanzrahmen möglich gewesen wäre. Die Empfehlung beruht auf dem zuvor erstellten Bewertungsmodell (*Treiberpriorisierung*) und der gewählten Bewertung der Projektvorschläge (Abbildung 4.40). Im konkreten Fall hat das Projekt *Meyer-Straße* die höchste Priorität (siehe Spalte *Priorität*) und wird deshalb ausgewählt. Das Projekt *Holert-Straße* hätte zwar die zweitgrößte Priorität, ist aber aus Kostengründen nicht umsetzbar, daher wurde das Projekt *Huber-Straße* als zweites Projekt ausgewählt.

Abbildg. 4.40   Ausgewählte Projekte bei gegebenem Finanzrahmen

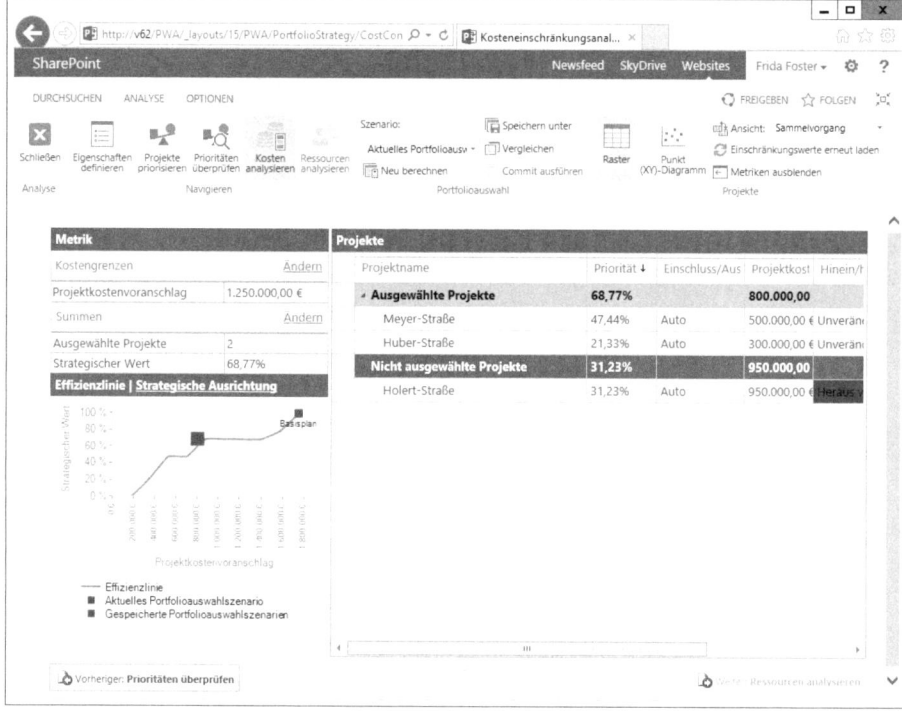

Die sogenannte *Effizienzlinie* verdeutlicht die Gesamtsituation. Diese wurde unter Berücksichtigung des strategischen Nutzens (*Strategischer Wert*) auf der Y-Achse und den Kosten auf der X-Achse (*Projektkostenvoranschlag*) erstellt. Sie können der Abbildung entnehmen, dass Sie alle Projekte (100 %) mit einem finanziellen Aufwand in Höhe von 1,75 Mio. € realisieren könnten. Aufgrund der finanziellen Beschränkung in Höhe von 1,25 Mio. € können Sie nur einen *Strategischen Wert* von ca. 69 % realisieren.

HINWEIS   Diese Betrachtung wird als *Aktuelles Portfolioauswahlszenario* bezeichnet (siehe im Menüband *ANALYSE/Portfolioauswahl/Szenario*).

5. Klicken Sie auf *ANALYSE/Portfolioauswahl/Speichern unter*.

Abbildg. 4.41   Portfolioauswahlszenario speichern

Portfolioauswahlszenario speichern   ✕

Name des Portfolioauswahlszenarios:

Finanzrahmen 1,25 Mio. €, Automatische Auswahl   ✕

OK   Abbrechen

6. Speichern Sie das Portfolioauswahlszenario unter dem Namen »Finanzrahmen 1,25 Mio. €, *Automatische Auswahl*«.

Das Szenario ist nun in dieser Portfolioanalyse gespeichert, die Auswahl ohne Kosteneinschränkung bleibt unter dem Namen *Basisplan* erhalten.

Szenario 2: Finanzrahmen 1,25 Mio. €, Manuelle Auswahl Holert-Straße, Keine Ressourcenanalyse

Sie möchten nun entgegen der Empfehlung von Project Server das Projekt trotzdem umsetzen. Um dieses Szenario zu analysieren, gehen Sie folgendermaßen vor:

1. Wechseln Sie über *ANALYSE*/*Navigieren*/*Kosten analysieren* zurück in die Kostenanalyse.

Abbildg. 4.42   Kostenanalyse Finanzrahmen 1,25 Mio. €

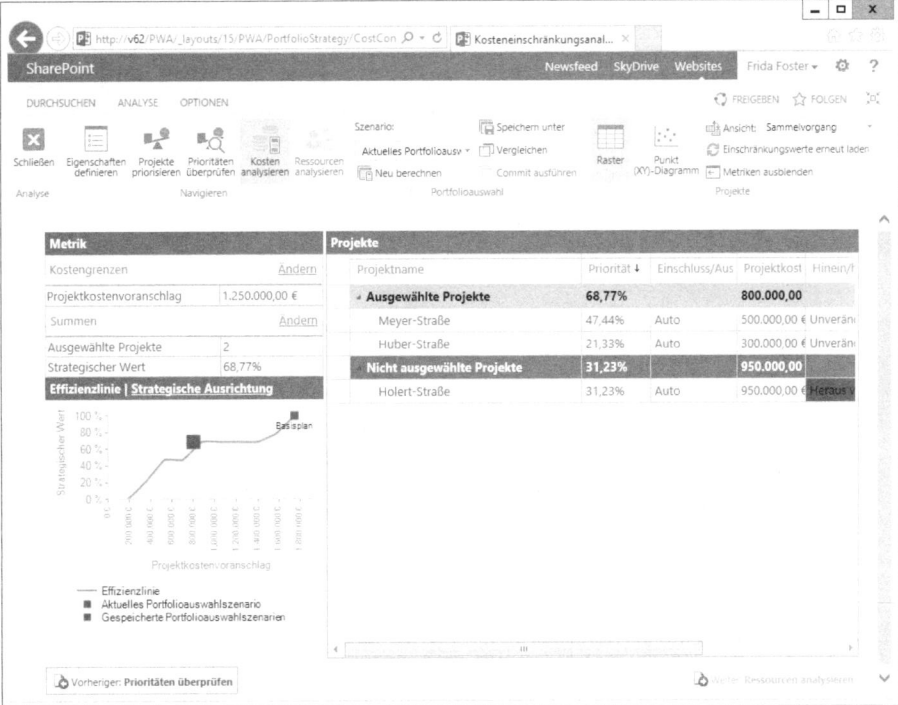

2. Wählen Sie unter der Gruppierungszeile *Nicht ausgewählte Projekte* das Projekt *Holert-Straße* aus.

3. Klicken Sie in der Zeile des Projekts hinter der Spalte *Einschluss/Ausschluss erzwungen* auf die *Schaltfläche* und wählen Sie im Dropdown-Listenfeld den Eintrag *Einschluss erzwungen* aus.

Abbildg. 4.43

Bestimmte Projekte selektiv mit in das Portfolio aufnehmen

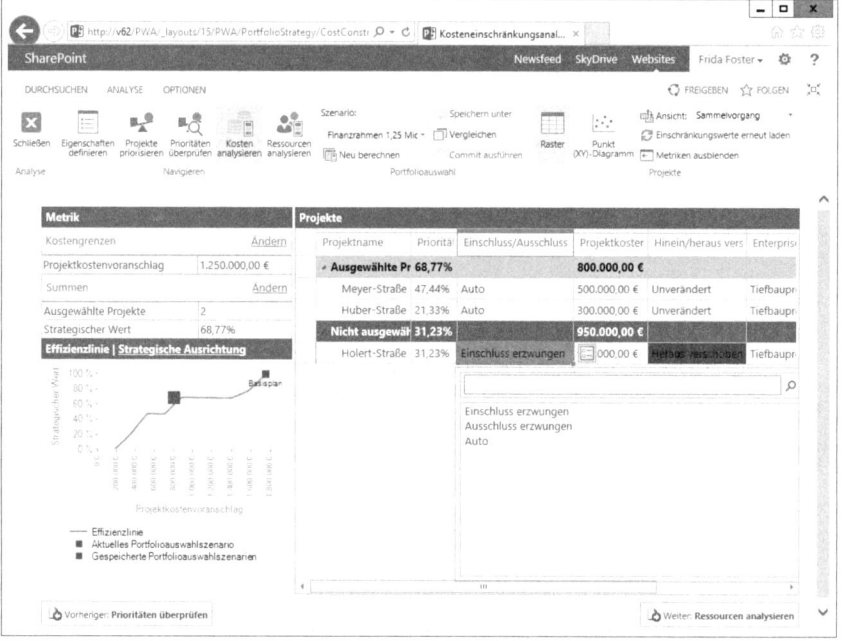

4. Anschließend klicken Sie im Menüband auf *ANALYSE/Portfolioauswahl/Neu berechnen*, um die Berechnung zu starten.

Abbildg. 4.44

Neue Berechnung des Portfolios

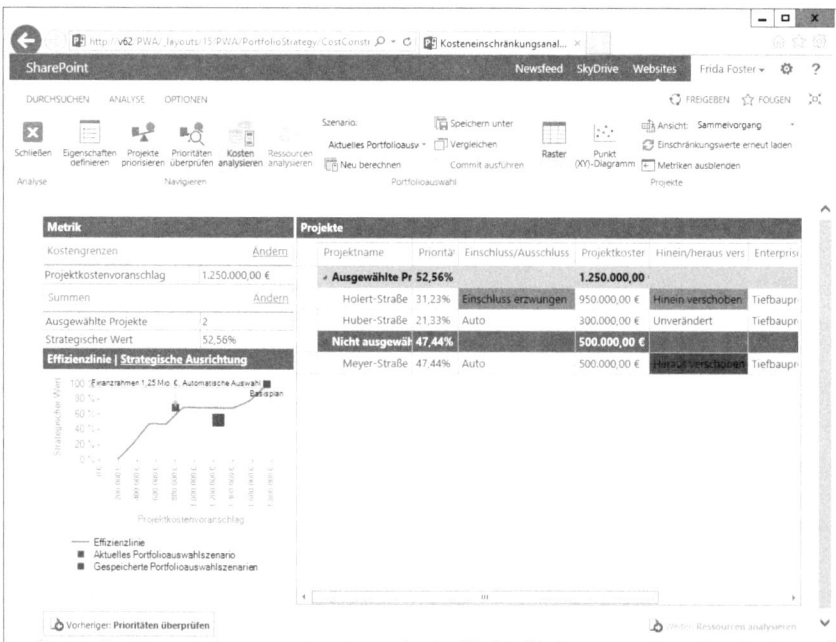

5. Rufen Sie danach den Befehl *Speichern unter* auf und speichern Sie das Szenario unter dem Namen »Finanzrahmen 1,25 Mio. €, Holert erzwungen« wie zuvor beschrieben.

Wie Sie Abbildung 4.44 entnehmen können, wurde das Projekt *Holert-Straße* wunschgemäß mit in das Portfolio aufgenommen. Allerdings wurde aufgrund dessen das Projekt *Meyer-Straße* aus dem Portfolio ausgeschlossen. Dadurch ist der *Strategische Wert* von ca. 68 % auf 53 % gesunken und die Gesamtkosten sind von 0,8 Mio. € auf 1,25 Mio. € angestiegen (*Projektkostenvoranschlag*). Aus diesem Grund verfolgen wir dieses Szenario nicht weiter. Wir behalten die automatische Auswahl bei und analysieren jetzt zwei mögliche Szenarien in Bezug auf den Ressourceneinsatz (Verschieben/Mehr Ressourcen).

Szenario 3: Finanzrahmen 1,25 Mio. €, Automatische Auswahl, Huberg-Straße verschoben

Im nächsten Szenario überprüfen Sie zunächst, ob Sie für die zwei automatisch ausgewählten Projekte (Szenario 1) über ausreichend Ressourcen verfügen. Sollte das nicht der Fall sein, ermitteln Sie, wie Sie den Ressourcenengpass durch Verschiebung beseitigen können. Gehen Sie folgendermaßen vor:

Abbildg. 4.45   Analyse der Ressourcen

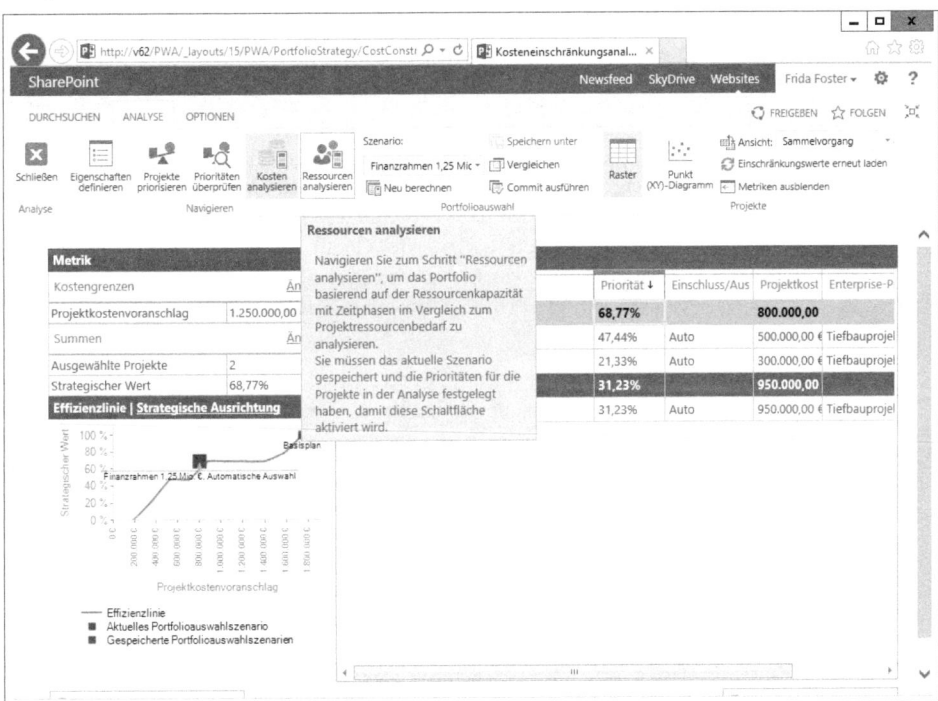

1. Wählen Sie unter *Szenario* die Version *Finanzrahmen 1,25 Mio. €, Automatische Auswahl*.
2. Rufen Sie auf der Registerkarte *ANALYSE* in der Befehlsgruppe *Portfolioauswahl* den Befehl *Ressourcen analysieren* auf.

Abbildg. 4.46   Ressourcenanalyse

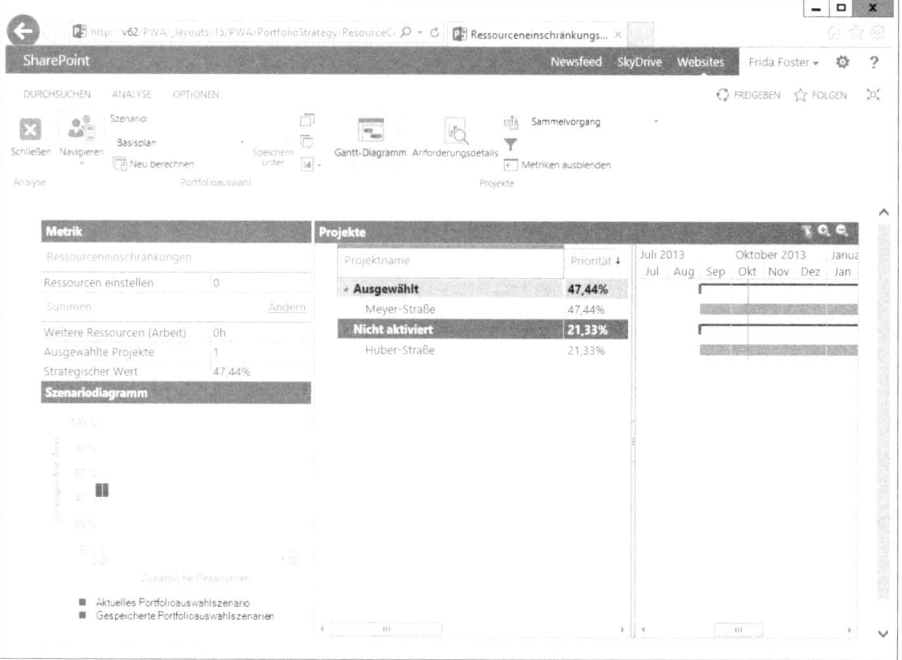

Project Server zeigt Ihnen an, dass mit den bestehenden Ressourcen innerhalb des geplanten Zeitraums nur das Projekt *Meyer-Straße* umgesetzt werden kann. Dies ist daran zu erkennen, dass in der Tabelle *Projekte* unter *Ausgewählt* nur das Projekt *Meyer-Straße* angezeigt wird. Da dieses Projekt eine höhere Priorität als das Projekt *Huber-Straße* hat, wird es bevorzugt ausgewählt. Der strategische Wert Ihres Portfolios sinkt dabei im Vergleich von Szenario 1 von 69 % auf 47 %.

Jetzt gilt es, herauszufinden, warum nur eines der beiden Projekte aktiviert ist und wie eine Aktivierung beider Projekte erreicht werden kann. Gehen Sie dazu folgendermaßen vor:

1. Stellen Sie den Ressourcenbedarf dar (*ANALYSE/Projekte/Anforderungsdetails*).
2. Ermitteln Sie in der Tabelle *Projektanforderungen* in der Zeile *Nicht aktiviert* die Perioden, die rosafarben hinterlegt sind.

Unter *Projektanforderungen* sehen Sie unter *Huber-Straße* in der Zeile *Handwerker*, dass für Januar und Februar jeweils das Vollzeitäquivalent einer Ressource bzw. für März das einer halben Ressource dieser Qualifikation fehlt.

In der Tabelle *Ressourcenverfügbarkeit* sehen Sie in der Zeile *Handwerker* für *Januar* und *Februar* die Zahl 0 und für März die Zahl 0,48. Das bedeutet, dass nach der Auswahl des Projekts *Meyer-Straße* für Januar und Februar kein Handwerker bzw. für März ca. das Vollzeitäquivalent eines halben Handwerkers verfügbar ist. Zudem sehen Sie im April die Zahl 1, d.h. dass im April wieder ein Vollzeitäquivalent eines Handwerkers frei ist, also erst drei Monate später.

Abbildg. 4.47   Ressourcenbedarf darstellen

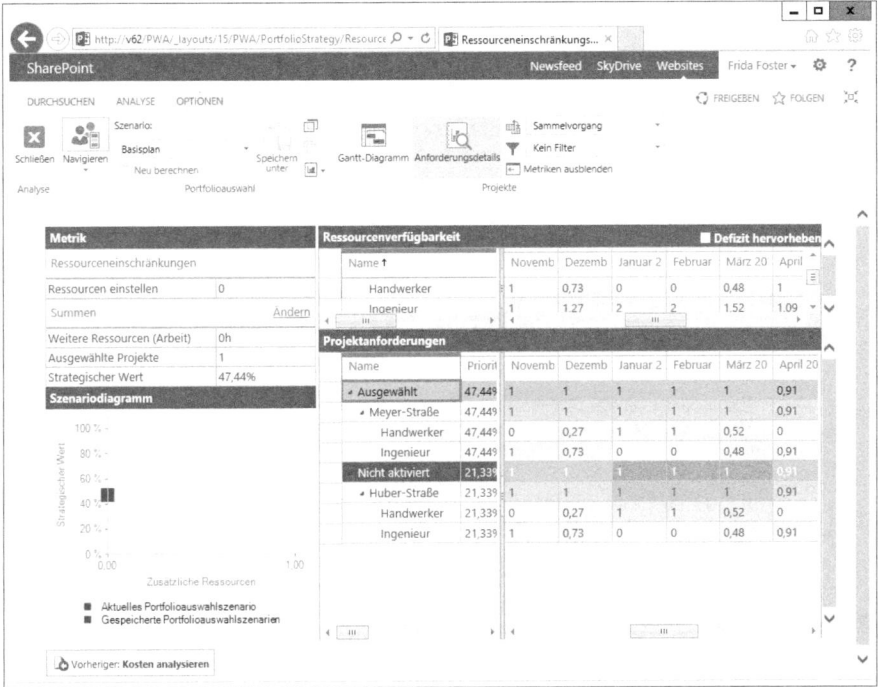

 TIPP   Eine detaillierte Darstellung der fehlenden Ressourcen sehen Sie im Bericht *Defizit und Überschuss*, welchen Sie über *ANALYSE/Portfolioauswahl/Berichte/Defizit und Überschuss* aufrufen können.

Abbildg. 4.48   Defizit und Überschuss der Ressourcenanalyse

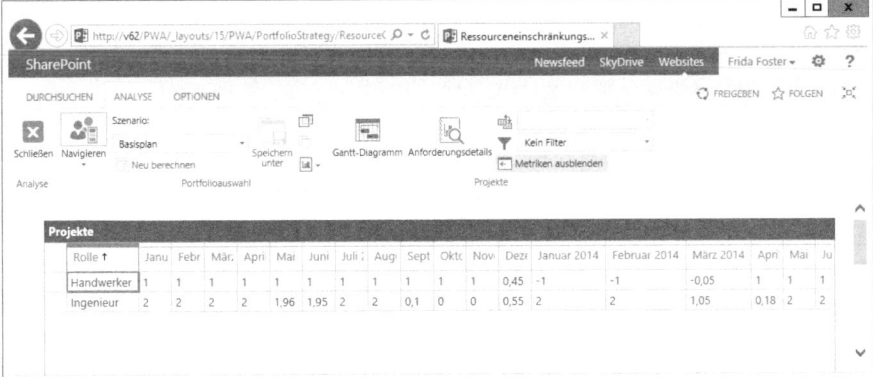

Unter *Projekte* sehen Sie monatsweise für jede Rolle, ob zu viele oder zu wenige Ressourcen zur Verfügung stehen. Dabei stellen positive Werte Überschüsse, negative Werte Defizite dar. In diesem Fall ergibt sich für Januar, Februar und März für die Rolle *Handwerker* ein Defizit. Von April bis Juni ergibt sich ein Überschuss.

Wie eingangs beschrieben lässt sich ein Ressourcenkonflikt mit Verschiebung oder zusätzlichen Ressourcen beseitigen. In diesem Abschnitt betrachten wir die Verschiebung. Wir hatten bereits erkannt, dass eine Verschiebung von drei Monaten den anfänglichen Engpass bei den Handwerkern auflösen könnte. Um dieses Szenario zu prüfen, gehen Sie folgendermaßen vor:

Abbildg. 4.49   Verschieben von Projektanfangsterminen in der Ressourcenanalyse

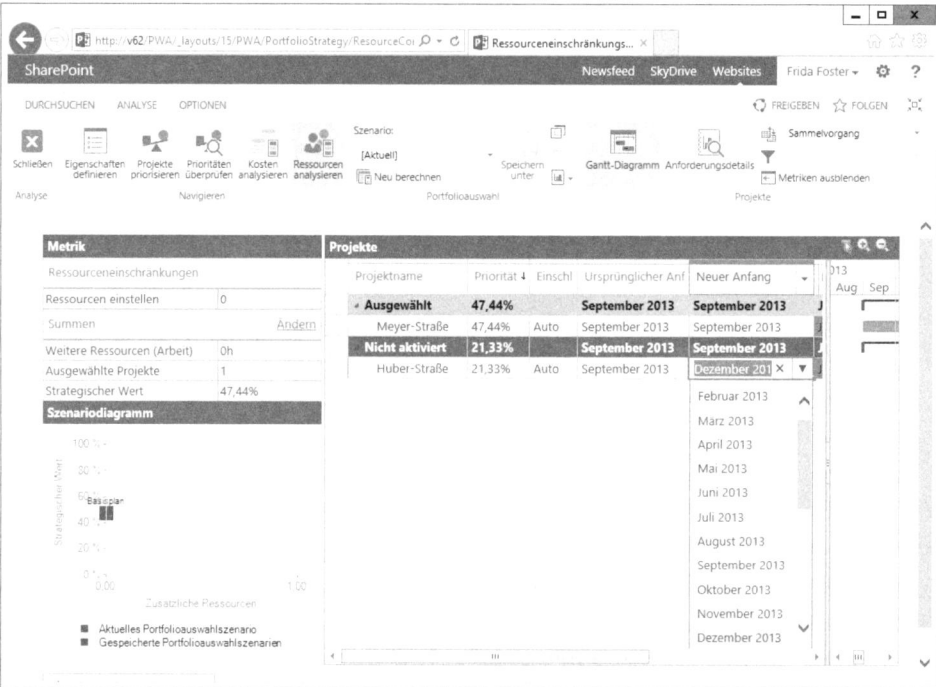

1. Zeigen Sie das Gantt-Diagramm an (ANALYSE/Projekte/Gantt-Diagramm).

2. Verschieben Sie den Projektanfangstermin für das Projekt *Huber-Straße*, indem Sie in der Zeile *Huber-Straße* in der Spalte *Neuer Anfang* den Wert von *September 2013* auf *Dezember 2013* ändern.

3. Wählen Sie danach *ANALYSE/Portfolioauswahl/Neu berechnen*.

4. Stellen Sie fest, dass jetzt das Projekt *Huber-Straße* ausgewählt ist.

5. Speichern Sie das Szenario unter dem Namen »Finanzrahmen 1,25 Mio. €, Huber-Straße verschoben« (ANALYSE/Portfolioauswahl/Speichern unter).

Die Projekte sind im gegebenen Finanzrahmen mit den vorhandenen Ressourcen umsetzbar, jedoch geht das mit einem verspäteten Start zu Lasten des Projekts *Huber-Straße* einher. Hier kann der Einsatz zusätzlicher Ressourcen die Lösung bringen.

Abbildg. 4.50   Ressourcenanalyse – Projekte verschieben

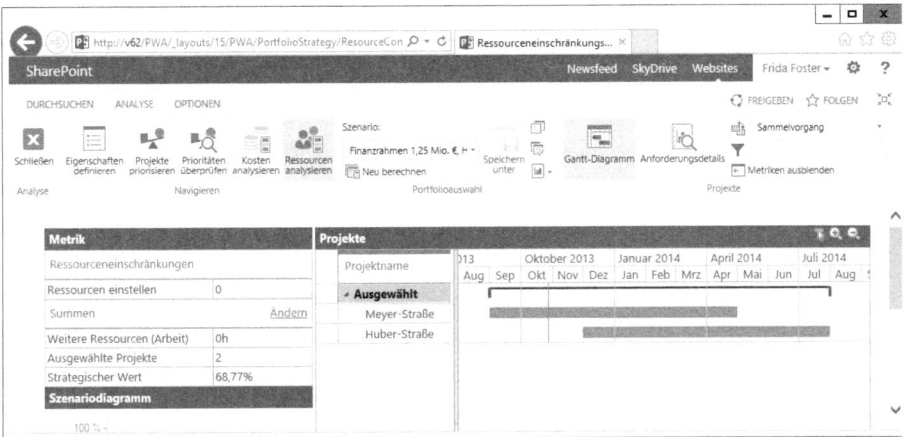

Szenario 4: Finanzrahmen 1,25 Mio. €, Automatische Auswahl, zusätzliche Ressourcen

1. Als letztes Szenario wollen wir das Ressourcendefizit durch Einsatz zusätzlicher Ressourcen ausgleichen. Konkret versuchen wir, die beiden Projekte *Meyer-Straße* und *Huber-Straße* zu aktivieren und dabei den Projektstart für beide Projekte auf dem ursprünglichen Wert zu belassen. Dazu stellen wir eine zusätzliche Ressource ein, um das bereits erkannte Defizit für die Monate Januar bis März ausgleichen zu können. Gehen Sie dazu folgendermaßen vor:

Abbildg. 4.51   Szenario *Zusätzliche Ressourcen*

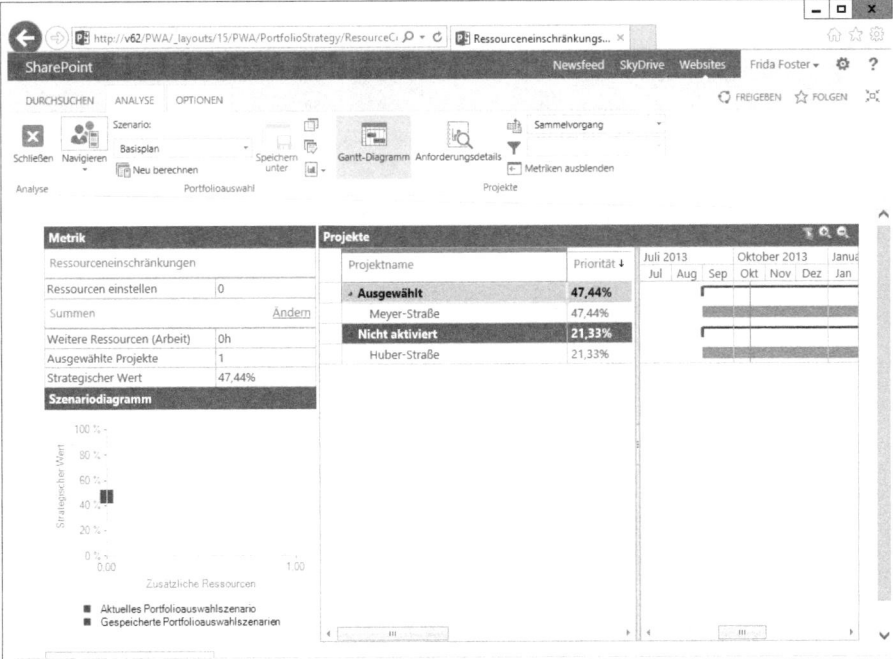

2. Wählen Sie unter ANALYSE/Portfolioauswahl/Szenario Ihren Basisplan als Ausgangssituation für Ihre Analyse.

3. Geben Sie in der Tabelle *Metrik* unter *Ressourceneinschränkungen* im Feld Ressourcen einstellen die gewünschte Anzahl zusätzlicher Ressourcen ein, hier »1«.

4. Klicken Sie auf *ANALYSE/Portfolioauswahl/Neu berechnen*. Gegenüber dem Basisplan (Abbildung 4.51) sind jetzt beide Projekte ausgewählt.

Abbildg. 4.52 Ressourcenanalyse mit zusätzlichen Ressourcen

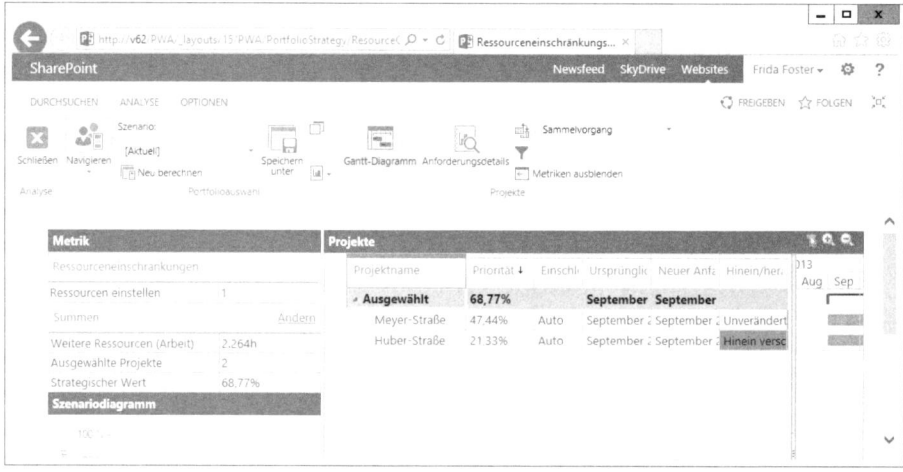

5. Stellen Sie fest, dass jetzt das Projekt *Huber-Straße* ausgewählt ist.

6. Speichern Sie dieses Szenario unter ANALYSE/Portfolioauswahl/*Speichern unter* mit dem Namen »Finanzrahmen 1,25 Mio. €, zusätzliche Ressourcen«.

In diesem Szenario können somit im gegebenen Finanzrahmen ohne Verschiebung die Projekte *Meyer-Straße* und *Huber-Straße* umgesetzt werden. Jedoch muss hierfür die Ressourcenkapazität um einen Handwerker aufgestockt werden.

In Vorbereitung auf eine Portfolioentscheidung kann Ihnen Project helfen, die erarbeiteten Szenarien übersichtlich darzustellen.

Szenariovergleich

Project Web App bietet zwei Arten für den Vergleich der Szenarien an, und zwar den Vergleich der nach Kosten ausgewählten Szenarien und jeweils den entsprechenden Vergleich der Ressourcenszenarien. In unserem Beispiel vergleichen wir zunächst die drei Kostenszenarien *Alle Projekte (Basisplan)*, *Finanzrahmen 1,25 Mio. €, Automatische Auswahl* und *Finanzrahmen 1,25 Mio. €, Holert erzwungen* und dann für das Kostenszenario *Finanzrahmen 1,25 Mio. €, Automatische Auswahl* die drei Ressourcenszenarien *Basisplan*, *Huber-Straße verschoben* und *zusätzliche Ressourcen*. Gehen Sie dazu folgendermaßen vor:

1. Klicken Sie im Menüband auf *ANALYSE/Navigieren/Kosten analysieren*.

2. Klicken Sie auf *ANALYSE/Portfolioauswahl/Vergleichen*.

Abbildg. 4.53   Vergleich Kostenszenarien

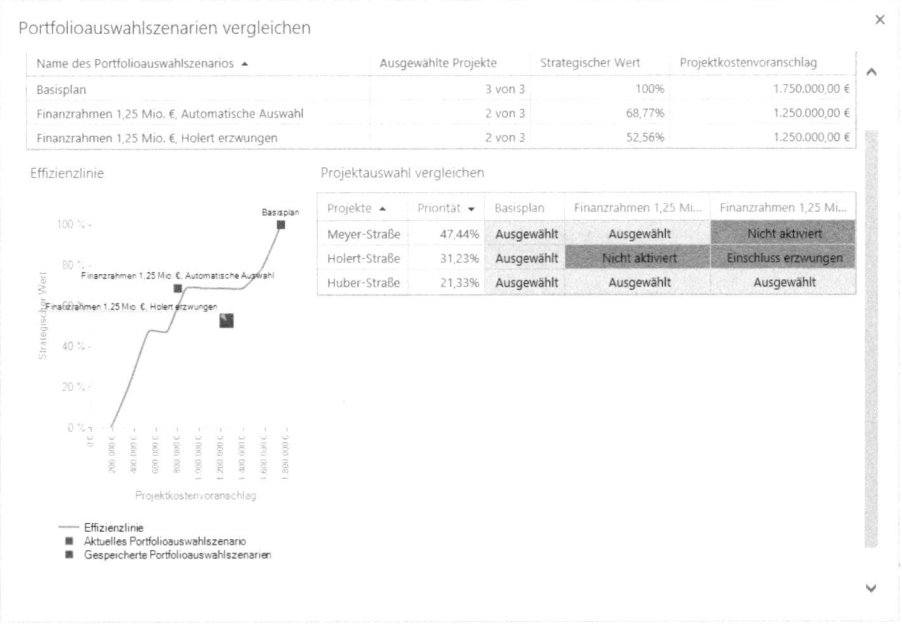

Die Darstellung zeigt für jedes Kostenszenario, wie viele Projekte ausgewählt wurden, welcher *Strategische Wert*, also welcher Beitrag zu den Geschäftszielen, geleistet wird und wie hoch der Projektkostenvoranschlag ist. In der grafischen Darstellung können Sie die Szenarien anhand der Effizienzlinie vergleichen. Damit besitzen Sie eine Entscheidungsgrundlage, welche Projekte in der Ressourcenanalyse weiter untersucht werden sollen. In diesem Fall sehen Sie, dass das Szenario »Finanzrahmen 1,25 Mio. €, Automatische Auswahl« aufgrund seines höheren *Strategischen Wertes* bei gleichzeitiger Einhaltung des Finanzrahmens dem Szenario »Finanzrahmen 1,25 Mio. €, Holert erzwungen« vorzuziehen ist.

Als Nächstes werden die Szenarien der Ressourcenanalyse verglichen. Dazu gehen Sie folgendermaßen vor:

1. Schließen Sie den Vergleich der Kostenszenarien über die Schaltfläche *Schließen* am unteren Rand des Dialogfelds.

2. Stellen Sie sicher, dass das Szenario »Finanzrahmen 1,25 Mio. €, Automatische Auswahl« ausgewählt ist (*ANALYSE/Portfolioauswahl/Szenario*).

3. Wählen Sie im Menüband *ANALYSE/Navigieren/Ressourcen analysieren*.

Abbildg. 4.54   Ressourcenszenarienvergleich

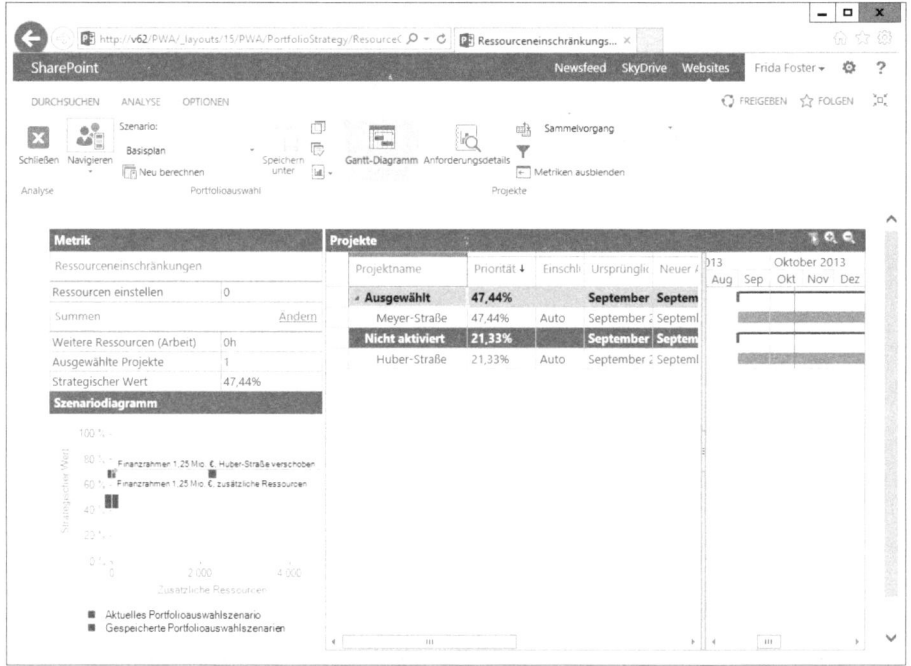

4. Wählen Sie *ANALYSE/Portfolioauswahl/Vergleichen*.

Abbildg. 4.55   Portfolioauswahlszenarien vergleichen – Kosten

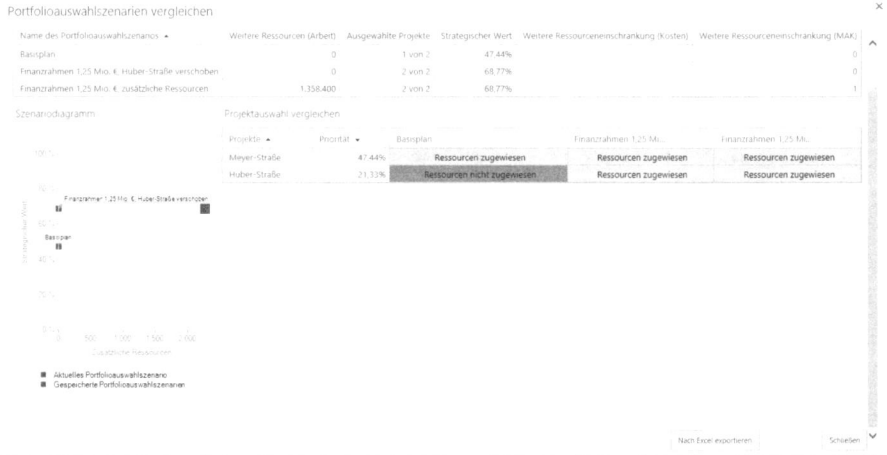

Die Darstellung zeigt in der oberen Tabelle u.a. für jedes Szenario, wie viele Projekte ausgewählt werden (*Ausgewählte Projekte*), welcher *Strategische Wert* erzielt wird und wie viele zusätzliche Ressourcen (*Weitere Ressourceneinschränkungen (MAK)*) benötigt werden. Daneben gibt es eine

grafische Darstellung des strategischen Werts in Bezug auf zusätzlich einzustellende Ressourcen und eine detaillierte Darstellung der jeweils ausgewählten Projekte.

Damit haben Sie den Prozess *Optimize Portfolio* abgeschlossen und das Ergebnis kann an alle Beteiligten (Stakeholders) kommuniziert werden (Prozess *Manage Portfolio Information*). Im Anschluss daran folgt die formelle Autorisierung.

Authorize Portfolio

Ziel des Prozesses *Authorize Portfolio* (Portfolio autorisieren) ist es, alle Ressourcen formell für die Umsetzung der Projekte zuzuweisen und damit den Projektauftrag zu erteilen.[1] Hierzu gehört auch, Komponenten, die nicht mehr im Projektportfolio enthalten sind, die Ressourcen zu entziehen und die Entscheidungen inkl. der zu erwartenden Ergebnisse zu kommunizieren.

In Project Server ist dies der Übergang von der Workflowstufe *Portfolioauswahl* der Workflowphase *Auswählen* in die Workflowstufe *Ausführen* der Workflowphase *Verfolgen*.

In unserem Beispiel haben wir uns für das Szenario *Finanzrahmen 1,25 Mio. €, Huber-Straße verschoben* entschieden, da es ohne zusätzliche Ressourcen umgesetzt werden kann. Um es zu autorisieren, gehen Sie wie folgt vor:

Abbildg. 4.56   Szenario *Manueller Einschluss* autorisieren

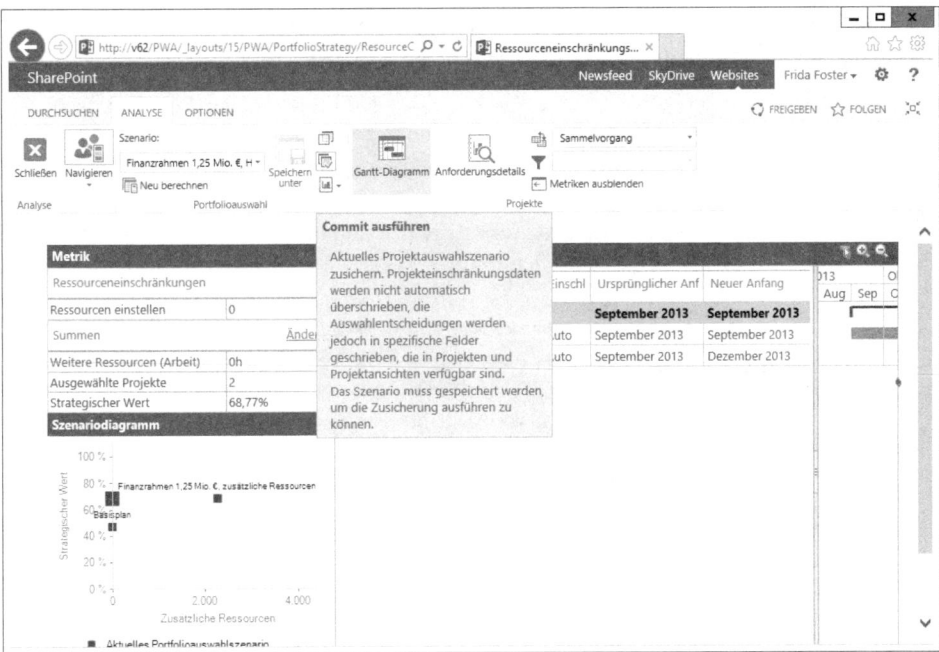

1. Öffnen Sie das Szenario *Finanzrahmen 1,25 Mio. €, Huber-Straße verschoben* über *ANALYSE/ Portfolioauswahl/Szenario*.

2. Klicken Sie im Menüband auf *ANALYSE/Portfolioauswahl/Commit ausführen*.

---

[1]   PPM 2013, S. 77-80

Für die ausgewählten Projekte wird die nächste Workflowstufe angestoßen

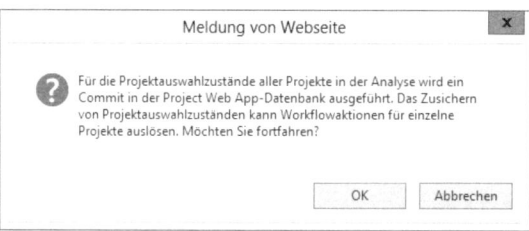

> **HINWEIS** Mit der Autorisierung des Portfolios ist die Workflowstufe Portfolioauswahl abgeschlossen und die Workflowstufe Ausführen in der Workflowphase Verfolgen erreicht.

3. Bestätigen Sie die Meldung, dass nun die nächste Workflowstufe erreicht wird, indem Sie auf die Schaltfläche *OK* klicken (Abbildung 4.57).

Damit ist der Prozess *Authorize Portfolio* abgeschlossen. Es schließen sich jetzt die Projektmanagementprozesse auf Einzelprojektebene entsprechend Kapitel 1 analog zum PMBOK Guide an. Auf Ebene der Portfoliomanagementprozesse schließt sich der Prozess *Provide Portfolio Oversight* an.

Provide Portfolio Oversight

Ziel des Prozesses *Provide Portfolio Oversight* ist es, das Portfolio dahingehend zu überwachen, dass es mit den Strategien und Zielen der Organisation einhergeht, und Entscheidungen zur Gegensteuerung bei Abweichungen herbeizuführen.[1]

Eingangswerte hierfür sind Portfolioberichte, die im Rahmen von Portfoliostatusbesprechungen eingesetzt werden können. Ausgangswerte sind Aktualisierungen des Portfolios, die auf Basis der Gegenmaßnahmen getroffen werden.

Da die Informationen über die laufenden Projekte im Rahmen des Einzelprojektmanagementprozesses *Projektarbeit überwachen und steuern* (4.4. Monitor and Control Project Work) aktualisiert werden (vgl. Kapitel 1), stehen in Project Server stets aktuelle Berichte über den Status des Portfolios zur Verfügung. Nachfolgend stellen wir dar, wie Sie eine Abweichungsanalyse mit dem Instrumentarium des Managements des Fertigstellungswerts (Earned Value Management) auswerten können.[2] Ziel der Abweichungsanalyse ist es, Zielabweichungen zu erkennen und deren Ursachen zu ermitteln.

> **HINWEIS** Dies bedeutet nicht ausschließlich, Abweichungen gegenüber den ursprünglichen Planwerten zu ermitteln, sondern auch zu überprüfen, ob eventuell die Zielsetzung aufgrund geänderter Rahmenbedingungen angepasst werden muss. Beispielsweise kann es sinnvoll sein, ein Projekt mit höheren Kosten abzuschließen, wenn dafür das Projektergebnis früher fertiggestellt wird und dadurch Pionierrenditen abgeschöpft werden können.[3] Zu geänderten Rahmenbedingungen gehören auch Änderungen an den Geschäftszielen infolge von Strategieänderungen.

---

[1] PPM 2013, S. 80-84

[2] In Project wurde der Begriff »Earned Value« mit »Ertragswert« übersetzt.

[3] Vgl. zum Thema *Zielcontrolling*: Michel 1993, S. 15-16

Abweichungen lassen sich an *Kennzahlen* ablesen. Wichtige Kennzahlen lassen sich aus den Projektgrößen *Leistung*, *Termine* und *Kosten* ableiten. Oft lassen sich in diesen »harten« Kennzahlen jedoch erst Abweichungen erkennen, wenn bereits Schaden eingetreten ist. Um sich anbahnende Abweichungen frühzeitiger zu erkennen, können auch »weiche« Kennzahlen, wie z.B. Kundenzufriedenheit, Mitarbeiterzufriedenzeit oder Zufriedenheit mit den Lieferanten untersucht werden (*Frühindikatoren*). Ziel ist es, einen möglichst ausgewogenen Kennzahlenmix (*Balanced Scorecard*) zusammenzustellen, anhand dessen Sie dann das gesamte Portfolio steuern können.[1]

Abweichungsanalysen können sich auf unterschiedliche Termine (Zeitpunkte) und Objekte beziehen. Als *Termine* kommen der Kontrollzeitpunkt oder der Fertigstellungszeitpunkt infrage. Kontrollzeitpunkte sind z.B. das aktuelle Datum, turnusmäßige Inspektionstermine oder wichtige Meilensteine. Die zeitpunktbezogene Analyse schafft die Grundlage für die Integration des Projektcontrollings in das Unternehmenscontrolling, da dieses ja periodenorientiert arbeitet. *Objekte* der Untersuchung können z.B. alle Projekte, ein einzelnes Projekt oder Teile hieraus, wie z.B. Arbeitspakete, sein (Kostenträger). Daneben können auch Untersuchungen nach Ressourcen (Kostenstellen) oder Kostenarten durchgeführt werden.

HINWEIS   Voraussetzung für Abweichungsanalysen ist, dass Sie zu jedem Projekt einen Basisplan zum Vergleichszeitpunkt speichern (siehe in Kapitel 1 den Abschnitt »Terminplan entwickeln«).

Wir beschreiben nachfolgend, wie Abweichungsanalysen in Project und Project Server dargestellt werden. Die Komponenten befinden sich hierbei in der Workflowphase *Verfolgen* auf der Workflowstufe *Ausführen*. Im Einzelnen sind das folgende Abweichungsanalysen:

- Abweichungsanalyse zum Kontrollzeitpunkt
    - Gesamtabweichung zum Kontrollzeitpunkt (Plan-Ist-Vergleich)
    - Leistungsabweichung zum Kontrollzeitpunkt (Plan-Soll-Vergleich)
    - Kostenabweichung zum Kontrollzeitpunkt (Soll-Ist-Vergleich)
    - Sonstige Abweichungen zum Kontrollzeitpunkt
- Abweichungsanalyse zum Fertigstellungszeitpunkt
    - Kostenabweichung bei Fertigstellung
    - Kostenabweichung bei Fertigstellung (aggregiert)
    - Terminabweichung bei Fertigstellung

Abweichungsanalyse zum Kontrollzeitpunkt

Zweck der Abweichungsanalyse ist es, zu einem Kontrollzeitpunkt, also beispielsweise dem aktuellen Datum oder einem Statusdatum, eine Aussage über den Fortschritt zu treffen.

Gesamtabweichung zum Kontrollzeitpunkt (Plan-Ist-Vergleich)

Die Gesamtabweichung auf Projektebene zum Kontrollzeitpunkt vergleicht die für diesen Zeitpunkt kumulierten budgetierten Kosten (*Plan-Kosten*) mit den kumulierten tatsächlich angefal-

---

[1]   Der Begriff »Balanced Scorecard« geht zurück auf Robert S. Kaplan und David P. Norton (vgl. Kaplan/Norton 1997, S. 230-234).

lenen Kosten (*Ist-Kosten*). Dieser Plan-Ist-Vergleich drückt also aus, ob zum Kontrollzeitpunkt mehr oder weniger Kosten angefallen sind als geplant. Der *Plan-Ist-Vergleich* wird auch *Budget-analyse* genannt.[1] Sofern die Ist-Kosten die Plan-Kosten übersteigen, kann dies darauf hindeuten, dass die Leistung teurer als geplant erstellt wurde (*Kostenabweichung*). Für einfachere Überwachung können Toleranzschwellen definiert werden, bei deren Überschreitung ein Ampelindikator beispielsweise auf Gelb oder Rot gesetzt wird. Die Untersuchung der Gesamtabweichung bietet einen Einstieg in die weitere Analyse des betroffenen Projekts (Abbildung 4.58).

HINWEIS   *Plan-Kosten = Soll-Kosten der berechneten Arbeit (SKBA)* = Planned Value = Budgeted Cost of Work Scheduled (BCWS)

Ist-Kosten = Ist-Kosten bereits abgeschlossener Arbeit (IKAA) = Actual Cost = Actual Cost of Work Performed (ACWP)

Abbildg. 4.58   Gesamt-, Kosten- und Leistungsabweichung

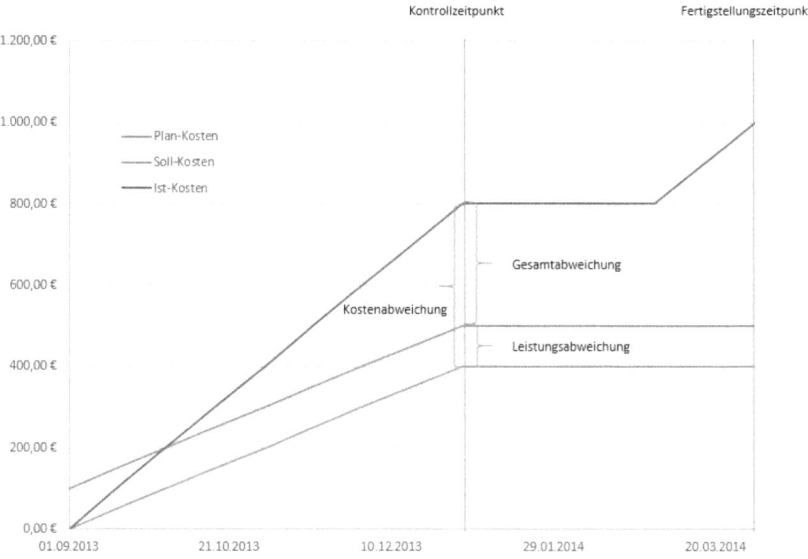

Die Gesamtabweichung untersucht nicht die tatsächliche Projektleistung (*Fortschritt*).[2] Für höhere Kosten zum Kontrollzeitpunkt kann auch unplanmäßige Mehrleistung die Ursache sein, die positiv zu bewerten ist. Niedrige Kosten sind nicht automatisch positiv zu bewerten, da die Ist-Leistung unter der Plan-Leistung für diesen Zeitpunkt liegen kann (Minderleistung). Für den Spezialfall, dass die Ist-Leistung geringer als die Plan-Leistung ist, jedoch zu Plan-Kosten erbracht wurde, handelt es sich um eine reine *Leistungsabweichung* ohne Kostenabweichung. Aus diesem Grund ist die Berücksichtigung der Ist-Leistung für die Abweichungsanalyse in Form einer integrierten Kosten- und Leistungsrechnung (Earned Value Analysis/Analyse des Fertigstellungswertes/Leistungswertanalyse) von Bedeutung.

---

[1] Vgl. Coenenberg 1999, S. 433-435
[2] Leistungsfortschritt = Realisierungsgrad (RG) = Fortschrittsgrad. Der Feldname in Project ist hierfür *Physisch % Abgeschlossen*.

Tabelle 4.3 Zuordnung der deutschen, englischen und von Project verwendeten Begriffe

Deutsch	Englisch	Project
Ist-Kosten	Actual Cost (ACWP)	*Aktuelle Kosten* = Ist-Kosten bereits abgeschlossener Arbeit (*IKAA*)
Soll-Kosten, Fertigstellungswert	Earned Value (BCWP)	Soll-Kosten bereits abgeschlossener Arbeit (*SKAA*)
Plan-Kosten	Planned Value (BCWS)	Soll-Kosten der berechneten Arbeit (*SKBA*)
Leistungsabweichung	Schedule Variance (SV)	Planabweichung (*PA*)
Kostenabweichung	Cost Variance (CV)	Kostenabweichung (*KA*)

Die Gesamtabweichung spaltet sich dann in die Bestandteile Kosten- und Leistungsabweichung auf, zu deren Ermittlung als Hilfsgröße die *Soll-Kosten* erforderlich sind. Die Soll-Kosten werden in Project als *Soll-Kosten der bereits abgeschlossenen Arbeit* (*SKAA*) bezeichnet. Synonyme Begriffe sind Budgeted Cost of Work Performed (BCWP), Earned Value, Fertigstellungswert und Leistungswert. Die Soll-Kosten sind die Plan-Kosten der Ist-Leistung zum Kontrollzeitpunkt.

Abbildg. 4.59 Plan-, Soll- und Ist-Kosten sowie Leistungs- und Kostenabweichung

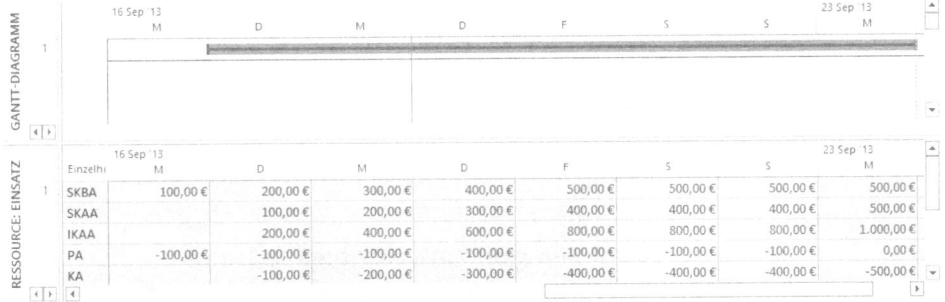

Als vereinfachendes Beispiel ist in Abbildung 4.59 ein Projekt dargestellt, das nur aus einem Vorgang mit der Dauer von fünf Tagen besteht, der einen Tag später als geplant beginnt und dessen Ressource statt des planmäßigen Tagessatzes von 100 € den doppelten Tagessatz in Höhe von 200 € bekommt. Hierauf bezieht sich auch Abbildung 4.58.

Im Beispiel beträgt zum Kontrollzeitpunkt (Fr. 20.09.2013) die *Gesamtabweichung*:

Ist-Kosten (IKAA) – Plan-Kosten (SKBA) = 800 € – 500 € = **300 €**

Leistungsabweichung zum Kontrollzeitpunkt (Plan-Soll-Vergleich)

Die Leistungsabweichung zum Kontrollzeitpunkt (Abbildung 4.59) ist die Differenz der Soll-Kosten abzüglich der Plan-Kosten (*Plan-Soll-Vergleich*), d.h. die Differenz der Ist- zur Plan-Leistung bewertet zu Plan-Kosten. Die Leistungsabweichung entspricht der Schedule Variance (Earned Value – Planned Value). Ist die Leistungsabweichung negativ, bedeutet dies, dass Leistungen zu diesem Wert zum Kontrollzeitpunkt gegenüber dem Plan nicht erbracht wurden (Minderleistung). Ist der Wert positiv, bedeutet dies, dass zu diesem Zeitpunkt mehr Leistung als geplant erbracht wurde (Mehrleistung).[1]

---

[1] Vgl. Fiedler (2010), S. 190ff.

Im Beispiel beträgt zum Kontrollzeitpunkt (Fr. 20.09.2013) die *Leistungsabweichung* (*PA*):

Soll-Kosten (*SKAA*) – Plan-Kosten (*SKBA*) = 400 € – 500 € = **–100 €** (absolut)

Dies entspricht einer prozentualen Leistungsabweichung (*PAP*) von –20 %.

> **HINWEIS**   Project verwendet als Übersetzung der Schedule Variance (SV) den Begriff *Planabweichung (PA)*. In der deutschen Literatur wird dieser Begriff auch mit *Leistungsabwei-chung*[1] oder *Terminplanabweichung*[2] bezeichnet.

Kostenabweichung zum Kontrollzeitpunkt (Soll-Ist-Vergleich)

Die Kostenabweichung zum Kontrollzeitpunkt ist die Differenz aus den Ist-Kosten abzüglich der Soll-Kosten (*Soll-Ist-Vergleich*). Die Kostenabweichung entspricht der Cost Variance (Earned Value – Actual Costs).[3] Sie vergleicht also die Ist-Kosten der Ist-Leistung mit den Plan-Kosten der Ist-Leistung. Ist der Wert negativ, wurde die Ist-Leistung teurer als geplant erbracht (Mehrkosten); ist der Wert positiv, wurde die Ist-Leistung günstiger als geplant erstellt (Minderkosten).

Im Beispiel beträgt zum Kontrollzeitpunkt (Fr. 20.09.2013) die *Kostenabweichung* (*KA*):

Ist-Kosten (*IKAA*) – Soll-Kosten (*SKAA*) = 800 € – 400 € = **400 €**

Dies entspricht einer prozentualen Kostenabweichung (*KAP*) von 100 %.

> **HINWEIS**   Die Ermittlung der Soll-Kosten setzt die Kenntnis über den *Leistungsfortschritt* voraus. Die Ermittlung kann z.B. in Forschungs- und Entwicklungsprojekten recht schwierig sein. Es hat sich in der Praxis bewährt, näherungsweise den Fortschritt durch die Schätzung der Rest-Kosten zu ermitteln. Der Fortschritt ist dann 100 % abzüglich des Quotienten aus (geschätzten) Rest-Kosten und voraussichtlichen Gesamtkosten. Die voraussichtlichen Gesamtkosten sind die Summe aus den Ist-Kosten und den geschätzten Rest-Kosten.

Sonstige Abweichungen zum Kontrollzeitpunkt

Neben den Abweichungen an den finanziellen Kennzahlen können Sie Abweichungen auch an nicht finanziellen Kennzahlen, wie z.B. der *Fehlerquote* als Maßzahl für die *Qualitätsabweichun-gen* oder der Zufriedenheit der Kunden oder Mitarbeiter sowie der Zufriedenheit der Mitarbeiter mit den Zulieferern ablesen. Diese können z.B. in Audits ermittelt und dann im Projektplan hinterlegt werden (z.B. als *Enterprise-Felder* oder *Business-Treiber*).

> **ACHTUNG**   Trennen Sie den Personenkreis, der die Leistung erstellt, von demjenigen, der die Abweichungen ermittelt. Es ist menschlich, dass derjenige, der die Leistung erstellt bzw. daran mitwirkt, diese nicht objektiv beurteilen kann. Eine Person, die jedoch ausschließlich mit der Abweichungsanalyse beauftragt ist, hat sogar von sich aus ein Interesse daran, Abweichungen zu finden.

In Project Web App können Sie die Abweichungen im *Project Center* darstellen. In Abbildung 4.60 sind als Beispiel neben der Kosten- und Leistungsabweichung auch die Kunden- und Mitarbeiterzufriedenheit, sowie die Zufriedenheit mit den Zulieferern dargestellt.

---

[1] Vgl. Fiedler (2010), S. 190ff.
[2] Vgl. PMBOK 2013, S. 218
[3] Vgl. PMBOK 2013, S. 218

Alle Felder sind als Ampelindikatoren dargestellt. Im Fall der »harten« Kennzahlen bedeutet eine grüne Ampel eine Kosten bzw. Leistungsabweichung von kleiner oder gleich null, eine gelbe Ampel erlaubt eine Abweichung bis 10 % und alles darüber wird durch eine rote Ampel signalisiert. Project berechnet diese Werte automatisch, sodass Sie manuell nichts unternehmen müssen. Die Schwellwerte können Sie selbst festlegen (Kapitel 9). Bei den »weichen« Kennzahlen werden die Zustände qualitativ durch Ampeln bewertet. Als Erhebungsform kann hierbei z.B. eine Befragung herangezogen werden. Die eigentlichen Werte werden dann manuell im Projektplan erfasst und im *Project Center* zusammenfassend dargestellt.

Abbildg. 4.60 Balanced Scorecard

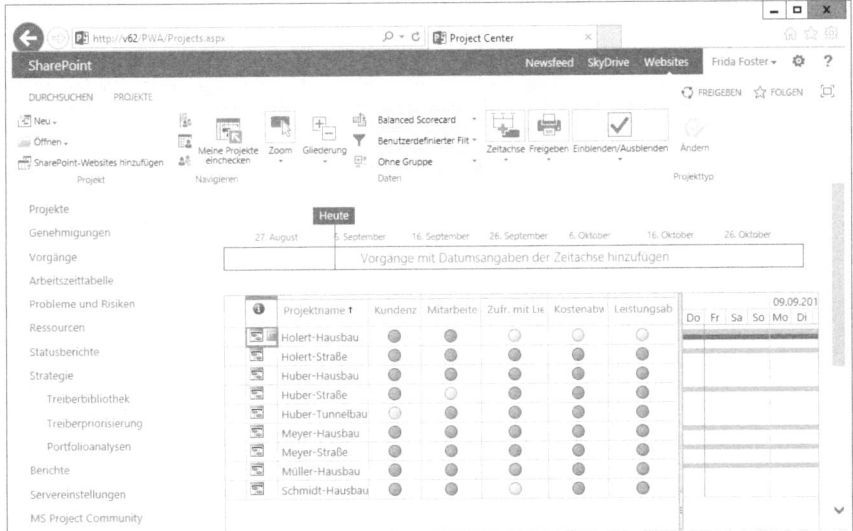

Abweichungsanalyse zum Fertigstellungszeitpunkt

Ziel der Abweichungsanalyse zum Fertigstellungszeitpunkt ist es, eine Prognose zu erstellen, wie die Abweichung zum Projektende aussehen wird.

Kostenabweichung bei Fertigstellung

Die Kostenabweichung bei Fertigstellung (*Abweichung Kosten*) bildet die Differenz aus den geplanten Gesamtkosten (*Geplante Kosten*) und den voraussichtlichen Gesamtkosten (*berechnete Kosten*). Sie entspricht der Gesamtabweichung bei Fertigstellung, da zu diesem Zeitpunkt keine Leistungsabweichung mehr vorhanden ist. Voraussetzung für die Ermittlung der Kostenabweichung bei Fertigstellung ist die Schätzung der Rest-Kosten.

HINWEIS   Project berechnet die Rest-Kosten (*Restkosten*) automatisch auf Basis der aktuellen Definition der variablen und fixen Kosten. Die variablen Kosten werden automatisch aus dem Ressourceneinsatz ermittelt. Im Fall von Arbeitsressourcen (Projektmitarbeiter oder Maschinen) über deren Kostensätze, im Fall von Materialressourcen über den Mengenpreis. Seitens der Ressourcen muss also nur die geschätzte Rest-Arbeit bzw. Rest-Menge angegeben werden.

Abbildg. 4.61   Kostenabweichung bei Fertigstellung

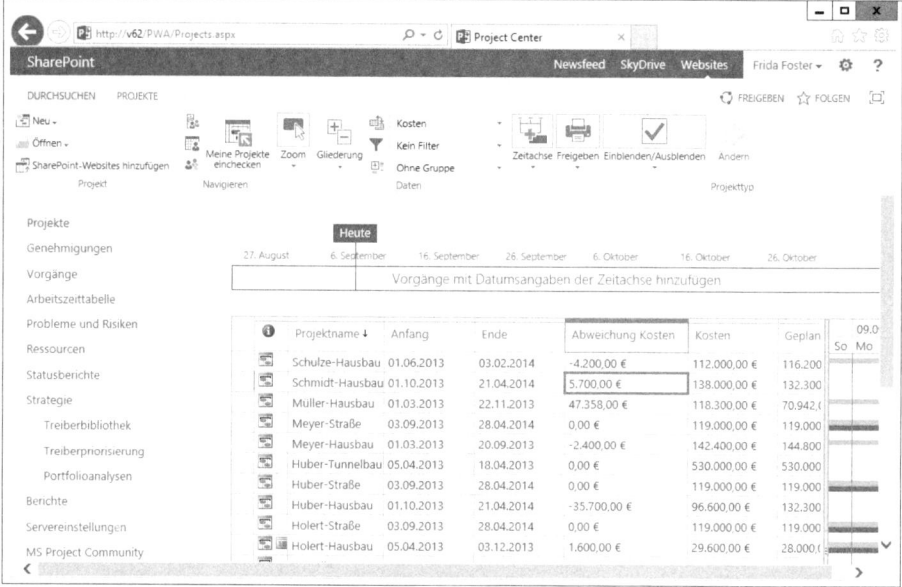

Um die Kostenabweichung bei Fertigstellung zu ermitteln, führen Sie folgende Schritte aus:

1. Wechseln Sie zum *Project Center* (Abbildung 4.61).
2. Wählen Sie im Feld *Ansicht* die Ansicht *Kosten*.
3. Lesen Sie die Kostenabweichung bei Fertigstellung in der Spalte *Abweichung Kosten* ab.

Um die Ursache innerhalb des Projekts zu ermitteln, gehen Sie folgendermaßen vor:

Abbildg. 4.62   Kostenabweichung innerhalb des Projekts

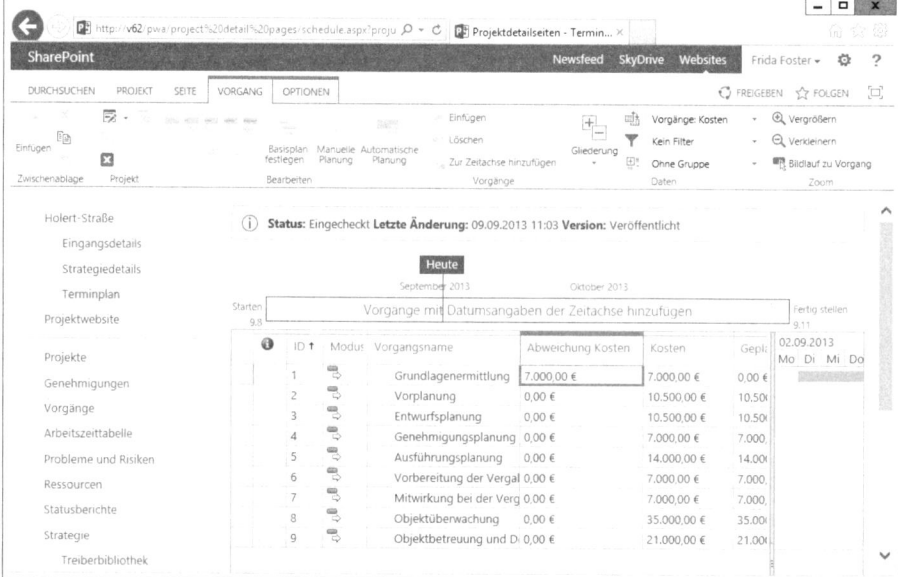

1. Klicken Sie auf den als Hyperlink dargestellten Projektnamen.
2. Wählen Sie die Projektdetailseite *Terminplan* aus.
3. Wählen Sie im Feld *Ansicht* die Ansicht *Vorgänge: Kosten*.
4. Lesen Sie die Kostenabweichung bei Fertigstellung in der Spalte *Abweichung Kosten* ab (Abbildung 4.62).

Kostenabweichung bei Fertigstellung (aggregiert)

Um einen Überblick zu bekommen, welche Auswirkungen die Einzelabweichungen der Projekte auf die Gesamtabweichung aller Projekte haben, können Sie die Abweichungen aggregieren.

Sie können für die Analyse das BI Center von Project Web App einsetzen. Um die Kostenabweichung anzuzeigen, gehen Sie folgendermaßen vor:

1. Klicken Sie in der Schnellstartleiste von Project Web App auf die Verknüpfung *Berichte*.
2. Im daraufhin geöffneten Business Intelligence Center wählen Sie in der Schnellstartleiste *Berichte* aus.
3. Wählen Sie den Ordner *Deutsch (Deutschland)* aus.
4. Klicken Sie auf den Bericht *Kostenabweichung aller Projekte* (Kapitel 5).

Abbildg. 4.63   Kostenabweichung über alle Projekte nach Quartalen

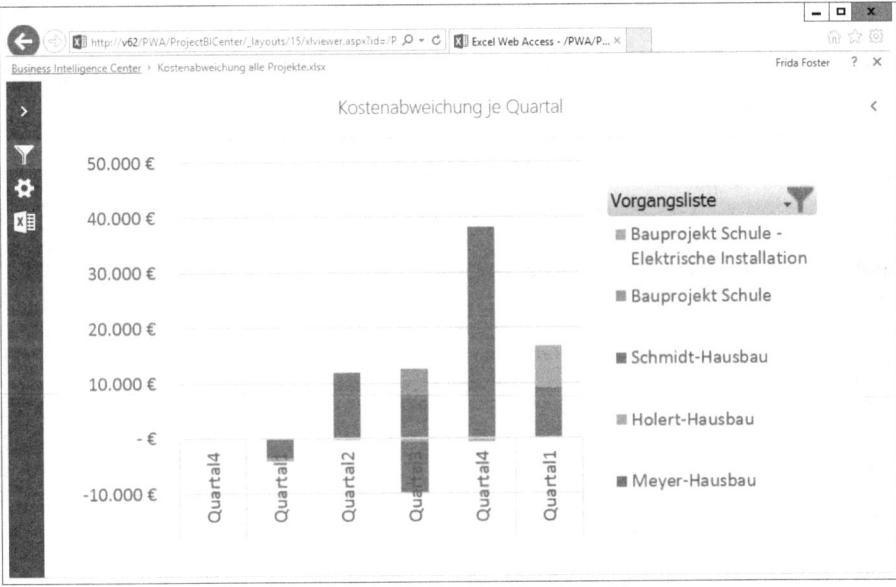

Abbildung 4.63 zeigt, wie die Kostenabweichungen (*AbwKosten*) grafisch nach Quartalen dargestellt aussehen.

Terminabweichung bei Fertigstellung

Die Terminabweichung (*Abweichung Ende*) bei Fertigstellung beschreibt die Abweichung zwischen geplantem und voraussichtlichem Fertigstellungstermin (*geplantes* bzw. *berechnetes Ende*). Der voraussichtliche Fertigstellungstermin wird beginnend vom Starttermin des Projekts über die voraussichtliche Dauer[1] des Projekts bestimmt. Die voraussichtliche Dauer ist die Summe aus der Ist- und der Rest-Dauer (*Ist-Dauer* bzw. *Restdauer*[2]). Sofern die Dauer nicht manuell angegeben wird, wird sie auf der Grundlage der Eingaben der Ressourcen in der Zeiterfassung (Bereich *Vorgänge*) für jeden Vorgang einzeln berechnet und dann entsprechend der Vorgangs- abhängigkeiten ermittelt.

Um die Terminabweichung bei Fertigstellung anzuzeigen, führen Sie folgende Schritte aus:

1. Rufen Sie in Project Web App das *Project Center* auf.

Abbildg. 4.64   Terminabweichung bei Fertigstellung

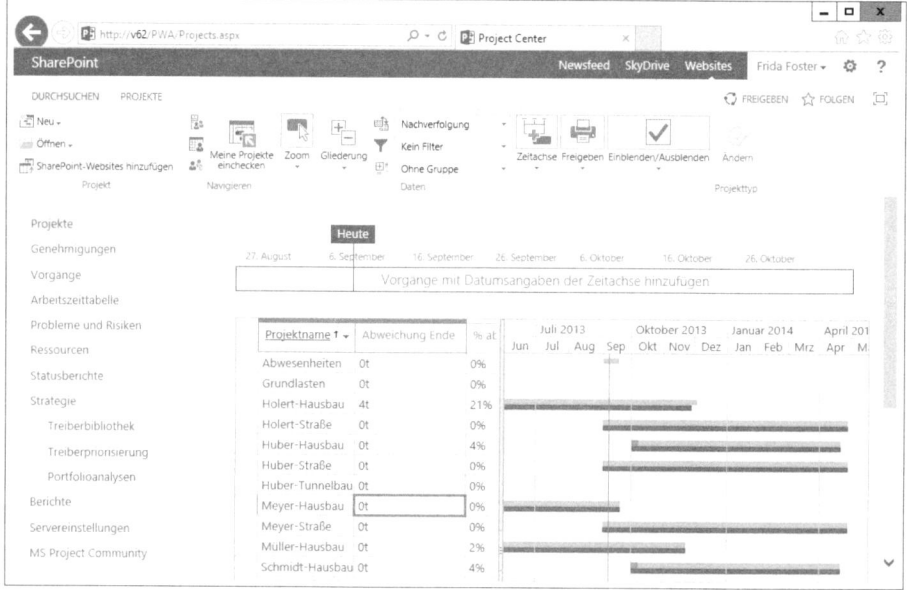

2. Wählen Sie im Menüband in der Gruppe *Daten* im Dropdown-Listenfeld *Ansicht* den Ein- trag *Nachverfolgung* aus.

Das Feld *Abweichung Ende* zeigt die Differenz zwischen dem geplanten Endtermin und dem vor- aussichtlichen (berechneten) *Ende*.

Auf Basis der Abweichungsanalyse können Sie die Ansatzpunkte für eine Gegensteuerung bei einzelnen Projekten bzw. Teilen ermitteln und hieraus Anweisungen an die Projekt- oder Pro- grammmanager sowie Empfehlungen für die Optimierung des Portfolios ableiten. Damit ist der Prozess *Provide Portfolio Oversight* abgeschlossen.

Einzelne Projekte bleiben bis zum Abschluss in der Workflowphase *Verfolgen*, danach werden sie in die Workflowphase *Beendet* überführt.

---

[1] Time-at-Completion
[2] Time-to-Completion

Kapitel 5

Lösungen zu speziellen Fragestellungen

In diesem Kapitel:

Dieses Kapitel richtet sich in erster Linie an Projektleiter, ist aber auch für alle anderen Zielgruppen interessant, insbesondere wenn in den vorhergehenden Kapiteln im Standardablauf Fragen aufgetreten sind bzw. offen geblieben sein sollten.

Es werden spezielle Fragestellungen und Sonderfälle zu Project thematisiert und Lösungsansätze aufgezeigt. Viele Fragen stammen aus unseren Kundenprojekten, Seminaren oder aus unserer Online Community.

Terminmanagement

In diesem Abschnitt fassen wir Lösungen zu Fragestellungen aus dem Terminmanagement zusammen. Im Einzelnen sind dies:

- Vorgänge im Datumsformat *YYYY-MM-DD* darstellen
- Kalenderwochen für Vorgänge anzeigen
- Einfache zeitlich angeordnete Netzplanansicht
- Geschätzte Dauer für Vorgänge verwenden
- Stichtage und Pufferzeiten von Vorgängen darstellen
- Vorgänge von Hand kritisch darstellen
- Vorgänge komplett verschieben
- Vorgänge ohne Verknüpfung filtern
- Vorgänge von heute oder nächster Woche filtern
- Formeln für Fortschrittskontrolle von Vorgängen
- Formeln für den Vergleich von Datumswerten von Vorgängen
- Codes mit der Switch-Funktion automatisch berechnen lassen
- »Hammock Tasks« (Hängemattenvorgänge) einfügen
- Projektversionen vergleichen

Vorgänge im Datumsformat *YYYY-MM-DD* darstellen

Eine häufige Fragestellung ist, ob Project das Datumsformat *YYYY-MM-DD*, z.B. 2013-03-01 für den 1. März 2013 darstellen kann. In vielen Unternehmen wird diese Schreibweise von Datumswerten im Zusammenhang mit der Norm DIN EN ISO 8601 in der Terminplanung vorausgesetzt. Im Vergleich zu Project ist diese Darstellung in der deutschsprachigen Excel-Version über den benutzerdefinierten Formattyp *JJJJ-MM-TT* kein Problem. Project verfügt jedoch nicht über die Möglichkeit, eigene Formattypen für Datumswerte zu definieren, sondern orientiert sich stets an den Regionaleinstellungen des Systems des aktuellen Benutzers. Für die Darstellung kann jedoch ein zusätzliches benutzerdefiniertes Feld verwendet werden. Dafür muss der Feldtyp *Text* verwendet werden, da nur dieser benutzerdefinierte Formate unabhängig von anderen Einstellungen korrekt interpretieren und darstellen kann. Die Feldtypen *Datum*, *Anfang* und *Ende* können somit nicht verwendet werden, da sie ebenfalls die obigen Systemeinstellungen verwenden.

Abbildg. 5.1 Textfelder für die Darstellung des Datumsformats *YYYY-MM-DD*

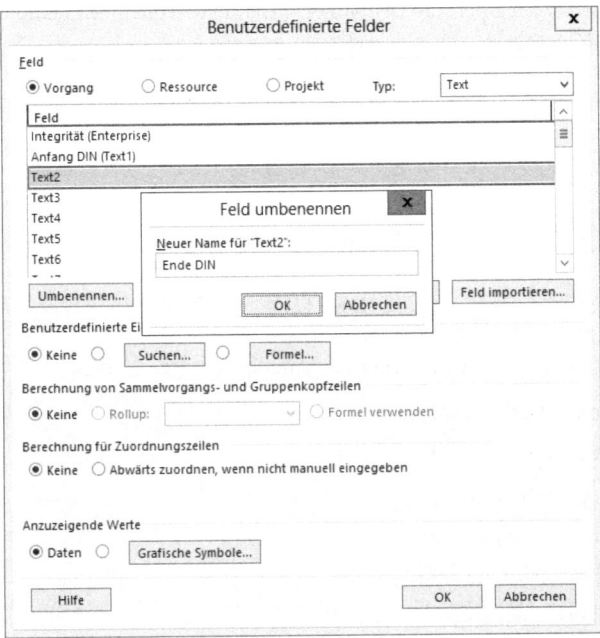

Um Datumswerte im Format *YYYY-MM-DD* darzustellen, gehen Sie folgendermaßen vor:

1. Fügen Sie zwei neue Spalten *Text1* und *Text2* ein und benennen Sie diese z.B. in *Anfang DIN* und *Ende DIN* um, wie in Abbildung 5.1 dargestellt.

Abbildg. 5.2 Format-Funktion für die Darstellung von Datumswerten

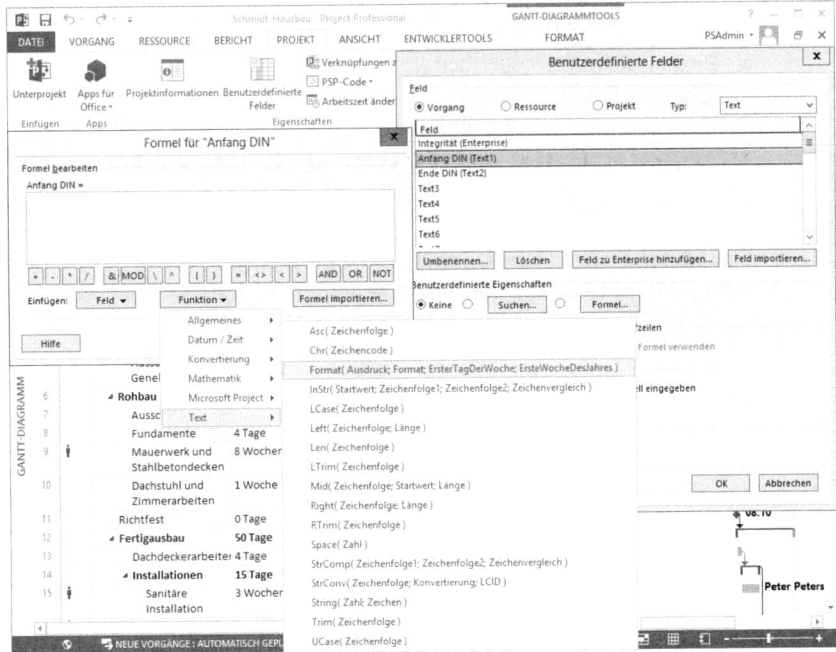

2. Klicken Sie auf die Schaltfläche *Formel* und fügen Sie anschließend die Textfunktion *Format* im Dialogfeld *Formel für* über das Dropdown-Listenfeld *Funktionen* ein. Die Textfunktion *Format* gibt einen String-Datentyp zurück, der mit eigenen benutzerdefinierten Typen formatiert wird. Sie können hier alle bekannten Formattypen verwenden, die auch aus Excel bekannt sind. Beachten Sie jedoch, dass Sie immer die englischsprachigen Bezeichnungen für die verschiedenen Formattypen verwenden, da Project nur diese korrekt interpretieren kann.

Abbildg. 5.3
Feldname *Anfang* in die Formel einfügen

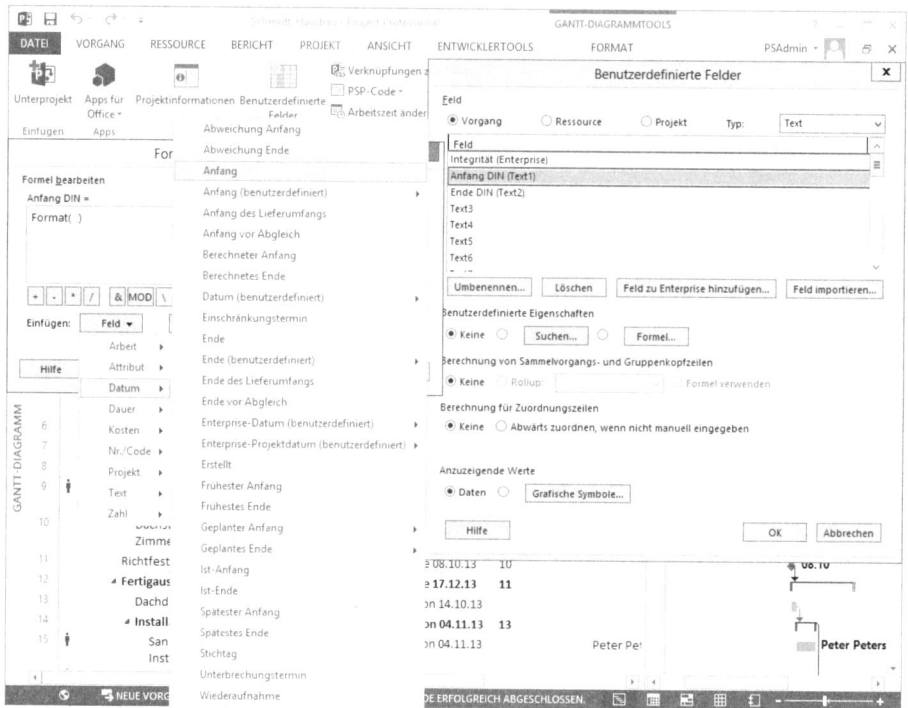

3. Fügen Sie in der *Format*-Funktion für das Argument *Ausdruck* das Feld *Anfang* ein. Geben Sie dazu manuell über die Tastatur *[Anfang]* ein und achten Sie darauf, dass das Feld *[Anfang]* in eckigen Klammern geschrieben wird. Sie können das Feld *[Anfang]* auch aus der Liste der verfügbaren Felder auswählen. Markieren Sie dazu das Argument *Ausdruck* per Doppelklick und fügen Sie, wie in Abbildung 5.2 dargestellt, das Feld *Anfang* aus der Feldkategorie *Anfang* ein.

Abbildg. 5.4 Vollständige Formel für die Darstellung von Datumswerten im Format *YYYY-MM-DD*

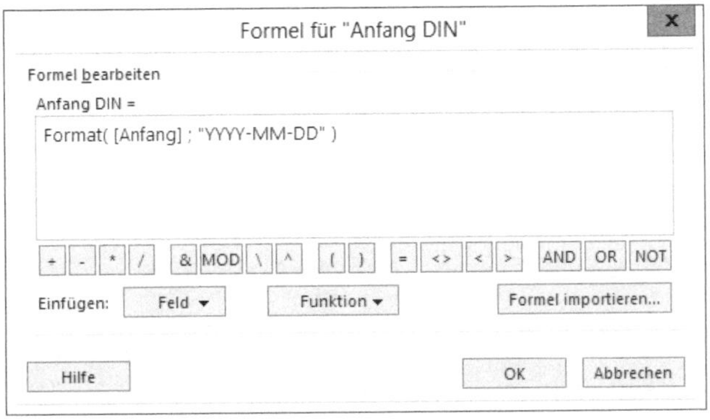

4. Ändern Sie danach noch das Formelargument *Format* in *"YYYY-MM-DD"* ab und entfernen Sie die optionalen Argumente für *ErsterTagDerWoche* und *ErsteWocheDesJahres*. Achten Sie bei der Entfernung nicht benötigter Argumente darauf, dass Sie auch die nicht benötigten Listentrennzeichen (Semikolon bei deutschen und Komma bei englischen Regionaleinstellungen) entfernen, jedoch die notwendigen Klammern beibehalten. Die vollständige Formel lautet dann:

```
Format([Anfang];"YYYY-MM-DD")
```

5. Schließen Sie das Dialogfeld *Formel für "Anfang DIN"* (Abbildung 5.4), indem Sie auf die Schaltfläche *OK* klicken.

Abbildg. 5.5 Warnung, dass die vorherigen Werte des Felds »Anfang DIN« überschrieben werden

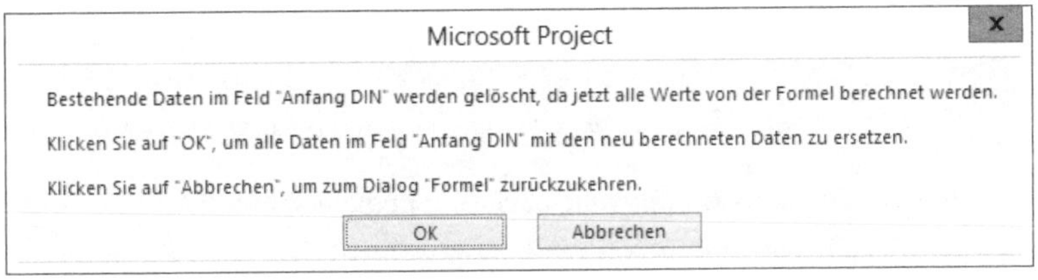

6. Bestätigen Sie das nächste Dialogfeld (Abbildung 5.5), indem Sie auf die Schaltfläche *OK* klicken.

TIPP   Um Anpassungen in den Formeln für eingeblendete Spalten vorzunehmen, können Sie die zu bearbeitenden Spalten markieren und über das Kontextmenü schnell auf den Befehl *Benutzerdefinierte Felder* zugreifen. Für die Berechnung von Sammelvorgangs- und Gruppenkopfzeilen können Sie die gleichen Formeln verwenden. Aktivieren Sie dazu auch die entsprechende Option im Dialogfeld *Benutzerdefinierte Felder*.

Ergänzen Sie anschließend noch das Feld *Ende DIN* mit der Formel:

```
Format([Ende];"YYYY-MM-DD")
```

In der Ansicht *Gantt-Diagramm* sieht die Lösung dann wie in Abbildung 5.6 dargestellt aus.

Abbildg. 5.6   Darstellung von benutzerdefinierten Datumsformaten im Gantt-Diagramm

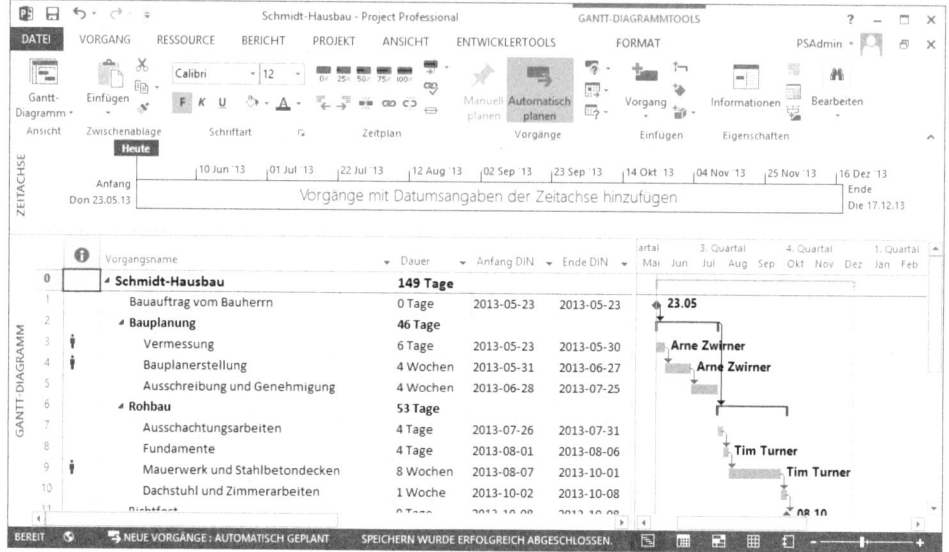

Um eine übersichtliche Darstellung aller Vorgänge (z.B. nach Monaten) zu bekommen, kann noch zusätzlich eine benutzerdefinierte Gruppierung mit Präfixzeichen für das Feld *Text1* (identisch mit *Anfang DIN*) erstellt werden.

1. Rufen Sie dazu im Menüband den Befehl *ANSICHT/Daten/Gruppieren nach* auf und wählen Sie den Eintrag *Neue Gruppe nach* aus.
2. Geben Sie im folgenden Dialogfeld *Gruppendefinition* einen Namen für die Gruppierung ein.
3. Wählen Sie unter *Gruppieren nach* den Feldnamen *Anfang DIN* aus.

Abbildg. 5.7   Benutzerdefinierte Gruppierung nach Gruppenintervallen in Monaten mit Präfixzeichen

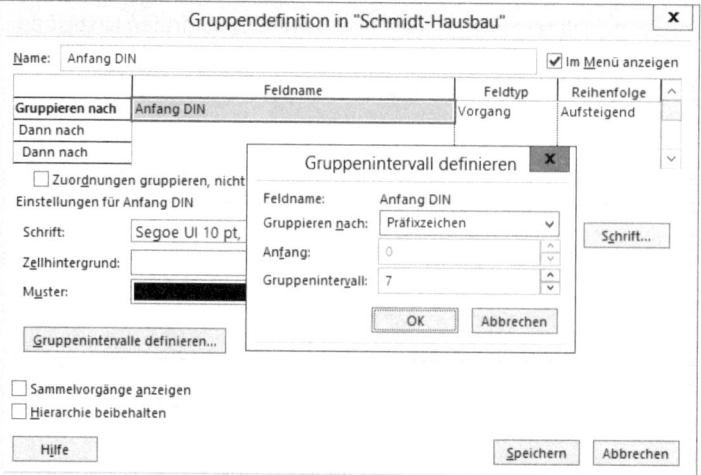

4. Definieren Sie das Gruppenintervall in der Schrittweite 7 und die Option *Gruppieren nach Präfixzeichen*. Die Schrittweite 7 führt nach jedem siebten Zeichen (nach der Angabe des Monats) eine Gruppierung aus (Abbildung 5.7).

5. Bestätigen Sie die Eingabe, indem Sie auf die Schaltfläche *OK* klicken.

6. Klicken Sie anschließend auf die Schaltfläche *Übernehmen*.

Abbildg. 5.8   Nach Monaten gruppierte Ansicht

Wenn Sie die Gruppierung anwenden, sehen Sie die nach Monatsbeginn gruppierte Darstellung des Projektplans (Abbildung 5.8).

TIPP   Die Felder *Text1* und *Text2* können mit der Formel nur für die Anzeige der Datumswerte der Felder *Anfang* und *Ende* verwendet werden. Über die Textfelder kann keine Eingabe von Datumswerten im Format *YYYY-MM-DD* erfolgen. Alternativ zum Kalender, der sich bei jedem Datumsfeld in Project als Auswahlliste aufrufen lässt, können Sie folgende Eingabeverfahren wählen:

1. Für den aktuellen Tag geben Sie *heute* in das Datumsfeld ein.

2. Für den nächsten Tag geben Sie *morgen* ein.

3. Bei einem Termin des aktuellen Monats und Jahres brauchen Sie lediglich für den Tag die Zahl einzutippen (z.B. für den 10.03.2013 die Zahl 10, wenn der aktuelle Monat der März ist und das Jahr 2013).

4. Geben Sie die Zahl für Monat und Jahr jeweils mit »,«, ».« oder »–« getrennt ein, wenn der Monat oder das Jahr noch in der Zukunft liegt (z.B. 10.03.2015).

Sie können diese Methode für alle Datumsfelder (z.B. *Anfang, Ende, Anfang1, Ist-Anfang, Datum1, Stichtag* oder Felder in der *Projektinfo*) verwenden. Für weit in der Zukunft liegende Termine sparen Sie sich damit das Klicken durch den Kalender.

Kalenderwochen für Vorgänge anzeigen

Neben der Darstellung von benutzerdefinierten Datumswerten für Vorgänge ist auch die Anzeige der zugehörigen Kalenderwoche für den Starttermin eines Vorgangs interessant. Wie können Kalenderwochen als Datumsformat in der Tabelle dargestellt werden? Project unterstützt zwar die Kalenderwochenformate *5.W05* und *3.W05.09 12:33*, die Vorgänge als Tag in der Kalenderwoche darstellen. Dieses Format hat sich jedoch als nicht praxisnah herausgestellt und wird selten von Project-Anwendern verwendet.

Die Lösung hierzu liegt wieder bei einem benutzerdefinierten *Text*-Feld und der *Format*-Funktion, die auch Kalenderwochen von beliebigen Datumswerten berechnen kann.

1. Fügen Sie dazu ein neues Feld, z.B. *Text3*, in die Tabellen in der Ansicht *Gantt-Diagramm* ein und benennen dieses in *KW Anfang* um. In diesem Beispiel wird nun die zugehörige Kalenderwoche des Anfangsdatums aller Vorgänge berechnet. Optional könnte auch noch die Kalenderwoche des Endtermins in einem weiteren Textfeld berechnet werden.

Abbildg. 5.9   Formel für die Darstellung von Kalenderwochen in einem Textfeld

2. Geben Sie wie in Abbildung 5.9 dargestellt für das Feld *Text3 (KW)* die folgende Formel ein:

```
Format([Anfang];"WW")
```

Um noch zusätzlich den Text »KW« hinzuzufügen, ändern Sie die Formel wie folgt ab:

```
"KW" & Format([Anfang];"WW")
```

3. Wählen Sie den Befehl *ANSICHT/Daten/Gruppieren nach*. Innerhalb des Dropdown-Listenfelds klicken Sie auf *Weitere Gruppen*.

4. Klicken Sie im Dialogfeld *Weitere Gruppen* auf die Schaltfläche *Neu*. Definieren Sie eine neue Gruppierung (z.B. »KW Anfang«), damit Sie benutzerdefinierte Anpassungen schnell wiedererkennen können.

Abbildg. 5.10   Benutzerdefinierte Gruppierung nach KW definieren

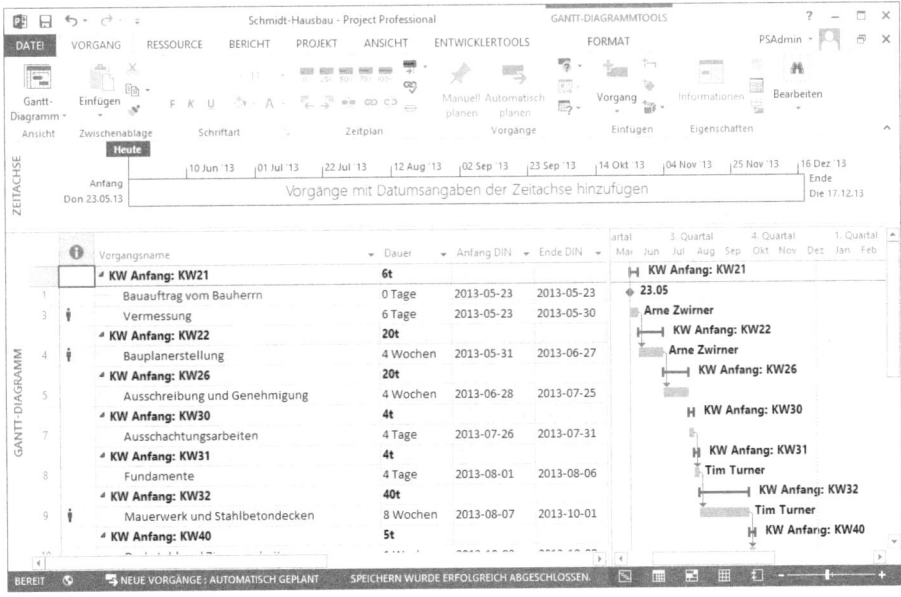

Gruppendefinition in "Schmidt-Hausbau"   ✕

Name: KW Anfang   ☑ Im Menü anzeigen

	Feldname	Feldtyp	Reihenfolge
Gruppieren nach	KW Anfang ⌄	Vorgang	Aufsteigend
Dann nach			
Dann nach			

☐ Zuordnungen gruppieren, nicht Vorgänge

Einstellungen für KW Anfang

Schrift: Segoe UI 10 pt, Fett   Schrift...

Zellhintergrund: ⌄

Muster: ███████████████████████████   ⌄

Gruppenintervalle definieren...

☐ Sammelvorgänge anzeigen
☐ Hierarchie beibehalten

Hilfe   Speichern   Abbrechen

5. Wählen Sie die neu erstellte Gruppierung aus und klicken Sie anschließend auf die Schaltfläche *Übernehmen*.

Abbildg. 5.11   Gruppierung nach Kalenderwochen in der Ansicht *Gantt-Diagramm*

Eine benutzerdefinierte Gruppierung nach Kalenderwochen in der Ansicht *Gantt-Diagramm* bringt, wie in Abbildung 5.11 dargestellt, eine Einsatzübersicht aller Vorgänge nach Kalenderwochen.

Einfache zeitlich angeordnete Netzplanansicht erstellen

Die Fortsetzung des vorherigen Beispiels der Kalenderwochen für Vorgänge wird anhand einer zeitlich angeordneten einfachen Ansicht für ein Netzplandiagramm erläutert. Project-Anwender monieren häufig, dass die Standardansicht für das Netzplandiagramm zu unübersichtlich sei. Ursache dafür ist die sehr große Darstellung der Knotenelemente für die Vorgänge.

Rufen Sie die Netzplanansicht auf, indem Sie im Menüband auf *VORGANG/Ansicht/Weitere Ansichten/Netzplandiagramm* klicken. Eine erste Lösung könnte die Darstellung nur der Vorgangsnummern jedes Vorgangs sein. Abbildung 5.12 zeigt die verkleinerte Darstellung von Vorgangsknoten im Netzplan. Rufen Sie dazu in der Ansicht *Netzplandiagramm* das Kontextmenü auf und wählen Sie dort den Befehl *Felder reduzieren*.

Abbildg. 5.12   Verkleinerte Darstellung im Netzplan mit Vorgangsnummern

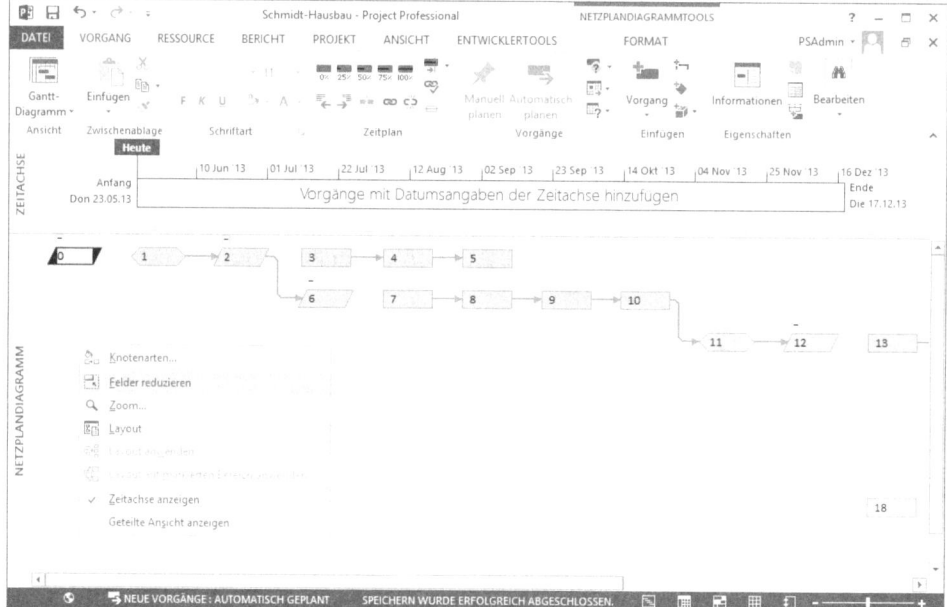

Um eine neue, benutzerdefinierte Ansicht für Netzplandiagramme zu erstellen, müssen Sie zunächst eine Vorlage erstellen, auf der alle Knotendarstellungen, z.B. für *Normale Vorgänge*, *Sammelvorgänge* oder *Meilensteine* basieren. Gehen Sie dazu folgendermaßen vor:

Abbildg. 5.13   Dialogfeld *Knotenarten*

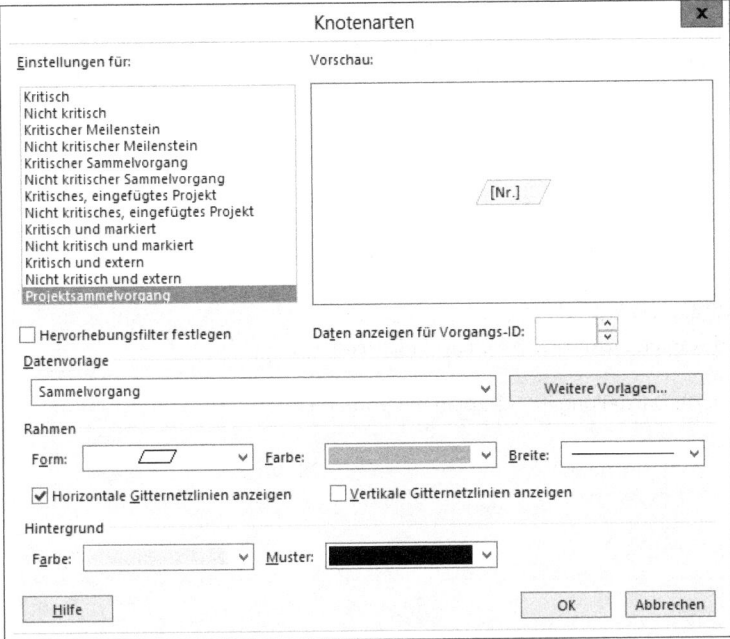

1. Rufen Sie über das Kontextmenü den Befehl *Knotenarten* auf und klicken Sie auf die Schaltfläche *Weitere Vorlagen*.

Abbildg. 5.14   Dialogfeld *Datenvorlagen* für Netzplanknoten

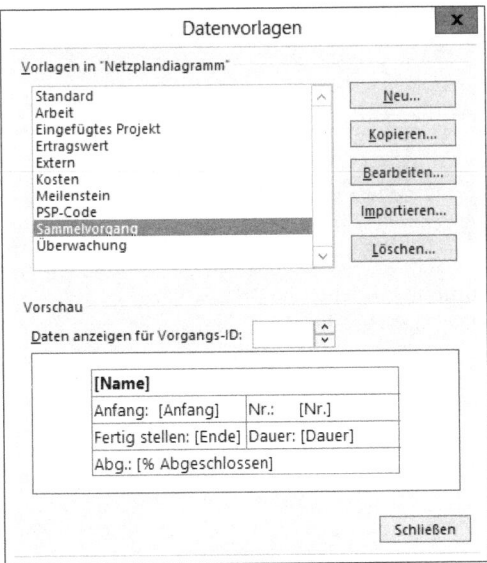

2. Erstellen Sie nun eine neue Vorlage, indem Sie auf die Schaltfläche *Neu* im Dialogfeld *Datenvorlagen* klicken.

Abbildg. 5.15   Dialogfeld *Datenvorlage definieren*

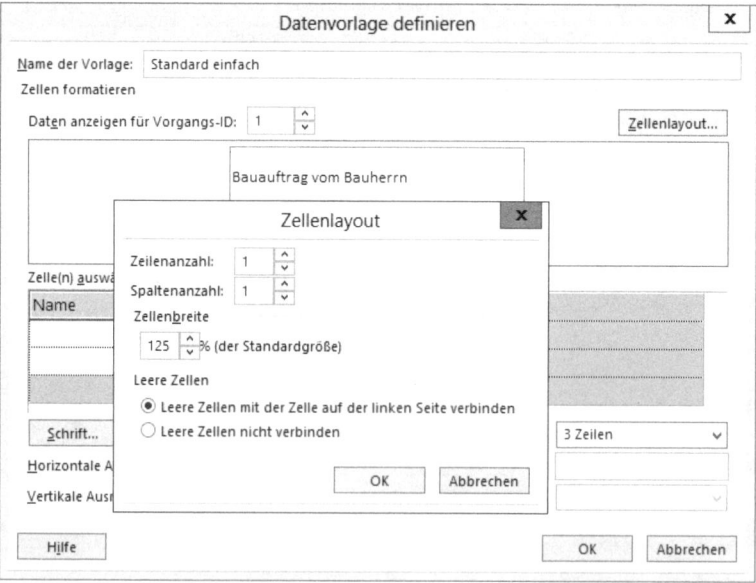

3. Vergeben Sie unter *Name der Vorlage* die Bezeichnung »Standard einfach«. Tragen Sie in der ersten Spalte unter *Zellen(n) auswählen* das Feld *Name* ein. Wählen Sie im Listenfeld *Maximale Textlänge* den Eintrag *3 Zeilen* aus.

Abbildg. 5.16   Anpassen des Zellenlayouts über das gleichnamige Dialogfeld

4. Klicken Sie auf die Schaltfläche *Zellenlayout* mit dem Zellenlayout *1 Zeile, 1 Spalte* und *125%* der Standardgröße. Bestätigen Sie die Festlegungen anschließend per Klick auf die Schaltflä-

che *OK* und einem erneuten Klick auf die Schaltfläche *OK*. Schließen Sie das Fenster *Datenvorlagen* mit *Schließen*.

Abbildg. 5.17 Zuweisung einer eigenen Vorlage für die Gestaltung der Knoten im Netzplandiagramm

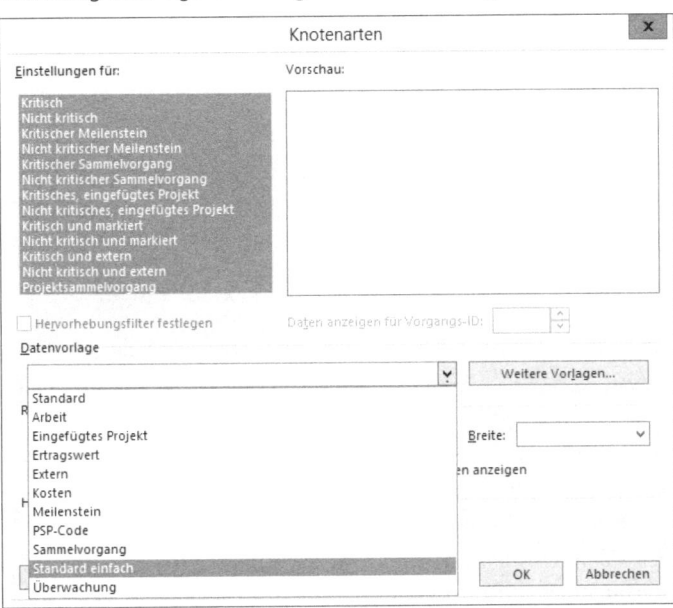

5. Selektieren Sie alle Knotenformen in der Selektionsliste bei *Einstellungen für* und wählen Sie die zuvor erstellte Datenvorlage aus. Nehmen Sie keine weiteren Änderungen in Form, Farbe, Muster oder Breite vor, damit die individuellen Layouts aller Knotenformen erhalten bleiben, z.B. ein rotes Rechteck für kritische Vorgänge und ein blaues Rechteck mit hellblauer Hintergrundfarbe für normale nicht kritische Vorgänge.

Abbildg. 5.18 Einfache, übersichtlichere Netzplandiagrammansicht

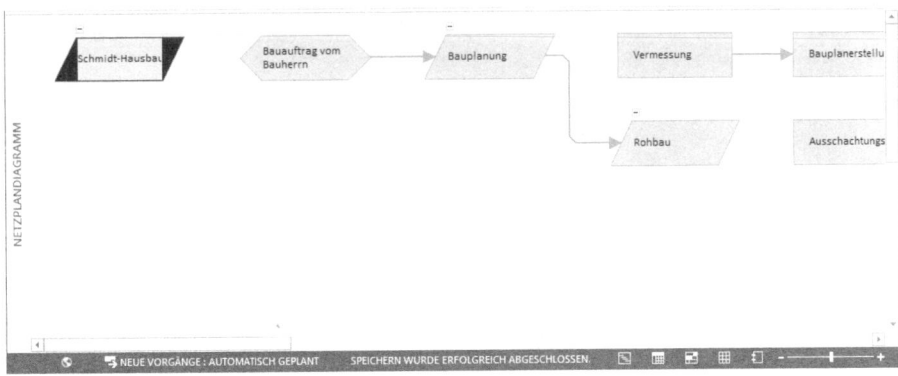

6. Die neu erstellte Ansicht sollte noch unter einem individuellen Namen (z.B. »Enterprise-Netzplandiagramm«) abgespeichert werden. Mehr zur Erstellung neuer Ansichten finden Sie auch in Kapitel 9.

Abbildg. 5.19   Nach Kalenderwochen zeitlich gruppiertes Netzplandiagramm

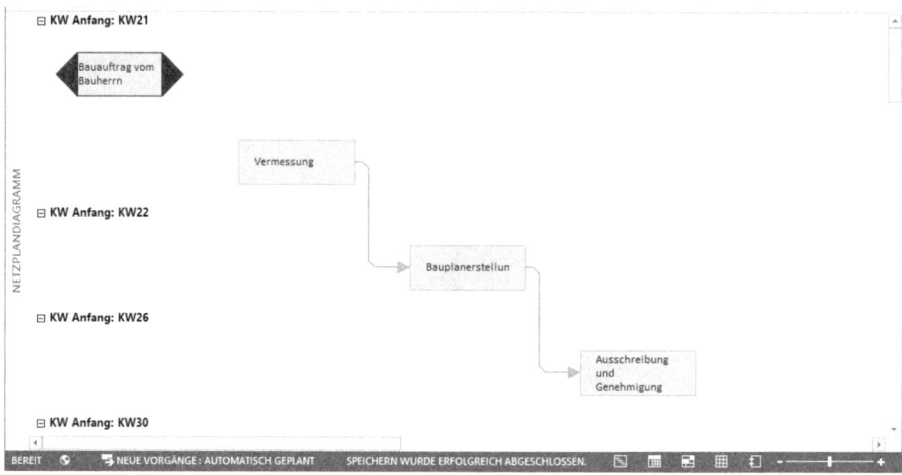

Abbildung 5.19 stellt ein nach Kalenderwochen zeitlich gruppiertes Netzplandiagramm dar. Hier verwenden wir die vorher erstellte Gruppierung nach Kalenderwochen (siehe den Abschnitt »Kalenderwochen für Vorgänge anzeigen« ab Seite 242). Der Vorteil dieser Darstellungsform ist, dass zu jedem Zeitpunkt im Projektverlauf die Gruppierungen ein- oder ausgeblendet werden können. Sie haben somit jederzeit die Möglichkeit, eine aktuelle Selektion der gerade zeitlich relevanten Vorgänge als Knoten vorzunehmen. Zusätzlich können Sie einen Filter erstellen, der auch in der Ansicht *Netzplandiagramm* zur weiteren Selektion aktiviert werden kann.

Abbildg. 5.20   Weitere Anpassungen sind über das Dialogfeld *Layout* möglich

Über das Kontextmenü *Layout* können Sie in der Netzplanansicht weitere Nachbearbeitungen vornehmen. Hierzu klicken Sie innerhalb der Netzplanansicht einfach mit der rechten Maustaste und wählen im Kontextmenü *Layout* aus.

Geschätzte Dauer für Vorgänge verwenden

Die Funktion der geschätzten Dauer in Project wird auch als »vorläufige Dauer« bezeichnet, da in der Projektplanung eigentlich alle Zeitdauern zunächst geschätzt sind. Durch das Fragezeichen in der Spalte *Dauer* werden Sie darauf hingewiesen, dass die Angabe noch nicht konkret erfolgte. Sie können diese Angabe mit einem für den Vorgang realistischen Wert überschreiben. Dadurch wird das Fragezeichen automatisch entfernt. Der Vorteil bei der Arbeit mit einer geschätzten Dauer ist, dass Sie durch die Verwendung des Filters *Vorgänge mit geschätzter Dauer* jederzeit schnell erkennen können, welche Vorgänge noch in einer vorläufigen »geschätzten« Planung sind.

Abbildg. 5.21 Filter für Vorgänge mit geschätzter Dauer

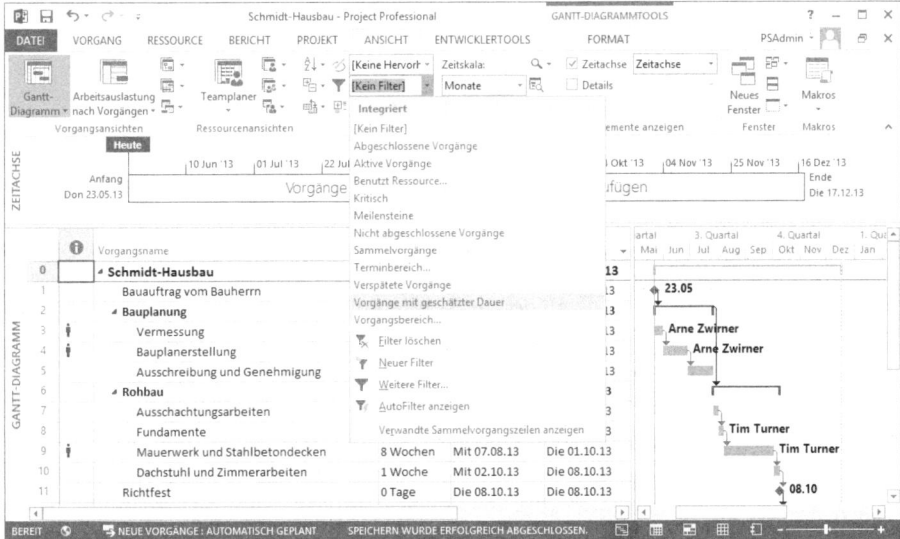

Um diesen Filter zu aktivieren, gehen Sie im Menüband auf *ANSICHT/Daten/Filter*. Wählen Sie im Dropdown-Listenfeld *Vorgänge mit geschätzter Dauer* aus.

Nachdem Sie den Filter aktiviert haben, zeigt Abbildung 5.22 die gefilterten Vorgänge.

Abbildg. 5.22 Gefilterte Vorgänge mit Filter *Vorgänge mit geschätzter Dauer*

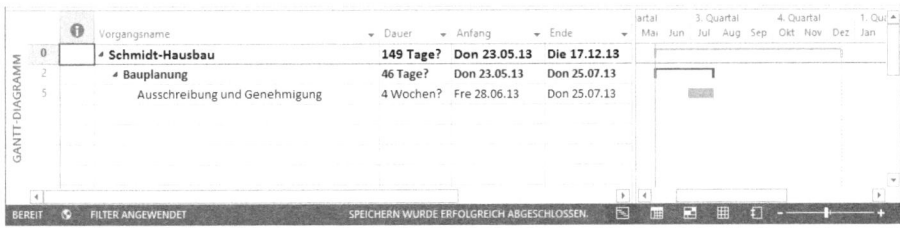

Überschreiben Sie die Werte in der Spalte *Dauer*, um das Fragezeichen zu entfernen. Alternativ können Sie in den *Informationen zum Vorgang* (Doppelklick auf den Vorgang) auf der Registerkarte *Erweitert* auch die Dauer mit dem Kontrollkästchen *Geschätzt* deaktivieren.

HINWEIS   Bitte beachten Sie, dass bei Vorgängen mit dem *Vorgangsmodus* »Manuell geplant« u.U. kein Wert in dem Feld *Dauer* enthalten ist, sondern ein Text, wie z.B. »Rücksprache mit Tim Turner«. Somit können Sie nicht anhand des Fragezeichens erkennen, ob es sich hierbei um eine geschätzte Dauer handelt oder nicht. Sobald Sie zu einem Vorgang einen numerischen Wert im Feld *Dauer* eingeben, wird das Kästchen des Felds *Geschätzt* deaktiviert.

Stichtage und Pufferzeiten von Vorgängen darstellen

Häufig existieren in Projekten extern vorgegebene feste Termine (Deadlines) zu Vorgängen. Diese sind in der Regel auch die Schnittstellen zu anderen Teilprojekten. Diese Deadlines werden in der deutschen Version von Project mit *Stichtag* übersetzt (Kapitel 1). Mithilfe des Stichtags kann ergänzend zu den Einschränkungsterminen in Project eine grafische Abbildung des Stichtagdatums im *Gantt-Diagramm* erfolgen.

Bei Überschreitung des Enddatums eines Vorgangs über den Stichtag hinaus warnt zusätzlich ein grafischer Indikator (rote Raute mit Ausrufungszeichen) in der Vorgangstabelle und macht so auf den Konflikt aufmerksam.

Stichtage haben keinen Einfluss auf die automatische Berechnung von Vorgangsterminen, wie es bei Einschränkungsterminen der Fall ist. Sie werden aber bei der Berechnung der Pufferzeiten von Vorgängen und damit bei der Berechnung des kritischen Wegs berücksichtigt.

Bei der Pufferzeit unterscheidet Project zwischen den beiden Werten *Gesamte Pufferzeit* und *Freie Pufferzeit*. Die *Gesamte Pufferzeit* eines Vorgangs gibt diejenige Zeitspanne an, um die sich der Endtermin eines Vorgangs verzögern kann, ohne den Projektendtermin zu verschieben oder Stichtage zu überschreiten. Analog entspricht eine negative *Gesamte Pufferzeit* der Zeitspanne, um die ein Vorgang beschleunigt werden muss, um alle Stichtage und Termineinschränkungen erfüllen zu können. Standardmäßig werden für die *Gesamte Pufferzeit* nur Stichtage bis zum Projektendtermin beachtet, mit der Option *DATEI/Optionen/Erweitert/Berechnungsmethoden für dieses Projekt/Mehrere kritische Wege berechnen* fließt zusätzlich die Bedingung ein, dass sich die Endtermine aller Vorgänge ohne Nachfolger nicht verschieben dürfen.

Die *Freie Pufferzeit* gibt im Gegensatz dazu diejenige Zeitspanne an, um die sich der Endtermin eines Vorgangs verzögern kann, ohne den Starttermin der Nachfolger zu verschieben.

Kritische Vorgänge ermittelt Project anhand der Werte für *Gesamte Pufferzeit*. Standardmäßig wird ein Vorgang in Project genau dann als kritisch ermittelt, wenn seine *Gesamte Pufferzeit* kleiner als oder gleich null ist. Diese Einstellung lässt sich in Project über den Befehl *DATEI/Optionen/Erweitert/Berechnungsmethoden für dieses Projekt/Vorgänge sind kritisch, falls Puffer kleiner oder gleich* individuell pro Projekt ändern, um auch weitere Vorgänge als kritisch festzulegen, deren Puffer größer als null aber kleiner als der definierte Wert ist. Die Gesamtheit aller kritischen Vorgänge im Projekt bezeichnet Project als *kritischen Weg*.

Wechseln Sie nun in die Ansicht *Gantt-Diagramm: Überwachung*.

Abbildg. 5.23 Freie Pufferzeit für einen Vorgang ohne Stichtag

Abbildung 5.23 zeigt die Darstellung des Vorgangs 16 ohne Pufferzeit und des parallelen Vorgangs 17 mit einer freien Pufferzeit von 1 Woche. Beide Vorgänge haben denselben indirekten Nachfolger über ihren gemeinsamen Sammelvorgang. Vorgang 17 wird aufgrund seiner Pufferzeit als nicht kritisch dargestellt.

Abbildg. 5.24 Verkürzte Pufferzeit für einen Vorgang mit Stichtag

Der Vorgang 17 erhält im Beispiel von Abbildung 5.24 einen Stichtag (z.B. 30.10.2013), der innerhalb der Pufferzeit liegt. Project verkürzt die Pufferzeit von *1 Woche* auf *0,4 Wochen* bis zum Stichtag. Das heißt, dass der Stichtag zwar keinen Einfluss auf die Planung und Berechnung der Start- und Endtermine hat, jedoch die Berechnung und Darstellung der Pufferzeiten von Vorgängen beeinflusst. Der Vorgang 17 wird jedoch nicht als kritischer Vorgang dargestellt, da die Pufferzeit noch größer als null ist.

Abbildg. 5.25   Negative gesamte Pufferzeit für einen Vorgang mit überschrittenem Stichtag

Wir nehmen an, der Vorgang 17 kann nicht innerhalb der kalkulierten Dauer (2 Wochen) durchgeführt werden. Wenn sich z.B. die Dauer des Vorgangs von 10 Tagen auf 13 Tage erhöht und damit den zuvor eingegebenen Stichtag überschreitet, wird der Vorgang komplett kritisch dargestellt. Die gesamte Pufferzeit wäre damit auch um einen Werktag negativ, da der Vorgang nicht innerhalb des gesetzten Stichtags abgeschlossen werden kann (Abbildung 5.25).

Abbildg. 5.26   Information über die Stichtagsüberschreitung

Dieses Symbol in der Indikatorenspalte signalisiert, dass es sich hier um eine Überschreitung des Stichtags handelt (Abbildung 5.26). Sobald Sie mit der Maus auf das Symbol gehen, erscheint ein Hinweisfeld, das Ihnen nähere Auskünfte über die Stichtagsüberschreitung gibt. Dieses Feld ist insbesondere dann sinnvoll, wenn das Feld *Stichtag* nicht eingeblendet ist.

Vorgänge von Hand kritisch darstellen

In Project können Pufferzeiten nicht manuell eingegeben werden, da diese aufgrund von Verknüpfungen immer mit der *Critical Path Method (CPM)* automatisch berechnet werden. Vorgänge mit der Einschränkungsart *Muss anfangen am* oder *Muss enden am* werden in Project jedoch als kritische Vorgänge dargestellt. Es ist damit indirekt möglich, einen Vorgang manuell als kritischen Vorgang unabhängig von seiner Pufferzeit zu setzen. Das Setzen dieser Einschränkungsart hat jedoch auch Konsequenzen und führt zu Einschränkungen in der Terminplanberechnung. In unserem Beispiel haben wir im *Gantt-Diagramm: Überwachung* zusätzlich die beiden Felder *Kritisch*, *Einschränkungstermin* und *Einschränkungsart* eingeblendet.

Gehen Sie folgendermaßen vor, um eine Einschränkungsart für den Vorgang zu vergeben:

Abbildg. 5.27   Nicht kritischer Vorgang

1. Per Doppelklick auf den gewünschten Vorgang erhalten Sie das Dialogfeld *Informationen zum Vorgang* angezeigt.

2. Wechseln Sie zur Registerkarte *Erweitert*.

Abbildg. 5.28   Dialogfeld *Informationen zum Vorgang*

3. Im Feld *Einschränkungsart* geben Sie *Muss anfangen am* oder *Muss enden am* sowie im Feld *Einschränkungstermin* das entsprechende Datum ein. Bestätigen Sie per Klick auf die Schaltfläche *OK*.

Abbildg. 5.29   Kritischer Vorgang

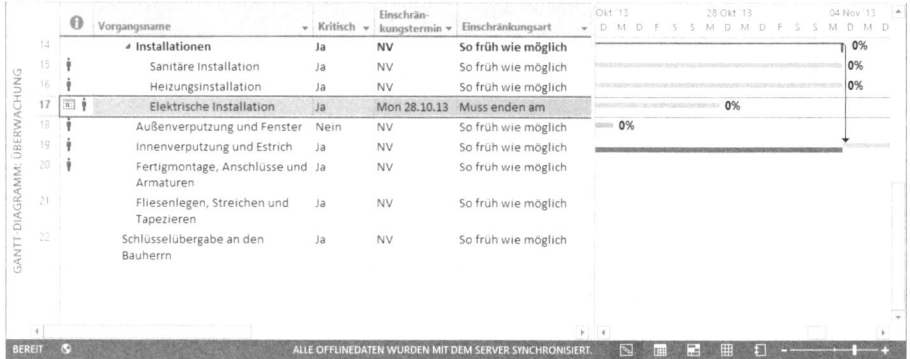

4. Der Vorgang wird jetzt als kritisch angezeigt. Zusätzlich finden Sie das entsprechende Symbol für die Termineinschränkung *Muss anfangen am* in der Indikatorenspalte (Abbildung 5.29).

TIPP   Die Änderungen in *Einschränkungsart* und *Einschränkungstermin* können auch direkt in der Tabelle vorgenommen werden.

Vorgänge komplett verschieben

Eine häufige Fehlerursache bei der Verschiebung von Vorgängen, Sammelvorgängen oder Ressourcen ist die falsche Verwendung der Ziehen & Ablegen (Drag & Drop)-Funktion in Project, da diese häufig mit derselben Funktion in Excel gleichgesetzt wird. Dadurch kann es passieren, dass statt des gesamten Vorgangs nur eine Spalte eines Vorgangs markiert wird. Der Wert dieser Spalte wird verschoben und nicht der gesamte Vorgang. Wenn Vorgänge ausgeschnitten und neu eingefügt werden, so werden sie ohne Ist-Aufwände erstellt und erhalten neue IDs.

Um einen oder mehrere Vorgänge korrekt als komplette Datensätze in Project zu verschieben, ist es zwingend notwendig, die *gesamten* Zeilen zu markieren und danach per Drag & Drop an einen neuen Ort zu verschieben.

Abbildg. 5.30   Verschieben von kompletten Zellinhalten per Drag & Drop

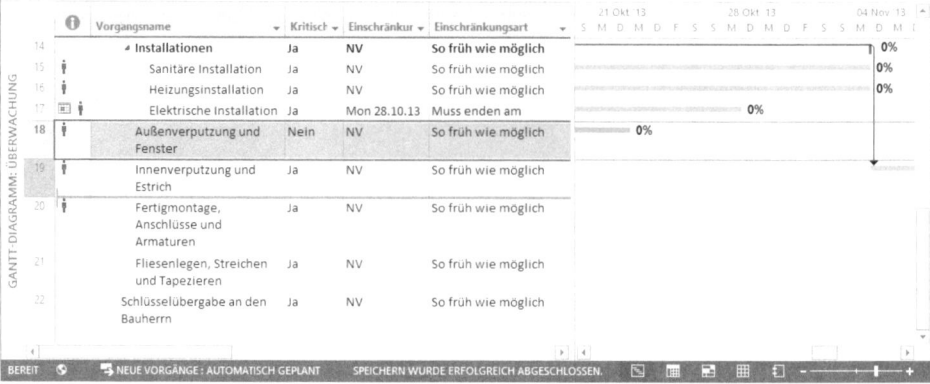

1. Markieren Sie durch Klicken auf den Zeilentitel mit den Vorgangsnummern diejenigen Vorgangs-, Sammelvorgangs- oder Ressourcenzeilen, die Sie verschieben möchten.

2. Klicken Sie anschließend nochmals auf den Zeilentitel und ziehen Sie die markierten Zeilen per Drag & Drop (linke Maustaste beim Verschieben gedrückt halten) auf die gewünschte Zeilenposition (nun Maustaste loslassen).

Auf diese Weise werden die gesamten Inhalte der Vorgänge und zugehörigen Zuordnungen verschoben, also auch alle unsichtbaren Felder. So lässt sich auch nachträglich die Reihenfolge von Vorgängen leicht verändern. Komplette Sammelvorgänge oder auch eingefügte Teilprojekte können mit der gleichen Vorgehensweise in der Reihenfolge der Darstellung verschoben werden.

ACHTUNG   Wir empfehlen, vor dem Verschieben die Terminplanoption *Eingefügte oder verschobene Vorgänge automatisch verknüpfen* zu deaktivieren (siehe Kapitel 9), andernfalls werden beim Verschieben die bestehenden Verknüpfungen neu erstellt.

Vorgänge ohne Verknüpfung filtern

Je nach Planungsphilosophie kann eine Anforderung darin bestehen, dass jeder Vorgang immer einen explizit verknüpften Nachfolger hat. Um dieses Prinzip zu prüfen, stellt sich die Frage, wie Vorgänge ohne Nachfolger ermittelt werden können. Gehen Sie dazu folgendermaßen vor:

1. Klicken Sie im Menüband auf *ANSICHT/Daten/Filtern* und wählen Sie im Dropdown-Listenfeld den Eintrag *Neuer Filter* aus.

Abbildg. 5.31   Filter, um Vorgänge mit fehlenden Nachfolgern zu finden

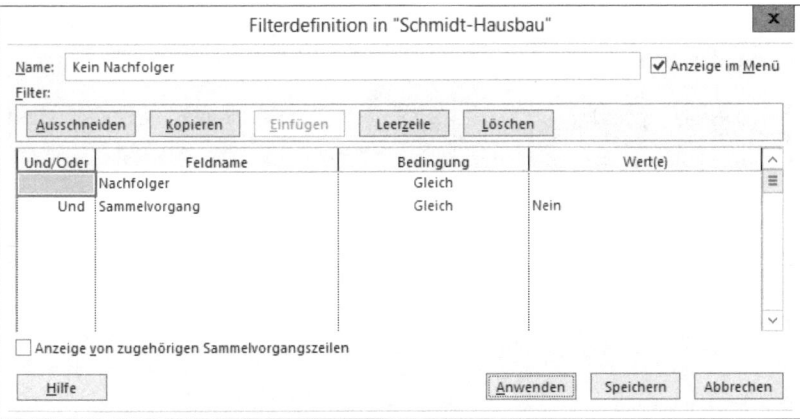

2. Weisen Sie dem Filter einen Namen zu (z.B. »Kein Nachfolger«) und geben Sie, wie in Abbildung 5.31 dargestellt, die Argumente für den Filter ein. Aktivieren Sie rechts oben das Kästchen *Anzeige im Menü*, damit Sie diesen Filter später im Menüband unter *ANSICHT/Daten/ Filtern* im Abschnitt *Benutzerdefiniert* aufrufen können.

Abbildg. 5.32   Vorgänge ohne Nachfolger

Project selektiert nach der Anwendung des Filters alle »Nicht-Sammelvorgänge«, also alle Vorgänge oder Meilensteine, die keinen Eintrag in der Spalte *Nachfolger* enthalten. Sie bekommen somit einen Überblick über alle nicht explizit verknüpften Vorgänge.

ACHTUNG   Der Filter *Kein Nachfolger* zeigt auch Vorgänge an, die einen impliziten Nachfolger haben, der sich aufgrund der Zugehörigkeit zu einem Sammelvorgang mit Verknüpfungen ergibt.

Vorgänge von heute oder nächster Woche filtern

Im Projektverlauf möchte der Projektleiter häufig eine Liste oder Ansicht mit allen Vorgängen von heute, dieser Woche, der nächsten Woche, aus diesem Monat oder dem nächsten Monat erstellen (siehe Kapitel 1). Da das aktuelle Datum kein statischer Wert ist, sondern sich täglich ändert, sollte diese Liste der aktuellen Vorgänge auch immer möglichst dynamisch angepasst und in einer oder mehreren Ansichten als Bericht schnell aufrufbar sein.

Abbildg. 5.33   Darstellung des Monats Mai 2013 zur besseren Orientierung (aus Outlook 2013)

	◄	Mai 2013		►	‹	
MO	DI	MI	DO	FR	SA	SO
29	30	1	2	3	4	5
6	7	8	9	10	11	12
13	14	15	16	17	18	19
20	21	22	**23**	24	25	26
27	28	29	30	31		

Damit Sie unser Beispiel einfacher nachvollziehen können, haben wir die Kalenderansicht für den Monat Mai 2013 abgebildet (Abbildung 5.33).

Abbildung 5.34 zeigt die Ausgangslage für dieses kurze Beispiel. Das aktuelle Datum in diesem Beispiel ist der 23.05.2013. In einer Gantt-Diagramm-Ansicht wird das aktuelle Datum als grüne Linie dargestellt. Diese Formatierung kann über das Menüband mit *FORMAT/Format/ Gitternetzlinien/Gitternetzlinien* angepasst werden. Ziel ist es, mit einem Filter schnell diejenigen Vorgänge herauszufiltern, an denen in der aktuellen Woche vom 20. bis 24.05.2013 gearbeitet wird.

Wir zeigen hier zunächst die Einschränkungen bei der Filterung über einen *AutoFilter* auf die Spalte *Anfang* oder *Ende* und beschreiben dann deren Überwindung mit einem benutzerdefinierten Filter.

Abbildg. 5.34   Ausgangslage für das Filtern von Vorgängen der aktuellen Woche

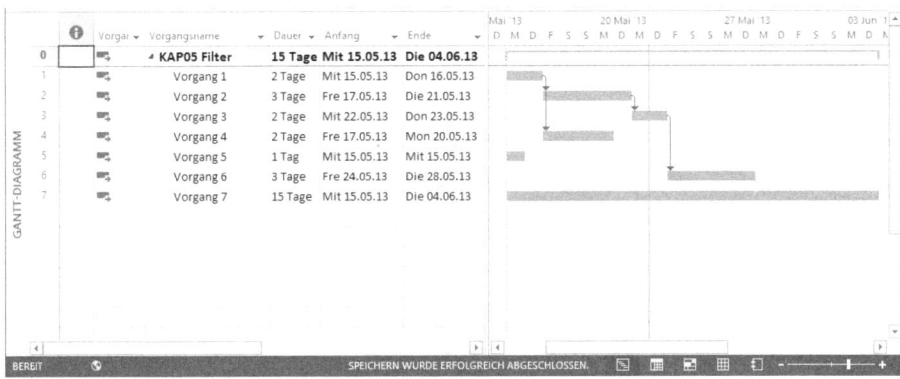

Aktuelle Vorgänge mit AutoFilter ermitteln

Project bietet zur Filterung der aktuellen Vorgänge einen *AutoFilter* als erste Hilfe. Über die *AutoFilter*-Aktivierung kann in den Spalten *Anfang* oder *Ende* nach Vorgängen von *Heute*, *Morgen* und *Diese Woche* gefiltert werden.

Abbildg. 5.35   AutoFilter für *Anfang* auf die aktuelle Woche (*Diese Woche*) setzen

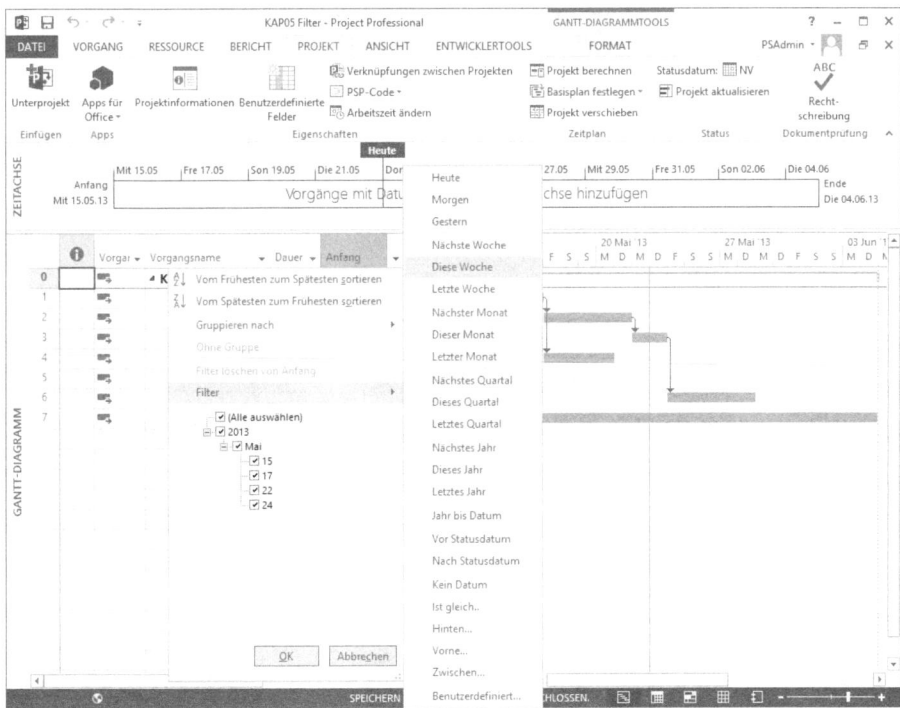

Selektieren Sie in der Spalte *Anfang* über den Filter *Diese Woche*, sehen Sie als Ergebnis eine Selektion der Vorgänge 3 und 6 (Abbildung 5.36).

Abbildg. 5.36   Ergebnis der Filterung für die aktuelle Woche (*Diese Woche*)

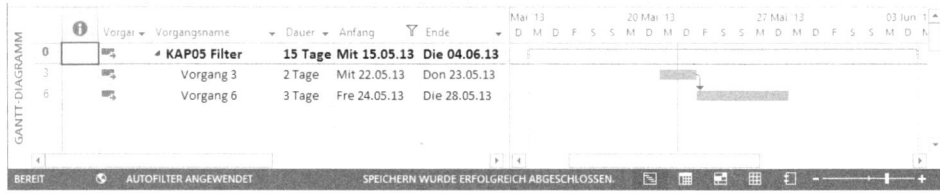

ACHTUNG   Die Selektion beinhaltet die Vorgänge 2, 4 und 7 nicht, die ja auch in der aktuellen Woche stattfinden. Die Ursache liegt bei genauerer Betrachtung in der Definition der Filter, die über die Funktion der *AutoFilter* gebildet werden. Gehen Sie dazu in der Auswahlliste der *AutoFilter* auf den Eintrag *Benutzerdefiniert*. Dort erkennen Sie, dass Project einen Filter mit dem Anfangs- und Endtermin der aktuellen Woche (20.05.2013 bis 24.05.2013) definiert und alle Vorgänge mit Anfangsterminen in diesem Bereich filtert.

Besser filtern mit Feldern für das aktuelle Datum

Abhilfe schafft dabei nur die Erstellung eines eigenen benutzerdefinierten Filters, wie wir nachfolgend beschreiben werden. Daneben werden wir noch zeigen, wie man Filter für die Vorgänge des aktuellen (heutigen) Tags und der nächsten Woche erstellt.

Um die Filter zu erstellen, legen Sie zunächst die in Tabelle 5.1 dargestellten benutzerdefinierten Felder über das Menüband *FORMAT/Spalten/Benutzerdefinierte Felder* an.

Tabelle 5.1   Feldnamen und Formeln für benutzerdefinierte Felder

Ursprünglicher Feldname	Umbenannter Feldname	Formel
Zahl1	KW Anfang	Format([Anfang];"WW")
Zahl2	KW diese Woche	Format(Date();"WW")
Zahl3	KW nächste Woche	Format(Date();"WW")+1
Zahl4	KW Ende	Format([Ende];"WW")
Datum1	Heute	ProjDateAdd(Date();240)

Im Feld *KW Anfang (Zahl1)* wird, wie zuvor in diesem Kapitel schon beschrieben, mithilfe der Format-Funktion per Formel die Kalenderwoche des Anfangstermins von jedem Vorgang berechnet. Im Feld *KW diese Woche (Zahl2)* wird die Kalenderwoche der aktuellen Woche berechnet und im Feld *KW nächste Woche (Zahl3)* die Kalenderwoche der folgenden Woche (+1 Woche). Im Feld *KW Ende (Zahl4)* wird die Kalenderwoche des Endtermins von jedem Vorgang berechnet.

Zuletzt wird noch im Feld *Heute (Datum1)* das aktuelle Datum berechnet. Wir verwenden hierfür die Funktion *Date()*, die das aktuelle Systemdatum enthält. Auf diese Weise ist sichergestellt, dass Sie auch Vorgänge sehen, die am aktuellen Tag beginnen oder begonnen haben. Hintergrund ist, dass Project durch die Standardkalender für jeden Vorgang die Laufzeit von 08:00 bis 17:00 Uhr berechnet. Es kann somit der Fall auftreten, dass Sie von Project um 07:00 Uhr morgens eine Übersicht aller zu erledigenden Vorgänge des aktuellen Tags filtern möchten und die heute erst beginnenden Vorgänge nicht finden, da diese laut Project-Standardkalender erst um 08:00 Uhr beginnen.

Die Lösung liegt in der Funktion *ProjDateAdd(Datum; Dauer; Kalender)*. Diese Funktion fügt einem Termin eine Dauer hinzu und gibt den neuen Termin zurück. Im Beispiel verwenden wir diese Funktion, um das aktuelle Systemdatum um 12:00 Uhr mittags herauszufinden. Die Funktion *Date()* liefert das aktuelle Systemdatum um 00:00 Uhr Mitternacht. Die Project-Funktion *ProjDateAdd()* addiert zu einem vorgegebenen Datum eine anzugebende Dauer in Minuten, dabei wird jedoch nur die Zeit während der Arbeitszeiten des angegebenen Kalenders berücksichtigt. Im Standardkalender sind die Arbeitszeiten 08:00 bis 12:00 Uhr und 13:00 bis 17:00 Uhr. *Date()* liefert stets 00:00 Uhr zurück, im Kalender beginnt die Arbeitszeit 08:00 Uhr. Unsere Formel addiert 240 Minuten (4 h) und liefert damit 12:00 Uhr.

Mithilfe dieser Felder können Sie neue benutzerdefinierte Filter erstellen, um die Vorgänge von heute, dieser und der nächsten Woche zu filtern. Diese Filter beschreiben wir nachfolgend. Die Gestaltung der Filter kann natürlich nach weiteren beliebigen Kriterien erweitert und ergänzt werden, um z.B. Vorgänge dieses Monats oder des nächsten Monats herauszufiltern.

Abbildg. 5.37 Inhalte der erstellten Felder

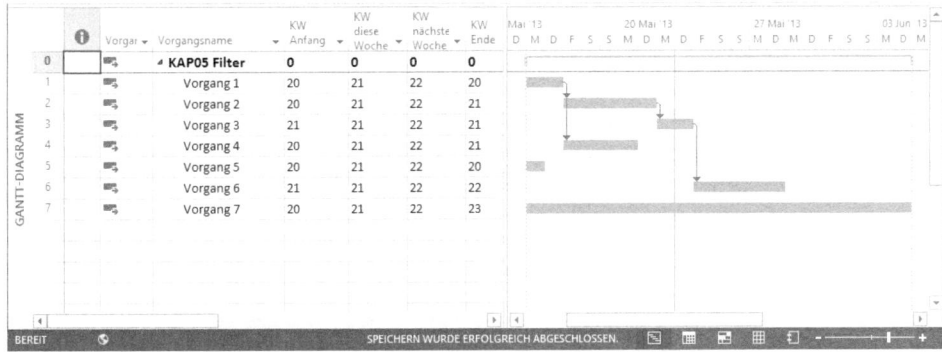

Zum besseren Verständnis zeigt Abbildung 5.37 die soeben erstellten Felder, damit Sie leichter nachvollziehen können, wie Filter arbeiten.

Abbildg. 5.38 Filter für Vorgänge der aktuellen Woche

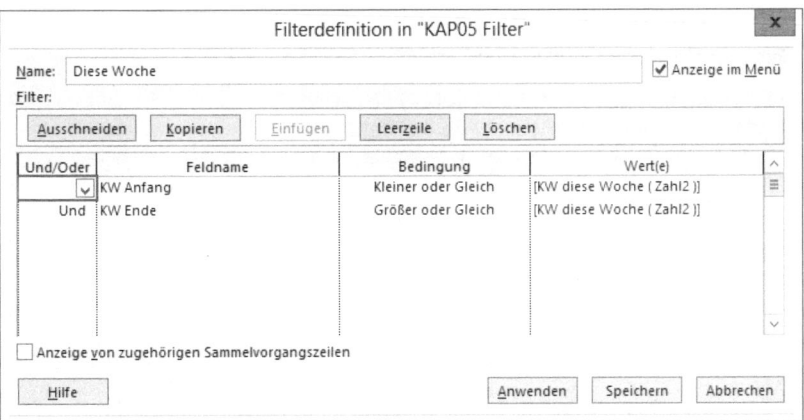

Wählen Sie dazu im Menüband *ANSICHT/Daten/Filtern/Neuer Filter* aus und erstellen Sie zunächst, wie in Abbildung 5.38 dargestellt, einen Filter für die Vorgänge der aktuellen Woche

(*Diese Woche*). Damit werden alle Vorgänge gefiltert, die spätestens in der aktuellen Woche beginnen und frühestens in der aktuellen Woche enden, also in der aktuellen Woche aktiv sind. Abbildung 5.39 zeigt das entsprechende Ergebnis.

Abbildg. 5.39   Gefilterte Vorgänge der aktuellen Woche

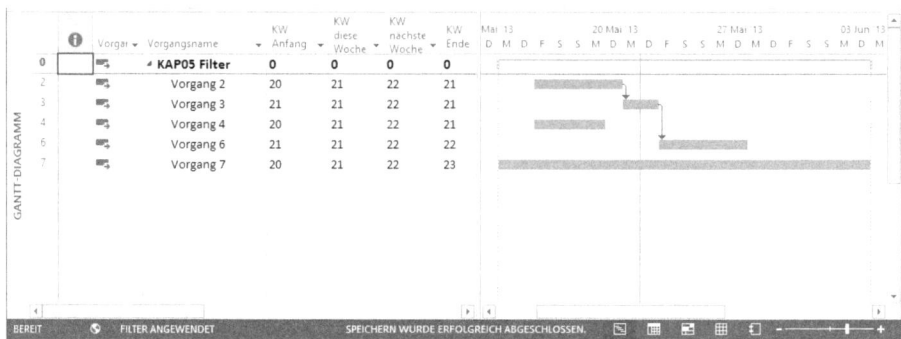

Der Trick besteht darin, dass die berechneten Kalenderwochen der Anfangs- und Endtermine der Vorgänge mit der berechneten Kalenderwoche des aktuellen Datums verglichen werden.

Um die Vorgänge der nächsten Woche zu ermitteln, erstellen Sie analog einen Filter mit dem Vergleich von *KW Anfang* und *KW Ende* mit dem Feld *KW nächste Woche*.

ACHTUNG   Diese Filter funktionieren nur, wenn die Kalenderwochen innerhalb des Projekts eindeutig sind. Für eine allgemeingültige Funktion muss der Filter um die Jahresinformation erweitert werden.

Um alle Vorgänge des heutigen Tages zu ermitteln, vergleichen Sie die Felder *Anfang* und *Ende* mit dem zuvor definierten Feld *Heute*, wie in Abbildung 5.40 dargestellt.

ACHTUNG   Bei der Filterdefinition ist darauf zu achten, dass das Feld *Heute* bzw. andere benutzerdefinierte Felder nur in der Spalte *Feldname* und nicht in der Spalte *Wert(e)* verwendet werden können.

Abbildg. 5.40   Filter für Vorgänge des aktuellen Tags

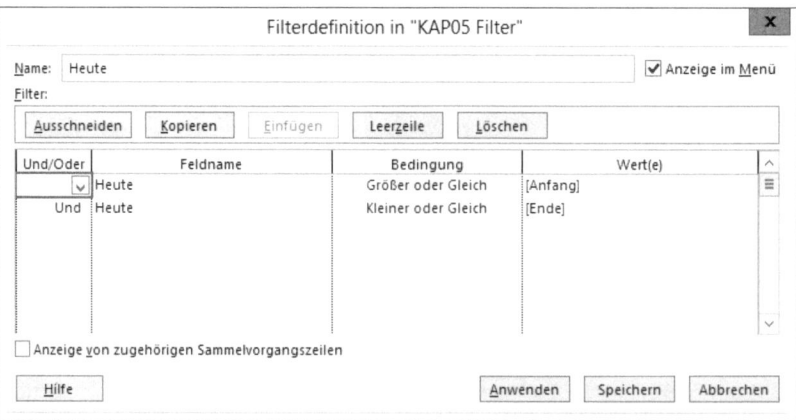

In Abbildung 5.41 sehen Sie als Ergebnis die Vorgänge des heutigen Tags.

Abbildg. 5.41   Gefilterte Vorgänge des aktuellen Tages

Formeln für Fortschrittskontrolle von Vorgängen

Um den Fortschritt eines Vorgangs besser beurteilen zu können, ist es hilfreich, das Datum der letzten Bearbeitung zu kennen und dieses mit dem aktuellen Datum zu vergleichen. Ist die Bearbeitung im Rückstand, weist die Differenz zwischen den beiden Daten den Verzug des Vorgangs aus.

HINWEIS   Im Vergleich zum Feld *Status* ist das Feld *Verzug* unabhängig vom Statusdatum und weist die Verspätung quantitativ als Dauer aus. Damit können Sie einfach zwischen kleinen Verspätungen innerhalb eines Tags und großen Verspätungen von mehreren Tagen unterscheiden. Gegenüber der Leistungsabweichung (Feld *PA*) ist kein Basisplanwert nötig und das Statusdatum wird ebenfalls nicht berücksichtigt (vgl. Kapitel 4).

Datum der letzten Bearbeitung ermitteln

Das Datum der letzten Bearbeitung wird zwar in grafischen Vorgangsbalken dargestellt und ist auch in der Definition der Balken als Feld *Fortgeschritten bis* auswählbar, jedoch ist es nicht als normales Vorgangsfeld verfügbar und kann demzufolge auch nicht in einer Vorgangstabelle angezeigt werden.

Abbildg. 5.42   Formel für das benutzerdefinierte Feld *Fortschritt*

Die Lösung liegt wiederum in einem neuen benutzerdefinierten Feld, das aus dem Anfangsdatum und der *Ist-Dauer* des Terminfortschritts berechnet wird. Benennen Sie z.B. das Feld *Datum1* in *Fortschritt* um und weisen Sie ihm folgende Formel zu:

```
ProjDateAdd([Anfang];[Ist-Dauer])
```

ACHTUNG   Verwenden Sie nicht eine einfache Formel wie z.B. *[Anfang]+[Ist-Dauer]*, da dabei der Kalender nicht berücksichtigt wird und beispielsweise die arbeitsfreien Tage an Wochenenden oder Feiertagen mit eingerechnet werden. Zudem sind die Einheiten nicht kompatibel, da ein Datum in Tagen und eine Dauer in Minuten gemessen wird. Vermeiden Sie außerdem beim Umbenennen der Felder intern verwendete Begriffe wie *Fortgeschritten bis* (siehe oben).

Abbildg. 5.43   Anzeige des Datums der letzten Bearbeitung im Feld *Fortschritt*

In Abbildung 5.43 sehen Sie im Feld *Fortschritt* den numerischen Wert, der das Ende des ausgefüllten Vorgangsbalkens numerisch ausdrückt.

Verzugszeit in Tagen berechnen

Um die genaue Abweichung des Fortschrittsdatums vom aktuellen Datum zu berechnen, gehen Sie folgendermaßen vor:

1. Erstellen Sie ein benutzerdefiniertes Feld *Datum2* mit dem Namen *Heute* und der Formel:

```
ProjDateValue(Date())
```

2. Benennen Sie das Feld *Text1* in *In Verzug* um und geben Sie die folgende Formel ein:

```
IIf(([% Abgeschlossen]<100) AND
(ProjDateDiff([Datum1];[Datum2])>0);Format(ProjDateDiff([Datum1];[Datum2])/
480;"0")&"t";"")
```

Die Formel berechnet mit einer *Wenn-Dann*-Funktion

```
IIf(Ausdruck; True-Teil; False-Teil)
```

zunächst, ob der Vorgang zu 100 % abgeschlossen ist (*False-Teil* gleich null, »0«) und damit nicht weiter verfolgt werden muss. Wenn der Fortschritt kleiner 100 % ist, wird mithilfe der Datumsfunktion

```
ProjDateDiff([Datum1];[Datum2])
```

die Differenz in Minuten zwischen dem Fortschrittstag und dem heutigen Datum berechnet und anschließend durch 480 (60 min x 8 h) geteilt, um das Ergebnis in Tagen zu erhalten. Zuletzt wird mithilfe der *Format*-Funktion

```
Format(Ausdruck;"0")&"t"
```

der berechnete Wert der Datumsdifferenz aus Gründen der Übersichtlichkeit auf ganze Zahlen gerundet und mit einem Textzeichen »t« durch ein kaufmännisches und (&) als Text verknüpft.

Abbildg. 5.44   Gantt-Diagramm) mit berechneten Feldern für *Fortschritt* (als Datum) und *In Verzug* (in Tagen)

Die Darstellung in den berechneten Spalten für die zusätzlichen Felder *Fortschritt* als Datum und *In Verzug* in Tagen erkennen Sie in Abbildung 5.44 im Gantt-Diagramm.

Formeln für den Vergleich von Datumswerten von Vorgängen

In den letzten Abschnitten haben Sie einige Grundlagen für die Erstellung von Formeln und die Verwendung der Project-Funktionen kennengelernt. Wenn Sie sich weiter mit der Erstellung von Datumsformeln befassen, werden Sie mit hoher Wahrscheinlichkeit auch auf die Problematik stoßen, Datumswerte mit dem Wert NV (= Nicht verfügbar) vergleichen zu müssen.

Problematik beim Vergleich von Datumswerten mit »NV«

Im folgenden Beispiel sollen nicht begonnene Vorgänge ermittelt werden, die in der Vergangenheit liegen. Hierzu wird in einem benutzerdefinierten Attributfeld *Nicht begonnen (Attribut1)* geprüft, ob das Feld *Ist-Anfang* gleich *NV* ist. Wenn ja, wird geprüft, ob das Feld *Anfang* kleiner als das aktuelle Datum ist.

Lösung zum Vergleich von Datumswerten mit »NV«

Datumsfelder in Project werden im Datentypformat *Double* und nicht als Datum direkt abgespeichert. Genauer gesagt, speichert Project pro Datum sehr große Zahlen inklusive weiterer Bruchteile von Zusatzwerten. Dies sind z.B. Angaben zur Uhrzeiten zu Datumswerten.

Die korrekte Zahl für den Wert »NV« ist die Zahl **4.294.967.295** (2 hoch 32 minus 1), wie uns vom Entwicklungsteam in Redmond bestätigt wurde.

Die Formel muss damit folgendermaßen aufgebaut werden:

```
IIf([Ist-Anfang]=4294967295; True-Teil; False-Teil)
```

Der erste Teil prüft, ob das Feld *Ist-Anfang* gleich *NV* ist. Wenn ja, muss die Formel prüfen, ob der Anfangstermin des Vorgangs vor dem aktuellen Datum liegt. Die Formel wird damit wie folgt ergänzt:

```
IIf([Anfang]<ProjDateValue(Date());"Ja";"Nein")
```

Abbildg. 5.45 Formel zur Prüfung von NV-Werten in Datumsfeldern mit der Zahl 4294967295

Die komplette Formel für das Feld *Attribut1* lautet somit:

```
IIf([Ist-Anfang]=4294967295;IIf([Anfang]< ProjDateValue(Date());"Ja";"Nein");"Nein")
```

Die beiden »False-Teile« der IIf-Funktionen bringen jeweils den Feldwert *Nein*, wenn der Termin in der Zukunft liegt oder in der Vergangenheit bereits begonnen wurde. Damit steht das Feld genau dann auf *Ja*, wenn der Vorgang in der Vergangenheit hätte beginnen sollen, aber noch keinen Fortschritt im Sinne von Ist-Stunden hat und somit verspätet ist.

TIPP Sie können sich diesen Wert auch als grafisches Symbol anzeigen lassen; die Schritte dazu finden Sie in Kapitel 9.

Abbildg. 5.46 Nicht begonnene und verspätete Vorgänge mit grafischen Symbolen

Abbildung 5.46 zeigt die Darstellung des Felds *Nicht begonnen* mit einem roten Fähnchen als Indikator.

Codes mit der Switch-Funktion automatisch berechnen lassen

Einige unserer Kunden zeigen uns bei Beratungsterminen oder in Schulungen, wie sie mit Excel automatisch Codes zu Vorgängen berechnen lassen. Dieses Verfahren wird häufig im Bereich der

Produktion und auch in der Logistik verwendet, wo aber auch Project für die Ablauf- und Fertigungsplanung eingesetzt wird. Anhand verschiedener Parameter (z.B. Maschinenart, Ort, Ausführungsjahr oder -monat) muss dann automatisch ein eindeutiger Vorgangscode errechnet werden. Abbildung 5.47 zeigt ein Beispiel für die Berechnung eines solchen Codes. Der Code wird zusammengesetzt aus Abkürzungen der Felder *Labor*, *Ort*, *Jahr* und der einmaligen Vorgangsnummer im dreistelligen Format.

Abbildg. 5.47   Automatische Berechnung von Vorgangscodes

Die Zusammensetzung von Feldern mit verschiedenen Inhalten erfolgt über die Funktion *Switch(Ausdruck1; Wert1; Ausdruck2; Wert2; ...)*. Die *Switch*-Funktion wertet eine Liste von Ausdrücken aus und gibt einen Wert vom Datentyp *Variant* oder einen Ausdruck zurück, der mit dem ersten Ausdruck in der Liste verknüpft ist, der *True* ist. Diese Funktion ist damit der Funktion *SVERWEIS()* in Excel sehr ähnlich. Die *Switch*-Funktion bietet damit die Möglichkeit, nach der Selektion von Werten in einem Feld, z.B. *Text1* für das *Labor* einen Rückgabewert in ein zweites Feld, z.B. hier *Text4 (Code)* zu schreiben. In dem dargestellten Beispiel wird durch die Zusammensetzung von verschiedenen Selektionen eine Verknüpfung von drei *Switch*-Funktionen mit der einmaligen Nummer des Vorgangs vorgenommen.

Um die Felder zu erzeugen, gehen Sie wie folgt vor:

Abbildg. 5.48   Vier neue Textfelder erstellen

1. Legen Sie vier neue Textfelder für *Labor*, *Ort*, *Jahr* und *Code* an (Abbildung 5.48).

Wertelisten für die Textfelder erstellen

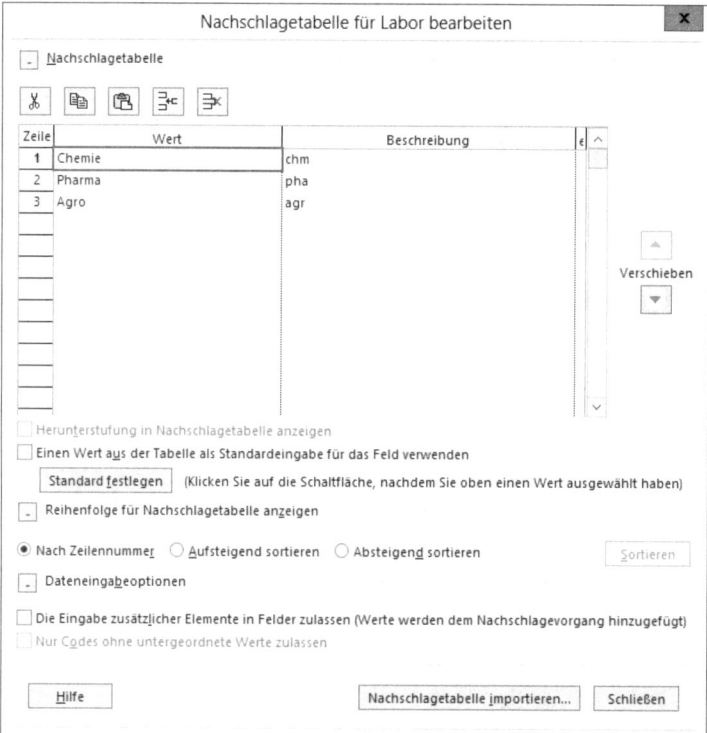

2. Um die erste Werteliste für das Feld *Labor* (*Text1*) zu erstellen, klicken Sie auf die Schaltfläche *Suchen* und geben analog zu Tabelle 5.2 und Abbildung 5.49 die entsprechenden Werte ein.

3. Erstellen Sie für die restlichen Felder *Text2* bis *Text3* ebenfalls die Wertelisten, wie sie in Tabelle 5.2 dargestellt sind.

Tabelle 5.2 Wertelisten für die Felder *Text1* bis *Text3*

Feld	Wert	Beschreibung
Text1	Chemie	Chm
Text1	Pharma	Pha
Text1	Agro	Agr
Text2	Deutschland	DE
Text2	Schweiz	CH
Text2	Frankreich	FR
Text2	USA	US
Text3	2012	12

Tabelle 5.2   Wertelisten für die Felder *Text1* bis *Text3* *(Fortsetzung)*

Feld	Wert	Beschreibung
Text3	2013	13
Text3	2014	14
Text3	2015	15

4. Blenden Sie alle drei Textfelder zusammen in der Ansicht *Gantt-Diagramm* oder einer anderen Ansicht Ihrer Wahl ein.

5. Setzen Sie im Feld *Text4 (Code)* die folgenden *Switch*-Funktionen zusammen:

```
Switch([Text1]="Chemie";"chm";[Text1]="Pharma";"pha";[Text1]="Agro";"agr";)
Switch([Text2]="Deutschland";"DE";[Text2]="Schweiz";"CH";[Text2]="Frankreich";"FR";
[Text2]="USA";"US";)
Switch([Text3]="2012";"12";[Text3]="2013";"13";[Text3]="2014";"14";[Text3]="2015";"
15")
```

HINWEIS   Sie können z.B. statt des Felds *[Text1]* auch die vergebene Feldbezeichnung z.B. *[Labor]* verwenden. Diese wird jedoch, sobald Sie auf die Schaltfläche *OK* im Dialogfeld *Formel für "Code"* klicken, wieder in die interne Feldbezeichnung *[Text1]* konvertiert.

---

6. Erstellen Sie noch die *Format*-Funktion für die Bestimmung der einmaligen Nummer im Format »000«:

```
Format([Einmalige Nr.];"000")
```

Abbildg. 5.50   Zusammengesetzte *Switch*-Funktion zur Ermittlung eines eindeutigen Codes für Vorgänge

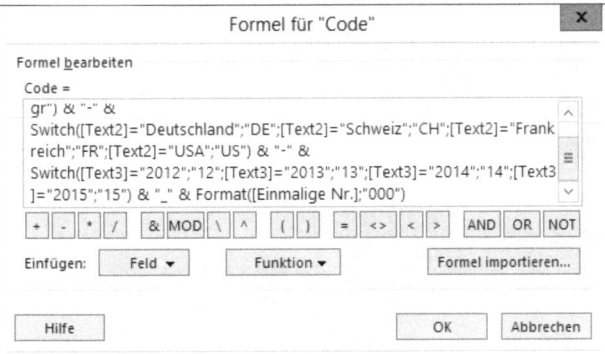

7. Zum Schluss verbinden Sie alle *Switch*-Funktionen mit der Zeichenkette »& "-" &« sowie die *Format*-Funktion mit der Zeichenkette »& "_" &«. Die komplette Formel sieht dann folgendermaßen aus (Abbildung 5.50):

```
Switch([Text1]="Chemie";"chm";[Text1]="Pharma";"pha";[Text1]="Agro";"agr") & "-" &
Switch([Text2]="Deutschland";"DE";[Text2]="Schweiz";"CH";[Text2]="Frankreich";"FR";
[Text2]="USA";"US") & "-" &
Switch([Text3]="2012";"12";[Text3]="2013";"13";[Text3]="2014";"14";[Text3]="2015";"
15") & "_" & Format([Einmalige Nr.];"000")
```

> **TIPP**   Die Übersichtlichkeit bei der *Switch*-Funktion kann durch die mögliche Komplexität beim Füllen mit Daten sehr schnell verloren gehen. Es ist daher möglich, auch in einzelnen Textfeldern Zwischenwerte von *Switch*-Funktionen zu speichern und diese dann zum Schluss in einem Vorgangscode zusammenzusetzen.

Damit die neue Codebezeichnung in der Ansicht *Gantt-Diagramm* bei den Vorgängen erscheint (Abbildung 5.47), gehen Sie wie folgt vor:

1. Drücken Sie in der Ansicht *Gantt-Diagramm* die rechte Maustaste.

Abbildg. 5.51   Aufruf des Dialogfelds *Balkenarten* im Kontextmenü *Gantt-Diagramm*

2. Im Kontextmenü klicken Sie auf den Eintrag *Balkenarten*.

Abbildg. 5.52   Dialogfeld *Balkenarten*: Zuweisung des Felds *Code (Text4)*

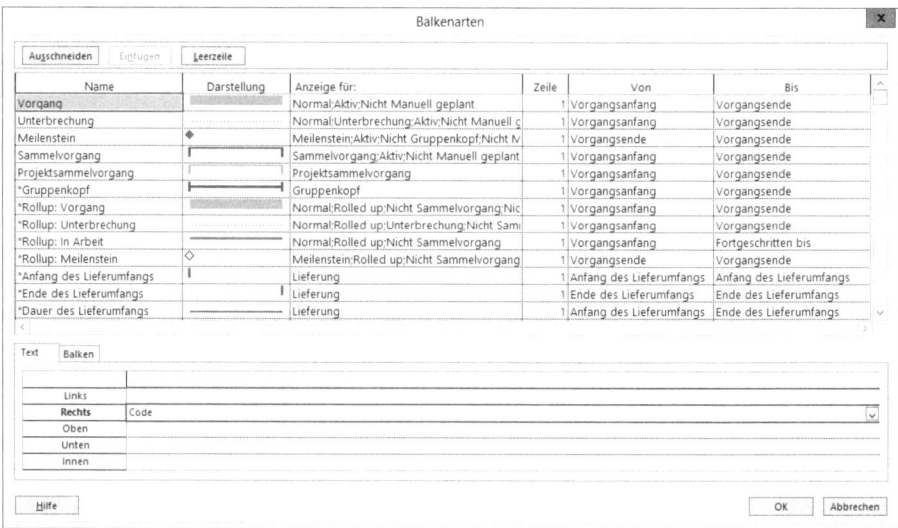

3. Wählen Sie im Dialogfeld *Balkenarten* oben die Zeile *Vorgang* aus, wechseln Sie unten auf die Registerkarte *Text* und wählen Sie in der Zeile *Rechts* das Feld *Code (Text4)* aus. Anschließend klicken Sie auf die Schaltfläche *OK*.

Hammock Tasks (Hängemattenvorgänge) einfügen

Projektleiter möchten häufig einen Vorgang *Projektmanagement* einfügen, der sich immer an der Dauer des Gesamtprojekts oder eines Sammelvorgangs orientiert. Wird also das Projekt verlängert, verlängert sich automatisch auch der Vorgang *Projektmanagement*; verkürzt sich das Projekt, wird auch dieser Vorgang verkürzt. Die Arbeit soll immer mit einer Ressourcenzuordnung von 20 % berechnet werden. Wie müssen Sie bei der Erstellung dieses in der englischen Sprache »Hammock Task« genannten »Hängemattenvorgangs« vorgehen?

Hammock Tasks sind abhängig von externen Daten. Der Anfangs- und Endtermin eines Hammock Tasks wird von anderen Vorgängen und nicht durch die eigene Dauer gesteuert. Der übersetzte Begriff »Hängematte« stellt die bildhafte Abhängigkeit einer Hängematte dar, die z.B. nur zwischen zwei Bäume (Start- und Endtermin) gespannt werden kann und nicht durch ihre eigene Festigkeit (Dauer) von alleine steht.

Abbildg. 5.53 Vorgang *Projektmanagement* als zukünftigen Hammock Task einfügen

1. Legen Sie in Ihrem Projekt einen Vorgang mit dem Namen *Projektmanagement* an und ordnen Sie sich selbst als Ressource mit 20 % hinzu (Abbildung 5.53).

Abbildg. 5.54   Zelle *Anfang* kopieren

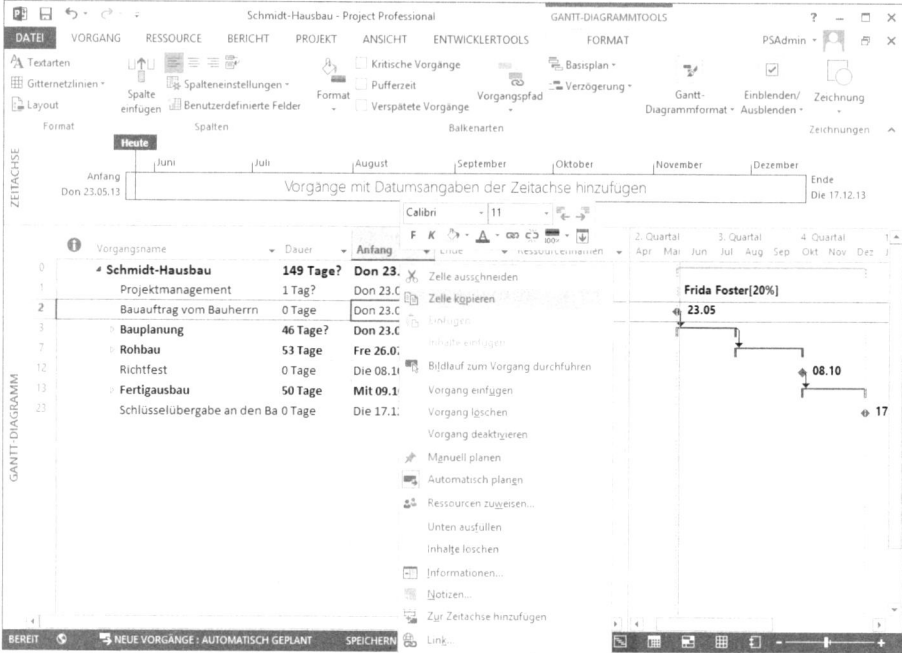

2. Kopieren Sie den Inhalt der Spalte *Anfang* des Meilensteins *Bauauftrag vom Bauherrn* in die Zwischenablage.

Abbildg. 5.55   Inhalte einfügen

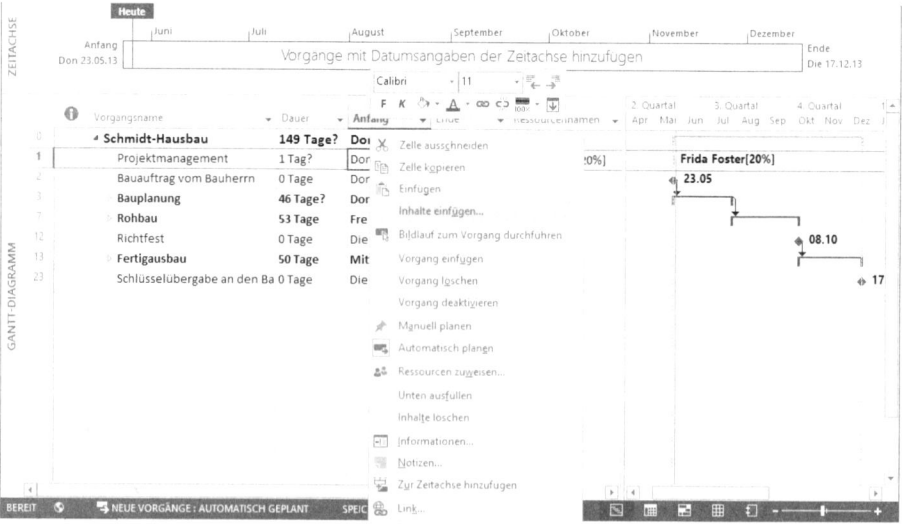

3. Klicken Sie mit der rechten Maustaste die Spalte *Anfang* des Vorgangs *Projektmanagement* an und wählen Sie im Kontextmenü den Eintrag *Inhalte einfügen* aus (Abbildung 5.55).

Abbildg. 5.56   Verknüpfungen einfügen

Inhalte einfügen	☒
Quelle: < >\Schmidt-Hausbau	OK
	Abbrechen

Als:

○ Einfügen: Textdaten
◉ Verknüpfung einfügen:

☐ Als Symbol anzeigen

Ergebnis

Fügt den Inhalt der Zwischenablage als Textdaten-Objekt in Ihr Dokument ein. Mit dem Befehl 'Verknüpfung einfügen' wird eine Verknüpfung zur Ursprungsdatei erstellt, damit Änderungen in dieser Datei direkt in Ihr Dokument übernommen werden.

4. Wählen Sie im folgenden Dialogfeld *Inhalte einfügen* das Optionsfeld *Verknüpfung einfügen* und im Feld *Als:* den Eintrag *Textdaten* (Abbildung 5.56). Anhand des kleinen grauen Dreiecks in der rechten unteren Ecke des Felds sehen Sie, dass es sich um einen verknüpften Wert handelt.

Abbildg. 5.57   Verknüpfter Hammock Task als Phase *Projektmanagement*

5. Gehen Sie analog für das Feld *Ende* des Vorgangs *Projektmanagement* vor, indem Sie es mit dem Inhalt des Felds *Ende* des Meilensteins *Projektabschluss* verknüpfen. In der Folge davon verlängert sich der Vorgang *Schlüsselübergabe an den Bauherrn* auf 149 Tage (Abbildung 5.57).

Testen Sie aus, ob sich der Vorgang *Projektmanagement* durch Verlängerung des Projekts selbstständig verlängert, indem Sie die *Dauer* der folgenden verknüpften Vorgänge verlängern. Sie sehen, dass sich die Dauer des Vorgangs *Projektmanagement* automatisch verlängert.

HINWEIS   Eine partielle Ressourcenzuordnung wie im Beispiel mit 20 % führt dazu, dass der Mitarbeiter während der gesamten Projektlaufzeit nur zu 80 % verfügbar ist. Damit führt jede Zuweisung zu einer Aufgabe mit 100 % dazu, dass die Ressource als überlastet betrachtet wird. Bei der Verwendung des Kapazitätsabgleichs führt dies dazu, dass einer der Vorgänge komplett verschoben wird. Zur Vermeidung von Überlastung sollte diese Ressource während des weiteren Projektverlaufs in anderen Aufgaben nur zu 80 % eingeplant werden.

Alternativ zu Hammock Tasks kann man pro Phase einen Vorgang anlegen, der dann über den Kapazitätsabgleich unterbrochen wird, sodass sich rechnerisch die gleiche prozentuale Zuordnung ergibt. Weitere Informationen zur Ressourcenplanung und zum Kapazitätsabgleich finden Sie in den Kapiteln 1 und 3.

Projektversionen vergleichen

Mit der Funktion *Projekte vergleichen* können Sie einen Vergleich zwischen zwei verschiedenen Versionsständen eines Projekts durchführen und die Ergebnisse in einem detaillierten, benutzerdefinierbaren Bericht anzeigen.

Einen Vergleich können Sie auch über Basispläne durchführen, indem Sie den aktuellen Stand des Projekts mit einem der zuvor festgelegten Basispläne vergleichen. Diese Form des Vergleichs und der Auswertung ist in Kapitel 1 beschrieben.

HINWEIS   Des Weiteren ist es möglich, unterschiedliche Szenarien von eingereichten Projektvorschlägen im Rahmen der Portfolioanalyse zu vergleichen. Eine Beschreibung der Portfolioanalyse finden Sie in Kapitel 4.

Die Funktion *Projekte vergleichen* verwenden Sie, wenn Sie verschiedene Dateien eines Projektplans miteinander vergleichen möchten, die beispielsweise von verschiedenen Projektleitern bearbeitet wurden oder wenn sich ein Plan in der Struktur so sehr verändert hat, dass ein Vergleich mit dem Basisplan allein nicht mehr ausreichend ist.

Um den Vergleich der Versionen durchzuführen, führen Sie folgende Schritte aus:

1. Öffnen Sie die ältere Version des Projektplans.
2. Öffnen Sie die neuere Version des Projektplans, z.B. die in Project Server gespeicherte Version.

HINWEIS   In Project können Sie stets nur eine Instanz eines einmaligen Projekts öffnen. Wenn Sie also die Entwurfsversion eines Projekts geöffnet haben, so können Sie die veröffentlichte Version nicht direkt parallel dazu öffnen. Diese Beschränkung können Sie umgehen, indem Sie eine lokale Kopie der veröffentlichten Version speichern und öffnen.

3. Rufen Sie im Menüband auf der Registerkarte *BERICHT* in der Gruppe *Projekt* den Befehl *Projekte vergleichen* auf.

Abbildg. 5.58   Auswahl der zu vergleichenden Projektversionen

Projektversionen vergleichen	X

Das aktuelle Projekt (Schmidt-Hausbau) mit dieser vorhergehenden Version vergleichen:

| 0004-Schmidt-Hausbau.mpp | Durchsuchen... |

Wählen Sie die Felder aus, die im Vergleich verwendet werden sollen:

Für jede Spalte in den angegebenen Tabellen zeigt der Bericht eine Spalte mit den Daten aus beiden Versionen und eine Spalte mit den Unterschieden zwischen den Werte an.

Vorgangstabelle: Sammelvorgang

Ressourcentabelle: Sammelvorgang

| OK | Abbrechen |

4. Überprüfen Sie im folgenden Dialogfeld, ob die chronologische Reihenfolge der beiden Projektversionen stimmt und passen Sie diese ggf. an.

5. Sie können hier außerdem die Vorgangstabellen zum Vergleich auswählen. Möchten Sie z.B. die zwei Projektversionen terminlich vergleichen, wählen Sie die Vorgangstabelle *Eingabe* aus. Möchten Sie einen Kostenvergleich für beide Projektversionen haben, können Sie die Vorgangstabelle *Kosten* wählen. Bestätigen Sie anschließend mit der Schaltfläche *OK*, um den Vergleich durchzuführen.

Abbildg. 5.59   Vergleichsbericht

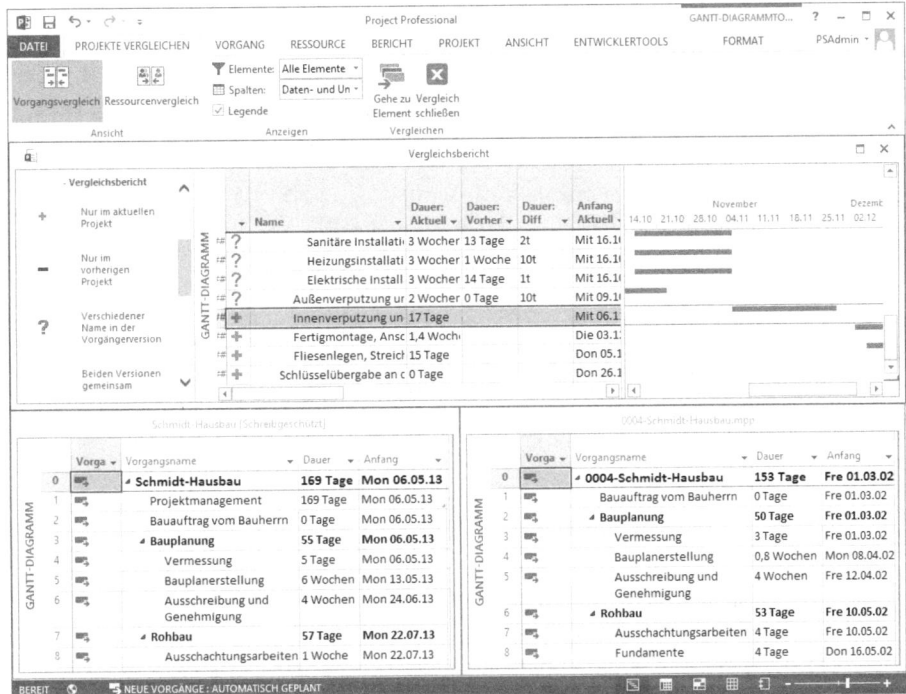

Project erstellt im Anschluss für den Projektvergleich ein temporäres Projekt mit den Daten beider Projektversionen. Außerdem wird das Menüband angepasst, indem eine weitere Registerkarte *PROJEKTE VERGLEICHEN* eingeblendet wird.

Der Vergleichsbericht zeigt in der Ansicht *Gantt-Diagramm* eine angepasste Tabelle mit dem Namen *Vergleichsbericht: Vorgang – Alle Spalten*. Das neue Projekt zeigt Ihnen die genauen Unterschiede zwischen den beiden Versionen. Im Menüband können Sie unter *PROJEKTE VERGLEICHEN/Anzeigen/Spalten* auswählen, ob Sie in der Tabelle des Vergleichsberichts die Daten beider Projekte ansehen möchten oder nur die Unterschiede. Sie erkennen die neuen oder gelöschten Vorgänge in der Tabelle und im Gantt-Diagramm an den Symbolen und Farben wie in der Legende dargestellt (Abbildung 5.60).

Abbildg. 5.60   Legende für den Vergleichsbericht

6. Um Änderungen bei den Ressourcen anzuzeigen, rufen Sie in der Gruppe *Ansicht* den Befehl *Ressourcenvergleich* auf.

7. Bestätigen Sie zum Abschluss mit der Schaltfläche *Vergleich schließen*.

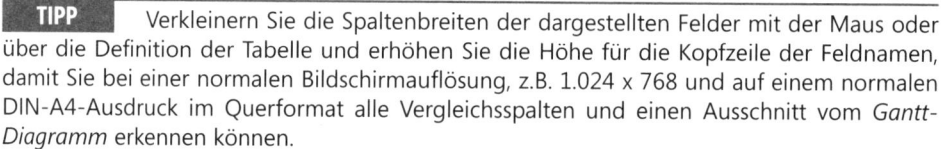

TIPP   Verkleinern Sie die Spaltenbreiten der dargestellten Felder mit der Maus oder über die Definition der Tabelle und erhöhen Sie die Höhe für die Kopfzeile der Feldnamen, damit Sie bei einer normalen Bildschirmauflösung, z.B. 1.024 x 768 und auf einem normalen DIN-A4-Ausdruck im Querformat alle Vergleichsspalten und einen Ausschnitt vom *Gantt-Diagramm* erkennen können.

Sie können die automatisch eingeblendeten AutoFilter in den Kopfzeilen der Feldnamen verwenden, um schnell die in den einzelnen Projektdateien hinzugefügten, geänderten oder gelöschten Vorgänge zu filtern.

Ressourcenmanagement

Die Thematik des Ressourcenmanagements wird grundlegend in Kapitel 3 behandelt, das sich an diejenigen Personen richtet, die im Unternehmen projektübergreifend für die Ressourcen verantwortlich sind (z.B. Abteilungsleiter oder Ressourcenmanager). In diesem Abschnitt geht es vor allem um spezielle Fragestellungen von Anwendern, Projektleitern und Ressourcenmanagern sowie um Tipps im Hinblick auf den Umgang von Project mit Ressourcen. Im Einzelnen sind dies:

- Gruppierte Auswahllisten mit Verantwortlichen zuordnen

- Externe Vorgänge in einer anderen Schriftfarbe darstellen

- Ressourcen farblich unterschiedlich darstellen

Gruppierte Auswahllisten mit Verantwortlichen zuordnen

Häufig kommt von Anwendern die Frage, ob Project auch ein Feld *Verantwortung* für zuständige Personen oder Teams neben dem eigentlichen *Ressourcennamen*-Feld verwalten kann. Dies kann durch einen Vorgangs-*Gliederungscode* abgebildet werden, der in Vorgangsansichten, wie z.B. einem *Gantt-Diagramm* verwendet werden kann.

Es gibt im Project-Client zehn Vorgangs-Gliederungscodes. Die Felder *Gliederungscode1* bis *Gliederungscode10* dienen in Project dazu, Werte (wie in Textfeldern) als gegliederte Listen einzugeben. Diese können sehr gut zur Auswahl in verschiedenen Ebenen und zum Gruppieren verwendet werden. Ziel des Gliederungscodes ist die Darstellung einer vom Projektstrukturplan (*PSP-Code*) unabhängigen Gliederungsstruktur nach alternativen benutzerdefinierten Merkmalen (z.B. verantwortliche Personen oder Teams).

1. Erstellen Sie ein neues benutzerdefiniertes Feld, indem Sie im Menüband auf *PROJEKT/ Eigenschaften/Benutzerdefinierte Felder* klicken.

2. Wählen Sie im Listenfeld *Typ* den Eintrag *Gliederungscode* aus.

Abbildg. 5.61   Gliederungscode für verantwortliche Personen zu Vorgängen

3. Wählen Sie *Gliederungscode1* aus, klicken Sie auf die Schaltfläche *Umbenennen* und benennen Sie das Feld in *Verantwortlich* um. Klicken Sie anschließend auf *OK*, um das Dialogfeld *Feld umbenennen* zu verlassen.

4. Klicken Sie auf die Schaltfläche *Suchen*, um das Dialogfeld *Nachschlagetabelle für Verantwortlich bearbeiten* aufzurufen.

Abbildg. 5.62   Dialogfeld für Gliederungscodedefinition aufrufen

5. Klappen Sie den Abschnitt *Codeformat* auf, indem Sie auf das Pluszeichen neben *Codeformat (optional)* klicken. Klicken Sie danach auf die Schaltfläche *Format bearbeiten*.

Abbildg. 5.63   Gliederungscodedefinition

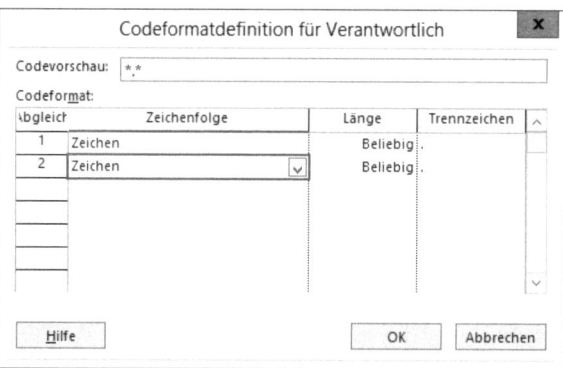

6. Erweitern Sie das Codeformat auf zwei Ebenen, indem Sie in der zweiten Zeile ebenfalls *Zeichen* auswählen. Lassen Sie *Länge* und *Trennzeichen* im Codeformat unverändert. Klicken Sie danach auf die Schaltfläche *OK* (Abbildung 5.63).

Abbildg. 5.64 Gliederungsstruktur für verantwortlich beteiligte Personen und Teams

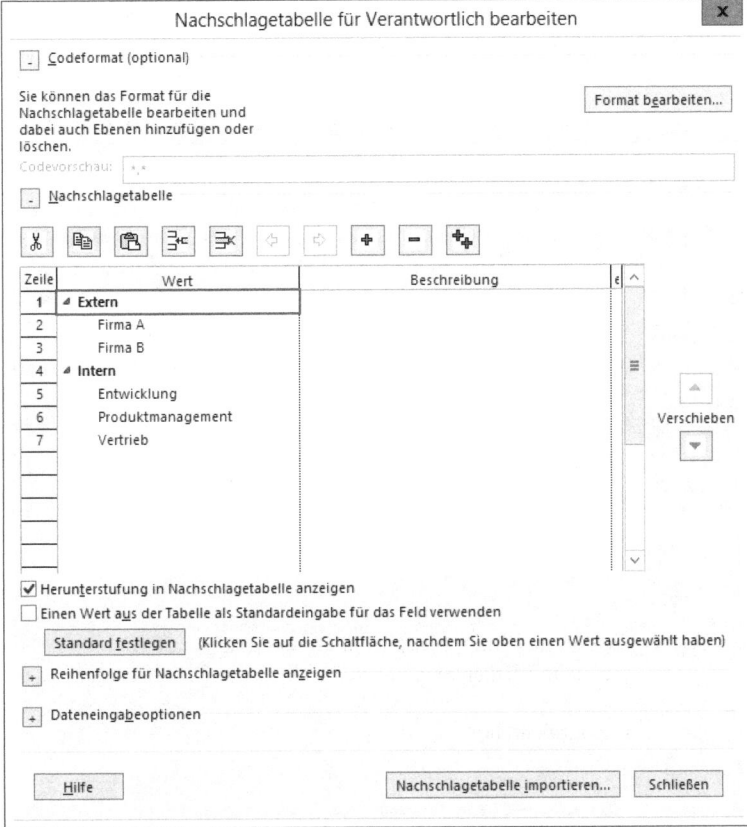

7. Geben Sie nun die Werte mit ihrer Struktur wie in Abbildung 5.64 ein. Sie können die zweite Gliederungsebene, z.B. *Firma B*, definieren, indem Sie die zweite Zeile markieren und auf die Schaltfläche *Herunterstufen* (Pfeil nach rechts) klicken.

8. Fügen Sie in der Ansicht *Gantt-Diagramm* die Spalte *Verantwortlich (Gliederungscode1)* ein.

9. Weisen Sie in einer Gantt-Diagramm-Ansicht den Vorgängen die verantwortlichen Personen oder Teams zu.

Abbildg. 5.65 Nach verantwortlichen Teams gruppiertes Gantt-Diagramm

10. Erstellen Sie abschließend, wie in Kapitel 9 beschrieben, eine benutzerdefinierte Gruppierung nach dem neuen Feld *Verantwortlich* und gruppieren Sie danach die Ansicht zur besseren Übersicht (Abbildung 5.65).

Externe Vorgänge in einer anderen Schriftfarbe darstellen

Unter Umständen ist es sinnvoll, externe Ressourcen zu Vorgängen in der Spalte *Kontaktperson* oder (wie zuvor beschrieben) in einem Gliederungscode-Feld mit aufzunehmen. Die Darstellung aller externen Vorgänge mit externen Beteiligten ist deshalb an dieser Stelle sehr hilfreich.

Sie können dazu das Feld *Markiert* verwenden. Dieses Feld bietet sich an, da es als einziges zu änderndes *Ja/Nein*-Feld im Auswahlfeld im Menüband unter *FORMAT/Format/Textarten* steht.

> **HINWEIS**   Die Textarten dienen der generellen Formatierung aller Schriftarten, z.B. normale oder kritische Vorgänge, Sammelvorgänge, Spalten- und Zeilenüberschriften usw. in einer Ansicht.

Abbildg. 5.66   Feld *Markiert* zur Eingabe einblenden

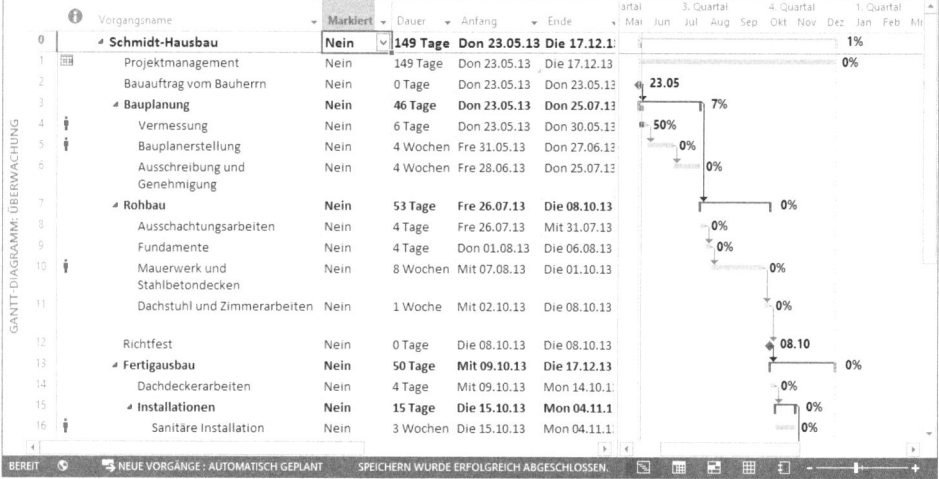

1. Blenden Sie im ersten Schritt das Feld *Markiert* in der Ansicht *Gantt-Diagramm: Überwachung* ein (Abbildung 5.66).

2. Wählen Sie im Menüband *FORMAT/Format/Textarten* aus und wählen Sie, wie in Abbildung 5.67 im Dropdown-Listenfeld dargestellt, den Eintrag *Markierte Vorgänge*.

Abbildg. 5.67 Markierte Vorgänge in Textarten formatieren

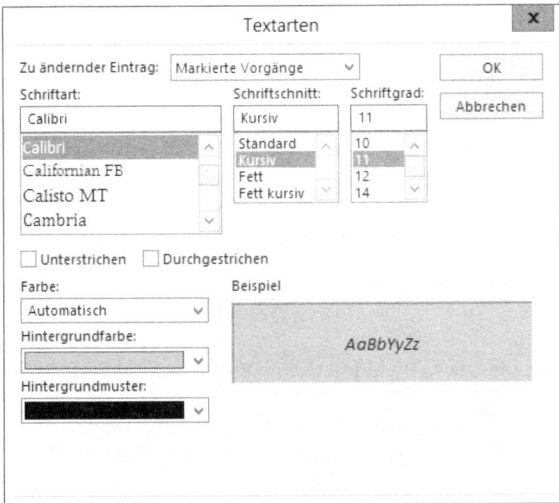

3. Weisen Sie der Darstellung der markierten externen Vorgänge eine Formatierung zu, z.B. kursiver Schriftschnitt mit grüner Hintergrundfarbe. Beachten Sie dabei, dass diese Formatierung nur für Schrift auf der linken Tabellenseite angewendet wird. Wie Sie die gesamten Balken im Gantt-Diagramm in Abhängigkeit von externen Ressourcen formatieren können, wird im nächsten Abschnitt beschrieben.

4. Bestätigen Sie das Dialogfeld mit der Schaltfläche *OK*

Abbildg. 5.68 Feld *Markiert* einzelnen Vorgängen zuweisen

5. Setzen Sie nun für alle hervorzuhebenden externen Vorgänge den Wert im Feld *Markiert* auf den Eintrag *Ja*.

Sie erkennen nun die farbliche Unterscheidung in Abhängigkeit des Felds *Markiert* auf der linken Tabellenseite. Wie erwähnt, ist das Feld *Markiert* das einzige Feld, mit dem die Formatierung von Schriften über Konfiguration angepasst werden kann. Anspruchsvollere Aufgabenstellungen sind z.B. über eine Programmierung in Form eines Makros (siehe Kapitel 11) oder eines Add-Ins umsetzbar.

Bitte beachten Sie, dass die individuelle Formatierung der markierten Vorgänge pro Ansichtsdefinition gespeichert wird. Dies bedeutet, dass Ihre angepassten Formatierungen in der Ansicht *Gantt-Diagramm: Überwachung* nicht automatisch in die Ansicht *Gantt-Diagramm* übernommen werden. Dies hat den Vorteil, dass Sie Ansichten mit unterschiedlichen Formatierungen erstellen und individuell pro Ansicht abspeichern können. Der Nachteil ist, dass Sie pro Ansicht immer wieder die gleichen Formatierungen durchführen müssen, wenn alle Gantt-Diagramm-Ansichten das gleiche Layout verwenden sollen. Auch diese Herausforderung kann ggf. über eine Programmierung gelöst werden.

Ressourcen farblich unterschiedlich darstellen

Für unterschiedliche Ressourcenzuweisungen zu Vorgängen sollten in einer Gantt-Diagramm-Ansicht unterschiedliche Balkenfarben vergeben werden, damit die Vorgänge der Ressourcen im Gantt-Diagramm besser und schneller erkannt werden können. Eine ähnliche Fragestellung könnte auch sein, ob externe und interne Ressourcen farblich unterschiedliche Gantt-Diagramm-Darstellungen annehmen können, wie im Beispiel zuvor anhand der markierten Vorgänge beschrieben.

> **HINWEIS**   In Project existieren neben Text-, Kosten-, Datumsfeldern usw. auch sogenannte *Attributfelder*, die den Wert *Ja* oder *Nein* annehmen können. Diese gehören zum Datentyp *Boolean (True* oder *False)*.

Damit eignet sich die hier im Folgenden beschriebene Lösung für kleinere Ressourcenmengen und ist leichter anzuwenden, wenn nur eine Ressource pro Vorgang zugewiesen wird. Falls Sie die farbliche Unterscheidung nach Ressourcen für einen größeren Ressourcenpool vornehmen möchten, empfehlen wir Ihnen die in Kapitel 11 beschriebene VBA-Lösung für die farbliche Gestaltung des Gantt-Diagramms für Ressourcen.

1. Blenden Sie für die Darstellung der Ressourcenfarben im Gantt-Diagramm für jede Ressource je ein Attributfeld in der Tabelle im Gantt-Diagramm ein. Es stehen maximal 20 Attributfelder für Vorgänge zur Verfügung.

2. Benennen Sie die Attributfelder sinngemäß für jeden Ressourcennamen um (Abbildung 5.69).

3. Vergeben Sie für den Feldnamen nicht nur den Namen der Ressource, sondern setzen Sie den Feldnamen z.B. mit *ResFlag Ressourcenname* zusammen, damit Sie später in der Liste der Feldnamen alle Attribute pro Ressource untereinander sortiert haben. Außerdem beschreiben derartige Feldnamen den Kontext dieser Attributfelder zur Wiedererkennung.

4. Ergänzen Sie die Definition der Balkenfarben über den Befehl *FORMAT/Balkenarten/Format/Balkenarten* im Menüband um die Anzahl der erstellten Attributfelder. Wählen Sie dazu die oberste Balkenart *Vorgang* aus, klicken Sie auf die Schaltfläche *Ausschneiden* und dann viermal auf *Einfügen*.

Attributfelder für verschiedene Ressourcen

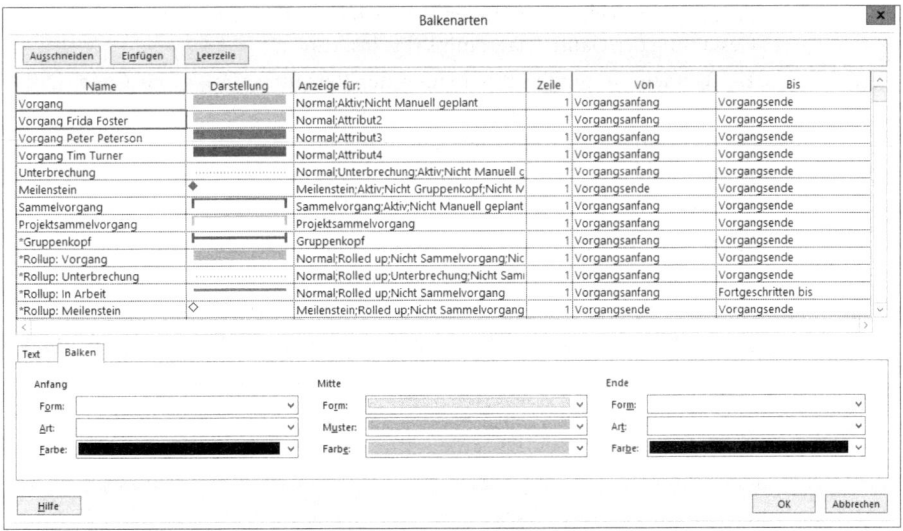

5. Vergeben Sie als Namen für die Balken die verwendeten Ressourcennamen und wählen Sie in der Darstellung Form, Muster und Farbe Ihrer Wahl.

Balkenarten für unterschiedliche Ressourcen und Attribute

6. Vergeben Sie im Feld *Anzeige für* die Einträge *Normal* und *Attribut#* für die verwendete Ressource (Abbildung 5.70), getrennt durch ein Semikolon als Listentrennzeichen.

Abbildg. 5.71   Darstellung der Attribute und Balkenarten im Gantt-Diagramm

7. Vergeben Sie anschließend entsprechend Abbildung 5.71 per Hand pro Ressource in den angezeigten Ressourcenspalten der Attribute den Wert *Ja*, wenn die Ressource dem Vorgang zugewiesen ist.

Die Fehleranfälligkeit ist für die manuelle Zuweisung der Ressource pro Vorgang natürlich recht hoch, sodass es sich lohnt, an dieser Stelle über eine erste Automatisierung mithilfe von Formeln nachzudenken. Pro Ressourcenattribut-Spalte wird immer nur nach einer Ressource in der Spalte *Ressourcenname* geschaut, bei mehreren Ressourcen oder einer prozentualen Zuordnung wird das Attribut nicht gesetzt. Diesen einfachen Algorithmus kann auch eine *Wenn-Dann-Formel* übernehmen.

Abbildg. 5.72   Wenn-Dann-Formel zur automatischen Zuweisung der Attribute pro Ressource

1. Vergeben Sie für eine Ressourcenattribut-Spalte (im Beispiel in Abbildung 5.72 für das Feld *ResFlag Frida Foster*) die Formel:

```
IIf([Ressourcennamen]="Frida Foster";"Ja";"Nein")
```

2. Wiederholen Sie diese Einträge in jeder der Attributspalten pro Ressource und ändern Sie jeweils die Prüfung nach dem Ressourcennamen ab.

Kostenmanagement

Im nachfolgenden Abschnitt beschreiben wir Lösungswege für Projektbudgetierung und -deckungs-beitragsermittlung.

Budgetierung

Mithilfe von Budgetressourcen ist es möglich, eine Budgetierung auf Projektebene durchzuführen. Budgetressourcen können Sie für jede Ressourcenart, also Arbeit, Material und Kosten erstellen und z.B. nach Kostenart mit dem Enterprisefeld *Kostentyp* differenzieren. In Kapitel 9 finden Sie weitere Informationen, wie Sie Kostenarten, sowie Kosten- und Budgetressourcen anlegen.

HINWEIS   Wenn Sie Budgets nur innerhalb eines Projektplans verwalten möchten, können Sie Budgetressourcen auch als lokale Ressourcen in Project anlegen.

Wir verwenden zwei Budgetressourcen vom Typ *Kosten* namens *Budget Eigenleistung* und *Budget Fremdleistung*, wie wir sie in Kapitel 9 im Ressourcenpool erstellen. Um dem Projekt die beiden Budgets zuzuordnen, gehen Sie wie folgt vor:

HINWEIS   Sie können Budgetressourcen nur dem Projektsammelvorgang zuordnen. Stellen Sie sicher, dass im Menüband unter *FORMAT/Einblenden/Ausblenden* das Kästchen bei *Projektsammelvorgang* aktiviert ist.

---

1. Wechseln Sie über das Menüband *VORGANG/Ansicht* zur Ansicht *Vorgang: Einsatz*

Abbildg. 5.73   Budgetressourcen dem Projekt zuweisen

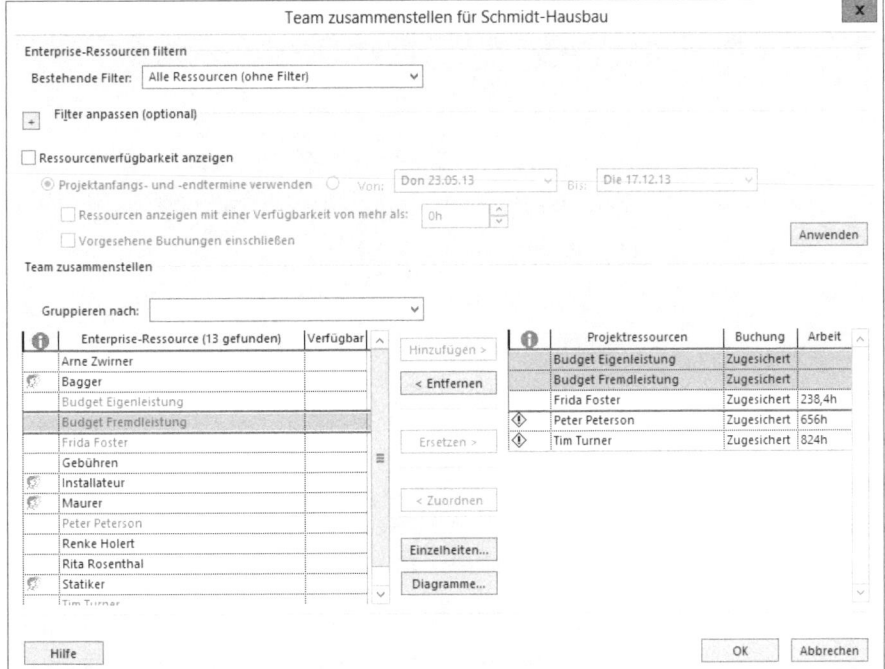

2. Fügen Sie dem Projekt über die Funktion *Team zusammenstellen* (Menüband: *RESSOURCE/ Einfügen/Ressourcen hinzufügen/Team aus Unternehmen zusammenstellen*) die Budgetressourcen *Budget Eigenleistung* sowie *Budget Fremdleistung* zu (Abbildung 5.73).

3. Wechseln Sie zur Tabelle *Kosten*, indem Sie im Menüband den Befehl *ANSICHT/Daten/ Tabellen/Kosten* wählen.

Abbildg. 5.74   Spalte *Kostenbudget* der Kostentabelle hinzufügen

4. Fügen Sie die Spalte *Kostenbudget* ein. Hierzu klicken Sie mit der die rechten Maustaste auf eine Spalte, wählen im Kontextmenü den Eintrag *Spalte einfügen* und im folgenden Drop-downmenü wie in Abbildung 5.74 gezeigt den Eintrag *Kostenbudget*.

Abbildg. 5.75   Budgetressourcen dem Projektsammelvorgang zuordnen

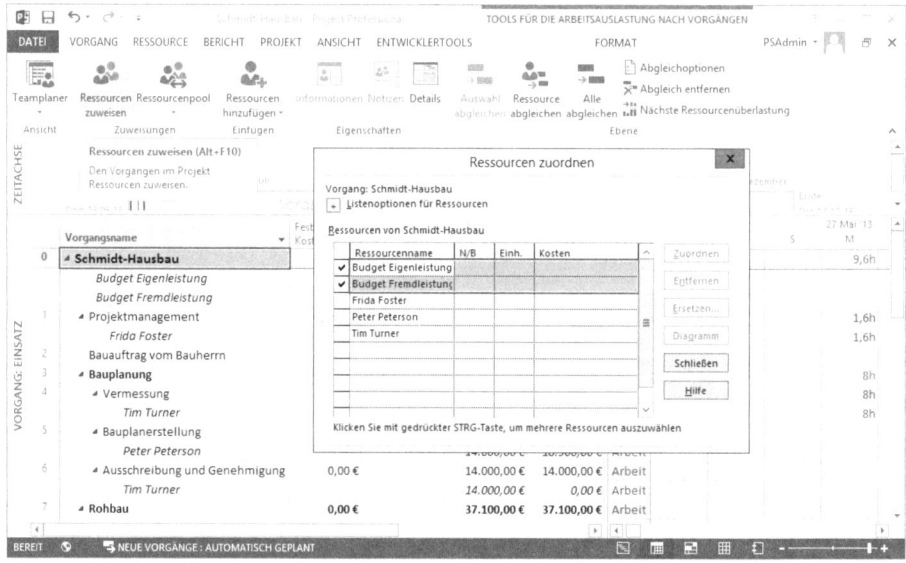

5. Um dem Projektsammelvorgang (Vorgangsnummer 0) die Budgetressourcen zuzuordnen, markieren Sie den Projektsammelvorgang und rufen anschließend das in Abbildung 5.75 gezeigte Dialogfeld über den Befehl *RESSOURCE/Zuweisungen/Ressourcen zuweisen* auf.

6. Als nächsten Schritt markieren Sie im Dialogfeld *Ressourcen zuordnen* die Budgetressourcen und klicken anschließend auf die Schaltfläche *Zuordnen*.

7. Klicken Sie auf die Schaltfläche *Schließen*, um das Dialogfeld zu verlassen. Die Budgetressourcen stehen nun unterhalb des Projektsammelvorgangs zur Verfügung.

Abbildg. 5.76   Dialogfeld *Einzelheitenarten* über das Kontextmenü aufrufen

8. Klicken Sie mit der rechten Maustaste rechts in den Bereich *Einzelheiten*, um das Kontextmenü anzuzeigen. Wählen Sie nun den Eintrag *Einzelheitenarten* aus.

Abbildg. 5.77   Feld *Kostenbudget* einblenden

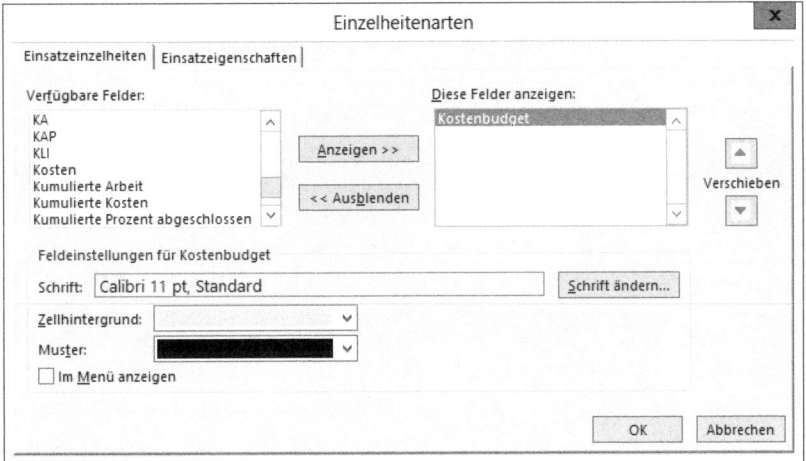

9. Wählen Sie unter *Verfügbare Felder* das Feld *Kostenbudget* aus und klicken Sie anschließend auf die Schaltfläche *Anzeigen*. Blenden Sie die anderen Felder aus und klicken Sie auf die Schaltfläche *OK*, um das Dialogfeld zu verlassen.

10. Verteilen Sie nun das Budget in Höhe von 150.000,00 EUR auf die zwei Bereiche, wie in Abbildung 5.78 angegeben. Geben Sie hierzu die Beträge in der Spalte *Kostenbudget* ein. In der rechten Übersicht *Einzelheiten* können Sie in der Zeile *Kostenbudget* erkennen, dass das jeweilige Budget automatisch entsprechend der gesamten Projektlaufzeit gleichmäßig verteilt wurde.

Abbildg. 5.78   Verteilung des Budgets nach Eigen- und Fremdleistung

---

HINWEIS   Alternativ dazu können Sie auch im rechten Bereich (*Einzelheiten*) in der Zeile *Kostenbudget* die Budgetierung vornehmen, sofern Sie periodengerecht die entsprechenden Budgetbeträge festlegen möchten. Sobald Sie hier Werte eingeben bzw. ändern, wird automatisch die Spalte *Kostenbudget* auf der linken Seite angepasst. In diesem Zusammenhang empfehlen wir Ihnen, eigene Ansichten für die Budgetierung zu erstellen.

Deckungsbeitrag für das Projekt ermitteln

Eine häufige Fragestellung ist, ob Project Kostensätze pro Ressource und Projekt, bzw. Vorgang unterscheiden kann, um z.B. durch Gegenüberstellung von Selbstkosten und Umsatz den Deckungsbeitrag für ein Projekt zu errechnen. Die Aufgabenstellung lautet also, wie man gleichzeitig Selbstkosten, also den Kostensatz, den man selbst für die Ressource bezahlt, und den Umsatz, also den Betrag, den man dem Kunden für die Ressource berechnet, nebeneinander darstellt.

Wie in Kapitel 3 dargestellt wurde, unterstützt Project pro Ressource die Vergabe von Standardsätzen für Kosten pro Zeiteinheit, z.B. 100 €/h. Dieser Kostensatz kann durch Einschränkungen mit einem effektiven Datum auch zeitlich unterschiedlich hoch sein, um z.B. jährliche Kostensteigerungen abzubilden. Daneben verwaltet Project insgesamt fünf Kostensatztabellen pro Ressource. Die Auswahl der Kostensatztabelle kann jedoch nur auf Vorgangsebene, bzw. genauer auf Zuordnungsebene, aber nicht auf Projektebene erfolgen. Zudem kann einem Vorgang nur ein Kostensatz zugeordnet werden.

Damit ist es notwendig, durch zwei Szenarien die Kosten zu errechnen und dann in benutzerdefinierten Feldern abzuspeichern. Möglichkeiten, diese Aufgabenstellung über eine Formel abzubilden, bestehen leider nicht, da Formeln nicht auf Zuordnungsfelder von Ressourcen und Vorgängen zugreifen können, sondern nur Formeloperationen – entweder für Vorgänge in Vorgangsansichten oder Ressourcen in Ressourcenansichten – durchzuführen sind. Aus diesem Grund wird in diesem Kapitel nur eine Methode per Hand durch *Kopieren und Einfügen* dargestellt, die für den herkömmlichen Gebrauch ausreicht.

Im Folgenden gehen wir davon aus, dass der *Kostensatz A* den Umsatz widerspiegelt und dass über einen zusätzlichen *Kostensatz B* die Selbstkosten errechnet werden sollen. Führen Sie dazu folgende Schritte aus:

Abbildg. 5.79   Fakturierbaren Kostensatz (Umsatz) festlegen

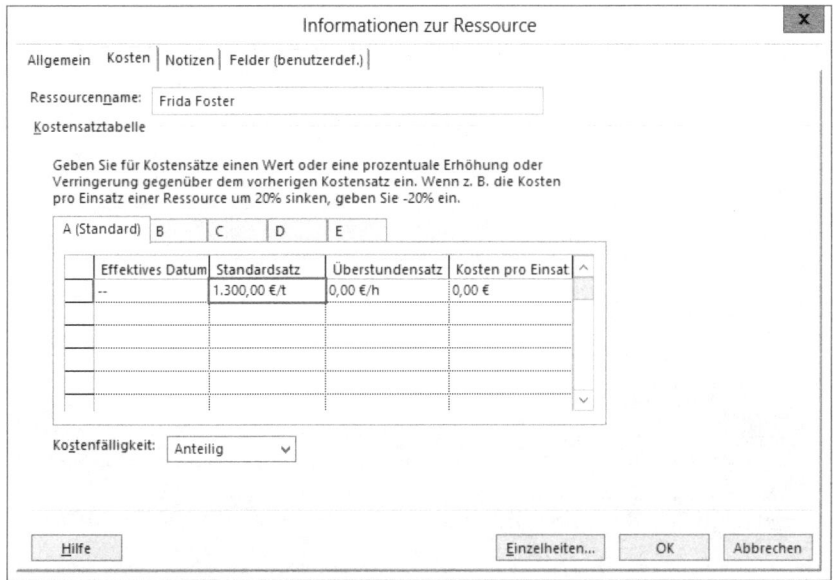

1. Öffnen Sie den Enterprise-Ressourcenpool, öffnen Sie das Dialogfeld *Informationen zur Ressource* und legen Sie als fakturierbaren Kostensatz für die Ressource (Umsatz) in der Kostensatztabelle *A* den Standardsatz in Höhe von 1.300 €/Tag fest.

ACHTUNG   Achten Sie darauf, den Kostensatz explizit pro Tag zu spezifizieren, Eingaben ohne Zeitangaben werden ggf. als pro Stunde interpretiert.

Abbildg. 5.80   Selbstkostensatz festlegen

Informationen zur Ressource

Allgemein   Kosten   Notizen   Felder (benutzerdef.)

Ressourcenname: Frida Foster

Kostensatztabelle

Geben Sie für Kostensätze einen Wert oder eine prozentuale Erhöhung oder Verringerung gegenüber dem vorherigen Kostensatz ein. Wenn z. B. die Kosten pro Einsatz einer Ressource um 20% sinken, geben Sie -20% ein.

A (Standard)   B   C   D   E

	Effektives Datum	Standardsatz	Überstundensatz	Kosten pro Einsatz
	--	1.100,00 €/t	0,00 €/h	0,00 €

Kostenfälligkeit: Anteilig

Hilfe   Einzelheiten...   OK   Abbrechen

2. Wechseln Sie zur Registerkarte *B* und legen Sie für die Kostensatztabelle *B* als Selbstkosten-satz den Standardsatz in Höhe von 1.100 €/Tag fest.

3. Schließen Sie das Dialogfeld und wiederholen Sie diese Schritte für alle Ressourcen, die am Projekt beteiligt sind. Speichern Sie anschließend den Ressourcenpool.

Abbildg. 5.81   Umbenennen des Kostenfelds für die Selbstkosten

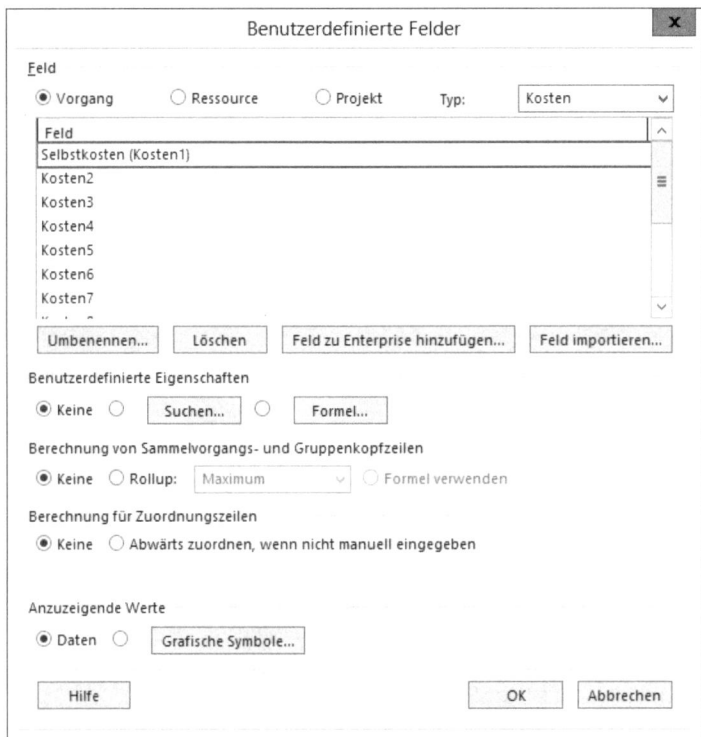

4. Öffnen Sie nun Ihr Projekt und benennen Sie das benutzerdefinierte Vorgangskostenfeld *Kosten1* in »Selbstkosten« um.

Abbildg. 5.82   Darstellung der Kosten (=Umsatz) und Selbstkosten in einer Vorgangseinsatzansicht

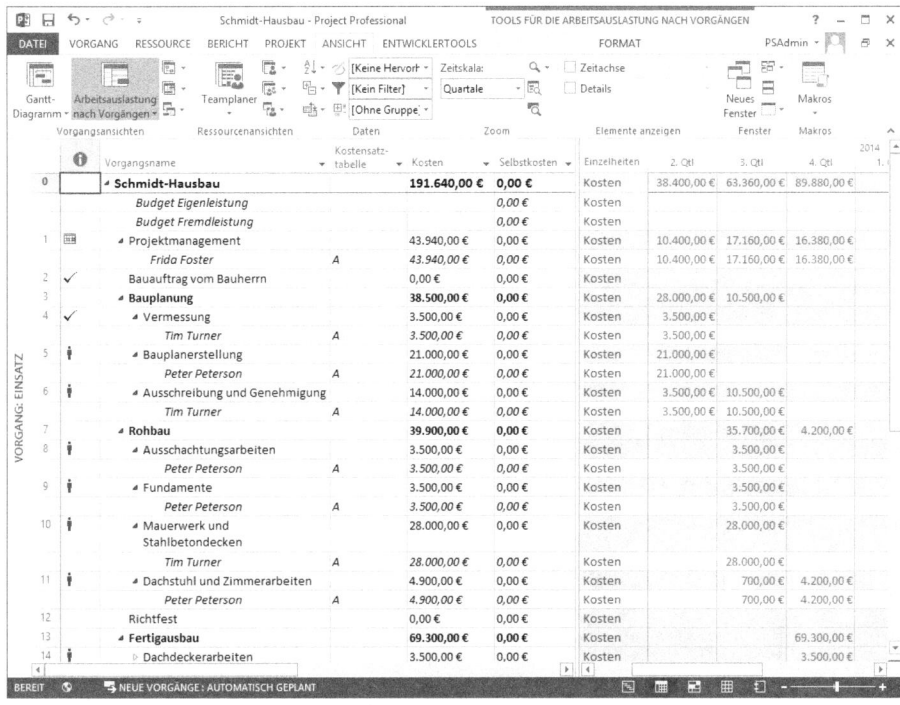

5. Erstellen Sie, wie in Abbildung 5.82 dargestellt, in der Ansicht *Vorgang: Einsatz* eine neue Tabelle und blenden Sie die dargestellten Felder *Kostensatztabelle*, *Kosten* und *Selbstkosten* ein.

Abbildg. 5.83   Festlegen des Selbstkostensatzes

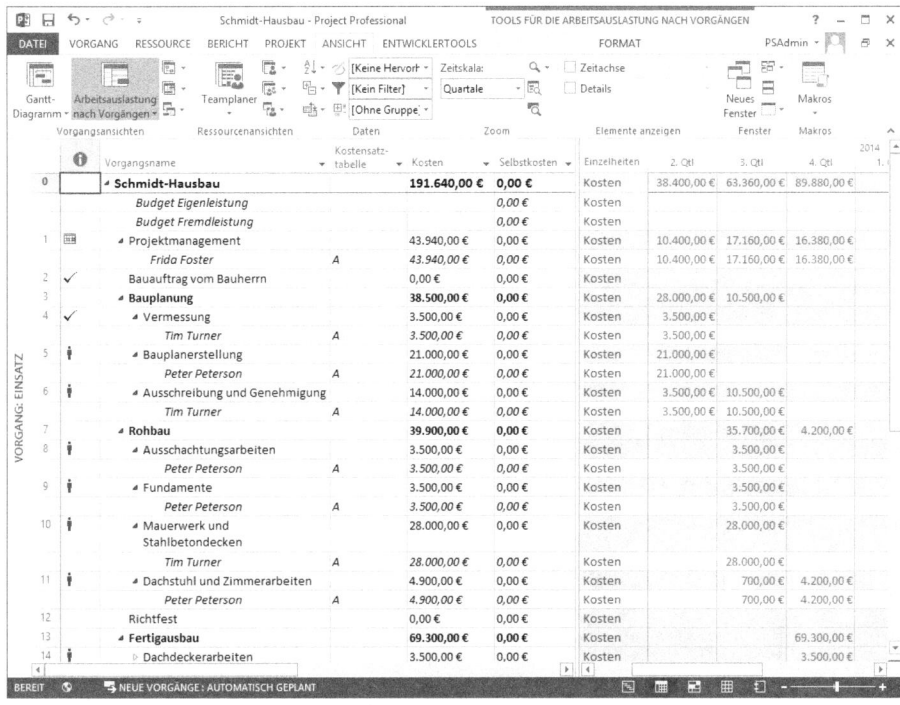

6. Legen Sie nun vorübergehend den Selbstkostensatz (Kostensatztabelle *B*) für alle Ressourcenzuweisungen fest.

Abbildg. 5.84   Kopieren der Selbstkosten

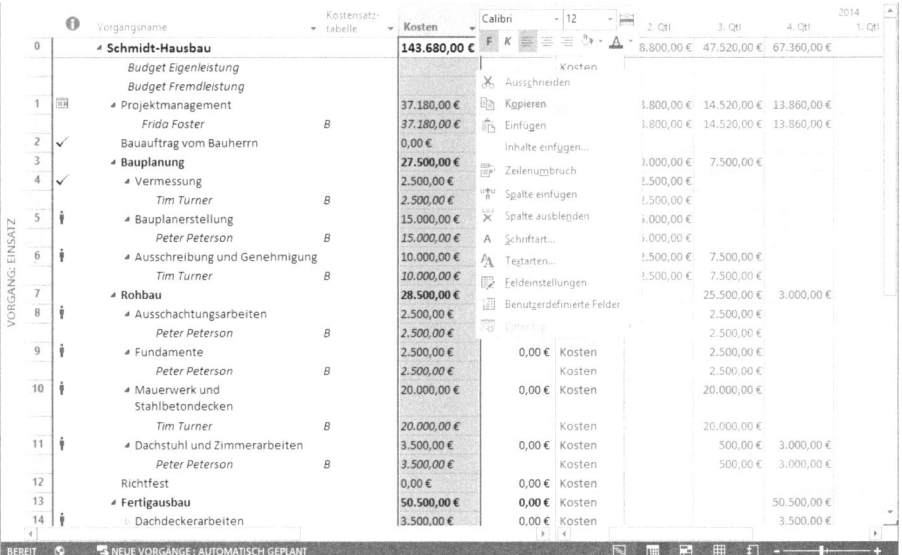

7. Markieren und kopieren Sie die vollständige Spalte *Kosten*, die nun die berechneten Selbstkosten enthält.

Abbildg. 5.85   Einfügen der Selbstkosten

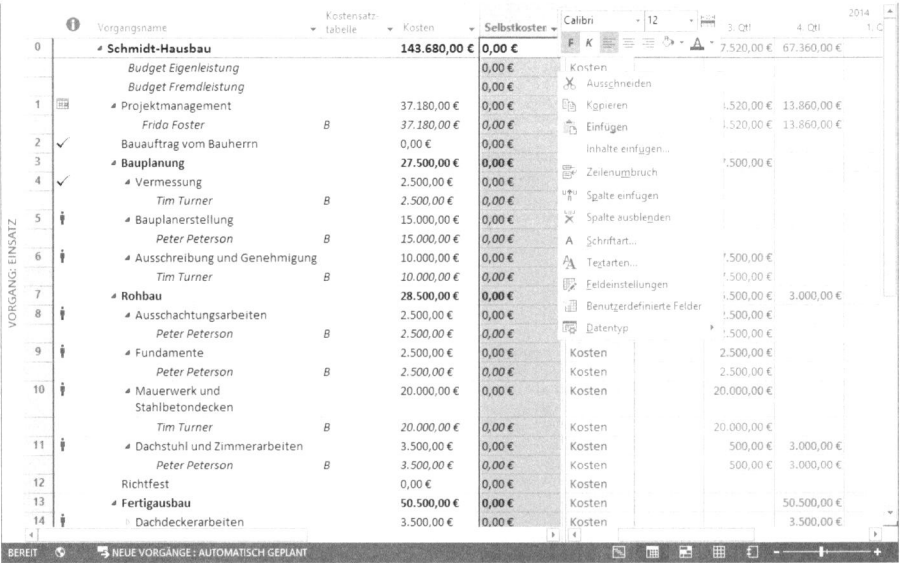

8. Markieren Sie die vorbereitete Spalte *Selbstkosten* und fügen Sie dort die kopierten Selbstkosten ein.

9. Setzen Sie nun die Kostensatztabelle wieder auf den ursprünglichen Wert zurück.

Abbildg. 5.86   Zurückstellen auf den fakturierbaren Kostensatz

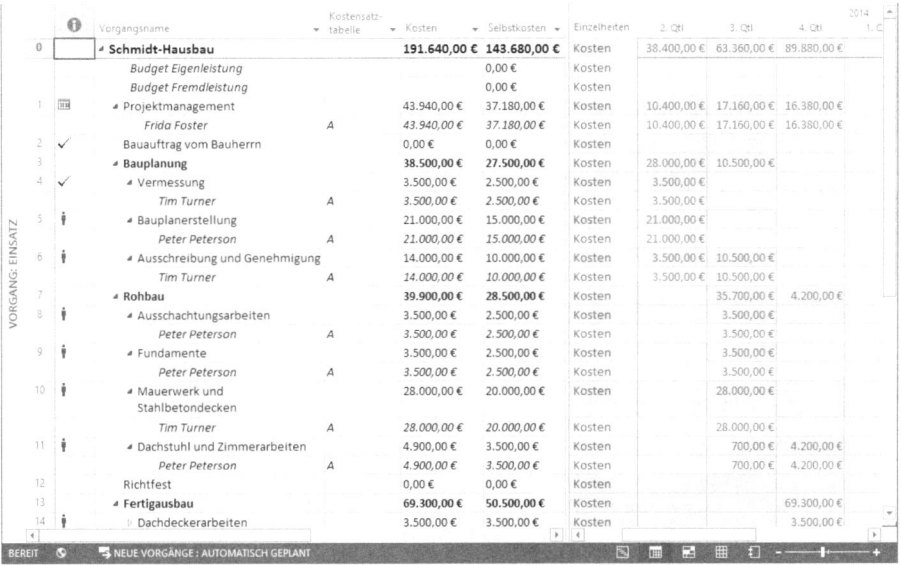

Sie sehen jetzt in der Gegenüberstellung den Umsatz (Kosten) und die Selbstkosten.

TIPP   Über eine Formel können Sie den Deckungsbeitrag als Differenz der beiden Kostensätze errechnen.

HINWEIS   Im Rahmen der Portfolioanalyse können Sie unterschiedliche Kostenszenarien für Projektvorschläge untersuchen. Weitere Informationen finden Sie in Kapitel 4.

Multiprojektmanagement

In diesem Abschnitt beleuchten wir Lösungsansätze für die Darstellung von Haupt- und Teilprojekten sowie die Abbildung von Abhängigkeiten zwischen Projekten.[1] Im Einzelnen sind das:

- Projekte in einer Multiprojektübersicht zusammenführen
- Teilprojekt in ein bestehendes Hauptprojekt einfügen
- Lieferumfänge (Deliverables) und Abhängigkeiten

---

[1] Synonyme für Hauptprojekt sind Gesamtprojekt und konsolidiertes Projekt. Ein Teilprojekt wird auch als Unterprojekt oder eingefügtes Projekt bezeichnet. Die englischsprachigen Bezeichnungen sind Master- und Subproject.

Projekte in einer Multiprojektübersicht zusammenführen

Für eine schnelle Zusammenführung von mehreren Projekten in einer Multiprojektübersicht benötigen Sie nur wenige Handgriffe.

ACHTUNG   Wenn Sie mit Project Server verbunden sind, so funktioniert bei Drucklegung dieses Buchs das in Folge beschriebene Zusammenführen nur dann, wenn das Listentrennzeichen auf Ihrem System ein Komma ist. Dies können Sie dadurch einstellen, dass Sie in der *Systemsteuerung* unter *Region* das *Format* auf *Englisch (Vereinigte Staaten)* umstellen.

Abbildg. 5.87   In der *Systemsteuerung* das Regionsformat auf *Englisch (Vereinigte Staaten)* setzen

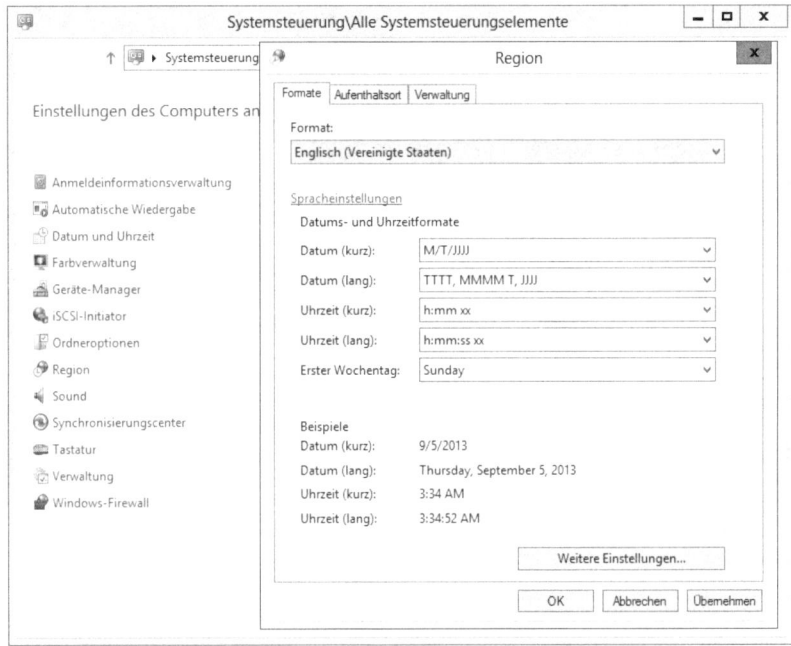

1. Öffnen Sie die entsprechenden Projektdateien, die zusammengeführt werden sollen, und wählen Sie im Menüband den Befehl *ANSICHT/Fenster/Neues Fenster*.

Abbildg. 5.88   Projekte für das Hauptprojekt auswählen

2. Im Dialogfeld *Neues Fenster* wählen Sie aus der Projektliste die Projekte mithilfe der Maus und der ⟨Strg⟩-Taste aus.

3. Legen Sie die gewünschte Ansicht fest und klicken Sie auf die Schaltfläche *OK*.

Abbildg. 5.89   Multiprojektansicht im Hauptprojekt

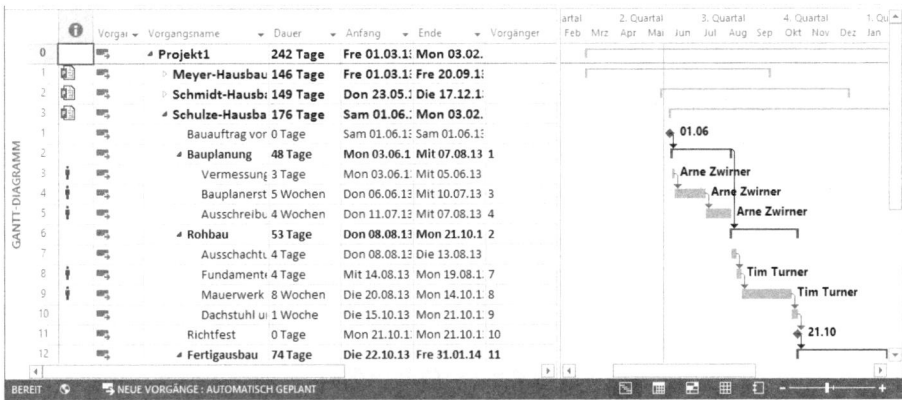

Project hat ein neues temporäres Projekt erstellt. Für jedes eingefügte Projekt wird ein Projekt-sammelvorgang erstellt. Die zusammengeführten Projekte nennt man *Hauptprojekt*.

Abbildg. 5.90   Eigenschaften des Teilprojekts festlegen

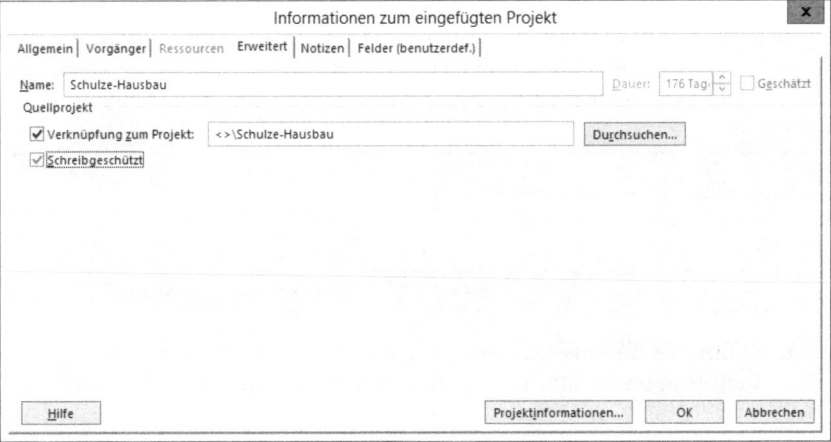

ACHTUNG   Beachten Sie, dass die Teilprojekte im Hauptprojekt eine direkte Darstellung der Original-Teilprojekte sind. Das Hauptprojekt ist nur eine Hülle für die Teilprojekte, die Vorgänge in der Multiprojektansicht sind tatsächlich die Vorgänge in den Teilprojekten. Jede Änderung, die Sie in der Multiprojektansicht vornehmen, wird beim Speichern im Original-Teilprojekt gespeichert. Wenn Sie dieses Verhalten für ein oder mehrere Teilprojekte ändern möchten, so führen Sie einen Doppelklick auf den entsprechenden Projektsammelvorgang aus und aktivieren auf der Registerkarte *Erweitert* das Kontrollkästchen *Schreibgeschützt* (Abbildung 5.90).

Sie können Hauptprojekte genau wie »normale« Projekte speichern und veröffentlichen, diese werden dann auch in Project Web App angezeigt.

Abbildg. 5.91   Project Center-Ansicht: Hauptprojekte sind durch ein eigenes Symbol gekennzeichnet

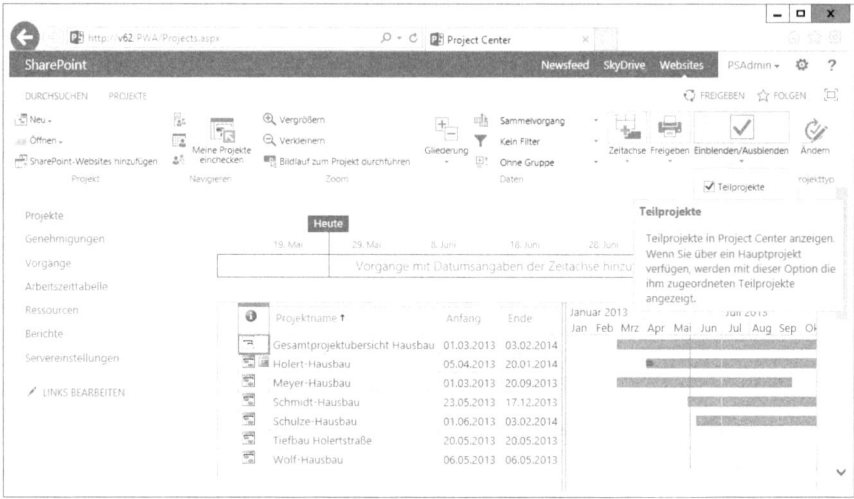

   In der Project Center-Ansicht erkennen Sie Hauptprojekte am nebenstehend dargestellten Symbol.

HINWEIS   Im Project Center werden standardmäßig keine Teilprojekte angezeigt, da sie ja innerhalb der Hauptprojekte angezeigt werden. Um Teilprojekte im Project Center einzublenden, klicken Sie im Menüband auf die Schaltfläche *PROJEKTE/Einblenden/Ausblenden* und aktivieren das Kontrollkästchen *Teilprojekte*.

Abbildg. 5.92   Ansicht der Projektdetails des Hauptprojekts

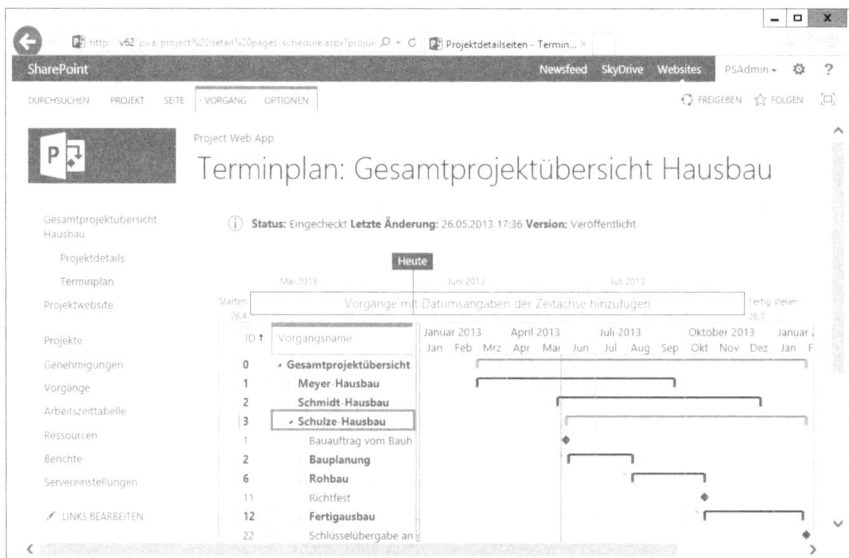

Sobald Sie auf ein Hauptprojekt wie »Gesamtprojektübersicht Hausbau« klicken, werden Ihnen analog zu der Ansicht in Project die dazugehörigen Teilprojekte angezeigt.

Abbildg. 5.93   Bearbeitung des Projektplans von Hauptprojekten ist in PWA im Browser nicht möglich

> **HINWEIS**   Wenn Sie ein Hauptprojekt in Project Web App bearbeiten möchten, erhalten Sie die in Abbildung 5.93 gezeigte Warnung. Sie können zwar die Projektstammdaten (Besitzer und Enterprisefelder) bearbeiten, den Projektplan aber nur ansehen und nicht bearbeiten. Die einzelnen Teilprojekte können jedoch individuell in Project Web App geöffnet und bearbeitet werden.

Teilprojekt in ein bestehendes Hauptprojekt einfügen

Sie können nachträglich über das Menüband *PROJEKT/Einfügen/Unterprojekt* Teilprojekte in das Hauptprojekt einfügen. Achten Sie darauf, das Teilprojekt auf der obersten Gliederungsebene (Ebene 1) einzufügen, da sich ein bereits auf einer niedrigeren Stufe eingefügtes Teilprojekt im Nachhinein nicht mehr höher stufen lässt. Um diesen Effekt zu vermeiden, gehen Sie folgendermaßen vor:

1. Wählen Sie im Menüband den Befehl *ANSICHT/Daten/Gliederung/Ebene 1*.

2. Klicken Sie auf die Vorgangszeile unterhalb des sichtbaren Vorgangs, bei dem das eingefügte Projekt platziert werden soll.

3. Wählen Sie im Menüband den Befehl *PROJEKT/Einfügen/Unterprojekt* und dann die entsprechende Projektdatei aus (Abbildung 5.94).

4. Aktivieren Sie das Kontrollkästchen *Mit Projekt verknüpfen*, wenn Sie eine dauerhafte Verknüpfung mit dem Ursprungsprojekt beibehalten möchten, und klicken Sie anschließend auf *Einfügen*.

Abbildg. 5.94   Korrektes Einfügen von Teilprojekten bei der Darstellung der ersten Gliederungsebene im Hauptprojekt

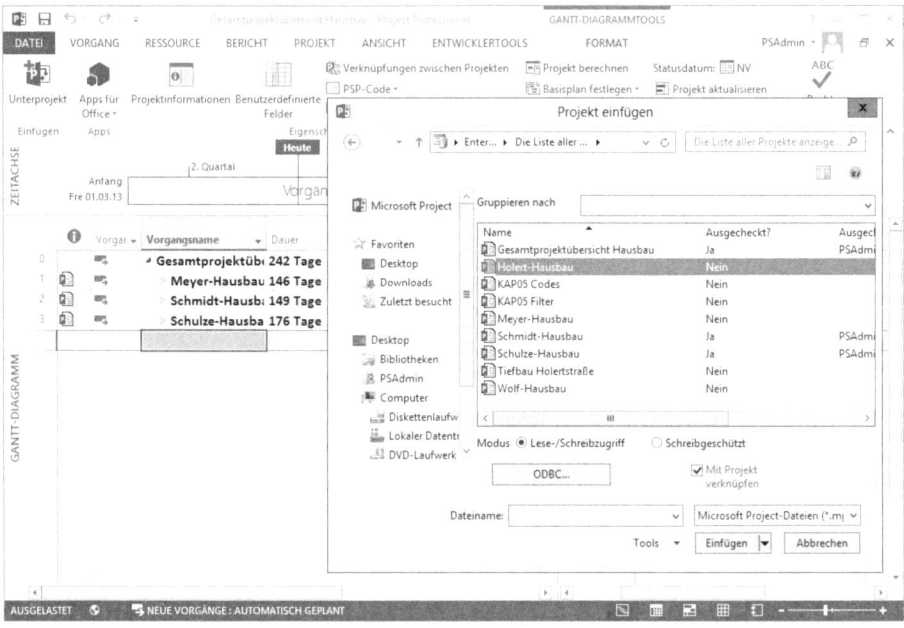

HINWEIS   Ein Projekt kann technisch in verschiedenen Hauptprojekten als Unterprojekt eingefügt werden, allerdings darf nur eines der Hauptprojekte veröffentlicht sein. Zur Vermeidung von Mehrdeutigkeiten in der Projekthierarchie raten wir davon ab.

Lieferumfänge (Deliverables) und Abhängigkeiten

Projektübergreifende Vorgangsbeziehungen können in Project so abgebildet werden, dass sich der Nachfolger automatisch verschiebt (Hard Link) oder dass nur angezeigt wird, dass es einen Konflikt gibt, der aufgelöst werden muss (Soft Link). Mit projektübergreifenden Verknüpfungen lassen sich je nach Konfiguration sowohl ein Hard Link als auch ein Soft Link abbilden (*DATEI/Optionen/Erweitert/Projektübergreifende Verknüpfungsoptionen*). Mit OLE-Verknüpfungen lassen sich darüber hinaus auch innerhalb eines Projektplans Soft Links realisieren. Mit beiden Funktionen können jedoch weder alle projektübergreifenden Abhängigkeiten in Project grafisch angezeigt, noch in der Projektwebsite als Liste dargestellt und somit auch keine E-Mail Benachrichtigungen bei genehmigten Verschiebungen ausgelöst werden.

Diese und andere Vorteile bieten Lieferumfänge (Deliverables) für die Abbildung von Soft Links.

HINWEIS   Lieferumfänge sind nur für Projekte mit einer Projektwebsite verfügbar. D.h., das Projekt darf keine lokale *.mpp*-Datei sein, sondern muss in Project Server gespeichert und veröffentlicht sein. Zudem muss bei der Veröffentlichung eine Projektwebsite erzeugt worden sein (vgl. Kapitel 1 und 9).

In unserem Beispiel verwenden wir das zentrale Projekt »Bauprojekt Schule« und das abhängige Projekt »Bauprojekt Schule – Elektrische Installation«. Die Abhängigkeit stellen wir über einen *Lieferumfang* dar, der im zentralen Projekt erstellt und mit dem gleichnamigen Sammelvorgang im abhängigen Projekt verknüpft wird.

> **HINWEIS** *Lieferumfänge* (*Deliverables*) werden in der deutschen Ausgabe des PMBOK Guide als *Liefergegenstände* übersetzt (vgl. Kapitel 1).[1]

Lieferumfang im zentralen Projekt definieren

Definieren Sie die Lieferumfänge zwischen den abhängigen Projekten wie folgt:

1. Öffnen Sie in Project das zentrale Projekt, hier »Bauprojekt Schule«.

Abbildg. 5.95   Lieferumfänge in einem Projekt verwalten

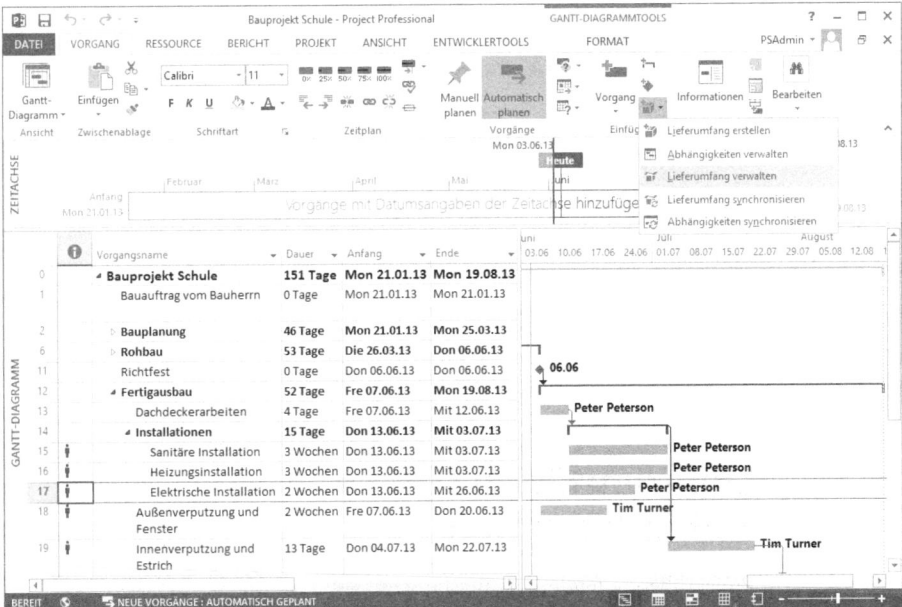

2. Klicken Sie im Menüband auf den Befehl *VORGANG/Einfügen/Lieferumfang verwalten* (Abbildung 5.95).
3. Im links eingeblendeten Dialogfeld *Lieferumfang* klicken Sie auf den Hyperlink *Neuen Lieferumfang hinzufügen*. Es wird das Dialogfeld *Lieferumfang hinzufügen* geöffnet.

> **HINWEIS** Sie können im Menüband auch direkt *VORGANG/Einfügen/Lieferumfang erstellen* verwenden, um einen Lieferumfang zum ausgewählten Vorgang zu erstellen oder zu entfernen. Allerdings können Sie dabei keine Anpassungen in Namen oder im Datum vornehmen.

---

[1] PMBOK 2008 D, S.433

Abbildg. 5.96 Verknüpfung mit dem Projektvorgang *Elektrische Installation*

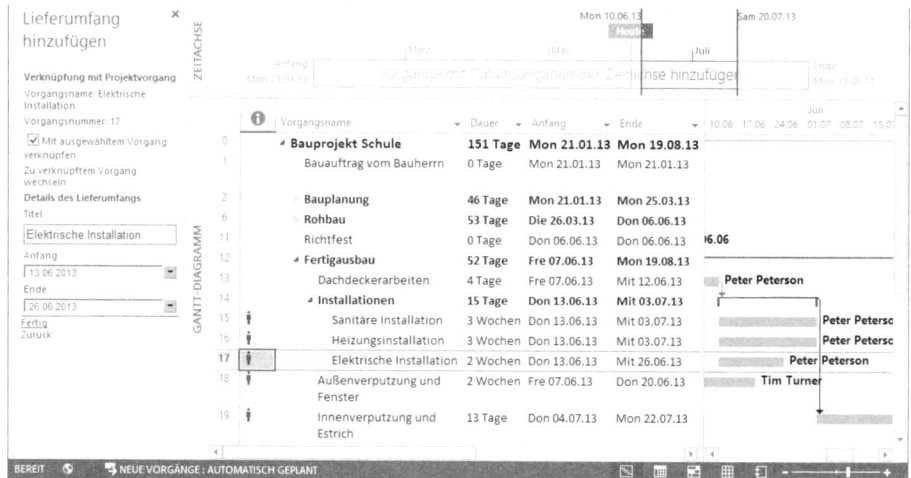

4. Klicken Sie auf den Vorgang *Elektrische Installation* und aktivieren Sie im Dialogfeld *Liefer-umfang hinzufügen* das Kontrollkästchen *Mit ausgewähltem Vorgang verknüpfen*. Klicken Sie danach auf die als Hyperlink hinterlegte Verknüpfung *Fertig* (Abbildung 5.96).

Abbildg. 5.97 Lieferumfang wird im zentralen Projekt in der Ansicht *Gantt-Diagramm* angezeigt

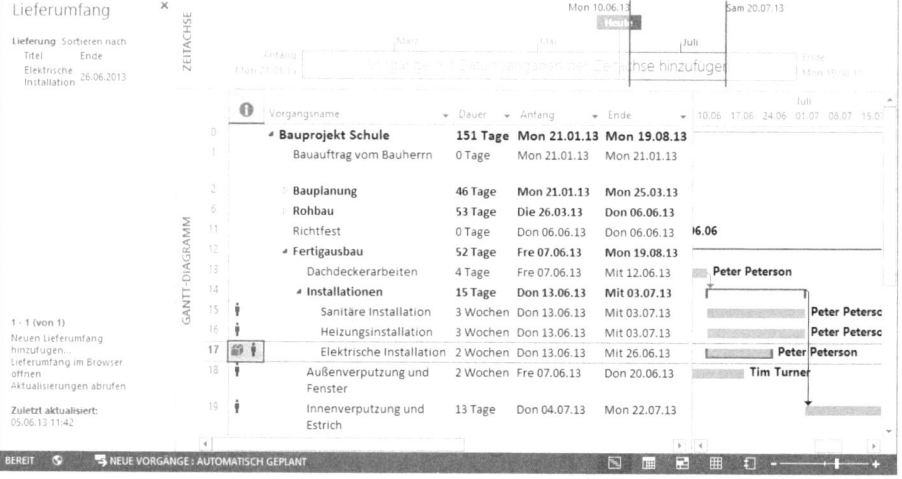

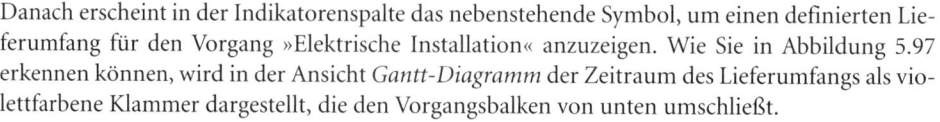

Danach erscheint in der Indikatorenspalte das nebenstehende Symbol, um einen definierten Lie-ferumfang für den Vorgang »Elektrische Installation« anzuzeigen. Wie Sie in Abbildung 5.97 erkennen können, wird in der Ansicht *Gantt-Diagramm* der Zeitraum des Lieferumfangs als vio-lettfarbene Klammer dargestellt, die den Vorgangsbalken von unten umschließt.

Lieferumfang aus dem zentralen Projekt mit dem Vorgang im abhängigen Projekt verknüpfen

1. Öffnen Sie das abhängige Projekt »Bauprojekt Schule – Elektrische Installation«.

2. Klicken Sie im Menüband auf den Befehl *VORGANG/Einfügen/Abhängigkeiten verwalten*.

3. Im Dialogfeld *Abhängigkeit* klicken Sie auf den Hyperlink *Neue Abhängigkeit hinzufügen*. Es wird das Dialogfeld *Abhängigkeit hinzufügen* geöffnet.

Abbildg. 5.98   Zentrales Projekt im Aufgabenbereich *Abhängigkeit hinzufügen* auswählen

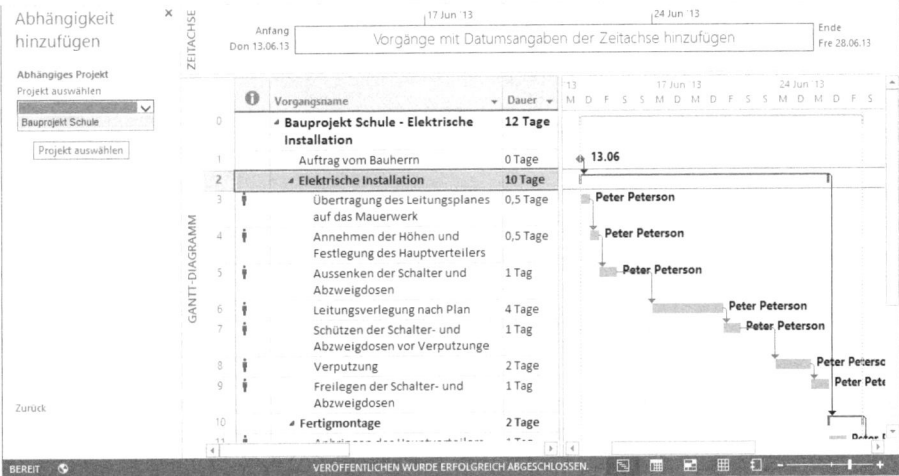

4. Wählen Sie im Aufgabenbereich *Abhängigkeiten hinzufügen* unter *Projekt auswählen* das zentrale Projekt »Bauprojekt Schule« aus.

Abbildg. 5.99   Lieferumfang aus dem zentralen Projekt mit dem Vorgang im abhängigen Projekt verknüpfen

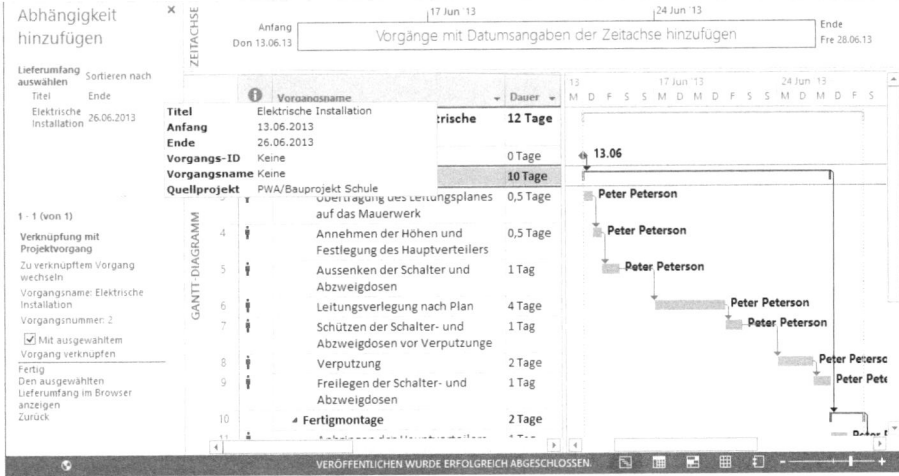

5. Markieren Sie sowohl den Lieferumfang »Elektrische Installation« im Dialogfeld *Abhängigkeit hinzufügen* als auch den Vorgang »Elektrische Installation« im Projektplan des abhängi-

gen Projekts, den Sie mit dem Lieferumfang (Deliverable) verknüpfen möchten. Danach aktivieren Sie das Kontrollkästchen *Mit ausgewähltem Vorgang verknüpfen*. Klicken Sie anschließend auf die Verknüpfung *Fertig* (Abbildung 5.99).

Abbildg. 5.100 Lieferumfänge werden in der Ansicht *Gantt-Diagramm* grafisch dargestellt

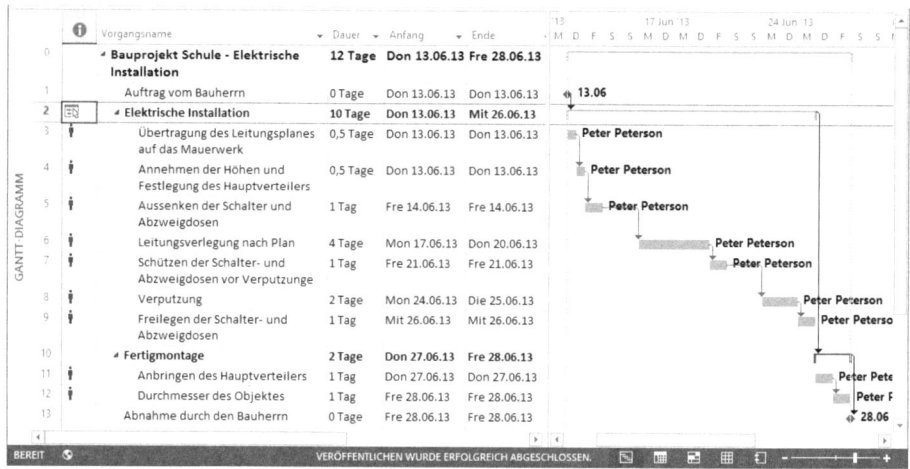

6. Die Lieferumfänge werden in der Ansicht *Gantt-Diagramm* grafisch dargestellt. In der Indikatorenspalte können Sie anhand des nebenstehenden Symbols erkennen, dass der Vorgang mit einem Lieferumfang verknüpft wurde. Der Zeitraum des Lieferumfangs wird als orangefarbene Klammer dargestellt, die den Vorgangsbalken von oben umschließt. Der Projektleiter kann jetzt bei Abweichungen daraus ableiten, wie der eigene Projektplan angepasst werden muss, um die reibungslose Zusammenarbeit mit dem zentralen Projekt oder anderen Projekten zu gewährleisten.

Abbildg. 5.101 Lieferumfang in SharePoint im Browser anzeigen

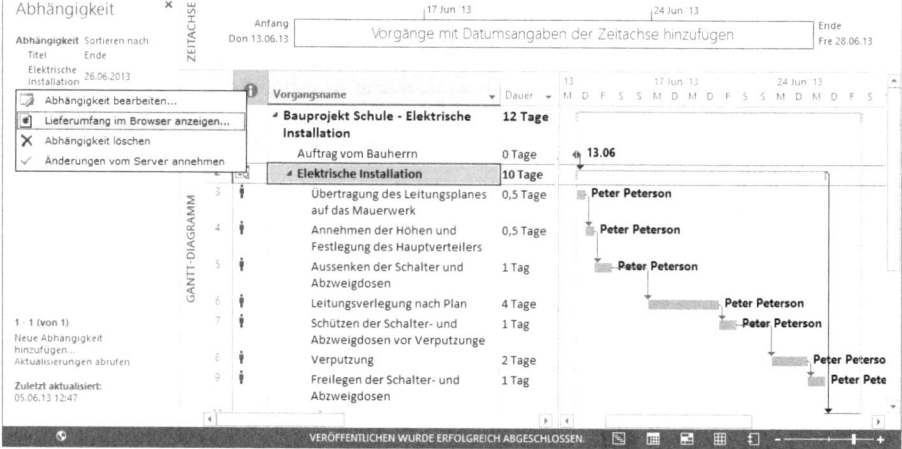

Den Lieferumfängen können Sie beliebige Dokumente und weiterführende Informationen bzgl. der Abhängigkeit anhängen, diese Details werden in der SharePoint-Liste *Lieferumfänge* in der

Projektwebsite verwaltet. Klicken Sie im Dialogfeld *Abhängigkeit* auf den Eintrag *Elektrische Installation* im Dropdown-Listenfeld und wählen Sie den Eintrag *Lieferumfänge im Browser anzeigen*.

Abbildg. 5.102 Lieferumfänge werden als SharePoint-Listen verwaltet

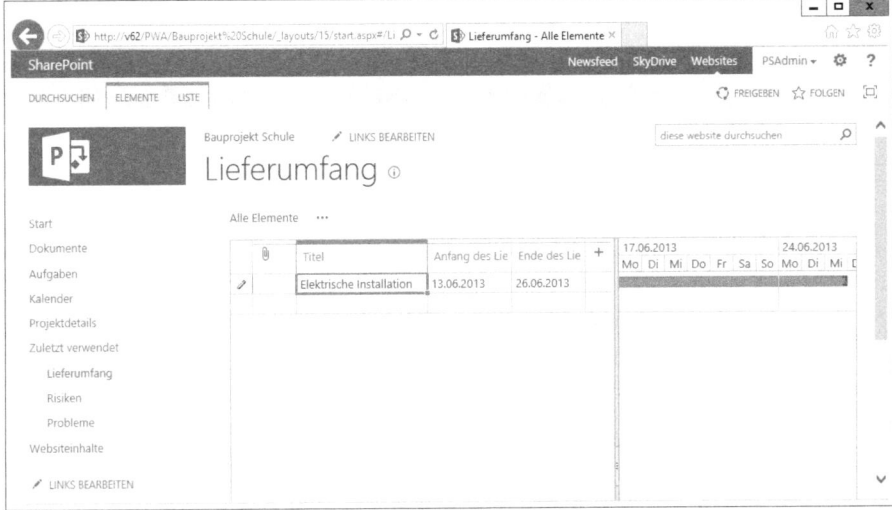

Sie können nun die Lieferumfänge in der SharePoint-Liste anzeigen, bearbeiten, in Webparts auf der Projektwebsite anzeigen, in einem Übersichtswebpart aggregieren, E-Mail-Benachrichtigungen definieren oder mit anderen Werkzeugen für SharePoint den Benutzern zur Verfügung stellen (Abbildung 5.102).

Berichtswesen

In diesem Abschnitt beschreiben wir, wie Sie Berichte z.B. für die Prozesse *Projektarbeit überwachen und steuern* aus Kapitel 1 sowie *Provide Portfolio Oversight* aus Kapitel 4 erstellen. Darüber hinaus stellen wir Ihnen sowohl die mitgelieferten Berichte als auch weitere eigene Beispiele vor.

Bevor wir die Erstellung der Berichte beschreiben, geben wir einen Kurzüberblick über das clientseitige Berichtswesen von Project und das serverseitige Berichtswesen von Project Web App.

BESSER IN 2013

In Project können Sie auf die Funktionen *Berichte*, *Grafische Berichte* und *Projekte vergleichen* zurückgreifen. Die Funktion *Berichte* in Project 2013 ist eine Weiterentwicklung des klassischen Berichtswesens von Project, das in der aktuellen Version Berichte mit einer freien Kombination von Tabellen, Diagrammen und Texten ermöglicht. Die in den Vorversionen enthaltene Funktion der klassischen Berichte wird damit ersetzt. Die grafischen Berichte basieren auf einer lokal erstellten OLAP-Datenbank und können entweder Excel oder Visio für die Auswertung und Darstellung verwenden. Die Berichte und die grafischen Berichte stehen standardmäßig jedem Projektleiter zur Verfügung und bilden stets die Daten des geöffneten Projekts ab. Projektübergreifende Berichte sind damit nur über Haupt- und Teilprojekte möglich, indem die auszuwertenden Projekte wie im Abschnitt »Multiprojektmanagement« in ein Hauptprojekt zusammengeführt werden. Die Funktion *Projekte vergleichen* haben wir zuvor im Abschnitt »Projektversionen vergleichen« beschrieben.

In Project Web App ist das Berichtswesen im *Project Business Intelligence Center* zusammenge-fasst. Das Project BI Center erreichen Sie in Project Web App über die Verknüpfung *Berichte* in der Schnellstartleiste. Technologisch basiert dieses Berichtswesen auf mehreren SharePoint Ser-ver-Dienstanwendungen und SQL Server-Diensten. Project Server setzt hierauf auf und stellt als Datenquelle ein Berichtsdatenbankschema mit Projekt- und Ressourcendaten in der relationa-len Datenbank jeder PWA-Instanz bereit. Zudem kann Project Server standardmäßig multidi-mensionale OLAP-Datenbanken mit vorkonfigurierten Cubes erzeugen, um die Daten des Berichtsdatenbankschemas für höhere Leistung vorab zu aggregieren. Darüber hinaus bringt Project Server für Excel Services verschiedene Berichte und Vorlagen mit, die sowohl direkt auf das Berichtsdatenbankschema als auch auf die OLAP-Datenbanken zugreifen.

Das Project BI Center eignet sich für serverweite und projektübergreifende Berichte, während Berichte im Project-Client stets auf die Daten im geöffneten Projekt beschränkt sind. Der Zugriff auf die Berichte hängt von verschiedenen Faktoren ab. Die Anzeige des Links in der Schnellstartleiste wird über die Berechtigungen von Project Web App gesteuert, die Zugriffs-rechte auf die Business Intelligence Center-Website variieren je nach Berechtigungsmodus und können von Administratoren bearbeitet werden. Der Zugriff auf Daten in den Berichten kann noch einmal separat je Bericht und sogar je Datenverbindung gesteuert werden.

Das Berichtswesen beschreiben wir in folgender Reihenfolge:

- Berichtswesen für Einzelprojekte mit integrierten Berichten von Project

- Berichtswesen für Einzelprojekte mit grafischen Berichten von Project

- Projektübergreifendes Berichtswesen mit dem Business Intelligence Center von Project Web App

Berichtswesen für Einzelprojekte mit integrierten Berichten von Project

NEU IN 2013   Die integrierten Berichte in Project 2013 sind eine komplette Neuentwicklung gegenüber den Vorversionen (Project-Berichte). Die Basis der integrierten Berichte bilden Tabellen und Dia-gramme, in denen beliebige Felder des Projekts angezeigt werden können. In einem Bericht kön-nen dann mehrere Tabellen und Diagramme zusammengestellt und durch Freitext, Grafiken und Bilder ergänzt werden. Die Anzeige der Berichte findet direkt in Project statt, es sind keine zusätzlichen Programme notwendig. Sie können die mitgelieferten Berichte anpassen oder neu erstellen.

Die integrierten Berichte stehen unabhängig von Project Server und weiteren Produkten allen Benutzern von Project zur Verfügung, die damit alle Daten aus dem Projektplan des aktuellen Projekts auswerten können. Eine Auswertung über mehrere Projekte ist nur möglich, wenn diese zuvor in einem Haupt- bzw. Gesamtprojekt aggregiert werden, sodass der Bericht dieses Haupt-projekts die Daten all seiner Teilprojekte umfasst. Mit Project werden sechzehn Standardberichte ausgeliefert, die angepasst oder um eigene Berichte erweitert werden können. Die nachfolgen-den Abschnitte sind:

- Übersicht der in Project enthaltenen integrierten Berichte

- Erstellung des Project-Berichts Projektarbeitsfortschritt

Übersicht der in Project enthaltenen integrierten Berichte

In Project sind sechzehn Berichte enthalten, die in Tabelle 5.3 zusammengefasst sind. Da die meisten Berichte mehrere Tabellen bzw. Diagramme enthalten, haben wir uns in der Beschreibung auf die Kerndaten der Berichte beschränkt.

Tabelle 5.3   In Project enthaltene Berichte

Name	Typ	Beschreibung
Anstehende Vorgänge	Dashboards	*Anfang, Ende, Arbeit, % Abgeschlossen* anstehender Vorgänge
Arbeitsübersicht	Dashboards	*Ist-, Rest-, Geplante Arbeit* als Burndown und Absolutwert auf Ebene 1
Burndown	Dashboards	*Ist-, Rest-* und *Geplante Arbeit* sowie *Vorgänge* als Burndown
Kostenübersicht	Dashboards	*Ist-, Rest-, Geplante Kosten* und *% Abgeschlossen* auf Ebene 1 und kumuliert
Projektübersicht	Dashboards	*Anstehende Meilensteine* und *% Abgeschlossen* auf Ebene 1 und für verspätete Vorgänge
Ressourcen (Übersicht)	Ressourcen	*Ist-, Rest-, Geplante Arbeit* und *% Arbeit Abgeschlossen* nach Ressource
Überlastete Ressourcen	Ressourcen	*Ist-* und *Restarbeit* sowie *Überlastung* nach überlasteten Ressourcen
Ertragswertbericht[ab]	Kosten	*BK, IKAA, SKAA, SKBA, KA, PA* nach Zeitperiode
Kostenüberschreitungen	Kosten	*Geplante* und *Abweichung Kosten* auf Ebene 1 und nach Ressourcen
Ressourcenkosten (Übersicht)	Kosten	*Ist-, Rest-, Geplante Kosten, Ist-Arbeit, Standardsatz* nach Ressource
Vorgangskosten	Kosten	*Ist-, Rest-, Kosten, IKAA, SKAA, SKBA* auf Ebene 1
Vorgangskosten (Übersicht)	Kosten	*Ist-, Rest-, Geplante, Abweichung* und *Kosten* auf Ebene 1 und nach Status
Kritische Vorgänge	In Bearbeitung	*Anfang, Ende, % Abgeschlossen, Restarbeit* und *Ressourcennamen* kritischer Vorgänge
Meilensteinbericht	In Bearbeitung	*Meilensteine* mit *Ende* nach Status, *Ist-* und *Vorgänge* als Burndown
Verspätete Vorgänge	In Bearbeitung	*Anfang, Ende, % Abgeschlossen, Restarbeit* und *Ressourcennamen* verspäteter Vorgänge
Verzögerte Vorgänge	In Bearbeitung	*Anfang, Ende, % Abgeschlossen, Restarbeit* und *Ressourcennamen* verzögerter Vorgänge

a. Leistungswertanalyse
b. Fertigstellungswert pro Periode

Viele dieser Berichte enthalten mehrere Tabellen oder Diagramme; in der Übersicht wurden die Werte herausgearbeitet, die den Charakter des Berichts prägen. Die Berichte werten dabei stets die aktuellen Daten des Projekts aus, bei Änderungen im Projekt werden auch die Berichte aktualisiert.

Die integrierten Berichte eignen sich dazu, Schlüsseldaten bereit- und gegenüberzustellen. Beispielsweise können Sie ein Dashboard oder Cockpit zusammenstellen, in dem Sie die Kerndaten auf der obersten Gliederungsebene als Tabelle, die monatliche Arbeit pro Abteilung in einem Diagramm und den Ist- sowie Restaufwand je Kostenstelle in einem weiteren Diagramm anzeigen. Mit der Möglichkeit, die Filter und Gruppierungen von Project auch in den Berichten zu verwenden, können Sie auch verzögerte und termingerechte anstehende Aufgaben in separaten Tabellen gegenüberstellen und die Aufwände in einem Diagramm vergleichen.

Die Erstellung des Berichts *Projektarbeitsfortschritt* in Abbildung 5.103 beschreiben wir Schritt für Schritt im nachfolgenden Abschnitt.

Abbildg. 5.103 Fertiggestellten Bericht zum Versand kopieren

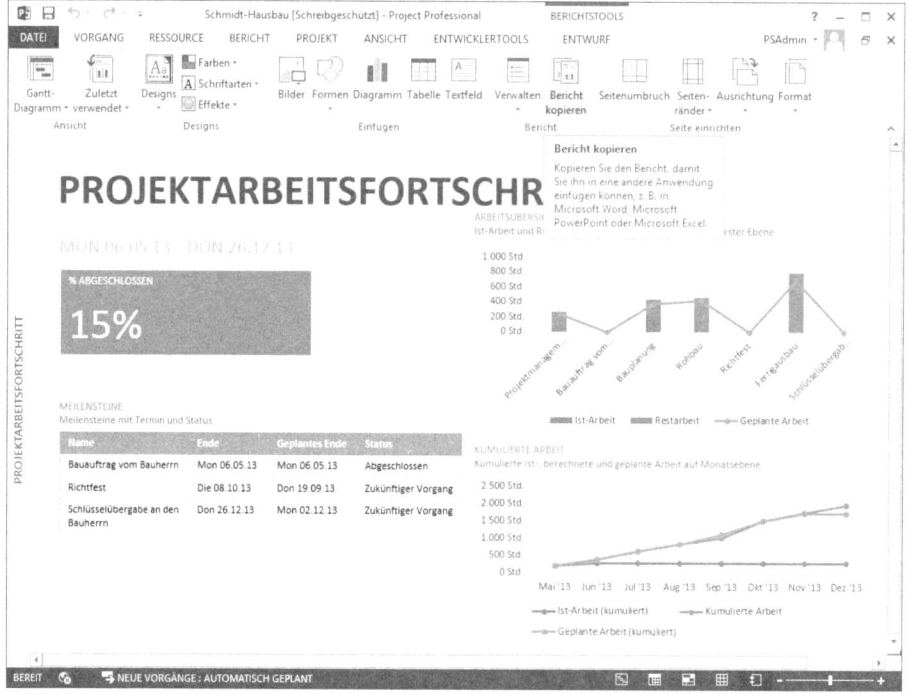

Über den Befehl *Bericht kopieren* (*BERICHTSTOOLS/ENTWURF/Bericht/Bericht kopieren*) können Sie einen Bericht zum Beispiel in eine E-Mail, ein Textdokument oder eine Präsentation kopieren. Auf diese Weise können Sie den Bericht auch Projektbeteiligten zugänglich machen, die nicht über Project 2013 verfügen, oder in der Projektwebsite archivieren.

Erstellung des Project-Berichts Projektarbeitsfortschritt

Im Folgenden beschreiben wir, wie Sie den mitgelieferten integrierten Bericht *Projektübersicht* anpassen können, um den Bericht *Projektarbeitsfortschritt* zu erhalten. Dieser beinhaltet den Status des Projekts und der Meilensteine als Tabelle, die Ist- und Restarbeit auf Gliederungsebene 1 als Diagramm sowie die kumulierte Ist-, Geplante und Arbeit pro Monat ebenfalls als Diagramm. Führen Sie folgende Schritte aus, um den Bericht *Projektarbeitsfortschritt* zu erstellen:

Abbildg. 5.104   Dashboardbericht *Projektübersicht* aufrufen

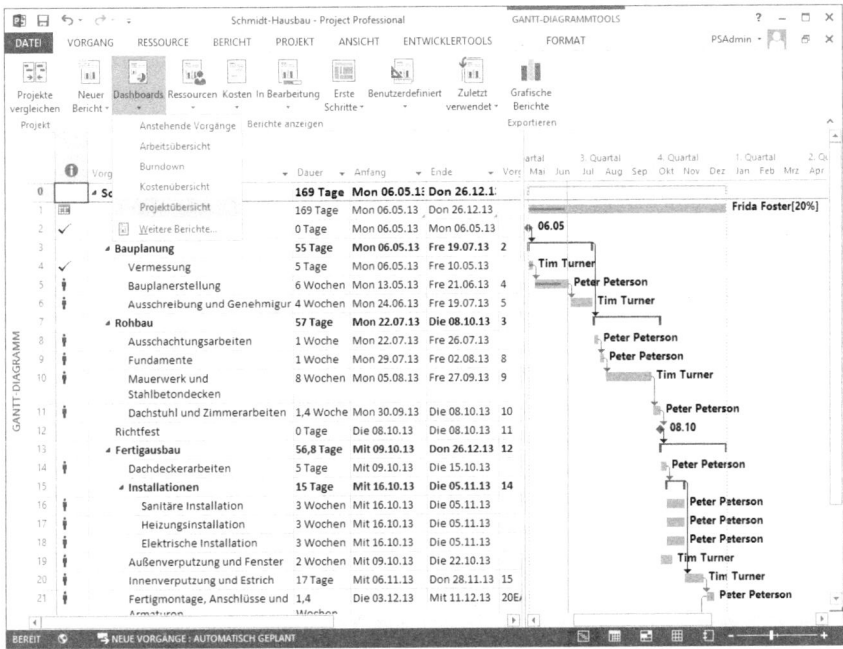

1. Rufen Sie im Menüband über *BERICHT/Berichte anzeigen/Dashboards/Projektübersicht* den Bericht *Projektübersicht* auf.

Abbildg. 5.105   Bericht *Projektübersicht* umbenennen

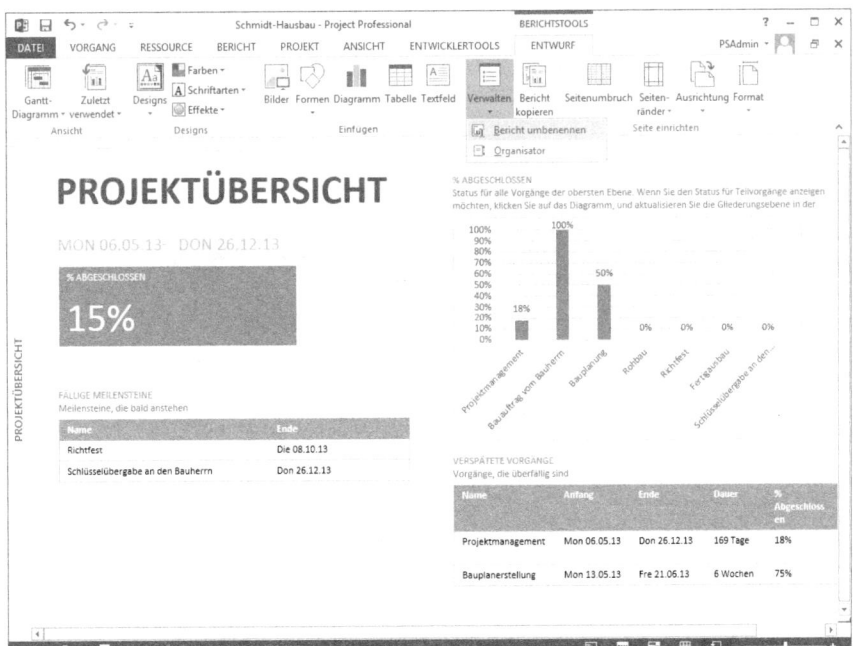

2. Benennen Sie den Bericht um über den Befehl *BERICHTSTOOLS/ENTWURF/Bericht/Verwalten/Bericht umbenennen* im Menüband.

Abbildg. 5.106 Dialog *Umbenennen* für Berichte

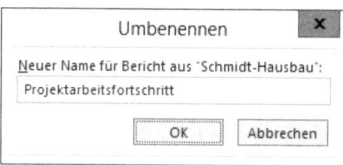

3. Wählen Sie den neuen Namen *Projektarbeitsfortschritt* aus.

Abbildg. 5.107 Bericht *Projektarbeitsfortschritt* unter benutzerdefinierten Berichten

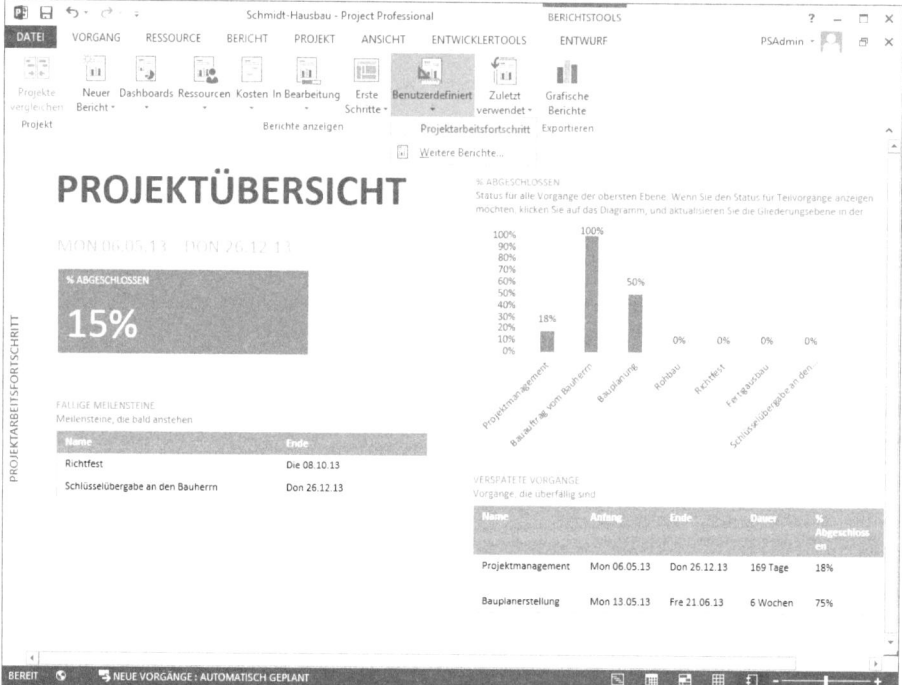

4. Wechseln Sie zurück in eine Projektansicht wie *Gantt-Diagramm* und anschließend über *BERICHT/Berichte anzeigen/Benutzerdefiniert/Projektarbeitsfortschritt* zurück zum neuen Bericht.

5. Ändern Sie die Überschrift des Textfelds *Fällige Meilensteine* in *Meilensteine* und den Inhalt in *Meilensteine mit Termin und Status.*

Spalten und Überschrift der Tabelle *Meilensteine* anpassen

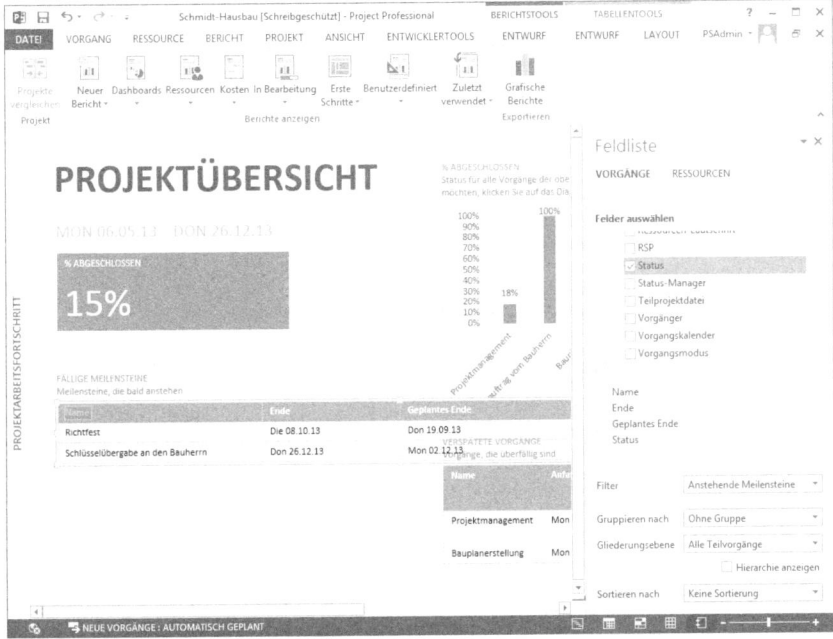

6. Klicken Sie auf die Tabelle der Meilensteine, fügen Sie über die Schaltfläche *Feldliste* unter *Felder auswählen* die Felder *Datum/Basisplan/Geplantes Ende* und *Andere Felder/Status* hinzu, ändern Sie den Filter in *Meilensteine* und *Sortieren nach* in *Ende*.

Diagramm *Arbeitsübersicht* neu erstellen

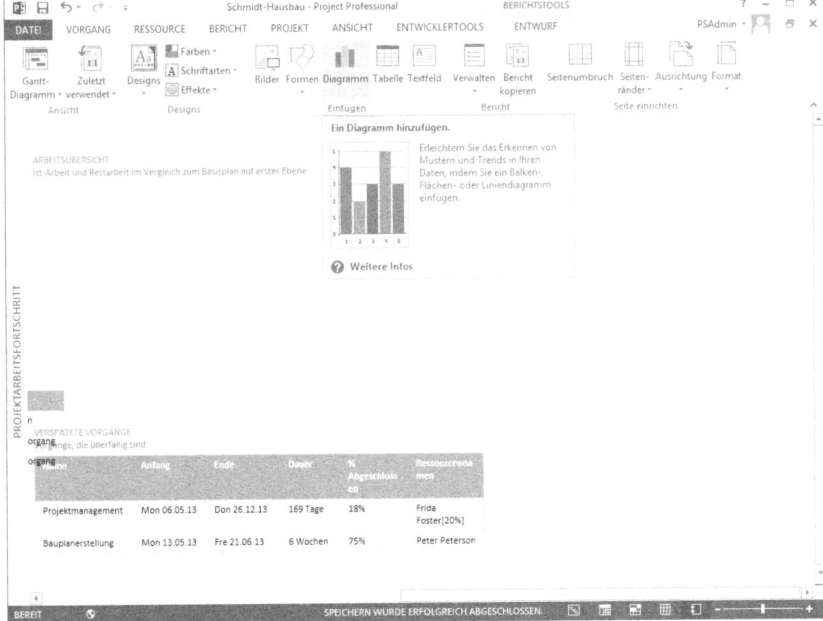

7. Ändern Sie die Überschrift des Textfelds *% Abgeschlossen* in *Arbeitsübersicht* und den Text in *Ist-Arbeit und Restarbeit im Vergleich zum Basisplan auf erster Ebene*.

8. Löschen Sie das Diagramm darunter und erstellen Sie über *Berichtstools/Entwurf/Einfügen/Diagramm* ein beliebig formatiertes Diagramm, z.B. gruppierte Säulen wie in Abbildung 5.110.

Abbildg. 5.110   Daten des Diagramms *Arbeitsübersicht* konfigurieren

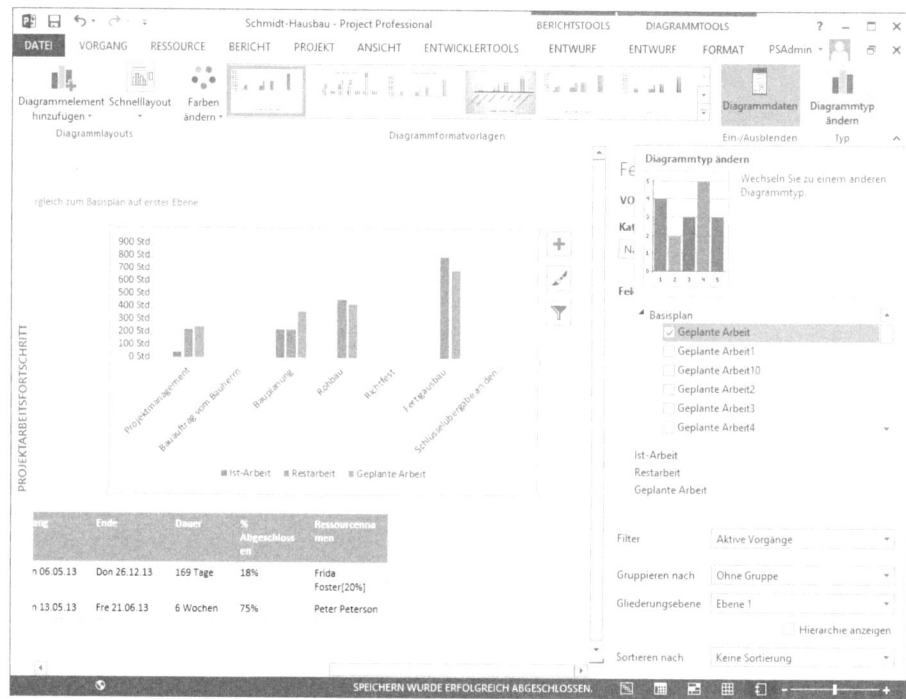

9. Wählen Sie die Kategorie *Name*, die Felder *Ist-Arbeit*, *Restarbeit* und *Geplante Arbeit* in dieser Reihenfolge und als Gliederungsebene *Ebene 1* aus, führen Sie dann im Menüband den Befehl *DIAGRAMMTOOLS/ENTWURF/Typ/Diagrammtyp ändern* aus.

Abbildg. 5.111   Diagrammtyp *Verbund* für die gegebenen Kennzahlen konfigurieren

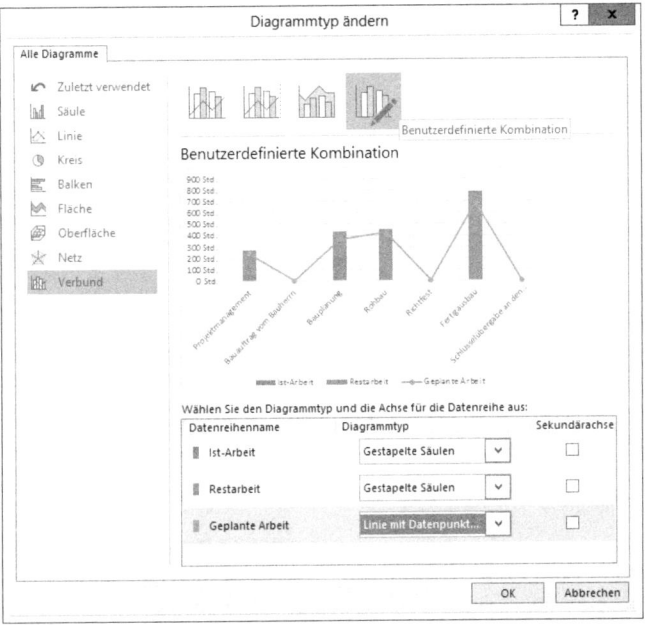

10. Wählen Sie als Diagrammtyp *Verbund* aus mit *Ist-Arbeit* und *Restarbeit* als *gestapelte Säulen* und *geplanter Arbeit* als *Linie mit Datenpunkten*.

Abbildg. 5.112   Diagramm *Kumulierte Arbeit* erstellen

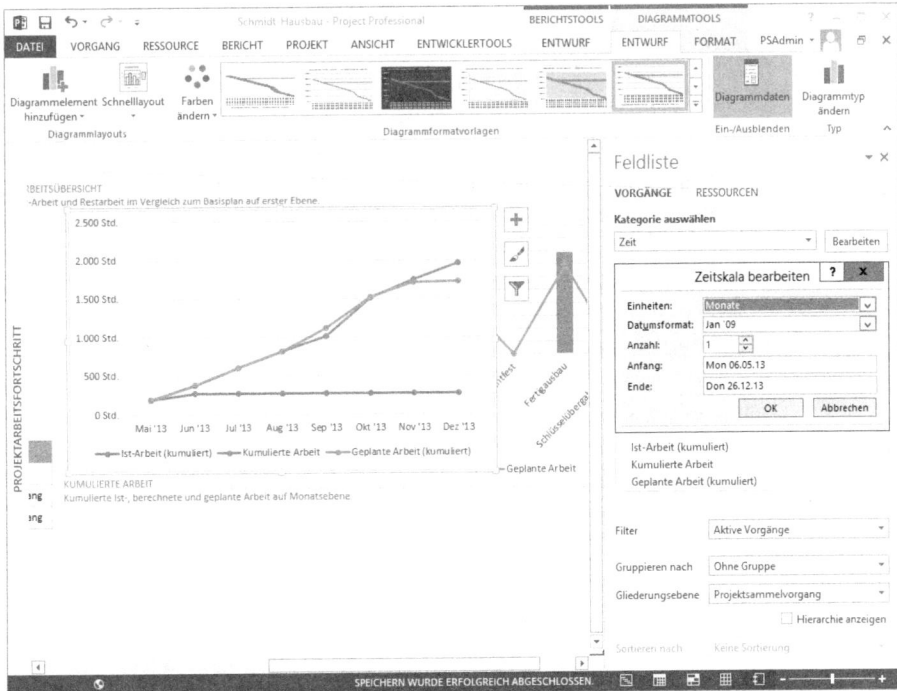

11. Ändern Sie die Überschrift des Textfelds *Verspätete Vorgänge* in *Kumulierte Arbeit* und den Text in *Kumulierte Ist-, berechnete und geplante Arbeit auf Monatsebene*.

12. Löschen Sie die Tabelle darunter und erstellen Sie über *BERICHTSTOOLS/ENTWURF/Einfügen/Diagramm* ein *Liniendiagramm mit Datenpunkten* mit der Kategorie *Zeit*, Zeitskala *Monate* und den Feldern *Ist-Arbeit (kumuliert)*, *Kumulierte Arbeit*, *Geplante Arbeit (kumuliert)*.

Abbildg. 5.113   Finales Arrangement des Bericht *Projektarbeitsfortschritt*

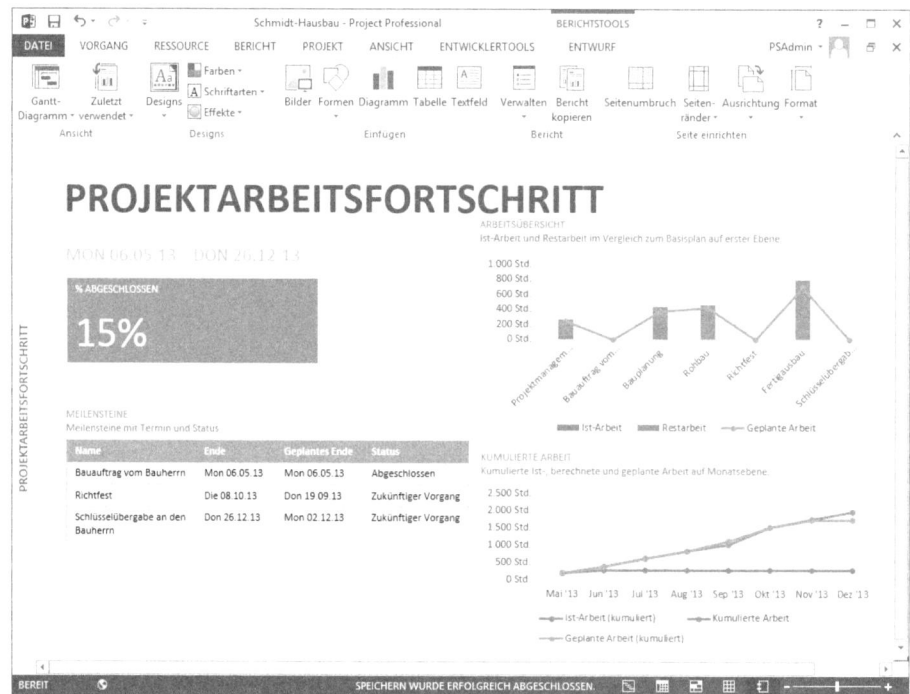

13. Ändern Sie die Überschrift des Berichts in *Projektarbeitsfortschritt* und adjustieren Sie Größe, Spaltenbreite und Arrangement der Tabelle und Diagramme, um einen übersichtlichen Bericht zum *Projektarbeitsfortschritt* wie in Abbildung 5.113 zu erhalten.

Den fertiggestellten Bericht können Sie mit dem *Organisator* auch anderen Projekten, Ihrer lokalen *GLOBAL.MPT* oder der *Enterprise Global* hinzufügen. Ebenso können Sie ihn wie in Abbildung 5.114 auch für andere Projekte aufrufen.

Damit schließen wir die Beschreibung und Erstellung der Project-Berichte ab. Im nächsten Abschnitt stellen wir Ihnen die grafischen Berichte von Project vor, dabei legen wir den Fokus auf Excel-Berichte. Während die Project-Berichte stets einen Überblick über den aktuellen Projektstatus geben, können Sie mit Excel-Berichten eigene Pivottabellen und -berichte erstellen, die Sie und die Endbenutzer mit dem vollen Funktionsumfang von Excel analysieren und auswerten können.

Abbildg. 5.114   Ergebnis des Berichts *Projektarbeitsfortschritt* für ein anderes Projekt

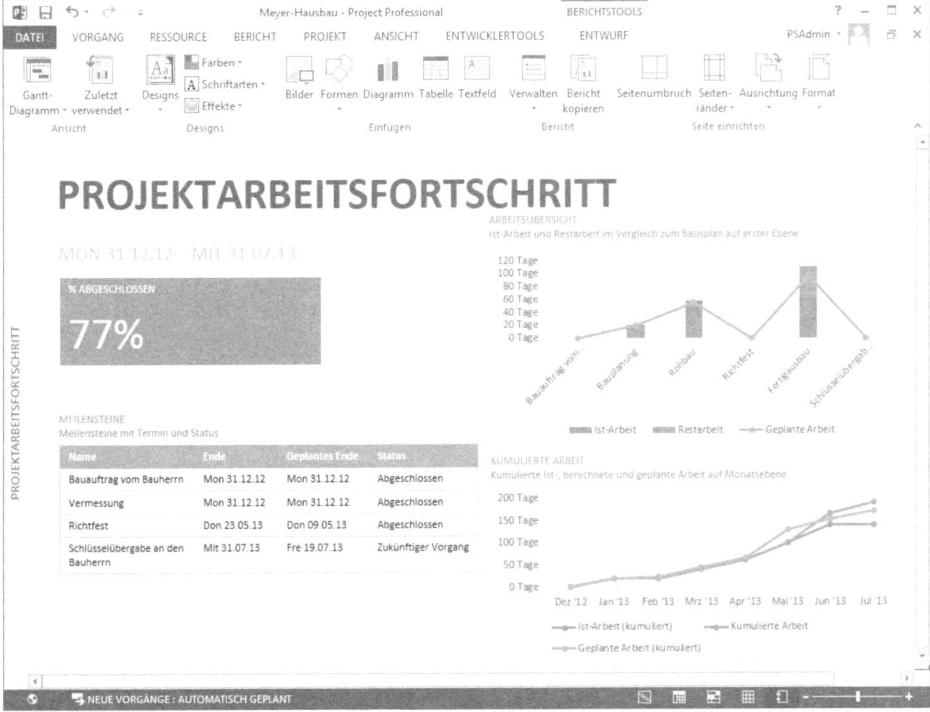

Berichtswesen für Einzelprojekte mit grafischen Berichten von Project

Die grafischen Berichte stehen wie die integrierten Berichte ebenfalls unabhängig von Project Server jedem Benutzer von Project zur Verfügung, setzen allerdings Excel bzw. Visio Professional voraus. Wie bei den integrierten Berichten erfolgt eine Auswertung der Daten des aktuellen Projekts. Über mehrere Projekte ist dies wieder nur mittels Aggregation in ein Hauptprojekt möglich. Mit Project werden zehn Standardberichte für Excel und sechs Standardberichte für Visio geliefert, die angepasst oder um eigene Berichte erweitert werden können. Die nachfolgenden Abschnitte sind:

- Übersicht der in Project enthaltenen grafischen Berichte
- Erstellung des grafischen Berichts *Kostenbudgetvergleich*

Übersicht der in Project enthaltenen grafischen Berichte

Im Lieferumfang von Project sind die Berichtsvorlagen für Excel und Visio enthalten, die in Tabelle 5.4 und Tabelle 5.5 zusammengefasst sind.

HINWEIS   Für den Einsatz aller grafischen Berichte benötigen Sie Excel bzw. Visio Professional in der Version 2007 oder höher.

Tabelle 5.4 In Project enthaltene grafische Berichtsvorlagen für Excel

Name	Beschreibung
Bericht: Arbeitsbudget	*Arbeitsbudget, Geplante Arbeit, Arbeit, Ist-Arbeit* nach Quartalen
Bericht: Ertragswert über einen Zeitraum[a]	*Ertragswert, Geplanter Wert, IK* nach Quartalen
Bericht: Geplante Arbeit	*Geplante Arbeit, Arbeit* und *Ist-Arbeit* nach Vorgängen auf der obersten Gliederungsebene
Bericht: Geplante Kosten	*Geplante Kosten, Kosten* und *Ist-Kosten* nach Vorgängen auf der obersten Gliederungsebene
Bericht: Kostenbudget	*Kostenbudget, Geplante Kosten, Kosten* und *Ist-Kosten* nach Quartalen
Bericht: Verbleibende Arbeit pro Ressource	*Ist-Arbeit* und *Restarbeit* nach Ressourcen
Bericht: Verfügbare Arbeitszeit pro Ressource	*Verfügbare Arbeitszeit, Arbeit, Restverfügbarkeit* nach Quartalen
Bericht: Vorgangskosten	*Kosten* und *Kumulierte Kosten* nach Quartalen
Zusammenfassung: Arbeit pro Ressource	*Verfügbare Arbeitszeit, Arbeit, Restverfügbarkeit* und *Ist-Arbeit* nach Ressourcen
Zusammenfassung: Ressourcenkosten	*Kosten* nach *Art* der Ressourcen

a. Fertigstellungswert pro Periode

Tabelle 5.5 In Project enthaltene grafische Berichtsvorlagen für Visio

Name	Beschreibung
Aufgabenstatusbericht[a]	*Arbeit, Kosten* und *% Abgeschlossen* nach Vorgängen auf oberster Ebene
Cashflowbericht	*Kosten* und *Ist-Kosten* nach Quartalen und *Art* der Ressourcen
Grundlinienbericht[b]	*Geplante Arbeit, Arbeit, Geplante Kosten* und *Kosten* nach Quartalen und Vorgängen auf oberster Ebene
Ressourcenstatusbericht	*Arbeit* und *Kosten* nach Ressourcen
Ressourcenverfügbarkeitsbericht	*Arbeit* und *Restverfügbarkeit* nach *Art* der Ressourcen
Statusbericht kritischer Aufgaben	*Arbeit, Restarbeit* und *% Abgeschlossen* nach *Kritisch* und Vorgängen auf oberster Ebene

a. Vorgangsstatusbericht
b. Basisplanbericht

ACHTUNG In den deutschsprachigen Berichtsvorlagen für Excel sind die Felder mit neuen deutschen Übersetzungen nicht korrekt aktualisiert. Die zum Bericht gehörenden Felder sind in Tabelle 5.4 unter *Beschreibung* aufgelistet, Sie müssen diese in den Berichten dann manuell zu den Tabellen bzw. Diagrammen hinzufügen. Die notwendigen Schritte dazu entnehmen Sie den Beschreibungen zur Anpassung von Berichten im nachfolgenden Abschnitt.

Für die Berichte erzeugt Project einen lokalen OLAP-Cube, der von Visio bzw. Excel als Datenquelle für einen Pivot-Bericht verwendet wird. Die Visualisierung erfolgt in Excel mit einem PivotChart und einer PivotTable. In Visio wird hierfür ein PivotChart eingesetzt, das die Daten in einem Organisationsdiagramm darstellt.

Eine spätere Aktualisierung eines bestehenden Berichts mit neuen Projektdaten ist nicht möglich, Sie können die Berichte jedoch als Vorlagen speichern, sodass diese jederzeit neu erstellt werden können.

Erstellung des grafischen Berichts *Kostenbudgetvergleich*

Im Folgenden beschreiben wir, wie Sie den grafischen Bericht verwenden und anpassen können. Die Basis bildet der mitgelieferte grafische Bericht *Bericht: Kostenbudget*, der zum aktuellen Projekt die Werte für *Kostenbudget*, *Geplante Kosten*, *Kosten* und *Ist-Kosten* pro Quartal anzeigt. Den Bericht werden Sie dahingehend anpassen, dass er statt des aktuellen Budgets (*Kostenbudget*), das Budget aus dem Basisplan (*Geplantes Kostenbudget*) verwendet, die Währungen passend anzeigt und ein farbliches Design erhält (Details zum Budget finden Sie im Abschnitt »Kostenmanagement«). Gehen Sie dazu folgendermaßen vor:

Abbildg. 5.115 Grafische Berichte zum Exportieren aufrufen

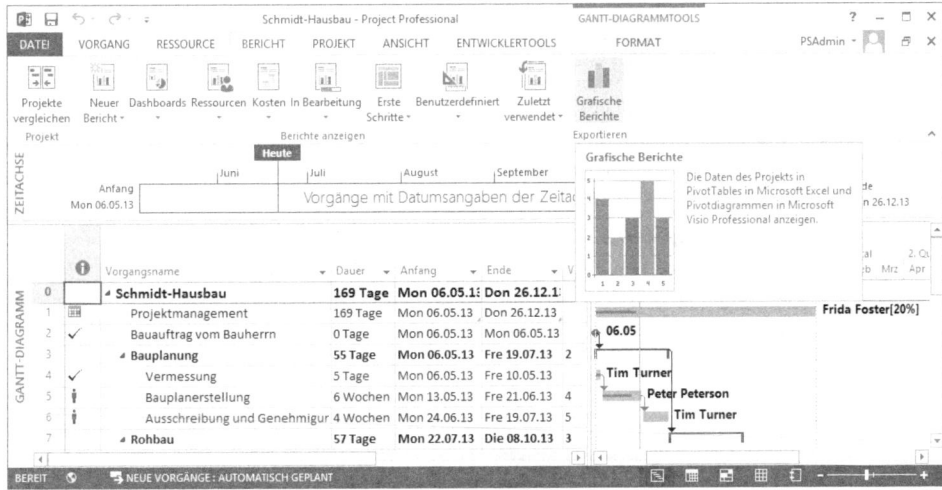

1. Rufen Sie im Menüband den Befehl *BERICHT/Exportieren/Grafische Berichte* (Abbildung 5.115) auf.

Abbildg. 5.116   Dialogfeld *Grafische Berichte – Bericht erstellen*

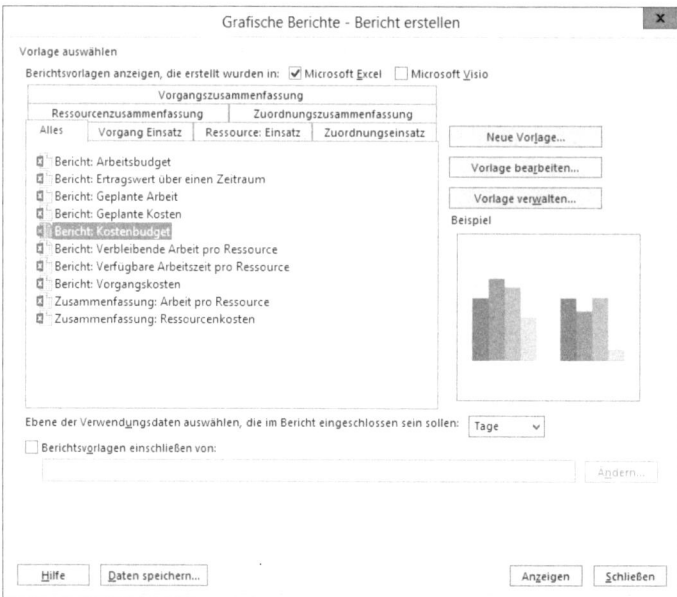

2. Im Dropdown-Listenfeld *Ebene der Verwendungsdaten auswählen, die im Bericht eingeschlossen sein sollen* wählen Sie den Eintrag »*Tage*« aus, um später in der Zeitskala bei Bedarf zwischen Quartalen, Monaten, Wochen und Tagen wechseln zu können (Abbildung 5.116).

Abbildg. 5.117   Excel-Tabellenblatt: Zuordnungseinsatz

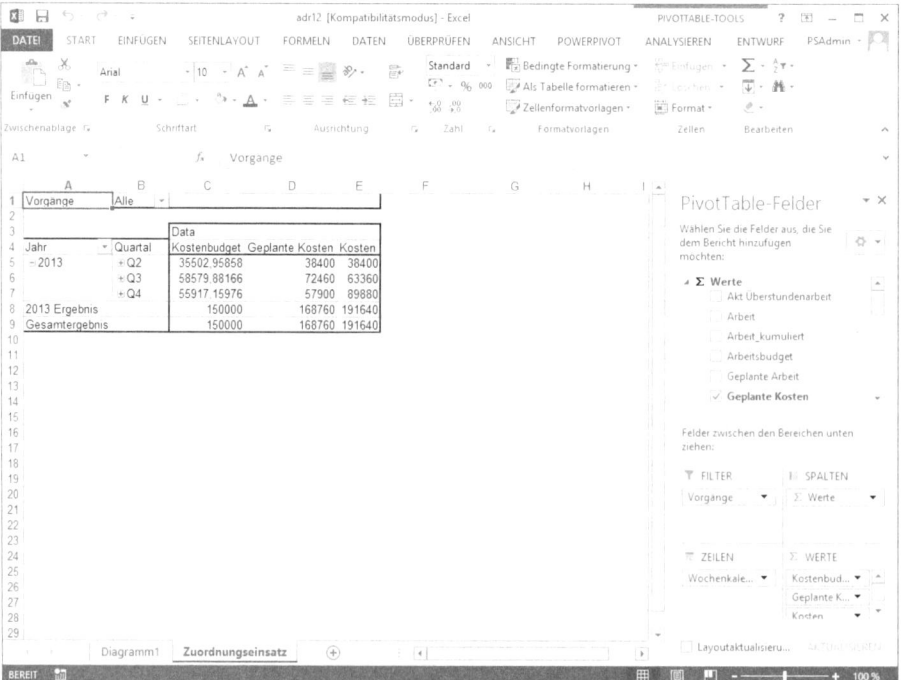

3. Wählen Sie auf der Registerkarte *Alles* den Eintrag *Bericht: Kostenbudget* aus.

4. Klicken Sie auf die Schaltfläche *Anzeigen*, um den ausgewählten Bericht zu erstellen.

5. Nachdem Excel gestartet wurde, wird Ihnen das Diagrammblatt *Diagramm1* angezeigt. Klicken Sie unten auf das Arbeitsblattregister *Zuordnungseinsatz*, damit die PivotTable angezeigt wird.

Abbildg. 5.118   In den PivotTable-Feldern die anzuzeigenden Werte anpassen

6. Entfernen Sie im Aufgabenbereich *PivotTable-Felder* das Häkchen bei *Kostenbudget* und setzen Sie neue Häkchen bei *Geplantes Kostenbudget* und *Ist_Kosten*. Diese Felder werden am Ende der PivotTable eingefügt.

Abbildg. 5.119   Im Aufgabenbereich *PivotTable-Felder* das Kontextmenü *Zum Anfang bewegen* für das Feld *Geplantes Kostenbudget* aufrufen

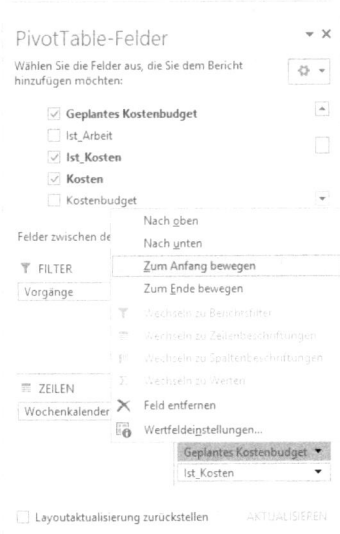

7. Klicken Sie im Aufgabenbereich *PivotTable-Felder* unter *Werte* (rechts unten) auf den Eintrag *Geplantes Kostenbudget*. Öffnen Sie mit dem Dreieckssymbol das Dropdownmenü und klicken Sie auf *Zum Anfang bewegen*. Somit erscheint das Feld *Geplantes Kostenbudget* in der ersten Spalte im Datenbereich.

Abbildg. 5.120   Dialogfeld *Wertfeldeinstellungen* über das Kontextmenü aufrufen

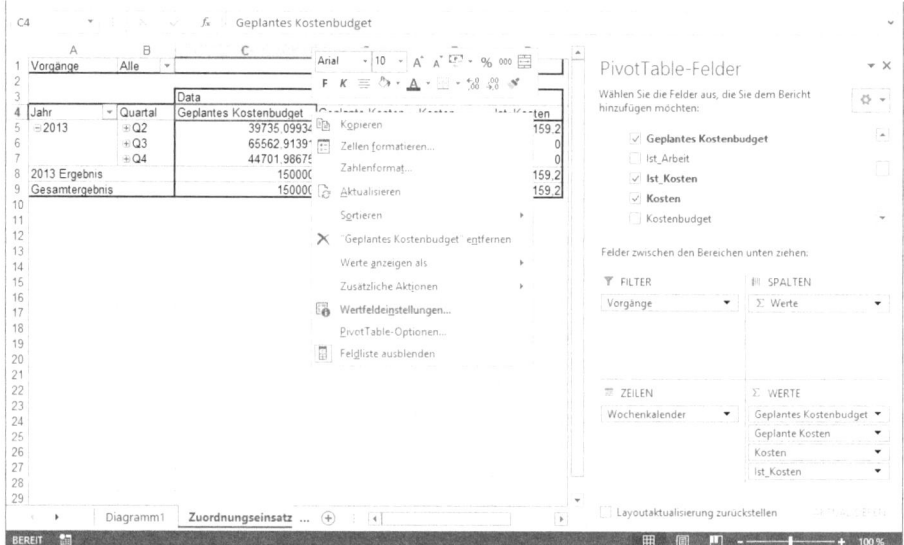

8. Markieren Sie innerhalb der PivotTable die Spaltenüberschrift *Geplantes Kostenbudget* und rufen Sie mit der rechten Maustaste das Kontextmenü auf. Danach wählen Sie den Menüpunkt *Wertfeldeinstellungen* aus (Abbildung 5.120).

Abbildg. 5.121   Dialogfeld *Zellen formatieren*

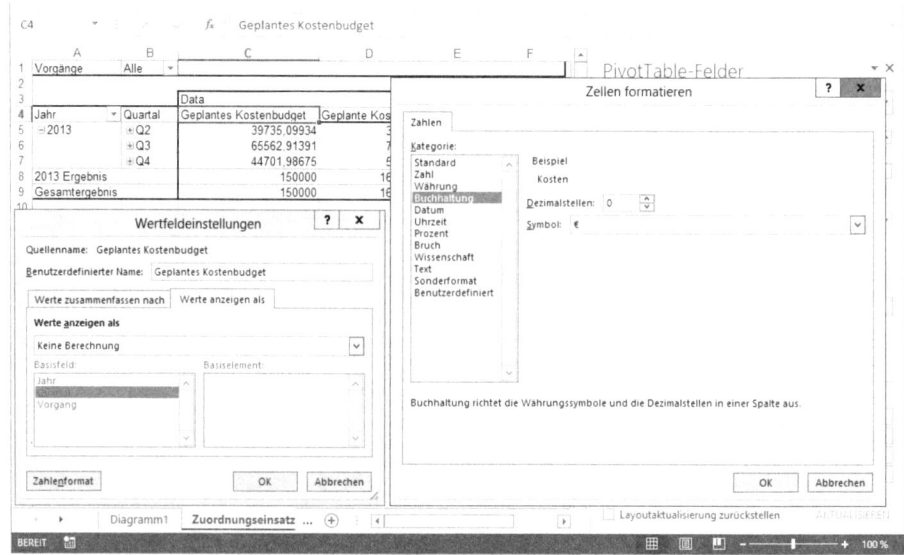

9. Klicken Sie im Dialogfeld *Wertfeldeinstellungen* auf die Schaltfläche *Zahlenformat*. Wählen Sie im Dialogfeld *Zellen formatieren* auf der Registerkarte *Zahlen* im Listenfeld *Kategorie* den Wert *Buchhaltung* mit €-Zeichen und ohne Dezimalstellen aus (Abbildung 5.121).

10. Wiederholen Sie diese Schritte für die anderen Kostenfelder in der PivotTable.

Abbildg. 5.122   PivotTable formatieren

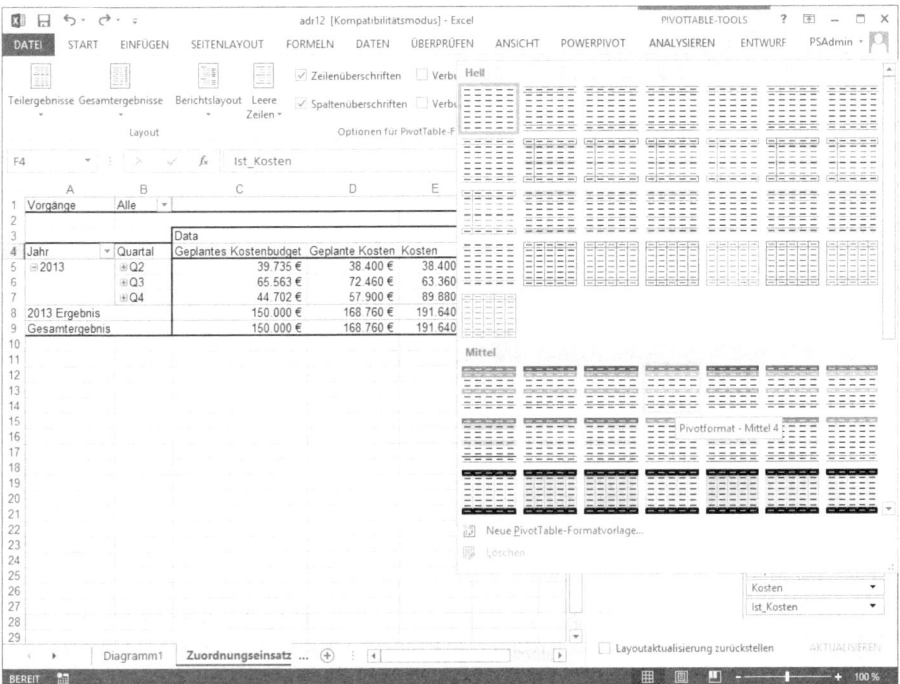

11. Wählen Sie im Menüband über den Befehl *ENTWURF/PivotTable-Formate* eine Formatierung aus, z.B. *Pivotformat – Mittel 4* (Abbildung 5.122).

Fertige PivotTable

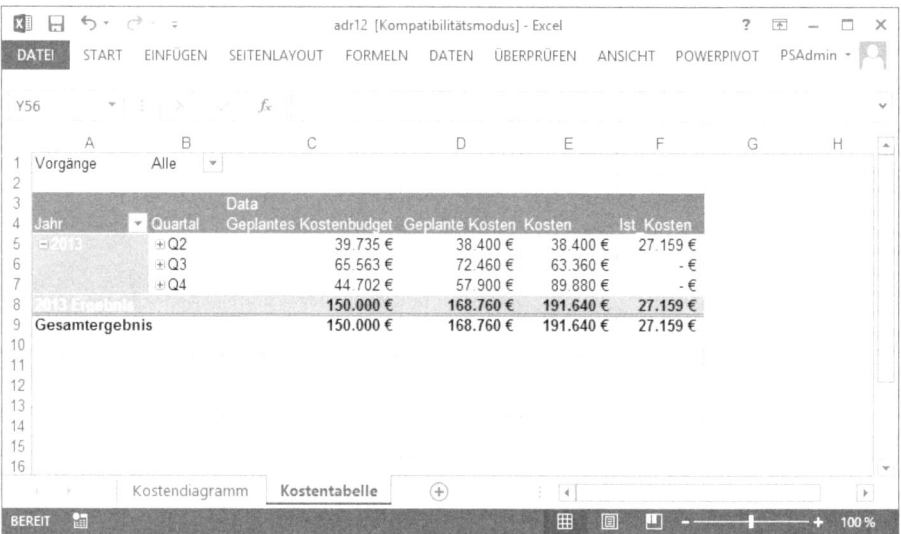

12. Klicken Sie auf ein Feld außerhalb der PivotTable, damit der Aufgabenbereich *PivotTable-Feldliste* ausgeblendet wird. Benennen Sie abschließend die Tabellenblätter um, z.B. in *Kostendiagramm* und *Kostentabelle*.

Die Werte im PivotChart werden synchron mit der PivotTable angepasst

13. Öffnen Sie das Tabellenblatt *Kostendiagramm*; das PivotChart wird automatisch den Änderungen in der PivotTable angepasst.

Damit haben Sie einen Excel-Bericht mit tabellarischen und grafischen Daten, den Sie zur Dokumentation, für Auswertungen und Präsentationen verwenden können.

Projektübergreifendes Berichtswesen mit dem Business Intelligence Center von Project Web App

Im Business Intelligence Center von Project Web App (Project BI Center) können Sie projektübergreifende Berichte erstellen. Wir beschreiben in Folge das Berichtswesen im BI Center von Project Web App, wie es bei Betrieb des Servers in Ihrer Umgebung eingesetzt werden kann (On-Premises) und stellen dann später in diesem Kapitel im Abschnitt »Berichte im BI Center in Project Online« die Unterschiede in den Voraussetzungen und der Vorgehensweise bei Nutzung einer Instanz in einem der Rechenzentren von Microsoft heraus (Cloud). Im Einzelnen lesen Sie:

- Übersicht über Musterberichte und Vorlagen des BI Centers

- Bericht *Kostenabweichungen nach Projekten* erstellen

- Berichte mit Excel Services im Browser auswerten

- Berichte im BI Center in Project Online

- Weitere Beispiele für Berichte

HINWEIS   Die Zugriffsrechte auf das Project BI Center als Website sind vom Berechtigungsmodus der Project Web App abhängig.

Im Project Server-Berechtigungsmodus haben die vier automatisch verwalteten SharePoint-Gruppen mit *(mit Project Web App synchronisiert)* im Namen jeweils ihre gleichnamigen Berechtigungsstufen. Die Rechte sind damit im Project BI Center dieselben wie in PWA selbst: Webadministratoren haben Vollzugriff, Projektmanager können Bibliotheken und Berichte verwalten, Teammitglieder können Berichte verwalten und Leser können Berichte nur anzeigen und herunterladen.

Im SharePoint-Berechtigungsmodus haben Administratoren Vollzugriff, Portfoliomanager und Portfolioviewer können Bibliotheken und Berichte verwalten, Projekt- und Ressourcenmanager können Berichte nur anzeigen und herunterladen, Teamleiter und -mitglieder haben keinen Zugriff.

Die Rechte können in beiden Fällen von Administratoren an Ihre Anforderungen angepasst werden.

Der Zugriff auf die Projektdaten zur Anzeige in den Berichten ist von den Zugriffsrechten auf das Project BI Center unabhängig; die Berechtigungen zur Anzeige der Daten können separat und berichtsabhängig gesetzt werden.

Sie können projektübergreifende Berichte mit Excel, Excel Services, Excel Web App, den weiteren SharePoint Server-Dienstanwendungen PerformancePoint Services und Visio Services sowie den SQL Server Reporting Services erstellen. In Excel stehen Ihnen hierzu auch PowerPivot und Power View zur Verfügung. Als Datenquelle für alle Anwendungen können Sie das Berichtsschema einer Project Web App-Datenbank, die OData-Feeds des ProjectData-Webservices und die Cubes der multidimensionalen OLAP-Datenbank verwenden. Im Folgenden beschränken wir uns auf Berichte mit Excel Services. Alles Nachfolgende gilt jedoch auch für Excel Web App.

Excel-Berichte können Sie auch ohne Excel direkt im Browser ansehen. In Pivottabellen und -diagrammen können Sie die angezeigten Werte auswerten und die Auswahl der Felder im Rahmen der Verfügbarkeit in der zugrunde liegenden Datenquelle anpassen. Die Darstellung der Berichte erfolgt dabei durch Excel Services von SharePoint Server mit den aktuellen Daten der Project Server-Datenbanken. Der Secure Store Service stellt sicher, dass die Daten nur autorisierten Benutzern zur Verfügung gestellt werden, die Endbenutzer benötigen daher zu keinem Zeitpunkt direkten Zugriff auf die Datenbanken.

Excel-Berichte speichern Sie in einer SharePoint-Bibliothek im Project Server BI Center. Zur Erstellung und Bearbeitung benötigen Sie Excel 2007 oder höher. Zur Verwendung von OData-Feeds, wie sie in Project Online erforderlich sind, benötigen Sie Excel 2013. Zum Erstellen und Bearbeiten von Power View benötigen Sie Excel 2013 aus Office Professional Plus 2013 und Silverlight 5.0.

> **HINWEIS**   Für die Nutzung der nachfolgenden Berichte im Project Business Intelligence Center müssen Sie in Project Server On-Premises zunächst die Excel Services und den Secure Store Service konfigurieren und für den Beispielbericht mindestens eine OLAP-Datenbank erstellen. Die Schritte dafür finden Sie in den Kapiteln 8 und 9.

NEU IN 2013
Neu in dieser Version ist, dass das Berichtsdatenbankschema die Project Web App-Datenbank nicht nur über direkte SQL-Abfragen, sondern auch über Abfragen der OData-Feeds der ProjectData-Webservices von Project Web App ausgelesen werden können. Dabei wird die Abfrage vom Benutzer an Project Server gesandt, die eigentliche Datenbankabfrage wird im Hintergrund vom Project Server ausgeführt. Hierfür benötigen weder Ersteller noch Benutzer einen direkten Datenbankzugriff. Allerdings werden die Felder der OData-Feeds der ProjectData-Webservices von Project Web App vorgegeben und können im Gegensatz zu OLAP Cubes nicht angepasst werden.

In der Standardkonfiguration von Project Web App haben nur Administratoren, Portfoliomanager und Portfoliobetrachter Zugriff auf die OData-Feeds. Der Zugriff kann über die globale Berechtigung *Auf den Project Server-Berichtsdienst zugreifen* gesteuert werden (Details siehe Kapitel 9).

Um Berichte mit OData-Abfragen zu erstellen, zu öffnen, zu aktualisieren und zu speichern, benötigen Sie Excel in der Version 2013.

> **HINWEIS**   In Project Online ist kein direkter Datenbankzugriff möglich, daher müssen dort alle Berichtsdaten mit OData-Feeds abgefragt werden. Beim Aufruf der Berichte im Browser werden die Daten dabei durch den nur in Project Online verfügbaren Dienst *BI Azure Service* aktualisiert und der Bericht wird stets von Excel Web App dargestellt. Damit können sowohl die Daten aus OData-Verbindungen als auch PowerPivot- und Power View-Daten aktualisiert werden.
>
> Umgekehrt ist bei einer On-Premises-Installation der BI Azure Service nicht verfügbar, sodass OData-Abfragen und PowerPivot- sowie Power View-Daten nicht im Browser, sondern nur durch Excel aktualisiert werden können. Im Browser können nur Berichte mit direkten Datenbankabfragen aktualisiert werden.
>
> Wir empfehlen daher, in Project Server On-Premises direkte Datenbankabfragen und in Project Online OData-Feed als Datenquellen zu verwenden.

Übersicht über Musterberichte und Vorlagen des BI Centers

Microsoft liefert mit der Installation von Project Web App im Project BI Center Muster und Vorlagen für Excel-Berichte mit.

Nachfolgend geben wir Ihnen einen Überblick über die Musterberichte und Vorlagen. Die Berichte greifen entsprechend der Beschreibung direkt bzw. über OData-Feeds auf das Berichtsdatenbankschema von Project Web App zu. Die Vorlagen greifen auf die aggregierten Daten in den Cubes der OLAP-Datenbanken zu (OLAP-Vorlagen). Die Musterberichte finden Sie im BI Center (*PWA/Berichte*) in der Schnellstartleiste unter *Berichte*, die Vorlagen sind standardmäßig ausgeblendet und in der Schnellstartleiste über *Websiteinhalte/Vorlagen* erreichbar.

Tabelle 5.6   Musterberichte im Project BI Center

Name	Beschreibung
ArbeitszeittabellenAktuelleWerte	*Ist-Arbeit* aus der Arbeitszeittabelle, differenziert nach Abrechenbarkeit und Überstunden, mit Filter auf *RSP*
DiesenMonatFälligeMeilensteine	Meilensteine aller Projekte für den aktuellen Monat mit Angabe von *Anfang*, *Ende*, *Ist-Ende*, *Stichtag* und *Abweichung Ende*
EinfacheProjekteListe	Liste aller Projekte mit Angabe von *Besitzer*, *Anfang*, *Ende* und *Zuletzt geändert* inkl. Filtermöglichkeit nach *Enterprise-Projekttyp*
Lieferumfang	Liste aller projektübergreifenden Abhängigkeiten, die mit der Funktion *Lieferumfang* abgebildet wurden
ProblemeUndRisiken	Probleme und Risiken aller Projekte, jeweils auf einer Registerkarte der Arbeitsmappe dargestellt
Projektübersicht	Übersicht aller Projekte mit *% abgeschlossen*, Anzahl der *Vorgänge* und *Zuordnungen* sowie *Problemen* und *Risiken*. Verwendet OData-Abfragen.
Projektübersichts-Dashboard	Übersicht aller Projekte mit *Arbeit*, *Ist-Arbeit* und *% Abgeschlossen*. Verwendet *Power View*-Ansicht mit OData-Abfragen.
RessourcenKapazität	Monatliche Gegenüberstellung der *Kapazität* und *Arbeit* aller Ressourcen
Ressourcenübersicht	Übersicht aller Ressourcen mit *Arbeit*, *Ist-Arbeit* und Anzahl der *Vorgänge*. Verwendet OData-Abfragen

Die Musterberichte sind in Tabelle 5.6 zusammengefasst. All diesen Berichten ist gemein, dass sie den letzten veröffentlichen Stand eines Projektplans anzeigen. Dieser wird nach dem Veröffentlichungsvorgang von Project Server für das Berichtsdatenbankschema aufbereitet. Je nach Auslastung des Servers und Projektumfang kann hierbei ein Nachlauf von einigen Minuten entstehen.

NEU IN 2013   Der Bericht *Projektübersichts-Dashboard* verwendet Power View. Dies ermöglicht Ihnen eine interaktive dynamische Filterung oder Hervorhebung aller angezeigten Werte, die Sie auch simultan tabellenübergreifend durch visuelle Selektion vornehmen können. Power View basiert auf Daten, die in einem mehrdimensionalen PowerPivot-Datenmodell im Excel-Bericht aggregiert werden.

ACHTUNG   Bei On-Premises-Installationen zeigt dieser Bericht im Browser im Gegensatz zu allen anderen Excel Services-Berichten nicht den neuesten, sondern den letzten gespeicherten Datenstand.

Tabelle 5.7   Vorlagen im Project BI Center

Name	Beschreibung
AbhängigeProjekte	Daten aller Lieferumfänge und Abhängigkeiten
Arbeitszeittabelle	Daten aller Arbeitszeittabellen
Probleme	Daten aller Problemlisten der Projektwebsites
ProjekteUndVorgänge	Daten aller Projektpläne auf Vorgangsebene
ProjekteUndZuordnungen	Daten aller Projektpläne auf Zuordnungsebene
Ressourcen	Daten aller Ressourcen
Risiken	Daten aller Risikolisten der Projektwebsites

Die Vorlagen in Tabelle 5.7 sind Excel-Vorlagedateien, die eine PivotTable mit einem Verweis auf eine Office-Datenverbindung (ODC-Datei) enthalten. Aus diesen Vorlagen können Sie in Excel ohne technisches Detailwissen eigene Berichte mit ausgewählten Feldern und Filtern erstellen, die Darstellung erfolgt nach Wahl als Tabelle, Diagramm oder Kombination von beidem. Die Datenverbindungen sind dabei schon vorkonfiguriert. Es handelt sich um direkte SQL-Abfragen auf das Berichtsschema der Project Web App-Datenbank. Die Aktualisierung der Berichte erfolgt wie bei den Musterberichten in SharePoint durch Excel Services mit den im Secure Store Service gespeicherten Anmeldedaten.

Tabelle 5.8   OLAP-Vorlagen im Project BI Center

Name	Beschreibung
OlapArbeitszeittabelle	Daten aller Arbeitszeittabellen inkl. administrativer Zeiten mit historischen Projekt-, Vorgangs-, Ressourcennamen
OlapEpmZeittabelle	Daten aller Arbeitszeittabellen mit Bezug zu Vorgängen und aktuellen Projekt-, Vorgangs-, Ressourcennamen
OlapLieferumfänge	Daten der Lieferumfänge aller Projektwebsites
OlapPortfolioAnalysierer	Zusammenfassung der taggenauen Daten aller Zuordnungen und aller Ressourcen
OlapProbleme	Daten der projektbezogenen Probleme aller Projektwebsites
OlapProjectSharePoint	Zusammenfassung aller Daten der projektbezogenen Probleme, Risiken und Lieferumfänge
OlapProjektArbeitszeittabelle	Zusammenfassung der taggenauen Daten aller Zuordnungen, aller Ressourcen und aller vorgangsbezogenen Arbeitszeittabellen
OlapProjektOhneZeitphasen	Zeitraumunabhängige Daten aller Projekte auf Projektebene
OlapRessourceMitZeitphasen	Taggenaue Daten aller Ressourcen aus dem Enterprise-Ressourcenpool
OlapRessourceOhneZeitphasen	Zeitraumunabhängige Daten aller Ressourcen aus dem Enterprise-Ressourcenpool
OlapRisiken	Daten der projektbezogenen Risiken aller Projektwebsites
OlapVorgangOhneZeitphasen	Zeitraumunabhängige Daten aller Vorgänge aller Projekte
OlapZuordnungMitZeitphasen	Taggenaue Daten aller Zuordnungen aller Projekte
OlapZuordnungOhneZeitphasen	Zeitraumunabhängige Daten aller Zuordnungen aller Projekte

Die OLAP-Vorlagen sind ebenfalls Excel-Vorlagedateien mit PivotTables, deren Datenverbindung jedoch nicht die relationale Project Server-Datenbank, sondern jeweils den gleichnamigen Cube der multidimensionalen OLAP-Datenbank verwendet. Die Erstellung der OLAP-Datenbank erfolgt durch den Administrator und wird in Kapitel 9 beschrieben. Project Server erstellt für jede OLAP-Datenbank automatisch einen gleichnamigen Ordner mit den in Tabelle 5.8 gelisteten OLAP-Vorlagen. In den Cubes der OLAP-Datenbank werden die ausgewählten Measures bereits nach festgelegten Dimensionen voraggregiert, sodass in den Auswertungen nur noch wenige Berechnungen zur Laufzeit durchgeführt werden müssen, um auch bei sehr großen Datenmengen eine schnelle Anzeige und Analyse zu ermöglichen.

Hervorzuheben sind die drei Vorlagen *OlapPortfolioAnalysierer*, *OlapProjektArbeitszeittabelle*, *OlapProjectSharePoint* und *OlapProjektArbeitszeittabelle*, diese umfassen die Inhalte mehrerer anderer Vorlagen. Technisch greifen diese Vorlagen auf jeweils einen Cube zu, der die Daten mehrerer anderer Cubes über verknüpfte Measuregruppen beinhaltet. Sie können den Cubes benutzerdefinierte Dimensionen, Measures und Filter hinzufügen. Die entsprechenden Schritte beschreiben wir in der Cube-Konfiguration in Kapitel 9.

> **HINWEIS** Die Daten der Arbeitszeittabelle werden zum Zeitpunkt des Absendens eingefroren und können nachträglich nicht geändert werden. Etwaige Umplanungen durch den Projektleiter ändern jedoch die Daten im Projektplan. Dadurch können sich Arbeitszeittabellendaten im Cube *EPM-Arbeitszeittabelle* von den Projektplandaten im Cube *Zuordnung mit Zeitphasen* unterscheiden. Die Vorlage *OlapProjektArbeitszeittabelle* greift auf den Cube *MSP-Projekt-Arbeitszeittabelle* zu, der beide Daten enthält, sodass Sie sowohl die *Fakturierbare Ist-Arbeit* aus der Measuregruppe *EPM-Arbeitszeittabelle* als auch die *Ist-Arbeit* aus der Measuregruppe *Zuordnung mit Zeitphasen* auslesen und gegenüberstellen können.

Der Cube *MSP-Projekt-Arbeitszeittabelle* enthält die Projektdaten, Ressourcendaten und Arbeitszeittabellendaten mit Zeitphasen, sodass Sie für die meisten Berichte diesen Cube als Datenquelle verwenden können.[1] Im nachfolgenden Beispiel zeigen wir, wie Sie mit diesem Cube auf Basis der Vorlage *OlapProjektArbeitszeittabelle* einen eigenen Bericht erstellen. Die Erstellung von Berichten auf Basis von OData-Feeds beschreiben wir im Abschnitt »Berichte im BI Center in Project Online« später in diesem Kapitel.

Bericht *Kostenabweichungen nach Projekten* erstellen

In diesem Abschnitt erstellen Sie den Beispielbericht *Kostenabweichungen nach Projekten*. Dieser listet alle Projekte auf und zeigt ihre geplanten Kosten aus dem Basisplan, ihre berechneten Kosten aus dem Projektplan sowie als Differenz die Abweichung in einer PivotTable und einem Balkendiagramm. Ein Datenschnitt ermöglicht die Einschränkung auf Projekte einzelner Geschäftsbereiche, um die Übersicht zu wahren.

Dadurch erhalten Sie einen Überblick, welche Projekte wie viel kosten, und wie stark sie von der ursprünglichen Planung abweichen.

Den fertigen Bericht können Sie dann genau wie die Endanwender stets mit den Daten zum Zeitpunkt der letzten Cubeerstellung im Browser einsehen. In der Berichtsanzeige können Sie zwischen den verschiedenen Tabellen und Diagrammen des Berichts auswählen, die Auswahl der angezeigten Felder ändern und einzelne Werte als Drilldown nach weiteren Feldern analysieren.

---

[1] In der OLAP-Datenbank *Konfiguration* auch bezeichnet als *Virtuelles Projekt* und *Arbeitszeittabelle*

Als Datenquelle verwenden Sie den OLAP-Cube *MSP-Projekt-Arbeitszeittabelle*. Damit können Sie diesen Bericht nur in Project Server On-Premises und nicht in Project Online erstellen. Für die Erstellung des Berichts benötigen Sie Excel mindestens in der Version 2007. Die Verwendung des Datenschnitts ist optional und erfordert Excel 2010 oder höher, die Verwendung der Zeitachse wie in weiteren Berichtsbeispielen erfordert Excel 2013.

HINWEIS   Standardmäßig ist das Feld *Abweichung Kosten* nicht im OLAP-Cube vorhanden. Dieses Feld haben wir in Kapitel 9 serverseitig im Cube *MSP-Projekt-Arbeitszeittabelle* als berechnetes Measure erstellt.

Um die Auswertung *Kostenabweichung nach Projekten* zu erstellen, gehen Sie folgendermaßen vor:

1. Navigieren Sie in der Schnellstartleiste von Project Web App auf *BERICHTE/Websiteinhalte/ Vorlagen/Deutsch (Deutschland)*.

Abbildg. 5.125   Übersicht der Vorlagen und der zur Verfügung stehenden OLAP-Cubes

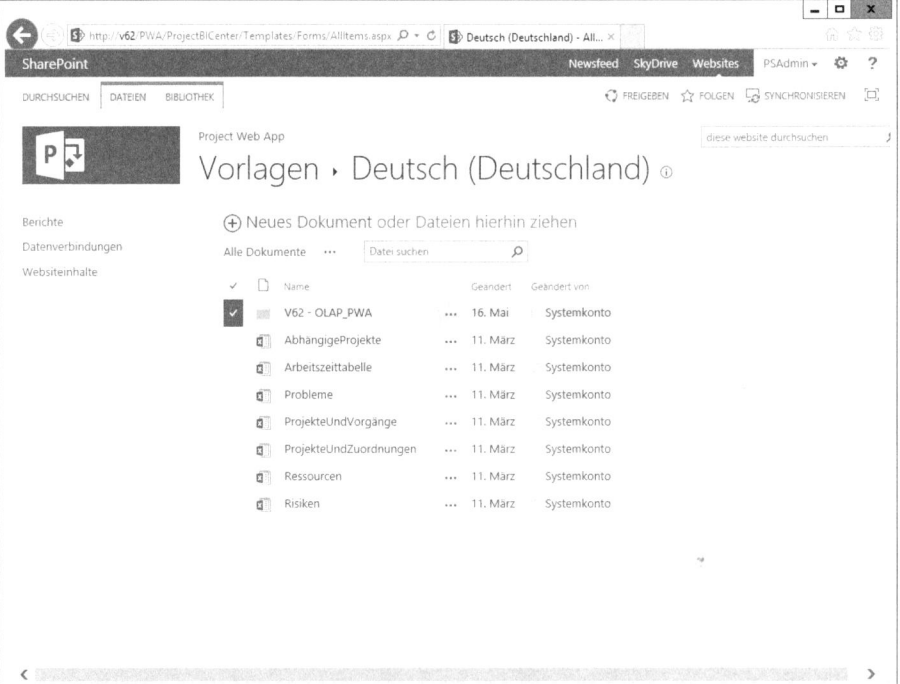

2. Klicken Sie auf den Ordner *Servername – OLAP-Cube-Name*, in unserem Beispiel *V62 – OLAP_PWA*.

Abbildg. 5.126   Vorlage *OlapProjektArbeitszeittabelle*

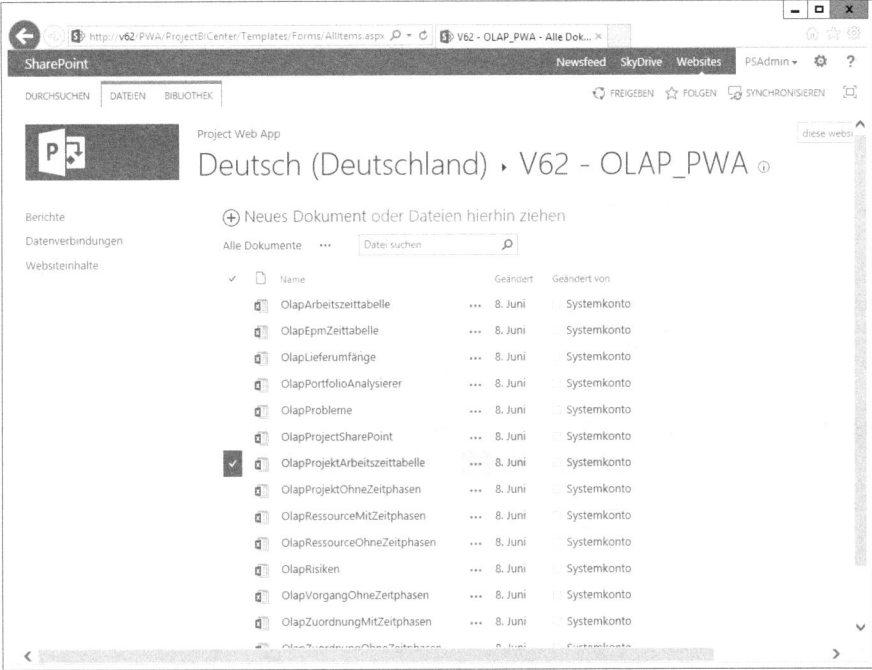

3. Öffnen Sie die Vorlage *OlapProjektArbeitszeittabelle* (Abbildung 5.126).

Abbildg. 5.127   Hinzufügen der Kostenfelder

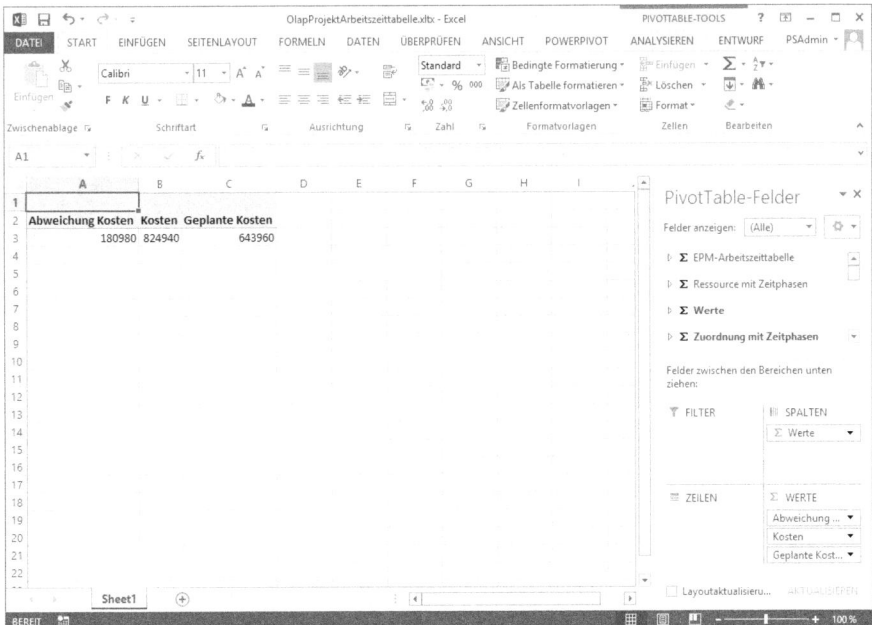

4. Wählen Sie im Aufgabenbereich *PivotTable-Felder* aus der Gruppe *Werte* das Feld *Abweichung Kosten* und aus der Gruppe *Zuordnung mit Zeitphasen* die Felder *Kosten* und *Geplante Kosten* aus.

Abbildg. 5.128　　　Dimension *Projekte* einfügen

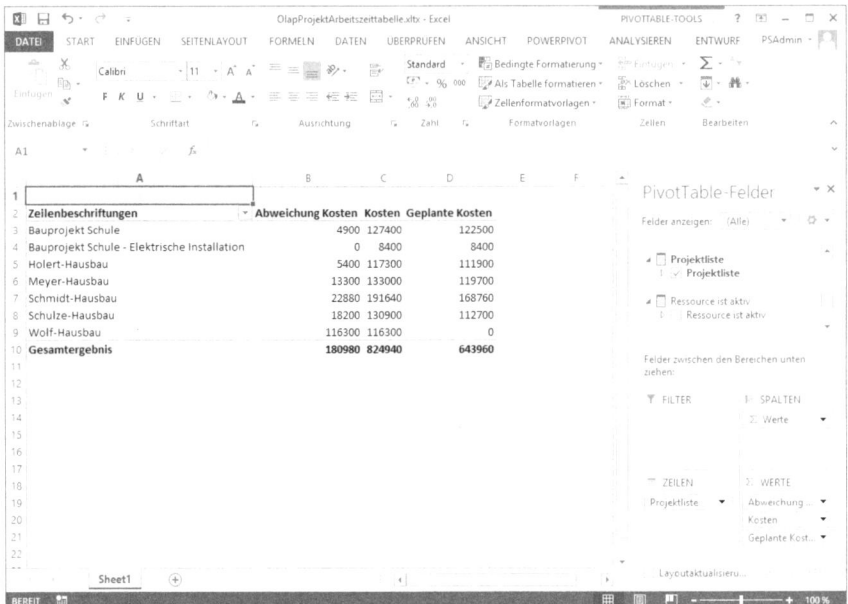

5. Zeigen Sie die Dimension *Projektliste* an, indem Sie das Feld *Projektliste* in den Bereich *Zeilen* ziehen.

Abbildg. 5.129　　　Formatierung der PivotTable

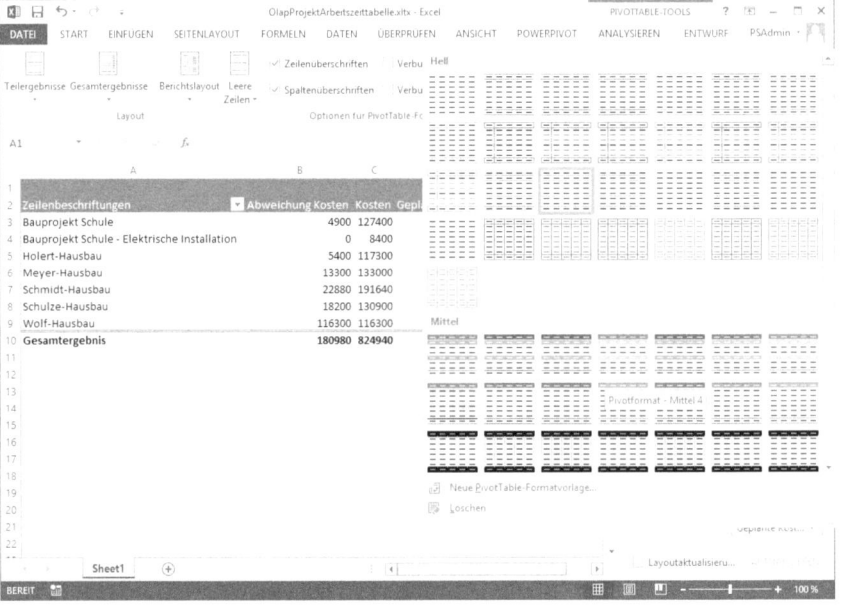

6. Markieren Sie die PivotTable und klicken Sie im Menüband auf den Befehl *PIVOTTABLE-TOOLS/ENTWURF/PivotTable-Formate/Pivotformat – Mittel 4*.

Abbildg. 5.130   Bearbeiten der Wertfeldeinstellungen des Felds *Abweichung Kosten*

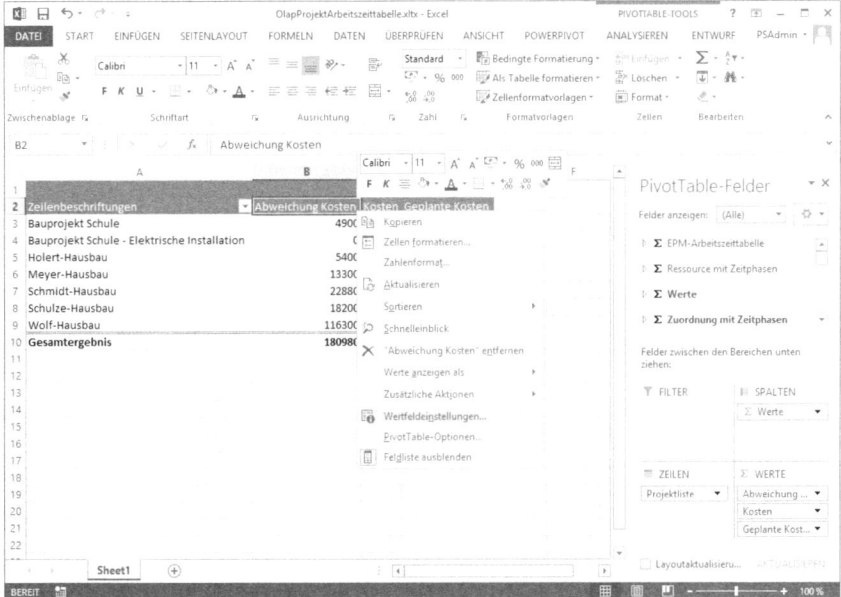

7. Formatieren Sie die Kostenfelder im *Buchhaltungszahlenformat* (EUR). Klicken Sie hierzu mit der rechten Maustaste auf die Überschrift der Spalte *Abweichung Kosten* und wählen Sie die Option *Wertfeldeinstellungen* aus.

Abbildg. 5.131   Kostenfelder mit *Buchhaltungszahlenformat* formatieren

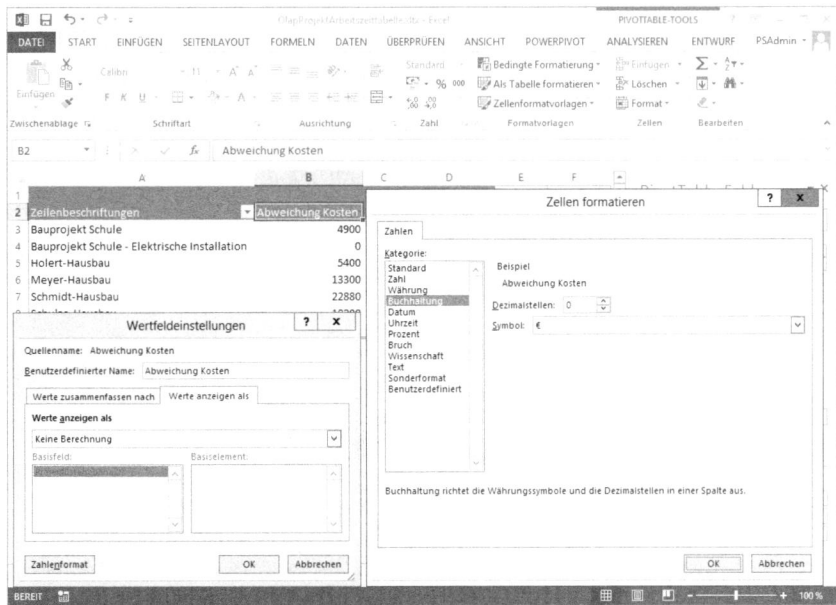

8. Klicken Sie im Dialogfeld *Wertfeldeinstellungen* auf *Zahlenformat* und wählen Sie anschlie-
   ßend unter *Kategorie* den Eintrag *Buchhaltung* mit €-Zeichen und ohne Dezimalstellen aus.
   Bestätigen Sie mit *OK* und wiederholen Sie diese Schritte für die Spalten *Kosten* und
   Geplante Kosten.

9. Überschreiben Sie in der Zelle *A2* die Bezeichnung *Zeilenbeschriftungen* mit *Projektliste*.

Abbildg. 5.132   PivotTable – Namen vergeben

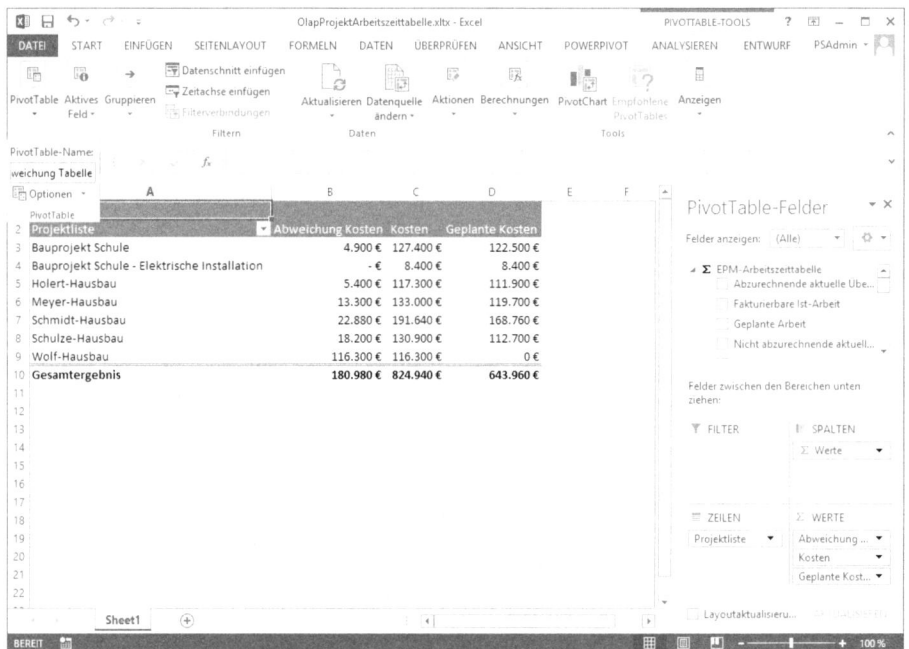

10. Vergeben Sie für die PivotTable einen Namen. Hierzu wählen Sie im Menüband in den
    PIVOTTABLE-TOOLS den Befehl *ANALYSIEREN/PivotTable* aus. Tragen Sie in das Feld
    PivotTable-Name den Text *Kostenabweichung Tabelle* ein (Abbildung 5.132).

11. Erstellen Sie zu dieser Kostentabelle ein Diagramm. Hierzu markieren Sie eine beliebige
    Zelle innerhalb der Tabelle und rufen anschließend im Menüband den Befehl *EINFÜGEN/
    Diagramme/Säulendiagramm einfügen/2D-Säule/Gruppierte Säulen* auf (Abbildung 5.133).

Abbildg. 5.133   Diagramm einfügen – 2D Säule – Gruppierte Säulen

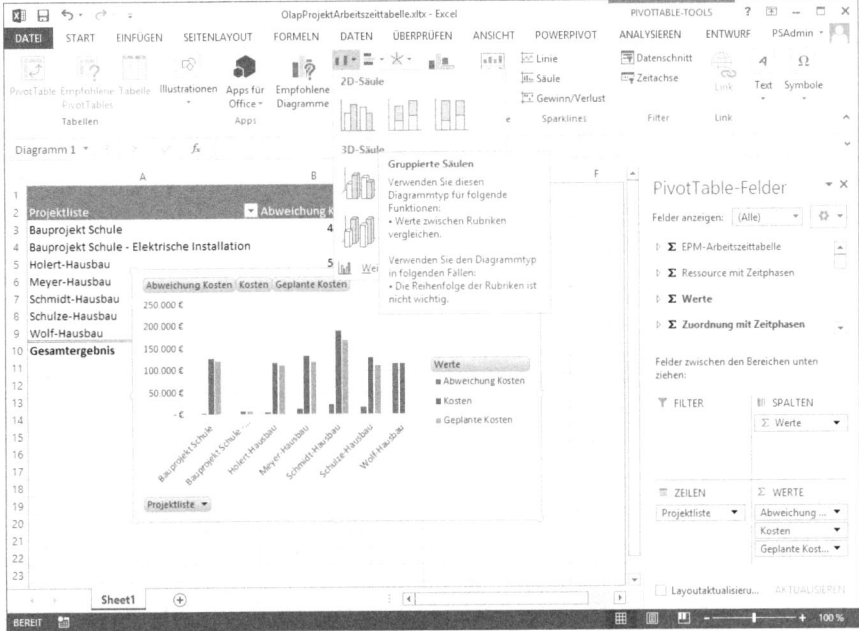

12. Verschieben Sie das Diagramm in einen Freiraum im Tabellenblatt und passen Sie seine Größe so an, dass der gesamte Bildschirm ausgenutzt wird.

Abbildg. 5.134   Diagramm anpassen und Diagrammnamen vergeben

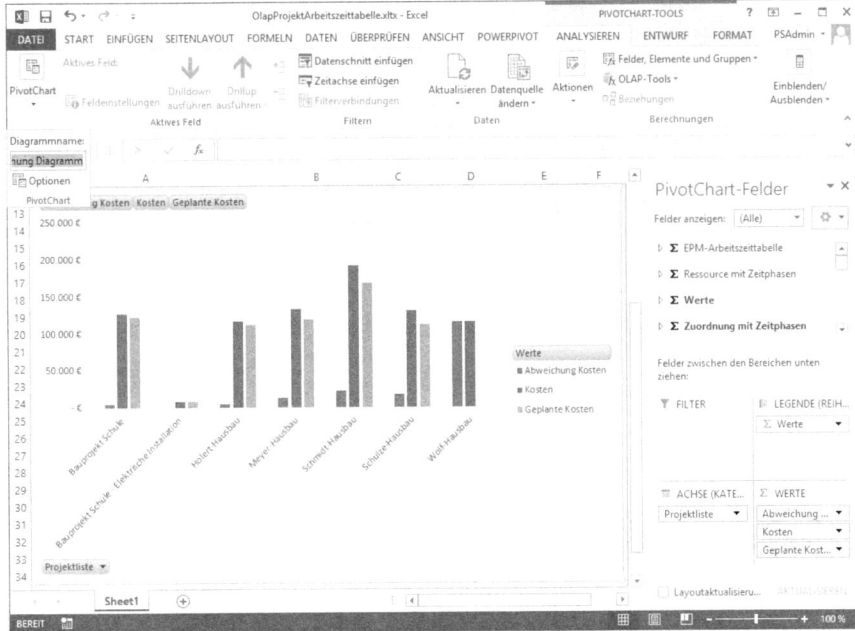

13. Vergeben Sie für das Diagramm analog zur Tabelle ebenfalls einen Namen. Hierzu wählen Sie im Menüband in den *PIVOTCHART-TOOLS* den Befehl *ANALYSIEREN/PivotChart* aus. Tragen Sie in das Feld *Diagrammname* den Text »*Kostenabweichung Diagramm*« ein (Abbildung 5.134).

Abbildg. 5.135   Datenschnitt für *Geschäftsbereich* erstellen

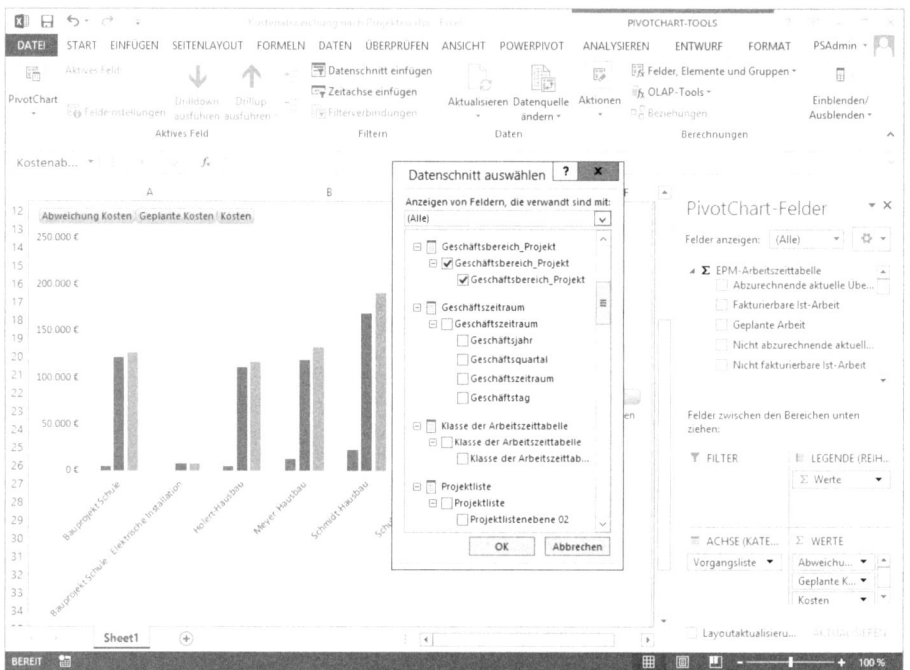

14. Erstellen Sie anschließend einen *Datenschnitt* (*Slicer*) für die Dimension *Geschäftsbereich* in unserem Bericht. Wählen Sie *Tabelle* oder *Diagramm* aus, gehen Sie im Menüband auf *PIVOTCHART-TOOLS/ANALYSIEREN/Filtern/Datenschnitt einfügen* und wählen Sie aus dem Dialogfeld das Feld *Geschäftsbereich_Projekt* aus.

15. Ziehen Sie den Datenschnitt in einen freien Bereich und verkürzen Sie im Menüband unter *DATENSCHNITTTOOLS/OPTIONEN/Datenschnitt* die Datenschnittbeschriftung auf *Geschäftsbereich*.

Abbildg. 5.136 Datenschnittbeschriftung anpassen

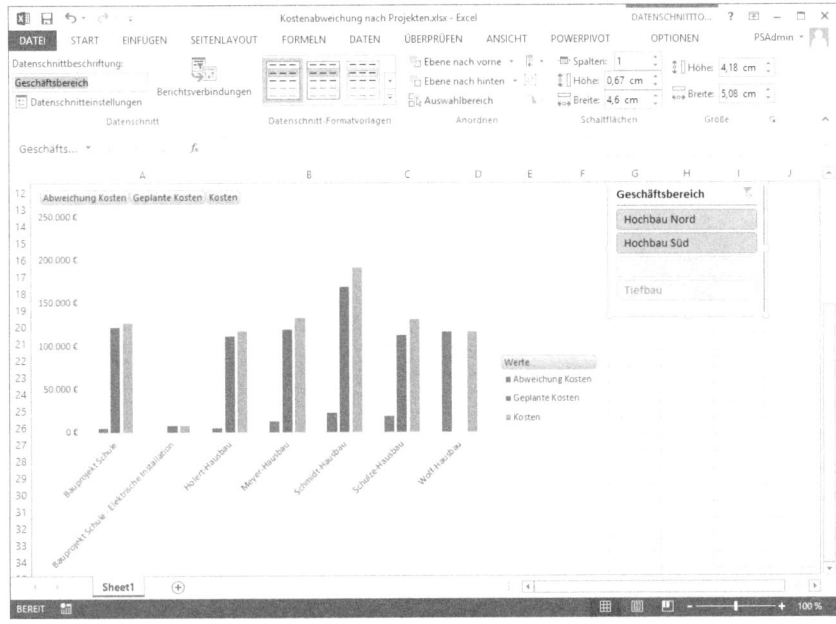

HINWEIS Für eine zeitliche Filterung in Ihren eigenen Berichten empfehlen wir, in Excel 2013 die neue Funktion der Zeitachse über den Befehl *PIVOTCHART-TOOLS/ANALYSIEREN/ Filtern/Zeitachse einfügen* zu verwenden.

Abbildg. 5.137 Optionen für Excel Services

16. Klicken Sie im Menüband auf den Befehl *DATEI/Informationen/Browseransichtsoptionen*. Im Dialogfeld *Browseransichtsoptionen* wählen Sie die Registerkarte *Anzeigen* aus. Wählen Sie im Dropdown-Listenfeld den Eintrag *Elemente in der Arbeitsmappe* aus. Anschließend aktivieren Sie die Kontrollkästchen für die zuvor erstellte Tabelle und das zuvor erstellte Diagramm (Abbildung 5.137). Dadurch können Sie beim Anzeigen zwischen Tabelle und Diagramm auswählen.

Abbildg. 5.138   Schaltfläche *Speichern unter*

17. Klicken Sie in der Backstage-Ansicht auf *Speichern unter/SharePoint*. Wählen Sie als Speicherort innerhalb des Project BI Centers im Ordner *Musterberichte* den Unterordner *Deutsch (Deutschland)* (Abbildung 5.138).

Abbildg. 5.139   Bericht in SharePoint für Excel Services speichern

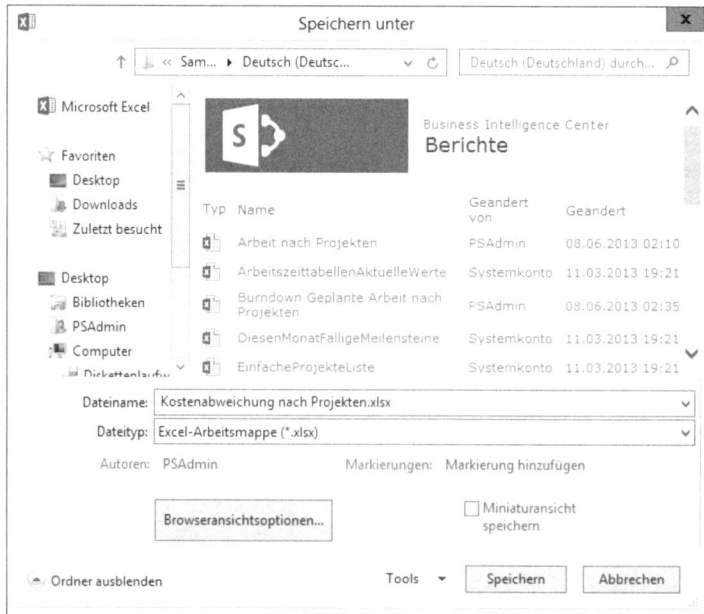

18. Prüfen Sie den Speicherort, ändern Sie den *Dateityp* von *Excel-Vorlage* in *Excel-Arbeitsmappe*, benennen Sie die Datei in »*Kostenabweichung nach Projekten*« um und klicken Sie auf die Schaltfläche *Speichern*.

Damit ist die Erstellung des Berichts *Kostenabweichung nach Projekten* abgeschlossen, der Bericht kann nun vom berechtigten Personenkreis im BI Center aufgerufen werden. Die Daten werden dabei stets aus dem aktuellen OLAP-Cube geladen.

Berichte mit Excel Services im Browser auswerten

BESSER IN 2013

Nachdem Sie im vorherigen Abschnitt den Bericht *Kostenabweichungen nach Projekten* erstellt haben, können Ihre Projektleiter und Führungskräfte nun diesen Bericht verwenden, um die Kosten und Kostenabweichungen Ihrer Projekte auszuwerten.

Dazu zeigen wir Ihnen, wie Sie den soeben erstellten Bericht im Browser öffnen und die Funktionen von Excel Services zur Auswertung verwenden. Die Funktionalität der Excel Services für die Berichtsdarstellung wurde in SharePoint Server 2013 stark erweitert, um den Endbenutzern viele hilfreiche Funktionen zur Analyse bereitzustellen. Sie können jetzt weitere Felder aus der zugrunde liegenden Datenquelle den Berichten hinzufügen, die Felder in den Berichten zwischen Zeilen und Spalten tauschen (pivotieren), den Bericht nach weiteren Feldern filtern und einzelne Werte in den Berichten per Drilldown nach weiteren Feldern analysieren. Im Folgenden beschreiben wir, wie Sie den Bericht öffnen, zwischen Tabellen- und Diagrammdarstellung wechseln, den Bericht um die *Ist-Kosten* erweitern, auf die Projekte des Geschäftsbereichs *Hochbau Nord* filtern und die Daten vom *Bauprojekt Schule* nach *Ressourcen* auswerten. Zur Durchführung der Analyse gehen Sie wie folgt vor:

1. Navigieren Sie im BI Center zur Berichtsbibliothek und dort in den Unterordner *Deutsch (Deutschland)*.

Abbildg. 5.140   Excel Services-Bericht: Kostenabweichung nach Projekten – PivotChart

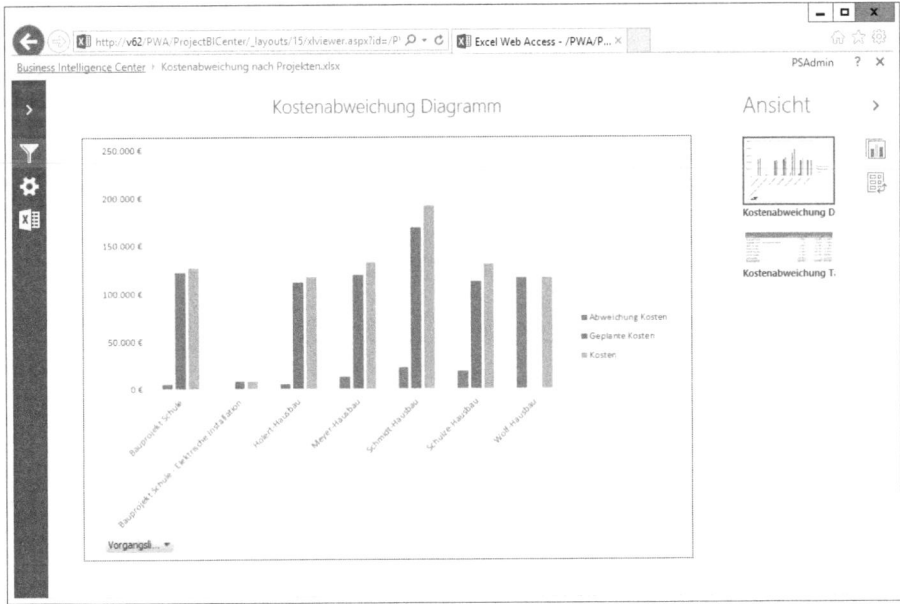

2. Öffnen Sie den zuvor erstellten Excel-Bericht *Kostenabweichungen nach Projekten* in Internet Explorer.

BESSER IN 2013 3. Sie sehen die PivotChart-Ansicht *Kostenabweichung Diagramm*. In der rechten Navigationsleiste werden die Vorschaubilder der beiden Ansichten angezeigt. Um die PivotTable-Ansicht anzuzeigen, klicken Sie in der Navigationsleiste am rechten Bildschirmrand auf *Kostenabweichung Tabelle*.

HINWEIS   Beim Öffnen des Berichts in Internet Explorer werden im Hintergrund die Berichtsdaten aus den Datenbanken aktualisiert. Die Anmeldedaten zum Datenbankzugriff sind dabei von SharePoint verschlüsselt im Secure Store gespeichert. Ein Sicherheitskonzept sorgt dafür, dass die Berichtsdaten nur für bestimmte autorisierte Mitarbeiter zugänglich gemacht werden.

Abbildg. 5.141   Excel Services-Bericht: Kostenabweichung nach Projekten – PivotTable

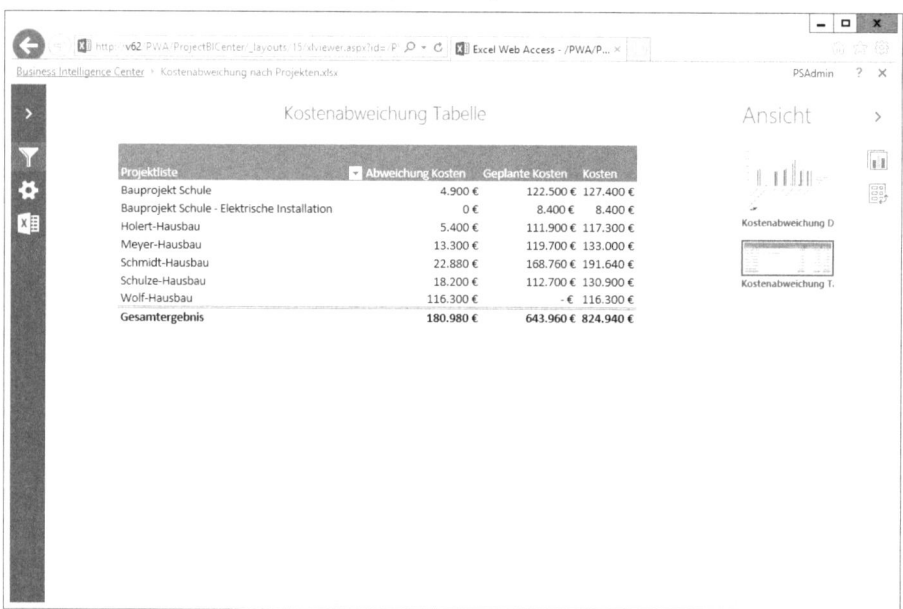

4. Klicken Sie in der linken Navigationsleiste auf das Filtersymbol.

Abbildg. 5.142   Filter über Datenschnitte und Zeitachse steuern

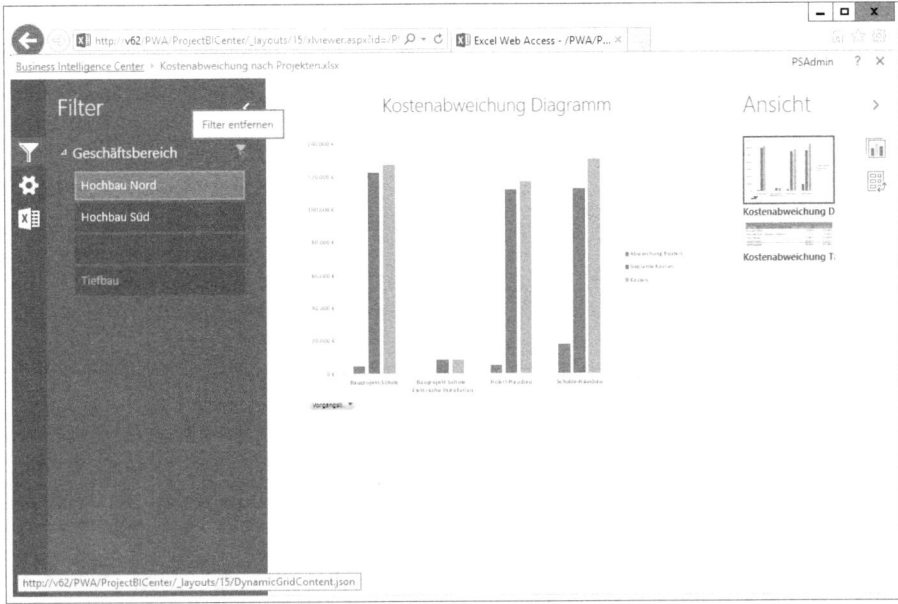

NEU IN 2013   **5.** Schränken Sie nun die Auswahl der Daten ein. In unserem Beispiel filtern Sie nach dem Projektfeld *Geschäftsbereich* auf *Hochbau Nord*.

TIPP   Mit den Tasten ⟨⇧⟩ und ⟨Strg⟩ können Sie mehrere Einträge auswählen.

Abbildg. 5.143   Feldliste anzeigen und Berichte interaktiv um *Ist-Kosten* erweitern

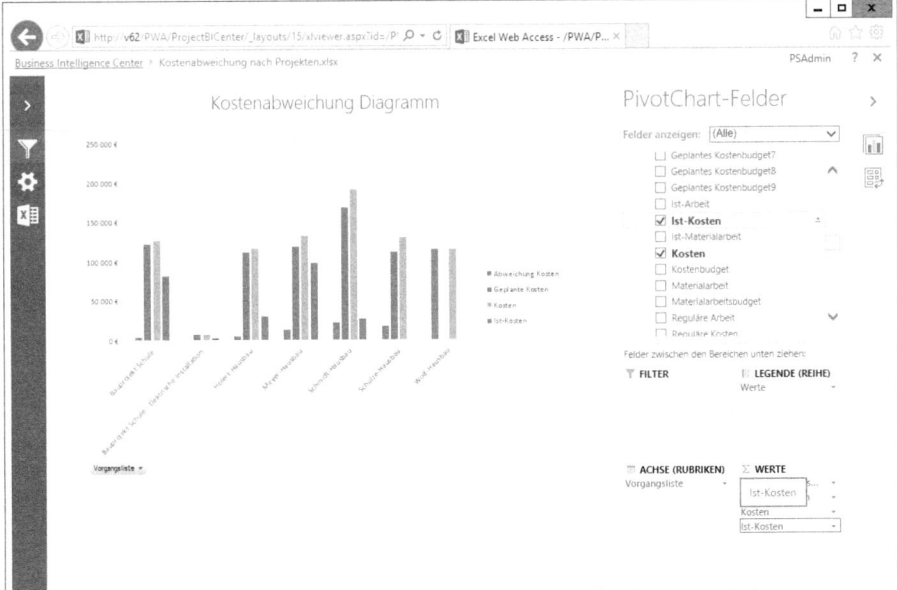

NEU IN 2013 **6.** Rufen Sie in der rechten Navigationsleiste die Feldliste auf und wählen Sie das Feld *Ist-Kosten* aus.

> **HINWEIS**   Beim Wechsel zwischen Tabellen- und Diagrammansichten bleibt diese Auswahl erhalten. Die Berichtsdatei selbst wird allerdings nicht verändert. Sie können also beliebige Änderungen für Ihre Analyse vornehmen. Mit einem Neuaufruf der Seite im Browser werden alle Änderungen zurückgesetzt.

7. Deaktivieren Sie die Auswahl des Felds *Ist-Kosten*.

Abbildg. 5.144   Drilldown eines Datenwerts mit *Schnelleinblick* bzw. *Durchsuchen*

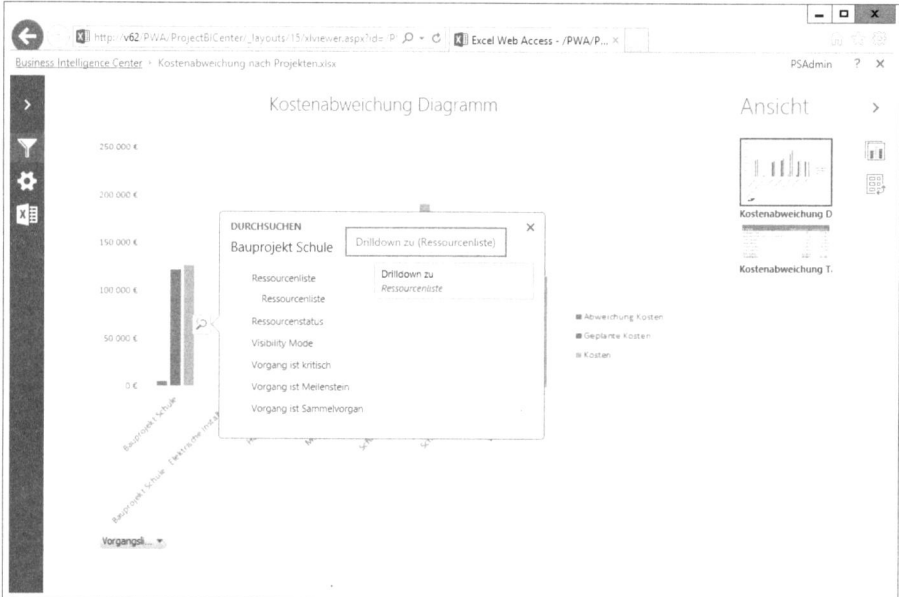

NEU IN 2013 **8.** Wie in Excel haben Sie mit der Funktion *Schnelleinblick* die Möglichkeit, einzelne Datenwerte mit einem Drilldown auszuwerten. Wählen Sie dazu eine Zelle bzw. ein Diagrammelement aus und danach die gewünschte Dimension, hier *Bauprojekt Schule* und dann *Ressourcenliste*.

Abbildg. 5.145 Drilldown vom *Bauprojekt Schule* nach der Dimension *Ressourcenliste*

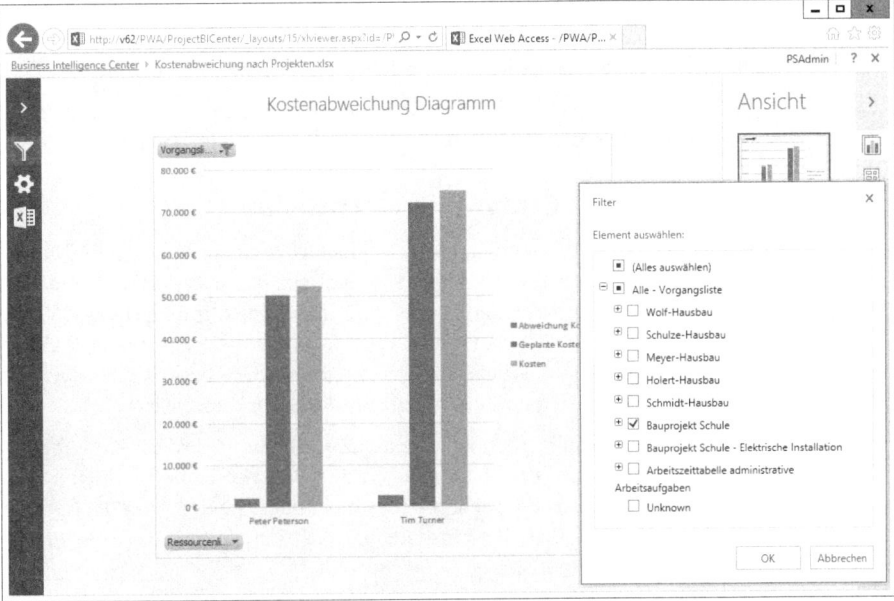

9. Das Diagramm stellt jetzt die Daten differenziert nach den beiden Ressourcen des Projekts dar. Um die Filterkriterien anzuzeigen, klicken Sie auf das Filtersymbol.

10. Wechseln Sie zur Ansicht *Kostenabweichung Tabelle* und klicken Sie in der linken Navigationsleiste auf das Zahnradsymbol, um weitere Optionen anzuzeigen.

Abbildg. 5.146 Excel Services-Bericht: Schaltfläche *Optionen*

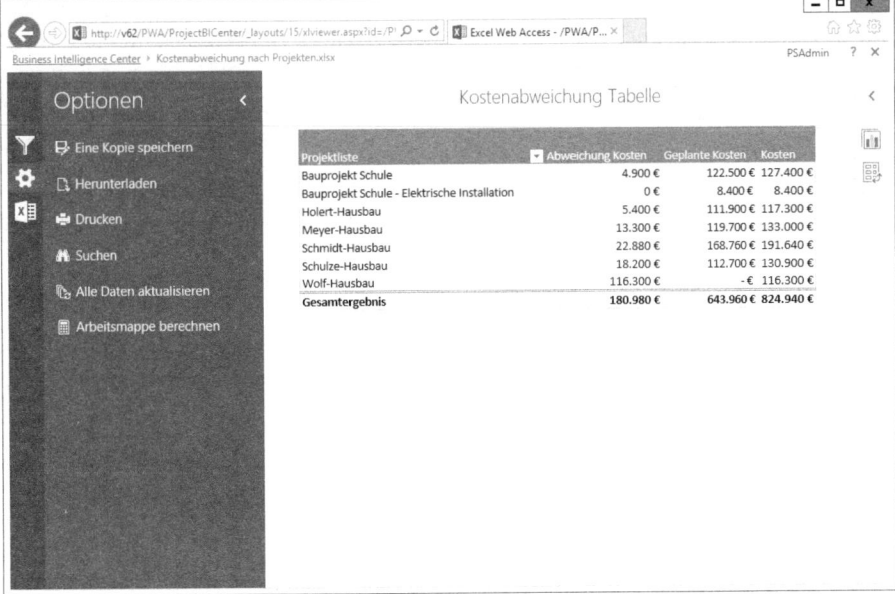

BESSER IN 2013   Excel Services bieten Ihnen als Optionen u.a. das Speichern, Drucken, Suchen, Berechnen und Aktualisieren der Arbeitsmappe. Somit sind Excel Services in der 2013er Version den Funktionen von Excel näher gekommen. Falls der Funktionsumfang nicht ausreicht, können Sie über das Excel-Symbol in der Navigationsleiste die Windows Anwendung öffnen.

Im nachfolgenden Abschnitt lesen Sie, welche Unterschiede Sie für Berichte im BI Center in Project Online beachten müssen. Im Abschnitt danach stellen wir Ihnen weitere Berichtsbeispiele vor.

Berichte im BI Center in Project Online

In diesem Abschnitt beschreiben wir, welche Unterschiede Sie im BI Center von Project Online beachten müssen und wie Sie einen Bericht auf Basis von OData-Feeds erstellen können. Zur Erstellung projektübergreifender Berichte im Business Intelligence Center folgen Sie in Project Online der prinzipiellen Vorgehensweise wie in Project Server On-Premises: Wählen Sie eine Datenquelle bzw. Vorlage aus, erstellen Sie einen Excel-Bericht und speichern Sie ihn im Project BI Center, um ihn den Endbenutzern zur Verfügung zu stellen.

In Project Online gibt es keinen direkten Zugriff auf die Project Web App-Datenbank und keine OLAP-Datenbanken, damit können Sie für Berichte keine direkten Datenbankabfragen und keine OLAP-Cubes verwenden. Stattdessen können Sie den ProjectData-Webservice verwenden, um die Daten aus dem Berichtsdatenbankschema als OData-Feeds auszulesen und in einem Excel-Bericht darzustellen.

> **HINWEIS**   In Project Online stellt das BI Center nur diejenigen Berichte und Vorlagen zur Verfügung, die OData-Verbindungen verwenden.

Die OData-Feeds im ProjectData-Webservice können Sie einsehen, indem Sie die Adresse von Project Web App um /_api/ProjectData/ ergänzen, in unserem Fall also *http://v62/PWA/_api/Project-Data/*. Zugriff auf diese Daten haben mit den Standardberechtigungen alle Administratoren, Portfoliomanager und Portfoliobetrachter einer Project Web App-Instanz, anpassen können Sie dies durch die Vergabe der globalen Berechtigung *Auf den Project Server-Berichtsdienst zugreifen*.

Mit dem Aufruf des ProjectData-Webservices erhalten Sie eine Auflistung aller OData-Feeds. Jeder Feed entspricht einer Sicht des Berichtsdatenbankschemas und liefert beispielsweise eine Liste aller Projekte, Vorgänge oder Ressourcen. Bei der Abfrage für Berichte ist eine Einschränkung der Spalten und Filterung der Zeilen zur Datenreduktion für Performancezwecke sinnvoll.

> **ACHTUNG**   In mehrsprachig installierten Umgebungen wie Project Online wird die Ausgabe des OData-Feeds stets der Sprache des aktuellen Benutzers angepasst. Um sicherzustellen, dass unabhängig von Benutzer und System stets dieselben Feldnamen verwendet werden, sollten Sie die Adresse des OData-Webservices um den Sprachcode wie */[de-DE]* oder */[en-US]* erweitern.

Beachten Sie außerdem, dass der ProjectData-Webservice zwischen Groß- und Kleinschreibung unterscheidet. Die Projektdaten erhalten Sie nur unter */Projekte*, andere Schreibweisen wie */projekte* oder */PROJEKTE* sind nicht zulässig.

Abbildg. 5.147   Auflistung der OData-Feeds im ProjectData-Webservice

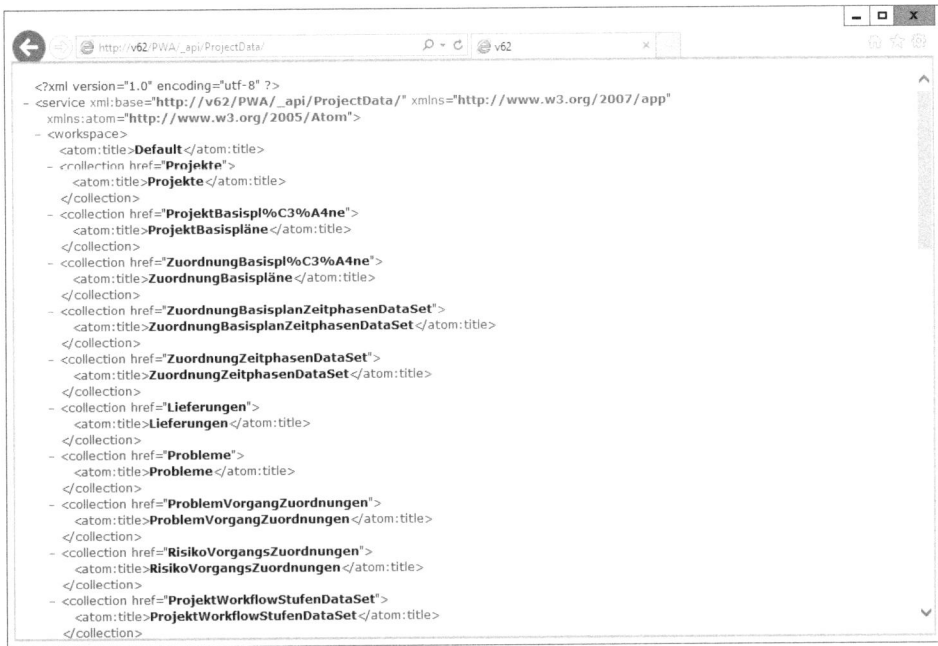

HINWEIS   Durch die Beschränkung auf OData-Abfragen können Sie in Project Online Berichte mit automatischer Aktualisierung im Browser nur auf Basis von Excel erstellen. Die PerformancePoint Services sind in Project Online nicht verfügbar. Die Visio Services stehen Ihnen zwar zur Verfügung, aber in der zur Drucklegung vorliegenden Version kann Visio keine OData-Abfragen ausführen. Dafür können Sie in Project Online Excel in vollem Funktionsumfang mit PowerPivot und Power View verwenden, diese Daten werden in Project Online durch den BI Azure Service ebenfalls aktualisiert.

Um in einem Excel-Bericht Datenverbindungen zu OData-Feeds zu erstellen, müssen Sie Excel 2013 einsetzen. Zur Zusammenführung und Verknüpfung der Daten verschiedener OData-Feeds in Excel empfehlen wir PowerPivot. Es erlaubt auch bei größeren Datenmengen eine schnelle Aggregation der Daten. Darüber hinaus können Sie dann mit Power View die Daten dynamisch anpassen und visualisieren.

Im Folgenden erfahren Sie, wie Sie analog zum zuvor beschriebenen Bericht *Kostenabweichung nach Projekten* den Bericht *Kosten nach Projekten* auf Basis des OData-Feeds *Projekte* neu erstellen. Gehen Sie dazu folgendermaßen vor:

1. Öffnen Sie Microsoft Excel.

Abbildg. 5.148   In Excel mit einem OData-Datenfeed verbinden

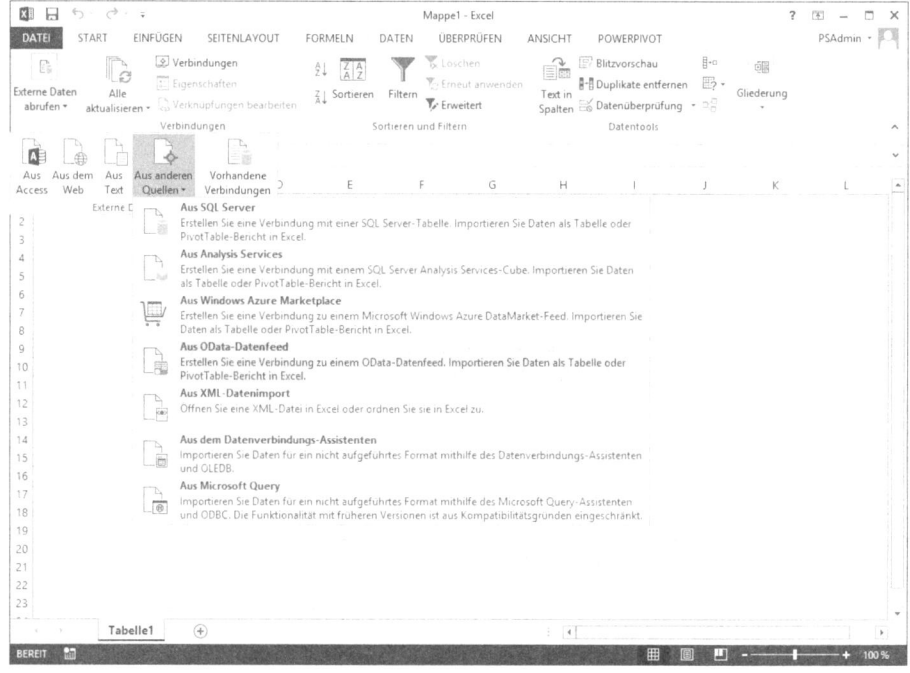

2. Klicken Sie im Menüband auf den Befehl *DATEN/Verbindungen/Externe Daten abrufen/Aus anderen Quellen/Aus OData-Datenfeed*.

Abbildg. 5.149   Aus dem deutschsprachigen ProjectData-Webservice den *Projekte*-Feed adressieren

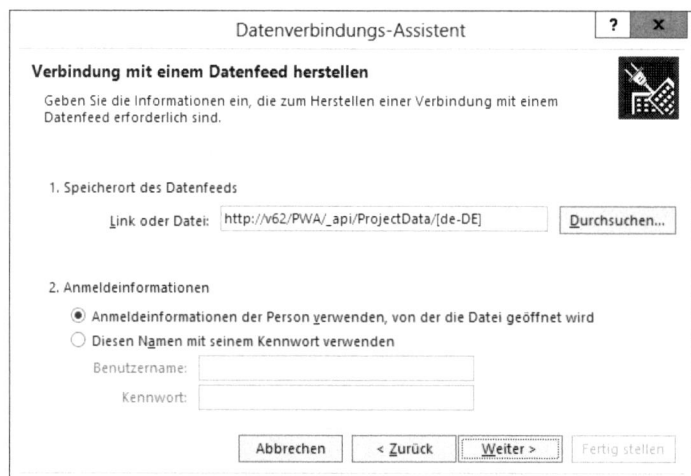

3. Geben Sie als Speicherort des Datenfeeds die Adresse *http://servername/PWA/_api/Project-Data/[de-DE]* an.

Abbildg. 5.150 Tabellen *Projekte* und *Projektbasispläne* aus dem OData-Feed *Projekte* auswählen

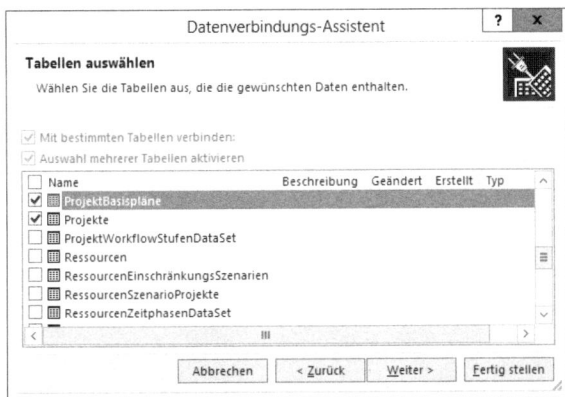

4. Wählen Sie die Tabellen *Projekte* und *Projektbasispläne* aus und klicken Sie auf *Fertig stellen*.

Abbildg. 5.151 Projektdaten als PivotTable-Bericht einfügen

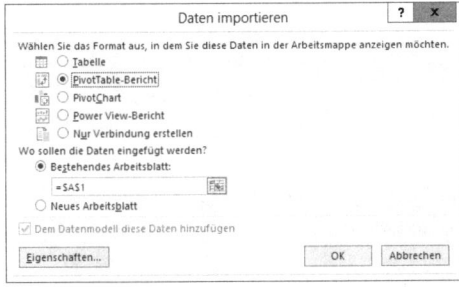

5. Fügen Sie die Daten als PivotTable-Bericht im bestehenden Arbeitsblatt ein.

6. Klicken Sie im Menüband auf den Befehl *DATEN/Datentools/Beziehungen*.

Abbildg. 5.152 Im Dialog *Beziehungen verwalten* eine neue Tabellenbeziehung erstellen

7. Klicken Sie im Dialog *Beziehungen verwalten* auf *Neu*.

Beziehung von der Tabelle *ProjektBasispläne* zur Tabelle *Projekte* über Primärschlüssel *ProjektID* erstellen

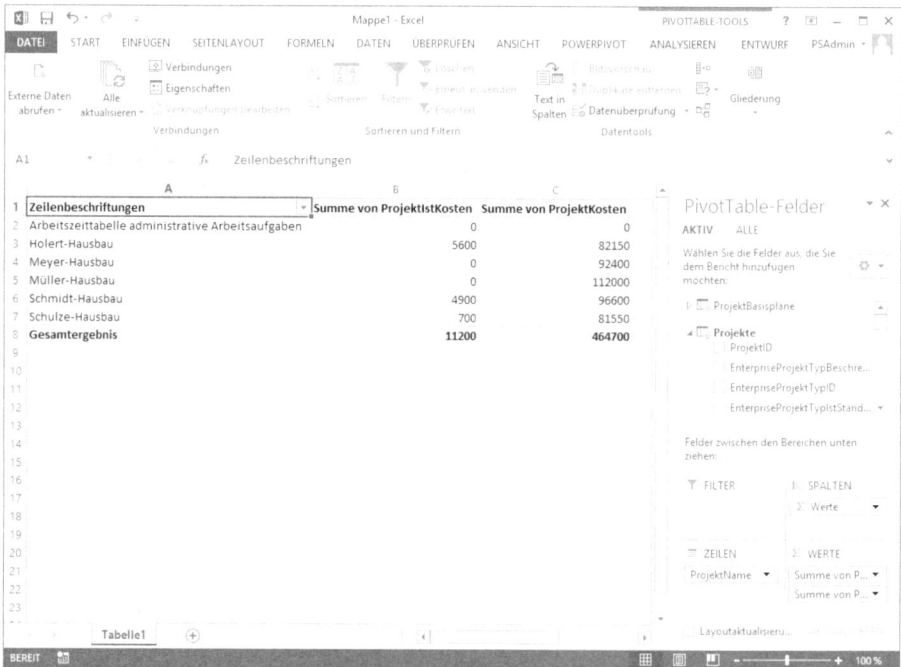

8. Erstellen Sie eine Beziehung von der Tabelle *ProjektBasispläne* mit der Fremdspalte *ProjektID* zur Tabelle *Projekte* mit der Primärspalte *ProjektID*.

Projektname und Projektkostenfelder aus der Tabelle *Projekte* hinzufügen

9. Verwenden Sie die Schaltfläche *PivotTable-Felder*, um aus der Tabelle *Projekte* die Felder *ProjektName*, *ProjektIstKosten* und *ProjektKosten* hinzuzufügen.

Abbildg. 5.155   Das Feld *ProjektGeplanteKosten* aus der Tabelle *ProjektBasispläne* hinzufügen

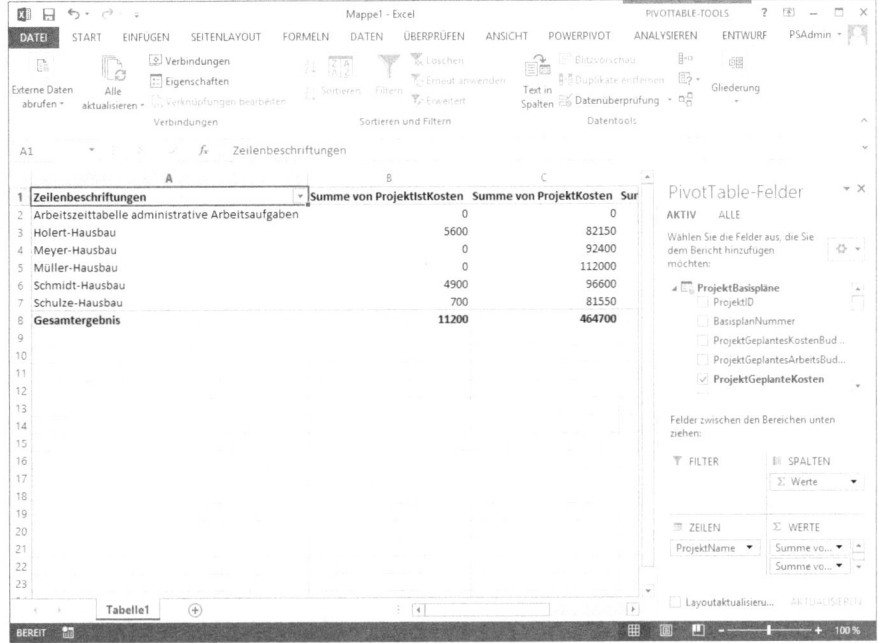

10. Fügen Sie aus der verknüpften Tabelle *ProjektBasispläne* das Feld *ProjektGeplanteKosten* hinzu.

Abbildg. 5.156   Administrative Arbeitszeittabelleneinträge aus der Tabelle entfernen

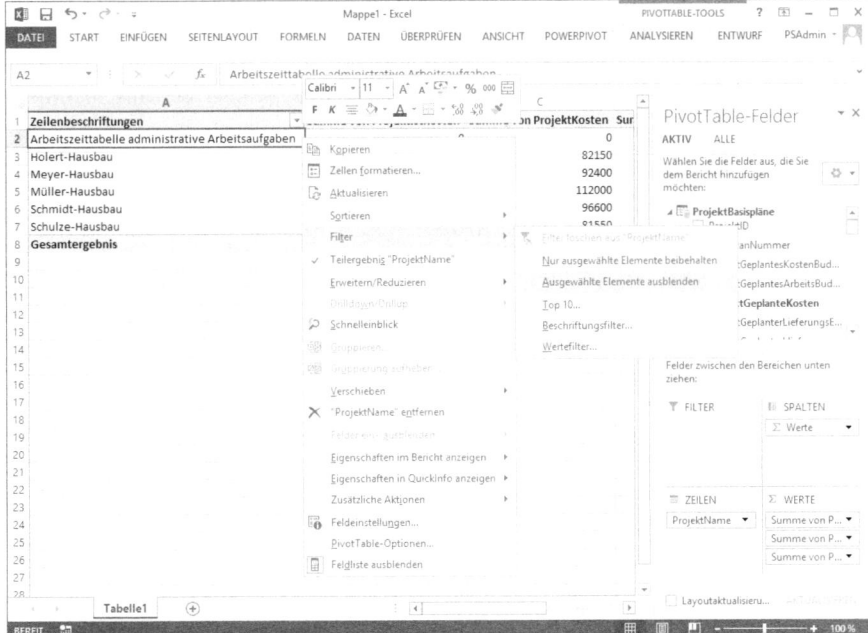

11. Öffnen Sie mit einem Rechtsklick das Kontextmenü des Projekts *Arbeitszeittabelle administrative Arbeitsaufgaben* und wählen Sie den Befehl *Filter/Ausgewählte Elemente ausblenden.*

Finalisierung des Berichts *Kosten nach Projekten* mit Tabelle und Diagramm

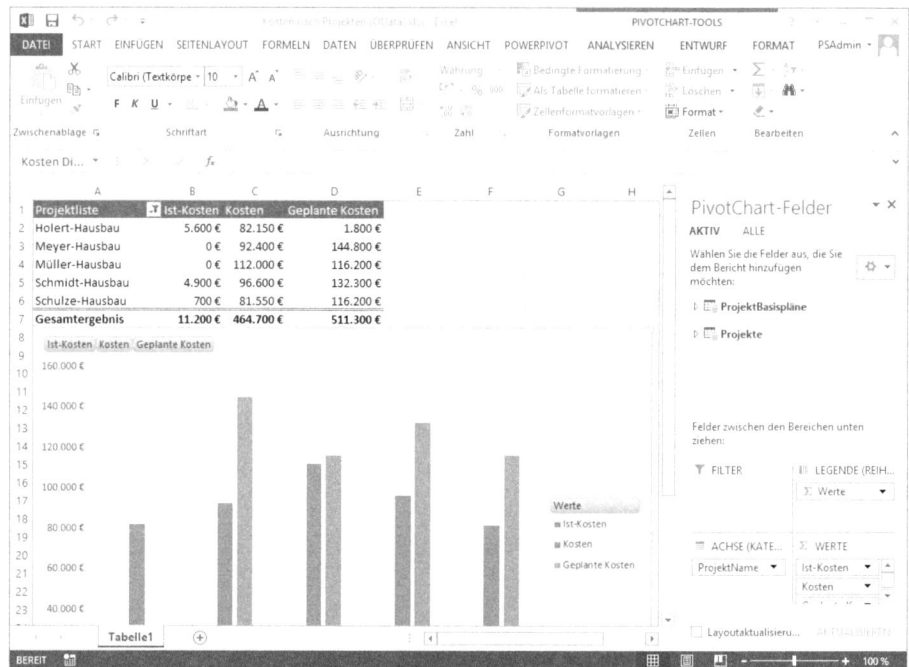

12. Finalisieren Sie den Bericht *Kosten nach Projekten* analog zum Bericht *Kostenabweichung nach Projekten* wie im Abschnitt »Bericht *Kostenabweichungen nach Projekten* erstellen« weiter vorn in diesem Kapitel beschrieben.

13. Speichern Sie den Bericht nach Fertigstellung in der Berichtsbibliothek des Project BI Centers ab und prüfen Sie seine Darstellung im Browser.

Der Bericht kann nun von den dazu berechtigten Mitarbeitern im Browser aufgerufen werden. In Project Online erfolgt die Darstellung durch Excel Web App und die Projektdaten werden automatisch durch den BI Azure Service aktualisiert. Die Aktualisierung setzt hier voraus, dass der aktuell angemeldete Benutzer Zugriffsrechte auf die Daten der OData-Feeds hat.

Abbildg. 5.158   Bericht *Kosten nach Projekten* im Browser aufgerufen

Weitere Beispiele für Berichte

Ergänzend zu dem zuvor ausführlich beschriebenen Bericht *Kostenabweichungen nach Projekten* auf Basis der Excel Services stellen wir im Folgenden einige weitere Beispiele als Anregungen vor, die Sie auf analoge Art und Weise erstellen können. Zudem verweisen wir auf unsere Community für weitere Beispiele auch auf Basis anderer Technologien, die zum Lieferumfang von Project Server gehören:

- Arbeit nach Projekten
- Kostenabweichung über alle Projekte
- Burndown Geplante Arbeit nach Projekten
- Dashboard Kosten
- Auslastung nach Abteilung
- Fehlende Arbeitsleistungsdaten
- Weitere Berichtsbeispiele anderer Technologien

Arbeit nach Projekten

Der Bericht *Arbeit nach Projekten* gibt einen Überblick, in welchem Quartal für welche Projekte in welchem Umfang Arbeit geleistet wurde.

Abbildg. 5.159   Arbeit nach Projekten

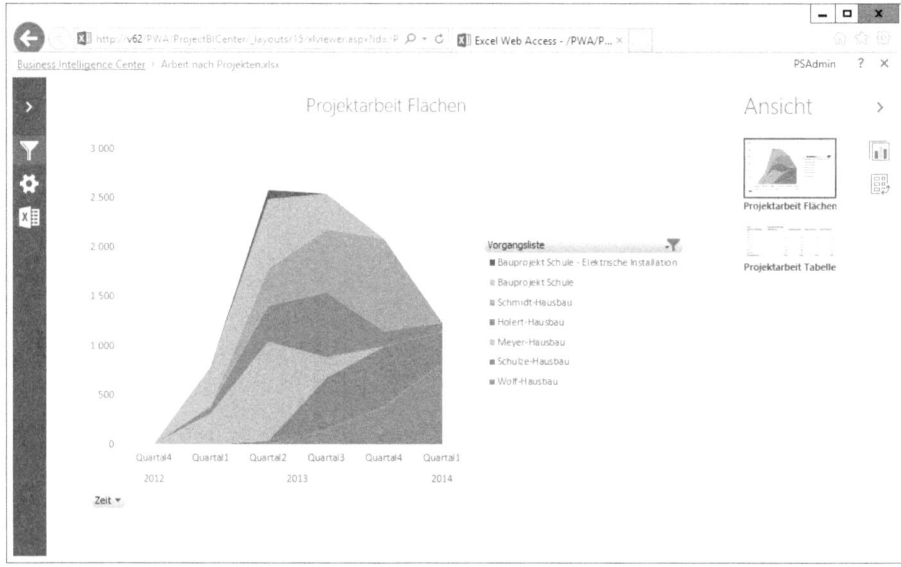

Kostenabweichung über alle Projekte

Der Bericht *Kostenabweichung über alle Projekte* stellt die absolute Kostenabweichung nach Quartalen differenziert nach Projekten grafisch dar.

Abbildg. 5.160   Kostenabweichung über alle Projekte

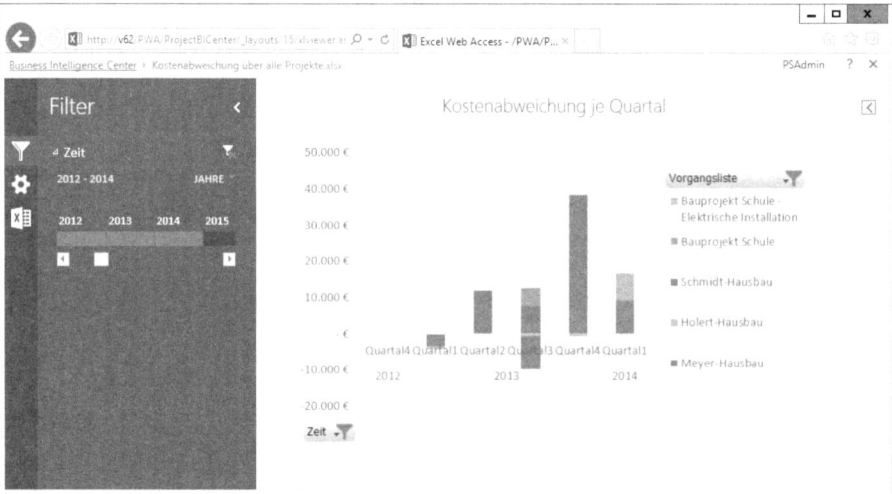

Burndown Geplante Arbeit nach Projekten

Der Bericht *Burndown Geplante Arbeit nach Projekten* stellt den Burndown der Arbeitsstunden dar. Dabei werden der Burndown gemäß Basisplan, gemäß gegenwärtiger Planung und der Burndown abgeschlossener Arbeit jeweils als eine Line dargestellt.

Abbildg. 5.161   Burndown *Geplante Arbeit nach Projekten*

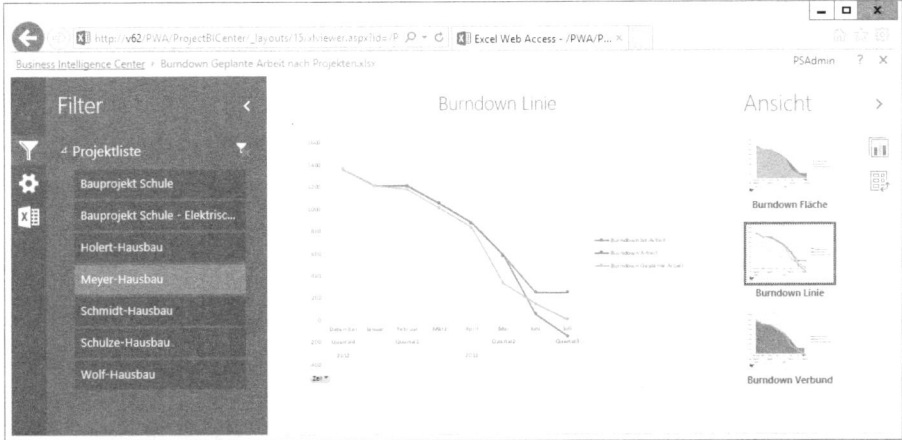

Dashboard Kosten

Der Bericht *Dashboard Kosten* ist ein Dashboard der PerformancePoint Services, das in einer Scorecard die Kostenabweichung als Wert und Bewertung mit einer Ampel anzeigt und ein gestapeltes Säulendiagramm mit *Geplanten Kosten* und *Abweichung Kosten* gegenüberstellt. In beiden Komponenten lassen sich Drilldowns und Analysen durchführen.

Abbildg. 5.162   Bericht *Dashboard Kosten* mit Scorecard und Säulendiagramm

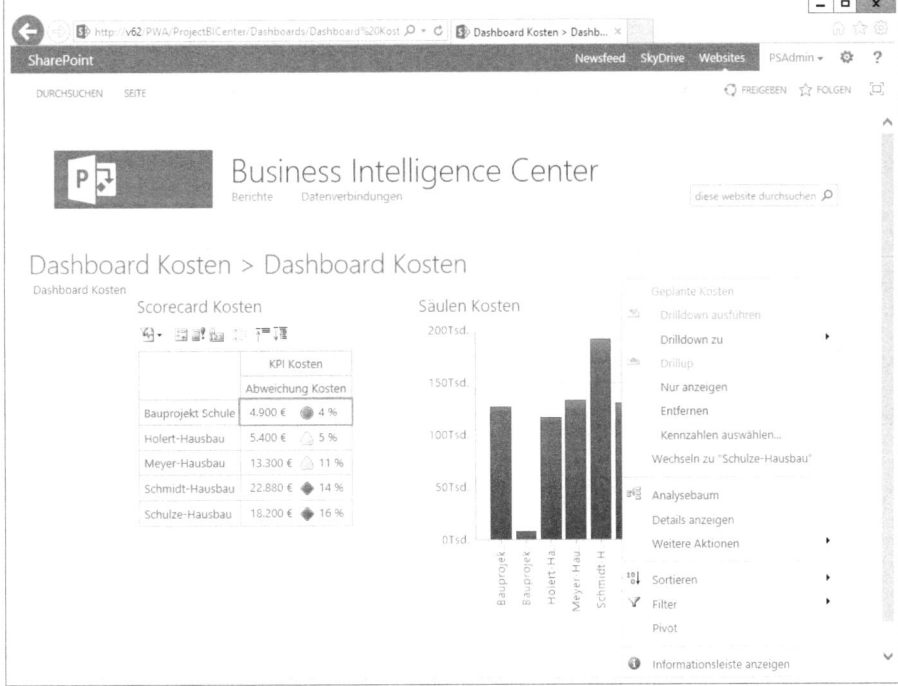

Auslastung nach Abteilung

Der Bericht *Auslastung nach Abteilung* stellt die monatliche Arbeit und Kapazität aller Ressourcen der per Filter ausgewählten Abteilungen gegenüber und visualisiert damit Überlastungen.

Abbildg. 5.163   Bericht *Auslastung nach Abteilung* mit Arbeitsbalken mit Kapazitätslinie

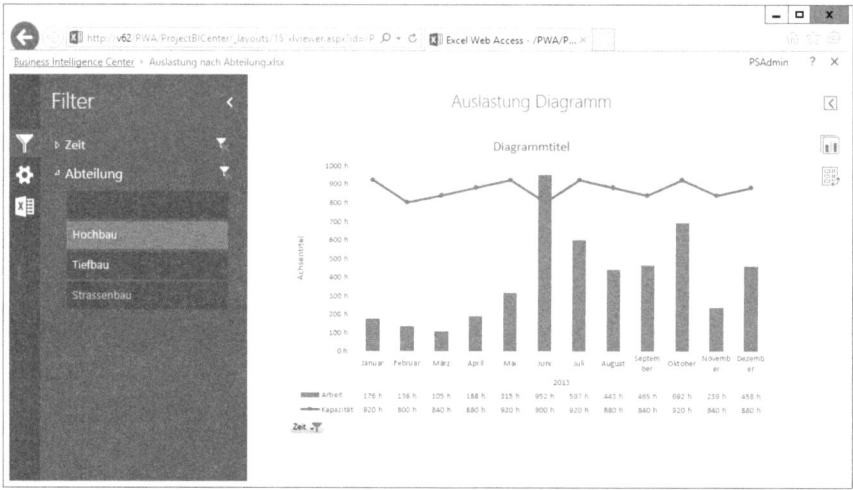

Fehlende Arbeitsleistungsdaten

Der Bericht *Fehlende Arbeitsleistungsdaten* stellt die Ist-Arbeit und Kapazität je Ressource und Woche gegenüber.

Abbildg. 5.164   Bericht *Fehlende Arbeitsleistungsdaten*

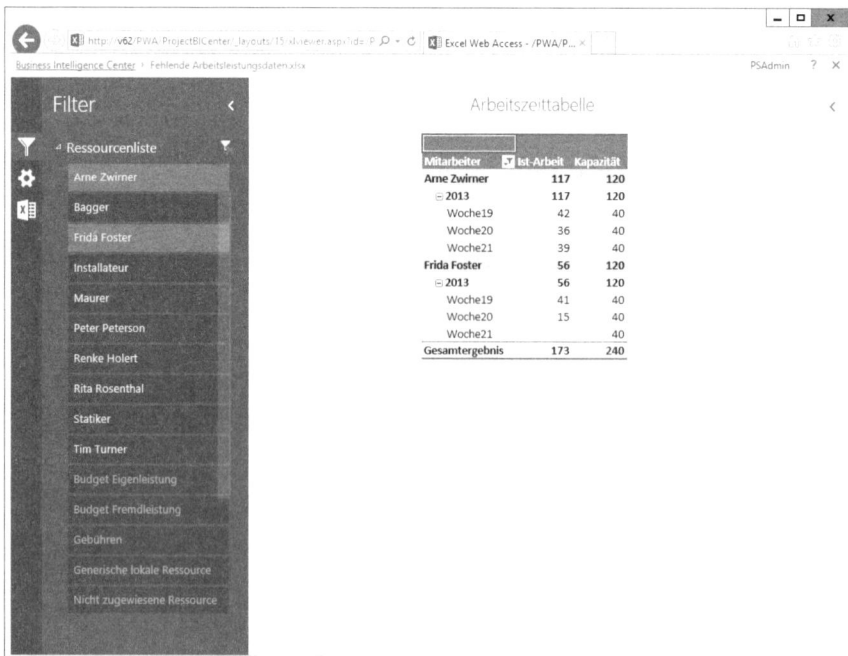

Bei Vollzeiterfassung bedeutet eine Differenz zwischen den Werten *Ist-Arbeit* und *Kapazität*, dass der Mitarbeiter seine Stunden nicht vollständig erfasst hat.

Weitere Berichtsbeispiele anderer Technologien

Weitere Berichtsbeispiele auf technologischer Basis von SharePoint Server und SQL Server finden Sie auf unserer Website. Hierzu gehören u.a. Statuslisten, Dashboards, Scorecards und Analysebäume der PerformancePoint Services, aber auch Visio-Webzeichnungen der Visio Services und Berichte der Reporting Services. Unsere Website erreichen Sie unter *http://www.holert.com*.

Kapitel 6

Project für Berater

In diesem Kapitel:

Dieses Kapitel richtet sich an *Berater*. Unter Berater werden hier alle diejenigen internen und externen Personen verstanden, die den Einsatz von Projektmanagementmethodik und -werkzeugen in der Organisation vorantreiben.

Abbildg. 6.1   Reifegradstufen nach OPM3[1]

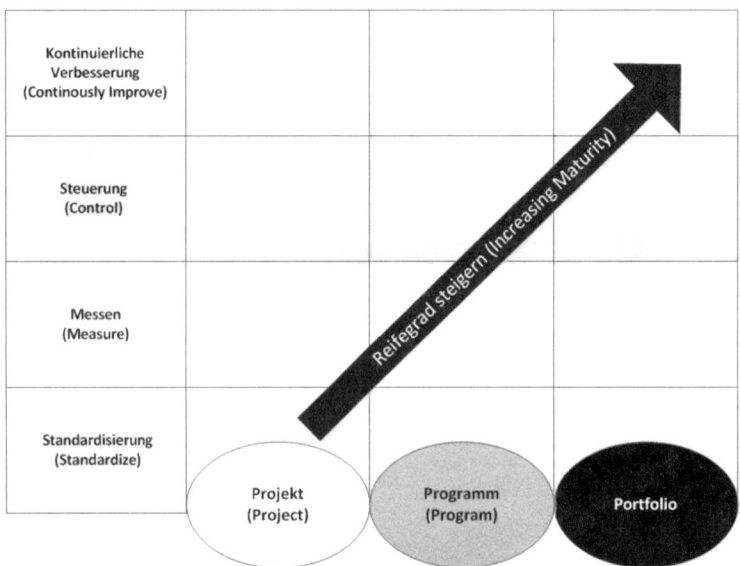

Ihr Ziel ist es, den *Reifegrad* der Organisation beim Einsatz dieser organisatorischen und technischen Werkzeuge zu verbessern. Dieser Bestrebung liegt die Vorstellung zugrunde, dass es möglich ist, den Reifegrad einer Organisation in diesen Bereichen zu bestimmen und schrittweise zu steigern. Diese Vorstellung geht auf Watts Humphreys *Capability Maturity Model (CMM)* zurück und wird u.a. vom PMI für den Bereich des Projektmanagements im *Organizational Project Management Maturity Model (OPM3)* manifestiert. Im Gegensatz zu früheren Modellen zielen diese Modelle nicht darauf ab, einen statischen Zustand der höchsten Fähigkeit zu erreichen, sondern vielmehr darauf, die Fähigkeit zu erlangen, »reif« zu bleiben. Am nachfolgenden Beispiel eines Implementierungsprojekts lässt sich dieser Reifungsprozess darstellen.

Abbildg. 6.2   Implementierungsprojekt

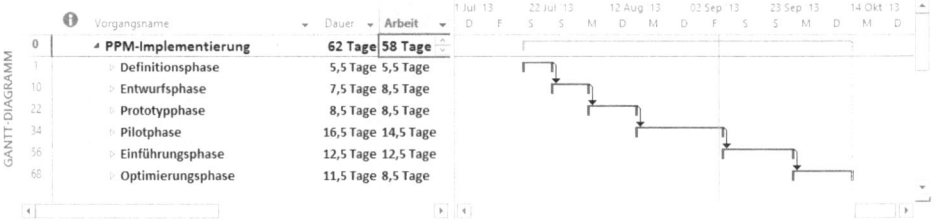

Der Ausgangspunkt für die Verbesserung von Methoden und Werkzeugen im Bereich des Projektmanagements und damit für das *Implementierungsprojekt* (Abbildung 6.2) ist eine Ist-Ana-

---

[1]   In Anlehnung an OPM3 2013, S. 23, Abbildung 2-3 und S. 34, Abbildung 3-6

lyse. Auf die Ist-Analyse folgt ein Vergleich mit dem Idealzustand bzw. der nächsten Reifegradstufe. Im Anschluss daran erfolgt auf Basis von Wirtschaftlichkeitsrechnungen, wie z.B. einer Kosten-/Nutzenanalyse, die Entscheidung, welche Teilbereiche verbessert werden sollen und wie dabei vorgegangen werden soll (Definitionsphase).

Auf Basis dieser Definition wird dann zunächst die Beschreibung des Systems erstellt (Entwurfsphase). Auf Basis dieses Entwurfs kann dann in der Prototypphase eine erste Version des späteren Systems erstellt werden. Dieser Entwurf wird in der Pilotphase so lange getestet und optimiert, bis er den notwendigen Reifegrad erreicht hat. Danach wird das gesamte System im geplanten Einsatzbereich eingeführt und produktiv gesetzt (Einführungsphase). Als letzte Phase schließt sich für einen begrenzten Zeitraum die Begleitung des Produktivbetriebs an, mit dem Ziel, das Gesamtsystem optimal einzustellen (Optimierungsphase).

HINWEIS   Microsoft hat einen eigenen Standard für die Implementierung von IT-Lösungen mit dem Namen Microsoft Solution Framework (MSF) entwickelt. Hierbei werden die Phasen *Envisioning, Planning, Developing, Stabilizing* und *Deploying* unterschieden.[1] Die Envisioning-Phase stellt einen frühen Zeitraum der Definitionsphase dar, die Planning-Phase umfasst u.a. die Entwurfsphase, die Developing-Phase kann Elemente der Prototypphase enthalten und die Phasen Stabilizing und Deploying entsprechen weitgehend der Einführungsphase bzw. Optimierungsphase.

Das Project Management Institute unterscheidet zwischen den Verbesserungsschritten *Wissensbeschaffung: Assessment vorbereiten, Durchführen des Assessments, Verbesserungen managen: Verbesserungen planen, Verbesserungen managen: Verbesserungen implementieren* sowie *Verbesserungen managen: Prozess wiederholen*.[2] Hier entsprechen die Schritte *Wissensbeschaffung: Assessment vorbereiten, Durchführen des Assessments* und *Verbesserungen managen: Verbesserungen planen* der Definitionsphase. *Verbesserungen managen: Verbesserungen implementieren* erstreckt sich über die Entwurfs-, Prototyp-, Pilot- und Einführungsphase. *Verbesserungen managen: Prozess wiederholen* entspricht der Optimierungsphase.

Abbildg. 6.3   Projektstrukturplan

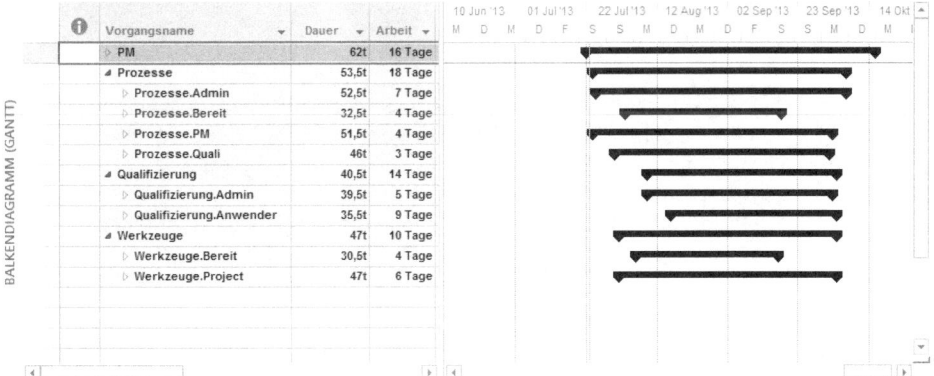

---

[1] *http://technet.microsoft.com/en-us/library/bb497060.aspx*
[2] OPM 2013, S. 24-26

Unter *System* werden hierbei nicht ausschließlich die Microsoft PPM-Lösungen, also Project und Project Server bzw. Project Online verstanden,[1] sondern auch die notwendigen Prozesse, um das Projektmanagement entsprechend der gewählten Methodik umzusetzen (Projektmanagementprozesse).

Primärer (Liefer-)Gegenstand des Implementierungsprojekts ist damit die Gestaltung der PPM-Umgebung und der Projektmanagementprozesse. Nicht zum »System«, jedoch zum Inhalt und Umfang (Scope) des Implementierungsprojekts gehören die Gestaltung und Ausführung der notwendigen Prozesse, um Project erstmalig in Betrieb zu nehmen (Bereitstellungsprozesse) und dauerhaft auszuführen (Administrationsprozesse). Darüber hinaus zählt ebenso zum Inhalt und Umfang des Implementierungsprojekts, zu definieren und zu testen, wie alle Beteiligten in die Lage versetzt werden können, das System erfolgreich anzuwenden (Qualifizierungsprozesse) und dieses Wissen in der Organisation zu multiplizieren (Qualifizierung). Schließlich gehört zum Inhalt und Umfang noch das Projektmanagement für das Implementierungsprojekt selbst. Somit kann der Inhalt und Umfang des Projekts folgendermaßen strukturiert werden (Abbildung 6.3).

- Gestaltung der Werkzeuge für das/die
  - Projektmanagement: Project
  - Bereitstellung von Project (Bereit)
- Gestaltung und Ausführung der Prozesse für das/die
  - Projektmanagement (PM)
  - Qualifizierung der Anwender (Quali)
  - Administration des PM-Werkzeugs
  - Bereitstellung des PM-Werkzeugs (Bereit)
- Qualifizierung der
  - Anwender
  - Administratoren
- Projektmanagement (PM) bei der Implementierung

> **TIPP**   Bei der Implementierung ist eine Vielzahl von »Einmalaufgaben« notwendig. Zudem besteht ohne ausreichende Kenntnis von Werkzeug und Methode aufgrund der Komplexität des Gesamtsystems ein großes Risiko, fehlgeleitet vorzugehen. Es ist wirtschaftlich empfehlenswert, die Implementierung durch einen spezialisierten Berater mit einer Erfahrung von mindestens fünf Jahren in diesem Bereich zu unterstützen.

Definitionsphase

Ziel der *Definitionsphase* ist es, den Inhalt und Umfang des Implementierungsprojekts festzulegen. Dieses Ziel erreichen Sie z.B. dadurch, dass Sie die Ist-Situation des Auftraggebers analysieren, Optimierungspotenziale darstellen und Wege aufzeigen, diese zu entfalten. Führen Sie dazu folgende Schritte aus:

---

[1] Microsoft bezeichnet Project Server bzw. Project Online als Lösung für das »Project und Portfolio Management« (PPM).

ONLINE   Den Beispielprojektplan finden Sie innerhalb der Begleitdateien zum Buch im Ordner *Buch\KAP06* (siehe Anhang B).

Abbildg. 6.4   Definitionsphase

1. **Definitionsphase initiieren und planen**   Mit dem Auftrag für die erste Phase beginnt das Implementierungsprojekt. Ihre Aufgabe als Berater besteht darin, den Nutzen und das Potenzial aufzuzeigen, sowie die Rahmenbedingungen für eine Verbesserung der methodischen und technischen Projektmanagementfähigkeiten zu schaffen.

2. **Kick-Off-Workshop**   Sie können im Rahmen eines Kick-Off-Workshops eine erste Analyse der Anforderungen beginnen und dem eine entsprechende Präsentation der Verbesserungsmöglichkeiten gegenüberstellen.

TIPP   Erfassen Sie offene Punkte in der Problemliste der zugehörigen Projektwebsite Ihres Einführungsprojekts (siehe Kapitel 1).

3. **Interviews mit Anwendern durchführen**   Im Anschluss daran sollten Sie die Untersuchung des Ist-Zustands vertiefen, indem Sie eine möglichst präzise Befragung der Anwender durchführen. Als Grundlage für eine methodische Analyse können Sie das *Organizational Project Management Maturity Model (OPM3)* vom Project Management Institute verwenden (siehe oben).

4. **Interviews mit Administratoren durchführen**   Neben den Anwendern benötigen Sie vom IT-Personal der Organisation zudem präzise Angaben über die vorhandene IT-Infrastruktur und Pläne zu deren Erweiterung. Wichtige Rahmenbedingungen sind z.B. Betriebssysteme, Verzeichnisdienste, Webbrowser, Softwareverteilungsmechanismen, Datenbankserver und die Netzwerktopologie.

5. **Interviews auswerten**   Mit den Interviews haben Sie die Basis geschaffen für eine erste grobe Skizzierung von Lösungsszenarien. Stellen Sie diese den Kosten gegenüber und bewerten Sie den voraussichtlichen Nutzen. Führen Sie ergänzend hierzu eine Risikoanalyse durch. Somit schaffen Sie eine aussagekräftige Entscheidungsgrundlage für den Auftraggeber.

6. **Definitionsphase abschließen**   Sorgen Sie dafür, dass alle offenen Punkte geklärt sind, die beschriebenen Punkte umsetzbar sind und dass die Definition des Implementierungsprojekts den Anforderungen des Auftraggebers entspricht, beispielsweise indem sich auf ein Lastenheft geeinigt wird.

Entwurfsphase

Ziel der *Entwurfsphase* ist es, einen Entwurf des Gegenstands (Gesamtleistung) der Implementierung auf Basis der in der Definitionsphase gesammelten Informationen als Beschreibung zu erstellen. Erstellen Sie hierzu die Struktur aller Teilleistungen (Deliverables) und deren inhaltliche Dokumentation. Führen Sie dazu folgende Schritte aus:
Entwurfsphase

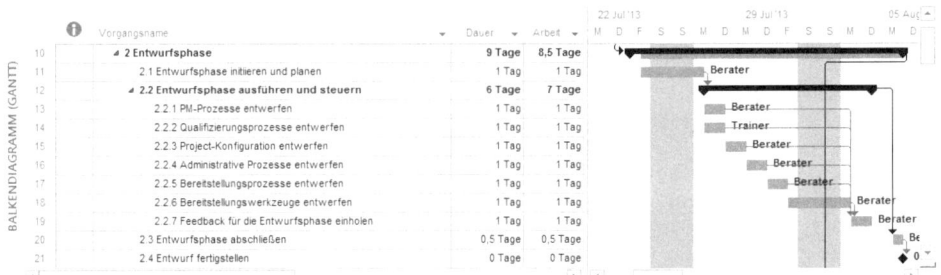

1. **Entwurfsphase initiieren und planen**   Führen Sie – wie in Kapitel 1 beschrieben – die Initiierungs- und Planungsprozesse aus. Schwerpunkt bildet hier die Termin- und Kostenplanung.

> **TIPP**   Tragen Sie ermittelte Risiken in der Liste *Risiken* der Projektwebsite ein.

2. **PM-Prozesse entwerfen**   Erzeugen Sie ein Dokument für die Dokumentation der Projektmanagementprozesse. Sie können als Grundlage hierfür die Kapitel 1 bis 4 verwenden.

3. **Qualifizierungsprozesse entwerfen**   Erstellen Sie ein Konzeptpapier für die Qualifizierung der Ressourcen. Anregungen können Sie Kapitel 7 entnehmen.

4. **Project-Konfiguration entwerfen**   Erstellen Sie ein Dokument, das die logische Struktur (Konfiguration) und physische Struktur (Architektur) von Project und Project Server (Kapitel 9) beschreibt. Ergänzen Sie dieses Dokument ggf. um notwendige Anpassungen in der IT-Infrastruktur und evtl. programmatische Erweiterungen (Kapitel 11 bis 13).

5. **Administrative Prozesse entwerfen**   Erzeugen Sie ein Dokument, das alle administrativen Prozesse beschreibt; dies sind z.B. Wartung und Problemlösungsprozesse (Kapitel 10).

6. **Bereitstellungsprozesse entwerfen**   Erstellen Sie ein Dokument, das beschreibt, wie Project technisch bereitgestellt wird. Hierzu gehören u.a. die Verfahren zur Softwareverteilung, die Anwendung von Gruppenrichtlinien und evtl. Altdatenmigration (Kapitel 8).

7. **Bereitstellungswerkzeuge entwerfen**   Beschreiben Sie zudem, welche Werkzeuge für die Bereitstellung benötigt werden und wie diese für die Organisation angepasst werden.

8. **Feedback für die Entwurfsphase einholen**   Stellen Sie sicher, dass die Dokumente von den jeweiligen Experten dem gewünschten Qualitätsstand der Entwurfsphase entsprechen und überprüfen Sie diese auf Widersprüchlichkeiten.

9. **Entwurfsphase abschließen**   Klären Sie offene Punkte.

Mit dem Abschluss der Entwurfsphase haben Sie die Grundlage für die Erstellung eines Prototyps geschaffen.

Prototypphase

Ziel der *Prototypphase* ist es, zu einem möglichst frühen Zeitpunkt zu einem funktionsfähigen Modell des späteren Systems zu kommen. Auf diese Art und Weise können prinzipielle Fehler sehr früh aufgedeckt werden. Zudem erleichtert ein Prototyp den Anwendern die Vorstellung über das Zielsystem. Führen Sie folgende Schritte zur Erstellung des Prototyps aus und passen Sie jeweils die in der Entwurfsphase erstellten Dokumente (Produktbeschreibung) an.

Abbildg. 6.5   Prototypphase

1. **Prototypphase initiieren und planen**   Für den Projektleiter besteht die Aufgabe darin, die Erstellung des Prototyps zu initiieren und zu planen.

2. **Prototyp-Administratoren qualifizieren**   Als erster Schritt werden die Administratoren geschult (Kapitel 8 bis 10).

3. **Bereitstellungswerkzeuge für den Prototyp anpassen**   Auf Grundlage der erworbenen Kenntnisse haben Sie die notwendigen Bereitstellungswerkzeuge beschafft und ggf. angepasst, z.B. Pakete für Softwareverteilung, administrative Vorlagen usw.

4. **Prototyp bereitstellen**   Die eigentliche Bereitstellung sollte schon vor dem Hintergrund der späteren automatisierten Bereitstellung geschehen, kann jedoch noch manuell ausgeführt werden (Kapitel 9).

5. **Administrative Prozesse am Prototyp ausführen**   Zu den wichtigsten administrativen Prozessen gehört die Sicherung und Wiederherstellung (Kapitel 10). Führen Sie diese im Anschluss an die Bereitstellung des Prototyps aus.

6. **Project-Prototyp konfigurieren**   Führen Sie die Startkonfiguration für Project aus (Kapitel 9). Verwenden Sie soweit wie möglich Standardeinstellungen.

7. **Prototyp-Anwender qualifizieren**   Führen Sie ein Training der Prototyp-Anwender auf dem Prototypsystem aus.

8. **Feedback für Prototypphase einholen**   Dokumentieren Sie das Feedback in den jeweiligen Dokumenten. Hiermit schaffen Sie die Grundlage für die zielgerichtete Überarbeitung in der nächsten Phase.

9. **Prototypphase abschließen**   Klären Sie offene Punkte und passen Sie ggf. Ihre Standardvorlage für die Implementierung an.

Pilotphase

Ziel der *Pilotphase* ist es, aus dem Prototyp ein Pilotsystem zu entwickeln, welches in Wesen und Eigenschaft dem Zielsystem noch näher kommt. Führen Sie dazu folgende Vorgänge aus:

Abbildg. 6.6 Pilotphase

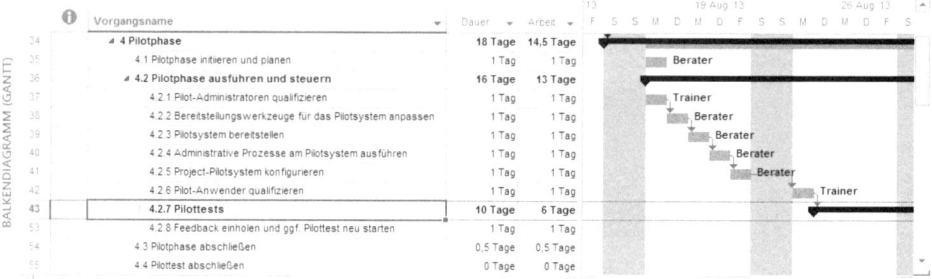

1. **Pilotphase initiieren und planen**   Stellen Sie das Pilotteam zusammen, definieren Sie ein Pilotprojekt und führen Sie die übrigen Planungsprozesse aus.

2. **Pilot-Administratoren qualifizieren**   Qualifizieren Sie die Administratoren des Pilotsystems. In der Regel wird es sich um den gleichen Personenkreis wie aus der Prototypphase handeln. Aus diesem Grund reicht es in der Regel, aufgekommene Fragen zu klären.

3. **Bereitstellungswerkzeuge für das Pilotsystem anpassen**   Verbessern Sie die Werkzeuge bzw. die Anpassung der Werkzeuge für die Bereitstellung von Project und Project Server aufgrund Ihrer Erfahrungen aus der vorhergehenden Phase.

4. **Pilotsystem bereitstellen**   Stellen Sie das Pilotsystem bereit. Dieses sollte im Gegensatz zum Prototyp bereits ein System sein, das in der Leistungskapazität dem späteren Produktivsystem nahe kommt, um beispielsweise aussagefähige Lasttests durchführen zu können. Es kann auch bereits die spätere Produktivhardware verwendet werden. Ein Testsystem sollte in jedem Fall bestehen bleiben.

5. **Administrative Prozesse am Pilotsystem ausführen**   Führen Sie Tests der Sicherung und Wiederherstellung durch. Testen Sie das Einspielen von Service Packs und Hotfixes sowie weiterer administrativer Prozesse.

6. **Project-Pilotsystem konfigurieren**   Transportieren Sie die Konfiguration vom Prototyp zum Pilotsystem und optimieren Sie diese entsprechend des Feedbacks aus der Prototypphase. Informationen zur Konfiguration Ihres Systems finden Sie in Kapitel 9.

7. **Pilot-Anwender qualifizieren**   Führen Sie das Training der Pilotanwender durch.

Abbildg. 6.7 Pilottests

8. **Pilottests**   Starten Sie das Pilotprojekt. Stellen Sie während der Pilottests sicher, dass die Pilotanwender zeitnahe Unterstützung erhalten. Bewährt hat sich ein regelmäßiges aktives Coaching während der gesamten Pilottests. Führen Sie Korrekturen am Pilotsystem schnellstmöglich aus und überarbeiten Sie die gesamte Dokumentation. Hierzu gehören auch die Qualifizierungsprozesse und -materialien.

9. **Feedback einholen und ggf. Pilottest neu starten**   Werten Sie das Feedback der Pilotanwender und -administratoren aus und entscheiden Sie zusammen mit dem Auftraggeber, ob der notwendige Reifegrad für die produktive Einführung erreicht ist. Starten Sie ggf. den Pilottest mit einem optimierten Gesamtsystem erneut.

10. **Pilotphase abschließen**   Klären Sie alle offenen Punkte und passen Sie Ihre Einführungsstrategie entsprechend an.

Einführungsphase

Wenn das Pilotsystem den Reifegrad erreicht hat, dass es im angestrebten Nutzungsbereich eingesetzt werden kann, beginnen Sie die *Einführungsphase*. Führen Sie dazu folgende Vorgänge aus:

Abbildg. 6.8   Einführungsphase

1. **Einführungsphase initiieren und planen**   Definieren Sie, in welchen Bereichen und welcher Reihenfolge das Projektmanagementsystem eingeführt werden soll. Legen Sie besonderes Augenmerk auf die Auslastung des Anwendersupports, damit dieser weder in der Vorbereitung noch zu Beginn des Produktivbetriebs überlastet wird.

2. **Administratoren qualifizieren**   Bereiten Sie die Administratoren auf den Betrieb des Produktivsystems vor. Erarbeiten Sie auch Verfahren für den Transport von Einstellungen/Erweiterungen vom Test- zum Produktivsystem. Richten Sie Prozesse für die Überwachung aller Systembestandteile ein, so z.B. Leistungsindikatoren für Project Server, SQL Server und SharePoint Server.

> **TIPP**   Verwenden Sie für die Überwachung System Center Operation Manager (SCOM), da von Microsoft hierfür kostenlos Verwaltungspakete für alle Systembestandteile der PPM-Lösung bereitgestellt werden.[1]

---

[1]   Unter anderem als System Center Management Pack für SharePoint 2013 , SQL Server 2012 und Windows Server 2012

3. **Bereitstellungswerkzeuge anpassen** Passen Sie die Bereitstellungswerkzeuge für das Produktivsystem an.

4. **Produktivsystem bereitstellen** Stellen Sie das Produktivsystem bereit. Schwerpunkt ist hierbei das Roll-out der Windows-Clients (Project Professional) und von Internet Explorer.

5. **Administrative Prozesse ausführen** Testen Sie die administrativen Prozesse am Produktivsystem, indem Sie einen Ausfall der einzelnen Komponenten simulieren. Testen Sie auch den Transport der Konfiguration vom Test- zum Produktivsystem sowie den Transport der Nutzdaten vom Produktiv- zum Testsystem.

6. **Project konfigurieren** Transportieren Sie die Konfiguration vom Test-/Pilot- zum Produktivsystem und passen Sie diese ggf. an.

7. **Anwender qualifizieren** Qualifizieren Sie alle Anwendergruppen in rollengerechten Trainings. Stellen Sie für den Start des Produktivbetriebs entsprechende Unterstützung bereit.

8. **Feedback zur Einführungsphase einholen** Werten Sie das Feedback der Einführungsphase aus und geben Sie bei positivem Resultat den Produktivbetrieb frei.

9. **Produktivbetrieb aufnehmen** Mit der Abnahme des Produktivsystems kann der Produktivbetrieb beginnen.

10. **Einführungsphase abschließen** Optimieren Sie die Unterlagen für zukünftige Einführungen und notieren Sie das Optimierungspotenzial für Anschlussphasen bzw. -projekte.

Optimierungsphase

Ziel der *Optimierungsphase* ist es, während des Produktivbetriebs auftretende Probleme zu beheben, das Optimierungspotenzial zu ermitteln und ggf. Optimierungen durchzuführen. Führen Sie hierzu folgende Schritte aus:

Abbildg. 6.9   Optimierungsphase

1. **Optimierungsphase initiieren und planen** Planen Sie bereits, ohne dass negative Ereignisse aufgetreten sind, regelmäßige Inspektionen für die erste Zeit des Produktivbetriebs ein (Einholen von Feedback). Viele Probleme lassen sich auf diese Art und Weise im Vorfeld vermeiden.

2. **Feedback zur Optimierungsphase einholen** Zu den wichtigsten Maßnahmen zur Steigerung der Zufriedenheit der Anwender gehören die Prüfung der technischen Indikatoren des Gesamtsystems, u.a. Project Server, SQL Server und Windows Server, als auch die subjektive Wahrnehmung von Antwortzeiten des Systems von allen Projektbeteiligten.

3. **Ggf. PM-Prozesse optimieren** Falls notwendig, passen Sie die Projektmanagementprozesse an und aktualisieren Sie auch die Dokumentation.

4. **Ggf. Qualifizierungsprozesse optimieren** Werten Sie das Feedback der Qualifizierung aus. Leiten Sie daraus Verbesserungen für zukünftige Qualifizierungen ab und dokumentieren Sie diese.

5. **Ggf. Administratoren nachqualifizieren** Treten beim Betrieb Störungen oder mangelnde Wartung auf, qualifizieren Sie die Administratoren nach.

6. **Ggf. Anwender nachqualifizieren** Erreichen nicht alle Mitarbeiter den ausreichenden Qualifikationsstand, qualifizieren Sie diese nach. Gleiches gilt für neue Mitarbeiter.

7. **Ggf. Project-Konfiguration optimieren** Passen Sie, falls nötig, die Konfiguration an. Testen Sie die Konfiguration zunächst auf dem Testsystem, bevor Sie diese auf das Produktivsystem übertragen.

8. **Ggf. administrative Prozesse optimieren** Prüfen Sie, ob die Wartungs- und Problemlösungsprozesse den gewünschten Erfolg erzielen und passen Sie diese entsprechend an.

9. **Optimierungsphase abschließen** Führen Sie eine abschließende Übergabe durch und aktualisieren Sie Ihre Planungsunterlagen, sodass Sie bei zukünftigen Systemeinführungen noch besser planen können.

Kapitel 7

Project für Trainer

Dieses Kapitel richtet sich an diejenigen, die für die Qualifizierung der Mitarbeiter in der Organisation verantwortlich sind. Diese werden nachfolgend vereinfachend *Trainer* genannt. Ihr Ziel als Trainer liegt darin, jedem Beteiligten des Implementierungsprojekts genau die Kenntnisse zu vermitteln, die er im Rahmen seiner Projektmanagementaufgaben mit Microsoft Project und Project Server bzw. Project Online benötigt. Zu Ihren Aufgaben gehören neben der eigentlichen Durchführung der Qualifizierung insbesondere auch die Ermittlung des Qualifizierungsbedarfs sowie die Gestaltung und Evaluation der gesamten Qualifizierung[1] (Qualifizierungsprozesse). Nicht zu Ihren primären Aufgaben gehört die Gestaltung der eigentlichen Inhalte. Diese werden im Rahmen der Beratung im Implementierungsprojekt erarbeitet. Eine Mitwirkung durch Sammeln von Feedback von den Teilnehmern der Qualifizierungsmaßnahme ist jedoch erwünscht.

Das Ziel dieses Kapitels liegt darin, Ihnen einen Leitfaden für die schrittweise Ausarbeitung der *Qualifizierungsprozesse* über die Phasen des eigentlichen Implementierungsprojekts (Kapitel 6 und Abbildung 7.1) zu geben.

TIPP Der Trainer benötigt bereits zu Anfang des Implementierungsprojekts ein umfassendes Wissen über das Projektmanagement mit Microsoft Project und über die Art und Weise, dieses Wissen zu vermitteln. Aus diesem Grund ist es wirtschaftlich empfehlenswert, das Training durch einen spezialisierten Trainer mit Erfahrung von mindestens fünf Jahren in diesem Bereich zu unterstützen. Zudem sollte der Trainer über Praxiserfahrungen in der Anwendung und Administration der PPM-Lösung verfügen.

Abbildg. 7.1   Teilprojekt *Qualifizierung*

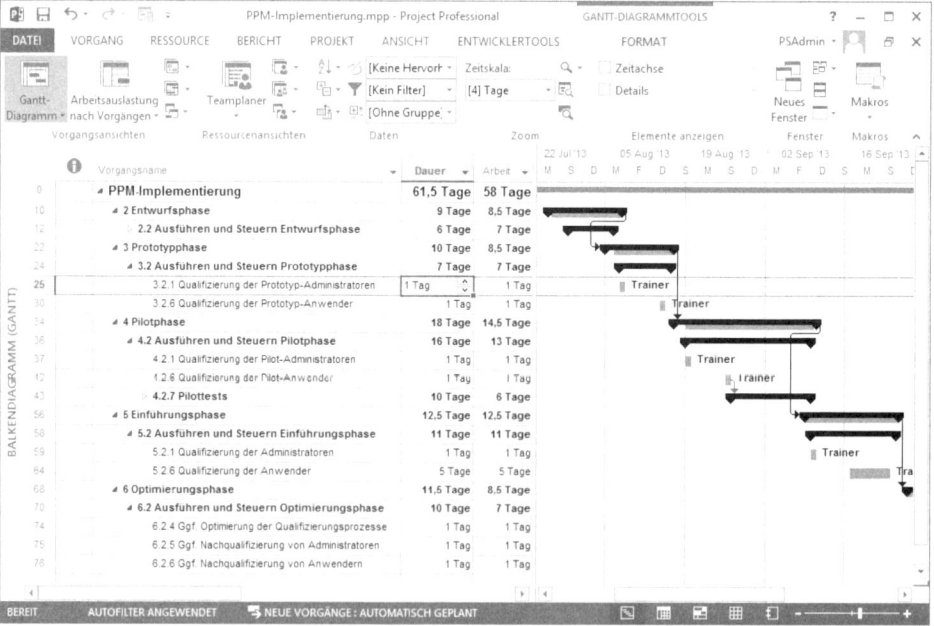

---

[1]   Die Ausführung aller Qualifizierungsprozesse wird auch oft »Qualifizierungsmaßnahme« genannt.

Definitionsphase

Ziel der Definitionsphase ist es, Inhalt und Umfang des Implementierungsprojekts festzulegen. Dies bedeutet, dass auch der Inhalt und Umfang für die Qualifizierung definiert werden muss. Dies kann u.a. durch eine erste grobe *Ermittlung des Qualifizierungsbedarfs* erfolgen, zum Beispiel im Rahmen der folgenden Vorgänge während der Definitionsphase:

1. **Kick-off-Workshop**   Ausgehend von der Definition des zukünftigen Projektmanagementsystems kann bereits im Kick-off-Workshop eine Abschätzung über den zu erwartenden Qualifizierungsbedarf abgegeben werden.

2. **Interviews mit Anwendern durchführen**   Diese erste Einschätzung sollte durch eine repräsentative Befragung der Anwender vertieft werden. Führen Sie für jede Anwendergruppe (Projektleiter, Projektmitarbeiter, Ressourcenmanager und Führungskräfte) Interviews durch, um einen Überblick über die vorhandenen Qualifikationslevel und -profile (Vorbildung) zu bekommen.

3. **Interviews mit Administratoren durchführen**   Führen Sie analog Interviews mit den Administratoren durch. Neben der Administration von Project Server selbst sind vor allem auch Kenntnisse in der Administration von Windows Server (inkl. Active Directory, Internetinformationsdienste) sowie SharePoint Server und insbesondere auch SQL Server und dazugehöriger Produkte, wie Analysis Services und gegebenenfalls Reporting Services, einzuschätzen.

Entwurfsphase

Ziel der Entwurfsphase ist es, auf Basis der in der Definitionsphase gesammelten Informationen einen Entwurf des Gesamtsystems zu erstellen. Hierzu gehört auch der *Entwurf der Qualifizierungsprozesse*. Ziel dieses Vorgangs ist es, genau festzulegen, wie die gesamte Qualifizierung durchgeführt werden soll. Greifen Sie dazu auf die Ergebnisse der Definitionsphase zurück und führen Sie ggf. vertiefende Untersuchungen durch, um den Qualifizierungsbedarf zu ermitteln. Nehmen Sie diese als Grundlage für die Gestaltung der Qualifizierung und legen Sie fest, wie Sie die gesamte Qualifizierung evaluieren möchten.

Ermitteln des Qualifizierungsbedarfs

In der Definitionsphase haben Sie bereits Interviews mit den Beteiligten des Implementierungsprojekts durchführt. Diese geben je nach verwendetem Interviewleitfaden die Einschätzung des Interviewers über den Qualifikationsgrad der Anwender und Administratoren wieder.

Die Schwierigkeit liegt darin, zu beurteilen, wie der tatsächliche *Qualifikationsgrad* ausgeprägt ist, und diesen klassifiziert wiederzugeben. Eine Hilfe hierfür kann der Nachweis besuchter Seminare[1] oder relevanter Berufserfahrung sein. Als Kriterien können Sie z.B. Seminarinhalte verwenden. Objektiver ist es jedoch, auf erworbene Zertifizierungen zurückzugreifen.

Für Anwender gibt es u.a. von Microsoft die Möglichkeit, Zertifizierungen im Rahmen von MOC-Kursen[2] zum Thema PPM zu erlangen.[3] Daneben gibt es speziell für den Nachweis der

---

[1] Einen Überblick finden Sie unter *http://www.holert.com/seminare*.
[2] Microsoft Official Curriculum
[3] Zum Beispiel 74-343: Managing Projects with Microsoft Project 2013 und 74-344: Managing Programs and Projects with Project Server 2013

Projektmanagementkenntnisse die Zertifizierungen des Project Management Institutes (PMI). Für Personen ist dies z.B. der Certified Associate in Project Management (CAPM) und als höchste Ebene der Project Management Professional (PMP).

Komplementär hierzu sind die Zertifizierungen für die Administration der Microsoft-Infrastruktur (u.a. Windows-Client und -Server sowie SharePoint und SQL Server). Dazu gehören die technischen Ausbildungen aus den Reihen Microsoft Certified Technology Specialist (MCTS), Microsoft Certified IT Professional (MCITP), Microsoft Certified Master (MCM), Microsoft Certified Architect (MCA) und Microsoft Certified Trainer (MCT).

Alle diese Standardzertifizierungen können Sie als Grundlage verwenden, um passend zur Ihren Implementierungszielen und den Zielen Ihrer Personalentwicklung organisationsspezifische Beurteilungskriterien zu entwickeln. Hieraus können Sie dann den Qualifizierungsbedarf ableiten.

Gestaltung der Qualifizierung

Auf Grundlage des zuvor ermittelten Qualifizierungsbedarfs entwerfen Sie den Inhalt und Umfang der Qualifizierung. Führen Sie dazu folgende Schritte aus:

1. **Zielgruppe definieren** Definieren Sie genau, welche Zielgruppen im Rahmen der Qualifizierung fortgebildet werden sollen. Als Anwender sind dies z.B. die Projektleiter, Projektmitarbeiter, Ressourcenmanager und Führungskräfte. Evtl. übernehmen Linienmanager auch die Rollen Ressourcenmanager und Führungskräfte in Personalunion, sodass diese als eine Zielgruppe zusammengefasst werden können. Als Administratoren sind in der Regel die organisatorischen Administratoren von Project Server, oft Mitglieder des Projektbüros, und die technischen Administratoren aus der IT-Abteilung zu qualifizieren. Je nach Arbeitsteilung in der IT-Abteilung sind dies die Verantwortlichen für die Windows-Desktops und Softwareverteilung sowie die Administratoren für Netzwerk, Verzeichnisdienste, Datenbanken usw. Differenzieren Sie die Zielgruppen nach der Vorbildung weiter, sodass Sie Über- und Unterforderung bereits im Vorfeld vermeiden.

2. **Qualifikationsgrade festlegen** Legen Sie fest, welche Qualifikationsgrade die einzelnen Zielgruppen erreichen sollen. Sie können nach Grund- und Zusatzqualifikation unterscheiden oder auf die o.g. Zertifizierungen zurückgreifen.

3. **Spezifitätsgrade definieren** Definieren Sie den angestrebten Spezifitätsgrad für die Qualifizierung. Dieser sollte mit dem Spezifitätsgrad des Projektmanagementsystems korrelieren, d.h. je genauer Ihr Projektmanagementsystem an die Spezifika Ihrer Organisation angepasst ist, desto spezifischer muss auch die Qualifikation sein. Beachten Sie gerade bei kleinen Organisationen die Standards des Auftraggebers, Branchenstandards oder branchenübergreifende Standards. So können Sie das Risiko für Kommunikationsprobleme bei Kooperation verringern. Generell gilt: Je präziser die Qualifizierung an die Erfordernisse des Unternehmens angepasst wird, desto größer ist der Nutzen für die Teilnehmer, da die Inhalte sehr schnell im täglichen Arbeitsleben umgesetzt werden können. Demgegenüber stehen die höheren Kosten für spezifische Qualifizierungen. Versuchen Sie, ein Optimum für diese Trade-off-Problematik zu finden.

4. **Methodik auswählen** Wählen Sie je nach Inhalt und Zielgruppe die passende Methodik für die Qualifizierung aus. Infrage kommen hierfür z.B. Seminare, Fallstudien, Expertenbefragungen und Planspiele. Stellen Sie aus diesen Methodiken den optimalen Mix für Ihre Qualifizierungsmaßnahme zusammen. Häufig werden für die Grundlagenvermittlung Seminare ver-

wendet, die dann mit Fallstudien oder Planspielen vertieft werden. Verbleibende Lücken können dann mit Expertenbefragungen oder Coachings am Arbeitsplatz geschlossen werden.

5. **Begleitendes Material auswählen** Bereiten Sie für die ausgewählten Methoden das begleitende Material vor. Greifen Sie hierbei auf die in der Beratung erarbeitete Projektmanagementprozessbeschreibung zurück. Stellen Sie in Einklang hiermit Präsentationen, Anleitungen, Übungsaufgaben und Tests zusammen. Verwenden Sie hierbei soweit wie möglich Standardmaterialien, z.B. dieses Buch, um die Kosten überschaubar zu halten.

6. **Medien auswählen** Wählen Sie geeignete Medien für die Qualifizierung aus. Entscheiden Sie, inwieweit eine persönliche Unterstützung notwendig ist und inwieweit eine mediale Unterstützung eingesetzt werden kann. Persönliche Unterstützung kann z.B. direkt am Arbeitsplatz, im internen Trainingsraum der eigenen Organisation oder im externen Trainingsraum eines Trainingshauses durchgeführt werden.

   Für die Mischform der persönlichen und medialen Unterstützung stehen synchrone und asynchrone Kommunikationswege zur Auswahl. Synchrone Kommunikationsmedien sind z.B. Chat, Videokonferenz, Audiokonferenz/Telefonat und Application Sharing. Asynchrone Kommunikationsmedien sind z.B. E-Mail, Onlineforen oder SharePoint-Listen. Das klassische Telefonat als synchrones Kommunikationsmedium hat den Vorteil, dass die notwendige Infrastruktur überall vorhanden ist, jedoch den Nachteil, dass der Trainer nicht den Bildschirm des Teilnehmers sehen kann. In unserer Praxis setzen wir deshalb oft eine Kombination mit Application Sharing ein, technisch realisiert über Webkonferenzlösungen wie z.B. Microsoft Lync. Das asynchrone Kommunikationsmedium E-Mail hat den Nachteil, dass aufgrund der 1:n-Kommunikation und der privaten Speicherung der Betreuungsaufwand hoch ist. Besser eignen sich Onlineforen oder »Offene-Punkte-Listen« (siehe Kapitel 1), da diese automatisch eine durchsuchbare Wissensbasis schaffen (n:m-Kommunikation). Neben den öffentlichen Foren[1] eignen sich auch sehr gut unternehmensinterne Foren, da diese Unternehmensinterna schützen.

   Für die ausschließlich mediale Unterstützung kommen Bücher, Lernsoftware und webbasierte Trainings infrage.

7. **Passende Darbietungsform zusammenstellen** Stellen Sie basierend auf den zuvor gewählten Parametern – insbesondere Methodik und Medium – die passende Darbietungsform für die Qualifizierung zusammen. Oft werden unterschiedliche Kombinationen hieraus auch Selbstlernen, Schulung, Workshop oder Coaching genannt.

8. **Geeigneten Ausführenden auswählen** Als letzten Punkt wählen Sie geeignete Ausführende für die Qualifizierung aus. Falls Sie im Rahmen der Qualifizierung auch Tests durchführen, achten Sie auf die personelle Trennung von Prüfern und Dozenten.

Evaluation der Qualifizierung

Um sicherzustellen, dass die Qualifizierung die gewünschten Ziele erreicht, sollten Sie zudem die gesamte Qualifizierungsmaßnahme evaluieren; ggf. in Zusammenarbeit mit dem Projektleiter des Implementierungsprojekts, der diese Aufgabe im Rahmen der Qualitätsmanagementprozesse wahrnimmt. Gegenstand des Evaluierens sollten alle Komponenten der Qualifizierungsmaßnahme sein, also auch der Trainer selbst. Ein erster Schritt für die Evaluierung ist der Test der Qualifizierung mit den Anwendern und Administratoren des Prototyps.

---

[1] *http://www.holert.com/community*

Prototypphase

Ziel der Prototypphase ist es, basierend auf dem Entwurf, einen ersten Prototyp des Projektmanagementsystems zu erstellen. Sie tragen im Rahmen der folgenden Vorgänge dazu bei:

1. **Prototyp-Administratoren qualifizieren** Bereiten Sie die Administratoren auf die Erstellung des Prototyps vor, damit diese die notwendige Infrastruktur schaffen und Project Professional sowie Project Server installieren und konfigurieren sowie die administrativen Prozesse ausführen können.

2. **Prototyp-Anwender qualifizieren** Nach der Installation und Konfiguration führen Sie die Qualifizierung durch, z.B. im Rahmen eines Workshops in einem rollenbezogenen Planspiel, idealerweise auf Echtdaten gestützt. So können sowohl der Projektmanagementprozess als auch das Qualifizierungskonzept einem ersten Test unterzogen werden. Verwenden Sie z.B. Ereigniskarten für das Planspiel, um wirklichkeitsnahe Situationen zu simulieren. Passen Sie ggf. die Dokumentation des Qualifizierungskonzepts entsprechend an.

Pilotphase

Ziel der Pilotphase ist es, den Prototypen in einem kontinuierlichen Prozess so weiterzuentwickeln, dass er schließlich als Vorlage für das Produktivsystem dient. Führen Sie dazu die Qualifizierungsprozesse im Rahmen der folgenden Vorgänge aus:

1. **Pilot-Administratoren qualifizieren** Klären Sie offene Fragen der Administratoren, z.B. in einem Expertengespräch. Sie können auch Fragen aufwerfen, indem Sie die Konfiguration durch den Berater überprüfen und hierdurch aufgedeckte Wissenslücken gezielt angehen.

2. **Pilot-Anwender qualifizieren** Führen Sie z.B. ein optimiertes Seminar mit den Pilotanwendern durch, um die Grundlagen zu vermitteln. Sie können diese dann wiederum in einem ebenfalls optimierten Planspiel vertiefen.

3. **Unterstützung für Anwender bereitstellen** Stellen Sie während der Pilottests persönlich, persönlich/medial und medial ein möglichst umfassendes Spektrum an Unterstützungsmöglichkeiten für die Anwender bereit (siehe den Abschnitt »Gestaltung der Qualifizierung« weiter vorn in diesem Kapitel).

4. **Unterstützung für Administratoren bereitstellen** Das Gleiche gilt für die Administratoren. Wichtig ist, dass diese in der Lage sind, bei Störungen jederzeit die Projektdaten, ggf. mit Unterstützung, wiederherzustellen.

5. **Qualifizierungsprozesse überarbeiten** Planen Sie regelmäßige Überarbeitungsprozesse für die Aktualisierung des gesamten Qualifizierungskonzepts durch. Werten Sie die Evaluierung aus und optimieren Sie Parameter nach den Wünschen der Anwender und Administratoren.

Einführungsphase

Ziel der Einführungsphase ist es, basierend auf den Erfahrungen aus der Pilotphase das Projektmanagementsystem im angestrebten Nutzungsumfang einzusetzen. Als Trainer gilt es, das bewährte Konzept im Rahmen der folgenden Vorgänge auf alle Nutzergruppen anzuwenden:

1. **Administratoren qualifizieren** Wenn zu den Administratoren aus der Pilotphase noch weitere Administratoren hinzukommen, sollten diese die erarbeiteten Konzepte unter Anleitung ebenfalls ausführen. Wenn diese Administratoren nur Unterstützungsarbeiten für die Zentraladministration leisten, kann jedoch der Inhalt und Umfang entsprechend reduziert werden.

2. **Anwender qualifizieren** Trainieren Sie die Anwender entsprechend der in der Entwurfs-phase definierten Zielgruppen. Führen Sie ggf. Multiplikatorenschulungen durch, sodass Sie Ihren Aufwand reduzieren. Legen Sie je nach Aufgabenumfang die Betreuungsintensität fest. Unterstützen Sie Projektleiter, z.B. im Rahmen eines Coachings, während Sie Projektmitar-beitern ggf. Medien zum Selbstlernen bereitstellen. Stellen Sie sicher, dass insbesondere in der Anlaufphase eine ausreichende Personalstärke vorhanden ist, um Anlaufschwierigkeiten zu überwinden. Das Qualifikationsniveau könnten Sie auch zentral sicherstellen, indem Sie für jeden Teilnehmer Onlinetests durchführen.

Optimierungsphase

Ziel der Optimierungsphase ist es, das eingeführte Projektmanagementsystem weiter an die Bedürfnisse der Organisation anzupassen und durch weitere Qualifizierung den Nutzungsum-fang zu vergrößern. Hier gehören u.a. folgende Aufgaben:

1. **Ggf. Qualifizierungsprozesse optimieren** Werten Sie die Erfahrungen der Einführung aus und passen Sie Inhalt und Umfang des Qualifizierungsangebots an den Bedarf an. Überneh-men Sie zudem Verbesserungen in der Dokumentation. Abstrahieren Sie die Erfahrung auf die Qualifizierungsprozesse von darauffolgenden Prozess- und Softwareimplementierungen.

2. **Ggf. Administratoren nachqualifizieren** Führen Sie bei Bedarf Nachqualifizierungen, z.B. im Rahmen einer Expertenbefragung, durch. Oft wird den Administratoren der Bedarf jedoch erst bei Störungen bewusst. Planen Sie deshalb auch Nachqualifizierungen turnus-mäßig ein und überprüfen Sie das Wissen durch Tests. Diese können beispielsweise in Form von Fragen durchgeführt werden oder im Rahmen von Übungen wie z.B. Störfallszenarien.

3. **Ggf. Anwender nachqualifizieren** Führen Sie bei Bedarf Nachqualifizierungen für Anwender durch. Anlass für Nachqualifizierung können z.B. Neueintritt oder Aufstieg eines Mitarbeiters oder fehlende Praxis beim Einsatz von Microsoft Project aufgrund einer Aufgabenverschie-bung sein. Für neue Mitarbeiter empfiehlt es sich, die Projektmanagementqualifizierung in die normalen Qualifizierungsprozesse innerhalb der Personalentwicklung aufzunehmen. Für Auf-steiger sollten Sie spezielle Qualifizierungskonzepte entwickeln. Für die Nachqualifizierungen von bereits im Rahmen der Einführungsphase ausgebildeten Mitarbeitern empfiehlt sich besonders ein Coaching, z.B. in persönlicher oder persönlicher/medialer Kommunikation.

Kapitel 8

Installation

Dieses Kapitel richtet sich an Administratoren. Ziel ist die Grundinstallation von Project Professional 2013 und Project Server 2013 als Basis für die weitere Konfiguration (mehr dazu in Kapitel 9) gemäß der Anwenderkapitel (siehe Kapitel 1 bis 5). Neben den eigentlichen Installationsschritten werden wir an wichtigen Stellen auch die Änderungen aufzeigen, die von den Installationsroutinen am System vorgenommen wurden.

> **HINWEIS**   Beschrieben wird die Installation eines einzelnen Servers, der für kleine Umgebungen produktiv und in größeren Umgebungen z.B. als Prototyp genutzt werden kann. Je nach Einsatzszenario kann es erforderlich sein, einzelne Komponenten auf verschiedene Server zu verteilen und redundant auszulegen. Dies ist allerdings nicht Thema dieses Kapitels.

Project Server 2013 installieren

Zur Installation von Project Server 2013 sind die folgenden Schritte durchzuführen:

- Voraussetzungen und Vorbereitungen überprüfen
  - Voraussetzungen
  - Konteneinrichtung und andere Vorbereitungen
- Basisinstallation
  - Vorbereitungstool von SharePoint 2013 ausführen
  - Setup von SharePoint 2013 ausführen
  - Setup von Project Server 2013 ausführen
  - Den SharePoint-Konfigurations-Assistenten ausführen
  - SharePoint-Dienstanwendungen erstellen
  - Websitesammlung für Portal erstellen
  - PWA-Instanz erstellen
- Excel Services, Secure Store Service und PerformancePoint Service-Anwendung konfigurieren
  - Zugriffskonto für das Project Server-Datenbankschema berechtigen
  - Excel Services konfigurieren
  - Secure Store Service konfigurieren
  - PerformancePoint Services konfigurieren
- SQL Server Analysis Services-Clientkomponenten installieren und konfigurieren
  - SQL Server Native Client und Analysis Management Objects installieren
  - AS Service Account Zugriff auf das Berichtsdatenbankschema geben
  - Project Server-Dienstkonto als Analysis Services-Administrator festlegen
- Workflowmanagement installieren und konfigurieren
  - SharePoint Designer 2013 installieren
  - Workflow Manager 2013 installieren
  - Workflow Manager 2013 konfigurieren
- Project Server-Berechtigungsmodus einrichten

Voraussetzungen und Vorbereitungen überprüfen

Nachfolgend beschreiben wir, welche Voraussetzungen Sie für die Installation von Project Server erfüllen müssen und welche Vorbereitungen Sie treffen können.

Voraussetzungen

Project Server 2013 kann bei Drucklegung dieses Buchs unter Windows Server 2008 R2 mit Service Pack 1 (nur 64 Bit) oder Windows Server 2012 installiert werden. Daneben ist die Installation von .NET Framework 4.5 erforderlich. Da Project Server zwingend SharePoint 2013 voraussetzt, muss dieses Produkt zuvor installiert werden.

Als Datenbankserver für Project Server und SharePoint können Sie Microsoft SQL Server 2008 R2 mit Service Pack 1 (nur 64 Bit) oder höher einsetzen. Um das vollständige Berichtswesen zu nutzen, benötigen Sie zusätzlich die Analysis Services und Reporting Services, die im Lieferumfang vieler Editionen von SQL Server enthalten sind. Project Server 2013 mit SQL Server auf einem Server benötigt für ein Testsystem mindestens 24 GB RAM. Zudem empfehlen wir den Einsatz schneller Festplatten, z.B. SAS mit 15.000 U/min oder SSD. Mehr Informationen zu den Mindestvoraussetzungen finden Sie in Kapitel 10.

TIPP   Die aktuelle SQL Server-Version ermitteln Sie über den SQL-Befehl SELECT @@VERSION.

Konteneinrichtung und andere Vorbereitungen

Für die Installation und den Betrieb von Project Server legen Sie bitte die folgenden Konten und Gruppen in Active Directory an:

- **SPAdmin**   Dieses Konto ist für den IT-Administrator bestimmt, der nach der Installation Administratorrechte für die SharePoint-Farm bekommt. Um die Administration für die Beispielumgebung zu erleichtern, fügen Sie das Konto zu der Windows-Gruppe der lokalen Administratoren von Project Server und der Serverrolle *sysadmin* auf dem SQL-Server hinzu. Außerdem verwenden wir es als Admin-Konto für die *ProjectServerApplication*-Zielanwendung in der SharePoint-Dienstanwendung Secure Store Service.

- **SPFarm**   Das ist ein Serverfarmkonto, welches u.a. für folgende Zwecke verwendet wird:

  - SharePoint-Datenbankzugriffskonto

  - Dienstkonto für die SharePoint 2013-Timer

  - Webanwendungspool der Zentraladministration

- **SPService**   Hierbei handelt es sich um das Standard-Dienstkonto. Es wird u.a. für folgende Zwecke verwendet:

  - Webanwendungspool der SharePoint PWA-Webanwendung

  - SharePoint Server Search 15

  - Berechnungsdienst, Ereignisdienst und Warteschlangendienst von Project Server

- **PSAdmin**   Dieses Konto ist für den Fachadministrator bestimmt. Es benötigt keine Rechte auf Windows Server oder SQL Server. Es gibt dem Fachadministrator jedoch vollständige Zugriffsrechte auf die Project Server-Instanz.

- Administrator der SharePoint PWA-Websitesammlung

- Administrator der Project Server-Instanz

- **SPReader** Dienstkonto, das von den Berichten für den Zugriff auf das Berichtsdatenbankschema und die OLAP-Cubes verwendet wird. Dieses Konto muss Mitglied der Gruppe *ReportAuthors* sein, um Lesezugriff auf das Berichtsdatenbankschema zu erhalten.

- **SPWorkflow** Dienstkonto, mit welchem der Workflow Manager arbeitet.

Zudem benötigen Sie folgende Sicherheitsgruppen:

- *ReportAuthors*

- *ReportViewers*

HINWEIS   Die zuvor beschriebene Aufteilung der Konten und Berechtigungen ist ein Kompromiss aus Komfort und Sicherheit. Sie können für die einzelnen Rollen auch unterschiedliche Konten mit weniger Berechtigungen anlegen, um das Sicherheitskonzept an Ihre Anforderungen anzupassen.

Melden Sie sich zur Installation mit einem Windows-Konto an, das lokale Administratorrechte hat und zu den Serverrollen *dbcreator, securityadmin* gehört. Daneben benötigt dieses Konto Administratorrechte für SQL Server Analysis und Reporting Services.

TIPP   Geben Sie Ihrem Konto temporär während der Installation *sysadmin*-Rechte auf dem SQL-Server. Damit können Sie während der Installation auf den SQL Server Agent zugreifen und die Aufträge zur Wartung der SQL Server-Datenbanken einrichten. Zudem kann dann während der Konfiguration ein Auftrag zum automatischen Löschen abgelaufener Sitzungen aus der Datenbank des Sitzungsstatusdiensts erstellt werden.

Überprüfen Sie zudem die folgenden Einstellungen:

- Deaktivieren Sie in den Internetoptionen über *Systemsteuerung/Internetoptionen* die Verwendung eines Proxyservers, indem Sie unter *Verbindungen/LAN-Einstellungen/Einstellungen für lokales Netzwerk/Proxyserver* das Kontrollkästchen *Proxyserver für LAN verwenden (diese Einstellungen gelten nicht für VPN- oder Einwählverbindungen)* deaktivieren.

- Legen Sie die verstärkte Sicherheitskonfiguration für Internet Explorer nach Ihren Sicherheits-/Komfortwünschen fest. Entfernen Sie ggf. die Restriktionen für Administratoren und/ oder andere Benutzergruppen unter *Server-Manager/Lokaler Server/»Servername«/Verstärkte Sicherheitskonfiguration für IE*.

WICHTIG   Wir empfehlen, alle kritischen Windows-Updates auf dem Server vor der Installation einzuspielen.

Basisinstallation

Die Basisinstallation gliedert sich in folgende Schritte:

- Vorbereitungstool von SharePoint 2013 ausführen

- Setup von SharePoint 2013 ausführen

- Den SharePoint-Konfigurations-Assistenten ausführen

- Verwaltetes Konto SPService erstellen und konfigurieren
- SharePoint-Dienstanwendungen erstellen
- Websitesammlung für Portal erstellen
- PWA-Instanz erstellen

Vorbereitungstool von SharePoint 2013 ausführen

SharePoint benötigt eine Vielzahl von weiteren Komponenten als Voraussetzung für die eigentliche Installation. Diese können auf einfache Art und Weise mit dem Vorbereitungstool installiert werden. Hierzu gehört auch die Aktivierung der Rollen *Anwendungsserver* und *Webserver*, also die Installation der Internetinformationsdienste.

> **HINWEIS** Für das Herunterladen der nicht im Lieferumfang von Windows Server enthaltenen Komponenten benötigt das Vorbereitungstool einen Internetzugang.

Melden Sie sich am vorgesehenen Server mit dem Konto *SPAdmin* an und rufen Sie das SharePoint 2013-Setup auf. Führen Sie folgende Schritte aus:

Abbildg. 8.1   SharePoint Setup-Fenster

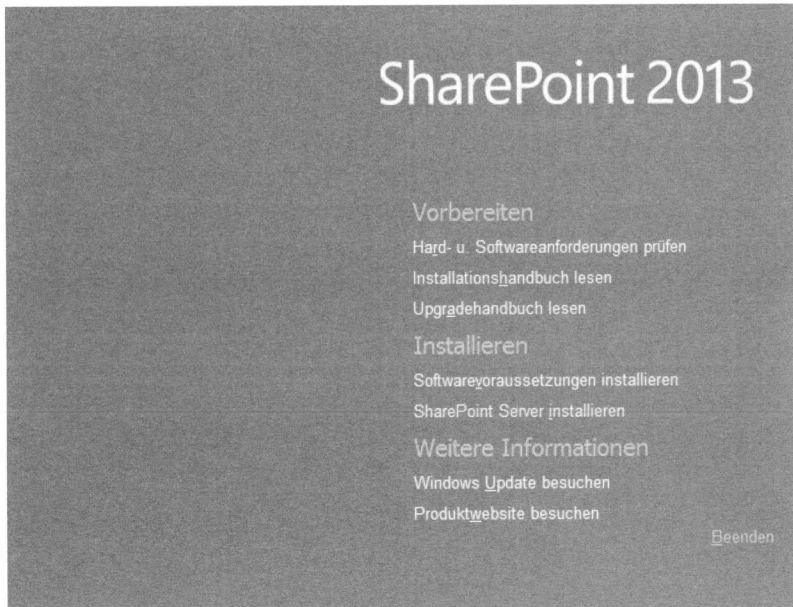

1. Klicken Sie auf die Verknüpfung *Softwarevoraussetzungen installieren*.

Abbildg. 8.2   SharePoint-Vorbereitungstool – Schritt 1

2. Klicken Sie auf die Schaltfläche *Weiter*.

Abbildg. 8.3   SharePoint Vorbereitungstool – Schritt 2

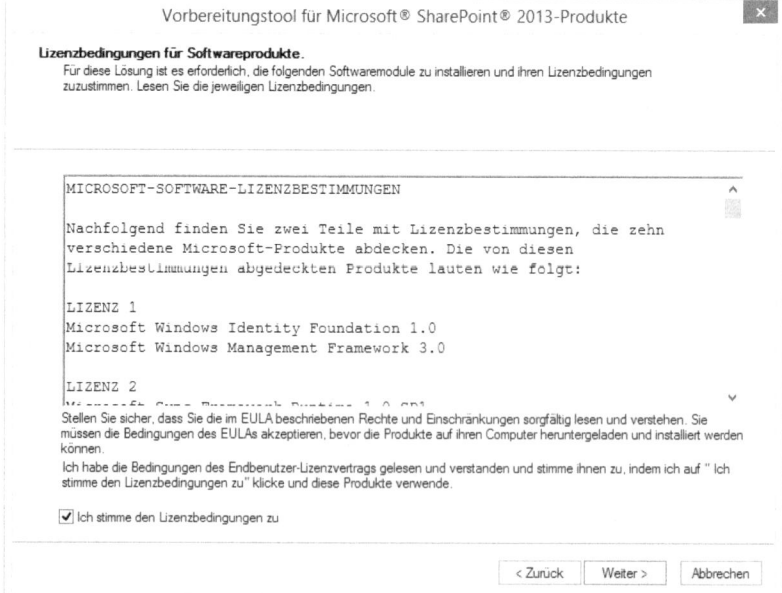

3. Nachdem Sie die Lizenzbedingungen gelesen haben, aktivieren Sie das Kontrollkästchen *Ich stimme den Lizenzbedingungen zu* und klicken auf die Schaltfläche *Weiter*.

Das SharePoint-Vorbereitungstool bereitet das System für die Installation von SharePoint vor.

Abbildg. 8.4   SharePoint Vorbereitungstool – Schritt 3

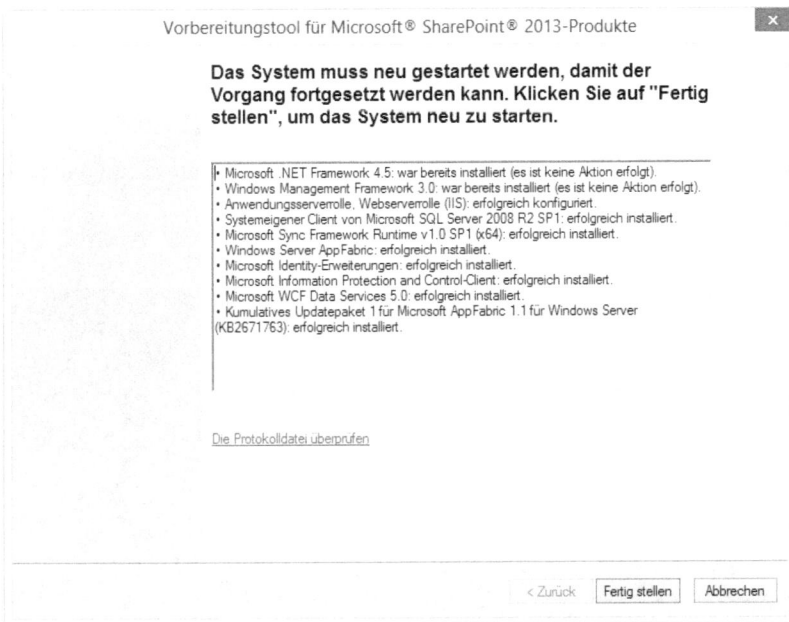

1. Nach Abschluss der Installation des ersten Teils der Voraussetzungen klicken Sie auf die Schaltfläche *Fertig stellen*, um den Server neu zu starten.

Abbildg. 8.5   SharePoint Vorbereitungstool – Schritt 4

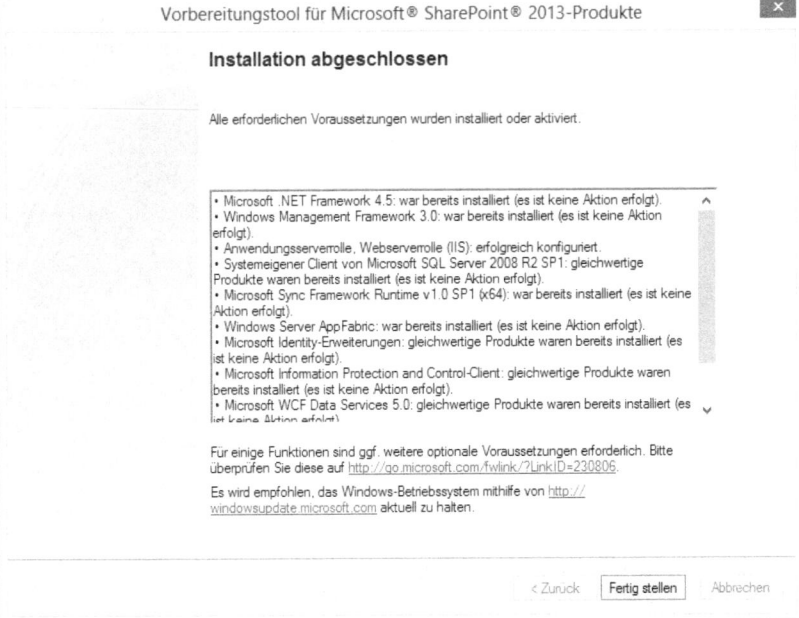

2. Melden Sie sich nach Neustart mit demselben Konto am Server an, warten Sie, bis der zweite Teil der Installation abgeschlossen ist und klicken Sie nach Erscheinen des o.g. Dialogfelds auf die Schaltfläche *Fertig stellen*.

Hiermit sind alle Voraussetzungen für die eigentliche Installation geschaffen worden, sodass Sie diese jetzt beginnen können.

Setup von SharePoint 2013 ausführen

Starten Sie das SharePoint 2013-Setup vom Installationsmedium erneut und führen Sie folgende Schritte aus:

Abbildg. 8.6   SharePoint-Setupfenster

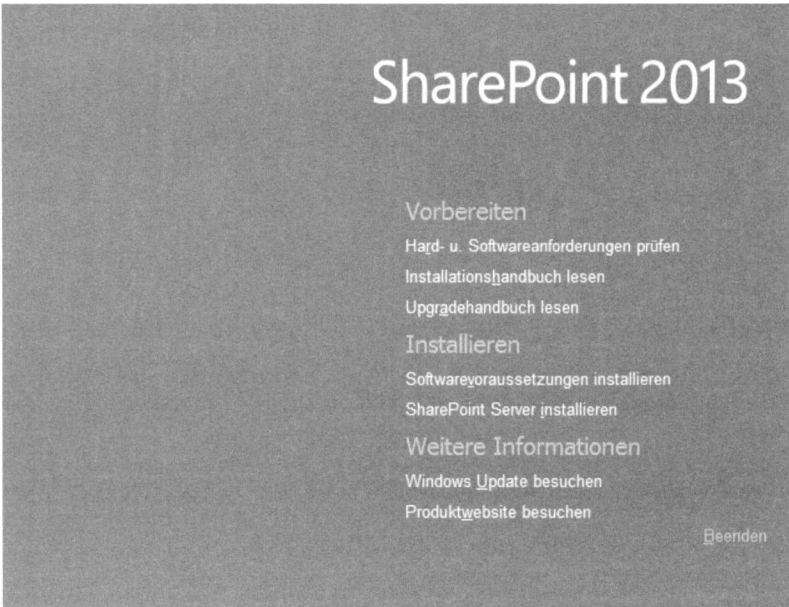

1. Klicken Sie auf die Verknüpfung *SharePoint Server installieren*.
2. Geben Sie im Dialogfeld den Lizenzschlüssel für SharePoint 2013 mit Enterprise-CAL (Client Access License, Clientzugriffslizenz) ein und klicken Sie nach der Überprüfung auf die Schaltfläche *Weiter*.

Abbildg. 8.7   Lizenzbedingungen zustimmen

3. Nachdem Sie die Lizenzbedingungen gelesen haben, aktiveren Sie das Kontrollkästchen *Ich stimme den Bedingungen dieser Vereinbarung zu* und klicken auf die Schaltfläche *Weiter*.

Abbildg. 8.8   Dateispeicherort wählen

4. Prüfen Sie beide Dateipfade und klicken Sie dann auf die Schaltfläche *Jetzt installieren*.

Startseite des Konfigurations-Assistenten

5. Deaktivieren Sie das Kontrollkästchen *Führen Sie den Konfigurations-Assistenten für Share-Point-Produkte jetzt aus* und klicken Sie auf die Schaltfläche *Schließen*.

Damit ist die Installation der SharePoint-Dateien abgeschlossen. Um das doppelte Ausführen des SharePoint Konfigurations-Assistenten zu vermeiden, installieren Sie zunächst die Project Server-Dateien.

Setup von Project Server 2013 ausführen

Starten Sie das Project Server 2013-Setup vom Installationsmedium und führen Sie folgende Schritte aus:

Willkommen-Fenster

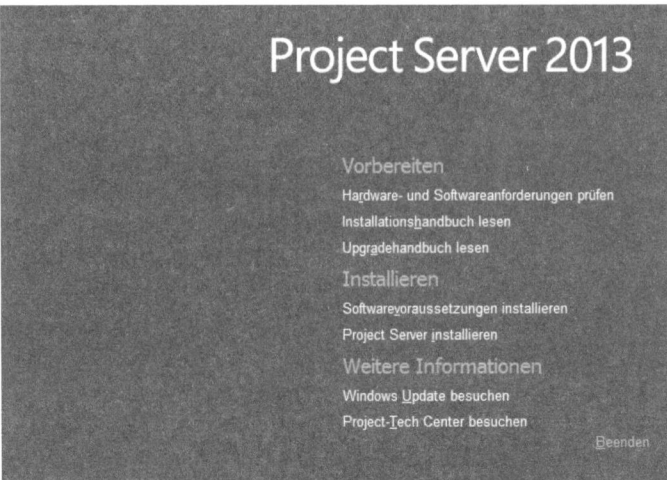

1. Klicken Sie auf die Verknüpfung *Project Server installieren.*
2. Geben Sie den Lizenzschlüssel ein und klicken Sie nach der erfolgreichen Überprüfung auf die Schaltfläche *Weiter.*

Abbildg. 8.11   Lizenzbedingungen

3. Aktivieren Sie das Kontrollkästchen *Ich stimme den Bedingungen dieser Vereinbarung zu,* nachdem Sie die Lizenzbedingungen gelesen haben und klicken Sie auf die Schaltfläche *Weiter.*

Abbildg. 8.12   Dateispeicherort

4. Klicken Sie auf die Schaltfläche *Jetzt installieren*, um den Installationsvorgang zu starten.

Abbildg. 8.13   Konfigurations-Assistenten ausführen

5. Nach Abschluss der Installation klicken Sie auf die Schaltfläche *Schließen*.

Die eigentliche Installation ist jetzt abgeschlossen. Bevor Sie Project Server nutzen können, sind jedoch noch weitere Schritte notwendig, um die Datenbanken anzulegen.

Den SharePoint-Konfigurations-Assistenten ausführen

Nachdem sich der SharePoint-Konfigurations-Assistent automatisch geöffnet hat, führen Sie folgende Schritte aus:

Abbildg. 8.14 Willkommensdialog des SharePoint-Konfigurations-Assistenten

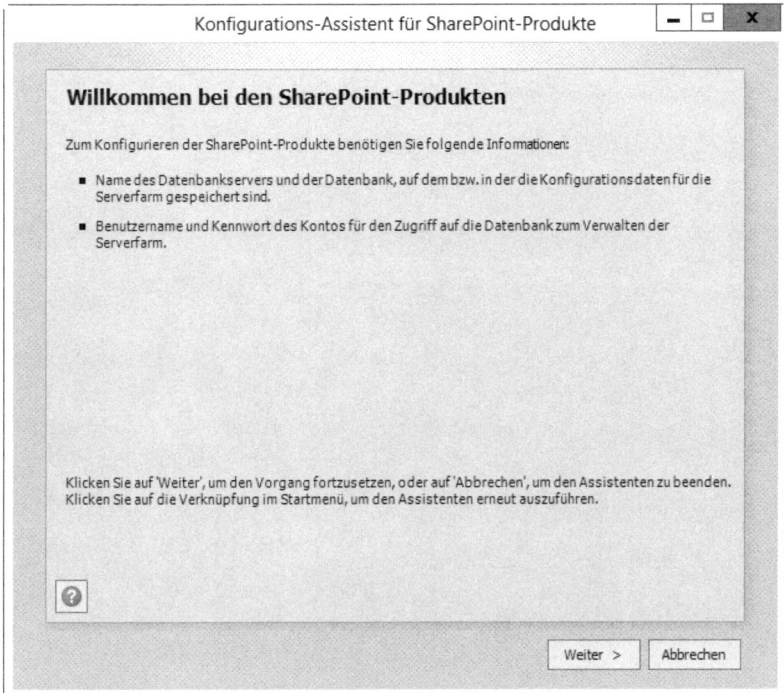

1. Um die Konfiguration zu starten, klicken Sie auf die Schaltfläche *Weiter*.

Abbildg. 8.15 Hinweismeldungen für den Neustart der genannten Dienste

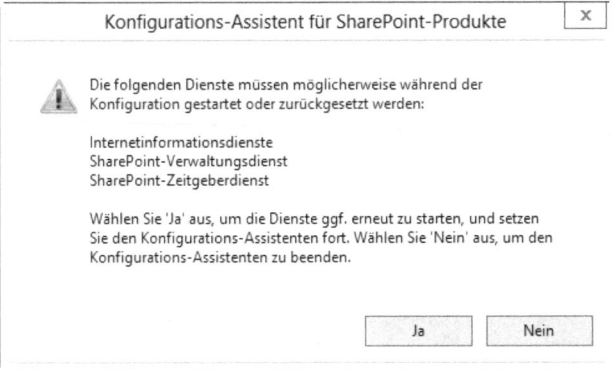

2. Bestätigen Sie den Hinweis, dass die im Dialogfeld genannten Dienste während der Konfiguration neu gestartet werden, mit der Schaltfläche *Ja*.

Abbildg. 8.16   Eine neue Serverfarm erstellen

3. Wählen die Option *Eine neue Serverfarm erstellen* und klicken Sie auf die Schaltfläche *Weiter.*

Abbildg. 8.17   Datenbankeinstellungen

4. Geben Sie in das Feld *Datenbankserver* den Namen des SQL-Servers ein, auf dem Sie die SharePoint-Konfigurationsdatenbank erstellen möchten. Geben Sie im Feld *Datenbankname* den gewünschten Namen für die SharePoint-Konfigurationsdatenbank ein. Geben Sie in den Feldern *Benutzername* und *Kennwort* die Zugangsdaten des Windows-Kontos an, das SharePoint für den Zugriff auf die Datenbank verwenden soll. Die eigentliche Erstellung der Datenbank erfolgt jedoch mit dem Windows-Konto des angemeldeten Benutzers. Klicken Sie auf die Schaltfläche *Weiter*.

> **TIPP**   Verwenden Sie einen DNS-Alias (CNAME) für den Zugriff auf den SQL-Server. Das erleichtert Ihnen die Konfiguration, falls Sie später den Datenbankserver wechseln.

Abbildg. 8.18   Sicherheitseinstellungen

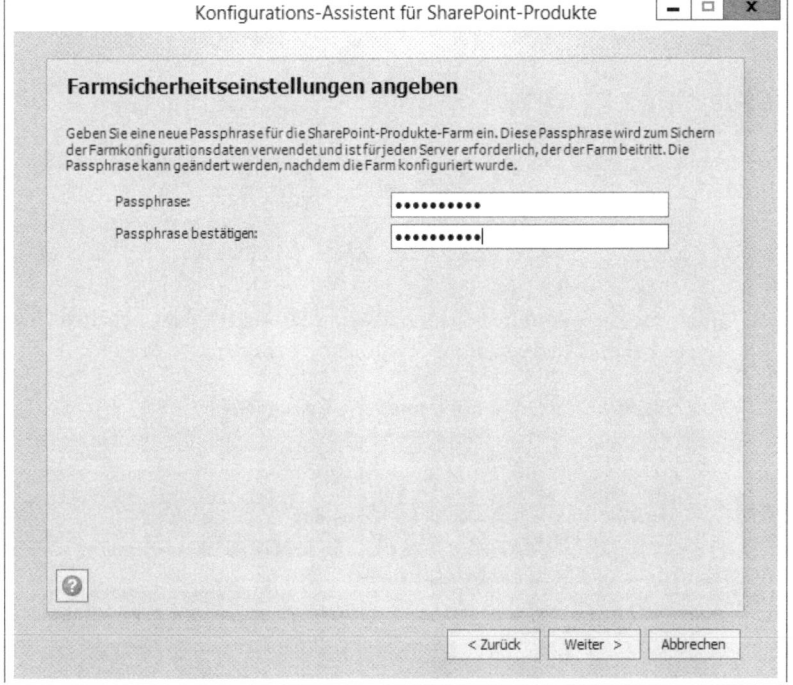

5. Geben Sie als zusätzliche Sicherung die Passphrase ein. Diese wird benötigt, falls Sie später weitere Server in die Farm aufnehmen. Klicken Sie auf die Schaltfläche *Weiter*.

Webanwendung der Zentraladministration

6. Sofern Sie keine erhöhten Sicherheitsanforderungen haben, behalten Sie die Standardeinstellungen bei und klicken auf die Schaltfläche *Weiter*.

Abschluss des SharePoint Konfigurations-Assistenten

7. Um die Erstellung der SharePoint-Zentraladministration und das Anlegen der Konfigurationsdatenbank zu starten, klicken Sie auf die Schaltfläche *Weiter*.

Abbildg. 8.21   Abschluss des SharePoint-Konfigurations-Assistenten

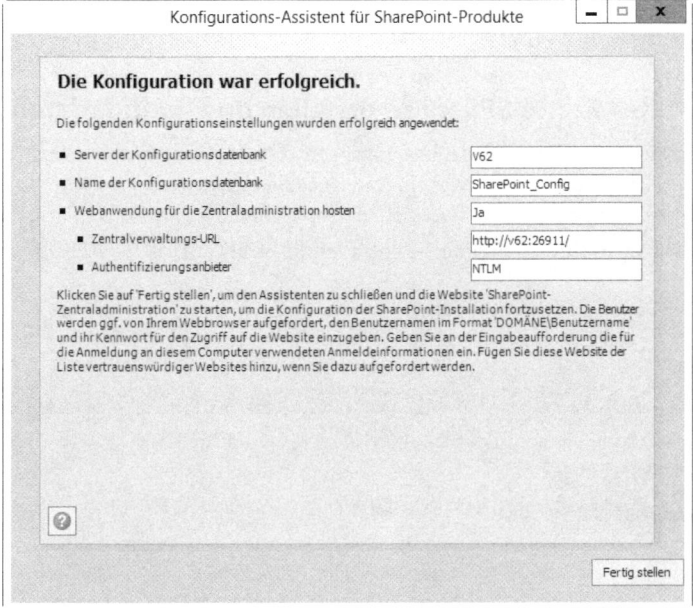

8. Nach Abschluss der Konfiguration klicken Sie auf die Schaltfläche *Fertig stellen*.

Sie können nun auf die SharePoint-Zentraladministration zugreifen. Führen Sie nach Aufbau der Seite folgende Schritte aus:

1. Wenn eine Abfrage nach einer Teilnahme am Programm für die Verbesserung von Share-Point gezeigt wird und Sie einverstanden sind, wählen Sie die Option *Ja, ich möchte teilneh-men (empfohlen)* und bestätigen dies mit der Schaltfläche *OK*.

Abbildg. 8.22   SharePoint-Farm konfigurieren

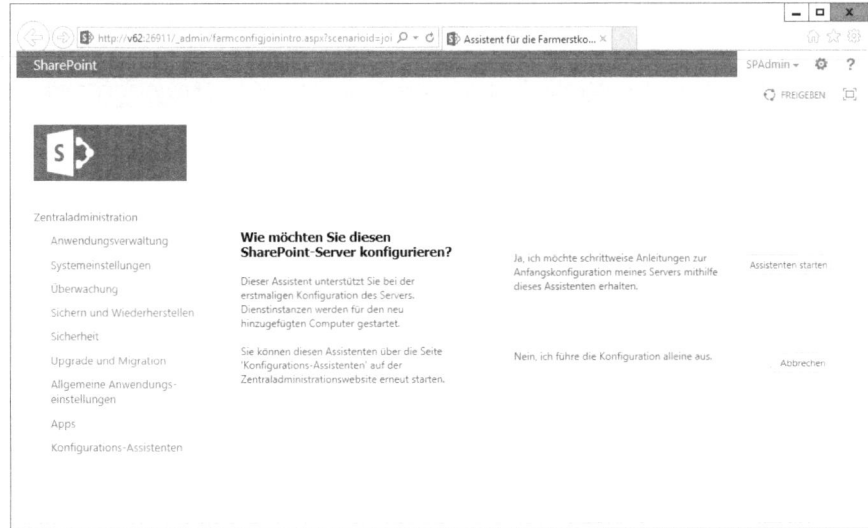

2. Klicken Sie auf die Schaltfläche *Abbrechen*.

Damit ist der Windows-Desktop-basierte Teil des SharePoint Konfigurations-Assistenten abgeschlossen.

Verwaltetes Konto SPService erstellen und konfigurieren

Bevor Sie die SharePoint-Dienstanwendungen erstellen, richten Sie zuerst ein von SharePoint verwaltetes Dienstkonto *SPService* ein und legen Sie dieses als Dienstkonto für den *Dienstanwendungspool – SharePoint Web Service System* fest. Gehen Sie dazu folgendermaßen vor:

1. Wählen Sie in Ihrer SharePoint-Zentraladministration *Sicherheit/Dienstkonten konfigurieren*.

Abbildg. 8.23 Konfiguration des Dienstkontos *SPService*

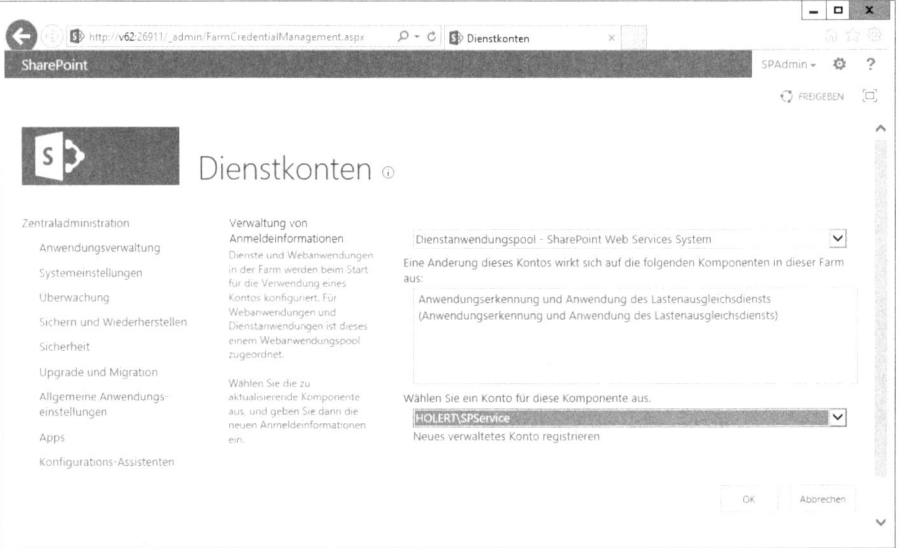

2. Für *Verwaltung von Anmeldeinformationen* wählen Sie *Dienstanwendungspool – SharePoint Web Services System*.

3. Klicken Sie auf die Verknüpfung *Neues verwaltetes Konto registrieren* und geben Sie die Anmeldeinformationen an.

4. Wählen Sie aus der Auswahlliste unter *Wählen Sie ein Konto für diese Komponente aus* das Konto *SPService* aus.

5. Klicken Sie auf die Schaltfläche *OK*.

SharePoint-Dienstanwendungen erstellen

Damit können Sie die Project Server-Anwendung und die anderen Dienstanwendungen installieren.

1. Rufen Sie die SharePoint-Zentraladministration (S*tart/SharePoint 2013-Zentraladministration*) auf.

Abbildg. 8.24   SharePoint-Zentraladministration

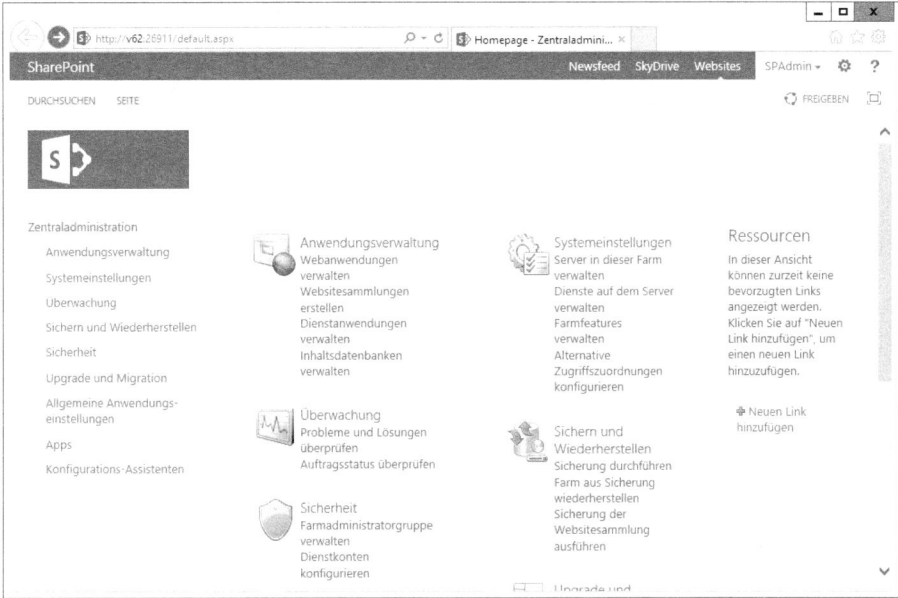

2. Klicken Sie in der Schnellstartleiste auf *Konfigurations-Assistent*.

Abbildg. 8.25   SharePoint-Farm konfigurieren

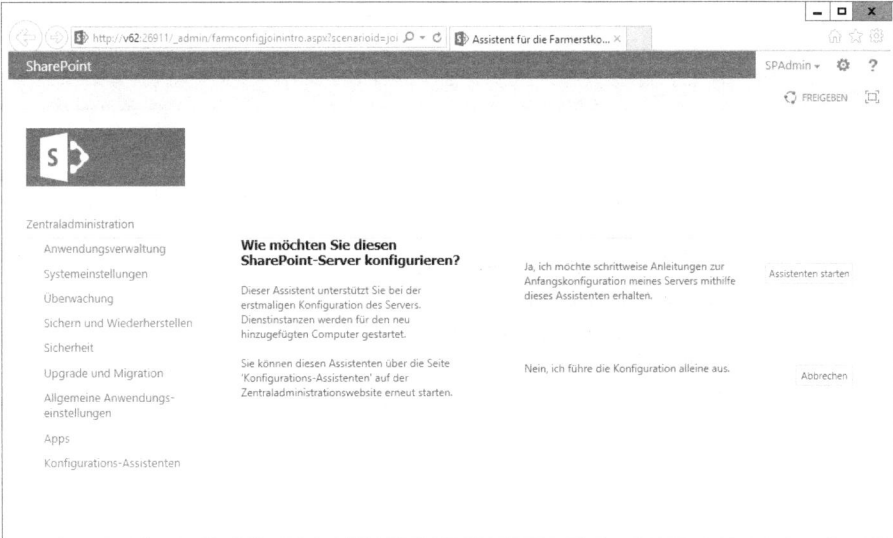

3. Klicken Sie auf die Schaltfläche *Assistent starten*.

Abbildg. 8.26
Konfigurations-Assistent – 1

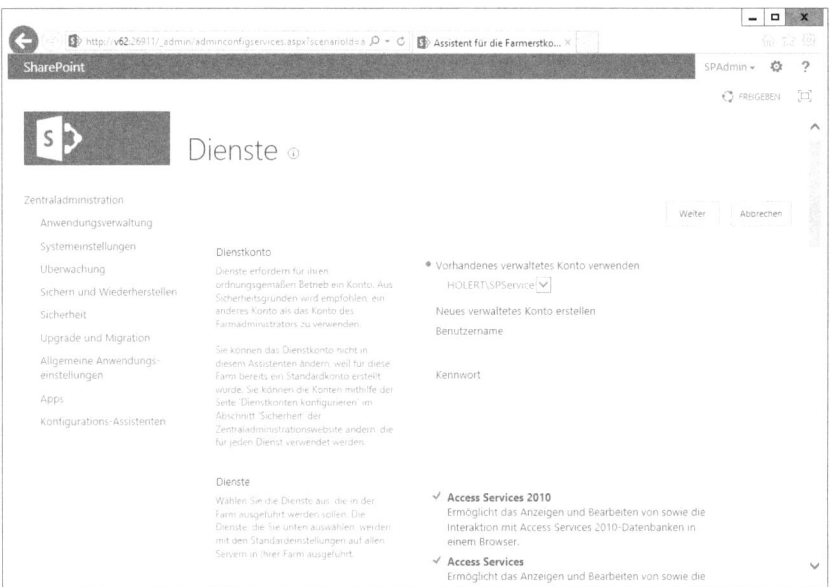

4. Wählen Sie im Bereich *Dienstkonto* im Dropdown-Listenfeld *Vorhandenes verwaltetes Konto verwenden* das Konto *SPService* aus.

Abbildg. 8.27
Konfigurations-Assistent – 2

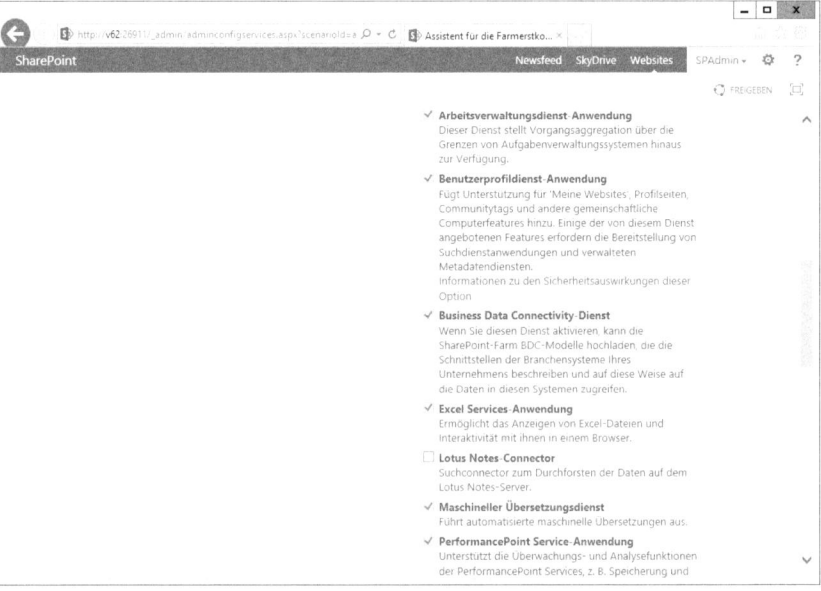

5. Behalten Sie die Vorauswahl der Dienstanwendungen bei und achten Sie insbesondere darauf, dass die Kontrollkästchen *Excel Services-Anwendung*, und *PerformancePoint Service-Anwendung* aktiviert sind.

Abbildg. 8.28   Konfigurations-Assistent – 3

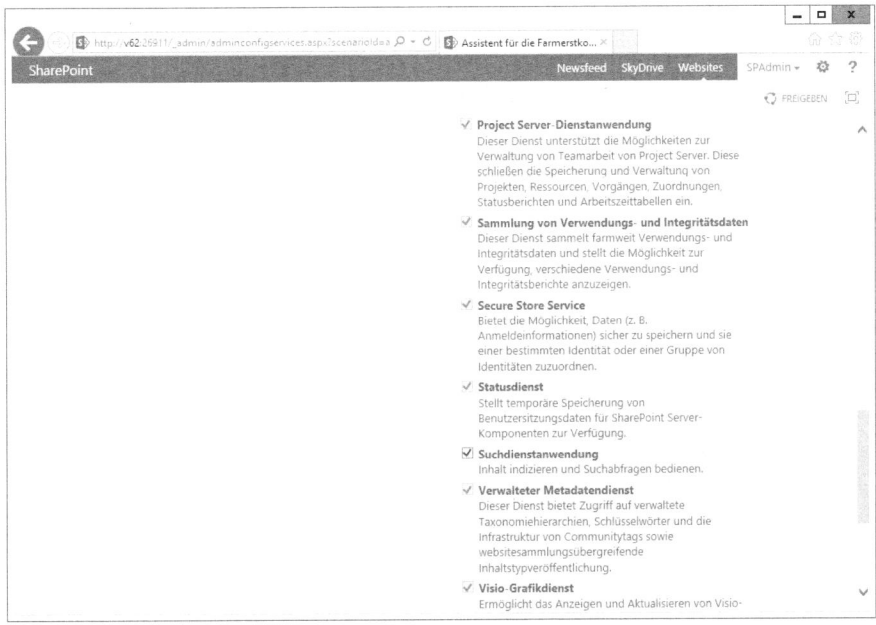

6. Behalten Sie auf der nächsten Seite die Auswahl ebenfalls bei. Achten Sie darauf, dass min-
    destens die *Project Server-Dienstanwendung*, der *Secure Store Service* und der *Statusdienst*
    ausgewählt sind. Klicken Sie dann auf die Schaltfläche *Weiter*.

Abbildg. 8.29   SharePoint-Datenbanken

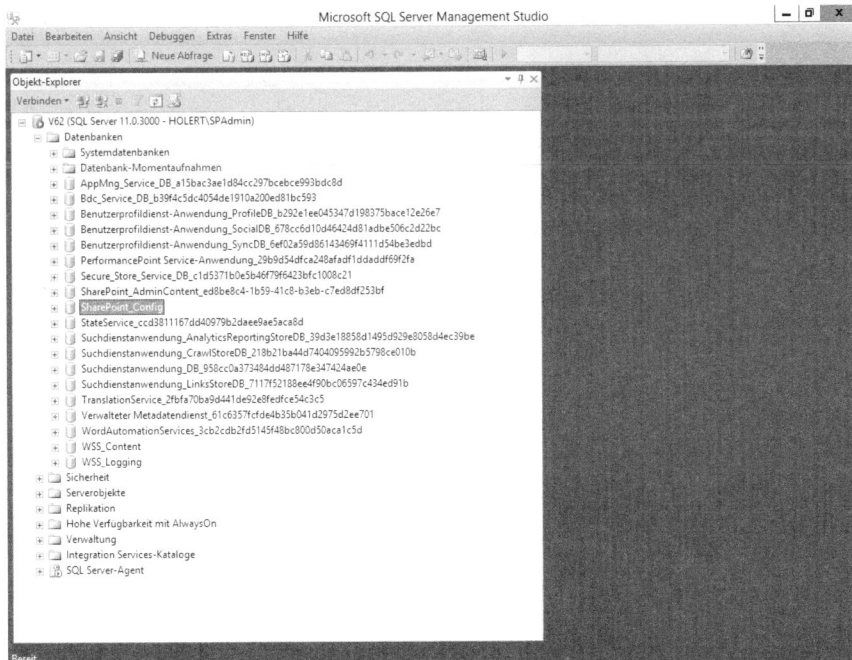

Der Assistent hat mit den Standardeinstellungen insgesamt 18 Datenbanken zusätzlich zur SharePoint-Konfigurationsdatenbank angelegt. Damit sind jetzt alle SharePoint-Dienstanwendungen vollständig installiert.

Websitesammlung für Portal erstellen

Erstellen Sie für die Portalseite im Anschluss eine Websitesammlung (Top-Level Site) auf der Wurzel der Webanwendung ("/"). Wenn Sie die Schritte wie zuvor ausgeführt haben, zeigt Internet Explorer die Seite wie in Abbildung 8.30. Führen Sie nun folgende Schritte aus:

Abbildg. 8.30   Erstellen der Websitesammlung für die Portalseite – Angabe des Namens

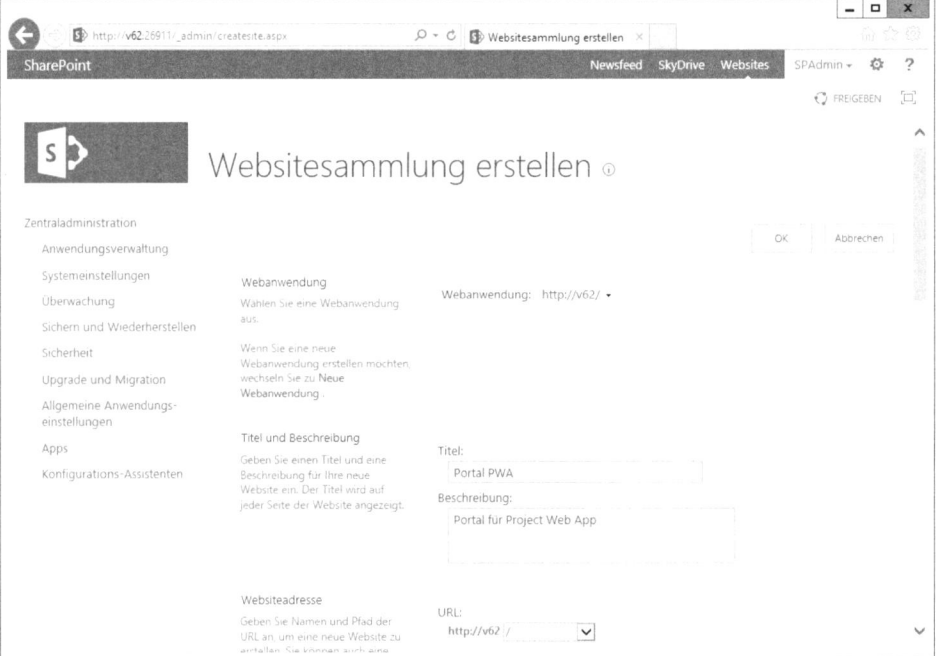

1. Geben Sie im Bereich *Titel und Beschreibung* als *Titel* »Portal PWA« und als *Beschreibung* »Portal für Project Web App« ein.

2. Wählen Sie als *Benutzeroberflächenversion* den Eintrag *2013* und im Bereich *Vorlage auswählen* als Vorlage im Register *Benutzerdefiniert* den Eintrag *Vorlage später auswählen* aus. Damit können Sie zunächst Project Web App erstellen und später die gewünschte Vorlage für die Portalseite festlegen.

TIPP   Die Portalseite wird oft als zentrale Suchseite benutzt.

Abbildg. 8.31   Erstellen der Websitesammlung für die Portalseite – Auswahl der Websitevorlage

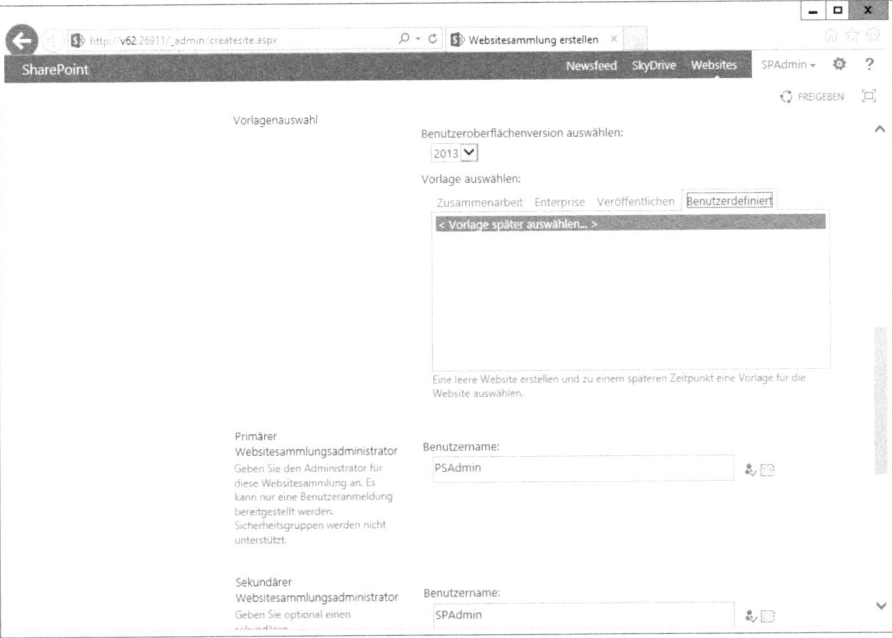

3. Geben Sie im Bereich *Primärer Websitesammlungsadministrator* das Konto *PSAdmin* und im Bereich *Sekundärer Websitesammlungsadministrator* das Installationskonto, hier z.B. *HOLERT\SPAdmin*, ein. Klicken Sie im Anschluss auf die Schaltfläche *OK*.

HINWEIS   Das Konto *SPService* wird als Dienstkonto standardmäßig zum Websitesammlungsadministrator, auch wenn es nicht explizit angegeben wird.

Abbildg. 8.32   Websitesammlung für Portalseite erfolgreich erstellt

4. Klicken Sie nach Erstellung der Websitesammlung auf die Verknüpfung mit deren Adresse, hier z.B. *http://v62*.

Sie können nun die Project Web App-Instanz inkl. der Websitesammlung erstellen.

PWA-Instanz erstellen

Zur Erstellung der PWA-Instanz wechseln Sie zurück in die SharePoint-Zentraladministration und führen folgende Schritte aus:

Abbildg. 8.33   Zentraladministration

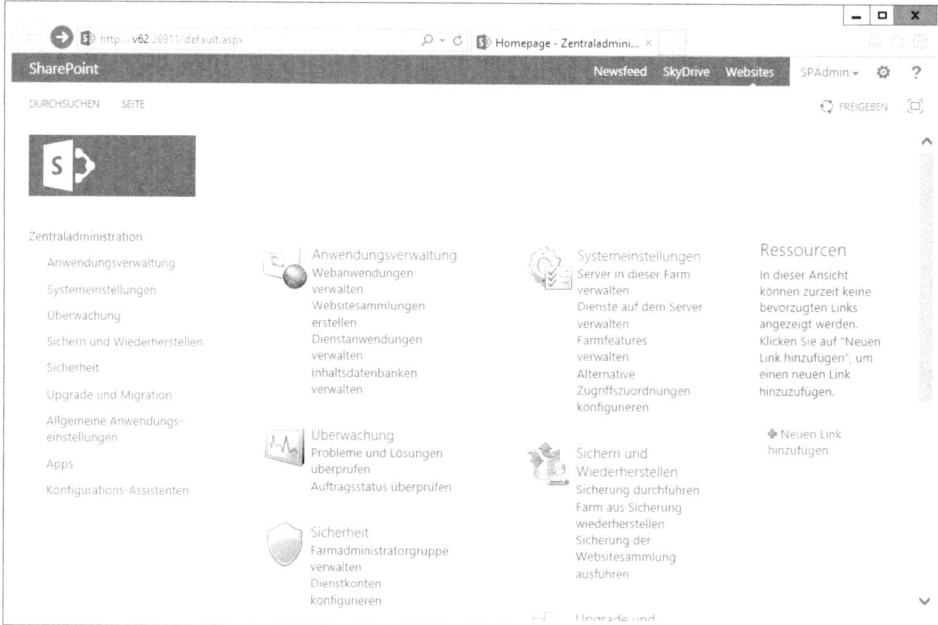

1. Wählen Sie im Bereich *Anwendungsverwaltung* die Verknüpfung *Dienstanwendungen verwalten* aus.

2. Führen Sie einen Bildlauf bis zur *Project Server-Dienstanwendung* aus und wählen Sie diese dann aus.

Abbildg. 8.34   Dienstanwendungen

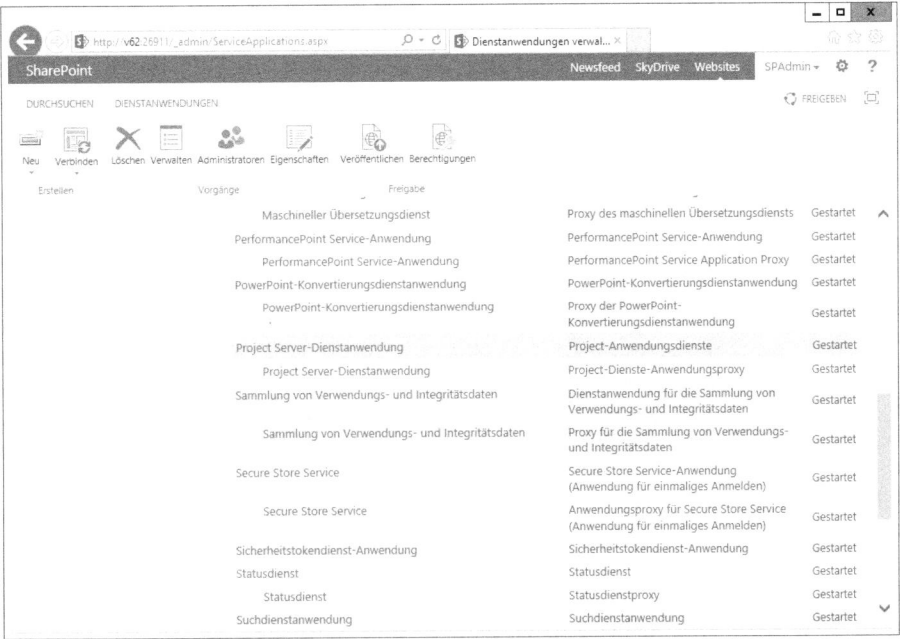

Abbildg. 8.35   Project Server-Dienstanwendung

3. Klicken Sie im Anschluss auf die Verknüpfung *Eine Project Web App-Instanz erstellen*.

Abbildg. 8.36   Project Web App-Instanz erstellen – Teil 1

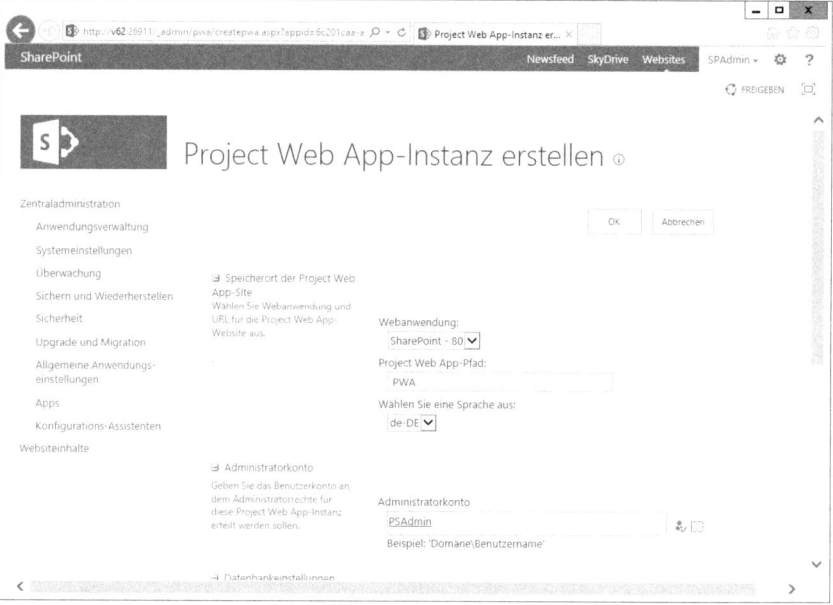

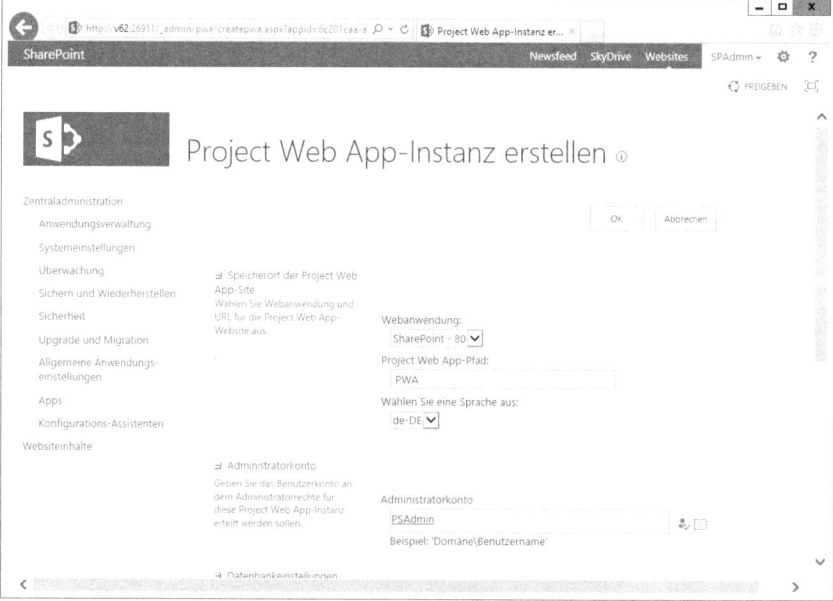

4. Behalten Sie die Auswahl im Bereich *Speicherort der Project Web App-Site* bei.

5. Geben Sie im Feld *Administratorkonto* das Konto »*PSAdmin*« ein.

6. Prüfen Sie Einstellungen für den Datenbankserver.

7. Geben Sie im Feld *Name der Project Web App-Datenbank* z.B. »ProjectWebApp_PWA« ein.

Abbildg. 8.37   Project Web App-Instanz erstellen – Teil 2

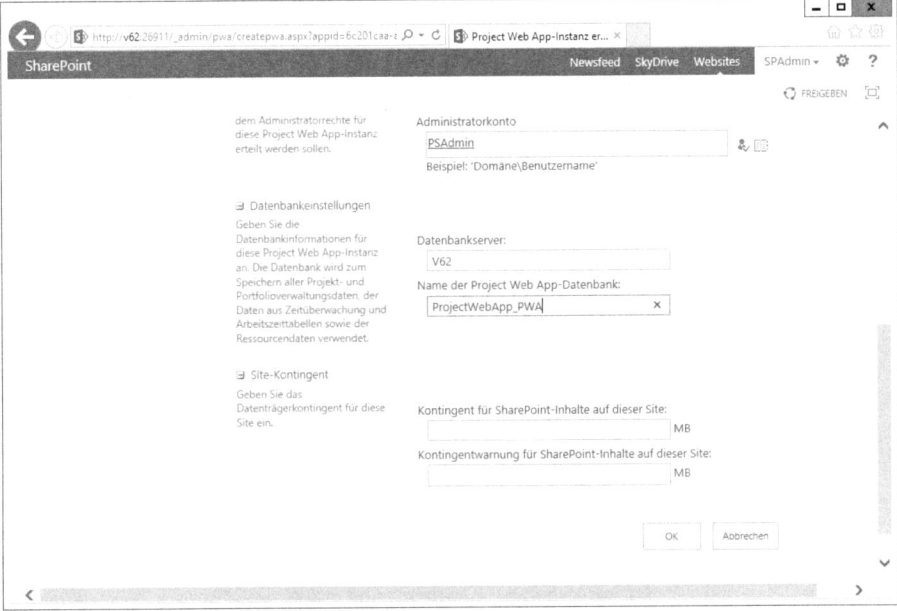

TIPP   Ergänzen Sie bei der Wahl des Datenbanknamens den Namen der Instanz. Das erleichtert Ihnen später den Überblick, falls Sie weitere Instanzen erstellen.

8. Klicken Sie auf die Schaltfläche *OK*, um den Erstellungsprozess zu starten.

Abbildg. 8.38   Die Project Web App-Instanz wurde erfolgreich bereitgestellt

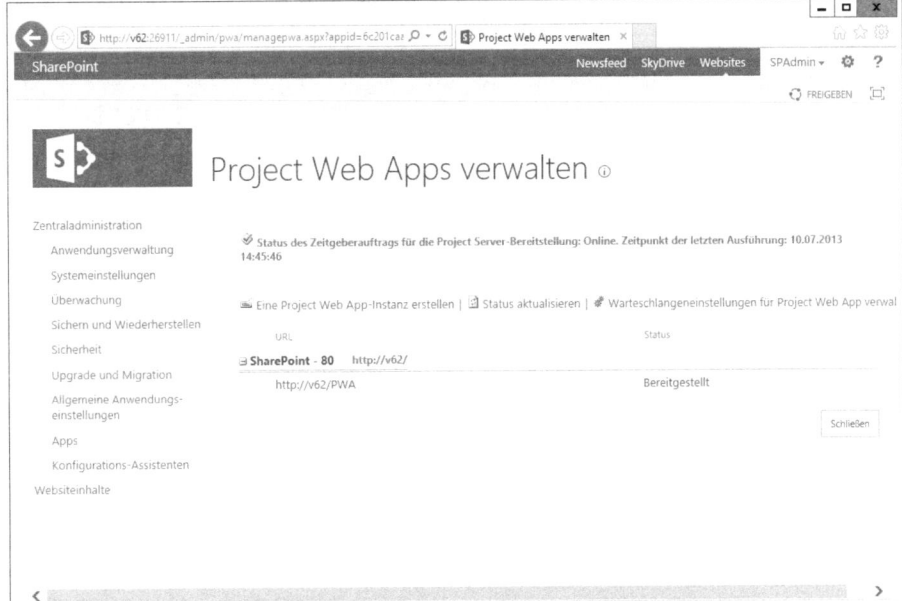

> **HINWEIS** Ist der Erstellungsprozess abgeschlossen, steht im Feld *Status* der Wert *Bereit-gestellt.*

9. Nachdem die Erstellung abgeschlossen ist, schließen Sie Internet Explorer und starten ihn erneut als Benutzer PSAdmin.

10. Geben Sie in der Adressleiste die URL Ihrer soeben erstellten Project Web App-Instanz ein, in unserem Beispiel *http://v62/PWA*.

Abbildg. 8.39   Project Web App-Startseite

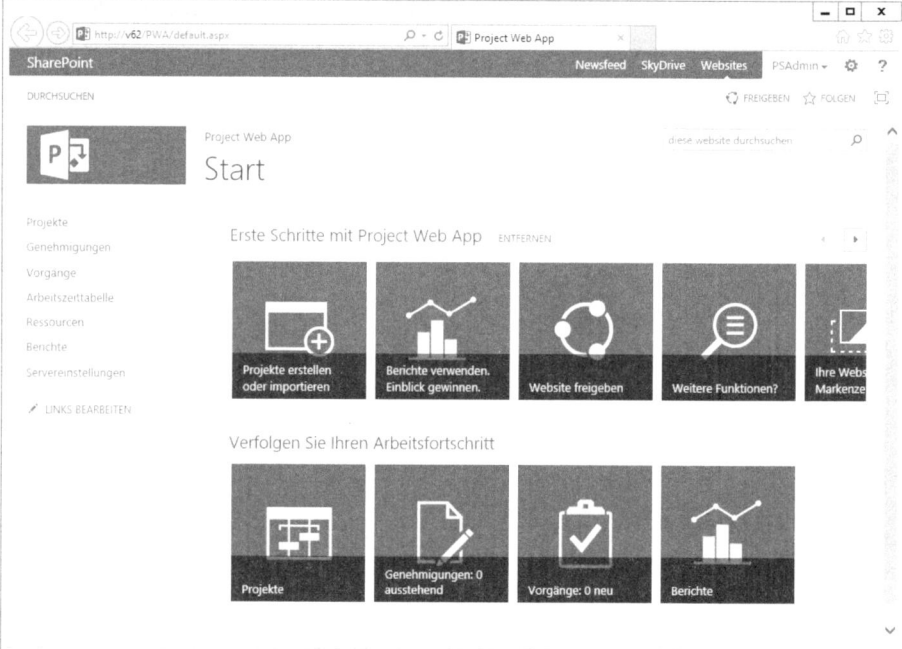

Der Startbildschirm Ihrer Project Web App wird angezeigt. Hiermit ist die Erstellung von Project Web App zwar abgeschlossen, jedoch sind die Berichte im *Business Intelligence Center* noch nicht nutzbar.

Excel Services, Secure Store Service und PerformancePoint Service-Anwendung konfigurieren

Sie können für das Berichtswesen die Excel Services und die PerformancePoint Services nutzen. Auf den Excel Services basieren die mitgelieferten Musterberichte im Business Intelligence Center (Project BI Center) von Project Web App (Präsentationsschicht). Um diese nutzen zu können, müssen zunächst die Excel Services so konfiguriert werden, dass diese auf die Project Server-Daten zugreifen können und dass die Zugangsdaten gesichert im Secure Store Service abgelegt werden. Zudem müssen die nötigen Clientkomponenten der Analysis Services installiert werden und eine Online Analytical Processing (OLAP)-Datenbank mit den aggregierten relationalen Project Server-Daten aus dem Project Server-Berichtsdatenbankschema erstellt werden (Datenschicht). Daneben müssen die PerformancePoint Services konfiguriert werden. In diesem Abschnitt beschreiben wir im Einzelnen die folgenden Schritte:

- Zugriffskonto für das Project Server-Datenbankschema berechtigen

- Excel Services konfigurieren

- Secure Store Service konfigurieren

- PerformancePoint Services konfigurieren

Daran anschließend beschreiben wir die Installation und Konfiguration der SQL Server Analysis Services-Clientkomponenten.

Zugriffskonto für das Project Server-Datenbankschema berechtigen

Um den Erstellern von Berichten Zugriff auf das Project Server-Datenbankschema zu geben, erteilen Sie dem hierfür bereits erstellten Konto *ReportAuthors* Leserechte auf die Project Server-Datenbank. Führen Sie dazu folgende Schritte aus:

1. Starten Sie das SQL Server Management Studio für SQL Server 2012, z.B. über den Befehl *Start/Alle Programme/SQL Server 2012/SQL Server Management Studio.*

2. Erweitern Sie unter dem Serverknoten die Container *Sicherheit* und *Anmeldungen.*

Abbildg. 8.40   Neue Anmeldung erstellen

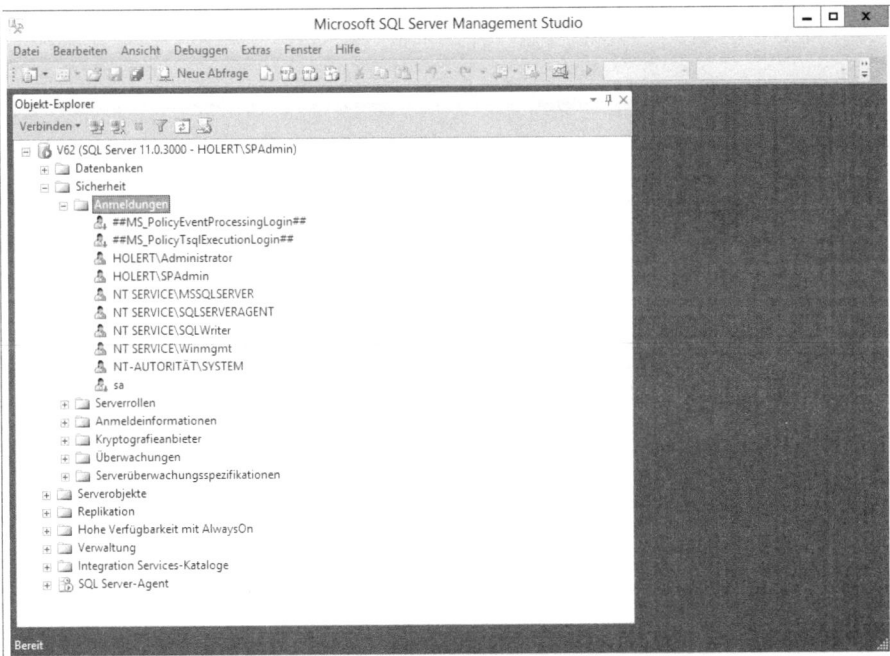

3. Klicken Sie mit der rechten Maustaste auf den Container *Anmeldungen* und wählen Sie im Kontextmenü den Eintrag *Neue Anmeldung* aus.

Windows-Gruppe *ReportAuthors* als Anmeldung einrichten

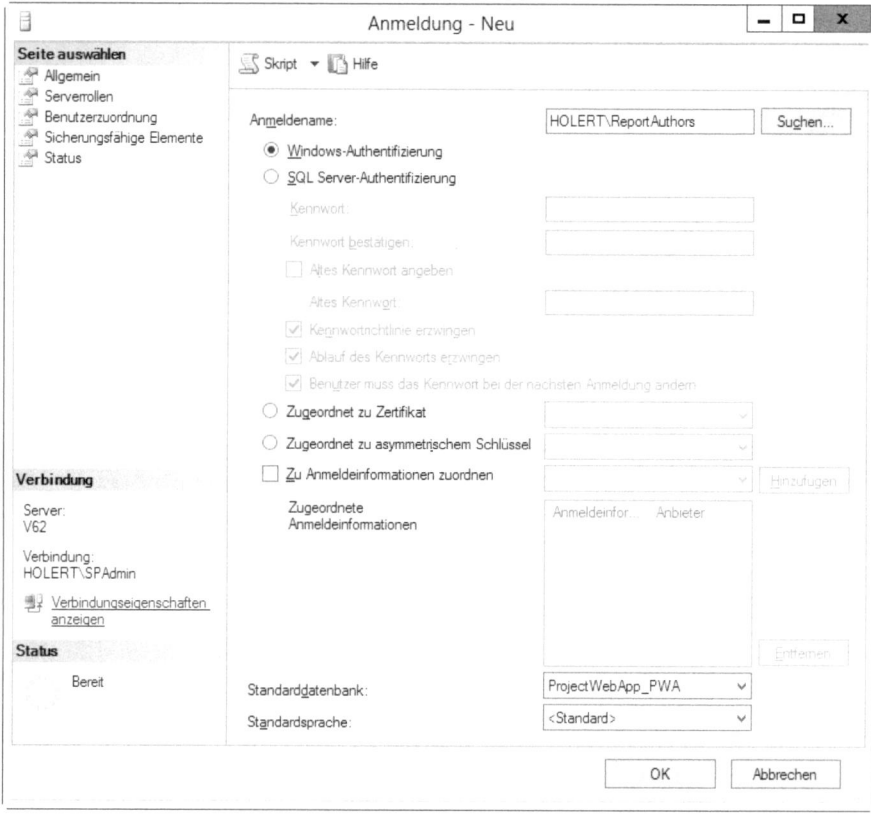

4. Geben Sie im Feld *Anmeldename* die Gruppe *ReportAuthors* an und wählen Sie Ihre Project Server-Datenbank *ProjectWebApp_PWA* als *Standarddatenbank* für diese Gruppe aus.

5. Klicken Sie auf *Benutzerzuordnung*, wählen Sie Ihre Project Server-Datenbank *ProjectWebApp_PWA* aus und aktivieren Sie das Kontrollkästchen *PSDataAccess*. Übernehmen Sie dann die Auswahl per Klick auf die Schaltfläche *OK*.

Abbildg. 8.42   Für Report-Ersteller Leseberechtigung auf die Project Server-Datenbank erteilen

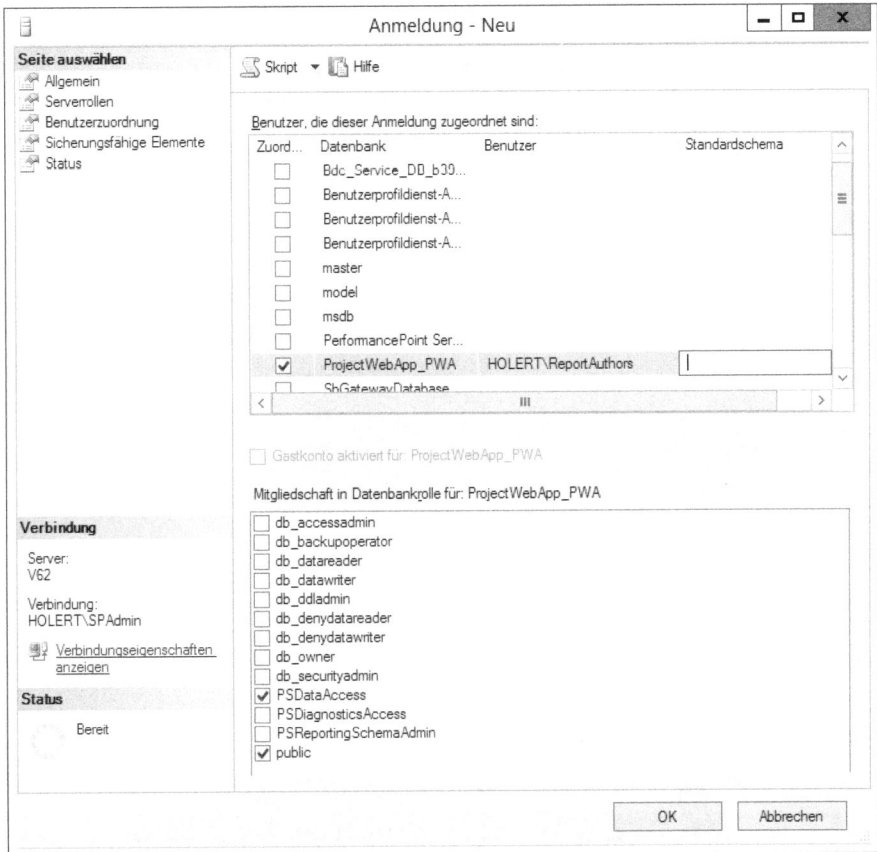

Excel Services konfigurieren

Die *Excel Services* dienen der webbasierten Anzeige von zuvor mit Microsoft Excel erstellten Berichten. Diese Berichte werden im BI Center von Project Web App in SharePoint-Dokumentbibliotheken abgelegt. Neben den Berichten selbst liegen dort auch die Datenverbindungsdateien (Office Data Connection, .odc-Dateien). Damit die Excel Services diese verwenden können, müssen diese zunächst als vertrauenswürdige Orte festgelegt werden. Führen Sie hierzu folgende Schritte aus:

1. Öffnen Sie Project Web App und klicken Sie in der Schnellstartleiste auf *Berichte.*

Business Intelligence Center

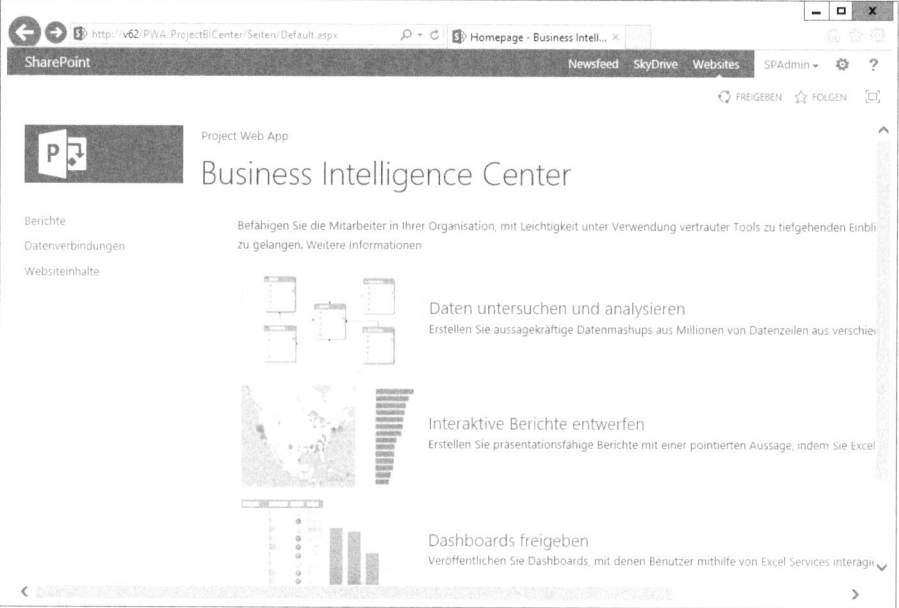

2. Klicken Sie danach auf die Verknüpfung *Datenverbindungen*.

Datenverbindungen

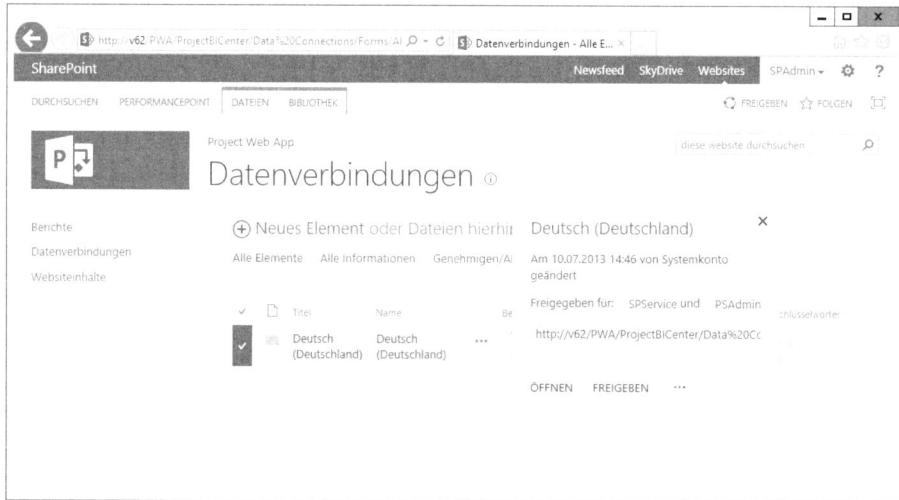

3. Klicken Sie in der Zeile des Ordners *Deutsch (Deutschland)* auf die drei Punkte (Ellipse) zur Anzeige weiterer Optionen.

4. Kopieren Sie sich den Inhalt des Felds mit der URL und notieren Sie die Adresse des Ordners mit den Datenverbindungen, hier z.B. *http://v62/PWA/ProjectBICenter/Data%20Connections /Deutsch%20(Deutschland)*.

5. Wiederholen Sie diese Vorgehensweise für die Ermittlung der Pfade für die Bibliotheken *Berichte* und *Vorlagen* (im Bereich *Websiteinhalte* zu finden) (Abbildung 8.43). Die Pfade heißen hier:

http://v62/PWA/ProjectBICenter/Sample%20Reports/Deutsch%20(Deutschland)

und

http://v62/PWA/ProjectBICenter/Templates/Deutsch%20(Deutschland).

Abbildg. 8.45   Excel Services-Anwendung

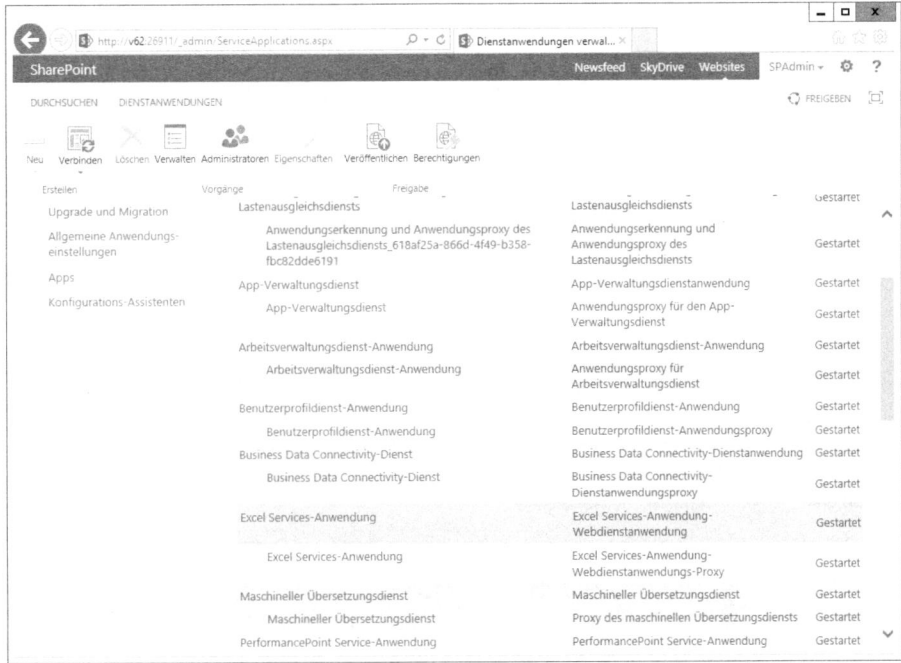

6. Wechseln Sie zurück in die SharePoint-Zentraladministration, wählen Sie unter *Anwendungsverwaltung/Dienstanwendungen verwalten* den Eintrag *Excel Services-Anwendung* aus und rufen Sie im Menüband in der Befehlsgruppe *Vorgänge* den Befehl *Verwalten* auf.

Globale Einstellungen

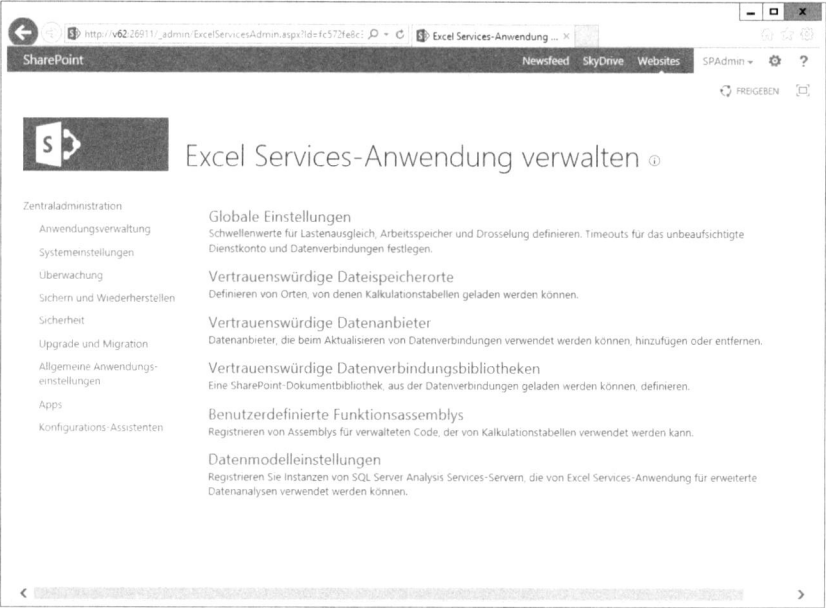

7. Klicken Sie auf die Verknüpfung *Globale Einstellungen*.

Zielanwendungs-ID

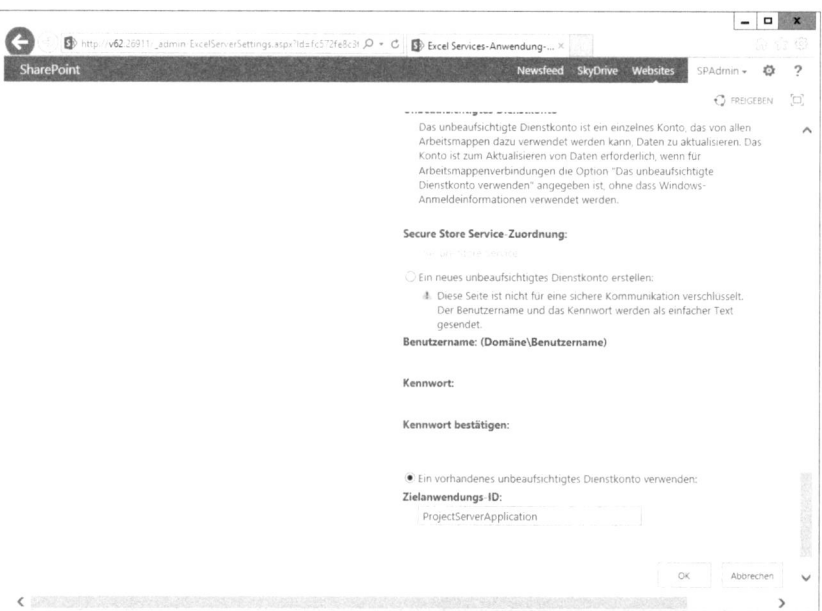

8. Geben Sie im Feld *Zielanwendungs-ID* den Wert *ProjectServerApplication* ein und klicken Sie auf die Schaltfläche *OK*.

| **HINWEIS** | Achten Sie auf exakte Schreibweise inkl. Groß- und Kleinschreibung. |

Abbildg. 8.48   Vertrauenswürdige Dateispeicherorte

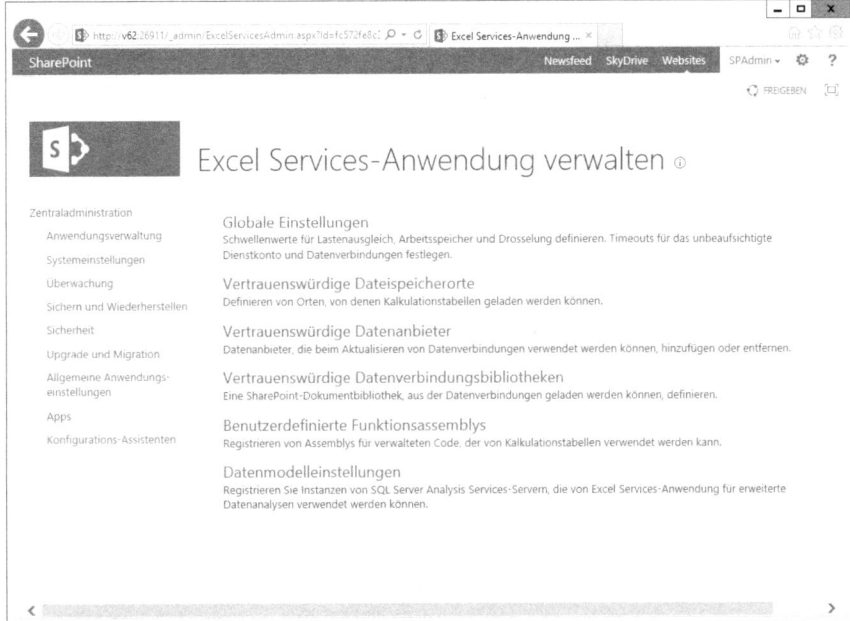

9. Zurück auf der Verwaltungsstartseite der Excel Services-Anwendung klicken Sie auf die Verknüpfung *Vertrauenswürdige Dateispeicherorte*.

Abbildg. 8.49   Einen vertrauenswürdigen Dateispeicherort hinzufügen

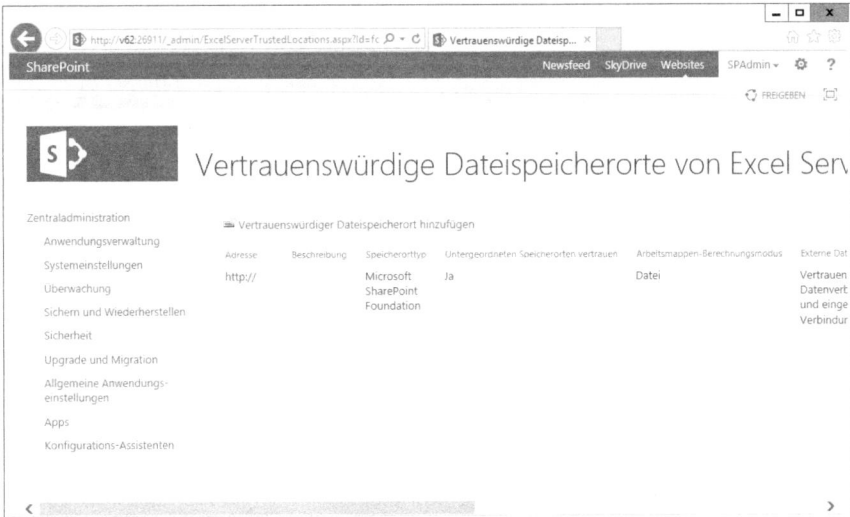

10. Klicken Sie auf die Verknüpfung *Vertrauenswürdiger Dateispeicherort hinzufügen*.

Abbildg. 8.50   Dateispeicherort der Musterberichte als vertrauenswürdigen Ort hinzufügen

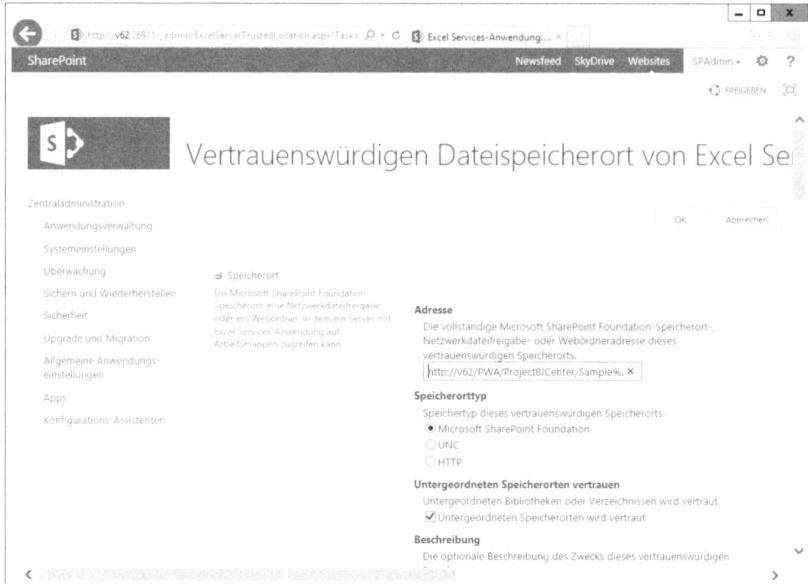

11. Fügen Sie die zuvor notierte Adresse für die Musterberichte (*http://v62/PWA/ProjectBICenter/Sample%20Reports/Deutsch%20(Deutschland)*) im Bereich *Speicherort* in das Feld *Adresse* ein. Aktivieren Sie zudem das Kontrollkästchen *Untergeordneten Speicherorten wird vertraut*.

Abbildg. 8.51   Vertrauenswürdige Datenverbindungsbibliotheken und eingebettete Verbindungen

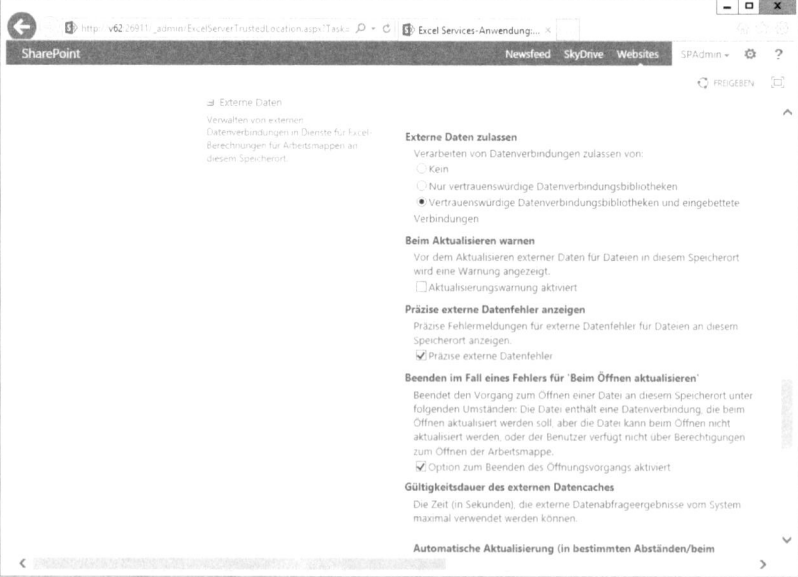

12. Führen Sie einen Bildlauf bis zum Bereich *Externe Daten* aus. Wählen Sie im Abschnitt *Externe Daten zulassen* die Option *Vertrauenswürdige Datenverbindungsbibliotheken und ein-*

gebettete Verbindungen aus. Deaktivieren Sie im Abschnitt *Beim Aktualisieren warnen* das Kontrollkästchen *Aktualisierungswarnung aktiviert*.

13. Klicken Sie danach auf die Schaltfläche *OK*.

14. Wiederholen Sie diese Vorgehensweise mit der für die Vorlagenbibliothek notierten Adresse *http://v62/PWA/ProjectBICenter/Templates/Deutsch%20(Deutschland)*.

Abbildg. 8.52   Vertrauenswürdige Datenverbindungsbibliotheken

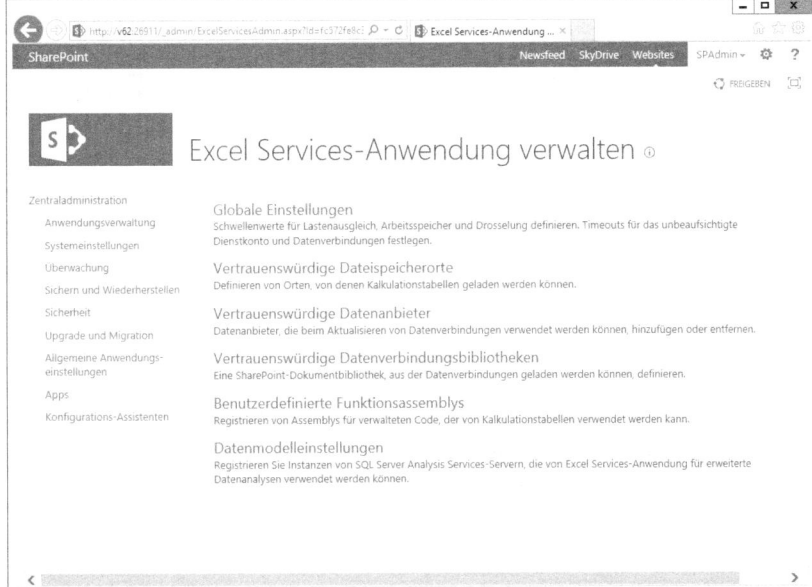

15. Wechseln Sie zurück auf die Startseite der Excel Services-Anwendung. Wählen Sie nun die Verknüpfung *Vertrauenswürdige Datenverbindungsbibliotheken* aus.

Abbildg. 8.53   Vertrauenswürdige Datenverbindungsbibliotheken hinzufügen

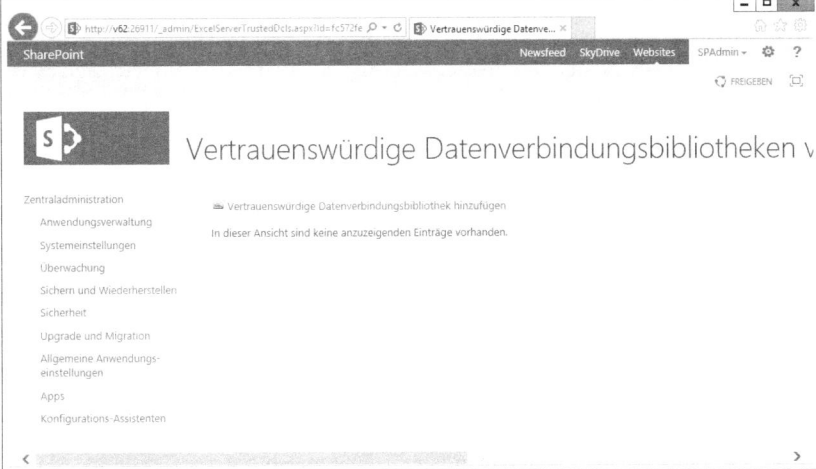

16. Klicken Sie auf die Verknüpfung *Vertrauenswürdige Datenverbindungsbibliotheken hinzufügen*.

Vertrauenswürdige Datenverbindungsbibliotheken für den Ordner *Datenverbindungen*

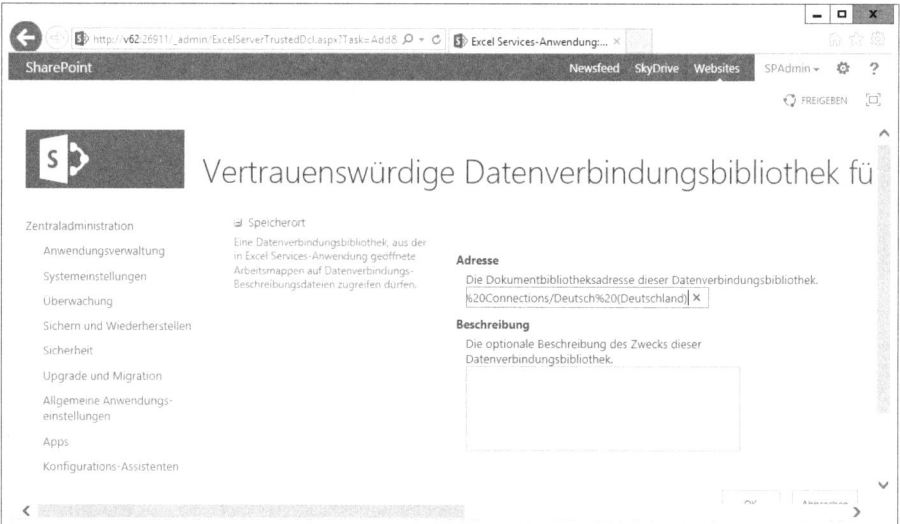

17. Geben Sie die zuvor notierte Adresse für den Ordner *Datenverbindungen* im Feld *Adresse* ein, hier: *http://v62/PWA/ProjectBICenter/Data%20Connections/Deutsch%20(Deutschland)*. Klicken Sie im Anschluss auf die Schaltfläche *OK*.

> **HINWEIS** Wenn Sie auch Berichte aus OLAP-Cubes verwenden möchten, müssen Sie ebenfalls eine Datenverbindung auf den Unterordner Ihrer OLAP-Cubes einrichten. Dieser Ordner steht Ihnen erst nach Anlegen eines OLAP-Cubes, wie in Kapitel 9 beschrieben, zur Verfügung. Den Ordner finden Sie ebenfalls unter Datenverbindungen (vgl. Abbildung 8.44). Öffnen Sie die angezeigte Datenverbindung durch Anklicken und Sie sehen den OLAP-PWA-Ordner. Seinen Pfad ermitteln Sie wie bereits beschrieben über das Symbol *Ellipse*.

Hiermit haben Sie die Excel Services autorisiert, Berichtsdateien und Datenquellen im Business Intelligence Center von Project Web App zu verarbeiten. Im nächsten Schritt werden die hierfür benötigten Anmeldeinformationen hinterlegt.

Secure Store Service konfigurieren

Secure Store Service von SharePoint bietet einen besonders geschützten Raum für die Verwaltung von Zugangsdaten (Anmeldeinformationen). Um Zugangsdaten für die Berichte zu hinterlegen, gehen Sie folgendermaßen vor.

Abbildg. 8.55   Secure Store Service

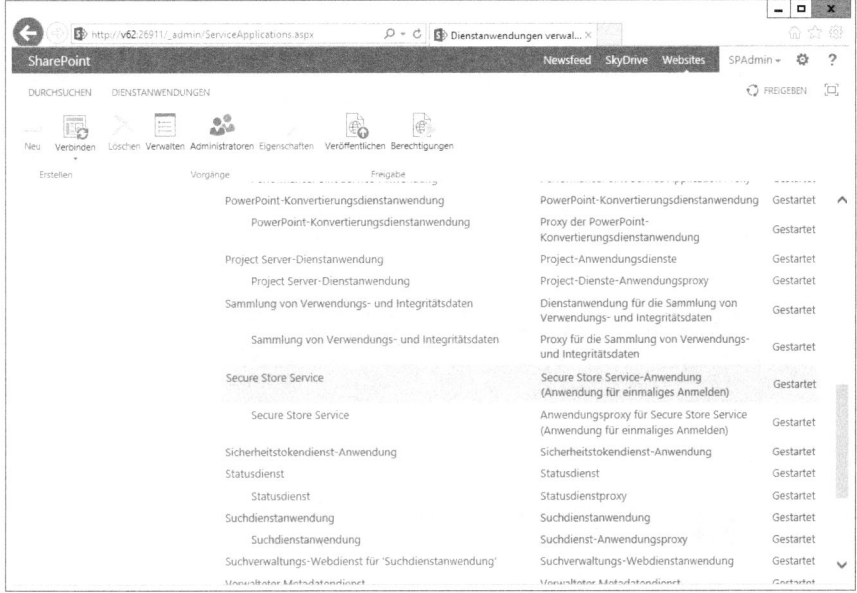

1. Wechseln Sie zurück auf die Verwaltungsseite der SharePoint-Dienstanwendungen in der SharePoint-Zentraladministration und klicken Sie auf die Verknüpfung *Secure Store Service*.

Abbildg. 8.56   Neuen Schlüssel generieren

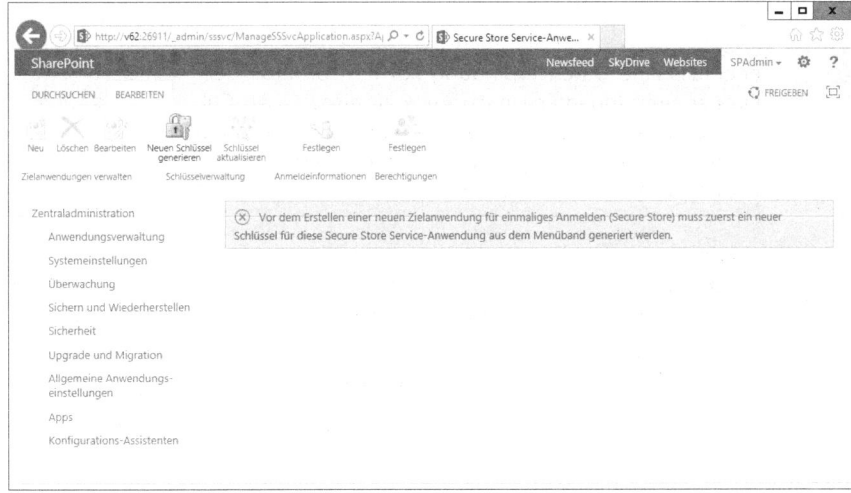

2. Sofern der Secure Store Service nicht bereits konfiguriert ist, müssen Sie vor der ersten Verwendung einen neuen Schlüssel für die Verschlüsselung der Daten generieren. Klicken Sie dazu im Menüband im Bereich *Schlüsselverwaltung* auf den Eintrag *Neuen Schlüssel generieren*.
3. Geben Sie nun die Passphrase je einmal im Feld *Passphrase* und *Passphrase bestätigen* ein. Klicken Sie anschließend auf die Schaltfläche *OK*.

Abbildg. 8.57   Passphrase

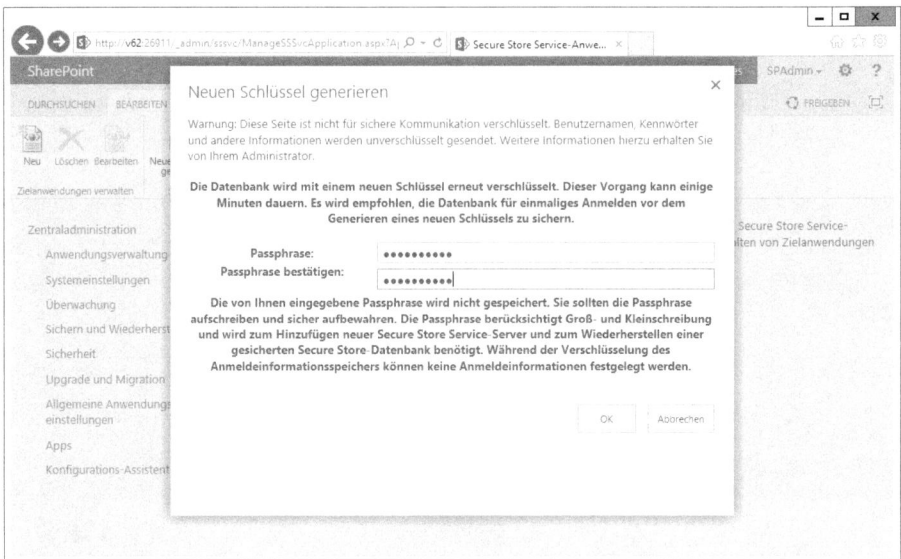

Abbildg. 8.58   Neue Secure Store Service-Zielanwendung

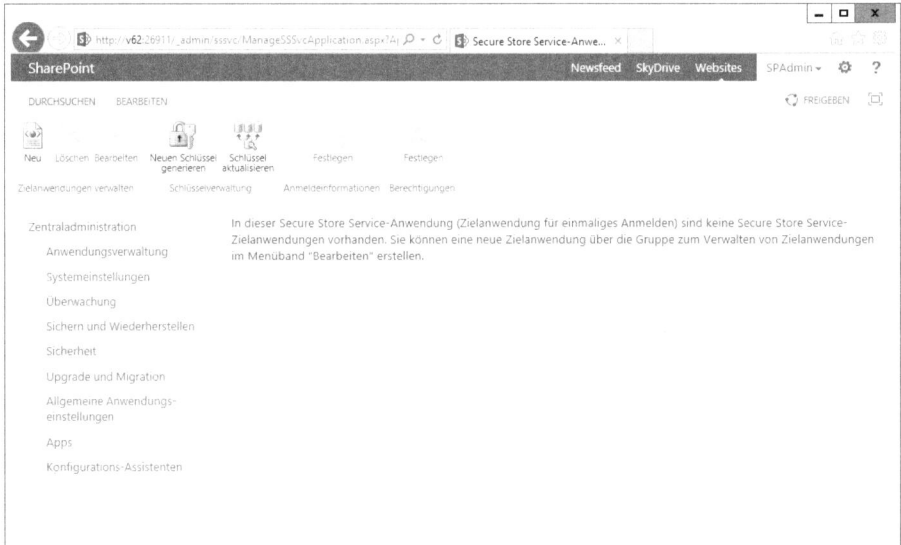

4. Wir hatten zuvor in den Excel Services einen Namen (*ProjectServerApplication*) für die Anwendung hinterlegt. Zu dieser hinterlegen wir jetzt die Zugangsdaten. Klicken Sie dazu im Menüband im Bereich *Zielanwendungen verwalten* auf den Eintrag *Neu*.

Abbildg. 8.59   Zielanwendungs-ID: *ProjectServerApplication*

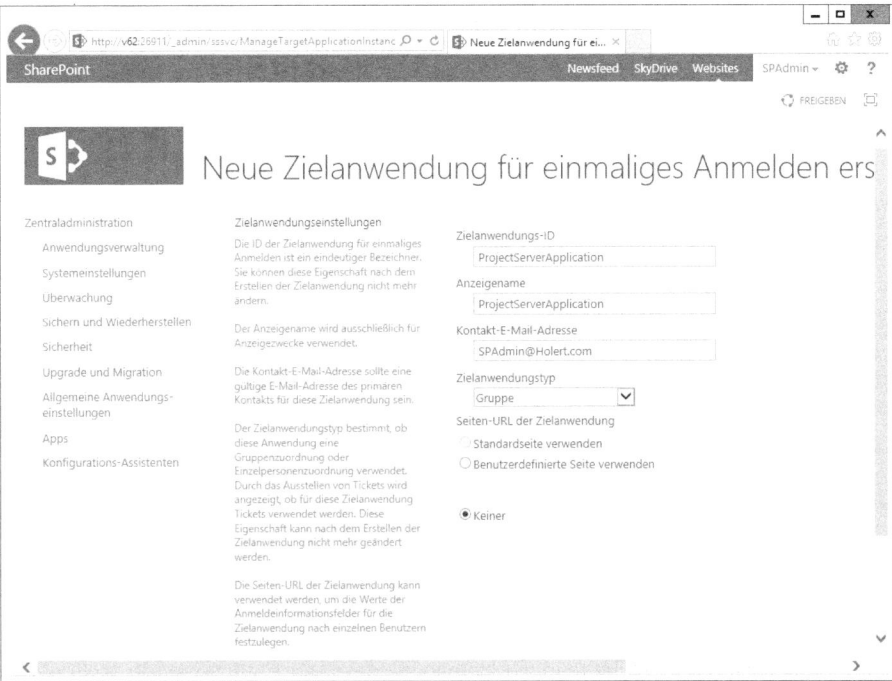

5. Geben Sie im Feld *Zielanwendungs-ID* exakt den Namen an, wie zuvor definiert, hier »Pro-jectServerApplication«. Geben Sie einen Anzeigenamen und eine E-Mail-Adresse ein. Wäh-len Sie im Dropdown-Listenfeld *Zielanwendungstyp* den Eintrag *Gruppe* aus und stellen Sie sicher, dass im Abschnitt *Seiten-URL der Zielanwendung* die Option *Keiner* ausgewählt ist. Klicken Sie danach auf die Schaltfläche *Weiter*.

Abbildg. 8.60   Anmeldeinformationsfelder

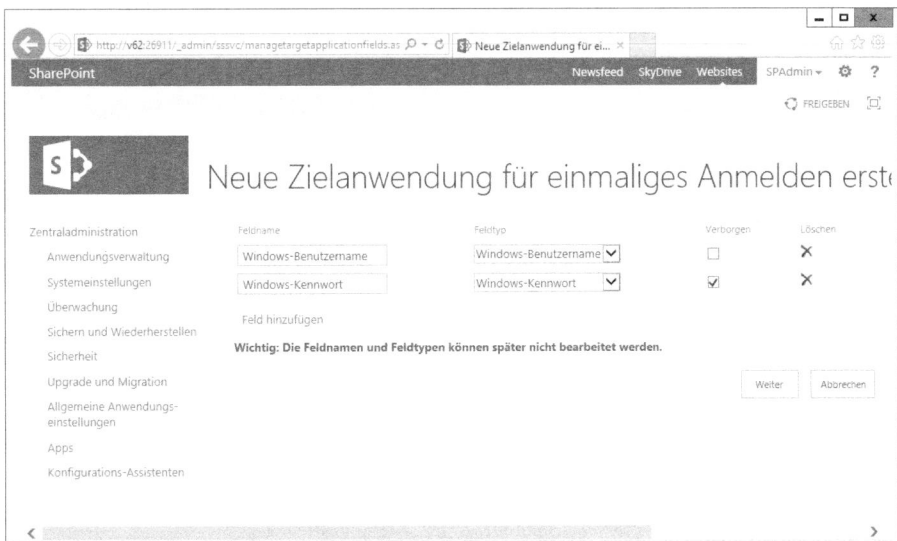

6. Klicken Sie auf die Schaltfläche *Weiter*.

Administratoren und Mitglieder festlegen

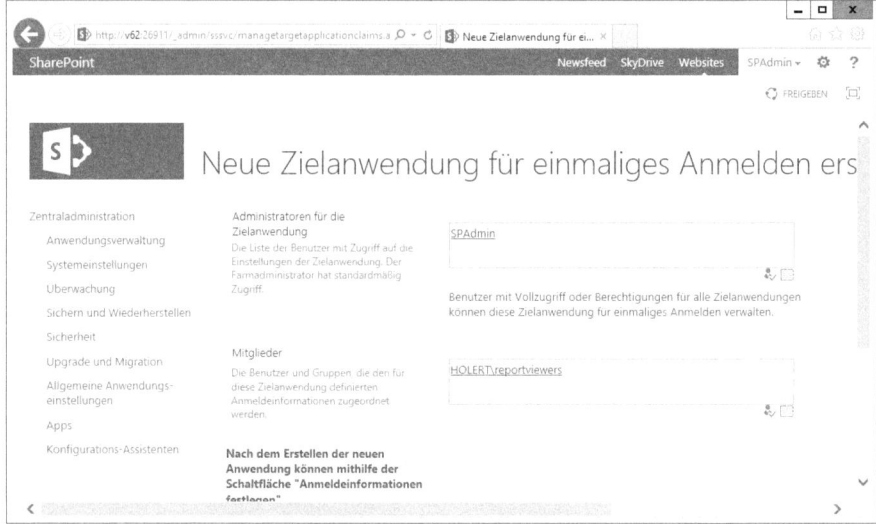

7. Die Zielanwendung kann später vom *SPAdmin* standardmäßig verwaltet werden. Um die Gruppe der Administratoren klein zu halten, tragen Sie im Feld *Administrator* ebenfalls *SPAdmin* ein. Geben Sie im Feld *Mitglieder* die zuvor erstellte Gruppe für die Nutzer der Berichte *ReportViewers* an. Klicken Sie danach auf die Schaltfläche *OK*.

Zugangsdaten speichern

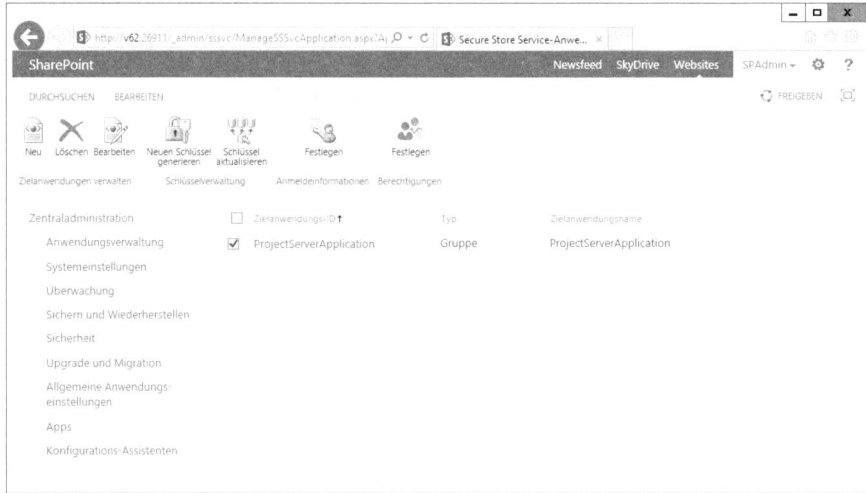

8. Um die Zugangsdaten festzulegen, die von den Berichten auf dem *Business Intelligence Center* durch die ReportViewers verwendet werden sollen, aktivieren Sie das Kontrollkästchen neben der Verknüpfung *ProjectServerApplication* und klicken im Menüband im Bereich *Anmeldeinformationen* auf den Eintrag *Festlegen*.

Abbildg. 8.63   Anmeldeinformationen festlegen

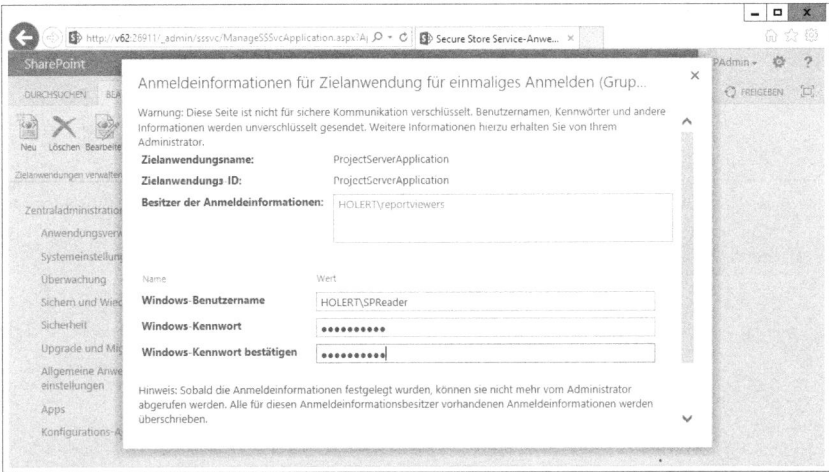

9. Geben Sie hier den Windows-Benutzernamen und das Windows-Kennwort des *SPReader*-Kontos ein, das Sie zuvor angelegt haben. Klicken Sie auf die Schaltfläche *OK*.

HINWEIS   Überprüfen Sie, dass dieses Konto ein Mitglied der Gruppe *ReportAuthors* ist, um hierüber Lesezugriff auf die Project Server-Datenbank zu erhalten.

PerformancePoint Services konfigurieren

Die PerformancePoint Services-Anwendung muss nach der Erstellung der PWA-Instanz noch für den Einsatz im BI Center konfiguriert werden. Gehen Sie dazu folgendermaßen vor:

1. Starten Sie die SharePoint Zentraladministration und wechseln Sie zu *Anwendungsverwaltung/Dienstanwendungen verwalten*.

Abbildg. 8.64   SharePoint-Zentraladministration – Dienstanwendungen verwalten

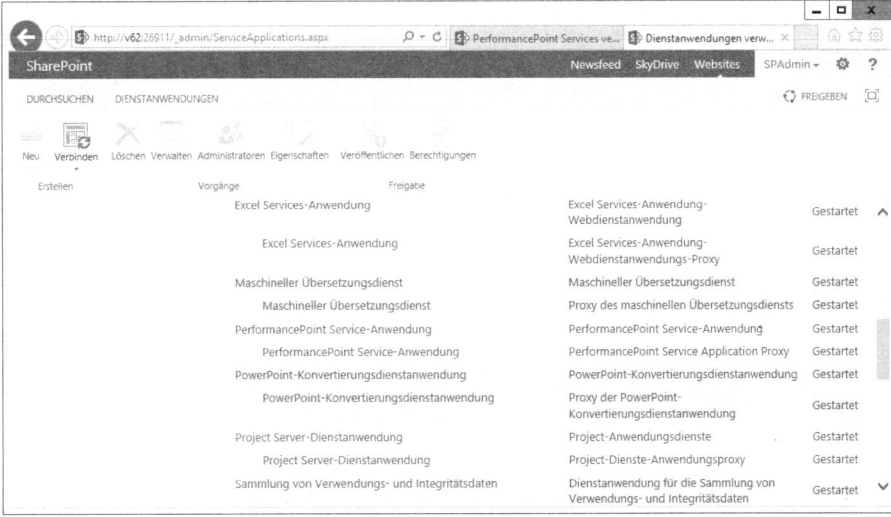

2. Wählen Sie die *PerformancePoint Service-Anwendung* aus und rufen Sie im Menüband auf der Registerkarte *DIENSTWENDUNGEN* in der Befehlsgruppe *Vorgänge* den Befehl *Verwalten* auf.

Abbildg. 8.65   PerformancePoint Services verwalten

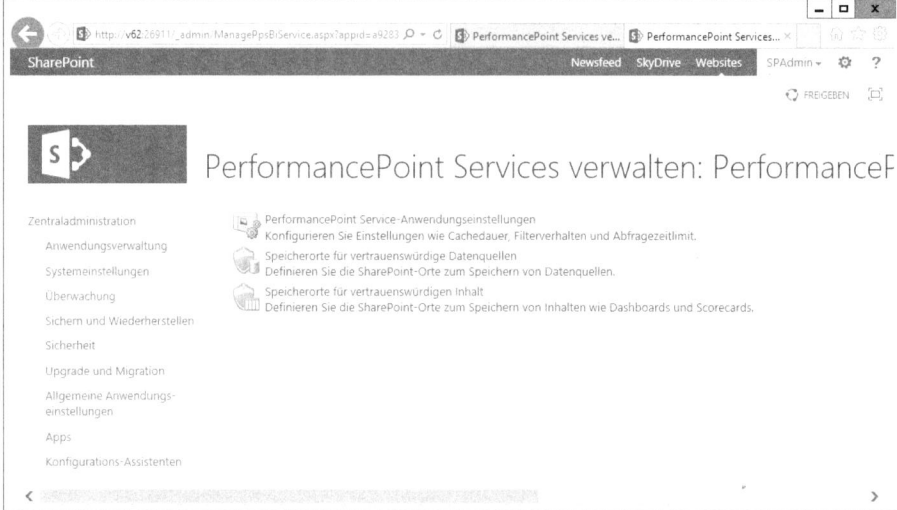

3. Klicken Sie dort auf die Verknüpfung *PerformancePoint Service-Anwendungseinstellungen*.

Abbildg. 8.66   PerformancePoint Services-Anwendungseinstellungen

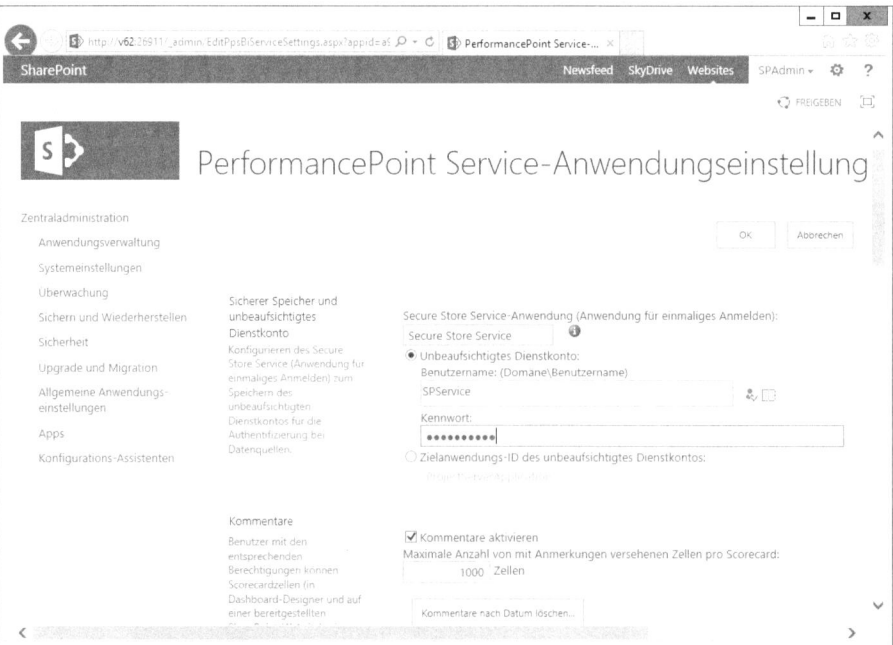

4. Geben Sie als *Unbeaufsichtigtes Dienstkonto* »SPService« mit entsprechendem Kennwort an.

5. Klicken Sie auf *OK*.

Abbildg. 8.67   BI Center

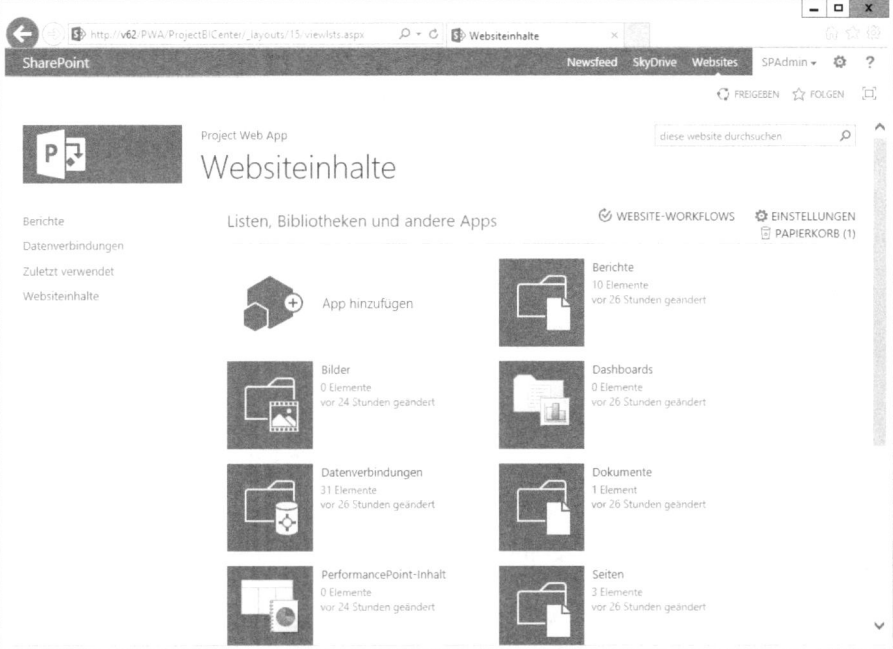

6. Damit ist PerformancePoint für die Benutzung vom BI Center aus konfiguriert und kann aus diesem gestartet werden.

Die Konfiguration für die Präsentationsschicht der Berichte aus dem *Business Intelligence Center* ist abgeschlossen. Es fehlt jedoch noch die Konfiguration der Datenschicht für die OLAP-basierten Berichte.

SQL Server Analysis Services-Clientkomponenten installieren und konfigurieren

Für die Verwaltung der Analysis Services (AS) benötigt Project Server die *Analysis Services Management Objects* (AMO) und Admin-Rechte für die AS. Zudem muss das Dienstkonto der AS Zugriff auf das Berichtsdatenbankschema der PWA-Instanz haben. Im Einzelnen beschreiben wir folgende Schritte:

- SQL Server Native Client und Analysis Management Objects installieren

- AS Service Account Zugriff auf das Berichtsdatenbankschema geben

- Project Server-Dienstkonto als Analysis Services-Administrator festlegen

SQL Server Native Client und Analysis Management Objects installieren

Installieren Sie unabhängig von der SQL Server-Version, auf dem die Analysis Services laufen, die SQL Server 2008 AMO und den zum Datenbankmodul der SQL Server-Version passenden SQL Server Native Client; in diesem Fall Microsoft SQL Server 2012 Native Client. Beide Installationsquellen können Sie im Download Center von Microsoft aus dem SQL Server Feature Pack herunterladen.[1]

AS Service Account Zugriff auf das Berichtsdatenbankschema geben

Ermitteln Sie das Dienstkonto der Analysis Services, hier *SQLService* und geben Sie diesem, wie zuvor bei der Gruppe *ReportAuthors* beschrieben, Rechte auf das Berichtsdatenbankschema der PWA-Instanz.

Project Server-Dienstkonto als Analysis Services-Administrator festlegen

Um das Project Server-Dienstkonto als Analysis Services-Administrator festzulegen, führen Sie folgende Schritte aus:

1. Starten Sie das *SQL Server Management Studio* und stellen Sie eine Verbindung zu den Analysis Services her.

Abbildg. 8.68   SQL Server Management Studio

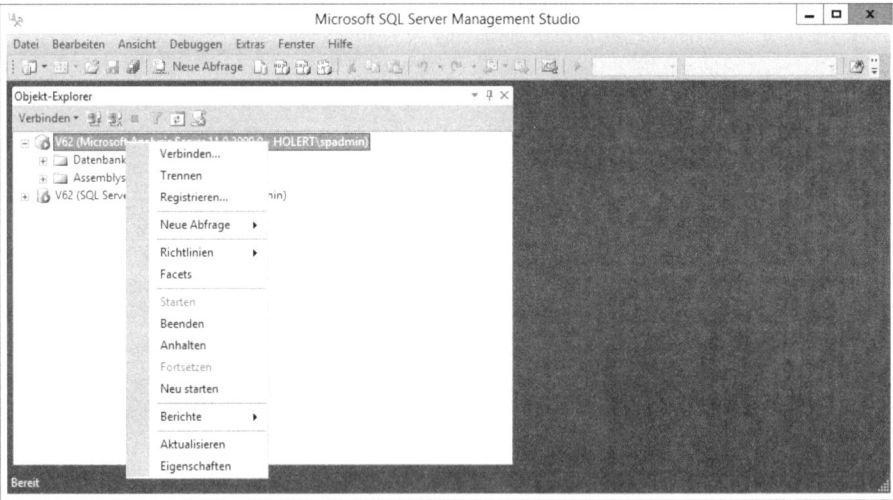

2. Klicken Sie mit der rechten Maustaste auf den Serverknoten und wählen Sie im Kontextmenü den Eintrag *Eigenschaften* aus.
3. Wählen Sie die Seite *Sicherheit* aus.
4. Klicken Sie auf die Schaltfläche *Hinzufügen* und geben Sie den Namen des Project Server-Dienstkontos *SPService* ein.

---

[1] *http://www.microsoft.com/downloads*

Abbildg. 8.69   Project Server-Dienstkonto als Analysis Services-Admin festlegen

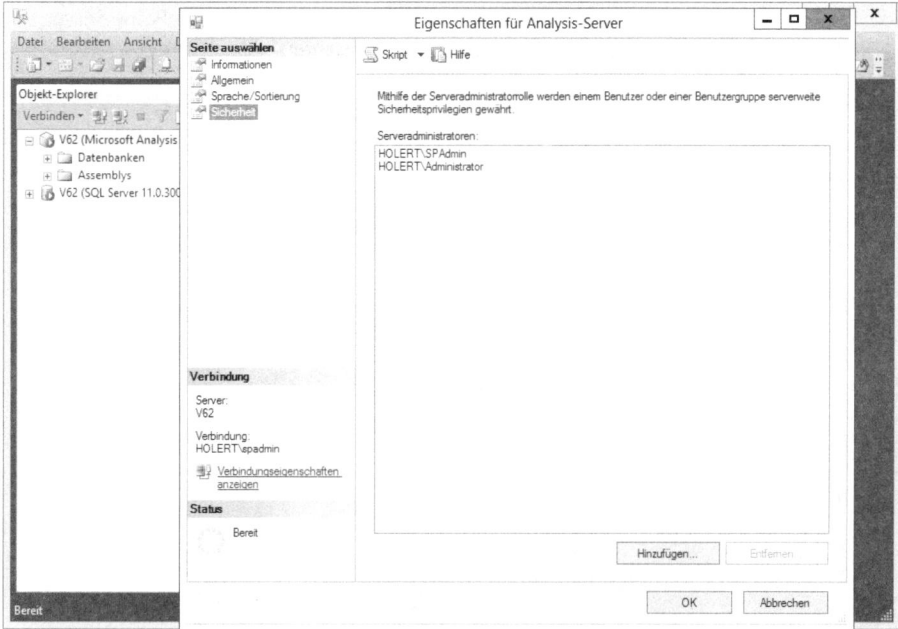

5. Bestätigen Sie die beiden offenen Dialogfelder mit der Schaltfläche *OK*.

Hiermit haben Sie alle technischen Voraussetzungen, um OLAP-Datenbanken zu erstellen. Die genaue Vorgehensweise ist in Kapitel 9 im Abschnitt »Erstellungseinstellungen für OLAP-Datenbanken« beschrieben. Nachdem Sie die Standard-OLAP-Datenbank erstellt haben, können Sie alle vorinstallierten Musterberichte und Vorlagen (*Project Web App/Business Intelligence*) verwenden.

Um die Installation fortzusetzen, installieren und konfigurieren Sie das Workflowmanagement.

Workflowmanagement installieren und konfigurieren

Damit Sie in Kapitel 9 den Workflow erstellen können, der in Kapitel 4 verwendet wird, sind folgende Schritte erforderlich:

- SharePoint Designer 2013 installieren
- Workflow Manager 2013 installieren
- Workflow Manager 2013 konfigurieren

SharePoint Designer 2013 installieren

Für die Erstellung eigener Workflows in Project Server 2013 benötigen Sie den SharePoint Designer 2013. Dieser kann kostenfrei von Microsoft bezogen werden.[1]

---

[1]   *http://www.microsoft.com/de-de/download/details.aspx?id=35491*

Workflow Manager 2013 installieren

Project Server 2013-Workflows werden mithilfe der SharePoint Server 2013-Workflow-Platt-form erstellt. Dazu benötigen Sie zunächst den SharePoint 2013 Workflow Manager, den Sie ebenfalls kostenlos von Microsoft beziehen können.[1]

Es wird sofort der Webplattform-Installer gestartet.

Abbildg. 8.70   Workflow Manager Startbildschirm

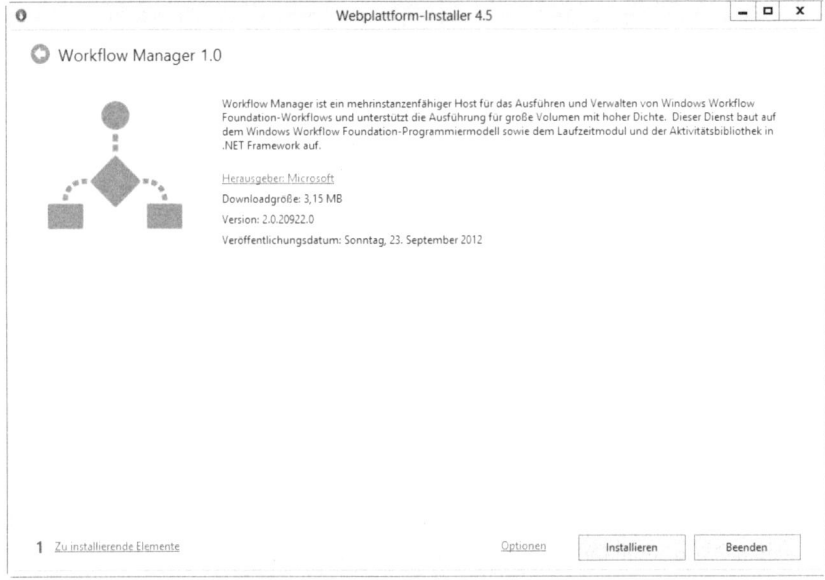

1. Klicken Sie auf den Link *Zu installierende Elemente* links unten.

Abbildg. 8.71   Workflow Manager-Installationsauswahl

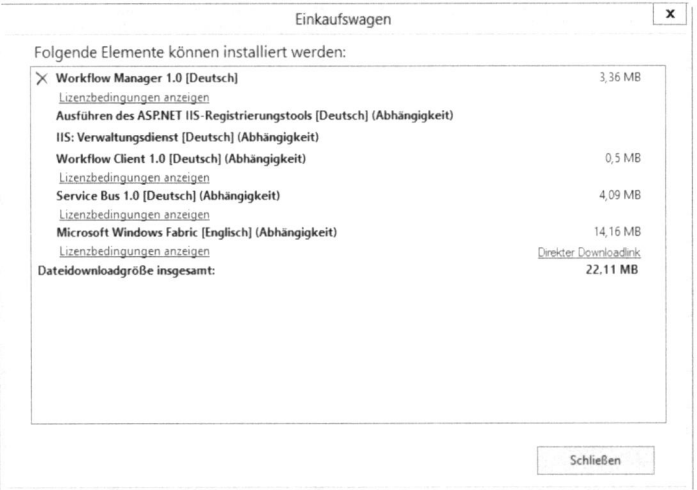

---

[1] *http://go.microsoft.com/fwlink/?LinkID=252092*

2. Klicken Sie auf *Schließen* und im darauffolgenden Dialog auf *Installieren*.

Abbildg. 8.72 Workflow Manager-Lizenzbedingungen

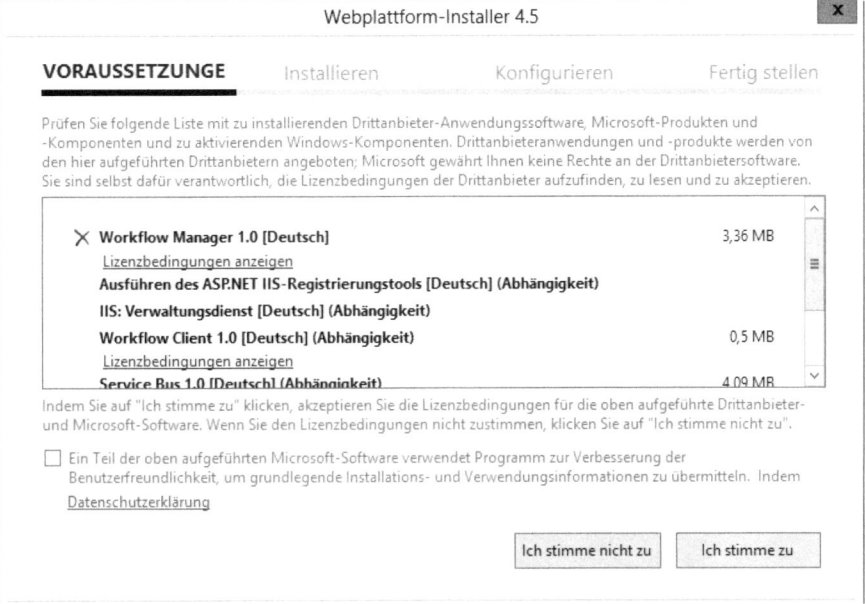

3. Behalten Sie die getroffene Auswahl bei, aktivieren Sie ggf. die Teilnahme am Programm zur Verbesserung der Benutzerfreundlichkeit und stimmen Sie den Lizenzbedingungen zu.

Abbildg. 8.73 Workflow Manager – automatische Updates

4. Wählen Sie *Microsoft Update beim Überprüfen auf Updates verwenden* und fahren Sie danach mit der Schaltfläche *Weiter* fort.

Abbildg. 8.74   Workflow Manager – Konfigurationsstart

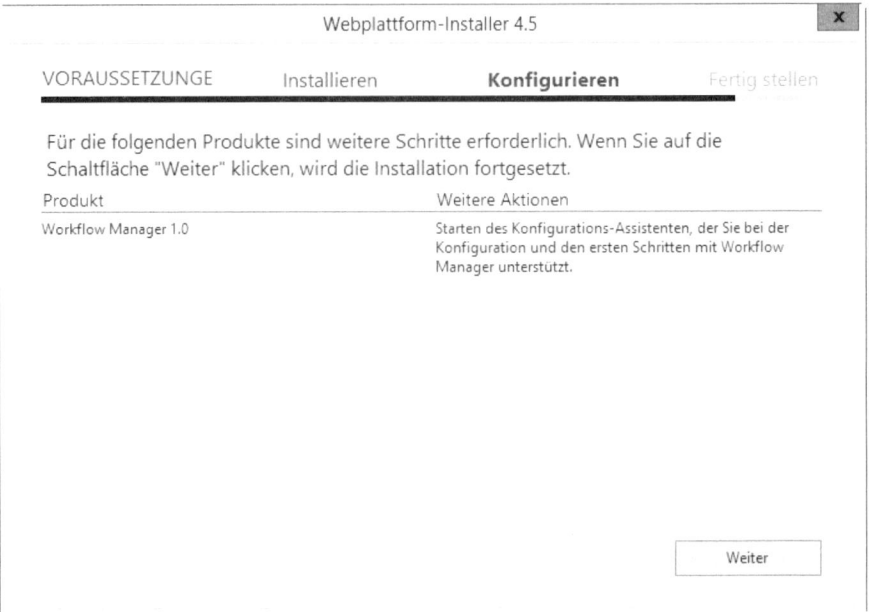

5. Klicken Sie auf die Schaltfläche *Weiter*, um die Installation fortzusetzen.

Abbildg. 8.75   Workflow Manager – Installationsübersicht

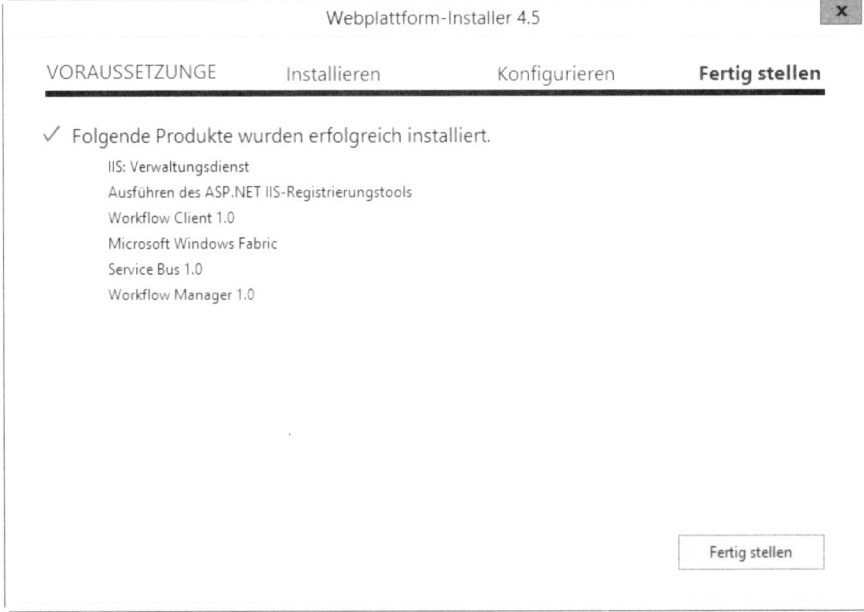

6. Klicken Sie auf die Schaltfläche *Fertig stellen*, um den Abschluss der Installation zu bestätigen.

Nach der Installation schließt sich die Konfiguration an.

Workflow Manager 2013 konfigurieren

Im nächsten Schritt wird der Workflow Manager konfiguriert und in die Farm aufgenommen.
Dazu führen Sie folgende Schritte aus:

1. Starten Sie die Anwendung *Workflow Manager-Konfiguration*.

Abbildg. 8.76   Workflow Manager – Konfigurations-Assistent

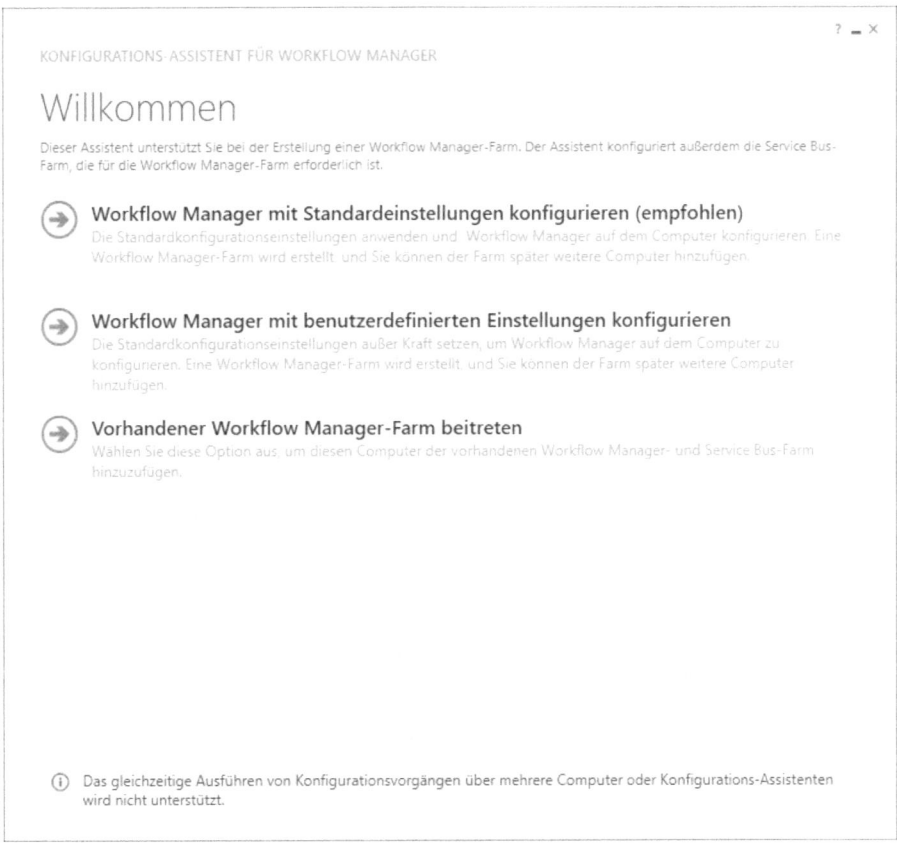

2. Wählen Sie *Workflow Manager mit Standardeinstellungen konfigurieren (empfohlen)*.

Abbildg. 8.77   Workflow Manager – Farmkonfiguration

3. Geben Sie im Feld *SQL Server-Instanz* den Namen des Datenbankservers ein und tragen Sie die Anmeldeinformationen des zuvor erstellten Dienstkontos für den Workflowmanager in die Felder *Benutzer-ID* und *Kennwort* ein.

Abbildg. 8.78   Farmkonfiguration – Teil 2

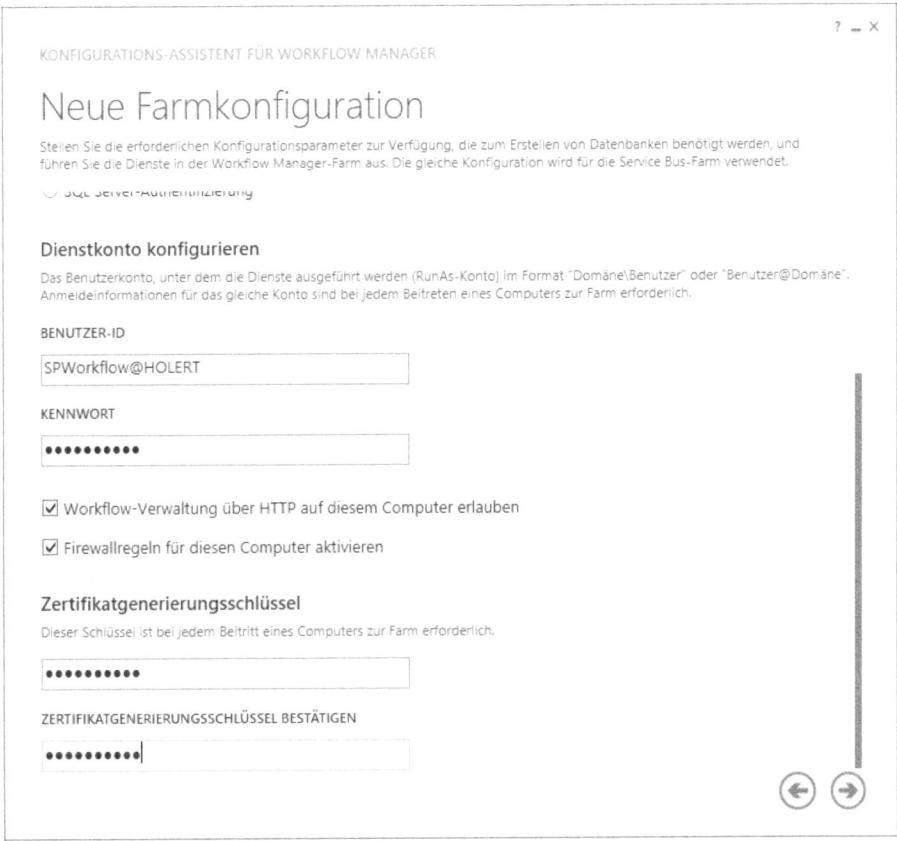

4. Aktivieren Sie das Kontrollkästchen *Workflow-Verwaltung über HTTP auf diesem Computer erlauben* und geben Sie im Abschnitt *Zertifikatgenerierungsschlüssel* einen Schlüssel an und notieren Sie sich diesen.

5. Klicken Sie auf den Pfeil nach rechts, um fortzufahren.

Abbildg. 8.79   Workflow Manager – Übersicht Konfigurationsänderungen

6. Bestätigen Sie die Zusammenfassung mit dem Anklicken des Häkchens.

7. Bestätigen Sie die erfolgreiche Installation mit dem Anklicken des Häkchens.

Workflow Manager – Übersicht Konfigurationsstatus

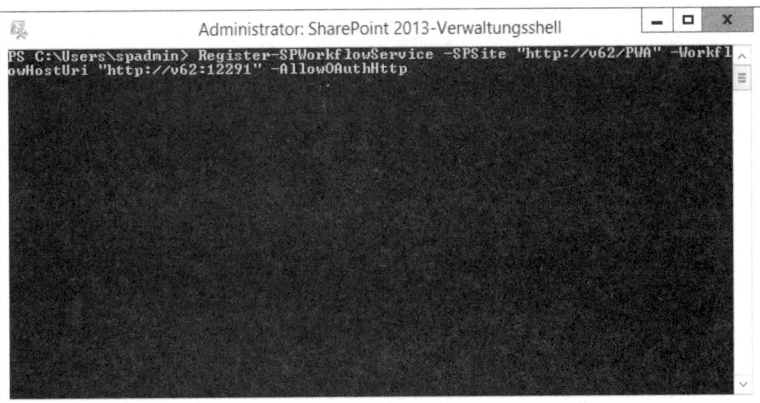

Nachdem der Workflow Manager erfolgreich installiert und konfiguriert wurde, integrieren Sie ihn in Ihre SharePoint-Farm.

1. Dazu starten Sie die SharePoint-Verwaltungsshell mit dem Konto, mit dem Sie SharePoint installiert haben, als Administrator (*Start/SharePoint 2013-Verwaltungsshell/Als Admin ausführen*).

Abbildg. 8.81 SharePoint-Verwaltungsshell

2. Geben Sie nachfolgenden Befehl ein, sofern Sie den Workflow Manager auf einem Server als Teil einer SharePoint-Farm installiert haben und über http kommunizieren:

```
Register-SPWorkflowService -SPSite "http://v62/PWA" -WorkflowHostUri "http://
v62:12291" -AllowOAuthHttp
```

Project Server-Berechtigungsmodus einrichten

Ihre Project Web App ist jetzt im SharePoint-Berechtigungsmodus eingerichtet. Um dies zu prüfen und den leistungsfähigeren Project Server-Berechtigungsmodus zu konfigurieren, führen Sie folgende Schritte aus:

1. Öffnen Sie PWA.

Abbildg. 8.82   PWA-Einstellungen mit SharePoint-Berechtigungen

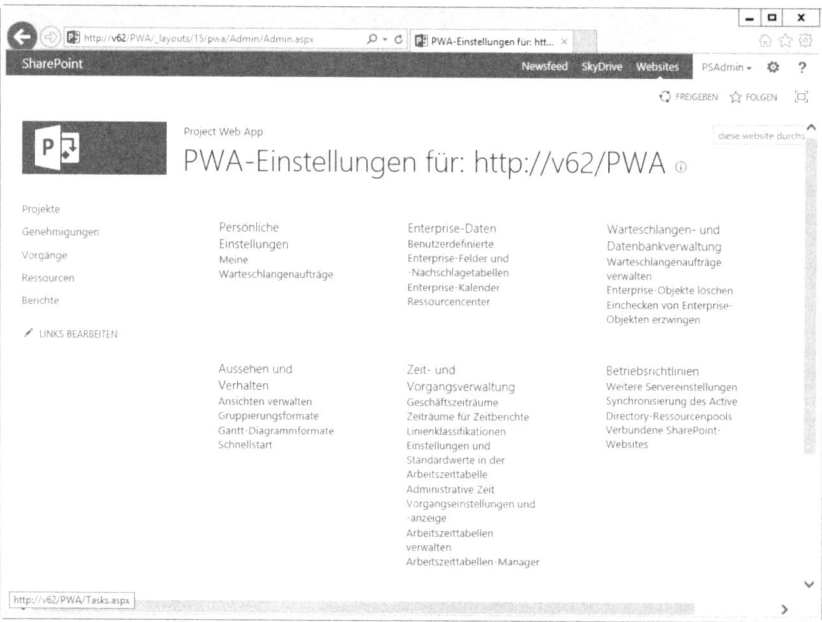

2. Klicken Sie auf das Dropdown-Listenfeld *Einstellungen* und wählen Sie den Eintrag *PWA-Einstellungen*.

Sie erkennen an der Abwesenheit des Bereichs *Sicherheit*, dass der SharePoint-Berechtigungsmodus festgelegt ist. Um den Project Server-Berechtigungsmodus zu aktivieren, führen Sie folgende Schritte aus:

1. Öffnen Sie die SharePoint-Verwaltungsshell als Administrator.

2. Geben folgenden Befehl ein:

```
Set-SPProjectPermissionMode -Url http://V62/pwa -AdministratorAccount
Holert\SPAdmin -Mode ProjectServer
```

3. Prüfen Sie den Berechtigungsmodus, indem Sie folgenden Befehl ausführen:

```
Get-SPProjectPermissionMode -Url http://V62/pwa
```

4. Starten Sie Project Web App erneut und zeigen Sie die PWA-Einstellungen an.

Abbildg. 8.83 PWA-Einstellungen mit Project Server-Berechtigungen

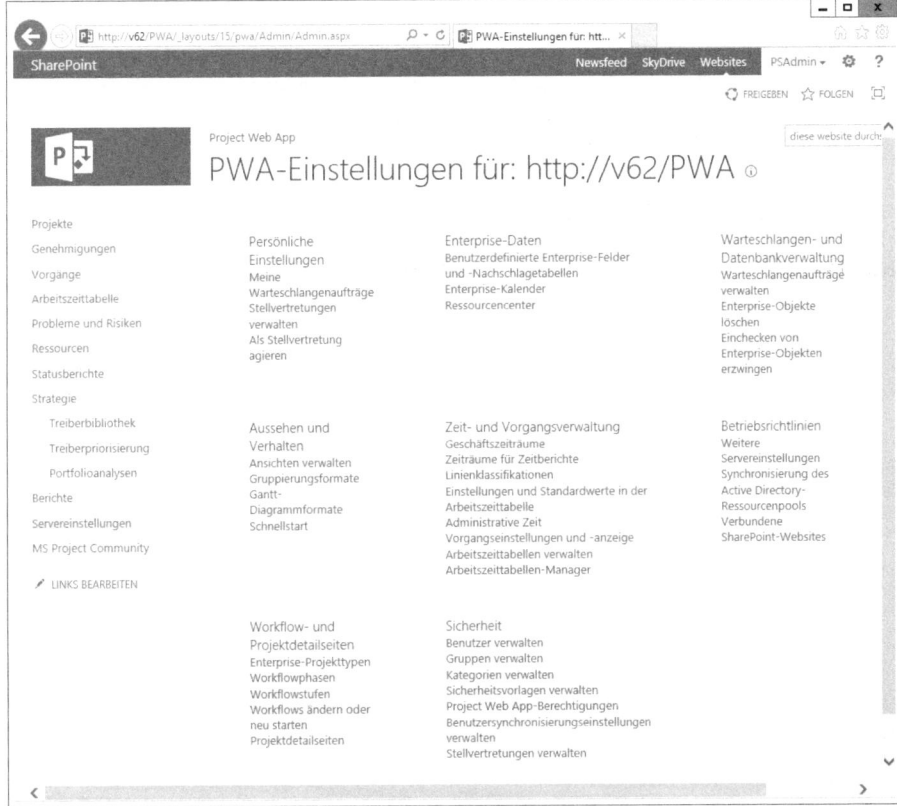

Wie Abbildung 8.33 zeigt, ist jetzt der Bereich *Sicherheit* zu sehen. Mehr Informationen zu den Sicherheitseinstellungen finden Sie in Kapitel 9. Als letzten Schritt installieren Sie Project Professional.

Project Professional 2013 installieren

Minimalanforderungen für die Installation von Project Professional sind Windows 7 oder höher mit .NET Framework 3.5 oder höher und 1 GB (32 Bit) bzw. 2 GB (64 Bit) Arbeitsspeicher. Mehr Informationen zu den Systemvoraussetzungen finden Sie in Kapitel 10.

HINWEIS Project liegt in dieser Version in einer 32-Bit- und einer 64-Bit-Version vor. Um eine weitestgehende Kompatibilität mit existierenden Add-Ins und Makros zu erhalten, empfehlen wir die Installation der 32-Bit-Version auch auf einem 64-Bit-Betriebssystem.

Manuelle Einzelplatzinstallation

Starten Sie die Installation über das Ausführen des Programms *SETUP.EXE* auf der Project Professional-CD. Führen Sie das Setup folgendermaßen durch:

1. Geben Sie den *Produktschlüssel* ein und klicken Sie auf die Schaltfläche *Weiter*.

Abbildg. 8.84   Lizenzbedingungen

2. Lesen Sie die Lizenzbedingungen und aktivieren Sie das Kontrollkästchen *Ich stimme den Bedingungen dieses Vertrags zu*. Klicken Sie auf die Schaltfläche *Weiter*.

Abbildg. 8.85   Installationstyp auswählen

3. Wählen Sie als Installationstyp *Anpassen* aus.

Vollständige Installation auswählen

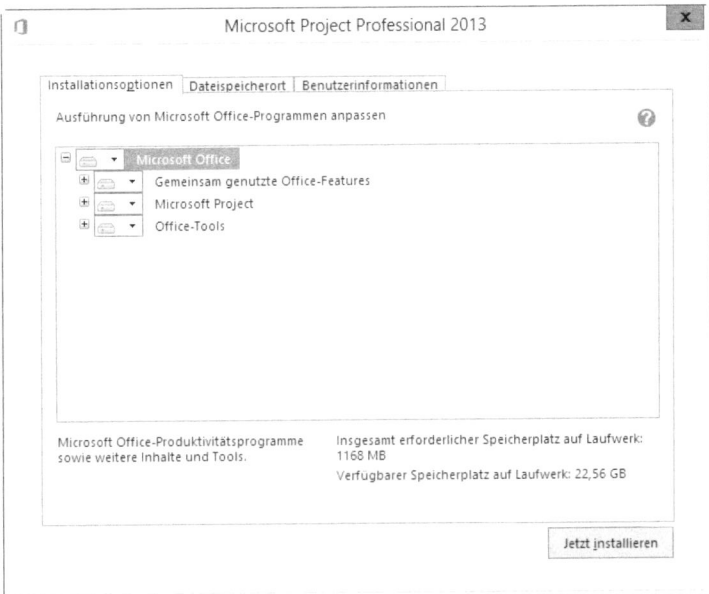

4. Klicken Sie auf der Registerkarte *Installationsoptionen* auf der obersten Ebene auf *Alle von 'Arbeitsplatz' ausführen*, um Project vollständig zu installieren. Im Gegensatz zum Installationstyp *Jetzt installieren* wird hierbei auch die OCR-Zeichenerkennung für Deutsch, Englisch und Französisch installiert.

Dateispeicherort festlegen

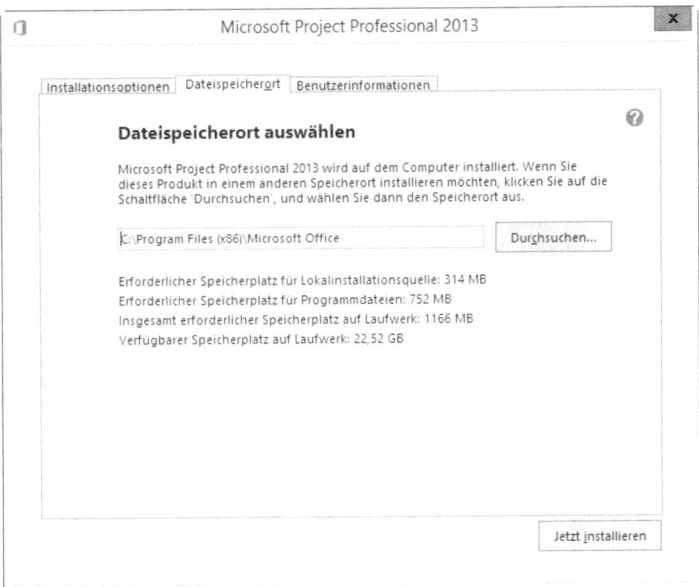

> **HINWEIS**   Das Setup speichert alle für die Installation nötigen Dateien im Verzeichnis *C:\MSOCache*, sodass bei nachträglichen Installationen das Installationsmedium nicht erneut eingelegt werden muss. Passen Sie die Optionen an, wenn Sie bestimmte Komponenten standardmäßig nicht installieren möchten.

5. Passen Sie das Zielverzeichnis für die Programmdateien auf der Registerkarte *Dateispeicherort* an.

Abbildg. 8.88   Benutzerinformationen eingeben

6. Geben Sie auf der Registerkarte *Benutzerinformationen* Ihren Namen, Ihre Initialen sowie den Namen Ihrer Organisation ein. Klicken Sie auf die Schaltfläche *Jetzt installieren*.

Nach erfolgreicher Installation erscheint eine entsprechende Meldung. Prüfen Sie anschließend, ob auf der Microsoft Website neue Service Packs und kumulative Updates angeboten werden und installieren Sie diese nach. Es empfiehlt sich, Project Professional und Project Server auf zueinander passendem Update-Level zu halten.

Abbildg. 8.89   Erfolgreiche Installation von Project

Zentrale Softwareverteilung

Als Mitglied von Microsoft Office System verfügt Project Professional über alle Ausstattungs-merkmale zur Reduktion der Total Cost of Ownership (TCO). Dies schließt die Fähigkeit zur zentralen Softwareverteilung ein, da Project als Microsoft Installer-Paket (MSI-Paket) ausgelie-fert wird (siehe auch die zentrale Konfiguration über *ADM-Dateien* in Kapitel 9 und Office-Anpassungstool (OAT)). Auf Basis dieser Technologie können Sie Project automatisch, z.B. über den Microsoft System Center Configuration Manager (SCCM) oder über *Active Directory-Grup-penrichtlinien* auf allen Windows-Arbeitsstationen installieren.

Besonderheiten bei der Installation auf einem Terminalserver

Auf einem Terminalserver installieren Sie die Software wie zuvor, jedoch starten Sie die Installa-tion über die Systemsteuerung *Programme und Features*, um den Server in den Installationsmo-dus zu versetzen.

Kapitel 9

Konfiguration und Dokumentation

In diesem Kapitel:

Dieses Kapitel richtet sich in erster Linie an Fachadministratoren. Daneben wendet es sich aber auch an alle Personen, die bei der Einführung von Project im Unternehmen beteiligt sind. Dies können z.B. externe Berater als auch interne Promotoren oder Mitglieder aus dem Projektierungsbüro sein. Zum einen soll dieses Kapitel aufzeigen, wie eine lauffähige Startkonfiguration für einen Pilotbetrieb aufgesetzt werden kann. Zum anderen werden Sie durch die vollständige Konfiguration des Gesamtsystems geführt. Es wird der volle Umfang von Project Professional und Project Server dargestellt.

Ziel der Konfiguration ist es, die Benutzerfreundlichkeit von Project für die Anwender zu verbessern, sowie Project an die Gegebenheiten des Unternehmens anzupassen und damit auch den Supportaufwand für den Helpdesk zu verringern. Daneben werden Maßnahmen dargestellt, die den Administrationsaufwand reduzieren. Stimmen Sie die Konfigurationen mit der Planung der Einführung ab (Kapitel 6).

- Startkonfiguration
- Clienteinstellungen
- Projekteinstellungen
- Ressourceneigenschaften/Unternehmensressourcenpool
- Servereinstellungen in Project Web App/PWA-Einstellungen
- PWA-Einstellungen in der SharePoint-Zentraladministration

Startkonfiguration

Ziel der Startkonfiguration ist es, eine arbeitsfähige Version von Project und Project Server herzustellen, die z.B. für eine Pilotinstallation verwendet werden kann. Dies umfasst auch den Import eines dateibasierten Ressourcenpools und von Projektdateien. Im Einzelnen beschreiben wir die folgenden Schritte:

- Zugriff einrichten
- Ressourcen anlegen
- Projekte anlegen

Zugriff einrichten

Sie haben in Kapitel 8 die Project Web App-Instanz bereits mit dem Konto *PSAdmin* eingerichtet. Mit diesem Administratorkonto können Sie Project Server konfigurieren und Ihr Konto für den Zugriff auf die Project Web App-Instanz einrichten. Um die nachfolgende Administration zu erleichtern, zeigen wir zudem die Servereinstellungen in der Schnellstartleiste an. Im Einzelnen beschreiben wir:

- Servereinstellungen in der Schnellstartleiste anzeigen
- Konto mit vollständigen Rechten einrichten
- Project Server-Konto auf dem Project-Client einrichten

Servereinstellungen in der Schnellstartleiste anzeigen

Um die Servereinstellungen in der Schnellstartleiste anzuzeigen, gehen Sie folgendermaßen vor:

> **HINWEIS** Die Servereinstellungen erreichen Sie auch über das Dropdown-Listenfeld *Einstellungen*, indem Sie den Menüeintrag *PWA-Einstellungen* auswählen.

1. Starten Sie Internet Explorer mit dem Windows-Konto *PSAdmin* und öffnen Sie die Startseite von Project Web App, also z.B. *http://v62/pwa* (Kapitel 8).

Abbildg. 9.1   Startseite von Project Web App nach der Installation

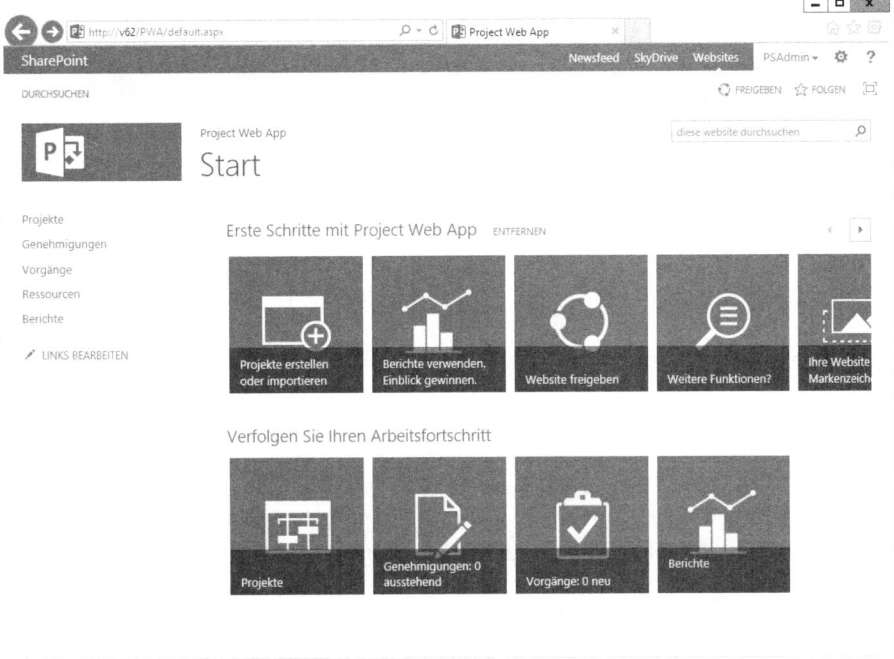

2. Klicken Sie in der Schnellstartleiste auf die Verknüpfung *Links bearbeiten*.

Abbildg. 9.2   Einstellungen der Schnellstartleiste

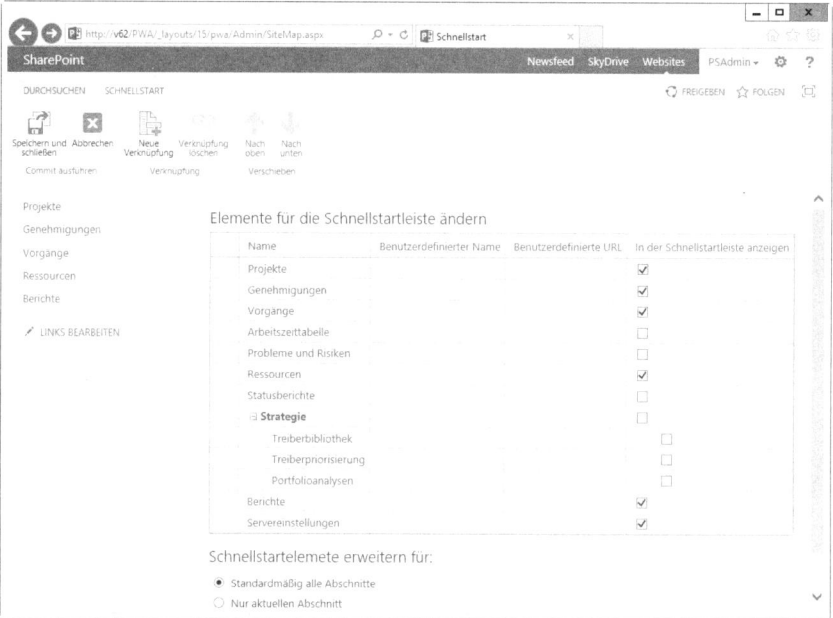

3. Aktivieren Sie das Kontrollkästchen in der Zeile *Servereinstellungen* in der Spalte *In der Schnellstartleiste anzeigen*.

4. Klicken Sie im Menüband auf *SCHNELLSTART/Commit ausführen/Speichern und schließen*, um die Einstellungen der Schnellstartleiste wieder zu verlassen.

Abbildg. 9.3   Startseite von Project Web App

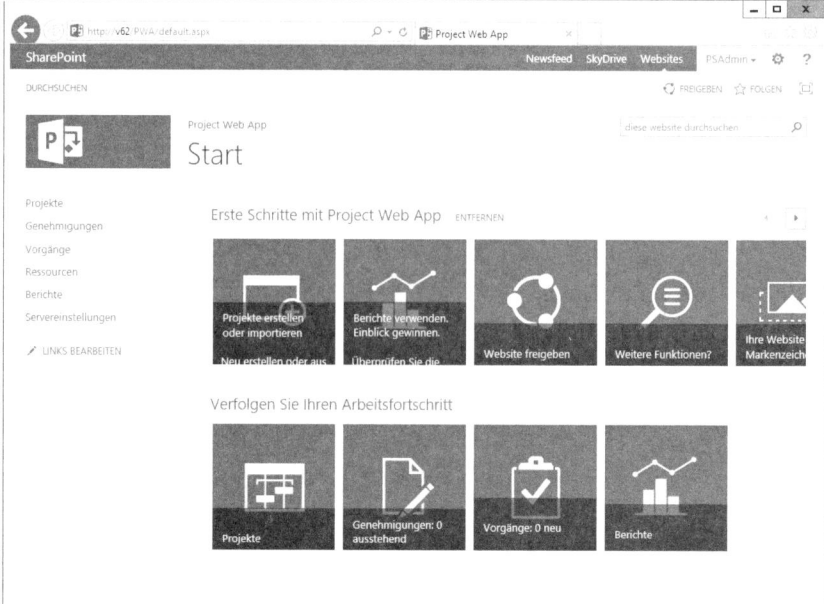

Konto mit vollständigen Rechten einrichten

Um Ihr Konto als Administrator einzurichten, führen Sie folgende Schritte aus:

1. Klicken Sie im linken Seitenbereich auf die Verknüpfung *Servereinstellungen*.

Abbildg. 9.4 Servereinstellungen

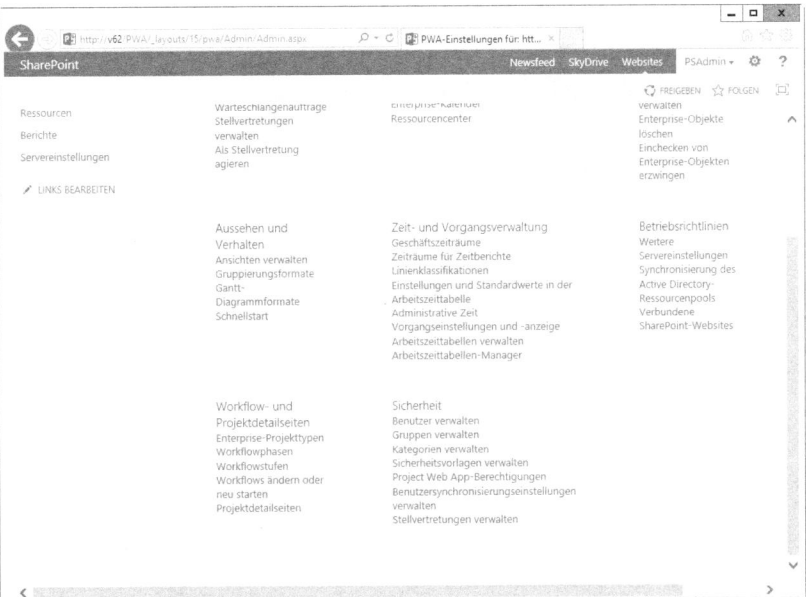

2. Klicken Sie im Bereich *Sicherheit* auf die Verknüpfung *Benutzer verwalten*.

Abbildg. 9.5 Benutzer hinzufügen

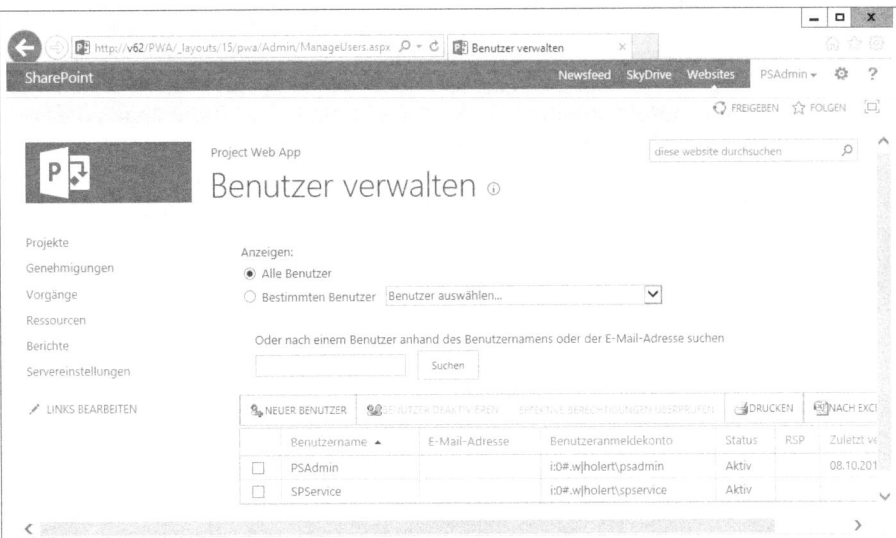

3. Klicken Sie auf die Schaltfläche *Neuer Benutzer*.

Abbildg. 9.6   Benutzerkonto anlegen

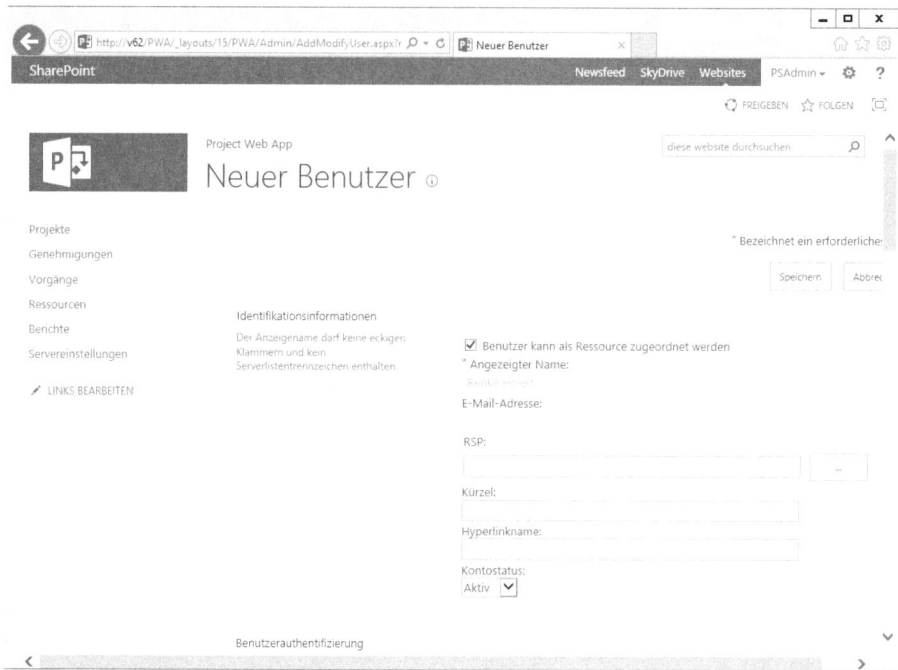

4. Geben Sie im Feld *Benutzeranmeldekonto* Ihr Windows-Konto ein, die Felder *Angezeigter Name* und *E-Mail-Adresse* werden daraufhin automatisch gefüllt.

> **HINWEIS**   Wenn Sie nicht Active Directory zur Authentifizierung verwenden möchten, können Sie alternativ auch Formularauthentifizierung verwenden. Mit dieser können Sie Anmeldeinformationen verwenden, die in anderen auf LDAP basierenden Verzeichnisdiensten oder in einer SQL Server-Datenbank gespeichert sind. Die Konfiguration der Formularauthentifizierung ist aber nicht Thema dieses Buchs. Sie finden mehr Information hierzu in unserer Community unter *http://www.holert.com/community.*

5. Markieren Sie im Bereich *Sicherheitsgruppen* im linken Listenfeld *Verfügbare Gruppen* die Gruppe *Administratoren* und klicken Sie auf die Schaltfläche >>, um Rechte für diese Rolle zu bekommen. Entfernen Sie auf entsprechende Weise die Gruppe *Teammitglieder*.
6. Klicken Sie auf die Schaltfläche *Speichern*.

Abbildg. 9.7 Ihren Benutzer zur Gruppe *Administratoren* hinzufügen

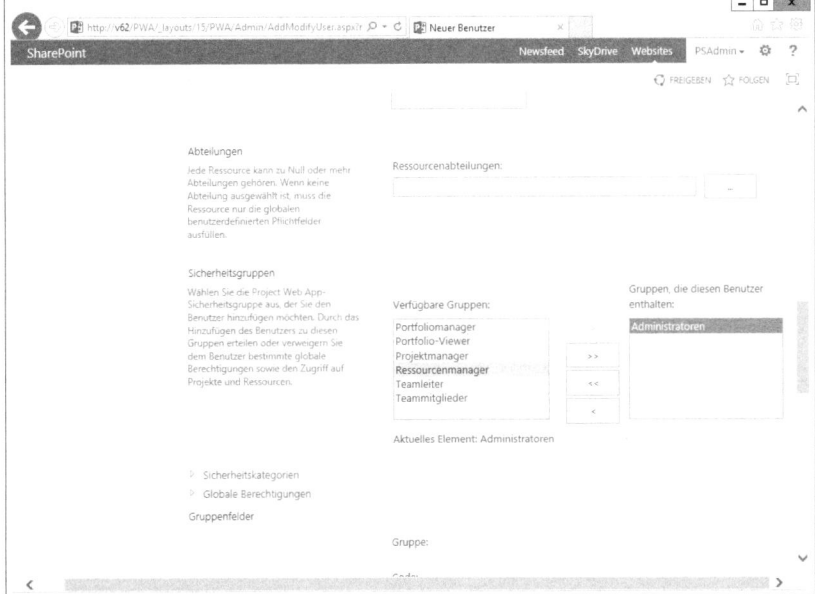

Damit ist die Einrichtung eines Benutzers als Administrator abgeschlossen. Sie sehen danach in der Benutzerverwaltung Ihr Benutzerkonto. Schließen Sie im Anschluss Internet Explorer.

Project Server-Konto auf dem Project-Client einrichten

Um ein Project Server-Konto in Ihrem Profil auf dem Project-Client hinzuzufügen, gehen Sie folgendermaßen vor:

1. Stellen Sie sicher, dass Sie an Ihrem PC mit Ihrem Konto angemeldet sind.
2. Starten Sie Project Professional.
3. Wählen Sie *Leeres Projekt* aus.

Abbildg. 9.8 Dialogfeld Project Server-Konten

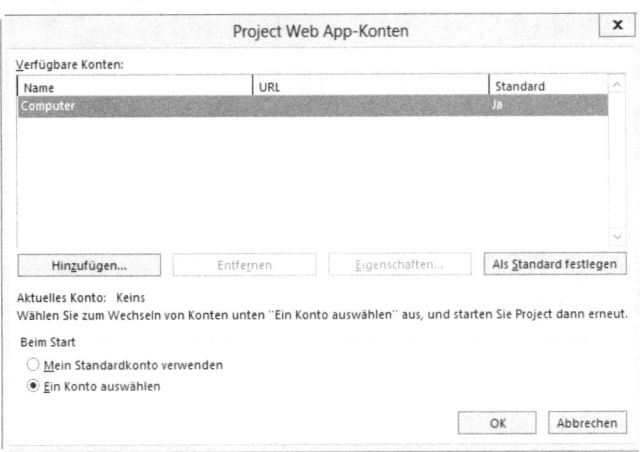

4. Wechseln Sie im Menüband zu *DATEI/Informationen*.

5. Klicken Sie im Bereich *Project Web App-Konten* auf die Schaltfläche *Konten verwalten*.

6. Klicken Sie im Dialogfeld *Project Web App-Konten* auf die Schaltfläche *Hinzufügen*.

Abbildg. 9.9
Project Server-Konto einrichten

7. Geben Sie im Dialogfeld *Kontoeigenschaften* in den Feldern *Kontoname* und *Project Server-URL* die Adresse von Project Server ein (Abbildung 9.9).

8. Lassen Sie das Kontrollkästchen *Als Standardkonto festlegen* aktiviert.

9. Bestätigen Sie Ihre Festlegungen per Klick auf die Schaltfläche *OK*.

10. Bestätigen Sie im folgenden Warndialogfeld, dass für die Verbindung nicht HTTPS verwendet wird, mit der Schaltfläche *Ja*.

Abbildg. 9.10
Online-/Offlinebetrieb manuell auswählen

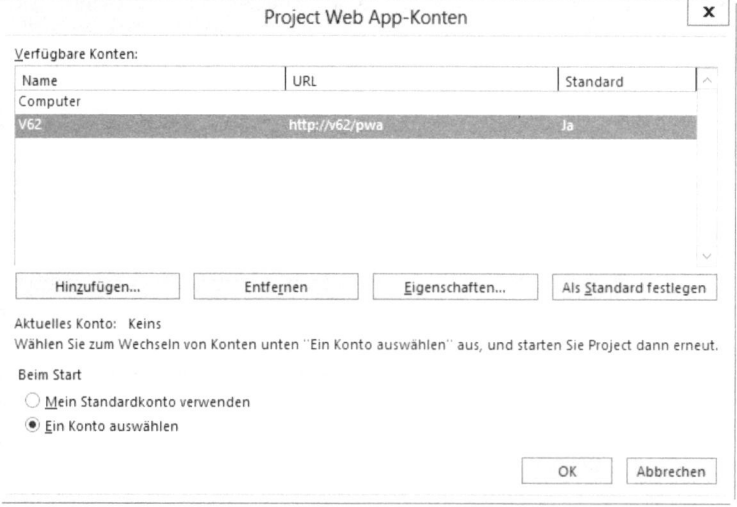

11. Damit Sie nicht auf das Timeout warten müssen, falls Sie keinen Zugriff auf Project Server haben, wählen Sie unter *Beim Start* die Option *Ein Konto auswählen* aus (Abbildung 9.10).

12. Schließen Sie das Dialogfeld per Klick auf die Schaltfläche *OK* und beenden Sie Project.

Abbildg. 9.11 Online arbeiten

13. Starten Sie Project erneut und klicken Sie im Dialogfeld *Anmeldung* auf die Schaltfläche *OK*.

14. Wählen Sie *Leeres Projekt* aus.

Abbildg. 9.12 Project Professional im Onlinemodus

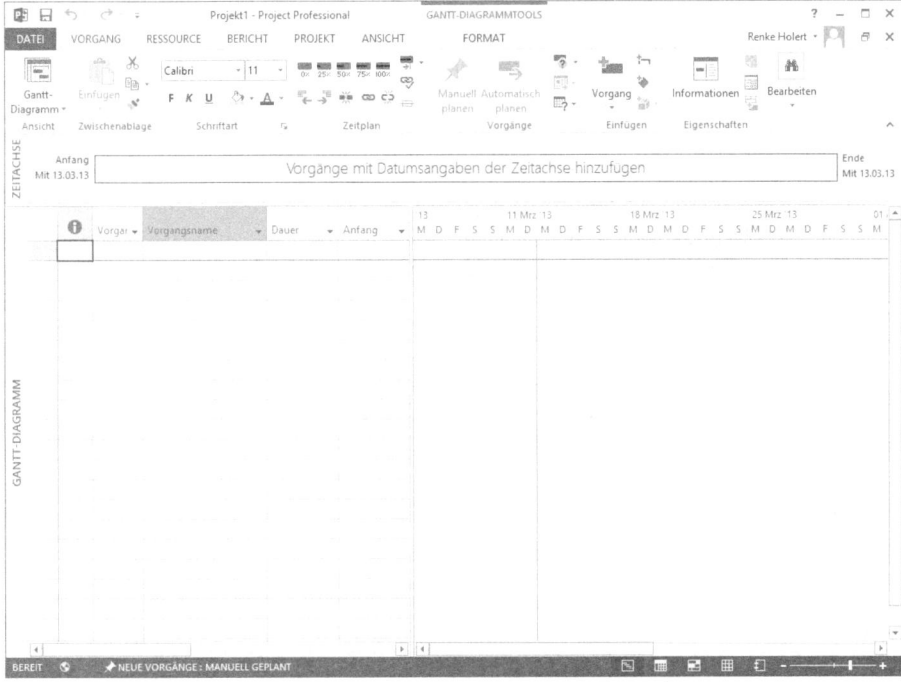

 Sie sind nun mit Project Server online verbunden. Das können Sie daran erkennen, dass in der Statusleiste ein Globus angezeigt wird.

Ressourcen anlegen

Mit dieser Minimalkonfiguration können Sie nun starten und Ressourcen manuell anlegen, manuell importieren oder automatisch anlegen lassen.

Ressourcen manuell anlegen

Um Ressourcen manuell anzulegen, gehen Sie folgendermaßen vor:

1. Öffnen Sie den Unternehmensressourcenpool (*RESSOURCE/Zuweisungen/ Ressourcenpool/ Unternehmensressourcenpool*).

2. Klicken Sie im *Ressourcencenter* im neu geöffneten Internet Explorer-Fenster im Menüband auf die Registerkarte *RESSOURCEN*.

Abbildg. 9.13 Ressourcen manuell anlegen

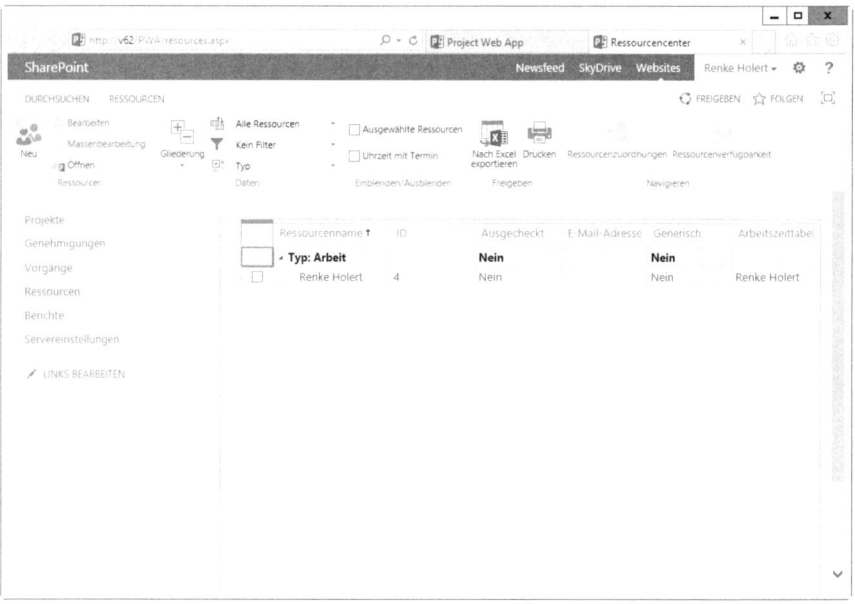

 3. Klicken Sie im Menüband auf der Registerkarte *RESSOURCEN* in der Befehlsgruppe *Ressourcen* auf *Neu*.

Abbildg. 9.14 Ressource als Project Web App-Benutzer anlegen

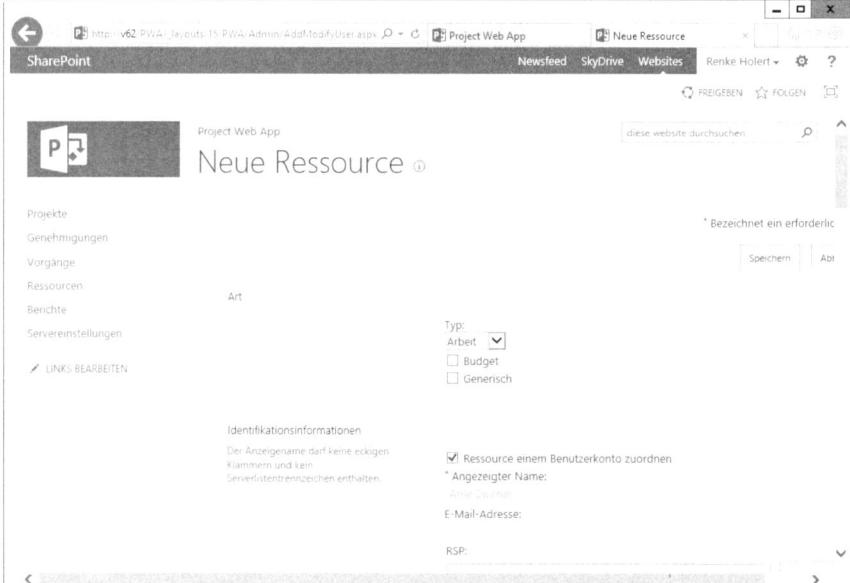

4. Aktivieren Sie das Kontrollkästchen *Ressource einem Benutzerkonto zuordnen*, um gleichzeitig einen PWA-Benutzer anzulegen.

5. Geben Sie im Feld *Kürzel* die Initialen der Ressource ein.

6. Geben Sie im Feld *Benutzeranmeldekonto* das Windows-Konto der Ressource ein.

Abbildg. 9.15   Ressource als Teammitglied anlegen

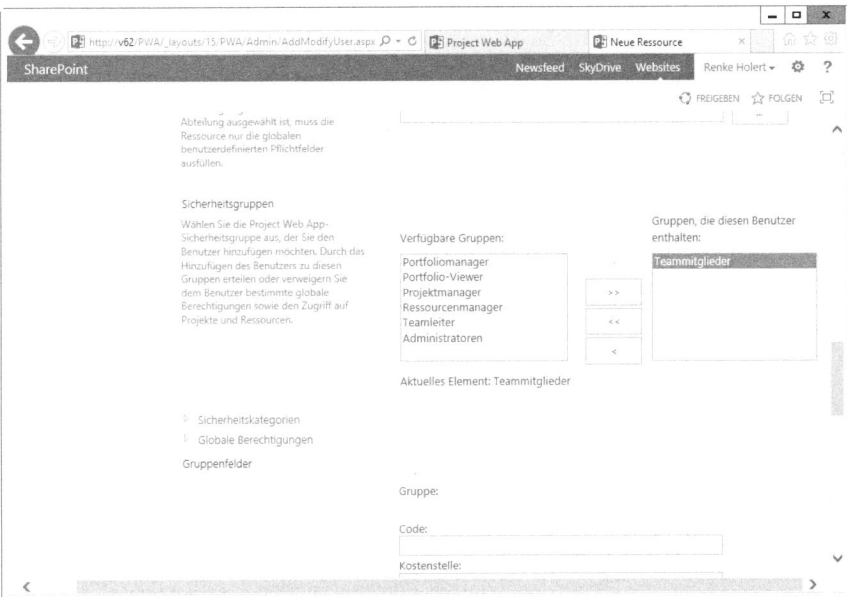

7. Klicken Sie auf die Schaltfläche *Speichern*.

Abbildg. 9.16   Übersicht der Unternehmensressourcen

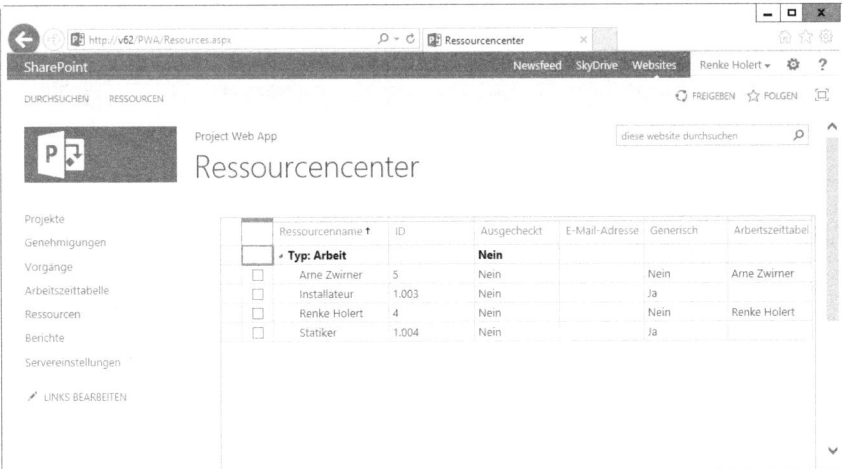

Danach sehen Sie im Ressourcencenter die neu angelegte Ressource.

Ressourcen aus Active Directory importieren

Um eine Ressource aus Active Directory zu importieren, gehen Sie folgendermaßen vor.

1. Aktivieren Sie das Kontrollkästchen vor dem Namen einer existierenden Ressource
2. Klicken Sie im Menüband im Ressourcencenter von Project Web App auf der Registerkarte *RESSOURCEN* in der Gruppe *Ressourcen* auf den Befehl *Öffnen*.
3. Nachdem der Unternehmensressourcenpool (*Ausgecheckte Enterprise-Ressourcen*) geöffnet wurde, wechseln Sie zu Project.[1]
4. Wählen Sie im Menüband auf der Registerkarte *RESSOURCE* in der Gruppe *Einfügen* im Dropdown-Listenfeld *Ressource hinzufügen* den Eintrag *Active Directory* aus.
5. Klicken Sie danach auf die Schaltfläche *Erweitert*.
6. Geben Sie ggf. Filterkriterien ein und klicken Sie auf die Schaltfläche *Jetzt suchen*.
7. Wählen Sie den entsprechenden Benutzernamen aus und klicken Sie auf die Schaltfläche *OK*.
8. Bestätigen Sie das folgende Dialogfeld ebenfalls mit der Schaltfläche *OK*.

Abbildg. 9.17   Aus Active Directory importierte Ressource

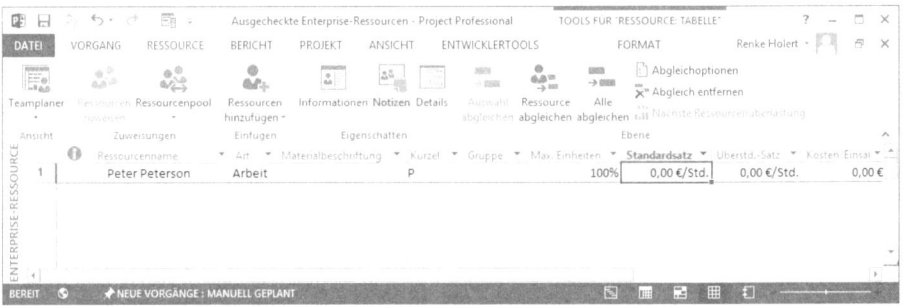

9. Klicken Sie auf das *Speichern*-Symbol in der Symbolleiste für den Schnellzugriff, um die neue Ressource zu speichern.
10. Schließen Sie danach die Datei *Ausgecheckte Enterprise-Ressourcen*.

Damit haben Sie eine neue Ressource im Unternehmensressourcenpool angelegt, die kein Project Web App-Benutzer ist. Verfahren Sie analog zum Anlegen einer Ressource aus dem Outlook-Adressbuch.

> **HINWEIS**   Wir empfehlen Ihnen, den *Unternehmensressourcenpool* (Enterprise-Ressourcenpool) automatisch mit einer Active Directory-Gruppe zu synchronisieren. Mehr dazu finden Sie im Abschnitt »Synchronisierung des Active Directory-Ressourcenpools« später in diesem Kapitel.

Ressourcen aus dateibasiertem Ressourcenpool oder Projekt importieren

> **HINWEIS**   Project 2013 verwendet dasselbe Dateiformat wie Project 2010. Außerdem kann Project 2013 weiterhin die Formate der 2007- und 2000-2003-Versionen lesen und speichern.

---

[1] *Enterprise-Ressourcen* werden in Project auch als *Unternehmensmitarbeiter* bezeichnet.

Ressourcenpool für den Import vorbereiten

Bevor Sie einen *dateibasierten Ressourcenpool* importieren, sollten Sie alle Verknüpfungen zu anderen Projektdateien aufheben. Führen Sie dazu folgende Schritte aus:

> **HINWEIS** Einen Projektplan mit den Beispielressourcen können Sie aus dem Download-Bereich unserer Community unter *http://www.holert.com/community* kostenlos herunterladen.

1. Starten Sie Project ohne Verbindung zu Project Server (Profil *Computer*).
2. Öffnen Sie den Ressourcenpool.
3. Rufen Sie das Dialogfeld *Gemeinsame Ressourcennutzung* auf (*RESSOURCE/Zuweisungen/Ressourcenpool/Gemeinsame Ressourcennutzung*).
4. Markieren Sie alle Projekte und klicken Sie auf *Verknüpfung aufheben*.
5. Tragen Sie unter den Währungsoptionen (*DATEI/Optionen/Anzeige*) im Feld *Symbol* das Eurosymbol (€) ein.
6. Löschen Sie ggf. überflüssige Felder (*DATEI/Informationen/Globale Vorlagen organisieren/Organisator*).

Ressourcen importieren

Um die Ressourcen zu importieren, verwenden Sie den Ressourcenimport-Assistenten auf folgende Art und Weise:

1. Starten Sie Project mit Verbindung zu Project Server.
2. Öffnen Sie den dateibasierten Ressourcenpool oder Projektplan mit Ressourcen.
3. Rufen Sie den *Ressourcenimport-Assistenten* im Menüband auf (*RESSOURCE/Einfügen/Ressourcen hinzufügen/Ressourcen in Project Server-Ressourcenpool importieren*).

Abbildg. 9.18 Ressourcenimport-Assistent – Schritt 1

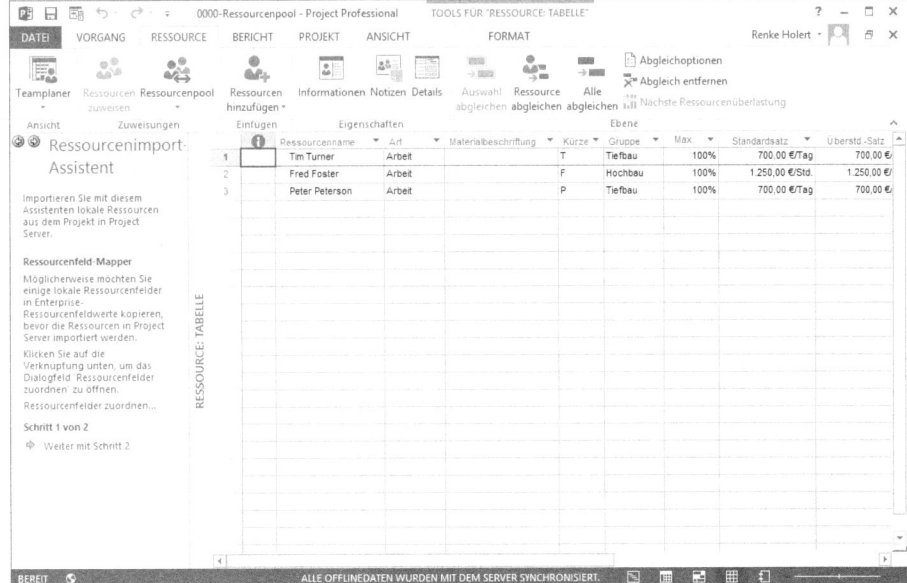

4. Wenn in Ihrem Ressourcenpool oder Projekt benutzerdefinierte Felder enthalten sind, können Sie diese den entsprechenden *Enterprise-Feldern* zuordnen. Klicken Sie ggf. auf die Verknüpfung *Ressourcenfelder zuordnen* (siehe hierzu auch den Abschnitt »Projekteinstellungen« später in diesem Kapitel). Klicken Sie zum Abschluss auf die Verknüpfung *Weiter mit Schritt 2.*

Abbildg. 9.19 Ressourcenimport-Assistent – Schritt 2

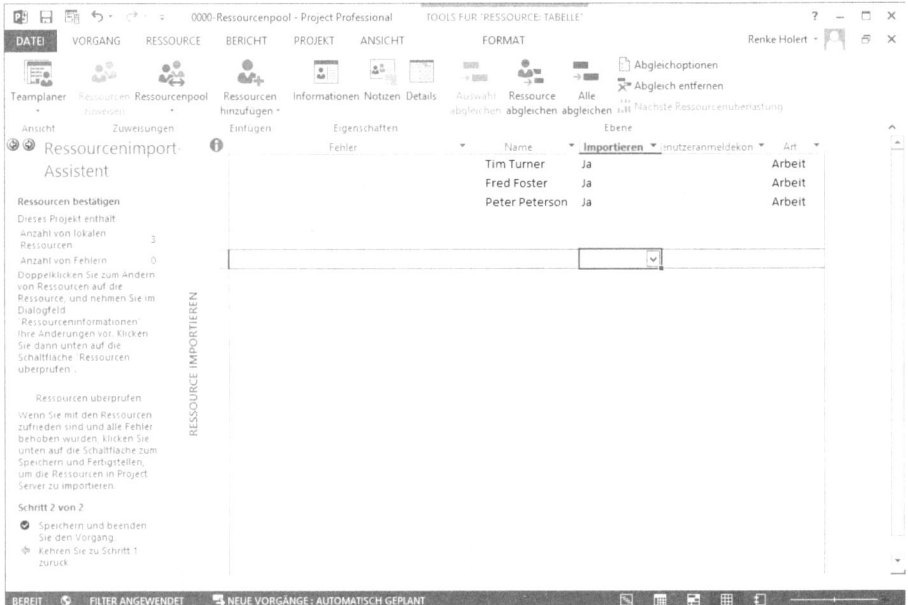

5. Wählen Sie im nächsten Schritt die Ressourcen aus, die Sie importieren möchten. Ändern Sie ggf. in der Spalte *Importieren* den Eintrag von *Ja* auf *Nein*. Klicken Sie auf die Verknüpfung *Speichern und beenden Sie den Vorgang*, um den Importvorgang zu starten.

6. Schließen Sie danach die importierte Datei.

Die Ressourcen sind nun im *Unternehmensressourcenpool* gespeichert. Wenn Sie den Importvorgang überprüfen möchten, öffnen Sie das Ressourcencenter in Project Web App.

Projekte anlegen

Im Anschluss hieran importieren Sie Projekte in Project Server. Hierzu sind einige Vorbereitungen notwendig.

HINWEIS   Die Beispielprojektpläne und -vorlagen können Sie aus dem Downloadbereich unserer Community unter *http://www.holert.com/community* kostenlos herunterladen.

Projekte für den Import vorbereiten

Ziel ist es, alle benutzerdefinierten Einstellungen aus dem Projekt zu löschen, die nicht später zentral für alle Projekte gelten sollen. Überlegen Sie sich, welche Projekteinstellungen erhalten bleiben und später im gesamten Unternehmen (Enterprise) für alle Projekte gelten sollen. Eine solche Projektvorlage können Sie als Grundlage für die Anpassung der *Enterprise-Global* verwenden, wie weiter unten in diesem Kapitel beschrieben wird. Aus allen anderen Projekten löschen Sie diese Einstellungen. Prüfen Sie folgende Punkte:

- Verknüpfungen mit Ressourcenpool aufheben (*RESSOURCE/Zuweisungen/Ressourcenpool/ Gemeinsame Ressourcennutzung*).
- Alle ausstehenden Teamnachrichten in der alten Umgebung abarbeiten.
- Adresse des alten Project Servers löschen.
- Währungssymbol auf Euro (€) anpassen (*DATEI/Optionen/Anzeige*).
- Nicht benötigte *Ansichten* und *Tabellen* löschen (*DATEI/Informationen/OrganisatorOrganisieren*).
- Nicht benötigte *Filter*, *Gruppen* und *Sortierungen* löschen (*DATEI/Informationen/ Organisator/Organisieren*).
- Nicht benötigte *Kalender* löschen (*DATEI/Informationen/Organisator/Organisieren*). Die *Basiskalender* werden dann automatisch durch den *Standardkalender* ersetzt (Kalender mit dem Namen *Standard*).
- Nicht benötigte *benutzerdefinierte Felder* löschen (*DATEI/Informationen/Globale Vorlagen organisieren/Organisator*).
- Nicht benötigte *Schemen*, *Berichte*, *Masken* und *Module* löschen (*DATEI/Informationen/ Organisator/Organisieren*).
- Überprüfen der Schreibweise der Ressourcennamen und ggf. anpassen an diejenige im *Unternehmensressourcenpool*.

Projekte importieren

HINWEIS   Standardmäßig wird der Befehl *Projekt in Enterprise importieren* im Menüband nicht mehr angezeigt. Sie können diesen jedoch über *DATEI/Optionen/Symbolleiste für den Schnellzugriff* in die gleichnamige Symbolleiste hinzufügen.

Um die Projekte zu importieren, verwenden Sie den *Projektimport-Assistenten*:

1. Öffnen Sie das Projekt, das Sie importieren möchten.
2. Starten Sie den Projektimport-Assistenten über die Symbolleiste für den Schnellzugriff mit dem Befehl *Projekt in Project Server importieren*.

Abbildg. 9.20   Projektimport-Assistent – Schritt 1

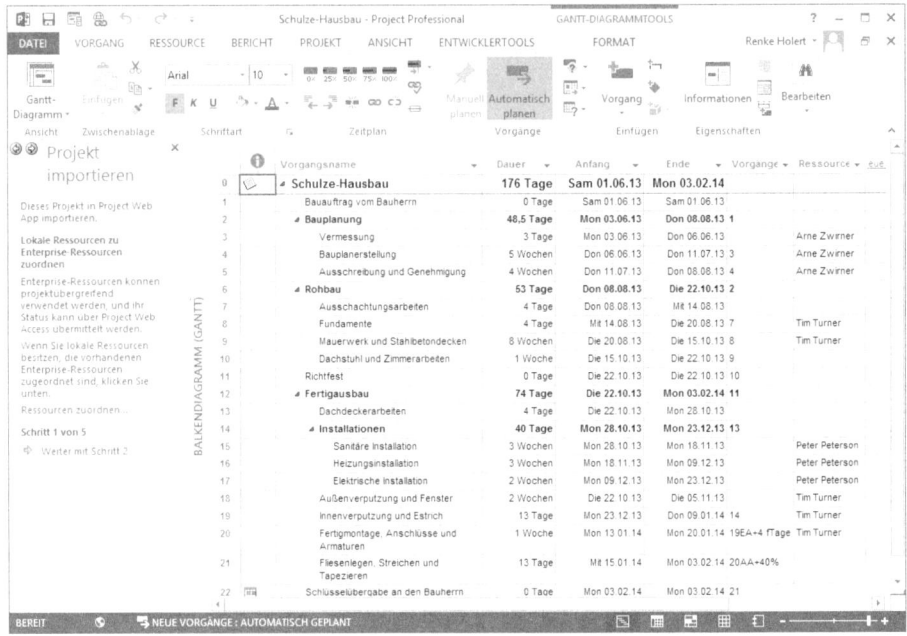

3. Klicken Sie auf die Verknüpfung *Ressourcen zuordnen*.

Abbildg. 9.21   Lokale Ressourcen zu Enterprise-Ressourcen zuordnen

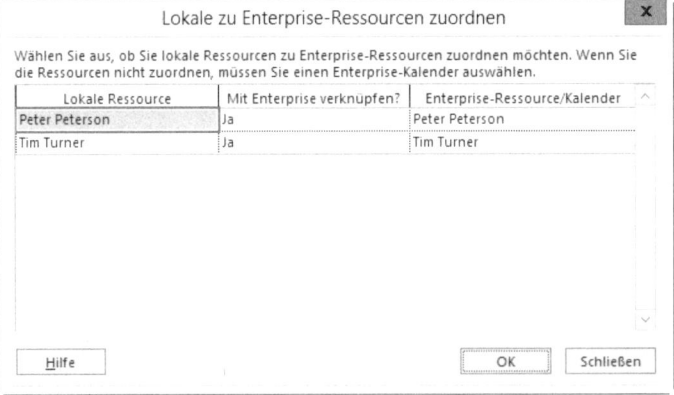

4. Ordnen Sie die Ressourcen aus dem Projekt den Enterprise-Ressourcen zu und klicken Sie danach auf die Schaltfläche *OK*.

5. Klicken Sie auf die Verknüpfung *Weiter mit Schritt 2*.

Abbildg. 9.22   Projektimport-Assistent – Schritt 2

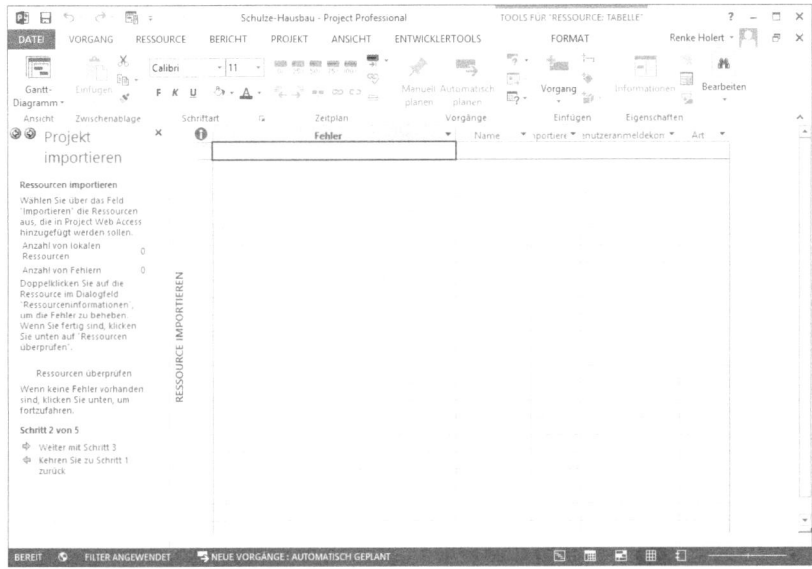

6. Entscheiden Sie, ob Sie zusätzlich noch lokale Ressourcen importieren möchten und setzen Sie ggf. in der Spalte *Importieren* die Werte von *Ja* auf *Nein* um. Klicken Sie auf die Verknüpfung *Weiter mit Schritt 3*.

Abbildg. 9.23   Projektimport-Assistent – Schritt 3

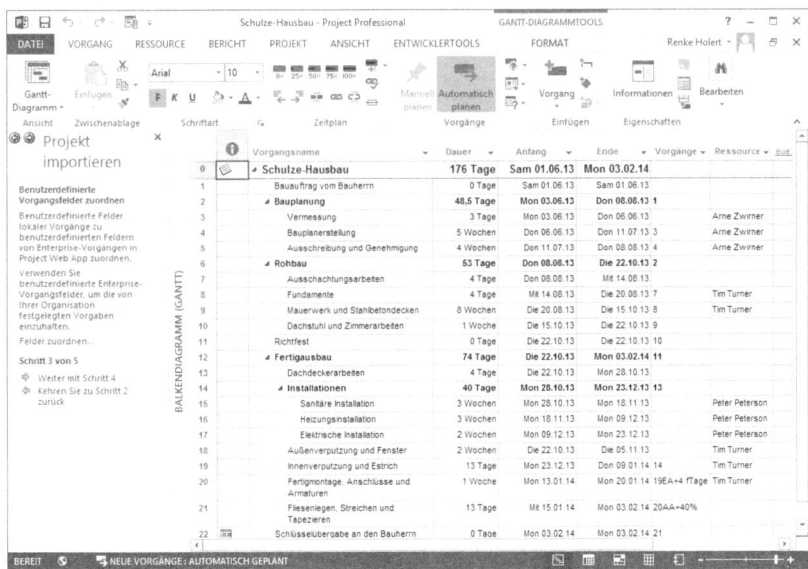

7. Falls Sie benutzerdefinierte Felder im Projekt belassen haben, ordnen Sie diese jetzt den *benutzerdefinierten Enterprise-Feldern* zu. Klicken Sie ggf. auf die Verknüpfung *Felder zuordnen* und anschließend auf die Verknüpfung *Weiter mit Schritt 4*.

Projektimport-Assistent – Schritt 4

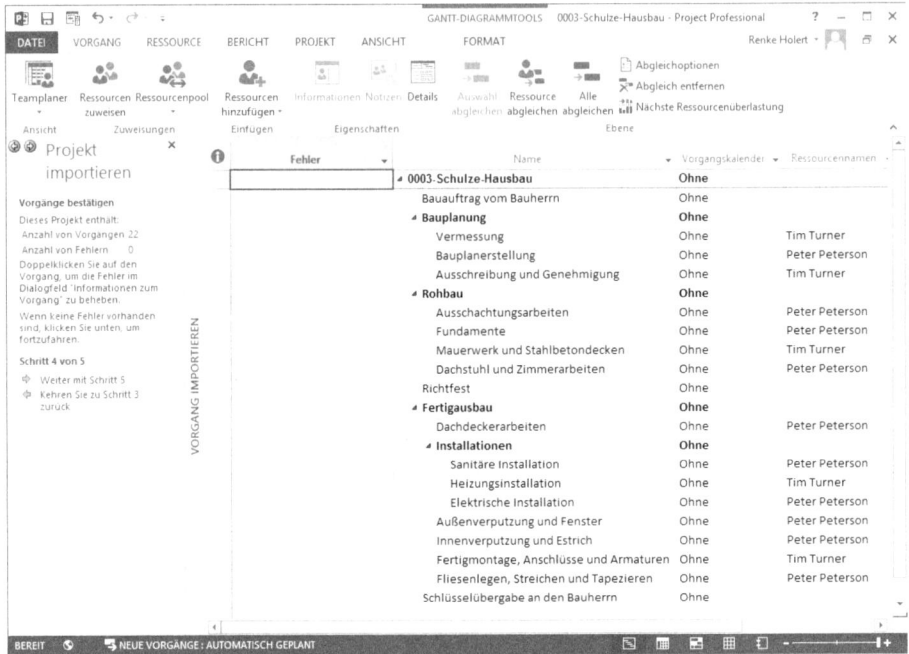

8. Sofern einzelne Vorgänge über *Vorgangskalender* verfügen, können Sie diese im nächsten Schritt zuordnen. Klicken Sie danach auf die Verknüpfung *Weiter mit Schritt 5*.

Projektimport-Assistent – Schritt 5

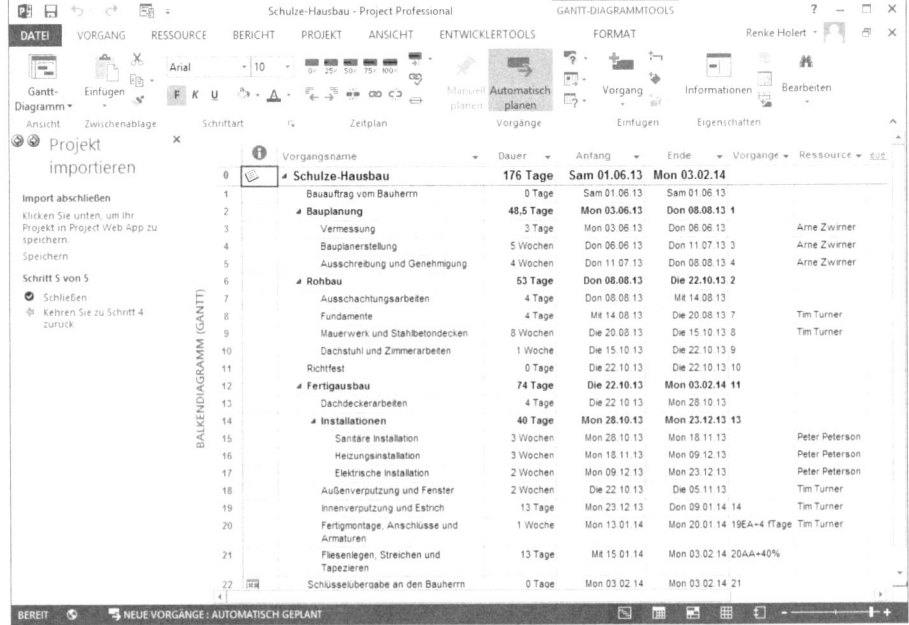

9. Klicken Sie auf die Verknüpfung *Speichern*.

Abbildg. 9.26   Importiertes Projekt in Project Server speichern

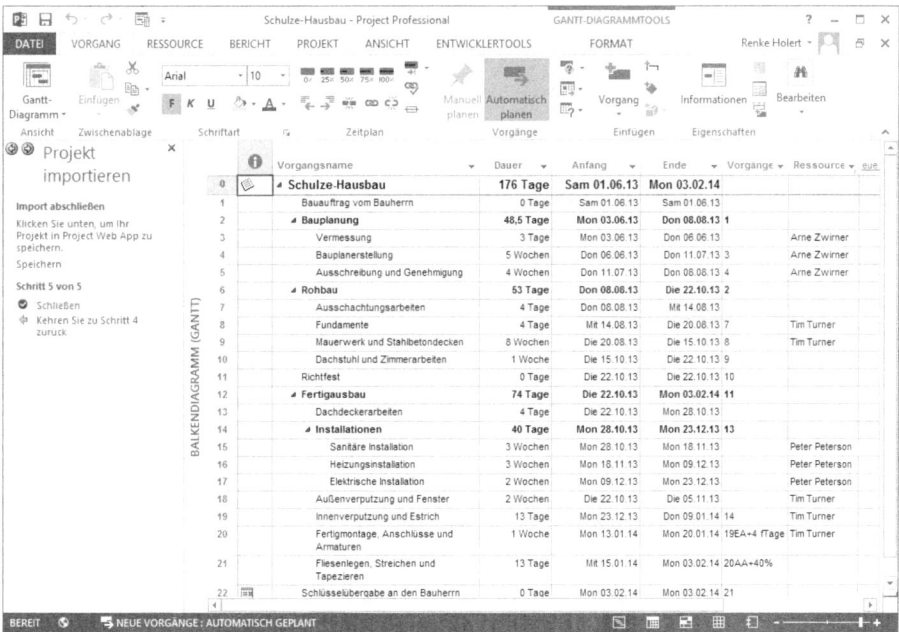

10. Wählen Sie als *Typ* den Eintrag *Projekt*. Falls Sie aus dem Projekt eine Enterprise-Vorlage machen möchten, wählen Sie *Vorlage*. Klicken Sie auf die Schaltfläche *Speichern*.

Abbildg. 9.27   Projektimport-Assistenten beenden

11. Klicken Sie auf die Verknüpfung *Schließen*.

12. Danach können Sie das Projekt schließen. Bestätigen Sie das *Schließen*-Dialogfeld mit den Voreinstellungen.

Führen Sie diese Schritte für jedes Projekt aus, das Sie importieren möchten.

Mit den vorangegangenen Schritten haben Sie eine lauffähige Startumgebung geschaffen. Im Folgenden werden nun die Einstellungen beschrieben, die wir für eine Standardinstallation empfehlen. Sie können diese als Grundlage für Ihr Pilotsystem verwenden und an Ihre Bedürfnisse anpassen. Im ersten Schritt wenden wir uns den Clienteinstellungen zu.

Clienteinstellungen

Unter *Clienteinstellungen* bezeichnen wir nachfolgend alle Einstellungen des *Project-Windows-Clients* (Project Standard und Project Professional). Damit ist nicht der Project Web Client gemeint, also die von Project Server bereitgestellte Project Web App, auf die Sie mit Internet Explorer zugreifen können.

Wie jedes Windows-Programm unterscheidet auch der Project-Client zwischen computer- und benutzerbezogenen Einstellungen. Die computerbezogenen Einstellungen sind für alle Benutzer des Computers identisch, die benutzerbezogenen Einstellungen können dagegen für jeden Benutzer individuell festgelegt werden. Letztere sind bei Verwendung von servergespeicherten Profilen auch über die Grenzen des Computers hinaus gleich. Beide Einstellungsarten können abhängig oder unabhängig von der jeweiligen Project-Version sein (versionsabhängige und versionsunabhängige Einstellungen). Bitte beachten Sie, dass für bestimmte Einstellungen entsprechende administrative Rechte benötigt werden.

> **HINWEIS**   Project 2013 liegt in einer 32-Bit- und einer 64-Bit-Version vor (Kapitel 8). Sie können die Version prüfen, indem Sie im Menüband auf der Registerkarte *DATEI* den Befehl *Konto* aufrufen und dort die Schaltfläche *Info zu Project* anklicken.
>
> Beachten Sie, dass auf 64-Bit-Betriebssystemen die Clienteinstellungen ggf. im *Wow6432Node* liegen, z.B. werden Add-Ins an folgender Stelle registriert:
>
> *HKEY_LOCAL_MACHINE\SOFTWARE\Wow6432Node\Microsoft\Office\MS Project\Addins*

- **Computerbezogene Einstellungen**   Diese Einstellungen werden in der Registrierung unter HKEY_LOCAL_MACHINE\SOFTWARE\Microsoft\Office\MS   Project   und HKEY_LOCAL_MACHINE\SOFTWARE\Microsoft\Office\15.0\Project gespeichert.

- **Benutzerbezogene Einstellungen**   Diese Einstellungen werden in der Registrierung unter *HKEY_CURRENT_USER\Software\Microsoft\Office\15.0\MS Project* gespeichert.

Die benutzerbezogenen Einstellungen können über die *Optionen*-Dialogfelder in Project vom Anwender selbst festgelegt werden. Sie können jedoch von administrativer Seite diese und andere Einstellungen festlegen, also z.B. ein Anmeldeskript oder ein anderes Werkzeug, um die Registrierung der Clients zu bearbeiten. Als Werkzeuge können Sie z.B. Gruppenrichtlinien oder Programmerweiterungen wie z.B. *COM-Add-Ins* verwenden. Nachfolgend wird beschrieben, wie Sie Gruppenrichtlinien zu diesem Zweck verwenden können.

> **HINWEIS**   Die administrativen Vorlagen für Project sind Bestandteil der administrativen Vorlagen für Office 2013 und können bei Microsoft heruntergeladen werden.[1] Verwenden Sie die 32-Bit-Version von Project auch auf einem 64-Bit-Betriebssystem.

---

[1] *http://www.microsoft.com/en-us/download/details.aspx?id=35554*

Administrative Vorlage

Um eine administrative Vorlage (ADMX/ADML-Datei) für Windows 7 oder neuer in Active Directory (AD) zu installieren, gehen Sie folgendermaßen vor:

1. Melden Sie sich als Domänenadministrator an. Laden Sie die administrativen Vorlagen für Project 2013 bzw. Office 2013 von Microsoft unter der Adresse in der Fußnote herunter.
2. Legen Sie in der SYSVOL-Freigabe eines Domänencontrollers unter dem Ordner mit dem Domänennamen im Ordner *Policies* einen neuen Ordner *PolicyDefinitions* an, z.B. *\\v62\SYSVOL\holert.local\Policies\PolicyDefinitions*.
3. Kopieren Sie die Datei *proj15.admx* und z.B. für Deutsch *proj15.adml* inkl. des Ordners *de-de* aus dem Ordner *ADMX* dorthin. Wiederholen Sie das für *office15.admx* und *office15.adml* sowie ggf. für andere Office-Programme und Sprachen.

Administrative Vorlage konfigurieren

Um die administrative Vorlage zu konfigurieren, führen Sie folgende Schritte aus:

1. Öffnen Sie die Microsoft Management Console *Gruppenrichtlinienverwaltung*.
2. Navigieren Sie in der Gesamtstruktur zu Ihrer Domäne, öffnen Sie den Ordner *Gruppenrichtlinienobjekte* und klicken Sie mit der rechten Maustaste auf die gewünschte Gruppenrichtlinie, z.B. auf die *Default Domain Policy*. Wählen Sie im Kontextmenü den Menüeintrag *Bearbeiten* aus.
3. Klicken Sie im *Gruppenrichtlinienverwaltungs-Editor* unter *Benutzerkonfiguration* auf *Richtlinien* und dort auf den Ordner *Administrative Vorlagen*.

Abbildg. 9.28   Administrative Vorlagen für Project

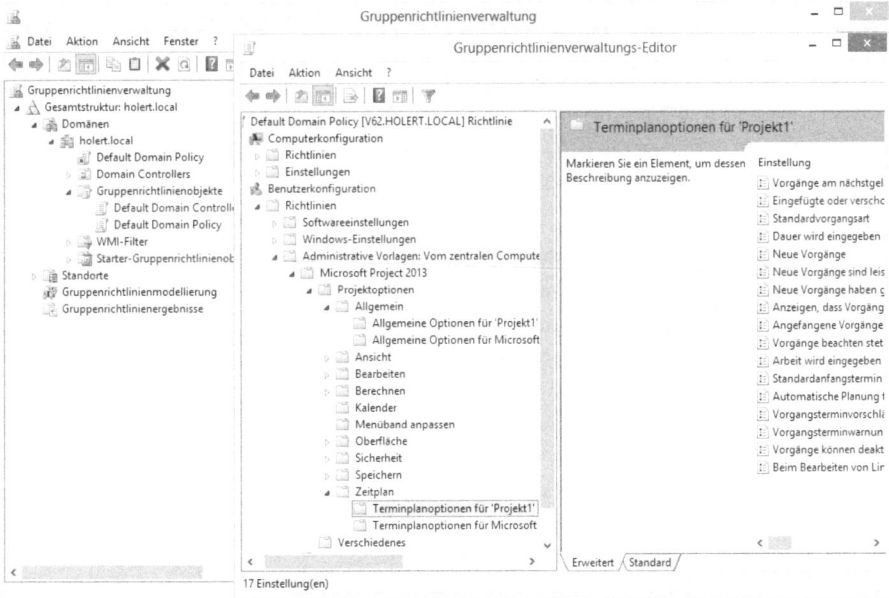

4. Dort sehen Sie nach dem Kopieren der administrativen Vorlage in den im vorherigen Schritt genannten Ordner einen neuen Menüeintrag *Microsoft Project 2013* (Abbildung 9.28).
5. Wählen Sie abhängig von der Richtlinie den gewünschten *Ordner* unter *Microsoft Project 2013* aus.

6. Klicken Sie im rechten Teil der Microsoft Management Console mit der rechten Maustaste auf die entsprechende Richtlinie und wählen Sie im Kontextmenü die Option *Bearbeiten* aus.

Richtlinie aktivieren

7. Wählen Sie im Dialogfeld die Option *Aktiviert* aus, wenn Sie die Einstellung bei den Benutzern, für die die Gruppenrichtlinie gilt, erzwingen möchten. Wenn Sie umgekehrt erreichen möchten, dass diese Einstellung nicht verwendet wird, so wählen Sie die Option *Deaktiviert* aus (Abbildung 9.29).

Hiermit werden die von Ihnen gewählten Einstellungen auf alle Project-Clients aller Benutzer festgelegt, die sich innerhalb des Einflussbereichs dieser Gruppenrichtlinie befinden.

Im Folgenden werden wir Ihnen einen Überblick über die *Clientoptionen* geben und einen Vorschlag für *Standardeinstellungen* machen. Zudem werden wir den Pfad im Menüband in Project und den zugehörigen Baum in der *Registrierung* angeben. Falls wir eine Änderungen empfehlen, geben wir zudem den Namen der entsprechenden Gruppenrichtlinie an, falls möglich. Beschrieben werden die nachstehenden Optionen:

- Ansichtsoptionen
- Allgemeine Optionen und Optionen für Planungs-Assistent
- Bearbeitungsoptionen
- Kalenderoptionen
- Terminplanoptionen
- Berechnungsoptionen
- Dokumentprüfungsoptionen
- Speicheroptionen

- Project Web App-Optionen
- Optionen für Menüband und Symbolleiste für Schnellzugriff
- Internetoptionen

> **HINWEIS**   Einige Einträge werden erst dann in der *Registrierung* erstellt, wenn die entsprechende Option mindestens einmal umgestellt worden ist.

Ansichtsoptionen

Menüband, Registrierungsbaum und Richtlinienordner

DATEI/Optionen/Allgemein und *DATEI/Optionen/Erweitert/Anzeigeoptionen*

HKEY_CURRENT_USER\Software\Microsoft\Office\15.0\MS Project\Options\View

Microsoft Project 2013/Projektoptionen/Ansicht

Empfohlene Änderung und zugehörige Gruppenrichtlinie(n)

Keine

Allgemeine Optionen und Optionen für Planungs-Assistent

Menüband, Registrierungsbaum und Richtlinienordner

DATEI/Optionen/Allgemein und *DATEI/Optionen/Erweitert/Planungs-Assistent*

HKEY_CURRENT_USER\Software\Microsoft\Office\15.0\MS Project\Options\General

HKEY_CURRENT_USER\Software\Microsoft\Office\15.0\MS Project\Options\PlanningWizard

Microsoft Project 2013/Projektoptionen/Allgemein

Empfohlene Änderung und zugehörige Gruppenrichtlinie(n)

Planungs-Assistent

- *Ratschläge vom Planungs-Assistenten* deaktivieren

> **HINWEIS**   Nicht über Gruppenrichtlinie steuerbar.

Bearbeitungsoptionen

Menüband, Registrierungsbaum und Richtlinienordner

DATEI/Optionen/Erweitert/Anzeigeoptionen

HKEY_CURRENT_USER\Software\Microsoft\Office\15.0\MS Project\Options\Edit

Microsoft Project 2013/Projektoptionen/Bearbeiten

Empfohlene Änderung und zugehörige Gruppenrichtlinie(n)

Bearbeitungsoptionen für Microsoft Project

- *Drag & Drop von Zellen aktivieren* deaktivieren

Kalenderoptionen

Menüband, Registrierungsbaum und Richtlinienordner

DATEI/Optionen/Terminplan/Kalenderoptionen

HKEY_CURRENT_USER\Software\Microsoft\Office\15.0\MS Project\Options\Calendar

Microsoft Project 2013/Projektoptionen/Kalender

Empfohlene Änderung und zugehörige Gruppenrichtlinie(n)

Keine

> **HINWEIS**   Wenn Sie hier Änderungen vornehmen, sollten Sie den *Projektkalender* entsprechend anpassen (siehe auch *Projektoptionen/Kalender*).

Terminplanoptionen

Menüband, Registrierungsbaum und Richtlinienordner

DATEI/Optionen/Terminplanung

HKEY_CURRENT_USER\Software\Microsoft\Office\15.0\MS Project\Options\Scheduling

Microsoft Project 2013/Projektoptionen/Zeitplan

Empfohlene Änderung und zugehörige Gruppenrichtlinie(n)

Keine

Berechnungsoptionen

Menüband, Registrierungsbaum und Richtlinienordner

DATEI/Optionen/Erweitert/Berechnungsoptionen

HKEY_CURRENT_USER\Software\Microsoft\Office\15.0\MS Project\Options\Calculation

Microsoft Project 2013/Projektoptionen/Berechnen

Empfohlene Änderung und zugehörige Gruppenrichtlinie(n)

Keine

Dokumentprüfungsoptionen

Menüband, Registrierungsbaum und Richtlinienordner

DATEI/Optionen/Dokumentprüfung

HKEY_CURRENT_USER\Software\Microsoft\Office\15.0\MS Project\Options\Spelling

Microsoft Office 2013/Extras/Optionen/Rechtschreibung

Empfohlene Änderung und zugehörige Gruppenrichtlinie(n)

Keine

Speicheroptionen

Menüband, Registrierungsbaum und Richtlinienordner

DATEI/Optionen/Speichern

DATEI/Speichern unter/Tools/Allgemeine Optionen

HINWEIS Wenn Sie online mit Project Server verbunden sind, müssen Sie *Als Datei speichern* auswählen.

HKEY_CURRENT_USER\Software\Microsoft\Office\15.0\MS Project\Options\Save

Microsoft Project 2013/Projektoptionen/Speichern

Empfohlene Änderung und zugehörige Gruppenrichtlinie(n)

Keine

ACHTUNG Wenn Sie servergespeicherte Profile verwenden, beachten Sie, dass der lokale Project-Cache standardmäßig 50 MB groß werden kann und im Anwendungsdaten-Verzeichnis des Benutzerprofils liegt: *%AppData%\Microsoft\MS Project\15\Cache*.

Project Web App-Optionen

Menüband, Registrierungsbaum und Richtlinienordner

DATEI/Informationen/Konten verwalten

DATEI/Optionen/Erweitert/Project Web App

HKEY_CURRENT_USER\Software\Microsoft\Office\15.0\MS Project\Profiles

HKEY_CURRENT_USER\Software\Microsoft\Office\15.0\MS Project\Settings

Empfohlene Änderung und zugehörige Gruppenrichtlinie(n)

Keine

TIPP Sie können über ein Anmeldeskript für alle Projektleiter das passende Project Server-Konto einrichten, sodass diese es nicht manuell konfigurieren müssen.

Optionen für Menüband und Symbolleiste für Schnellzugriff

Menüband, Registrierungsbaum und Richtlinienordner

DATEI/Optionen/Menüband anpassen und *DATEI/Optionen/Symbolleiste für Schnellzugriff*

Microsoft Project 2010/Projektoptionen/Menüband anpassen

Empfohlene Änderung und zugehörige Gruppenrichtlinie(n)

Keine

Internetoptionen

Formal gehören die Optionen von Internet Explorer zwar nicht zu den Einstellungen des Project-Windows-Clients. Da sie vom Ablauf und Inhalt her jedoch dazu passen, haben wir diese hier angegeben.

Richtlinienordner

Benutzerkonfiguration/Windows-Einstellungen/Internet Explorer-Wartung

Empfohlene Änderung und zugehörige Gruppenrichtlinie(n)

Keine

Projekteinstellungen

Wie in anderen Office-Programmen können Sie auch für Project Vorlagen erstellen, die Ihre gewünschten Standardeinstellungen bereits enthalten. Die allgemeine Projektvorlage heißt *Global.MPT*. Diese Datei befindet sich normalerweise im Anwendungsdaten-Verzeichnis des Benutzerprofils (*%AppData%\Microsoft\MS Project\15\1031*; dabei ist *1031* der Sprachcode für Deutsch, für Englisch ist er *1033*). Diese Datei wird als Vorlage für jedes neue Projekt herangezogen, das ein Anwender anlegt.

Sie können die Projekteinstellungen in der *Global.MPT* ändern, indem Sie die jeweilige Ansicht, Tabelle, Gruppierung, Filter, Sortierung, etc. über das Dialogfeld *Organisieren* (Im Menüband unter *DATEI/Informationen/Organisator*) in die *Global.MPT* kopieren.

Diese Festlegung bezieht sich jedoch nicht auf bereits bestehende Projekte und damit auch nicht auf schon bestehende Projektvorlagen, sondern nur auf zukünftige. Dies bedeutet, dass nachträgliche Änderungen in allen aktiven Projekten und Vorlagen manuell nachgepflegt werden müssen, wenn diese für alle Projekte und/oder Vorlagen gelten sollen.

Damit zumindest die Projektvorlage *Global.MPT* nicht bei jedem Anwender manuell bearbeitet werden muss, kann eine *Global.MPT* zentral für alle Anwender als Vorlage verwendet werden. Um Project mitzuteilen, dass die zentrale Projektvorlage zu verwenden ist, muss in der Registrierung im Zweig *HKEY_CURRENT_USER\Software\Policies\Microsoft* im Schlüssel *Office\1.0 \MS Project\GlobalSearch* die Zeichenfolge *RootKey* mit dem Pfad des Netzwerkordners angelegt werden. Der Pfad muss als Wert in der Form *\\server\freigabe\ordner* und nicht in der Form *\\server\freigabe\ordner\Global.MPT* angegeben werden.

Beim Einsatz von Project in Verbindung mit Project Server steht zusätzlich zur *Global.MPT* eine zentrale datenbankbasierte Vorlagendatei, die *Enterprise-Global* zur Verfügung. Alle Projekteinstellungen aus dieser Datei werden zwingend auf jedes Projekt angewendet, sodass sich auch nachträgliche Änderungen auf alle Projekte auswirken. Dies ist von der Verwaltung her ein sehr großer Vorteil, da auf diese Weise Ansichten, Filter, usw. unternehmensweit standardisiert werden können.

Neben einer allgemeinen Projektvorlage, die Einstellungen für alle Projekte eines Unternehmens enthält, können auch projektspezifische Vorlagen erstellt werden, die beispielsweise auch bereits Standardprojektphasen und -vorgänge für den jeweiligen Projekttyp enthalten. Diese können auch als Enterprise-Vorlagen zentral auf dem Project Server gespeichert werden.

Nachfolgend stellen wir die wichtigsten projektbezogenen Einstellungen dar und schlagen basierend auf unseren Erfahrungen Standardeinstellungen vor. Im Einzelnen sind dies die folgenden Einstellungselemente:

- Kalender
- Benutzerdefinierte Felder und Nachschlagetabellen
- Ansichten
- Tabellen
- Druckeinstellungen
- Filter/Sortierungen/Gruppierungen
- Optionen
- Projektvorlagen und Sonderprojekte

Kalender

Damit Feiertage als arbeitsfreie Zeit berücksichtigt werden, müssen diese im Projektkalender entsprechend markiert werden. Verwenden Sie dazu das Dialogfeld *Arbeitszeit ändern*, welches Sie über das Menüband auf der Registerkarte *PROJEKT* in der Gruppe *Eigenschaften* und den Befehl *Arbeitszeit ändern* erreichen.

> **HINWEIS**   Wenn Sie mit Project Server arbeiten, können Sie lokale Kalender nur erstellen, wenn in den Servereinstellungen unter *Betriebsrichtlinien/Weitere Servereinstellungen/Enterprise-Einstellungen* die Option *Für Projekte die Verwendung lokaler Kalender zulassen* aktiviert ist. Dies ist standardmäßig nicht der Fall (vgl. Abschnitt »Enterprise-Einstellungen« später in diesem Kapitel).

Enterprise-Kalender können standardmäßig nicht direkt über die ausgecheckte Enterprise-Global erstellt werden. Verwenden Sie stattdessen die entsprechende Option in den Servereinstellungen im Bereich *Enterprise-Daten* (siehe den Abschnitt »Enterprise-Daten« später in diesem Kapitel).

Sie können darüber hinaus, wenn Project Server entsprechend konfiguriert ist, in Project einen lokalen Kalender erstellen und diesen später als Enterprise-Kalender hinzufügen. Verwenden Sie hierzu die Schaltfläche *Kalender zu Enterprise hinzufügen (PROJEKT/Eigenschaften/Arbeitszeit ändern)*.

Weitere Erläuterungen zu den Kalendereinstellungen finden Sie in Kapitel 3.

Nachfolgend sind die wichtigsten Feiertage aufgelistet:

- 1. Weihnachtsfeiertag (25.12.)
- 2. Weihnachtsfeiertag (26.12.)
- Allerheiligen (1.11.)
- Christi Himmelfahrt
- Fronleichnam
- Heilige Drei Könige (6.1.)
- Karfreitag
- Mariä Himmelfahrt (15.8.)
- Neujahr (1.1)
- Ostermontag

- Ostersonntag
- Pfingstmontag
- Tag der Arbeit (1.5.)
- Tag der Deutschen Einheit (3.10.)

Damit ein Kalender als Projektkalender verwendet und dessen arbeitsfreie Zeit im Projektplan angezeigt wird, muss dies durch den Projektleiter eingestellt werden (vgl. Kapitel 1). Ebenso muss ein Kalender durch den Ressourcenmanager einer Ressource zugewiesen werden, damit dieser deren Arbeitszeiten steuert (vgl. Kapitel 3).

Benutzerdefinierte Felder und Nachschlagetabellen

Neben einer großen Anzahl von Standardfeldern können Sie in Project auch benutzerdefinierte Felder anlegen bzw. verwenden, die Sie nach Ihren Bedürfnissen anpassen können. Diese können Sie verwenden, um z.B. zu Projekten, Vorgängen oder Ressourcen unternehmensspezifische Informationen anzuzeigen.

Jede Art von benutzerdefinierten Feldern gibt es als lokales Feld und als Enterprise-Feld. Die Struktur eines lokalen Felds wird nur im Projektplan gespeichert und kann somit in jedem Projekt anders sein. Die Struktur der Enterprise-Felder wird über die Enterprise-Global festgelegt und ist damit für alle Projekte auf Project Server gleich.

Zu benutzerdefinierten Feldern können Werte aus Nachschlagetabellen hinterlegt oder Werte mithilfe von Formeln errechnet werden. Zudem können die Werte mithilfe von grafischen Symbolen benutzerfreundlich visualisiert werden. Zu jedem benutzerdefinierten Enterprise-Feld können Sie hierarchische Nachschlagetabellen hinterlegen. Bei lokalen Feldern können Sie dies nur bei Gliederungscodes.

HINWEIS   Projektfelder können durch einen Workflow gesteuert werden. Mehr hierzu im Abschnitt »Workflow- und Projektdetailseiten« später in diesem Kapitel.

Standardmäßig wird Project Server bereits mit sieben benutzerdefinierten Feldern und vier Nachschlagetabellen ausgeliefert. Das sind Felder, die überwiegend für Standardfunktionen benötigt werden. Diese Felder können inhaltlich, z.B. durch die Bearbeitung der Nachschlagetabellen, gefüllt werden. Namentlich sind es die Felder *Projektabteilungen*, *Ressourcenabteilungen*, *RSP* und *Teamname*.

Darüber hinaus gibt es benutzerdefinierte Felder (wie das Feld *Qualifikation*), die erst noch angelegt werden müssen, damit bestimmte Funktionen überhaupt nutzbar sind. Diese Felder sind der vorgenannten ersten Gruppe zuzuordnen.

Nachfolgend beschreiben wir, wie wir die benutzerdefinierten Enterprise-Felder inkl. der zugehörigen Nachschlagetabellen für unser Beispielunternehmen angepasst haben.

Projektfelder

Nachfolgend beschreiben wir, wie Sie die folgenden Projektfelder inkl. der zugehörigen Nachschlagetabellen erstellen bzw. ändern:

- Abteilung
- Geschäftsbereich

- Kostenabweichung- und Leistungsabweichung
- Kundenzufriedenheit, Mitarbeiterzufriedenheit und Zufr. mit Lieferanten
- Projekthauptziele, Projektziele, Projektkostenvoranschlag, Projektrahmenbedingungen

Abteilung

Standardmäßig werden in Dialogfeldern und an anderen Stellen immer alle benutzerdefinierten Felder angezeigt. Felder können jedoch nur für einen bestimmten Nutzerkreis angezeigt werden, wie z.B. eine Abteilung. Damit Projekt- und Ressourcenfelder entsprechend zugeordnet werden können, geben Sie in der standardmäßig angelegten Nachschlagetabelle *Abteilung* die Namen dieser Nutzerkreise ein. Diese Nachschlagetabelle wird von den vordefinierten Feldern *Projektabteilungen* und *Ressourcenabteilungen* verwendet.

Gehen Sie dazu folgendermaßen vor:

1. Wechseln Sie in Project Web App und klicken Sie in der Schnellstartleiste auf die Verknüpfung *Servereinstellungen*.

TIPP   Klicken Sie in der oberen rechten Ecke von Project Web App auf das kleine Vierecksymbol, damit können Sie die Schnellstartleiste ausblenden, um Platz auf dem Bildschirm zu sparen.

2. Klicken Sie dann im Bereich *Enterprise-Daten* auf die Verknüpfung *Enterprise-Felder und - Nachschlagetabellen*.

Abbildg. 9.30   Füllen der Nachschlagetabelle *Abteilung* – 1

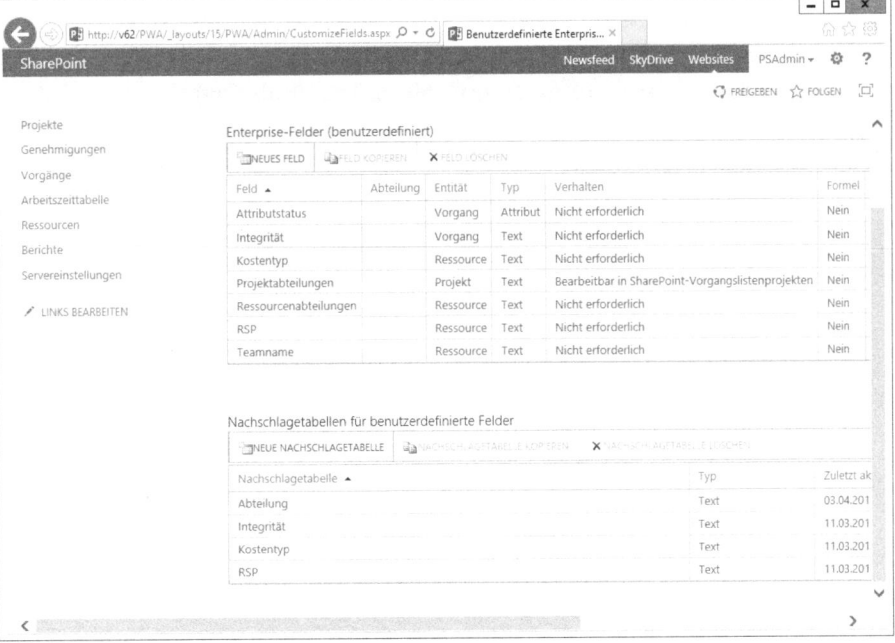

3. Klicken Sie im Bereich *Nachschlagetabellen für benutzerdefinierte Felder* in der Spalte *Nachschlagetabelle* auf den als Hyperlink hinterlegten Namen der Nachschlagetabelle *Abteilung*.

Abbildg. 9.31   Füllen der Nachschlagetabelle *Abteilung – 2*

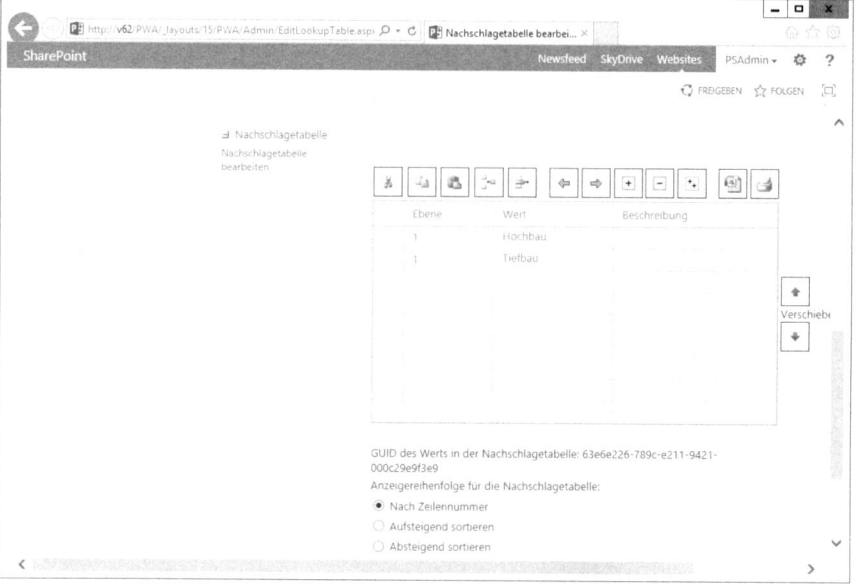

4. Geben Sie im Bereich *Nachschlagetabelle* z.B. die Werte »Hochbau« und »Tiefbau« ein.

5. Klicken Sie auf die Schaltfläche *Speichern*.

Geschäftsbereich

Um für die Auswertung nach Geschäftsbereich ein neues Projektfeld mit Nachschlagetabelle u.a. für Kapitel 4 und 5 zu erstellen, führen Sie folgende Schritte aus:

Abbildg. 9.32   Nachschlagetabellen für benutzerdefinierte Felder

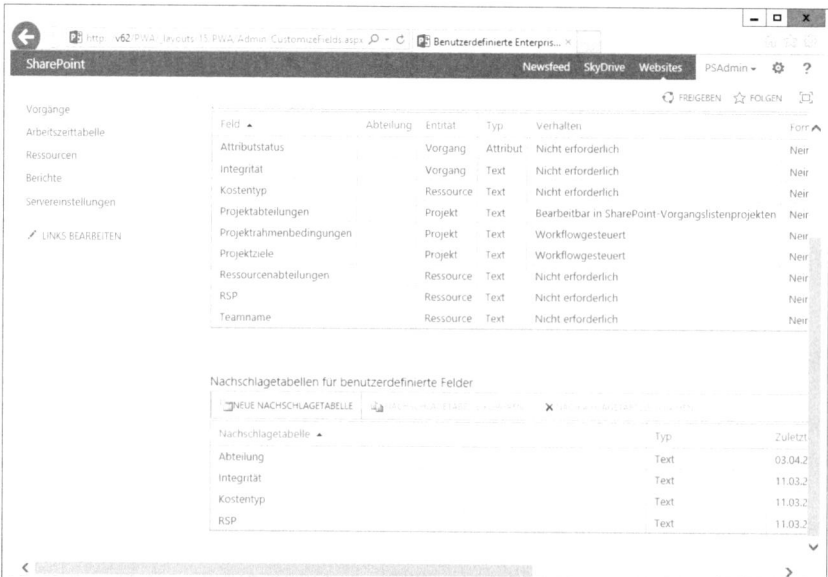

1. Klicken Sie in der Symbolleiste auf den Befehl *Neue Nachschlagetabelle* (Abbildung 9.32).

Abbildg. 9.33   Neue Enterprise-Nachschlagetabelle erstellen

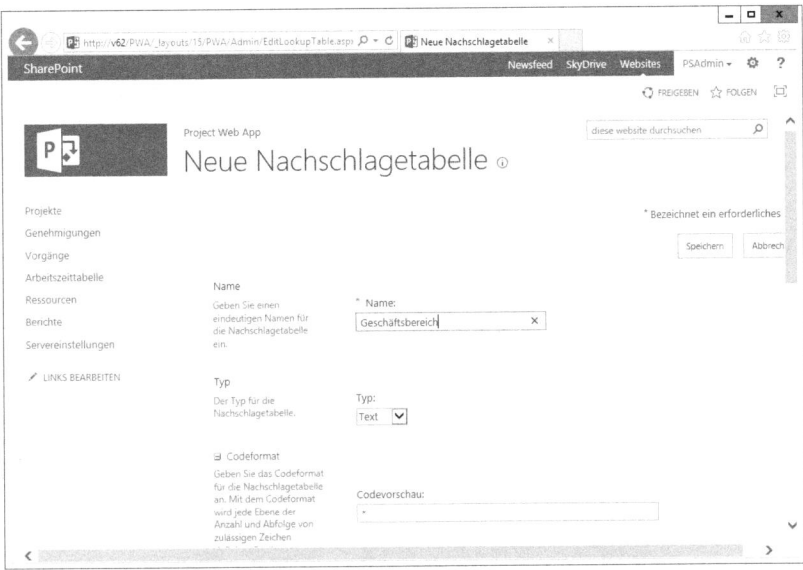

2. Geben Sie im Feld *Name* als Bezeichnung »Geschäftsbereich« ein.
3. Behalten Sie als Typ für die Nachschlagetabelle *Text* bei.
4. Behalten Sie das *Codeformat* mit *Zeichen* als *Reihenfolge*, *Beliebige* als *Länge* und einem Punkt als *Trennzeichen* bei.

Abbildg. 9.34   Nachschlagetabelle mit Inhalt füllen

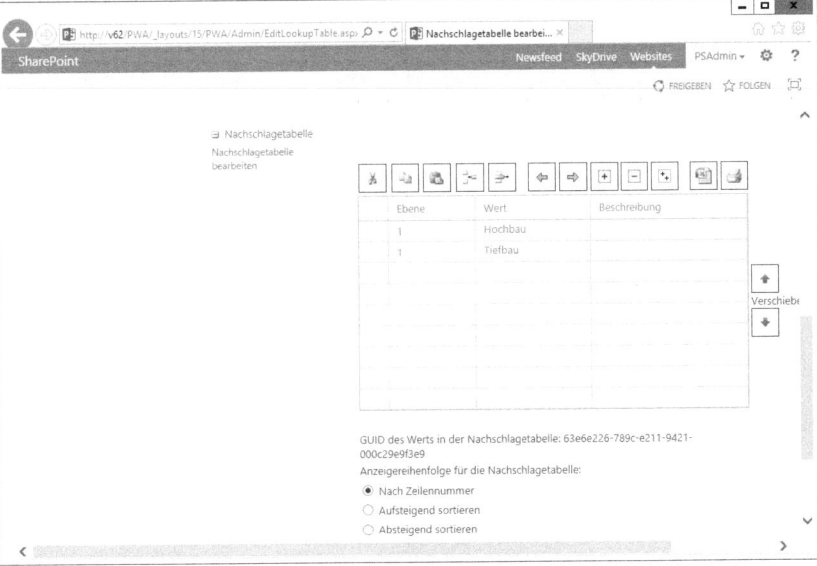

5. Geben Sie für die Ebene 1 z.B. »Hochbau« und »Tiefbau« ein (Abbildung 9.34).

6. Bestätigen Sie per Klick auf die Schaltfläche *Speichern*.

Um das zugehörige Feld *Geschäftsbereich* zu erstellen, führen Sie folgende Schritte aus:

Abbildg. 9.35   Enterprise-Felder

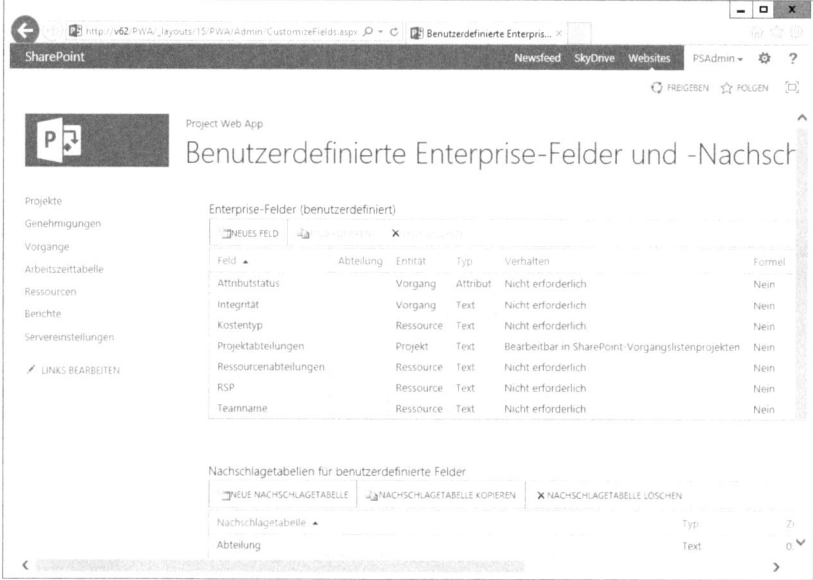

1. Klicken Sie in der Symbolleiste auf den Befehl *Neues Feld* (Abbildung 9.35).

Abbildg. 9.36   Neues Enterprise-Feld erstellen

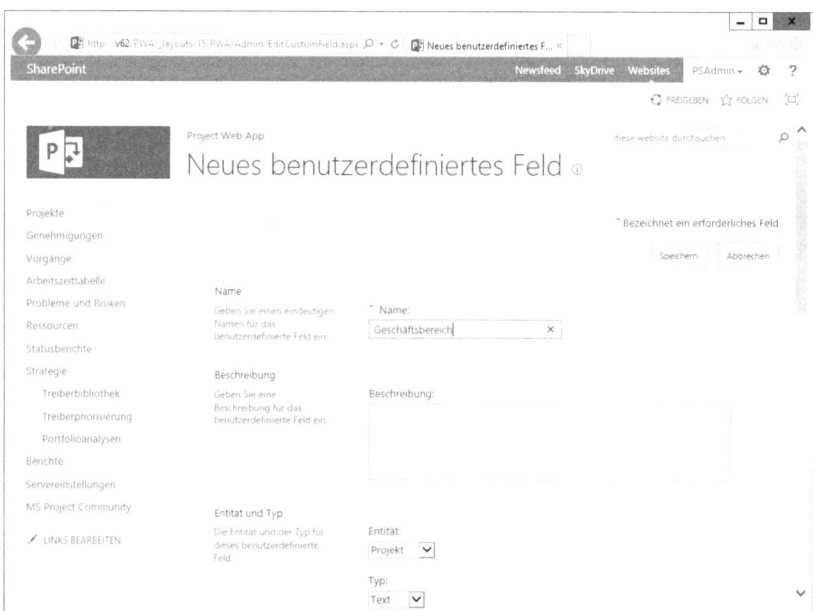

2. Geben Sie im Feld *Name* als Bezeichnung »Geschäftsbereich« ein.

3. Behalten Sie die Entität *Projekt* und Typ *Text* bei.

Abbildg. 9.37   Eigenschaften des Projektfelds festlegen

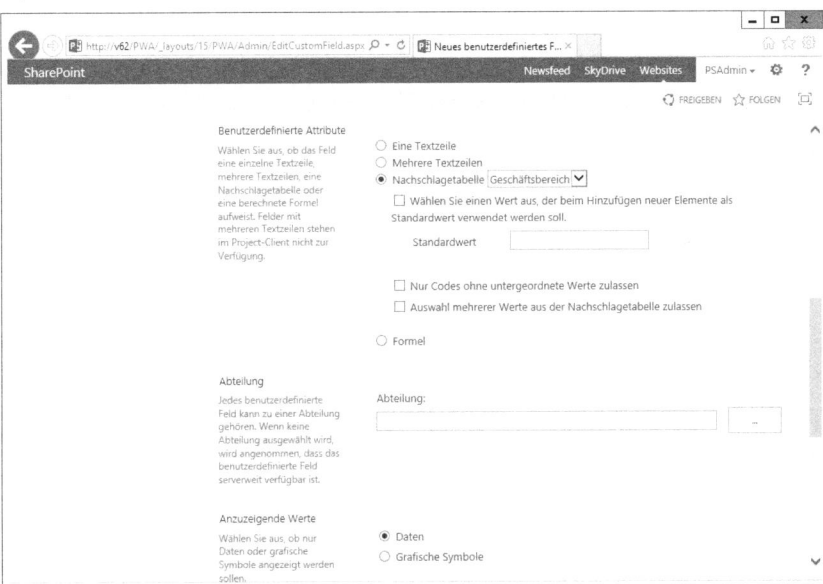

4. Wählen Sie im Bereich *Benutzerdefinierte Attribute* die Option *Nachschlagetabelle* und die soeben erstellte Nachschlagetabelle *Geschäftsbereich* aus.

Abbildg. 9.38   Weitere Eigenschaften des Projektfelds festlegen

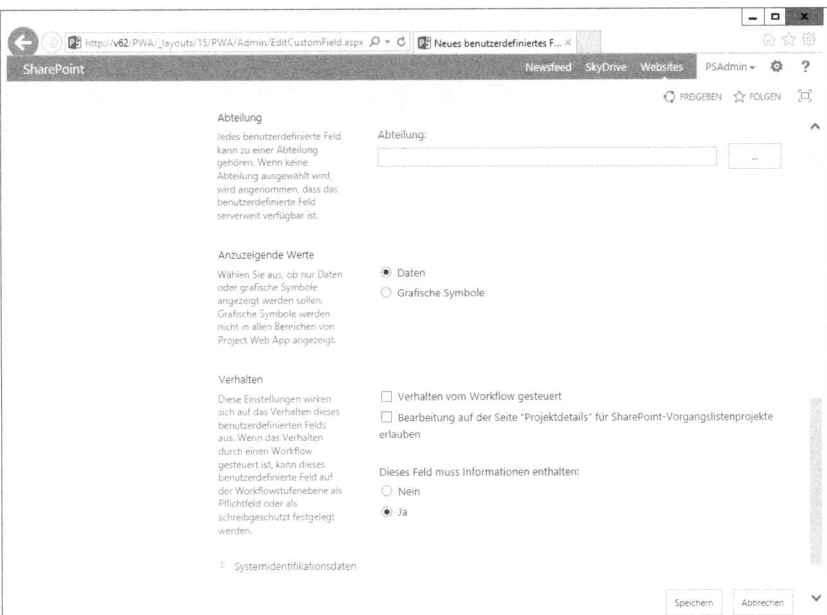

5. Wählen Sie im Bereich *Verhalten* unter *Dieses Feld muss Informationen enthalten* die Option *Ja*, um sicherzustellen, dass dieses Feld in jedem Projekt ausgefüllt wird (Pflichtfeld/Muss-feld).

6. Klicken Sie auf die Schaltfläche *Speichern*.

Kostenabweichung- und Leistungsabweichung

Um für die in Kapitel 4 beschriebene Balanced Scorecard die Felder *Kostenabweichung* und *Leistungsabweichung* mit Formel und grafischen Indikatoren zu erstellen, gehen Sie folgendermaßen vor:

1. Klicken Sie auf die Schaltfläche *Neues Feld* (Abbildung 9.39)

Abbildg. 9.39   Neues Feld für die Balanced Scorecard erstellen

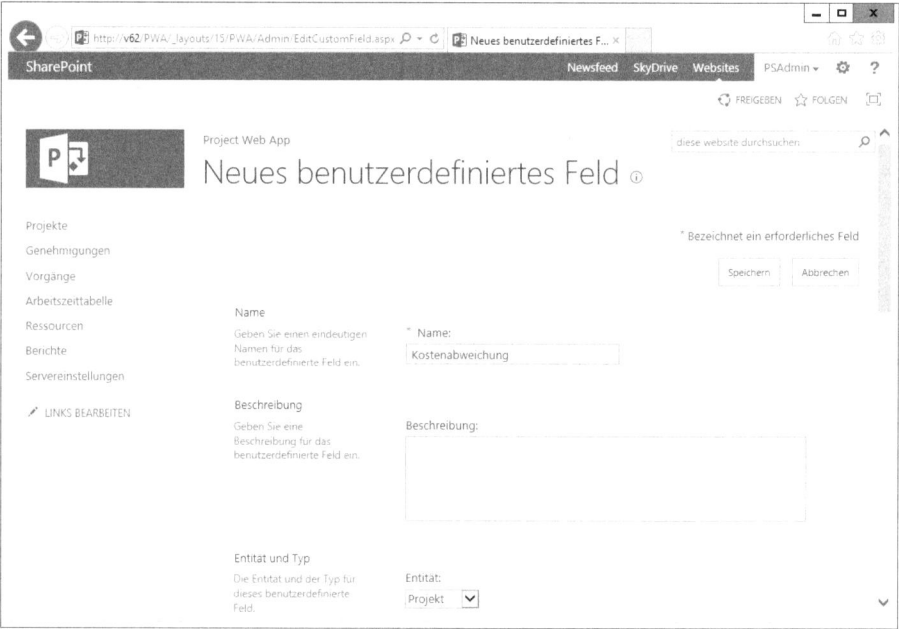

2. Geben Sie im Feld *Name* als Bezeichnung »Kostenabweichung« ein.

3. Wählen Sie im Dropdown-Listenfelde *Entität* den Eintrag *Projekt* und im Dropdown-Listen-feld *Typ* den Eintrag *Zahl* aus.

Abbildg. 9.40   Formel für Enterprise-Feld festlegen

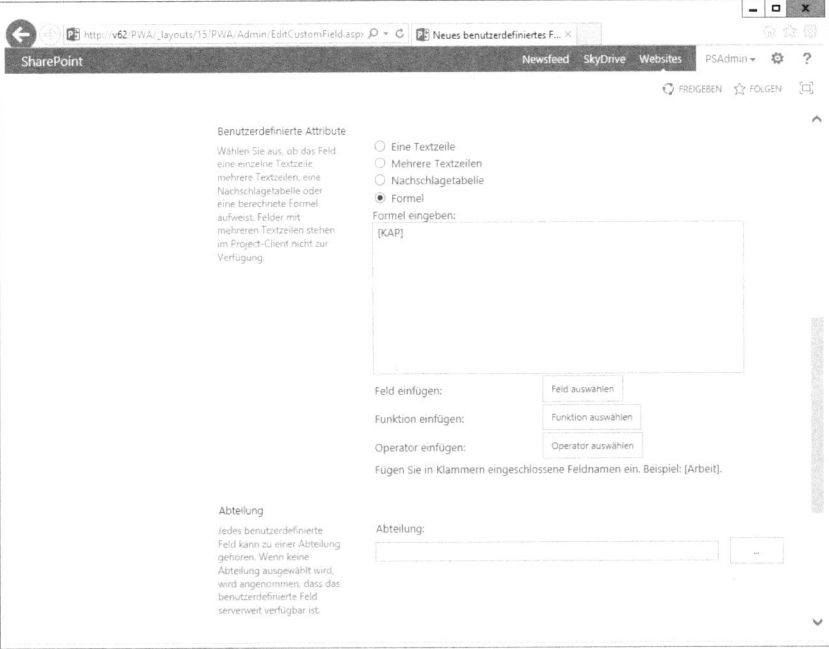

4. Wählen Sie im Bereich *Benutzerdefinierte Attribute* die Option *Formel*.
5. Fügen Sie das Feld für die prozentuale Kostenabweichung (*[KAP]*) ein.

Abbildg. 9.41   Grafische Symbole festlegen

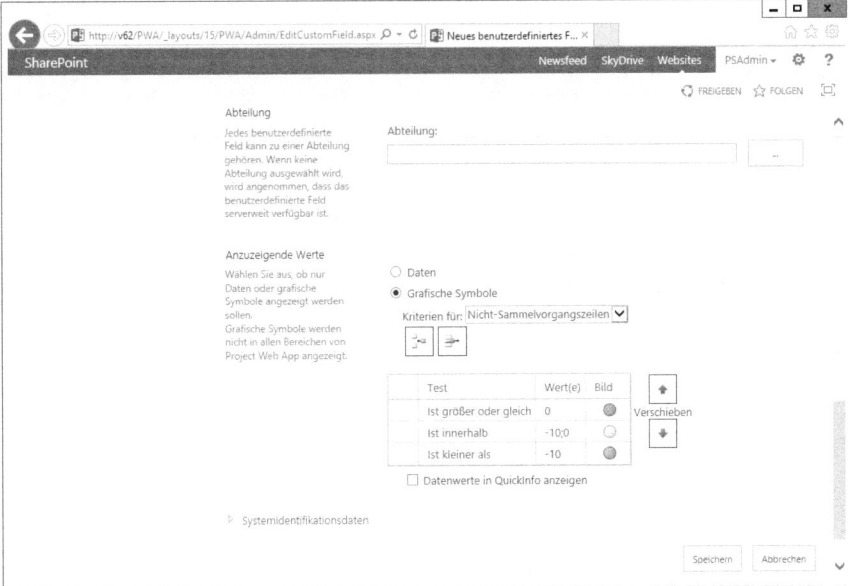

6. Klicken Sie im Bereich *Anzuzeigende Werte* auf die Option *Grafische Symbole*.

7. Definieren Sie die Kriterien für grünes Licht in der ersten Zeile, indem Sie in der Spalte *Test* den Eintrag *Ist größer oder gleich* auswählen, in der Spalte *Wert(e)* »0« eingeben und in der Spalte *Bild* die grüne Ampel festlegen.

8. Definieren Sie die Kriterien für gelbes Licht in der zweiten Zeile, indem Sie in der Spalte *Test* den Eintrag *Ist innerhalb* auswählen, in der Spalte *Wert(e)* »-10;0« eingeben und in der Spalte *Bild* die gelbe Ampel festlegen.

9. Definieren Sie die Kriterien für rotes Licht in der dritten Zeile, indem Sie in der Spalte *Test* den Eintrag *Kleiner* auswählen, in der Spalte *Wert(e)* »-10« eingeben und in der Spalte *Bild* die rote Ampel festlegen.

10. Klicken Sie auf die Schaltfläche *Speichern*.

Wiederholen Sie die letzten Schritte analog für die prozentuale Leistungsabweichung (*Leistungsabweichung = [PAP]*).

Kundenzufriedenheit, Mitarbeiterzufriedenheit und Zufr. mit Lieferanten

Um für die in Kapitel 4 beschriebene Balanced Scorecard die Felder *Kundenzufriedenheit*, *Mitarbeiterzufriedenheit* und *Zufr. mit Lieferanten* mit Nachschlagetabelle und grafischen Indikatoren zu erstellen, gehen Sie folgendermaßen vor:

1. Klicken Sie auf die Schaltfläche *Neue Nachschlagetabelle* (Abbildung 9.35).

Abbildg. 9.42   Nachschlagetabelle für Kundenzufriedenheit erstellen

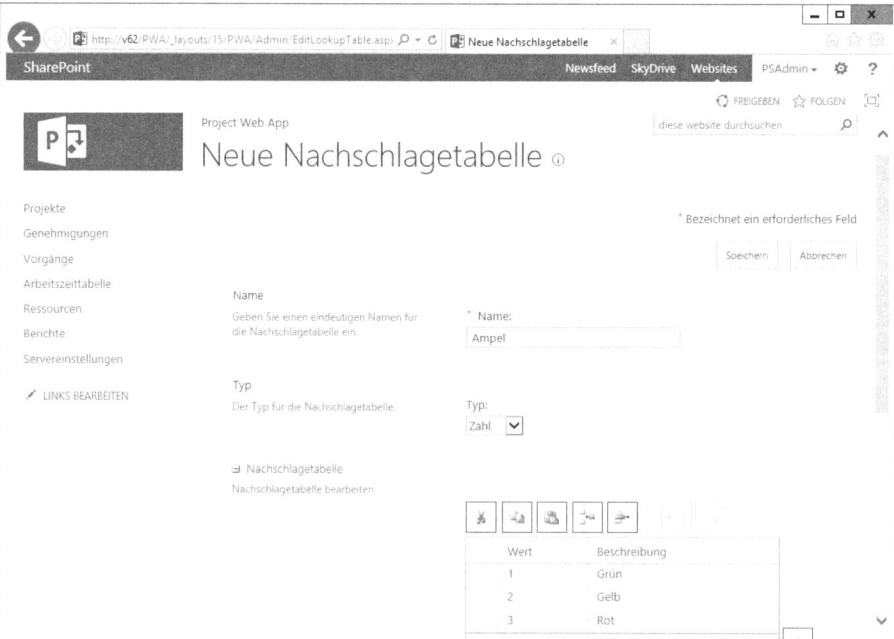

2. Geben Sie im Feld *Name* den Text »Ampel« ein.

3. Wählen Sie als Typ *Zahl*.

4. Geben Sie in der Zeile 1 in der Spalte *Wert* eine »1« und in der Spalte *Beschreibung* »Grün« ein (Abbildung 9.42).

5. Geben Sie in der Zeile 2 in der Spalte *Wert* eine »2« und in der Spalte *Beschreibung* »Gelb« ein.

6. Geben Sie in der Zeile 3 in der Spalte *Wert* eine »3« und in der Spalte *Beschreibung* »Rot« ein.

7. Klicken Sie auf die Schaltfläche *Speichern*.

8. Klicken Sie auf die Schaltfläche *Neues Feld* (Abbildung 9.35).

Abbildg. 9.43   Neues benutzerdefiniertes Feld für Kundenzufriedenheit festlegen

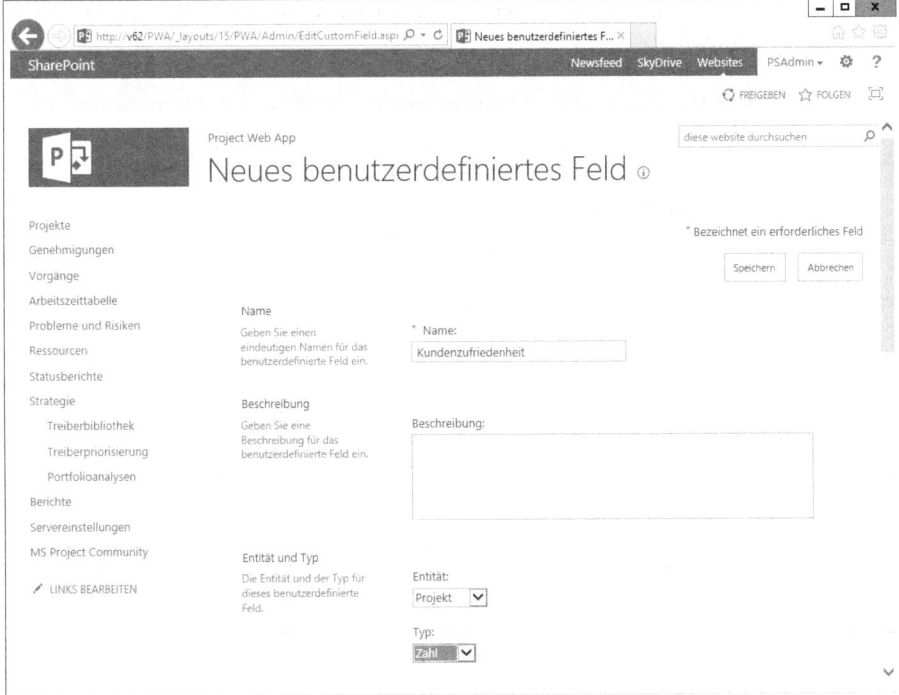

9. Geben Sie im Feld *Name* den Text »Kundenzufriedenheit« ein.

10. Wählen Sie als Typ *Zahl* aus.

Abbildg. 9.44   Nachschlagetabelle und grafische Symbole für Kundenzufriedenheit festlegen

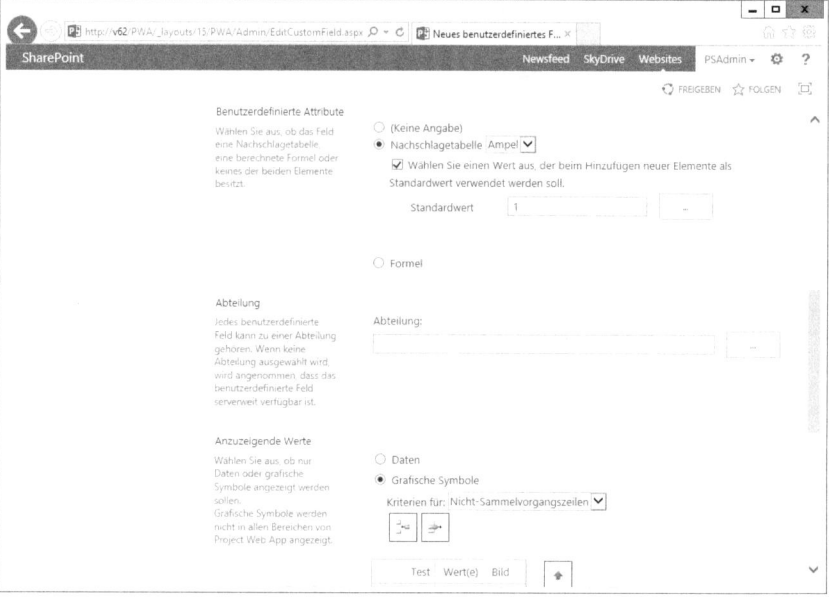

11. Wählen Sie im Bereich *Benutzerdefinierte Attribute* die Option *Nachschlagetabelle* mit *Ampel* aus.

12. Aktiven Sie das Kontrollkästchen *Wählen Sie einen Wert aus, der beim Hinzufügen neuer Elemente als Standardwert verwendet werden soll* und legen Sie als Standardwert *1* fest.

Abbildg. 9.45   Grafische Indikatoren für die Kundenzufriedenheit festlegen

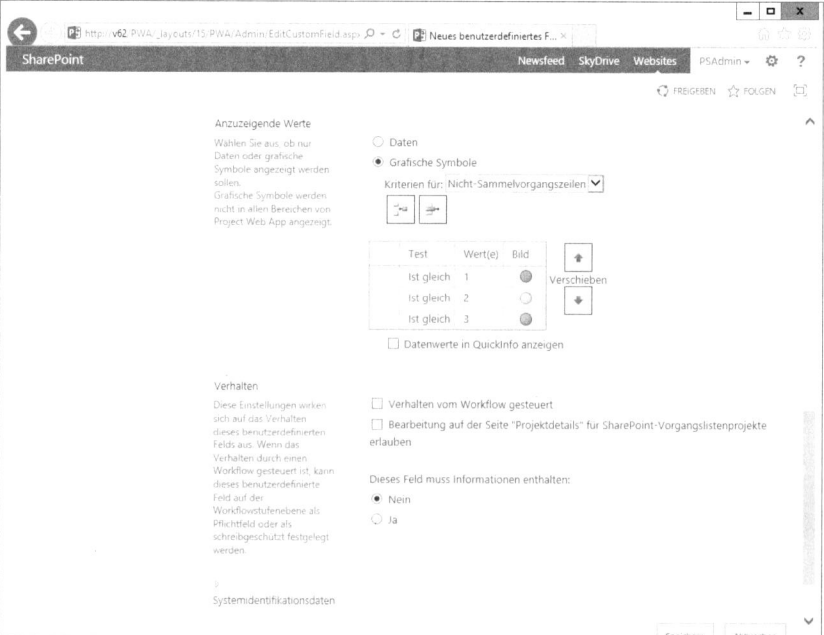

13. Wählen Sie im Bereich *Anzuzeigende Werte* die Option *Grafische Symbole*.

14. Definieren Sie die Kriterien für grünes Licht in der ersten Zeile, indem Sie in der Spalte *Test* den Eintrag *Ist gleich* auswählen, in der Spalte *Wert(e)* »1« eingeben und in der Spalte *Bild* die grüne Ampel festlegen.

15. Definieren Sie die Kriterien für gelbes Licht in der zweiten Zeile, indem Sie in der Spalte *Test* den Eintrag *Ist gleich* auswählen, in der Spalte *Wert(e)* »2« eingeben und in der Spalte *Bild* die gelbe Ampel festlegen.

16. Definieren Sie die Kriterien für rotes Licht in der dritten Zeile, indem Sie in der Spalte *Test* den Eintrag *Ist gleich* auswählen, in der Spalte *Wert(e)* »3« eingeben und in der Spalte *Bild* die rote Ampel festlegen.

17. Schließen Sie die Erstellung des Felds ab, indem Sie auf die Schaltfläche *Speichern* klicken.

Verfahren Sie auf die gleiche Weise für die Felder *Mitarbeiterzufriedenheit* und *Zufr. mit Lieferanten*.

Projekthauptziele, Projektziele, Projektkostenvoranschlag, Projektrahmenbedingungen

Um die workflowgesteuerten Felder mit mehrzeiligem Text für den in Kapitel 4 beschriebenen Projektvorschlag zu erstellen, gehen Sie folgendermaßen vor:

> **HINWEIS** Wenn das Kontrollkästchen *Verhalten vom Workflow gesteuert* im Abschnitt *Verhalten* aktiviert ist, so kann es in jeder Workflowstufe individuell zum Pflichtfeld deklariert oder als schreibgeschützt definiert werden. Oft sind Felder zu Beginn des Workflows Pflichtfelder und später nach einer Genehmigung dann schreibgeschützt.
>
> In Projekten ohne Workflow können diese Felder nicht bearbeitet werden.

1. Klicken Sie auf die Schaltfläche *Neues Feld*.

Abbildg. 9.46   Workflowgesteuertes Feld *Projektziele* auf Projektebene anlegen

2. Geben Sie unter *Name* die Feldbezeichnung »Projektziele« ein.

3. Unter *Beschreibung* geben Sie den Text »Was sind die Ziele dieses Projektes? Nur messbare Ziele beschreiben.« ein.

Abbildg. 9.47   Weitere Einstellungen für das Feld *Projektziele*

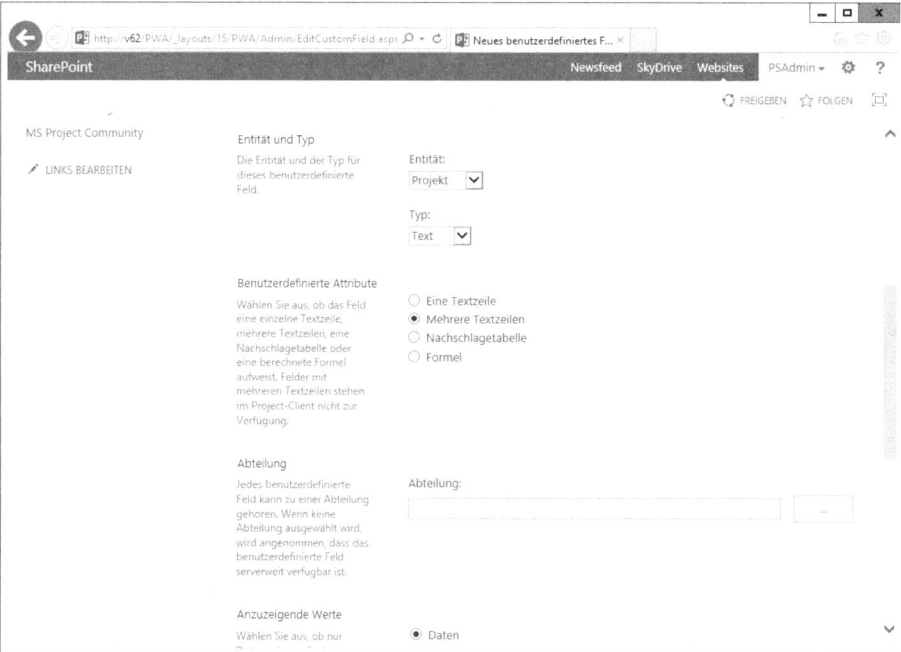

4. Wählen Sie unter *Entität* den Wert *Projekt* und unter *Typ* den Wert *Text* aus.

5. Im Abschnitt *Benutzerdefinierte Attribute* aktivieren Sie das Optionsfeld *Mehrere Textzeilen*.

6. Lassen Sie das Feld *Abteilung* leer, damit diese Felder später für alle Abteilungen innerhalb der Projektdetailseite sichtbar sind.

7. Wählen Sie unter *Anzuzeigende Werte* das Optionsfeld *Daten*.

> **HINWEIS**   Sobald Sie ein Feld auf Projektebene anlegen und das Kontrollkästchen *Verhalten vom Workflow gesteuert* deaktiviert ist, wird dieses Feld automatisch in die Projektdetailseite *ProjectDetails* eingefügt (siehe den Abschnitt »Projektdetailseiten« später in diesem Kapitel).

8. Aktivieren Sie das Kontrollkästchen *Verhalten vom Workflow gesteuert*.

9. Klicken Sie auf die Schaltfläche *Speichern*.

Abbildg. 9.48   Weitere Eingaben im workflowgesteuerten Feld *Projektziele*

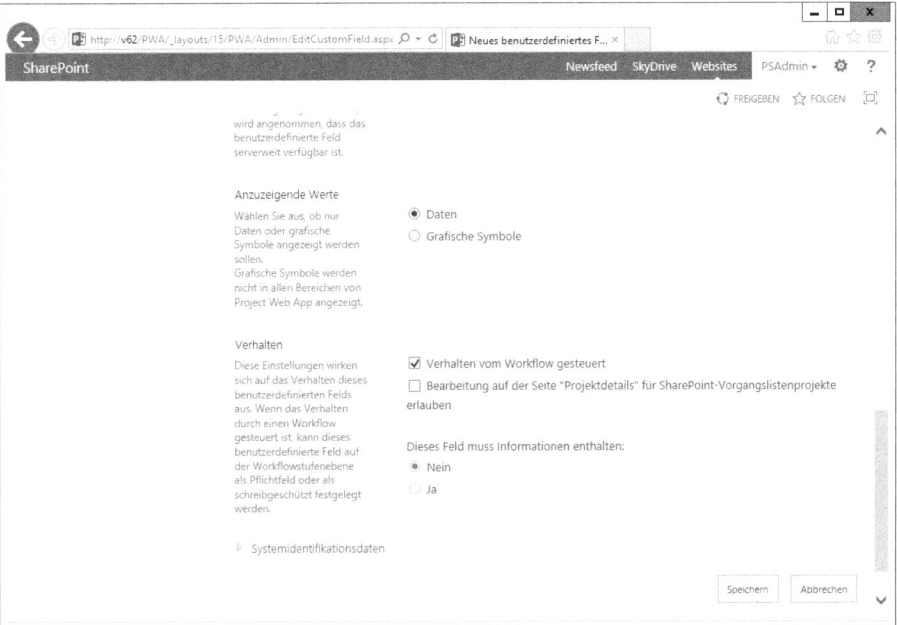

Legen Sie analog hierzu die folgenden Felder bzw. Nachschlagetabellen an:

- Nachschlagetabelle *Projekthauptziele* vom Typ *Text* mit den Werten:
  »Wachstum«, »Infrastruktur«, »Entwicklung«, »Verbesserung«, »Effizienz«, »Sonstiges«

- Feld *Projekthauptziele* vom Typ *Text* für Projekte mit Nachschlagetabelle *Projekthauptziele*
  mit *Mehrfachauswahl, Verhalten vom Workflow gesteuert*

- Feld *Projektkostenvoranschlag* vom Typ *Kosten* für Projekte, *Verhalten vom Workflow gesteuert*

- Feld *Projektrahmenbedingungen* vom Typ *Text* für Projekte, *Mehrere Textzeilen, Verhalten
  vom Workflow gesteuert*

Vorgangsfelder

Oft reicht die Erfassung und Auswertung von Informationen auf Projekt- und Ressourcenebene
nicht aus, sodass auch benutzerdefinierte Felder auf Vorgangsebene erfasst werden. Beispiele
hierfür sind die Zuordnung von Vorgängen zu Produkten, PSP-Elementen oder Kosteninforma-
tionen, wie z.B. Reisekosten:

1. Klicken Sie auf die Schaltfläche *Neues Feld* (Abbildung 9.35).

Abbildg. 9.49   Enterprise-Vorgangsfeld: *Reisekosten*

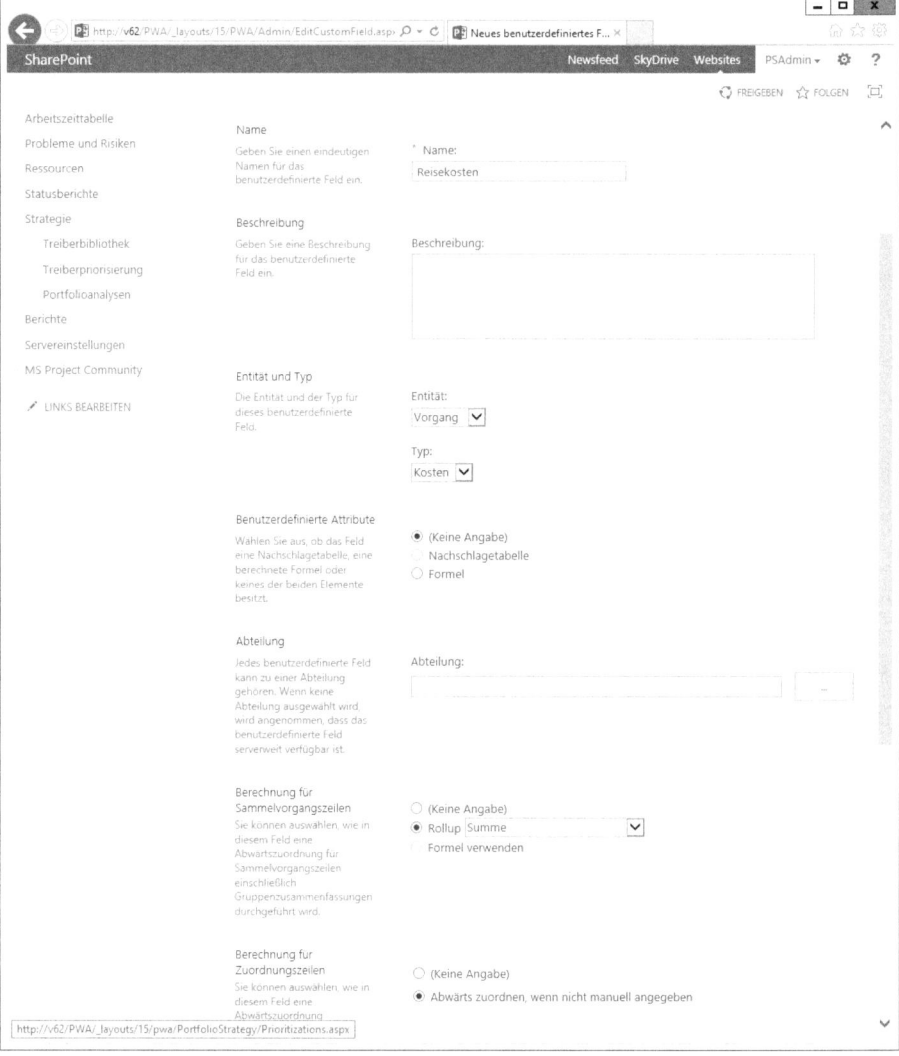

2. Geben Sie im Feld *Name* den Text »Reisekosten« ein.

3. Wählen Sie als Entität *Vorgang* sowie als Typ *Kosten* aus.

4. Wählen Sie im Bereich *Berechnung für Sammelvorgangszeilen* die Option *Rollup* mit *Summe* aus.

5. Wählen Sie im Bereich *Berechnung für Zuordnungszeilen* die Option *Abwärts zuordnen, wenn nicht manuell angegeben* aus.

6. Übernehmen und schließen Sie die Festlegungen mit der Schaltfläche *Speichern*.

Ressourcenfelder

Für ein effektives Ressourcenmanagement, wie u.a. in Kapitel 3 beschrieben, empfehlen wir sowohl die benutzerdefinierten Ressourcenfelder *Standort* und *Qualifikation* anzulegen als auch für die vordefinierten Felder *RSP, Ressourcenabteilungen, Teamname* und *Kostentyp* die Nachschlagetabelle anzupassen. Die Vorgehensweise entspricht derjenigen wie bei den zuvor beschriebenen Feldern mit der Besonderheit, dass beim Ressourcenfeld für Qualifikationen die Option *Dieses Feld für übereinstimmende generische Ressourcen verwenden* aktiviert werden sollte, sofern mit generischen Ressourcen gearbeitet werden soll. Mehr dazu im Abschnitt »Ressourceneigenschaften/Unternehmensressourcenpool« später in diesem Kapitel sowie in Kapitel 3.

Standort

Um die Nachschlagetabelle und das Feld *Standort* anzulegen, gehen Sie folgendermaßen vor:

1. Klicken Sie auf die Schaltfläche *Neue Nachschlagetabelle* (Abbildung 9.35).

Abbildg. 9.50 Nachschlagetabelle *Standort*

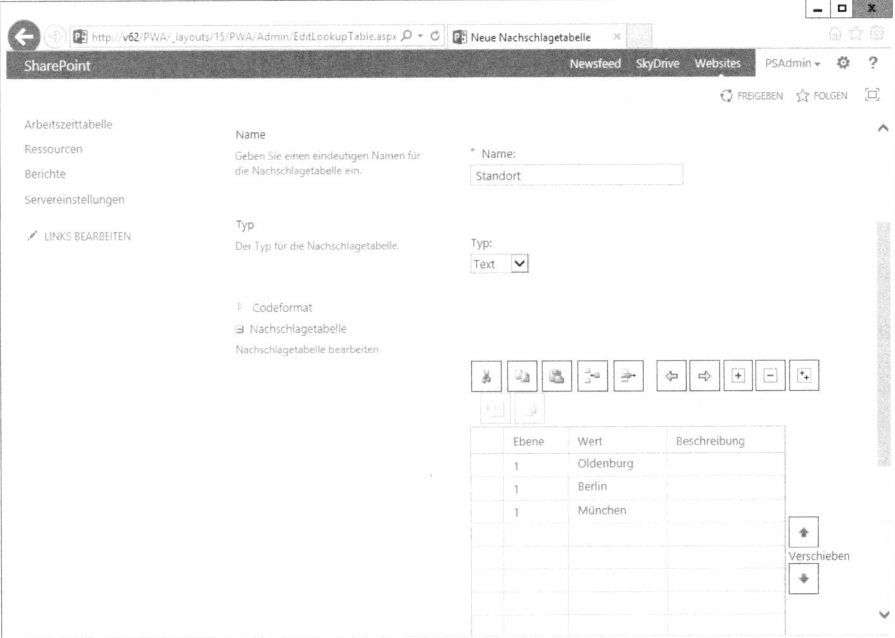

2. Geben Sie für den Namen »Standort« ein und wählen Sie als Typ *Text* aus.

3. Legen Sie als Nachschlagewerte »Oldenburg«, »Berlin« und »München« fest.

4. Klicken Sie auf die Schaltfläche *Speichern*.

5. Klicken Sie auf die Schaltfläche *Neues Feld* (Abbildung 9.35).

Abbildg. 9.51   Ressourcenfeld *Standort – 1*

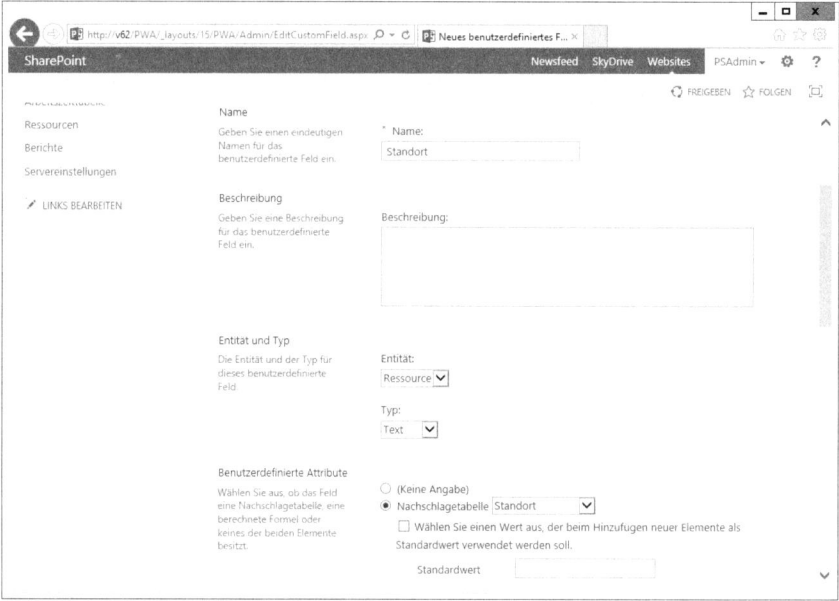

6. Geben Sie im Feld *Name* den Text »Standort« ein.

7. Wählen Sie als Entität *Ressource*.

8. Legen Sie die gerade zuvor angelegte Nachschlagetabelle als *Standort* fest.

Abbildg. 9.52   Ressourcenfeld *Standort – 2*

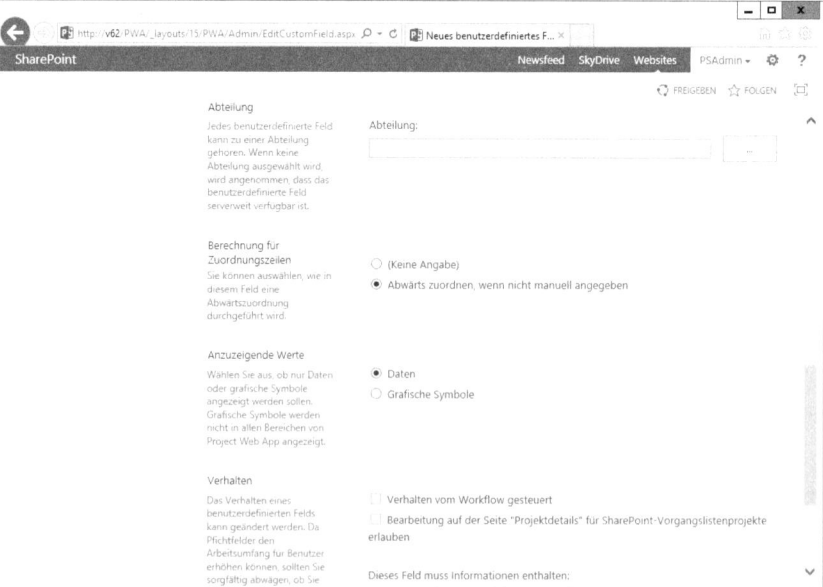

9. Wählen Sie im Abschnitt *Berechnung für Zuordnungszeilen* den Eintrag *Abwärts zuordnen, wenn nicht manuell angegeben.*

10. Speichern Sie die Festlegung, indem Sie auf die gleichnamige Schaltfläche klicken.

Qualifikation

Um die Nachschlagetabelle und das Feld *Qualifikation* anzulegen, gehen Sie folgendermaßen vor:

1. Klicken Sie auf die Schaltfläche *Neue Nachschlagetabelle* (Abbildung 9.32).

Abbildg. 9.53 Nachschlagetabelle *Qualifikation* erstellen

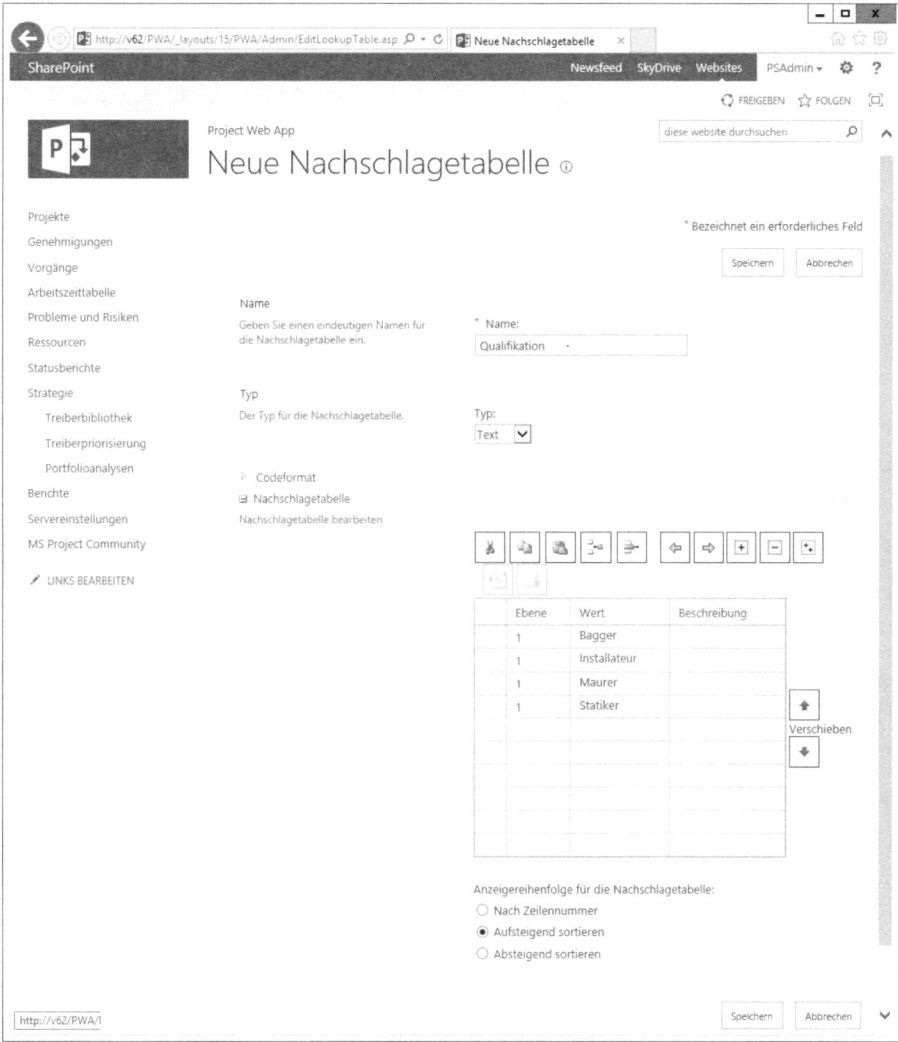

2. Geben Sie im Feld *Name* den Text »Qualifikation« ein.

3. Legen Sie als Nachschlagewerte »Bagger«, »Installateur«, »Maurer« und »Statiker« fest.

> **HINWEIS** Es ist auch möglich, Qualifikationen als Code weiter zu untergliedern, z.B. »Installateur.Elektro.Azubi«, »Installateur.Elektro.Geselle«, »Installateur.Elektro.Meister«.

4. Wählen Sie als *Anzeigereihenfolge der Nachschlagetabelle* die Option *Aufsteigend sortieren*.

5. Klicken Sie auf die Schaltfläche *Speichern*.

6. Klicken Sie auf die Schaltfläche *Neues Feld* (Abbildung 9.35).

Abbildg. 9.54 Ressourcenfeld *Qualifikation*

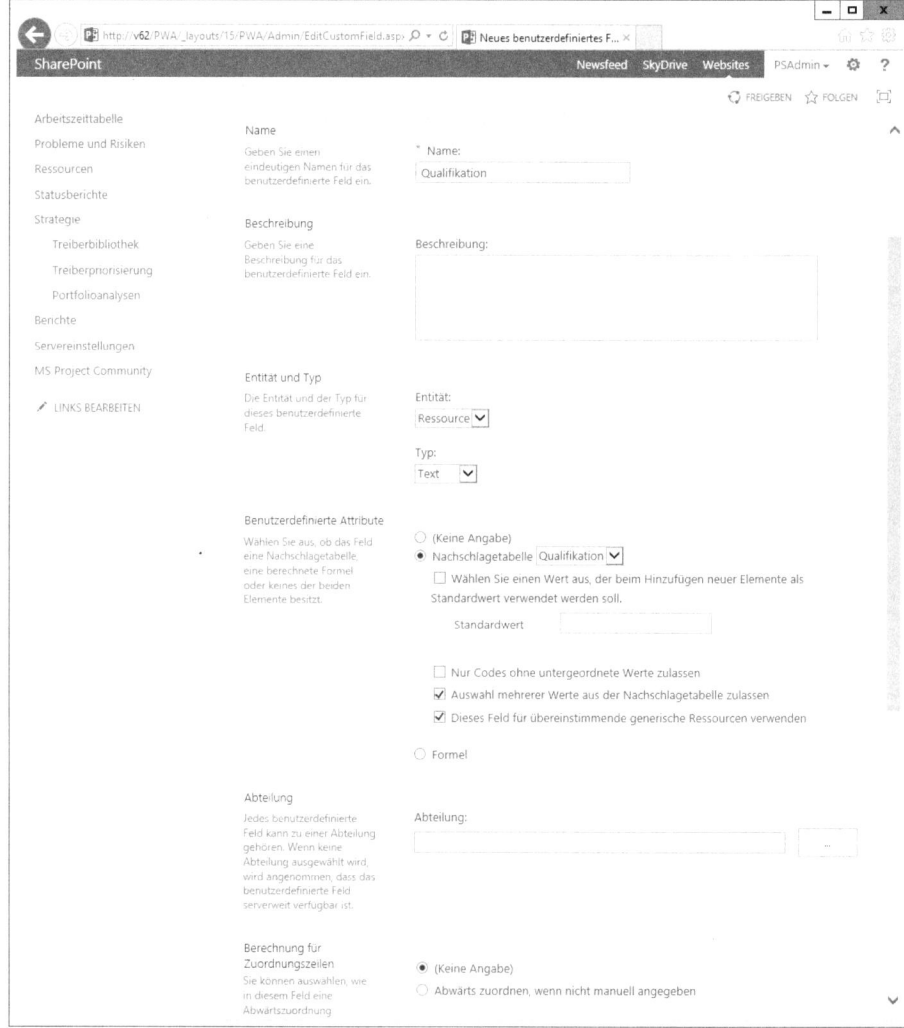

7. Geben Sie als Name »Qualifikation« ein.

8. Legen Sie als Entität *Ressource* fest.

9. Wählen Sie als Nachschlagetabelle *Qualifikation*.

10. Aktivieren Sie das Kontrollkästchen *Auswahl mehrerer Werte aus der Nachschlagetabelle zulassen*, um Mehrfachqualifikationen widerspiegeln zu können

11. Aktivieren Sie das Kontrollkästchen *Dieses Feld für übereinstimmende generische Ressourcen verwenden*, damit der Ressourcenersetzungs-Assistent erkennt, dass es sich bei diesem Feld um die Definition der Qualifikation handelt.

12. Klicken Sie auf die Schaltfläche *Speichern*.

HINWEIS Wenn das Kontrollkästchen *Nur Codes ohne untergeordnete Werte zulassen* aktiviert ist, können Sie z.B. nicht »Installateur« als Qualifikation auswählen, sondern nur die Werte »Installateur.Sanitär« oder »Installateur.Elektro« selektieren.

Dieses Feld muss Informationen enthalten erzwingt, dass im *Unternehmensressourcenpool* vor dem Einchecken ein Wert für jede Ressource eingegeben wird (Pflichtfeld/Mussfeld).

RSP

Verwenden Sie für die Definition der Organisationseinheit (OE) das hierfür speziell vorgesehene Enterprise-Ressourcenfeld *RSP* (Ressourcenstrukturplan, engl. RBS Resource Breakdown Structure).

1. Klicken Sie auf der Seite *Benutzerdefinierte Enterprise-Felder und -Nachschlagetabellen* im Bereich *Nachschlagetabellen für benutzerdefinierte Felder* auf die bereits vorhandene Nachschlagetabelle *RSP* (Abbildung 9.32).

Abbildg. 9.55 Codeformat für RSP-Nachschlagetabelle definieren

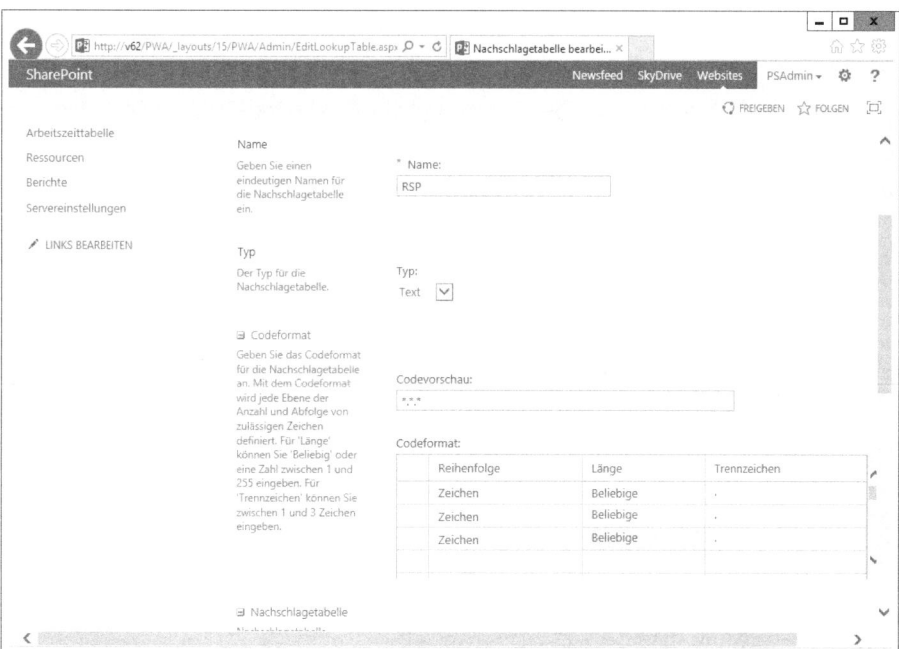

2. Legen Sie als Codeformat für die Ebenen 1 bis 3 *Zeichen*, *Beliebige* und *Punkt* fest.

Abbildg. 9.56   Nachschlagetabelle für RSP erstellen

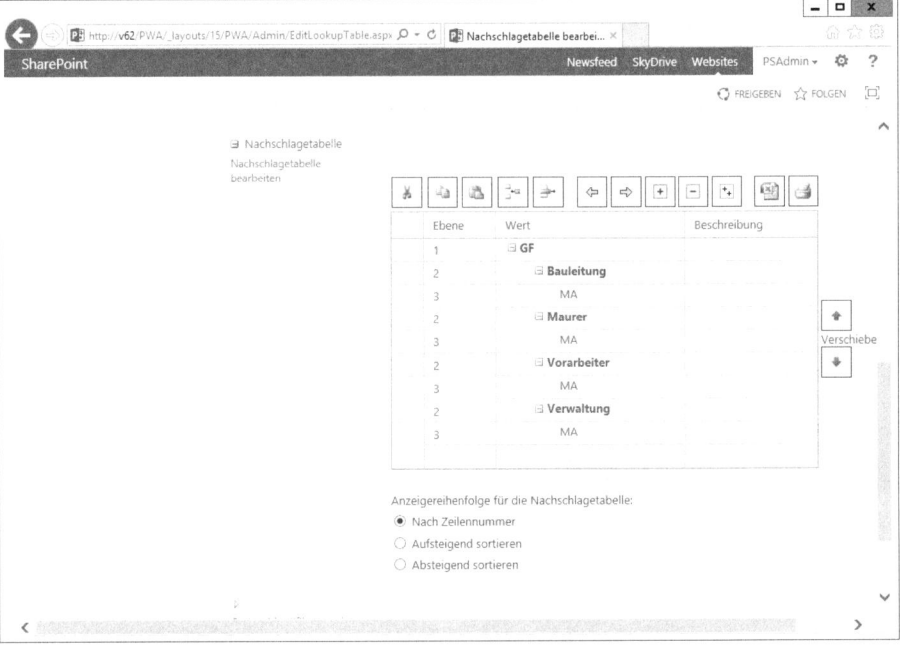

3. Geben Sie den Nachschlagewert für die oberste Ebene der gesamten Organisation »GF« ein.

4. Untergliedern Sie den Code nach den Organisationseinheiten »Bauleitung«, »Verwaltung« und »Vorarbeiter«.

5. Untergliedern Sie diese Organisationseinheiten jeweils für die Mitarbeiterebene mit »MA«.

6. Klicken Sie auf die Schaltfläche *Speichern*, um die Definition zu übernehmen.

HINWEIS   Das Feld *RSP* steuert innerhalb der Project Server-Sicherheit, welche Berechtigung Benutzer in Abhängigkeit von ihrer hierarchischen Position bekommen. Die Standard-Kategorien *Meine Ressourcen* und *Meine Mitarbeiter* verwenden diese Funktion. Das heißt z.B., wenn es einen Ressourcenmanager mit dem *RSP* »GF.Verwaltung« gibt und seine Mitarbeiter dem *RSP* »GF.Verwaltung.MA« zugeordnet sind, hat der Ressourcenmanager das Recht, alle Zuordnungen dieser Mitarbeiter zu sehen. Mehr Informationen hierzu finden Sie im Abschnitt »Sicherheit« später in diesem Kapitel.

Das Feld *Ressourcenabteilungen* verwendet wie das Feld *Projektabteilungen* die Nachschlagetabelle *Abteilung*, d.h. Sie brauchen hierfür keine neue Nachschlagetabelle anzulegen.

HINWEIS   Mehr Informationen zum Konzept der abteilungsspezifischen Felder finden Sie u.a. in den Abschnitten »Projektfelder«, »Ressourceneigenschaften/Unternehmensressourcenpool« und »OLAP-Datenbankverwaltung«.

Teamname

Das Feld *Teamname* wird für die Zuordnung von Teammitgliedern zu einem Team und die Zuordnung eines Teamleiters zu einem Team verwendet. Da das Feld schon angelegt ist, brauchen Sie nur die Nachschlagetabelle *Teamname* anzulegen und diese dem Feld *Teamname* zuzuordnen. Gehen Sie hierfür folgendermaßen vor:

Abbildg. 9.57   Nachschlagetabelle für das Feld *Teamname*

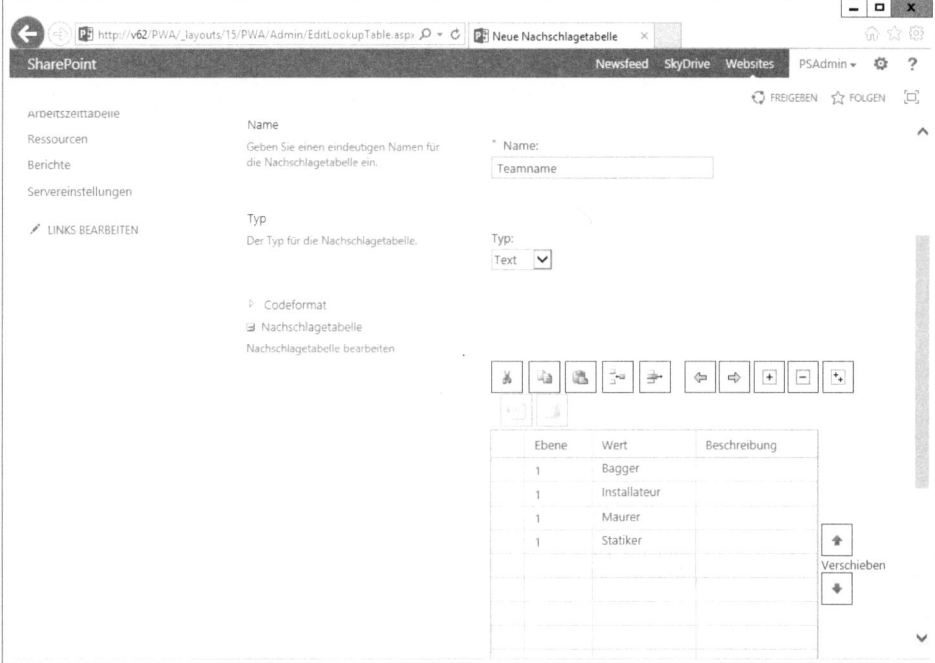

1. Führen Sie analog zum Feld *RSP* den notwendigen Teil der Schritte aus.
2. Geben Sie als Werte, z.B. »Bagger«, »Installateur«, »Maurer« und »Statiker« ein.

HINWEIS   Das Anlegen der Teamressourcen und die Festlegung eines Teamleiters wird im Abschnitt »Ressourceneigenschaften/Unternehmensressourcenpool« später in diesem Kapitel beschrieben.

Kostentyp

Das Feld *Kostentyp* kann z.B. für eine Auswertung der Arbeit nach Eigen- und Fremdleistung verwendet werden. Um das Feld hier anzupassen, führen Sie folgende Schritte aus:

1. Öffnen Sie die Nachschlagetabelle *Kostentyp.*

Abbildg. 9.58   Nachschlagetabelle für das Feld *Kostentyp*

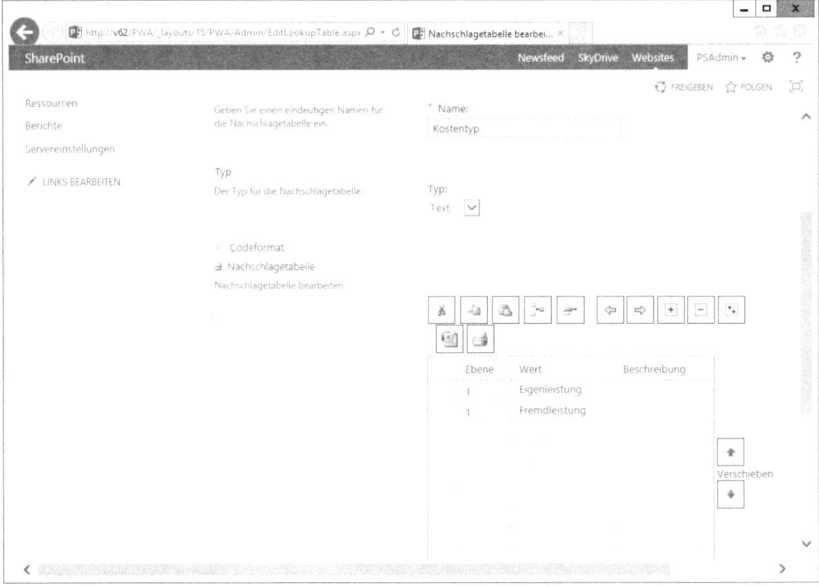

2. Geben Sie in der Tabelle die Werte *Eigenleistung* und *Fremdleistung* ein.

Rolle

Das Feld *Rolle* wird für Portfolioauswertungen verwendet. Es spiegelt die Qualifikation auf einem allgemeineren Niveau wider, das für die High-Level-Planung zweckmäßig ist.

Abbildg. 9.59   Nachschlagetabelle für das Feld *Rolle*

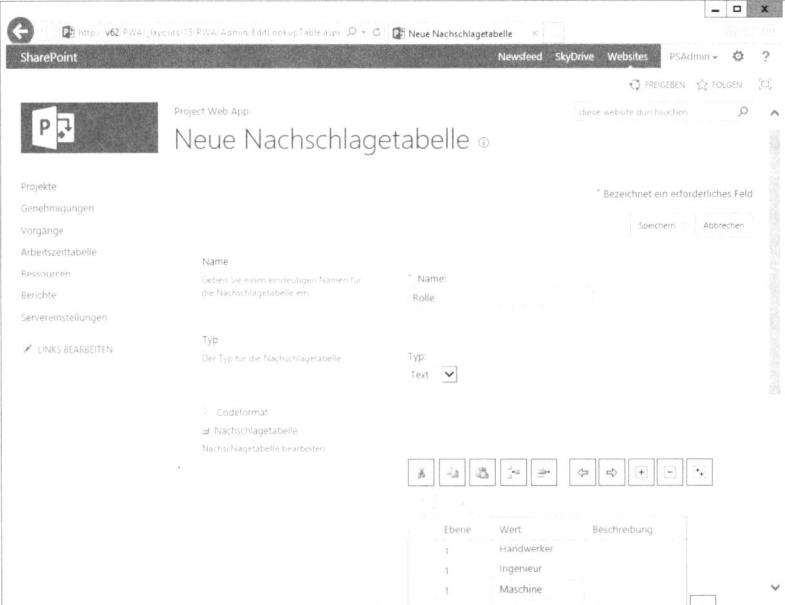

1. Legen Sie die Nachschlagetabelle *Rolle* mit den Werten *Handwerker*, *Ingenieur* und *Maschine* an.

2. Erstellen Sie das Ressourcenfeld *Rolle* mit dieser Nachschlagetabelle, folgen Sie dabei den Schritten der Erstellung des Felds *Qualifikation*.

Ansichten

Unter dem Begriff *Ansichten* werden in Project sowohl (Standard-)Ansichten als auch Ansichtskombinationen zusammengefasst. Ansichten stellen entweder Vorgangs- oder Ressourcenfelder dar (Ansichtsart *Vorgangs- und Ressourcenansicht*). Ein Sonderfall sind die Zuordnungsansichten *Vorgang: Einsatz* und *Ressource: Einsatz*, die zwar auch vordergründig eine Vorgangs- bzw. Ressourcenansicht sind, jedoch nicht Vorgänge oder Ressourcen zeigen, sondern Zuordnungen. Wenn das Fenster geteilt wird und oben und unten zwei verschiedene (Standard-)Ansichten gezeigt werden, ist dies eine *Ansichtskombination*. Ansichten, die in der Enterprise-Global gespeichert werden, heißen auch *Enterprise-Ansichten*.

> **ACHTUNG** Wenn in einem Projekt namensgleiche Ansichten zu denen der Enterprise-Global vorhanden sind, werden diese überschrieben. Aus diesem Grund sollten Enterprise-Elemente immer ein eindeutiges Präfix haben, wie z.B. »Enterprise-« oder den Namen Ihrer Organisation. Auf keinen Fall sollten in der *Enterprise-Global* Elemente vorhanden sein, die namensgleich mit den Standardelementen aus der *Global.MPT* sind.

Die Ansichtsarten unterscheiden sich u.a. durch ihre Bildschirmdarstellung. Die wichtigsten Bildschirmdarstellungen sind das *Gantt-Diagramm*, *Vorgang: Einsatz*, *Ressource: Einsatz*, *Zeitachse* und *Teamplaner*. Daneben gibt es noch die Bildschirmdarstellungen *Netzplandiagramm*, *Beziehungsdiagramm*, *Kalender*, *Ressource: Grafik*, *Ressource: Maske*, *Ressource: Name*, *Ressource: Tabelle*, *Vorgang: Einzelheiten*, *Vorgang: Maske*, *Vorgang: Name* und *Vorgang: Tabelle*. Neben der Bildschirmdarstellung können für die meisten Ansichten noch eine Tabelle, ein Filter und eine Gruppierung (Gruppe) festgelegt werden.

In den Ansichten können Sie u.a. das Erscheinungsbild der Texte und Balken (Text- und Balkenarten) und der zugehörigen Druckansichten (u.a. Kopf- und Fußzeilen) festlegen.

Um die Handhabung für den Anwender zu erleichtern, empfehlen wir, weniger wichtige Ansichten auszublenden und die vorhandenen Ansichten wie nachfolgend beschrieben anzupassen.

Ausgeblendete Ansichten

Um die Anzahl der im *Ansicht*-Kontextmenü und in der Ansichtsleiste angezeigten Ansichten zu reduzieren und damit Project für den Anwender überschaubarer zu gestalten, gehen Sie wie nachfolgend beschrieben vor:

Abbildg. 9.60   Project im Einzelplatzmodus ohne Serververbindung starten

1. Starten Sie Project ohne Verbindung zum Server, d.h. wählen Sie im Feld *Profil* den Eintrag *Computer* aus (Abbildung 9.60).

2. Klicken Sie mit der rechten Maustaste an den Rand des Fensters und wählen Sie im Kontextmenü den Menüeintrag *Weitere Ansichten* aus.

Abbildg. 9.61   Kontextmenü *Ansichten* aufrufen

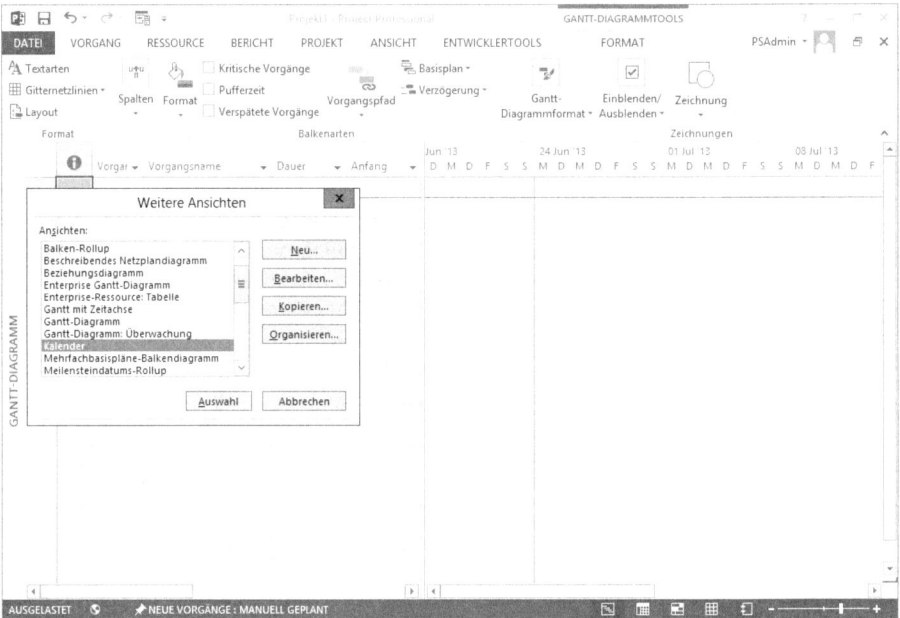

3. Wählen Sie die Ansicht *Kalender* aus und klicken Sie auf die Schaltfläche *Bearbeiten*.

4. Deaktivieren Sie das Kontrollkästchen *Im Menü anzeigen*.

5. Übernehmen Sie die Änderungen durch Klicken auf die Schaltfläche *OK*.

6. Blenden Sie auf die gleiche Weise auch die Ansicht *Netzplandiagramm* aus und schließen Sie das Dialogfeld.

Abbildg. 9.62   Bearbeiten der *Global.MPT*

7. Wechseln Sie zum Dialogfeld *Organisieren* (*DATEI/Informationen/Organisator*).

8. Markieren Sie im rechten Listenfeld der Registerkarte *Ansichten* die Ansichten *Kalender* und *Netzplandiagramm* und klicken Sie auf die Schaltfläche *Kopieren*.

9. Bestätigen Sie das Meldungsfeld mit *Alle ja*.

10. Klicken Sie danach auf die Schaltfläche *Abbrechen* und beenden Sie Project.

Die Ansichten werden jetzt nicht mehr im *Ansichten*-Kontextmenü und in der Ansichtsleiste angezeigt, sie bleiben aber für erfahrene Anwender weiterhin über die Erweiterungsmenü-punkte, wie z.B. *Weitere Ansichten* im Menüband auf der Registerkarte *Ansicht* nutzbar.

Auf die gleiche Art und Weise können Sie auch weitere Elemente ausblenden, anpassen oder hinzufügen. Das Kopieren im Dialogfeld *Organisieren* werden wir deshalb im Folgenden nicht erneut darstellen.

HINWEIS　　Wie im Abschnitt »Projekteinstellungen« weiter vorn in diesem Kapitel beschrieben, liegt die *Global.MPT* im Benutzerprofil, d.h. um die Einstellungen für alle Benut-zer bereitzustellen, müssen Sie die dort erwähnten Verteilungsverfahren anwenden. Ein ein-facher Ansatz für das Ausblenden von Ansichten ist das Kopieren der geänderten Ansichten in eine Enterprise-Projektvorlage.

Angepasste Ansichten

Nachfolgend beschreiben wir, wie Sie die Ansichten für unser Beispielunternehmen anpassen.

Enterprise-Balkendiagramm

Um die Gitternetzlinie für das aktuelle Datum durchgängig grün darzustellen, gehen Sie folgen-dermaßen vor:

1. Starten Sie Project mit Verbindung zu Project Server.

2. Öffnen Sie die *Enterprise-Global* (*DATEI/Informationen/Organisator/Enterprise-Global öff-nen*).

3. Prüfen Sie, ob die Ansicht *Enterprise Gantt-Diagramm* ausgewählt ist. Dies ist am linken Rand des Fensters abzulesen.

4. Rufen Sie im Menüband auf der Registerkarte *FORMAT* in der Gruppe *Format* das Drop-down-Listenfeld *Gitternetzlinien* auf und wählen Sie den Menüeintrag *Gitternetzlinien* aus.

Abbildg. 9.63　　Gitternetzlinien definieren

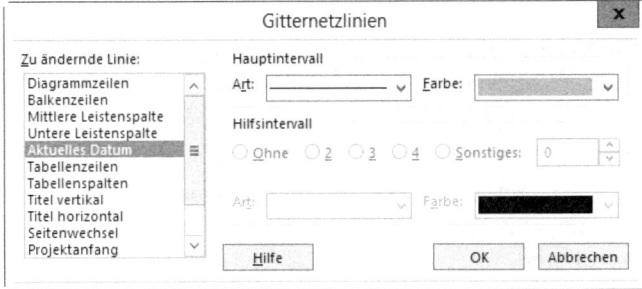

5. Wählen Sie als zu ändernde Linie *Aktuelles Datum* aus.

6. Wählen Sie im Bereich *Hauptintervall* im Feld *Art* die durchgezogene Linie aus.

7. Legen Sie sich im gleichen Bereich im Feld *Farbe* in der Farbauswahl, z.B. auf Grün fest.
8. Speichern Sie die ausgecheckte Enterprise-Global und checken sie ein.

Führen Sie diese Schritte ggf. auch für andere Gantt-Diagramm-Ansichten durch.

Gantt-Diagramm: Überwachung

Speziell im *Gantt-Diagramm: Überwachung* wird oft vermisst, dass die geplanten Termine der Sammelvorgänge nicht dargestellt werden. Um dies zu ändern, gehen Sie folgendermaßen vor:

1. Wechseln Sie in die Ansicht *Gantt-Diagramm: Überwachung*

2. Rufen Sie im Menüband auf der Registerkarte *FORMAT* in der Gruppe *Balkenarten* das Dropdown-Listenfeld zum Befehl *Format/Balkenarten* auf.

Abbildg. 9.64   Balkenarten[1]

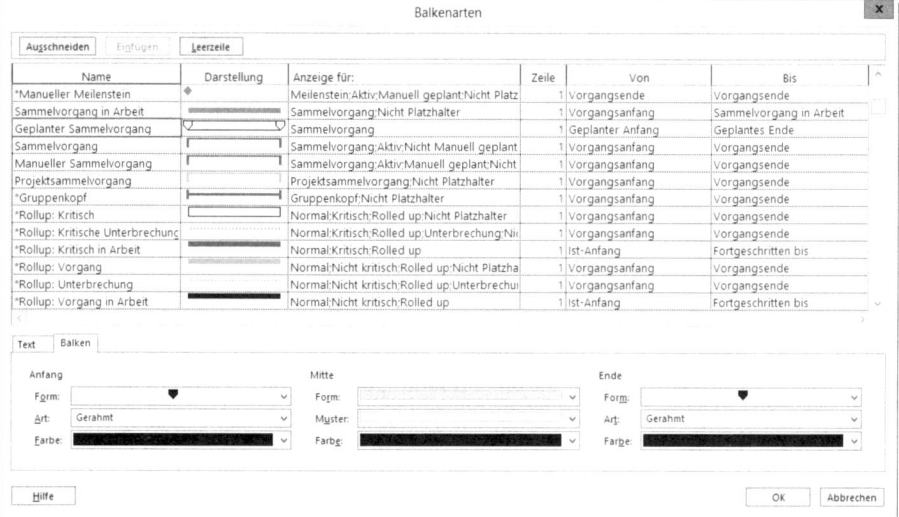

3. Blättern Sie in der Tabelle bis zur Zeile *Sammelvorgang*.
4. Markieren Sie die Zeile *Sammelvorgang*.
5. Klicken Sie auf die Schaltfläche *Leerzeile*.
6. Geben Sie in der Spalte *Name* den Text »Geplanter Sammelvorgang« ein.
7. Legen Sie auf der Registerkarte *Balken* das Aussehen entsprechend Abbildung 9.64 fest.
8. Wählen Sie in der Spalte *Anzeige für* den Eintrag *Sammelvorgang* aus.
9. Überprüfen Sie, dass in der Spalte *Zeile* der Wert *1* eingetragen ist.
10. Wählen Sie in der Spalte *Von* das Feld *Geplanter Anfang* aus.
11. Wählen Sie in der Spalte *Bis* das Feld *Geplantes Ende* aus.
12. Bestätigen Sie mit Klick auf die Schaltfläche *OK*.
13. Kopieren Sie die Ansicht ggf. in die *Global.MPT.*

---

[1] Die Vorgangsfelder *Anfang* und *Ende* werden hier als *Vorgangsanfang* und *Vorgangsende* bezeichnet.

Ressource: Grafik

Damit Ressourcenmanager die Verfügbarkeit von mehreren Ressourcen gleichzeitig darstellen können (siehe in Kapitel 3 den Abschnitt »Darstellung der Verfügbarkeit mit Project«), passen Sie die Ansicht *Ressource: Grafik* auf folgende Art und Weise an:

1. Wählen Sie im Menüband auf der Registerkarte *FORMAT* in der Gruppe *Daten* im Dropdown-Listenfeld *Diagramm* den Eintrag *Arbeit* aus, um die Summe der berechneten Arbeit für den ausgewählten Zeitraum zu sehen.

2. Rufen Sie im Menüband auf der Registerkarte *FORMAT* in der Gruppe *Format* den Befehl *Balkenarten* auf.

Abbildg. 9.65   Balkenarten für die Ansicht *Ressource: Grafik*

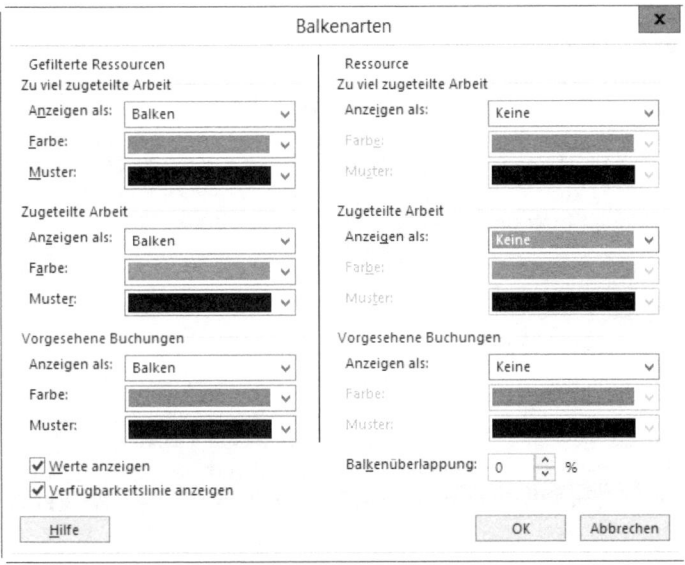

3. Wählen Sie auf der linken Seite des Dialogfelds unter *Gefilterte Ressourcen* aus den Dropdown-Listenfeldern *Anzeigen als* für die drei Kategorien *Zu viel zugeteilte Arbeit*, *Zugeteilte Arbeit* und *Vorgesehene Buchungen* jeweils den Eintrag *Balken* aus, damit Sie die gesamte berechnete Arbeit für alle markierten Ressourcen sehen.

4. Wählen Sie analog auf der rechten Seite des Dialogfelds unter *Ressource* aus den Dropdown-Listenfeldern *Anzeigen als* für die drei Kategorien *Zu viel zugeteilte Arbeit*, *Zugeteilte Arbeit* und *Vorgesehene Buchungen* jeweils den Eintrag *Keine* aus, damit nicht zusätzlich noch die Arbeit für die einzelne markierte Ressource angezeigt wird.

5. Stellen Sie sicher, dass das Kontrollkästchen *Verfügbarkeitslinie anzeigen* aktiviert ist, um die gesamte Verfügbarkeit aller markierten Ressourcen zu sehen (Kapazitätsgrenze).

6. Übernehmen Sie die Einstellungen per Klick auf die Schaltfläche *OK*.

7. Kopieren Sie die Ansicht in die *Global.MPT*.

TIPP   Sie können die Ansicht *Ressource: Einsatz* und *Ressource: Grafik* auch zu einer Ansichtskombination *Ressource: Verfügbarkeit* zusammenfassen, um von den aktuell ausgewählten Ressourcen die Gesamtauslastung grafisch dargestellt zu sehen.

Enterprise-Ressource: Tabelle

Damit die benutzerdefinierten Ressourcenfelder im Projektplan bequem angezeigt werden können, empfehlen wir zudem, die u.a. in Kapitel 3 verwendete Ansicht *Enterprise-Ressource: Tabelle*
zu erstellen. Gehen Sie dazu folgendermaßen vor:

1. Öffnen Sie die *Enterprise-Global* wie zuvor beschrieben.
2. Kopieren Sie über das Dialogfeld *Organisieren (Befehl Organisator)* die Ansicht *Ressource:
   Tabelle* und die Ressourcentabelle *Eingabe* in die *Enterprise-Global (Ausgecheckte Enterprise-
   Global).*
3. Benennen Sie die Ansicht *Ressource: Tabelle* in »Enterprise-Ressource: Tabelle« um.
4. Benennen Sie die Ressourcentabelle *Eingabe* in »Enterprise-Eingabe« um.
5. Speichern Sie die *Enterprise-Global* und checken Sie sie ein.

Im nächsten Abschnitt wird unter »Ressourcentabelle Enterprise-Eingabe« beschrieben, wie Sie
die Tabelle anpassen.

> **TIPP**   Sie können das Präfix *Enterprise* bei allen Elementen der *Enterprise-Global*
> auch in Ihr Firmenkürzel umbenennen, also z.B. »HOL-Balkendiagramm« statt *Enterprise-Bal-
> kendiagramm*, etc. Es empfiehlt sich zudem, alle von Ihnen angepassten Enterprise-Elemente
> mit einem Präfix zu versehen, sodass man leicht erkennen kann, ob es sich um ein Standar-
> delement handelt oder um eine Anpassung.

Tabellen

Project unterscheidet zwischen Vorgangs- und Ressourcentabellen. In den Vorgangsansichten,
wie z.B. in den Balkendiagrammen, werden Vorgangstabellen angezeigt. In den Ressourcenansichten, wie z.B. *Ressource: Tabelle*, werden Ressourcentabellen angezeigt. Die Standardtabelle ist
in beiden Fällen die Tabelle *Eingabe*. Entsprechend verhält es sich in den Einsatzansichten. In
der Ansicht *Vorgang: Einsatz* werden die Vorgangstabellen, in der Ansicht *Ressource: Einsatz* die
Ressourcentabellen gezeigt.

Ausgeblendete Tabellen

Wir empfehlen, die folgenden Tabellen auszublenden:

Vorgangstabellen

- Hyperlink
- Berechnete Termine
- Sammelvorgang

Ressourcentabellen

- Hyperlink
- Sammelvorgang
- Gehen Sie hierzu folgendermaßen vor:

1. Wählen Sie im Menüband auf der Registerkarte *ANSICHT* in der Gruppe *Daten* den Befehl
   Tabellen und in der Auswahlliste *Weitere Tabellen* aus.
2. Wählen Sie die entsprechende Tabelle aus und klicken Sie auf die Schaltfläche *Bearbeiten*.

Abbildg. 9.66   Tabelle ausblenden

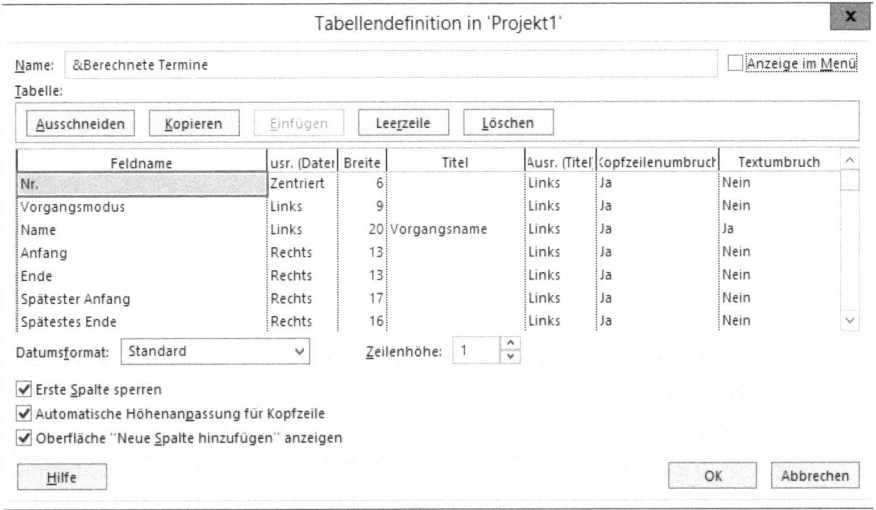

3. Deaktivieren Sie das Kontrollkästchen *Anzeige im Menü*.
4. Schließen Sie alle Dialogfelder.
5. Kopieren Sie die Tabellen in die *Global.MPT*.

Angepasste Tabellen

Nachfolgend beschreiben wir, wie Sie passend zu den Ansichten die Tabellen für unser Beispiel-unternehmen anpassen.

Alle Vorgangs- und Ressourcentabellen

Fügen Sie in allen Tabellen die Indikatorspalte ein. Gehen Sie dazu folgendermaßen vor:

1. Wählen Sie die gewünschte Tabelle über den zuvor beschriebenen Weg aus.
2. Markieren Sie in der Tabelle die erste nicht gesperrte Spalte, in der Regel *Vorgangsname* bzw. *Ressourcenname*.

3. Klicken Sie mit der rechten Maustaste auf den Spaltentitel und wählen Sie im Kontextmenü den Eintrag *Spalte einfügen* aus.
4. Wählen Sie das Feld *Indikatoren* aus.
5. Passen Sie ggf. noch die Spaltenbreite an.
6. Kopieren Sie die Tabellen ggf. in die *Global.MPT*.

Ressourcentabelle Enterprise-Eingabe

Damit in der Ansicht *Enterprise-Ressource: Tabelle* die benutzerdefinierten Enterprise-Res-source-Gliederungscodes angezeigt werden, fügen Sie auf die gleiche Art und Weise wie bei den Indikatorspalten die Felder *Benutzeranmeldekonto, E-Mail-Adresse, Standort, Qualifikation, Teamname, RSP, Kostentyp* und *Buchungstyp* in die Ressourcentabelle *Enterprise-Eingabe* hinzu (Abbildung 9.67).

Gehen Sie dazu folgendermaßen vor:

1. Öffnen Sie die *Enterprise-Global*.

2. Wählen Sie die Ansicht *Enterprise-Ressource: Tabelle* aus.

3. Vergewissern Sie sich, dass die ausgewählte Tabelle *Enterprise-Eingabe* ist (*ANSICHT/Daten/Tabellen*).

Abbildg. 9.67 Ansicht *Enterprise-Ressource: Tabelle* mit Ressourcentabelle *Enterprise-Eingabe*

4. Passen Sie die Felder wie oben beschrieben an.

5. Speichern Sie die *Enterprise-Global* und checken Sie sie ein.

TIPP Blenden Sie die Spalten, die Sie nicht benötigen, wie z.B. *Art*, *Materialbeschriftung*, *Kürzel* und *Gruppe* aus, um die Darstellung übersichtlicher zu gestalten.

Druckeinstellungen

Um eine einheitliche und eindeutige Druckausgabe zu gewährleisten, empfehlen wir Ihnen, folgende Einstellungen wie in Abbildung 9.68 für die Ansicht *Enterprise Gantt-Diagramm* vorzunehmen (*DATEI/Drucken/Einstellungen/Seite einrichten*):

Abbildg. 9.68 Druckeinstellungen

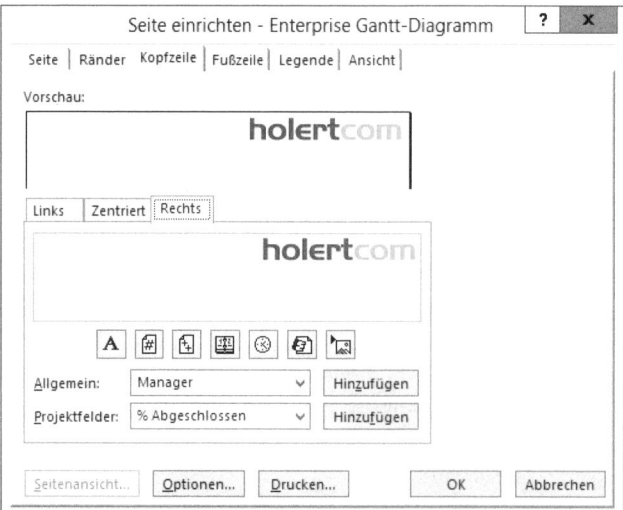

Kopfzeile

- **Kopfzeile links**   Projektleiter (*Kopfzeile/Links* und dann unter *Allgemein* das Feld *Manager* auswählen und auf die Schaltfläche *Hinzufügen* klicken)

- **Kopfzeile rechts**   Firmen-Logo (*Kopfzeile/Rechts* und dann auf die Schaltfläche *Bild einfügen*, wie nebenstehend abgebildet, klicken und das Firmenlogo auswählen)

Fußzeile

- **Fußzeile links**   aktuelles Datum (*Fußzeile/Links* und dann auf die Schaltfläche *Aktuelles Datum einfügen*, wie nebenstehend abgebildet, klicken)

- **Fußzeile rechts**   Projektname (*Fußzeile/Rechts* und dann auf die Schaltfläche *Dateiname einfügen*, wie nebenstehend abgebildet, klicken)

Sonstige Einstellungen

- Kein Druck der Legende (*Legende/Legende auf: Keiner Seite*)

- Notizen drucken (*Ansicht/Notizen drucken*)

TIPP   Falls die Legende gedruckt werden soll und Sie beeinflussen möchten, welche Balkenarten angezeigt werden, gehen Sie folgendermaßen vor:

1. Rufen Sie im Menüband den Befehl *FORMAT/Balkenarten/Format/Balkenarten* auf.

2. Fügen Sie in der Spalte *Name* ein Sternchen (*) vor denjenigen Balkennamen ein, die nicht angezeigt werden sollen, und entfernen Sie das Sternchen vor den Balkennamen, die angezeigt werden sollen.

Zu jeder Ansicht in Project existiert eine eigene Druckansicht, d.h. Sie müssen ggf. die Änderungen in allen vorhandenen Ansichten vornehmen.

Filter/Sortierungen/Gruppierungen

Wir empfehlen, die Filter wie folgt zu bearbeiten:

Ausgeblendete Filter

Um weniger wichtige Filter auszublenden, gehen Sie folgendermaßen vor:

1. Rufen Sie im Menüband auf der Registerkarte *ANSICHT* in der Gruppe *Daten* im Dropdown-Listenfeld *Filtern* den Befehl *Weitere Filter* auf. Beachten Sie, dass sich die Filter nach *Vorgang* und *Ressource* unterscheiden.

2. Wählen Sie im Dialogfeld *Weitere Filter* den entsprechenden Filter aus und klicken Sie auf die Schaltfläche *Bearbeiten*.

Ausblenden von Filtern

3. Deaktivieren Sie das Kontrollkästchen *Anzeige im Menü* (Abbildung 9.69).

Blenden Sie auf diese Art und Weise die folgenden drei Filter aus und kopieren Sie diese in die *Global.MPT*:

- *Vorgänge mit geschätzter Dauer*
- *Vorgangsbereich*
- *Sammelvorgänge*

Angepasste Filter

Nachfolgend beschreiben wir, wie Sie die Filter für unser Beispielunternehmen anpassen.

Arbeitsrahmen überschritten

Der Filter *Arbeitsrahmen überschritten* zeigt standardmäßig einen *Plan-Ist-Vergleich*. Er vergleicht also in der Terminologie von Project die *Ist-Arbeit* mit der G*eplanten Arbeit*. Er zeigt damit Abweichungen an, wenn diese tatsächlich auftreten und nicht, wenn diese aus der Summenbildung der Ist- und der (geschätzten) Restarbeit (= *Berechnete Arbeit*) bereits vorhersehbar sind. Aus diesem Grund empfiehlt es sich, den Filter dahingehend zu modifizieren, dass er die *berechnete Arbeit* mit der *geplanten Arbeit* vergleicht. Gehen Sie hierzu folgendermaßen vor:

1. Wechseln Sie in die Filterdefinition des Filters *Arbeitsrahmen überschritten*, wie oben beschrieben.

Definition des Filters *Arbeitsrahmen überschritten*

2. Wählen Sie in der Spalte *Feldname* in der ersten Zeile das Feld *Arbeit* aus (Abbildung 9.70).

Neu erstellte Filter

Gerade in großen Projekten empfiehlt es sich, für Statusberichte nur den betrachteten Zeitraum herauszufiltern. Damit die Projektleiter diese Terminbereiche bequem in den beiden wichtigsten Statusfiltern anwenden können, erstellen Sie die folgenden beiden Filter.

Arbeitsrahmen überschritten im Terminbereich

Um den Vorgangs-Filter *Arbeitsrahmen überschritten im Terminbereich* (Vergleich *Gesamt-Plan/Gesamt-Berechnet*) zu erstellen, gehen Sie folgendermaßen vor:

1. Rufen Sie den Befehl *ANSICHT/Filter/Weitere Filter* auf und stellen Sie den Filter auf *Vorgang*.
2. Wählen Sie den zuvor angepassten Filter *Arbeitsrahmen überschritten* aus und klicken Sie auf die Schaltfläche *Kopieren*.

Der Filter *Arbeitsrahmen überschritten im Terminbereich*

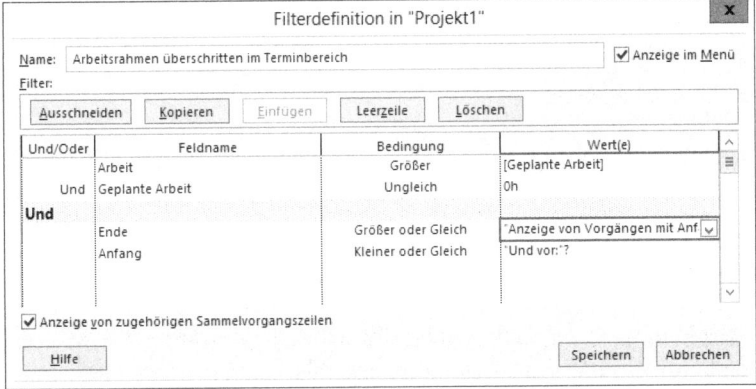

3. Passen Sie den Namen des Filters im Feld *Name* an.
4. Aktivieren Sie das Kontrollkästchen *Anzeige im Menü* (Abbildung 9.71).
5. Fügen Sie als dritte Zeile in der Spalte *Und/Oder* den Operator *Und* ein.
6. Fügen Sie als vierte Zeile *Ende, Größer oder Gleich* mit *"Anzeige von Vorgängen mit Anfang oder Ende nach"?* ein.
7. Fügen Sie als fünfte Zeile *Und Anfang Größer oder Gleich* mit *"Und vor:"?* ein.

Dieser Filter ist die Kombination aus dem Standardfilter *Terminbereich* und dem angepassten Filter *Arbeitsrahmen überschritten*.

Überfällige/späte Bearbeitung im Terminbereich

Passen Sie auf die gleiche Art und Weise den Filter *Überfällige/späte Bearbeitung* an.

Abbildg. 9.72   Der Filter *Überfällige/späte Bearbeitung im Terminbereich*

Filterdefinition in "Projekt1"

Name: Überfällige/späte Bearbeitung im Terminbereich   ☐ Anzeige im Menü
Filter:

| Ausschneiden | Kopieren | Einfugen | Leerzeile | Löschen |

Und/Oder	Feldname	Bedingung	Wert(e)
	Geplantes Ende	Ungleich	NV
Und			
	Ende	Größer	[Geplantes Ende]
Oder	SKBA	Größer	[SKAA]
Und			
	Ende	Größer oder Gleich	`Anzeige von Vorgängen mit Anfang
	Anfang	Kleiner oder Gleich	`Und vor:`?

☑ Anzeige von zugehörigen Sammelvorgangszeilen

| Hilfe | | Speichern | Abbrechen |

HINWEIS   Der Vergleich von *SKBA* (*Plan-Kosten*) und *SKAA* (*Soll-Kosten*) drückt die Leistungsabweichung aus. Wenn die Plan-Kosten größer als die Soll-Kosten sind, repräsentiert dies definitionsgemäß einen *Leistungsverzug* (mehr dazu in Kapitel 4).

Qualifikation

Erstellen Sie auf analoge Art und Weise einen Ressourcenfilter *Qualifikation*. Legen Sie als Kriterium *Qualifikation* (Feldname), *Enthält* (Bedingung) und *"Bitte geben Sie die gewünschte Qualifikation an:"*? (Werte) fest.

Sortierungen und Gruppierungen

Gliederungen und Gruppierungen werden analog zu den Filtern erstellt. Um die Gruppierung *PSP* zu erstellen, die in Kapitel 1 zur Darstellung des Projektstrukturplans verwendet wird, legen Sie die Einstellungen wie in Abbildung 9.73 gezeigt fest.

Abbildg. 9.73   Gruppierung nach benutzerdefinierter Projektstruktur

Gruppendefinition in "Holert-Hausbau"

Name: PSP   ☑ Im Menü anzeigen

	Feldname	Feldtyp	Reihenfolge
Gruppieren nach	PSP	Vorgang	Aufsteigend
Dann nach			
Dann nach			

☐ Zuordnungen gruppieren, nicht Vorgänge
Einstellungen für PSP

Schrift: Calibri 10 pt, Fett   Schrift...
Zellhintergrund:
Muster: ████████████████

Gruppenintervalle definieren...

☐ Sammelvorgänge anzeigen
☐ Hierarchie beibehalten

| Hilfe | | Speichern | Abbrechen |

Optionen

Eine der wichtigsten Maßnahmen zur Vereinfachung der Bedienung von Microsoft Project ist das geeignete Festlegen der *Projektoptionen*.

Neben programmatischen Ansätzen gibt es zwei einfache Wege, um Projekteinstellungen in Ihrer Organisation zu standardisieren. Zum einen können Sie die entsprechenden Projektoptionen in den servergespeicherten Projektvorlagen hinterlegen (*Enterprise-Projektvorlagen*). Zum anderen können Sie die Standardeinstellung von Project beeinflussen, die für jedes neue leere Projekt gilt.

Die Standardeinstellung von Project können Sie u.a. dadurch festlegen, indem Sie im entsprechenden Bereich des Dialogfelds *Project-Optionen* (*DATEI/Optionen*) im zugehörigen Dropdown-Listenfeld den Eintrag *Alle neuen Projekte* auswählen. Diese Einstellungen können Sie zentral über die jeweilige Gruppenrichtlinie *für 'Projekt1'* festlegen (siehe den Abschnitt »Clienteinstellungen« weiter vorn in diesem Kapitel).

Nachfolgend listen wir unsere Empfehlung für die Projekteinstellungen zusammen mit dem Pfad im Menüband, dem Ordner und Namen der jeweiligen Gruppenrichtlinie auf.

Anzeigeoptionen

Menüband und Richtlinienordner

DATEI/Optionen/Erweitert/Anzeigeoptionen für dieses Projekt

DATEI/Optionen/Anzeige/Währungsoptionen für dieses Projekt

Microsoft Project 2013/Projektoptionen/Ansicht

Empfohlene Änderung und zugehörige Gruppenrichtlinie(n)

Anzeigeoptionen für dieses Projekt

- *Projektsammelvorgang anzeigen* aktivieren

- *Stunden: h*

- *Tage: t*

Ansicht

- *Projektsammelvorgang*

Bearbeiten/Anzeigeoptionen für Zeiteinheiten in 'Projekt1'

- *Stunden*

- *Tage*

HINWEIS   Das Währungssymbol wird über die Projektoptionen der Enterprise-Global und die Servereinstellungen gesteuert (siehe den Abschnitt »Weitere Servereinstellungen« später in diesem Kapitel).

Allgemeine Optionen

Allgemeine Projektoptionen

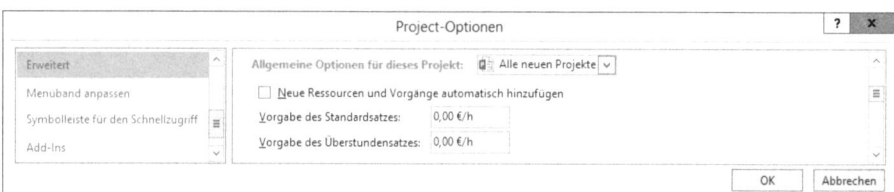

Menüband und Richtlinienordner

DATEI/Optionen/Erweitert/Allgemeine Optionen für dieses Projekt

Microsoft Project 2013/Projektoptionen/Allgemein

Empfohlene Änderung und zugehörige Gruppenrichtlinie(n)

Alle neuen Projekte

- *Neue Ressourcen und Vorgänge automatisch hinzufügen* deaktivieren

Allgemeine Optionen für 'Projekt1'

- *Neue Ressourcen und Vorgänge automatisch hinzufügen*

Kalenderoptionen

Menüband und Richtlinienordner

DATEI/Optionen/Terminplan/Kalenderoptionen für dieses Projekt

Microsoft Project 2013/Projektoptionen/Kalender

Empfohlene Änderung und zugehörige Gruppenrichtlinie(n)

Keine

TIPP   Planen Sie besser ungefähr richtig als genau falsch. Ignorieren Sie ggf. gering-
fügige Abweichungen zwischen Ihrer tatsächlichen Arbeitszeit und der Standardarbeitszeit in
Project. Sie ersparen sich so zusätzliche Komplexität, z.B. durch Umrechnung und Verschiebungen aufgrund unterschiedlicher Arbeitszeiten Ihrer Mitarbeiter.

Terminplanoptionen

Menüband und Richtlinienordner

DATEI/Optionen/Terminplan/Planungsoptionen für dieses Projekt

Microsoft Project 2013/Projektoptionen/Zeitplan

Empfohlene Änderung und zugehörige Gruppenrichtlinie(n)

Terminplanoptionen für "Projekt1"

- *Neue Vorgänge sind leistungsgesteuert* deaktivieren

- *Eingefügte oder verschobene Vorgänge automatisch verknüpfen* deaktivieren

Terminplanoptionen für "Projekt1"

- *Neue Vorgänge sind leistungsgesteuert*
- *Eingefügte oder verschobene Vorgänge automatisch verknüpfen*

> **HINWEIS** Die Standardeinstellung des Vorgangsmodus für alle neuen Projekte können Sie über die Servereinstellungen steuern, wie im Abschnitt »Weitere Servereinstellungen« später in diesem Kapitel beschrieben.

Berechnungsoptionen

Menüband und Richtlinienordner

DATEI/Optionen/Erweitert/Berechnungsoptionen für dieses Projekt

Microsoft Project 2013/Projektoptionen/Berechnen

Empfohlene Änderung und zugehörige Gruppenrichtlinie(n)

Keine

Speicheroptionen

Menüband und Richtlinienordner

DATEI/Optionen/Speichern

Microsoft Project 2013/Projektoptionen/Speichern

Empfohlene Änderung und zugehörige Gruppenrichtlinie(n)

Keine

Projektvorlagen und Sonderprojekte

Nachfolgend beschreiben wir, wie Sie die Projektvorlagen und Projekte für nicht projektbezogene Zeiten für unser Beispielunternehmen erstellen.

Projektvorlagen

Ein großer Nutzen für die Projektarbeit ist die Standardisierung. Viele der zuvor festgelegten Projekteinstellungen können Sie durch die Anpassung der allgemeinen zentralen Projektvorlage (Enterprise-Global) und Gruppenrichtlinien zentral festlegen. Die inhaltlichen Aspekte eines Projekts können Sie mit Projektvorlagen standardisieren. Diese können u.a. folgende Elemente enthalten:

- Standardprojektphasen
- Generische Ressourcen
- Projekteinstellungen, die nicht über Gruppenrichtlinien oder die Enterprise-Global definiert werden

Die Beispiele aus dem Buch können Sie kostenlos aus dem Downloadbereich unserer Community herunterladen (*http://www.holert.com/community*). Weitere entsprechende Beispiele werden u.a. von Microsoft im Internet bereitgestellt. Auf diese können Sie über das Suchfeld nach Aufruf des Befehls *DATEI/Neu* zugreifen.

Speichern Sie für das Beispielunternehmen die drei Projektvorlagen *Kunde-Hausbau*, *Kunde-Bauprojekt* und *Kunde-Tiefbau*, wie im Abschnitt »Projekte anlegen« beschrieben wurde.

Die *Tiefbau*-Projektvorlage wird in Kapitel 4 verwendet und dem Enterprise-Projekttyp *Tiefbau (Workflow)* zugeordnet (siehe den Abschnitt »Enterprise-Projekttypen«).

HINWEIS Wenn Sie eigene Vorlagen erstellen oder bestehende anpassen, stellen Sie sicher, dass in diesen keine leeren Vorgangszeilen ohne Namen enthalten sind, da diese in den Project Web App-Projektansichten nicht angezeigt werden können.

Sonderprojekte

Die in Projekten verplanten Ressourcen stehen in der Regel nicht zu 100 Prozent für die Projektarbeit zur Verfügung. Die Standardarbeitszeit reduziert sich durch nicht projektbezogene Zeiten. Das sind zum einen nicht projektbezogene arbeitsfreie Zeiten, also Abwesenheiten wie z.B. Urlaub. Zum anderen sind dies nicht projektbezogene Arbeitszeiten, also Restzeiten wie z.B. Wartungs- und Verwaltungstätigkeiten.

In Project können diese nicht projektbezogenen Zeiten als Arbeitszeit oder arbeitsfreie Zeit gebucht werden. Im Falle der Buchung als Arbeitszeit wird die Ressource wie bei jedem anderen Vorgang belegt, wodurch sich die Restkapazität (*Restverfügbarkeit*) reduziert.[1] Im Falle der Buchung als arbeitsfreie Zeit wird die *Verfügbare Arbeitszeit* der Ressource im Ressourcenkalender reduziert.[2]

Die nicht projektbezogenen Zeiten können mithilfe von Sonderprojekten oder mit administrativer Zeit der Arbeitszeittabelle verwaltet werden. Sonderprojekte können nur zur Buchung von Arbeitszeit verwendet werden, die Erfassung der administrativen Zeit der Arbeitszeittabelle erlaubt sowohl die Buchung als Arbeitszeit (*Arbeitstag*) als auch als arbeitsfreie Zeit (*Arbeitsfrei*).

Sonderprojekte

Sonderprojekte werden als normaler Projektplan angelegt und auf dem Project-Server gespeichert. Da diese »Projekte« kein natürliches Anfangs- und Enddatum haben, empfehlen wir diese durch eine Periode, wie z.B. das Kalenderjahr zu begrenzen. Geeignete Namen für Sonderprojekte sind z.B. »Abwesenheiten2013« und »Restzeiten2013«. Die Belegung der Ressourcen sehen die Projektleiter entsprechend wie die bei jedem anderen Projekt. So zeigt zum Beispiel die Sammelressourcenzuweisung in der Ansicht *Ressource: Einsatz*, dass die Ressource im Projekt »Abwesenheiten2013« arbeitet.

Sie können somit den Projektplan *Abwesenheiten* ganz normal mit Project öffnen, komfortabel bearbeiten und drucken. Etwaige Konflikte mit anderen Projekten werden als Überlastung angezeigt, führen aber in den jeweiligen Projekten nicht zu ggf. vom Projektleiter unbemerkten automatischen Verschiebungen. Dadurch, dass die nicht projektbezogenen Tätigkeiten auf die gleiche Art und Weise behandelt werden, stellt diese Vorgehensweise keinen Sonderfall dar, was die Handhabung für alle Beteiligten vereinfacht.

Administrative Zeit: Arbeitstag

Werden nicht projektbezogene Tätigkeiten als administrative Zeit der Arbeitszeittabelle mit der Art *Arbeitstag* geplant (standardmäßig die Kategorie *Administrativ*), erscheint die Belegung in der Ansicht *Ressource: Einsatz* als Sammelressourcenzuweisung *Meine Arbeitszeittabelle*.

Die Zeiten können nicht von zentraler Seite in Project geöffnet, bearbeitet oder gedruckt werden. Führen die administrativen Zeiten der Arbeitszeittabelle mit der Art *Arbeitstag* zu Überlas-

---

[1] Auch als *Verbleibende Verfügbarkeit* bezeichnet
[2] Auch als *Verfügbarkeit* verzeichnet

tung in anderen Projekten, werden die Vorgänge in anderen Projekten nicht automatisch verschoben bzw. unterbrochen. Da die Vorgehensweise von der Handhabung normaler Vorgänge abweicht, handelt es sich um einen Sonderfall, der prinzipiell die Komplexität des Systems erhöht.

Administrative Zeit: Arbeitsfrei

Werden nicht projektbezogene Tätigkeiten als administrative Zeit der Arbeitszeittabelle mit der Art *Arbeitsfrei* geplant (standardmäßig die Kategorien *Krankentage und Urlaub*), erscheinen die Belegungen in der Sammelressourcenzuweisung in der Ansicht *Ressource: Einsatz* nicht in der Einzelheitenart *Arbeit*, sondern reduzieren die *Verfügbare Arbeitszeit*.

Die Zeiten können nicht von zentraler Seite in Project geöffnet, bearbeitet oder gedruckt werden. Führen die administrativen Zeiten der Arbeitszeittabelle mit der Art *Arbeitstag* zu Überlastung in anderen Projekten, wird diese nicht angezeigt, sondern die Vorgänge in anderen Projekten werden automatisch verschoben bzw. unterbrochen. Da die Vorgehensweise von der Handhabung normaler Vorgänge abweicht, handelt es sich um einen Sonderfall, der prinzipiell die Komplexität des Systems erhöht.

Welche der einzelnen Wahlmöglichkeiten in der Summe optimal ist, muss im Einzelfall entschieden werden. Wir werden im Buch die nicht projektbezogenen Zeiten mithilfe administrativer Zeit der Arbeitszeittabelle verwalten, um dem Leser diese Funktion vorzustellen (siehe den Abschnitt »Administrative Zeit« später in diesem Kapitel).

Ressourceneigenschaften/ Unternehmensressourcenpool

Ressourcenrelevante Einstellungen betreffen im Wesentlichen die Festlegung, welche Daten zu den Ressourcen erfasst werden (Struktur der Eigenschaften), das Anlegen der Ressourcen sowie die Festlegung der Ressourceneigenschaften.

Struktur der Ressourceneigenschaften

Die Struktur der Eigenschaften wurde bereits oben festgelegt. Hierzu gehören die Festlegung der benutzerdefinierten Ressourcenfelder *Standort, Qualifikation, RSP, Ressourcenabteilung, Kostentyp und Teamname*, die Ressourcentabellen und Ressourcenansichten sowie die Filter, Sortierungen und Gruppierungen.

Ressourcen anlegen

Grundlage für das Ressourcenmanagement ist das Anlegen von Ressourcen. Hierzu gehören natürliche Ressourcen, also in der Regel Mitarbeiter, die sich auch an PWA anmelden dürfen. Neben der direkten Zuweisung von Mitarbeitern zu Vorgängen können jedoch auch Vorgänge zunächst auf Platzhalter zugewiesen werden. Als solche Platzhalter können Sie generische Ressourcen und Teamressourcen verwenden. Erstellen Sie zudem speziell für das Kostenmanagement noch Budgetressourcen und Kostenressourcen (siehe Kapitel 1, 2, 3 und 5).

Natürliche Ressourcen anlegen

Natürliche Ressourcen können Sie, wie im Abschnitt »Startkonfiguration« weiter vorn in diesem Kapitel beschrieben, manuell anlegen oder aus einem dateibasierten Ressourcenpool, aus Active Directory oder dem Outlook-Adressbuch importieren.

Project Server bietet Ihnen zudem die Möglichkeit, den Unternehmensressourcenpool mit dem Windows-Verzeichnisdienst Active Directory automatisch zu synchronisieren. Die notwendige Konfiguration wird im folgenden Abschnitt »Synchronisierung des Active Directory-Ressourcenpools« beschrieben.

Generische Ressourcen anlegen

Generische Ressourcen dienen bei der Erstellung eines Projektplans oder einer Projektvorlage als Platzhalter. Auf diese Art und Weise kann man bereits ausdrücken, wie groß der Bedarf in Personenstunden und an welchen Ressourcen ist, ohne konkret Ressourcen zuweisen zu müssen (siehe Kapitel 1 und 3).

Um eine generische Ressource anzulegen, gehen Sie folgendermaßen vor.

1. Öffnen Sie Project Web App.
2. Wählen Sie im linken Bereich *Ressourcen* aus.

Abbildg. 9.75   Anlegen von Ressourcen im Ressourcencenter

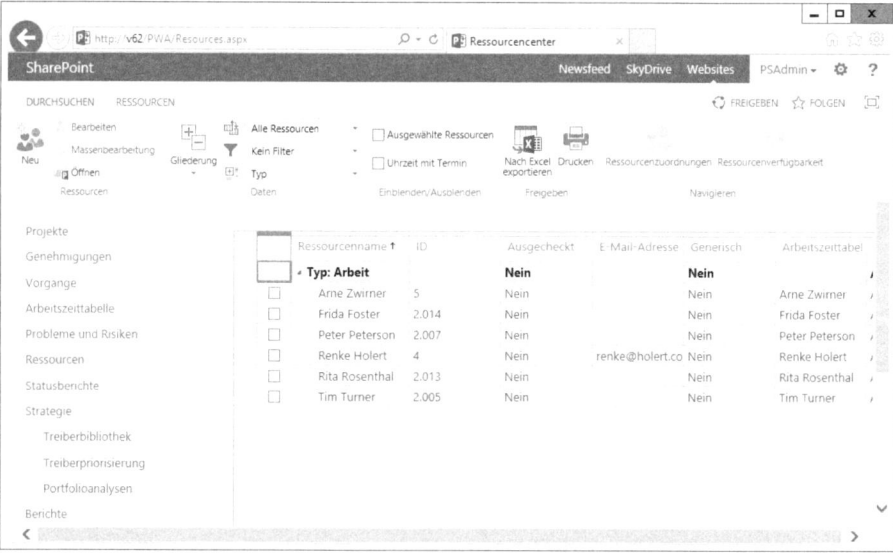

3. Klicken Sie im Menüband auf der Registerkarte *RESSOURCEN* in der Gruppe *Ressourcen* auf den Befehl *Neu*.

Abbildg. 9.76 Generische Ressource anlegen

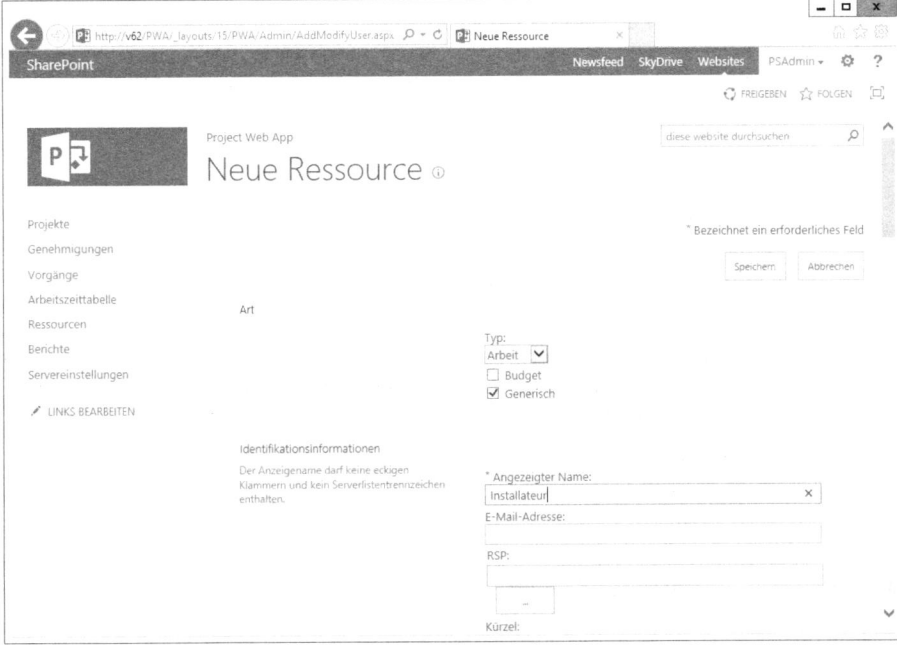

4. Aktiven Sie das Kontrollkästchen *Generisch* und geben Sie als Namen für die Ressource »Installateur« ein.

Abbildg. 9.77 Generische Ressource einer Qualifikation zuordnen

Benutzerdefinierte Ressourcenfelder

Qualifikation:

Installateur

...

Suchen

- ☐ Maurer
- ☐ Bagger
- ☐ Statiker
- ☑ Installateur

OK   Abbrechen

Benutzerdefinierte Felder von Ressourcenformeln werden nur in Project Professional aktualisiert. In Project Web App oder externen Systemen vorgenommene Änderungen führen nicht zu einer Neuberechnung von Formeln benutzerdefinierter Ressourcenfelder.

5. Wählen Sie im Bereich *Benutzerdefinierte Ressourcenfelder* als *Qualifikation* den Wert *Installateur* aus.

Wiederholen Sie die Schritte für die generischen Ressourcen »Statiker«, »Maurer« und »Bagger«.

HINWEIS Ob Sie Project oder Project Web App zum Anlegen von Ressourcen bzw. dem Bearbeiten von Ressourceneigenschaften verwenden, macht prinzipiell keinen Unterschied. Jedoch lassen sich einige Eigenschaften wie die verfügbare tägliche Arbeitszeit nur über Project bearbeiten. Um die Ressource mit Project zu öffnen, klicken Sie im Ressourcencenter im Menüband auf der Registerkarte *RESSOURCEN* in der Gruppe *Ressourcen* auf den Befehl *Öffnen* (Abbildung 9.75).

Teamressourcen anlegen

Teamressourcen können als Ersatz für generische Ressourcen ebenfalls zur Ressourcenplanung verwendet werden, wenn bereits klar ist, welches Team die Vorgänge übernimmt, jedoch nicht welches Teammitglied (siehe Kapitel 1 und 3).

Erstellen Sie pro Team eine eigene Ressource und verknüpfen Sie diese mit der Teambezeichnung aus der bereits angelegten Nachschlagetabelle *Teamname*.

TIPP Um eine Teamressource eindeutig zu identifizieren, empfehlen wir, ein Präfix, wie z.B. »Team«, sowie die entsprechende Team-Bezeichnung aus der Nachschlagetabelle *Teamname* zu verwenden, also »Team Maurer« für das Team der Maurer.

1. Klicken Sie im linken Bereich von Project Web App auf *Ressourcen*.

2. Klicken Sie im Menüband auf der Registerkarte *RESSOURCEN* in der Gruppe *Ressourcen* auf den Befehl *Neu* (Abbildung 9.75).

Abbildg. 9.78   Anlegen einer Teamressource

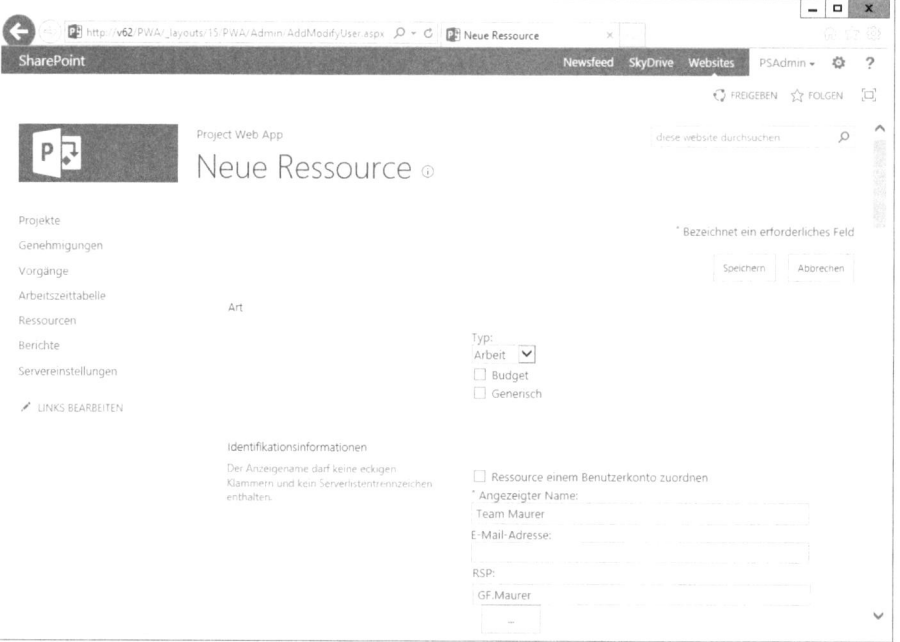

3. Behalten Sie unter *Typ* den Eintrag *Arbeit* bei.

4. Stellen Sie sicher, dass im Bereich *Identifikationsinformationen* das Kontrollkästchen *Ressource einem Benutzerkonto zuordnen* nicht aktiviert ist.

5. Geben Sie nun unter *Angezeigter Name* die Teamressourcenbezeichnung »Team Maurer« für das Team der Maurer ein.

6. Im Feld *E-Mail-Adresse* können Sie einen E-Mail-Alias für das Team mit einer Weiterleitung an den verantwortlichen Teamleiter eingeben.

Abbildg. 9.79   Festlegen des Standardzuordnungsbesitzers und Definition als Teamzuordnungspool

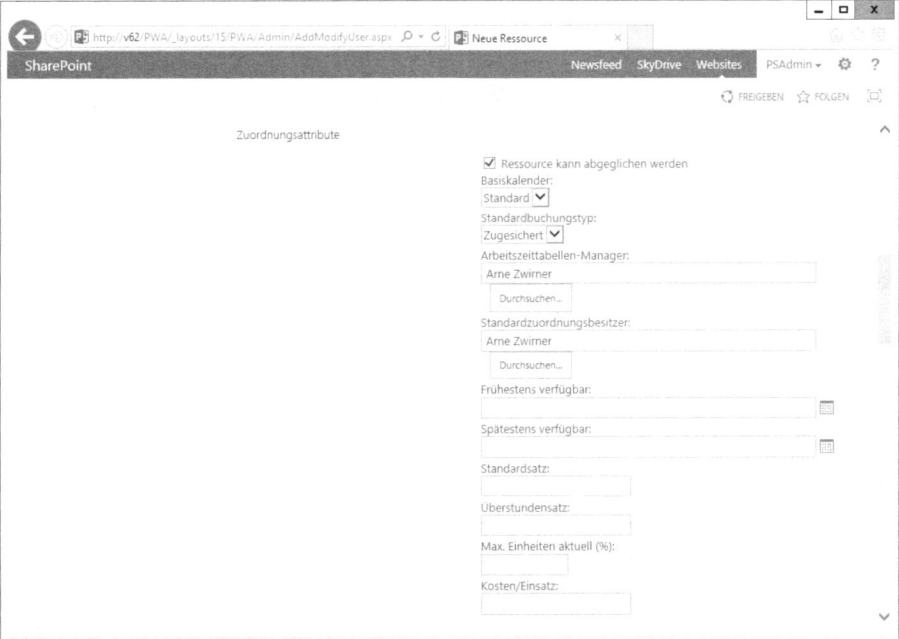

7. Ersetzen Sie im Feld *Standardzuordnungsbesitzer* im Bereich *Zuordnungsattribute* die Vorbelegung *Team Maurer* durch den verantwortlichen Teamleiter. Klicken Sie hierzu auf die Schaltfläche *Durchsuchen*.

8. Wählen Sie im folgenden Dialogfeld per Doppelklick den Teamleiter (hier im Beispiel »Arne Zwirner«) aus, sodass dieser neuer *Standardzuordnungsbesitzer* wird.

HINWEIS   Die Einstellung hat zur Folge, dass alle dieser Teamressource zugeordneten Vorgänge in der Ansicht *Vorgänge* des Teamleiters (*Standardzuordnungsbesitzers*) erscheinen. Zudem kann die Zuordnung durch den Teamleiter an ein Teammitglied delegiert werden (Kapitel 3) und ein Mitarbeiter kann diese Zuordnung selbstständig übernehmen (Kapitel 2).

Abbildg. 9.80   Ressource als Teamressource festlegen und Qualifikation zuordnen

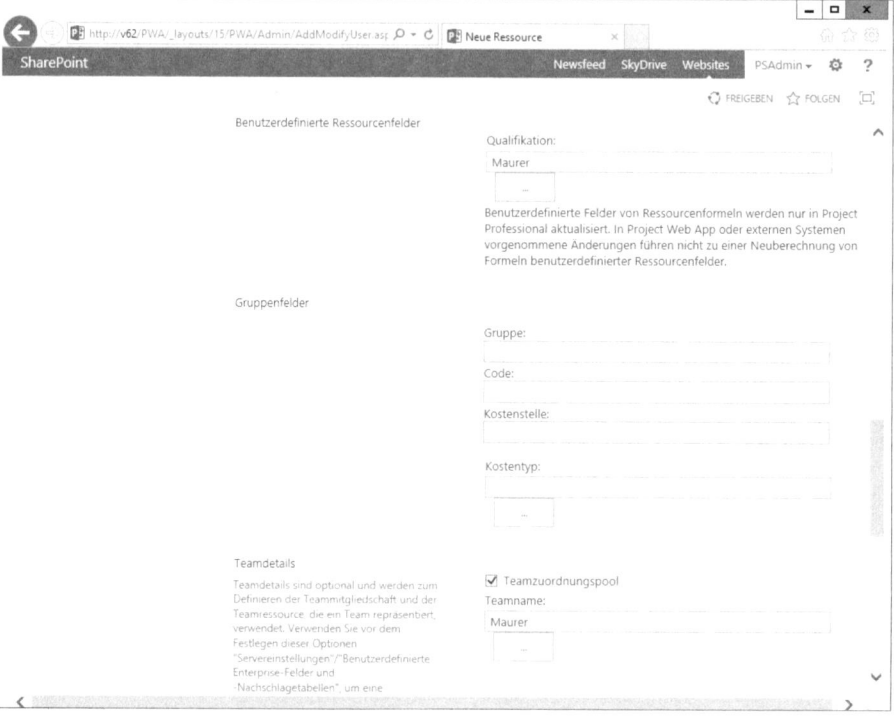

9. Legen Sie als Teamressource im Feld *Qualifikation* den Wert *Maurer* fest.

10. Aktivieren Sie im Bereich *Teamdetails* das Kontrollkästchen *Teamzuordnungspool*.

11. Wählen Sie im Feld *Teamname* den Wert *Maurer* aus.

12. Klicken Sie anschließend auf die Schaltfläche *Speichern*.

Budgetressourcen anlegen

Mit Budgetressourcen können Sie auf Projektebene für einzelne Projektphasen Kosten-, Material- und Arbeitszeitbudgets planen. Wir verwenden zwei Kostenbudgetressourcen für Eigen- und Fremdleistungen (Kapitel 5). Um die Enterprise-Kostenbudgetressourcen »Budget Eigenleistung« und »Budget Fremdleistung« anzulegen, führen Sie folgende Schritte aus:

> **HINWEIS**   Wenn Sie innerhalb von Project Server nicht mit Kosten arbeiten, legen Sie für den Budgetvergleich eine Arbeitsbudgetressource an.

1. Klicken Sie im Menüband auf der Registerkarte *RESSOURCEN* in der Gruppe *Ressourcen* auf den Befehl *Neu* (Abbildung 9.75).

2. Wählen Sie als Typ *Kosten* aus und aktivieren Sie das Kontrollkästchen *Budget*.

3. Geben Sie im Feld *Angezeigter Name* den Wert »Budget Eigenleistung« an.

Abbildg. 9.81   Anlegen der Budgetressource *Budget Eigenleistung*

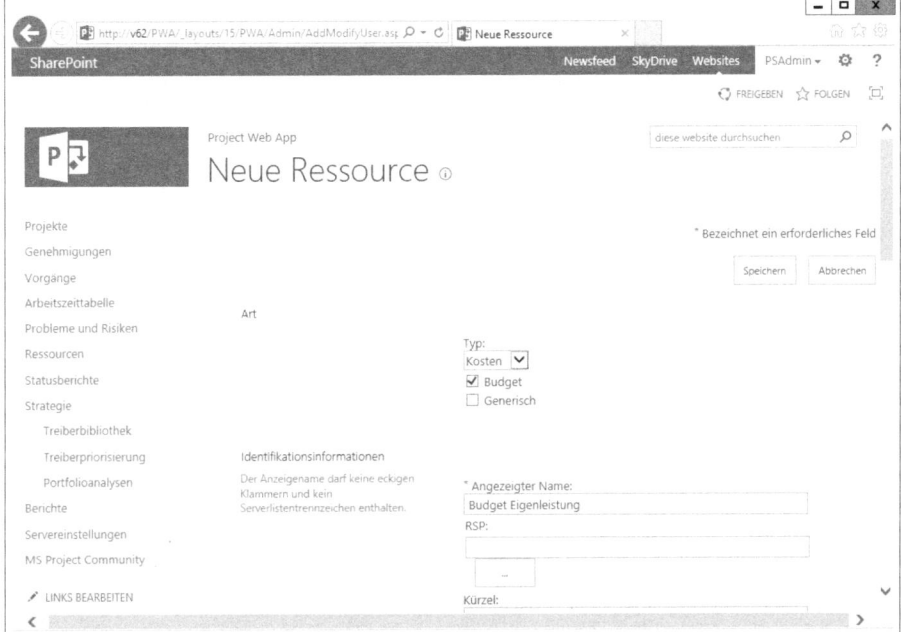

4. Klicken Sie auf die Schaltfläche *Speichern*.

Wiederholen Sie die Schritte für die Enterprise-Kostenbudgetressource »Budget Fremdleistung«.

> **TIPP**   Typisch für den Baubereich wäre eine Untergliederung der Eigenleistungen nach »Geräte und Maschinen«, »Lohn« und »Material«.

Kostenressourcen anlegen

Mit Kostenressourcen können Sie einem Vorgang weitere Kostenarten hinzufügen, z.B. Gebühren (Kapitel 1). Um die Enterprise-Kostenressource »Gebühren« anzulegen, führen Sie folgende Schritte aus:

1. Klicken Sie im linken Bereich von Project Web App unter *Ressourcen* auf *Ressourcencenter*.
2. Klicken Sie im Menüband auf der Registerkarte *RESSOURCEN* in der Gruppe *Bearbeiten* auf den Befehl *Neue Ressource* (Abbildung 9.75).
3. Wählen Sie als Typ *Kosten*.
4. Geben Sie im Feld *Angezeigter Name* den Wert »Gebühren« an.
5. Klicken Sie auf die Schaltfläche *Speichern*.

Ressourceneigenschaften festlegen

Nachdem Sie die Struktur der Eigenschaften festgelegt und die Ressourcen angelegt haben, überprüfen Sie, ob zu jeder Ressource die erforderlichen Eigenschaften korrekt ausgefüllt worden sind. Für die technische Konfiguration sind in erster Linie die Felder *Benutzeranmeldekonto, E-Mail-Adresse, Qualifikation* sowie die organisatorischen Zugehörigkeiten (*RSP, Team und Res-*

sourcenabteilungen) von Bedeutung. Diese werden daher nachfolgend unter funktionalem Aspekt beschrieben.

Die inhaltliche Festlegung der *Qualifikation*, Verfügbarkeitsinformationen, Arbeitszeiten, Kostensätze sowie weiterer Stammdaten wie *Notizen*, *RSP*, *Teamname*, *Kostentyp*, *Kostenstelle* und *Standort* wird typischerweise vom Ressourcenmanager wahrgenommen und ist daher in Kapitel 3 im Abschnitt »Management des Ressourcenpools/Enterprise-Ressourcenpool pflegen« beschrieben.

Für die Konfiguration der Berechtigungen, sofern es sich bei der Ressource um einen Project Server-Benutzer handelt, sei auf den Abschnitt »Sicherheit« später in diesem Kapitel verwiesen.

Name, Benutzeranmeldekonto und E-Mail-Adresse festlegen

Für Ressourcen, die sich an Project Server anmelden, werden bei Eingabe des Benutzeranmeldekontos die Felder *Angezeigter Name* und *E-Mail-Adresse* aus Active Directory übernommen.

Bei einer Synchronisation mit Active Directory wird zusätzlich das Feld *Gruppe* in Project Web App durch das Feld *Abteilung* aus Active Directory gesetzt.

Abbildg. 9.82   Windows-Benutzerkonto von Enterprise-Ressourcen festlegen

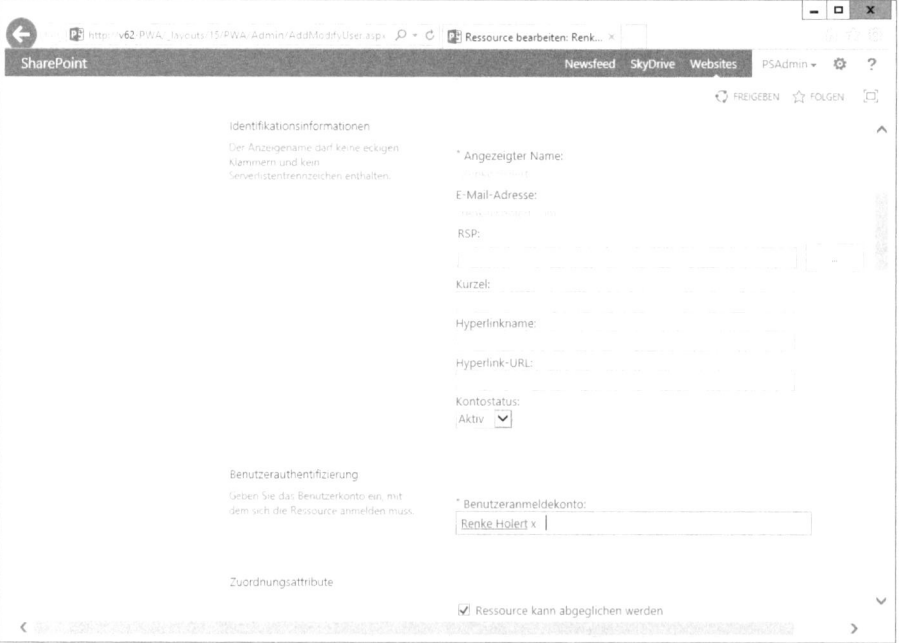

Project und Project Server verwenden für die Zuordnung von Ressourcen an vielen Stellen den Ressourcenamen. Dieser wird in Project als Ressourcenfeld *Name* und in Project Web App als *Angezeigter Name* bezeichnet.

Qualifikation festlegen

Die Angabe im Feld *Qualifikation* wird im Team Builder verwendet, um generische Ressourcen zuzuordnen (siehe Kapitel 1 und 3).

Abbildg. 9.83   Festlegung der Qualifikation

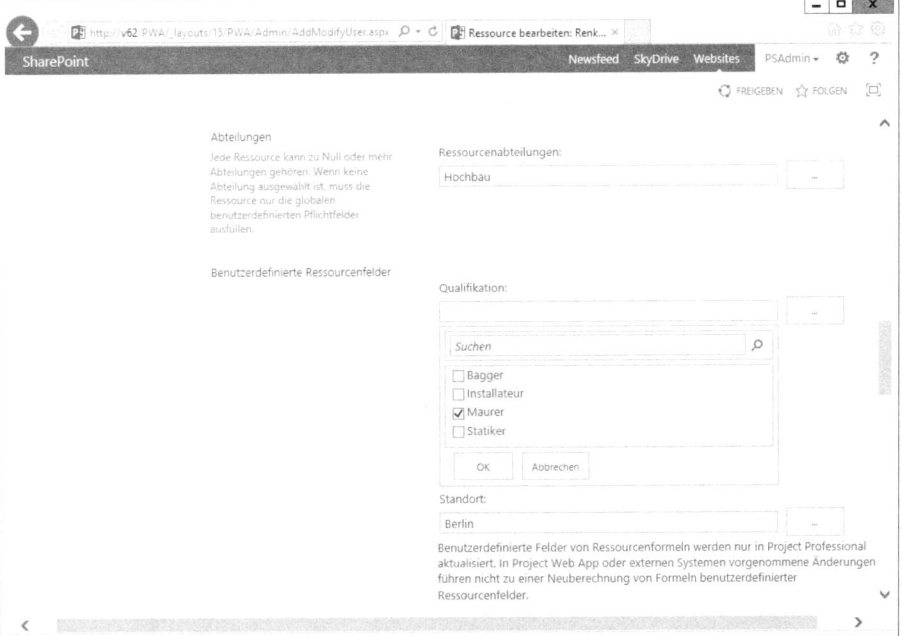

Die ausgewählte Qualifikation muss von der Schreibweise her identisch mit dem Namen der zugehörigen generischen Ressourcen sein. Wird das Feld nicht gefüllt, kann der Team Builder die Zuordnung nicht herstellen.

TIPP   Sie können die Eigenschaften für mehrere Benutzer gleichzeitig ausführen, indem Sie im Ressourcencenter das Kontrollkästchen vor dem Ressourcennamen aktivieren und dann im Menüband auf der Registerkarte *RESSOURCE* in der Gruppe *Ressource* den Befehl *Massenbearbeitung* auswählen.

Organisatorische Zugehörigkeit festlegen

Um die Funktionen von Project Server im Hinblick auf die organisatorische Zugehörigkeit einer Ressource zu nutzen, prüfen Sie die drei Felder *RSP*, *Teamname* und *Ressourcenabteilungen*.

Mit dem Feld *RSP* (Ressourcenstrukturplan) legen Sie für die Kategorien *Meine Ressourcen* und *Meine Mitarbeiter* fest, welche Ressourcen hierarchisch unterstellt sind. Prüfen Sie für jede Ressource, dass die Zuordnungen zu den jeweiligen Organisationseinheiten korrekt sind (Abbildung 9.82). Mehr Informationen finden Sie im Abschnitt »Sicherheit« später in diesem Kapitel.

Abbildg. 9.84   Ressource einem Team zuordnen

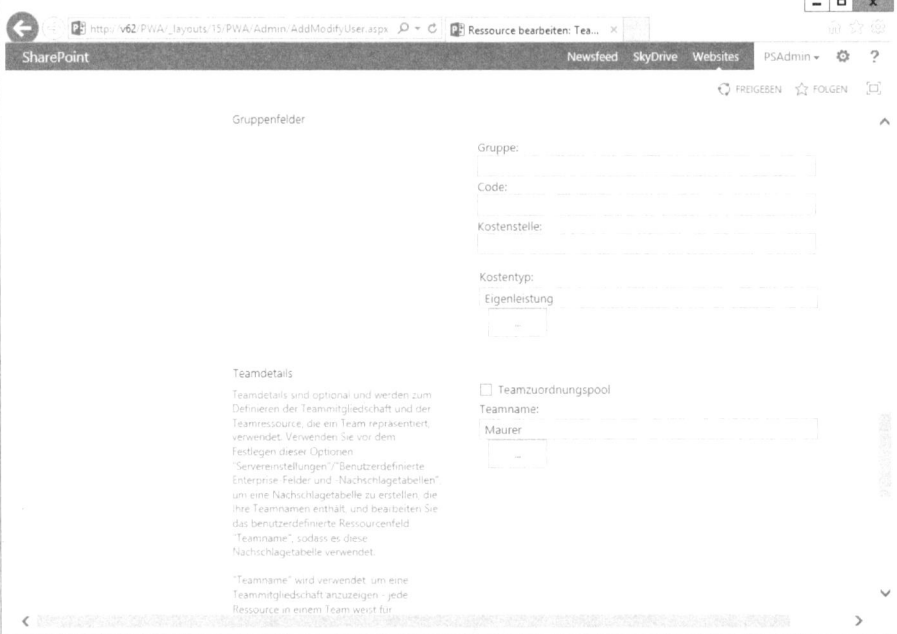

Aus Sicht des Mitarbeiters steuert das Feld *Teamname* die Auswahl der Zuordnungen, die er sich selbst zuordnen kann. Passen Sie im Feld *Teamname* den Namen des Teams an. Geben Sie, passend zum obigen Beispiel, den Wert »Maurer« ein. Stellen Sie sicher, dass für die Ressource selbst im Bereich *Teamdetails* das Kontrollkästchen *Teamzuordnungspool* nicht aktiviert ist.

Das Feld *Ressourcenabteilung* steuert mehrere Eigenschaften einer Ressource. So können benutzerdefinierte Enterprise-Felder, die einer Ressourcenabteilung zugeordnet sind, nur für Ressourcen mit derselben Abteilungszugehörigkeit gesetzt werden. Des Weiteren werden bei der Anlage von neuen Projekten in Project Web App (Kapitel 4) nur diejenigen Enterprise-Projekttypen angeboten, die der betreffenden Ressourcenabteilung angehören oder abteilungsunabhängig angelegt wurden. Zudem können bei der Erstellung von OLAP-Datenbanken die Daten nach Ressourcenabteilungen gefiltert werden, wie im Abschnitt »Erstellungseinstellungen für OLAP-Datenbanken« später in diesem Kapitel beschrieben.

Servereinstellungen in Project Web App-Einstellungen

Servereinstellungen gehen Hand in Hand mit den Projekteinstellungen und den Ressourceneinstellungen. Die Servereinstellungen (*PWA-Einstellungen*) untergliedern sich dabei in die Einstellungen, die in Project Web App konfiguriert werden können und diejenigen, die nur über die SharePoint-Zentraladministration erreichbar sind.

In diesem Abschnitt beschreiben wir die Servereinstellungen, die Sie in Project Web App in der Schnellstartleiste *Servereinstellungen* und im Dropdown-Listenfeld *Einstellungen* über den Eintrag *PWA-Einstellungen* erreichen.

Die Servereinstellungen überschneiden sich u.a. mit den Projekteinstellungen und Ressourceneigenschaften, da einige Servereinstellungen zwar über Project Web App konfiguriert werden, jedoch dann Project Professional starten. Das ist z.B. der Fall bei der Anpassung eines *Enterprise-Kalenders* und einer *Ressourcenverfügbarkeit*.

Im Einzelnen umfassen die Servereinstellungen in Project Web App folgende Bereiche:

- Persönliche Einstellungen
- Enterprise-Daten
- Warteschlangen- und Datenbankverwaltung
- Aussehen und Verhalten
- Zeit- und Vorgangsverwaltung
- Betriebsrichtlinien
- Workflow- und Projektdetailseiten

Persönliche Einstellungen

Im Bereich *Persönliche Einstellungen* sind die E-Mail-Benachrichtigungen (Warnungen und Erinnerungen), eine Übersicht über die eigenen Aufträge in der Warteschlange sowie die Funktionen zur Einrichtung und zum Start einer Stellvertretungssitzung zusammengefasst.

Meine Warnungen und Erinnerungen verwalten

Unter *Meine Warnungen und Erinnerungen verwalten*, können Teammitglieder festlegen, bei welchen Ereignissen Project Server E-Mail-Benachrichtigungen zur Ihren Vorgängen und Statusberichten senden soll.

Warnungen und Erinnerungen meiner Ressource verwalten

Unter *Warnungen und Erinnerungen meiner Ressource verwalten* können Projektleiter einstellen, welche E-Mail-Benachrichtigungen sie für Vorgänge in ihren Projektplänen und Statusberichten erhalten möchten.

HINWEIS   Die Konfiguration von E-Mail-Benachrichtigungen ist nur dann möglich, wenn für die Project Web App-Instanz in der SharePoint-Zentraladministration unter Betriebsrichtlinien die Warnungen und Erinnerungen aktiviert sind. Dies ist nur für Project Server On-Premises möglich, zur Drucklegung nicht für Project Online. Die Beschreibung finden Sie in diesem Kapitel im Abschnitt »Warnungen und Erinnerungen« später in diesem Kapitel.

Meine Warteschlangenaufträge

Über die Verknüpfung *Meine Warteschlangenaufträge* kann jeder PWA-Benutzer den Bearbeitungsstatus seiner Aufträge in der Project Server-Warteschlange verfolgen.

Stellvertretungen verwalten

Unter der Verknüpfung Stellvertretungen verwalten können Sie festlegen, wer in welchem Zeitraum für welchen Benutzer als Stellvertreter in Project Web App agieren kann (siehe Kapitel 2, Abschnitt »Stellvertreter einrichten«).

Als Stellvertretung agieren

Die unter der Verknüpfung *Als Stellvertretung agieren* eingestellten Stellvertretersitzungen können unter diesem Punkt gestartet und beendet werden (siehe Kapitel 2, Abschnitt »Als Stellvertreter agieren«).

HINWEIS   Stellvertretungen können nur dann erstellt und aktiviert werden, wenn die PWA-Instanz den Project Server-Berechtigungsmodus verwendet. Im SharePoint-Berechtigungsmodus sind keine Stellvertretungen möglich (vgl. Abschnitt »Sicherheit« später in diesem Kapitel und Abschnitt »Project Server-Berechtigungsmodus einrichten« in Kapitel 8).

Enterprise-Daten

Im Bereich *Enterprise-Daten* sind die bereits in anderen Teilen des Buchs beschriebenen Einstellungen für Benutzerdefinierte Enterprise-Felder und -Nachschlagetabellen, Enterprise-Kalender und Ressourcen im Ressourcencenter zusammengefasst.

Benutzerdefinierte Enterprise-Felder und -Nachschlagetabellen

Die Vorgehensweise für das Erstellen, Ändern und Löschen von Enterprise-Feldern und -Nachschlagetabellen finden Sie im Abschnitt »Benutzerdefinierte Felder und Nachschlagetabellen« weiter vorn in diesem Kapitel.

HINWEIS   Sie können auch benutzerdefinierte Enterprise-Felder erstellen, indem Sie in Project ein lokales Feld erstellen und dieses Feld in ein Enterprise-Feld umwandeln. Öffnen Sie dazu Project und wählen Sie im Menüband auf der Registerkarte *PROJEKT* in der Gruppe *Eigenschaften* den Befehl *Benutzerdefinierte Felder*. Erstellen Sie das Feld und klicken Sie auf die Schaltfläche *Feld zu Enterprise hinzufügen*.

Enterprise-Kalender

Über diese Verknüpfung können Sie *Enterprise-Kalender* erstellen. Die Bearbeitung selbst findet weiterhin in Project statt. Die Vorgehensweise ist im Abschnitt »Informationen über den Ressourcenpool pflegen« in Kapitel 3 und im Abschnitt »Kalender« weiter vorn in diesem Kapitel beschrieben.

Ressourcencenter

Die Verknüpfung *Ressourcencenter* dient nur als zusätzlicher Weg, um zum *Ressourcencenter* zu gelangen. Weitere Informationen hierzu finden Sie in Kapitel 3 im Abschnitt »Management des Ressourcenpools« sowie im Abschnitt »Ressourceneigenschaften/Unternehmensressourcenpool« weiter vorn in diesem Kapitel.

Warteschlangen- und Datenbankverwaltung

Unter der Verknüpfung *Warteschlangen- und Datenbankverwaltung* sind die Funktionen *Warteschlangen verwalten*, *Enterprise-Objekte löschen* und *Einchecken von Enterprise-Objekten erzwingen* zusammengefasst. Die Funktionen zur Sicherung- und Wiederherstellung von Projekten und Einstellungen sowie OLAP-Datenbankverwaltung finden Sie der SharePoint-Zentraladministration (siehe Abschnitt »PWA-Einstellungen in der SharePoint-Zentraladministration« später in diesem Kapitel). Die Einstellungen für die Warteschlange sind in der Verwaltung der Project Server-Dienstanwendung platziert (siehe den Abschnitt »Warteschlangeneinstellungen für Project Web App verwalten« später in diesem Kapitel).

Warteschlangenaufträge verwalten

Über die Verknüpfung *Warteschlangenaufträge verwalten* können sie die Aufträge der Project Server-Warteschlange überwachen. Die eingehenden Aufträge von Project, Project Web App und Drittsystemen werden in dieser Warteschlange abgelegt und nacheinander abgearbeitet. Der Vorteil ist, dass der Benutzer nicht auf den Abschluss des Auftrags warten muss und somit schneller arbeiten kann. Mehr Information zur Warteschlange finden Sie in Kapitel 10.

Enterprise-Objekte löschen

Abbildg. 9.85   Enterprise-Objekte löschen

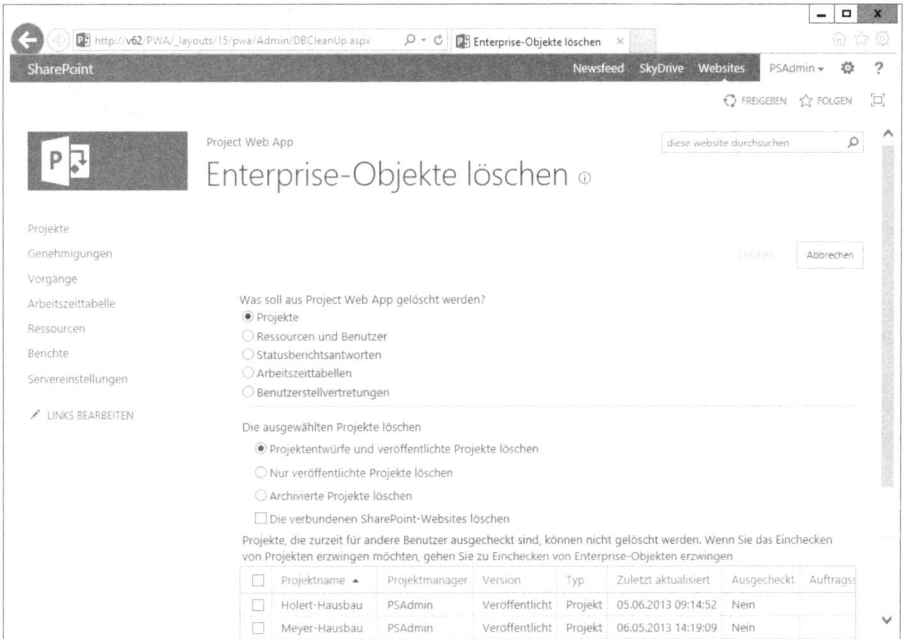

Unter der Verknüpfung *Enterprise-Objekte löschen* können Sie Projekte, Ressourcen und Benutzer, Statusberichtsantworten, Arbeitszeittabellen und Benutzerstellvertretungen löschen. Damit Sie diese Objekte löschen können, müssen diese eingecheckt sein. Verwenden Sie die Verknüpfung *Einchecken von Enterprise-Objekten erzwingen* wie unten beschrieben, um Objekte von zentraler Seite aus einzuchecken.

Ressourcen und Benutzer, Statusberichtsantworten, Arbeitszeittabellen und Benutzerstellvertretungen werden nur im *Veröffentlicht*-Datenbankschema (*ProjectWebApp_PWA.pub*) gespeichert und entsprechend aus diesem gelöscht.

Projekte können sowohl aus dem Entwurfsdatenbankschema, dem *Veröffentlicht*-Datenbankschema und dem Archivdatenbankschema gelöscht werden.

Das *Entwurfsdatenbankschema* (*ProjectWebApp_PWA.draft*) enthält die *Arbeitsversion* von Projekten, die beim Speichern eines Projekts in Project Server angelegt wird. Das *Veröffentlicht*-Datenbankschema enthält Projekte, die über den entsprechenden Befehl im Menüband oder Backstagebereich veröffentlicht wurden. Das *Archivdatenbankschema* (*ProjectWebApp_PWA.ver*) enthält Projekte, die über die administrative Sicherung gespeichert wurden (siehe Abschnitte »Tägliche Sicherung planen« und »Administrative Sicherung« später in diesem Kapitel).

Optional können Sie noch die zugehörigen Projektwebsites löschen (Kontrollkästchen *Die verbundenen SharePoint-Websites löschen*). Die Projektwebsite ist die zum jeweiligen Projekt zugehörige SharePoint-Website, die die Listen *Probleme*, *Risiken*, *Lieferumfang* und die Dokumentbibliothek *Dokumente enthält*.

Einchecken von Enterprise-Objekten erzwingen

Bei jeder Bearbeitung werden Enterprise-Objekte ausgecheckt, um eine simultane Bearbeitung desselben Objekts zu verhindern. Falls bei der Bearbeitung Störungen auftreten und das Einchecken auf normalem Wege nicht mehr möglich ist, können Sie über die Verknüpfung *Einchecken von Enterprise-Objekten erzwingen* Enterprise-Projekte, -Ressourcen, -Felder, -Kalender, Nachschlagetabellen und Ressourcenpläne von zentraler Seite aus einchecken.

HINWEIS   Projekte können auch durch den Anwender selbst eingecheckt werden. Sie finden den entsprechenden Befehl *Meine Projekte einchecken* im *Project Center* im Menüband auf der Registerkarte *PROJEKTE* in der Gruppe *Navigieren*. Mit den Standardberechtigungen können Projektleiter nur ihre eigenen Projekte einchecken, Administratoren und Portfoliomanager können alle Objekte einchecken.

Aussehen und Verhalten

Nachfolgend beschreiben wir für unser Beispielunternehmen, wie Sie die Ansichten für Project Web App inkl. der zugehörigen Formate sowie die Schnellstartleiste anpassen.

Ansichten verwalten

Wie in Project eignen sich auch die Ansichten in Project Web App dazu, verschiedenen Benutzergruppen genau die Informationen bereitzustellen, die sie für ihre Aufgaben benötigen bzw. sehen dürfen. Diese Ansichten entsprechen nicht exakt denen von Project. Sie unterscheiden sich dadurch, dass nicht alle Details angezeigt werden, sondern nur die definierten Spalten. Als Zusatzfunktion bringen sie einen Zugriffsschutz mit, d.h. über die Zuordnung zu Kategorien kann man festlegen, welche Objekte in der Ansicht angezeigt werden und welche Benutzergruppe eine Ansicht sehen darf. So kann man Projektmitarbeitern nur die Termine und den Aufwand, jedoch nicht die Kosten zugänglich machen.

In Project Web App gibt es folgende Ansichtsarten:

- Projekt-Ansichten
- Project Center-Ansichten
- Ressourcenzuordnung-Ansichten
- Ressourcencenter-Ansichten
- Meine Arbeit-Ansichten

- Ressourcenplan-Ansichten

- Teamvorgänge-Ansichten

- Team Builder-Ansichten

- Arbeitszeittabelle-Ansichten

- Portfolioanalysen-Ansichten

- Portfolioanalyse-Projektauswahl-Ansichten

Die meisten Server-Ansichten ähneln denen von Project. Einige Ansichten, wie z.B. das Netzplandiagramm oder die Kalenderdarstellung, haben in Project Web App keine Entsprechung.

Genau wie bei den Project-Ansichten können Sie auch bei den Server-Ansichten, die anzuzeigenden Felder, Gruppierungen und Filter festlegen. Die Gantt-Diagramm- und Gruppierungsformate können Sie in den *Servereinstellungen* von Project Web App im Bereich *Aussehen und Verhalten* auf Ihre Anforderungen zuschneiden, wie in den folgenden Abschnitten »Gruppierungsformate« und »Gantt-Diagrammformate« beschrieben.

Projekt-Ansichten

Projekt-Ansichten stellen ein Projekt mit allen Vorgängen in verschiedenen Gantt-Diagramm-Ansichten in Project Web App dar.

BESSER IN 2013   Dabei ist neben dem Lesen der Projektdaten auch die Bearbeitung von Projekten über Projekt-Ansichten von Project Web App im Browser möglich. Neue Funktionen in PWA sind: Es können Basispläne festgelegt und gelöscht werden. Die Zeitachse wird angezeigt und kann bearbeitet werden. Der Projektplan wird bei jeder Eingabe wie im Project-Client automatisch berechnet. Zudem wurden in der aktuellen Version die Webparts von Project Web App überarbeitet, sodass neben Internet Explorer auch ein Arbeiten mit Firefox, Chrome und Safari nun ohne Einschränkungen möglich ist.

Standardmäßig werden bereits 21 Projekt-Ansichten mitgeliefert, wovon neun ausschließlich Vorgangs-, sechs Zuordnungs- und vier Ressourceninformationen anzeigen. Die verbleibenden zwei Ansichten dienen der Konfiguration der Zeitachse und dem Schließen von Vorgängen.

Für die Grundkonfiguration fügen Sie die Ansicht *Zu aktualisierende Vorgänge schließen* den Kategorien *Meine Projekte* und *Meine Organisation* hinzu und erweitern die Ansicht *Vorgangsnachverfolgung* um die Felder *Abweichung Ende* und *Stichtag*. Gehen Sie dazu wie folgt vor:

1. Wählen Sie unter *Servereinstellungen* im Bereich *Aussehen und Verhalten* die Verknüpfung *Ansichten verwalten* aus. Klicken Sie anschließend auf die Ansicht *Zu aktualisierende Vorgänge schließen*.

Abbildg. 9.86   Projekt-Ansicht *Zu aktualisierende Vorgänge schließen* zu Kategorien hinzufügen

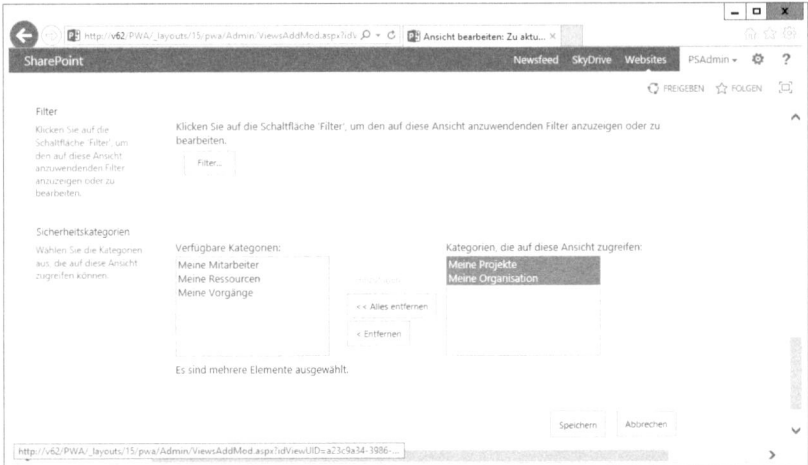

2. Wählen Sie im Abschnitt *Sicherheitskategorien* unter *Verfügbare Kategorien* die beiden Kategorien *Meine Projekte* und *Meine Organisation* aus und klicken Sie auf die Schaltfläche *Hinzufügen*.

3. Klicken Sie anschließend auf die Schaltfläche Speichern.

4. Wählen Sie die Ansicht *Vorgangsnachverfolgung* aus.

Abbildg. 9.87   Projekt-Ansicht *Vorgangsnachverfolgung* um *Abweichung Ende* und *Stichtag* erweitern

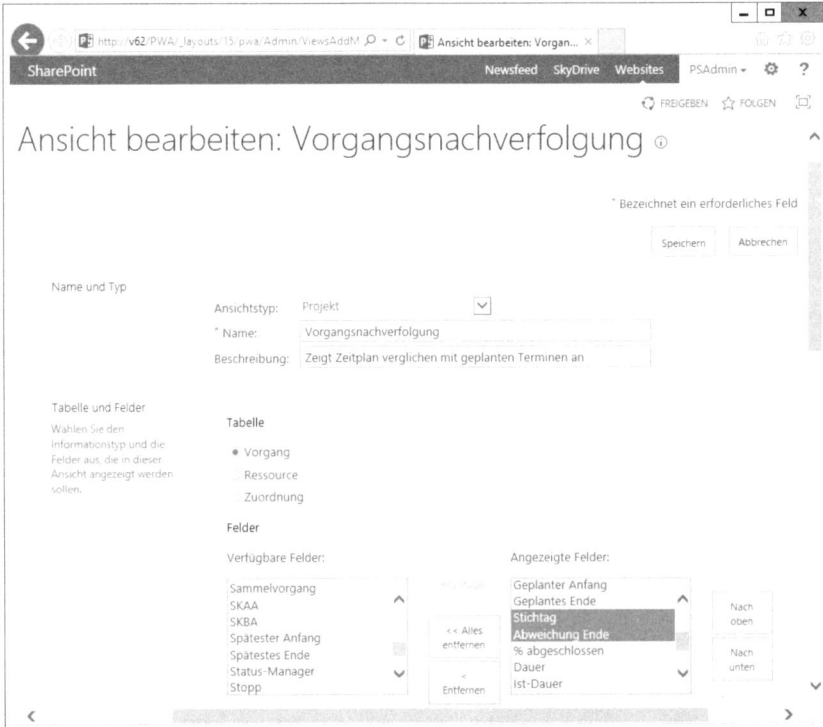

5. Fügen Sie der Ansicht die Felder *Abweichung Ende* und *Stichtag* hinzu.

Damit steht die Ansicht *Vorgangsnachverfolgung* nun den Projekt- und Portfoliomanagern zur Verfügung, damit diese in ihren Projekten ausgewählte Vorgänge für die Rückmeldung sperren und auch wieder freigeben können, und mit der Ergänzung der Ansicht *Vorgangsnachverfolgung* wird ihnen die Projektverfolgung erleichtert.

Project Center-Ansichten

Nachfolgend wird beschrieben, wie Sie die in Kapitel 4 beschriebene Ansicht *Balanced Scorecard* (Abbildung 9.88) für das Projektcontrolling (Project Center-Ansichten) erstellen:

1. Wählen Sie unter *Servereinstellungen* im Bereich *Aussehen und Verhalten* die Verknüpfung *Ansichten verwalten* aus. Klicken Sie anschließend auf die Schaltfläche *Neue Ansicht*.

Abbildg. 9.88   Project Center-Ansicht *Balanced Scorecard*

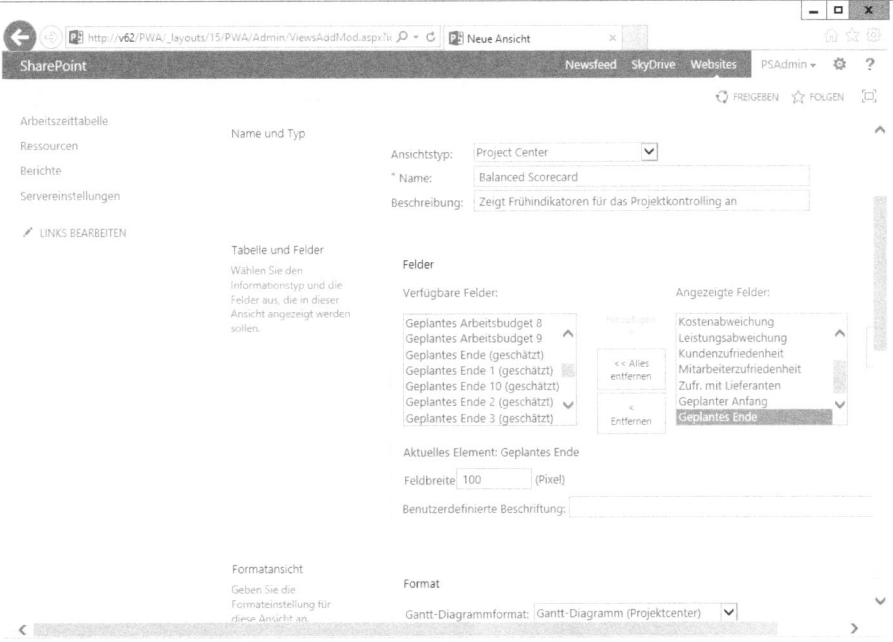

2. Wählen Sie im Bereich *Name und Typ* im Dropdown-Listenfeld *Ansichtstyp* den Eintrag *Project Center* aus.

3. Geben Sie im Feld *Name* den Text »Balanced Scorecard« ein und im Feld *Beschreibung* »Zeigt Frühindikatoren für das Projektcontrolling an.«.

4. Fügen Sie im Bereich *Tabelle und Felder* zu den bereits angezeigten Feldern die Felder *Kostenabweichung, Leistungsabweichung, Kundenzufriedenheit, Mitarbeiterzufriedenheit, Zufr. mit Lieferanten,* sowie *Geplanter Anfang* und *Geplantes Ende* hinzu.

Abbildg. 9.89   Formatansicht der Projektcenter-Ansicht *Balanced Scorecard*

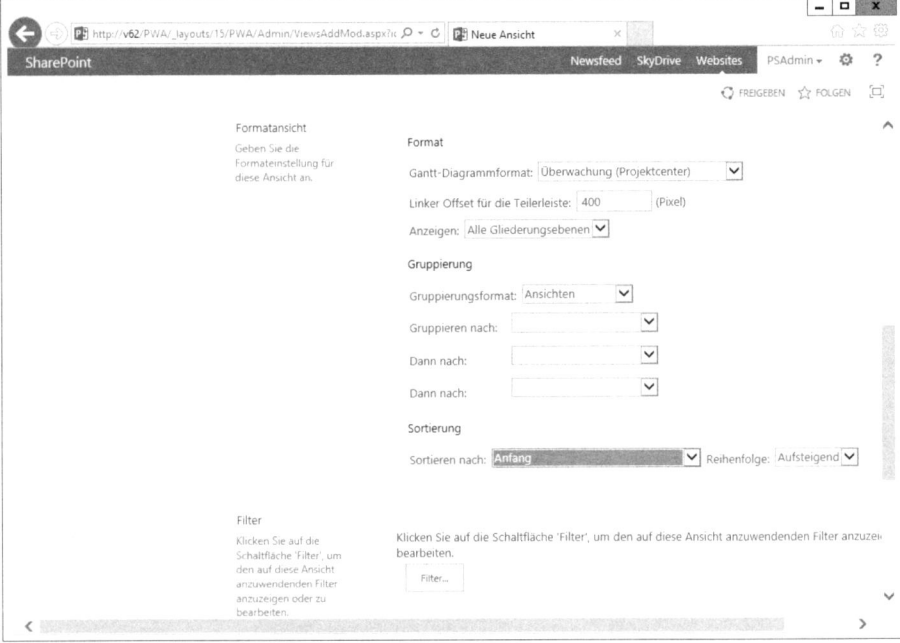

5. Überprüfen Sie, ob im Bereich *Formatansicht* im Feld *Gantt-Diagrammformat* das Diagrammformat *Überwachung (Projektcenter)* ausgewählt ist.

6. Prüfen Sie, dass im Feld *Anzeigen* der Eintrag *Alle Gliederungsebenen* ausgewählt ist.

7. Wählen Sie im Feld *Gruppierungsformat* das Gruppierungsformat *Ansichten* aus.

8. Wählen Sie im Feld *Sortieren nach* das Feld *Anfang* aus.

9. Nehmen Sie im Bereich *Filter* keine Änderungen vor.

Abbildg. 9.90   Sicherheitskategorie der Projektcenter-Ansicht *Balanced Scorecard*

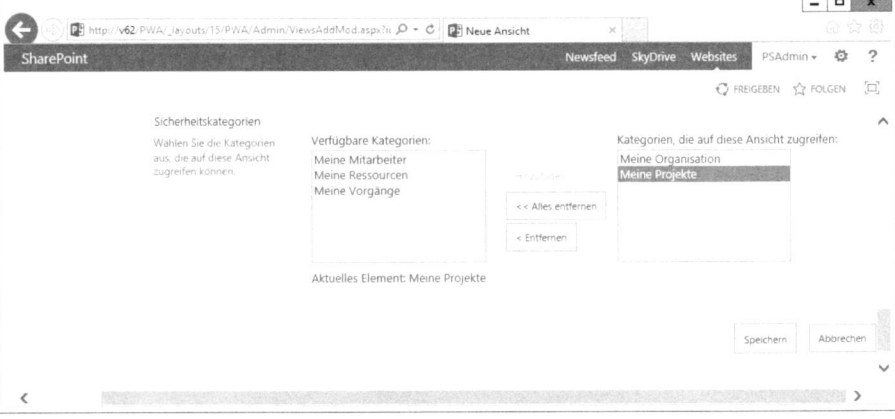

10. Fügen Sie im Bereich *Sicherheitskategorie* die Kategorie *Meine Organisation* und *Meine Projekte* zu dem Feld *Kategorien, die auf diese Ansicht zugreifen* hinzu. Damit können zum einen

alle Benutzergruppen, die entsprechende Berechtigungen auf diese Kategorien haben, die Ansicht anzeigen. Zum anderen werden auch nur genau die Projekte dieser Kategorien in der Ansicht angezeigt. Bestätigen Sie mit der Schaltfläche *Speichern*.

Ressourcenzuordnung-Ansichten

Die Ressourcenzuordnung-Ansichten eignen sich, um die Zuordnungen von ausgewählten Ressourcen über alle Projekte hinweg zu visualisieren. Sie sind reine Lese-Ansichten. Eine Umplanung wie mit dem Teamplaner in Project oder eine Rückmeldung sind in diesen Ansichten in Project Web App nicht möglich. Die standardmäßige Auswahl der Felder für die Ansicht *Zusammenfassung* ist für unsere Grundkonfiguration ausreichend.

Ressourcencenter-Ansichten

Um im Ressourcencenter die Ressourcen nach *Qualifikation*, *Standort* und organisatorischer Zugehörigkeit anzeigen zu können (*Ressourcencenter-Ansichten*), erstellen Sie die Ansicht *Ressourcen: Qualifikation*:

1. Wechseln Sie in PWA unter *Servereinstellungen* in den Bereich *Aussehen und Verhalten/ Ansichten verwalten* und klicken Sie auf die Schaltfläche *Neue Ansicht*.

Abbildg. 9.91   Ressourcencenter-Ansicht: *Ressourcen nach Qualifikation*

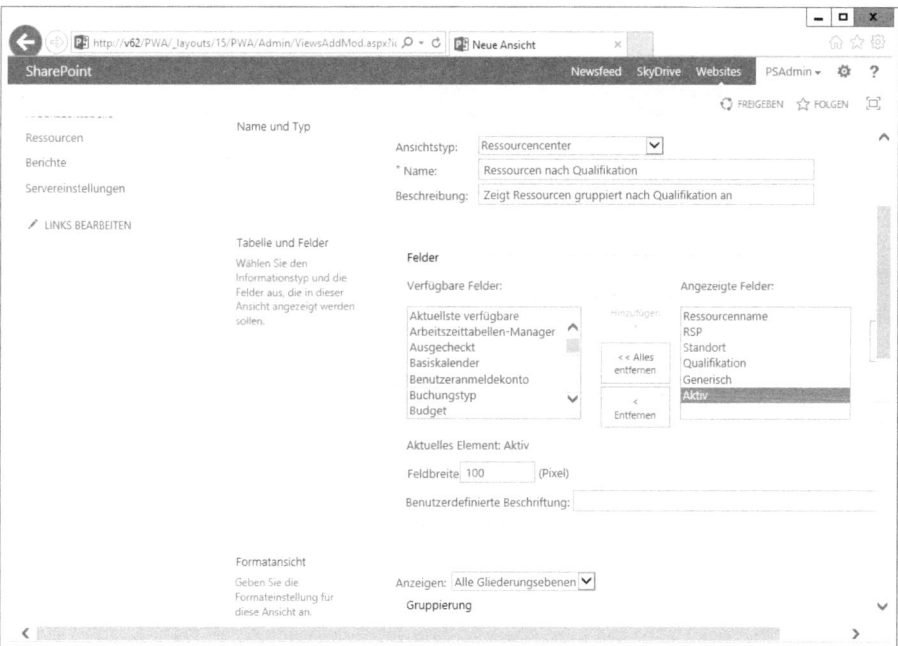

2. Wählen Sie im Bereich *Name und Typ* im Dropdown-Listenfeld *Ansichtstyp* den Eintrag *Ressourcencenter* aus.
3. Geben Sie im Feld *Name* den Text »Ressourcen nach Qualifikation« ein und im Feld *Beschreibung* »Zeigt Ressourcen gruppiert nach Qualifikation an«.
4. Fügen Sie im Bereich *Tabelle und Felder* zu dem bereits angezeigten Feld noch die Felder *RSP*, *Standort*, *Qualifikation* sowie *Generisch* und *Aktiv* hinzu.

5. Wählen Sie im Feld *Anzeigen* den Eintrag *Alle Gliederungsebenen* aus.

Abbildg. 9.92   Ressourcencenter-Ansicht Fortsetzung

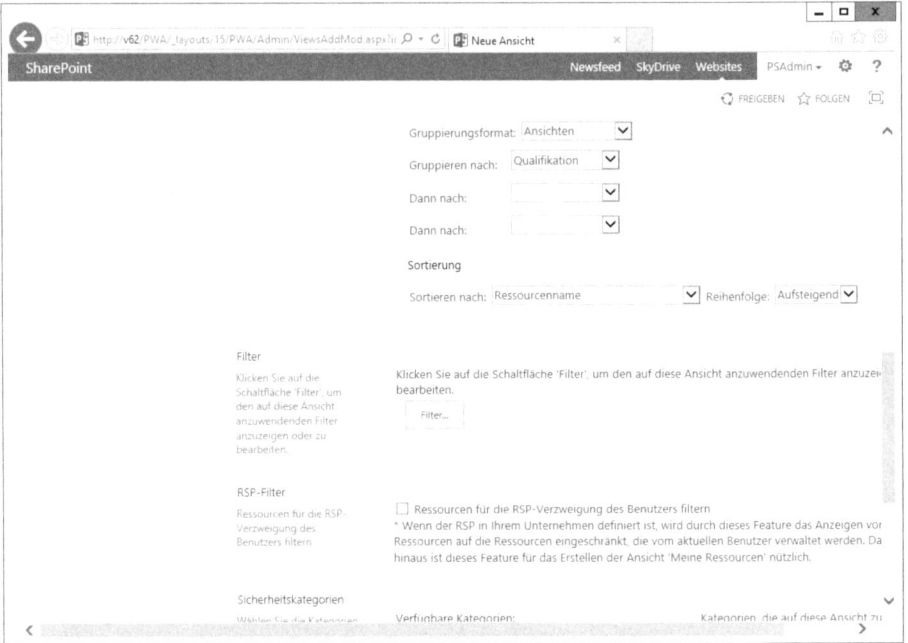

6. Wählen Sie im Feld *Gruppierungsformat* den Eintrag *Ansichten* aus.

7. Wählen Sie im Feld *Gruppieren nach* den Eintrag *Qualifikation* aus.

8. Wählen Sie im Feld *Sortieren nach* den Eintrag *Ressourcenname* aus.

Abbildg. 9.93   Filter für die Ansicht *Ressourcen nach Qualifikation*

9. Klicken Sie im Bereich *Filter* auf die Schaltfläche *Filter* und geben Sie die Bedingung *Generisch gleich Nein Und Aktiv gleich Ja* ein (Abbildung 9.93).

10. Wenn der Filter syntaktisch in Ordnung ist, klicken Sie auf die Schaltfläche *OK*.

Abbildg. 9.94   Sicherheitskategorien für die Ansicht *Ressourcen nach Qualifikation*

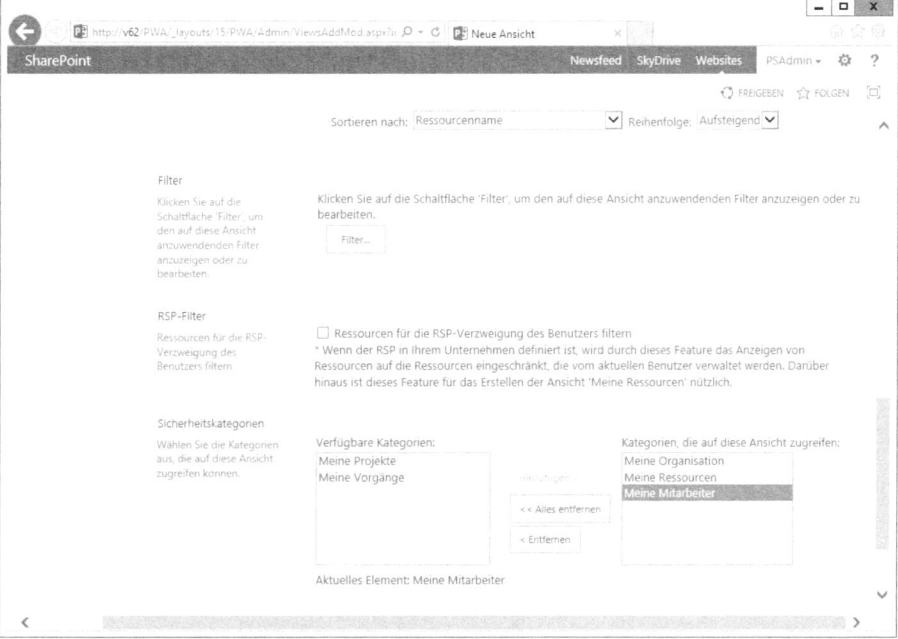

11. Fügen Sie im Bereich *Sicherheitskategorie* die Kategorien *Meine Organisation*, *Meine Ressourcen* und *Meine Mitarbeiter* zur Auswahl *Kategorien, die auf diese Ansicht zugreifen* hinzu (Abbildung 9.94). Analog zu den Ansichten im Project Center wird die Ansicht den Benutzern genau derjenigen Benutzergruppen angezeigt, die Zugriff auf diese Kategorien haben. Die Ansichten beinhalten ebenfalls nur die Ressourcen aus diesen Kategorien.

12. Bestätigen Sie mit der Schaltfläche *Speichern*.

Meine Arbeit-Ansichten

Unter dem Bereich *Meine Arbeit* finden Sie die Ansichten, die Projektmitarbeiter in Project Web App unter *Vorgänge* (Arbeitsvorrat) sehen. Standardmäßig sind die Ansichten *Meine Zuordnungen* und *Details* bereits vorhanden. Die Ansicht *Meine Zuordnungen* ist eine tabellarische Ansicht, die funktional der Arbeitszeittabelle ähnelt. Die Ansicht *Details* zeigt weitere Einzelheiten zum jeweils ausgewählten Vorgang an.

Im Gegensatz zu den vorherigen Ansichtsarten können für *Meine Arbeit* die einzelnen Spalten mit einem Schreibschutz versehen werden. Allerdings können Sie die Ansichten weder filtern noch gruppieren.

Um die in Kapitel 2 gezeigte Eingabe von Reisekosten zu erlauben, fügen Sie das Vorgangsfeld *Reisekosten* zu der Ansicht *Details* hinzu. Gehen Sie dazu folgendermaßen vor:

1. Wählen Sie in Project Web App unter *Servereinstellungen/Aussehen und Verhalten* die Verknüpfung *Ansichten* aus.

2. Klicken Sie unter *Meine Arbeit* auf die Verknüpfung *Details*.

3. Wählen Sie im Bereich *Tabelle und Felder* im Listenfeld *Verfügbare Felder* den Eintrag *Reisekosten [Vorgang]* aus und klicken Sie auf die Schaltfläche *Hinzufügen*.

Abbildg. 9.95   Ansicht *Details* bearbeiten

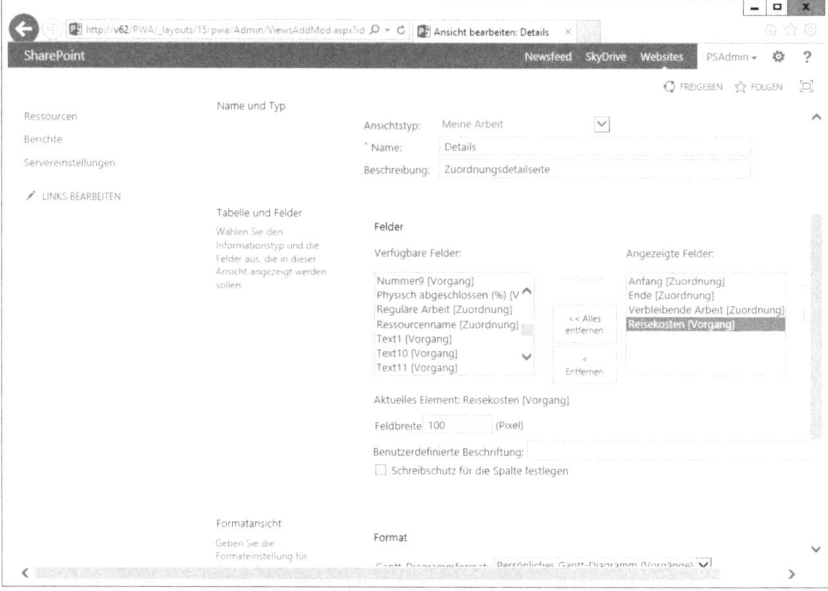

| HINWEIS | Beachten Sie, dass es sich hierbei um ein Vorgangsfeld handelt. |

4. Übernehmen Sie die Änderungen mit der Schaltfläche *Speichern*.

Ressourcenplan-Ansichten

Ressourcenpläne dienen zur geschätzten Vorabbuchung von Mitarbeitern für Projekte, ohne dass diese bereits auf Vorgangsebene verplant werden müssen (Kapitel 3). Die Standardansicht enthält die Felder *Ressourcenname* und *Buchungstyp*. Für die Startkonfiguration ist aus unserer Sicht keine Anpassung nötig.

Teamvorgänge-Ansichten

Die Teamvorgänge-Ansicht *Ressourcenteamzuordnungen* wird angezeigt, wenn Sie unter *Vorgänge* oder *Arbeitszeittabelle* im Menüband auf der Registerkarte *VORGÄNGE* in der Gruppe *Vorgänge* in dem Dropdown-Listenfeld *Zeile hinzufügen* auf den Eintrag *Teamvorgänge hinzufügen* klicken. Für die Grundkonfiguration ist aus unserer Sicht keine Anpassung nötig.

Team Builder-Ansichten

Mit dem Team Builder (*Project Center/Projekte/Navigieren/Team zusammenstellen*) können Sie über Project Web App ein Projektteam u.a. anhand von Qualifikation und Verfügbarkeit für den Projektleiter zusammenstellen (Kapitel 3). Die standardmäßige Team Builder-Ansicht *Alle Ressourcen* gruppiert die Ressourcen nach dem Typ, also Arbeit, Material und Kosten. Zudem gibt es Ansichten, die nur einen einzelnen Typ zeigen. Dies sind die Ansichten *Ressourcen der Art Arbeit*, *Materialressourcen* und *Kostenressourcen*. Erstellen Sie die Ansicht »Ressourcen: Qualifikation« analog zu der gleichnamigen Ressourcencenteransicht, damit Sie auch im Team Builder Ressourcen nach Qualifikation gruppiert und nach Standort sortiert auswählen können.

Arbeitszeittabelle-Ansichten

Die Arbeitszeittabelle dient dem Mitarbeiter, seine Zeiten zu erfassen und diese an seinen verantwortlichen Teamleiter oder Ressourcenmanager (*Arbeitszeittabellen-Manager*) und Projektleiter (*Status-Manager*) zu schicken. In unserem Beispielunternehmen verwenden wir den *Einfachen Eingabemodus*, sodass der erfasste Aufwand automatisch an beide Personenkreise (Rollen) versendet wird. Zudem haben wir uns auf die Erfassung des Ist- und Rest-Aufwands (*Ist-Arbeit* und *Restarbeit*) festge[1]legt. Die Vorgehensweisen hierzu sind in den Kapiteln 1, 2 und 3 beschrieben. Die eigentliche Konfiguration ist im Abschnitt »Zeit- und Vorgangsverwaltung« später in diesem Kapitel beschrieben.

Vordefiniert gibt es die Ansichten *Meine Arbeitszeittabelle* und *Meine Arbeit*. Standardmäßig wird beim Aufruf der Arbeitszeittabelle die Ansicht *Meine Arbeitszeittabelle* angezeigt. Diese Ansicht zeigt standardmäßig die Felder *Projektname*, *Vorgangsname/Beschreibung*, *Kommentar*, *Fakturierungskategorie* und *Prozessstatus* an.

Die Ansicht *Meine Arbeit* zeigt standardmäßig die Felder *Vorgangsname/Beschreibung*, *Projektname*, *Kommentar*, *Fakturierungskategorie*, *Prozessstatus*, *Anfang [Zuordnung]*, *Ende [Zuordnung]*, *Verbleibende Arbeit [Zuordnung]*, *%Arbeit Abgeschlossen [Zuordnung]*, *Arbeit [Zuordnung]*, *Ist-Arbeit [Zuordnung]* und *Dauer [Vorgang]* an, wobei die Felder *Dauer* und *Projektname* schreibgeschützt sind.

Um die Eingabe für den Mitarbeiter beim ersten Aufruf der Arbeitszeittabelle auf die vorgenannte Erfassungsform zu optimieren, schlagen wir die Anpassung der Ansicht *Meine Arbeitszeittabelle* auf folgende Art und Weise vor:

1. Klicken Sie unter *Servereinstellungen/Aussehen und Verhalten/Ansichten verwalten* auf die Ansicht *Meine Arbeitszeittabelle*.

Abbildg. 9.96   Anpassen der Ansicht *Meine Arbeitszeittabelle*

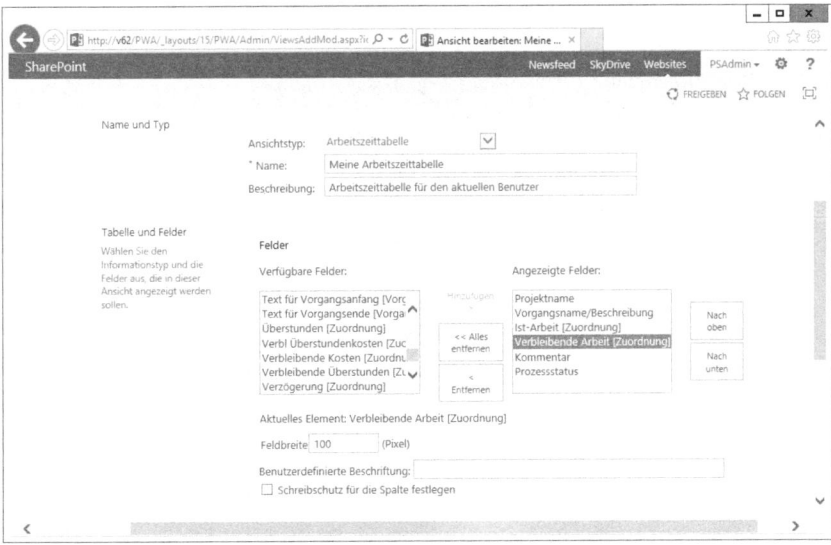

2. Entfernen Sie das Feld *Fakturierungskategorie*, indem Sie diese im rechten Listenfeld auswählen und auf die Schaltfläche *Entfernen* klicken.

---

[1] Das in Project als *Restarbeit* bezeichnete Feld heißt in Project Web App *Verbleibende Arbeit*.

3. Fügen Sie die Felder *Ist-Arbeit [Zuordnung]* und *Verbleibende Arbeit [Zuordnung]* hinzu, indem Sie diese im linken Listenfeld auswählen und auf die Schaltfläche *Hinzufügen* klicken.

4. Schieben Sie die Felder nach oben bis hinter das Feld *Vorgangsname/Beschreibung*, indem Sie diese im rechten Listenfeld markieren und auf die Schaltfläche *Nach oben* klicken.

5. Klicken Sie auf *Speichern*.

Portfolioanalysen-Ansichten

Die Portfolioanalysen-Ansichten zeigen die Status der Projekte und Vorschläge im Workflow an. Die standardmäßigen Felder der Ansicht *Sammelvorgang* passen wir für unsere Musterumgebung nicht an.

Portfolioanalyse-Projektauswahl-Ansichten

Um die Portfolioanalyse-Projektauswahl-Ansicht für die Portfolioauswahl »PPM Projektauswahl« aus Kapitel 4 zu erstellen, gehen Sie wie folgt vor:

1. Klicken Sie auf die Verknüpfung *Servereinstellungen*.

2. Im Abschnitt *Aussehen und Verhalten* klicken Sie auf die Verknüpfung *Ansichten verwalten*.

3. Wählen Sie im Abschnitt *Portfolioanalyse-Projektauswahl* die Ansicht *Sammelvorgang* aus.

4. Klicken Sie in der Symbolleiste auf die Schaltfläche *Ansicht kopieren*.

5. Geben Sie im Feld *Name* den Wert »PPM Projektauswahl« ein und klicken Sie auf die Schaltfläche *OK*.

6. Klicken Sie auf den als Hyperlink dargestellten Ansichtsnamen der gerade erstellten Ansicht.

7. Klicken Sie auf die Schaltfläche *Filter*.

     Filter für die Ansicht *PPM Vorschlagsauswahl* anpassen

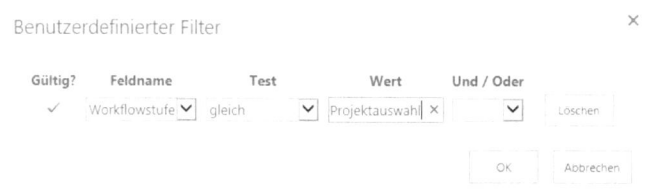

8. Wählen Sie unter *Feldname* das Feld *Workflowstufen-Namen* aus.

9. Wählen Sie im Feld *Test* den Wert *gleich* aus und geben Sie im Feld *Wert* die Bezeichnung »Projektauswahl« ein.

10. Klicken Sie auf die Schaltfläche *OK*, um die Festlegung des Filters zu beenden.

11. Speichern Sie danach die Einstellungen in dieser Ansicht, indem Sie auf die Schaltfläche *Speichern* klicken.

Damit ist die Anpassung der Ansichten abgeschlossen.

Gruppierungsformate

Hier definieren Sie die Gruppierungsformate, die in den Ansichten verwendet werden. Die meisten Standardansichten verwenden das Gruppierungsformat *Ansichten*. Für unser Beispielunternehmen führen wir keine Anpassungen durch.

Gantt-Diagrammformate

Für die Project Center-, Projekt- (Vorgang und Zuordnung) und Ressourcenzuordnung-Ansichten können Sie die Darstellung des Gantt-Diagramms anpassen. Nachfolgend stellen wir die wichtigsten vordefinierten Gantt-Diagrammformate dar.

Abbildg. 9.98   Gantt-Diagrammformat *Gantt-Diagramm (Ansichten)*

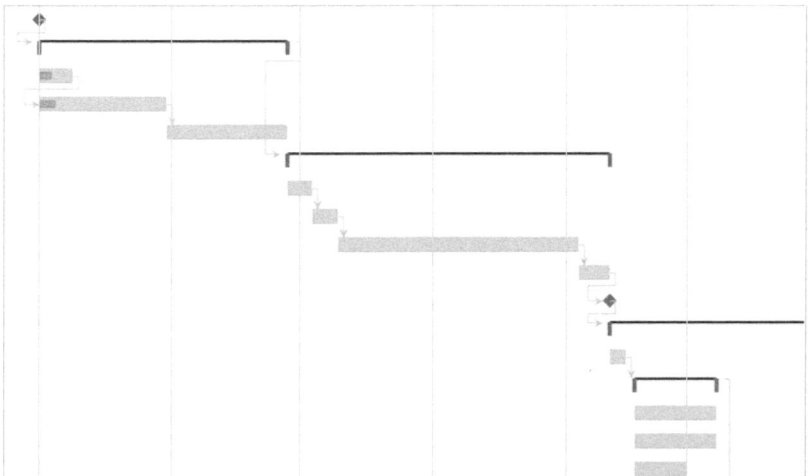

Das Balkendiagrammformat *Gantt-Diagramm (Ansichten)* wird von der Projektansicht *Sammelvorgang* verwendet. Es zeigt die berechneten Termine und zeichnet den Fortschritt in Form dunkler Balken innerhalb der Vorgangsbalken. Dies gilt jedoch nicht bei den Sammelvorgängen. Dieses Gantt-Diagrammformat entspricht im Wesentlichen der Ansicht *Gantt-Diagramm* in Project.

Abbildg. 9.99   Gantt-Diagrammformat *Gantt-Diagramm: Überwachung*

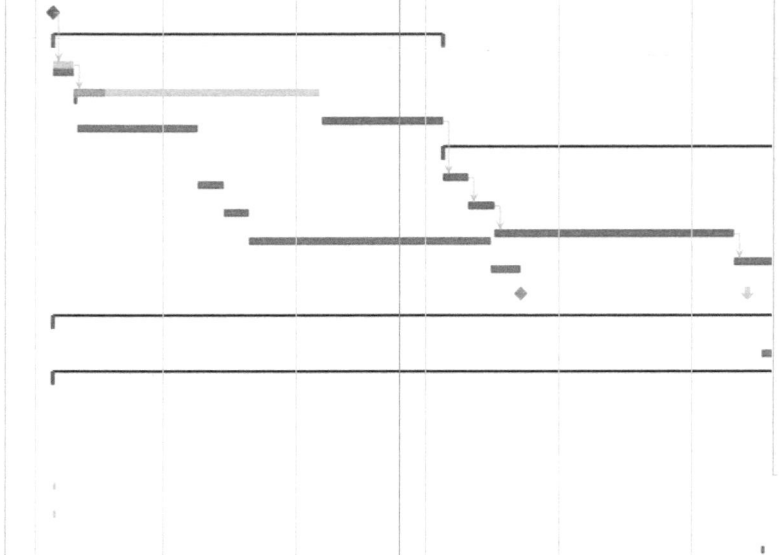

Dieses Gantt-Diagrammformat *Gantt-Diagramm: Überwachung* wird z.B. von der Projektansicht *Vorgangsnachverfolgung* verwendet. Es stellt die Vorgangsbalken schmaler dar und zeigt zusätzlich unter jedem Vorgangsbalken auch den ursprünglich geplanten Vorgang gemäß Basisplan in Form grauer Vorgangsbalken an. Zusätzlich wird der Fortschritt an den Vorgängen gezeigt. Dieses Balkendiagrammformat entspricht im Wesentlichen der Ansicht *Gantt-Diagramm: Überwachung* in Project, stellt jedoch ebenfalls keine Vorgangsunterbrechungen dar.

Abbildg. 9.100   Gantt-Diagrammformat *Gantt-Diagramm: Abgleich*

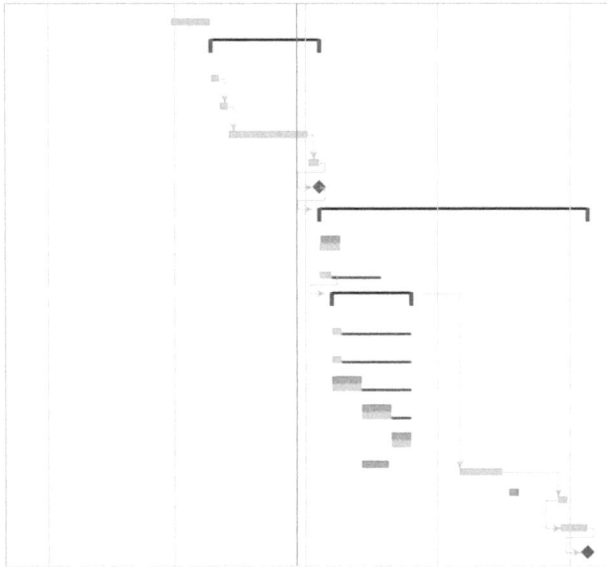

Dieses Gantt-Diagrammformat *Gantt-Diagramm: Abgleich* wird von der Projektansicht *Vorgangsabgleich* verwendet. Es stellt oberhalb der Vorgangsbalken den Termin in Form eines grünen (*Aqua*) Balkens dar, den der Vorgang hätte, wenn er nicht aufgrund eines Kapazitätsabgleichs verschoben worden wäre (*Abgleichsverzögerung*). Zudem wird in Form von hellbraunen Linien die Dauer der Abgleichsverzögerung durch dieses Projekt dargestellt (*Frühester Anfang/Anfang*).[1] Der Fortschritt von Sammelvorgängen und Vorgangsunterbrechungen wird nicht angezeigt. Die Ansicht entspricht im Wesentlichen der Ansicht *Balkendiagramm: Abgleich* in Project; es werden jedoch keine freien Pufferzeiten in Form von blaugrünen Linien wie dort angezeigt (*Ende/Freie Pufferzeit*).

Dieses Balkendiagrammformat *Gantt-Diagramm: Detail (Ansichten)* wird von der Projektansicht *Vorgangsdetail* verwendet. Es stellt kritische Vorgänge rot in Vollfarbe dar. Zudem werden neben Abgleichsverzögerungen auch Pufferzeiten in Form von blaugrünen Linien dargestellt (*Ende/Freie Pufferzeit*). Wie alle anderen Gantt-Diagrammformate zeigt es ebenfalls keine Vorgangsunterbrechungen.

---

[1]   Bei Drucklegung wurden die Linien für die Abgleichsverzögerung nicht dargestellt, da die Spalte *Frühester Anfang* immer mit dem Wert Anfang belegt war.

Abbildg. 9.101   Gantt-Diagrammformat *Gantt-Diagramm: Detail (Ansichten)*

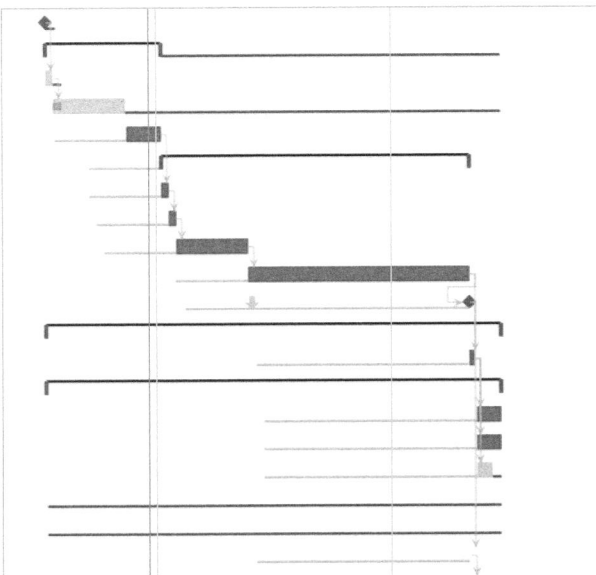

Diese Ansicht entspricht im Wesentlichen der Ansicht *Balkendiagramm: Einzelheiten* in Project.

> **HINWEIS**   Die Gantt-Diagrammformate *Gantt 1-11* entsprechen dem Format *Gantt-Diagramm (Ansichten)*. Sie können diese für eigene Zwecke verwenden und anpassen.

Schnellstart

An dieser Stelle können Sie die linke Schnellstartleiste zentral anpassen. Sie können einzelne Menüelemente ausblenden und weitere Verknüpfungen hinzufügen, entfernen oder ausblenden.

Für unser Beispielunternehmen haben wir in der Startkonfiguration bereits die Verknüpfung *Servereinstellungen* aktiviert. Darüber hinaus stellen wir allen Benutzern die Verknüpfung auf unser MS Project Forum bereit. Gehen Sie wie folgt vor:

1. Klicken Sie in der linken Schnellstartleiste auf *Links bearbeiten*. Alternativ können Sie unter *Servereinstellungen/Aussehen und Verhalten* auf *Schnellstart* klicken. Wählen Sie die Schaltfläche *Neue Verknüpfung* aus.

2. Geben Sie im Feld *Name der benutzerdefinierten Verknüpfung* den Text »MS Project Community« ein.

3. Fügen Sie im Feld *Benutzerdefinierte Webadresse* die Adresse (z.B. »http://www.holert.com/ community«) ein.

4. Stellen Sie sicher, dass im Bereich *Beschriftung* der Eintrag *Neue Beschriftung* ausgewählt ist.

5. Überprüfen Sie, dass im Feld *Auf der Schnellstartleiste anzeigen* das Häkchen gesetzt ist.

6. Klicken Sie auf die Schaltfläche *OK*.

Abbildg. 9.102   Verknüpfung zur Microsoft Project Community hinzufügen

7. Übernehmen Sie die Änderungen an der Schnellstartleiste und klicken Sie auf die Schaltfläche *Speichern und schließen*.

Zeit- und Vorgangsverwaltung

Im Bereich *Zeit- und Vorgangsverwaltung* werden die Einstellungen für die Rückmeldung durch
die Projektmitarbeiter konfiguriert. Die Zeitverwaltung ist eine weitgehend eigenständige Zeiterfassung, die meistens als *Arbeitszeittabellen* bezeichnet wird.[1] Die Vorgangsverwaltung
umfasst Funktionen zur Zeit- und Fortschrittserfassung für Projektvorgänge, auf die Teammitglieder in Project Web App über die Verknüpfung *Vorgänge* zugreifen[2].

Diese beiden Systeme der Rückmeldung sind somit als zwei sich ergänzende Komponenten eines
Gesamtsystems aufzufassen, wobei die *Arbeitszeittabellen* auf die Rückmeldung der geleisteten
Arbeitszeit an den vorgesetzten Ressourcenmanager (*Arbeitszeittabellen-Manager*) und die *Vorgänge* auf die Rückmeldung des Projektfortschritts an den jeweiligen Projektleiter (*Status-Manager*) abzielen. Die Rückmeldung der *Ist-Arbeit* an den Ressourcenmanager dient in der Regel
Abrechnungszwecken, die somit den Grundsätzen einer ordnungsmäßigen Buchhaltung (GoB)
genügen muss. Hierzu gehört, dass sich die Arbeitszeittabellen nach Abgabe nicht mehr ändern
dürfen, auch nicht, wenn der Projektleiter Umplanungen im Projektplan vornimmt, bzw. dass
etwaige Änderungen revisionssicher protokolliert werden. Die Rückmeldung an den Projektleiter kann indessen auch zur Abrechnung auf Projektebene dienen, erlaubt darüber hinaus jedoch
auch die Rückmeldung des Fortschritts vorzugsweise durch Eingabe der *Ist-Arbeit* und der *Restarbeit*. Ebenso ist die Verwaltung der Vorgänge möglich, wie zum Beispiel Zuordnen von Teamvorgängen sowie Ablehnen, Neuerstellen oder Delegieren von eigenen Vorgängen.

Da die Rückmeldesysteme sich an die größte und kritischste Zielgruppe im Projektmanagement
wenden, nämlich die Teammitglieder, müssen diese sehr einfach und intuitiv zu bedienen sein,
um die Schulungskosten niedrig und die Akzeptanz hoch halten zu können. Zwei Systeme mit

---

[1] Auch als *Zeitberichte* bezeichnet. Weitere Synonyme, Teilsynonyme und verwandte Begriffe: Stundenerfassung,
     Leistungserfassung, Fortschrittserfassung bzw. Stundenzettel, Fortschrittsbericht, Arbeitsfortschrittsbericht,
     Dienstleistungsbericht und Servicebericht.
[2] Auch als Seite 'Vorgänge' bezeichnet. Weitere Synonyme, Teilsynonyme und verwandte Begriffe: Bereich Vor-
     gänge, Vorgangscenter, Arbeitsvorrat und Vorgangsliste.

überlappender Funktion tragen dieser Anforderung nicht automatisch Rechnung, sodass man sehr genau abwägen sollte, wie und ob man beide Systeme einsetzt.

Im Bereich *Servereinstellungen/Zeit- und Vorgangsverwaltung/Einstellungen und Standardwerte in der Arbeitszeittabelle* können Sie im Abschnitt *Einfacher Eingabemodus* einen Verbundmodus der *Arbeitszeittabellen* und *Vorgänge* aktivieren. Dies hat zur Folge, dass Eingaben und Änderungen an einer Zuordnung im Bereich *Arbeitszeittabelle* automatisch im Bereich *Vorgänge* aktualisiert werden. Außerdem stehen bei aktiviertem einfachen Eingabemodus die wichtigsten Funktionen der Vorgangsliste auch in den Arbeitszeittabellen direkt zur Verfügung. Zudem kann der Genehmigung der Arbeitszeittabelle durch den Ressourcenmanager die Genehmigung des Status-Managers vorgeschaltet werden (siehe auch den Abschnitt »Einstellungen und Standardwerte in der Arbeitszeittabelle« später in diesem Kapitel).

HINWEIS   Bei Aktivierung des einfachen Eingabemodus wird die Überwachungsmethode automatisch auf *Arbeitsstunden pro Zeitraum* festgelegt und erzwungen.

ACHTUNG   Im einfachen Eingabemodus werden nur die Eingaben aus der *Arbeitszeitta-belle* in die *Vorgänge* synchronisiert. Umgekehrt übernimmt eine *Arbeitszeittabelle* nur bei ihrer Erstellung die aktuellen Daten aus dem Bereich *Vorgänge*. Nachträgliche Änderungen der Ist-Arbeit in Vorgängen, seien sie durch den Benutzer selbst oder durch den Projektleiter verursacht, werden nicht in die *Arbeitszeittabelle* übernommen.

Nachfolgend listen wir ohne Anspruch auf Vollständigkeit die wichtigsten Vor- und Nachteile auf, wenn Sie nur die *Arbeitszeittabelle*, nur *Vorgänge* oder beide Systeme gleichzeitig einsetzen. Zudem geben wir die Auswirkungen des einfachen Eingabemodus an.

Nur Arbeitszeittabellen

Wenn Mitarbeiter nur über die Arbeitszeittabellen rückmelden, genügt die Erfassung der Ist-Arbeit den Abrechnungsanforderungen. Es können auch Stunden direkt zu Projekten erfasst werden, ohne speziell Vorgängen zugeordnet zu werden. Zudem kann der Mitarbeiter auf einen Blick die Gesamtsumme seiner erfassten Ist-Arbeit pro Tag und für die gesamte Woche sehen und die vom Projektleiter pro Tag geplante Arbeit (in Project als *berechnete Arbeit* bezeichnet) bleibt für den Mitarbeiter sichtbar.

Bei entsprechender Konfiguration sehen Mitarbeiter nur Vorgänge der aktuellen Periode und verspätete Vorgänge. Pro Arbeitszeittabelle und erfasster Zeile kann ein Kommentar eingegeben werden. Ist- und Überstunden können als nicht abrechenbar klassifiziert werden. Zudem können Zeiten ohne Projektbezug als administrative Zeiten erfasst werden, dabei kann zwischen Arbeit und Abwesenheit unterschieden werden. Eine vollständige Darstellung aller Vorgänge des jeweiligen Mitarbeiters ist in einer Arbeitszeittabelle weder in tabellarischer noch grafischer Form möglich.

Ohne den einfachen Eingabemodus kann der Mitarbeiter über den Bereich *Arbeitszeittabelle* alleine keine Vorgänge ablehnen, vorschlagen oder delegieren und sich auch keine Teamvor-gänge zuweisen. Zudem können die Vorgangsfelder für die Fortschrittsübermittlung nicht bearbeitet werden. Mit dem einfachen Eingabemodus stehen diese Funktionen ebenfalls zur Verfügung, zudem kann direkt aus der Arbeitszeittabelle der Fortschritt an den Status-Manager gesendet werden.

Nur Vorgänge

Wenn Mitarbeiter nur über die Vorgangsliste zurückmelden, können sie alle Funktionen zur Kommunikation mit dem Projektleiter nutzen, also die Rückmeldung des Fortschritts, das Neuerstellen, Ablehnen oder Delegieren von Vorgängen sowie die Selbstzuordnung von Teamvorgängen. Die Rückmeldung des Fortschritts beinhaltet die Erfassung der Ist- und Restarbeit. Dies kann zumindest Grundlage für die Abrechnung sein, auch wenn die Speicherung der Ist-Arbeit u.U. nicht allen finanzwirtschaftlichen Anforderungen entspricht.

Eine vollständige Darstellung aller Vorgänge des jeweiligen Mitarbeiters ist sowohl in periodenbezogener tabellarischer als auch in grafischer Form als Gantt-Diagramm möglich. Die Vorgänge können nach Planungshorizont gefiltert oder gruppiert werden. Kommentare können auf Zuordnungsebene erfasst werden. Es gibt jedoch keine Summierung der Ist-Arbeit pro Tag. Zudem werden nach der Eingabe der Ist-Arbeit die Werte der berechneten Arbeit pro Tag für die Zukunft unmittelbar neu berechnet, die ursprünglichen Werte aus dem Projektplan werden somit überschrieben (Spalte *Arbeit* und Zeile *Geplant*). Es können keine periodenbezogenen Kommentare eingegeben werden. Ist- und Überstunden können nicht separat als nicht abrechenbar klassifiziert werden. Zudem können keine Zeiten ohne Projekt- und Vorgangsbezug erfasst werden.

Sofern man den Bereich *Vorgänge* alleine einsetzt, hat die Aktivierung des einfachen Eingabemodus keinen Einfluss auf die vorgenannten Funktionen.

Beide Systeme

Verwendet man beide Systeme zur Rückmeldung, können die Funktionen der Arbeitszeittabelle und Vorgänge genutzt werden. Man erkauft sich diesen Vorteil jedoch um den Preis, dass zwei Systeme geschult und gepflegt werden müssen. Ohne einfachen Eingabemodus kann man für Vorgänge, die in beiden Systemen vorhanden sind, die Arbeit über die Importfunktionen zwischen den beiden System abgleichen. Ist der einfache Eingabemodus aktiviert, geschieht dies automatisch im Hintergrund. In diesem Fall werden beim Absenden der Arbeitszeittabelle auch die Rückmeldungen zu den Vorgängen automatisch an den Status-Manager zur Genehmigung versendet.

BESSER IN 2013   Ein weiterer Ansatz für die Zeit- und Vorgangsverwaltung ist der mitgelieferte Workmanagement Service, der die Vorgangliste in der SharePoint-Site des Benutzers (*Meine Website*) darstellt. Der Workmanagement Service unterstützt auch Exchange Server 2013 und neuer, sodass die Vorgänge auch als Outlook-Aufgaben dargestellt werden können. Der Projektmitarbeiter kann auf diese Art und Weise die Liste seiner Vorgänge sehen, aber nicht die exakte Lage von Anfangs- und Endtermin sowie die geplante Arbeit. Somit kann er etwaige Überplanungen durch den Projektleiter nur sehr eingeschränkt erkennen. Für die Rückmeldung zum Projektleiter beschränkt sich die Integration auf die Übermittlung der Felder *% Abgeschlossen* oder der Ist-Arbeit pro Vorgang. Damit ist also keine taggenaue Rückmeldung wie bei den beiden Zeiterfassungssystemen von Project Web App möglich. Zudem ist die Summe der Ist-Arbeit für einen Tag für alle Vorgänge nicht ersichtlich, sodass der Projektmitarbeiter die Gesamtrückmeldung pro Tag nicht prüfen kann.

> **TIPP**   Das Add-On *Allocatus* überwindet die vorgenannten Einschränkungen, indem
> es auch die Integration mit dem Kalender erlaubt. Hierbei kann der Projektmitarbeiter die
> genaue Verplanung durch den Projektleiter erkennen und Konflikte leicht ermitteln. Zudem
> ist über diesen Weg eine Zeiterfassung auf einfache Art und Weise möglich. Hierbei wird die
> Lage der Termine im Kalender für die Ermittlung der Ist- und Restarbeit interpretiert, d.h. die
> Dauern aller Termine, die in der Vergangenheit liegen, werden als Ist-Arbeit summiert, und
> die Dauern aller Termine, die in der Zukunft liegen, werden als Restarbeit summiert. Die
> Summe der Ist-Arbeit für einen Tag für alle Vorgänge ist im Kalender anschaulich sichtbar.
> Weitere Informationen finden Sie in Kapitel 13.

Geschäftszeiträume

Unter der Verknüpfung *Geschäftszeiträume* können Sie finanzwirtschaftliche Perioden (Fiskalperioden, Finanzperioden) festlegen, wenn z.B. das Geschäftsjahr (Finanzjahr, Fiskaljahr) vom
Kalenderjahr abweicht. Es werden verschiedene Modelle für die Dauer von Quartalen und
Monaten zur Auswahl gestellt. In unserem Modellunternehmen verwenden wir ein Geschäftsjahr, das am 1.7.2012 beginnt, um später den Unterschied in den Berichten im Project BI Center
zeigen zu können. Um den 1.7.2012 bis 30.6.2013 als Geschäftsjahr 2012/2013 (Fiskaljahr 12/13)
festzulegen, gehen Sie folgendermaßen vor:

1. Wählen Sie in Project Web App unter *Servereinstellungen* im Bereich *Zeit- und Vorgangsver-
    waltung* die Verknüpfung *Geschäftszeiträume* aus.

Abbildg. 9.103   Definition von Fiskalperioden

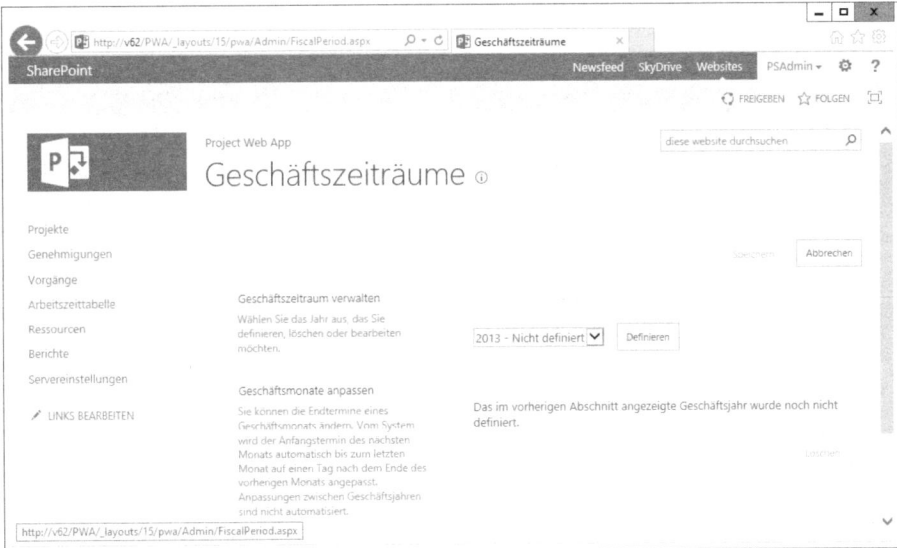

2. Wählen Sie im Bereich *Geschäftszeitraum verwalten* den Eintrag *2013* aus und klicken Sie auf
    die Schaltfläche *Definieren*.

Abbildg. 9.104   Fiskaljahr 12/13 definieren

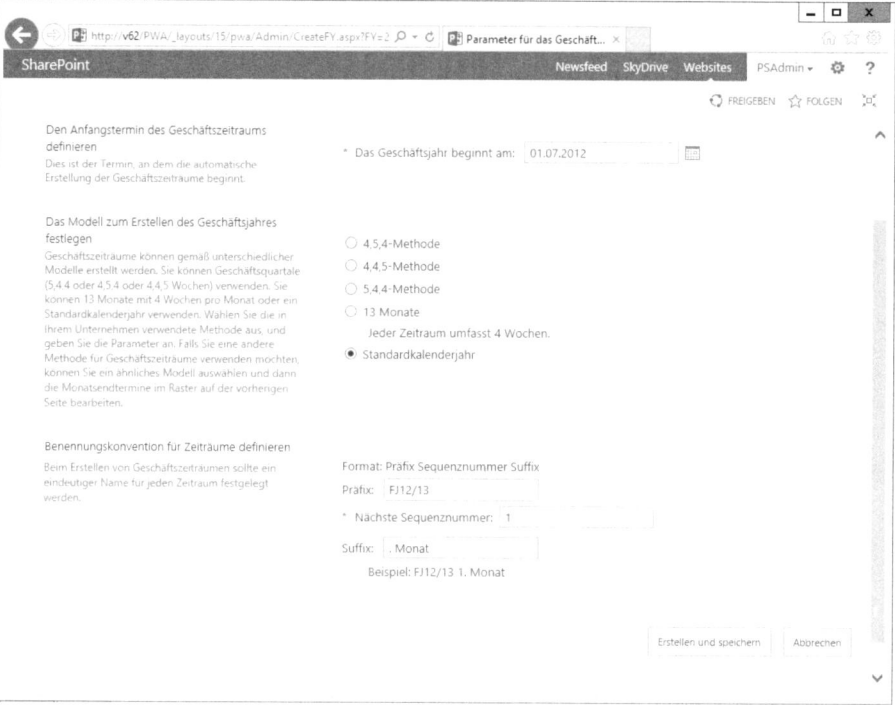

3. Geben Sie im Bereich *Den Anfangstermin des Geschäftszeitraums definieren* im Feld *Das Geschäftsjahr beginnt am* den Wert »01.07.2012« ein.

4. Wählen Sie im Bereich *Das Modell zum Erstellen des Geschäftsjahres festlegen* die Option *Standardkalenderjahr* aus.

5. Geben Sie im Bereich *Benennungskonvention für Zeiträume definieren* im Feld *Präfix* den Wert »FJ12/13« an.

6. Behalten Sie im Feld *Nächste Sequenznummer* den Wert »1« bei.

7. Geben Sie im Feld *Suffix* den Wert ». Monat« ein.

8. Klicken Sie auf die Schaltfläche *Erstellen und speichern*.

Abbildg. 9.105   Anlegen des Geschäftsjahres

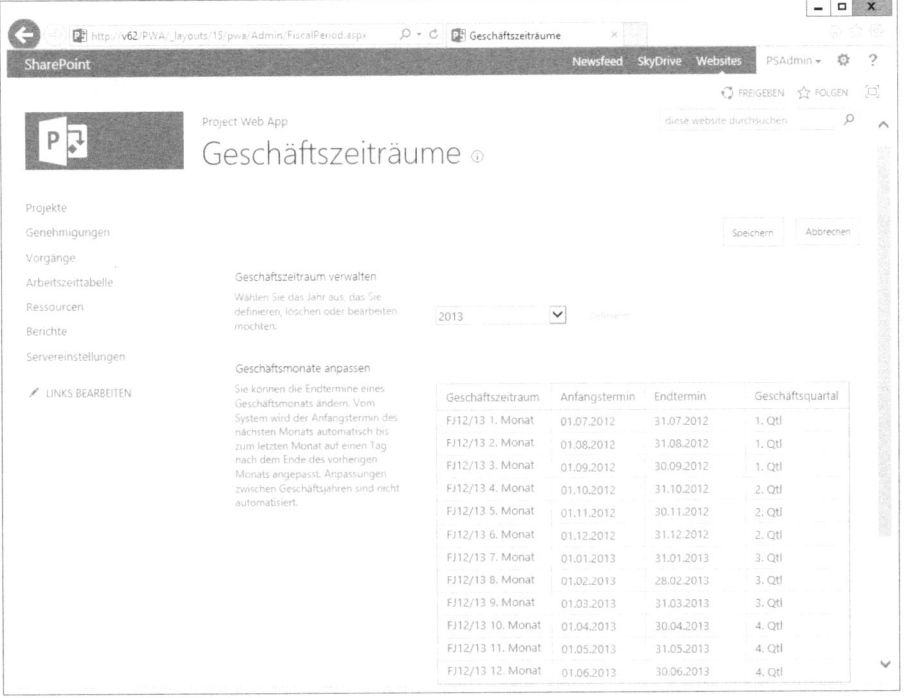

9. Klicken Sie auf die Schaltfläche *Speichern*.

> **HINWEIS**   Sie können die Definitionen für die Finanzzeiträume jederzeit manuell anpassen, bzw. löschen und neu erstellen. Damit die Änderungen in den OLAP-basierten Auswertungen im Project BI Center sichtbar werden, müssen Sie nach den Änderungen die Cubes neu erstellen. Bei Änderungen in der Struktur oder Nomenklatur der Geschäftszeiträume müssen Sie auch die Berichte und Auswertungen mit ihren Filtern und Parametern anpassen.

Zeiträume für Zeitberichte

Im Bereich *Zeiträume für Zeitberichte* legen Sie das Schema für die Erstellung von Arbeitszeittabellen fest. Um beispielsweise vorzugeben, dass im Jahr 2013 die Arbeitszeittabellen jeweils für eine Periode von einer Kalenderwoche erstellt werden können, gehen Sie folgendermaßen vor:

1. Wählen Sie in Project Web App unter *Servereinstellungen* im Bereich *Zeit- und Vorgangsverwaltung* die Verknüpfung *Zeiträume für Zeitberichte* aus.

Abbildg. 9.106   Zeiträume für die Arbeitszeittabellen festlegen

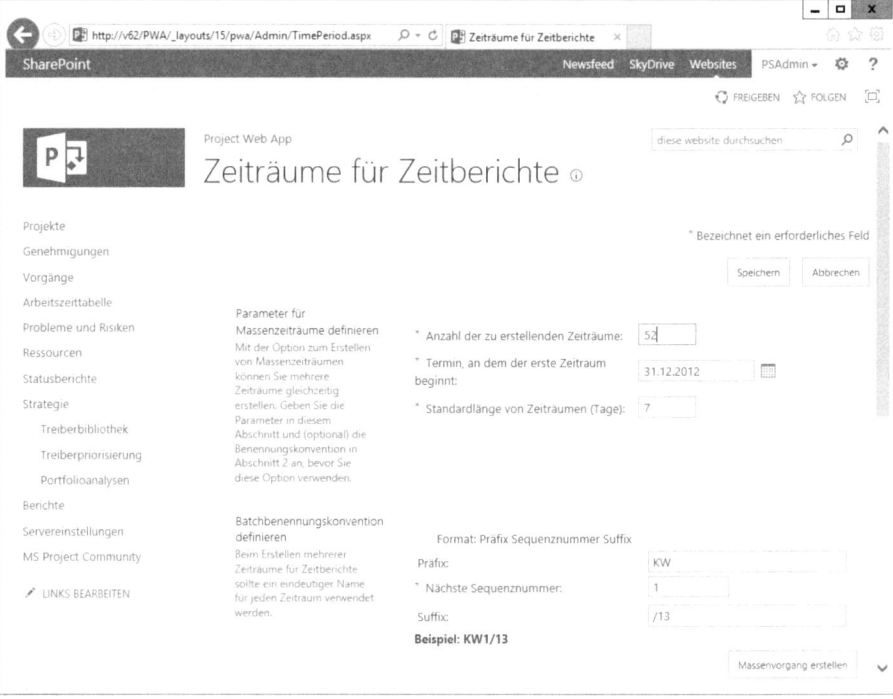

2. Geben Sie im Bereich *Parameter für Massenzeiträume definieren* im Feld *Anzahl der zu erstellenden Zeiträume* den Wert »52« ein.

3. Geben Sie im Feld *Termin, an dem der erste Zeitraum beginnt* den Wert »31.12.2012« ein.

4. Stellen Sie sicher, dass im Feld *Standardlänge von Zeiträumen (Tage)* der Wert »7« steht.

5. Geben Sie im Bereich *Batchbenennungskonvention definieren* im Feld *Präfix* den Wert »KW« und im Feld *Suffix* den Wert »/13« ein.

6. Vergewissern Sie sich, dass im Feld *Nächste Sequenznummer* der Wert »1« steht.

7. Klicken Sie auf die Schaltfläche *Massenvorgang erstellen*.

8. Klicken Sie auf die Schaltfläche *Speichern*.

Nach der Erstellung können Projektmitarbeiter für alle offenen Perioden (Status *Geöffnet*) Arbeitszeittabellen anlegen. Dies ist auch möglich, wenn die Option *Zeitberichte in der Zukunft zulassen* deaktiviert ist, da diese nur die Eingabefelder innerhalb der Arbeitszeittabelle sperrt (siehe den Abschnitt »Einstellungen und Standardwerte in der Arbeitszeittabelle« später in diesem Kapitel).

Abbildg. 9.107   Perioden erstellen

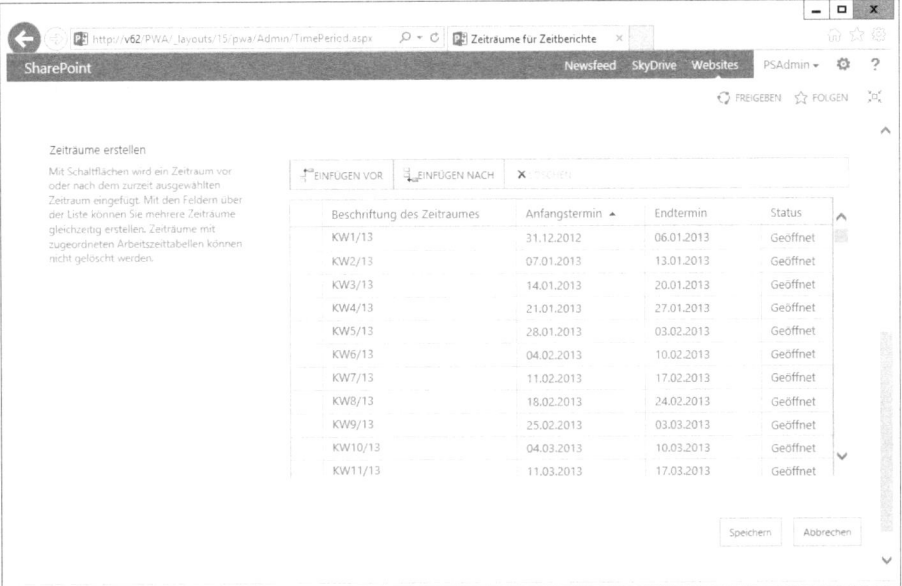

HINWEIS   Beachten Sie, dass Sie die hier definierten Perioden nur löschen können, wenn keine Arbeitszeittabellen für die jeweilige Periode mehr existieren. Außerdem müssen alle definierten Perioden ohne Lücken und Überlappungen zusammenhängen. Aus der Folge von Perioden können also nur Perioden am Anfang oder am Ende gelöscht werden, aber nicht aus der Mitte.

Um zu verhindern, dass Projektmitarbeiter auf bereits abgelaufene Zeiträume buchen, ist es sinnvoll, diese Perioden zu schließen. Das erreichen Sie, indem Sie den Status der betreffenden Periode (Abbildung 9.107) auf Geschlossen setzen.

Arbeitszeittabellenanpassung

Hinter dem Menüpunkt *Arbeitszeittabellenanpassung* befindet sich eine Verknüpfung auf den Verlauf der Arbeitszeittabellen im Verantwortungsbereich des angemeldeten Benutzers. D.h., hier sind für den angemeldeten Benutzer die Arbeitszeittabellen aller Ressourcen zu sehen, für die er der Arbeitszeittabellen-Manager ist. Deshalb ist dieser Menüpunkt auch nur sichtbar, wenn der angemeldete Benutzer als Arbeitszeittabellen-Manager für Ressourcen eingerichtet ist. Dasselbe Dialogfeld kann auch im Genehmigungscenter über das Menüband in der Gruppe *Navigieren* über das Dropdown-Listenfeld *Verlauf* und den Eintrag *Arbeitszeittabellen* aufgerufen werden. Inhaltlich passt die Beschreibung dieser Funktion zu der Rolle *Ressourcenmanager* und ist deshalb in Kapitel 3 beschrieben.

Linienklassifikationen

Unter der Verknüpfung *Linienklassifikationen*   können Sie Kategorien für Einträge in der Arbeitszeittabelle definieren. Dies ermöglicht in der Arbeitszeittabelle beim Hinzufügen einer Zeile aus vorhandenen Zuordnungen oder für neue persönliche Vorgänge im Feld *Zeilenklassifi-*

zierung eine Auswahl aus den zuvor definierten Klassifikationen. In der Arbeitszeittabelle wird die Auswahl in der Spalte *Fakturierungskategorie* angezeigt.

Abbildg. 9.108   Linienklassifikationen für die Arbeitszeittabelle festlegen

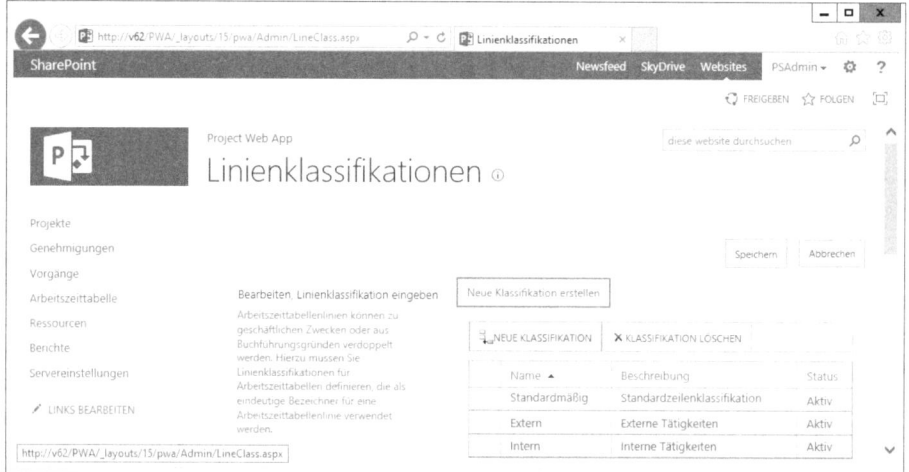

Um zusätzlich zu der Klassifikation *Standardmäßig* die Klassifikationen »Extern« und »Intern« anzulegen, gehen Sie folgendermaßen vor:

1. Klicken Sie in Project Web App unter *Servereinstellungen* im Bereich *Zeit- und Vorgangsverwaltung* auf die Verknüpfung *Linienklassifikationen*.

2. Klicken Sie auf die Schaltfläche *Neue Klassifikation*.

3. Geben Sie in der neuen Zeile im Feld *Name* den Wert »Extern« ein.

4. Geben Sie in derselben Zeile im Feld *Beschreibung* den Wert »Externe Tätigkeiten« ein.

5. Belassen Sie das Feld *Status* auf *Aktiv*.

6. Wiederholen Sie den Vorgang für die Klassifikation »Intern« mit der Beschreibung »Interne Tätigkeiten«.

7. Klicken Sie auf die Schaltfläche *Speichern*.

Einstellungen und Standardwerte in der Arbeitszeittabelle

Unter der Verknüpfung *Einstellungen und Standardwerte in der Arbeitszeittabelle* können Sie die zentralen Einstellungen für alle in Project Web App gespeicherten Arbeitszeittabellen festlegen. Die Einstellungen für den Bereich *Vorgänge* werden nicht hier definiert, sondern im Abschnitt »Vorgangseinstellungen und -anzeige« später in diesem Kapitel.

Project Web App-Anzeige

In der Arbeitszeittabelle werden standardmäßig die Zeilen *Aktuell* und *Geplant* angezeigt. Die Zeile *Geplant* kann über das gleichnamige Kontrollkästchen im Menüband auf dem Register *OPTIONEN* in der Gruppe *Einblenden/Ausblenden* durch den Benutzer ausblendet werden.

Im Bereich *Project Web App-Anzeige* können Sie festlegen, ob im Menüband die Kontrollkästchen *Überstunden* und *Nicht abzurechnen* aktiv sind oder nicht.

Damit können Sie Zeilen für *Überstunden, Nicht abzurechnende Istkosten*[1] und *Nicht abzurechnende Überstunden* über entsprechende Kontrollkästchen einblenden.

Abbildg. 9.109   Einstellungen und Standardwerte in der Arbeitszeittabelle – 1

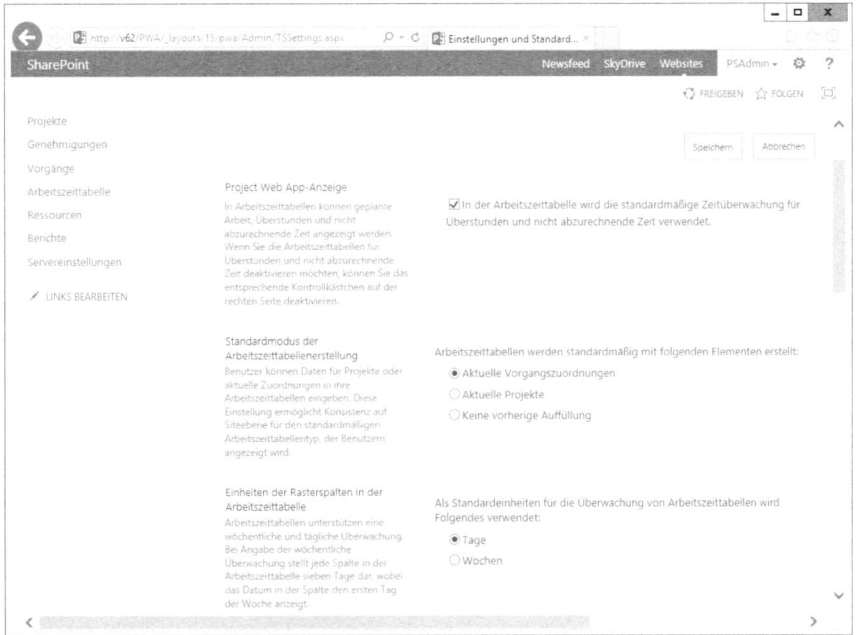

> **ACHTUNG**   Alle Arten von in der Arbeitszeittabelle eingegebener Arbeit werden beim Abgleich der Arbeitszeittabelle mit der Vorgangsliste als Ist-Arbeit interpretiert, d.h. auch die Arbeit aus den Zeilen *Überstunden* und *Nicht abzurechnende Istkosten* wird aufsummiert und im Feld *Ist-Arbeit hinzugefügt* (siehe Tabelle 9.1). Das Gleiche gilt für den manuellen Import, wenn der *Einfache Eingabemodus* deaktiviert ist.

Tabelle 9.1   Vergleich der Begriffe in Project, Vorgänge, Arbeitszeittabelle

Project	Vorgänge	Arbeitszeittabelle
Arbeit	Geplant	Geplant[a]
Ist-Arbeit	Aktuell	Aktuell + Überstunden + Nicht abzurechnende Istkosten[b] + Nicht abzurechnende Überstunden
Aktuelle Überstundenarbeit[c]	Überstunden	Überstunden + Nicht abzurechnende Überstunden

a. Der Wert *Geplant* wird durch Eingaben des Mitarbeiters neu berechnet, spiegelt also nicht den aktuellen Wert aus dem Projektplan wider. Zudem ist die Verwendung des Begriffs irreführend, da *Geplant*-Daten üblicherweise den Basisplandaten entsprechen.

b. *Nicht abzurechnende Istkosten* ist eine falsche Übersetzung und müsste korrekterweise *Nicht abzurechnende Ist-Arbeit* heißen.

c. Das Feld *Aktuelle Überstundenarbeit* hätte als *Ist-Überstundenarbeit* übersetzt werden müssen.

---

[1]   Fehlübersetzung, siehe Fußnote <XREF>

Standardmodus der Arbeitszeittabellenerstellung

Im Bereich *Standardmodus der Arbeitszeittabellenerstellung* können Sie festlegen, ob beim Erstellen einer Arbeitszeittabelle alle zu diesem Zeitpunkt existierenden und für den Zeitraum relevanten Vorgänge in die Arbeitszeittabelle importiert werden (Option *Aktuelle Vorgangszuordnungen*) oder nur je eine Zeile pro Projekt (Option *Aktuelle Projekte*) oder gar keine Zeilen (Option *Keine vorherige Auffüllung*) angelegt werden. Für unser Beispielunternehmen haben wir die Option *Aktuelle Vorgangszuordnungen* ausgewählt.

Einheiten der Rasterspalten in der Arbeitszeittabelle

Im Bereich *Einheiten der Rasterspalten in der Arbeitszeittabelle* legen Sie fest, ob die Eingabe von Ist-Arbeit pro Tag (Option *Tage*) oder pro Woche (Option *Wochen*) erfolgen soll. Für unser Beispielunternehmen haben wir die Option *Tage* ausgewählt.

Standardeinstellung für Berichtseinheiten

Abbildg. 9.110   Einstellungen und Standardwerte in der Arbeitszeittabelle – 2

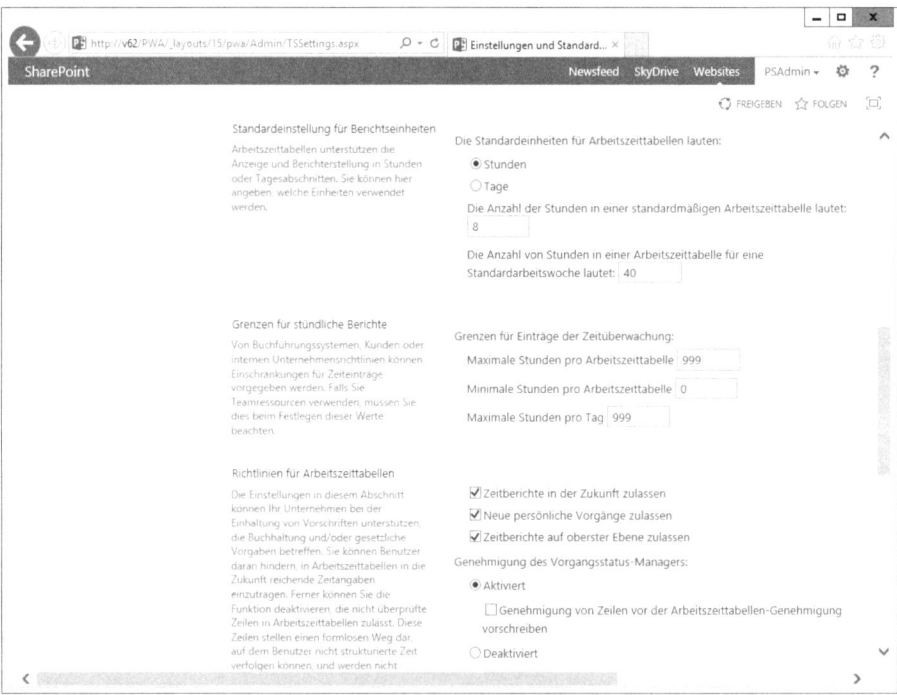

Im Bereich *Standardeinstellung für Berichtseinheiten* legen Sie fest, welche Zeiteinheit für die Eingabe im zuvor definierten Zeitraum vorgegeben wird. Ist-Arbeit kann entweder in Stunden (Option *Stunden*) oder Tagen (Option *Tage*) eingegeben werden. Die Option *Tage* ist speziell für Länder wie Frankreich gedacht, in denen die stundenbezogene Rückmeldung durch gesetzliche Regelungen eingeschränkt ist. Zudem können Sie hier festlegen, wie viele Stunden einem Arbeitstag und wie viele Stunden einer Arbeitswoche entsprechen. Die Einstellungen für unser Beispielunternehmen entsprechen denen in Abbildung 9.110.

Grenzen für stündliche Berichte

Im Bereich *Grenzen für stündliche Berichte*[1] legen Sie die Grenzwerte für die Validierung der Arbeitszeittabellen fest. Sie können die Ober- und Untergrenze der zulässigen Stunden für die gesamte Arbeitszeittabelle (Felder *Maximale Stunden pro Arbeitszeittabelle* bzw. *Minimale Stunden pro Arbeitszeittabelle*) sowie die Obergrenze für einen Tag (Feld *Maximale Stunden pro Tag*) festlegen. Die Einstellungen für unser Beispielunternehmen entsprechen denen in Abbildung 9.110.

Richtlinien für Arbeitszeittabellen

Im Bereich *Richtlinien für Arbeitszeittabellen* können Sie durch Deaktivieren des Kontrollkästchens *Zeitberichte in der Zukunft zulassen* festlegen, dass in der Arbeitszeittabelle Eingaben in Spalten für zukünftige Tage nicht möglich sind. Diese Option verhindert nicht das Erstellen von Arbeitszeittabellen in der Zukunft.

Mithilfe der Option *Neue persönliche Vorgänge zulassen* können Sie erlauben bzw. verhindern, dass Teammitglieder eigene (persönliche) Vorgänge ohne Bezug zu einem Projekt hinzufügen und darauf buchen können.

Zudem können Sie durch Deaktivieren der Option *Zeitberichte auf oberster Ebene zulassen* erzwingen, dass in der Arbeitszeittabelle nur Zeilen erzeugt werden dürfen, für die es für den jeweiligen Mitarbeiter im Bereich *Vorgänge* veröffentlichte Vorgänge gibt. Dies verhindert, dass Stunden erfasst werden, zu denen kein Vorgang existiert.

Unter *Genehmigung des Vorgangsstatus-Managers* können Sie die *Genehmigung von Zeilen vor der Arbeitszeittabellen-Genehmigung vorschreiben* aktivieren. Damit erzwingen Sie, dass von Arbeitszeittabellen zunächst die Zeilen durch die Statusmanager der Vorgänge genehmigt werden müssen, bevor der Arbeitszeittabellenmanager die Arbeitszeittabelle als Ganzes genehmigt.

Die Einstellungen für unser Beispielunternehmen entsprechen denen in Abbildung 9.110.

Detektiv

Abbildg. 9.111   Einstellungen und Standardwerte in der Arbeitszeittabelle – 3

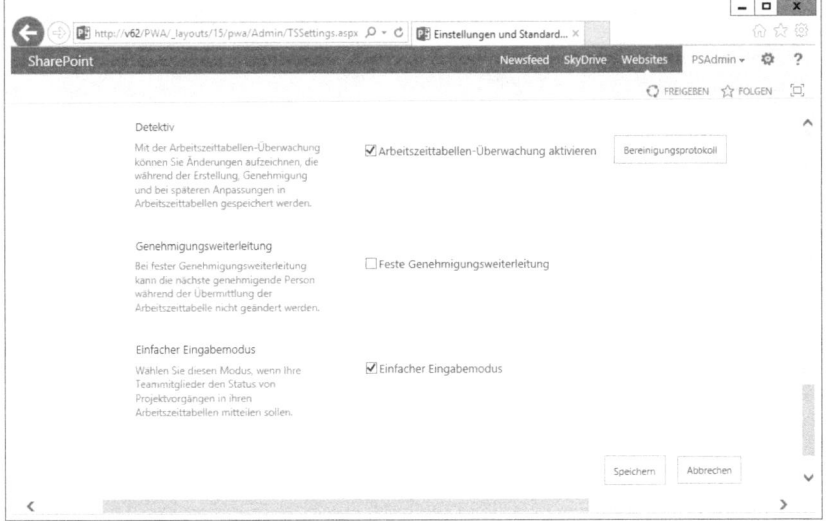

---

[1]   Die Bezeichnung *Grenzen für stündliche Berichte* ist eine ungünstige Übersetzung, es handelt sich vielmehr um *Stundengrenzen für die Zeiterfassung* in der Arbeitszeittabelle.

Schalten Sie im Bereich *Detektiv* (engl. Auditing) die Protokollierung aller Änderungen ein, indem Sie einen Haken im Kontrollkästchen *Arbeitszeittabellen-Überwachung aktivieren* setzen.

ACHTUNG   Wenn eine Arbeitszeittabelle gelöscht wird, werden auch alle Protokolleinträge der Arbeitszeittabelle gelöscht.

Alle gespeicherten Eingaben in der Arbeitszeittabelle werden dann in der Project Web App-Datenbank in der Tabelle *[pub].[MSP_TIMESHEET_ACTUAL_AUDIT]* gespeichert. Die Schaltfläche *Bereinigungsprotokoll* löscht diese Aufzeichnungen.[1]

ACHTUNG   Die Schaltfläche *Bereinigungsprotokoll* löscht die komplette Protokollierung der Arbeitszeittabellen ohne weitere Rückfrage oder Bestätigung.

Für unser Beispielunternehmen haben wir die in Abbildung 9.111 gewählte Einstellung festgelegt.

Genehmigungsweiterleitung

Im Bereich *Genehmigungsweiterleitung* können Sie durch Aktivierung des Kontrollkästchens *Feste Genehmigungsweiterleitung* verhindern, dass Projektmitarbeiter den Empfänger ihrer Arbeitszeittabelle ändern können. Diese Auswahl kann ein Projektmitarbeiter, dem explizit ein Arbeitszeittabellenmanager zugewiesen wurde, beim Absenden der Arbeitszeittabelle (im Menüband *Arbeitszeittabelle/Übermitteln/Arbeitszeittabelle senden*) im Feld *Arbeitszeittabelle senden an* vornehmen. Ist die Option *Feste Genehmigungsweiterleitung* aktiviert, wird die Arbeitszeittabelle immer an den *Arbeitszeittabellen-Manager* gesendet, der in den Ressourceneigenschaften im gleichnamigen Feld des Bereichs *Zuordnungsattribute* festgelegt ist. Für unser Beispielunternehmen haben wir diese Option nicht aktiviert.

Einfacher Eingabemodus

Der einfache Eingabemodus verbindet die Bereiche *Vorgänge* und *Arbeitszeittabellen*. Die Auswirkungen des einfachen Eingabemodus sind zu Beginn des Abschnitts »Zeit- und Vorgangsverwaltung« weiter vorn in diesem Kapitel beschrieben. Für unser Beispielunternehmen wurde der einfache Eingabemodus aktiviert.

Administrative Zeit

Im Bereich *Administrative Zeit* können Sie festlegen, welche nicht projektbezogenen Zeiten in Arbeitszeittabellen anzeigt werden sollen.

HINWEIS   Neue Kategorien *Administrativer Zeiten* können nach ihrer Erstellung nicht mehr gelöscht werden. Sie können geschlossen werden, sodass sie in Zukunft nicht mehr verwendet werden können, bleiben jedoch in der Liste der Kategorien enthalten.

---

[1] Die Bezeichnung *Bereinigungsprotokoll* ist hier eine ungünstige Übersetzung, mit der Schaltfläche können Sie das *Protokoll bereinigen*.

Abbildg. 9.112   Administrative Zeit

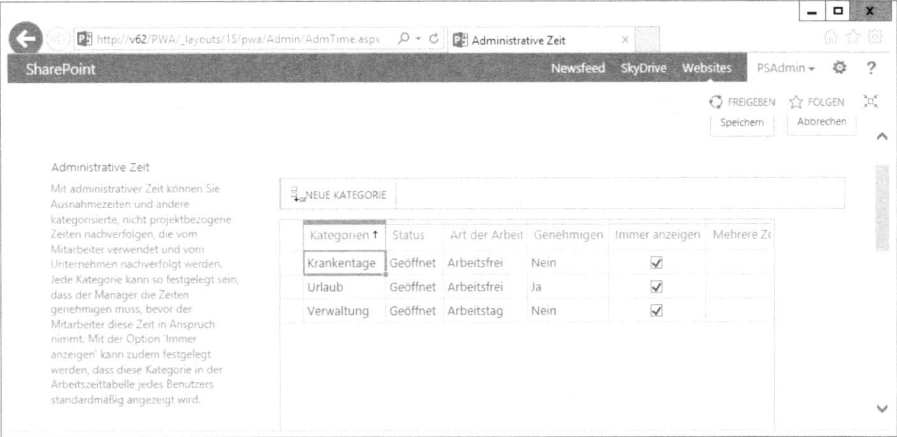

Im Einzelnen bedeuten die Felder:

- **Kategorien**   Name der nicht projektbezogenen Zeit

- **Status**   *Geöffnet* bedeutet, dass Eingaben aktuell möglich sind. Beim Status *Geschlossen* sind keine Eingaben möglich.

- **Art der Arbeit**   *Arbeitstag* bedeutet, dass die Arbeit in Project in den Einsatzansichten in einer Ressourcensammelzuordnung angezeigt wird und u.U. zu einer Überlastung führt, die manuell oder mit dem automatischen Kapazitätsabgleich abgeglichen werden kann. *Arbeits-frei* bedeutet, dass im Enterprise-Ressourcenkalender der entsprechenden Ressource der Zeitraum als *Arbeitsfrei* markiert wird. In diesem Fall wird berechnete Arbeit für diesen Zeit-raum automatisch verschoben, da die Verfügbarkeit (Kapazität) für diesen Zeitraum redu-ziert wird.

- **Genehmigen**   *Ja* bedeutet, dass der Eintrag vom vorgesetzten Ressourcenmanager (*Arbeits-zeittabellen-Manager*) genehmigt werden muss.

- **Immer anzeigen**   Bedeutet, dass die entsprechende Kategorie immer in allen Arbeitszeitta-bellen bei der Erstellung eingefügt wird.

- **Mehrere Zeilen zulassen**   Bedeutet, dass in einer Arbeitszeittabelle mehrere Zeilen mit die-ser Kategorie eingefügt werden dürfen.

- **Abteilung**   Hier können eine oder mehrere Abteilungen ausgewählt werden. Nur Mitarbei-ter dieser Abteilungen erhalten diese *Administrative Zeit* in ihrer Arbeitszeittabelle bzw. kön-nen sie dort hinzufügen.

Die Einstellungen müssen für unser Beispielunternehmen nicht geändert werden. Weitere Details und die Abgrenzung zu anderen Erfassungsmöglichkeiten für nicht projektbezogenen Zeiten finden Sie im Abschnitt »Sonderprojekte« weiter vorn in diesem Kapitel.

ACHTUNG   In vielen Unternehmen ist es aufgrund von Richtlinien nicht erlaubt, für Abwe-senheiten den Anteil der Krankentage auszuweisen. In diesem Fall schließen Sie die Katego-rien *Krankentage* und *Urlaub* und legen eine neue Kategorie *Abwesenheit* an.

> **HINWEIS**   Feiertage sollten Sie über einen Enterprise-Kalender steuern (siehe den Abschnitt »Kalender« weiter vorn in diesem Kapitel).

> **TIPP**   Mit dem Add-On *Allocatus* können Sie Termine im Outlook- oder Lotus Notes-Kalender per Mausklick z.B. als Abwesenheit auf einen Vorgang in einem Sonderprojekt buchen (Kapitel 13).

Vorgangseinstellungen und -anzeige

Im Bereich *Vorgangseinstellungen und -anzeige* können Sie Einstellungen für den Bereich *Vorgänge* festlegen.

Abbildg. 9.113   Vorgangseinstellungen und -anzeige – 1

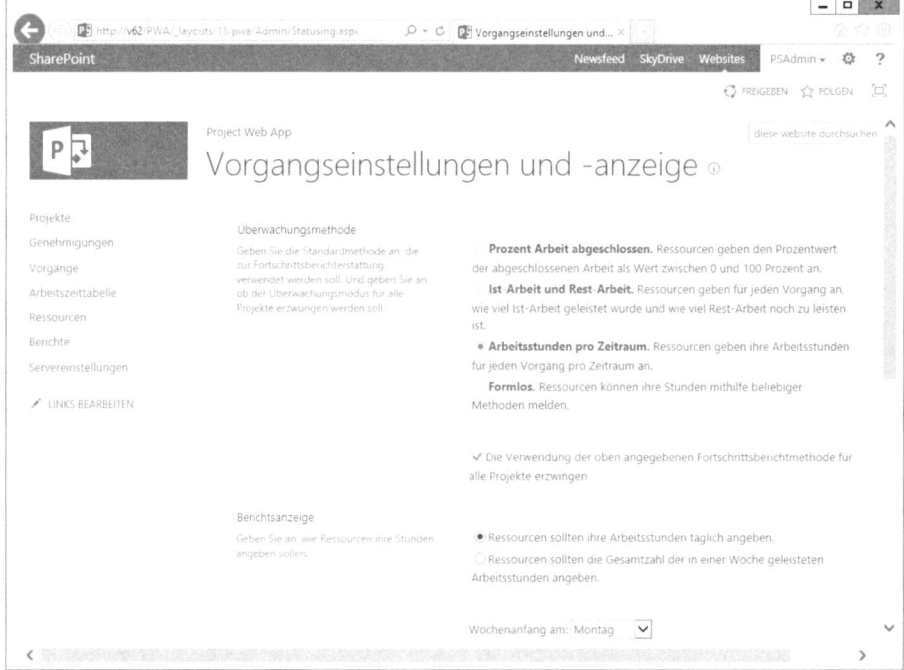

Überwachungsmethode

Im Bereich *Überwachungsmethode* (Fortschrittsberichtmethode) legen Sie fest, welche Informationen von Projektmitarbeitern zur Rückmeldung des Fortschritts bzw. des Ist- und Rest-Aufwands im Bereich *Vorgänge* in Project Web App eingegeben werden können.

Wenn die Option *Prozent Arbeit abgeschlossen* ausgewählt wird, kann der Aufwandsfortschritt (Feld *% Arbeit abgeschlossen)* und der Rest-Aufwand (Feld *Verbleibende Arbeit)* eingegeben werden. Bei Eingabe des Aufwandsfortschritts werden die Werte für den Ist-Aufwand (Feld *Ist-Arbeit*) und Rest-Aufwand (Feld *Verbleibende Arbeit*) entsprechend des Prozentsatzes errechnet und verteilt.

Wenn die Option *Ist-Arbeit und Rest-Arbeit* ausgewählt ist, kann der Ist-Aufwand (Feld *Aktuelle Arbeit*) eingegeben werden. Der Rest-Aufwand (Feld *Restarbeit* bzw. *Verbleibende Arbeit*) wird durch Subtraktion des Ist-Aufwands vom Gesamt-Aufwand (Feld *Arbeit*) ermittelt und kann wie bei allen anderen Überwachungsmethoden editiert werden. Project Server errechnet hieraus den Aufwandsfortschritt (Feld *% Arbeit abgeschlossen*).

Wenn die Option *Arbeitsstunden pro Zeitraum* ausgewählt ist, kann der Ist-Aufwand perioden-genau eingegeben werden. Es sind dann in der Vorgangsliste im Layout *Daten mit Zeitphasen* die jeweiligen Zellen für eine Periode editierbar. Die Eingabe des Ist-Aufwands z.B. pro Tag erfolgt in der Zeile *Aktuell*. Der Rest-Aufwand (Feld *Verbleibende Arbeit*) wird durch Subtraktion vom Gesamtaufwand ermittelt, kann aber auch durch den Mitarbeiter entsprechend seiner Schätzung angepasst werden. Project Server errechnet hieraus den Aufwandsfortschritt (Feld *% Arbeit abgeschlossen*).

Wenn die Option *Formlos* ausgewählt ist, können Teammitglieder eine beliebige Art der Rück-meldung wählen.

In unserem Beispielunternehmen ist die Option *Arbeitsstunden pro Zeitraum* festgelegt, da eine prozentuale Zeiterfassung in der Regel sehr wenig aussagekräftig ist (90 %-Syndrom). Diese Überwachungsmethode ist zudem in Verbindung mit der Arbeitszeittabelle obligatorisch.

HINWEIS Wenn der einfache Eingabemodus für Arbeitszeittabellen aktiviert ist, werden die Vorgangseinstellungen auf *Arbeitsstunden pro Zeitraum* und *Die Verwendung der oben angegebenen Fortschrittsberichtmethode für alle Projekte erzwingen* festgelegt und können nicht geändert werden.

Zudem haben wir die Rückmeldemethode zentral festgelegt, indem wir das Kontrollkästchen *Die Verwendung der oben angegebenen Fortschrittsberichtmethode für alle Projekte erzwingen* akti-viert haben. In diesem Fall kann der Projektleiter die Rückmeldemethode für ein Projekt nicht ändern. So ist sichergestellt, dass für alle Mitarbeiter für alle Projekte das Verhalten identisch ist, was die Handhabung erleichtert.

Berichtsanzeige

Wenn Sie als Rückmeldemethode die Option *Arbeitsstunden pro Zeitraum* ausgewählt haben, können Sie im Bereich *Berichtsanzeige* festlegen, wie groß die Periode ist, für die die Ist-Arbeit eingegeben wird. Für unser Beispielunternehmen haben wir diesen Wert auf 1 Tag belassen (Option *Ressourcen sollen ihre Arbeitsstunden täglich angeben*). Der Grund ist, dass Menschen in der Regel ihre Arbeitszeit für größere Perioden nur fehlerhaft angeben und eine parallele Auf-zeichnung den Aufwand für die Rückmeldung unnötig erhöhen würde (Schattenzeitwirtschaft).

Für unser Beispielunternehmen haben wir ebenso den Wochenanfang auf Montag belassen, sodass als erster Wochentag unter *Vorgänge* der Montag angezeigt wird.

Benutzeraktualisierungen schützen

Im Bereich *Benutzeraktualisierungen schützen* können Sie festlegen, wie die Konsistenz des Ist-Aufwands bewahrt werden kann.

Abbildg. 9.114   Vorgangseinstellungen und -anzeige – 2

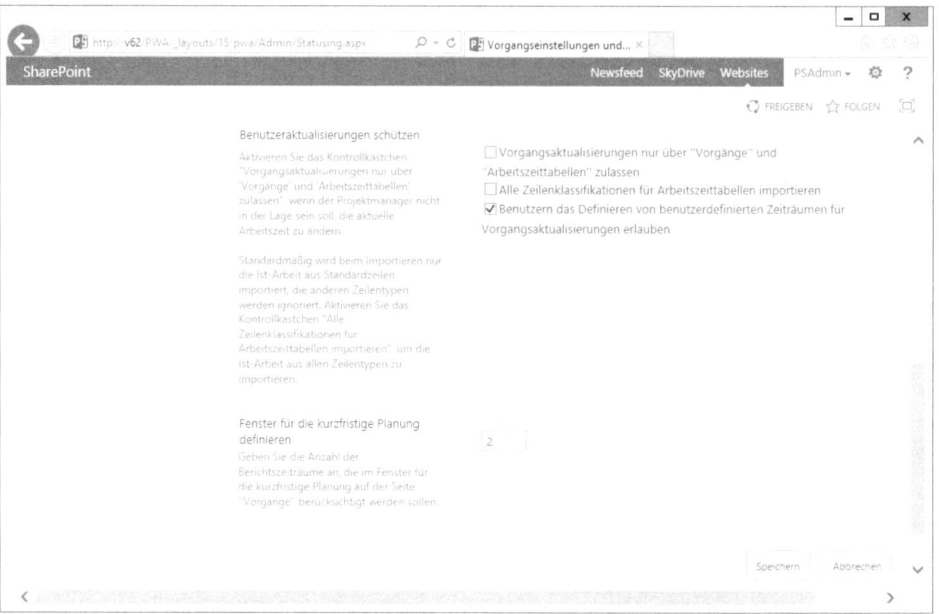

Der Ist-Aufwand kann standardmäßig durch den Projektleiter bearbeitet werden, z.B. explizit dadurch, dass er im Feld *Ist-Arbeit* den Ist-Aufwand eingibt, oder implizit dadurch, dass er das Feld *% Abgeschlossen* bearbeitet. Wenn der Projektleiter danach den Projektplan veröffentlicht, wird die Ist-Arbeit in Project Web App überschrieben. Der Mitarbeiter kann dadurch seinen erfassten Ist-Aufwand verlieren.

Wenn Sie das Kontrollkästchen *Vorgangsaktualisierungen nur über "Vorgänge" und "Arbeitszeittabelle" zulassen* aktivieren, können Projektleiter bei der Bearbeitung der Projekte keine Ist-Arbeit oder andere Ist-Daten mehr ändern. Beim Versuch erscheint in Project bzw. im Browser in PWA ein Dialogfeld, das die Änderung verweigert und darauf hinweist, dass Ist-Arbeit nur von Teammitgliedern eingegeben werden kann. Ebenso wird das Löschen von Vorgängen mit Ist-Arbeit in Project verhindert. Fehlbuchungen können in diesem Modus nur durch die Ressource selbst bzw. eine Stellvertretung korrigiert werden. Deshalb haben wir für unser Beispielunternehmen diese Option nicht aktiviert.

Ist-Arbeit kann in Project Web App sowohl unter *Vorgänge* als auch in der *Arbeitszeittabelle* eingegeben werden. Dadurch kann die Ist-Arbeit, die an den Projektleiter gemeldet wird, von der Ist-Arbeit abweichen, die an den vorgesetzten Ressourcenmanager zurückgemeldet wird. Dies ist beispielsweise der Fall, wenn Sie Zeiten zu anderen Kategorien als Standard erfassen. Wenn Sie das Kontrollkästchen *Alle Zeilenklassifikationen für Arbeitszeittabellen importieren* aktivieren, wird die Summe der Buchungen aus allen *Linienklassifikationen* in die Vorgangsliste übertragen, bzw. an den Projektleiter gemeldet.

Durch Deaktivieren der Option *Benutzern das Definieren von benutzerdefinierten Zeiträumen für Vorgangsaktualisierungen erlauben* können auch in der Vorgangsliste nur die in der Arbeitszeittabelle definierten Zeiträume gewählt werden.

Fenster für die kurzfristige Planung definieren

Im Bereich *Fenster für die kurzfristige Planung definieren* können Sie den zeitlichen Bereich in Wochen definieren, für den in der Gliederungsstruktur Vorgänge als aktuell eingestuft werden (*Planungsfester: In Bearbeitung für den aktuellen Zeitraum*). Die Standardeinstellung ist 2 Wochen in die Zukunft. Diese Einstellung behalten wir für unser Beispielunternehmen bei.

Arbeitszeittabellen verwalten

Unter *Arbeitszeittabellen verwalten* können Sie Ihre eigenen *Arbeitszeittabellen* verwalten, zurückrufen und löschen. Inhaltlich gehört diese Funktion zur Rolle *Projektmitarbeiter* und ist deshalb in Kapitel 2 beschrieben.

NEU IN 2013

Arbeitszeittabellen-Manager

Unter *Arbeitszeittabellen-Manager* wird festgelegt, welche Benutzer Arbeitszeittabellen-Manager sind. Genau diese Benutzer können dann Mitarbeitern als Arbeitszeittabellen-Manager zugewiesen und von diesen zur Genehmigung der Arbeitszeittabellen ausgewählt werden.

> **HINWEIS**   Im Gegensatz zur Vorversion ist die Berechtigung, Arbeitszeittabellen zu verwalten, in Project Server 2013 keine globale Berechtigung aus den Sicherheitseinstellungen mehr und kann damit völlig unabhängig von den Benutzergruppen an individuelle Benutzer vergeben werden.

Betriebsrichtlinien

Im Bereich *Betriebsrichtlinien* in den Servereinstellungen von Project Web App können Sie weitere Servereinstellungen, die Synchronisation des Ressourcenpools mit Active Directory und die Projektwebsites konfigurieren. In der Zentraladministration finden Sie weitere Einstellungen zum Thema *Betriebsrichtlinien*, die wir im Abschnitt »PWA-Einstellungen in der SharePoint-Zentraladministration« später in diesem Kapitel darstellen.

Weitere Servereinstellungen

Nachfolgend beschreiben wir die weiteren Servereinstellungen für unser Beispielunternehmen, die Sie über *Servereinstellungen* festlegen können.

> **HINWEIS**   Im Gegensatz zu Project Server 2010 gibt es in Project Server 2013 keinen Kompatibilitätsmodus für ältere Project-Clients. Sie können auf migrierte Instanzen nur mit Project Professional 2013 zugreifen.

Enterprise-Einstellungen

Im Bereich *Enterprise-Einstellungen* können Sie festlegen, ob Hauptprojekte auf dem Server gespeichert/veröffentlicht werden dürfen und ob lokale Kalender in Projekten zugelassen werden sollen.

Abbildg. 9.115   Enterprise-Einstellungen und Währungseinstellungen

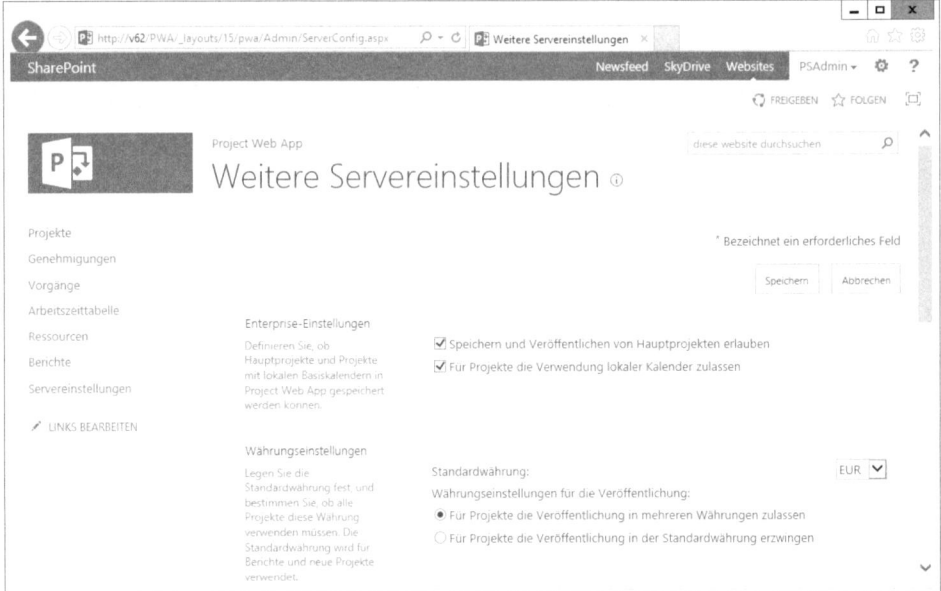

Hauptgrund für das Abspeichern von Hauptprojekten ist es, Multiprojektansichten mit dem gesamten Funktionsumfang von Project speichern zu können (Vgl. Kapitel 9, Abschnitt »Multiprojektmagement«). In unserem Beispielunternehmen haben wir die Option *Speichern und Veröffentlichen von Hauptprojekten* daher aktiviert.

HINWEIS   Hauptprojekte können in Project Web App zwar angezeigt, aber nicht editiert werden.

Standardmäßig ist das Erstellen von lokalen Kalendern nicht erlaubt. In einigen Fällen ist es sinnvoll, lokale Kalender in Projekten zuzulassen, z.B. um diese für Vorgangskalender zu verwenden. Wägen Sie diesen Vorteil gegen die potenzielle Gefahr ab, dass die Zentralisierung der Projektkalender verloren geht. Durch die exklusive Verwendung von Enterprise-Kalendern in jedem Projekt ist sichergestellt, dass Arbeitszeiten einheitlich definiert sind. In unserem Beispielunternehmen ist das Erstellen von lokalen Kalendern erlaubt.

Währungseinstellungen

Im Bereich *Währungseinstellungen* können Sie festlegen, ob verschiedene Währungen auf dem Server gespeichert werden dürfen.

ACHTUNG   Im Projektcenter werden unterschiedliche Währungen korrekt dargestellt. In den Vorlagen im Project BI Center wird nur eine Währung angezeigt, was zu Fehlern führen kann (siehe den Abschnitt »Berichtswesen« in Kapitel 5).

Abbildg. 9.116   Ressourcenkapazität, Ressourcenplan-Arbeitstag, Vorgangsmoduseinstellungen

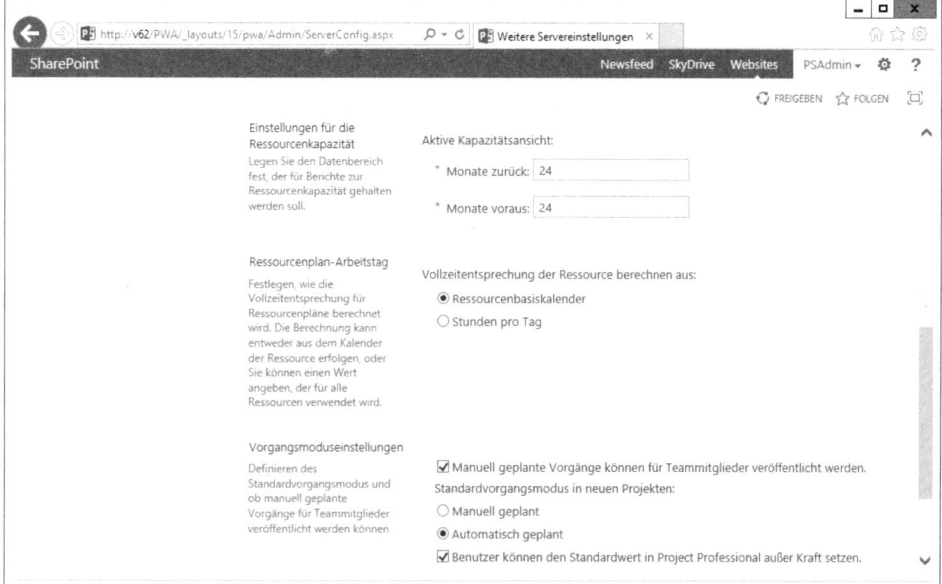

Einstellungen für die Ressourcenkapazität und Ressourcenplan-Arbeitstag

In den Bereichen *Einstellungen für die Ressourcenkapazität* und *Ressourcenplan-Arbeitstag* legen Sie Grundlagen für die Ressourcenkapazitätsberechnung im Berichtsschema der Project Web App-Datenbank fest.

Für unser Beispielunternehmen berechnen wir die Kapazität für 24 Monate (jeweils 12 Monate zurück und voraus), um stets die Kapazitätsdaten des gesamten letzten und nächsten Jahres auswerten zu können. Zudem verwenden wir die Basiskalender der Ressourcen für die Kapazitätsberechnung.

Vorgangsmoduseinstellungen

Der Vorgangsmodus *Manuell geplant* ist standardmäßig bei Erstellung eines neuen leeren Projektplans aktiviert, kann aber vom Benutzer fallweise oder generell geändert werden (Kapitel 1).

Diese Standardeinstellung können Sie im Bereich *Vorgangsmoduseinstellungen* ändern, indem Sie die Option *Automatisch geplant* statt *Manuell geplant* auswählen. Zudem können Sie durch das Aktivieren des Kontrollkästchens verhindern, dass Benutzer in Project diese Einstellung unter *DATEI/Optionen/Terminplanung/Planungsoptionen für dieses Projekt/Alle neuen Projekte* ändern können (siehe den Abschnitt »Projekteinstellungen« weiter vorn in diesem Kapitel).

<hr>

HINWEIS   Hierbei handelt es sich um eine Voreinstellung; das nachträgliche Umstellen des Vorgangsmodus durch den Benutzer wird dadurch nicht verhindert.

<hr>

Unabhängig davon können Sie verhindern, dass Vorgänge mit dem Vorgangsmodus *Manuell geplant* veröffentlicht werden dürfen, d.h., dass diese für Projektmitarbeiter in den Bereichen *Vorgänge* bzw. *Arbeitstabelle* sichtbar werden.

Um die Komplexität der Handhabung durch zwei unterschiedliche Vorgangsmodi für Teammitglieder nicht zu erhöhen, verhindern wir in unserem Beispielunternehmen das Veröffentlichen von manuell geplanten Vorgängen, indem wir das Kontrollkästchen *Manuell geplante Vorgänge können für Teammitglieder veröffentlicht werden* deaktivieren.

Synchronisierung des Active Directory-Ressourcenpools

Wenn Sie unter *Servereinstellungen* die Verknüpfung *Synchronisierung des Active Directory-Ressourcenpools* auswählen, wird die Seite *Active Directory-Synchronisierung mit dem Enterprise-Ressourcenpool* angezeigt. Hier können Sie im Abschnitt *Active Directory-Gruppe* bis zu fünf Windows-Sicherheitsgruppen oder Windows-Verteilergruppen aus Active Directory auswählen, deren Mitglieder automatisch zum Unternehmensressourcenpool hinzugefügt werden sollen.[1]

Abbildg. 9.117   Active Directory-Gruppen und Synchronisierungsstatus für Synchronisierung des Enterprise-Ressourcenpools

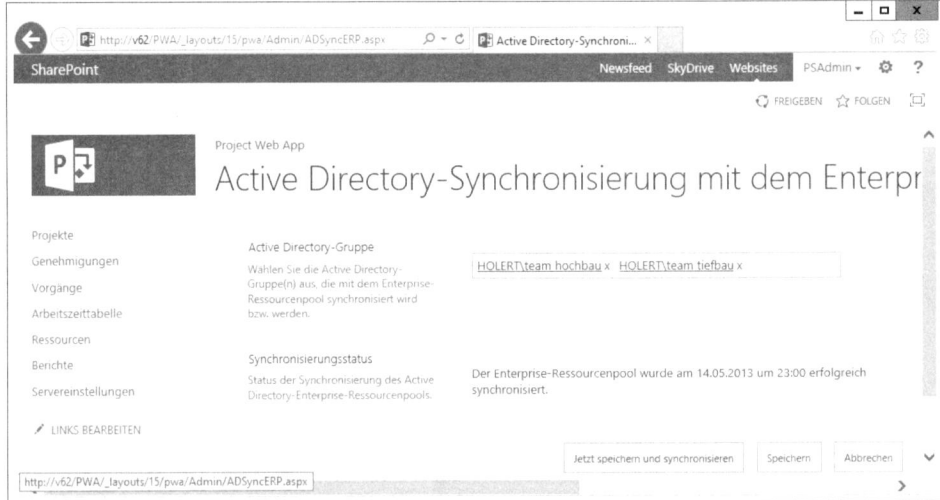

> **HINWEIS**   Bei der Synchronisierung des *Enterprise-Ressourcenpools* werden Ressourcen nur hinzugefügt, aber nicht entfernt. Ressourcen, die im AD deaktiviert werden, werden jedoch auf *Inaktiv* gesetzt.

Neben dem Enterprise-Ressourcenpool können Sie auch Project Server-Sicherheitsgruppen mit dem AD synchronisieren (siehe den Abschnitt »Gruppen verwalten« später in diesem Kapitel).

Verbundene SharePoint-Websites

Zu jedem Projekt kann eine Projektwebsite (SharePoint-Website) erstellt werden, die u.a. die Listen *Aufgaben*, *Probleme*, *Risiken* und *Lieferumfang* und eine Dokumentbibliothek *Dokumente* bereitstellt. Diese Projektwebsites werden standardmäßig als Unterwebsite der Project Web App-Site erstellt.

---

[1] In Project Professional wird der *Enterprise-Ressourcenpool* als *Unternehmensressourcenpool* bezeichnet.

Abbildg. 9.118   Verbundene SharePoint-Websites

⊜ SITE ERSTELLEN	🗐 SITEADRESSE BEARBEITEN	⛶ SYNCHRONISIEREN	✕ SITE LÖSCHEN	⛶ ZU DEN EINSTELLUNGEN DER PROJEKTWEBSITE WECHSELN

Projektname ▲	Enterprise-Projektfunktionen		Siteadresse	Vorgangsliste	Status
Holert-Hausbau	Deaktivieren	Aktiv	http://v62/PWA/Holert-Hausbau	Aufgaben	
Meyer-Hausbau	Deaktivieren	Aktiv	http://v62/PWA/Meyer-Hausbau	Aufgaben	
Schmidt-Hausbau	Deaktivieren	Aktiv	http://v62/PWA/Schmidt-Hausbau	Aufgaben	
Schulze-Hausbau	Deaktivieren	Aktiv	http://v62/PWA/Schulze-Hausbau	Aufgaben	
Wolf-Hausbau	Deaktivieren	Aktiv	http://v62/PWA/Wolf-Hausbau	Aufgaben	

Im Bereich *Verbundene SharePoint-Websites* können Sie mit der Schaltfläche *Site erstellen* nachträglich Sites anlegen, um eine gelöschte Site zu ersetzen oder mit einer neuen Vorlage zu erstellen. Ferner können Sie hier die Adresse (URL) der Unterwebsite (*Siteadresse bearbeiten*) ändern und diese löschen (*Site löschen*).

Im Project Server-Berechtigungsmodus erhalten Benutzer standardmäßig entsprechend ihrer Rolle und Berechtigung im Projekt automatisch Zugang zu der Projektwebsite. Nach einer Migration, Wiederherstellungen oder einer manuellen Änderung können Sie über die Schaltfläche *Synchronisieren* den Abgleich der Berechtigungen neu anstoßen.

HINWEIS   Wenn Project Web App mit dem SharePoint-Berechtigungsmodus konfiguriert ist, so gibt es keine Synchronisation der Benutzerrechte für die Projektwebsite. Die Rechte müssen manuell vom Projektleiter erteilt und aktualisiert werden.

TIPP   Wenn Sie viele Projektwebsites synchronisieren möchten, verwenden Sie die Funktion *Massenaktualisierung verbundener SharePoint-Websites* aus der Zentraladministration, wie im Abschnitt »Massenaktualisierung verbundener SharePoint-Websites« später in diesem Kapitel beschrieben wird.

Über die Schaltfläche *Zu den Einstellungen der Projektwebsite wechseln* erreichen Sie die *Websiteeinstellungen* der zugehörigen Site (siehe Kapitel 1).

Workflow- und Projektdetailseiten

Die Funktionen zur Steuerung von Arbeitsabläufen (*Workflows*) und zur Erfassung von Projektstammdaten (*Projektdetailseiten*) werden im Bereich *Workflow- und Projektdetailseiten* konfiguriert. Hiermit können die Portfoliomanagementprozesse inkl. des Vorschlagswesens unterstützt werden, wie in Kapitel 4 beschrieben.[1] Workflows werden logisch in Workflowphasen unterteilt, die ihrerseits wieder in Workflowstufen gegliedert werden. Für Komponenten (Projekte, Projektvorschläge, etc.) kann der Workflow so festgelegt werden, dass bestimmte Daten erfasst werden müssen, bevor die nächste Workflowstufe erreicht wird. Der Übergang von einer zur nächsten Workflowstufe kann zudem an manuelle oder automatische Genehmigungsprozesse gekoppelt werden. Um Komponenten unterschiedlich steuern zu können, müssen sie unterschiedlichen Enterprise-Projekttypen zugeordnet werden, die durch den Workflow bestimmen, welche Daten zu welchen Zeitpunkt auf welchen Projektdetailseiten erfasst werden.

---

[1]   Weitgehend synonyme Begriffe für *Vorschlagswesen* sind *Anforderungsmanagement*, *Antragswesen* und *Bedarfsmanagement*.

Workflows können nicht über die Oberfläche von Project Web App erstellt oder angepasst werden, sondern nur mit Visual Studio oder SharePoint-Designer. Nachfolgend beschreiben wir, wie Sie Project Server für die Portfoliomanagementprozesse in Kapitel 4 in unserem Beispielunternehmen anpassen:

- Erstellen der **Projektdetailseiten** für die Workflowstufen
- Umbenennen der **Workflowphase** *Verwalten* in *Verfolgen*
- Erstellen der **Workflowstufen** zu den einzelnen Workflowphasen
- Erstellen des Workflows mit SharePoint Designer
- Erstellen des **Enterprise-Projekttyps** *Tiefbauprojekt (Workflow)*
- Existierende Projekte einem neuen Workflow zuweisen (**Workflows ändern**)

HINWEIS   Wir weichen hier aufgrund der logischen Abfolge von der Anzeigereihenfolge der Verknüpfungen im Bereich Workflow- und Projektdetailseiten ab. Die Schritte, zu denen es eine Verknüpfung gibt, sind fettgedruckt.

Projektdetailseiten

Auf der Seite *Projektdetailseiten* werden alle Seiten aufgelistet, die Sie für die Enterprise-Projekttypen und Workflowstufen verwenden können. Projektdetailseiten (PDP) können Stammdaten zu einem Projekt enthalten. Technisch sind es SharePoint-Webseiten mit Webparts, die Projektfelder anzeigen oder abfragen.

Projektdetailseiten können an eigene Bedürfnisse angepasst werden. So können Sie mit dem Webpart *Grundlageninfo* auf einfache Art und Weise benutzerdefinierte Felder auf Projektebene über die Projektdetailseiten einblenden. Das Webpart *Strategische Projektauswirkung* zeigt analog die definierten Business-Treiber. Darüber hinaus können Sie mit dem *InfoPath*-Webpart individuelle Formulare, z.B. eine Projektrisikoanalyse integrieren. Mit dem Webpart *Excel Web Access* können Sie z.B. eine weitergehende Projektkostenkalkulation oder -übersicht einbetten, die Sie zuvor in Excel erstellt haben.

Für den Projektworkflow in unserem Beispielunternehmen erstellen wir die folgenden drei Projektdetailseiten (in kursiv die Webpart-Namen, dahinter die Feldnamen):

- **Eingangsinformationen** *Grundlageninfo*: Projektname, Beschreibung, Anfang, Ende und Besitzer
- **Eingangsdetails** *Grundlageninfo*: Name, Beschreibung, Anfangstermin, Endtermin, Besitzer und *Grundlageninfo* (Details): Projektabteilungen, Projekthauptziele, Projektkostenvoranschlag
- **Strategiedetails** *Grundlageninfo* (Projektziele): Projektziele, Projektrahmenbedingungen und *Strategische Projektauswirkung*

Um die Projektdetailseite *Eingangsinformationen* zu erstellen, führen Sie folgende Schritte aus:

1. Klicken Sie auf die Verknüpfung *Servereinstellungen*.
2. Klicken Sie anschließend im Abschnitt *Workflow- und Projektdetailseiten* auf die Verknüpfung *Projektdetailseiten*.

Projektdetailseiten

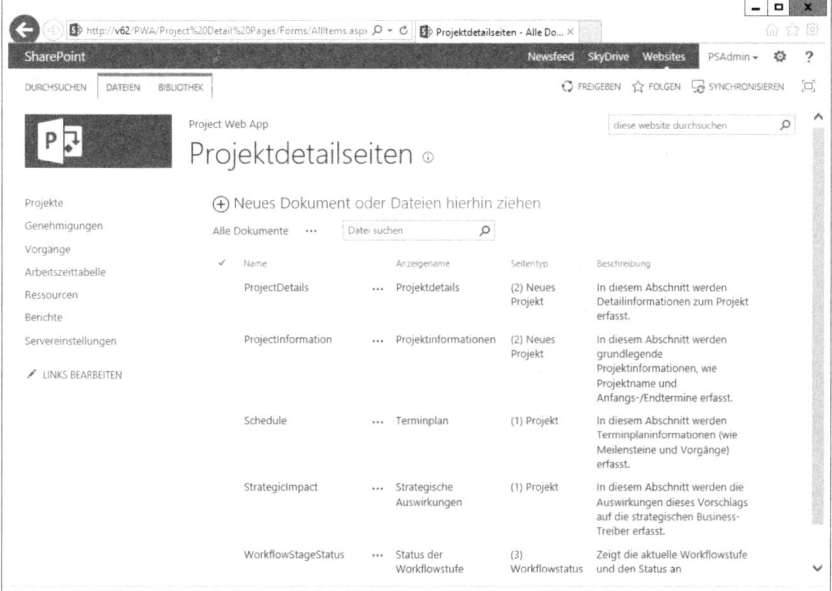

3. Wählen Sie aus dem Menüband den Befehl DATEIEN/*Neues Dokument* aus.

Neue Projektdetailseite *Eingangsinformationen* erstellen

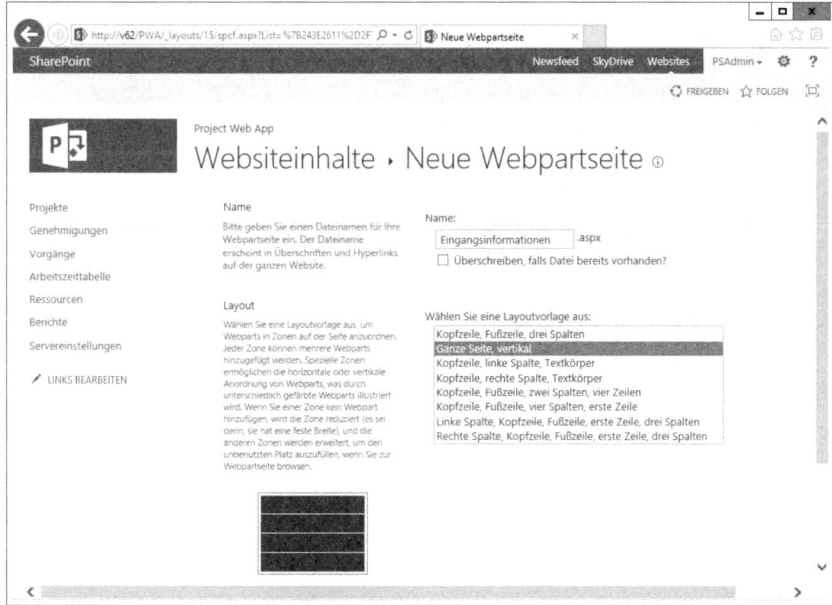

4. Benennen Sie unter *Name* die Seite als *Eingangsinformationen* und wählen Sie als Layout *Ganze Seite, vertikal* aus.

5. Klicken Sie auf Erstellen. Danach öffnet sich die neue Seite zur Bearbeitung der Webpart-
seite.

Abbildg. 9.121   Auswahl des Webparts

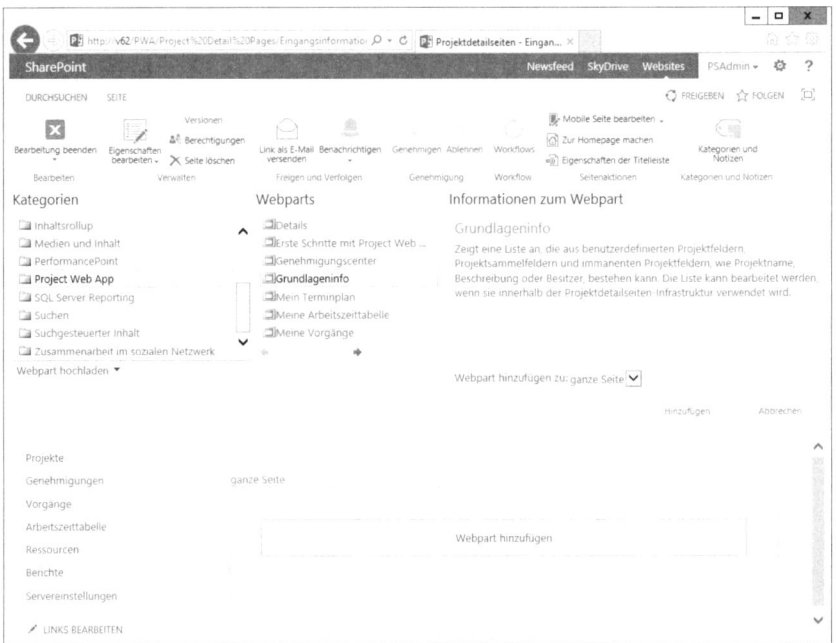

6. Klicken Sie auf der neuen Seite auf *Webpart hinzufügen*, wählen Sie aus der Kategorie *Project
Web App* das Webpart *Grundlageninfo* aus und klicken Sie auf *Hinzufügen*.

Abbildg. 9.122   Bearbeiten des Webparts *Grundlageninfo*

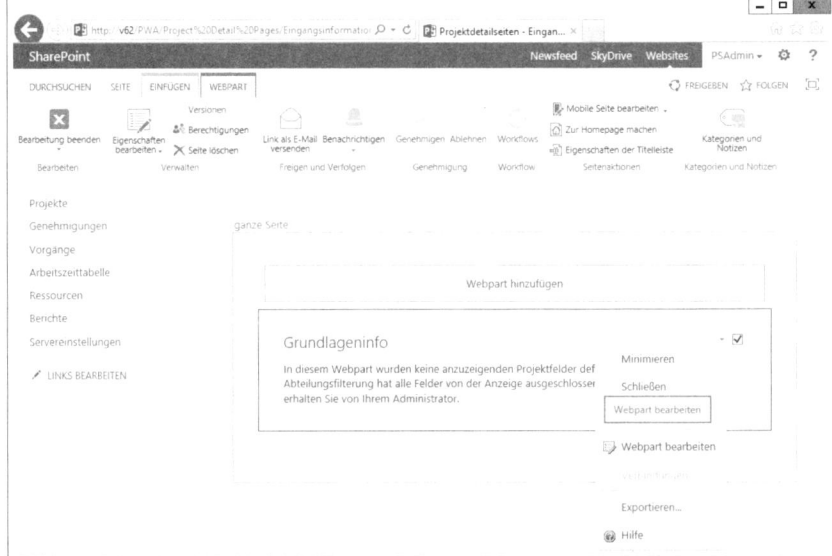

7. Klicken Sie in der rechten oberen Ecke des Webparts auf den kleinen Pfeil nach unten und wählen Sie im Dropdown-Listenfeld den Eintrag *Webpart bearbeiten* aus.

Abbildg. 9.123   Angezeigte Projektfelder

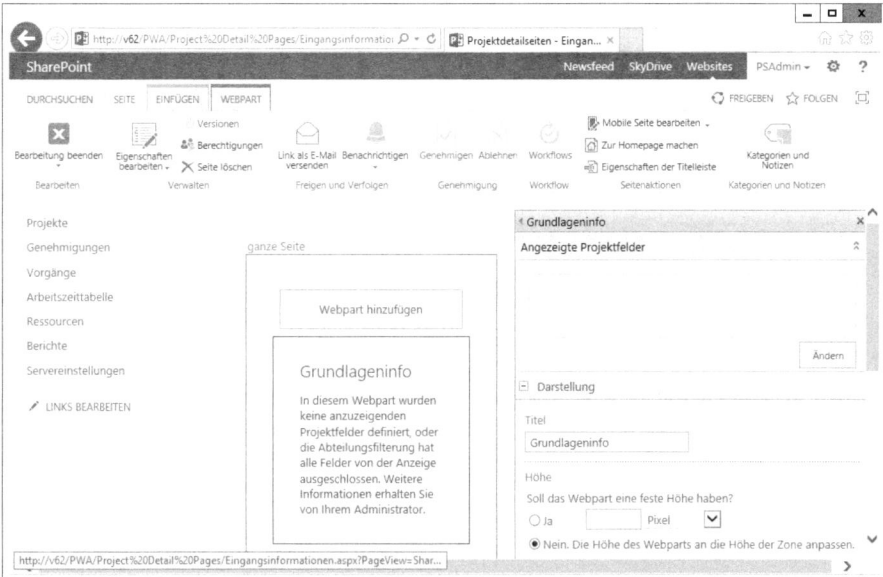

8. Klicken Sie in den Webpart-Eigenschaften unter der zu Beginn leeren Liste *Angezeigte Projektfelder* auf die Schaltfläche *Ändern*.

Abbildg. 9.124   Projektfelder auswählen

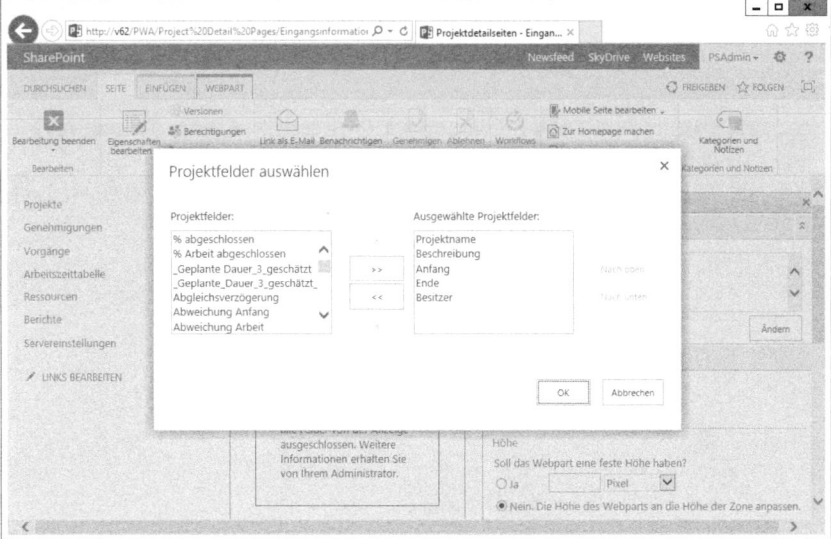

9. Fügen Sie von der linken Seite unter *Projektfelder* mit der Schaltfläche *Hinzufügen* die Felder *Projektname*, *Beschreibung*, *Anfang*, *Ende* und *Besitzer* der Liste *Ausgewählte Projektfelder* hinzu.

10. Passen Sie bei Bedarf die Reihenfolge der Projektfelder mit den Schaltflächen *Nach oben* bzw. *Nach unten* am rechten Rand an, klicken Sie anschließend auf die Schaltfläche *OK*.

11. Beenden Sie die Bearbeitung des Webparts ebenfalls durch einen Klick auf die Schaltfläche *OK*.

Abbildg. 9.125   Projektdetailseite *Eingangsinformationen* fertiggestellt

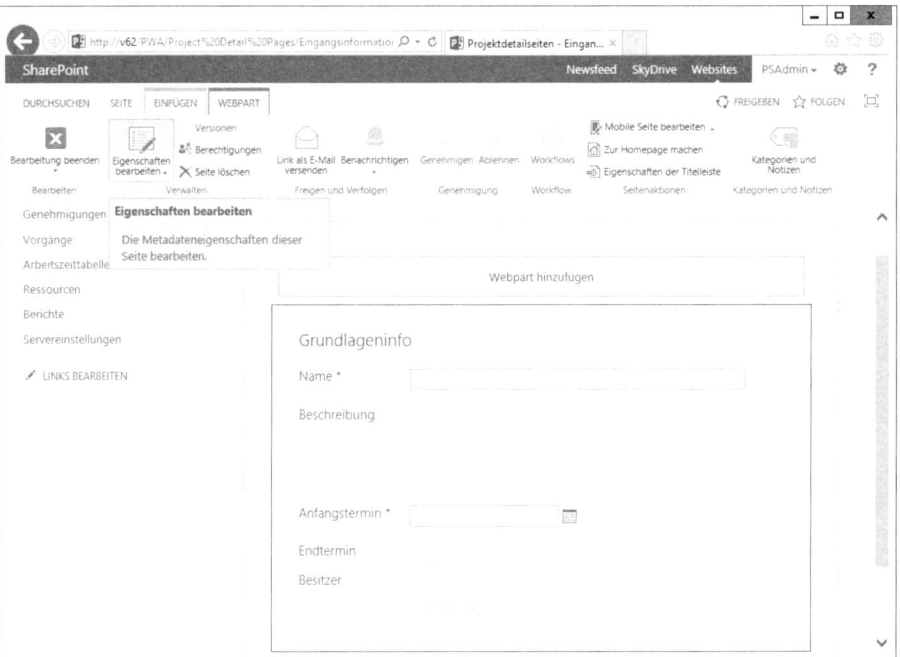

12. Das Ergebnis ist in Abbildung 9.125 dargestellt. Klicken Sie nun im Menüband auf *SEITE/Verwalten/Eigenschaften* bearbeiten.

13. Ändern Sie den Eintrag *Seitentyp* auf *Neues Projekt* und klicken Sie im Menüband auf *Speichern*.

Abbildg. 9.126   Projektdetailseite zur Erstellung neuer Projekte zulassen

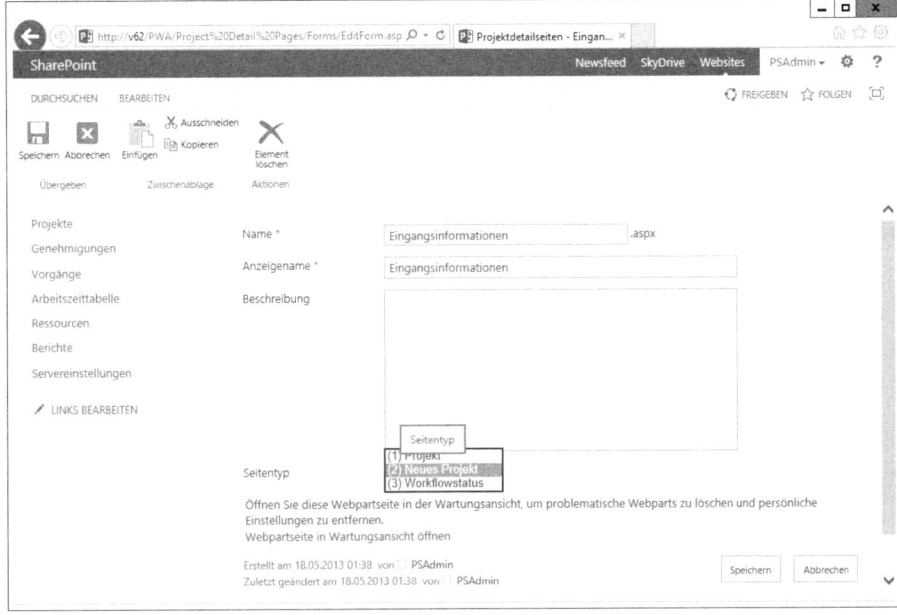

Hiermit ist die Erstellung der Projektdetailseite *Eingangsinformationen* abgeschlossen. Um die Projektdetailseite *Eingangsdetails* zu erstellen, gehen Sie folgendermaßen vor:

Abbildg. 9.127   Projektdetailseite *Eingangsdetails*

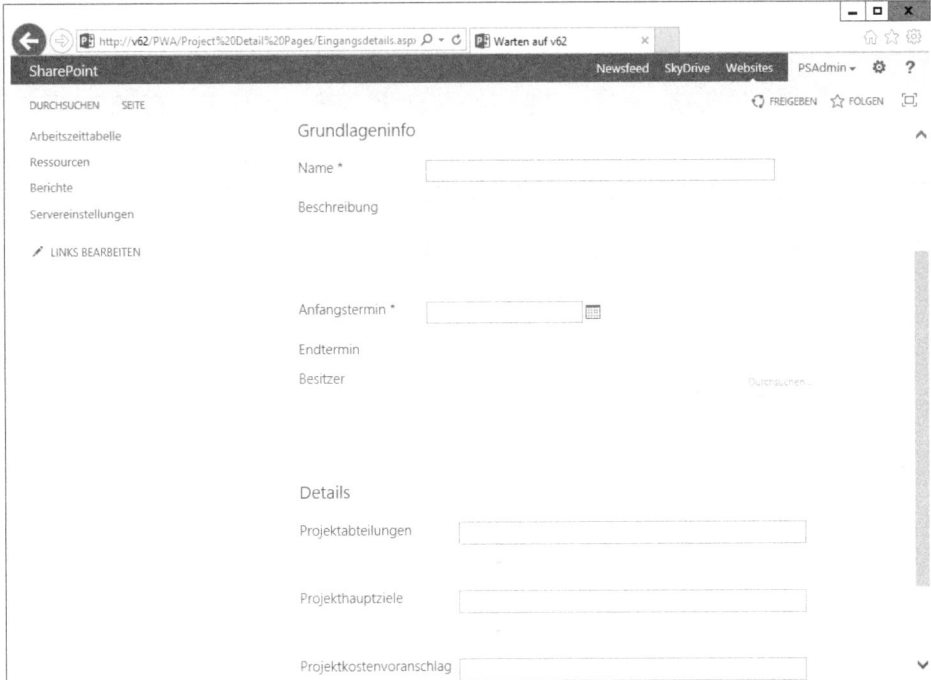

1. Legen Sie die neue Projektdetailseite *Eingangsdetails* an und fügen Sie zweimal das Webpart *Grundlageninfo* hinzu.

2. Wählen Sie für das obere Webpart die Felder *Name*, *Beschreibung*, *Anfangstermin*, *Endtermin* und *Besitzer* aus.

3. Legen Sie für das zweite Webpart den Titel *Details* fest und wählen Sie die Felder *Projektabteilungen*, *Projekthauptziele* und *Projektkostenvoranschlag* aus.

Im Anschluss erstellen Sie die Projektdetailseite *Strategiedetails* auf folgende Art und Weise:

Abbildg. 9.128
Projektdetailseite *Strategiedetails*

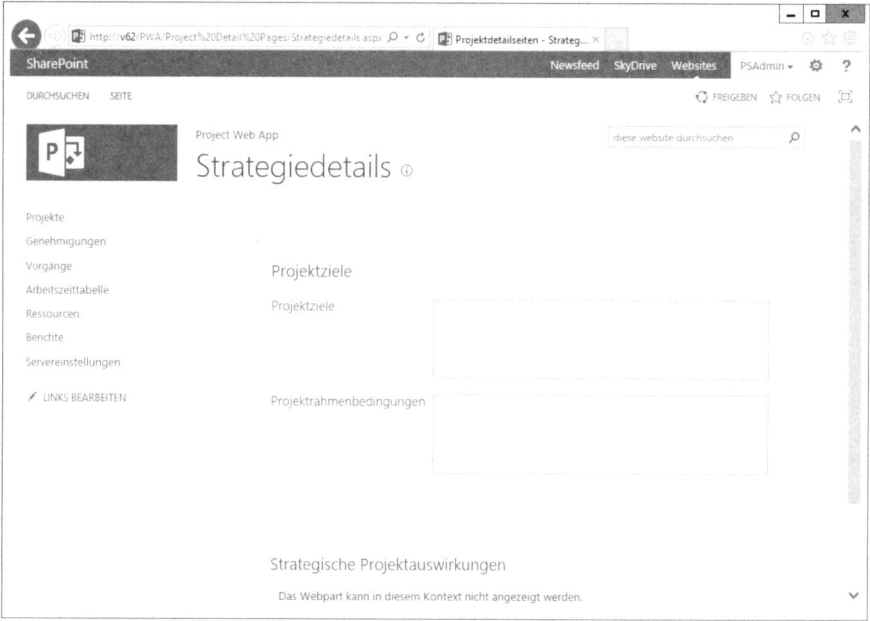

1. Legen Sie die neue Projektdetailseite *Strategiedetails* an und fügen Sie oben das Webpart *Grundlageninfo* und unten das Webpart *Strategische Projektauswirkungen* hinzu.

2. Legen Sie für das Webpart *Grundlageninfo* den Titel *Projektziele* fest und wählen Sie die Felder *Projektziele* und *Projektrahmenbedingungen* aus.

Die Projektdetailseiten stehen Ihnen jetzt für die Definition der Workflowstufen zur Verwendung im Workflow zur Verfügung.

Workflowphasen

Workflowphasen stellen die obere Ebene des Workflows dar, also die Phasen des Projektlebenszyklus. Diese bilden die Klammer für die Workflowstufen. Nach der Installation von Project Server stehen Ihnen fünf Phasen standardmäßig zur Verfügung:

- *Erstellen*
- *Planen*
- *Auswählen*
- *Verwalten*
- *Beendet*

Sie können die Phasen und deren Beschreibung entsprechend der Unternehmensanforderungen und der im Unternehmen bereits etablierten Begrifflichkeiten anpassen. Für unser Beispielunternehmen benennen wir die Workflowphase *Verwalten* in *Verfolgen* um. Hierzu gehen Sie wie folgt vor:

1. Klicken Sie auf die Verknüpfung *Servereinstellungen*.
2. Im Abschnitt *Workflow- und Projektdetailseiten* klicken Sie auf die Verknüpfung *Workflowphasen*.

Abbildg. 9.129 Workflowphasen

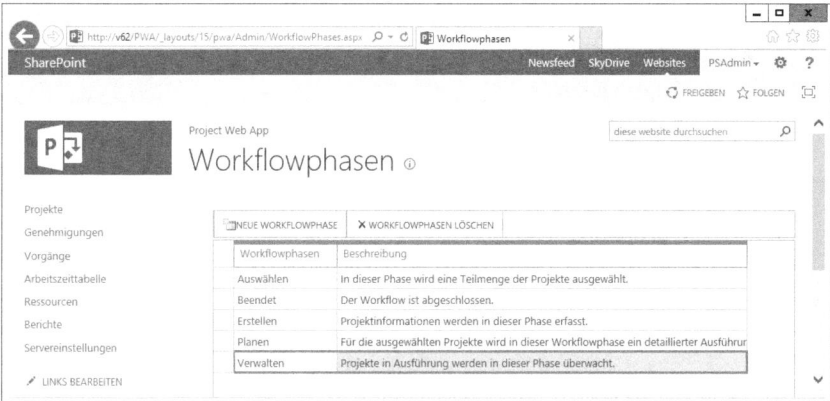

3. Wählen Sie die anzupassende Phase aus, z.B. *Verwalten*, indem Sie direkt auf die Verknüpfung *Verwalten* innerhalb der Spalte *Workflowphasen* klicken.

Abbildg. 9.130 Workflowphasen umbenennen

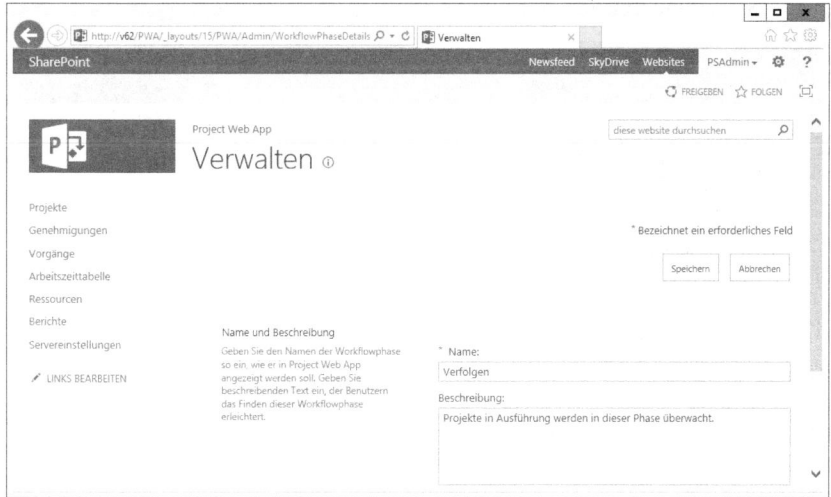

4. Ändern Sie den Namen der Workflowphase von *Verwalten* in *Verfolgen*.
5. Klicken Sie anschließend auf die Schaltfläche *Speichern*.

Workflowstufen

Eine Workflowstufe repräsentiert einen Schritt bzw. eine Stufe innerhalb einer Workflowphase. In der Workflowstufe wird festgelegt, welche benutzerdefinierten Felder schreibgeschützt sind oder ausgefüllt werden müssen (Pflichtfelder). Ohne die vollständige Eingabe aller Pflichtfelder kann die nächste Workflowstufe nicht erreicht werden. Dieselben Einstellungen können Sie auch für Business-Treiber und ihre strategischen Auswirkungen festlegen. Außerdem definieren Sie, welche Projektdetailseiten in einer Workflowstufe angezeigt werden und ob sie mit dem Hinweis versehen sind, dass Eingaben zu tätigen sind.

Standardmäßig sind keine Workflowstufen angelegt. Für unser Beispielunternehmen legen wir die folgenden acht Workflowstufen in der in Klammern genannten Reihenfolge an:

- Erstellen
  - Eingangsdetails (1)
  - Projektdetails (3)
- Auswählen
  - Projektauswahl (5)
  - Portfolioauswahl (6)
- Verfolgen
  - Ausführen (7)
- Beendet
  - Abgeschlossen (8)
  - Automatisch abgelehnt (2)
  - Projekt abgelehnt (4)

Eingangsdetails

Um die erste Workflowstufe *Eingangsdetails* für die Workflowphase *Erstellen* zu erstellen, gehen Sie folgendermaßen vor:

Abbildg. 9.131   Neue Workflowstufe erstellen

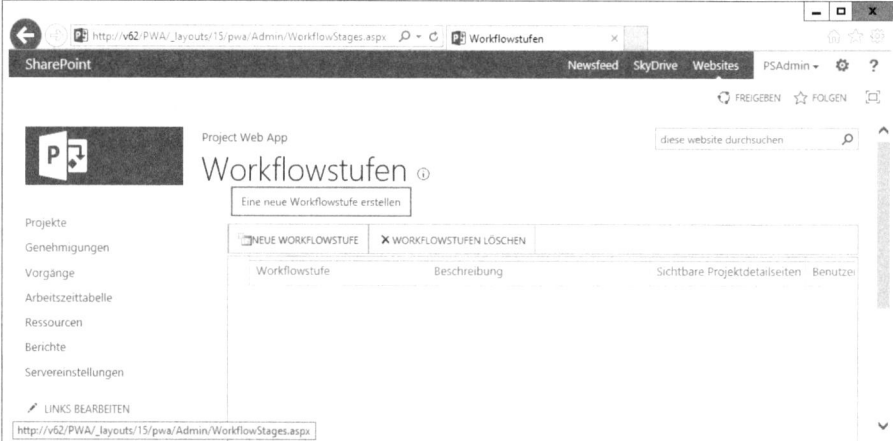

1. Gehen Sie in Project Web App zu *Servereinstellungen/Workflow- und Projektdetailseiten/ Workflowstufen* und klicken Sie auf *Neue Workflowstufe*.

Abbildg. 9.132   Beschreibung und Übermittlungstext der Workflowstufe *Eingangsdetails*

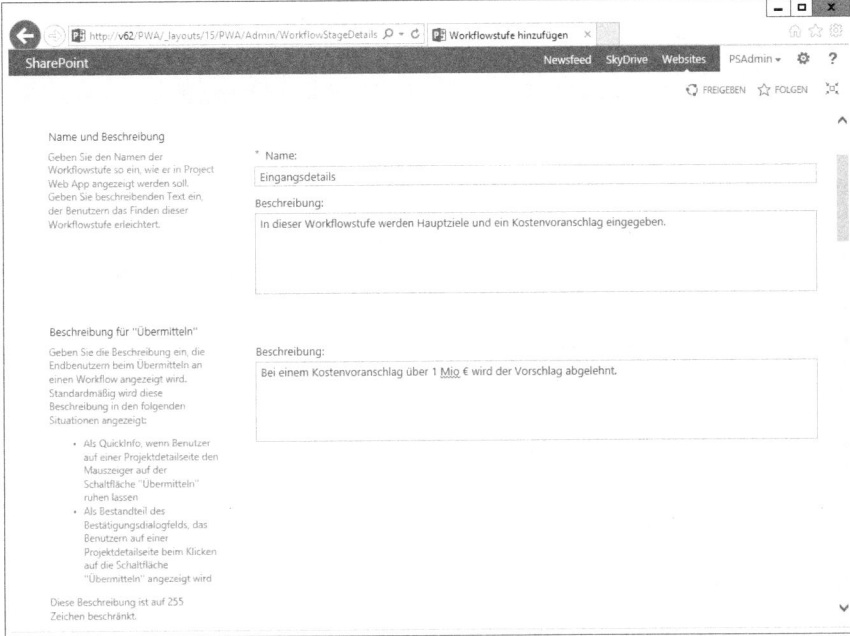

2. Geben Sie Namen und Beschreibung der Workflowstufe *Eingangsdetails* sowie einen Text für das Übermitteln in die nächste Workflowstufe an.

Abbildg. 9.133   Phase und Projektdetailseiten für die Workflowstufe *Eingangsdetails* festlegen

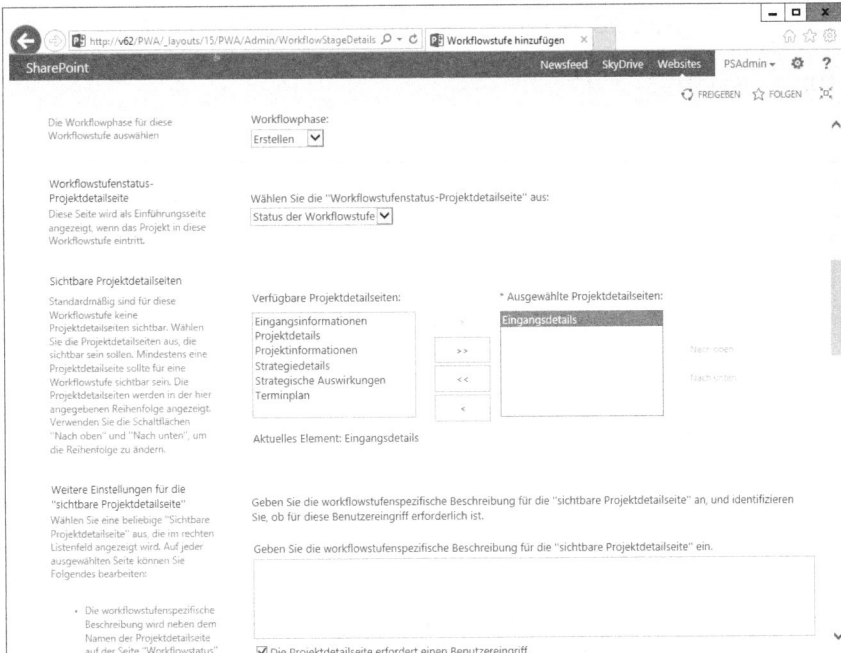

3. Wählen Sie die Workflowphase *Erstellen* aus, behalten Sie die Workflowstufenstatus-Projektdetailseite *Status der Workflowstufe* bei und fügen Sie *Eingangsdetails* der Auswahl sichtbarer Projektdetailseiten hinzu.

4. Eine workflowstufenspezifische Beschreibung ist nicht notwendig, aktivieren Sie aber für die ausgewählte Projektdetailseite *Eingangsdetails* die Schaltfläche *Die Projektdetailseite erfordert einen Benutzereingriff.*

Abbildg. 9.134   Benutzerdefinierte Pflichtfelder für die Stufe *Eingangsdetails*

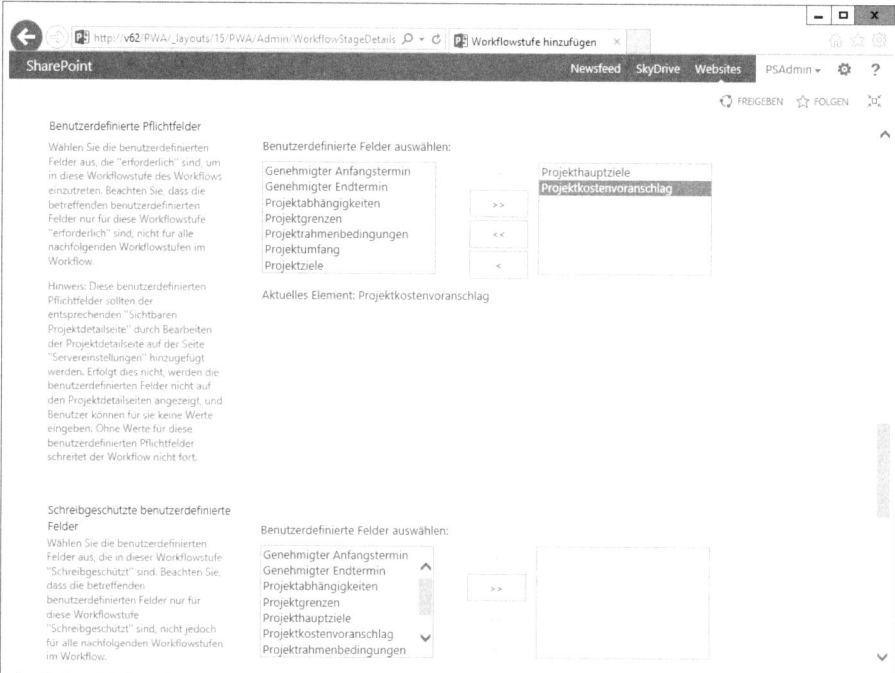

5. Wählen Sie die Felder *Projekthauptziele* und *Projektkostenvoranschlag* als Pflichtfelder aus, damit der Workflow erst fortgesetzt wird, wenn diese Felder ausgefüllt sind.

6. Schreibgeschützte Felder werden in dieser Stufe nicht definiert.

Abbildg. 9.135 Strategische Auswirkungen und Einchecken für die Stufe *Eingangsdetails* festlegen

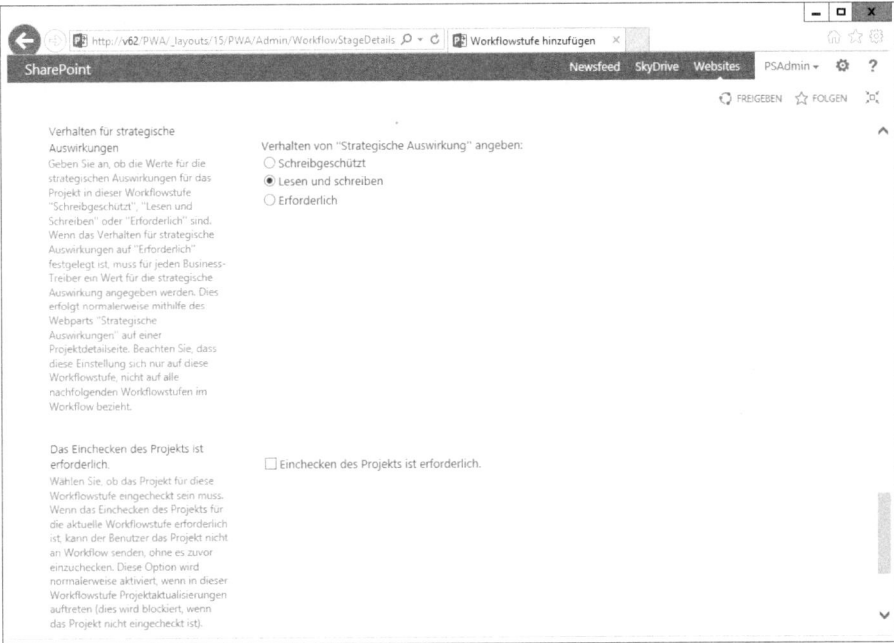

7. Strategische Auswirkungen sind in dieser Stufe noch nicht relevant, belassen Sie die Option *Verhalten von "Strategische Auswirkung" angeben* daher auf dem Standardwert *Lesen und schreiben*.

8. Einchecken ist in unserem Workflow ebenfalls nicht notwendig, daher aktivieren Sie das Kontrollkästchen *Einchecken des Projekts ist erforderlich* nicht.

9. Klicken Sie auf *Speichern*, um die Workflowstufe *Eingangsdetails* zu speichern.

TIPP   Setzen Sie die Option *Einchecken des Projekts erforderlich*, wenn das Projekt nach dem Ende dieser Stufe durch einen anderen Benutzer bearbeitet werden soll. Das ist beispielsweise bei einer Übergabe an einen anderen Projektleiter oder bei Mitarbeiteraus- wahl durch Teamleiter oder Ressourcenmanager notwendig.

Automatisch abgelehnt

Um die Workflowstufe *Automatisch Abgelehnt* zu erstellen, führen Sie folgende Schritte aus:

Abbildg. 9.136 Workflowstufe *Automatisch Abgelehnt* erstellen und konfigurieren

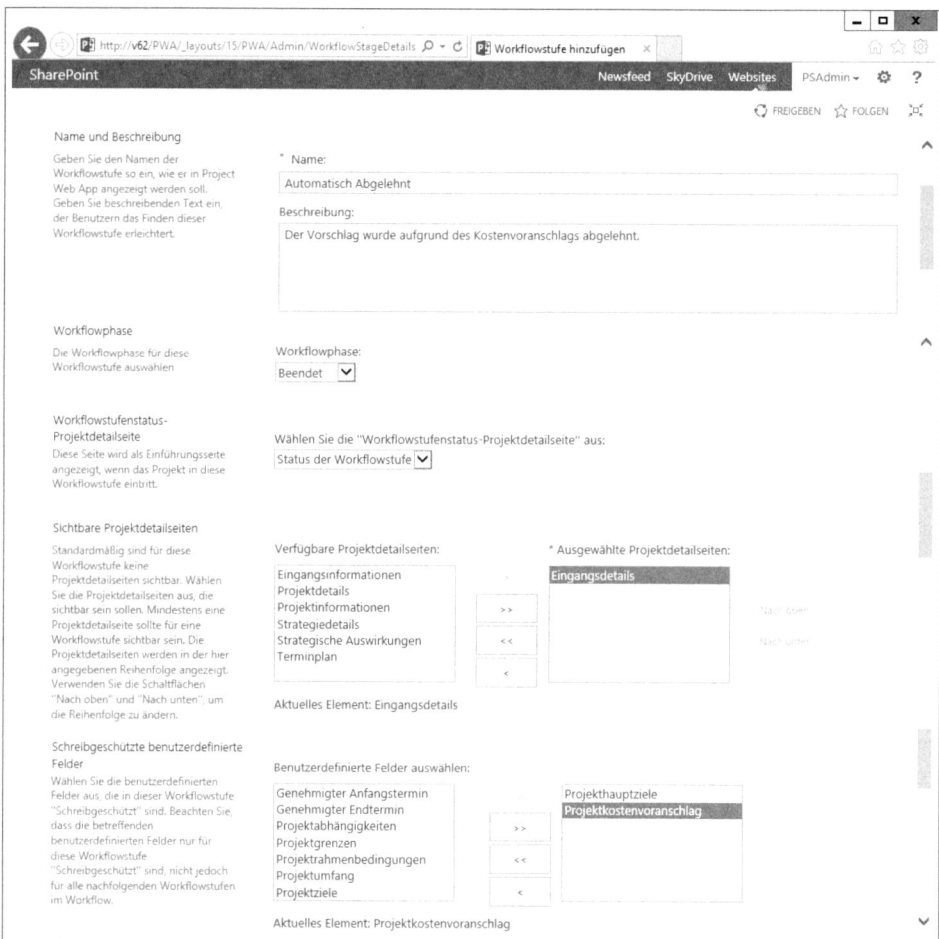

1. Erstellen Sie die Workflowstufe *Automatisch Abgelehnt* und wiederholen Sie die Schritte wie bei der Workflowstufe *Eingangsdetails*.
2. Legen Sie abweichend die Workflowphase *Beendet* fest.

Projektdetails

Um die Workflowstufe *Projektdetails* zu erstellen, führen Sie folgende Schritte aus:

Abbildg. 9.137 Workflowstufe *Projektdetails* erstellen

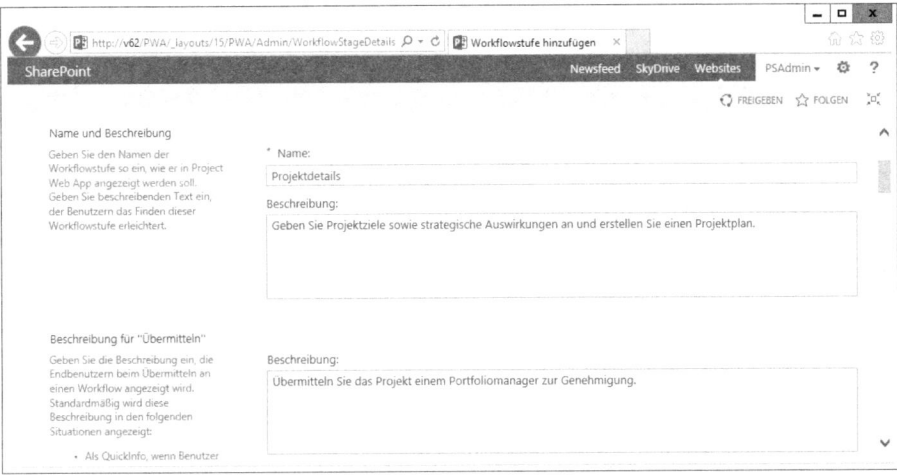

1. Erstellen Sie die Workflowstufe *Projektdetails* mit den abgebildeten Beschreibungen.

Abbildg. 9.138 Workflowphase und Projektdetailseiten für die Workflowstufe *Projektdetails* konfigurieren

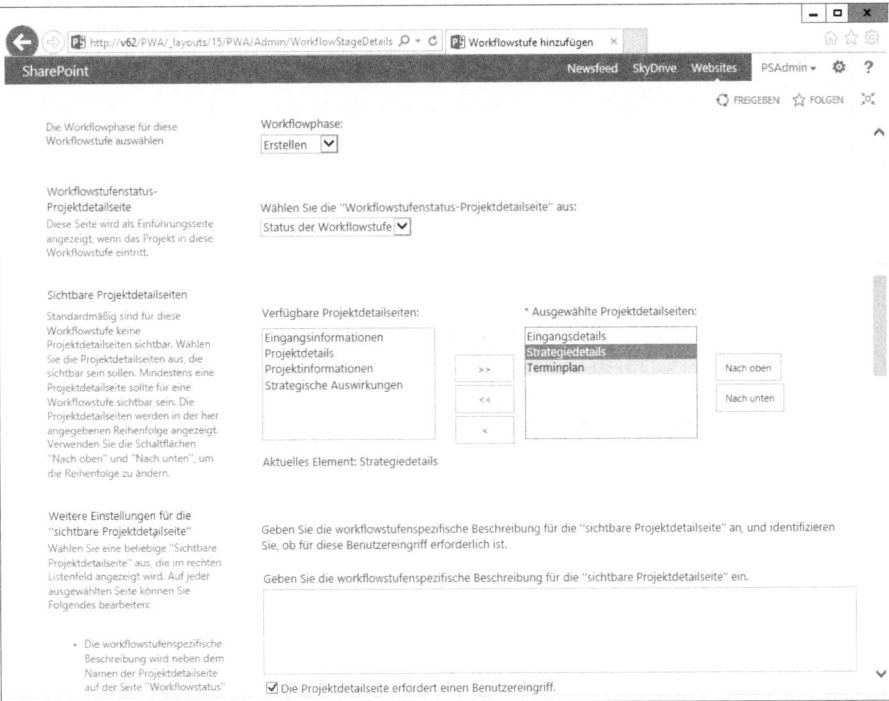

2. Legen Sie als Workflowphase *Erstellen* fest.

3. Wählen Sie für diese Workflowstufe die Projektdetailseiten *Eingangsdetails*, *Strategiedetails* und *Terminplan* aus und aktivieren Sie für die beiden letzten das Kontrollkästchen *Diese Projektdetailseite erfordert einen Benutzereingriff*.

Abbildg. 9.139   Konfiguration der benutzerdefinierten Felder für die Workflowstufe *Projektdetails*

4. Deklarieren Sie *Projektziele* und *Projektrahmenbedingungen* zu Pflichtfeldern sowie *Projekthauptziele* und *Projektkostenvoranschlag* als schreibgeschützt. D.h., die neuen Felder müssen ausgefüllt werden, während die alten Felder der vorherigen Workflowstufe gesperrt werden.

5. Machen Sie für diese Phase auch die Angabe der *strategischen Auswirkungen* verpflichtend.

Projekt abgelehnt

Um die Workflowstufe *Projekt abgelehnt* zu erstellen, gehen Sie folgendermaßen vor:

Abbildg. 9.140   Workflowstufe *Projekt abgelehnt* erstellen und konfigurieren

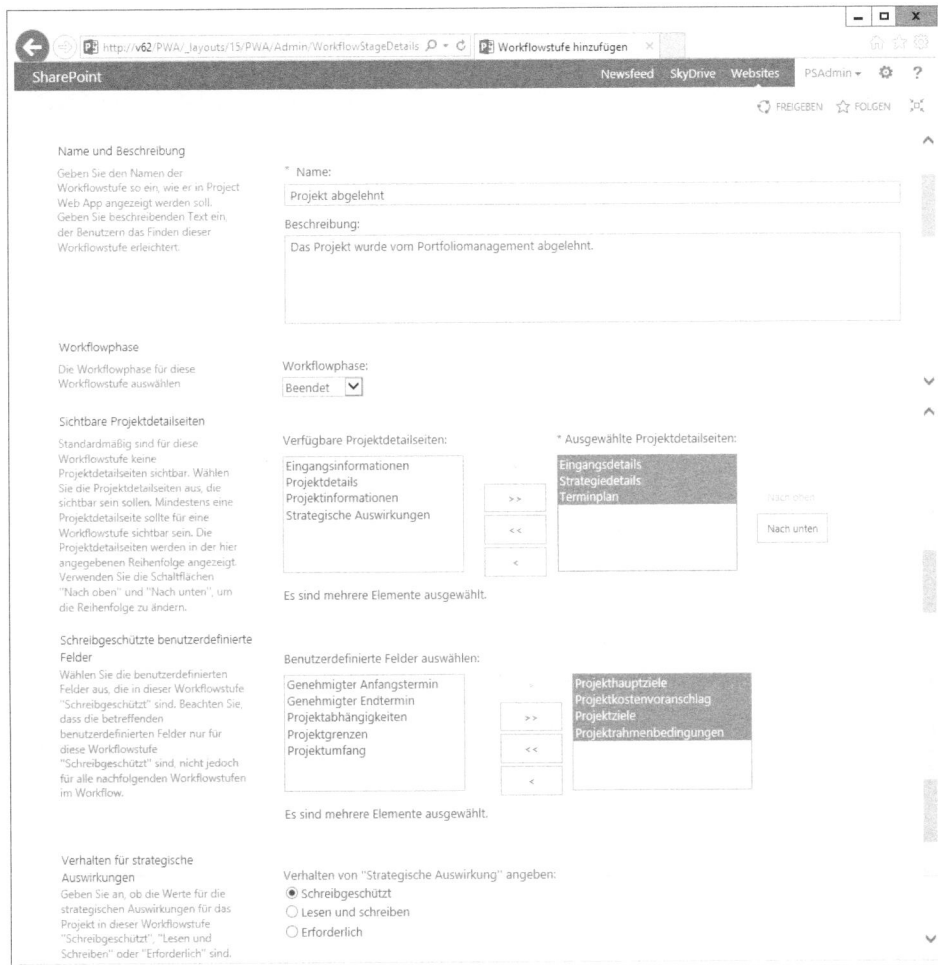

1. Erstellen Sie die Workflowstufe *Projekt abgelehnt* für die Phase *Beendet*.
2. Wählen Sie die Projektdetailseiten *Eingangsdetails*, *Strategiedetails* und *Terminplan* aus.
3. Setzen Sie die workflowgesteuerten Felder *Projekthauptziele*, *Projektkostenvoranschlag*, *Projektziele* und *Projektrahmenbedingungen* auf schreibgeschützt.
4. Setzen Sie ebenso die strategischen Auswirkungen auf schreibgeschützt.

Projektauswahl

Um die Workflowstufe *Projektauswahl* zu erstellen, führen Sie folgende Schritte aus:

Abbildg. 9.141   Workflowstufe *Projektauswahl* erstellen

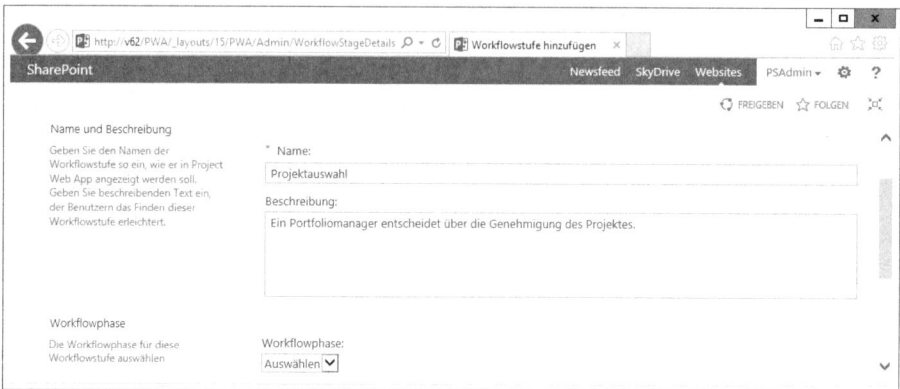

1. Erstellen Sie die Workflowstufe *Projektauswahl* für die Phase *Auswählen*.
2. Verwenden Sie die gleichen Projektdetailseiten und die gleichen Festlegungen für den Schreibschutz wie bei der Workflowstufe *Projekt abgelehnt*.

Portfolioauswahl

Um die Workflowstufe *Portfolioauswahl* zu erstellen, führen Sie folgende Schritte aus:

Abbildg. 9.142   Workflowstufe *Portfolioauswahl* erstellen

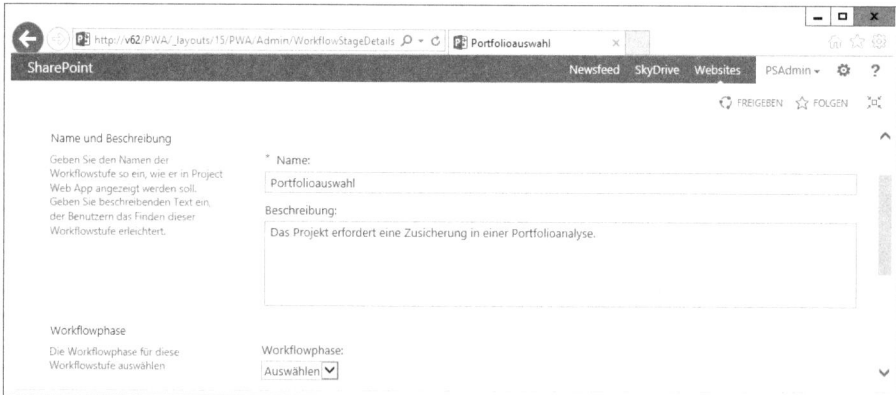

1. Erstellen Sie die Workflowstufe *Portfolioauswahl* für die Phase *Auswählen*.
2. Verwenden Sie die gleichen Projektdetailseiten und die gleichen Festlegungen für den Schreibschutz wie bei der Workflowstufe *Projekt abgelehnt*.

Ausführung

Um die Workflowstufe *Ausführung* zu erstellen, führen Sie folgende Schritte aus:

Abbildg. 9.143   Workflowstufe *Ausführung* erstellen

1. Erstellen Sie die Workflowstufe Ausführung für die Phase Verfolgen.
2. Verwenden Sie die gleichen Projektdetailseiten und die gleichen Festlegungen für den Schreibschutz wie bei der Workflowstufe *Projekt abgelehnt*.

Abgeschlossen

Um die Workflowstufe *Abgeschlossen* zu erstellen, führen Sie folgende Schritte aus:

Abbildg. 9.144   Workflowstufe *Abgeschlossen* erstellen

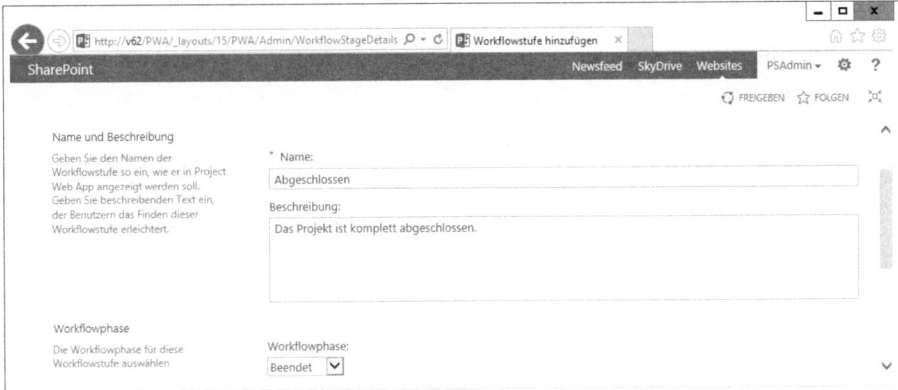

1. Erstellen Sie die Workflowstufe Abgeschlossen für die Phase Beendet.
2. Verwenden Sie die gleichen Projektdetailseiten und die gleichen Festlegungen für den Schreibschutz wie bei der Workflowstufe *Projekt abgelehnt*.

Abbildg. 9.145   Übersicht über alle neu angelegten Workflowstufen

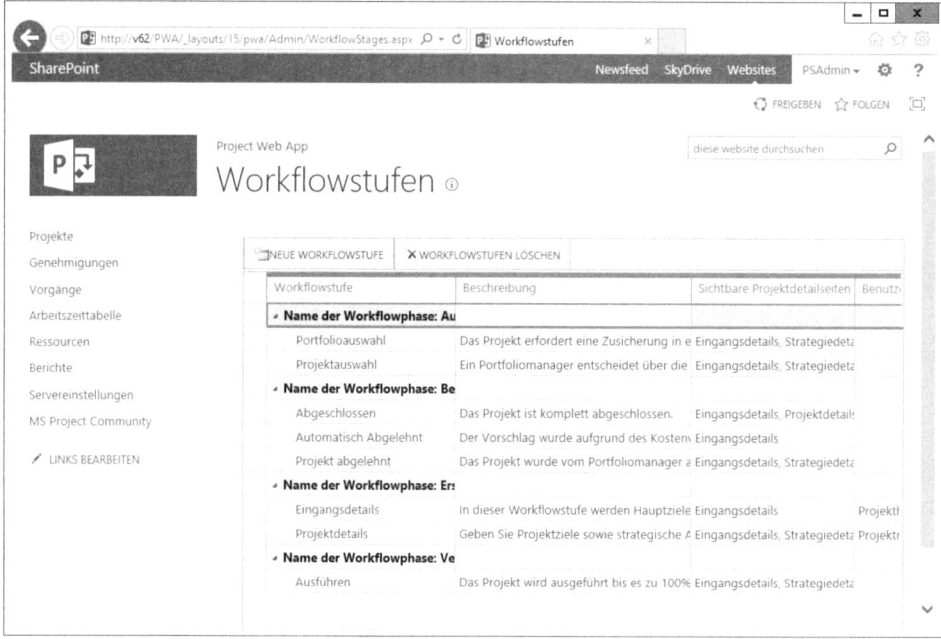

Damit haben Sie alle benötigten Workflowstufen eingerichtet.

Workflow mit SharePoint Designer erstellen

Der Workflow, den wir als Nächstes erstellen, begleitet ein Projekt von der Erstellung mit einem Kostenvoranschlag über einen automatischen Auswahlprozess, einen personalisierten Auswahlprozess und einen Portfolioauswahlprozess zur Projektdurchführung bis zur Fertigstellung (Projektabschluss).

NEU IN 2013   Zur Erstellung von Workflows können Sie in Project Server 2013 neben Visual Studio auch SharePoint Designer verwenden. In Visual Studio können Softwareentwickler komplexe Workflows unter Verwendung der Schnittstellen für Project Server erstellen. Dies ginge jedoch über den Rahmen dieses Buchs hinaus. Mit dem SharePoint Designer können Sie auch ohne Programmierkenntnisse Workflows erstellen, die Projektlebenszyklen mit Genehmigungen, Portfolioanalysen und Wartezeiten abbilden.

Wir verwenden daher hier SharePoint Designer zur Erstellung und Veröffentlichung unseres Workflows. Sie benötigen den SharePoint Designer auf Ihrem Rechner, der Workflow-Manager muss auf Project Server installiert, konfiguriert und für Project Web App registriert sein. Ihr Benutzerkonto muss Administrator für Project Web App sein (siehe Kapitel 8)

Um den Workflow zu erstellen, führen Sie folgende Schritte aus:

Abbildg. 9.146   Website *PWA* im SharePoint Designer öffnen

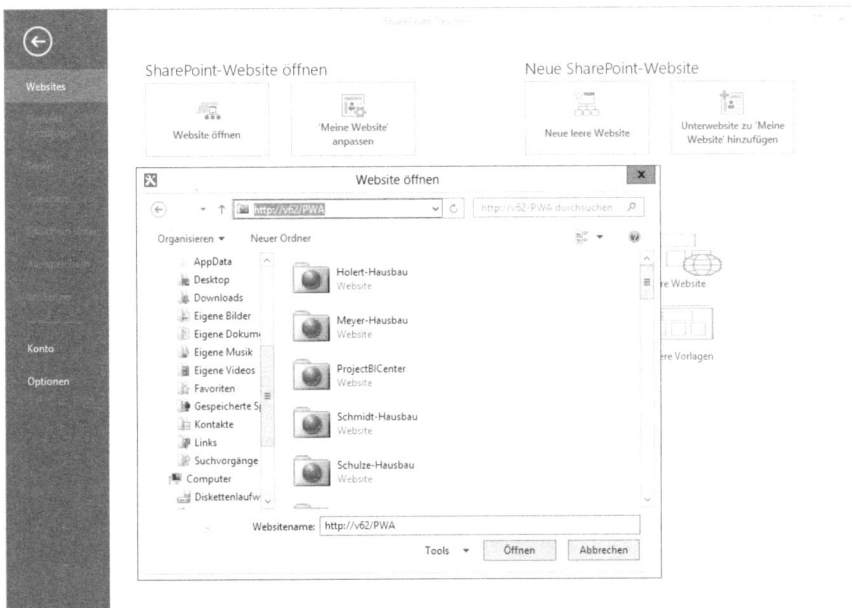

1. Starten Sie SharePoint Designer 2013, klicken Sie auf *Website öffnen*, geben Sie die Adresse von Project Web App ein und öffnen Sie die Websitesammlung.

Abbildg. 9.147   Erstellen des Workflows *Projektworkflow*

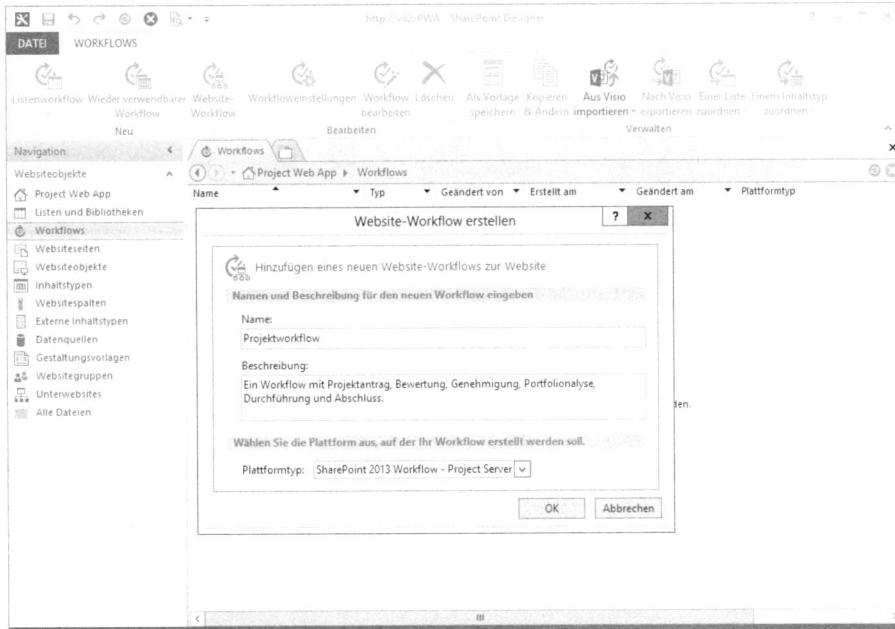

2. Nachdem Project Web App geöffnet ist, navigieren Sie links zu Workflows und klicken im Menüband auf *Neu*/Website-Workflow.

3. Geben Sie den Namen *Projektworkflow* und eine Beschreibung ein, wählen Sie als Plattformtyp SharePoint 2013 Workflow – Project Server aus.

Abbildg. 9.148   Workflowstufen zum Workflow hinzufügen

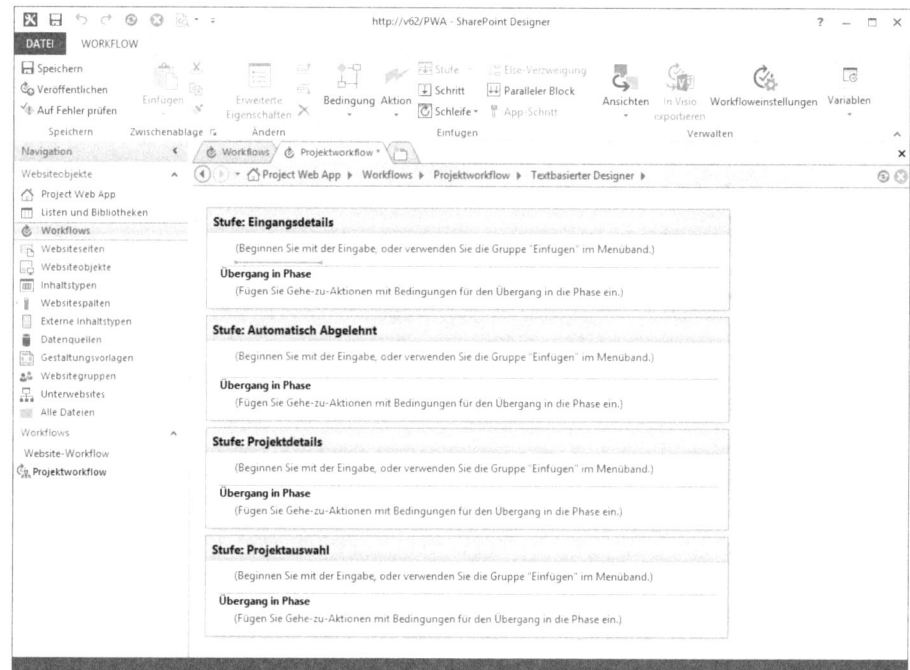

4. Wählen Sie im Menüband WORKFLOW/Einfügen/Stufe aus und fügen Sie die Workflowstufen Eingangsdetails, Automatisch Abgelehnt, Projektdetails und Projektauswahl ein.

5. Selektieren Sie in der Stufe Eingangsdetails die Zeile unter *Beginnen Sie mit der Eingabe*, sodass diese wie in Abbildung 9.148 mit einem blinkenden orangefarbenen Balken markiert ist.

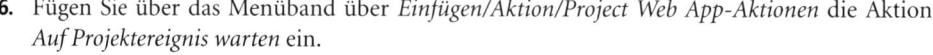

6. Fügen Sie über das Menüband über *Einfügen/Aktion/Project Web App-Aktionen* die Aktion *Auf Projektereignis warten* ein.

Abbildg. 9.149   Workflowaktion für *Eingangsdetails* konfigurieren

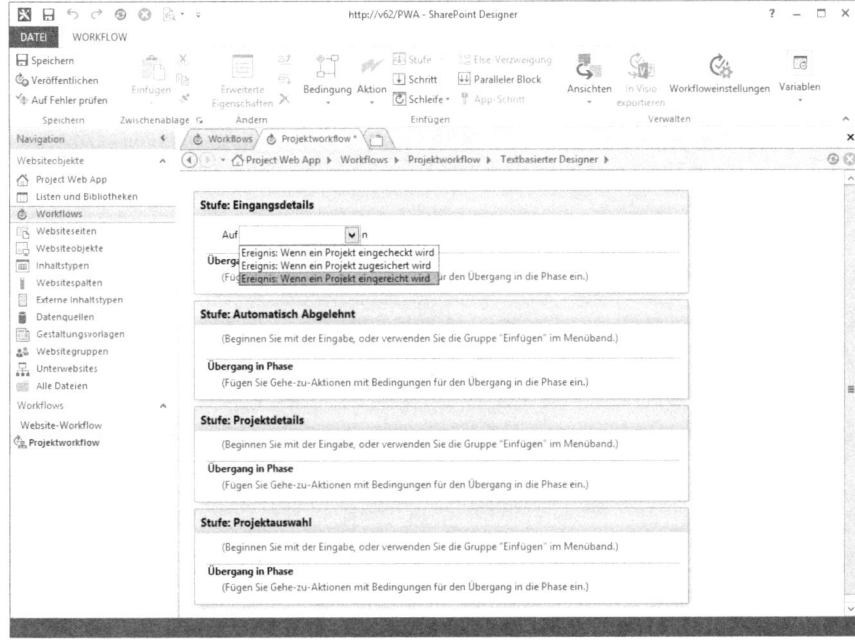

7. Klicken Sie in der soeben eingefügten Aktion auf *dieses Projektereignis* und wählen Sie den Eintrag *Ereignis: Wenn ein Projekt eingereicht wird* aus.

Abbildg. 9.150   Projektdaten mit *Workflow-Nachschlagevorgang* auslesen

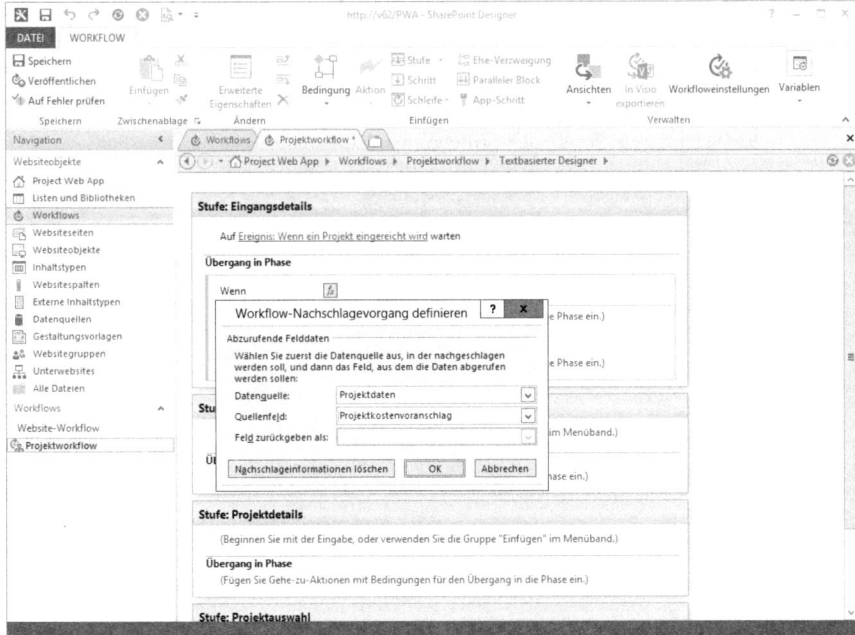

8. Wählen Sie in der Stufe Eingangsdetails im Bereich *Übergang in Phase*[1] die Zeile unter *Fügen Sie Gehe-Zu-Aktionen ...* aus und fügen Sie über *Einfügen/Bedingung/Allgemeine Bedingungen* die Bedingung *Wenn ein beliebiger Wert gleich dem Wert ist* ein. In der Zeile erscheint nun der Ausdruck *Wenn Wert ist gleich Wert.*

9. Klicken Sie auf den ersten Eintrag *Wert* und wählen Sie die Schaltfläche *Workflow-Nachschlagevorgang definieren* aus. Wählen Sie im folgenden Dialogfenster unter *Datenquelle* den Eintrag *Projektdaten* und unter *Quellenfeld* den Eintrag *Projektkostenvoranschlag* wie in Abbildung 9.150 gezeigt aus.

10. Ändern Sie anschließend die Relation *ist gleich* in *ist kleiner als oder gleich* und den zweiten Eintrag *Wert* in *1000000*.

Abbildg. 9.151   Workflowstufe *Eingangsdetails* konfigurieren

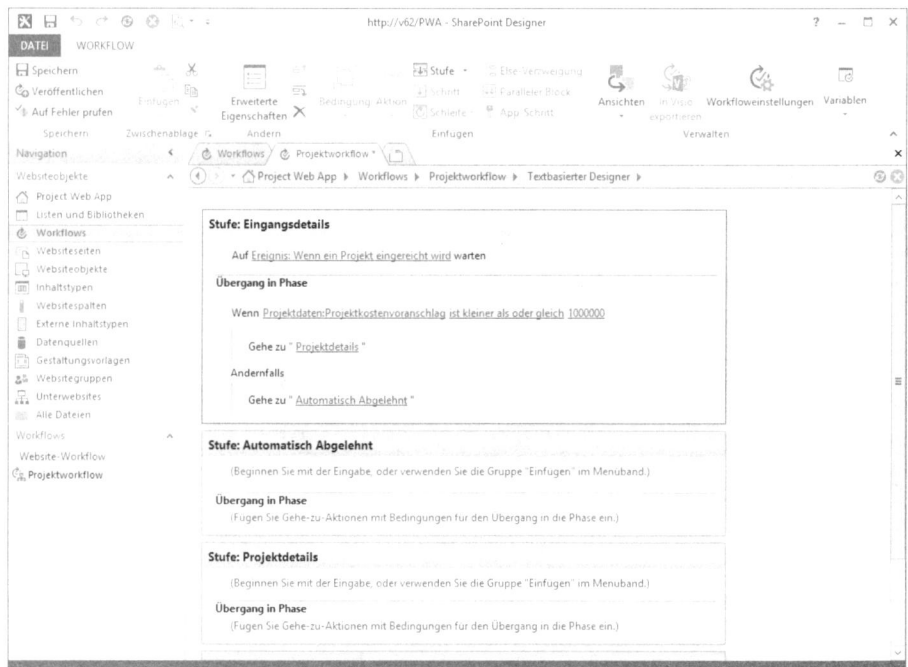

11. Unter dieser Bedingung finden Sie zwei Zeilen für die Aktionen, die abhängig von der zuvor erstellten Bedingung ausgeführt werden. Fügen Sie in beiden Zeilen über *Einfügen/Aktion/Allgemeine Datenflüsse* die Aktion *Gehe zu einer Stufe* ein. Wählen Sie in der ersten Zeile die Stufe *Projektdetails* und in der zweiten Zeile die Stufe *Automatisch Abgelehnt* aus. Damit ist die Konfiguration der Workflowstufe *Eingangsdetails* abgeschlossen.

---

[1] Im Bereich *Übergang in Phase* wird der Schritt in die nächste Workflowstufe definiert, die Workflowphasen werden hier nicht verwendet.

Abbildg. 9.152 Workflowstufe *Automatisch Abgelehnt* konfigurieren

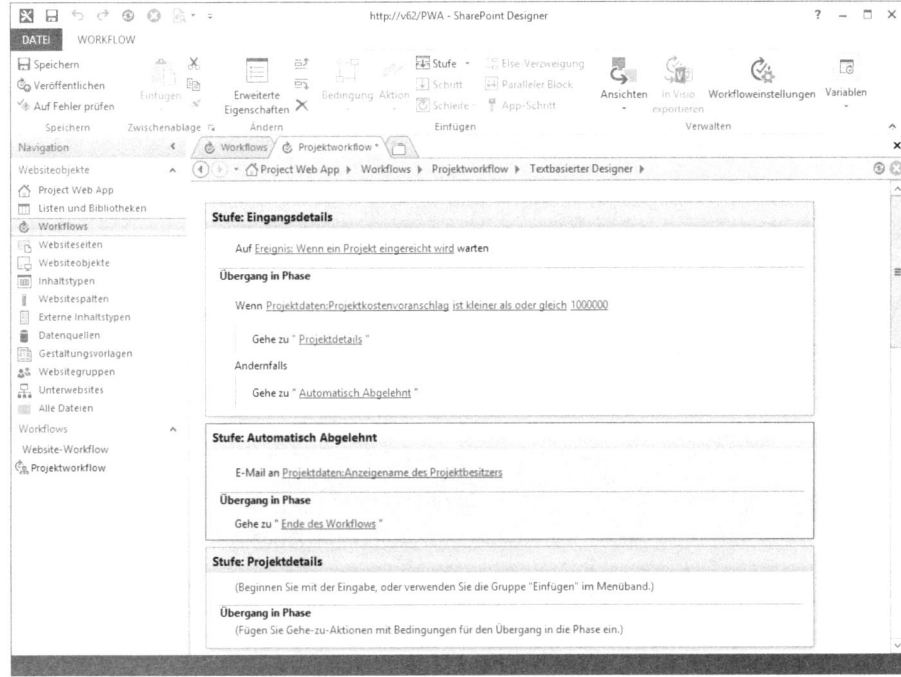

12. Konfigurieren Sie anschließend die Workflowstufe *Automatisch Abgelehnt*. Wählen Sie als Aktion in der Stufe über *Einfügen/Aktion/Hauptaktionen* die Aktion *E-Mail senden* aus.

Abbildg. 9.153 Nachschlagevorgang für E-Mail an den Projektbesitzer

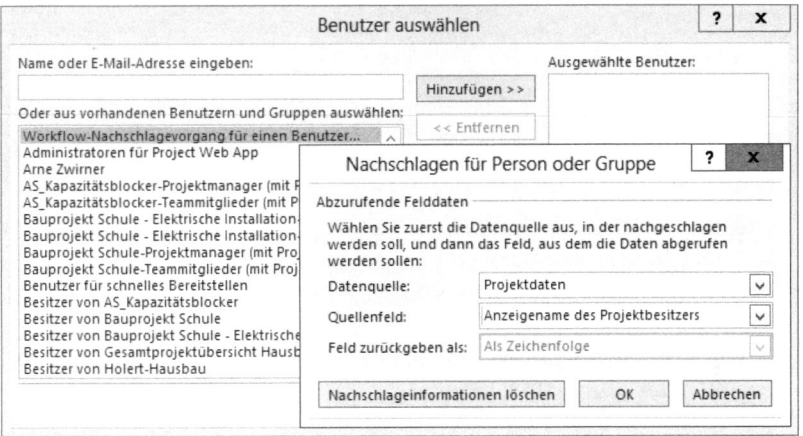

13. Wählen Sie in der Aktion *E-Mail an diese Benutzer* den Eintrag *diese Benutzer* aus. Konfigurieren Sie *An*, indem Sie auf das Buchsymbol klicken, den Eintrag *Workflow-Nachschlagevorgang für einen Benutzer* auswählen, die Schaltfläche *Hinzufügen* aktivieren und im folgenden Dialogfeld als Datenquelle den Eintrag *Projektdaten* und als Quellenfeld den Eintrag *Anzeigename des Projektbesitzers* auswählen.

ACHTUNG   Zum Versand von E-Mails dürfen Sie nicht das Quellenfeld *E-Mail-Adresse des Projektbesitzers* verwenden, sondern müssen den Anzeigenamen verwenden. Die Adressauflösung findet dann durch SharePoint statt.

14. Ergänzen Sie *CC*, *Betreff* und Inhalt der E-Mail, die bei automatischer Ablehnung des Projekts versandt wird.

15. Wählen Sie als *Übergang in Phase* wieder die Aktion *Gehe zu einer Stufe* mit dem Ziel *Ende des Workflows* aus. Das ist keine von Project Web App definierte Workflowstufe, sondern heißt, dass der Workflow abgeschlossen wird.

Abbildg. 9.154   Workflowstufe *Projektdetails* konfigurieren

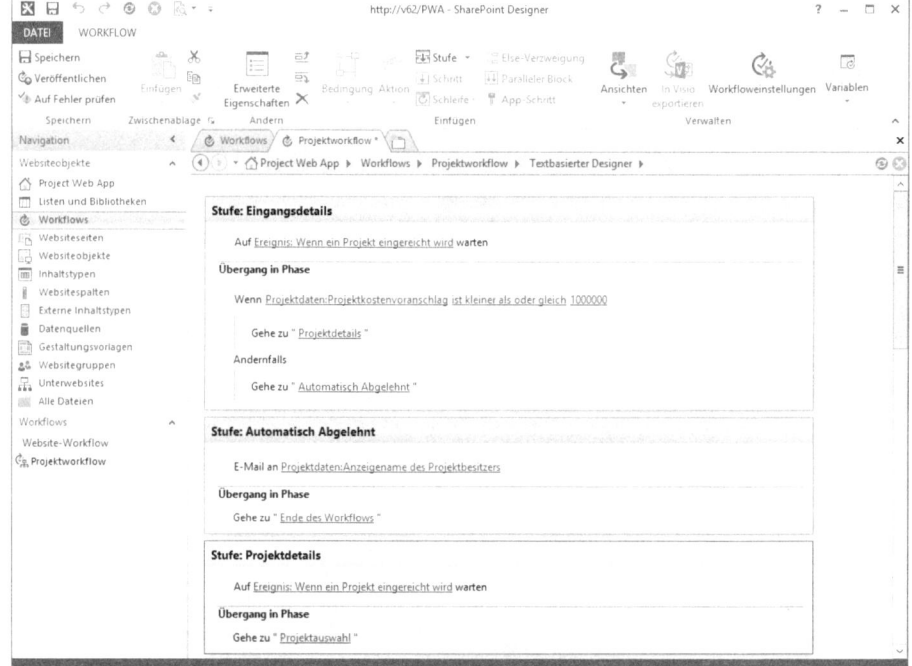

16. Die Workflowstufe *Projektdetails* konfigurieren Sie mit der Aktion *Auf Projektereignis warten* und dem *Ereignis: Wenn ein Projekt eingereicht wird*.

17. Als *Übergang in Phase* verwenden Sie die Aktion *Gehe zu einer Stufe* mit dem Ziel *Projektauswahl*.

18. Fügen Sie anschließend über *Einfügen/Stufe* die Stufen *Projekt abgelehnt*, *Portfolioauswahl*, *Ausführung* und *Abgeschlossen* ein.

Abbildg. 9.155   Aufgabenprozess für die Workflowstufe *Projektauswahl*

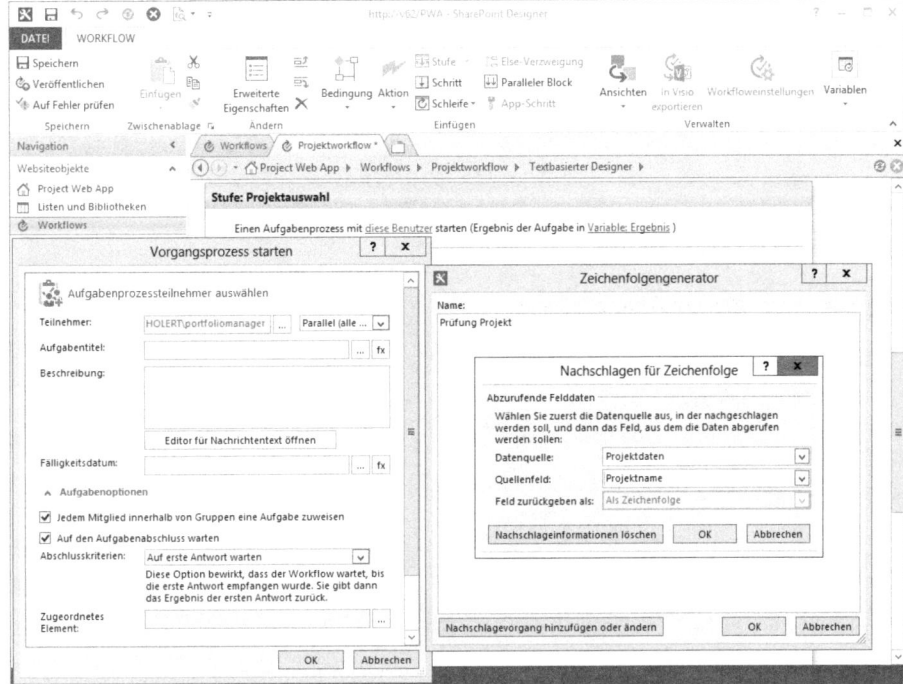

19. Für die Workflowstufe Projektauswahl wählen Sie über *Einfügen/Aktion/Hauptaktionen* die Aktion *Aufgabenprozess starten* aus.

20. Klicken Sie im Aufgabenprozess auf *diese Benutzer*, um das Dialogfenster zur Konfiguration des Aufgabenprozesses zu öffnen.[1]

21. Wählen Sie als *Teilnehmer* die Personen aus, die über das Projekt entscheiden, in unserem Beispiel die Active Directory-Gruppe *Portfoliomanager*. Im Auswahlmenü daneben wählen Sie *Parallel (alle gleichzeitig)*, um die Aufgaben allen Beteiligten parallel zuzuweisen.

22. Klicken Sie neben *Aufgabentitel* auf die drei Punkte, um das Dialogfenster *Zeichenfolgengenerator* zu öffnen. Geben Sie einen geeigneten Text wie *Prüfung Projekt* ein und ergänzen Sie über die Schaltfläche *Nachschlagevorgang hinzufügen oder ändern* aus den *Projektdaten* das Feld *Projektname*.

23. Unter *Aufgabenoptionen* wählen Sie als *Abschlusskriterien* den Eintrag *Auf erste Antwort warten* aus. Belassen Sie ansonsten die Standardeinstellungen bei den *Aufgaben-*, *E-Mail-* und *Ergebnisoptionen* der Aktion *Aufgabenprozess starten* und bestätigen Sie mit *OK*.

---

[1] Während die Aktion *Aufgabenprozess starten* heißt, ist der Titel des Dialogfelds *Vorgangsprozess starten*.

Optionen der Aktion *Aufgabenprozess starten*

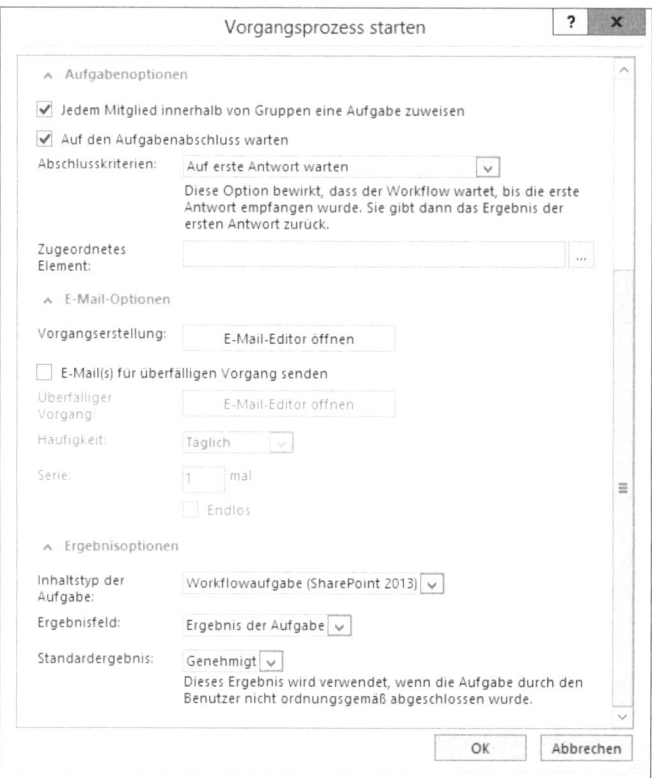

24. Behalten Sie für das *Ergebnis der Aufgabe* den Wert *Variable: Ergebnis* bei.

HINWEIS   Aufgaben und Aufgabenprozesse können Sie SharePoint oder Active Directory-Gruppen zuweisen, nicht jedoch Project Server-Gruppen.

Die SharePoint-Gruppe *Portfoliomanager für Project Web App* ist in unserem Fall nicht geeignet, da sie im Project Server-Berechtigungsmodus nicht synchronisiert wird. Verwenden Sie daher eine AD-Gruppe, die Sie sowohl für die Workflowgenehmigung als auch für die Synchronisation mit der Project Server-Gruppe *Portfoliomanager* verwenden (vgl. den Abschnitt »Gruppen verwalten« später in diesem Kapitel).

25. Fügen Sie in der Workflowstufe *Projektauswahl* als *Übergang in Phase* als *Bedingung* wieder *Wenn ein beliebiger Wert gleich dem Wert ist* ein. Wählen Sie für den ersten Wert als Datenquelle den Eintrag *Workflowvariablen und -parameter* und als Quellenfeld den Eintrag *Variable: Ergebnis* aus. Behalten Sie die Relation *ist gleich* bei und wählen Sie als zweiten *Wert* den Eintrag *Genehmigt* aus.

Workflowstufe *Projektauswahl* konfigurieren

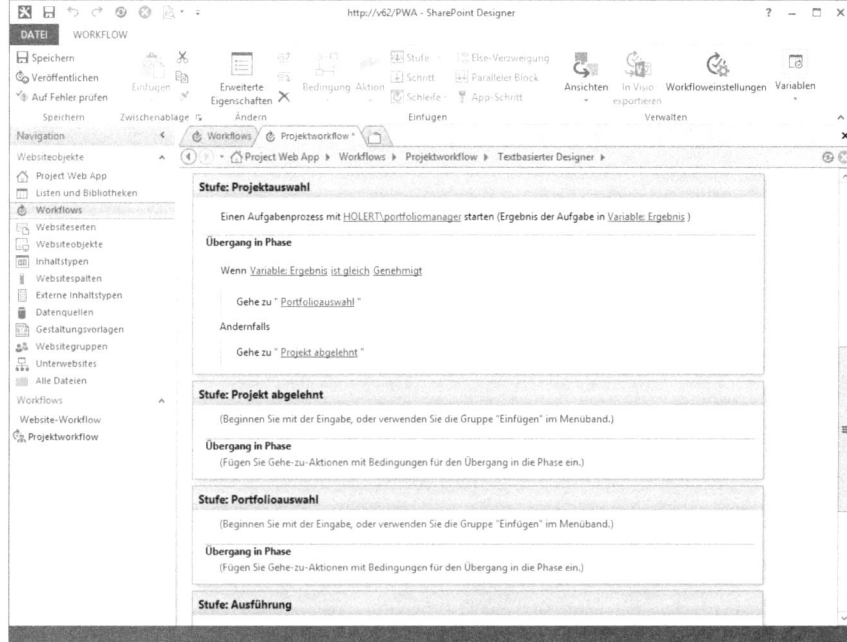

26. Verwenden Sie für *Übergang in Phase* die Aktion *Gehe zu einer Stufe* mit den Zielen *Portfolio-auswahl* bzw. *Projekt abgelehnt*.

Workflowstufe *Projekt abgelehnt* konfigurieren

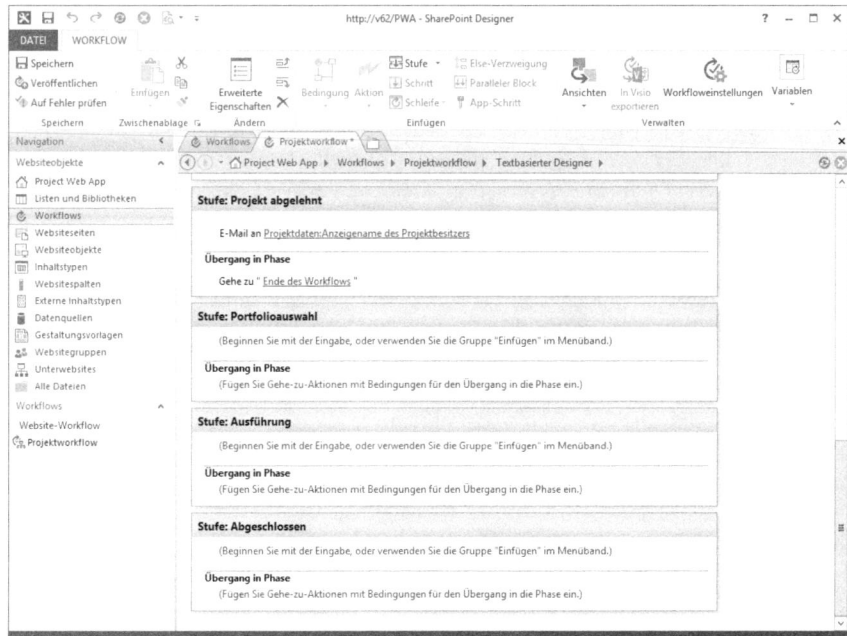

27. Konfigurieren Sie in der Workflowstufe *Projekt abgelehnt* als *Aktion* wieder *E-Mail senden*.

28. Wählen Sie für den *Übergang in Phase* wieder *Gehe zu einer Stufe* mit dem Ziel *Ende des Workflows* aus.

Abbildg. 9.159
Workflowstufe *Portfolioauswahl* konfigurieren

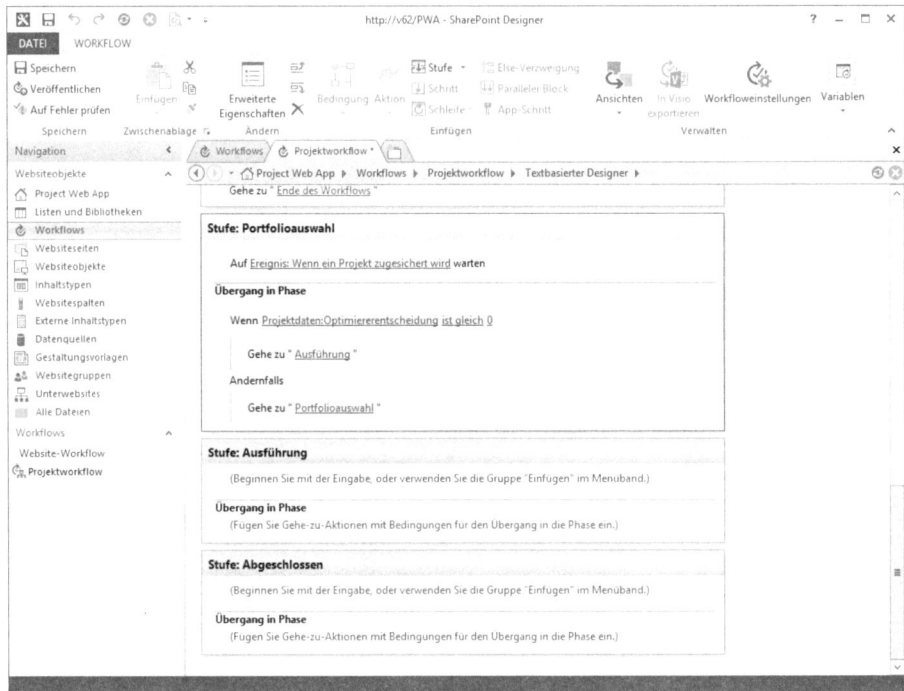

29. Für die Workflowstufe *Portfolioauswahl* fügen Sie die Aktion *Auf ein Projektereignis warten* ein. Wählen Sie hier den Eintrag *Ereignis: Wenn ein Projekt zugesichert wird* aus.

30. Bei *Übergang in Phase* verwenden Sie als *Bedingung* wieder *Wenn Wert ist gleich Wert*. Für den ersten Wert wählen Sie als Datenquelle den Eintrag *Projektdaten* und als Quellenfeld den Wert *Optimiererentscheidung*. Den zweiten Wert setzen Sie auf *0*.

31. Nach dieser Bedingung fügen Sie jeweils die Aktion *Gehe zu einer Stufe* mit dem Ziel *Ausführung* bzw. *Portfolioauswahl* ein.

32. Gehen Sie als Nächstes zur Workflowstufe *Ausführung*. Fügen Sie über *Einfügen/Schleife/Schleife mit Bedingung* eine Schleife ein. Klicken Sie auf den Namen der Schleife im Workflow und benennen Sie sie in *Warten auf Fertigstellung* um.

33. Klicken Sie auf die Schleifenbedingung *Wert ist gleich Wert*, um das Dialogfenster *Schleifen-Bedingung Eigenschaften* zu öffnen.

Abbildg. 9.160   Workflowstufe *Ausführung* mit Schleife *Warten auf Fertigstellung*

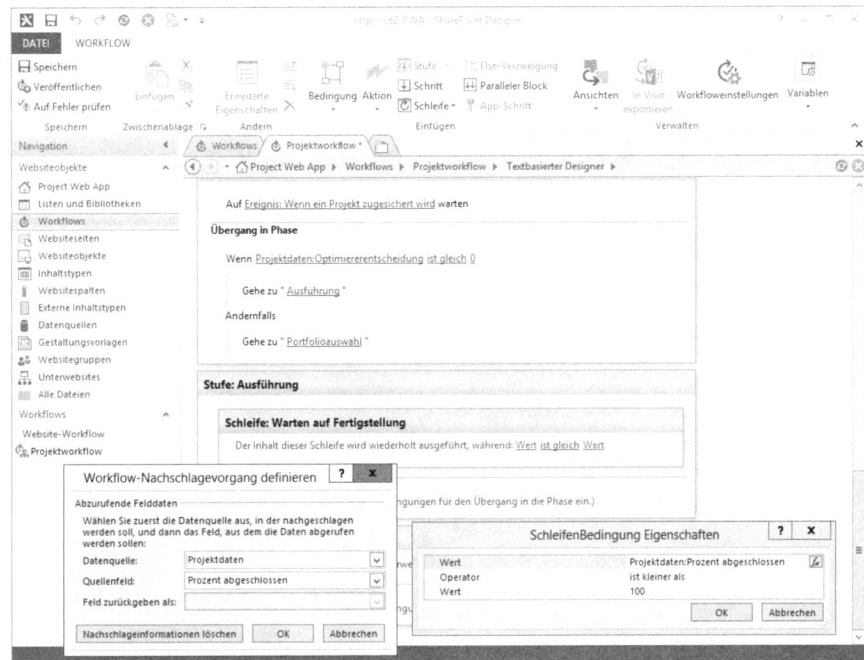

34. Wählen Sie im Dialogfeld als ersten Wert die Datenquelle *Projektdaten* und das Quellenfeld *Prozent abgeschlossen*, als Operator *ist kleiner als* und als zweiten Wert *100* aus.

Abbildg. 9.161   Workflowstufe *Portfolioauswahl* konfiguriert

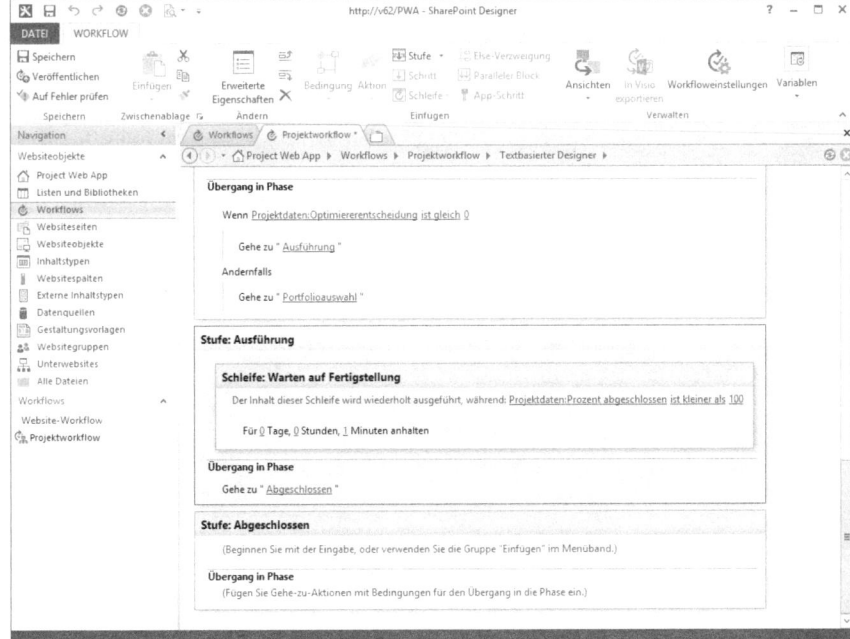

35. Fügen Sie innerhalb der Schleife direkt unter der soeben erstellten Bedingung über *Einfügen/ Aktion/Hauptaktionen* die Aktion *Für Dauer anhalten* ein. Bearbeiten Sie den Eintrag für *Minuten* und tragen Sie dort *1* ein.

36. Wählen Sie für *Übergang in Phase* die Aktion *Gehe zu einer Stufe* mit dem Ziel *Abgeschlossen* aus.

Abbildg. 9.162   Workflowstufe *Abgeschlossen* konfigurieren

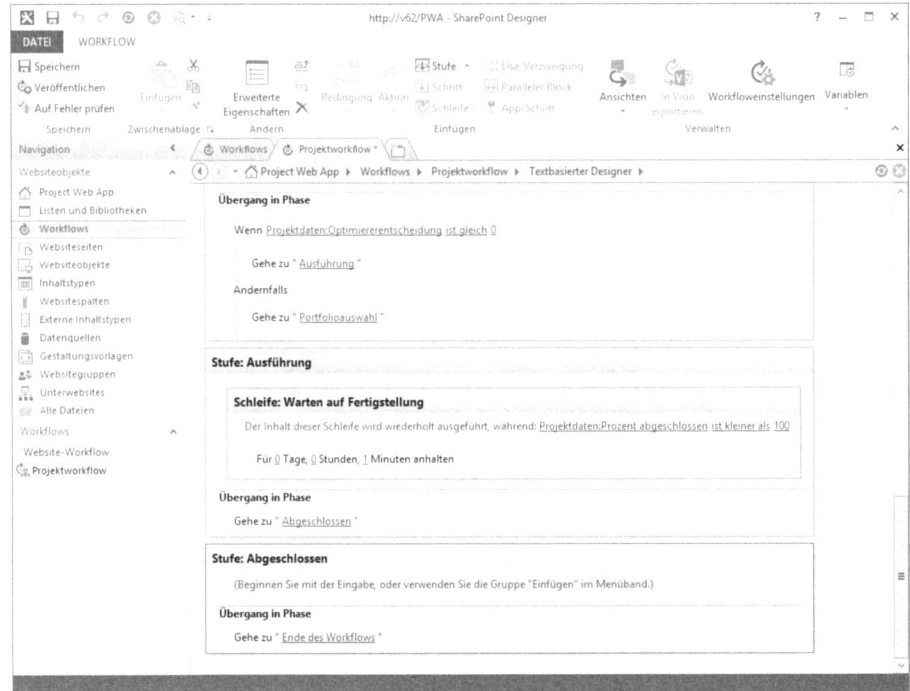

37. Für die letzte Workflowstufe *Abgeschlossen* benötigen Sie keine Aktion innerhalb der Stufe.

38. Als *Übergang in Phase* wählen Sie die Aktion *Gehe zu einer Stufe* mit dem Ziel *Ende des Workflows* aus.

39. Veröffentlichen Sie anschließend den Workflow über den Befehl *WORKFLOW/Speichern/ Veröffentlichen*. Schließen Sie danach SharePoint Designer.

Damit ist die Erstellung des Workflows abgeschlossen, im nächsten Abschnitt weisen wir ihn in Project Web App einem Enterprise-Projekttyp zu.

Abbildg. 9.163 Workflow speichern und veröffentlichen

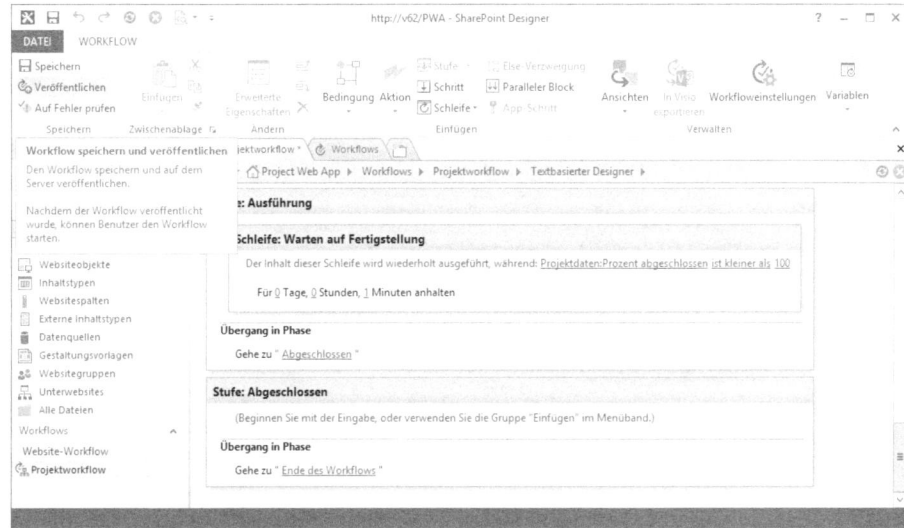

Enterprise-Projekttypen

Mit *Enterprise-Projekttypen* (EPT) können Sie für alle zugeordneten Komponenten festlegen,

- welche *Projektplanvorlage* und welche *Projektwebsitevorlage* bei der Neuanlage eines Projekts verwendet werden soll
- ob dieses Projekt als Vorgangsliste in SharePoint geführt werden soll
- durch welchen Workflow der Lebenszyklus des Projekts gesteuert wird und welche Projektdetailseite zu diesem Projekt bei der Erstellung im Project Center angezeigt wird
- welche Projektdetailseiten zu diesem Projekt bei der Durchführung im Project Center angezeigt werden, falls kein Workflow zugeordnet ist
- ob dieser EPT zur Projektanlage über das Project Center für alle Benutzer oder nur für bestimmte *Abteilungen* verfügbar sein soll

Nachfolgend legen wir den Standard-EPT als *Enterprise-Projekt* fest und erstellen dann einen zusätzlichen EPT *Tiefbauprojekt (Workflow)*, der unseren Workflow *Projektworkflow* verwendet.

HINWEIS Nach der Installation ist als Standard der EPT *SharePoint-Vorgangsliste* ausgewählt.

Um den Standard-EPT von *SharePoint-Vorgangsliste* auf *Enterprise-Projekt* umzustellen, führen Sie folgende Schritte aus:

1. Klicken Sie in PWA auf die Verknüpfung *Servereinstellungen*.
2. Klicken Sie im Abschnitt *Workflow- und Projektdetailseiten* auf die Verknüpfung *Enterprise-Projekttypen*.
3. Klicken Sie auf den Eintrag *Enterprise-Projekt*.
4. Aktivieren Sie unter *Standard* die Schaltfläche *Diesen Wert bei der Projekterstellung als Standardwert für den Enterprise-Projekttyp verwenden*.

Damit werden alle neuen Projekte standardmäßig als Enterprise-Projekt angelegt. Existierende Projekte werden nicht automatisch geändert, die manuelle Umstellung wird im Abschnitt »Workflows ändern und neu starten« später in diesem Kapitel beschrieben.

Um den Enterprise-Projekttyp *Tiefbauprojekt (Workflow)* zu erstellen, führen Sie folgende Schritte aus:

1. Klicken Sie in PWA auf die Verknüpfung *Servereinstellungen.*
2. Klicken Sie im Abschnitt *Workflow- und Projektdetailseiten* auf die Verknüpfung *Enterprise-Projekttypen.*

Abbildg. 9.164   Enterprise-Projekttyp anlegen

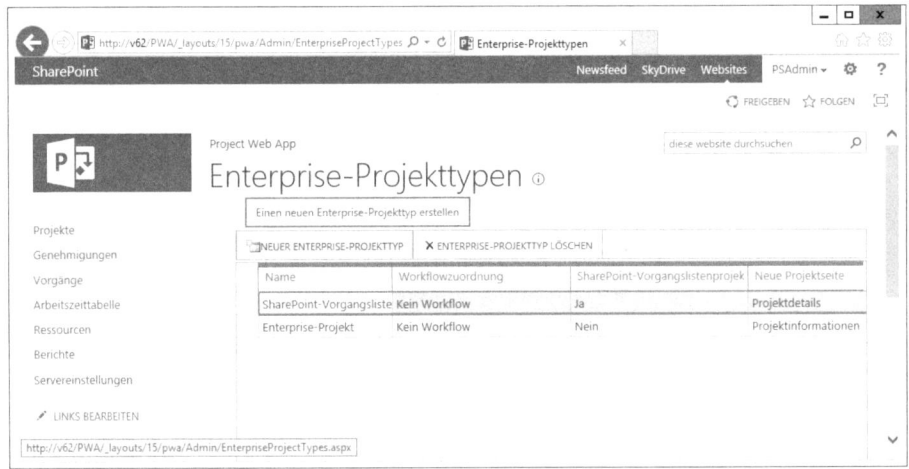

3. Klicken Sie in der Symbolleiste auf die Schaltfläche *Neuer Enterprise-Projekttyp.*

Abbildg. 9.165   Projekttyp *Tiefbau (Workflow)* – Schritt 1

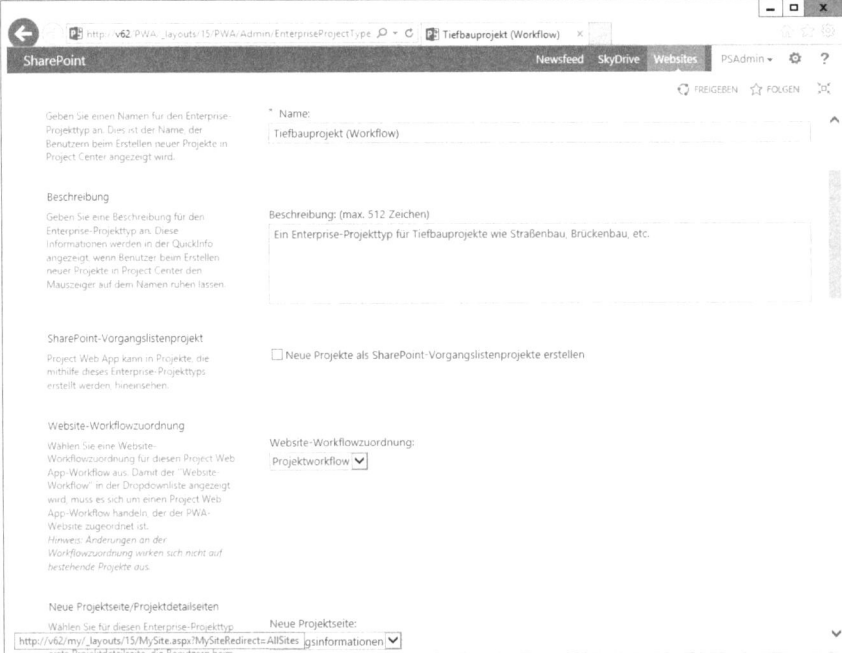

4. Geben Sie unter *Name* die Bezeichnung des Projekttyps an, z.B. »Tiefbauprojekt (Workflow)«

5. Im Feld *Beschreibung* geben Sie eine kurze Beschreibung des Projekttyps an. Diese Beschreibung wird bei Neuanlage eines Projekts im Project Center in der QuickInfo zum jeweiligen Projekttyp im Dropdown-Listenfeld *Neu* angezeigt.

6. Lassen Sie unter *SharePoint-Vorgangslistenprojekt* die Option *Neue Projekte als SharePoint-Vorgangslistenprojekte erstellen* deaktiviert.

7. Wählen Sie unter *Website-Workflowzuordnung* den zuvor erstellten Workflow *Projektworkflow* aus.

HINWEIS   Falls Sie den Eintrag *Kein Workflow* auswählen, wird die Anzeige der Projektdetailseiten vom Enterprise-Projekttyp und nicht vom Workflow gesteuert. Wählen Sie dann im folgenden Abschnitt, welche Projektseite zur Erstellung eines Projekts dieses Projekttyps und welche Projektdetailseiten im Anschluss angezeigt werden sollen. In diesem Fall stehen alle ausgewählten Projektdetailseiten unmittelbar nach der Projektanlage für die Eingabe zur Verfügung.

Abbildg. 9.166   Projekttyp *Tiefbau (Workflow)* – Schritt 2

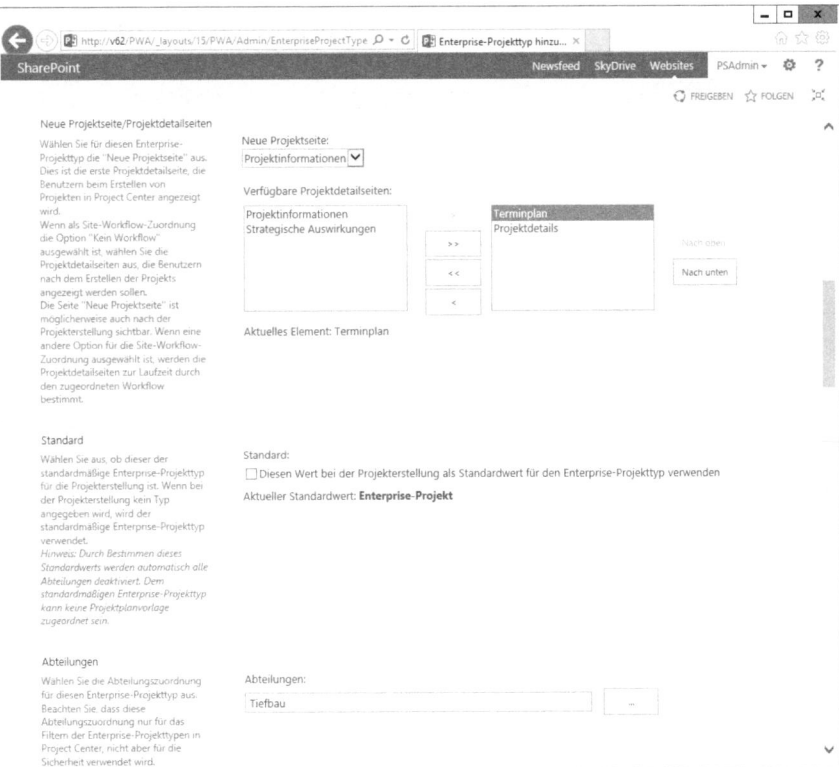

8. Unter *Neue Projektseite/Projektdetailseiten* wählen Sie im Dropdown-Listenfeld *Neue Projektseite* den Eintrag *Projektinformationen*. Über dieses Dropdown-Listenfeld können Sie definieren, welche Projektdetailseite beim Erstellen eines neues Projekts bzw. eines Projektvorschlags auf Basis dieses Enterprise-Projekttyps angezeigt wird.

9. Fügen Sie unter *Verfügbare Projektdetailseiten* die Seiten *Terminplan* und *Projektdetails* der Liste der *Projektdetailseiten* hinzu.

10. Lassen Sie unter *Standard* das Kontrollkästchen *Diesen Wert bei der Projekterstellung als Standardwert für den Enterprise-Projekttyp verwenden* deaktiviert.

ACHTUNG Aktivieren Sie das Kontrollkästchen *Diesen Wert bei der Projekterstellung als Standardwert für den Enterprise-Projekttyp verwenden* nur dann, wenn Sie global, also für die gesamte Project Server-Instanz, diesen Projekttyp als Standard für alle Abteilungen vorgeben möchten.

Für den Standard-Enterprise-Projekttyp wird das Feld *Abteilungen* deaktiviert. Sie können ebenso keine Projektplanvorlage hinterlegen.

11. Wählen Sie im Feld *Abteilungen* die Abteilung *Tiefbau* aus.

HINWEIS Die Zuordnung eines Enterprise-Projekttyps zu einer Ressourcenabteilung bewirkt, dass nur Mitarbeiter der gewählten Abteilungen Projekte dieses Projekttyps im Menüband sehen können. Es werden hierdurch jedoch keine darüber hinausgehenden Berechtigungen eingeschränkt (vgl. Abschnitt »Benutzerdefinierte Felder und Nachschlagetabellen« weiter vorn in diesem Kapitel).

Abbildg. 9.167   Projekttyp *Tiefbau (Workflow)* – Schritt 3

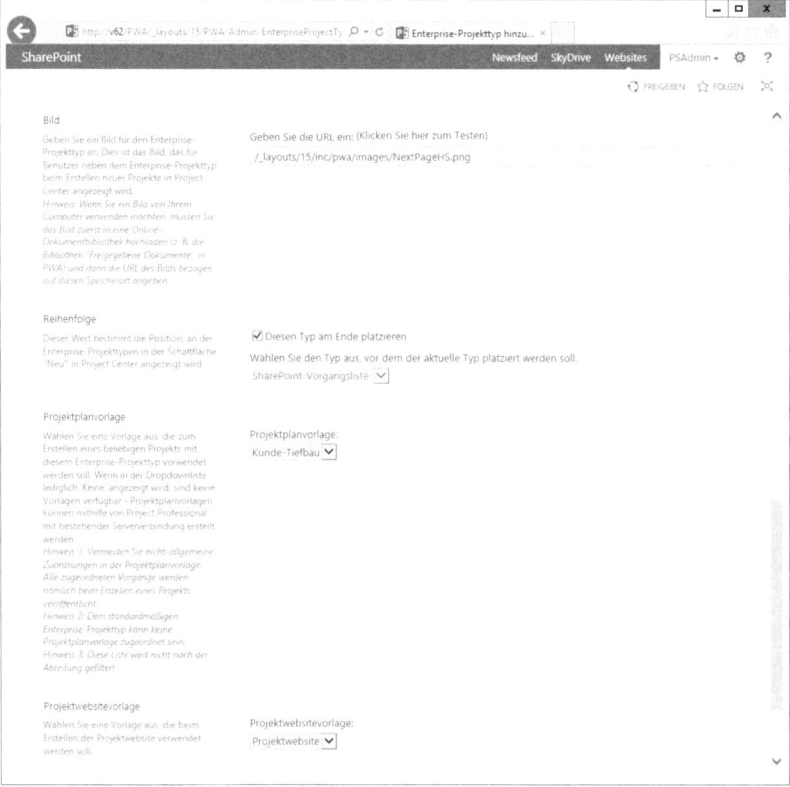

12. Wählen Sie unter *Bild* ein passendes Icon aus.

> **HINWEIS**   Sie können jedem einzelnen Projekttyp ein individuelles Bild zuordnen. Dieses Bild wird neben dem Namen im Project Center beim Erstellen neuer Projekte angezeigt. Hierzu legen Sie das Bild bzw. die Grafik direkt auf dem Server oder in einer SharePoint-Bibliothek ab und kopieren die Verknüpfung zu dieser Grafik unter *Bild* in das Feld *Geben Sie die URL ein.*

13. Im Abschnitt *Reihenfolge* können Sie steuern, an welcher Stelle der Projekttyp im Project Center beim Erstellen neuer Projekte im Dropdownmenü angezeigt wird. Belassen Sie das Häkchen bei *Diesen Typ am Ende platzieren.*

14. Unter *Projektplanvorlage* können Sie bereits gespeicherte Enterprise-Projektvorlagen, wie *Kunde-Tiefbau*, auswählen.

15. Belassen Sie den Standardwert unter *Projektwebsitevorlage.* Mit dieser Einstellung können Sie jedem Projekttyp eine individuelle Websitevorlage zuordnen, aus der bei der Erstellung eines neuen Projekts die zugehörige SharePoint-Projektwebsite angelegt wird (weitere Einstellungen siehe den Abschnitt »Einstellungen für die Bereitstellung der Projektwebsite« später in diesem Kapitel).

16. Klicken Sie zum Schluss auf die Schaltfläche *Speichern.*

> **HINWEIS**   Projekttypen können nur gelöscht werden, sofern Sie nicht von existierenden Projekten verwendet werden. Ändern Sie ggf. den Enterprise-Projekttyp der entsprechenden Projekte, indem Sie die Funktion *Workflows ändern oder neu starten* in dem Abschnitt *Workflow- und Projektdetailseiten* unter *Servereinstellungen* verwenden (siehe den folgenden Abschnitt »Workflows ändern und neu starten«). Erst nachdem Sie für alle bestehenden Projekte des zu löschenden Projekttyps einen anderen Projekttyp zugeordnet haben, können Sie den Eintrag löschen.

Die Nutzung dieses Workflows ist in Kapitel 4 beschrieben.

Workflows ändern und neu starten

Auf der Seite *Workflows ändern und neu starten* können Sie zu bestehenden Projekten bereits laufende Workflows erneut starten, die Workflowstufe ändern oder diese abbrechen. Zudem können Sie existierende Projekte auch anderen Enterprise-Projekttypen und damit anderen Workflows zuordnen.

Es gibt verschiedene Gründe, den Workflow eines Projekts anzupassen. So kann z.B. ein Portfoliomanager feststellen, dass er versehentlich Projekte abgelehnt hat, obwohl er diese freigeben wollte. Es kann auch gewünscht sein, bestehende Projekte einem anderen Workflow zuzuordnen.

In unserem Beispiel ordnen wir das Projekt *Holert-Straße*, das derzeit dem Enterprise-Projekttyp *Enterprise-Projekt* zugeordnet ist, dem neuen Enterprise-Projekttyp *Tiefbauprojekt (Workflow)* zu. Gehen Sie dazu wie folgt vor:

1. Klicken Sie auf die Verknüpfung *Servereinstellungen.*

2. Im Abschnitt *Workflow- und Projektdetailseiten* klicken Sie auf die Verknüpfung *Workflows ändern oder neu starten.*

3. Wählen Sie im Dropdown-Listenfeld *Enterprise-Projekttyp auswählen* den Projekttyp aus, dessen Workflow Sie ändern möchten. In unserem Beispiel wählen Sie den Eintrag *Enterprise-Projekt* aus.

Abbildg. 9.168   Workflows ändern und neu starten

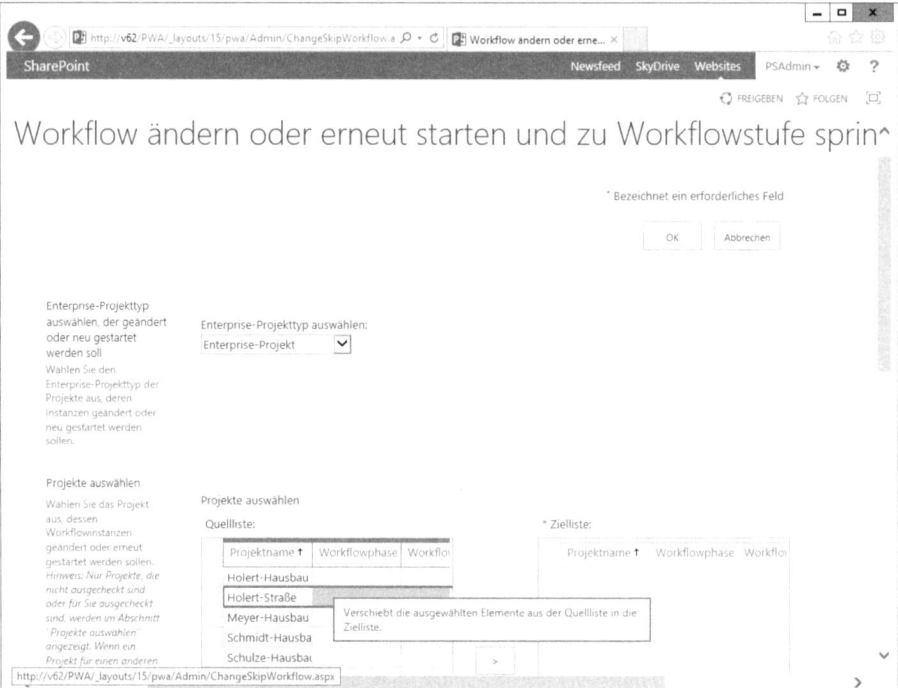

4. Abhängig von dem oben selektierten Projekttyp wird die *Quellliste* im Abschnitt *Projekte auswählen* gefiltert. Markieren Sie das Projekt *Holert-Straße* in der Spalte *Quellliste*, dessen Workflow Sie anpassen möchten.

5. Zwischen der Quellliste und der Zielliste befinden sich vier Schaltflächen. Klicken Sie auf die erste Schaltfläche mit dem einfachen Pfeil nach rechts, damit das markierte Projekt in die Zielliste übertragen wird.

6. Stellen Sie sicher, dass die Option *Projekte einem neuen Enterprise-Projekttyp zuordnen* ausgewählt ist und wählen Sie *Tiefbauprojekt (Workflow)* aus.

HINWEIS   Wenn Sie die Option *Starten Sie den aktuellen Workflow für die ausgewählten Projekte erneut* auswählen, können Sie Projekte einem neuen Workflow zuordnen und anschließend die gewünschte Workflowstufe festlegen. Beachten Sie aber, dass hierbei alle vorherigen Schritte des Workflows, beispielsweise ein E-Mailversand, auch erneut ausgeführt werden.

Abbildg. 9.169   Projekte auswählen, deren Workflow geändert werden soll

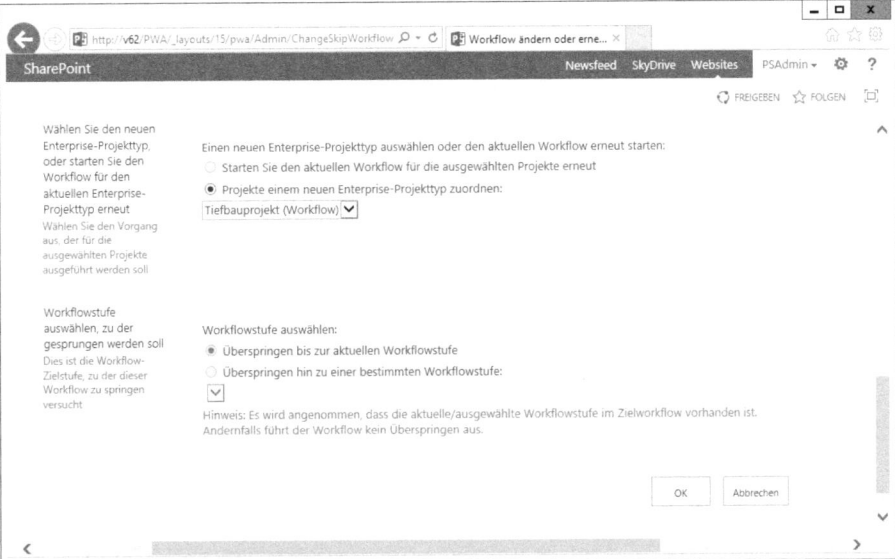

7. Stellen Sie sicher, dass das Optionsfeld *Überspringen bis zur aktuellen Workflowstufe* ausgewählt ist.

8. Klicken Sie zum Schluss auf die Schaltfläche *OK*.

Damit unterliegt das Projekt *Holert-Straße* den Bedingungen des neuen Enterprise-Projekttyps *Tiefbauprojekt (Workflow)*.

Sicherheit

Nachfolgend geben wir Ihnen einen Überblick über das Sicherheitskonzept von Project Server und beschreiben, wie Sie die Sicherheitseinstellungen für unser Beispielunternehmen im Project Server-Berechtigungsmodus festlegen.

> **HINWEIS**   Wir gehen im Folgenden davon aus, dass Project Web App im Project Server-Berechtigungsmodus läuft, wie in Kapitel 8 festgelegt. Falls Sie abweichend den SharePoint-Berechtigungsmodus einsetzen, gelten mehrere Einschränkungen. Standardberechtigungen können nicht angepasst werden und es lassen sich auch keine eigenen Gruppen oder Kategorien anlegen. Damit können auch keine eigenen Berechtigungen für Arbeitsressourcen über den RSP vergeben werden. Zudem kennt SharePoint kein *Verweigern*-Recht. Die Funktion für Identitätswechsel (Impersonation) steht nicht zur Verfügung, dadurch können die Stellvertretungsfunktion sowie viele Add-Ons nicht genutzt werden.
>
> Wenn Sie im SharePoint-Berechtigungsmodus arbeiten, finden Sie die Sicherheitseinstellungen nicht unter *Servereinstellungen*. Stattdessen berechtigen Sie Benutzer unter *Einstellungen/Websiteeinstellungen/Benutzer und Gruppen* direkt durch Zuweisung zu SharePoint-Gruppen. Die Gruppen sind weitgehend gleich bezeichnet mit dem Zusatz *für Project Web App* und vergeben die gleichen Rechte wie die jeweilige Standardgruppe im Project Server-Berechtigungsmodus.

Dem Sicherheitskonzept im Project Server-Berechtigungsmodus unterliegt die Unterscheidung zwischen *Benutzern* und *Objekten*. Jeder Benutzer kann Rechte (Berechtigungen) an einem Objekt haben. Damit die Verwaltung der Sicherheitseinstellungen nicht zu aufwendig ist, können sowohl Benutzer als auch Objekte zusammengefasst werden. In Project Web App werden Benutzergruppen als *Gruppen* und Objektgruppen als *Kategorien* bezeichnet. Auf diese Weise kann man einer Gruppe von Benutzern Berechtigungen an einer Kategorie von Objekten einräumen, ohne dies für jeden Benutzer und für jedes Projekt, jede Ressource oder jede Ansicht einzeln vornehmen zu müssen.

Abbildg. 9.170   Sicherheitskonzept

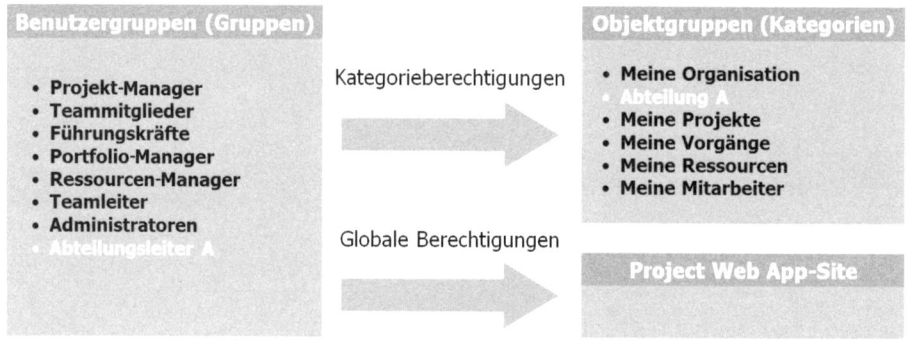

Neben Berechtigungen an einer Kategorie von Objekten gibt es auch Berechtigungen, die unabhängig von Objekten sind. Dazu zählen zum Beispiel die Rechte zum Login oder zur Administration von Project Web App, die sich nicht an bestimmten Projekten oder anderen Objekten fixieren lassen.

Diese objektunabhängigen Rechte, die Benutzergruppen in Project Web App eingeräumt werden, heißen Globale Berechtigungen. Im Gegensatz hierzu heißen die Rechte an Kategorien Kategorieberechtigungen. Grundsätzliche Einschränkungen der Berechtigungen für eine Project Web App-Instanz, die für alle Benutzer(-gruppen) gelten und auch nicht umgangen werden können, sind unter dem Menüpunkt *Project Web App-Berechtigungen* im Abschnitt *Sicherheit* einstellbar.

Sie können Project Server-Gruppen auch mit AD-Gruppen synchronisieren, sodass z.B. der Help Desk die Benutzeradministration übernehmen kann. Für den Fall, dass Sie jemanden bei der Bedienung von Project Web App vertreten müssen, können Sie im Project Server-Berechtigungsmodus die Stellvertretungsfunktion nutzen. Im Einzelnen führen wir Sie durch die folgenden Funktionen:

- Benutzer verwalten

- Gruppen verwalten

- Kategorien verwalten

- Sicherheitsvorlagen verwalten

- Project Web App-Berechtigungen

- Benutzersynchronisierungseinstellungen verwalten

- Stellvertretungen verwalten

Benutzer verwalten

Im Bereich *Benutzer verwalten* werden alle Benutzer von Project Web App mit ihren wichtigsten Eigenschaften aufgelistet; sie können hier bearbeitet, deaktiviert und neu angelegt werden.

NEU IN 2013   Die Liste der Benutzer kann in Project Server 2013 auch ausgedruckt und nach Excel exportiert werden. Außerdem können von individuellen Benutzern die effektiven Berechtigungen samt Quellen angezeigt werden. Damit können Sie nachvollziehen, welche Berechtigungen ein Benutzer hat und woher sie stammen.

Gruppen verwalten

Unter *Gruppen verwalten* können Sie Gruppen erstellen, bearbeiten und löschen. Nachfolgend beschreiben wir die Standardgruppen und ergänzen die Berechtigungen für die Gruppe *Ressourcenmanager*.

Standardgruppen

Die Standardgruppen lauten:

- Administratoren
- Portfoliomanager
- Portfolio-Viewer
- Projektmanager
- Ressourcenmanager
- Teamleiter
- Teammitglieder (Projektmitarbeiter)

Alle vordefinierten Gruppen verfügen über diejenigen Berechtigungen an Kategorien und globalen Berechtigungen für Project Web App, die sie zum Ausüben ihrer Funktion benötigen. Die vergebenen globalen und Kategorieberechtigungen sind den gleichnamigen *Sicherheitsvorlagen* entlehnt. Administratoren können jeden Benutzer in eine oder mehrere Gruppen aufnehmen. Manuell erstellte Benutzer werden bei der Anlage automatisch in die Gruppe *Teammitglieder* aufgenommen. In allen anderen Gruppen, wie z.B. *Projektmanager,* müssen Sie die Benutzer manuell hinzufügen oder mit einer Active Directory-Gruppe synchronisieren. Sie können auch eigene Gruppen anlegen, z.B. für Abteilungsleiter einer bestimmten Abteilung oder für individuelle Rollen, die nicht von den Standardgruppen abgedeckt werden.

HINWEIS   Im Gegensatz zu den vorherigen Versionen von Project Server werden bei der Active Directory-Synchronisierung mit dem Enterprise-Ressourcenpool neue Ressourcen nicht automatisch in die Gruppe *Teammitglieder* aufgenommen.

Wir empfehlen Ihnen, alle Berechtigungen generell auf Gruppenebene und nicht auf Benutzerebene zu verwalten. Ansonsten besteht die Gefahr, den Überblick über die Berechtigungen zu verlieren. Jede Gruppe hat individuelle, funktionsbezogene Rechte, deren Wirkungsbereich von den verbundenen z.T. dynamischen Kategorien abhängt.

Zur Übersicht finden Sie eine Tabelle der Kategorieberechtigungen und globalen Berechtigungen aller Gruppen im den nachfolgenden Abschnitten »Kategorien verwalten« bzw. »Sicherheitsvorlagen verwalten«. Damit können Sie die Berechtigungen überprüfen und nach Änderungen wieder auf die Standardeinstellungen zurücksetzen.

Leseberichtigung für Ressourcenmanager auf alle Projekte

Für unser Beispielunternehmen fehlt in den Standardberechtigungen der Gruppe *Ressourcenmanager* für den Einsatz des Teamplaners der lesende Zugriff auf die Projektpläne, in denen
die eigenen Ressourcen arbeiten (Kapitel 3). Vereinfachend legen wir daher auf folgende Art
und Weise den Lesezugriff der Ressourcenmanager auf alle Projektpläne fest:

1. Wechseln Sie in Project Web App zu *Servereinstellungen* und wählen Sie im Bereich *Sicherheit* die Verknüpfung *Gruppen verwalten* aus.

2. Wählen Sie in der Spalte *Gruppenname* die Gruppe *Ressourcenmanager* aus.

Abbildg. 9.171   Leseberechtigungen für Ressourcenmanager auf alle Projekte

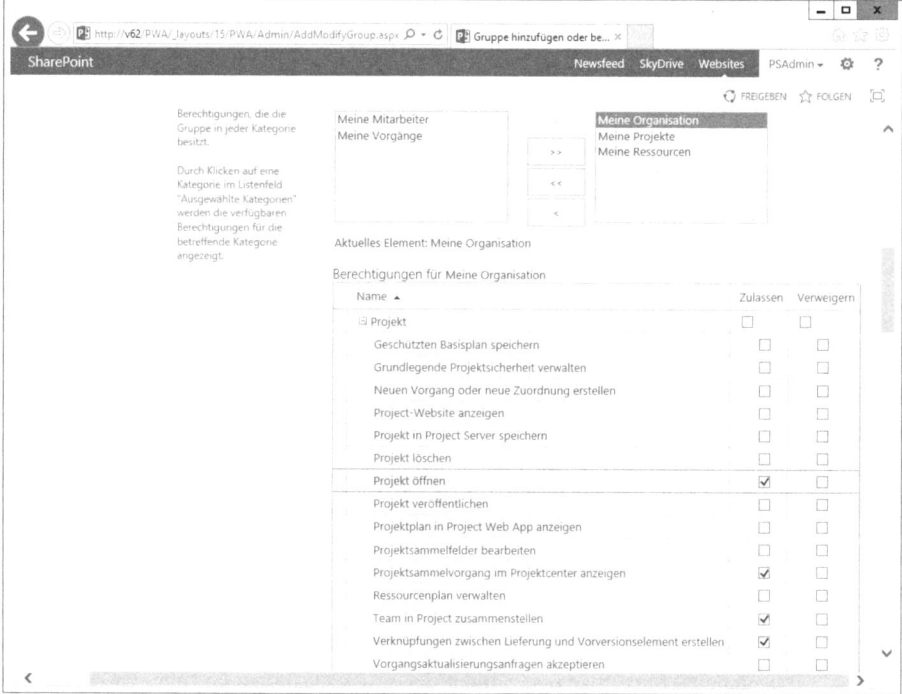

3. Klicken Sie dann im Bereich *Kategorien* im Listenfeld *Ausgewählte Kategorien* auf die Kategorie *Meine Organisation*. Ergänzen Sie die Rechte *Projekt öffnen* und *Projektsammelvorgang im
   Projektcenter anzeigen*.

Im nächsten Abschnitt beleuchten wir die Kategorien näher.

Kategorien verwalten

In Project Server sind standardmäßig die folgenden Kategorien angelegt:

- Meine Mitarbeiter
- Meine Organisation
- Meine Projekte
- Meine Ressourcen
- Meine Vorgänge

Jede Gruppe hat standardmäßig vordefinierte Berechtigungen auf bestimmte Kategorien. So kann die Gruppe *Teammitglieder* (Projektmitarbeiter) durch die Rechte an der Kategorie *Meine Vorgänge* die Pläne der Projekte sehen, in denen sie arbeitet. Die Gruppe *Projektmanager* besitzt verschiedene Rechte u.a. an den Kategorien *Meine Projekte* und *Meine Organisation*. Dadurch können Projektleiter eigene Projekte bearbeiten und alle Mitarbeiter der Organisation eigenen Projekten zuweisen. Um die einzelnen Rechte zu ermitteln, gehen Sie folgendermaßen vor:

Abbildg. 9.172   Berechtigungen der Gruppe *Projektmanager* für die Kategorie *Meine Projekte*

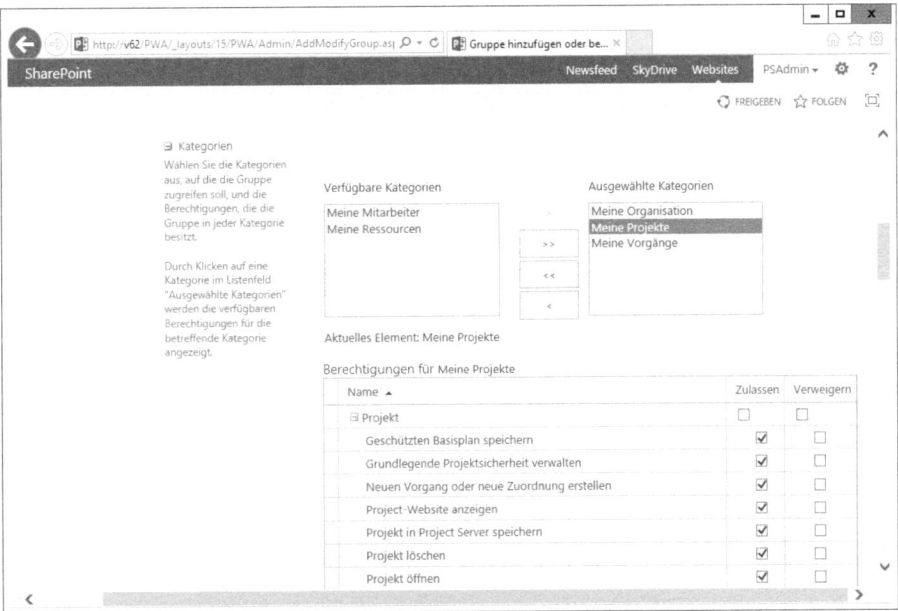

1. Wechseln Sie in Project Web App zu *Servereinstellungen* und wählen Sie im Bereich *Sicherheit* die Verknüpfung *Gruppen verwalten* aus.
2. Wählen Sie in der Spalte *Gruppenname* die entsprechende Gruppe aus, indem Sie auf die Gruppenbezeichnung klicken, z.B. *Projektmanager*.
3. Klicken Sie dann im Bereich *Kategorien* im Listenfeld *Ausgewählte Kategorien* z.B. auf die Kategorie *Meine Projekte*, um die Berechtigung der Gruppe für diese Kategorie anzuzeigen und zu bearbeiten.

Tabelle 9.2 gibt eine Übersicht über die Standardberechtigungen der Gruppen.

Tabelle 9.2   Übersicht über die standardmäßigen Kategorieberechtigungen

Kategorieberechtigung	A	PV	PO	PM	R	T	M
Projekt							
Geschützten Basisplan speichern	O			P			
Grundlegende Projektsicherheit verwalten	O		O	P			
Neuen Vorgang oder neue Zuordnung erstellen	O			P	P	P	V
Project-Website anzeigen	O	O	O	P/V	P	P	V

Tabelle 9.2   Übersicht über die standardmäßigen Kategorieberechtigungen *(Fortsetzung)*

Kategorieberechtigung	A	PV	PO	PM	R	T	M
Projekt in Project Server speichern	O		O	P			
Projekt löschen	O		O	P			
Projekt öffnen	O	O	O	P/V			
Projekt veröffentlichen	O		O	P			
Projektplan in Project Web App anzeigen	O	O	O	P/V		P	V
Projektsammelfelder bearbeiten	O			P			
Projektsammelvorgang im Projektcenter anzeigen	O	O	O	P/V	P	P	V
Ressourcenplan verwalten	O		O	O	R		
Team in Project zusammenstellen	O		O	P	O		
Verknüpfungen zwischen Lieferung und Vorversionselement erstellen	O	O	O	P	O/P/R	P	V
Vorgangsaktualisierungsanfragen akzeptieren	O			P			
Ressource							
Arbeitszeittabelle anpassen	O				O	O	
Arbeitszeittabellen genehmigen	O		O		O	O	
Daten zu Enterprise-Ressourcen anzeigen	O	O	O	O/P	O		
Enterprise-Ressourcendaten bearbeiten	O		O		O		
Ressource zuordnen	O		O	O	O		
Ressourcenstellvertretungen verwalten	O				O		
Ressourcenzuordnungen in Zuordnungsansichten anzeigen	O	O	O	P	O	P	V

Kategorien   O – *Meine Organisation*, P – *Meine Projekte*, R – *Meine Ressourcen*, **M** – *Meine Mitarbeiter*, V – *Meine Vorgänge*

Gruppen   A – *Administratoren*, PV – *Portfolio-Viewer*, PO – *Portfoliomanager*, PM – *Projektmanager*, R – *Ressourcenmanager*, T – *Teamleiter*, M – *Teammitglieder*

Kategorien beinhalten darüber hinaus auch Ansichten, d.h., je nach Kategorie können Sie Zugriff auf unterschiedliche Projektdaten wie *Kosten* oder *Termine* haben. Benutzer können nur Ansichten aus Kategorien auswählen, auf die sie Zugriff haben. Beispielsweise können Teammitglieder über die Kategorie *Meine Vorgänge* nur zusammenfassende Informationen sehen, während Portfoliomanager über die Kategorie *Meine Organisation* alle Ansichten verwenden können. Umgekehrt erscheinen in einer Ansicht genau alle Projekte und Ressourcen aus denjenigen Kategorien, die diese Ansicht beinhalten und auf die der aktuelle Benutzer Zugriff hat.

Sicherheitsvorlagen verwalten

Wie oben bereits erwähnt, wurde von Microsoft zu jeder Gruppe auch eine *Vorlage* vordefiniert, die jeweils eine Zusammenstellung von Kategorieberechtigungen (siehe Tabelle 9.3) und globalen Berechtigungen (siehe Tabelle 9.4) enthält. Diese können Sie über das Menü *Servereinstellungen/Sicherheit/Sicherheitsvorlagen verwalten* an Ihre Anforderungen anpassen. Die Vorlagen dienen nur als Hilfe für die Erstellung neuer Gruppen und haben selbst keinen Einfluss auf die aktuellen Berechtigungen.

Tabelle 9.3   Standardmäßige Kategorieberechtigungen der Vorlagen

Kategorieberechtigungen	A	PV	PO	PM	R	T	M
Projekt							
Geschützten Basisplan speichern	☐			☐			
Grundlegende Projektsicherheit verwalten	☐		☐	☐			
Neuen Vorgang oder neue Zuordnung erstellen	☐		☐	☐	☐	☐	☐
Project-Website anzeigen	☐	☐	☐	☐	☐	☐	☐
Projekt in Project Server speichern	☐		☐	☐			
Projekt löschen	☐		☐	☐			
Projekt öffnen	☐	☐	☐	☐			
Projekt veröffentlichen	☐		☐	☐			
Projektplan in Project Web App anzeigen	☐	☐	☐	☐		☐	☐
Projektsammelfelder bearbeiten	☐			☐			
Projektsammelvorgang im Projektcenter anzeigen	☐	☐	☐	☐	☐	☐	☐
Ressourcenplan verwalten	☐		☐		☐		
Team für Projekt zusammenstellen	☐		☐		☐		
Verknüpfungen zwischen Lieferung und Vorversionselement erstellen	☐			☐	☐	☐	☐
Vorgangsaktualisierungsanfragen akzeptieren	☐			☐			
Ressource							
Arbeitszeittabelle anpassen	☐						
Arbeitszeittabellen genehmigen	☐				☐		
Daten zu Enterprise-Ressourcen anzeigen	☐	☐	☐	☐	☐		
Enterprise-Ressourcendaten bearbeiten	☐		☐		☐		
Ressource zuordnen	☐		☐		☐		
Ressourcenstellvertretung verwalten	☐						
Ressourcenzuordnungen in Zuordnungsansichten anzeigen	☐	☐	☐	☐	☐	☐	

Tabelle 9.4   Standardmäßige globale Berechtigungen der Vorlagen[a]

Globale Berechtigung	A	PV	PO	PM	R	T	M	13
Administrator								
Active Directory-Einstellungen verwalten	☐							
Benachrichtigungen und Erinnerungen verwalten	☐							
Benutzer und Gruppen verwalten	☐							
Benutzerdefinierte Enterprise-Felder verwalten	☐		☐					
Cubeerstellungsdienst verwalten	☐		☐					
Eincheckvorgänge verwalten	☐		☐					
Enterprise-Global speichern	☐		☐					
Enterprise-Kalender verwalten	☐		☐					
Exchange-Integration verwalten	☐							
Gantt-Diagramm- und Gruppierungsformate verwalten	☐							
Project Server-Datenbank bereinigen	☐							
Project Web App-Ansichten verwalten	☐		☐					
Serverereignisse verwalten	☐							
Serverkonfiguration verwalten	☐							
SharePoint Foundation verwalten	☐							
Sicherheit verwalten	☐							
Warteschlange verwalten	☐							
Workflow ändern	☐							
Workflow- und Projektdetailseiten verwalten	☐							
Allgemein								
Anmelden	☐	☐	☐	☐	☐	☐	☐	
Auf den Project Server-Berichtsdienst zugreifen	☐	☐	☐					☐
Aus Project Professional bei Project Server anmelden	☐		☐	☐	☐			
Listen in Project Web App verwalten	☐	☐	☐	☐				
Neue Vorgangszuordnung	☐			☐		☐	☐	
Persönliche Benachrichtigungen verwalten	☐	☐	☐	☐	☐	☐	☐	

Tabelle 9.4 Standardmäßige globale Berechtigungen der Vorlagen[a] *(Fortsetzung)*

Globale Berechtigung	A	PV	PO	PM	R	T	M	13
Vorgang erneut zuordnen	☐			☐			☐	
Zu Project Web App beitragen	☐				☐	☐	☐	
Ansichten								
Arbeitszeittabellen anzeigen	☐	☐	☐	☐	☐	☐	☐	
Business Intelligence-Link anzeigen	☐	☐	☐	☐				
Genehmigungen anzeigen	☐	☐	☐	☐	☐	☐	☐	
Projektcenter anzeigen	☐	☐	☐	☐	☐	☐	☐	
Projektzeitplanansichten anzeigen	☐	☐	☐	☐	☐	☐	☐	
Ressourcencenter anzeigen	☐	☐	☐	☐	☐			
Ressourcenverfügbarkeit anzeigen	☐	☐	☐	☐	☐			
Team Builder anzeigen	☐		☐	☐	☐			
Vorgangscenter anzeigen	☐	☐	☐	☐	☐	☐	☐	
Portfoliostrategie								
Portfolioanalysen verwalten	☐	☐	☐					
Priorisierungen verwalten	☐	☐	☐					
Treiber verwalten	☐	☐	☐					
Projekt								
Neues Projekt	☐		☐	☐				
Nicht geschützten Basisplan speichern	☐			☐				
Projektvorlage öffnen	☐		☐	☐				
Projektvorlage speichern	☐		☐	☐				
Team im neuen Projekt zusammenstellen	☐		☐	☐	☐			
Ressource								
Kann Stellvertretung sein	☐							
Meine Ressourcenstellvertretungen verwalten	☐				☐			
Meine Stellvertretungen verwalten	☐				☐			
Neue Ressource	☐		☐		☐			
Ressourcenbenachrichtigungen verwalten	☐	☐	☐	☐	☐	☐		
Ressourcenplan anzeigen	☐	☐	☐	☐	☐			

Tabelle 9.4   Standardmäßige globale Berechtigungen der Vorlagen[a] *(Fortsetzung)*

Globale Berechtigung	A	PV	PO	PM	R	T	M	13
Statusberichte								
Statusberichtsanfragen bearbeiten	☐	☐	☐	☐	☐	☐		
Zeit- und Vorgangsverwaltung								
Projekt-Arbeitszeittabellenzeilen-Genehmigungen anzeigen	☐			☐				
Regeln verwalten	☐			☐				
Ressourcen-Arbeitszeittabelle anzeigen	☐							
Statusmaklerberechtigung	☐							
Teamvorgänge selbst zuordnen	☐			☐	☐	☐	☐	
Zeitberichte und Finanzzeiträume verwalten	☐							
Zeitüberwachung verwalten	☐							

a. Die Sicherheitsvorlage *Vorschlagsprüfer* wird eigentlich nicht mehr benötigt, da es hierzu keine Standardgruppe mehr gibt. Wir haben diese deshalb nicht beschrieben.

Project Web App-Berechtigungen

Die Project Web App-Berechtigungen gelten für die gesamte Project Server-Instanz (Project Web App-Site/Mandant) und steuern, welche Funktionen von Project Server überhaupt verwendet werden können. Eine deaktivierte Project Web App-Berechtigung entspricht dem Verweigern einer globalen Berechtigung, d.h., die Funktion kann durch keinen Benutzer mehr verwendet werden, auch nicht durch Administratoren.

HINWEIS   In der Regel führt das Deaktivieren einiger Project Web App-Berechtigungen dazu, dass die entsprechenden Elemente in der Oberfläche von Project Web App nicht mehr zu sehen sind. Es gibt jedoch einige Elemente, die trotzdem sichtbar bleiben und nur inaktiv dargestellt werden.

Benutzersynchronisierungseinstellungen verwalten

Unter der Verknüpfung *Benutzersynchronisierungseinstellungen verwalten* sind alle Funktionen zur Synchronisation zwischen den Project Server-Berechtigungen und SharePoint-Berechtigungen zusammengefasst. Durch die Synchronisation werden die SharePoint-Berechtigungen anhand der Project Server-Berechtigungen gesetzt. Es wird hierbei unterschieden zwischen den Berechtigungen von Project Web App und den für jedes Projekt erstellten Projektwebsites.

Die Synchronisierung mit der Project Web App-Site beeinflusst u.a. den Zugriff auf Listen und Bibliotheken sowie die Websiteeinstellungen der Project Web App-Site. Für unser Beispielunternehmen behalten wir diese bei.

BESSER IN 2013   Die Synchronisierung mit den Projektwebsites regelt den Zugriff auf die Inhalte der Projektwebsite und deren Einstellungen. Neu ist, dass jetzt für jedes Projekt in der Websitesammlung von Project Web App sechs SharePoint-Gruppen erstellt werden, und zwar drei, die synchronisiert werden, und drei, die nicht synchronisiert werden. Die Gruppen, die synchronisiert werden, tragen den Zusatz *mit Project Web App synchronisiert.* Nachfolgend die vollständige Liste:

- *<Projektname>-Projektmanager (mit Project Web App synchronisiert)*

- *<Projektname>-Teammitglieder (mit Project Web App synchronisiert)*

- *<Projektname>-Webadministratoren (mit Project Web App synchronisiert)*

- *Besitzer von <Projektname>*

- *Besucher von <Projektname>*

- *Mitglieder von <Projektname>*

Neu im Hinblick auf die automatische Synchronisation ist, dass jetzt auch Teammitglieder ohne Zuordnungen Inhalte in der Projektwebsite ändern können. Im Einzelnen werden folgende Rechte gesetzt:

- Administratoren von Project Web App haben Vollzugriff auf die Projektwebsite (*<Projekt­name>-Webadministratoren (mit Project Web App synchronisiert)*)

ACHTUNG   Einen Sonderfall stellt die Gruppe *Besitzer von <Projektname>* dar. Dieser wird der Ersteller der Projektwebsite hinzugefügt, sodass dieser ebenfalls Vollzugriff auf die Projektwebsite erhält.

- Benutzer mit dem Recht, ein bestimmtes Projekt zu bearbeiten und zu speichern, können in ihrer Projektwebseite Listen und Bibliotheken konfigurieren, löschen und neu erstellen und darin Dokumente und Elemente erstellen, bearbeiten und löschen. Sie können aber keine Berechtigungen erstellen oder ändern (Gruppe *<Projektname>-Projektmanager (mit Project Web App synchronisiert)*).

- Mitglieder des Teams eines bestimmten Projekts (siehe *Team Builder)* können in den Listen und Bibliotheken ihrer Projektwebseite Dokumente und Elemente erstellen, bearbeiten und löschen, aber keine weiteren Konfigurationen ändern (Gruppe *<Projektname>-Teammitglieder (mit Project Web App synchronisiert)*).

In die nicht synchronisierten Gruppen können Administratoren individuell Benutzer aufnehmen, um ihnen Zugriff zu erteilen. Diese Berechtigungen bleiben unabhängig von der Synchronisation erhalten.

Bei aktivierter Projektwebsitesynchronisierung können Sie einstellen, ob diese auch SharePoint-Vorgangslistenprojekte umfassen soll.

Unter *Synchronisierungsstatus* können sie sehen, wann die Berechtigungen zuletzt synchronisiert wurden. Die Synchronisierung erfolgt u.a. nach jeder rollenübergreifenden Änderung von Benutzerrechten.

Für unser Beispielunternehmen nehmen wir keine Änderung vor.

Stellvertretungen verwalten

Unter der Verknüpfung *Stellvertretungen verwalten* können Sie festlegen, welcher Mitarbeiter welchen anderen Mitarbeiter in welchem Zeitraum vertreten darf. Als Vertreter können nur Mitarbeiter mit dem globalen Recht *Kann Stellvertretung sein* ausgewählt werden.

Stellvertretungen sind nur im Project Server-Berechtigungsmodus möglich. Inhaltlich gehört diese Funktion zur Rolle *Ressourcenmanager* und ist deshalb in Kapitel 3 beschrieben.

PWA-Einstellungen in der SharePoint-Zentraladministration

NEU IN 2013   Im Abschnitt »Servereinstellungen in Project Web App/PWA-Einstellungen« weiter vorn in diesem Kapitel haben wir diejenigen Einstellungen beschrieben, die Sie in Project Web App unter *Servereinstellungen* vornehmen können. Neu in Project Server 2013 ist, dass einige PWA-Einstellungen in der SharePoint-Zentraladministration platziert sind. Diese Einstellungen betreffen tendenziell eher technische Aspekte, während sich die zuvor beschriebenen Einstellungen unter Project Web App eher auf fachliche Aspekte beziehen.

Abbildg. 9.173   Navigation zu den *PWA-Einstellungen* in der Zentraladministration von SharePoint

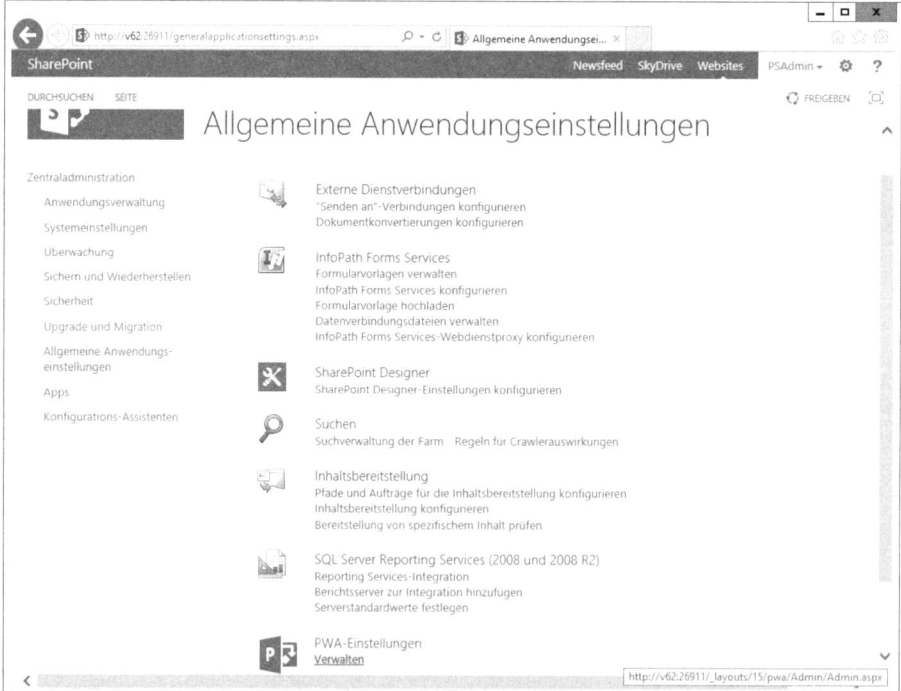

HINWEIS   Der Zugriff auf die Zentraladministration ist nur bei Project Server On-Premises möglich. Bei Project Online haben Sie keinen Zugriff auf die Zentraladministration, sondern nur auf das SharePoint Admin Center. Zur Drucklegung können Sie dort über die *PWA-Einstellungen* ausschließlich den Berechtigungsmodus festlegen. D.h., alle in der Folge beschriebenen Einstellungen stehen nicht zur Verfügung. Somit können die Anwender mit Project Online u.a. keine Wiederherstellung einzelner Projektpläne, keine Auswertungen auf Basis von OLAP-Datenbanken und auch keine E-Mail-Benachrichtigungen nutzen.

In der SharePoint-Zentraladministration finden Sie PWA-Einstellungen unter *Allgemeine Anwendungseinstellungen/PWA-Einstellungen/Verwalten*. Weitere Einstellungen gibt es in der Verwaltung der Project Server-Dienstanwendung (*Anwendungsverwaltung/Dienstanwendungen verwalten/Project Server-Dienstanwendung/Vorgänge/Verwalten*). Beachten Sie, dass sich manche Einstellungen nur über PowerShell-Befehle festlegen lassen.

Abbildg. 9.174   Übersicht der *PWA-Einstellungen* in der Zentraladministration von SharePoint

Nachfolgend beschreiben wir die folgenden Einstellungen und Festlegungen für unser Beispielunternehmen:

- Warteschlangen- und Datenbankverwaltung

- Betriebsrichtlinien

- Workflow- und Projektdetailseiten

- Weitere Einstellungen in der Zentraladministration und PowerShell-Befehle

Warteschlangen- und Datenbankverwaltung

Nachfolgend beschreiben wir, welche Warteschlangen- und Datenbankeinstellungen über die Zentraladministration geändert werden können. Die Anzeige der Warteschlangenaufträge überschneidet sich thematisch mit dem gleichnamigen Abschnitt »Warteschlangen- und Datenbankverwaltung« für die Servereinstellungen von Project Web App.

Warteschlangenaufträge verwalten

Über die Verknüpfung *Warteschlangenaufträge verwalten* können Sie die gleichen Auswertungen wie im obigen Abschnitt »Warteschlangenaufträge verwalten« beschrieben ausführen, jedoch können auch SharePoint-Administratoren ohne Berechtigungen in Project Web App hierauf zugreifen.

Tägliche Sicherung planen

Unter der Verknüpfung *Tägliche Sicherung planen* können Sie festlegen, welche der folgenden Project Server-Elemente täglich im Archiv-Datenbankschema der Project Web App-Datenbank gesichert werden.

Abbildg. 9.175   Automatische Sicherung von Project Server-Elementen

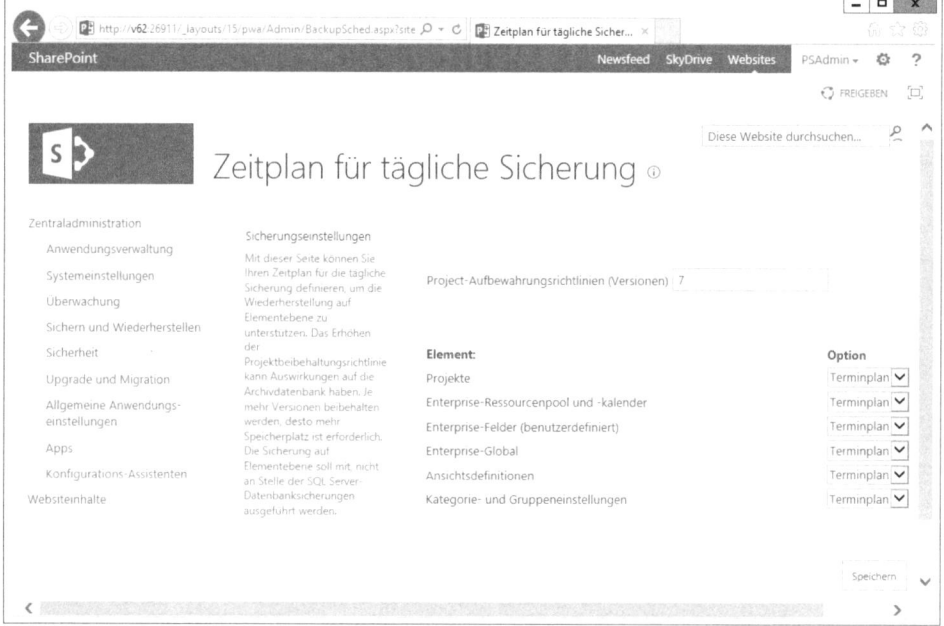

Im Einzelnen sind das:

- Projekte
- Enterprise-Ressourcenpool und -kalender
- Enterprise-Felder (benutzerdefiniert)
- Enterprise-Global
- Ansichtsdefinitionen
- Kategorie- und Gruppeneinstellungen

Im Feld *Project-Aufbewahrungsrichtlinien (Versionen)* legen Sie fest, wie viele Sicherungen je Projekt aufbewahrt werden. Von Projekten werden stets die Entwurfsversionen gespeichert. Eine neue Sicherung wird genau dann angelegt, wenn sich die Entwurfsversion eines Projekts seit der letzten Sicherung geändert hat. Von allen anderen Daten (Elementen) wird stets genau eine Version beibehalten.

In unserem Beispielunternehmen sichern wir alle Elemente und bewahren sieben Projektversionen auf.

HINWEIS   Bitte beachten Sie, dass dies kein Ersatz für eine Datensicherung ist. Mehr Informationen zum Sichern und Wiederherstellen von Project Server finden Sie in Kapitel 10.

Administrative Sicherung

Unter der Verknüpfung Administrative Sicherung können Sie manuell eine Sicherung der oben beschriebenen Elemente durchführen. Dies ist vor Änderungen sinnvoll, die möglicherweise rückgängig gemacht werden sollen.

Administrative Wiederherstellung

Unter der Verknüpfung *Administrative Wiederherstellung* können Sie die zuvor gesicherten Elemente wiederherstellen, dabei werden die aktiven Elemente mit denjenigen aus der Sicherung überschrieben.

Beachten Sie, dass bei der Wiederherstellung von Projekten ebenfalls die Entwurfsversion wiederhergestellt wird. Ein Projekt muss also nach einer Wiederherstellung veröffentlicht werden.

OLAP-Datenbankverwaltung

Unter der Verknüpfung *OLAP-Datenbankverwaltung* können Sie die Konfiguration und Erstellung der OLAP-Datenbanken festlegen. Die OLAP (Online Analytical Processing)-Datenbanken von Project Server stellen die aggregierten Project Sever-Daten für Auswertungen zur Verfügung. Mit der Erstellung der OLAP Datenbanken werden im BI Center von Project Web App auch die Excel Services-Vorlagen erstellt. Neben den *Excel Services* können für die Visualisierung auch die im Lieferumfang von SharePoint Server enthaltenen *PerformancePoint Services* und *Visio Services* sowie die in SQL Server enthaltenen *Reporting Services* eingesetzt werden, Beispiele dazu finden Sie in den Kapiteln 4 und 5.

In Project Server 2013 können Sie beliebig viele OLAP-Datenbanken pro Instanz erstellen, abhängig davon, welche Informationen Sie in den jeweiligen OLAP-Datenbanken bzw. OLAP-Cubes bereitstellen möchten. Sie können als Administrator individuell festlegen, dass z.B. in einer bestimmten OLAP-Datenbank generell keine Kosten vorhanden sind. Ebenso können Sie pro Abteilung eine eigene OLAP-Datenbank anlegen, in der nur die Informationen einer ganz bestimmten Abteilung, sowohl auf Projekt- als auch auf Ressourcenebene, enthalten sind. Als Administrator definieren Sie ebenso, welche benutzerdefinierten Felder auf Projekt-, Vorgangs-, Ressourcen- und Zuordnungsebene der jeweiligen OLAP-Datenbank als Dimensionen oder Measures in den Cubes zugeordnet werden. Jede einzelne OLAP-Datenbank-Erstellung kann einem individuellen Zeitplan folgen, sodass Sie die rechenintensiven Verarbeitungsschritte optimal verteilen und Serverlastspitzen vermeiden können.

Technisch betrachtet enthält jede erstellte OLAP-Datenbank elf Cubes mit eigenen Daten (Measuregruppen) und drei Cubes, die diese Daten themenspezifisch zusammenfassen (verknüpfte Measuregruppen). Im Einzelnen sind das:[1]

---

[1]   Technisch haben die Cubes englische Bezeichnungen, in der Oberfläche von Project Web App werden diese jedoch ins Deutsche übersetzt.

Cubes mit Daten von Project Server

- Projekt ohne Zeitphasen (*Project Non Timephased*)

- Ressource ohne Zeitphasen (*Resource Non Timephased*)

- Ressource mit Zeitphasen (*Resource Timephased*)

- Vorgang ohne Zeitphasen (*Task Non Timephased*)

- Zuordnungen ohne Zeitphasen (*Assignment Non Timephased*)

- Zuordnungen mit Zeitphasen (*Assignment Timephased*)

- Arbeitszeittabelle (*Timesheet*)

- EPM-Arbeitszeittabelle (*EPM Timesheet*)

Der Cube Arbeitszeittabelle enthält dabei alle Arbeitszeittabellen mit ihren historischen Projekt-, Vorgangs- und Ressourcennamen, beinhaltet damit u.U. Daten zu gelöschten Projekten, Vorgängen, Ressourcen. Hingegen enthält der Cube *EPM-Arbeitszeittabelle* alle Arbeitszeittabellen mit den aktuellen Projekt-, Vorgangs- und Ressourcennamen, um Projektplan- und Arbeitszeittabellendaten zusammenzuführen.

Cubes mit Daten von SharePoint

- Probleme (*Issues*)

- Risiken (*Risks*)

- Lieferumfang (*Deliverables*)

Cubes mit verknüpften Measuregruppen

- **Virtueller Portfolio-Analysierer** (*MSP-Portfolio-Analysierer/MSP_Portfolio_Analyzer*)   Eine Kombination der Cubes *Assignment Timephased* und *Resource Timephase*

- **Virtuelles Projekt und Arbeitszeittabelle** (*MSP-Projekt-Arbeitszeittabelle/MSP_Project_Timesheet*)   Eine Kombination der Cubes *Assignment Timephased*, *Resource Timephased* und *EPM Timesheet*.

- **Virtuelles Projekt und SharePoint** (*MSP_Project_SharePoint*)   Eine Kombination der Cubes *Project Non Timephased*, *Issues*, *Risks* und *Deliverables*.

Für die zeitliche Betrachtung der Daten aus dem OLAP-Cube steht Ihnen neben der Dimension *Zeit* die Dimension *Geschäftszeitraum* zur Verfügung. Mit der Dimension *Geschäftszeitraum* können Sie Ihre Fiskalzeiträume abweichend vom normalen Kalender (*Zeit*) darstellen und auswerten. Die Hierarchie der Dimensionen *Zeit* besteht aus Jahr, Quartal, Monat, Woche und Tag, während sich die Dimension *Geschäftszeitraum* aus Geschäftsjahr, Geschäftsquartal, Geschäftszeitraum und Geschäftstag zusammensetzt.

Project Server bietet kein Berechtigungskonzept für die Einschränkung des Zugriffs auf einzelne Bereiche innerhalb einer OLAP-Datenbank. Durch die vorgenannte Filterung der OLAP-Datenbank nach Projekt- und Ressourcenabteilungen können Sie jedoch die Daten einschränken. Für jede OLAP Datenbank können Sie dann den Zugriff erteilen, indem Sie den gewünschten Benutzern oder Gruppen die Rolle *ProjectServerViewOlapDataRole* zuordnen.

Nachfolgend beschreiben wir die Erstellung einer OLAP-Datenbank inkl. der Berechtigungsvergabe in SQL Server Management Studio sowie die Konfiguration der Inhalte der OLAP-Datenbanken.

Erstellungseinstellungen für OLAP-Datenbanken

Voraussetzung für die Erstellung einer OLAP-Datenbank sind die *SQL Server Analysis Services* im *mehrdimensionalen* bzw. *Data Mining-Modus*, die mindestens die Standardedition von Microsoft SQL Server erfordern und in Microsoft SQL Server Express nicht verfügbar sind. Die genauen Voraussetzungen und die nötigen Vorbereitungen sind in Kapitel 8 in den Abschnitten »Voraussetzungen und Vorbereitungen überprüfen« sowie »SQL Server Analysis Services-Clientkomponenten installieren und konfigurieren« beschrieben.

Auf der Seite *Erstellungseinstellungen für OLAP-Datenbanken* können Sie u.a. den verwendeten Analysis Services-Server, den Namen für die OLAP-Datenbank, die Abteilungsfilter, den Datenzeitraum und die Aktualisierungsrate der jeweiligen OLAP-Datenbank für Ihre Project Web App-Instanz festlegen.

Um eine OLAP-Datenbank zu erstellen, gehen Sie folgendermaßen vor:

1. Gehen Sie in der Zentraladministration zu den PWA-Einstellungen der Project Web App-Instanz.

2. Klicken Sie im Abschnitt *Warteschlangen- und Datenbankverwaltung* auf die Verknüpfung *OLAP-Datenbankverwaltung*.

Abbildg. 9.176   Neue OLAP-Datenbank erstellen

NEU	KONFIGURATION	KOPIEREN	✕ LÖSCHEN	JETZT ERSTELLEN	AKTUALISIEREN		
OLAP-Datenbankname	Servername	Status	Zuletzt erstellt	Standard	Aktivieren	Terminplan	Beschreibung
Datenbankname	Servername	Nicht erstellt		☑	☑	Bei Bedarf aktualisieren	

3. Klicken Sie in der Spalte *OLAP-Datenbankname* auf die Verknüpfung *Datenbankname*, um erstmalig eine OLAP-Datenbank zu konfigurieren.

HINWEIS   Möchten Sie später weitere OLAP-Datenbanken erstellen, klicken Sie auf die Schaltfläche *Neu*. Sie können jederzeit die Einstellung für die Erstellung von OLAP-Datenbanken anpassen, indem Sie auf den jeweiligen Datenbanknamen in der Spalte *OLAP-Datenbankname* klicken.

Mit der Schaltfläche *Kopieren* können Sie eine neue OLAP-Datenbank mit einer bereits existierenden Konfiguration erstellen. Dies ist sinnvoll, wenn Sie dieselben Daten verschiedener Jahre oder verschiedener Abteilungen zusammen darstellen oder Formeln und Anpassungen vor einer Umsetzung prüfen möchten.

---

4. Geben Sie im Abschnitt *Analysis Services-Einstellungen* im Feld *Analysis Services-Server* den Namen des Servers an, auf dem die SQL Server Analysis Services laufen, z.B. »V62«. Fügen Sie ins Feld *Zu erstellende Analysis Services-Datenbank* einen Namen für die OLAP-Datenbank ein, z.B. »OLAP_PWA«. Fügen Sie ggf. im Feld *Extranet-URL* die vollständige Adresse (FQDN) ein, unter der der Server erreichbar ist.

Erstellungseinstellungen für OLAP-Datenbanken

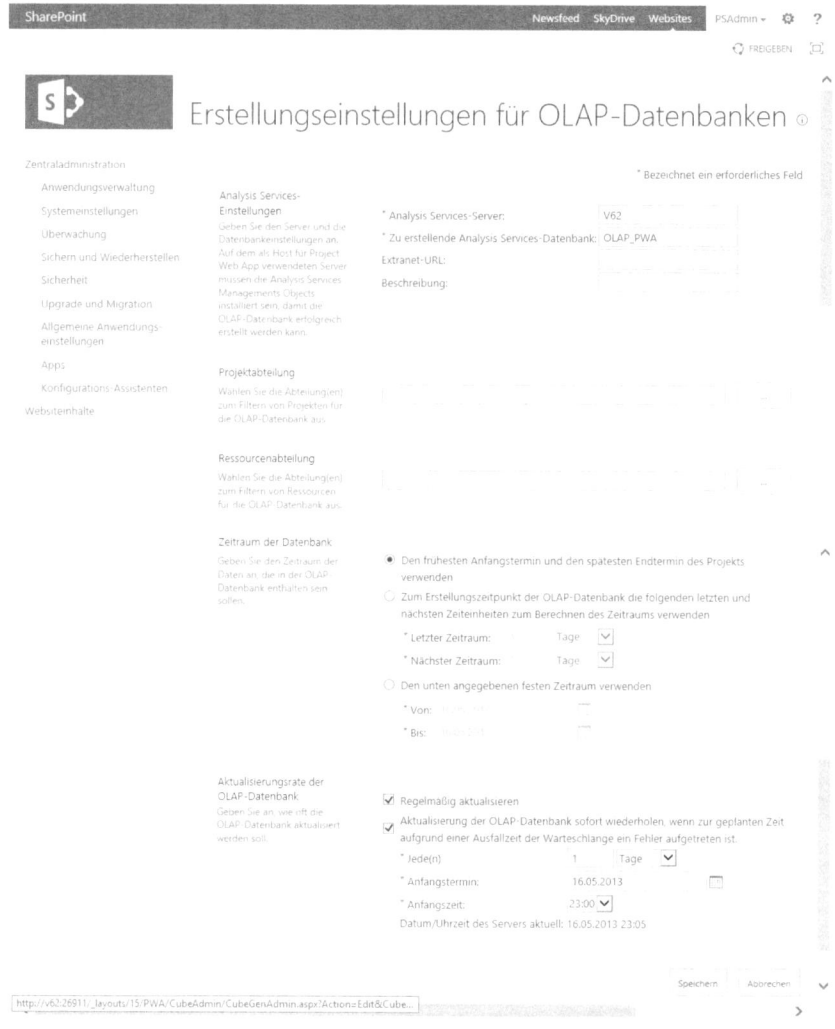

TIPP Verwenden Sie im Feld *Zu erstellende Analysis Services-Datenbank* ein festes Präfix wie »OLAP_«, gefolgt von dem Namen, den Sie bei der Erstellung der Project Web App-Site angegeben haben (Kapitel 8), also z.B. »PWA«. Somit können Sie für verschiedene Project Web App-Instanzen die einzelnen Analysis Services-Datenbanken mit den darin enthaltenen Cubes leicht unterscheiden. Sollten Sie eine SQL Server-Instanz für mehrere Project Server einsetzen, empfehlen wir Ihnen zusätzlich den Maschinennamen, den Namen oder den Alias der Project Server-Farm, z.B. »V62«, voranzustellen. In diesem Fall würde der OLAP-Datenbankname »OLAP_V62_PWA« lauten.

Für jede OLAP-Datenbank einer Instanz empfehlen wir, ein aussagekräftiges Suffix hinzuzufügen, z.B. »_Tiefbau« für die Abteilung oder »_ohneKosten«. Somit können Sie aus dem Namen ableiten, für welche Abteilung diese OLAP-Datenbank bestimmt ist oder welche Daten enthalten bzw. ausgeschlossen sind.

5. Lassen Sie die beiden Felder *Projektabteilung* und *Ressourcenabteilung* leer. Dadurch werden die Daten aller Projekte und aller Ressourcen unabhängig von der Abteilung erfasst.

6. Behalten Sie für *Zeitraum der Datenbank* die Einstellung *Den frühesten Anfangstermin und den spätesten Endtermin des Projekts verwenden* bei.

7. Legen Sie im Abschnitt *Aktualisierungsrate der OLAP-Datenbank* den Zeitpunkt und das Intervall nach Ihren Anforderungen fest. Berücksichtigen Sie dabei die Erfordernisse an die Datenaktualität, Serverauslastung und Verfügbarkeit, da die Daten während der Aktualisierung nicht verfügbar sind. Für unser Beispielunternehmen wählen wir täglich 23:00 Uhr.

8. Klicken Sie zum Abschluss auf die Schaltfläche *Speichern*.

9. Nachdem Sie die Einstellungen für die Erstellung der OLAP-Datenbank festgelegt haben, müssen Sie nun den Erstellungsprozess starten, damit die OLAP-Datenbank mit Daten aus der Project Server-Datenbank erstellt wird. Führen Sie dazu folgende Schritte aus:

Abbildg. 9.178   Die Datenbank *OLAP_PWA* erstellen

10. Markieren Sie hierzu die Zeile mit der Datenbank *OLAP_PWA*, wie in Abbildung 9.178 dargestellt.

11. Klicken Sie in der Symbolleiste auf die Schaltfläche *Jetzt erstellen*.

12. Klicken Sie in der Spalte *Status* auf die Verknüpfung *Verarbeitung*, um den Erstellungsstatus zu verfolgen.

Abbildg. 9.179   Erstellungsstatus

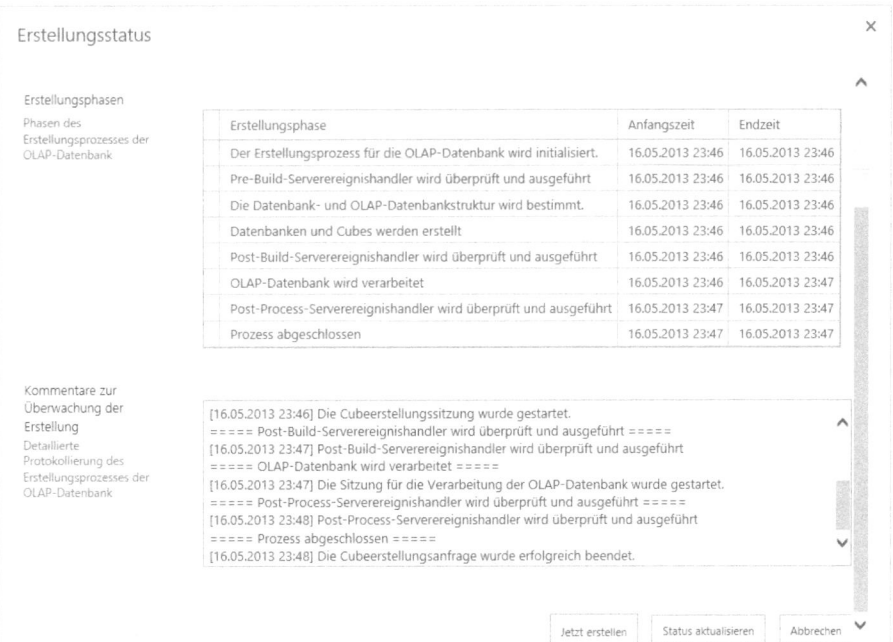

13. Die Erstellung der OLAP-Datenbank kann einige Minuten dauern. Der Status wird automatisch aktualisiert, wenn der nächste Schritt ausgeführt wird. Sobald die Phase *Prozess abgeschlossen* beendet ist, prüfen Sie die letzte Zeile im Statusfenster *Kommentare zur Überwachung der Erstellung*. Bei erfolgreicher Datenbankerstellung wird dort als letzter Eintrag *Die Cubeerstellungsanfrage wurde erfolgreich beendet* angezeigt.

> **HINWEIS**   Beachten Sie, dass die Erstellung der OLAP-Datenbank bei einer Vielzahl an Projekten und abhängig von der Hardwareleistung des Servers relativ lange – bis zu mehreren Stunden – dauern kann. Gerade wenn Sie mehrere verschiedene OLAP-Datenbanken erstellen, achten Sie darauf, dass Sie diese zu unterschiedlichen Zeiten terminieren. Prüfen Sie ebenfalls, ob Sie auf Feldgruppen (z.B. Basisplan), Dimensionen, Measures oder Zeiträume verzichten können, um die Datenmenge und Berechnungsdauer zu reduzieren.

14. Klicken Sie anschließend auf die Schaltfläche *Abbrechen*, um das Fenster *Erstellungsstatus* zu schließen.

Hiermit haben Sie erfolgreich eine OLAP-Datenbank erstellt. Die OLAP-Datenbank bezieht bei der Erstellung die Daten aus dem Berichtsschema der Project Web App-Datenbank. Die Daten im Berichtsschema werden im Anschluss an das Veröffentlichen von Projekten aktualisiert. Das bedeutet, dass die entsprechenden Cubes der OLAP-Datenbank den Stand der letzten Veröffentlichung widerspiegeln.

Im Gegensatz zu den Vorgängerversionen werden in Project Server 2013 die Zugriffsrechte auf die OLAP-Datenbanken nicht von Project Server verwaltet. Damit können Sie den Zugriff auf die OLAP-Daten unabhängig von Gruppen und Abteilungen in Project Web App steuern.

Vergeben Sie die benötigten Berechtigungen in SQL Server Management Studio folgendermaßen:

Abbildg. 9.180   Berechtigungen auf OLAP-Datenbank vergeben

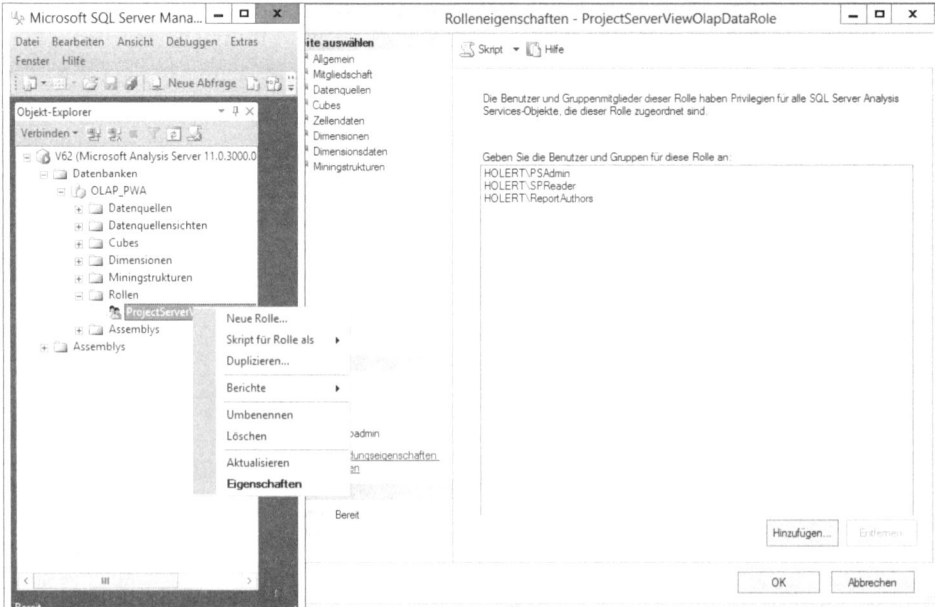

1. Starten Sie SQL Server Management Studio mit einem Benutzer, der Administrator der Analysis Services ist. Verbinden Sie sich mit dem Servertyp *Analysis Services* auf den SQL Server.

2. Gehen Sie in der betreffenden OLAP-Datenbank auf *Rollen/ProjectServerViewOlapDataRole* und wählen Sie via Kontextmenü die Eigenschaften dieser Rolle aus.

3. Unter *Mitgliedschaft* fügen Sie die entsprechenden Benutzer und Gruppen dieser Rolle hinzu. In unserer Umgebung sind das *PSAdmin* für administrative Zwecke, *SPReader* als Lesekonto für die Berichte und *ReportAuthors* für die Ersteller von Berichten.

4. Sobald Sie die OLAP-Datenbank erstellt haben, finden Sie in Project Web App unter *BERICHTE/Websiteinhalte/Vorlagen/Deutsch (Deutschland)* einen neuen Ordner *V62 – OLAP_PWA*. Für jede OLAP-Datenbank wird ein entsprechender Ordner angelegt, der für die 14 eingangs erwähnten Cubes jeweils eine Excel-Vorlage enthält. Diese können Sie mit Excel öffnen und daraus einen Bericht erstellen, den Sie Anwendern über *Excel Services* zur Verfügung stellen können. Zusätzlich wird im Project BI Center unter *Datenverbindungen/ Deutsch (Deutschland) ebenso für* jede OLAP-Datenbank ein Ordner mit den zugehörigen Office-Datenverbindungsdateien (Office Data Connection, ODC) erzeugt.

> **HINWEIS** Wenn Sie eine OLAP-Datenbank löschen, bleiben beide Ordner erhalten. Aus den beiden SharePoint-Bibliotheken müssen sie manuell gelöscht werden.

Konfiguration

Sie können OLAP-Datenbanken individuell entsprechend Ihrer Unternehmensanforderungen anpassen. Zum einen können Sie benutzerdefinierte Enterprise-Felder auf Projekt-, Ressourcen-, Vorgangs- und Zuordnungsebene als *Dimensionen* hinzufügen, um in Berichten hiernach z.B. zu filtern oder gruppieren. Zum anderen können Sie festlegen, welche Daten entsprechend der Dimensionen aggregiert werden sollen (*Measures*). Neben den integrierten Measures können Sie auch für jeden Cube berechnete Measures selbst erstellen. Darüber hinaus können Sie inaktive Vorgänge von der Übernahme in die OLAP-Datenbank ausschließen.

> **HINWEIS** Wenn Sie ein neu erstelltes benutzerdefiniertes Enterprise-Feld in die OLAP-Datenbank aufnehmen, müssen Sie die OLAP-Datenbank danach neu erstellen.

Cubedimensionen

Fügen Sie für unser Beispielunternehmen das benutzerdefinierte Ressourcen Enterprise-Feld *Standort* dem Cube *Zuordnung* als weitere Dimension zu. Gehen Sie wie folgt vor:

> **HINWEIS** Als Dimensionen können Sie nur Attributfelder sowie Felder mit einer Nachschlagetabelle ohne Mehrfachauswahl verwenden.

1. Klicken Sie in der Zentraladministration unter *Allgemeine Anwendungseinstellungen/PWA-Einstellungen/Verwalten/Warteschlangen- und Datenbankverwaltung* auf die Verknüpfung *OLAP-Datenbankverwaltung*.

2. Markieren Sie die zu bearbeitende OLAP-Datenbank und klicken Sie in der Symbolleiste auf die Schaltfläche *Konfiguration*.

Benutzerdefiniertes Feld *Standort* als Cubedimension hinzufügen

3. Im Abschnitt *Cubedimensionen* wählen Sie im Feld *Cube* den Eintrag *Zuordnung* aus.

4. Markieren Sie das Feld *Standort_Ressource* und klicken Sie auf die Schaltfläche *Hinzufügen*.

5. Markieren Sie das Feld *Standort_R_Zuordnung* und klicken Sie auf die Schaltfläche *Hinzufügen*.

6. Fügen Sie das Feld *Standort_Ressource* anschließend auch dem Cube *Ressourcen* hinzu.

7. Klicken Sie auf die Schaltfläche *Speichern*, sofern Sie keine weiteren Anpassungen vornehmen möchten.

HINWEIS   Fügen Sie Ressourcenfelder sowohl dem Ressourcencube als auch dem Zuordnungscube hinzu. Damit können Sie die Daten auch in den Cubes *MSP-Portfolio-Analysierer* und *MSP-Projekt-Arbeitszeittabelle* auswerten.

Wiederholen Sie diese Schritte für alle diejenigen benutzerdefinierten Enterprise-Felder in den jeweiligen Dimensionen, die Sie in Ihren Auswertungen benötigen. Für unser Beispielunternehmen sind das die Dimensionen *Geschäftsbereich* und *Ressourcenabteilungen* (vgl. Kapitel 5).

TIPP   Fügen Sie den Cubes nur diejenigen Dimensionen hinzu, die Sie in Ihren Berichten wirklich verwenden werden, um den Aufwand zur Erstellung der Cubes zu begrenzen.

Cubemeasures

Um die Werte im Feld *Reisekosten* auswerten zu können, führen Sie folgende Schritte aus:

HINWEIS   Benutzerdefinierte Felder als Measures werden nur den Cubes ohne Zeitphasen hinzugefügt, da diese Felder in den Projektplänen keine periodenbasierten Werte besitzen.

---

1. Klicken Sie in der Zentraladministration unter *Allgemeine Anwendungseinstellungen/PWA-Einstellungen/Verwalten/Warteschlangen- und Datenbankverwaltung* auf die Verknüpfung *OLAP-Datenbankverwaltung*.

2. Markieren Sie die zu bearbeitende OLAP-Datenbank und klicken Sie auf die Schaltfläche *Konfiguration*.

Abbildg. 9.182   Das benutzerdefinierte Feld *Reisekosten* als Cubemeasure hinzufügen

Cubemeasures

Geben Sie die benutzerdefinierten Felder an, die dem Cube als Measures hinzugefügt werden sollen. Die ausgewählten benutzerdefinierten Felder werden dem entsprechenden Cube ohne Zeitphasen hinzugefügt.

Cube:

Zuordnung ☑

Verfügbare Felder:

Ausgewählte Measures:

Hinzufügen >

Reisekosten_V

> >

< < Alle entfernen

< Entfernen

Aktuelles Element: Reisekosten_V

3. Wählen Sie im Feld *Cube* den Eintrag *Zuordnung* aus.
4. Markieren Sie das benutzerdefinierte Feld *Reisekosten_V* und klicken Sie auf die Schaltfläche *Hinzufügen*.
5. Klicken Sie auf die Schaltfläche *Speichern*, sofern Sie keine weiteren Anpassungen vornehmen möchten.

Integrierte Measures

Im Abschnitt *Integrierte Measures* legen Sie fest, welche Feldgruppen Sie in einem OLAP-Cube ein- bzw. ausschließen, z.B. Kosten oder bestimmte Basisplandaten. Somit ist es möglich, zwar die Arbeit aus verschiedenen Perspektiven zu analysieren, nicht aber die Kosten.

Um die Kosten, die Arbeit und die Daten aus dem Standard-Basisplan in der OLAP-Datenbank für unser Beispielunternehmen bereitzustellen, gehen Sie wie folgt vor:

1. Klicken Sie in der Zentraladministration unter *Allgemeine Anwendungseinstellungen/PWA-Einstellungen/Verwalten/Warteschlangen- und Datenbankverwaltung* auf die Verknüpfung *OLAP-Datenbankverwaltung*.
2. Markieren Sie die zu bearbeitende OLAP-Datenbank und klicken Sie auf die Schaltfläche *Konfiguration*.

Abbildg. 9.183   Integrierte Measures

Integrierte Measures

Wählen Sie die Feldgruppen aus, die Sie den Projekt-, Vorgangs- und Zuordnungscubes als Measures hinzufügen möchten.

☐ (Alle auswählen)	☑ Basisplan	☐ Basisplan4	☐ Basisplan8
☑ Kosten	☐ Basisplan1	☐ Basisplan5	☐ Basisplan9
☑ Arbeit	☐ Basisplan2	☐ Basisplan6	☐ Basisplan10
☐ Ertragswert	☐ Basisplan3	☐ Basisplan7	

3. Aktivieren Sie die Kontrollkästchen *Kosten*, *Arbeit* und *Basisplan*.

4. Klicken Sie auf die Schaltfläche *Speichern*, sofern Sie keine weiteren Anpassungen vornehmen möchten.

Inaktive Vorgänge

In diesem Abschnitt können Sie definieren, ob Sie inaktive Vorgänge mit in die OLAP-Datenbank aufnehmen möchten. Um zu prüfen, dass inaktive Vorgänge ausgeschlossen werden, führen Sie folgende Schritte aus:

1. Klicken Sie in der Zentraladministration unter *Allgemeine Anwendungseinstellungen/PWA-Einstellungen/Verwalten/Warteschlangen- und Datenbankverwaltung* auf die Verknüpfung *OLAP-Datenbankverwaltung*.

2. Markieren Sie die zu bearbeitende OLAP-Datenbank und klicken Sie in der Symbolleiste auf die Schaltfläche *Konfiguration*.

Abbildg. 9.184　　Inaktive Vorgänge

Inaktive Vorgänge

Legen Sie diese Option
fest, um Daten aus
Vorgängen einzuschließen,
die als inaktiv
gekennzeichnet wurden.
Beachten Sie, dass die
Daten aus diesen
Vorgängen als Rollup in
Gesamtsummen
berücksichtigt werden,
sofern sie im Bericht nicht
ausgefiltert werden.

☐ Inaktive Vorgänge einschließen

3. Stellen Sie sicher, dass das Kontrollkästchen *Inaktive Vorgänge einschließen* deaktiviert ist.
4. Klicken Sie auf die Schaltfläche *Speichern*, sofern Sie keine weiteren Anpassungen vornehmen möchten.

Berechnete Measures

Berechnete Measures sind Measures, die auf Basis anderer Measures berechnet werden. An dieser Stelle definieren Sie serverseitig berechnete Measures, die bereits bei der Erstellung des Cubes berechnet werden und damit allen Benutzern mit der gleichen Zugriffsgeschwindigkeit zur Verfügung stehen wie die standardmäßigen Measures.

Berechnete Measures definieren Sie mithilfe der Datenbanksprache MDX (Multidimensional Expressions).

Um das Feld *Abweichung Kosten* für den Bericht zur Abweichungsanalyse *Kostenabweichung bei Fertigstellung* aus Kapitel 4 zu erstellen, führen Sie folgende Schritte aus. Die eigentliche Erstellung des Berichts wird in Kapitel 5 im Abschnitt »Bericht *Kostenabweichungen nach Projekten* erstellen« beschrieben.

1. Klicken Sie in der Zentraladministration unter *Allgemeine Anwendungseinstellungen/PWA-Einstellungen/Verwalten/Warteschlangen- und Datenbankverwaltung* auf die Verknüpfung *OLAP-Datenbankverwaltung*.

2. Markieren Sie die zu bearbeitende OLAP-Datenbank und klicken Sie auf die Schaltfläche *Konfiguration*.

Abbildg. 9.185   Berechnete Measures

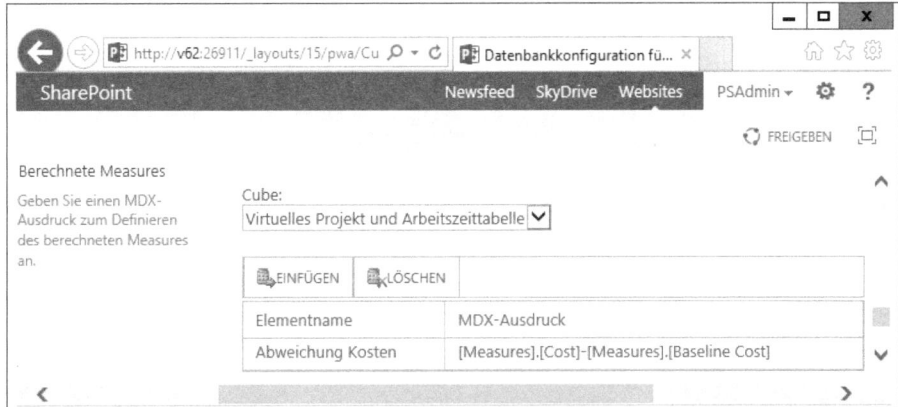

3. Wählen Sie im Abschnitt *Berechnete Measures* den Cube *Virtuelles Projekt und Arbeitszeittabelle* aus.

4. Klicken Sie auf die Schaltfläche *Einfügen*.

> **HINWEIS**   Auch wenn Sie mit der deutschen Version von Project Server arbeiten, müssen Sie zwingend die englischen Feldbezeichnungen für die MDX-Ausdrücke verwenden.

5. Geben Sie im Feld *Elementname* den Wert »Abweichung Kosten« und im Feld *MDX-Ausdruck* den Wert »[Measures].[Cost]-[Measures].[Baseline Cost]« ein.

6. Klicken Sie auf die Schaltfläche *Speichern*.

> **ACHTUNG**   MDX-Anweisungen werden beim Speichern nicht auf mögliche Syntaxfehler überprüft. Daher empfehlen wir Ihnen, MDX-Anweisungen mit SQL Server Management Studio zu testen.

Betriebsrichtlinien

Im Bereich *Betriebsrichtlinien* können Sie die Adresse des SMTP-Servers, weitere Servereinstellungen, serverseitige Ereignishandler und Einstellungen für die SharePoint-Projektwebsites konfigurieren.

Warnungen und Erinnerungen

Im Bereich *Warnungen und Erinnerungen* können Sie die E-Mail-Benachrichtigung konfigurieren. Gehen Sie dazu folgendermaßen vor:

1. Geben Sie im Feld *SMTP-E-Mail-Server* den NetBIOS- oder DNS-Namen Ihres Mailservers ein, also z.B. des Exchange- oder Domino-Servers.

2. Geben Sie im Feld *Absenderadresse* die E-Mail-Adresse ein, von der Benachrichtigungen des Servers abgeschickt werden sollen.

Warnungen und Erinnerungen

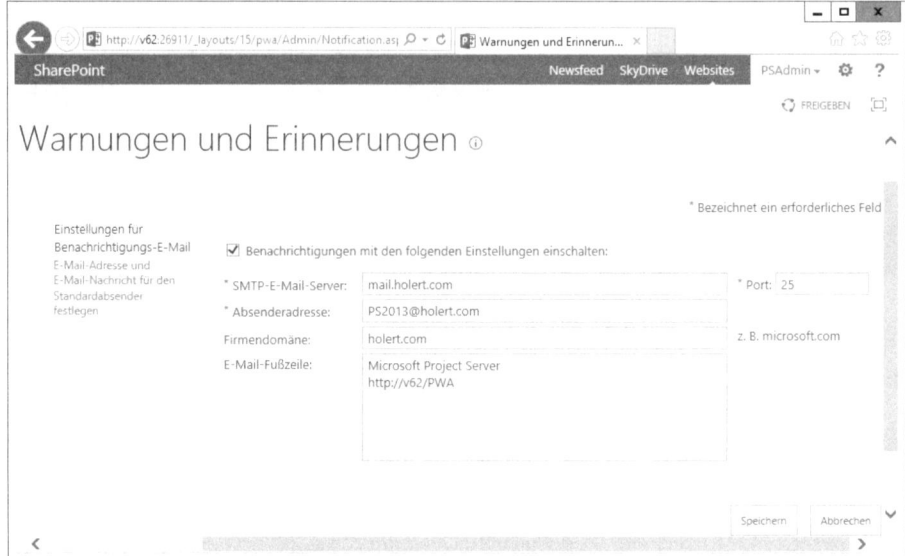

3. Geben Sie im Feld *Firmendomäne* die Domäne Ihrer Absenderadresse ein.

TIPP   Um den Teammitgliedern den Zugriff auf Project Web App zu erleichtern, geben Sie im Textfeld *E-Mail-Fußzeile* die Project Web App-Adresse ein, also z.B. »http://v62/pwa«.

TIPP   Project Server schickt für jede Änderung eines konfigurierten Typs eine Benachrichtigung per E-Mail. Zudem sehen Sie in der E-Mail nur den neuen Wert und nicht die Änderungen.

Beim Einsatz des Add-Ons Allocatus können Sie alle Änderungen in einer E-Mail zusammenfassen und nur einmal am Tag versenden. Zudem wird immer der alte Stand und der neue Stand der Daten gezeigt (Kapitel 13).

Weitere Servereinstellungen

Den Abschnitt *Weitere Servereinstellungen* gibt es sowohl in den Servereinstellungen von PWA als auch in der Zentraladministration. Nachfolgend beschreiben wir nur diejenigen Einstellungen, die es allein in der Zentraladministration gibt, die anderen Einstellungen sind im gleichnamigen Abschnitt »Weitere Servereinstellungen« unter »Betriebsrichtlinien« für die Servereinstellungen beschrieben.

Project Professional-Versionen

Microsoft gibt regelmäßig Aktualisierungen zu Project und Project Server heraus, darunter alle zwei Monate kumulative Updates und alle ein bis zwei Jahre Service Packs. Um sicherzustellen, dass alle Anwender von diesen Aktualisierungen profitieren und sich nicht mit älteren Versionen von Project mit Project Server verbinden, können Sie hier die Mindestversion (Patchlevel) von Project angeben, die sich mit dem Server verbinden darf (Versionskontrolle). Kapitel 10 können

Sie entnehmen, wie Sie die Version von Project ermitteln können und welche Fehlermeldung ein Anwender im Falle des Verbindungsversuchs mit einer veralteten Version angezeigt bekommt.

Wir empfehlen, diese Version immer auf dem gleichen Stand wie dem von Project Server zu halten.

Exchange Server-Details

Wenn Sie die standardmäßige Exchange-Integration für Exchange mit Project Server verwenden möchten, aktivieren Sie die Option *Synchronisieren von Abwesenheitskalendern*. Dadurch erfolgt ein Abgleich der Abwesenheitszeiten Ihrer Ressourcen zwischen Project Server und Exchange Server.

Abbildg. 9.187   Exchange Server-Details und Vorgangsmoduseinstellungen

Exchange Server-Details

Abwesenheitszeiten mit Exchange Server synchronisieren. Diese Einstellung ermöglicht die Exchange-Integration für den Server, jedoch muss die Synchronisierung auch auf Kontoebene aktiviert sein.

☐ Synchronisieren von Abwesenheitskalendern

Vorgangsmoduseinstellungen

Definieren des Standardvorgangsmodus und ob manuell geplante Vorgänge für Teammitglieder veröffentlicht werden können

☑ Manuell geplante Vorgänge können für Teammitglieder veröffentlicht werden.

Standardvorgangsmodus in neuen Projekten:

◉ Manuell geplant

◯ Automatisch geplant

☑ Benutzer können den Standardwert in Project Professional außer Kraft setzen.

Voraussetzung für die Verwendung dieser Option ist, dass Sie Zeiträume für Zeitberichte konfiguriert haben, wie im Abschnitt »Zeiträume für Zeitberichte« weiter vorn in diesem Kapitel beschrieben. Es werden dann die Abwesenheitstermine aus diesem Zeitraum in Project Web App synchronisiert. Die Funktionsweise ist zu Beginn des Abschnitts »Zeit- und Vorgangsverwaltung« weiter vorn in diesem Kapitel sowie in Kapitel 2 beschrieben.

TIPP   Die Standardintegration liest die Frei/Gebucht-Zeiten aus dem Outlook-Kalender aus. Dabei werden nur Zeiten berücksichtigt, die als *Abwesend* gekennzeichnet sind und mehr als vier Stunden pro Tag betragen. Es sind keine Zuordnungen zur Art der Abwesenheit möglich.

Diese und andere Einschränkungen überwindet das Add-On Allocatus (vgl. Kapitel 13). Hiermit können beliebige Termine im Outlook-Kalender über das Kontextmenü einzelnen Vorgängen in Abwesenheitsprojekten (vgl. Abschnitt »Sonderprojekte« weiter vorn in diesem Kapitel) zugewiesen werden.

Serverseitige Ereignishandler

Unter *Serverseitige Ereignishandler* können Sie Behandlungsroutinen einbinden, die bei bestimmten Ereignissen auf dem Server aufgerufen werden, z.B. beim Einchecken eines Projekts.

Serverseitige Ereignishandler

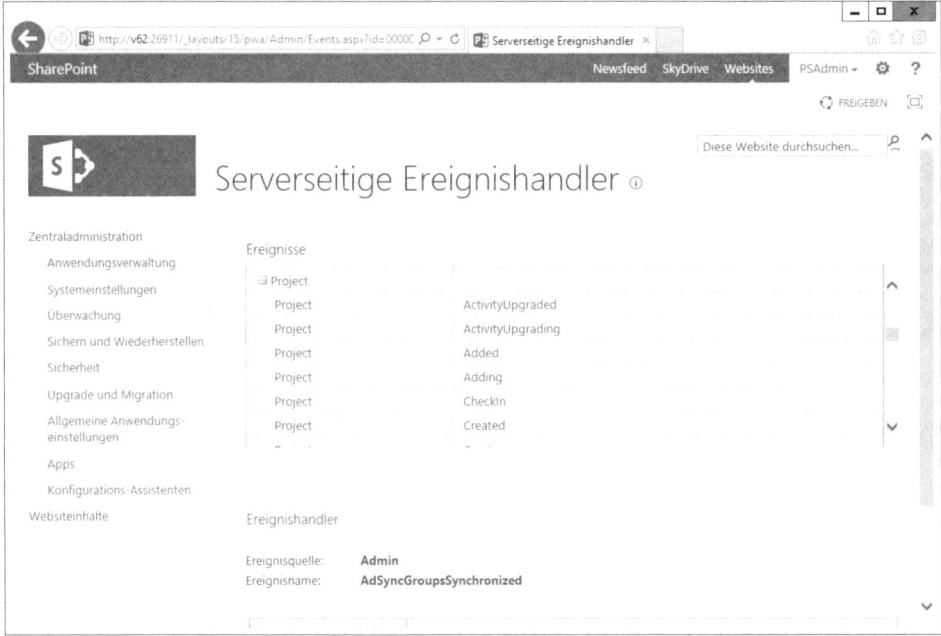

Erstellung und Konfiguration der Ereignishandler sind Aufgaben für Softwareentwickler; die Beschreibung dieser Aufgaben ist nicht Bestandteil dieses Buchs.

Einstellungen für die Bereitstellung der Projektwebsite

Außer den Einstellungen in Project Web App für Projektwebsites (vgl. Abschnitt »Verbundene SharePoint-Websites« weiter vorn in diesem Kapitel) können Sie festlegen, wo, mit welchen Vorlagen und wann Projektwebsites erstellt werden sollen.

Im Bereich *Site-URL* geben Sie die Adresse der SharePoint-Webanwendung an, unter der die Projektwebsites erstellt werden. Standardmäßig ist das die Webanwendung der Project Web App-Site (Kapitel 8).

Wenn Sie das Kontrollkästchen *Die Project-Siteerstellung auf die Standard-Websitesammlung einschränken* aktivieren, können Projektleiter ihre Projektwebsites nur am angegebenen Ort erstellen. Für unser Beispielunternehmen aktivieren wir diese Option.

Im Bereich *Site-Standardeigenschaften* können Sie aus den installierten Sprachen die Standardsprache für Projektwebsites auswählen.

Abbildg. 9.189   Site-URL und Standardeigenschaften

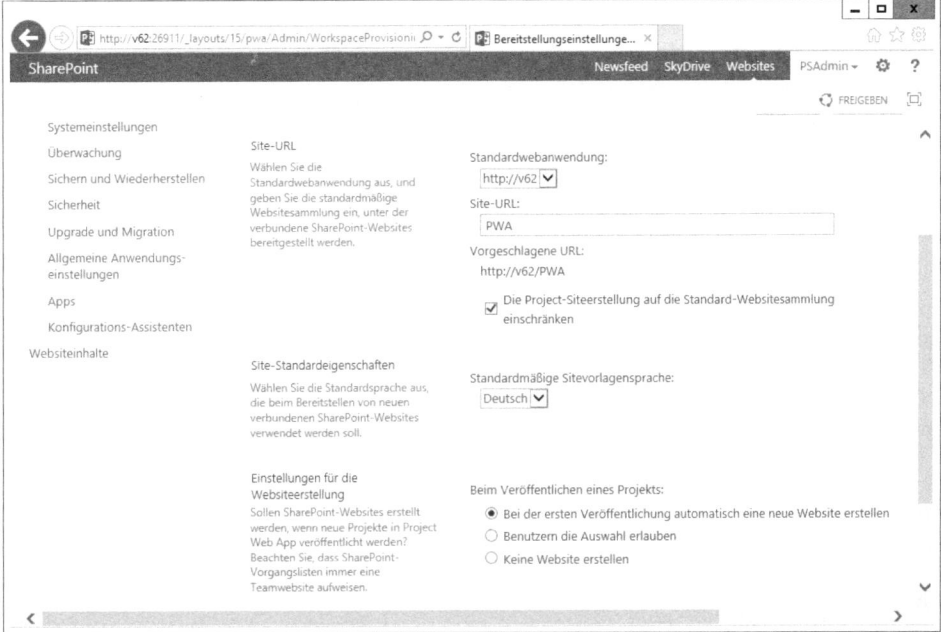

BESSER IN 2013   Wenn im Bereich *Einstellungen für die Websiteerstellung* die Option *Bei der ersten Veröffentli-chung automatisch eine neue Website erstellen* ausgewählt ist, muss der Projektleiter beim Veröf-fentlichen eine Projektwebsite für das Projekt anlegen. Er kann jedoch entscheiden, ob er diese Website als Unterwebsite einer anderen bereits bestehenden Site anlegen möchte.

Mit der Option *Keine Website erstellen* haben Sie in Project Server 2013 erstmals die Möglichkeit, den Dialog zur Erstellung der Projektwebsite beim Veröffentlichen des Projekts zu unterdrü-cken, wenn Sie keine Projektwebsites verwenden möchten und für Ihre Projektdokumentation andere Programme verwenden.

Für unser Beispielunternehmen behalten wir die automatische Erstellung von Projektwebsites bei.

Massenaktualisierung verbundener SharePoint-Websites

Die *Massenaktualisierung verbundener SharePoint-Websites* verwenden Sie bei Migrations- oder Wiederherstellungsprozessen, bei einer Neuinstallation und im normalen Betrieb sind diese Schritte nicht notwendig. Sofern Sie jedoch Projektwebsites migrieren oder Berechtigungen nicht korrekt synchronisiert wurden, können Sie an dieser Stelle in einem Schritt alle Pfade, Inhaltstypen und Berechtigungen auf die neuen Einstellungen anpassen.

Abbildg. 9.190   Massenaktualisierung verbundener SharePoint-Websites

Abbildg. 9.191   Massenaktualisierung – Fortsetzung

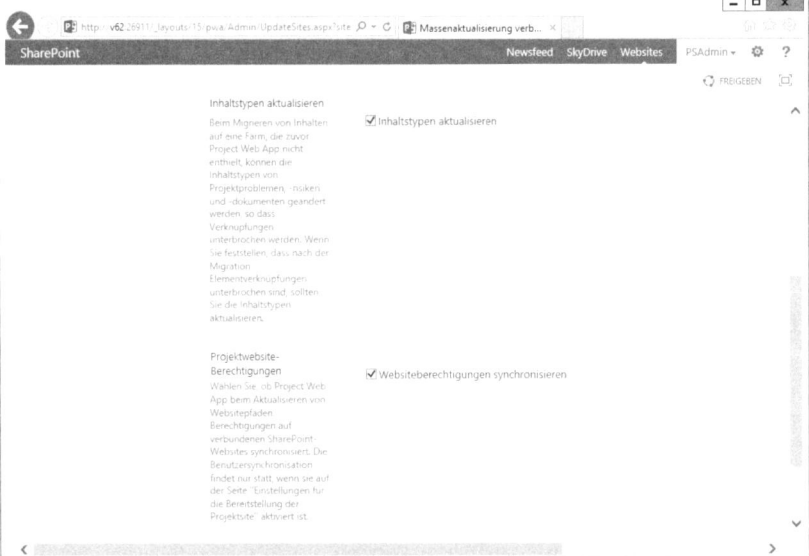

Workflow- und Projektdetailseiten

In der Zentraladministration finden Sie unter *Workflow- und Projektdetailseiten* nur den Eintrag *Projektworkfloweinstellungen*. Hier können Sie das Anmeldekonto hinterlegen, mit dem Aufrufe des Project Server-Webservices (PSI) innerhalb der Workflows für Project Server 2010 erfolgen (Workflow-Proxybenutzer). Die Einstellung betrifft damit nur Workflows auf migrierten Instanzen von Project Server 2010 und manuell bereitgestellte Workflows, die für Project Server 2010 entwickelt wurden. Sie hat keinen Einfluss auf Workflows für Project Server 2013, wie wir sie im Abschnitt »Workflow mit SharePoint Designer erstellen« weiter vorn in diesem Kapitel beschrieben haben.

Als Standardeinstellung ist das Administratorkonto der Project Web App-Instanz angegeben. Behalten Sie diese Standardeinstellung bei.

Weitere Einstellungen in der Zentraladministration und PowerShell-Befehle

Außerhalb der PWA-Einstellungen in Project Web App und unter *Allgemeine Anwendungseinstellungen* gibt es noch weitere Orte, wo Sie Servereinstellungen festlegen können. So sind die Warteschlangeneinstellungen in der Verwaltung der Project Server-Dienstanwendung zu finden. Die Einstellungen für die zeitgesteuerten Aufträge können nur über die PowerShell konfiguriert werden.

Warteschlangeneinstellungen für Project Web App verwalten

BESSER IN 2013 In Project Server 2013 finden Sie die Einstellungen der Warteschlange nicht mehr pro Project Web App-Instanz in den Servereinstellungen, sondern global in den Einstellungen der Project Server-Dienstanwendung. Um sie für unser Beispielunternehmen anzupassen, gehen Sie folgendermaßen vor:

HINWEIS   Diese Einstellungen betreffen alle PWA-Instanzen der Dienstanwendung.

---

1. Öffnen Sie die SharePoint-Zentraladministration und navigieren Sie zu *Anwendungseinstellungen/Dienstanwendungen verwalten/Project Server-Dienstanwendung*.

Abbildg. 9.192   *Warteschlangeneinstellungen* in der Project Server-Dienstanwendung

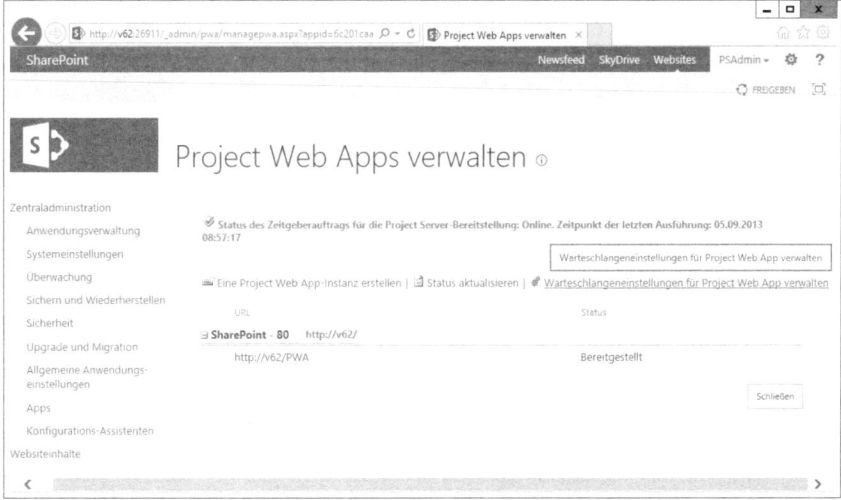

2. Klicken Sie oberhalb der Liste der Project-Web App-Instanzen auf *Warteschlangeneinstellungen für Project Web App verwalten*.

Abbildg. 9.193   Altersschwellen für das Cleanup abgeschlossener Aufträge

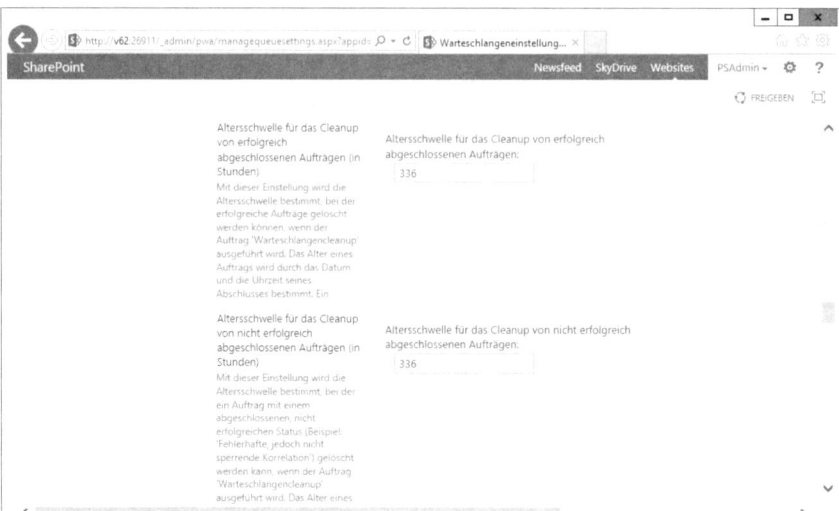

3. Ändern Sie die Einträge *Altersschwelle für das Cleanup von erfolgreich abgeschlossenen Aufträgen (in Stunden)* sowie *Altersschwelle für das Cleanup von nicht erfolgreich abgeschlossenen Aufträgen (in Stunden)* von 24 bzw. 168 Stunden auf 336 Stunden (2 Wochen).

Durch diese Festlegung können Sie alle Warteschlangenaufträge 2 Wochen zurückverfolgen.

Zeitgesteuerte Aufträge in Project Web App

BESSER IN 2013   Im Gegensatz zu den Vorgängerversionen müssen Sie bei Project Server 2013 für administrative Aufgaben wie Benutzer- und Ressourcenpoolsynchronisation oder administrative Sicherungen keine Uhrzeiten auswählen. Stattdessen führt Project Server 2013 diese Aufgaben selbstständig zu einer Zeit mit geringer Systemlast zwischen 00:00 Uhr und 03:00 Uhr aus.

Zur Festlegung individueller Zeiten können Sie für jeden einzelnen Auftrag den PowerShell-Befehl *Set-SPProjectTimerJobDefaultSchedule* verwenden. Die genaue Syntax lautet:

```
Set-SPProjectTimerJobDefaultSchedule [-ServiceApplication]
<PsiServiceApplicationPipeBind> [-JobType]
<ActiveDirectoryEnterpriseResourcePoolSyncJob | ActiveDirectoryGroupSyncJob |
ApplyResourceCapacityTimeRangeJob | CubeSchedulingJob | EventHandlerConfigurationJob |
ObjectLevelBackupRestoreJob | WorkflowCleanupJob | SendScheduledAlertsAndRemindersJob |
ExchangeUrlRefreshJob | ExchangeSubscriptionRefreshJob | ExchangeOofSyncScheduledJob |
SPPermissionModeSyncJob | SendSqmDataJob | QueueCleanupJob | ProjectCrawlerJob |
DatabaseMaintenanceJob | ProjectModeOffPeakPermissionSyncJob | QueueHealthTimerJob>
[-Schedule] <String> [-AssignmentCollection <SPAssignmentCollection>]
[-RescheduleExistingJobs <SwitchParameter>]
```

Weitere Informationen finden Sie im TechNet.[1] Damit ist die Konfiguration für unser Beispielunternehmen abgeschlossen. Im nachfolgenden Kapitel beschreiben wir die wichtigsten Aufgaben für Problemlösungen und den Betrieb von Project Server.

---

[1]   *http://technet.microsoft.com/en-us/library/jj219512.aspx*

Kapitel 10

Problemlösung und Wartung

In diesem Kapitel:

Dieses Kapitel richtet sich an Administratoren, die die Verantwortung dafür tragen, Probleme bei der Installation von Project und Project Server zu beseitigen und einen zuverlässigen Betrieb sicherzustellen. Wir werden im Folgenden die wichtigsten Aufgaben beschreiben. Im Einzelnen lesen Sie:

- Voraussetzungen und Problemanalyse bei der Installation

- Wartungsaufgaben beim Betrieb

- Sicherung und Wiederherstellung

HINWEIS   Die Abschnitte zu Project gelten unabhängig von der Edition, sei es Project Standard, Project Professional oder Project Pro für Office 365. Die Abschnitte zu Project Server beziehen sich auf Project Server On-Premises mit Ausnahme des Abschnitts »Project Server-Warteschlange«, der gleichermaßen auch für Project Online gilt.

Voraussetzungen und Problemanalyse bei der Installation

Nachfolgend beschreiben wir die Voraussetzungen und die Problemanalyse bei der Installation von Project und Project Server.

Project

Neben den Voraussetzungen für die Installation von Project lesen Sie in den folgenden Abschnitten, wie Sie die Protokollierung für das Setup aktivieren und was Sie bei vorzeitigem Ablauf des Testzeitraums unternehmen können. Zudem erfahren Sie, wie Sie Verbindungsprobleme zu Project Server analysieren und Spuren alter Installationen beseitigen können.

HINWEIS   Project 2013 und Project 2010 verwenden dasselbe Dateiformat. In einem Umfeld, in dem diese beiden Versionen verwendet werden, können Sie daher ohne Formatänderungen oder Kompatibilitätsmodus mit den Projektdateien arbeiten. Project 2013 kann außerdem die Formate für Project 2000 bis 2007 öffnen und speichern, frühere Formate nicht.[1] Project 2013 kann ausschließlich mit Project Server 2013 bzw. Project Online arbeiten.

Mindestvoraussetzungen für die Installation von Project Standard und Project Professional

HINWEIS   Die Produkte Project 2013 Standard, Project 2013 Professional und Project Pro für Office 365 sind wie die weiteren Produkte der Familie Office 2013 in zwei Editionen verfügbar, x86 (32-Bit) und x64 (64-Bit). Wir empfehlen die Verwendung der 32-Bit-Edition, da diese sowohl auf 32-Bit-Systemen als auch auf 64-Bit-Systemen installiert werden kann und bessere Kompatibilität mit Add-Ins bietet. Project 2013 ist nicht für Windows RT auf ARM-Tablets verfügbar, kann aber auf Windows x86-Tablets installiert werden.

---

[1] Weitere Details zur Kompatibilität finden Sie unter *http://office.microsoft.com/en-us/project-help/file-formats-supported-by-project-2013-HA102749286.aspx*.

Project 2013 und Office 2013 können parallel mit den älteren Versionen 2010 und 2007 installiert werden, allerdings können 32-Bit- und 64-Bit-Editionen nicht parallel installiert werden.[1]

Für die Installation von Project 2013 definiert Microsoft folgende Mindestvoraussetzungen:

- **Prozessor**   x86- oder x64-Prozessor mit 1 GHz und SSE2-Befehlssatz

- **Betriebssystem**   Windows 7, Windows 8, Windows Server 2008 R2 oder Windows Server 2012

- **Arbeitsspeicher**   1 GB für die 32-Bit-Version, 2 GB für die 64-Bit-Version

- **Festplatte**   3 GB freier Festplattenplatz

Um den vollen Funktionsumfang von Project zu nutzen, benötigen Sie zudem:

- Excel 2007 oder höher für grafische Berichte

- Visio 2007 oder höher für grafische Berichte

- Outlook 2007 oder höher zum Import von Aufgaben

- Lync 2010 oder höher zur Integration von Onlinestatus und Kommunikation

Weitere Details zu den Systemanforderungen in Verbindung mit Project Web App von Project Server und Project Online finden Sie im TechNet.[2]

Ausführliche Protokolldateien der Installation

Um während der Installation von Project ausführliche Protokolldateien zu erstellen, fügen Sie vor der Installation die folgenden beiden Einträge in der Windows-Registrierung hinzu:

```
HKEY_LOCAL_MACHINE\Software\Policies\Microsoft\Windows\Installer
"Logging"=String:"voicewarmup!"
"Debug"=DWORD:00000007
```

Die Protokolldateien werden dann während der Installation im temporären Verzeichnis Ihres Benutzerprofils erstellt, der Debug-Wert von 7 setzt den Logging-Level dabei auf *Ausführlich* (Verbose). Um den Ordner anzuzeigen, gehen Sie folgendermaßen vor:

1. Öffnen Sie Windows-Explorer.
2. Geben Sie den Platzhalter *%TEMP%* in die Adresszeile von Windows-Explorer ein und bestätigen Sie mit der ⏎-Taste.
3. Prüfen Sie bei Fehlern oder Warnhinweisen die angelegten *.LOG*-Dateien.

Setzen Sie nach der Installation anschließend die Einträge in der Windows-Registrierung zurück, um die Protokollierung wieder auf den normalen Level zu reduzieren.

Testzeitraum abgelaufen

Falls Sie eine Testversion (Evaluierungsversion) von Project verwenden und diese beim Start meldet, dass der Testzeitraum abgelaufen sei, obwohl der Testzeitraum noch nicht vorüber ist, gehen Sie folgendermaßen vor, um das Problem zu lösen:

1. Rufen Sie den Registrierungs-Editor auf und öffnen Sie den Schlüssel *HKEY_CURRENT_USER/Software/Microsoft/Office/15.0/MSProject/Options/General*.

---

[1]   Weiterführende Informationen zu diesen Editionen finden Sie unter *http://technet.microsoft.com/de-de/library/ ee681792.aspx*.

[2]   *http://technet.microsoft.com/de-de/library/ee624351.aspx*

2. Ändern Sie den Eintrag *FirstBoot* von *0* auf *1*.

Project kann keine Verbindung zu Project Server aufbauen

Ursache für Verbindungsprobleme zwischen Project und Project Server sind häufig falsche clientseitige Netzwerkeinstellungen, z.B. bei den Proxy- oder Sicherheitseinstellungen. Um diese zu prüfen, gehen Sie folgendermaßen vor:

Abbildg. 10.1   Project Server befindet sich in der Zone *Lokales Intranet* ohne geschützten Modus

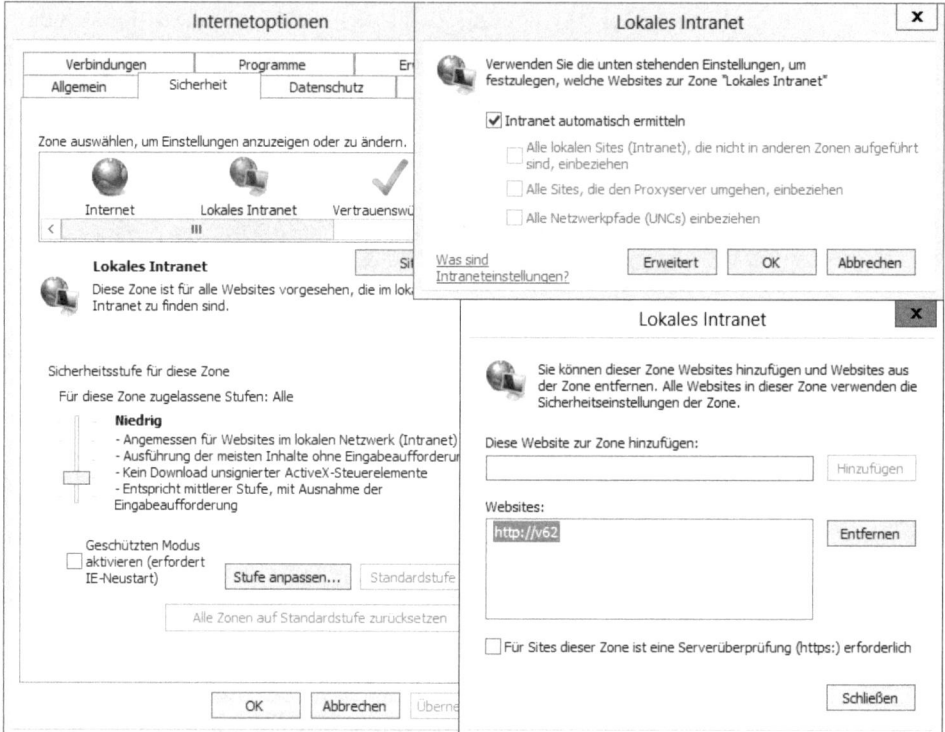

1. Zeigen Sie die *Internetoptionen* an (*Systemsteuerung/Internetoptionen*).
2. Wenn die URL der Project Web App ein FQDN ist und dieser nicht in der Proxyausschlussliste enthalten ist, dann fügen Sie diese zur Zone *Lokales Intranet* hinzu (*Sicherheit/Lokales Intranet/Sites/Hinzufügen*).
3. Prüfen Sie, dass für die Sicherheitsstufe dieser Zone der *Geschützte Modus* deaktiviert ist.
4. Prüfen Sie bei den Sicherheitseinstellungen der lokalen Intranetzone, dass die Option *Automatisches Anmelden nur in der Intranetzone* aktiviert ist (*Stufe anpassen/Benutzerauthentifizierung/Anmeldung*).

Abbildg. 10.2   Automatische Benutzeranmeldung prüfen

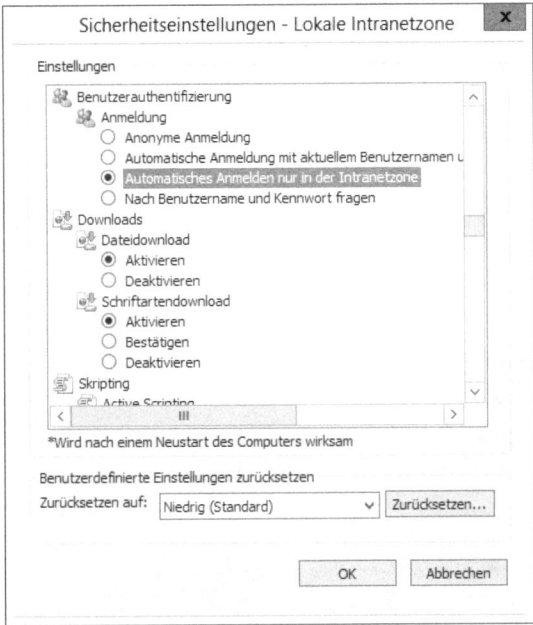

Project komplett neu installieren

Falls Ihre Installation von Project fehlschlägt, sollten Sie Project komplett entfernen, bevor Sie es erneut installieren. Dazu führen Sie die Deinstallationsroutinen aus und entfernen danach die verbliebenen Spuren. Führen Sie dazu folgende Schritte aus:

1. Löschen Sie alle Kopien der Datei *GLOBAL.MPT* und alle zwischengespeicherten Dateien aus dem Benutzerprofil. Geben Sie hierzu in Windows-Explorer den folgenden Pfad in der Adresszeile ein und löschen Sie alle Inhalte:

```
%APPDATA%\Microsoft\MS Project
```

> **HINWEIS**   Bitte nehmen Sie ggf. ältere Versionen der *GLOBAL.MPT* in den Unterordner *14* oder niedriger auf, falls Sie diese migrieren möchten.

2. Löschen Sie folgende Registrierungseinträge:

```
HKEY_CURRENT_USER\Software\Microsoft\Office\15.0\MS Project
HKEY_LOCAL_MACHINE\SOFTWARE\Microsoft\Office\15.0\Project\InstallRoot
```

bzw. auf einem 64-Bit System:

```
HKEY_LOCAL_MACHINE\SOFTWARE\Wow6432Node\Microsoft\Office\15.0\Project\InstallRoot
```

Project Server

Neben den Voraussetzungen für die Installation von Project Server 2013 lesen Sie in den folgenden Abschnitten, wie Sie die Protokollierung zur Fehlerbehebung konfigurieren, wo Sie die Protokolldateien finden und wie Sie Benutzerlizenzen zuordnen.

Mindestvoraussetzungen zur Installation von Project Server

Für die Installation von Project Server 2013 definiert Microsoft u.a. folgende Mindestvoraussetzungen (siehe Kapitel 8), die zur Installation eines Komplettsystems auf einem Server notwendig sind:

- **Prozessor**   64 Bit, 4 Kerne mit je 2,5 GHz

- **Arbeitsspeicher**   24 GB für Evaluation und 32 GB für Produktion

- **Betriebssystem**   Windows Server 2008 R2 SP1 oder Windows Server 2012, Edition Standard oder höher, keine Server-Core Installation

- **SharePoint**   Microsoft SharePoint Server 2013 Enterprise

- **Datenbankserver**   Microsoft SQL Server 2008 R2 SP1 x64 oder Microsoft SQL Server 2012 x64, Standard Edition oder höher, mit SQL Server Analysis Services. Bei SQL Server 2012 müssen die Analysis Services im mehrdimensionalen Modus installiert sein.

- **Browser**   Microsoft Internet Explorer 8, 9 oder 10, Mozilla Firefox 10, Apple Safari 5 oder Google Chrome 17.

Details zu den Anforderungen von Project Server 2013 finden Sie unter *http://technet.microsoft.com/de-de/library/ee683978.aspx*, spezifische Details zu den Anforderungen von SharePoint Server 2013 finden Sie unter *http://technet.microsoft.com/de-de/library/cc262485.aspx*.

> **HINWEIS**   Einen Editionsvergleich und weitere Details zu SQL Server 2012 finden Sie unter *http://msdn.microsoft.com/de-de/library/ms144275.aspx*.

Protokolldateien

Um während der Installation von Project Server 2013 ausführliche Protokolldateien zu erstellen, aktivieren Sie die Protokollierung des Windows Installers wie im Abschnitt »Ausführliche Protokolldateien der Installation« weiter vorn in diesem Kapitel beschrieben.

Alle nachfolgenden Einstellungen und Änderungen (Post-setup Configuration) werden im Programm-Verzeichnis unter *%PROGRAMFILES%/Common Files\Microsoft Shared\Web Server Extensions\15\LOGS* dokumentiert. Sie erkennen die Dateien daran, dass sie mit PSCDiagnostics beginnen.

In diesem Ordner werden auch die ULS-Logs (Universal Logging System) abgelegt, mit denen Sie Prozesse im System und mittels GUIDs auch Fehlermeldungen von Benutzern nachvollziehen können.

> **HINWEIS**   An dieser Stelle protokolliert Project Server Fehler während des Betriebs. Den Pfad und die Granularität der zu loggenden Ereignisse können Sie über die SharePoint-Zentraladministration unter *Überwachung/Berichte/Diagnoseprotokollierung konfigurieren* ändern, wie im Folgeabschnitt »Wartungsaufgaben beim Betrieb« beschrieben.

Verwaltung von Benutzerlizenzen

NEU IN 2013

In der Architektur von SharePoint Server 2013 können Sie erstmals die Zuordnung von Benutzerlizenzen zu Benutzern oder Gruppen erzwingen. Das heißt, dass Sie explizit definieren, welchen Benutzern bzw. Benutzergruppen Sie welche Edition von Serverfeatures zur Verfügung stellen. Dadurch können Sie beispielsweise sicherstellen, dass nur Controller die Auswertungsfunktionen der Enterprise-Edition verwenden oder nur externe Mitarbeiter die Funktionen von Office Web Apps nutzen können. Wenn diese *Erzwingung von Benutzerlizenzen* bei Ihnen durch die SharePoint-Administration aktiviert ist, müssen Sie den Zugriff auf Project Server-Features ebenfalls explizit erteilen. Dieser Abschnitt zeigt Ihnen die notwendigen Schritte.

Abbildg. 10.3   Startseite von *Project Web App* ohne zugeordnete *Benutzerlizenz*

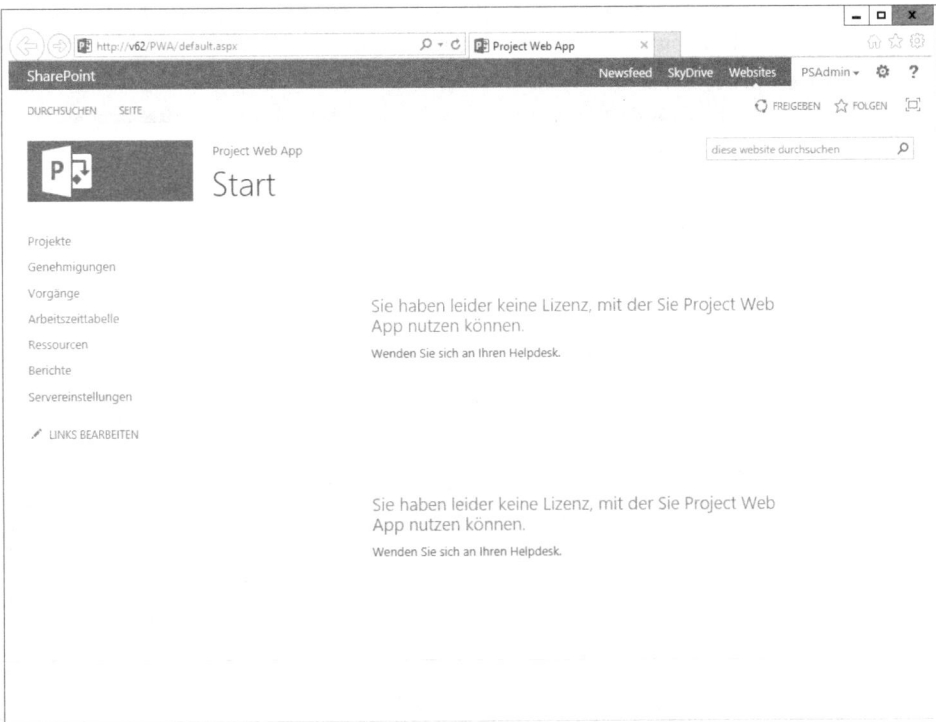

Wenn in Ihrer SharePoint-Umgebung die *Erzwingung von Benutzerlizenzen* aktiviert ist, werden Ihren Mitarbeitern beim Aufruf der Startseite von Project Web App keine Informationen angezeigt. Statt der Webparts erhalten sie den Hinweis, dass sie keine Lizenz für Project Web App besitzen. Ordnen Sie die Benutzerlizenzen wie folgt zu:

1. Rufen Sie die SharePoint 2103-Verwaltungsshell als Administrator auf und geben Sie *Get-SPUserLicensing* ein.

Abbildg. 10.4   Aktivierte *Erzwingung von Benutzerlizenzen*

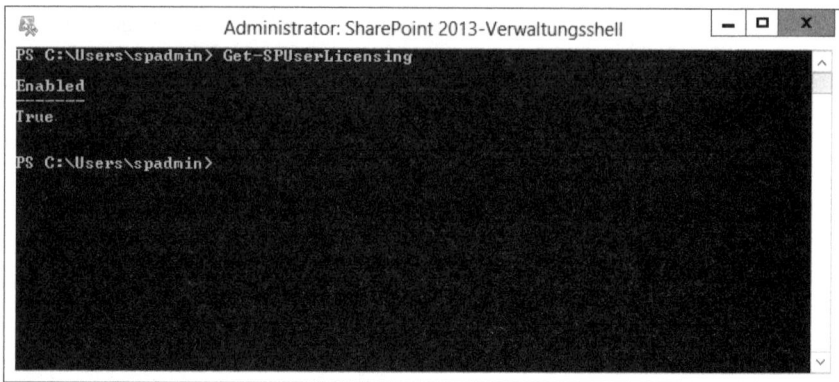

2. Mit dem Ergebnis *True* sehen Sie, dass in Ihrer Umgebung die Erzwingung von Benutzerlizenzen aktiv ist.

3. Erstellen Sie eine AD-Gruppe mit allen Mitarbeitern, die Project Web App nutzen sollen. In unserem Beispiel ist das die Gruppe *HOLERT\AllePWABenutzer*.

Abbildg. 10.5   Erstellung einer *Lizenzzuordnung* für *Project Web App*

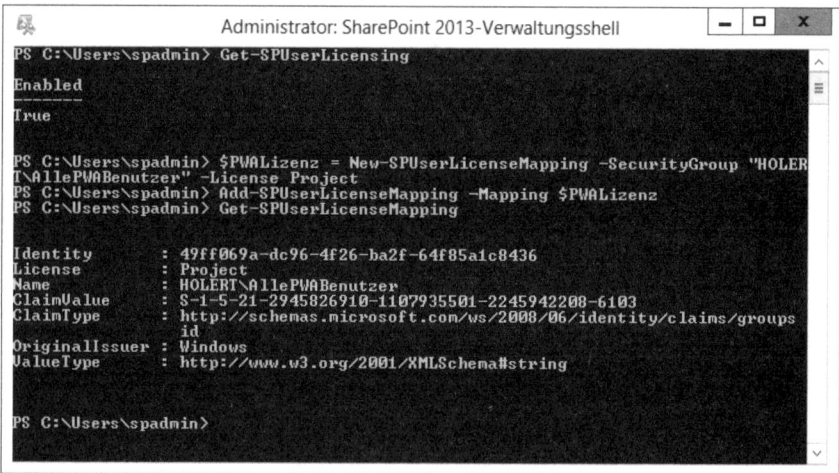

4. Erstellen Sie die Lizenzzuordnung der AD-Gruppe der Mitarbeiter zu Project Web App und fügen Sie diese der Farm hinzu, indem Sie folgende Befehle in der PowerShell ausführen:

```
$PWALizenz = New-SPUserlicenseMapping -SecurityGroup "HOLERT\AllePWABenutzer"
-License Project
Add-SPUserLicenseMapping -Mapping $PWALizenz
```

5. Führen Sie anschließend einen IISRESET durch.

Abbildg. 10.6   Startseite von *Project Web App* nach erteilter *Lizenzzuordnung*

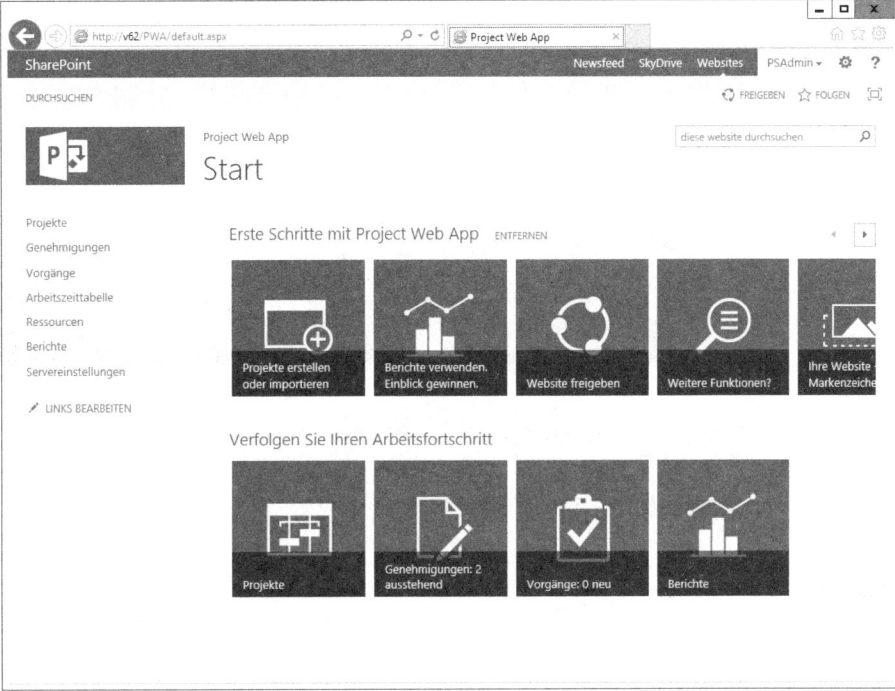

Nach der Zuordnung der Benutzerlizenzen werden den Benutzern der Gruppe *HOLERT\AlleP-WABenutzer* wieder alle Features in Project Web App zur Verfügung gestellt. Die Erteilung der eigentlichen Benutzerrechte in Project Web App muss weiterhin unabhängig davon erfolgen. Weiterführende Informationen zur Verwaltung von Benutzerlizenzen finden Sie im TechNet.[1]

Wartungsaufgaben beim Betrieb

Wie bei jedem IT-System, kann es auch beim Betrieb von Project und Project Server zu Störungen kommen. Wir beschreiben im Folgenden, wie Sie Fehler erkennen, und nennen Ansätze für die Problemlösung. Im Anschluss stellen wir dar, wie Sie die installierte Softwareversion ermitteln und sicherstellen, dass sich nur Project-Clients mit einer von Ihnen vorgegebenen Mindestversion am Server anmelden können.

Problemanalyse und -behebung in Project

Zunächst richten wir den Blick auf den Project Professional-Client. Project kann im Fehlerfall den Betrieb beenden (Absturz). In diesem Fall können Sie das Fehlerprotokoll auslesen und an Microsoft senden. Mit der Reparaturfunktion können Sie zudem Installationsfehler beseitigen.

---

[1] *http://technet.microsoft.com/de-de/library/jj219609.aspx*

Fehlerberichtserstattung und Reparaturfunktion

Sollte Project beim Betrieb abstürzen, erscheint das Dialogfeld zur *Fehlerberichtserstattung*, um technische Details zur Absturzursache an Microsoft senden zu können. Wir empfehlen, dieses Protokoll an Microsoft zu senden, damit es anonymisiert und automatisiert von Microsoft ausgewertet werden kann.

> **HINWEIS**   Wenn Sie keinen Zugriff zum Internet haben, können Sie die Fehlerprotokolle speichern und später, nachdem der Internetzugang wieder verfügbar ist, gesammelt absenden.

Abbildg. 10.7   Programm zur Verbesserung der Benutzerfreundlichkeit

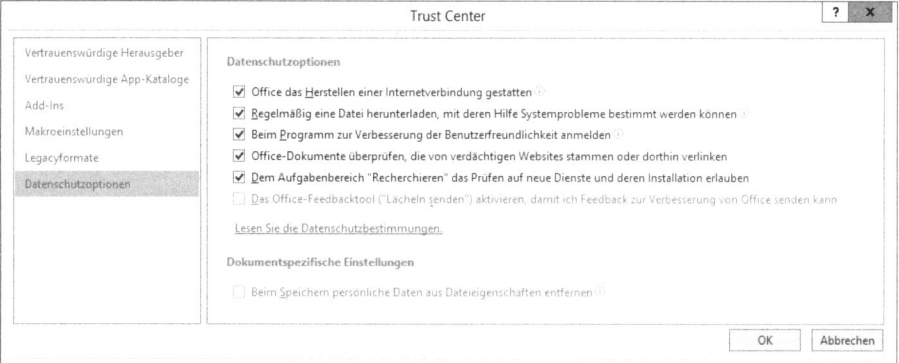

Darüber hinaus können Sie auch das *Programm zur Verbesserung der Benutzerfreundlichkeit* aktivieren. Dieses überträgt Statistiken z.B. über die verwendeten Funktionen, aber auch Meldungen zu Fehlern, die einen Absturz verursacht haben, an Microsoft (Abbildung 10.7).

> **HINWEIS**   Wenn Project abstürzt, wird dies stets im Ereignisprotokoll des Computers vermerkt. Wenn Sie direkt mit dem Microsoft Support in Kontakt treten, können Sie die Fehlermeldung inkl. der Dateien, auf die diese verweist, an Microsoft übermitteln. Falls Sie zuvor einen Fehlerbericht versendet haben, reicht es, die enthaltene ID des *Fault bucket* dem Microsoft Support-Mitarbeiter zu nennen, dann kann dieser Ihnen die Daten zuordnen.

Mit der Reparaturfunktion des Setupprogramms können Sie evtl. fehlende Komponenten von Project erneut installieren, und zwar auf dem Stand der zuletzt eingespielten Updates (Service Packs, kumulative Updates).

Abbildg. 10.8   Reparaturfunktion des Setupprogramms

Project Professional Active Cache zurücksetzen

Project verwendet einen lokalen Zwischenspeicher (Cache), um den Zugriff auf Project Server zu beschleunigen. Dieser Cache speichert die letzte Version der Enterprise-Global, die Servereinstellungen und die zuletzt geöffneten Projekte. Unter Umständen, wie z.B. bei der Wiederherstellung von Project Server oder einem Fehler in einer Befehlsverarbeitung, kann der Fall eintreten, dass der Active Cache nicht mehr mit den Serverdaten synchron ist.

In einem solchen Ausnahmefall sollten Sie den Cache leeren, damit Project zur Aktualisierung aller Daten vom Server gezwungen wird. Gehen Sie dazu wie folgt vor:

> **HINWEIS**   Projekte können standardmäßig aus dem Cache über die Oberfläche von Project gelöscht werden, und zwar über die Option *Speichern/Cache bereinigen* (Abbildung 10.9). Da hierbei jedoch weder die Servereinstellungen noch die Enterprise-Global gelöscht werden, empfehlen wir in einem solchen Ausnahmefall, das gesamte Cacheverzeichnis zu löschen.

1. Öffnen Sie Project mit der Verbindung zu Project Server.
2. Gehen Sie im Menüband über *DATEI* zur Backstage-Ansicht und öffnen Sie über *Optionen/ Speichern* die Speicher- und Cacheeinstellungen.

Abbildg. 10.9   *Cachespeicherort* in Project

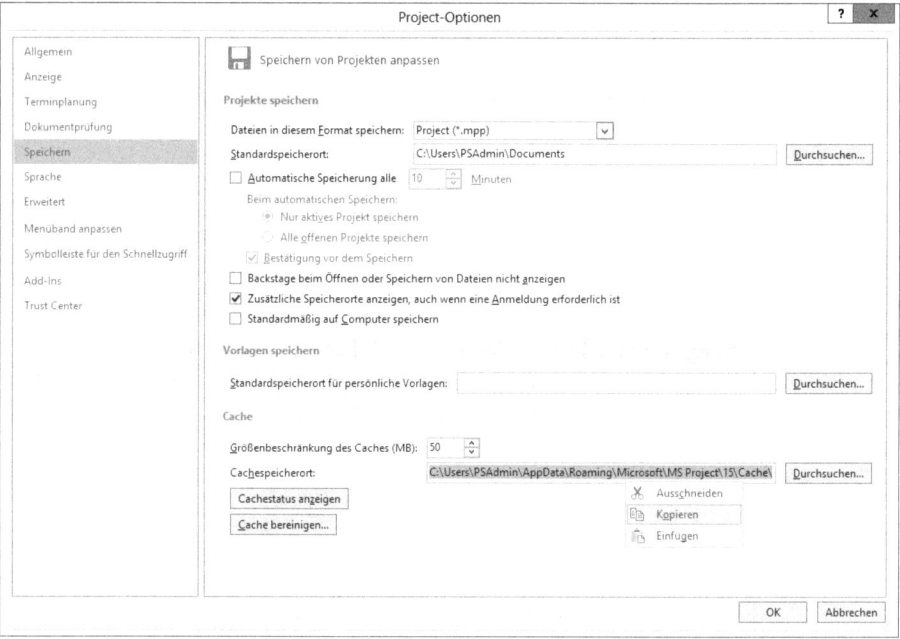

3. Markieren und kopieren Sie den *Cachespeicherort* und schließen Sie Project.

Abbildg. 10.10   Cache eines Serverprofils von Project löschen

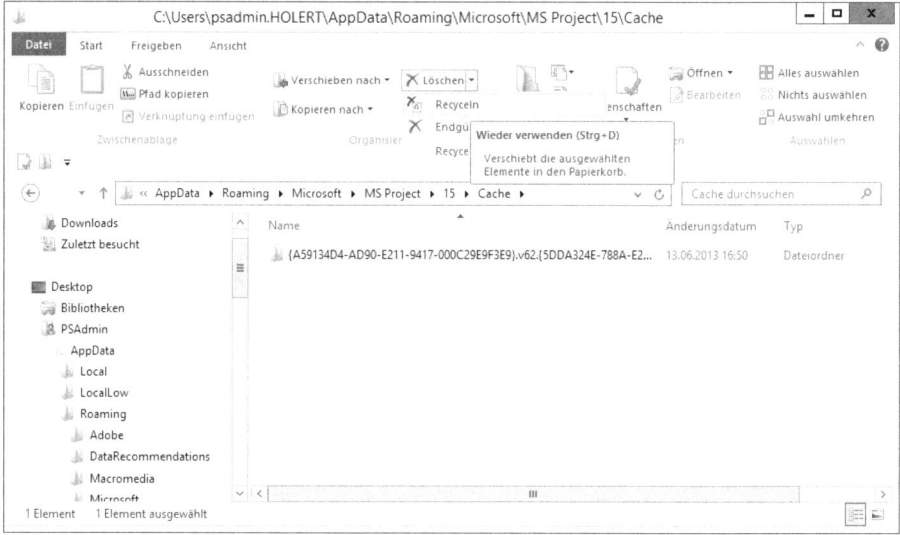

4. Öffnen Sie den Cachespeicherort in Windows-Explorer. Jedes Profil entspricht einem Verzeichnis, dessen Name dem von 2 GUIDs umsäumten Profilnamen entspricht. Löschen Sie die Unterverzeichnisse der betroffenen Profile.

Wenn Sie nun Project erneut mit dem Serverprofil öffnen, werden alle Servereinstellungen inkl. der Enterprise-Global neu geladen. Wenn Sie im Anschluss Projekte öffnen, werden diese ebenfalls in der Serverversion geladen. Fehler im Client können abhängig von Fehlern im Server sein. Prüfen Sie daher im Zusammenhang mit Clientfehlern, aber auch unabhängig davon, stets den Zustand des Servers.

Problemanalyse und -behebung in Project Server

Die Überwachung von Project Server kann an drei Stellen erfolgen, und zwar in der Warteschlange, der Diagnoseprotokollierung und der Integritätsanalyse. Hinzu kommt die Überwachung der von Project Server verwendeten Infrastruktur, insbesondere von SQL Server. Wir beschreiben im Folgenden, wie Sie die Diagnose durchführen können. Darüber hinaus nennen wir einen Ansatz, um Störungen in der Auftragsverarbeitung der Warteschlange zu lösen, und geben einen Überblick über Datenbankwartung.

Project Server-Warteschlange

Alle Aufträge, die auf Project Server asynchron verarbeitet werden, werden in die Warteschlange eingefügt und nacheinander verarbeitet. Persönliche Aufträge kann jeder Nutzer von Project Server einsehen. Alle Aufträge von Administratoren in der Oberfläche von PWA und der SharePoint-Zentraladministration werden ausgewertet.

Abbildg. 10.11   Verwaltung der eigenen Warteschlangeaufträge

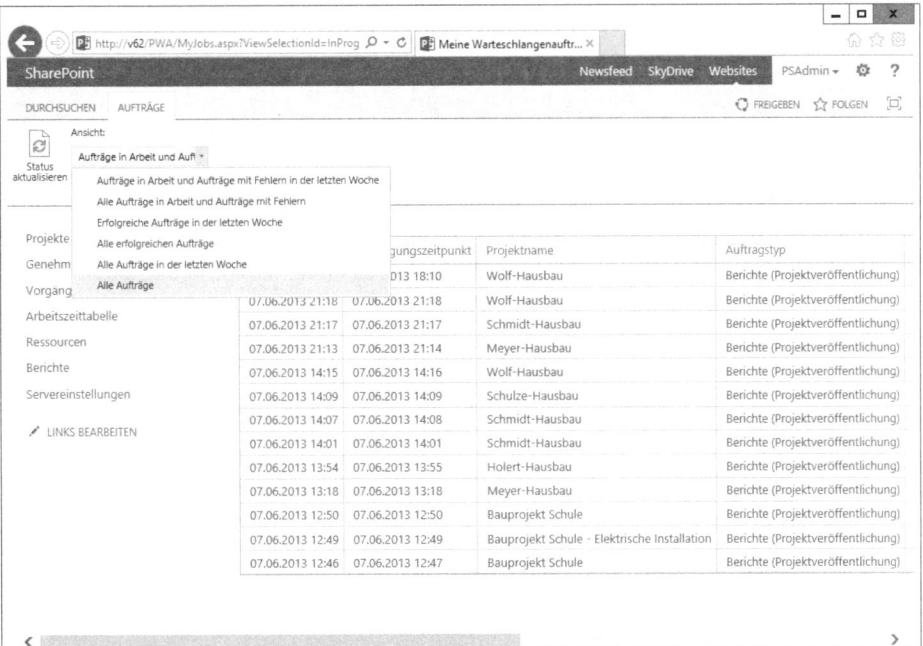

Die eigenen Aufträge kann jeder Benutzer in Project Web App unter *Servereinstellungen/Persönliche Einstellungen/Meine Warteschlangenaufträge* anzeigen und filtern (Abbildung 10.11). Zudem erhält jeder Benutzer eine Benachrichtigungs-E-Mail, falls ein Auftrag fehlschlägt, sofern diese Option nicht unter *Servereinstellungen/Persönliche Einstellungen/Meine Warnungen und Erinnerungen verwalten* deaktiviert wurde.

Abbildg. 10.12   Verwaltung aller Warteschlangenaufträge für Administratoren

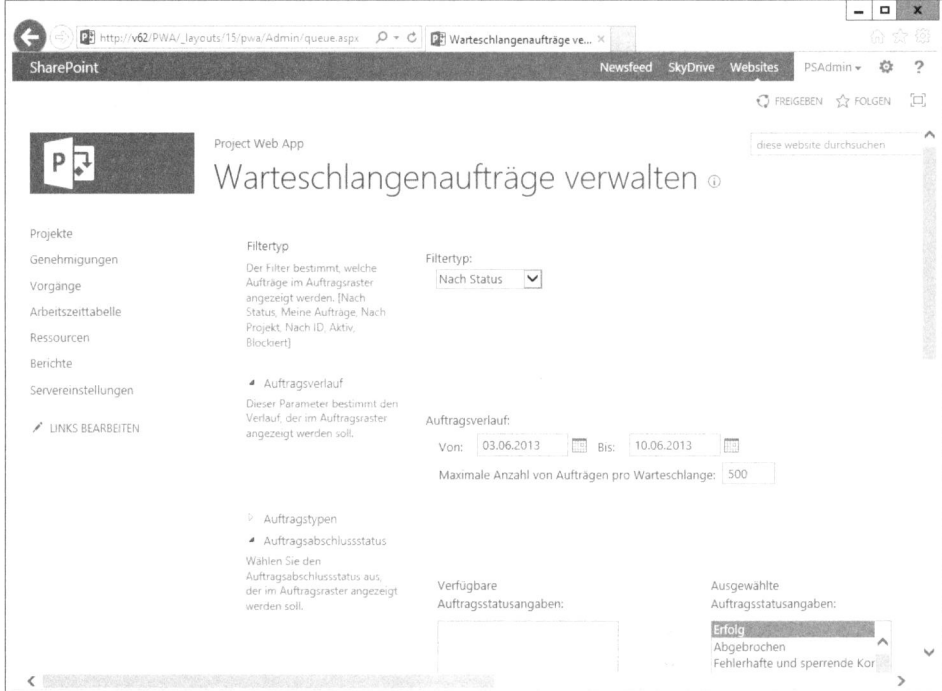

Administratoren von Project Web App können darüber hinaus in Project Web App unter *Servereinstellungen/Warteschlangen- und Datenbankverwaltung/Warteschlangenaufträge verwalten* alle Einträge in der Warteschlange einsehen. Die Einträge können für eine genaue Analyse auf Verlauf, Typ und Abschlussstatus von Aufträgen gefiltert werden. Standardmäßig werden alle Aufträge der letzten sieben Tage angezeigt, die noch ausstehen oder nicht korrekt verarbeitet wurden.

Serveradministratoren können die Warteschlange in der SharePoint-Zentraladministration unter den Servereinstellungen der Project Web App-Instanz ebenfalls unter *Warteschlangen- und Datenbankverwaltung/Warteschlangenaufträge verwalten* aufrufen.

HINWEIS   Mehr Informationen zur Warteschlange finden Sie in Kapitel 9.

Warteschlange wird nicht verarbeitet

Im Betrieb von Project Server kann es in seltenen Fällen vorkommen, dass die Aufträge in der Warteschlange nicht verarbeitet werden. Projekte werden nicht gespeichert, veröffentlicht oder eingecheckt, Arbeitszeittabellen werden nicht verarbeitet, in der Warteschlange werden die Aufträge mit dem Status »Wartet auf Verarbeitung« geführt.

In diesem Fall kann ein Neustart des Warteschlangendiensts von Project Server helfen. Gehen Sie dafür wie folgt vor:

1. Starten Sie mit *services.msc* das MMC-Snap-In *Dienste*.

Abbildg. 10.13   Neustart des Microsoft Project Server-Warteschlangendiensts 2013

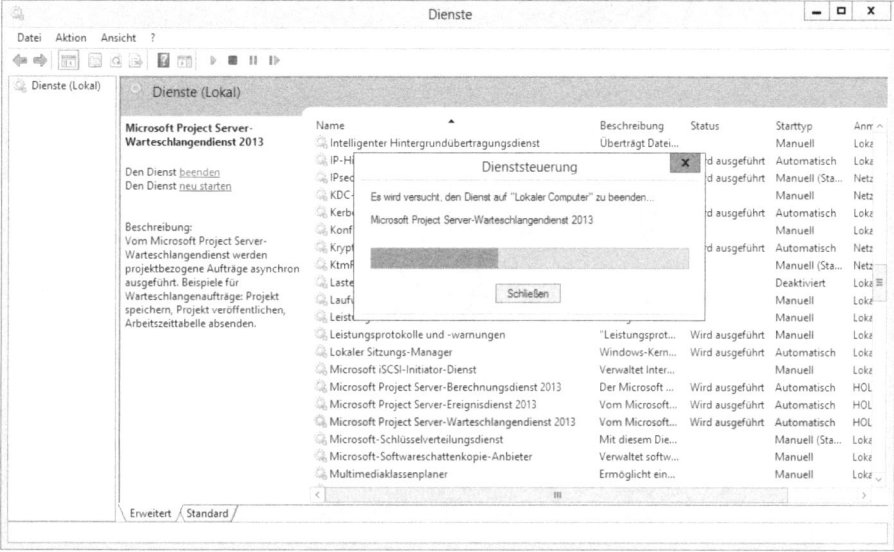

2. Wählen Sie den Dienst *Microsoft Project Server-Warteschlangendienst 2013* aus und starten Sie ihn neu.

3. Prüfen Sie anschließend, ob die Aufträge in der Warteschlange verarbeitet werden.

Diagnoseprotokollierung

Project Server besitzt eine sehr detaillierte Protokollierung, die alle wichtigen Ereignisse aufzeichnet und über Korrelations-IDs die Nachverfolgung interner Prozesse und die Analyse von Fehlermeldungen ermöglicht. Die Ereignisse werden dabei an zwei Orten protokolliert, und zwar im Windows-Ereignisprotokoll und im SharePoint-Ablaufverfolgungsprotokoll des Unified Logging Services (ULS-Log). Die Einträge finden Sie in der Windows-Ereignisanzeige unter *Windows-Protokolle/Anwendung*. Die ULS Logs liegen standardmäßig im Verzeichnis *%CommonProgramFiles%\Microsoft Shared\Web Server Extensions\15\LOGS* (Abbildung 10.16). Standardmäßig werden in den meisten Kategorien die Ereignisse ab *Information* im *Ereignisprotokoll* und ab *Mittel* im *ULS-Log* erfasst. Je nach Analyseanforderungen kann es erforderlich sein, den Detaillierungsgrad zu ändern, gehen Sie dazu folgendermaßen vor:

1. Rufen Sie in der SharePoint-Zentraladministration *Überwachung/Berichte/Diagnoseprotokollierung konfigurieren* auf.

Abbildg. 10.14   Ereignisse der Diagnoseprotokollierung von SharePoint/Project Server auswählen

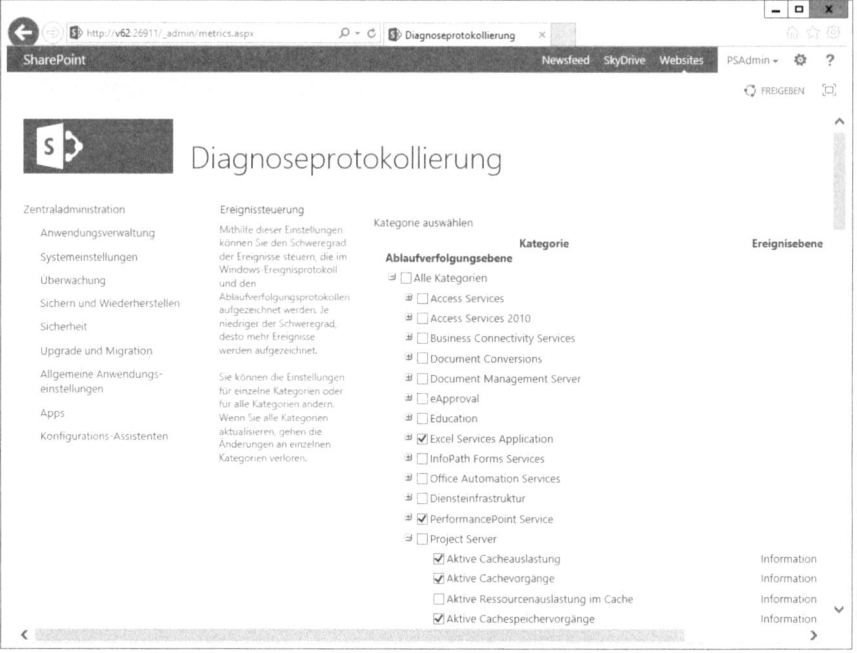

2. Wählen Sie dafür die gewünschten Ereignisse von Project Server und anderen Diensten aus (Abbildung 10.14).

Abbildg. 10.15   Detaillierungsgrad der Diagnoseprotokollierung für ausgewählte Ereignisse festlegen

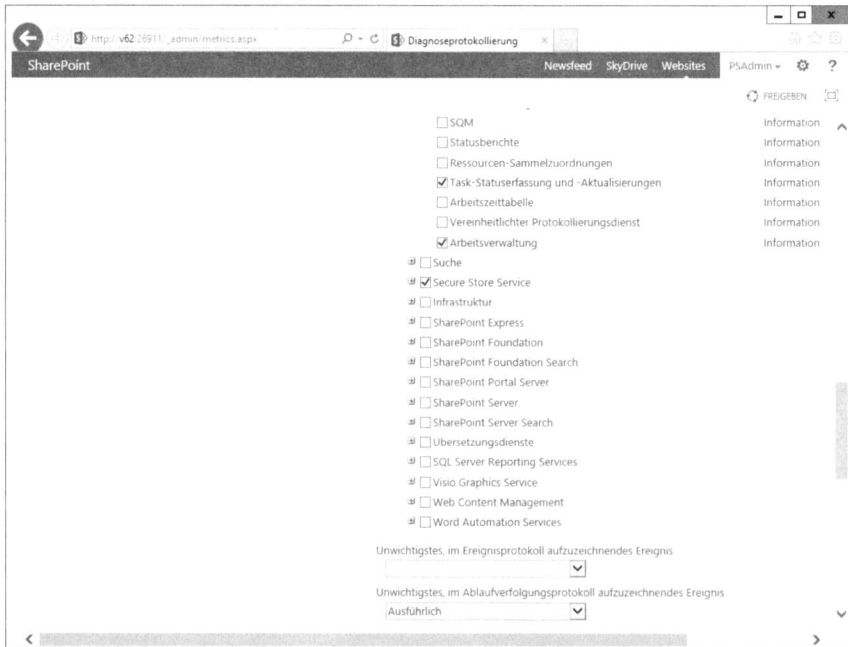

3. Bestimmen Sie anschließend, ab welchem Schweregrad die Ereignisse im Ereignisprotokoll von Windows und im Ablaufverfolgungsprotokoll (ULS-Log) von SharePoint erfasst werden sollen (Abbildung 10.15). Im Beispiel wird der Detaillierungsgrad im Ereignisprotokoll nicht verändert, aber im Ablaufverfolgungsprotokoll auf *Ausführlich* (*Verbose*) gesetzt.

Abbildg. 10.16   Speicherort der Diagnoseprotokollierung

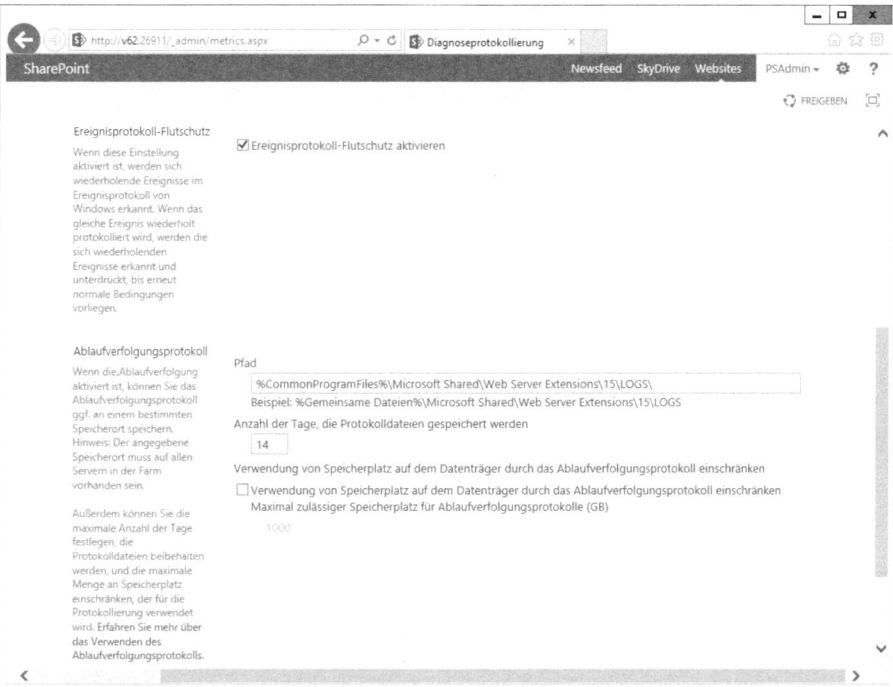

4. Passen Sie ggf. Speicherdauer, Speicherort und Speichergrenze der Protokolldateien (Abbildung 10.16) an.

> **TIPP**   Zusätzlich zu den allgemeinen Einstellungen der Protokollierung können Sie Project Server anweisen, ausführlich alle Ereignisse eines bestimmten Projekts, einer bestimmten Ressource etc. zu protokollieren, ohne gleich alle Ereignisse in Project Web App zu protokollieren. Diese Protokollierung können Sie mit den PowerShell-Cmdlets *-SPProject- LogLevelManager* konfigurieren. Weiterführende Informationen finden Sie in TechNet.[1]

Neben der Diagnoseprotokollierung wird der Zustand des Servers auch über die SharePoint-Integritätsanalyse überwacht.

SharePoint-Integritätsanalyse

Die SharePoint-Integritätsanalyse untersucht anhand von standardmäßig 75 Regeln den Zustand einer SharePoint-Installation.

---

[1] *http://technet.microsoft.com/de-de/library/ee890097.aspx*

Abbildg. 10.17   Eintrag im Integritätsanalysebericht

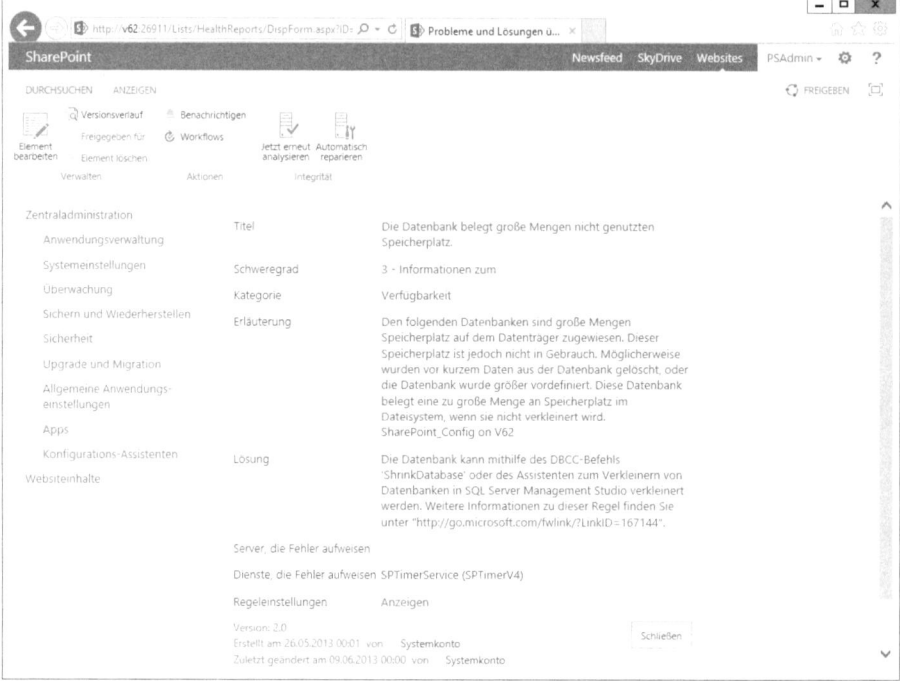

Treten Fehler- oder Warnmeldungen auf, werden diese im Integritätsanalysebericht angezeigt. Die Einträge im Bericht enthalten neben Erläuterungen und einer Beschreibung zur Problemlösung oft auch einen Befehl zum automatischen Reparieren (Abbildung 10.17). Sie erreichen die SharePoint-Integritätsanalyse in der SharePoint-Zentraladministration unter *Überwachung/ Integritätsanalyse*.

> **TIPP**   Wenn Sie Microsoft System Center Operations Manager 2007 R2 (SCOM) oder höher im Einsatz haben, können Sie zudem wichtige Ereignisse und Leistungsindikatoren von Project Server 2013 überwachen. Installieren Sie hierzu *System Center Management Pack for SharePoint Server 2013*. Sie erhalten das Management Pack im Downloadbereich der Microsoft-Website.[1]

Neben der Kontrolle der Project/SharePoint-Protokolle gehört auch die Kontrolle der Datenbankwartung zu den administrativen Aufgaben.

Project Server-Datenbankwartung

Project Server speichert alle Daten in Microsoft SQL Server.[2] Wie bei jedem Datenbankmanagementsystem bedürfen dessen Datenbanken einer regelmäßigen Wartung. Erstellen Sie daher einen Wartungsplan, der mindestens die Integrität aller Datenbanken prüft, ihre Indizes defragmentiert, ihre Statistiken aktualisiert und ein Cleanup des Verlaufs durchführt. Weitere War-

---

[1] *http://www.microsoft.com/de-de/download/details.aspx?id=35590*
[2] Wenn Sie Remote Blob Storage (RBS) einsetzen, können große Binärdateien, wie z.B. Videofilme von SQL Server ins Dateisystem ausgelagert werden.

tungsaufgaben wie auch die regelmäßigen Sicherungen der Datenbanken und ggf. der Transaktionsprotokolle müssen separat ausgeführt werden (Abschnitt »Sicherung« später in diesem Kapitel). Die Wartung von SQL Server und seiner Datenbanken gehört nicht zum Inhalt dieses Buchs.[1]

BESSER IN 2013   Neu in Project Server 2013 ist, dass Project Server Teile dieser Datenbankwartung selbstständig ausführt. So wird für die Datenbanken der Project Web App-Instanzen täglich zwischen 00:00 und 03:00 Uhr eine Defragmentierung der Indizes und eine Aktualisierung der Nutzungsstatistiken durchgeführt. Die Wartung wird durch den SharePoint-Zeitgeberauftrag *Project Server: Datenbankwartung-Auftrag für Project Server-Dienstanwendung* gestartet und kann mit dem PowerShell-Cmdlet *Set-SPProjectTimerJobDefaultSchedule* angepasst oder deaktiviert werden. Stellen Sie sicher, dass die übrigen Wartungsaufgaben nicht in diesem Zeitraum stattfinden oder deaktivieren Sie den Zeitgeberauftrag und integrieren Sie die Aufgaben in Ihren Wartungsplan.

Ein wichtiger Beitrag für den stabilen Betrieb von Project Server ist auch die regelmäßige Aktualisierung der Programmdateien.

Versionskontrolle in Project und Project Server

Microsoft gibt im Rahmen der Produktpflege regelmäßig Aktualisierungen zu Project und Project Server heraus. Hierzu gehören die ca. einmal jährlich veröffentlichten Service Packs und die ca. alle zwei Monate erhältlichen kumulativen Aktualisierungen. Als Administrator gehört es zu Ihren Aufgaben, sicherzustellen, dass alle Anwender von diesen Verbesserungen profitieren. Die Aktualisierungen selbst werden sowohl für Project als auch für Project Server zur Verfügung gestellt.

Sie können die Aktualisierungen von der Microsoft-Website kostenlos herunterladen. Wir empfehlen, die Aktualisierung der Clients zu automatisieren, um zum einen Aufwand zu sparen und zum anderen eine möglichst zeitgleiche Verteilung zu gewährleisten. Da die Aktualisierungen sowohl den Client als auch den Server umfassen, sollten Sie zur Vermeidung von etwaigen Seiteneffekten alle Komponenten auf dem gleichen Stand (Patchlevel) halten. Erstellen Sie zudem vor jeder Aktualisierung eine Sicherung aller Komponenten, wie wir im Abschnitt »Sicherung und Wiederherstellung« später in diesem Kapitel beschreiben. Prüfen Sie zudem nach der Aktualisierung die Protokolldateien entsprechend der Darstellung im Abschnitt »Voraussetzungen und Problemanalyse bei der Installation« weiter vorn in diesem Kapitel.

Nachfolgend beschreiben wir, wie Sie die Version von Project Client bzw. Project Server ermitteln und wie Sie verhindern, dass sich veraltete Project-Clients mit Project Server verbinden können.

Aktuelle Version von Project Client ermitteln

Um die aktuelle Version von Project Client zu ermitteln, führen Sie folgende Schritte aus:

1. Rufen Sie in Project über die Registerkarte *DATEI* die Backstage-Ansicht auf und wechseln Sie zum Abschnitt *Konto*.

2. Klicken Sie auf die Schalfläche *Info zu Project*.

---

[1] Weiterführende Literatur siehe *http://www.holert.com*.

Project Client – Aktuelle Version

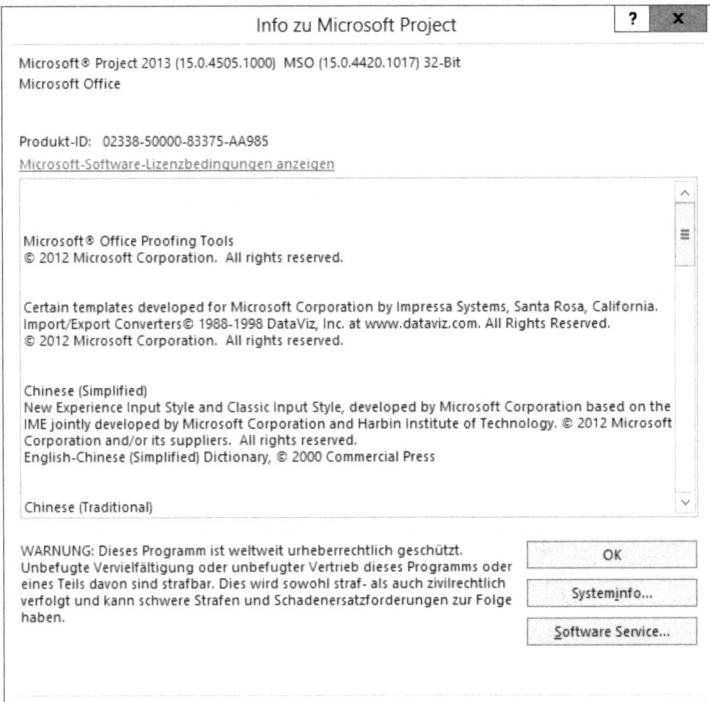

Die Version von Project wird hinter dem Text *Microsoft® Project 2013* in Klammern angezeigt, die Versionsnummer hinter *MSO* bezieht sich auf Office 2013 allgemein und ist für Project nicht aussagekräftig. Die erste Ausgabe von Project 2013 hat die Version *15.0.4420.1017*, diese Version wird auch als RTM (Release to Manufacturing) bezeichnet. Wie eingangs erwähnt, beschreiben wir im nachfolgenden Abschnitt »Verbindung ungepatchter Project-Clients zu Project Server verhindern«, wie Sie gewährleisten, dass sich zur Vermeidung von Fehlfunktionen nur Clients mit einer bestimmten Mindestversion von Project Client mit Project Server verbinden können.

Aktuelle Version von Project Server ermitteln

Um die aktuelle Version aller Komponenten aller Server der Project- bzw. SharePoint-Serverfarm zu ermitteln, gehen Sie wie folgt vor:

1. Öffnen Sie die *Zentraladministration*.

2. Klicken Sie im Bereich *Upgrade und Migration* auf die Verknüpfung *Produkt- und Patchinstallationsstatus überprüfen*.

Abbildg. 10.19   Produkt- und Patchinstallationsstatus überprüfen – SharePoint Server 2013

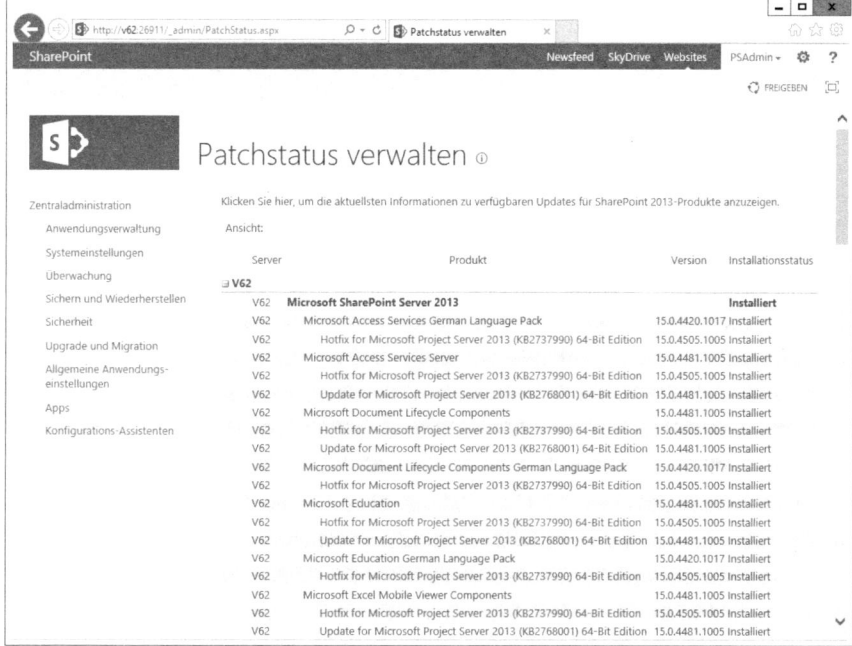

3. Führen Sie einen Bildlauf bis zum Ende der Seite durch.

Abbildg. 10.20   Produkt- und Patchinstallationsstatus überprüfen – Project Server 2013

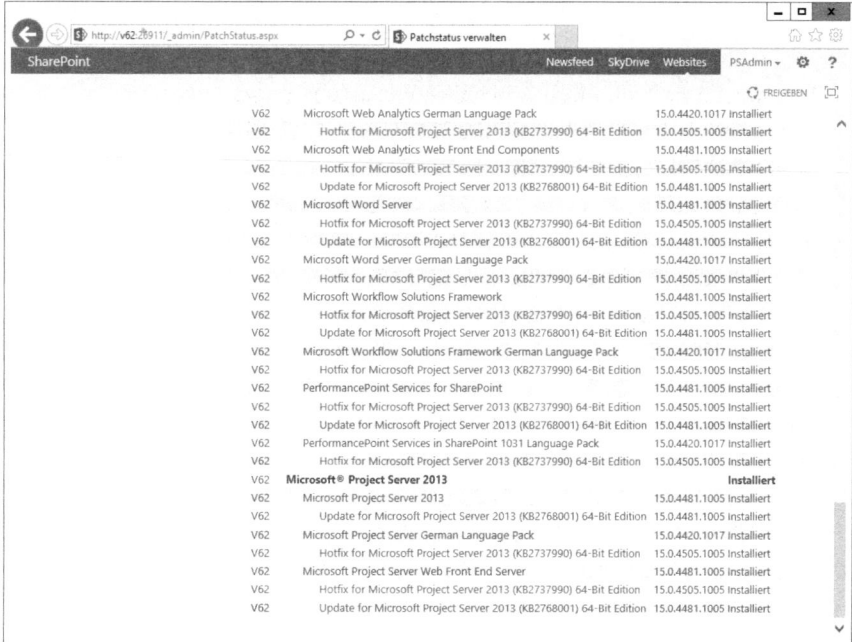

Sie können die Versionen der Komponenten von Project Server jetzt im Abschnitt *Microsoft® Project Server 2013* ablesen. Bei *Microsoft Project Web Front End Server* finden Sie den letzten aktuellen Stand mit allen kumulativen Updates, dies ist die relevante Versionsnummer. Neben *Microsoft Project Server 2013* finden Sie zusätzlich die Version des installierten öffentlichen Updates oder Service Packs. Überprüfen Sie die Einträge in dieser Liste für alle Server Ihrer Farm. Beachten Sie auch, dass Abhängigkeiten zwischen SharePoint Server- und Project Server-Aktualisierungen bestehen können. Wir empfehlen daher, die Versionsstände aller Komponenten ebenfalls zu prüfen.

Verbindung ungepatchter Project-Clients zu Project Server verhindern

Um zu verhindern, dass sich Anwender mit älteren Versionen ohne den gewünschten Patchlevel von Project mit Project Server verbinden (Versionskontrolle), gehen Sie folgendermaßen vor (siehe den Abschnitt »Weitere Servereinstellungen« in Kapitel 9):

1. Öffnen Sie die *Zentraladministration*, navigieren Sie über *Anwendungsverwaltung/Dienstanwendungen verwalten* zur *Project Server-Dienstanwendung*. Wählen Sie aus dem Dropdownmenü Ihrer Project Web App-Instanz den Befehl *Verwalten* aus und gehen Sie anschließend unter *Betriebsrichtlinien* auf *Weitere Servereinstellungen*.

Abbildg. 10.21   Untergrenze für Project Professional-Versionen festlegen

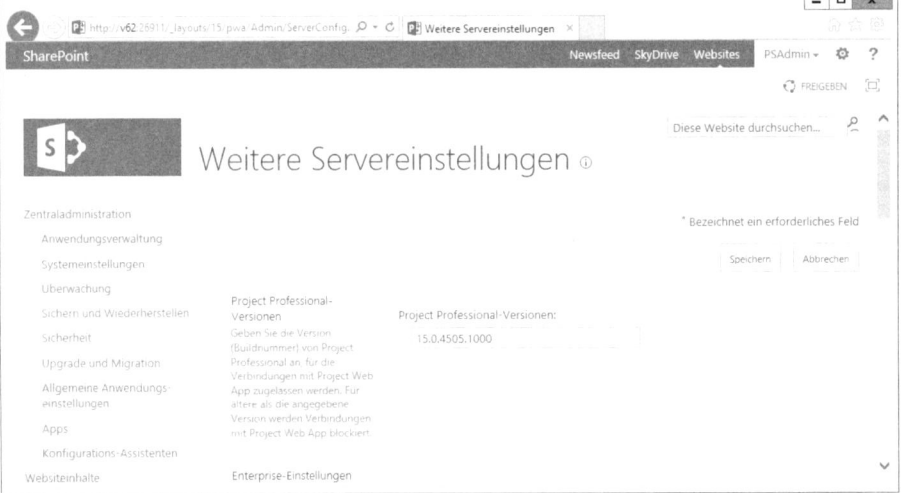

2. Geben Sie im Abschnitt *Project Professional-Versionen* im gleichnamigen Feld die Version des Clients ein, wie zuvor ermittelt.

Abbildg. 10.22   Auftragsfehler – 12015(0x2EEF)

Wenn ein Benutzer nun mit einer älteren Version von Project auf Project Server zugreifen möchte, erhält er die in Abbildung 10.22 dargestellte Fehlermeldung *12015(0x2EEF) Interner Fehler*. Beim Klick auf die Schaltfläche *Weitere Informationen* wird die folgende XML-Zeichenkette ausgewiesen, beachten Sie den Eintrag *ActiveCacheUnsupportedProjectProfessionalVersion* und die Versionsnummer des Clients *15.0.4505.1000*:

```
<detail><ServerExecutionFault xmlns="http://Microsoft.Office.Project.Interfaces/"
xmlns:i="http://www.w3.org/2001/XMLSchema-instance"><Actor i:nil="true"/
><LastError>12015</LastError><Message/><Source/><StackTrace/><TargetSite i:nil="true"/
><ExceptionDetails><errinfo xmlns=""><general><class
name="ActiveCacheUnsupportedProjectProfessionalVersion"><error id="12015"
name="ActiveCacheUnsupportedProjectProfessionalVersion" uid="05351343-1bd2-e211-b02b-
00155d66c800" version="15.0.4505.1000"/></class></general></errinfo></
ExceptionDetails></ServerExecutionFault></detail>
```

Abbildg. 10.23   Die Enterprise-Global-Vorlage konnte nicht abgerufen werden

Nach dem Bestätigen des Dialogfelds mit *OK* wird als weitere Meldung der Hinweis angezeigt, dass die Enterprise-Global nicht geöffnet werden kann, wie in Abbildung 10.23 dargestellt. Dies ist kein Hinweis auf einen Fehler, sondern eine Konsequenz daraus, dass Project Server die Verbindung mit Project abgelehnt hat.

Infolge von Fehlern kann es nötig sein, den gesamten Server oder einzelne Projekte wiederherzustellen.

Sicherung und Wiederherstellung

Zu einem Sicherungskonzept gehört u.a. die Festlegung des Sicherungsumfangs, die Auswahl geeigneter Werkzeuge und die Festlegung der Vorgehensweise für Sicherung und Wiederherstellung.

WICHTIG   Die Fähigkeit, Project Server inkl. aller Komponenten zeitnah ganz oder teilweise zu jedem Zeitpunkt wiederherstellen zu können, ist kritisch für den erfolgreichen Einsatz von Project und Project Server in Ihrer Organisation. Als Administrator tragen Sie die Verantwortung hierfür. Testen Sie vor dem Produktivbetrieb ausgiebig die Wiederherstellungsszenarien und stimmen Sie diese mit den übrigen Aktivitäten in Ihrer Organisation in diesem Umfeld ab. Testen Sie diese Fähigkeit auch während des Produktivbetriebs regelmäßig. Sie sichern sich hiermit auch Ihren Arbeitsplatz. Mehr Informationen hierzu finden Sie auch in den Kapiteln 6 und 7. Zudem finden Sie unter *http://www.holert.com/seminare* ein entsprechendes Seminarangebot.

Die vollständige Sicherung von Project Server umfasst zum einen die Grundinstallation und zum anderen die Nutzdaten und Konfiguration. Zur *Grundinstallation* gehören Windows Server inkl. IIS, SQL Server inkl. Analysis Services, Reporting Services etc., SharePoint Server mit den entsprechenden Diensten und Project Server selbst, wie in Kapitel 8 beschrieben. Die *Nutzdaten* umfassen die Konfigurations-, Dienst- und Inhaltsdatenbanken von Project Server und SharePoint Server auf dem SQL Server.

HINWEIS   Die Sicherung der Nutzdaten mit der täglichen oder administrativen Sicherung (siehe Kapitel 9) ist kein Ersatz für die physische Sicherung der Daten auf einem anderen Medium. Die administrative Sicherung speichert nur die ausgewählten Enterprise-Objekte im Archivschema der Project Web App-Datenbank, die im Falle einer Störung potenziell ebenso verloren ginge.

Als *Werkzeuge zur Sicherung der Grundinstallation* eignen sich Imagesicherungsprogramme und klassische Sicherungslösungen. Die Imagesicherungsprogramme Acronis Backup & Recovery und Symantec Backup Exec System Recovery und der Microsoft Data Protection Manager eignen sich z.B., um auch im laufenden Betrieb eine Imagedatei zu erstellen. Als klassische Sicherungslösungen können Sie z.B. die mit Windows Server ausgelieferte Windows-Sicherung, Symantec Backup Exec oder den Microsoft Data Protection Manager einsetzen. Die *Nutzdaten* können Sie mit der SQL Server-eigenen Sicherung, Backup Exec, dem Microsoft Data Protection Manager sowie der integrierten SharePoint-Sicherung sichern.

Nachfolgend beschreiben wir die nötigen Schritte zur Sicherung und Wiederherstellung der gesamten Umgebung. Als Sicherungswerkzeug für die Nutzdaten verwenden wir dabei die integrierte SharePoint-Farmsicherung. Wir unterteilen hierzu in folgende Abschnitte:

- Sicherung
    - Grundinstallation sichern
    - Nutzdaten sichern
- Wiederherstellung
    - Grundinstallation wiederherstellen
    - Nutzdaten wiederherstellen

Sicherung

In den nachfolgenden Abschnitten beschreiben wir zunächst die Sicherung der Grundinstallation von Project Server 2013 und im Anschluss die Sicherung der Nutzdaten.

Grundinstallation sichern

Sichern Sie nach der Installation von Project Server 2013 das gesamte System mit allen Komponenten. Für die Wiederherstellung auf derselben Maschine oder vergleichbarer Hardware erstellen Sie ein Festplattenabbild (Image). Um die Grundinstallation auch auf anderen Maschinen wiederherstellen zu können, sichern Sie die Festplatten mit einem der zuvor aufgelisteten klassischen Sicherungsprogramme. Je nach Programm können Sie diese Sicherung auch während des laufenden Betriebs ausführen.

Eine solche Grundsicherung sollten Sie auch vor jeder Systemänderung durchführen, wie z.B. dem Einspielen von Service Packs und kumulativen Aktualisierungen. Dadurch können Sie das System als Ganzes auf den Stand vor den Änderungen wiederherstellen.

Nutzdaten sichern

Der wichtigste Teil der Sicherung ist die *Sicherung der Nutzdaten*. Um für verschiedene Wiederherstellungsszenarien gerüstet zu sein, empfehlen wir, mindestens folgende Daten regelmäßig zu sichern:

- Die Project Web App-Datenbank jeder Project Server-Instanz, z.B. *ProjectWebApp_PWA*

- Die SharePoint-Inhaltsdatenbank jeder Project Web App (z.B. *WSS_Content*) und der Zentraladministration (z.B. *SharePoint_AdminContent_<GUID>*)

- Die SharePoint-Konfigurationsdatenbank (z.B. *SharePoint_Config*)

> **HINWEIS**   Da alle Projektwebsites als Unterwebsites der Project Web App-Site erstellt werden, kann die *WSS_Content* u.U. sehr groß werden.

Sie können die Datenbanken z.B. mit einem Wartungsplan des SQL-Servers, mit dem SQL Server Agent von Backup Exec und dem Data Protection Manager sichern.

> **TIPP**   Viele Backupprogramme wie z.B. der Data Protection Manager können auch die logische Struktur der Farm sichern. Diese ermöglicht unter anderem auch die Wiederherstellung einzelner Elemente wie z.B. einzelner Sites oder Dokumente.

Zudem verfügt die SharePoint-Zentraladministration über eine eingebaute Sicherungsfunktion. Um die Nutzdaten der gesamten SharePoint-Installation (Farm) inkl. Project Server zu sichern, gehen Sie folgendermaßen vor:

1. Wechseln Sie in die SharePoint-Zentraladministration.

2. Wählen Sie in der Schnellstartleiste im Bereich *Zentraladministration* die Verknüpfung *Sichern und Wiederherstellen*.

Abbildg. 10.24   Zentraladministration – Sichern und Wiederherstellen

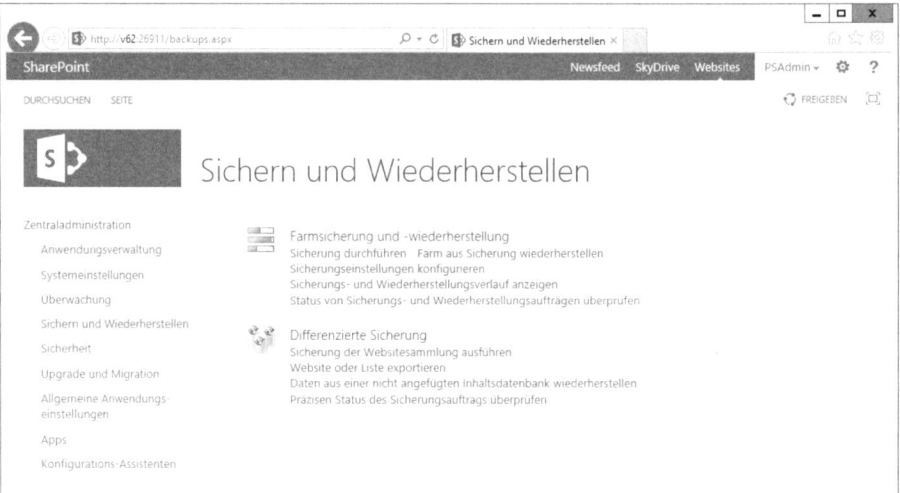

3. Klicken Sie im Bereich *Farmsicherung und -wiederherstellung* auf die Verknüpfung *Sicherung durchführen*.

Abbildg. 10.25   Sicherung ausführen – Schritt 1 von 2: Zu sichernde Komponenten

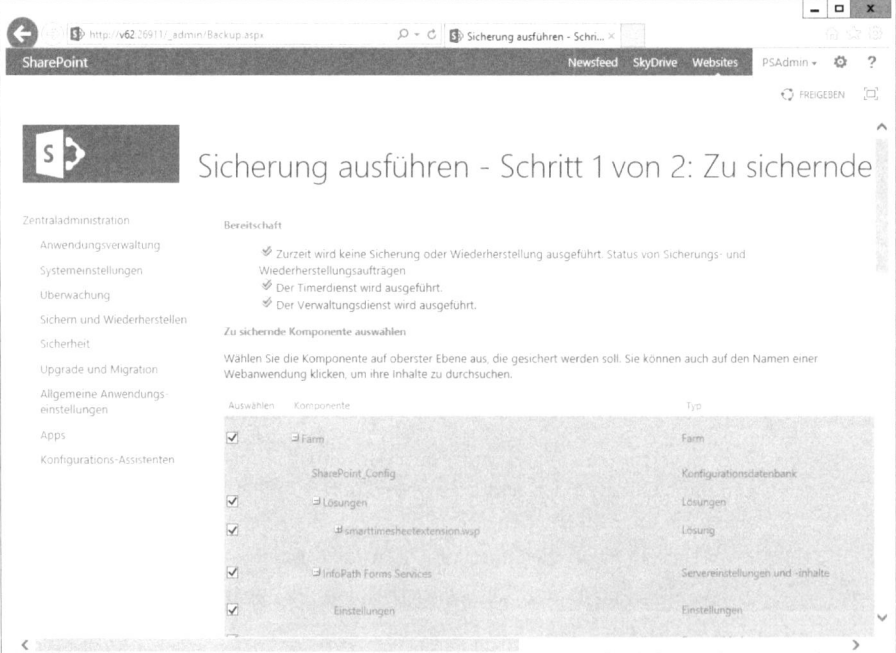

4. Markieren Sie das oberste Kontrollkästchen *Farm*, um die Nutzdaten der gesamten Farm zu sichern.

5. Klicken Sie auf die Schaltfläche *Weiter.*

Abbildg. 10.26 Sicherung ausführen – Schritt 2 von 2: Sicherungsoptionen

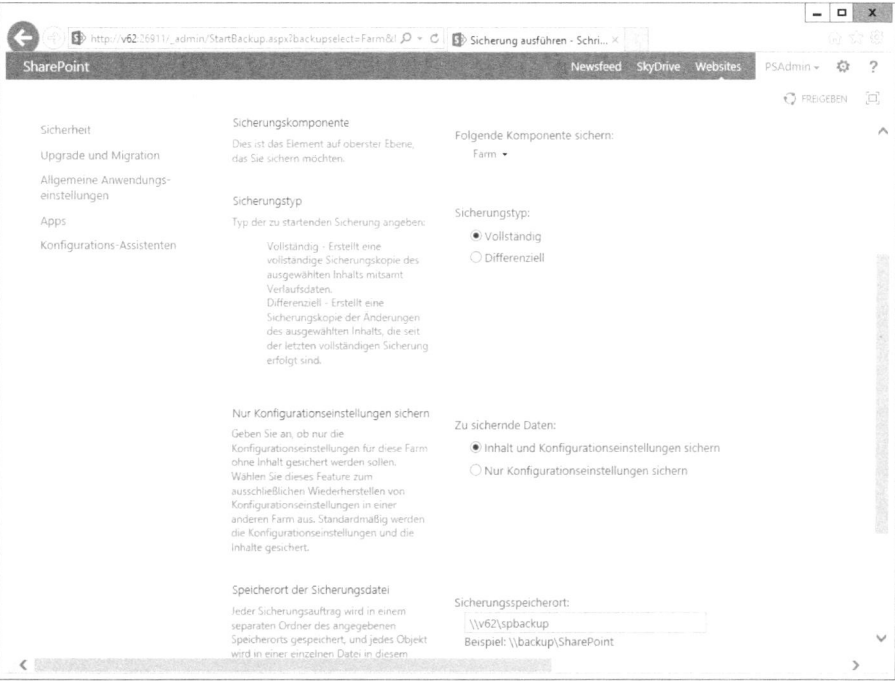

6. Wählen Sie als Sicherungstyp *Vollständig* aus, um eine Komplettsicherung durchzuführen.

7. Aktivieren Sie unter *Nur Konfigurationseinstellungen sichern* das Optionsfeld *Inhalt und Konfigurationseinstellungen sichern.*

8. Geben Sie im Feld *Sicherungsspeicherort* den UNC-Pfad einer Netzwerkfreigabe an, auf der Sie die Sicherung speichern möchten.

ACHTUNG Stellen Sie sicher, dass die Dienstkonten von SharePoint Server und SQL Server z.B. *SPFarm* bzw. *SQLService* Schreibzugriff auf diese Netzwerkfreigabe (*Sicherungsspeicherort*) haben und dort ausreichend Speicherplatz zur Verfügung steht.

9. Klicken Sie auf die Schaltfläche *Sicherung starten*, um die Sicherung zu beginnen.

Abbildg. 10.27   Sichern und Wiederherstellen – Verlauf

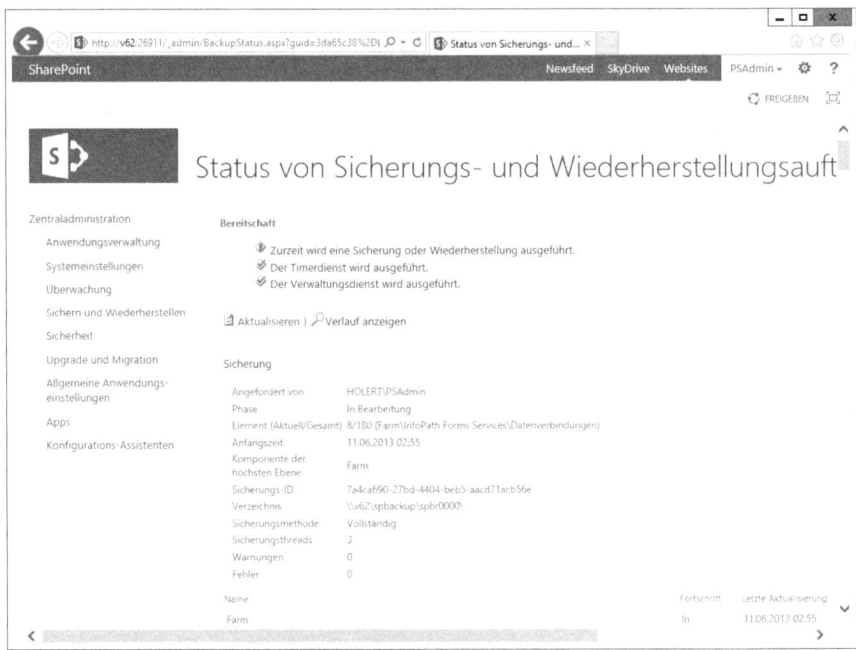

10. Prüfen Sie den Fortschritt, indem Sie einen Bildlauf durchführen.

Abbildg. 10.28   Status von Sicherungs- und Wiederherstellungsaufträgen

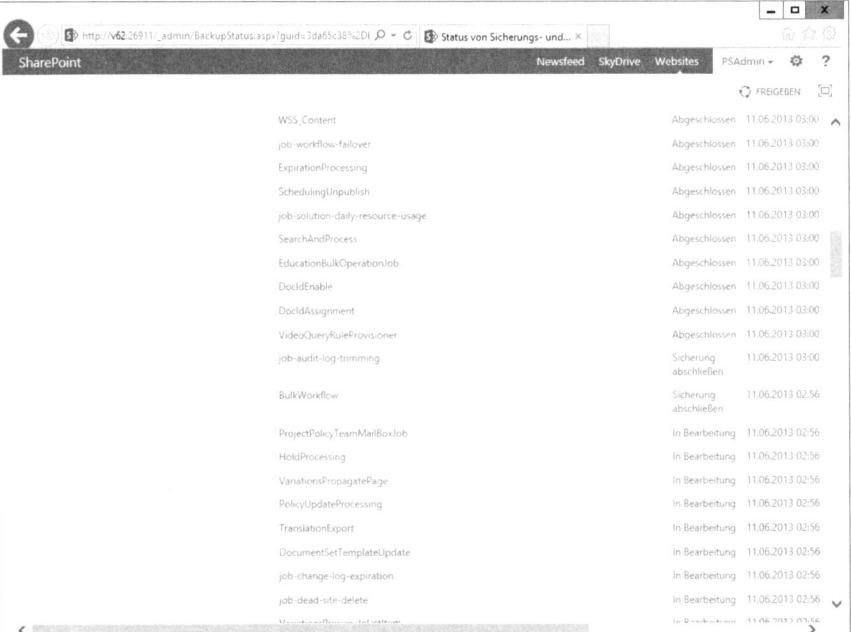

11. Lesen Sie zu den einzelnen Komponenten den Fortschritt in der gleichnamigen zweiten Spalte ab.

Abbildg. 10.29 Sichern und Wiederherstellen – Verlauf – Das Backup wurde erfolgreich abgeschlossen

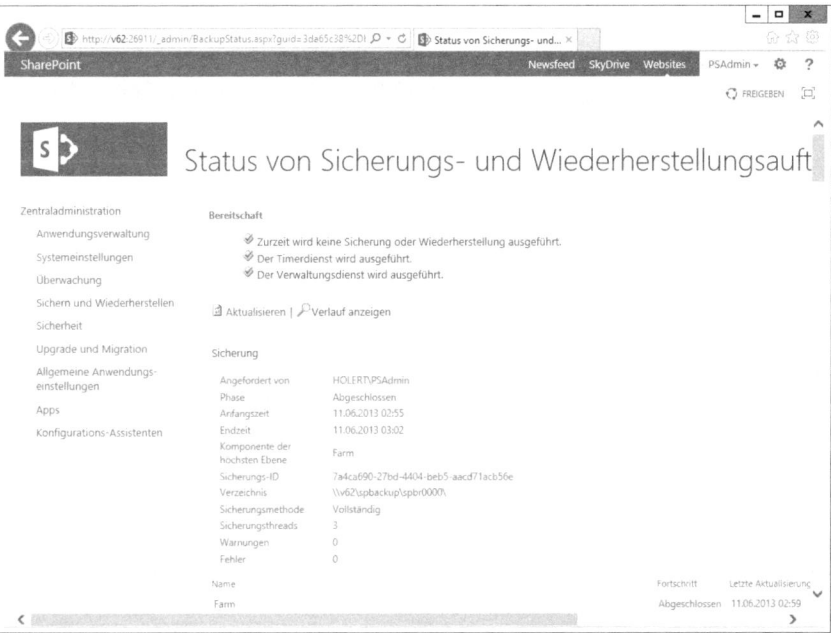

Nach Abschluss der Sicherung wird die Zusammenfassung angezeigt. In der Sicherungsfreigabe wurde das Inhaltsverzeichnis (*spbrtoc.xml* und ein Unterordner *\spbr####* für die Sicherung angelegt. Im Sicherungsordner liegen jetzt eine Reihe von Sicherungsdateien mit der Endung *.bak* sowie die Logdatei der Sicherung (*spbackup.log*) und die Konfigurationsdatei (*spbackup.xml*).

HINWEIS Die Konfigurationsdatei *spbackup.xml* enthält eine Auflistung der Inhalte jeder Datei. Da die Sicherungen der Datenbanken über den SQL-Server ausgeführt werden, werden diese auch im Sicherungsverlauf des SQL-Servers angezeigt.

Wiederherstellung

Je nachdem, welchen Grund es für die Wiederherstellung von Project Server inkl. SharePoint Server gibt, ist bei der Wiederherstellung auch unterschiedlich vorzugehen. Eine Unterscheidung liegt in der Wiederherstellung auf der gleichen Maschine, z.B. wegen eines Festplattenausfalls, und der Wiederherstellung auf einer neuen Maschine, z.B. wegen vollständigen Ausfalls der Hardware.

Aus der Sicherung der Nutzdaten kann die gesamte Project Server-Farm wiederhergestellt werden, wahlweise aber auch nur einzelne Dienstanwendungen, Webanwendungen, Inhaltsdatenbanken oder andere spezifische Komponenten. Für die Wiederherstellung einzelner Projekte sollten Sie eine Wiederherstellung aus der täglichen Sicherung von Project Web App verwenden, für die Wiederherstellung von Dokumenten die Versionierung in SharePoint sowie die Endbenutzer- und Websitesammlungspapierkörbe.

Im folgenden Abschnitt wird beschrieben, wie Sie Project Server und SharePoint Server vollständig auf der gleichen Maschine wiederherstellen. Dabei wird von der Annahme ausgegangen, dass sich die Hardware nur geringfügig geändert hat (z.B. nur wegen einer neuen Festplatte).

Grundinstallation wiederherstellen

Stellen Sie zunächst die letzte Grundinstallation mit Ihrem Imagesicherungsprogramm wieder her.

HINWEIS   Beim ersten Anmelden fragt Windows nach dem Grund für die Betriebsunterbrechung. Das ist bei dieser Sicherungs- und Wiederherstellungsmethode normal.

Zur anschließenden Wiederherstellung *Nutzdaten* ist es notwendig, dass nach dieser Wiederherstellung der Grundinstallation der Zugriff auf die SharePoint-Zentraladministration möglich ist.

Nutzdaten wiederherstellen

Nachfolgende beschreiben wir, wie Sie die Nutzdaten aus der zuvor erstellten Farmsicherung wiederherstellen können. Sie können die Nutzdaten auch mittels der Datenbanksicherungen mit der SQL Server-Wiederherstellungsfunktion, dem SQL Server Agent von Backup Exec oder dem Data Protection Manager wiederherstellen. Um die Nutzdaten über die SharePoint-Zentraladministration wiederherzustellen, gehen Sie folgendermaßen vor:

1. Wechseln Sie in die SharePoint-Zentraladministration und wählen Sie die Verknüpfung *Sichern und Wiederherstellen*.

Abbildg. 10.30   Wiederherstellen aus Sicherung – Schritt 1 von 3: Wiederherzustellende Sicherung auswählen

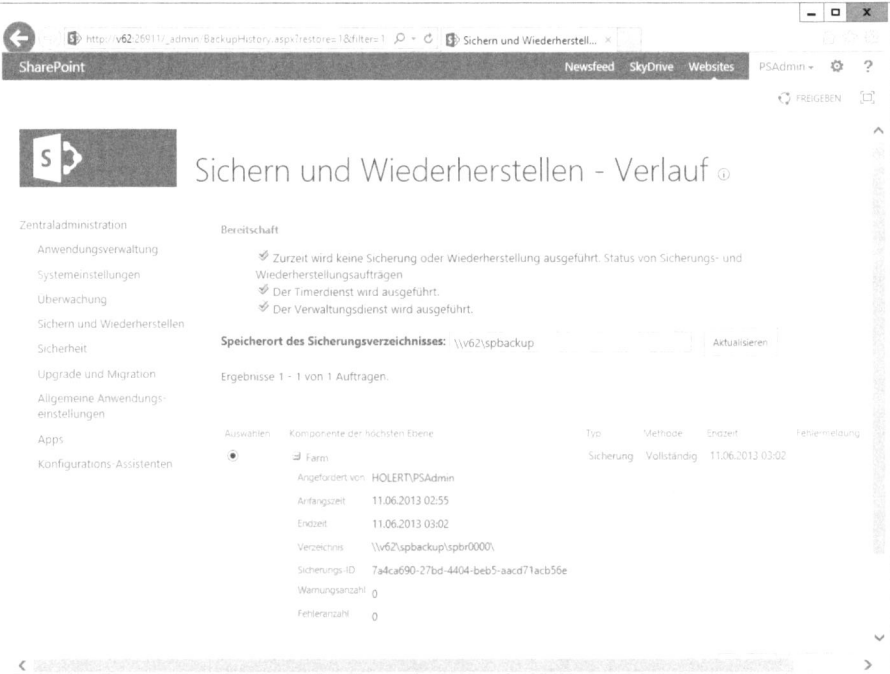

2. Klicken Sie im Bereich *Farmsicherung und -wiederherstellen* auf die Verknüpfung *Farm aus Sicherung wiederherstellen*.

3. Geben Sie im Feld *Speicherort des Sicherungsverzeichnisses* den UNC-Pfad der Netzwerkfreigabe ein, in der Sie die Sicherung gespeichert haben.

4. Wählen Sie das Optionsfeld der gewünschten Sicherung aus, die Sie verwenden möchten.

5. Klicken Sie auf die Schaltfläche *Weiter*.

Abbildg. 10.31   Wiederherstellen aus Sicherung – Schritt 2 von 3: Wiederherzustellende Komponenten auswählen

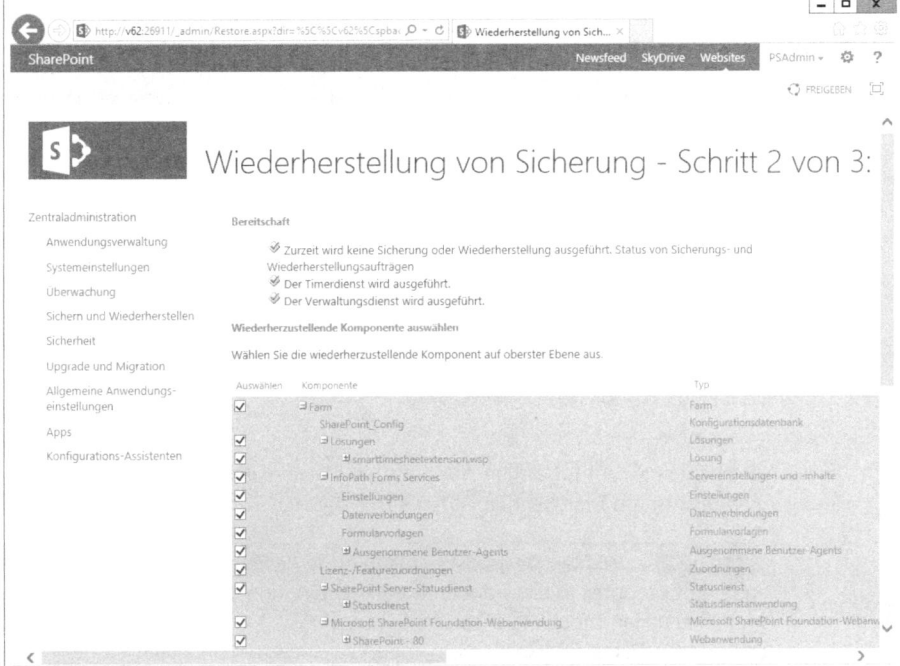

6. Markieren Sie die Elemente, die Sie wiederherstellen möchten, indem Sie das entsprechende Kontrollkästchen aktivieren. Hier ist die komplette Farm ausgewählt.

7. Klicken Sie auf die Schaltfläche *Weiter*.

8. Wählen Sie im Abschnitt *Konfigurationseinstellungen für 'Nur wiederherstellen'* unter *Wiederherzustellende Daten* das Optionsfeld *Inhalt und Konfigurationseinstellungen wiederherstellen* aus.

Wiederherstellen aus Sicherung – Schritt 3 von 3: Wiederherstellungsoptionen auswählen

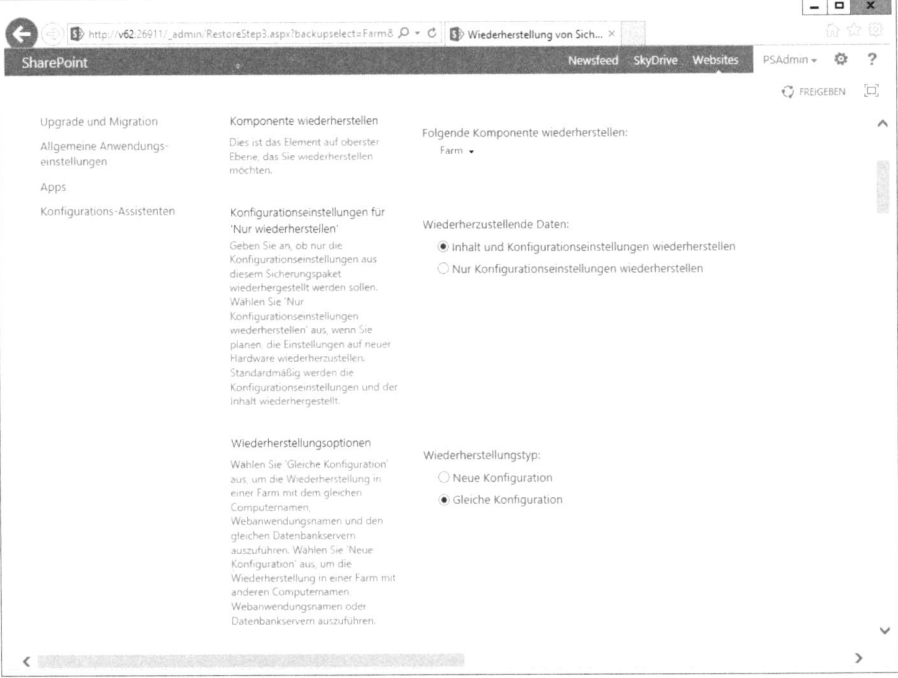

9. Wählen Sie im folgenden Abschnitt als *Wiederherstellungstyp* die Option *Gleiche Konfiguration* aus, um bestehenden Daten durch die Sicherung zu ersetzen.

HINWEIS   Wählen Sie an dieser Stelle *Neue Konfiguration* aus, wenn Sie die Daten auf einem anderen Computer, in einer anderen Webanwendung oder auf einem anderen Datenbankserver wiederherstellen möchten. Diese Option ermöglicht es Ihnen, komponentenweise neue Datenbanknamen, Verzeichnisse, Servernamen, Objektnamen und Dienstkonten zu bestimmen.

Bestätigungsdialogfeld

10. Bestätigen Sie den Hinweis im folgenden Dialogfeld, dass die ausgewählten Komponenten überschrieben werden, mit der Schaltfläche *OK*.

11. Geben Sie die Kennwörter der benötigten Dienstkonten wie *SPService* in den Kennwortfeldern ein (siehe Kapitel 8).

12. Klicken Sie auf die Schaltfläche *Wiederherstellung starten*, um den Wiederherstellungsvorgang zu starten.

Abbildg. 10.34 Wiederherstellen aus Sicherung – Schritt 3 von 3: Wiederherstellungsoptionen auswählen

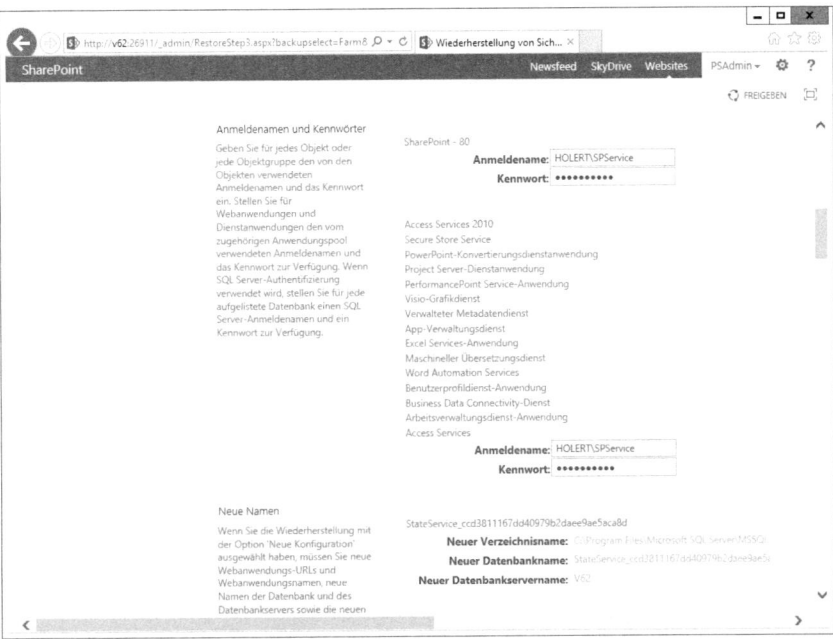

Abbildg. 10.35 Wiederherstellungsbericht

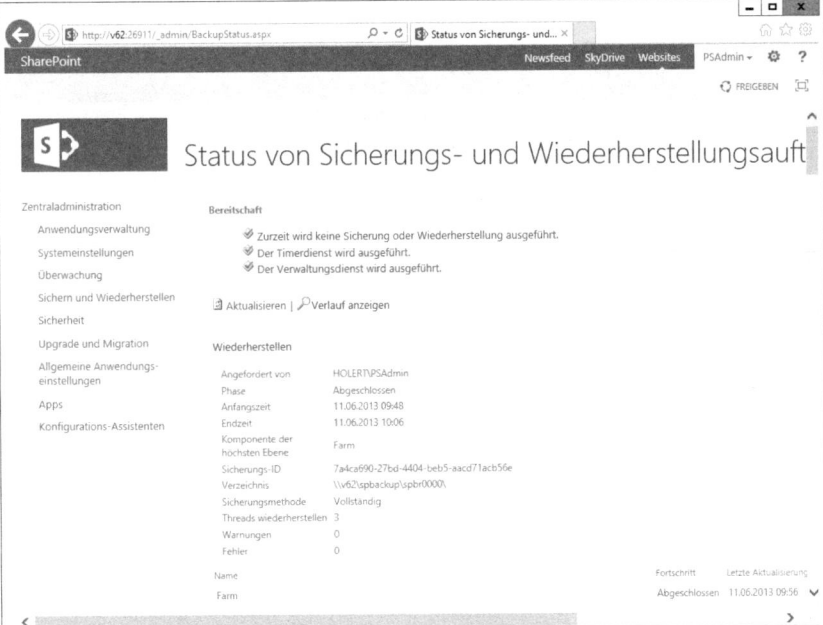

In Folge wird die Project Server Farm wiederhergestellt, Sie können den Verlauf im Browser verfolgen. Nach der Fertigstellung sehen Sie eine Zusammenfassung der durchgeführten Aktionen. Damit sind die Grundinstallation und die Nutzdaten vollständig wiederhergestellt.

Kapitel 11

VBA-Tutorium

Dieses Kapitel soll Sie bei der Anwendung von Project und Visual Basic for Applications (VBA) unterstützen. Es deckt die Bedürfnisse einer Vielzahl von fortgeschrittenen Anwendern und Entwicklern ab, die sich mit der Automatisierung von wiederkehrenden Tätigkeiten in der Project-Oberfläche wie auch mit der Erstellung von darüber hinausgehenden Anwendungen in Project auseinandersetzen.

Als **fortgeschrittener Anwender** lösen Sie bereits viele Aufgabenstellungen über die Oberfläche von Project, z.B. Formeln, Zugriff auf Feldnamen wie in Kapitel 5 beschrieben. Mit VBA überwinden Sie die bestehenden Grenzen. In diesem Kapitel liefern wir Ihnen erprobte Makros, die Sie einfach einsetzen und leicht an Ihre Anforderungen anpassen können.

Als **Entwickler** möchten Sie gezielt die Besonderheiten bei der Programmierung von Project mithilfe von Visual Basic for Applications kennenlernen. Sie erhalten in diesem Kapitel anhand vieler Beispiele praxisnahe Einblicke im Umgang mit den wichtigsten Objekten sowie deren Methoden, Eigenschaften und Ereignissen. In Kapitel 12 finden Sie zudem zwei größere Anwendungen für die Integration von Project mit Outlook und PowerPoint. In diesem Kapitel lesen Sie im Einzelnen:

Standardaufgaben in Project mit VBA

- Das *Application*-Objekt
  - Titelleiste von Anwendung und Fenster ändern
  - Project Server-Konto ermitteln
  - Verwendung des *Application*-Objekts
  - Modale Dialogfelder unterdrücken
  - Konstanten von Feldnamen zurückgeben
  - Notizen in geteilter Ansicht ein- und ausblenden
- Das *Project*-Objekt
  - Zeitskala im Gantt-Diagramm auf Monate/KW einstellen
  - *CustomDocumentProperties* auslesen
  - *CustomDocumentProperties* schreiben
  - Zeitskala und Balkenhöhe
  - Auf benutzerdefinierte Enterprise-Projekt-Feldeigenschaften zugreifen
  - Auf Projekte als Project-Dateien zugreifen
  - Hauptprojekt aus geöffneten Projekten erstellen
  - Hauptprojekt aus Projekt-Verzeichnis erstellen
  - Schleifen über alle Teilprojekte
  - Eingabeaufforderung beim Öffnen von Projekten mit Ressourcenpool unterdrücken
- Das *Task*-Objekt
  - Neue Vorgänge in Projekten hinzufügen
  - Neue Vorgänge als Teilvorgang eines Sammelvorgangs hinzufügen
  - Auf alle Vorgänge im Projekt zugreifen
  - Standardzugriff auf Vorgänge mit der *For Each...Next*-Anweisung
  - Kalenderwoche darstellen
  - Erste Gliederungsebene von Vorgängen formatieren

- ▪ Sämtliche von externen Ressourcen erbrachten Vorgänge formatieren
- ▪ Unterbrechungstermine auslesen
- ▪ Kosten der selektierten Vorgänge ermitteln
- ■ Ansichten, Filter und Wertelisten
- ▪ Vorgänger und Nachfolger eines Vorgangs ermitteln
- ▪ Wertelisten automatisch mit Werten füllen

Spezielle Aufgaben in VBA

- ▪ VBA-Code in Enterprise-Global zur Verfügung stellen
- ▪ Events und Klassenmodule
- ▪ WindowSelectionChange
- ▪ Speichern eines Projekts erkennen und unterbrechen
- ▪ Änderung von bestimmten Feldern sperren

Standardaufgaben in Project mit VBA

Nachfolgend lernen Sie die wichtigsten Objekte des Project-Objektmodells und häufig durch Programmierung gelöste Standardaufgaben kennen.

Das Project-Objektmodell

Alle Objekte einer Office-VBA-Anwendung sind in eine Objekthierarchie unterteilt. Das höchste Objekt in Project ist das *Application*-Objekt. Die Methoden des *Application*-Objekts stellen die allgemeine Befehlsfunktionalität der Benutzeroberfläche dar. Diese Methoden werden für die grundlegenden Befehle von Project verwendet. Auch die Eigenschaften des *Application*-Objekts sind Grundeinstellungen von Project. Das *Application*-Objekt im Project-Objektmodell wird in sehr viele Objekte unterteilt. Im Folgenden sollen die wichtigsten unter ihnen vorgestellt werden:

- ■ **Projects (Project)**   Ein Projekt oder alle geöffneten Projekte
- ■ **Tasks (Task)**   Ein oder mehrere Vorgänge
- ■ **Resources (Resource)**   Eine oder mehrere Ressourcen
- ■ **Windows2 (Window2)**   Ein oder mehrere Fenster der Applikation oder des Projekts; der Vorgänger *Windows* sollte nicht mehr verwendet werden.
- ■ **Cell (ActiveCell)**   Die aktive Zelle in der Applikation
- ■ **Filters (Filter)**   **Ein oder mehrere Anzeigefilter**
- ■ **Selection (ActiveSelection)**   Eine aktuelle Auswahl im aktiven Projekt
- ■ **Views (View)**   **Eine oder mehrere Ansichten für Projekte**
- ■ **COMAddIns (COMAddIn)**   Die Auflistung von *COMAddIn*-Objekten, die Informationen über ein in der Windows-Registrierung erfasstes COMAddIn enthalten
- ■ **VBE (Visual Basic Editor)**   Gibt ein Objekt zurück, das den Visual Basic-Editor darstellt

Das *Application*-Objekt

Startpunkt für eine programmiertechnische Lösung von Aufgaben in Project ist das *Application*-Objekt. Dieses Objekt repräsentiert die gesamte Project-Anwendung. Über dieses Objekt können verschiedene allgemeine Einstellungen und Optionen gesetzt werden, die für die gesamte Anwendung gelten.

> **HINWEIS**   Standardmäßig wird beim Öffnen von Projekten mit Makros ein Warnhinweis anzeigt, ob Makros ausgeführt werden sollen. Falls die Beispielmakros deaktiviert sind, überprüfen Sie die Sicherheitseinstellungen unter *DATEI/Optionen/Trust Center/Einstellungen für das Trust Center/Makroeinstellungen* und legen Sie diese auf *Alle Makros mit Benachrichtigung deaktivieren* fest.

Titelleiste von Anwendung und Fenster ändern

Über die Anweisung *Application.Caption* kann die Titelleiste der Anwendung verändert werden. Die Standardeinstellung ist der Name der Applikation »Microsoft Project«. Die nachfolgenden Makros ändern die Titelleiste der Anwendung und des aktuellen Fensters auf »My Name« und setzen sie wieder zurück:

> **ONLINE**   Sie finden die in diesem Abschnitt angegebenen Listings und die Beispiele im Ordner *Buch\KAP11* in der Datei *Kap11_01.mpp* innerhalb der Begleitdateien zu diesem Buch (siehe Anhang B).

Listing 11.1   Festlegen des Anwendungsnamens

```
Sub ApplikationsNameSetzen()
    Application.Caption = "My Name"
End Sub
```

Auf diese Weise kann bei einer firmenspezifischen Anpassung von Project der Anwendungsname individuell angepasst werden, z.B. mit weiteren Informationen zum aktuell angemeldeten Windows-Benutzernamen oder der aktuell verwendeten Ansicht. Die neu gesetzte Eigenschaft der Applikation verliert beim Schließen von Project ihren Wert, sie kann aber auch manuell mit dem Makro in Listing 11.2 zurückgesetzt werden.

Listing 11.2   Zurücksetzen des Anwendungsnamens

```
Sub ApplikationsNameLoeschen()
    Application.Caption = ""
End Sub
```

Sie können auch die *Caption*-Eigenschaft des aktuellen Fensters beeinflussen, indem Sie mithilfe der *ActiveWindow*-Eigenschaft den Text in der Titelleiste des Hauptfensters festlegen. Standardmäßig wird hier der Projektname *ActiveProject.Name* angezeigt. Listing 11.3 zeigt, wie Sie den Namen des aktuellen Fensters mithilfe der *Caption*-Eigenschaft setzen.

Listing 11.3   Festlegen des Fensternamens

```
Sub FensterNameSetzen()
    Application.ActiveWindow.Caption = "My Name – " & ActiveProject.Name
End Sub
```

Listing 11.4 setzt eine vorher gesetzte *Caption*-Eigenschaft wieder zurück.

Listing 11.4 Zurücksetzen des Fensternamens

```
Sub FensterNameLoeschen()
    Application.ActiveWindow.Caption = ""
End Sub
```

Project Server-Konto ermitteln

Mithilfe der *Application.Caption*-Anweisung kann in der Titelleiste von Project das aktuelle Project Server-Konto und die Project Server-URL angezeigt werden (Listing 11.5).

Listing 11.5 Ermittlung des aktuellen Project Server-Kontos

```
Sub ServerkontoSetzen()
  Dim myName As String
  Dim myStatus As String
  Dim myServer As String
  myName = Application.Profiles.ActiveProfile.Name
  Select Case Application.Profiles.ActiveProfile.ConnectionState
    Case pjProfileOffline
      myStatus = "Offline"
      Application.Caption = myName & " – " & myStatus
    Case pjProfileOnline
      myStatus = "Online"
      myServer = Application.Profiles.ActiveProfile.Server
      Application.Caption = myName & " – " & myStatus _
                            & " – " & myServer
  End Select
End Sub
```

Listing 11.5 zeigt, wie mithilfe der *Profiles*-Eigenschaft der Name des aktuellen Project-Profils, der Verbindungsstatus zu Project Server und der Pfad zum Server ausgelesen werden.

Abbildg. 11.1 Anzeige des aktuellen Profils und des Verbindungsstatus zu Project Server in der Titelleiste

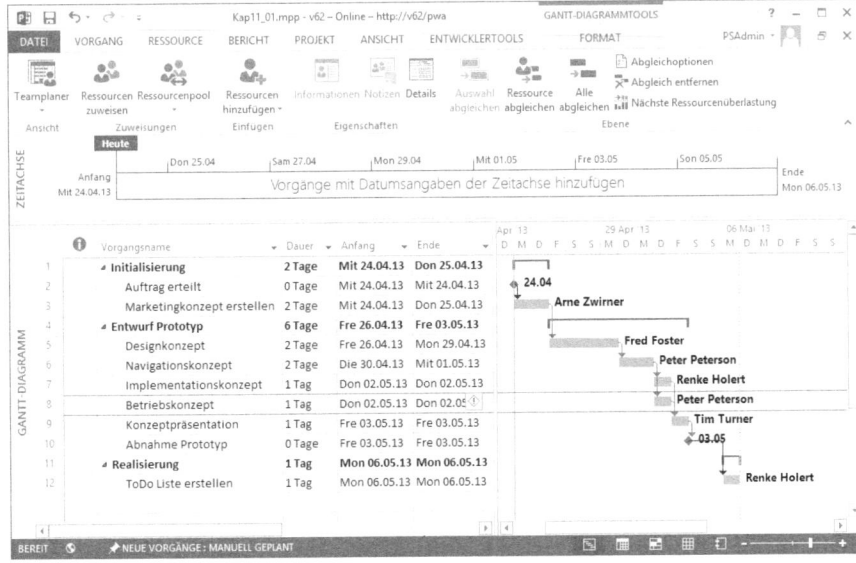

Alle drei Argumente zusammen werden in die *Caption*-Eigenschaft des *Application*-Objekts geschrieben. Abbildung 11.1 zeigt die Titelleiste von Project mit den neu erstellten Eigenschaften an.

> **ACHTUNG** Dadurch, dass Project einen Cache verwendet, wird bei der Auswahl eines Project Server-Kontos immer *Online* als Verbindungsstatus angezeigt, auch wenn sich Project im Offlinemodus befindet.

Abbildg. 11.2 Betrieb von Project ohne Project Server-Profil (Offline-Anmeldung am Profil *Computer*)

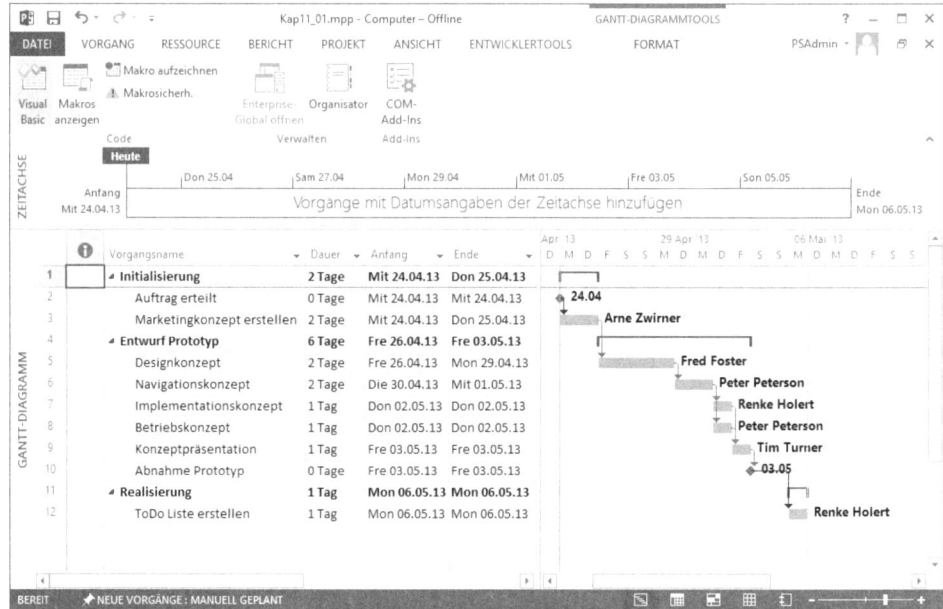

Wenn der Benutzer beim Start das Profil *Computer* auswählt, wird die Offline-Anmeldung angezeigt (vgl. Abbildung 11.2).

Verwendung des *Application*-Objekts

Das Verwenden des *Application*-Objekts zum Verweisen auf Project-Objekte ist beim Schreiben von VBA-Makros optional. Die folgenden Beispiele liefern dasselbe Resultat:

Listing 11.6 *FileOpenEx*-Methode mit *Application*-Objekt

```
Sub ApplikationDateiOeffnen()
  Application.FileOpenEx Name:="C:\Projekte\Project_Open_1.mpp"
End Sub
```

Listing 11.7 *FileOpenEx*-Methode ohne *Application*-Objekt

```
Sub DateiOeffnen()
  FileOpenEx Name:="C:\Projekte\Project_Open_1.mpp"
End Sub
```

Modale Dialogfelder unterdrücken

Bei der Eingabe von Werten in Felder von Project kann der Planungs-Assistent von Project immer wieder für Unterbrechungen im Ablauf von VBA-Routinen sorgen. In der Standardinstallation von Project sind Meldungen des Planungs-Assistenten nach Aufruf der Optionen über die Register-karte *DATEI* und dann über den Befehl *Optionen/Erweitert* aktivierbar (Abbildung 11.3).

Abbildg. 11.3   Meldungen des Project-Planungs-Assistenten aktivieren

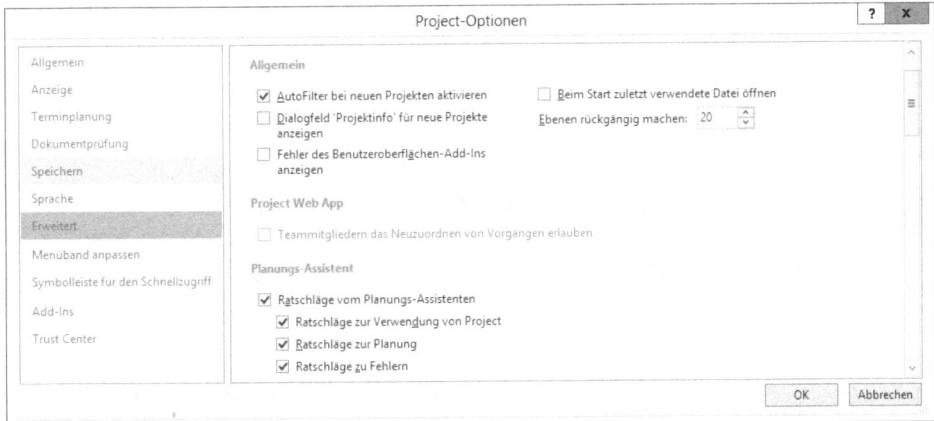

Der Assistent stellt beim Bearbeiten des Projektplans Fragen, die für den Anwender in der Regel immer mehrere Optionen beinhalten. Das bedeutet, dass ein VBA-Makroablauf gegebenenfalls auf diese Meldungen reagieren muss. Ein Beispiel dafür ist bei der Eingabe von Vorgängen zu erkennen. Falls Vorgänge z.B. aus einem anderen Terminplan oder einer anderen Applikation importiert werden, kann es passieren, dass ihre Termine vor dem Projektanfangstermin liegen. Für Project bedeutet dies, dass bei eingeschalteten Benachrichtigungen des Planungs-Assistenten über den beschriebenen Menüpunkt die Eingabe eines Vorgangs vor dem Projektanfangstermin mit einer Fehlermeldung abgefangen wird, damit keine Termine vor Projektbeginn eingetragen werden können. Sie können den Aufruf des Planungs-Assistenten in diesem Beispiel entweder mit dem Vorziehen des Projektanfangstermins auf einen der frühesten Vorgangsanfangstermine verhindern oder mithilfe der *Alert-* bzw. der *DisplayAlerts*-Eigenschaft unterdrücken.

Listing 11.8   *DisplayAlerts*-Eigenschaft für das Ausblenden von Project-Fehlermeldungen

```
Sub ApplikationFehlerAusblenden()
  Application.DisplayAlerts = False
  Application.FileNew
  Application.ActiveProject.NewTasksCreatedAsManual = False
  Application.ActiveProject.Tasks.Add Name:="My Task"
  Application.ActiveProject.Tasks(1).Start = "01.01.2013"
  Application.DisplayAlerts = True
End Sub
```

Konstanten von Feldnamen zurückgeben

Die Methode *FieldNameToFieldConstant* gibt eine Konstante anhand ihres Feldnamens zurück, z.B. *188743731* für das Feld *Text1*. Die Methode *FieldConstantToFieldName* dagegen gibt einen Feldnamen anhand einer Konstanten zurück, z.B. *Kosten1* für *188743786*. Beide Methoden erlauben es damit, Daten aus und in Felder einzulesen. Speziell in der Verwendung von Enterprise-Feldern in Project Server und in der länder- und sprachübergreifenden Programmierung von Feldern sind diese Methoden eine wertvolle Unterstützung.

Listing 11.9 Anzeige von Konstanten von Feldnamen

```
Sub ApplikationAusgabeTextFelderkonstanten()
  Dim myFieldID As MSProject.PjField
  Dim myTextNo As String
  myTextNo = Inputbox("Bitte den Feldnamen eingeben", , "Text1")
  myFieldID = FieldNameToFieldConstant(myTextNo)
  MsgBox "Zum eingegebenen Feldnamen: " & myTextNo & _
         " gehört die Feldnummer: " & myFieldID
End Sub
```

Abbildg. 11.4 Feldnummernkonstanten zu Feldnamen ausgeben

Listing 11.9 erwartet die Eingabe eines Feldnamens, z.B. *Text1*, und gibt über ein Meldungsfeld die Nummernkonstante des Felds zurück (Abbildung 11.4).

> **TIPP** Sie können auch im Direktbereich des Visual Basic-Editors mit der *Print*-Methode die interne Feldnummer eines frei anpassbaren Felds ausgeben lassen (Abbildung 11.5).

Abbildg. 11.5 Ausgabe der Feldnummer im Direktbereich des Visual Basic-Editors

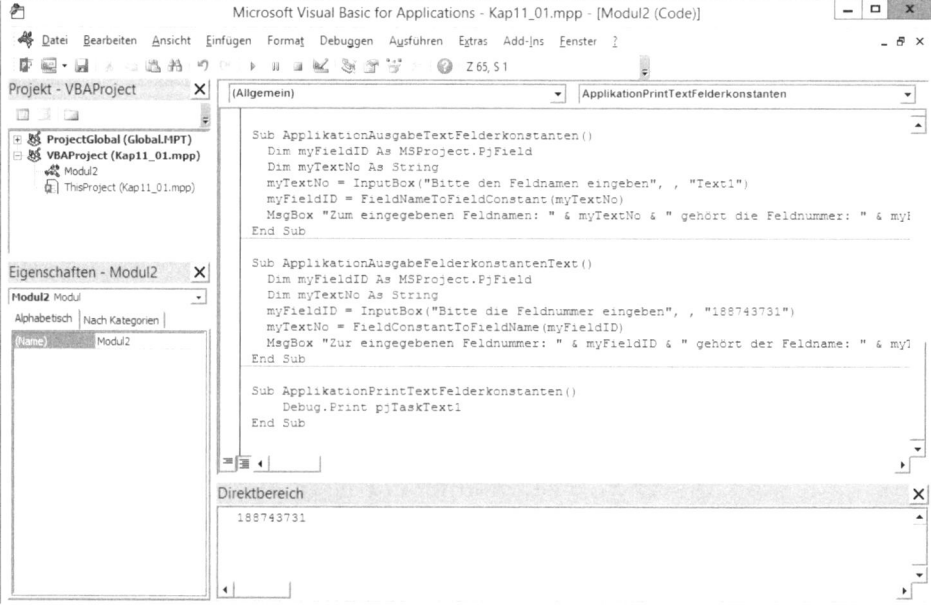

Zudem können Sie von Standardfeldern die Feldnummer im Objektkatalog in der Bibliothek *MSProject* in der Klasse *PjField* oder *PjResource* direkt ablesen (Abbildung 11.6).

Abbildg. 11.6   Ausgabe der Feldnummer im Objektkatalog von Project

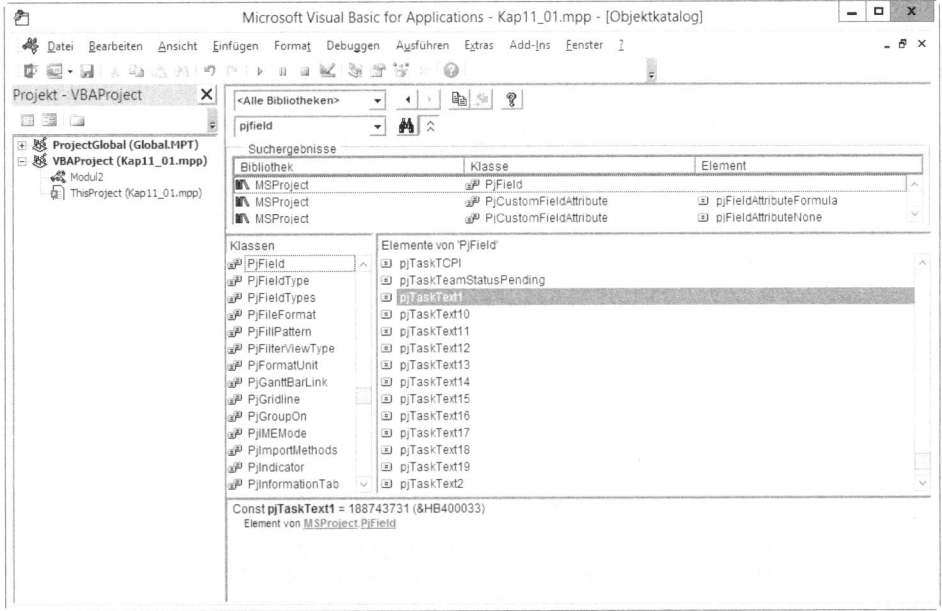

Notizen in geteilter Ansicht ein- und ausblenden

Ein weiteres Beispiel für das *Application*-Objekt in Project ist das Arbeiten mit Symbolen und Menübändern. In der Projektdokumentation erstellen Projektleiter häufig detaillierte Notizen für einen Vorgang, um mehr Inhalte zum Vorgang zu hinterlegen oder die Projektstrukturplanung in den Notizen weiter zu verfeinern. Zeitraubend kann dabei aber die normale Eingabe von Notizen sein, die über das Symbol *Vorgangsnotizen* oder direkt über die *Informationen zum Vorgang* erfolgen muss. Sinnvoll wäre daher das Hinzufügen eines zusätzlichen Symbols für Notizen, mit dem die Notizen für den ausgewählten Vorgang ein- oder ausgeblendet werden können.

Listing 11.10 zeigt in der ersten *Sub*-Prozedur die Erzeugung einer XML-Zeichenfolge, die eine neue Schaltfläche mit einem Notizsymbol in der Registerkarte *VORGANG* rechts neben der Gruppe *Zwischenablage* erstellt. Beim Anklicken werden das Symbol, seine Beschriftung und seine Funktion ausgetauscht, was in der zweiten Prozedur dargestellt ist. Außerdem wird eine vertikale Ansichtsteilung mit der Methode *WindowSplit* vorgenommen und in der unteren Bildschirmhälfte die Ansicht *Vorgang: Maske* mit der Anzeige von Notizen eingeblendet (Abbildung 11.7). Dabei wird mit der Methode *WindowActivate* der Fokus des Anwendungsfensters auf die untere Ansicht für die Notizen gesetzt, sodass der Anwender nach dem Aufruf der Prozedur sofort in der unteren Bildschirmhälfte die Notizen bearbeiten kann.

Aufgrund der Struktur von Menübändern kann die Benutzeroberfläche in Project 2013 nicht beliebig mit Makros angepasst werden. Änderungen der Standardoberfläche werden durch XML-Zeichenfolgen definiert, wobei jede Anpassung die vorherige ersetzt. Aus diesem Grund können Schaltflächen nicht einfach unabhängig voneinander hinzugefügt werden. Wenn man also nach einer ersten Anpassung noch eine zweite vornehmen möchte, muss man die XML-Zeichenfolge der ersten Anpassung kennen, um die zweite Anpassung gezielt ausführen zu können.

Zum Ausführen der Prozeduren werden die Makros von der XML-Zeichenkette angesprochen. Dafür wird neben dem Namen des Makros auch der Name des Projekts benötigt. Wenn in Windows die Erweiterungen der Dateinamen ausgeblendet werden, wird auch der Projektname nicht korrekt übergeben und die Schaltfläche liefert nur eine Fehlermeldung. Daher sollten auf den betreffenden Rechnern entweder die Dateierweiterungen eingeblendet oder in der XML-Zeichenkette *.mpp* an den Projektnamen angefügt werden. Alternativ kann während der Definition der XML-Zeichenkette überprüft werden, ob der Projektname mit *.mpp* endet, um die XML-Zeichenkette entsprechend anzupassen.

ONLINE   Sie finden das Beispiel für Listing 11.10 im Ordner *Buch**KAP11* in der Datei *Kap11_02.mpp* innerhalb der Begleitdateien zu diesem Buch (siehe Anhang B).

Listing 11.10   Notizen über ein zusätzliches Symbol ein- oder ausblenden

```
Sub ApplikationSymbolEinrichtenNotizenEin()
  Dim rX As String
  rX = "<mso:customUI xmlns:mso=""http://schemas.microsoft.com/office/2009/07/
customui"">"
  rX = rX + " <mso:ribbon>"
  rX = rX + "  <mso:qat/>"
  rX = rX + "  <mso:tabs>"
  rX = rX + "   <mso:tab idMso=""TabTask"">"
  rX = rX + "    <mso:group id=""myGroupNotizen"" label=""Notizen"" "
  rX = rX + "autoScale=""true"" insertBeforeQ=""mso:GroupFont"">"
  rX = rX + "     <mso:button id=""myButtonNotizenEin"" label=""Notizen einblenden"" "
  rX = rX + "size=""large"" imageMso=""ReviewNewComment"" "
  rX = rX + "onAction=""" & ActiveProject.Name & "!ApplikationNotizEin""/>"
  rX = rX + "    </mso:group>"
  rX = rX + "   </mso:tab>"
  rX = rX + "  </mso:tabs>"
  rX = rX + " </mso:ribbon>"
  rX = rX + "</mso:customUI>"
  ActiveProject.SetCustomUI (rX)
End Sub

Sub ApplikationSymbolEinrichtenNotizenAus()
  Dim rX As String
  rX = "<mso:customUI xmlns:mso=""http://schemas.microsoft.com/office/2009/07/
customui"">"
  rX = rX + " <mso:ribbon>"
  rX = rX + "  <mso:qat/>"
  rX = rX + "  <mso:tabs>"
  rX = rX + "   <mso:tab idMso=""TabTask"">"
  rX = rX + "    <mso:group id=""myGroupNotizen"" label=""Notizen"" "
  rX = rX + "autoScale=""true"" insertBeforeQ=""mso:GroupFont"">"
  rX = rX + "     <mso:button id=""myButtonNotizenAus"" label=""Notizen ausblenden"" "
  rX = rX + "size=""large"" imageMso=""ReviewDeleteComment"" "
  rX = rX + "onAction=""" & ActiveProject.Name & "!ApplikationNotizAus""/>"
  rX = rX + "    </mso:group>"
  rX = rX + "   </mso:tab>"
  rX = rX + "  </mso:tabs>"
  rX = rX + " </mso:ribbon>"
  rX = rX + "</mso:customUI>"
  ActiveProject.SetCustomUI (rX)
End Sub
```

Listing 11.10   Notizen über ein zusätzliches Symbol ein- oder ausblenden *(Fortsetzung)*

```
Sub ApplikationSymbolEntfernen()
  Dim rX As String
  rX = "<mso:customUI xmlns:mso=""http://schemas.microsoft.com/office/2009/07/
customui"">"
  rX = rX + " <mso:ribbon> </mso:ribbon> </mso:customUI>"
  ActiveProject.SetCustomUI (rX)
End Sub

Sub ApplikationNotizEin()
  Call ApplikationSymbolEinrichtenNotizenAus
  WindowSplit
  WindowActivate TopPane:=False
  ViewApplyEx Name:="Vorgang: Maske"
  ViewShowNotes
End Sub

Sub ApplikationNotizAus()
  Call ApplikationSymbolEinrichtenNotizenEin
  PaneClose
End Sub
```

Abbildg. 11.7   Einblenden von Notizen in der Ansicht *Balkendiagramm (Gantt)* als geteilte Ansicht

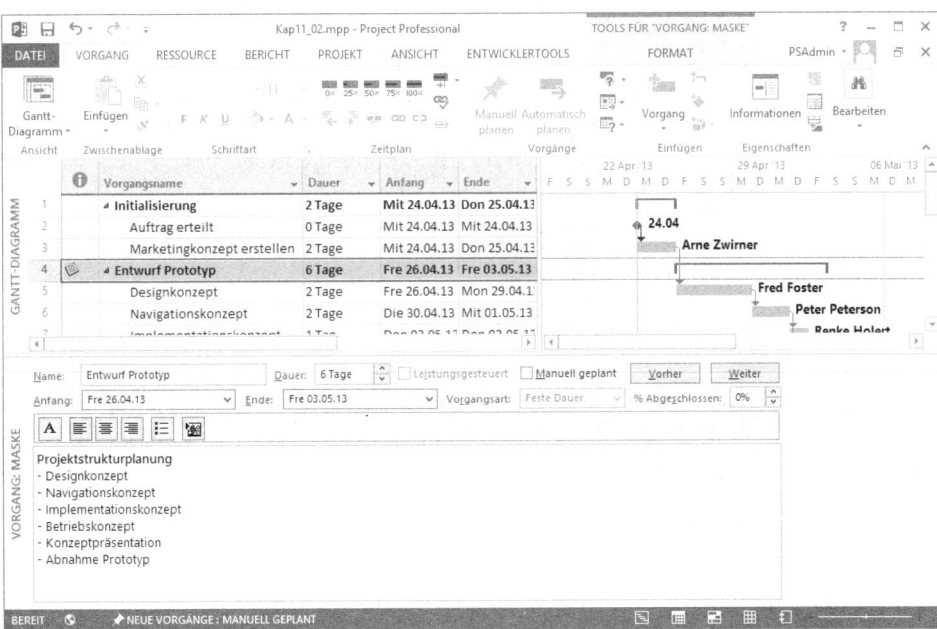

Das *Project*-Objekt

Das Objekt *Application* enthält alle Project-Objekte, die in einer Objekthierarchie angeordnet sind. Diese Hierarchie ist bei der Adressierung der einzelnen Objekte wichtig, z.B. in der folgenden Anweisung:

```
Application.Projects(1).Tasks(1).Name
```

Diese gibt den Namen des ersten Vorgangs im ersten geöffneten Projekt unter *ANSICHT/Fenster/Fenster wechseln* von Project wieder.

> **ONLINE**   Sie finden die Beispiele für die enthaltenen Listings im Ordner *\Buch\KAP11* in der Datei *Kap11_03.mpp* innerhalb der Begleitdateien zu diesem Buch (siehe Anhang B). Wenn Sie bestimmte Module mit Prozeduren für alle ihre lokalen Projekte zugänglich machen möchten, können Sie diese über den Menübefehl *DATEI/Informationen/Organisator/Module* in Ihre *Global.MPT* kopieren. Dabei müssen Sie jedoch sicherstellen, dass diese Prozeduren unabhängig von anderen Modulen, Projektvariablen und anderen Einstellungen sind.

Jedes Project-Objekt enthält die gesamten Informationen zum Projekt, z.B. Gesamtdauer, Gesamtkosten, Projektstart oder Projektende sowie Informationen zu allen Vorgängen und Ressourcen. Das *Project*-Objekt repräsentiert ein einzelnes aktives Projekt (*Application.ActiveProject*) oder eine Sammlung von geöffneten Projekten (*Application.Projects*), die *Auflistung* genannt wird. Das *Project*-Objekt ist die Zusammenfassung der *Windows2-*, *Tasks-*, *Resources-* und weiterer Objekte. Abbildung 11.8 zeigt das Objektmodell von Project und die hierarchische Struktur der Objekte und Auflistungen.

NEU IN 2013   Neu in dieser Version sind die Objekte für die neuen Project-Berichte, und zwar *Report(s)*, *Shape(s)*, *ShapeRange*, *Chart*, *ReportTable*, *SeriesCollection* und *Series*.

Die *Projects*-Auflistung enthält eine Liste aller geöffneten Projekte. Diese Auflistung kann mit der Anweisung

```
Application.Projects.Count
```

aufgezählt werden. Da die *Projects*-Auflistung ein Objekt höchster Ebene darstellt, ist *Projects.Count* zum vorherigen Code identisch.

Abbildg. 11.8   Das Objektmodell von Microsoft Project

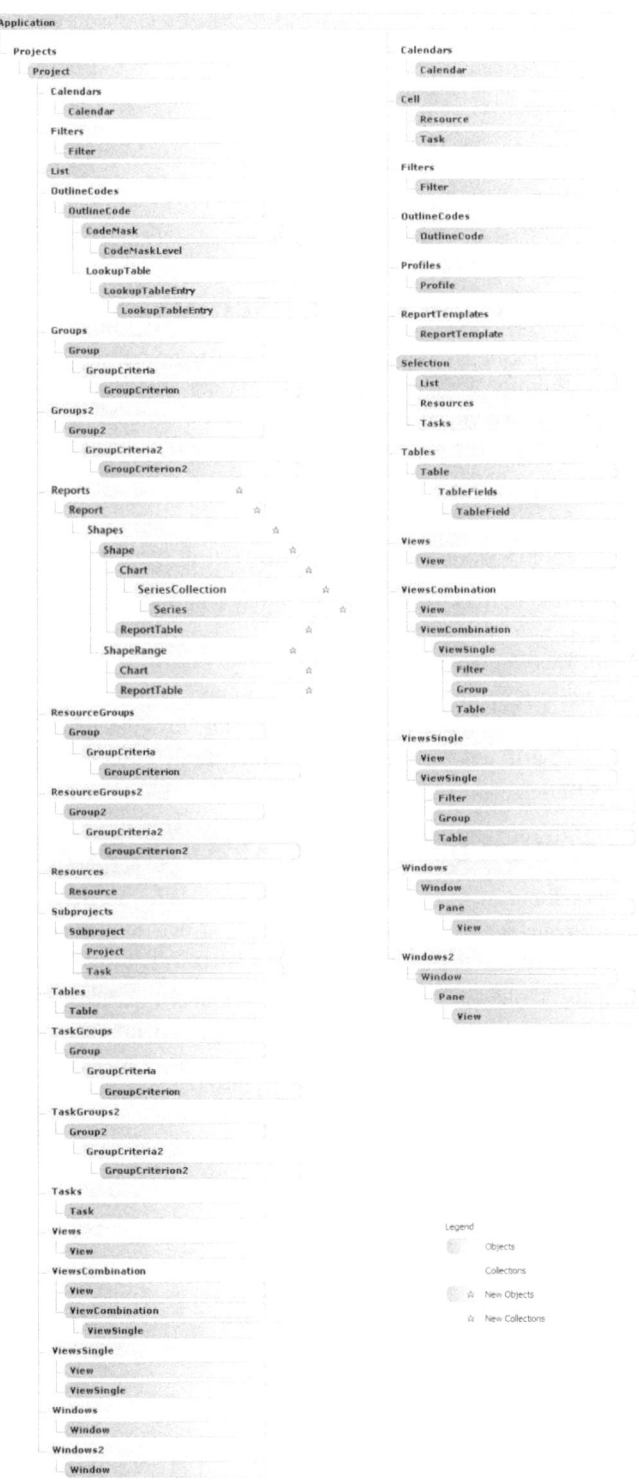

Mit einer Schleife können Sie alle geöffneten Projekte durchlaufen:

Listing 11.11   Alle geöffneten Projekte durchlaufen

```
Sub SchleifeDurchAlleProjekte()
Dim myProj As Project
  For Each myProj In Application.Projects
    MsgBox myProj.Name
  Next
End Sub
```

Die *ActiveProject*-Eigenschaft

Mithilfe der *ActiveProject*-Eigenschaft wird das gerade aktuell geöffnete Projekt referenziert. Sie ist zweifellos eine der wichtigsten Eigenschaften im Objektkatalog von Project, um per VBA auf Projekte zuzugreifen. So können Sie mit

```
Application.ActiveProject
```

auf alle Informationen des referenzierten Projekts zurückgreifen.

Die Anweisung

```
Application.ActiveProject.Name
```

gibt den Namen des aktuell geöffneten Projekts aus. Im Folgenden werden Standardaufgaben mit VBA beim Zugriff auf die Projekte gezeigt. Speziellere Aufgabenstellungen finden Sie dazu später in diesem Kapitel.

Zeitskala im Gantt-Diagramm auf Monate/KW einstellen

Die Aufgabenstellung ist, eine VBA-Prozedur zu erstellen, mit deren Hilfe die Zeitskala in der Ansicht *Gantt-Diagramm* auf das Raster *Monate* in der oberen Zeitskala und auf das Raster *Wochen* in der unteren Zeitskala formatiert wird (siehe Abbildung 11.9).

  Hintergrund der Problemstellung ist, dass Project über die Zoom-Funktion keine Einstellung für *Monate* im oberen Bereich und *Wochen* im Format *KW* für Kalenderwochen darstellen kann. Zudem können auch keine Vorlagen für das Layout der Zeitskala erstellt werden, sodass eine VBA-Lösung hier eine gute Unterstützung darstellt.

Abbildg. 11.9 Zeitskala im Gantt-Diagramm einstellen

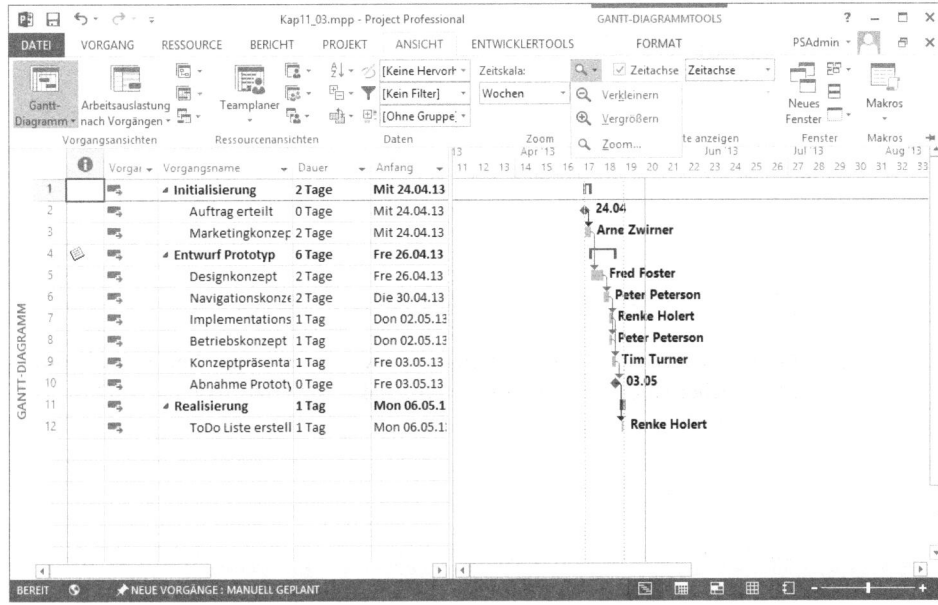

Listing 11.12 Zeitskala in der Ansicht *Balkendiagramm (Gantt)* in Kalenderwochen darstellen

```
Sub ZeitskalaInKW()
  Application.TimescaleEdit MajorUnits:=pjTimescaleMonths, _
    MinorUnits:=pjTimescaleWeeks, _
    MajorLabel:=pjMonth_mmm_yyy, _
    MinorLabel:=pjWeekNumber_ww, MinorTicks:=True, _
    Separator:=True, _
    MajorUseFY:=True, _
    MinorUseFY:=True, _
    TierCount:=2
End Sub
```

Listing 11.12 zeigt die Einstellungen der *TimeScaleEdit*-Methode, um in der Ansicht *Balkendia-gramm (Gantt)* die obere Zeitskala in Monaten (z.B. im Format *Mrz'13*) und die untere Zeitskala (im Format *11*) für die Kalenderwochen (ohne den Zusatz *KW*) darzustellen (siehe Abbildung 11.9).

CustomDocumentProperties auslesen

Bei der Programmierung von Project mit VBA wird immer wieder auf Daten, z.B. Datums- oder Zahlenwerte von Projekten, zugegriffen. Die Daten werden eingelesen, berechnet und wieder ausgegeben. Die Variablen, die diese Daten speichern, sind jedoch zeitlich auf die Laufzeit der Prozedur begrenzt und der Inhalt geht beim Beenden der Prozedur und damit spätestens beim Schließen der Projektdatei verloren.

Über Enterprise-Felder ist es möglich, Felder und Werte für jedes Projekt (z.B. *Datum, Kosten, Zahlen, Text* etc.) zu speichern. Über die VBA-Programmierung können Sie auf diese Werte lesend und schreibend zurückgreifen. Damit verbunden sind aber auch Restriktionen. Beispiels-weise muss ein Projektfeld *Projekttextfeld (Enterprise)* zunächst auf Project Server vom Project-

Administrator erstellt werden. Falls ein Entwickler mit VBA-Lösungen auf weitere beliebige Felder und Speicherorte für Projektfelder zurückgreifen und diese nach Bedarf auch selbstständig anpassen möchte, sind die Enterprise-Felder der Project Server-Datenbank nicht mehr geeignet.

Mithilfe der *CustomDocumentProperties*-Eigenschaft können Sie jedoch dauerhaft benutzerdefinierte Eigenschaften in einer Projektdatei speichern. Der Zugriff auf diese Eigenschaft und die Veränderung ihres Inhalts können dabei über VBA, aber auch direkt in Project ohne Programmierung erfolgen. Gehen Sie folgendermaßen vor, um benutzerdefinierte Werte für ein Projekt zu speichern:

1. Öffnen Sie über den Menübefehl *DATEI/Informationen/Projektinformationen/Erweiterte Eigenschaften* die Registerkarte *Anpassen*.

2. Vergeben Sie einen Namen für eine neue Projekteigenschaft, z.B. »MyProp«. Weisen Sie dann einen Typ (*Text*, *Datum*, *Zahl* oder *Ja oder Nein*) und einen ersten Wert zu.

3. Klicken Sie nun auf die Schaltfläche *Hinzufügen*. Die neue Projekteigenschaft erscheint jetzt in der Liste der Eigenschaften (Abbildung 11.10).

Abbildg. 11.10   Projektspezifische Werte in den Eigenschaften als *CustomDocumentProperties* festlegen

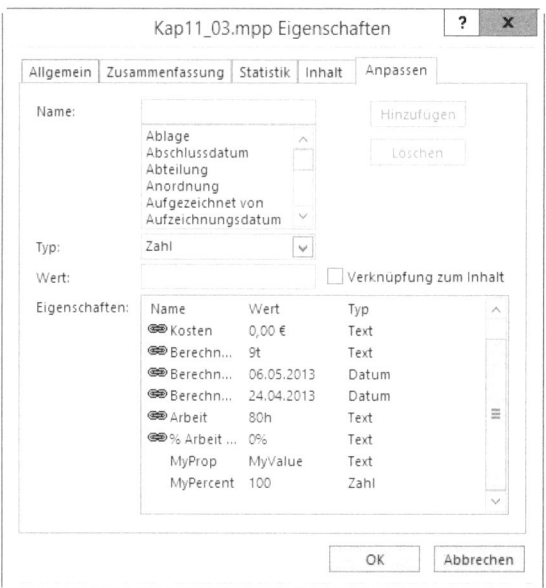

4. Öffnen Sie den Visual Basic-Editor über den Menübefehl *ANSICHT/Makros/Makros/Visual Basic* oder mit der Tastenkombination ⌐Alt⌐ + ⌐F11⌐ und geben Sie den folgenden Code ein:

Listing 11.13   Projekteigenschaften aus *CustomDocumentProperties* lesen

```
Sub ProjektEigenschaftenLesen()
  MsgBox ActiveProject.CustomDocumentProperties("MyProp").Value
End Sub
```

Mithilfe des beschriebenen VBA-Codes können Sie die Projekteigenschaft *MyProp* aus dem Projekt auslesen. Diese Variable bleibt auch nach dem Schließen der Projektdatei weiterhin erhalten und kann zu einem beliebigen späteren Zeitpunkt erneut ausgelesen werden.

> **HINWEIS** Um die Eigenschaft *CustomDocumentProperties* zu verwenden, muss im Visual Basic-Editor über den Menübefehl *Extras/Verweise* ein Verweis zu *Microsoft Office 15.0 Object Library* hergestellt werden. Diese Objektbibliothek enthält Definitionen für die Objekte, Eigenschaften, Methoden und Konstanten von Visual Basic, die zum Bearbeiten von Dokumenteigenschaften verwendet werden. Dieser Verweis ist bei einer Standardinstallation von Microsoft Project für jedes neue Projekt bereits aktiviert. Zur Kontrolle können Sie (wie in Abbildung 11.11 dargestellt) den Verweis im Visual Basic-Editor über den Menübefehl *Extras/Verweise* überprüfen bzw. setzen.

Abbildg. 11.11 Verweis auf die *Microsoft Office 15.0 Object Library* für die *CustomDocumentProperties*-Eigenschaft

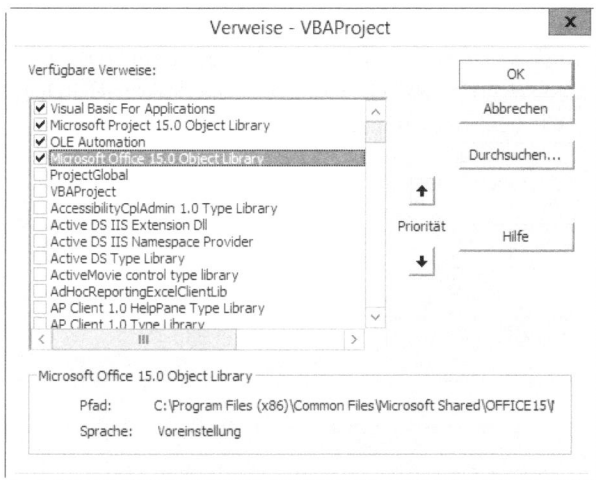

> **TIPP** Die Auflistung der integrierten Dokumenteigenschaften (z.B. Projektleiter, Projekttitel, Projektthema etc.) wird durch die *BuiltinDocumentProperties*-Eigenschaft zurückgegeben. So gibt

```
ActiveProject.BuiltinDocumentProperties("Manager").Value
```

beispielsweise den Projektleiter für das aktuelle Projekt zurück.

Tabelle 11.1 Vergleich zwischen Dateieigenschaften und VBA-*BuiltinDocumentProperties* mit Beschreibungen

Dateieigenschaften	BuiltinDocumentProperties	Beschreibung
Titel	Title	Titel des Projekts
Thema	Subject	Thema des Projekts
Autor	Author	Autor des Projektplans
Manager	Manager	Projektleiter
Firma	Company	Unternehmen, z.B. Kunde
Kategorie	Category	Kategorie des Projekts

Tabelle 11.1 Vergleich zwischen Dateieigenschaften und VBA-*BuiltinDocumentProperties* mit Beschreibungen *(Fortsetzung)*

Dateieigenschaften	BuiltinDocumentProperties	Beschreibung
Stichwörter	Keywords	Stichwörter zum Projekt
Kommentare	Comments	Notizen
Hyperlinkbasis	Hyperlink base	Hyperlink zu einer Projekt-Website im Intranet oder Internet.
Benutzername	Last Author	Benutzername unter *Datei/Optionen/ Allgemein.*
Version	Revision Number	Versionsnummer des Projekts. Anzahl der Speicherungen seit der Erstellung der Projektdatei.
Applikationsname	Application Name	Applikationsname ist hier »Microsoft Project«, bei anderen Office-Applikationen ein entsprechend anderer Wert.
Letztes Speicherdatum	Last Save Time	Datum der letzten Speicherung des Projekts.
Gesamtbearbeitungszeit	Total Editing Time	Gesamte Bearbeitungszeit des Projekts (bleibt in der deutschen Project-Version aus Gründen des Arbeitsrechts bei 0 Minuten und wird nicht aktualisiert).

Tabelle 11.1 stellt einen Vergleich zwischen den *Dateieigenschaften* und den *BuiltinDocumentProperties* aus VBA dar.

CustomDocumentProperties schreiben

Nachdem Sie erfahren haben, wie Sie die *CustomDocumentProperties*-Eigenschaft auslesen, können Sie mit der folgenden Prozedur die *CustomDocumentProperties*-Eigenschaft per VBA auch direkt in die Projektdateien speichern:

Listing 11.14 *CustomDocumentProperties*-Eigenschaften in Projekte schreiben

```
Sub ProjektEigenschaftenSchreiben()
  Dim Eingabe As String
  Eingabe = Inputbox("Geben Sie bitte einen neuen Wert " & _
                     "für MyProp ein", "CustomDocumentProperties")
  ActiveProject.CustomDocumentProperties("MyProp").Value = Eingabe
End Sub
```

Mithilfe des beschriebenen VBA-Codes können Sie die Projekteigenschaft *MyProp* in eine Projektdatei schreiben. Diese Variable bleibt auch nach dem Schließen der Projektdatei erhalten und kann zu einem beliebigen späteren Zeitpunkt wieder ausgelesen werden. Die *CustomDocumentProperties*-Eigenschaft ist die einzige Möglichkeit, in Project dauerhaft Konstanten als Eingabewerte – auch nach dem Schließen der Projektdatei – zu speichern.

In Project können Sie anschließend über den Menübefehl *DATEI/Informationen/Projektinformationen/Erweiterte Eigenschaften* auf der Registerkarte *Anpassen* den neuen Wert für die Projekteigenschaft »MyProp« sehen.

Zeitskala und Balkenhöhe komfortabel setzen und speichern

Abbildg. 11.12   Zeitskala

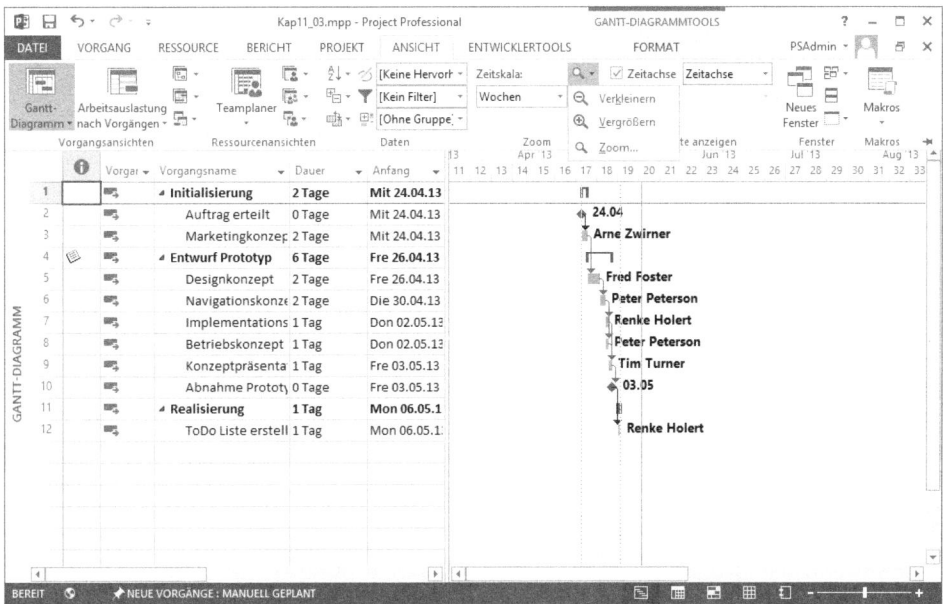

Zur Vorbereitung eines Ausdrucks in der Ansicht *Gantt-Diagramm* kommt es immer wieder vor, dass Project-Anwender die Ansicht sowohl vertikal als auch horizontal anpassen möchten. Die Option *Verkleinern/Vergrößern* im Menü *DATEI/Drucken/Seite einrichten* ist hierfür eine Hilfe. Leider sehen jedoch die Ausdrucke allzu häufig auf einem DIN-A4-Blatt quer ausgedruckt sehr klein aus. Die beschriebene Option verkleinert oder vergrößert im gleichen Verhältnis den gesamten Ausdruck horizontal und vertikal. Abhilfe schaffen ein paar versteckte Funktionen von Project, die der Anwender entweder manuell einstellen oder mittels VBA-Lösung ansprechen kann. Unsere Erfahrungen mit Anwendern zeigen, dass die Tipps und Tricks zum richtigen Drucken zwar verstanden werden, sich aber nicht dauerhaft einprägen, da diese zum Teil nur auf Umwegen realisierbar sind.

Abbildg. 11.13   Horizontale Verkleinerung der Ansicht *Gantt-Diagramm*

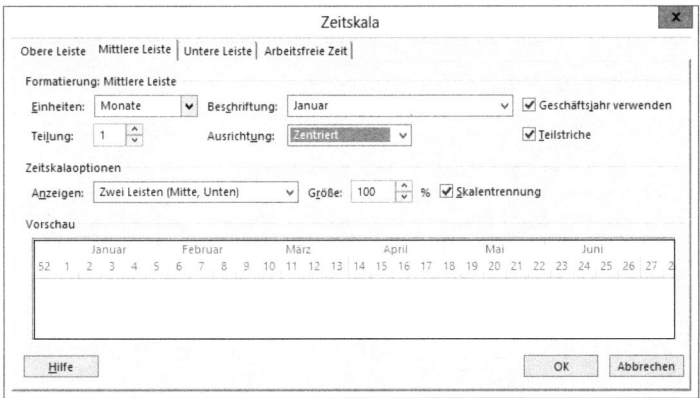

Die Basis für eine VBA-Lösung liegt in der horizontalen Vergrößerung oder Verkleinerung im Menü *ANSICHT/Zoom/Zeitskala/Zeitskala* und dort in der Option *Größe <x> %* (Abbildung 11.13) bzw. für die vertikale Vergrößerung/Verkleinerung im Menü *FORMAT/Format/Layout* in der Option *Balkenhöhe*. Eine Verkleinerung der Balkenhöhe (Abbildung 11.14) bringt zunächst noch keine Verkleinerung auf dem Bildschirm mit sich. Zwar werden die Balken kleiner, die Abstände zwischen den Textzeilen in der Tabelle auf der linken Ansichtsseite bleiben jedoch gleich groß.

Abbildg. 11.14   Vertikale Verkleinerung der Ansicht *Balkendiagramm (Gantt)* über die Balkenhöhe

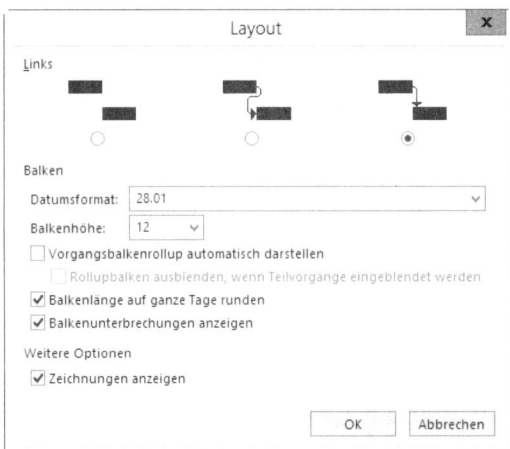

Listing 11.15 zeigt die Vorgehensweise zur Einrichtung einer Registerkarte mit sechs neuen Schaltflächen, die die Größenanpassung in einer Ansicht vom Typ *Gantt-Diagramm* vereinfachen. Zwei der Schaltflächen nehmen dabei eine prozentuale Verkleinerung oder Vergrößerung der Zeitskala in 10%-Schritten vor, eine dritte zeigt die aktuelle Zoomstufe an. Da die Werte für den aktuell eingestellten prozentualen Zoom in Project mit VBA nicht ausgelesen werden können, wird die zuvor beschriebene *CustomDocumentProperties*-Eigenschaft verwendet, um die Prozentwerte dauerhaft im Projekt zu speichern. Vorteil: Ein einmal eingestellter Prozentwert bleibt nach dem Speichern und Schließen des Projekts erhalten.

Listing 11.15   Horizontale Verkleinerung oder Vergrößerung der Ansicht *Gantt-Diagramm*

```
Sub ZeitskalaBalkenhoeheZoomSymbolleiste()
  Dim rX As String
  rX = "<mso:customUI xmlns:mso=""http://schemas.microsoft.com/office/2009/07/
customui"">"
  rX = rX + " <mso:ribbon>"
  rX = rX + "  <mso:qat/>"
  rX = rX + "  <mso:tabs>"
  rX = rX + "   <mso:tab id=""TabZoom"" label=""ZOOM"" insertBeforeQ=""mso:TabFormat"">"
  rX = rX + "    <mso:group id=""GroupTime"" label=""Zeitskala"" autoScale=""true"">"
  rX = rX + "     <mso:button id=""myTimescaleDecrease"" size=""large"" "
  rX = rX + "label=""Zeitskala verkleinern"" imageMso=""ZoomOut"" "
  rX = rX + "onAction=""" & ActiveProject.Name & "!ZeitskalaVerkleinern""/>"
  rX = rX + "     <mso:button id=""myTimescaleIncrease"" size=""large"" "
  rX = rX + "label=""Zeitskala vergrößern"" imageMso=""ZoomIn"" "
  rX = rX + "onAction=""" & ActiveProject.Name & "!ZeitskalaVergroessern""/>"
```

Listing 11.15   Horizontale Verkleinerung oder Vergrößerung der Ansicht *Gantt-Diagramm* *(Fortsetzung)*

```
  rX = rX + "    <mso:button id=""myTimescale"" size=""large"" label=""Zeitskala ist "
  rX = rX & ActiveProject.CustomDocumentProperties("myPercent").Value
  rX = rX + "%"" imageMso=""ZoomPrintPreviewExcel""/>"
  rX = rX + "    </mso:group>"
  rX = rX + "    <mso:group id=""GroupBars"" label=""Balkenhöhe"" autoScale=""true"">"
  rX = rX + "      <mso:button id=""myBarSizeDecrease"" size=""large"" "
  rX = rX + "label=""Balkenhöhe verkleinern"" imageMso=""SizeToShortest"" "
  rX = rX + "onAction=""" & ActiveProject.Name & "!BalkenhoeheVerkleinern""/>"
  rX = rX + "      <mso:button id=""myBarSizeIncrease"" size=""large"" "
  rX = rX + "label=""Balkenhöhe vergrößern"" imageMso=""SizeToTallest"" "
  rX = rX + "onAction=""" & ActiveProject.Name & "!BalkenhoeheVergroessern""/>"
  rX = rX + "      <mso:button id=""myBarSize"" size=""large"" label=""Balkenhöhe ist "
  rX = rX & ActiveProject.CustomDocumentProperties("mySize").Value
  rX = rX + " Pixel"" imageMso=""ControlLineColorPicker""/>"
  rX = rX + "    </mso:group>"
  rX = rX + "   </mso:tab>"
  rX = rX + "  </mso:tabs>"
  rX = rX + " </mso:ribbon>"
  rX = rX + "</mso:customUI>"
  ActiveProject.SetCustomUI (rX)
End Sub


Sub ZeitskalaVergroessern()
  Dim myPercent As Integer
  If ActiveProject.Windows2.ActiveWindow.ActivePane.View.Screen = pjGantt Then
    myPercent = ActiveProject.CustomDocumentProperties("myPercent").Value
    If myPercent <= 990 Then
      TimescaleEdit Enlarge:=myPercent + 10
      ActiveProject.CustomDocumentProperties("myPercent").Value = myPercent + 10
      Call ZeitskalaBalkenhoeheZoomSymbolleiste
    Else
      MsgBox "Die Zeitskala ist bereits auf ihrem Maximum."
    End If
  Else
    MsgBox "Sie haben keine Ansicht vom Typ Balkendiagramm ausgewählt."
  End If
End Sub


Sub ZeitskalaVerkleinern()
  Dim myPercent As Integer
  If ActiveProject.Windows2.ActiveWindow.ActivePane.View.Screen = pjGantt Then
    myPercent = ActiveProject.CustomDocumentProperties("myPercent").Value
    If myPercent >= 35 Then
      TimescaleEdit Enlarge:=myPercent - 10
      ActiveProject.CustomDocumentProperties("myPercent").Value = myPercent - 10
      Call ZeitskalaBalkenhoeheZoomSymbolleiste
    Else
      MsgBox "Die Zeitskala ist bereits auf ihrem Minimum."
    End If
  Else
    MsgBox "Sie haben keine Ansicht vom Typ Balkendiagramm ausgewählt."
  End If
End Sub
```

Für die Einrichtung eines vertikalen Zooms durch die Veränderung der Balkenhöhen werden analog zur Prozedur für den horizontalen Zoom drei Schaltflächen eingerichtet. Listing 11.16 zeigt zwei Prozeduren, die jeweils für die Verkleinerung bzw. die Vergrößerung der Balkenhöhe zuständig sind. Da auch hier der Wert für die aktuell eingestellte Höhe der Balken mit VBA nicht ausgelesen werden kann, muss wiederum über die *CustomDocumentProperties*-Eigenschaft zunächst ein Wert im Projekt gesetzt werden, der dann nach der Änderung wieder dauerhaft bis zum nächsten Aufruf gespeichert wird.

Mit der *Select Case*-Anweisung wird zunächst geprüft, welche Höhe momentan eingestellt und gespeichert ist. Danach wird dann schrittweise die Höhe in Einzelschritten verkleinert oder vergrößert.

Listing 11.16 Vertikale Verkleinerung oder Vergrößerung der Ansicht *Gantt-Diagramm*

```vba
Sub BalkenhoeheVerkleinern()
  Dim mySize As String
  If ActiveProject.Windows.ActiveWindow.ActivePane.View.Screen = pjGantt Then
    mySize = ActiveProject.CustomDocumentProperties("mySize").Value

    Select Case mySize
      Case pjBarSize24
        GanttBarSize Size:=pjBarSize18
        ActiveProject.CustomDocumentProperties ("mySize").Value = pjBarSize18
      Case pjBarSize18
        GanttBarSize Size:=pjBarSize14
        ActiveProject.CustomDocumentProperties ("mySize").Value = pjBarSize14
      Case pjBarSize14
        GanttBarSize Size:=pjBarSize12
        ActiveProject.CustomDocumentProperties("mySize").Value = pjBarSize12
      Case pjBarSize12
        GanttBarSize Size:=pjBarSize10
        ActiveProject.CustomDocumentProperties("mySize").Value = pjBarSize10
      Case pjBarSize10
        GanttBarSize Size:=pjBarSize8
        ActiveProject.CustomDocumentProperties("mySize").Value = pjBarSize8
      Case pjBarSize8
        GanttBarSize Size:=pjBarSize6
        ActiveProject.CustomDocumentProperties("mySize").Value = pjBarSize6
      Case pjBarSize6
        MsgBox "Die Balkenhöhe ist bereits auf ihrem Minimum von 6 Pixeln."
    End Select
    Call ZeitskalaBalkenhoeheZoomSymbolleiste
  Else
    MsgBox "Sie haben keine Ansicht vom Typ Balkendiagramm ausgewählt."
  End If
End Sub

Sub BalkenhoeheVergroessern()
  Dim mySize As String
  If ActiveProject.Windows.ActiveWindow.ActivePane.View.Screen = pjGantt Then
    mySize = ActiveProject.CustomDocumentProperties("mySize").Value

    Select Case mySize
      Case pjBarSize24
        MsgBox "Die Balkenhöhe ist bereits auf ihrem Maximum von 24 Pixeln."
      Case pjBarSize18
        GanttBarSize Size:=pjBarSize24
        ActiveProject.CustomDocumentProperties ("mySize").Value = pjBarSize24
      Case pjBarSize14
        GanttBarSize Size:=pjBarSize18
        ActiveProject.CustomDocumentProperties ("mySize").Value = pjBarSize18
```

Listing 11.16 Vertikale Verkleinerung oder Vergrößerung der Ansicht *Gantt-Diagramm* (Fortsetzung)

```
            Case pjBarSize12
               GanttBarSize Size:=pjBarSize14
               ActiveProject.CustomDocumentProperties ("mySize").Value = pjBarSize14
            Case pjBarSize10
               GanttBarSize Size:=pjBarSize12
               ActiveProject.CustomDocumentProperties ("mySize").Value = pjBarSize12
            Case pjBarSize8
               GanttBarSize Size:=pjBarSize10
               ActiveProject.CustomDocumentProperties ("mySize").Value = pjBarSize10
            Case pjBarSize6
               GanttBarSize Size:=pjBarSize8
               ActiveProject.CustomDocumentProperties("mySize").Value = pjBarSize8
         End Select
         Call ZeitskalaBalkenhoeheZoomSymbolleiste
      Else
         MsgBox "Sie haben keine Ansicht vom Typ Balkendiagramm ausgewählt."
      End If
End Sub
```

Auf benutzerdefinierte Enterprise-Projekt-Feldeigenschaften zugreifen

Neben der beschriebenen Methode der *CustomDocumentProperties*- und *BuiltinDocumentProperties*-Eigenschaften ist es mit Project auch möglich, Enterprise-Felder auf Project Server zu speichern. Beispielsweise kann in einem Feld *Projektgliederungscode (Enterprise)* der Status (Abbildung 11.15) eines Projekts hinterlegt sein, in ein Feld *Projekttext (Enterprise)* soll über VBA der Inhalt des Felds aus einer VBA-Applikation geschrieben werden oder in ein Feld *Projektkosten (Enterprise)* soll über VBA aus einer anderen Applikation für Finanzen und Budgetierungen ein Kostenbudgetwert geschrieben werden.

Abbildg. 11.15   Enterprise-Projekt-Felder mit VBA auslesen und schreiben

Die Lösung liegt in der *ProjectSummaryTask*-Eigenschaft des aktiven Projekts. Alle Inhalte der Enterprise-Felder eines Projekts werden im Projektsammelvorgang des Projekts gespeichert und können in VBA mit der *GetField*-Methode abgerufen und mit der *SetField*-Methode festgelegt werden. Da die Enterprise-Felder frei definierbar sind und keine explizit zugrunde liegenden Felder wie *Text1* oder *Kosten1* haben, sollten selbst definierte Enterprise-Felder mit ihren Feldnummern angesprochen werden. Die Feldnummern können dabei wie in den ersten Beispielen mit der Methode *FieldNameToFieldConstant* aus dem angezeigten Feldnamen ermittelt werden.

Folgende Codezeilen lesen den Projektnamen und den Wert des Felds *Geschäftsbereich* aus, dies ist ein benutzerdefiniertes Enterprise-Feld für Projekte auf Project Server:

```
myConstantGeschaeftsbereich = FieldNameToFieldConstant("Geschäftsbereich")
Debug.Print ActiveProject.ProjectSummaryTask.GetField(myConstantGeschaeftsbereich)
Debug.Print ProjectSummaryTask.GetField(pjTaskName)
```

Um Werte in die Enterprise-Felder zu schreiben, wird die Methode *SetField* wie folgt verwendet:

```
myConstantGeschaeftsbereich = FieldNameToFieldConstant("Geschäftsbereich")
ActiveProject.ProjectSummaryTask.SetField myconstantGeschaeftsbereich, "Tiefbau"
```

Auf Projekte als Project-Dateien zugreifen

Der Zugriff auf Projekte, in diesem Beispiel als Project-Dateien abgelegt, ist für verschiedenste Anwendungen wichtig. Beispielsweise kann über eine Liste von allen aktuell geöffneten Projekten schnell eine Multiprojektübersicht in Project für das Multiprojekt-Berichtswesen erstellt werden. Andererseits ist auch der Zugriff auf noch nicht geöffnete Projekte in einem bestimmten Verzeichnis interessant.

Listing 11.17 zeigt den Zugriff auf alle momentan geöffneten Projekte mit der *Application.Projects*-Auflistung.

ONLINE   Sie finden die in diesem Abschnitt angegebenen Listings und die Beispiele im Ordner *\Buch\KAP11* in der Datei *Kap11_04.mpp* innerhalb der Begleitdateien zu diesem Buch (siehe Anhang B).

Listing 11.17   Zugriff auf alle momentan geöffneten Projekte

```
Sub AlleGeoeffnetenProjekte()
  Dim myProj As Project
  For Each myProj In Application.Projects
    Debug.Print myProj.Name
  Next
End Sub
```

Um auf Projekte zuzugreifen, die in einem fest vorgegebenen Verzeichnis liegen, verwenden Sie die Prozedur in Listing 11.18. Das Beispiel zeigt alle Projekte in einem vorgegebenen Ordner *C:\Projekte* an, öffnet diese in einer *Do...Loop*-Anweisung und gibt den Dateinamen im Direktbereich des Visual Basic-Editors aus, der dort mit dem Menübefehl *Ansicht/Direktfenster* angezeigt werden kann. An dieser Stelle kann weiterer VBA-Code folgen, der z.B. die Dateieigenschaften der geöffneten Projekte verändert oder alle Projekte in einem neuen Hauptprojekt zusammenfasst.

Listing 11.18   Zugriff auf alle Project-Projekte mit der Dateiendung *.mpp*

```
Sub ProjekteInOrdnerOeffnen()
  Dim myFiles As String
  Const myFolder = "C:\Projekte\"
  myFiles = Dir(myFolder & "*.mpp")
    Do Until myFiles = ""
      Application.FileOpenEx myFolder & myFiles
      Debug.Print myFiles
      Application.FileCloseEx pjDoNotSave
      myFiles = Dir
    Loop
End Sub
```

Hauptprojekt aus geöffneten Projekten erstellen

Eine häufige Fragestellung ist, wie mit wenig Aufwand und möglichst schnell eine konsolidierte Multiprojektdarstellung von mehreren Dateien erzeugt werden kann (Hauptprojekt). Über das Menü *PROJEKT/Einfügen/Unterprojekt* kann ein Projekt in eine bereits vorhandene Datei eingefügt werden. Etwas schneller geht es jedoch mit Funktionen, die alle aktuell geöffneten Projekte zu einem Hauptprojekt verdichten. Das Makro in Listing 11.19 zeigt, wie Sie mit VBA alle geöffneten Projekte zu einem Hauptprojekt zusammenführen können.

Listing 11.19   Hauptprojekt erstellen

```
Sub HauptprojektErzeugen()
  Dim myProject As Project
  Dim myProjectList As String
  If Application.Windows.Count >= 2 Then
    For Each myProject In Application.Projects
        myProjectList = myProjectList & myProject & ListSeparator
    Next myProject
  End If
  Application.ConsolidateProjects FileNames:=myProjectList, _
        NewWindow:=True
End Sub
```

Zunächst wird mit der *Count*-Eigenschaft geprüft, wie viele Projekte in der Applikation geöffnet sind, da die Verdichtung zu einem Hauptprojekt erst bei mindestens zwei Projekten sinnvoll ist. Alle Projekte werden in einer Variablen gesammelt und zusammengeführt, sie sind in dieser Liste mit *ListSeparator*-Elementen voneinander getrennt.

Der *ListSeparator* ist das in der *Systemsteuerung* von Windows in den *Ländereinstellungen* angegebene Listentrennzeichen, das in den deutschen Spracheinstellungen mit einem »;« (Semikolon) angegeben wird.

Zum Abschluss der VBA-Prozedur zeigt die *ConsolidateProjects*-Methode alle vorher zusammengeführten geöffneten Projekte in einem Fenster als neues Projekt an, um es dann beispielsweise abzuspeichern. Falls Sie neue Projekte in die Hauptprojekt-Datei mit aufnehmen möchten, können Sie entweder über den Menübefehl *PROJEKT/Einfügen/Unterprojekt* ein neues Projekt hinzufügen oder alle bereits in der Hauptprojekt-Datei existierenden Projekte und neuen Projekte öffnen, mit dem vorher beschriebenen Makro erneut verdichten und unter demselben Namen wieder abspeichern.

HINWEIS   Project zeigt den Namen des Projektsammelvorgangs an, also des Projekttitels. Dieser ändert sich beim Umbenennen des Projekts als Datei nicht.

Hauptprojekt aus Projekt-Verzeichnis erstellen

Die Weiterführung des vorherigen Beispiels ist die Zusammenführung von Projektdateien aus einem Verzeichnis zu einem Hauptprojekt als Masterplan. Listing 11.20 zeigt wie im vorherigen Beispiel mit einer *Do…Loop*-Anweisung das Öffnen von Projekten aus einem Verzeichnis und deren Konsolidierung mit der *ConsolidateProjects*-Methode. Dazu müssen wieder alle zusammenzuführenden Projekte in einer Zeichenkette gesammelt werden.

Listing 11.20   Automatisch zusammengeführtes Hauptprojekt als Masterplan

```
Sub HauptprojektAusOrdnerErzeugen()
  Dim myFiles   As String
  Dim myPath    As String
  Dim mySelect  As String
  Const myFolder = "C:\Projekte\"
  myFiles = Dir(myFolder & "*.mpp")
    Do Until myFiles = ""
      myPath = myFolder & myFiles
      FileOpenEx myPath
      mySelect = mySelect & myFiles & ListSeparator
      myFiles = Dir
    Loop
  ConsolidateProjects Filenames:=mySelect, NewWindow:=True
End Sub
```

Abbildung 11.16 zeigt das Ergebnis in einem Hauptprojekt.

Abbildg. 11.16   Automatisch zusammengeführte Projekte in einem Hauptprojekt

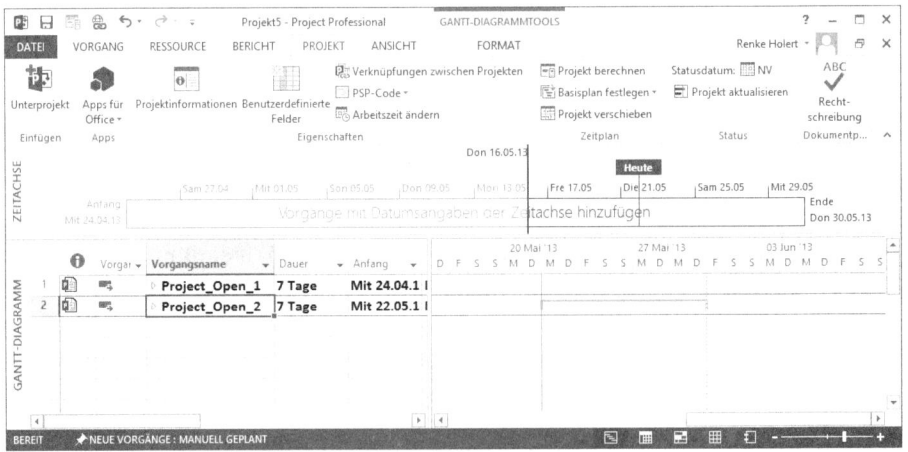

Schleifen über alle Teilprojekte

Mit einer *For Each…Next*-Anweisung durch alle Teilprojekte eines zusammengeführten Hauptprojekts können Sie über die *Subproject*-Eigenschaft eine Schleife über alle Teilprojekte eines Projekts erstellen. Listing 11.21 zeigt den Durchlauf mit einer *For Each…Next*-Anweisung im aktuellen Hauptprojekt durch alle Teilprojekte. Hierbei ist zu beachten, dass die Teilprojekte mit der *Subproject*-Eigenschaft und nicht mit der *Project*-Eigenschaft aufgerufen werden.

Listing 11.21   Schleife über alle Teilprojekte eines Hauptprojekts

```
Sub LoopDurchSubprojekte()
  Dim mySubProj As Subproject
  For Each mySubProj In ActiveProject.Subprojects
    Debug.Print mySubProj.InsertedProjectSummary.GetField(pjTaskDuration)
  Next mySubProj
End Sub
```

Mit der *Print*-Methode des *Debug*-Objekts wird der Wert der Vorgangsdauer für jeden Projektsammelvorgang im VBA-Direktbereich ausgegeben. Sie können an dieser Stelle weiteren Code erstellen, der z.B. bei allen zusammengeführten Projekten einen Hyperlink auf das entsprechende Teilprojekt einfügt oder für alle Teilprojekte einen Basisplan für ein bestimmtes Statusdatum setzt.

Eingabeaufforderung beim Öffnen von Projekten mit Ressourcenpool unterdrücken

Falls dieselben Ressourcen mehr als einem Projekt zugeordnet sind oder gemeinsam genutzte Ressourcen in mehreren Projekten verwendet werden, können Sie in Project alle Ressourceninformationen in einem gemeinsamen Ressourcenpool zusammenzufassen. Die in den Projekten enthaltenen Ressourcen sind dann über den Ressourcenpool mit anderen Projekten verknüpft. Damit kann eine bessere Auslastung der Ressourcen in mehreren Projekten erkannt und geplant werden.

Die Schwierigkeit in der VBA-Programmierung besteht dann darin, dass der standardmäßig eingeschaltete *Planungs-Assistent* beim Öffnen von Projekten, die mit dem Ressourcenpool verbunden sind, immer nachfragt, ob der verbundene Ressourcenpool auch geöffnet werden soll (Abbildung 11.17).

Abbildg. 11.17   Schwierigkeit für VBA beim Öffnen eines Ressourcenpools

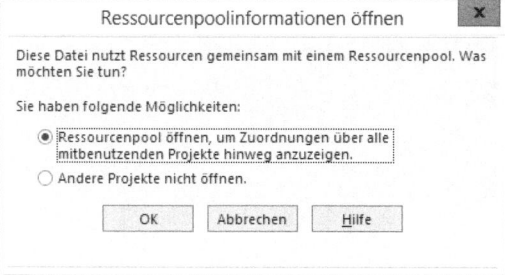

Listing 11.23 zeigt die Lösung beim Öffnen einer Projektdatei, die mit einem Ressourcenpool verbunden ist. Bei der Verwendung der *FileOpenEx*-Methode kann durch das optionale Argument *openPool= pjDoNotOpenPool* verhindert werden, dass das in Abbildung 11.17 dargestellte Dialogfeld den Ablauf des Makros unterbricht.

Listing 11.22 Öffnen einer mit dem Ressourcenpool verknüpften Projektdatei

```
Sub RessourcenpoolNichtOeffnen()
  FileOpenEx Name:="C:\Projekte\Pool\Projekt_Pool_1.mpp", ReadOnly:=False, _
        FormatID:="MSProject.MPP", openPool:=pjDoNotOpenPool
End Sub
```

Die manuelle Verwendung der *FileOpenEx*-Methode wirkt im ersten Moment sehr umständlich. Sie ist jedoch notwendig, da bei der alternativen Aufzeichnung mit dem Makrorecorder über den Menübefehl *ANSICHT/Makros/Makros/Makro aufzeichnen* das Argument für die Antwort beim Planungs-Assistenten für das Nichtöffnen des Ressourcenpools nicht aufgezeichnet wird.

Das *Task*-Objekt

Das *Task*-Objekt repräsentiert einen Vorgang im Projektplan eines Microsoft Project-Projekts. Es ist möglich, auf alle Vorgänge in einem Projekt mit der *Task*-Eigenschaft zuzugreifen oder nur einen bestimmten Vorgang im Projekt mit der *UniqueID*-Eigenschaft zu adressieren. Von besonderem Interesse ist natürlich das *Task*-Objekt im VBA-Objektmodell, mit dem Sie auf Vorgänge in Projekten zugreifen können. Alle Vorgänge werden in der *Tasks*-Auflistung zusammengefasst, dies ermöglicht einen sehr komfortablen Lese- und Schreibzugriff auf alle Vorgangsdaten. Auf ein einzelnes *Task*-Objekt können Sie mit *Tasks(Index)* zugreifen, *Index* ist dabei die Vorgangsnummer oder der Vorgangsname, jedoch nicht seine *UniqueID*. Jedes *Task*-Objekt hat wiederum Eigenschaften, die den Vorgang näher beschreiben, z.B. ob der Vorgang ein Meilenstein oder ein Sammelvorgang ist oder welche Informationen das Feld *Text1* für den ausgewählten Vorgang hat.

Neue Vorgänge in Projekten hinzufügen

Um neue Vorgänge an das Ende eines Projektplans hinzuzufügen, verwenden Sie die *Tasks.Add*-Methode:

> **ONLINE**   Sie finden die Beispiele für die angegebenen Listings des *Tasks*-Auflistungsobjekts im Ordner *\Buch\KAP11* in der Datei *Kap11_05.mpp* innerhalb der Begleitdateien zu diesem Buch (siehe Anhang B).

```
ActiveProject.Tasks.Add("New Task")
```

Mit der *Tasks.Add*-Methode wird der Name des neuen Vorgangs und optional die Position als Einfügemarke gesetzt.

Die Anweisung

```
ActiveProject.Tasks.Add "New Task", 1
```

setzt einen neuen Vorgang an die erste Stelle im Projektplan. Verwenden Sie auch hier für das Argument *Before* für das Feld *Nummer* des Vorgangs und nicht das Feld *EinmaligeNummer (UniqueID)* des Vorgangs.

Neue Vorgänge als Teilvorgang eines Sammelvorgangs hinzufügen

Beim Einlesen von Projektdaten aus anderen Applikationen (z.B. Excel) ist eine Hauptschwierigkeit in Project das Herunterstufen von Vorgängen, um diese als Teilvorgänge eines Sammelvorgangs darzustellen.

Listing 11.23 zeigt dazu eine Lösung. Zunächst wird ein Sammelvorgang im Projekt an das Ende des Projektplans hinzugefügt. Die Variablen *myIntFirst* und *myIntSecond* geben dabei die *UniqueID* der hinzugefügten Vorgänge wieder. Anschließend wird in der Variablen *myLevelFirst* die Gliederungsebene des ersten hinzugefügten Vorgangs festgehalten und beim zweiten hinzugefügten Vorgang mit der *OutlineLevel*-Eigenschaft für *Tasks.UniqueID* um den Wert *1* erhöht. Damit wird der zweite Vorgang eine Ebene unter den zuerst eingefügten Vorgang gestuft.

Listing 11.23   Vorgang als Teilvorgang hinzufügen

```
Sub VorgangZuSammelvorgangHinzufuegen()
    Dim myIntFirst  As Integer
    Dim myIntSecond As Integer
    myIntFirst = ActiveProject.Tasks.Add("My Summary Task")
    myIntSecond = ActiveProject.Tasks.Add("My Task2")
    myLevelFirst = ActiveProject.Tasks.UniqueID(myIntFirst).OutlineLevel
    ActiveProject.Tasks.UniqueID(myIntSecond).OutlineLevel = _
                myLevelFirst + 1
End Sub
```

Abbildung 11.18 zeigt die eingefügten Vorgänge. Da bei der Ausführung der Prozedur nur die ersten Gliederungsebenen sichtbar sind, wird der neue Sammelvorgang auch automatisch auf die erste Ebene gesetzt. Falls weitere Ebenen für die Teilvorgänge eingeblendet sind und der letzte Vorgang in einer tieferen Ebene ist, werden die neuen Vorgänge immer in der Gliederungsebene des letzten Vorgangs eingefügt.

Abbildg. 11.18   Vorgang unter Sammelvorgang einfügen

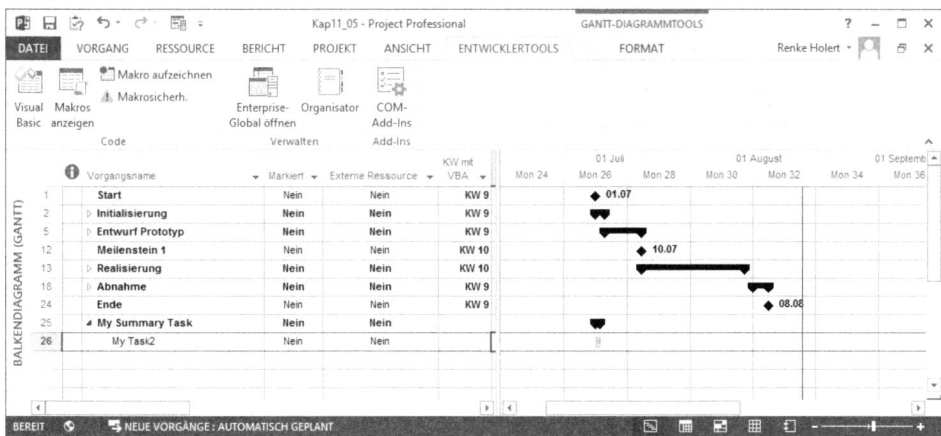

Auf alle Vorgänge im Projekt zugreifen

Der Zugriff auf alle Vorgänge im Projekt erfolgt mit einer *For Each...Next*-Anweisung:

Listing 11.24   Standardzugriff auf alle Vorgänge im Projekt

```
Sub AlleVorgaengeImProjekt()
  Dim myTask As Task
  For Each myTask In ActiveProject.Tasks
    Debug.Print myTask.Name
  Next myTask
End Sub
```

Die Übermittlung von Zellinhalten in andere Felder, z.B. vom Feld *Name* in das Feld *Text3*, erfolgt mit:

Listing 11.25   Vorgangsname in *Text3* kopieren

```
Sub VorgangsnameInText3()
  Dim myTask As Task
  For Each myTask In ActiveProject.Tasks
    myTask.Text3 = myTask.Name
  Next myTask
End Sub
```

Abbildg. 11.19   Standardzugriff auf alle Vorgänge im Projekt

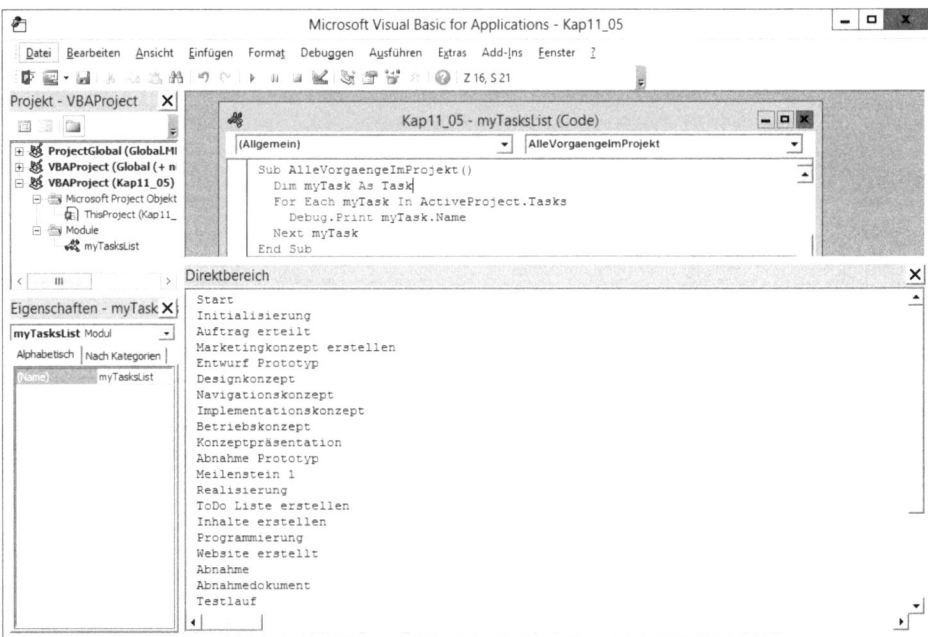

Die ersten Probleme mit dieser Vorgehensweise werden sichtbar, wenn die Vorgangsliste nicht durchgehend ist und leere Zeilen enthält. Die VBA-Prozedur bricht mit dem Laufzeitfehler 91 »Objektvariable oder With-Blockvariable nicht festgelegt« ab (Abbildung 11.20). Auch die dazu aufgerufene Hilfe bringt auf den ersten Blick keine direkte Lösung.

Laufzeitfehler 91 bei der Verwendung von leeren Zeilen im Projekt

Der Fehler tritt auf, weil Project für einen leeren Vorgang auch einen Datensatz und damit auch eine einmalige Nummer (*UniqueID*) erstellt. Beim Aufruf des Datensatzes bricht Project die Prozedur ab, weil der leere Inhalt des Felds *Name* nicht gelesen werden kann.

Um den Laufzeitfehler 91 zu unterbinden, ist ein Standardzugriff mit der *For Each...Next*-Anweisung notwendig, in dem nur nicht leere Datensätze in der *Tasks*-Auflistung verwendet werden.

Standardzugriff auf Vorgänge mit der *For Each...Next*-Anweisung

Wenn Sie VBA-Prozeduren für eine gesamte Project-Anwendung entwickeln, z.B. in Form eines Add-Ins oder Add-Ons, müssen Sie zunächst mit mehreren *If...Then...Else*-Anweisungen prüfen, ob überhaupt ein Projekt geöffnet ist oder alle Projekte geschlossen sind. Wenn ein Projekt geöffnet ist, muss weiter geprüft werden, ob darin ein Vorgang vorhanden ist oder ob das Projekt leer ist. Anschließend kann es mit der »normalen« *For Each...Next*-Anweisung weitergehen, um auf alle Vorgänge zuzugreifen.

Die Anweisung

```
If Not (myTask Is Nothing) Then
```

ist für die Überprüfung auf leere Datensätze zuständig. Dabei wird geprüft, ob der Datensatz nicht leer ist. Im Anschluss kann dann die eigentliche Prozedur mit weiteren Codeanweisungen fortgesetzt werden.

Listing 11.26   Standardzugriff auf Vorgänge mit Überprüfung, ob Projekte, Vorgänge und leere Zeilen existieren

```
Sub StandardZugriffAufVorgaenge()
  Dim myTask As Task
  If Application.Projects.Count > 0 Then
    If ActiveProject.Tasks.Count > 0 Then
      For Each myTask In ActiveProject.Tasks
        If Not (myTask Is Nothing) Then
          Debug.Print myTask.Name
          ' Weitere Code-Anweisungen
        End If
      Next myTask
    End If
  End If
End Sub
```

Wie beschrieben, müsste eigentlich in dieser Struktur jede VBA-Prozedur für den Zugriff auf das *Tasks*-Auflistungsobjekt programmiert werden. Nach unseren praktischen Erfahrungen im Rahmen von Kundenprojekten ist es jedoch so, dass man sich nicht gerade häufig an diese Struktur hält.

> **HINWEIS** Wir verwenden in den folgenden Beispielprozeduren aus Platz- und Übersichtlichkeitsgründen nicht den komplett beschriebenen Zugriff auf Vorgänge in Project. Achten Sie aber bei der Programmierung in der Praxis unbedingt darauf, diese Überprüfung vorzunehmen.

Kalenderwoche darstellen

Nach einer Einstellung für das Layout von Ansichten stellt sich häufig die Frage, wie mithilfe von VBA die Kalenderwoche des Vorgangsfelds *Anfang* im Feld *Text1* dargestellt werden kann. In Kapitel 5 wurde dazu bereits eine Lösung mithilfe von Formeln und Funktionen gezeigt. In Listing 11.27 ist die gleiche Lösung mithilfe von VBA realisiert. Es zeigt eine kurze Subprozedur, die alle Vorgänge im Projekt durchläuft und von jedem Vorgang das in Kalenderwochen formatierte Datum in das zugehörige *Text1*-Feld schreibt.

Listing 11.27   Kalenderwochen vom Anfang der Vorgänge im *Text1*-Feld

```
Sub VorgangText1AnfangKW()
  Dim myTask As Task
  For Each myTask In ActiveProject.Tasks
    myTask.Text1 = "KW " & Format(myTask.Start, "ww")
  Next myTask
End Sub
```

Vorteil der VBA-Lösung für dieses Beispiel ist die individuelle Gestaltung des Codes und der Zugriff auf das gesamte Objektmodell von Project. Der Nachteil ist, dass mit einer weiteren Anweisung das Makro gestartet werden muss und nicht immer aktiv ist, während bei einer Lösung über Formeln und Funktionen eine sofortige Aktualisierung stattfindet.

Erste Gliederungsebene von Vorgängen formatieren

Bei der Verwendung von Project kommt von Anwendern häufig die Frage: »Warum sind nicht alle Vorgänge in der höchsten Gliederungsebene fett dargestellt? Habe ich etwas falsch gemacht?« Da nicht alle Vorgänge der Gliederungsebene 1 auch gleichzeitig Sammelvorgänge sind, die von Project immer *fett* dargestellt werden, hilft Listing 11.28 bei dieser Fragestellung weiter.

Listing 11.28   Alle Vorgänge der höchsten Gliederungsebene fett darstellen

```
Sub VorgangEbene1Fett()
  Dim myTask As Task
  For Each myTask In ActiveProject.Tasks
    If (myTask.OutlineLevel = 1 And myTask.Summary = False) Then
      SelectRow Row:=myTask.ID, RowRelative:=False
      Font Bold:=True
    End If
  Next myTask
End Sub
```

Zunächst wird mit der schon bekannten *For Each…Next*-Anweisung auf alle Vorgänge im Projekt zugegriffen. Mit der *If…Then…Else*-Anweisung wird geprüft, ob der Vorgang in der höchsten Gliederungsebene und kein Sammelvorgang ist, da Sammelvorgänge bereits fett formatiert sind. Danach muss die Zeile ausgewählt und die Schriftart auf fett gesetzt werden. Voraussetzung für die Ausführung des Makros ist, dass die Gliederungsebene 1 angezeigt wird. Diese Lösung ist unabhängig vom Feld *Markiert* und kann somit zeitgleich mit einer Lösung einsetzt werden, die dieses Feld verwendet, wie z.B. im Makro, das der nächste Abschnitt zeigt.

Sämtliche von externen Ressourcen erbrachten Vorgänge formatieren

Über das Feld *Markiert* ist es (wie in Kapitel 5 beschrieben) möglich, auf die eingestellten Textarten pro Ansicht zuzugreifen. In Abhängigkeit einer Prüfung des Felds *Ressourcenname* oder eines freien Textfelds können damit die von externen Ressourcen erbrachten Vorgänge farblich markiert werden. Wählen Sie zunächst über den Menübefehl *FORMAT/Format/Textarten* im Listenfeld *Zu ändernder Eintrag* den Eintrag *Markierte Vorgänge* aus (siehe auch Abbildung 11.21).

Abbildg. 11.21 Markierte Vorgänge formatieren

Erstellen Sie anschließend die folgende Prozedur:

Listing 11.29 Markierte Vorgänge für externe Ressourcen formatieren

```
Sub VorgangMarkiert()
  Dim myTask As Task
  For Each myTask In ActiveProject.Tasks
    If (myTask.ResourceNames Like "*Frida Foster*") Then
      myTask.Marked = True
    End If
  Next myTask
End Sub
```

In diesem Beispiel wird die Ressource *Frida Foster* als externe Ressource im Projekt eingesetzt. Da im Feld *Ressourcennamen* nicht nur eine Ressource enthalten sein kann, muss mit dem *Like*-Operator geprüft werden, ob der Name *Frida Foster* im Feld enthalten ist. Achten Sie dabei auch auf die richtige Klammersetzung in der *If…Then…Else*-Anweisung, da Sie sonst ein falsches

Ergebnis bekommen. Wenn der Name *Frida Foster* im Feld *Ressourcennamen* enthalten ist, wird das Feld *Markiert* auf *Ja (True)* und über die vorher vorgenommene Formatierung in den Textarten auf eine andere Farbe gesetzt (Abbildung 11.22).

Abbildg. 11.22   Formatierung von externen Ressourcen im Balkendiagramm (Gantt) über die Felder *Markiert* und *Attribut1*

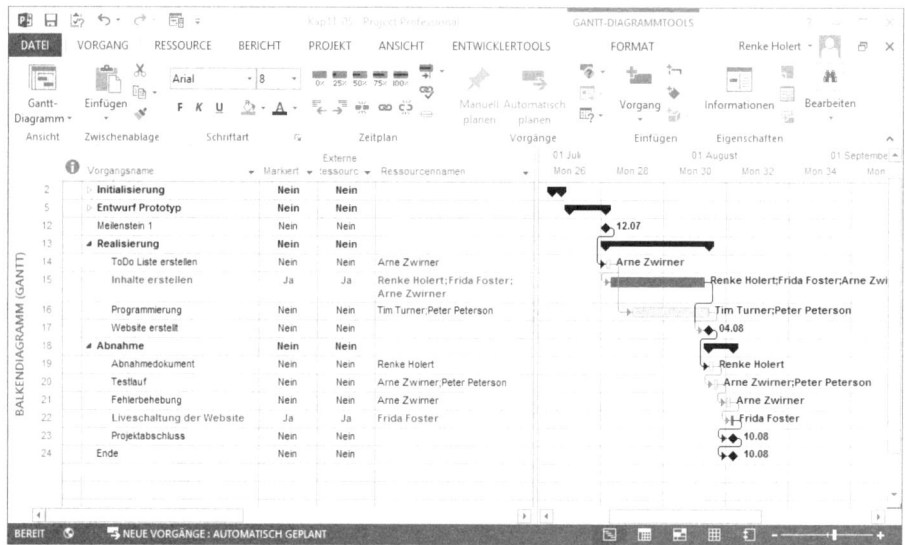

Abbildung 11.22 zeigt außerdem noch eine Ergänzung zu Listing 11.29 in Form des Felds *Attribut1*, das (wie in Kapitel 5 beschrieben) als zusätzliche Balkenformatierung in den *Balkenarten* im Menü *Format* mit aufgenommen wurde. Listing 11.30 zeigt das aktualisierte Makro.

Listing 11.30   Vorgänge für externe Ressourcen markiert und *Attribut1*

```
Sub VorgangMarkiertUndAttribut1()
  Dim myTask As Task
  For Each myTask In ActiveProject.Tasks
    If (myTask.ResourceNames Like "*Frida Foster*") Then
      myTask.Marked = True
      myTask.Flag1 = True
    End If
  Next myTask
End Sub
```

Unterbrechungstermine auslesen

Die *Vorgangs*-Eigenschaft der Unterbrechungstermine, die von vielen Anwendern verwendet wird, ist in einem Punkt noch verbesserungswürdig. Die Darstellung und Eingabe von Unterbrechungsterminen ist nur grafisch in der Ansicht *Balkendiagramm (Gantt)* durch die Maussteuerung möglich. Es gibt in der Referenz der Project-Felder keine Auflistung aller Unterbrechungstermine. Zwar sind die Felder *Unterbrechungstermin* und *Wiederaufnahme* aus den Vorgängerversionen von Project vorhanden, allerdings werden in diesen Feldern keine Einträge der vorgenommenen Unterbrechungen dargestellt. Mithilfe von VBA können jedoch sämtliche Unterbrechungstermine eines Vorgangs ausgelesen und in benutzerdefinierte Felder geschrieben werden.

Abbildung 11.23 zeigt eine *MsgBox*-Funktion für die Ausgabe der Abschnitte von unterbrochenen Vorgängen.

Abbildg. 11.23   *MsgBox* für Abschnitte eines unterbrochenen Vorgangs

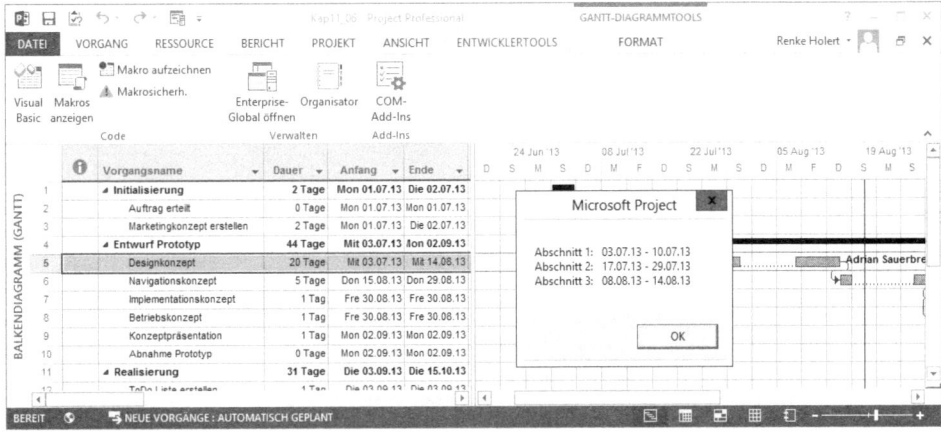

ONLINE   Sie finden die Beispiele für die angegebenen Listings der Unterbrechungstermine von Vorgängen im Ordner *Buch\KAP11* in der Datei *Kap11_06.mpp* innerhalb der Begleitdateien zu diesem Buch (siehe Anhang B).

Listing 11.31 zeigt die Programmierung einer *MsgBox* für einzelne Abschnitte, in denen ein unterbrochener Vorgang aktiv ist. Zunächst werden in der aktiven Zelle mit einer *For...Next*-Anweisung alle unterbrochenen Vorgangsabschnitte im selektierten Vorgang durchlaufen, anschließend wird mithilfe der *SplitParts*-Eigenschaft die Auflistung jedes einzelnen Vorgangsabschnitts mit *Anfang* und *Ende* zurückgegeben. Die *MsgBox*-Funktion sammelt in der Schleife alle Werte und gibt sie anschließend aus, bei nicht unterbrochenen Vorgängen wird nur ein Abschnitt ausgegeben.

Listing 11.31   Unterbrochene Abschnitte von Vorgängen mit *MsgBox* anzeigen

```
Sub UnterbrechungstermineAuslesen()
    Dim myTask  As Task
    Dim myInt   As Integer
    Dim myMsg   As String
    myMsg = ""
    With ActiveCell.Task
        For myInt = 1 To .SplitParts.Count
            mySplitAnfang = Format(.SplitParts(myInt).Start, "dd.mm.yy")
            mySplitEnde = Format(.SplitParts(myInt).Finish, "dd.mm.yy")
            myMsg = myMsg & "Abschnitt " & myInt & ":    " & _
                    mySplitAnfang & " - " & mySplitEnde & vbCrLf
        Next myInt
    End With
    MsgBox myMsg
End Sub
```

Eine andere Möglichkeit der tabellarischen Darstellung der Unterbrechungstermine bietet Project in den *Informationen zum Vorgang* mit der Registerkarte *Felder (benutzerdef.)* (Abbildung 11.24).

Abbildg. 11.24   Mit VBA abgerufene Unterbrechungstermine in den Feldern *Datum1* bis *Datum10*

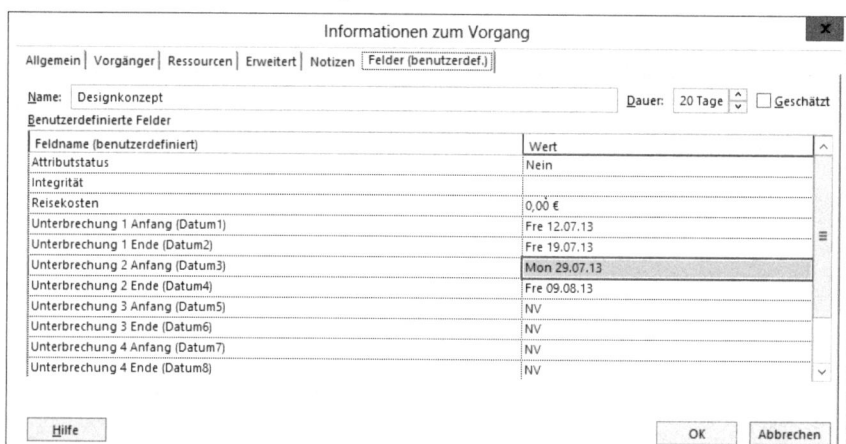

Listing 11.32 zeigt die Verwendung der zuvor beschriebenen *SplitParts*-Eigenschaft und Auflistung. Eine *For Each…Next*-Anweisung durchläuft alle Vorgänge im Projekt, prüft, ob die Vorgänge mindestens einmal unterbrochen sind und durchläuft in einer *For...Next*-Anweisung alle unterbrochenen Terminbereiche. Bis zu maximal fünf Unterbrechungen werden anschließend in die Felder *Datum1* bis *Datum10* übertragen. Wie in Abbildung 11.24 zu sehen, stehen sie für *Anfang* und *Ende* der *Unterbrechungen 1* bis *5*. Zur Unterscheidung, welche Unterbrechungszeiträume in welche Datumsfelder geschrieben werden, wird eine *Select Case*-Anweisung verwendet.

Listing 11.32   Unterbrechungstermine von Vorgängen in Datumsfelder schreiben

```
Sub UnterbrechungstermineInDateFelder()
  Dim myTask  As Task
  Dim myInt   As Integer
  For Each myTask In ActiveProject.Tasks
    If myTask.SplitParts.Count >= 2 Then
      For myInt = 1 To myTask.SplitParts.Count - 1
        Select Case myInt
          Case 1
            myTask.Date1 = myTask.SplitParts(myInt).Finish
            myTask.Date2 = myTask.SplitParts(myInt + 1).Start
          Case 2
            myTask.Date3 = myTask.SplitParts(myInt).Finish
            myTask.Date4 = myTask.SplitParts(myInt + 1).Start
          Case 3
            myTask.Date5 = myTask.SplitParts(myInt).Finish
            myTask.Date6 = myTask.SplitParts(myInt + 1).Start
          Case 4
            myTask.Date7 = myTask.SplitParts(myInt).Finish
            myTask.Date8 = myTask.SplitParts(myInt + 1).Start
          Case 5
            myTask.Date9 = myTask.SplitParts (myInt).Finish
            myTask.Date10 = myTask.SplitParts(myInt + 1).Start
        End Select
      Next myInt
    End If
  Next myTask
End Sub
```

Kosten der selektierten Vorgänge ermitteln

Mancher Project-Anwender wünscht sich eine Summenfunktion wie in Excel, die für einen selektierten Bereich von Vorgängen die Kostenwerte aufsummiert und in ein anderes Feld schreibt. Eine Lösung ist, die Kostensumme der selektierten Vorgänge in einer *MsgBox*-Funktion anzuzeigen (Abbildung 11.25).

Abbildg. 11.25 Kostensumme als *MsgBox*-Funktion

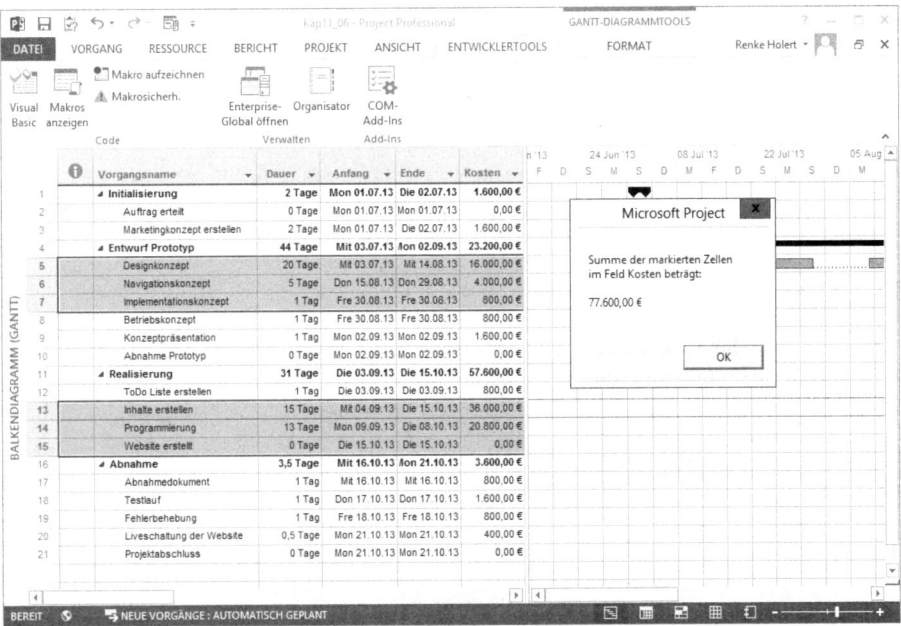

Listing 11.33 durchläuft mit einer normalen *For Each…Next*-Anweisung alle Vorgänge und speichert die Werte des Felds *Kosten* in einer Variablen

Listing 11.33 Kostensumme als *MsgBox*-Funktion

```
Sub KostensummeMarkierteZellen()
  Dim myTask As Task
  Dim myCost As Currency
  For Each myTask In ActiveSelection.Tasks
    myCost = myTask.Cost + myCost
  Next myTask
  MsgBox "Summe der markierten Zellen " & vbCrLf & _
         "im Feld Kosten beträgt:" & vbCrLf _
         & vbCrLf & Format(myCost, "#,##0.00 ") _
         & ActiveProject.CurrencySymbol
End Sub
```

HINWEIS Verwenden Sie in der *Format*-Methode wie in allen VB- und VBA-Programmen stets die englische Schreibweise für die Datumsvorlage.

Ansichten, Filter und Wertelisten

Die nachfolgenden Beispiele zeigen die Anpassung von Ansichten mithilfe von automatisch erzeugten Filtern und die automatische Erstellung von Wertelisten für benutzerdefinierte Felder aus schon existierenden Feldern.

Vorgänger und Nachfolger eines Vorgangs ermitteln

Zur Ermittlung der direkten Verknüpfungen eines Vorgangs mit den nachfolgenden Vorgängen (Nachfolger) und den zuvor erledigten Vorgängen (Vorgänger) eignet sich die Ansicht *Netzplandiagramm* sehr gut. Bei vielen Verknüpfungen zwischen Vorgängen und Meilensteinen kann es manchmal nur noch schwer erkennbar sein, welche direkten Verknüpfungen ein Vorgang zu seinen Vorgängern bzw. Nachfolgern hat. Es fehlt ein Filter, der zu einem selektierten Vorgang schnell die Vorgänger und Nachfolger filtert, damit Folgendes zu erkennen ist:

- Wovon ist der selektierte Vorgang abhängig, wenn sich Vorgänge im Terminplan verschieben?

- Welche nachfolgenden Vorgänge sind in Verzug, wenn ich den Termin eines selektierten Vorgangs verschiebe?

Zunächst scheint die Aufgabenstellung nicht so kompliziert und auch ohne VBA-Programmierung lösbar zu sein, da Project über die Felder *Vorgänger* und *Nachfolger* verfügt, in denen die Nummern der entsprechenden Vorgänge enthalten sind. Diese müssten dann nur noch mit einem Filter verknüpft werden. Genau dort liegt jedoch das Problem, da der Filter in Project nicht interaktiv mit mehreren Werten oder Einträgen definiert werden kann.

Eine VBA-Lösung müsste demnach alle Vorgänger bzw. Nachfolger eines Vorgangs prüfen und in einem dynamischen Datenfeld die Variablen für die Vorgangsnummern der Vorgänger und Nachfolger speichern. Listing 11.34 zeigt eine VBA-Lösung für die Erstellung eines Filters für Vorgänger und Nachfolger des jeweils aktuellen Vorgangs.

In den Datenfeldern (engl. *Array*) *arrayPred()* und *arraySucc()* werden indizierte Elemente vom gleichen Datentyp gespeichert und während der Laufzeit mit der Anweisung *ReDim* neu dimensioniert. Diese Anweisung ermöglicht die Erweiterung der letzten Dimension eines Datenfelds. Mit einer *For Each…Next*-Anweisung wird die *ID (Nummer)* jedes Nachfolgers bzw. Vorgängers gespeichert und anschließend mit der Methode *FilterEdit* zeilenweise in einen neuen Filter namens »Vorgänger und Nachfolger« geschrieben und mit Filterkriterien versehen.

ONLINE   Sie finden die Beispiele für die angegebenen Listings der Wertelisten und Filter von Vorgängern und Nachfolgern eines selektierten Vorgangs im Ordner *Buch**KAP11* in der Datei *Kap11_07.mpp* innerhalb der Begleitdateien zu diesem Buch (siehe Anhang B).

Listing 11.34   Erzeugung eines Filters für die Vorgänger und Nachfolger eines ausgewählten Vorgangs

```vba
Sub FilterVorgaengerNachfolger()
    Dim myTask As Task
    Dim myPred As Task
    Dim mySucc As Task
    Dim arrayPred() As Variant
    Dim arraySucc() As Variant
    Set myTask = ActiveCell.Task
    countPred = myTask.PredecessorTasks.Count
    countSucc = myTask.SuccessorTasks.Count
```

Listing 11.34   Erzeugung eines Filters für die Vorgänger und Nachfolger eines ausgewählten Vorgangs *(Fortset-*

```
ReDim arrayPred(countPred)
ReDim arraySucc(countSucc)

i = 1
For Each myPred In myTask.PredecessorTasks
  arrayPred(i) = myPred.ID
  i = i + 1
Next myPred

i = 1
For Each mySucc In myTask.SuccessorTasks
  arraySucc(i) = mySucc.ID
  i = i + 1
Next mySucc

FilterEdit Name:="Vorgänger und Nachfolger", TaskFilter:=True, Create:=True, _
         OverwriteExisting:=True, FieldName:="Nr.", test:="Gleich", _
         Value:=myTask.ID, ShowInMenu:=True, ShowSummaryTasks:=False

For i = 1 To countPred
    FilterEdit Name:="Vorgänger und Nachfolger", TaskFilter:=True, FieldName:="", _
           NewFieldName:="Nr.", test:="Gleich", Value:=arrayPred(i), _
           Operation:="Oder", ShowSummaryTasks:=False
Next i

For i = 1 To countSucc
    FilterEdit Name:="Vorgänger und Nachfolger", TaskFilter:=True, FieldName:="", _
           NewFieldName:="Nr.", test:="Gleich", Value:=arraySucc(i), _
           Operation:="Oder", ShowSummaryTasks:=False
Next i

    FilterApply Name:="Vorgänger und Nachfolger"
End Sub
```

Abbildung 11.26 stellt das Resultat des erstellten Filters für *Vorgang 2* in der Ansicht *Netzplandiagramm* dar.

Abbildg. 11.26   Mit VBA gefilterte Vorgänger und Nachfolger eines Vorgangs

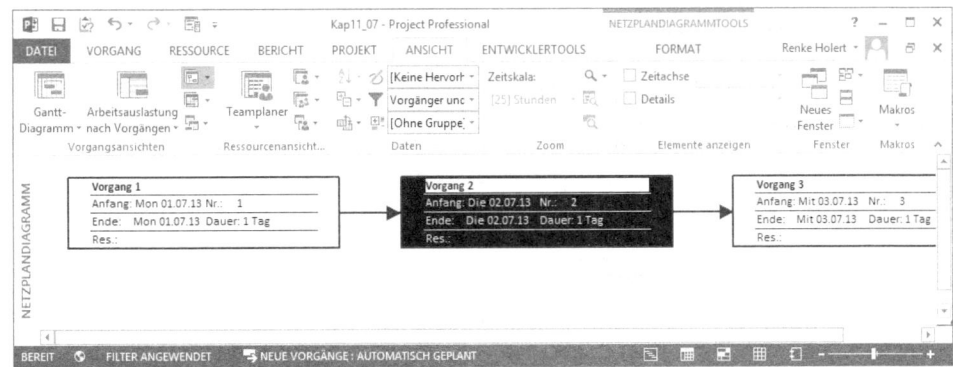

In Abbildung 11.27 ist die Definition des Filters zu erkennen. Die VBA-Prozedur schreibt die mit dem Datenfeld eingelesenen ID-Nummern der Vorgänger und Nachfolger und des selektierten Vorgangs zeilenweise in die Definition des Filters, um alle direkt abhängigen Vorgänge zu filtern.

Abbildg. 11.27   Definition des von VBA erzeugten Filters

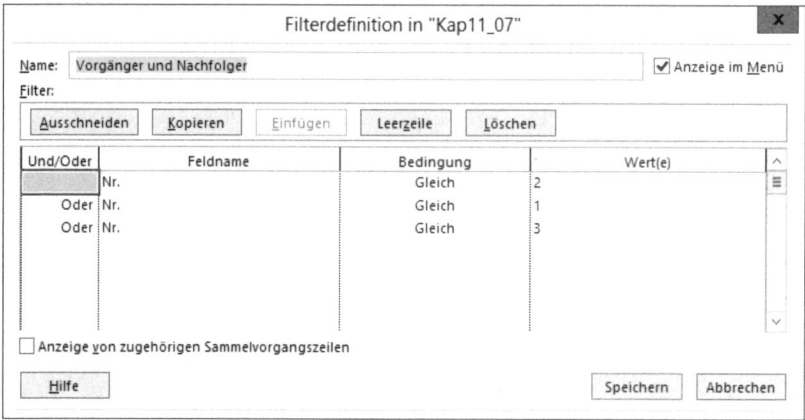

Wertelisten automatisch mit Werten füllen

Bei der Strukturierung von Vorgängen und Ressourcen mit benutzerdefinierten Feldern wie *Zahl1, Gliederungscode1, Text1* etc. müssen zuerst die Wertelisten für diese Felder erzeugt werden, um standardisiert mit ihnen arbeiten zu können. Zwar ist es möglich, die eingetragenen Werte direkt mit in die Auswahl aufzunehmen, jedoch können dort auch schnell Fehleinträge zustande kommen. Der Schlüssel ist eine kleine VBA-Lösung, die viel Zeit und Arbeit bei der Definition der Grundstrukturen ersparen kann. Sie ist zudem erweiterbar, um z.B. Werte aus Textdateien oder XML-Dokumenten einzulesen, zeigt hier im Beispiel aber nur die allgemeine Vorgehensweise.

Die Lösung verwendet eine leere Projektdatei als Speicher für *Wert (Text2)* und *Beschreibung (Text3)* der Elemente in einer Werteliste, die dann im Feld *Text1* angezeigt werden soll.

Listing 11.35 zeigt die Verwendung der *CustomFieldValueListAdd*-Methode, um alle Einträge in den Feldern *Text2* und *Text3* in die Werteliste aufzunehmen.

Listing 11.35   Wertelisten automatisch füllen

```
Sub WertelistenFuellen()
  Dim myVal As String
  Dim myDes As String
  Dim myTask As Task
  For Each myTask In ActiveProject.Tasks
    myVal = myTask.Text2
    myDes = myTask.Text3
    CustomFieldValueListAdd FieldID:=pjCustomTaskText1, _
        Value:=myVal, Description:=myDes
  Next myTask
End Sub
```

Das Ergebnis können Sie in Abbildung 11.28 erkennen. Die erstellten Felder mit Wertelisten können dann über den Menübefehl *DATEI/Informationen/Organisator/Felder* in andere Projekte oder in die *Global.mpt* übernommen werden.

Abbildg. 11.28   Mit VBA erstellte Wertelisten

Spezielle Aufgaben in VBA

Im Folgenden zeigen wir, wie Sie VBA-Code für alle Benutzer zur Verfügung stellen können, wie mit Ereignissen des *Application*-Objekts bestimmte Prozesse überwacht und unterbrochen werden können und wie Webseiten direkt im Project-Client angezeigt werden können.

VBA-Code in Enterprise-Global zur Verfügung stellen

Wenn Sie mit Project Server arbeiten und VBA-Code in Project erstellt haben, können Sie die VBA-Prozeduren unternehmensweit über die Project Server-Datenbank in der Enterprise-Global zur Verfügung stellen.

HINWEIS   Um VBA-Code in der Enterprise-Global bereitzustellen, benötigen Sie die Berechtigung Enterprise-Global speichern (siehe Kapitel 9, Abschnitt »Sicherheit/Sicherheitsvorlagen verwalten«).

Um VBA Code in der Enterprise-Global bereitzustellen, gehen Sie folgendermaßen vor:

ONLINE   Sie finden die Beispiele für die angegebenen Listings der Klassenmodule im Ordner *Buch**KAP11* in der Datei *Kap11_08.mpp* innerhalb der Begleitdateien zu diesem Buch (siehe Anhang B).

1. Öffnen Sie Project Professional und melden Sie sich mit einem Administrator-Konto an Project Server an.
2. Öffnen Sie über *DATEI/Informationen/Globale Vorlagen organisieren/Organisator/Enterprise-Global öffnen* die *Enterprise-Global*.
3. Öffnen Sie die Projektdatei, in der Sie den VBA-Code gespeichert haben.
4. Öffnen Sie über ⎡Alt⎤+⎡F11⎤ den Visual Basic-Editor.
5. Ziehen Sie im Projekt-Explorer mithilfe der Ziehen & Ablegen-Funktion das gewünschte Modul mit den erstellten Prozeduren von der Projektdatei in die *Ausgecheckte Enterprise-Global* (siehe Abbildung 11.29).

VBA-Prozeduren unternehmensweit mithilfe der Enterprise-Global zur Verfügung stellen

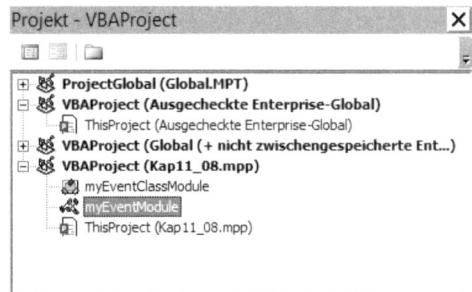

ACHTUNG   Achten Sie darauf, dass Sie die VBA-Module in die *Ausgecheckte Enterprise-Global* kopieren. Die *nicht zwischengespeicherte Enterprise-Global* ist nur ein temporärer Zwischenspeicher (Cache), der bei der nächsten Anmeldung an Project Server überschrieben wird.

Sie können nun für die weitere Bearbeitung des VBA-Codes auch direkt in der ausgecheckten Enterprise-Global arbeiten.

TIPP   Es ist jedoch empfehlenswert, zunächst offline den Code zu erarbeiten, in Beispielprojekten zu testen und die Fehler zu beseitigen. Erst danach sollte die Verteilung des VBA-Codes an alle beteiligten Anwender erfolgen, indem er in die Enterprise-Global kopiert wird.

Events und Klassenmodule

Ereignisse (Events) des *Application*-Objekts treten auf, wenn ein Projekt erstellt wird. Zum Schreiben von Ereignisprozeduren für das *Application*-Objekt müssen Sie mithilfe der *WithEvents*-Methode in einem Klassenmodul ein neues Objekt vom Typ *Application* mit Ereignissen erstellen. Das neue Klassenmodul muss den folgenden Code enthalten:

```
Public WithEvents App As Application
```

Wenn Sie das Klassenmodul in der *Global.mpt* erstellen, stehen die Ereignisse in jedem Projekt auf dem lokalen Computer zur Verfügung. Wenn Sie das Klassenmodul in der *Enterprise-Global* auf Project Server erstellen, stehen die Ereignisse in jedem Projekt auf Project Server zur Verfügung. Führen Sie hierzu folgende Schritte aus:

1. Markieren Sie im Visual Basic-Editor im *Projekt-Explorer* das Projekt *ProjectGlobal* oder für ein einzelnes Projekt das Projekt *VBAProject*.

2. Wählen Sie den Befehl *Einfügen/Klassenmodul* oder rufen Sie im *Projekt-Explorer* über dessen Kontextmenü den Befehl *Einfügen/Klassenmodul* auf.

3. Weisen Sie im *Eigenschaftenfenster* der Klasse einen Namen zu, z.B. *myEventClassModule*.

4. Im Modulfenster muss nun eine Variable als Applikationsobjekt mit Ereignisunterstützung dimensioniert werden. Die Anweisung dafür lautet:

```
Public WithEvents App As MSProject.Application
```

5. Nach dieser Deklaration erscheint in der Objektauswahlliste des Klassenmodulfensters links oben das eben deklarierte Objekt *App* (Abbildung 11.30).

Abbildg. 11.30 Variable *App* als Applikationsobjekt mit Ereignisunterstützung dimensionieren

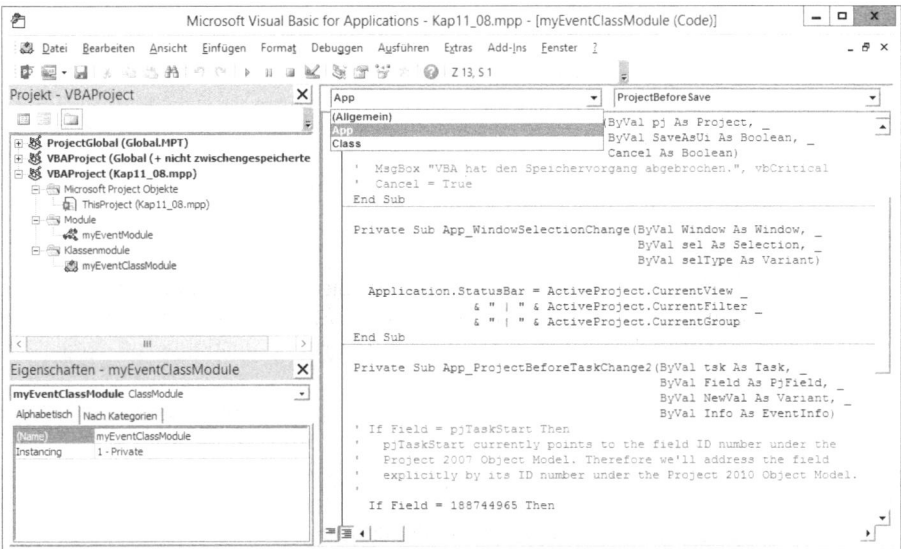

6. Nach der Auswahl von *App* können Sie oben rechts aus der Prozedurliste Ereignisse auswählen, um Code beim Eintreffen dieser Ereignisse auszuführen.

Nachfolgend beschreiben wir den Einsatz von Ereignissen anhand dieser drei Beispiele:

- Aktuelle Ansicht, Filter und Gruppierung in der Statusleiste anzeigen
- Speichern eines Projekts erkennen und unterbrechen
- Inhalte bestimmter Felder gegen Änderungen sperren

WindowSelectionChange

Zunächst zeigt ein Beispiel, wie auf eine beliebige Änderung der Auswahl der aktiven Zelle in Project reagiert werden kann. Mithilfe des *WindowSelectionChange*-Ereignisses kann Project auf fast alle Arten der Veränderung in einer Ansicht reagieren. Ausnahmen sind *Beziehungsdiagramm*, *Kalender*, *Netzplandiagramm*, *Ressource: Grafik* und *Teamplaner*, hier wird die Ansichtsänderung erst nach Auswahl eines neuen Vorgangs oder einer neuen Ressource erfasst.

Die Argumente des Ereignisses sind *Window* für das Fenster, in dem die Veränderung vorgenommen wird, *sel* für die aktuell vorgenommene Auswahl und *selType* für den Typ der in die Auswahl eingeschlossenen Daten (*Task-*, *Resource-* oder *Other-Item*).

Als Beispiel soll eine typische Fragestellung von Anwendern behandelt werden: »Ist es möglich, in der aktuellen Ansicht und Bildschirmdarstellung schnell zu erkennen, welche Ansicht ausgewählt, welcher Filter aktiv und welche Gruppierung aktiv ist?«

In den Auswahlfeldern der Filter und Gruppierungen im Menüband der Registerkarte *ANSICHT* sind die aktuellen Einstellungen sichtbar. Längere Namen wie z.B. *Nicht abgeschlossene Vorgänge* werden jedoch abgeschnitten und sind oft nicht eindeutig erkennbar, nach einem

Wechsel der Registerkarte entfällt die Anzeige ganz. Eine Lösung dafür kann über die *StatusBar*-Eigenschaft und das *WindowSelectionChange*-Ereignis in VBA erstellt werden.

Wählen Sie deshalb (wie oben beschrieben) in der Prozedurliste den Eintrag *WindowSelection-Change* aus (Abbildung 11.31) und ergänzen Sie die Ereignisprozedur mit dem Code in Listing 11.36.

Abbildg. 11.31 *WindowSelectionChange*-Ereignis

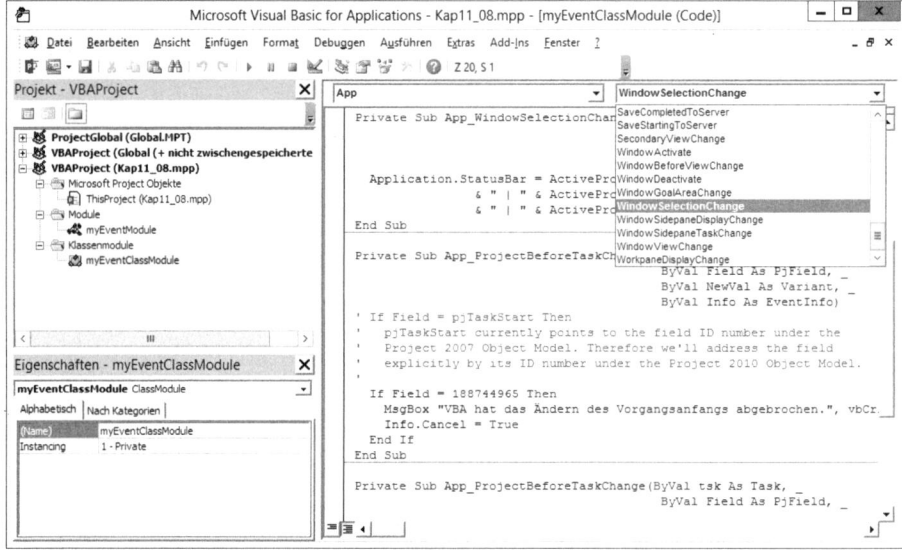

Listing 11.36 Aktuelle Ansicht, Filter und Gruppierung in der Statusleiste sichtbar

```
Private Sub App_WindowSelectionChange(ByVal Window As Window, _
                             ByVal sel As Selection, _
                             ByVal selType As Variant)
    Application.StatusBar = ActiveProject.CurrentView _
                 & " | " & ActiveProject.CurrentFilter _
                 & " | " & ActiveProject.CurrentGroup
End Sub
```

Bei Veränderung einer Selektion, z.B. beim Klicken in eine andere Zelle, beim Öffnen eines Menüs oder bei Aktivierung eines Filters, wird das Klassenmodul ausgeführt und schreibt über die *StatusBar*-Eigenschaft Text in die Statusleiste am unteren Bildschirmrand zurück (siehe Abbildung 11.34). Der Text setzt sich aus der aktuellen Ansicht, dem aktuellen Filter und der aktuellen Gruppierung zusammen. Die Anweisung kann hier nach Ihren eigenen Wünschen beliebig erweitert werden. Beispielsweise könnte auch das in Listing 11.5 beschriebene Vorgehen zur Erkennung des aktuell angemeldeten Benutzers an Project Server in die Statusleiste geschrieben werden.

Das beschriebene Ereignis führt zu diesem Zeitpunkt noch keine Aktion aus. Zur Aktivierung muss zuvor in einem Modul eine Variable (*myEvent*) auf die neue Klasse (*myEventClassModule*) dimensioniert werden. Beachten Sie, dass dafür kein Klassenmodul verwendet wird. Danach wird die *App*-Eigenschaft der Variablen auf das Applikationsobjekt gesetzt, wodurch das Klassenmodul geladen und initialisiert wird. In Listing 11.37 finden Sie die zugehörigen Anweisungen.

Listing 11.37 Eigene Klasse laden

```
Dim myEvent As New myEventClassModule
Sub EreignisStarten()
  Set myEvent.App = Application
End Sub
```

Damit diese Klasse beim Start von Project automatisch initialisiert wird, kann die Dimensionierung entweder in der lokalen *Global.MPT* oder in der unternehmensweiten *Enterprise-Global* im Modul *ThisProject* erfolgen. Die Initialisierung erfolgt durch den Aufruf von *myEventModule.EreignisStarten* im Projektereignis *Project_Open*, das immer beim Öffnen eines Projekts eintritt und ausgeführt wird.

Abbildg. 11.32 Automatische Aktivierung des Event- und Klassenmoduls

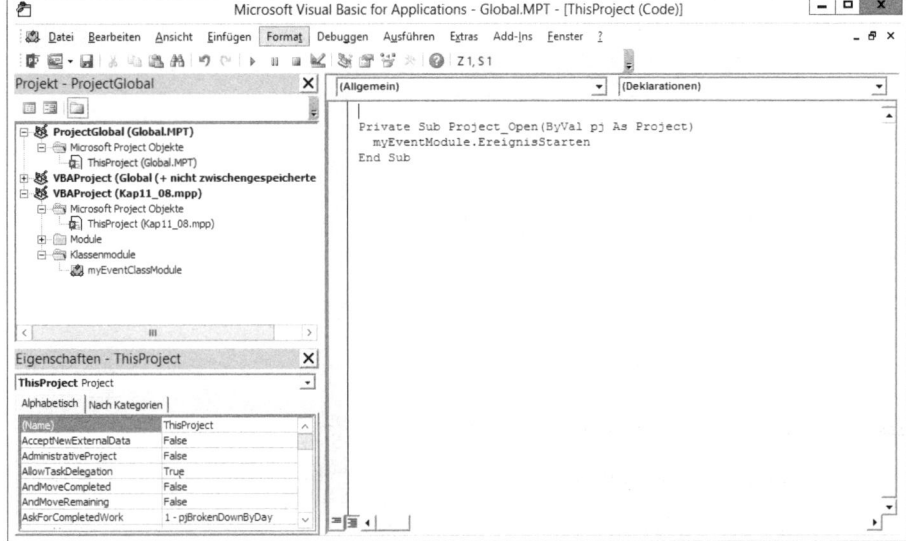

Das Resultat des *WindowSelectionChange*-Ereignisses ist in Abbildung 11.33 dargestellt.

Abbildg. 11.33 Automatische Aktivierung der *StatusBar*-Eigenschaft

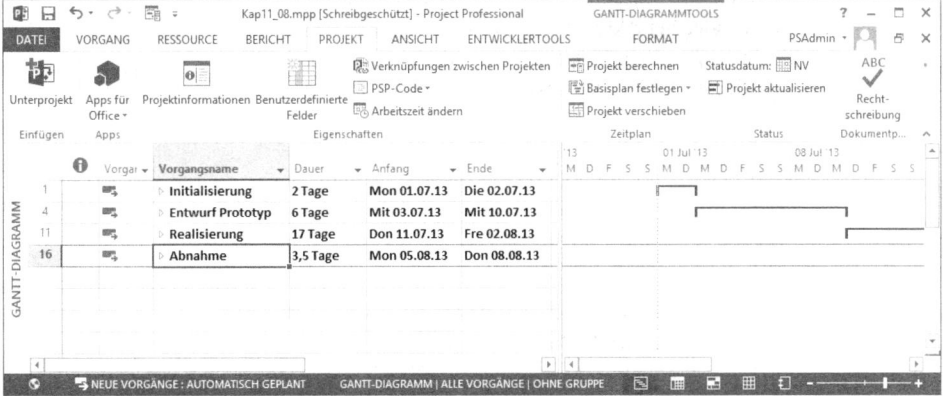

Speichern eines Projekts erkennen und unterbrechen

Mithilfe einer VBA-Prozedur können Sie auch Ereignisse wie das Speichern eines Projekts erkennen und unterbrechen. Dies kann sinnvoll sein, wenn Sie beim Speichervorgang auch Daten in eine externe Anwendung speichern möchten. In Abhängigkeit des verwendeten Codes kann der gesamte Speichervorgang abgebrochen werden oder es können zunächst andere VBA-Prozeduren aufgerufen und dann die Speicherung fortgesetzt werden.

Abbildg. 11.34 VBA unterbindet den Speichervorgang eines Projekts mit einem Dialogfeld

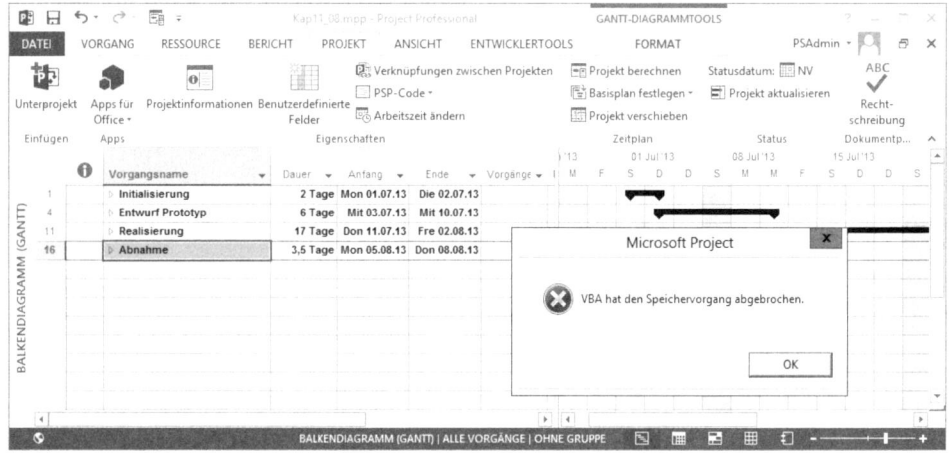

Listing 11.38 Speichern von Projekten unterbinden mit dem Ereignis *ProjectBeforeSave2*

```
Private Sub App_ProjectBeforeSave2 (ByVal pj As Project, _
                                    ByVal SaveAsUi As Boolean, _
                                    ByVal Info As EventInfo)
  MsgBox "VBA hat den Speichervorgang abgebrochen." , vbCritical
  Info.Cancel = True
End Sub
```

Listing 11.38 zeigt mit dem *ProjectBeforeSave2*-Ereignis die Verhinderung des Speichervorgangs eines Projekts zunächst mit einer *MsgBox*-Funktion an. Danach wird über das *EventInfo*-Objekt eine Aufhebungsinformation des Ereignisobjekts bereitgestellt. Das *EventInfo*-Objekt hat eine Eigenschaft *Cancel* vom Typ *Boolean*, die den Speichervorgang unterbrechen kann. Das *Event-Info*-Objekt wird anstelle des *Cancel*-Parameters verwendet, der in älteren Project-Versionen mit dem *ProjectBeforeSave*-Ereignis verwendet wurde. Deshalb ist das *ProjectBeforeSave*-Ereignis auch mit der Nummer *2* benannt.

HINWEIS   Das ursprüngliche *ProjectBeforeSave*-Ereignis aus älteren Versionen von Project kann auch noch in der aktuellen Version verwendet werden. Anstelle der Parameter *ByVal Info As EventInfo* und *Info.Cancel = True* werden dort die Parameter *Cancel As Boolean* (ohne *ByVal*) und *Cancel = True* verwendet.

Änderung von bestimmten Feldern sperren

Project unterstützt im Standardumfang kein Sicherheitskonzept, um das Ändern einzelner Felder einzuschränken. Wenn ein Benutzer, in der Regel ein Projektleiter oder Administrator,

Zugriff auf ein Projekt im Project-Client hat, kann er alle Werte im Projekt ändern. Wie sieht aber eine VBA-Lösung über ein Klassenmodul für die Sperrung eines Felds in Project aus?

Mithilfe des *ProjectBeforeTaskChange2*-Ereignisses ist es möglich, die Änderung eines bestimmten Felds abzufangen und mit dem *EventInfo.Cancel*-Parameter zu verhindern. Dieses Vorgehen zeigt, wie Klassenmodule einfach und flexibel in Project eingesetzt werden können.

Abbildung 11.35 zeigt die Meldung an, die erscheint, wenn ein Anwender den *Anfang* eines Vorgangs ändern möchte.

Abbildg. 11.35 VBA sperrt das Feld *Anfang* in Project gegen Änderungen mit einem Dialogfeld

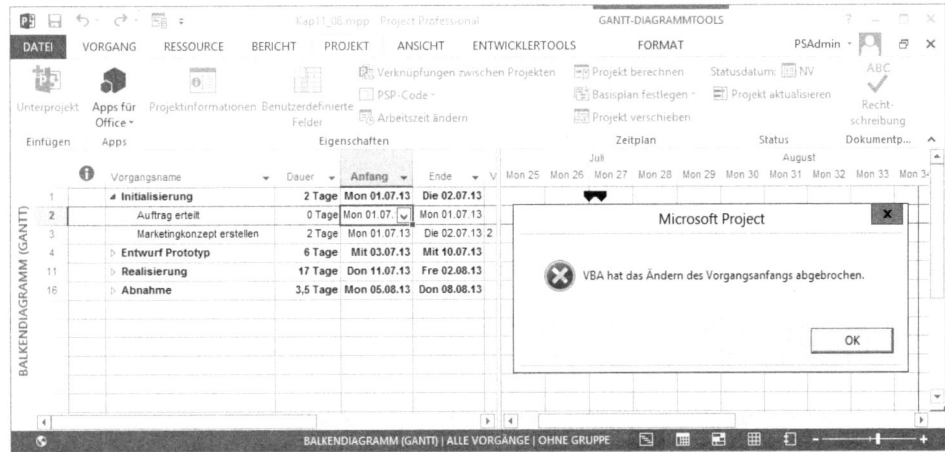

Listing 11.39 zeigt das *ProjectBeforeTaskChange2*-Ereignis, das bei der Änderung des Felds *Anfang (pjTaskStart)* mit einer *MsgBox*-Funktion reagiert und anschließend mit dem *Event-Info.Cancel*-Parameter den Zugriff sperrt. Da *pjTaskStart* zur Drucklegung mit einem anderen als dem Feld TaskStart verknüpft ist, wird das Feld *Anfang* hier mit seiner expliziten Feldkonstanten angesprochen.

Listing 11.39 Sperren des Felds *Anfang* in Project mit dem Ereignis *ProjectBeforeTaskChange2*

```
Private Sub App_ProjectBeforeTaskChange2 (ByVal tsk As Task, _
                                ByVal Field As PjField, _
                                ByVal NewVal As Variant, _
                                ByVal Info As EventInfo)
'If Field = pjTaskStart Then
 If Field = 188744965 Then
   MsgBox "VBA hat das Ändern des Vorgangsanfangs abgebrochen.", vbCritical
   Info.Cancel = True
 End If
End Sub
```

HINWEIS   Umfangreichere Programmierbeispiele finden Sie im folgenden Kapitel 12.

Kapitel 12

VBA-Beispielanwendungen

In diesem Kapitel:

Dieses Kapitel richtet sich wie das vorherige Kapitel an Entwickler. Während im vorangegangenen Kapitel eine funktionsorientierte Darstellung des Project-Objektmodells im Mittelpunkt stand, beschreiben wir in diesem Kapitel praxisnahe Beispielanwendungen. Bei jedem Beispiel wird zunächst das Business-Problem umrissen und im Anschluss die Funktionsweise beschrieben. Darauf folgt eine Beschreibung der einzelnen Komponenten sowie eine Zusammenfassung. Innerhalb der Begleitdateien zum Buch finden Sie zudem den Quellcode der Anwendungen (siehe Anhang B).

Project-Vorgänge in Outlook exportieren

Eine häufige Fragestellung von Project-Anwendern ist, ob es eine Möglichkeit des direkten Datenaustauschs mit Outlook gibt, um Vorgänge aus Project als Aufgaben oder Meilensteine aus Project als Kalendereinträge in Outlook darzustellen. Die folgende VBA-Lösung stellt eine Beispielanwendung für die Integration zwischen Project und Outlook dar.

Übersicht über die Anwendung

Damit die Anwendung vom Benutzer aufgerufen werden kann, wird zunächst beim Öffnen des Projektplans ein neues Symbol für den Aufruf eines Dialogfelds (UserForm *ufrm_ExportOutlook*) dargestellt. In diesem Dialogfeld kann der Anwender auswählen, welche Vorgänge exportiert und ob diese als Aufgabe, Termin oder Notiz in Outlook dargestellt werden sollen. Von diesem Dialogfeld werden dann die im Modul *myOutlookExport* zusammengefassten Prozeduren für den Export als Termine, Aufgaben oder Notizen aufgerufen.

Die Anwendung muss daher diese fünf Schritte ausführen können:

- Neues Symbol in Project beim Öffnen darstellen
- Dialogfeld *UserForm* für den Datenaustausch bereitstellen
- Project-Vorgänge als Outlook-Termine exportieren
- Project-Vorgänge als Outlook-Aufgaben exportieren
- Project-Vorgänge als Outlook-Notizen exportieren

ONLINE   Das beschriebene Beispiel und den Code der folgenden Listings zu diesem Beispiel finden Sie in der Datei *KAP12_Outlook_Project.mpp* innerhalb der Begleitdateien zu diesem Buch (siehe Anhang B).

Neues Symbol in Project beim Öffnen darstellen

Beim Öffnen des Beispielprojekts wird ein neues Symbol *Exportieren in Outlook* erzeugt. Es erscheint in der Registerkarte *VORGANG* in der neuen Gruppe *Export* zwischen *Zwischenablage* und *Schriftart*. Listing 12.1 zeigt die Prozedur *Project_Open*, die beim Laden eines Projekts in Project stets automatisch ausgeführt wird. Dabei wird eine XML-Zeichenfolge erstellt, die das obige Symbol in der neuen Gruppe im vorhandenen Menüband definiert und anschließend mit *SetCustomUI* in diesem Projekt in der Benutzeroberfläche zur Verfügung stellt. Diese Änderung betrifft nur dieses Projekt, alle anderen Projekte arbeiten unverändert mit den alten Menübändern.

Abbildg. 12.1   Neues Symbol im Menüband auf der Registerkarte *VORGANG* beim Öffnen des Beispielprojekts

In der XML-Zeichenfolge wird dabei mit *mso:customUI* eine Änderung der Benutzeroberfläche definiert, mit *mso:ribbon* auf Menübänder verwiesen, *mso:qat* umfasst Änderungen der Symbolleiste für Schnellzugriffe, *mso:tabs* Änderungen des Menübands. Mit *mso:tab* werden Registerkarten, mit *mso:group* die Gruppen und mit *mso:button* die einzelnen Schaltflächen adressiert.

In den einzelnen Elementen wird mit *idMso* auf vorhandene Objekte verwiesen, mit *id* werden neue Objekte identifiziert, mit *label* beschriftet und mit *insertBeforeQ* vor einem Objekt eingefügt. Mit *imageMso* erhalten Sie dann ein Symbol und *onAction* definiert, welches Makro beim Anklicken ausgeführt werden soll.

Listing 12.1   Neues Symbol beim Öffnen der Datei erstellen

```
Private Sub Project_Open(ByVal pj As Project)
  Dim rX As String
  rX = "<mso:customUI xmlns:mso=""http://schemas.microsoft.com/office/2009/07/
customui"">"
  rX = rX + " <mso:ribbon>"
  rX = rX + "  <mso:qat/>"
  rX = rX + "  <mso:tabs>"
  rX = rX + "   <mso:tab idMso=""TabTask"">"
  rX = rX + "    <mso:group id=""myExport"" label=""Export"" "
  rX = rX + "autoScale=""true"" insertBeforeQ=""mso:GroupFont"">"
  rX = rX + "     <mso:button id=""myOutlookExport"" size=""large"" "
  rX = rX + "label=""Exportieren in Outlook"" imageMso=""OutlookGlobe"" "
  rX = rX + "onAction=""" & pj.Name & "!myExportForm""/>"
  rX = rX + "    </mso:group>"
  rX = rX + "   </mso:tab>"
  rX = rX + "  </mso:tabs>"
  rX = rX + " </mso:ribbon>"
  rX = rX + "</mso:customUI>"
  pj.SetCustomUI (rX)
End Sub
```

> **ACHTUNG**   Wenn Sie mehrere Änderungen der Benutzeroberfläche anwenden möchten, müssen Sie diese manuell zu einer neuen XML-Zeichenfolge kombinieren. Wenn Sie zwei Änderungen nacheinander ausführen, wird die erste von der zweiten überschrieben. Um beispielsweise die Exportsymbole für PowerPoint und Outlook zu kombinieren, müssen Sie die drei Zeilen von *mso:button* für Outlook kopieren und direkt zwischen der Definition des *mso:button* von PowerPoint und dem Schließen von *mso:group* einfügen.

Dialogfeld *UserForm* für den Datenaustausch bereitstellen

Beim Anklicken der neuen Schaltfläche *Exportieren in Outlook* wird ein Dialogfeld eingeblendet, mit dem der Anwender die Einstellungen für den Export von Vorgangsdaten aus Project in Outlook vornimmt (Abbildung 12.2).

Abbildg. 12.2   Dialogfeld *UserForm* für den Export von Project-Daten in Outlook

Listing 12.2 zeigt den Code des aufgerufenen Dialogfelds *UserForm*. Wenn der Anwender die Schaltfläche *Abbrechen* anklickt, wird die VBA-Prozedur beendet und das Dialogfeld ausgeblendet. Wenn der Anwender die Schaltfläche *Exportieren* anklickt, wird mit der *Select Case*-Anweisung geprüft, welche der Optionen zuvor ausgewählt wurde. Mit der ersten Auswahl wird festgelegt, ob die Daten aller Vorgänge oder nur die Daten der ausgewählten Vorgänge exportiert werden sollen. Mit der zweiten Option wird festgelegt, ob diese Vorgänge als Aufgabe, als Notiz oder als Termin im Kalender in Outlook exportiert werden sollen. Dabei ist es unerheblich, ob Outlook mit lokalen Profilen arbeitet oder als Client für einen Exchange Server konfiguriert ist, die Daten werden unabhängig von diesen Einstellungen in Outlook exportiert.

Listing 12.2   Code des Dialogfelds *UserForm*

```
Private Sub cmd_Cancel_Click()
  Me.Hide
End Sub

Private Sub cmd_ExportData_Click()
  If op_all Then
    Select Case op_all
      Case op_app
        Call ExportOL_allApp
      Case op_task
        Call ExportOL_allTask
      Case op_notes
        Call ExportOL_allNotes
    End Select
  Else
    Select Case op_sel
      Case op_app
        Call ExportOL_selectApp
      Case op_task
        Call ExportOL_selectTask
      Case op_notes
        Call ExportOL_selNotes
    End Select
  End If
  Me.Hide
End Sub
```

Listing 12.2   Code des Dialogfelds *UserForm* *(Fortsetzung)*

```
Private Sub UserForm_Initialize()
  Me.op_all.Value = True
  Me.op_sel.Value = False
  Me.op_app.Value = True
  Me.op_task.Value = False
  Me.op_notes.Value = False
End Sub
```

Project-Vorgänge als Outlook-Termine exportieren

Wenn der Anwender die Option *Termin* wählt, werden die Vorgänge abhängig von der Option *Alle Vorgänge* oder *Selektierte Vorgänge* mit einer Schleife in Outlook als Kalendereintrag exportiert. Dazu sollte Outlook mit dem gewünschten Profil gestartet worden sein. Wenn Outlook nicht geöffnet ist, wird es ohne Fenster gestartet, der Anwender muss ggf. ein Profil auswählen und anschließend werden die Daten übertragen. Dabei kommt es jedoch zu Verzögerungen der Übertragung, daher sollte Outlook besser bereits geöffnet sein.

Listing 12.3 und Listing 12.4 sind im Aufbau fast identisch, beide erzeugen zunächst mit der *CreateObject*-Funktion eine Outlook-Objektinstanz. Der Unterschied besteht darin, dass in Listing 12.3 mit der Schleife *For Each myTask In ActiveProject.Tasks* alle Vorgänge im aktuellen Projekt durchlaufen werden und in Listing 12.4 mit der Schleife *For Each myTask In ActiveSelection.Tasks* nur die zuvor in Project im Projektplan ausgewählten Vorgänge des aktuellen Projekts durchlaufen werden. Die Auswahl kann man hier noch beliebig verfeinern, indem z.B. nach bestimmten Ressourcen oder Gliederungscodes gefiltert wird.

Beim Durchlaufen der *For Each...Next*-Anweisung wird pro Vorgang mithilfe der *CreateItem*-Methode ein neues Outlook-Element als Termin erzeugt. Für dieses Element wird mit der *With*-Anweisung eine Reihe von Anweisungen durchlaufen. Zuerst werden das Start- und Endedatum des Outlook-Kalendereintrags mit den Werten aus den Project-Vorgängen und den Feldern *Start* und *Ende* gesetzt. Mit der *Subject*-Eigenschaft wird der Betreff des Kalendereintrags mit dem Vorgangsnamen festgelegt, die Kategorie erhält den Namen des Projekts. Die Notizen der Vorgänge werden mithilfe der *Body*-Eigenschaft als eigentlicher Text im Kalendereintrag dargestellt. Zum Abschluss der Schleife muss das Outlook-Element mit der *Save*-Methode noch gespeichert werden. Statt der Vorgangsnotizen könnten auch die Ressourcen, Kosten oder andere Abhängigkeiten im Kalendereintrag gespeichert werden.

Listing 12.3   Alle Vorgänge im aktuellen Projekt als Termine in Outlook eintragen

```
Sub ExportOL_allApp()
  'In diesem Beispiel werden alle Vorgänge im aktuellen Projekt
  'als Termine in Outlook eingetragen
  Dim myTask As Task
  Dim myItem As Outlook.AppointmentItem

  Set myOLApp = CreateObject("Outlook.Application")

  For Each myTask In ActiveProject.Tasks
  Set myitem = myOLApp.CreateItem(olAppointmentItem)
    With myItem
      .Start = myTask.Start
      .End = myTask.Finish
```

Listing 12.3   Alle Vorgänge im aktuellen Projekt als Termine in Outlook eintragen *(Fortsetzung)*

```
            .Subject = myTask.Name & " (Project Task)"
            .Categories = myTask.Project
            .Body = myTask.Notes
            .Save
        End With
    Next myTask
End Sub
```

Listing 12.4   Selektierte Vorgänge im aktuellen Projekt als Termine in Outlook eintragen

```
Sub ExportOL_selectApp()
    'In diesem Beispiel werden die selektierten Vorgänge im aktuellen Projekt
    'als Termine in Outlook eingetragen
    Dim myTask As Task
    Dim myItem As Outlook.AppointmentItem

    Set myOLApp = CreateObject("Outlook.Application")

    For Each myTask In ActiveSelection.Tasks
        Set myitem = myOLApp.CreateItem(olAppointmentItem)
        With myitem
            .Start = myTask.Start
            .End = myTask.Finish
            .Subject = myTask.Name & " (Project Task)"
            .Categories = myTask.Project
            .Body = myTask.Notes
            .Save
        End With
    Next myTask
End Sub
```

Abbildung 12.3 zeigt die mithilfe von Listing 12.3 exportierten Project-Vorgänge in der Kalender-Ansicht an.

Abbildg. 12.3   Exportierte Project-Vorgänge in Outlook als Kalendereinträge

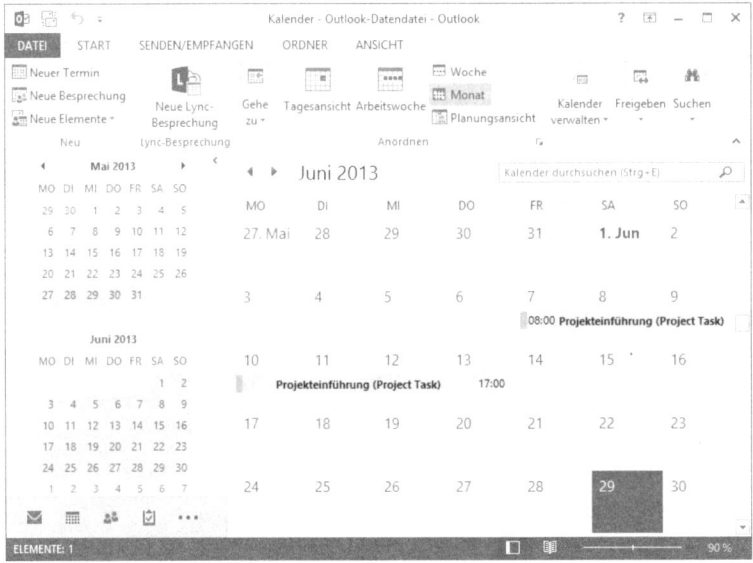

Project-Vorgänge als Outlook-Aufgaben exportieren

Listing 12.5 und Listing 12.6 stellen ähnliche Prozeduren dar, genau wie die vorher aufgezeigten Listings zum Exportieren in Kalendereinträge. Das Durchlaufen einer Schleife durch alle oder nur selektierte Vorgänge in Project und das Speichern von *Anfang*, *Ende*, *Name* und *Notiz* des Vorgangs und der *Kategorie* als Projekt sind genau wie zuvor realisiert. Der Unterschied besteht in der Erstellung des Outlook-Elements *olTaskItem* als Aufgabenelement mit der *CreateItem*-Methode.

Listing 12.5   Alle Vorgänge im aktuellen Projekt als Aufgaben in Outlook eintragen

```
Sub ExportOL_allTask()
  'In diesem Beispiel werden alle Vorgänge im aktuellen Projekt
  'als Aufgaben in Outlook eingetragen
  Dim myTask As Task
  Dim myitem As Outlook.TaskItem

  Set myOLApp = CreateObject("Outlook.Application")

  For Each myTask In ActiveProject.Tasks
    Set myitem = myOLApp.CreateItem(olTaskItem)
    With myitem
      .StartDate = myTask.Start
      .DueDate = myTask.Finish
      .Subject = myTask.Name & " (Project Task)"
      .Body = myTask.Notes
      .Categories = myTask.Project
      .Save
    End With
  Next myTask
End Sub
```

Listing 12.6   Selektierte Vorgänge im aktuellen Projekt als Aufgaben in Outlook eintragen

```
Sub ExportOL_selectTask()
  'In diesem Beispiel werden die selektierten Vorgänge im aktuellen Projekt
  'als Aufgaben in Outlook eingetragen
  Dim myTask As Task
  Dim myitem As Outlook.TaskItem

  Set myOLApp = CreateObject("Outlook.Application")

  For Each myTask In ActiveSelection.Tasks
    Set myitem = myOLApp.CreateItem(olTaskItem)
    With myitem
      .StartDate = myTask.Start
      .DueDate = myTask.Finish
      .Subject = myTask.Name & " (Project Task)"
      .Body = myTask.Notes
      .Categories = myTask.Project
      .Save
    End With
  Next myTask
End Sub
```

Abbildung 12.4 zeigt die von Project exportierten Vorgänge in Outlook als Aufgaben an. Ergänzend könnten auch hier noch Felder für Aufwand, Abhängigkeiten oder Status von Vorgängen exportiert werden.

Abbildg. 12.4   Exportierte Project-Vorgänge in Outlook als Aufgaben

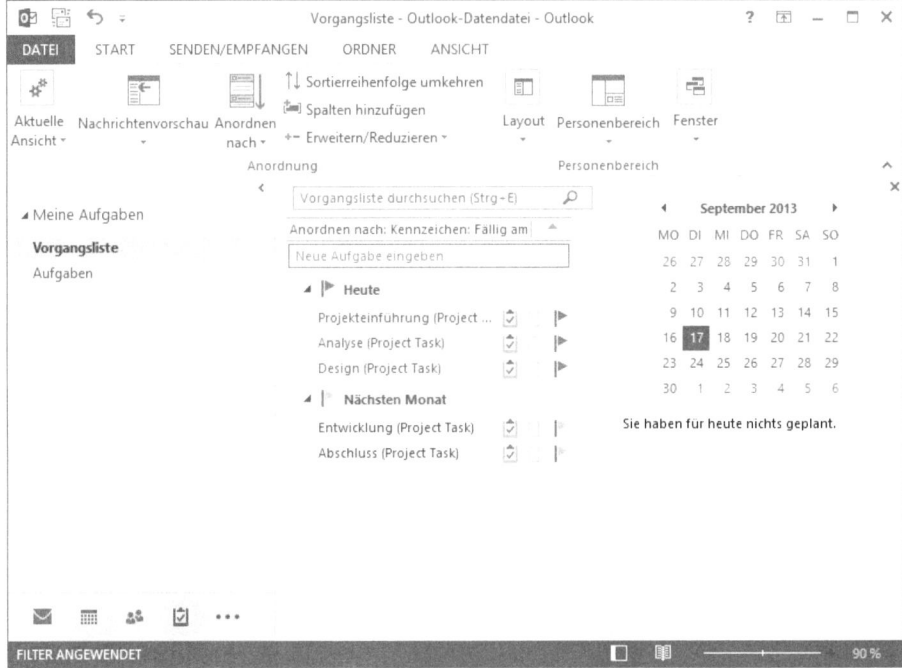

Project-Vorgänge als Outlook-Notizen exportieren

Falls Sie keine direkte Darstellung der Project-Vorgänge in Ihrer persönlichen Kalender- oder Aufgabenplanung in Outlook erstellen möchten, steht als dritte hier beschriebene Variante das Exportieren als Notiz zur Verfügung. Dies ist nützlich für Vorgänge anderer Bearbeiter, von denen Ihre Termine abhängig sind oder die von Ihren Arbeitsergebnissen abhängig sind.

Listing 12.7 und Listing 12.8 zeigen die schon zuvor beschriebene Schleife durch alle oder nur ausgewählte Vorgänge. Für jeden Vorgang wird eine neue Notiz *olNoteItem* in Outlook angelegt. Im Text der Notiz werden nacheinander zeilenweise die Einträge für *Name*, *Start*, *Ende* und *Notizen* des Vorgangs eingetragen, das Sonderzeichen *Chr(13)* erzeugt dabei den Zeilenumbruch.

Listing 12.7   Alle Vorgänge im aktuellen Projekt als Notiz in Outlook eintragen

```
Sub ExportOL_allNotes()
  'In diesem Beispiel werden alle Vorgänge im aktuellen Projekt
  'als Notizen in Outlook eingetragen
  Dim myTask As Task
  Dim myitem As Outlook.NoteItem
  Dim myNotesText As String
```

Listing 12.7 Alle Vorgänge im aktuellen Projekt als Notiz in Outlook eintragen *(Fortsetzung)*

```
Set myOLApp = CreateObject("Outlook.Application")

For Each myTask In ActiveProject.Tasks
  Set myitem = myOLApp.CreateItem(olNoteItem)

  myNotesText = myTask.Name & " (Project Task)" & Chr(13) & _
                "   Name:      " & myTask.Name & Chr(13) & _
                "   Start:     " & myTask.Start & Chr(13) & _
                "   Ende:      " & myTask.Finish & Chr(13) & _
                "   Notiz:     " & myTask.Notes
  With myitem
    .Categories = myTask.Project
    .Body = myNotesText
    .Save
  End With
  myNotesText = ""
Next myTask
End Sub
```

Listing 12.8 Selektierte Vorgänge im aktuellen Projekt als Notiz in Outlook eintragen

```
Sub ExportOL_selectNotes()
  'In diesem Beispiel werden die selektierten Vorgänge im aktuellen Projekt
  'als Notizen in Outlook eingetragen
  Dim myTask As Task
  Dim myitem As Outlook.NoteItem
  Dim myNotesText As String

  Set myOLApp = CreateObject("Outlook.Application")

  For Each myTask In ActiveSelection.Tasks
    Set myitem = myOLApp.CreateItem(olNoteItem)

    myNotesText = myTask.Name & " (Project Task)" & Chr(13) & _
                  "   Name:      " & myTask.Name & Chr(13) & _
                  "   Start:     " & myTask.Start & Chr(13) & _
                  "   Ende:      " & myTask.Finish & Chr(13) & _
                  "   Notiz:     " & myTask.Notes
    With myitem
      .Categories = myTask.Project
      .Body = myNotesText
      .Save
    End With
    myNotesText = ""
  Next myTask
End Sub
```

Abbildung 12.5 zeigt die exportierten Vorgänge als Notizen in Outlook. Sie können geöffnet und frei auf dem Desktop platziert werden, um dort neben den anderen Anwendungen sichtbar zu bleiben.

Abbildg. 12.5 Exportierte Project-Vorgänge in Outlook als Notizen

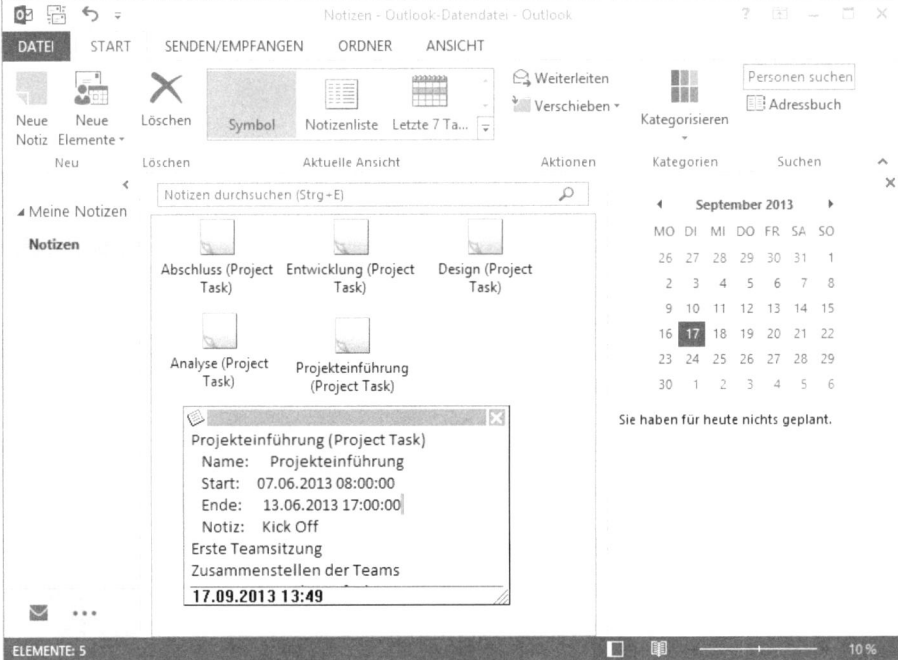

Zusammenfassung

Aus Project greifen Sie auf die Objekte aus Outlook zu. Auf diese Art und Weise erstellen Sie Kalender-, Aufgaben- oder Notizelemente mit Inhalten aus Vorgängen von Project. Der Nachteil dabei ist, dass die Daten nur von Project selbst aus exportiert werden, sodass in der Regel nur der Projektleiter Zugriff auf diese Funktion hat. Zudem werden die Daten nur exportiert und nicht synchronisiert, Änderungen werden damit in Outlook nicht nachvollzogen.

> **TIPP**   Die Einschränkungen überwindet das in Kapitel 13 vorgestellte Add-On *Allocatus*, das eine Synchronisierung der Zeitplanung von Project nach Outlook und zurück mitsamt Arbeitszeitrückmeldung bietet.

PowerPoint-Präsentation aus Project erstellen

Projektleiter müssen in Projektbesprechungen häufig vor einem größeren Kreis von Projektbeteiligten wie z.B. Kunden, Lenkungsausschuss oder Teammitgliedern über den Status des Projekts berichten. Hierfür eignen sich am besten PowerPoint-Präsentationen. Um in der PowerPoint-Präsentation einen Zeitplan einzufügen, sind in der Regel einige manuelle Schritte notwendig, wie in Kapitel 1 beschrieben. Zudem ist der Erstellungsvorgang fehleranfällig und das Ergebnis entspricht in der Regel nicht dem Corporate Design der Organisation.

Übersicht über die Anwendung

Die nachfolgend dargestellte Anwendung erstellt per Mausklick aus Project eine PowerPoint-Präsentation im jeweils definierten Design. Die Namen der Sammelvorgänge auf der Gliederungsebene 1 werden in der Spalte *Phasen* dargestellt. In der Zeitskala werden die dazu passenden Balken gezeichnet, wohingegen in der Spalte *Vorgänge* die zugehörigen Vorgänge aufgelistet werden.

Abbildg. 12.6 Vorgänge von Project zu PowerPoint exportieren

ONLINE Das beschriebene Beispiel und den Code der folgenden Listings zu diesem Beispiel finden Sie im Ordner *Buch\KAP12* in der Datei *KAP12_PowerPoint_Project.mpp* innerhalb der Begleitdateien zu diesem Buch (siehe Anhang B).

PowerPoint starten und Präsentation mit Folie erstellen

Wie im vorherigen Beispiel mit Outlook beginnt auch hier unsere Anwendung mit einer Prozedur, die mit einer XML-Zeichenkette ein neues Symbol im Menüband der Registerkarte *VORGANG* erzeugt und die beim Öffnen dieses Projekts automatisch gestartet wird. Beim Anklicken des Symbols wird unsere eigentliche Anwendung gestartet und erzeugt aus dem vorliegenden Projekt eine PowerPoint-Präsentation. Dabei wird zunächst PowerPoint über die Methode *CreateObject* instanziiert, PowerPoint muss dazu noch nicht geöffnet sein und es ist auch mit verschiedenen Versionen von PowerPoint funktionsfähig. Anschließend wird eine Präsentation mit einer leeren Folie erstellt (Listing 12.9). Ein Dialogfenster ist hier nicht erforderlich, da keine weiteren Eingaben des Anwenders benötigt werden.

Listing 12.9   PowerPoint starten und Präsentation mit Folie erstellen

```
Set myPPApp = CreateObject("PowerPoint.Application")
myPPApp.Visible = msoTrue
Set myPresentation = myPPApp.Presentations.Add
myPresentation.PageSetup.SlideSize = ppSlideSizeA4Paper
myPresentation.PageSetup.SlideOrientation = msoOrientationHorizontal

Set mySlide = myPresentation.Slides.Add(1, ppLayoutBlank)
```

Überschriften erstellen

Anschließend werden die Überschrift *Zeitplan*, die Kopflinie und der Projektname erstellt, dies führt der in Listing 12.10 abgedruckte Code durch.

Listing 12.10   Überschriften erstellen

```
Dim myZeitplan As Object
Set myZeitplan = mySlide.Shapes.AddTextbox(msoTextOrientationHorizontal, myLeft, _
    myTop, myTableWidth, myZeitplanHeight)
With myZeitplan.TextFrame.TextRange
    .Text = "Zeitplan"
    .Font.Name = myFont
    .Font.Size = 12
    .Font.Color.SchemeColor = ppForeground
End With

myActualTop = myTop + myZeitplanHeight + myZeitplanOffset

Dim myTopLine As Object
Set myTopLine = mySlide.Shapes.AddLine(myLeft, myActualTop, _
    myLeft + myTableWidth, myActualTop)

myActualTop = myActualTop + myTopLineHeight + myTopLineOffset

Dim myProjectName As Object
Set myProjectName = mySlide.Shapes.AddTextbox(msoTextOrientationHorizontal, _
    myLeft, myActualTop, myTableWidth, myProjectNameHeight)
With myProjectName.TextFrame.TextRange
    .Text = ActiveProject.BuiltinDocumentProperties("Title")
    .Font.Name = myFont
    .Font.Size = 24
    .Font.Color.SchemeColor = ppForeground
    .Font.Bold = msoTrue
End With

myActualTop = myActualTop + myProjectNameHeight + myProjectNameOffset
myActualLeft = myLeft + mySchritteHOffset

Dim mySchritteHeader As Object
Set mySchritteHeader = mySlide.Shapes.AddTextbox(msoTextOrientationHorizontal, _
                       myActualLeft, myActualTop, mySchritteWidth, myHeaderHeight)
With mySchritteHeader
    With .TextFrame.TextRange
        .Text = "Phasen"
        .Font.Name = myFont
        .Font.Size = 14
```

Überschriften erstellen *(Fortsetzung)*

```
            .Font.Color.SchemeColor = ppForeground
            .Font.Bold = msoTrue
    End With
    With .TextFrame
        .MarginTop = 8
    End With
    With .Fill
        .Visible = msoTrue
        .Solid
        .ForeColor.RGB = RGB(255, 255, 0)
    End With
    With .Line
        .Visible = msoTrue
        .ForeColor.SchemeColor = ppForeground
    End With
    .Height = myHeaderHeight
End With
```

Zeitskala berechnen und erstellen

Damit die Zeitskala passend zur jeweiligen Projektdauer angepasst wird, berechnet das Programm die Einteilung und erstellt dementsprechend die Zeitskala in der PowerPoint-Folie (Listing 12.11).

Berechnen und Erstellen der Zeitskala

```
Dim myYearHeaderLeft

myActualLeft = myActualLeft + mySchritteWidth
myYearHeaderLeft = myActualLeft

Dim myNumberOfMonth
Dim myMonthWidth

myNumberOfMonth = DateDiff("m", ActiveProject.ProjectStart,
ActiveProject.ProjectFinish)

Dim myYearHeader As Object
Set myYearHeader = mySlide.Shapes.AddTextbox(msoTextOrientationHorizontal, _
            myActualLeft, myActualTop, myYearWidth, myHeaderHeight)_
With myYearHeader
    With .Fill
        .Visible = msoTrue
        .Solid
        .ForeColor.RGB = RGB(255, 255, 0)
    End With
    With .Line
        .Visible = msoTrue
        .ForeColor.SchemeColor = ppForeground
    End With
    .Height = myHeaderHeight
End With

myMonthWidth = myYearWidth / myNumberOfMonth

Dim myFirstMonthNumber As Integer
```

Listing 12.11   Berechnen und Erstellen der Zeitskala *(Fortsetzung)*

```
Dim myFirstYearNumber As Integer
Dim myYearNumber As Integer

myFirstYearNumber = Year(ActiveProject.ProjectStart)
myYearNumber = myFirstYearNumber
myFirstMonthNumber = Month(ActiveProject.ProjectStart)

Dim mySeqMonthNumber
Dim myMonthNumber

myMonthNumber = myFirstMonthNumber

Dim myMonthHeader As Object

For mySeqMonthNumber = 1 To myNumberOfMonth

    If (myMonthNumber + 1) Mod 2 = 0 Then

    Set myMonthHeader = mySlide.Shapes.AddTextbox(msoTextOrientationHorizontal, _
                  myActualLeft, myActualTop + myHeaderHeight - myMonthHeight, _
                  myMonthWidth * 2, myHeaderHeight)

            With myMonthHeader
                With .TextFrame.TextRange
                    Select Case myMonthNumber
                    Case 1
                        .Text = "Jan   Feb"
                    Case 3
                        .Text = "Mär   Apr"
                    Case 5
                        .Text = "Mai   Jun"
                    Case 7
                        .Text = "Jul"   Aug
                    Case 9
                        .Text = "Sep   Okt"
                    Case 11
                        .Text = "Nov   Dez"
                    End Select
                    .Font.Name = myFont
                    .Font.Size = 7
                    .Font.Color.SchemeColor = ppForeground
                    .Font.Bold = msoTrue
                    .Paragraphs(1).ParagraphFormat.Alignment = ppAlignCenter
                End With
                With .TextFrame
                    .MarginTop = 1
                    .MarginLeft = 1
                    .MarginRight = 1
                    .MarginBottom = 1
                End With
                With .Fill
                        .Visible = msoTrue
                        .Solid
                        .ForeColor.RGB = RGB(255, 255, 0)
                    End With
```

Listing 12.11   Berechnen und Erstellen der Zeitskala *(Fortsetzung)*

```
                    With .Line
                        .Visible = msoTrue
                        .ForeColor.SchemeColor = ppForeground
                    End With
                    .Height = myMonthHeight
                End With
            End If

    myMonthNumber = myMonthNumber + 1

    If myMonthNumber = 13 Then
    Set myYearHeader = mySlide.Shapes.AddTextbox(msoTextOrientationHorizontal, _
                    myActualLeft, myActualTop, myMonthWidth * 12, myHeaderHeight)

        With myYearHeader
            With .TextFrame.TextRange
                .Text = myYearNumber
                .Font.Name = myFont
                .Font.Size = 10
                .Font.Color.SchemeColor = ppForeground
                .Font.Bold = msoTrue
            End With
            With .TextFrame
                .MarginTop = 1
                .MarginLeft = 1
            End With
            .Height = myMonthHeight
        End With

        myMonthNumber = 1
        myYearNumber = myYearNumber + 1
    End If

    myActualLeft = myActualLeft + myMonthWidth
Next mySeqMonthNumber

Dim myLeftErlaeuterungen
myLeftErlaeuterungen = myActualLeft

Dim myErlaeuterungenHeader As Object
Set myErlaeuterungenHeader = mySlide.Shapes.AddTextbox(msoTextOrientationHorizontal, _
                    myLeftErlaeuterungen, myActualTop, myErlaeuterungenWidth, _
                    myHeaderHeight)
With myErlaeuterungenHeader
    With .TextFrame.TextRange
        .Text = "Vorgänge"
        .Font.Name = myFont
        .Font.Size = 14
        .Font.Color.SchemeColor = ppForeground
        .Font.Bold = msoTrue
    End With
    With .TextFrame
        .MarginTop = 8
    End With
    With .Fill
        .Visible = msoTrue
        .Solid
        .ForeColor.RGB = RGB(255, 255, 0)
    End With
```

Listing 12.11   Berechnen und Erstellen der Zeitskala *(Fortsetzung)*

```
    With .Line
        .Visible = msoTrue
        .ForeColor.SchemeColor = ppForeground
    End With
    .Height = myHeaderHeight
End With

Dim mySubTaskLeft
mySubTaskLeft = myLeftErlaeuterungen
myActualLeft = myLeft + mySchritteHOffset
myActualTop = myActualTop + myHeaderHeight

Dim myTask As MSProject.Task
Dim mySummaryTask As MSProject.Task
Dim myNumberOfSubTasks

Dim myActualRowHeight
myActualRowHeight = 45
myActualTop = myActualTop - myActualRowHeight
Dim myActualSubTaskTop

Dim mySubtaskName As Object
Dim mySummaryTaskName As Object

Dim myBar As Object
Dim myBarNumberOfMonth As Integer
Dim myBarVerticalOffset As Integer
Dim myBarLeft, myBarTop, myBarWidth, myBarHeight As Integer

Dim myActualTopBody As Integer
Dim myNewSlide As Object
mySlide.Copy
myActualTop = myActualTop + myActualRowHeight
myActualTopBody = myActualTop
```

Balkendiagramm und Tabelle füllen

Im Anschluss werden die Spalten *Phasen* (Schritte) und *Vorgänge* (Erläuterungen) ausgefüllt und die Vorgangsbalken der Phasen gezeichnet (Listing 12.12).

Listing 12.12   Balkendiagramm und Tabelle füllen

```
For Each myTask In ActiveProject.Tasks
  If myTask.OutlineLevel = 1 Then
    If myActualTop > 490 Then
        myPresentation.Slides.Paste (mySlide.SlideIndex)
        mySlide.Cut
        myPresentation.Slides.Paste (1)
        Set mySlide = myPresentation.Slides.Item(2)
        myActualTop = myActualTopBody
    End If

    'Spalte Phasen zeichnen
    Set mySummaryTaskName = _
        mySlide.Shapes.AddTextbox(msoTextOrientationHorizontal, _
        myActualLeft, myActualTop, mySchritteWidth, myActualRowHeight)
```

Listing 12.12   Balkendiagramm und Tabelle füllen *(Fortsetzung)*

```
With mySummaryTaskName
    With .TextFrame.TextRange
        .Text = myTask.Name
        .Font.Name = myFont
        .Font.Size = 12
        .Font.Color.SchemeColor = ppForeground
    End With
    With .TextFrame
        .MarginTop = 8
    End With
    With .Line
            .Visible = msoTrue
            .ForeColor.SchemeColor = ppForeground
    End With
    With .Fill
            .Background
    End With
    .Height = myActualRowHeight
End With

' Spalte Vorgänge zeichnen
Dim myErlaeuterungen As Object
Set myErlaeuterungen = _
    mySlide.Shapes.AddTextbox(msoTextOrientationHorizontal, _
            myLeftErlaeuterungen, myActualTop, _
            myErlaeuterungenWidth, myActualRowHeight)
With myErlaeuterungen
    With .Line
        .Visible = msoTrue
        .ForeColor.SchemeColor = ppForeground
    End With
    .Height = myActualRowHeight
    With .Fill
        .Background
    End With
End With

' Balken zeichnen
myBarNumberOfMonth = DateDiff("m", myTask.Start, myTask.Finish)
myBarVerticalOffset = DateDiff("m", ActiveProject.ProjectStart, _
        myTask.Start) * myMonthWidth

myBarLeft = myYearHeaderLeft + myBarVerticalOffset
myBarWidth = myMonthWidth * myBarNumberOfMonth
myBarHeight = 12 ' durch Konstante ersetzen
myBarTop = myActualTop + myActualRowHeight / 2 - myBarHeight / 2

Set myBar = _
    mySlide.Shapes.AddShape(msoTextOrientationHorizontal, _
    myBarLeft, myBarTop, myBarWidth, myBarHeight)

With myBar
    With .Fill
        .Solid
        .Visible = msoTrue
        .ForeColor.SchemeColor = ppBackground
    End With
```

Listing 12.12   Balkendiagramm und Tabelle füllen *(Fortsetzung)*

```
            With .Line
                .Visible = msoTrue
            End With
            .Rotation = 0
        End With

        Set mySummaryTask = myTask
        myActualSubTaskTop = myActualTop
            myNumberOfSubTasks = 1

            myActualTop = myActualTop + myActualRowHeight
        Else
            Set mySubtaskName = mySlide.Shapes.AddTextbox(msoTextOrientationHorizontal, _
                            mySubTaskLeft, myActualSubTaskTop, myErlaeuterungenWidth, _
                            mySubTaskHeight)
            With mySubtaskName.TextFrame.TextRange
                .Text = myNumberOfSubTasks & ". " & myTask.Name
                .Font.Name = myFont
            .Font.Size = 9
            .Font.Color.SchemeColor = ppForeground
        End With

            myActualSubTaskTop = myActualSubTaskTop + 15
        End If
    Next myTask
```

Die Anwendung zeigt, wie ohne großen Aufwand aus Project eine PowerPoint-Präsentation erstellt werden kann. Hierdurch entsteht ein weiterer Anreiz für die Projektleiter, Project zu verwenden, da sie auf diese Art und Weise von manuellen Tätigkeiten entlastet werden und Projektinformationen einfach in einem für jeden PowerPoint-Anwender lesbaren Format darstellen können.

Kapitel 13

Erweiterungen

In diesem Kapitel beschreiben wir ergänzende Software für das Projektmanagement mit Microsoft Project. Weitere Produkte finden Sie auf unserer Website unter *http://www.holert.com*. In diesem Kapitel stellen wir Ihnen die folgenden beiden Erweiterungen vor:

■ Allocatus

■ WBS Chart Pro

Allocatus

Allocatus überträgt Vorgänge als Termine oder Aufgaben in den Kalender bzw. in die Aufgabenliste von Outlook oder Lotus Notes. D.h., der Projektmitarbeiter braucht nicht auf Project Web App zuzugreifen, sondern kann in seiner vertrauten Umgebung auf Planungsdaten aus Project zugreifen. Von dort aus kann er bequem durch Bearbeiten des Termins bzw. der Aufgabe den Fortschritt und Aufwand zurückmelden. Die Lösung integriert sich nahtlos in Project 2013 und Project Server 2013.

Plan wird erstellt, gedruckt und nicht mehr aktualisiert

Häufig werden Projektpläne in einer frühen Phase des Projekts detailliert ausgeplant, jedoch im Verlauf des Projekts nur unzureichend aktualisiert. Die Erfassung von Projektzeiten läuft in vielen Fällen nur auf Projektebene separat und somit unabhängig von der Fortschrittserfassung. Die Folge ist ein unzureichender Überblick über den Status des Projekts, da die Datenbasis für wirksame Überwachungsmethoden wie die Ermittlung des Fertigstellungswerts (Earned Value Management) fehlt.

Da Fortschritt und Aufwand nicht auf Vorgangsebene erfasst werden, wird der Projektverlauf nicht detailliert dokumentiert, wodurch Erfahrungswerte für die bessere Planung zukünftiger, ähnlich gelagerter Projekte verloren gehen.

Der aktuelle Stand der Planung wird häufig nicht zeitnah und aussagekräftig an die einzelnen Projektmitarbeiter in übersichtlicher Form verteilt. Dadurch werden Terminüberschneidungen mit anderen Projekten bzw. Abwesenheitszeiten erst spät erkannt. Der Effekt verstärkt sich, wenn das Projektgeschäft durch eine hohe Frequenz an Änderungen geprägt ist.

In Kombination mit unzureichenden Aktualisierungen reduziert sich die Qualität der Planungsinformationen, sodass die Akzeptanz des Planungssystems bei den Beteiligten sinkt. In der Folge arbeiten die Projektmitarbeiter u.U. die Vorgänge nicht mehr anhand der aktuellen Prioritäten ab.

Akzeptanz der Standardfunktionen weiter verbessern

Häufige Gründe hierfür sind neben ungeeigneter Planungsstrukturierung und unzureichender Projektverfolgung auch Werkzeuge, die schlichtweg umständlich sind. Neben allen Vorteilen, die Project Web App in den Bereichen *Vorgänge* und *Arbeitszeittabellen* mit sich bringt, erfordert die Benutzung stets den Aufruf von Internet Explorer. Zudem ist für den Projektmitarbeiter nur bedingt erkennbar, wofür er an einem konkreten Tag mit welchem Aufwand eingeplant ist. Es fehlt eine aussagekräftige Darstellung der Vorgänge im persönlichen Kalender.

Auch für die Rückmeldung ist der Aufruf von Internet Explorer mit der korrekten Adresse nötig. Es muss der passende Vorgang gesucht werden, was je nach Umfang der Beteiligung an verschiedenen Vorgängen und Projekten Zeit kostet. Nach der Eingabe von Ist- und Rest-Aufwand (*Ist-Arbeit* bzw. *Restarbeit*) erfordert die Überprüfung der Eingabe, z.B. der Vergleich mit der Präsenzzeit, weitere Kopfarbeit, bevor dann in einem oder mehreren Schritten die Rückmeldung an den Projektleiter und ggf. Arbeitszeittabellen-Manager abgeschickt werden kann.

Allocatus vereinfacht die Planung und Steuerung

Allocatus kann die Kommunikation zwischen den Projektleitern und Projektmitarbeitern in den Planungs- sowie Ausführungsprozessen deutlich vereinfachen. Allocatus kann u.a. die Prozesse *Ressourcen für Vorgänge schätzen*, *Terminplan entwickeln*, *Kommunikation managen* und *Projektarbeit lenken und managen* unterstützen.

Für den Prozess *Ressourcen für Vorgänge schätzen* (6.4 Estimate Activity Resources) wird als Eingangswert u.a. die Ressourcenverfügbarkeit benötigt. Diese spiegelt die Verfügbarkeit des jeweiligen Mitarbeiters als Ergebnis aus der Verplanung in anderen Projekten sowie Abwesenheitszeiten und anderen nicht projektbezogenen Zeiten wider. Mit Allocatus wird die Ressourcenverfügbarkeit in Project automatisch bei Änderung von bestehenden Terminen im Kalender angepasst. Zudem können neu eingetragene Termine bestehenden Vorgängen zugeordnet werden, sodass sich die Verfügbarkeit entsprechend reduziert.

Der Mitarbeiter kann nach Durchführung einer Bottom-up-Schätzung das Ergebnis durch Anpassung der Termine im Kalender ausdrücken und somit den Ressourcenbedarf an den Projektleiter zurückmelden.

Durch die automatische Aktualisierung der Ressourcenkalender können im Prozess *Terminplan entwickeln* (6.6 Develop Schedule) Überlastungen leicht erkannt und ausgeglichen werden.

Der Projektleiter kann im Prozess *Kommunikation managen* (10.2 Manage Communications) durch Veröffentlichen des Projektplans alle Vorgänge als Termine oder Aufgaben in die Kalender bzw. die Aufgabenliste der Mitarbeiter eintragen. Die Projektmitarbeiter haben damit ohne eigenes Zutun immer Zugriff auf den aktuellen Stand der Planung, sei es auf dem PC oder einem mobilen Gerät.

Die Projektmitarbeiter erledigen für den Prozess *Projektarbeit lenken und managen* (4.3 Direct and Manage Project Work) durch das Aktualisieren ihres Kalenders bzw. ihrer Aufgabenliste ihre Ist-Aufwanderfassung und Rest-Aufwandschätzung. Der Projektleiter kann hieraus per Mausklick Arbeitsleistungsdaten erstellen, welche Eingangswerte für die nachgelagerten Überwachungs- und Steuerungsprozesse sind.

Funktionsweise von Allocatus

Allocatus trägt Vorgänge nach Veröffentlichung durch den Projektleiter in Outlook bzw. Lotus Notes oder direkt in Exchange Server oder Domino Server ein. Je nach Wunsch als ganztägige Ereignisse, als Termine oder als Aufgaben. Änderungen durch den Mitarbeiter können verworfen werden, sodass der Mitarbeiter stets den Stand aus Project sieht. Änderungswünsche seitens des Mitarbeiters müssen dann auf anderem Wege an den Projektleiter übermittelt werden. Im »WriteBack«-Modus werden Änderungen automatisch zurück nach Project übertragen, auf Wunsch nach Genehmigung durch den Projektleiter.

Abbildg. 13.1 Rückmeldung von Ist-Aufwand im Outlook-Kalender

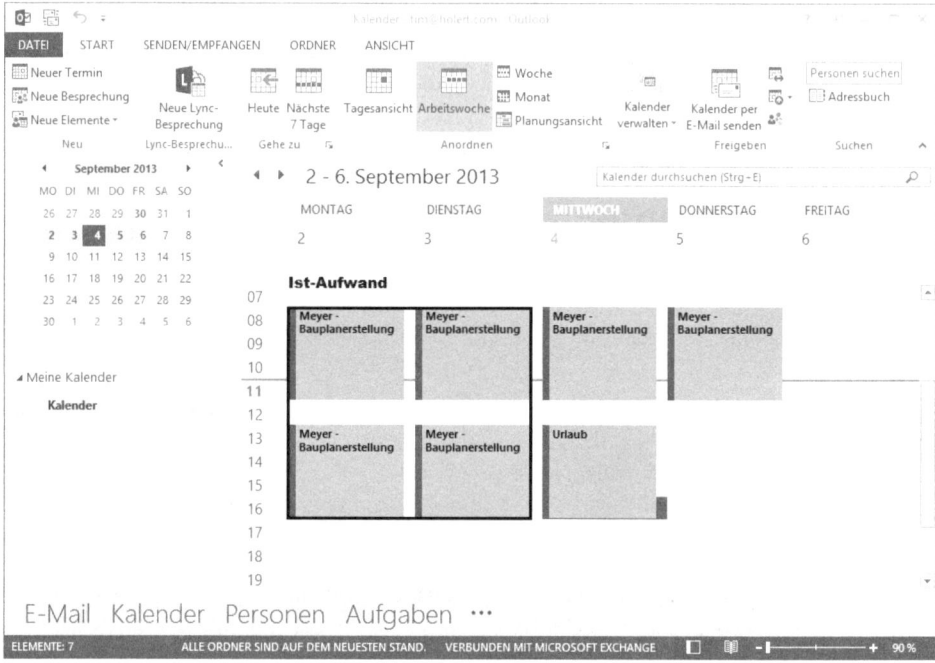

Wenn Vorgänge als Termine erstellt werden, erscheinen die Vorgänge im Kalender aufgeteilt nach der tatsächlich verplanten Arbeit (berechnete Arbeit aus Project), sodass der Mitarbeiter genau den Aufwand erkennen kann und somit Überplanungen leicht aufgedeckt werden können.

Löscht, verschiebt oder dupliziert der Mitarbeiter einen Termin, so wird die Änderung entsprechend der Dauer des Termins und der Lage des Termins als Ist-Aufwand oder Rest-Aufwand nach Project übermittelt. Termine in der Vergangenheit (gestern oder früher) werden dabei als Ist-Aufwand (*Ist-Arbeit*) und Termine in der Zukunft (heute oder später) als Rest-Aufwand (*Restarbeit*) zurück übermittelt. Da zusätzliche Termine durch Duplizierung leicht erzeugt werden können, ist eine manuelle Zuordnung zu Vorgängen aus Project in der Regel nicht erforderlich. Duplikate kann man durch Kopieren und Einfügen oder in Outlook per Ziehen & Ablegen mit gedrückter ⌈Strg⌉-Taste besonders schnell erzeugen. Darüber hinaus können auch neue Termine über eine zusätzliche Schaltfläche (*Link to Project*) manuell auf Vorgänge in Project gebucht werden.

Allocatus integriert sich nahtlos in Project. Bei Verwendung von Project Server werden die Rückmeldungen in den Bereich *Vorgänge* automatisch übertragen (siehe Kapitel 9).

Abbildg. 13.2   Rückmeldung von Rest-Aufwand im Outlook-Kalender

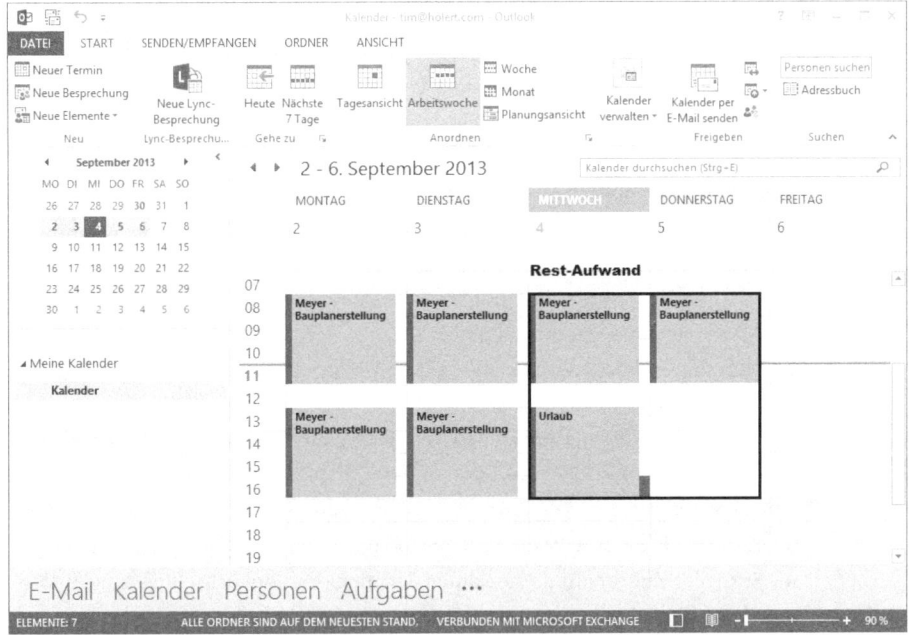

Termine und Aufgaben können in Outlook, in Outlook Web App oder Outlook Mobile auf einem Windows Phone eingesehen und bearbeitet werden. Gleiches gilt für Lotus Notes, das zugehörige Web Access und mobile Geräte, z.B. mit Android, iOS oder BlackBerry OS.

Architektur und Voraussetzungen von Allocatus

Der Kernbestandteil von Allocatus ist der Allocatus Server. Je nach Wunsch kann dieser Daten direkt zwischen Project Server und Exchange Server oder Domino Server abgleichen. Optional kann der Allocatus Client eingesetzt werden, der u.a. die Daten direkt mit Outlook oder Lotus Notes abgleicht.

Abbildg. 13.3   Allocatus-Architektur

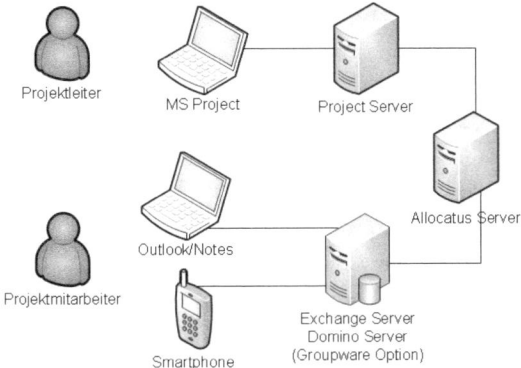

Bessere und schnellere Informationen mit weniger Aufwand

Nachfolgend eine Übersicht über die Vorteile des Einsatzes von Allocatus für Lotus Notes- und Outlook-Anwender sowie die Vorteile gegenüber der Standard-Exchange-Integration von Project Server bzw. SharePoint Server.

Bessere Information

- Jeder Projektbeteiligte sieht stets die aktuellen für ihn relevanten Termine in seinem Kalender
- Planung aus Project wird grafisch im Kalender visualisiert
- Änderungen werden protokolliert
- Termine sind auch auf mobilen Geräten wie z.B. Windows Phone, iPhone, BlackBerry und Android Geräten sichtbar
- Termine sind auch offline einsehbar, auch Zeiterfassung ist offline möglich
- Mitarbeitereinsatz ist auch über Outlook-Teamkalender aussagekräftig visualisierbar

Zeitersparnis

- Aufwand für manuelles Eintragen von Terminen in den Kalender entfällt
- Schneller Zugriff auf die geplanten Termine (Outlook ist schneller als PWA)
- Planung wird automatisch zur Rückmeldung
- Ohnehin in Outlook geplante Abwesenheitszeiten können per Mausklick an den Projektleiter gesendet werden
- Änderungen können durch Anpassen, Löschen und Duplizieren von Terminen ausgedrückt werden
- Schnelle Plausibilitätsprüfung, ob die zurückgemeldete Zeit der Anwesenheit entspricht

Vermeidung von Fehlern

- Überlastung der Mitarbeiter durch Mehrfachverplanung von Projektleitern wird sofort sichtbar
- Bereits bei der Planung von Abwesenheitszeiten können Konflikte erkannt werden
- Fehler durch manuelle Übertragung werden vermieden

Kostenreduktion

- Kosten für Planung und Rückmeldung reduzieren sich aufgrund der Zeitersparnis
- Bessere Nutzung der vorhandenen Infrastruktur
- Geringerer Schulungsaufwand im Vergleich zum PWA

Vorteile für Outlook-Anwender speziell gegenüber der Standard-Exchange-Integration von Project Server bzw. SharePoint Server u.a.

- Synchronisation mit dem persönlichen Kalender
- Darstellung der taggenauen geplanten Arbeitszeit
- Änderungen werden protokolliert
- Lage der Termine wird als Ist- bzw. Rest-Arbeit interpretiert
- Abwesenheitszeiten können aus Outlook stunden- und vorgangsgenau geplant werden
- Gesamtsumme der Arbeit pro Tag erkennbar
- Terminüberschneidungen erkennbar

Weitere Informationen finden Sie unter *http://www.holert.com/allocatus*.

WBS Chart Pro

WBS Chart Pro eignet sich für die Erstellung und Darstellung eines Projektstrukturplans (siehe den Abschnitt »Inhalt und Umfang definieren sowie Projektstrukturplan erstellen« in Kapitel 1).

Mit WBS Chart Pro können Sie auf intuitive Art und Weise einen Projektstrukturplan (Work Breakdown Structure) auf Basis einer Vorlage durch Unterteilung der Liefergegenstände (Deliverables) erstellen.

Abbildg. 13.4 Projektstrukturplan dargestellt mit WBS Chart Pro

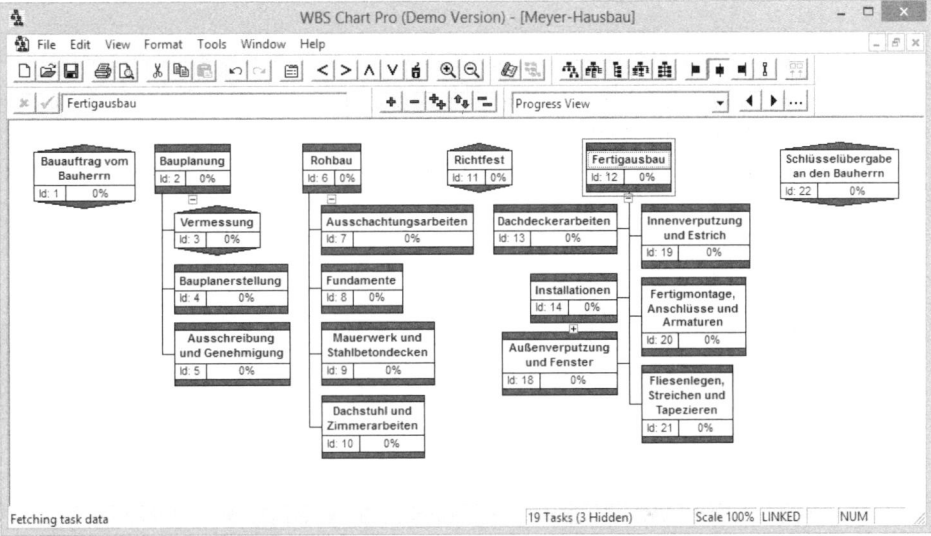

Nach Fertigstellung können Sie die Struktur nach Project übernehmen oder auch aus einem bestehenden Projektplan eine grafische Darstellung erzeugen. Änderungen werden dabei zwischen Project und WBS Chart Pro automatisch abgeglichen.

Über die Druckfunktion kann der Projektstrukturplan in übersichtlicher Form ausgedruckt werden. Daneben wird der Export in eine Webseite und das Speichern als Bild unterstützt.

Mehr Informationen zu WBS Chart Pro finden Sie unter *http://www.holert.com/wbschartpro*.

Anhang A

Literaturverzeichnis

Baetge, Jörg (2005): Überwachung, in: Bitz, Michael/Dellmann, Klaus/Domsch, Michel/Egner, Henning (Hrsg.): Vahlens Kompendium der Betriebswirtschaftslehre, Bd. 2, 5. Aufl., München

Coenenberg, Adolf (1999): Kostenrechnung und Kostenanalyse, 4. akt. Aufl., Landsberg/Lech

Dellmann, Klaus (2005): Kosten- und Leistungsrechnung, in: Bitz, Michael/Dellmann, Klaus/Domsch, Michel/Egner, Henning (Hrsg.): Vahlens Kompendium der Betriebswirtschaftslehre, Bd. 2, 5. Aufl., München

DIN 69 901

Dreyer, Andreas/Lesser, Christoph/Scheder, Joachim (2010): Wie Sie Ihren Unternehmensalltag effektiver gestalten, Unterschleißheim

Fiedler, Rudolf (2009): Controlling von Projekten. Projektplanung, Projektsteuerung und Projektkontrolle, 5. Aufl., Wiesbaden

Lomnitz, Gero (2008): Multiprojektmanagement, Projekte planen, vernetzen und steuern, 3. Auflage, München

Hilb, Martin (2011): Integriertes Personal-Management. Ziele – Strategien – Instrumente, 20. Auflage, Neuwied/St. Gallen

Hirschsteiner, Günter (2006): Einkaufs- und Beschaffungsmanagement, 2. Auflage, Ludwigshafen

Hirzel, Matthias/Kühn, Frank/Wollmann, Peter (2009): Projektportfolio-Management: Strategisches und operatives Multi-Projektmanagement in der Praxis, 2. Auflage, Frankfurt

HOAI (2009): Verordnung über die Honorare der Architekten- und Ingenieurleistungen: Honorarordnung für Architekten und Ingenieure, G. Recht, 2009

Holert, Renke/Zwirner, Arne (2013): Einführung in die Projektarbeit mit Microsoft Project 2013 und Project Web App. Trainingsbuch für Projektleiter und Projektmitarbeiter für Project Professional, Project Server und Project Online, Unterschleißheim

Kaplan, Robert S./Norton, David P. (1997), S. 230-234

Lachnit, Laurenz (1995): Controllingkonzeption für Unternehmen mit Projektleistungstätigkeit. Modell zur systemgestützten Unternehmensführung bei auftragsbezogener Einzelfertigung, Großanlagenbau und Dienstleistungsgroßaufträgen, München

Michel, Reiner (1993): Taschenbuch Projektcontrolling. Know-how der Just-in-time-Steuerung, Heidelberg

OPM3 (2013): Project Management Institute, Organizational project management maturity model (OPM3) Knowledge Foundation – 3rd Edition, Newtown Square, Pennsylvania, USA

PMBOK (2013): Project Management Institute, A guide to the project management body of knowledge: PMBOK® Guide – Fifth edition, Newtown Square, Pennsylvania, USA

PPM (2013): The Standard for Portfolio Management, Project Management Institute, The Standard for Portfolio Management – Third Edition, Newtown Square, Pennsylvania, USA

Practice Standard for Work Breakdown Structure, Project Management Institute – Second Edition, Newton Square, Pennsylvania, USA

Anhang B

Begleitdateien zum Buch

Die Beispieldateien aus den Kapiteln 6, 11 und 12 können Sie unter folgender Adresse herunterladen: *http://www.holert.com/downloads*.

ACHTUNG Beachten Sie auch die Hinweise zur Handhabung der Beispiel- und Übungsdateien im jeweiligen Kapitel.

Beispieldateien aus Kapitel 6

Tabelle 13.1   Beispieldateien aus Kapitel 06

Ordner	Datei	Kurzbeschreibung
\Buch\KAP06	PPM-Implementierung.mpp	Beschreibung eines Project Server-Implementierungsprojekts

Beispieldateien aus Kapitel 11

Tabelle 13.2   Beispieldateien aus Kapitel 11

Ordner	Datei	Kurzbeschreibung
\Buch\KAP11	KAP11_01.mpp	Beispiele zum *Application*-Objekt
\Buch\KAP11	KAP11_02.mpp	Beispiele zum *Application*-Objekt
\Buch\KAP11	KAP11_03.mpp	Beispiele zum *Project*-Objekt, zur Zeitskala und zum Balkendiagramm
\Buch\KAP11	KAP11_04.mpp	Beispiele für Hauptprojekte
\Buch\KAP11	KAP11_05.mpp	Beispiele zum *Task*-Objekt
\Buch\KAP11	KAP11_06.mpp	Beispiele für Vorgangsunterbrechungen und Kosten
\Buch\KAP11	KAP11_07.mpp	Beispiele für Wertelisten und Filter
\Buch\KAP11	KAP11_08.mpp	Beispiele für Ereignisbehandlung
\Buch\KAP11	Pool.mpp	
\Buch\KAP11	Project_Open_1.mpp	
\Buch\KAP11	Project_Open_2.mpp	
\Buch\KAP11	Projekt_Pool_1.mpp	

Beispieldateien aus Kapitel 12

Tabelle 13.3   Beispieldateien aus Kapitel 12

Ordner	Dateiname	Beschreibung
\Buch\KAP12	KAP12_Outlook_Project.mpp	Project-Vorgänge als Outlook-Aufgaben, -Termine oder -Notizen exportieren
\Buch\KAP12	KAP12_PowerPoint_Project.mpp	

Stichwortverzeichnis